本书受国家社科基金重点项目（项目编号：15AZD038）
河北大学宋史研究中心建设经费资助

中国传统科学技术思想史研究

金元卷

吕变庭◎著

科学出版社
北京

内 容 简 介

本书通过对金元时期科技思想发展的历史过程进行全面考察，重点探讨了以理学家、科技实践家、人文学者为代表的典型人物的科技思想，比较清晰地勾勒出金元科技思想史的发展脉络，并对金元科技思想的历史演变及特征进行了新的学术审视和反思，以期为当代科技发展提供历史经验和教训。此外，本书不仅有作者对金元科技思想成果的经验总结，而且还有作者对金元科技思想本身所存在“缺陷”的批评和反思。

本书可供宋辽金元史、科技史等专业的师生阅读和参考。

图书在版编目（CIP）数据

中国传统科学技术思想史研究. 金元卷 / 吕变庭著. --北京：科学出版社，2024.11

ISBN 978-7-03-075710-4

Ⅰ. ①中… Ⅱ. ①吕… Ⅲ. ①科学技术-思想史-研究-中国-明清时代 Ⅳ. ①N092

中国国家版本馆 CIP 数据核字（2023）第 103683 号

责任编辑：任晓刚 / 责任校对：王晓茜
责任印制：肖　兴 / 封面设计：楠竹文化

科 学 出 版 社 出版
北京东黄城根北街 16 号
邮政编码：100717
http: // www.sciencep.com
河北鹏润印刷有限公司印刷
科学出版社发行　各地新华书店经销
*
2024 年 11 月第　一　版　开本：787×1092　1/16
2024 年 11 月第一次印刷　印张：38
字数：900 000

定价：328.00 元

（如有印装质量问题，我社负责调换）

目　　录

第一章　金元科技思想史概述

金、元是两个少数民族所建立的政权，前者与南宋、西夏鼎立，而后者则先后统一了金、西夏和南宋，建立了疆域横跨欧亚之统一的多民族封建国家。与元朝的这种庞大气势相适应，它的科学、思想、文化等意识形态诸方面，都不同程度地表现出以包容和开放为特色的“天下一家”的观念倾向。尽管如何客观地评价元代社会的历史地位，目前学界的认识尚在“求同存异”之中，但是人们对元代科技思想所取得的辉煌成就毫不怀疑。中国古代的科技思想发展到金元时期为之一振，金元四大家（刘完素、张从正、李杲、朱震亨）开中医学百家争鸣之先河；元代在天文机构的设置上，实行回回司天监与汉司天监双轨制，而上都司天台则是中国首个研究阿拉伯天文学的中心；朱世杰的《四元玉鉴》和《算学启蒙》被学界视为宋元数学的昆仑，标志着我国古代筹算系统的发展已经走到了历史的巅峰；王祯创造了木活字，又发明了转轮排字架，如在敦煌和宁夏都发现了元代回鹘文和西夏文木活字，尤其是元代的印刷术传到伊朗，以后又传到非洲和欧洲，对世界科学文化的发展作出了巨大贡献；郭守敬的《授时历》，以 365.242 5 日作为一个回归年的长度，成为中国古代历法中最出色的代表，使当时元代的天文学达到了世界天文学发展的高峰；元代棉花的种植范围进一步扩大，刺激了棉纺业之勃兴；元代的金属火炮制造技术带来了兵器的重大变革等。从整体上看，金元科技思想不仅特色鲜明，而且超越前代。所以，杜石然先生认为：“宋元时期是中国传统科学技术发展的高潮，而元代实堪称为其顶峰。”[①]这个结论经得起推敲，因为它符合元代科技历史的发展实际，实乃公允之论。

第一节　金元科技思想史研究的简单回顾

金元科技思想的学术研究，同中国其他历史时期的科技思想一样，经历了艰难曲折的发展历程。若作分期，则大致分为两个阶段：中华人民共和国成立之前，研究中国古代的科技思想属于殖民地半殖民地文化的一个组成部分，其学术话语权基本上都为外国学者所控制；中华人民共和国成立后，金元科技思想的研究从无到有，学术成果由少到多，特别是改革开放以后，金元科技思想研究渐成气候，不只是研究力量日益壮大，著述丰硕，更为可喜的是，专业研究团体不断增多，学科建设亦逐步成熟，如河北省郭守敬研究会、刘

---

① 杜石然：《论元代科学技术和元代社会》，《自然科学史研究》2007 年第 3 期，第 293 页。

守真学术思想研究会、元上都历史文化研究会等，而对《授时历》的研究也正在成为一门专业性极强的国际显学。

一、殖民地半殖民地时期的金元科技思想史研究概况

以萨顿在1912年创办的综合性科学史杂志《伊西斯》（*Isis*）为标志，科学技术史作为一门独立的学科正式形成。之后，俄裔法国科学史家亚历山大·柯瓦雷更将科学思想史研究引入了科学史，他强调科学的进步主要体现在概念的进化上，而科学本质上是对真理的理论探求，这样便促使传统科学史的研究真正地走向了成熟。从这个意义上说，亚历山大·柯瓦雷往往被人们视为科学思想史学派的开创者。我们知道，当《爱西斯》创办之时，中国社会正处于“新文化运动”的前夜，由于庚款留学生如胡适、赵元任、胡明复等人在国外，接受了西方近代的先进科学思想和文化观念，他们开始用西方的哲学和科学理念来反思和批判中国古代的传统文化。于是，中国科学社于1915年在美国成立，它的成立不仅标志着中国知识分子已自觉地肩负起振兴中国科学的社会责任，而且标志着中国科学体制化过程的开始。接着，以“民主”和“科学”为旗帜的“五四运动”，遂成为中国近代影响最为深远的一次思想解放运动，同时也是一场伟大的科学启蒙运动。①

1922年，王琎发表了《中国之科学思想》一文，第一次提出了“吾国科学思想有可发达之时期六”的主张，成为以后研究中国古代科学思想发展史的纲领。可惜，限于当时的历史条件，研究中国科学思想史者寥寥，甚至作为“仰视”西方近代文化的一种“误读”，思想界掀起了否定中国古代科学和哲学的思潮，如1915年，任鸿隽发表《说中国无科学的原因》一文；1922年，冯友兰发表《为什么中国没有科学——对中国哲学的历史及其后果的一种解释》一文，这两篇文章的基调都是否认中国古代有科学之传统，更不用说有科学思想的传统。自此，国内学界在较长的一段时期里，讳言中国古代的科学思想，而更多的学者则是从农业、地理、心理、气候、经济、社会、思想文化等诸方面来探讨中国古代无科学的原因。②

然而，与国人那种妄自菲薄的自卑心态不同，国外则开始有人高度关注中国古代的科学及其思想，他们试图用一种非欧洲中心论的眼光来重新审视中国古代的社会历史和科学文化，因而给中国古代科学思想史的研究带来了一种清新的气象。

首先是德国著名汉学家福克（亦译为佛尔克）于1925年著《中国人的世界观念：其天文学、宇宙论以及自然哲学的思辨》（*The World-conception of the Chinese: Their Astronomical, Cosmological and Physico-philosophical Speculations*）一书。在福克之后，日本的三上义夫于1929年出版了《中国算学之特色》一书。在这部著作中，三上义夫把李冶看作是宋末元

① 路甬祥：《百年科学思想史考察》，《光明日报》2002年10月17日。

② 竺可桢：《竺可桢全集》第2卷，上海：上海科技教育出版社，2004年，第628—633页。

初算学勃兴的重要代表人物之一。而为了满足日本政府对中国进行文化侵略的需要，日本岩波书店在 1934 年出版了三上义夫等人对中国古代四大传统科学思想（医学、数学、本草学和天文学）进行长期研究的系列学术成果，主要有三上义夫的《中国科学之数学思想》（或译为《中国思想、科学（数学）》）、富士川游的《中国科学之医学思想》（或译为《中国思想、科学（医学）》）、中尾万三的《中国思想、科学（本草）》及新城新藏的《中国思想、科学（天文学）》。尽管上述著作各有侧重，且对金元科技思想也都没有给予足够的重视，但是从纯粹学术的角度来看，新城新藏的研究打破了当时流行的中国天文历法来源于西方的观点，主张中国天文历法独立形成说[①]，对中国天文思想史的研究产生了深远影响。他的学生薮内清秉承他的研究风格，并将其研究视野由先秦扩大到唐宋。例如，薮内清在 1943 年著《中国天文学》一书中，主要对隋唐时期的历法及宋朝皇祐年间的恒星观测资料做了探讨。在数学史研究方面，藤原松三郎于 20 世纪 40 年代发表了《宋元明数学的史料》等成果，此时日本算学史界对中国金元数学思想的发展给予了较多关注。在医学史方面，廖温仁于 1932 年出版了《支那中世医学史》，书中比较系统地介绍了汉、唐、宋、元时代的医学发展和外国医学的传入等内容，而金元医学则成为该书最有特色的一个组成部分。另外，大冢敬节在 1941 年出版了《东洋医学史》，该书从中医临床的角度，按照时代对中国医学的变迁史进行了系统的解读与阐述。在地图学方面，青山定雄于 1938 年在《东方学报》上发表了《关于元代的地图》一文，成为此时研究元代地图学思想的重要成果之一。但从总体上看，这个时期日本学界对金元科技思想的研究尚未进行有深度的个案解剖，因而他们的研究多局限于少数专业的一般历史叙述，没有出现通观的和系统的断代科技思想史研究专著。

然而，受日本学界对中国科学史研究“热度”的影响，我国老一辈科学史家如李俨、钱宝琮等一改国人对本国科学史研究的冷落局面，依然热心于中国古代科学发展历史的探索，他们为我国科学史研究特别是科学思想史的研究作出了开创性贡献。例如，李俨于 1931 年出版《中国数学大纲》一书，从体例上讲，当时李俨将元代数学看作是中国古代数学发展的高峰，因而按照历史与逻辑相统一的原则，元代数学自然也就成为此书的最后一章，此书在 1940 年被译成日文出版。1933—1947 年，李俨还自编了《中算史论丛》第 1—4 集，其中第 1 集和第 2 集都记录了金元时期的天元术成就，并对李治和朱世杰的正负开方术进行了论述，在“中国数学史导言”里，李俨把“元代回回算法输入中国”看作是中国数学发展史的一个大事件，而第 4 集则有专文对李冶的《测圆海镜》进行详细阐释，实为我国近人研究金元数学思想的奠基之作。与日本科学史界研究中国科学思想的理路略有不同，李俨尤其重视个案与断代科学史的研究，因而不仅剖视的内容越来越深入，而且史料基础更加厚实，逻辑建构也更加宏大。

---

① 詹志华：《中国科学史学史概论》，北京：科学出版社，2010 年，第 402 页。

同李俨先生一样，钱宝琮于1932年出版《中国算学史》一书，在书中钱宝琮先生得出了如下结论：

宋末元初乃中国最显赫之时，数目方面已有正负数之别，方程式之解法，研究尽善，而社会上一切应用问题，亦不难迎刃而解也。①

这个观点至今都是指导中国古代数学史研究的指南，其影响颇为深远。另外，钱宝琮先生又于1940年11月在《国立浙江大学师范学院院刊》第1集上发表《金元之际数学之传授》一文，分析了“元代数学始盛终衰”的原因，他说：

按中国天元术之发明，较阿拉伯人代数术后三百余年，而元初数学之造诣反在同时期西洋代数术之上。进步之速与造就之深，实为中国数学史上所罕见。然至朱世杰四元术出，筹策之用无可更事扩充。多于四元之方程式只可存而不论。……方程式理论自难发展。在应用方面，李冶之勾股测圆，郭守敬、王恂之垛积招差、割圆弧矢，已臻极繁复之境界。朱世杰《四元玉鉴》算题以虚问实，用假象真，究无补实用矣。凡此诸端悉为元初数学不能更进一步之内在因素。至其外铄之因素则有二端，科举制之复行与理学之普及是已。②

虽然上述观点不无可商榷之处，但从总体来看，它毕竟为后辈学者开辟了一片广阔的学术天地，并引导人们站在更高的学术层面去深入研究金元科技思想发展和演变的光辉历程。

在历法史方面，朱文鑫于1934年出版《历法通志》一书，其中郭守敬等人编纂的《授时历》成为该书的最闪亮之点。朱文鑫先生指出：“《授时历》取法统天而益详，制器则有简仪、仰仪、景符、窥几之属，前此言测候者所未有也。布算则有朵（垛）垒招差、勾股弧矢之法，前此言推步者所未明也。先之以实测，继之以密算。得推步之要，详立法之源，行用讫于元终，而明《大统历》又袭其法，前后经四百年，自三统以来莫与伦比。”③此外，朱文鑫先生认为，郭守敬在编制《授时历》的过程中，坚决奉行“焚阴阳伪书，破世俗迷信”④之举，在科学思想史上具有非常深远的意义。

在地理学史方面，王庸于1938年出版《中国地理学史》一书，此书以地图的演变为中心，认为地理思想的演变可分为三期：由裴秀至唐代的贾耽为一期，由贾耽至元代之朱思本为一期，而自朱思本以迄清初，则又为一期。⑤至于元代朱思本舆图的意义，王庸给予了高度评价。他说：“中国地图自裴秀以后，至贾耽而为之一振。后此除沿袭贾图外，一般官用地图，大抵仍依传统之绘法。……降及元代，乃有朱思本崛起，舆图之作，始又中兴。历明代以迄清初，多为朱思本之势力所统罩，其影响之大，较元以前之贾图有过之无不及焉。”⑥

---

① 钱永红：《一代学人钱宝琮》，杭州：浙江大学出版社，2008年，第20页。

② 中国科学院自然科学史研究所：《钱宝琮科学史论文选集》，北京：科学出版社，1983年，第346页。

③ 朱文鑫：《历法通志》，上海：商务印书馆，1934年，第208—209页。

④ 朱文鑫：《历法通志》，第207页。

⑤ 王庸：《中国地理学史》，上海：商务印书馆，1938年，第37页。

⑥ 王庸：《中国地理学史》，第85—86页。

因之，元代地图思想对于明清地理学发展的历史影响，由此可见一斑。

在医学史方面，这门学问的开拓者陈邦贤先生著有《中国医学史》一书，该书以“金元医学流派的争竞”来概括这个时期医学发展的特征，并明确了其历史地位。他说：“中国的医学，在唐宋以前，本无所谓派别；到金元的时候，才有医学流派的兴起；金元号称四大家，实际上就是四大学派。……四派之中各有发明，因发明而有所争竞。”①尤其是“洁古之学，传诸李东垣，倡土为万物母之说，著《内外伤寒辨惑论》、《脾胃论》、《兰室秘藏》各二卷，极论寒凉峻利之害，实在是于河间丹溪之外独树一帜；自此以后，已大变经方本来面目了”②。陈邦贤先生此论，可谓后人研治金元医学思想史的准绳。

在水利史方面，张念祖于1932年出版《中国历代水利述要》一书，书中分述“辽金之水利”和“元之水利”，肯定了元代水利的成绩：“元有天下，内立都水监，外设各处河渠司，以兴举水利，修理河堤为务。故元代兴水田，史册记载尤多。”③另外，对贾鲁的治河思想，书中亦做了比较恰当的评述。之后，张含英于1945年出版《历代治河方略述要》一书，为了对贾鲁治河的功绩有一个客观和科学的认识，张含英先生把贾鲁的治河思想放到中国古代整个治河的历史过程之中进行考察，并得出了以下认识：“治河者乃欲维持适当河槽，而不使之溢溃也。其当分者，则疏之以杀其怒，其当合者，则塞之以并其流，遇有壅淤，则浚之以利宣泄。至于筑堤所以防溢，镶埽所以御溃，塞决则临时之工也。言虽简略，而治河之大旨备矣。”④当然，元代水利之最引人注目者应推京杭大运河工程，郑肇经在1939年出版的《中国水利史》一书中对此有极高之评价。他说：“元代虽通行海运，而开通惠接白河、御河，又开会通上连御河，下接清泗，至徐州会黄河，南通江、淮，循江南运河抵余杭，完成南北运河之局势，开辟世界极长之运道，功亦伟矣！”⑤

在生物分类学史方面，张孟闻于1947年出版《中国科学史举隅》一书，该书共由三部分内容组成，其中第二部分是“中国生物分类学史述论”。在张孟闻先生看来，元代生物分类学以饮馔药物学为特色。他说：“元人以北方之强，入主华夏，习俗既殊；体质迥异，神州珍错，未必适性。是以药物之学，首重饮馔。王好古《汤液本书》，吴瑞《日用本草》导其先河。忽思慧《饮膳正要》，韩弈《易牙遗意》，贾铭《饮食须知》扬其宏波。……其真传本草之学者，在北有东垣李杲，南方有丹溪朱震亨。以南北食性之异，温补、清疏，各执一偏，用药施剂，遂有南北之别。”⑥

其他如张瑗的《中国农业新史》、吴仁敬等人的《中国陶瓷史》、刘仙洲的《中国机械工程史料》、李乔苹的《中国化学史》等，都于中国科学技术思想史的各自专业领域，具有开山之意义。综上所述，整个近代中国科技思想的研究，有起有伏，其大体走势是：以抗日战争爆发为界，之前呈上升态势，之后则呈下降态势。诚如张海鹏等学者所言：“无论如

---

① 陈邦贤：《中国医学史》，北京：团结出版社，2006年，第78—79页。
② 陈邦贤：《中国医学史》，第80页。
③ 张念祖：《中国历代水利述要》，天津：华北水利委员会图书室，1932年，第68页。
④ 张含英：《历代治河方略述要》，上海：商务印书馆，1945年，第15页。
⑤ 郑肇经：《中国水利史》，上海：商务印书馆，1939年，第216—217页。
⑥ 张孟闻：《中国科学史举隅》，上海：中国文化服务社，1947年，第47—48页。

何，1937 年日本全面侵华前的 10 年，是中国科学技术史研究的一个高峰。相对来说，1938—1949 年是中国科学技术史研究的一个低潮时期。”①

二、中华人民共和国成立后的金元科技思想史研究概况

（一）国内的基本研究状况

为了结束旧中国科学史研究的孤立和分散局面，1954 年中国科学院决定成立中国自然科学史研究委员会，共由 17 名专家组成：竺可桢、叶企孙、侯外庐、向达、钱宝琮、李俨、丁西林、袁翰青、侯仁之、陈桢、李涛、刘庆云、张含英、梁思成、刘敦桢、王振铎、刘仙洲。以此为契机，中国科学院、清华大学等科研机构和高等院校相继成立了专业研究组织，研究队伍迅速扩大，学术成果层出不穷。由于一般成果数量较多，难以尽述，笔者在此仅择其有代表性的成果略述如下。

首先，1949—1976 年，老一辈科技史家在其原有成果的基础上，以唯物史观为指导，以个案和专题为基础，依据新的史料，开始对金元科技思想史进行新的审视、整合和解读，取得了显著成绩。

在历法方面，钱宝琮先生于 1956 年在《天文学报》第 2 期上发表《授时历法略论》一文，在文中，钱宝琮先生强调《授时历》不是一人之功劳，而是集体智慧（或称“天文工作集团”）的结晶，这个论断对于扭转长期以来占据科技思想史统治地位的“英雄史观”具有重要的意义。同时，该文还对“《授时历》的天文数据”、“招差法”、“弧矢割圆法”以及“国外人士评论《授时历》与回回历的关系”等问题进行了阐释，尤其是在《授时历》与回回历法的关系问题上，他否定了回回历法对《授时历》的影响②，自成一家之言。

在代数学方面，1962 年，杜石然在《科学史集刊》第 4 期上发表了《朱世杰的“四元消法”和“垛积招差”》一文，在此基础上，杜石然先生于 1966 年又发表了《朱世杰研究》一文，是为 20 世纪 80 年代之前中国学界研究朱世杰数学思想的标志性成果。在文中，杜石然先生分析了金元天元、四元术“失传”的原因：第一，元代的天元、四元术、高阶等差级数求和、招差术等“高端”成就，脱离了当时社会发展的需要，因此，“脱离社会生产实践的需要，其内容又大都是艰深不易了解，这就构成了这些成果‘失传’的最主要的原因”③；第二，科举制阻碍了元代数学的发展，在他看来，“自唐朝设明算科以来，我们找不到任何一个在历史上留有姓名的数学家是由明算科培养出来的，金元之际天元、四元术的高度发展，再一次证明了不受科举考试之类教条束缚的研究和讨论是封建社会科学发展的必要条件”④；第三，“理学对数学的发展，不是促进，而是一种阻碍”⑤。当然，上述

---

① 张海鹏：《中国历史学 30 年》，北京：中国社会科学出版社，2008 年，第 363 页。

② 中国科学院自然科学史研究所：《钱宝琮科学史论文选集》，第 376 页。

③ 杜石然：《朱世杰研究》，钱宝琮等：《宋元数学史论文集》，北京：科学出版社，1966 年，第 206 页。

④ 杜石然：《朱世杰研究》，钱宝琮等：《宋元数学史论文集》，第 207 页。

⑤ 杜石然：《朱世杰研究》，钱宝琮等：《宋元数学史论文集》，第 207—208 页。

观点不是终结之论，其中有些观点至今仍在争论之中。另外，梅荣照的《李冶及其数学著作》亦是此期元代科学家个案研究的扛鼎之作，此文被收录在《宋元数学史论文集》里。对于如何正确理解李冶的科学思想，梅荣照先生应用唯物辩证法提出了两点认识：一方面，“李冶在对待科学理论与实践的关系批判继承，以及对数学的看法等，的确有许多可取之处，也正是由于他具有这些认识，才使得他能在这个为当时一般学者所轻视的数学研究领域中取得了很大的成就”；另一方面，“李冶和古代许多儒家学者一样，相信天人相感之说……李冶把‘天’看成是宇宙万物的主宰，社会上与自然界的一切现象完全是‘天’的安排，因此不应随意改变。只有顺从‘天意’，才能转祸为福，转凶为吉，这种思想，正是他在剧烈的阶级斗争中逃避现实，走上隐居道路的根源之一”[①]。尽管此论尚带有那个时代的鲜明烙印，但从总体上看，梅荣照先生的辩证认识符合历史实际，至今都有重要的理论意义。

在医学方面，任应秋于1964年写了《论河间学派》一文，就河间学派的流变及其学术贡献，任应秋先生提出了以下观点：“刘完素以病机阐火热，旨在推陈以致新；马宗素、张从正从证治阐火热，重在攻邪以去疾，是为火热说之一变；朱震亨从病因以阐火热，旨在补不足而写有余，是为火热说之再变；王节斋、汪石山以下，重视丹溪阴常不足之论，着意于阴阳之补益，是为火热说之三变矣。”[②]从“变”中寻找金元医学发展的历史规律，体现了中华人民共和国医学思想史研究的新路径。当然，革故鼎新既是认识金元医学思想史的思维方法，同时又是揭示中医学不断发展和演变的本质特征。

在农学方面，万国鼎于1962年出版《王祯和农书》一书，接着，他又于1963年发表《我国古代农学研究的巨大成就——纪念〈王祯农书〉成书六百五十周年》一文，成为研究王祯农学思想的开山之作。万国鼎先生认为，虽然《王祯农书》“在细节上有不少缺点，在某些方面不如《氾胜之书》、《齐民要术》、《陈旉农书》、《农政全书》等，但是它在农学体系上（包括《农器图谱》在内）发展到古农书中的高峰，是值得珍视的”[③]。此论甚为公允，至今都是研究王祯农学思想的指南。在农业机械史方面，1959年中国历史博物馆新馆落成，王振铎为解决新馆通史陈列之需，根据《王祯农书》的记载，复原了一大批农业机械，如汉耧车、水碓、水排，北魏时期的水碾，晋代的水磨、牛转连磨，隋唐时期的筒车、高转筒车，宋元时期的推镰、秧马、砘车、冶铁水排、木棉卷筵、木棉拨车、木棉搅车、木棉床、木棉纺车，元朝的水转大纺车，以及明朝的水轮三用等[④]，为直观展示宋元农业科技文明作出了显著贡献。当然，从某种程度上说，这也是对王祯农器图谱思想的生动再现。

其次，从1976年至今，随着改革开放的不断深入，在老一代科技史家的引导下，新一代科技史家继续沿着前辈所开创的事业，锐意进取，进一步扩大研究视野，从大局着眼，初步形成了门类齐全的金元科技思想史研究格局，特别是出现了科技思想通史与个案研究交相辉映的新局面。仅以个案研究为例，其主要学术成就有：席泽宗分别于1978年和1981

---

① 梅荣照：《李冶及其数学著作》，钱宝琮等：《宋元数学史论文集》，北京：科学出版社，1966年，第109页。

② 任应秋：《任应秋论医集》，北京：人民卫生出版社，1984年，第405页。

③ 万国鼎：《我国古代农学研究的巨大成就——纪念〈王祯农书〉成书六百五十周年》，《文汇报》1963年6月13日。

④ 李强：《王振铎与中国历史博物馆馆藏科技模型的复原工作》，《中国科技史料》1991年第2期，第66—67页。

年发表的《浑仪和简仪——中国古代测天仪器的成就》及《郭守敬的天文学成就及其意义》两文，对郭守敬何以能够超绝前贤，取得科学思想的巨大成就，从主、客观方面进行了分析。席泽宗先生认为：第一，郭守敬从小爱好学习。第二，注重实践，郭守敬“利用观测取得第一手资料是搞好历法的根本，而观测手段又是决定观测精度和深度的根本，于是他又首先抓仪器的制造”。在制作仪器的过程中，郭守敬总是先做模型，经过试验、改进，最后才用金属铸造。他的这一套以实践为第一性的思想方法和工作方法，是《授时历》取得辉煌成就的基础。第三，对于前人的科学遗产，他善于分析比较，择求它们的优缺点，有的予以接受，有的予以改进，有的予以摈弃。①

从 1983 年第 2 期开始，《黑龙江中医药》开设“金元名医评传”专栏，对刘完素、张元素、张从正、李东垣、王好古、朱震亨等医学大家的学术思想及临床经验，进行比较全面和深入的探究，极大地提升了学界研究金元医学思想的学术水平。

在数学史界，李冶的数学成就和思想魅力吸引着国内外众多学者为之翘首顿足。为此，李迪在 1993 年发表了《近 20 年来国内外对李冶的研究与介绍》一文，叙事甚为周详，足见学界对李冶数学思想的关注。其中，周瀚光的《论李冶的科学思想》②是第一篇全面、深入论述李冶科学思想的专文。在文中，周瀚光先生提出了李冶的数理可知论思想，其主要内容包括：数理可穷；数理难穷；以力强穷。另外，李冶独立思考的科学创新精神，在周瀚光先生看来，至少可以概括为三点：第一，李冶选择“天元术”这一当时数学的最新发现作为自己后半生的主要研究方向，正是他长期摸索、独立思考的结果；第二，李冶不仅接受并掌握了当时“天元术”的一整套算法，而且大胆地进行创新和改进，使“天元术”的算法更加简便；第三，李冶还在“洞渊九容”等前人成果的基础上，经过自己的刻苦钻研和反复思考，创造了一些更优于“洞渊”旧术的新方法。所以，“李冶之所以能够攀上数学领域的高峰，也正是与他的科学思想基础密切相关”③。1988 年，孔国平出版了第一本全面论述李冶生平及学术成就的专著——《李冶传》。对此书的出版，郭书春给予了较高的评价，他认为孔国平“在前人基础上对李冶的生平、著述、诗词做了全面研究，内容不仅涉及其数学成就、数学思想、治学态度，而且涉及他的政治态度、文史造诣和其他方面的贡献，把这一课题的研究推向了新的阶段”④。

改革开放以来，随着解放思想的逐渐深入，道教科技的研究局面日渐火热。以丘处机的丹学思想为例，2000 年，唐代剑出版了《王嚞丘处机评传》一书，它被列为“中国思想家评传丛书”之一。该书第十章题为“丘处机性命双修的内丹思想”，唐代剑先生指出丘处机的内丹思想主要有三个特点：一是三教圆融，贯穿于内丹思想；二是清修为本，充分体现“我命在我不在天”的主观能动性；三是方法简明，便于进行宗教实践。于是，他的内

---

① 席泽宗：《古新星新表与科学史探索——席泽宗院士自选集》，西安：陕西师范大学出版社，2002 年，第 265—266 页。

② 吴文俊主编：《中国数学史论文集》第 3 集，济南：山东教育出版社，1987 年，第 73—80 页。

③ 周瀚光：《论李冶的科学思想》，吴文俊主编：《中国数学史论文集》第 3 集，第 73 页。

④ 郭书春：《评〈李冶传〉》，《自然辩证法研究》1989 年第 4 期，第 75 页。

丹思想“传播于世，学人蜂起，使他开创的龙门派迅速成为全真教之主干，日益兴盛起来”[①]。

2003年，陈美东出版《郭守敬评传》，此书亦系“中国思想家评传丛书”之一。书中列三章专论郭守敬的科技思想，即第二章“测验之器莫先仪表、天文仪器制作的技术思想及太史院的设计”，第三章“历法莫先测验与继之以密算：实践与理论的统一”，第四章“水利思想”。与钱宝琮、杜石然的观点不同，陈美东先生通过大量的史料分析，得出了以下结论：

> 《授时历》是在继承中国传统历法的基础上，有诸多创新。在这些创新中，有的是建于中国固有历法或算法基础上的，有的则是受到阿拉伯天文学的影响。同样，郭守敬一系列天文仪器的制作是在继承中国天文仪器制作传统的基础上，有诸多创新。在这些创新中，有的是建于中国传统天文仪器制作的基础上，有的则是受到阿拉伯天文仪器的启示。郭守敬等的《授时历》以及郭守敬天文仪器制作之所以能够度越前儒，吸收中外已有的先进科学技术成果当是重要的原因之一。[②]

确实，在当时中国、阿拉伯地区密切交往（包括科技人员与科技文献）的历史条件下，任何一方想要维持相互不了解或者相互隔绝的静止状态，真的很难想象，因此，我们采纳了陈美东先生的观点。

此外，郭文韬的《王祯农学思想略论》等，都从不同角度对元代科学技术的发展面相进行了剖视，从而极大地丰富了元代科技思想的历史内涵。

（二）国外的基本研究状况

（1）第二次世界大战后日本史学界涌现出了一批颇有影响的中国科技史专家，如薮内清、山田庆儿等。薮内清系新城新藏的学生，其研究兴趣非常广泛，著作甚丰，仅研究元代科技史的专著就有《回回历解》《宋元时代科学技术史》等，因而学界称他“是一位可以与英国李约瑟博士并提的国外研究中国科学技术史的巨匠”[③]。在薮内清看来，“元代虽然比其它时代更多的系统地引进了以伊斯兰为中心的西方科学，但除对授时历有影响之外，其它几乎看不到有什么影响，而且元代的科学，是中国传统科学开出的灿烂之花，它是被北方民族征服了的汉族知识分子所郁积的能量的产物”[④]。诚然，薮内清的观点未必全面，例如，阿拉伯医学对中医眼科的影响、阿拉伯火器对元代兵器发展的影响等，说明阿拉伯科学对元代科学的影响较为广泛与深远，所以绝不是“除对授时历有影响之外，其它几乎看不到有什么影响”。不过，就基本方面而论，薮内清的观点符合中国传统科学发展的历史特征。

继薮内清之后，山田庆儿的成就不俗，令人刮目相看。山田庆儿，1955年毕业于京都大学宇宙物理学专业，1989年开始任国际日本文化研究中心教授。他在科学思想史方面的

---

① 唐代剑：《王嚞丘处机评传》，南京：南京大学出版社，2000年，第223页。

② 陈美东：《郭守敬评传》，南京：南京大学出版社，2003年，第382页。

③ 姜振寰：《哲学与社会视野中的技术》，北京：中国社会科学出版社，2005年，第169页。

④ 国际历史学会议日本国内委员会：《战后日本研究中国历史动态》，东北师范大学历史系中国古代研究室译，西安：三秦出版社，1988年，第248页。

主要成果有《古代东亚哲学与科技文化——山田庆儿论文集》等。与薮内清相似，山田庆儿认为，郭守敬的科学成就之思想动力，源自中国古代的科学传统。他坚信《授时历》舍弃了传统的"分数计数法，而采用了小数计数法，乍一看，这确实像是创新之作，其实，无非是对传统本身所进行的一次自我革新"①。其他如宫下三郎的《宋元的医疗》、篠田统的《关于饮膳正要》、长濑守的《王祯的技术思想》等，也都堪称是日本学界研究中国元代科技思想的上乘之作。

（2）法国研究中国元代科技思想史的主要代表系林力娜（Karine Chemla）。1981年，林力娜只身来到中国科学院自然科学史研究所进修中国古代数学，专治李冶的数学思想研究。1982年10月，她的博士学位论文《李冶的测圆海镜》（*Etude du Livre Reflets des Mesures du Cercle sur la mer de Li Ye*）通过了巴黎第XIII大学的论文答辩。之后，她又发表了《李冶〈测圆海镜〉的结构及其对数学知识的表述》（*Structure of Texts and Expression of Mathematical Knowledge in the Ce Yuan Hai Jing*）及《李冶在数学史上的地位》（*Li Ye in the Mathematics of His Time*）等论文，对李冶的天元术思想做了较新的阐释。林力娜以其独特的视角，考察了李冶天元术思想形成的历史原因，她特别指出：中国与阿拉伯国家科学思想之间客观上存在着相互影响的关系。以此为切入点，林力娜得出了两个事实："其一，尽管它们之间可能存在着历史上的联系，关于解方程的这些算法在中国和阿拉伯世界嵌入了不同的研究目的。其二，无论如何，似乎在中国和阿拉伯世界存在着一个工作团体，在其中，尽管研究项目不同，但某些共同的基础却被共享。而在这个数学团体中，李冶的数学活动把他推向了那个时代的科学研究之最前沿。"②

（3）在英国，何丙郁（Ho Pong-yoke）的研究成果可谓独辟新径。例如，1973年何丙郁发表了《李冶》一文。实际上，何丙郁先生对中国古代科学史研究的贡献主要在于他开辟出了一条新路径，尽管这条路径还需要时间和国内学者对它的认同与接受。比如，他发表的《研究中国科学史的新途径——奇门遁甲与科学》及《算命是一门科学么？》两文，一反常态，给予了"奇门遁甲"和"算命"积极的评价。何丙郁先生认为，"遁甲可以说是复杂的，但不见得是高深莫测。我们可以看到遁甲是传统中国的一门上下一致，基于天人合一、阴阳五行、河图洛书和易卦传统理论的，也是可以理解的学问。遁甲和其他两种三式同样要运用计算，而从传统的观点，三式的应用范畴比现代科学更广。可是有不少内在的因素，使它和发生在欧洲的相比，没有可能演变为一种现代科学"③。对

---

① ［日］山田庆儿：《授时历之道》前言，东京：美铃书房，1980年，第2页。

② 林力娜：《李冶在数学史上的地位》，李迪：《数学史研究文集》第5辑，呼和浩特、台北：内蒙古大学出版社、九章出版社，1993年，第168页。

③ 何丙郁：《研究中国科学史的新途径——奇门遁甲与科学》，王渝生主编：《第七届国际中国科学史会议文集》，郑州：大象出版社，1999年，第15页。

于“算命”，何丙郁先生承认它有部分真理，并且举例说：“《穷通宝鉴》和《滴天髓》的理论，都似是来自长期观察自然界现象的结果。这两部书都是从木说起，以木在一年中之变化比喻人生，反映出中国古代以农为业的社会。‘十神’也是得自对社会的长期观察，可划成一个社会关系示意图。偶尔命理学的记载可以有助于历史的研究。”[①]当然，何丙郁的观点可以称作是一管之见，因为对中国传统科学的本质，我们毕竟还有一个认识和再认识的过程。

综上所述，我们发现，迄今为止，国内外科技史家从不同侧面，对金元尤其是元代科技思想进行了既有广度又有深度的挖掘，他们不囿于成说，而是裒合诸家，述以己见，不仅有他们对金元科技思想成果的经验总结，而且更有他们对金元科技思想本身所存在“缺陷”的批评和反思。所以，无论纵观还是横观，上述诸家在研究视野、史料挖掘、思维向度、知识集约等方面都有新的拓展与创获，并为后人站在更高的层面研究金元科技思想奠定了坚实的理论基础。

第二节　金元科技思想产生和发展的经济文化背景

一、对汉族文化的继承和发展

金、元本系两个少数民族建立的国家，其科技文明的起点都比较低。金初以阿城为中心，形成了一种以北方游牧、渔猎、征战为特质的山野文化，这种文化通过不断吸收契丹、渤海、汉族文化，而形成了具有统一、多元的民族特色的文化。我们知道，当金人灭亡了北宋之后，金初的山野文化与高度发达的中原文化之间便开始了冲突与融合的历史进程。女真以熙宗、完颜宗干、海陵王为代表的“汉化派”顺应历史的发展潮流，推动着金朝文化由女真传统文化向汉文化转变，如金熙宗时，金朝设立译经所，用女真文字翻译汉文经史，儒学渐盛。对此，龙小松的博士学位论文《冲突与融合——金代文化的变迁》[②]已有详述，笔者无须多言。不过，我们在此需要强调的是，金灭北宋导致中原儒士一分为二，遂产生了南北分流的后果：其一，有的南迁而流向南宋所统治的地区；其二，有的北归而流向金朝所统治的北方地区，因而造成金朝尊信儒家学说的气象。所以，刘祁有“自古名人出东、西、南三方，今日合到北方”[③]之说。例如，庄仲方的《金文雅・序》云：“金初无文字也，自太祖得辽人韩昉而言始文。太宗入宋汴州，取经籍图

① 何丙郁：《算命是一门科学么？》，《何丙郁中国科技史论集》，沈阳：辽宁教育出版社，2001年，第337页。
② 龙小松：《冲突与融合——金代文化的变迁》，浙江大学2008年博士学位论文。
③ （金）刘祁撰，崔文印点校：《归潜志》卷10，北京：中华书局，1983年，第118页。

书，宋宇文虚中、张斛、蔡松年、高士谈辈，先后归之，而文字煟兴，然犹借才异代也。”[①]而大量中原儒士流向金朝，正反映了金朝历史发展本身的客观需要。故《大金国志》载，金熙宗在成长的过程中，由“中国儒士教之，后能赋诗染翰，雅歌儒服，分茶焚香，弈棋象戏，尽失女真故态矣”[②]。

因此，在完颜阿骨打和金太宗推行汉化政策的基础上，金熙宗进一步从官制、皇位继承、法律制度、文化制度、科举等多方面，“率多同化于汉人”[③]。海陵王将国都由上都迁至燕京，而“燕京为天地之中”的理念使他逐渐确立了“将混一天下”[④]，并以自己为中国正统之君的宏伟目标。对于游牧渔猎征战，马克思曾经说过：“定居下来的征服者所采纳的共同体形式，应当适应于他们面临的生产力发展水平。如果起初情况不是这样，那么共同体形式就应当按照生产力来改变。这也就说明了民族大迁移后的时期到处可见的一件事实，即奴隶成了主人，征服者很快就学会了被征服民族的语言、教育和风俗”[⑤]。金朝的汉化过程确实如此，从历史上看，这种“汉化过程”的普遍性，使得汉族的文化传统一以贯之，没有出现中断。就此而言，前揭山田庆儿在总结金元科技发展的主要成就时，认为无论如何它们“无非是对传统本身所进行的一次自我革新”，把脉十分准确，亦同中国古代的历史进程相符合。

与之相联系，开科取士对于促进金代科技事业的发展，起到了积极作用。据《金史·选举志》载：

> 金承辽后，凡事欲轶辽世，故进士科目兼采唐、宋之法而增损之。其及第出身，视前代特重，而法亦密焉。若夫以策论进士取其国人，而用女直文字以为程文，斯盖就其所长以收其用，又欲行其国字，使人通习而不废耳。终金之代，科目得人为盛。诸宫护卫、及省台部译史、令史、通事，仕进皆列于正班，斯则唐、宋以来之所无者，岂非因时制宜，而以汉法为依据者乎。[⑥]

以“汉法为依据”道出了金代文教的本质。考金一代的重要科学家，有不少与科举有关，如李庆嗣“少举进士不第，弃而学医”[⑦]；纪天锡“早弃进士业，学医，精于其技，遂以医名世。集注《难经》五卷，大定十五年上其书，授医学博士”[⑧]；张元素“八岁试童子举。二十七试经义进士，犯庙讳下第。乃去学医”[⑨]；杨云翼，金明昌五年（1194）甲寅科状元及第，精于历算、医方及术数，著有《勾股机要》1卷、《象数类说》和《积年杂说》；

---

① （清）庄仲方：《金文雅·序》，任继愈主编：《中华传世文选·金文雅》，长春：吉林人民出版社，1998年，第107页。

② （宋）宇文懋昭撰，崔文印校证：《大金国志校证》卷12《熙宗孝成皇帝四》，北京：中华书局，1986年，第179页。

③ 柳诒徵：《中国文化史》，南昌：江西教育出版社，2018年，第621页。

④ （金）刘祁撰，崔文印点校：《归潜志》卷12，第136页。

⑤ 中共中央马克思恩格斯列宁斯大林著作编译局：《马克思恩格斯选集》第1卷，北京：人民出版社，2012年，第207页。

⑥ 《金史》卷51《选举志一》，北京：中华书局，1975年，第1129—1130页。

⑦ 《金史》卷131《李庆嗣传》，第2811页。

⑧ 《金史》卷131《纪天锡传》，第2812页。

⑨ 《金史》卷131《张元素传》，第2812页。

麻九畴，县试、省试成功，然殿试落第，后赐二甲第一及第，通算学；李冶，金正大七年（1230）在洛阳中进士；耶律履，亦作移剌履，赐进士及第，造《乙未历》等。依“金代科举年表”统计，金朝自天会二年（1124）至正大七年（1230），凡开科考试47次，共取士6531名。[①]尽管这个数量与广大士人的需求还有较大差距，但是它对金朝科技发展所造成的震动效应却是不可低估的。像上述李庆嗣、张元素等，都是在金朝的这种科举效应中成长为医学家的。列宁说过：“判断历史的功绩，不是根据历史活动家没有提供现代所要求的东西，而是根据他们比他们的前辈提供了新的东西。”[②]例如，金与辽同为少数民族政权，金灭辽，而“用辽故物”[③]，“遵辽国旧仪，今行之已四十年”[④]。当然，金朝在灭亡北宋之后，很快又学到了为辽朝“旧仪”中所没有的东西。于是，《金史》又载：“金用武得国，无以异于辽，而一代制作能自树立唐、宋之间，有非辽世所及，以文而不以武也。”[⑤]何止“有非辽世所及”，即使在科技思想方面，也有为南宋所不及者，如金代的医学流派及天元术，都可谓超越前代的光辉成就。

元朝虽吸纳了阿拉伯文明、欧洲文明和中原文明，但从中华文明的连续性看，中原文明则无疑是元朝文化的基础。[⑥]

同金朝一样，对于中原文明，元朝统治者亦经历了一个从排异到相容再到消化和吸收的历史过程。在忽必烈之前，元朝统治者推行草原本位政策，《元史》称：“太祖肇基之地，国家根本系焉。”[⑦]元人袁桷亦说：“太祖皇帝肇定区夏，视居庸以北为内地，户族散处，皆安其简易。”[⑧]在行政体制方面，“内地”由大汗直接统领，而“内地”以外的被征服地区，如中原汉地则由汗廷派遣大断事官进行统治。蒙哥汗卒后，忽必烈依靠中原汉族的力量确立了其大汗地位，这使他认识到“汉法”对于元朝统治具有十分重要的作用。因此，忽必烈即位后，即实行“祖述变通”与“效行汉法”相结合的治国方略。与此同时，他还将元朝的统治中心从漠北转移至燕京（大都）。

与元太祖的观念不同，在忽必烈的思想意识里，“山以南，国之根本也”[⑨]。此“山以南”是指燕山以南，可见，忽必烈逐渐摆脱了草原本位的意识而逐渐转向了汉地本位，这是元朝统治者延续汉族文化不被中断的重要举措。当然，确立汉族文化的主导地位，并不等于排挤了汉族以外的文化，相反，忽必烈一如既往地保存“国俗”，兼收吐蕃藏传佛教文化、中亚伊斯兰文化乃至欧洲基督教文化，文化的多元便构成了元朝文化的重要特征之一。当然，恰如许衡所言：“国朝土宇旷远，诸民相杂，俗既不同，（立国规模）论难遽定。考

---

① 薛瑞兆：《金代科举》，北京：中国社会科学出版社，2004年，第315—317页。
② 中共中央马克思恩格斯列宁斯大林著作编译局：《列宁全集》第2卷，北京：人民出版社，1984年，第154页。
③ 《金史》卷39《乐志上》，第889页。
④ 《金史》卷83《汝弼传》，第1870页。
⑤ 《金史》卷125《文艺传上》，第2713页。
⑥ 关于元代文化的历史地位评价，参见陈高华先生的《元代文化史》等书，我们在此不作详述。
⑦ 《元史》卷31《明宗本纪》，北京：中华书局，1976年，第698页。
⑧ （元）苏天爵：《元文类》卷22《袁桷·上都华严寺碑》，任继愈主编：《中华传世文选·元文类》，第519页。
⑨ 《元史》卷156《董文柄传》，第3673页。

之前代，北方奄有中夏，必行汉法可以长久。故后魏、辽、金历年最多，其它不能实用汉法，皆乱亡相继。史册具载，昭昭可见也。”[①]对于任何少数民族统治者，非汉化不能统领中原，这是由中华民族长期发展和演变的历史特点所决定的，它已经成为一个不可更易的客观规律。从游牧文化转向农耕文化，忽必烈不仅需要胆量与勇气，更需要依靠大量的儒士。所以，以刘秉忠为首的紫金山集团，正是忽必烈推行汉化政策的产物。《元史》载：至元四年（1267），忽必烈“命秉忠筑中都城，始建宗庙宫室。八年，奏建国号曰大元，而以中都为大都。他如颁章服，举朝仪，给俸禄，定官制，皆自秉忠发之，为一代成宪”[②]。尤其是元朝统治者为了对金、宋科第之家予以特殊对待，故而实行“儒户”政策。虽然儒户之设在窝阔台十年（1238），但是真正恢复以儒士为中心的汉地旧秩序，却在忽必烈即位之后。高智耀曾向忽必烈解释说：“释教固美矣！至于治天下，则有儒者之道。”[③]因“备陈尧、舜、禹、汤、文、武、周公、孔子之道有补于世，非区区技术者所能万一”[④]。从国家的层面看，这种价值取向固然有贱视科学技术的思想倾向，但是实事求是地讲，在当时的特定历史条件下，此举对于确立元朝的国家意识形态却意义非常。于是，高智耀上奏云：“以儒为驱，古无是也。帝方以古道治天下，宜除之。”[⑤]忽必烈批准了高智耀的奏请，自此儒士总算获得了相对的人身自由。

至于如何评价元代儒户的社会地位，史学界的认识尚不统一。笔者认为萧启庆先生的分析甚有道理。他说：

> 从儒户在元代社会中的地位也可看出元代在中国历史上的连续性和特异性。一方面，元代虽以异族入主，但究竟是一个建立于中国的王朝，对中国的政治和文化传统不得不有所顾虑，对中国社会中的“秀异分子”必须予以尊崇。而且，蒙古入主中国后，也面临到“天下不可自马上治”的问题。虽然政府中高级职务大多给予蒙古、色目，但办理实际事务的职位，仍需汉、南人来充当，不得不设立儒户，以期培养人材。另一方面，儒人的不能独享殊荣也反映了元代的国家与社会和汉族王朝时代的迥然有别。元朝不仅是一个征服王朝，而且在理论上仍是蒙古世界帝国的一部分，是一个多元种族、多元文化的社会。若欲以“儒道”来君临比汉唐更为扩大的“天下”，以儒家伦常来规范文化不同的诸民族，自然有扞格难行之处。因此，元室对各民族的文化采取一视同仁的态度，对各种思想及宗教也不偏不倚，并予尊荣。儒家思想遂从“道”的地位转变为许多“教”的一种，而儒士也失去唯我独尊的传统地位，不过是几个受到优崇的“身份集团”之一而已。[⑥]

---

① 陈得芝辑点：《元代奏议集录》上册，杭州：浙江古籍出版社，1998年，第88页。

② 《元史》卷157《刘秉忠传》，第3694页。

③ 王颋点校：《庙学典礼》卷1《秀才免差发》，杭州：浙江古籍出版社，1992年，第11页。

④ 王颋点校：《庙学典礼》卷1《秀才免差发》，第11页。

⑤ 王颋点校：《庙学典礼》卷1《秀才免差发》，第11页。

⑥ 萧启庆：《元代的儒户——儒士地位演进史上的一章》，《宋史研究集》第15辑，台北：编译馆，1984年，第266页。

仅就元代科学家的构成看，确实体现了多元文化的特点。不过此间，汉族儒士仍然是其科技创新的主体力量，从唐宋以来这种格局并没有因为元朝文化的多元性而发生实质性的改变。当然，与金朝的科举取士路径不同，元代自忽必烈起，在长达半个多世纪的时间里，废除了科举制，汉族儒士进入官僚阶层的路径唯有吏之一途。元朝废科举固然与多元文化并存的特殊局面有关，但是从忽必烈的立场看，他更倾向于务实，而非虚文。这样，通过鼓励汉族儒士积极从事专业性的具体工作，客观上有利于各种"实用型"的专业人才脱颖而出，并易于激发中下层儒士的科技创新热情。而元代科技创新的高峰之所以出现在忽必烈统治时期，绝不是偶然的历史现象，而是具有内在的必然性，它说明忽必烈从元朝的社会实际出发，废科举，顺应了特定历史发展阶段的客观需要。与宋、金科技发展的策略不同，忽必烈不是运用科举手段，而是通过其他的激励机制，同样促进了科技的发展。看来，如何选择人才和较好地使用人才，不同的历史阶段各有其特殊性，金朝和元朝的科技发展即证明了这一点。

二、学校教育的空前发达

关于这个问题，我们将在"结论"部分再作叙述。这里，将重点阐释学校教育的多元性和复杂性。

（一）汉学教育

1. 金代的汉学教育

金代的汉学教育分官学、私学，以及专科学校和特殊学校。其中官学又细分为宫廷教育、国子监、太学、府州学、县学、乡学等层次。如果从宏观上分，则官学一般分为中央学校和地方官学两种类型。例如，宫廷教育、国子监、太学及司天台五科和医学十科，均为中央学校（包括专科学校），其他如府州学、县学和乡学，均为地方官学。其中，宫廷教育专为太子、诸王、侍卫亲军所设，规格很高，非"硕德宿学"不能胜任。此外，尚有宫廷女学，教育对象主要是宫女。

从通常的意义上看，金代的专科教育相对于国子监和太学的官僚特权而言则比较开放，是造就科技人才的主要渠道之一，如《金史·选举志》载：

> 凡司天台学生，女直二十六人，汉人五十人，听官民家年十五以上、三十以下试补。又三年一次，选草泽人试补。其试之制，以《宣明历》试推步，及《婚书》、《地理新书》试合婚、安葬，并《易》筮法，六壬课、三命五星之术。凡医学十科，大兴府学生三十人，余京府二十人，散府节镇十六人，防御州十人，每月试疑难，以所对优劣加惩劝，三年一次试诸太医，虽不系学生，亦听试补。①

对于天文和医学两科，因其重在传授技术，故除了统治者的政治需要外，似与传统的

---

① 《金史》卷51《选举志一》，第1152—1153页。

"德高艺下"观念有关，所以"艺"的招生可以面向"官民家"和"草泽人"，这从另一个角度说明了民间科技活动有其独特的发展规律。文中所言《宣明历》是一部优秀的历法，尤以提出日食三差（时差、气差、刻差）而著称，在日本直到1684年《宣明历》才被停用，先后沿袭了800多年。另外，《地理新书》为宋代吕才奴所著，是指导民间合婚及安葬活动的用书，其迷信成分多于科学成分，但它对于研究当时的民俗文化尚有文献价值。故丁日昌《持静斋书目》介绍说：

> 宋初，因唐吕才《阴阳书》中地理八篇增辑为《乾坤宝典》。景祐初命修正舛戾，别成三十篇，赐名《地理新书》。皇祐三年诏王洙等勾管删修，事具洙进书序。金世宗大定甲辰平阳毕履道校正，为之图解。章宗明昌壬子古戴郜夫张谦复为精校刊行。《四库》未收，各家书目未见著录，亦术数家古笈仅存者矣。[①]

金代号称"能自树立唐、宋之间"，仅就天文学的继承性来讲，此言不差，如上述两部教材即是旁证。当然，像《婚书》、《地理新书》及《易》筮法之类，不能完全用现代科学的理念来考量。因此，我们需要将其置于总的历史发展过程中来加以考察，然后再辨析其中何者属于精华，何者属于糟粕，这才是历史的态度。金代医学的发展亦如此。承前所述，既然"艺"的学问主要流行于民间，那么，在金代科技教育资源相对有限的历史条件下，私学教育异军突起就是不可避免的了。

考金代的许多科学家，多接受私学教育。例如，刘完素"尝遇异人陈先生，以酒饮守真，大醉，及寤洞达医术，若有授之者"[②]，揭去其神秘成分，刘完素医学授自私学是显而易见的；武祯，"深数学"，"其占如响"，其子亢，"尝与一学生终日相对，握筹布画"[③]；耶律履，从小受到良好的家庭教育，精历算[④]，其子耶律楚材，"生三岁而孤，母杨氏教之学。及长，博极群书，旁通天文、地理、律历、术数及释老、医卜之说"[⑤]；麻九畴，从张子和学医，尽得张氏医术，且为润色其《儒门事亲》[⑥]；蔡珪，幼承家学，曾撰《南北史志》30卷、《晋阳志》12卷、《补正水经》5篇等[⑦]，其《撞冰行》诗云："扬槌启路夜撞冰，手皮半逐冰皮裂。"[⑧]这是迄今所见最早记载破冰船的史料；李猎户，于狩猎中将火药装入陶罐，"腰悬火罐，取卷爆潜热之，掷树下，药火发，猛作大声"[⑨]，此"药火"（手榴弹的雏形）技术当传之私学；据钱宝琮先生考证，在金代的东平、太原、博陆、

① （清）丁日昌：《持静斋书目》，上海：上海古籍出版社，2008年，第295页。
② 《金史》卷131《刘完素传》，第2811页。
③ 《金史》卷131《武祯传》，第2814页。
④ 《金史》卷95《移剌履传》，第2101页。
⑤ 《元史》卷146《耶律楚材传》，第3455页。
⑥ 《金史》卷126《麻九畴传》，第2740页。
⑦ 《金史》卷125《蔡珪传》，第2718页。
⑧ 章荑荪：《辽金元诗选》，上海：古典文学出版社，1958年，第41页。
⑨ （金）元好问撰，常振国点校：《续夷坚志》卷2《狐锯树》，北京：中华书局，2006年，第25页。

鹿泉、平水和绛等地，都有私习数学的传统[①]等。由此可见，金代私学教育与其科学技术发展的关系密切。

2. 元代的汉学教育

元代的汉学教育分中央与地方两种，中央官学有国子学。1234年，“以冯光宇为国子总教，命侍臣子弟十八人入学，是为建置学校之始”[②]。地方学校的设立各地情况不平衡，时而废弃，时而建置。至元九年（1272），创设路学；至元二十三年（1286），诏令各县村庄以50家为单位，组成一社，建立社学，即“劝农立社，尤一代农政之善者”[③]，“择通晓经书者为学师，农隙使子弟入学”[④]，以《农桑辑要》为教材，同时对社民进行道德教化。据统计，至元二十五年（1288），元代的社学数已达到了24 400多所[⑤]，普及率较高；至元二十八年（1291），命江南诸路学及各县学内设立小学，以朱熹10卷本《小学》为训导的范本。此外，在元代的官学教育体系里，不仅加强了医学的教学与管理，而且创设了阴阳学校。所有这些不仅体现了元代的办学特色，而且对于推动元代科学的发展意义非同寻常。

先看医学，《元史》载：

> 世祖中统二年夏五月，太医院使王猷言：“医学久废，后进无所师授。窃恐朝廷一时取人，学非其传，为害甚大。”乃遣副使王安仁授以金牌，往诸路设立医学。其生员拟免本身检医差占等役，俟其学有所成，每月试以疑难，视其所对优劣，量加劝惩。后又定医学之制，设诸路提举纲维之。凡宫壸所需，省台所用，转入常调，可任亲民，其从太医院自迁转者，不得视此例，又以示仕途不可以杂进也。然太医院官既受宣命，皆同文武正官五品以上迁叙，余以旧品职递升，子孙荫用同正班叙。其掌药，充都监直长，充御药院副使，升至大使，考满依旧例于流官铨注。诸教授皆从太医院定拟，而各路主善亦拟同教授皆从九品。凡随朝太医，及医官子弟，及路府州县学官，并须试验。其各处名医所述医经文字，悉从考校。其诸药所产性味真伪，悉从辨验。其随路学校，每岁出降十三科疑难题目，具呈太医院，发下诸路医学，令生员依式习课医义，年终置簿解纳送本司，以定其优劣焉。[⑥]

这段话把医学教育分成普通教育和继续教育两种类型，无论在当时还是在现在，这种医学教育模式都具有十分重要的意义。仁宗延祐三年（1316）设立科举试，三年一次，从路府州县医户并诸邑内选举，其应试者的条件为：须30岁以上，且医明行修，为众所称。在复兴传统医学的政治理念之下，元朝统治者所采取的这些举措对于行医者的医术和医德，

---

① 中国科学院自然科学史研究所：《钱宝琮科学史论文选集》，第320页。

② 柯劭忞：《新元史》卷64《选举志一》，长春：吉林人民出版社，1995年，第1505页。

③ 柯劭忞：《新元史》卷69《食货志二》，第1589页。

④ 柯劭忞：《新元史》卷69《食货志二》，第1590页。

⑤ 陈学恂主编：《中国教育史研究·宋元分卷》，上海：华东师范大学出版社，2009年，第346页。

⑥ 《元史》卷81《选举志一》，第2033—2034页。

无疑是一种约束，当然更是一种激励。

再看阴阳学，《元史》载：

> 世祖至元二十八年夏六月，始置诸路阴阳学。其在腹里、江南，若有通晓阴阳之人，各路官司详加取勘，依儒学、医学之例，每路设教授以训诲之。其有术数精通者，每岁录呈省府，赴都试验，果有异能，则于司天台内许令近侍。延祐初，令阴阳人依儒、医例，于路府州设教授一员，凡阴阳人皆管辖之，而上属于太史焉。①

由于阴阳学根植于元朝统治者的萨满教意识，故备受其重视。例如，至大元年（1308），诏令“天下郡邑设阴阳教授司，立教授、学正录以主之。凡阴阳、历数、巫术、铜壶之事咸肄焉”②。作为一种职业，同儒、医、乐、匠等一样，阴阳亦为独立的一类户籍，即阴阳户。据载，至元二十七年（1290）五月诏：“括天下阴阳户口，仍立各路教官，有精于艺者，岁贡各一人。”③其主要科目是：“曰：占算，曰：三命，曰：五星，曰：周易，曰：六壬，曰：教学，曰：婚元。占才大义书，曰《宅元周易秘奥》，曰《人宅通经论》，曰《茔元地理新书》，曰《茔元总论》，曰《地理明真论》。”④在这里，我们对阴阳学要用历史的眼光看，一方面，阴阳学是元朝社会发展的历史产物，在当时它对元朝社会复杂多变的政治和军事形势，以及广大民众的焦虑心理具有一定的减压和调节作用；另一方面，随着历史的发展，阴阳学已经越来越与落后的文化相联系，并成为科学思想传播的严重阻碍。因此，我们应当自觉抵制阴阳学的各种毒素，以使我们的文化生态更加健康，更加充满生机和活力。

元代的汉族私学在金代私学的基础上更进一步。仅以科技类的私学教育为例，元朝灭南宋之后，大量的南宋儒士隐而教授生徒，故忽必烈多次诏令“举遗逸以求隐迹之士，擢茂异以待非常之人”，又“至元十八年，诏求前代圣贤之后，儒医卜筮，通晓天文历数，并山林隐逸之士”⑤。这里所传递出来的信息非常肯定和明确，即很多有科学素养的“非常之人”都在朝外，隐迹于民间，以传道解惑为业。例如，姚枢在河南隐居时，传授门徒杨古为“沈氏活版”，此处所谓“沈氏活版”实为《梦溪笔谈》所载之毕昇活字印刷。于是，高丽活字版《陈简斋诗集》载朝鲜人金宗直跋云：

> 活板之法始于沈括，而盛于杨惟中（即杨古或杨克），天下古今之书籍无不可印，其利博矣。⑥

后来，许衡、窦默亦曾相继退隐山林，依附姚枢，并在百泉太极书院授徒传学，“凡经

① 《元史》卷81《选举志一》，第2034页。
② 延祐《四明志》卷14《学校考下》，《宋元浙江方志集成》第9册，杭州：杭州出版社，2009年，第4278页。
③ 《元史》卷16《世祖本纪十三》，第338页。
④ 柯劭忞：《新元史》卷64《选举志一》，长春：吉林人民出版社，1995年，第1512页。
⑤ 《元史》卷81《选举志一》，第2034页。
⑥ 张秀民：《中国印刷史》所引《白氏文集》跋，上海：上海人民出版社，1989年，第673页。

传、子史、礼乐、名物、星历、兵刑、食货、水利之类，无所不讲”[①]。又如，田忠良“其先平阳赵城人，金亡，徙中山”，他隐而“好学，通儒家、杂家言”，精星历、遁甲术，后由刘秉忠举荐，诏官之司天。[②]刘因的父亲刘述辞职后，“还居保定，谢绝交朋，专务教子”[③]，而刘因则“性不苟合，不妄交接，家虽甚贫……家居教授，师道尊严，弟子造其门者，随材器教之，皆有成就”[④]。王恂子“宽、宾，并从许衡游，得星历之传于家学”[⑤]等。可见，这些私学教育不仅方法灵活多样，而且成效显著。诚如陈学恂先生所言：“元代私人科技教育的水平和官方阴阳学中司天诸生的水平比较，并不逊色，甚至还略胜一筹。”[⑥]

（二）非汉学教育

在元朝包容政策的鼓舞下，许多少数民族的甚至异国的科技人才脱颖而出，成为元朝科技创新群体中的佼佼者。像“立浮桥二十余所”[⑦]的契丹人石抹按只，“领茶迭儿局诸色人匠总管府达鲁花赤、兼领监宫殿”[⑧]的大食人也黑迭儿，能制造“声震天地，所击无不摧陷，入地七尺”[⑨]火炮的回回匠人亦思马因，“尝绘京都《万岁山图》稿”[⑩]的元文宗，以及“尝手制龙船样式”[⑪]的元顺帝等，在这个少数民族科技群体中，既有皇帝又有普通工匠，他们都身怀一技之长，为元代科学技术的发展作出了自己应有的贡献。仅就少数民族的科技创新成就而言，元代可视为中国古代科技发展史上的一个历史高峰，人才济济，硕果累累。究其成因，除了社会和政治及经济的原因外，少数民族的科技教育空前发达则是非常重要的原因之一。例如，国子学里“其百人之内，蒙古半之，色目、汉人半之”[⑫]，这种相对于汉人的少数民族教育优势，是元代独有的历史文化现象。对此，陈学恂先生在《中国教育史研究・宋元分卷》第4编中已有比较详尽的论述，笔者无须赘言。

当然，元代少数民族教育如诸路蒙古字学、回回国子学等，除侧重于延续其本民族的语言文字外，重视科技知识的传授无疑是其中最重要的一项教育内容，如蒙古国子学兼习算学，即是一个突出的例证。此外，在少数民族私学（包括延师执教、家学传授及设塾教诲等）教育中，科技教育则更加突出。例如，蒙哥汗曾让回回学者在宫廷里讲授《几何原理》；西域人阿老瓦丁和亦思马因师徒相传，系制造回回炮的著名专家；也黑迭儿出身于回

---

① 《元史》卷158《许衡传》，第3717页。

② 《元史》卷203《田忠良传》，第4535—4536页。

③ （元）苏天爵著，陈高华、孟繁清点校：《滋溪文稿》卷8《碑志二・静修先生刘公墓表》，北京：中华书局，1997年，第111页。

④ 《元史》卷171《刘因传》，第4008页。

⑤ 《元史》卷164《王恂传》，第3845页。

⑥ 陈学恂主编：《中国教育史研究・宋元分卷》，第460页。

⑦ 《元史》卷154《石抹按只传》，第3641页。

⑧ （元）欧阳玄著，魏崇武、刘建立校点：《欧阳玄集・圭斋文集》卷9《元赠效忠宣力功臣太傅开府仪同三司上柱国追封赵国公益忠靖马合马沙碑》，长春：吉林文史出版社，2009年，第121页。

⑨ 《元史》卷203《亦思马因传》，第4544页。

⑩ 杨永生主编：《哲匠录》，北京：中国建筑工业出版社，2005年，第128页。

⑪ 杨永生主编：《哲匠录》，第129页。

⑫ 《元史》卷81《选举志一》，第2029页。

回工程世家，其一家有四世领茶迭儿局（元代掌管土木工程与工匠的官署）；波斯学者札马鲁丁曾向忽必烈讲授天文学，而西域弗林（今叙利亚）人爱薛在掌西域星历和医药司期间，向中国同行传授西域星历和医药知识等。所以，元代的医学及天文学和建筑学均十分发达，即与元朝统治者重视少数民族科技教育有一定关系。

三、科技人才流动比较频繁

在金元时期，科技人才流动主要有两种形式：被迫性迁徙与主动性迁徙。前者往往与军事战争有关，而后者则多发生在相对和平的历史时期。但不管怎样，在当时的历史条件下，科技人才的区域流动对于促进各地区之间科技发展的相对平衡，具有十分重要的意义。

通常所说的金源文化，系指11世纪至12世纪中期以金上京（府治在今黑龙江阿城南的白城）为中心地域的女真民族文化，它是一种融合契丹、渤海、汉族等民族文化于一体的多元文化形态。[①]而这种文化形态的演成与其各族工匠的流动不无关联，例如，为了促进金源内地的经济发展和科技进步，金朝将“实内”确立为一项基本国策加以推行。其具体办法就是将大量汉族的工匠，强制性地徙居“金源内地”。据《金史》记载，天辅七年（1123）金人“取燕京路，二月，尽徙六州氏族富强工技之民于内地”[②]；同年四月，金太祖又“命习古乃、婆卢火监护长胜军，及燕京豪族工匠，由松亭关徙之内地”[③]等。经考古发现，金源内地出土了数以万计的金代铁器，以生产工具为主，而从多处金代遗址中都出土了犁铧这个事实不难窥知，当时犁耕农业得到了比较普遍的发展，垦田面积不断扩大，上京路每年征收的税粟计有20多万石；另外，五道岭一带开采的矿石达四五十万吨；金银开采盛况空前，出现了“翟家”“邢家”等著名的金银手工业作坊。还有1988年阿城巨源乡城子村发现了金齐国王完颜宴夫妻合葬墓，其出土的金代丝织品和服饰堪称孤品，故有“塞北的马王堆”之称。尤其是为了加强金源内地与中原地区的经济联系和人才流动，金朝修建了通往南京（今北京市）的驿道。因此，有学者认为，女真族在短短的百余年时间里，完成了生产方式的飞跃，即由农耕、畜牧、采集渔猎经济并举的生产方式向以农耕生产方式为主的生产方式过渡，经常迁徙，以及不断接触到先进的生产技术和工具，不能不说是其中的一个重要因素。

海陵王完颜亮迁都燕京之后，积极推行“凡四方之民欲居中都者，给复十年，以实京城”[④]的政策，于是，金朝的经济中心渐次北移，与之相适应，大量人才亦开始由开封逐渐向燕京地区集中。对此，鲁亦冬先生评论说：“虽然金朝统治时期中原、两淮地区的经济遭到严重破坏，而且长期没有得到恢复。但是，中原以北地区的经济在金代却得到一定程度的发展，北方经济的格局发生一定的变化，北方经济的重心开始由中原向北转移到今河北、

---

① 王禹浪：《东北史地论稿》，哈尔滨：哈尔滨出版社，2004年，第100页。
② 《金史》卷46《食货志一》，第1033页。
③ 《金史》卷2《太祖本纪二》，第41页。
④ 《金史》卷83《张浩传》，第1863页。

山西一带。这是具有积极意义的新变化。”[①]一方面，原居东北地区的女真、契丹等族人户南迁中都者计 2.4 万户、20 万口[②]，如“徙上京路太祖、辽王宗干、秦王宗翰之猛安，并为合扎猛安，及右谏议乌里补猛安，太师勖、宗正宗敏之族，处之中都”[③]，且女真的屯田军“自燕山之南，淮陇之北，皆有之，多至六万人，皆筑垒于村落间”[④]；另一方面，天会六年（1128），“迁洛阳、襄阳、颍昌、汝、郑、均、房、唐、邓、陈、蔡之民于河北”[⑤]。此处所说的“河北”，系指黄河以北地区。不独如此，据《揽辔录》记载，由于金中都的建设所需，当时，“海陵王发宏愿，重建新都。遣画工写汴京宫室制度，阔狭修短，尽以授之。左相张浩辈，按图修之。役民八十万，兵夫四十万。作治数年，北京自此始呈巨丽之观”[⑥]。此处所说的“役民”，主要包括各地的民夫和各族工匠。所以，大量工匠的因时性对流和重新布局，在客观上起到了从多方面激荡金朝科技事业之创新活力的作用。

为了加强天文观测，金朝在燕京建立了天文台，下设天文、历算、三式、测验、漏刻五科，科技人员由汉族和女真族组成，其中汉人 50 名，女真人 26 名，两个民族的工作人员在相互交流和学习中，为金朝天文学的发展作出了重要贡献，如《金史》载有女真天文学家夹谷德在兴定五年（1221）的天文报告和汉族天文学家武亢在天兴元年（1232）的天文报告，即是当时女真族的天文学家与汉族的天文学家相互交流和学习，并已融为一体的一个典型例证。明昌元年（1190），天文官张行简制造了星丸漏和莲花漏；承安四年（1199）六月，又有“奉职丑和尚进《浮漏水称影仪简仪图》”[⑦]。从世界历史的角度讲，上述天文成就似与中国、阿拉伯地区之间的科技交流紧密相连。所以，陈久金先生推测：“这个丑和尚应该是到过阿拉伯地区并熟悉阿拉伯天文仪器的，不然就不可能具体设计出简仪、影仪等新式仪器。”[⑧]此外，金朝还在河北、山西等地广修塔寺，从而使各族工匠在上述地区的流动更加频繁，遂造就了盛极一时的文化景观。所以，元代的技术人才流动，无论规模还是分布范围及其影响，都远远超过了前代。

元朝的统治中心经历了先漠北后中原的变化过程。随着蒙古军队的西征及其统治区域的不断扩大，窝阔台于 1235 年亦即攻灭金朝的第二年，曾下令在斡耳寒河畔修建了哈剌和林作为大蒙古国的都城，城内有两个居民区：回回区与汉人区，其居民主要是被遣来的各族“户饶良匠”，如在不花剌，许多人“以佃巧手艺入附，（被）徙置和林”[⑨]。在此基础上，窝阔台于 1236 年下令在和林城修造天文台，并颁行金人赵知微

---

① 鲁亦冬：《中国宋辽金夏经济史》，北京：人民出版社，1994 年，第 220 页。
② 侯仁之：《黄河文化》，武汉：华艺出版社，1994 年，第 503 页。
③ 《金史》卷 44《兵志・兵制》，第 993 页。
④ （宋）宇文懋昭撰，崔文印校证：《大金国志校证》卷 12《熙宗孝成皇帝四》，第 173 页。
⑤ 《金史》卷 3《太宗本纪三》，第 58 页。
⑥ 汤用彬、彭一卣、陈声聪：《旧都文物略》，北京：书目文献出版社，1986 年，第 245 页。
⑦ 《金史》卷 11《章宗本纪三》，第 251 页。
⑧ 陈久金：《中国少数民族天文学史》，北京：中国科学技术出版社，2008 年，第 538 页。
⑨ （元）朱德润：《存复斋文集》卷 1《资善大夫中政院使贾公世德之碑铭》，上海：商务印书馆，1934 年，第 817 页。

重修的《大明历》。[1]这样，“从契丹往这里送来的工匠，从伊斯兰各地也同样送来匠人，他们……在一个短时期内使它（指哈剌和林）成为一座城市”[2]。随后，元朝统治者又在伊尔汗国创建了马拉干天文台，在察合台汗国的首都撒马尔罕建立了一座巨型天文台，由来自东西方的天文学家共同工作，从事行星运动和恒星方位的观测。特别值得一提的是，康里国人达识帖睦迩在出任江浙行省左丞相期间，重新修建了吴山天文台。[3]所以，无论从哪一个角度看，阿拉伯天文学对元朝中国传统天文学的影响都是客观存在的事实。

至于元朝境内（包括西域和汉地）各族匠人之间的流动，则有下面的实例佐证：窝阔台于1235年“签宣德、西京、平阳、太原、陕西五路人匠充军，命各处管匠头目，除织匠及和林建宫殿一切合干人等外，应有回回、河西、汉儿匠人，并札鲁花赤及札也、种田人等，通验丁数，每二十人出军一名”[4]。此为元初推行兵匠合一制度的具体体现，然而，更多的西域工匠则被指定专门为皇室及王公贵族制造生活用品和奢侈品，以及从事杂役，像荨麻林纳失失局、纳失失毛缎二局、撒答剌欺提举司、砂糖局、尚饮局、尚酝局等都是西域工匠最为集中之所。在医药学的交流方面，元朝特设有“西域侍卫亲军”“西域医药局”“大都与上都阿拉伯药物院”“阿拉伯药物局”等机构，这些机构的创始人为阿拉伯医生爱薛，工作人员内有许多阿拉伯医生。据考证，元朝在征服了西域诸国之后，曾将不少精通葡萄栽培技术的回回人迁徙至宣德（今河北宣化），并在这一带栽培葡萄[5]，尔后从这里传播到全国各地。当然，在阿拉伯医学传入中国的同时，中国医学也传入了阿拉伯国家，如一些阿拉伯国家就聘有中国医生。[6]在天文历算方面，“旭烈兀曾自中国携有中国天文家数人至波斯……即当时人习称为先生（Singsing）者是已。纳速剌丁之能知中国纪元及其天文历数者，盖得之于是人也”[7]。可见，在阿拉伯科学技术传入中国的同时，中国先进的科学技术也不断传入阿拉伯国家，对阿拉伯传统科学技术的发展产生了重要影响。

元朝与高丽之间的科技交流亦很频繁。对此，朴真奭在《中朝经济文化交流史研究》一书中专门论述了“十三世纪后半期至十四世纪元与高丽人民的往来和科技交流”。据朴真奭研究，棉花种植技术传入高丽与文益渐相关，但对文益渐在元朝“得木棉种”回到高丽的具体时间，史学界的认识尚有分歧。其中朴真奭的推断是在1364年10月至1365年1月。[8]当时，文益渐把木棉种带回高丽之后，由其舅郑天益试种，“在北三年，遂大蕃衍。

---

① 《元史》卷2《太宗本纪二》，第33、34、35页。
② ［波斯］志费尼：《世界征服者史》，何高济译，呼和浩特：内蒙古人民出版社，1980年，第277页。
③ 康熙《浙江通志》卷40，清康熙二十三年（1684）刻本。
④ 《元史》卷98《兵志一・兵制》，第2509—2510页。
⑤ 王明昌、叶明儿：《葡萄栽培技术》，杭州：浙江科学技术出版社，1996年，第1—2页。
⑥ 刘荣伦、顾玉潜：《中国卫生行政史略》，广州：广东科技出版社，2007年，第328页。
⑦ ［瑞典］多桑：《多桑蒙古史》下卷，冯承钧译，北京：中华书局，1962年，第91页。
⑧ 朴真奭：《中朝经济文化交流史研究》引《高丽史》，沈阳：辽宁人民出版社，1984年，第75页。

其取子车、缫丝车，皆天益创之”[①]。实际上，郑天益的工作得到了印度弘愿及一位姓蒋的元朝僧侣的具体指导和帮助，它表明科技人才的流动对于高丽棉花种植及棉花加工技术的产生和发展都起到了十分重要的作用，同时它也是中国与朝鲜及中国与韩国之间科技交流历史中的一件大事。

在元代，高丽的造船技术比较发达。故此，元朝曾多次请求高丽为其制造兵船。例如，1232 年 3 月，高丽应元朝之请，曾派送“船三十艘、水手三千人”[②]到中国。《高丽史》又载：“（元世祖）欲征日本，诏方庆与（洪）茶丘监造战舰。造船……用本国船样督造。”[③]再如，元廷赠高丽历日，并派专使携诏书置锦盘；高丽商人则从中国山东、福建、浙江采购大批生丝运回国内，由高丽工匠加工，织成精美的织品，并转手向中国输出[④]等。这些事例充分说明，元朝科技人才的交流既多向又广泛，成为元朝科技发展的重要力量之一。

第三节 金元科技思想的基本内容和主要特点

一、金元科技思想的基本内容

关于如何界定中国古代科技思想的问题，笔者在《北宋科技思想研究纲要》及《南宋科技思想史研究》两书中已做了详略不同的阐释，此不赘言。然而，金元两朝的民族矛盾和宗教信仰非常复杂，此间科技发展往往与落后的和迷信的东西交织在一起。因此，对待金元的科技发展历史，我们就必须采取扬弃的态度，既克服又保留，在批判中借鉴和吸收，反过来，我们在借鉴和吸收的同时，切不可忘记批判与分析。以这个原则为指南，我们将金元科技思想的发展与演变，具体分成下述两个方面的内容。

（一）儒、释、道及伊斯兰教著名历史人物的科技思想

金元两朝宗教日趋多元化，尤以元朝为突出，计有佛教、儒教、道教、伊斯兰教、基督教（即也里可温教）、摩尼教、头陀教、犹太教等，还有藏传佛教及民间的萨满教、白莲教、明教等，与元代的“可汗”和“天子”二元政治体制相适应，元朝统治者始终信守对各种宗教持宽容和开放的政策。例如，成吉思汗“命其后裔切勿偏重何种宗教，应对各教之人待遇平等”，并“各宗派之教师教士贫民医师，以及其他学者，悉皆豁免赋役”[⑤]。

---

① 朴真奭：《中朝经济文化交流史研究》引《高丽史》，第 76 页。

② 朴真奭：《中朝经济文化交流史研究》引《高丽史》，第 78 页。

③ ［朝鲜］郑麟趾等：《高丽史》卷 104《金方庆传》，明万历四十一年（1613）刻本。

④ 张雪慧：《试论元代中国与高丽的贸易》，《中国社会经济史研究》2003 年第 3 期，第 66 页。

⑤ ［瑞典］多桑：《多桑蒙古史》上册，冯承钧译，第 158 页。

蒙哥汗继续沿用对宗教的宽容政策："依成吉思（汗）、斡哥歹汗旧制，免耆老丁税，释、道、也里可温等教亦然。"[①]由于各种宗教特别是佛、道两教，均以出世为怀，退居山林，多兴土木，这在一定程度上给元代社会和元代经济造成了严重的负担。例如，元代共建造了24 318所寺院，这些寺院耗费巨大，像元世祖建万安寺，"佛像及窗壁皆金饰之，凡费金五百四十两有奇、水银二百四十斤"[②]。又，"延祐四年，宣徽使会每岁内廷佛事所供，其费以斤数者，用面四十三万九千五百、油七万九千、酥二万一千八百七十、蜜二万七千三百。自至元三十年间，醮祠佛事之目，仅百有二。大德七年，再立功德司，遂增至五百有余。僧徒贪利无已，营结近侍，欺昧奏请，布施莽斋，所需非一，岁费千万，较之大德，不知几倍"[③]。尽管如此，我们还是应当看到这样一个基本事实：元朝科技在宗教的外衣之下，确实较前代有所发展，只不过这种发展所付出的代价很大，道路也甚曲折。比如，元大都的大天寿万宁寺、庆寿寺，元上都的乾元寺、华严寺，以及道教的永济宫等建筑，自不待言。仅就元大都的设计而论，无不被打上了各种宗教思想的烙印。吴庆洲先生言：

元大都以《周易》数理哲学为规划指导思想，另将宫城置于三垣中之太微垣之位。太微乃三光之廷。三光为日、月、五星。太微垣实为太阳神之宫。这与蒙古人信奉的喇嘛教尊崇毗卢遮那佛即大日如来有关，也与蒙古人为东夷族的后裔有关。[④]

然而，无论如何，元大都的设计和建造至今都是世界上皇城营建的典范之作。

由于金元时期的宗教科技人物较多，本书难以面面俱到。但为了在突出重点的同时，尽量照顾到各种宗教在金元科技思想发展和演变过程中的地位与作用，我们则分别从诸多宗教人物中择取一两位科技思想比较鲜明者，加以历史性的阐释，欲奏管中窥豹之效。

1. 王重阳和朱思本

王重阳系全真教的始创人，后被尊为道教的北五祖之一。他主张儒、释、道三教合一，功行双全，且不崇尚符箓，不事黄白炼丹之术，在中国道教发展史上独树一帜。在生命科学史上，王重阳强调将身与心、形与神、命与性两个方面结合起来加以修炼，其主要观点符合现代心理生理学的基本原理，具有积极的养生学和心理护理学意义，从而对心身医学的发展具有较好的借鉴意义和利用价值。

朱思本是元朝缁衣黄冠道士群体中的一位大才子，属正一教派，于文于理，可谓卓然独秀。他翻译了梵文《河源志》，并考定河源；他所著诗文，即兴而吟，一展其关注现实的气概，故元人虞集评论说：

慎所当言而不鼓夸浮，以为精神也；言当于是不为诡异，以骇观听也；事达其情

---

① 屠寄：《蒙兀儿史记》，北京：中国书店，1984年，第71页。

② 《元史》卷15《世祖本纪十二》，第311页。

③ 《元史》卷202《释老传》，第4523页。

④ 吴庆洲：《中国军事建筑艺术》上册，武汉：湖北教育出版社，2006年，第263页。

不托蹇滞，以为奇古也；情归乎正不肆流荡，以失本原也。若是者，其可少乎！[①]

他揭露星相术的本质是“以媚悦于人，以图利其身”[②]，可谓一针见血；在地图学方面，朱思本绘制的《舆地图》被称作是数百年来中国地理学界之权威，遂成为中国地图学史上一个划时代的人物。

2. 许衡、刘因和吴澄与儒教

关于儒学是否为宗教的问题，学界尚有争议。持儒学为宗教之说者，国外主要有德国的马克斯·韦伯、韩国的崔根德，国内主要有康有为（创立孔教会）、牟宗三、李申等。持儒学非宗教一说者，以国内的学者为主，主要代表有梁启超、章太炎、陈独秀、冯友兰等。本书不去细究儒学与宗教的学术意义，而是试图站在历史真实性的客观立场，从宋元时期士人的习惯称呼出发，来确认“儒教”的学术形态及其存在价值。例如，宋代的张伯端说：“教（儒、道、释）虽分三，道乃归一。”[③]金元时期的丘处机亦说：“儒释道源三教祖，由来千圣古今同。”[④]金大安元年（1209）立《三教圣像》碑于嵩山少林寺，今碑尚存。金名医刘完素则说得更加直白：“洎乎周代，老氏以精大道，专为道教；孔子以精常道，专为儒教。由是儒、道二门之教著矣，归其祖，则三坟之教一焉。”[⑤]可见，“儒教”这个概念在宋元时期已经成为士人的一种共识，故本书遵从其说。

许衡和刘因是元朝前期北方地区的两大名儒，“盖元之所借以立国者也”[⑥]。

许衡以传授程朱理学为己任，谓“纲常不可一日而亡于天下，苟在上者无以任之，则在下之任也”[⑦]，遂开创了北方儒学的新局面。他虽“概然以道为己任”，但在执教太极书院时，“凡经传、子史、礼乐、名物、星历、兵刑、食货、水利之类，无所不讲”[⑧]。即使他后来为太学之斋长，也兼顾道艺，不废科教，如“课诵少暇，即习礼，或习书算”[⑨]。至元十三年（1276），许衡与郭守敬、王恂等一起修订历法，完成了《授时历》。至元十三年（1276）六月甲戌，王恂奏：“今之历家，徒知历术，罕明历理，宜得耆儒如许衡者商订。”[⑩]而“衡以为冬至者历之本，而求历本者在验气。今所用宋旧仪，自汴还至京师已自乖舛，加之岁久，规环不叶。乃与太史令郭守敬等新制仪象圭表，自丙子之冬日测晷景，得丁丑、戊寅、己卯三年冬至加时，减《大明历》十九刻二十分，又增损古岁余岁差法，上

---

① （元）虞集：《道园学古录》卷46《贞一稿序》，《景印文渊阁四库全书》第1207册，台北：台湾商务印书馆，1986年，第650页。

② 李修生主编：《全元文》第31册，南京：凤凰出版社，2004年，第374页。

③ 《紫阳真人悟真篇注疏》，《道藏》第2册，北京、上海、天津：文物出版社、上海书店、天津古籍出版社，1988年，第914页。

④ （金）丘处机：《磻溪集》，《道藏》第25册，第815页。

⑤ （金）刘完素：《素问玄机原病式》，北京：人民卫生出版社，1983年，第1页。

⑥ （清）黄宗羲：《黄宗羲全集》第12册《宋元学案》卷91《静修学案》，杭州：浙江古籍出版社，2012年，第3407页。

⑦ 《元史》卷158《许衡传》，第3717页。

⑧ 《元史》卷158《许衡传》，第3717页。

⑨ 《元史》卷158《许衡传》，第3727页。

⑩ 《元史》卷9《世祖本纪六》，第183页。

考春秋以来冬至，无不尽合"[①]。因此，《授时历》便成为我国古代最先进、实行最久的一部历法。

刘因在学术的影响力方面，虽稍逊于许衡，但其学术思想傲然孑立，特色鲜明。比如，刘因说："邵，至大也；周，至精也；程，至正也；朱子，极其大，尽其精，而贯之以正也。"[②]在此前提下，刘因倡导"合人物于我，合我于天地"[③]的思想，主张"天化宣矣，而人物生焉。人物生矣，而人化存焉"[④]的自然进化论，尤其凸显了"人化"的作用，在当时，这是一种非常深刻的科学观点。

吴澄与许衡、刘因在学术上成鼎足之势，被史家称作元代三大理学家，如黄百家说："有元之学者，鲁斋、静修、草庐三人耳。"[⑤]吴澄追求经学与"行实"的统一，所以他评价宋代胡瑗的分斋教学法说：

> 宋初如胡如孙，首明圣经以立师教，一时号为有体有用之学。卓行异材之士，多出其门，不为无补于人心世道。然稽其所极，度越董韩者无几，是何也。于所谓德性，未尝知所以用其力也。[⑥]

在吴澄看来，胡瑗教学法侧重于"行实"而忽视了"经学"。因此，吴澄认为，元代教育改革的立足点应是加强以"德性"为核心的"经学"教育，而科技教育则仅仅是经学教育的补充。于是，吴澄提出了"教法四条"："一曰经学，二曰行实，三曰文艺，四曰治事。"[⑦]可惜，此建议未被采纳。吴澄把"行实"和"治事"全部统摄于"经学"之内，而这也就成了其科学思想的重要特征。

（二）诸多科技实践家的科技思想

按照金元科技思想发展的实际，我们重点从医学、数学、天文、农学、水利及木工机械等方面，对此期具有代表性的科技史人物的思想特色进行了比较系统的考察。

1. 金元医学四大家

金元医学是中国古代医学发展历史上的一个里程碑，百家争鸣，各立学说，从而开创了医学发展的新局面。

伤寒病之寒热辨，形成了朱肱的"寒热"派与刘完素的"伤寒为热病"派之间的分歧。朱肱的《南阳活人书》经北宋国子监刊印后，被视为研究《伤寒论》的扛鼎之作。例如，宋人张蒇序的《南阳活人书》载，宋代各种论述伤寒的著作，像高若讷的《伤寒纂类》、庞

---

① 《元史》卷158《许衡传》，第3728页。
② 《元史》卷171《刘因传》，第4008页。
③ （元）刘因：《宣化堂记》，李修生主编：《全元文》第13册，南京：江苏古籍出版社，1999年，第396页。
④ （元）刘因：《宣化堂记》，李修生主编：《全元文》第13册，第396页。
⑤ （清）黄宗羲：《黄宗羲全集》第12册《宋元学案》卷91《静修学案》，第3021页。
⑥ （元）吴澄：《尊德性道问学斋记》，《景印文渊阁四库全书》第1197册，第421页。
⑦ 《元史》卷171《吴澄传》，第4012页。

安时的《伤寒总病论》等，“比之此书，天地辽落”[①]。然而，朱肱治疗伤寒的经验却是：“稍别阴阳，知其热证，则召某人，以某人善医阳病；知其冷证，则召某人，以某人善医阴病。”[②]对此，刘完素认为，朱肱将阴阳释作寒热，差之极甚。他说：“古圣训阴阳为表里，惟仲景深得其旨，厥后朱肱奉议作《活人书》，尚失仲景本意，将阴阳字释作寒热，此差之毫厘，失之千里，而中间误罹横夭者，盖不少焉。”[③]在刘完素看来，“人之伤于寒也，则为病热”[④]，或云“六经传受，由浅至深，皆是热证，非有阴寒之病”[⑤]。这样，破旧立新便成为刘完素医学思想的突出特征，诚如姜春华先生所言，“以刘河间为首发起的温病学第一次变革，彻底结束了伤寒之学对温病的束缚”[⑥]，因而开创了金元医学思想解放和百家争鸣尤其是学术创新的新局面。

在一般的医疗实践中，世俗“恶寒喜暖取补”几乎已经成为一种不可更易的心理定式。然而，疾病的防治却往往与人们的心理习惯相悖。因此，如何克服人们不符合疾病防治规律的惰性心理障碍，正确指导医师临床用药，就成为此期医学发展的重要课题。因为治病不能看人情而应依病情的实际来处方施药，这是中医辨证施治的基本规律。从该立场着眼，张从正力破世俗之陋，开创汗、吐、下三法攻邪，立意高远，成为医坛的一大奇迹。

随后，以“补脾胃”或“温补”为特色的易水学派崛起，而张元素为其首创。张元素主张“运气不齐，古今异轨，古方新病不相能也”[⑦]，所以他论病重视脏腑辨证，论药则讲求“药类法象”，创立“脏腑虚实标本用药式”，倡导药物的“归经”说及“引经极使”说，自成体系。李杲则继承张元素医说，建立了与伤寒相对应的内伤理论。李杲认为，诸气皆本于元气，因此，保护脾胃元气为医家之首要，他所著《脾胃论》完备了中医临床外感与内伤的辨证体系，并使内伤病学形成了一门真正意义上的专业学科。

当然，南北风土不同，人的体质差异较大。那么，如何将北方各家学说因地制宜，将其推广应用于南方人的体质和病情，则是元代名医朱震亨需要解决的一道医学难题。为了解决这道医学难题，罗知悌曾启迪朱震亨云：“学医之要，必本于《素问》、《难经》，而湿热相火为病最多，人罕有知其秘者。兼之长沙之书，详于外感，东垣之书，详于内伤，必两尽之，治疾方无所憾，区区陈裴之学，泥之且杀人。”[⑧]其中，“湿热相火为病最多”与江南地土的卑弱关系密切，而朱震亨根据江南风土的特点，裒合北方医学诸家之所长，更参

---

① （宋）张蒇：《南阳活人书·序》，田思胜主编：《朱肱庞安时医学全书》，北京：中国中医药出版社，2006年，第6页。

② （宋）朱肱：《南阳活人书·自序》，田思胜主编：《朱肱庞安时医学全书》，第6页。

③ （金）刘完素：《河间六书》，太原：山西科学技术出版社，2010年，第319页。

④ （金）刘完素：《河间六书》，第319页。

⑤ （金）刘完素：《河间六书》，第319页。

⑥ 蔡定芳主编：《中医与科学——姜春华医学全集》，上海：上海科学技术出版社，2009年，第144页。

⑦ 《金史》卷131《张元素传》，第2812页。

⑧ （元）朱震亨原著，赵建新点校：《丹溪心法》，北京：人民军医出版社，2007年，第364—365页。

以“太极之理，易、礼记、通书、正蒙诸书之义，贯穿《内经》之言，以寻其指归”①，遂提出了“阴常不足，阳常有余”的观点和治疗原则。因此，明人方广称：医术“可以为万世法者，张长沙外感，李东垣内伤，刘河间热证，朱丹溪杂病数者而已”②。其实，还有一点更加重要，那就是朱震亨将先进的哲学思维引入中医学，从而进一步提升了中医学的理论水平，使之不断有所突破和创新。就此来说，朱震亨可谓是中医史上自觉地把宋代理学应用于中医的第一人。③

2. 李冶与朱世杰的数学贡献

由于受到天圆地方思维的局限，中国古代的方程理论在宋代之前一直未能获得相对独立的发展。金元之际，天元术的出现则为方程摆脱几何思维的羁绊而朝着程序化和系统化的方向发展创造了条件。

李冶的《测圆海镜》为我国目前保存下来的最早论述“天元术”的一部数学古典著作。在《测圆海镜》一书中，李冶不仅利用天元术列出了高次方程，而且处理了分式方程，其中常数项可正可负。对此，清代阮元称赞道：“是书所列一百七十问，反复研究，考之于二千年以来相传之《五曹》、《孙子》诸经，盖无以逾其精深，又证之以数万里而外译撰之《同文算指》诸编，实不足拟其神妙。而后知立天元者，自古算家之秘术，而《海镜》者，中土数学之宝书也。”④

在李冶之后，朱世杰是站立在宋元数学高峰之巅上的科学巨人。其《四元玉鉴》“按天、地、人、物立成四元”，将天元术的方程表示法加以推广，在多元方程的求解过程中，朱世杰不仅具体运用了数学有向化的方法，而且注重把具体的、特殊的算法抽象成为一般方法，从而将四元一次联立方程的解法推广到四元高次联立方程；另外，他通过对贾宪三角的深入研究，利用其三角垛的积建立了一系列高阶等差级数的求和公式，并第一次正确列出了四次招差公式，为世界数学史上的首创。因此，郭金彬先生认为，“他的成就，是我国数学占居当时世界数学最高峰的重要标志”⑤。

3. 郭守敬的科技思想及其成就

元代是产生新思想的熔炉，那时代表着世界先进文化水平的两大科学文明体系——中国的传统科学文明与中世纪的阿拉伯科学文明，在元代统治者开放政策的导引之下，不断碰撞（如真金与阿合马的汉法与回法之争）与融合，因而使元代科技发展独步天下。郭守敬无疑是元代科技发展的领军人物，他与王恂、许谦等合力完成的《授时历》，被公认为是中国古代推算最精确和使用最长久的历法。郭守敬主张“历之本在于测验，而测验之器莫

① （元）戴良：《九灵山房集》卷10《丹溪翁传》，《景印文渊阁四库全书》第1219册，第366页。
② （明）方广：《丹溪心法附余》，[日] 丹波元胤著，郭秀梅、[日] 冈田研吉整理：《医籍考》，北京：学苑出版社，2007年，第410页。
③ 毛德西：《毛德西临证经验集粹》，上海：上海中医药大学出版社，2009年，第161页。
④ （清）阮元：《重刻测圆海镜细草序》，孔国平：《〈测圆海镜〉导读》，武汉：湖北教育出版社，1996年，第50页。
⑤ 郭金彬、李赞和：《中国数学源流》，福州：福建教育出版社，1990年，第172页。

先仪表”[①]，在其制作的 20 多种仪器之中，尤以简仪影响最大。就其设计和制造水平而言，直到 1598 年丹麦天文学家第谷所发明的仪器方可与之媲美。不过，对于简仪的创制，我们或许应当承认它“明显借鉴了阿拉伯天文仪器的设计理念”[②]。他领导的“四海测验”在全国 27 个地点进行观测，最北至北海（贝加尔湖），最南至南沙群岛，最东至朝鲜，最西至云南，南北长达 1 万余里[③]，东西宽 5000 多里，测出了前人未命名的恒星 1000 多颗，定回归年长度为 365.242 5 日，与现今通行的公历值完全一致。

在数学方面，郭守敬创垛叠招差法和弧矢割圆法（近似于球面三角的简化公式），不仅“前此言算造者弗能用也”，而且“可谓集古法之大成，为将来之典要者矣”[④]。李约瑟认为：“这个方法被用于太阳视运动角速度的计算中，它在某种程度上与笛卡儿之后使方程适合曲线的方法相当。”[⑤]另外，萨顿认为郭守敬将阿拉伯人发明的球面三角学传入了中国。[⑥]与此持相同观点者尚有法国的赫师慎、马若安等。当然，对于郭守敬弧矢割圆法与阿拉伯三角学之间的关系，还有待进一步探讨，目前难以定论。

在水利工程方面，中统三年（1262），“世祖召见，面陈水利六事”[⑦]。其中第一件事情就是建议引燕京西北玉泉山下的泉水，以增加运河的水量，并根据地势的需要，取直截弯，凿开从通州直达杨村（今天津武清）的新运河河段。至元元年（1264），郭守敬经过实地勘察，疏通了西夏古渠和查泊、兀郎海的“废坏淤浅”之引黄灌渠。至元十二年（1275），“丞相伯颜南征，议立水站，命守敬行视河北、山东可通舟者，为图奏之”[⑧]。据杜石然等的研究，郭守敬于此建立了以东平（今山东东平）为枢纽，西接卫州（今河南卫辉），东至山东中、南部，南达徐州、吕梁一带，北通大运河直达京师的水上交通网。从至元二十八年（1291）到至元三十年（1293），郭守敬对通惠河工程的设计和实施，可谓集其水利思想之大成。

4. 王祯和薛景石的科技思想

元代农书比较丰富，计有《农桑辑要》《王祯农书》《农桑衣食撮要》《救荒活民类要》《山居四要》《田家五行》《载桑图说》《农家谚》《居家必用事类全集》等，其中以《王祯农书》的影响最大，系元代农业发展的重要标志。王祯第一次对广义的农业生产知识（包括粮食作物、蚕桑、畜牧、园艺、林业、渔业）进行了比较全面和系统的论述，并创立了中

---

① 《元史》卷 164《郭守敬传》，第 3847 页。

② 林言椒、何承伟总主编：《中外文明同时空——宋元 VS 王国崛起〈辽金西夏、英法德〉》，上海：上海锦绣文章出版社，2009 年，第 278 页。

③ 1 里=500 米。

④ （清）阮元：《畴人传》卷 25《郭守敬传》，《中国古代科技行实会纂》第 2 册，北京：北京图书馆出版社，2006 年，第 227 页。

⑤ Needham J. *Science and Civilisation in China*，Vol. 3，Cambridge：Cambridge University Press，1959，pp. 48-49.

⑥ Sarton G. *Introduction to History of Science*，Vol. 2，Washington：The Williams and Wiekings Company，1950，p. 1022.

⑦ 《元史》卷 164《郭守敬传》，第 3845 页。

⑧ 《元史》卷 164《郭守敬传》，第 3847 页。

国农学的传统体系；在《农器图谱》里，王祯不仅把农具列为综合性整体农书的重要组成部分，记载了历史上已有的各种农具，包括已经失传了的农具和机械，而且用较大篇幅来叙述新发明的大型高效农具；在农作物的引种方面，他反对"风土不宜说"，因为南北各地对农作物的引种是否成功，关键在于是否掌握栽培的技术和管理；在《百谷谱》里，王祯注重对植物性状的描述，另外，他将农作物分成若干属，实际上已具农作物分类学的雏形等。所以，郑振铎先生说：其"不仅总结了古代农业的好的经验，而且，更有新的见解和新的创造"①。

薛景石是金末元初的木工名匠，其生卒年不详。他所著的《梓人遗制》以节录的形式保存在《永乐大典》卷3518和卷3519《九真》，以及卷18245《匠字诸书第十四》中，由"车制"和"织机"两部分组成，共录有标准专用机械和器具图形14种，然不及原书的7/55。即使如此，该残卷也仍具有十分珍贵的史料价值。因此，段成己在序言中称："其所制作不失古法而间出新意。"②例如，书中所载罗机子，是现存关于汉唐罗织机的唯一图像和文字资料，又，"立机子"亦是迄今被保存下来的独一无二的历史资料。仅就机械制图的成就而言，《梓人遗制》的器械施工用图，应是在绘画基础上形成的绘图技术的一个新派别；提出了机械零件"互换性"的初步概念，明确区分了"装配图"与"零件图"③等。难怪赵翰生先生称赞该书"是当时在机械工程方面具有突出地位的高水平作品"④。

5. 其他人文学者的科技思想

在中国传统文化教育体系的知识结构中，"德"与"艺"的地位并不平衡，且"六艺"之中又以道德教育为主，所以技艺之学的教育相对比较落后，这是问题的一面；另一面则是"六艺"的知识结构体系里毕竟包含着技艺之学，像《周易》与象数学，《周礼》与百工技艺之学，《诗经》与动植物学，《尚书》与区域地理学等，这样就造成了经学发展终究不能完全脱离或舍弃科技这门学问的历史局面。从这个视角来看，宋元教育重视"德"与"艺"的结合，既是经学自身演变的必然结果，同时又是宋元经济发展的客观需要。

确实，儒家"六艺"有广义和狭义两种说法。若从广义的角度讲，"六艺"亦称"六经"。"六经"不但各有特色，而且其"德"与"艺"的侧重也互不相同。例如，"《易》著天地阴阳四时五行，故长于变；《礼》经纪人伦，故长于行；《书》记先王之事，故长于政；《诗》记山川溪谷禽兽草木，牝牡雌雄，故长于风；《乐》乐所以立，故长于和；《春秋》辩是非，

① 郑振铎：《西谛书话》，北京：生活·读书·新知三联书店，1998年，第496页。

② （金）段成己：《梓人遗制·序》，华觉明主编：《中国科学技术典籍通汇·技术卷》第1分册，郑州：大象出版社，2015年，第339页。

③ 周昕：《中国农具史纲及图谱》，北京：中国建材工业出版社，1998年，第149页。

④ 赵翰生：《梓人遗制提要》，华觉明主编：《中国科学技术典籍通汇·技术卷》第1分册，第337页。

故长于治人”[①]。

若从狭义的角度来看，则《周礼·大司徒》所言“礼、乐、射、御、书、数”之“六艺”，实际上亦是6门科目。此科目可按照其内容一分为二：一则为经学，二则主要为专门的技艺之学。由此不难看出，在这种经学教育模式和知识结构的体系之内，人文学者不乏自然科学修养，当是情理之中的事情，像司马迁、班固、柳宗元、欧阳修等都是非常典型的例子。加之元代崇尚实际，强调“务施实德，不尚虚文”[②]，因而就使更多的人文学者在他们的著作里比较自觉地注入一些科学思想的新鲜营养。比如，段成己、戴良、马祖常、苏天爵等都有较深厚的科学素养。惜局于论题所限，本书仅择元好问、马端临和谢应芳三位，不免有些遗憾，至于其他人文学者的科技思想，则只能割舍所爱，留待以后再作阐释。

元好问系生活在金元之际具有鲜卑血统的文坛巨擘，他主张“诚为诗之本”[③]，当然更是做人之本。纵观元好问的一生，他除了长于文学创作之外，还深于历算、医药、佛道哲理等学问。例如，祖颐在《四元玉鉴·后序》中列举了金元时期的天元术著作，其中有绛人元裕细草而为刘锴所撰的《如积释锁》，此“元裕”即是元好问（字裕之），故清人罗士琳说：“好问淹贯经传，百家诗文，为一代宗工，兼通九数天元之学……曾因刘汝谐（锴）撰《如积释锁》为撰《细草》，今二书不传，事见祖颐序中。”[④]

马端临的《文献通考》被列为三通之首，“是中国中世纪仅见的历史巨制”[⑤]，故元英宗称其为“治国安民”“济世之儒”的“有用之学”[⑥]，特别符合元朝统治者的政治理念。与郑樵相比，马端临对待传统的思想文化更加理性，他很少有激烈的言辞，而是摆事实、讲道理，以理服人，非以气势唬人。对此，白寿彝先生以反对五行说为例，做了颇为深刻的阐释。他说：马端临并没有像“郑樵一样使用激烈的词句来反对五行说的目的论，而是叙述了传统的说法，并从历史事实上分析这种说法的矛盾。这实际上是比使用激烈词句更有说服力的”[⑦]。在《舆地考》中，马端临批判了地理环境决定论的不合时宜，他在“永兴军”后附议建都形势说：

> 汉唐都于长安，西北皆邻强胡，汉之初兴也，河西五郡皆匈奴之地，去长安密迩，故胡骑入寇则烽火通于甘泉。唐之初兴也，突厥雄据西北，故入寇即犯渭桥。高祖至欲徙都以避之，可谓逼矣。然孝武用兵，取河西，夺其美地荐草以置郡县。议者谓“断

---

① 《史记》卷130《太史公自序》，北京：中华书局，1982年，第3297页。

② 《元史》卷4《世祖本纪一》，第64页。

③ 于民主编：《中国美学史资料选编》，上海：复旦大学出版社，2008年，第321页。

④ （清）罗士琳：《续畴人传·金补遗二·元好问》，《中国古代科技行实会纂》第3册，北京：北京图书馆出版社，2006年，第378页。

⑤ 白寿彝：《白寿彝文集》第5卷《中国史学史论》，开封：河南大学出版社，2008年，第265页。

⑥ （元）马端临：《文献通考》，北京：中华书局，1986年，第11页。

⑦ 白寿彝：《白寿彝文集》第5卷《中国史学史论》，第269页。

匈奴之右臂”，而虏遂衰。至宣、元间，卒称臣请命。太宗平突厥，俘高昌，置安西、北庭二府。至肃宗时，西北二胡，反能以兵助讨安、史，复两京。然则汉唐之于夷狄也，或取其地以为我有，或役其兵以为我用，则密迩寇敌之地，岂果不可都哉？盖宋之兵力，劣于前代远甚，故景德时，澶渊小警，而议者遽谋幸蜀、幸江南以避之。靖康后，女真南牧，一鼓傅汴，再驾陷京城，不一、二年间，逾河越淮，跨江蹦浙，历数千里如入无人之地。虽有金汤之险，幅员之广，而望风奔北，大驾航海，几不知税驾之所失在兵弱，非关于地之不广且险也。假令承平时，尽得幽蓟、灵夏之地，而兵势不振如此，亦岂能救中天之祸哉！①

如此高屋建瓴，审时度势地以建都为例来辨析和议论汉唐宋诸朝政治之得失，确有一种历史学家的伟大气概，而他的科技文献思想正是建立在这种伟大的气概之上的。于是，他将《田赋考》置于诸考之首，这种安排无疑是一种政治思想的表达，它深刻揭示了封建政权与田赋制度之间的内在联系。在《钱币考》里，马端临认为，为了抑制通货膨胀，“钱币之权当出于上，则造钱币之司当归于一”②。这个思想颇有远见，甚至在今天都有借鉴的价值和意义。在《文献通考·自序》里，他认为人口质量决定国家的强与弱，而“民之多寡不足为国之盛衰”，因为在科技和文化教育相对落后的条件下，单纯追求人口数量则“生齿繁而多窳惰之辈”。故在马端临看来，“古之人方其为士，则道问学；及其为农，则力稼穑；及其为兵，则善战阵”，所以“民众则其国强，民寡则其国弱”。然而，随着生产力的发展和社会的进步，今之人反而“风气日漓，民生其间，才益乏而智益劣。士拘于文墨，而授之介胄则惭；农安于犁锄，而问之刀笔则废。以至九流百工释老之徒，食土之毛者，日以繁伙，其肩摩袂接，三孱不足以满隅者，总总也”③。在此，厚古薄今诚然有一定的历史局限性，但马端临用战略的眼光看到了科技教育与富国强兵的关系，提出只有提高民众的科学素质才是富国强兵之路的主张，此论不愧为伟大史学家的远见卓识。

谢应芳，元末明初的一位勤苦独立者，以道义名节自励，匡俗卫道。他用“神龟虽寿，犹有竟时”为喻，自号龟巢。在长期的乡校教学实践中，谢应芳求实而绝不虚浮，誓与封建陋俗及迷信决裂。他针砭徽、钦二帝“昏迷不明物理，信一时妖幻之言”④，又因“嫉夫异端邪说之诬民”⑤而撰《辨惑编》。在谢应芳看来，生死乃自然规律，不可抗拒。因此，生活就是“尽乎人事而已，夫天时何足泥哉”⑥。这种科学的人生态度，使他无论处于何种境遇都始终不为迷信愚俗所惑。他说：

① （元）马端临：《文献通考》卷322《舆地考八》，第2529—2530页。
② （元）马端临：《文献通考》卷9《钱币考二》，第100页。
③ （元）马端临：《文献通考·自序》，第4页。
④ （元）谢应芳：《龟巢稿》卷11《与王氏诸子书》，《景印文渊阁四库全书》第1218册，第258页。
⑤ （元）俞希鲁：《辨惑编·原序》，《景印文渊阁四库全书》第709册，第537页。
⑥ （元）谢应芳：《辨惑编》卷3《时日》，《景印四库全书全书》第709册，第569页。

人之死生命于初，其有疾疢，由于气之乖戾，犹阴阳戾而两间之灾咎见焉。苟以人之有疾祸由鬼神，则两间之灾咎又孰祸？夫天耶，理固灼然，人莫之信。如应芳者，赖以经训之力，颇明是理，不为巫祝所惑。①

他又说：

圣贤知人之死生、祸福，而非阴阳五行之术也。②

人的社会行为及其生命活动是一个非常复杂的系统，它由诸多主客观因素相互作用和相互联系所构成，所以“禄命之书，虽或臆中，何足信哉”③，意思就是说，将偶然的因素当作必然的规律，或把可能性的东西视为现实性的存在，而最终受害的只能是自己。谢应芳无情地揭露了世俗迷信的危害性，如民众建屋筑墓本来是一件平常事，没有什么可神秘的，然而“庸巫谬卜，从而神之，禁忌百端，祈禳无已，甚者毁垣撤屋”④，更有甚者“庸俗陋闻，转相煽惑。遇病疫者，皆惴焉而绝交，甚而父子兄弟，亦不相救，伤风败俗，莫甚于斯”⑤。在元代，由于统治者提倡阴阳卜筮之类的封建迷信，整个社会环境几乎都被神学思想所浸染，在这种历史条件下，谢应芳应用科学武器，奋力反对各种邪说，确实需要过人的胆识和惊人的勇气。故明人王昂评价说：谢应芳“其景贤誉髦有周公胡瑗之心，其卫正辟邪有韩子欧公之力，其砥砺顽钝、表正风俗有严陵隋光之操”⑥。

二、金元科技思想的主要特点

（一）依靠科学研究中的团队合作，成为金元科技创新的一种有效方式

团队合作进行科技攻关，在宋代的水运仪象台制作过程中即有成功的体现。苏颂在《新仪象法要》卷上《进仪象状》中说：

陈乞先创木样，进呈差官试验，如候天有准，即别造铜器。奉二年八月十六日诏，如臣所请，置局差官及专作材料等，遂奏差郑州原武县主簿充寿州州学教授王沇之，充专监造作兼管句收支官物；太史局夏官正周日严，秋官正于太古，冬官正张仲宣等，与韩公廉同充制度官；局生袁惟几、苗景、张端；节级刘仲景，学生侯永和、于汤臣，测验晷景、刻漏等，都作人员尹清部辖指画工作。至三年五月，先造成小样，有旨赴

① （元）谢应芳：《辨惑编》附录《答陈先生祷疾书》，《景印文渊阁四库全书》第709册，第588页。
② （元）谢应芳：《辨惑编》卷3《禄命》，《景印文渊阁四库全书》第709册，第566页。
③ （元）谢应芳：《辨惑编》卷3《禄命》，《景印文渊阁四库全书》第709册，第566页。
④ （元）谢应芳：《辨惑编》卷3《方位》，《景印文渊阁四库全书》第709册，第568页。
⑤ （元）谢应芳：《辨惑编》卷1《疫疠》，《景印文渊阁四库全书》第709册，第541页。
⑥ （清）谢兰生：《龟巢先生崇祀录》卷3，国家图书馆：《中华历史人物别传集》第19册，北京：线装书局，2003年，第183页。

都堂呈验。自后造大木样，至十二月工毕。[①]

在苏颂所领导的这个科研团队中，既有知名的专家如韩公廉，又有普通的学子如侯永和、于汤臣等，然而各成员之间却没有资历歧视，依其所长和所学用人，故用得其所，各尽所能。正是这种相对平等的分工和合作的团队力量，最终使水运仪象台成就了多个领先于世界的重大技术突破：卡子（即锚状擒纵器）部件的出现，为近代天文钟的直接祖先；其浑仪台顶上装有 9 块活动屋面板，起着与近代可开启的天文观测室顶相同的作用[②]；浑仪三辰仪南端装有特设的带齿天运环，这同近代天文台使用转仪钟使望远镜跟随天体的周日运动进行连续观察属于同一性质，至少比欧洲早 6 个世纪。[③]当然，与之相较，金元特别是元代的团队科技攻关则更加普遍。例如，在天元术的研究方面，出现了多区域相互交流与协作的局面，根据祖颐的《〈四元玉鉴〉后序》所载，当时研究天元术的基本格局是：平阳（今山西临汾）蒋周撰《益古》；博陆（今河北蠡县）李文一撰《照胆》；鹿泉（今河北省石家庄市鹿泉区）石信道撰《钤经》；平水（今山西新绛）刘汝锴撰《如积释锁》；绛人（今山西新绛）元裕细草之，即成《如积释锁细草》。[④]可见，天元术主要流布在河北与山西南部地区，这里是金元经济比较发达的区域。李冶在入元之后曾经隐居晋北，与张德辉、元裕交往密切；他晚年于元氏封龙山教授生徒，钻研学术。

在李冶之后，朱世杰更是“以数学名家周游湖海二十余年”[⑤]，此间他究竟与多少数学名家相互交流，研究所得，如切如磋，如琢如磨，不得而知，但祖颐称其“踵门而学者云集”[⑥]，莫若亦说朱世杰的学术影响很大，故“四方之来学者日众”[⑦]等。看来罗士琳称其“兼包众有，充类尽量”[⑧]，绝非浮言虚语。从这个层面讲，《四元玉鉴》确实集中了众多名家的数学智慧，是金元数学的集大成者。因此，朱世杰“可以被看成是中国宋元时期数学发展的总结性人物”[⑨]，而他的成就则“是我国数学占据世界数学最高峰的重要标志”[⑩]。

此外，元代还有一个著名的紫金山集团，它不仅是一个政治集团，更是一个科研团队。故此，刘钝先生才说：“13 世纪初宋金元并峙之际，在我们冀南一带有两个重要的汉族知

---

① （宋）苏颂：《新仪象法要》卷上《进仪象状》，《景印文渊阁四库全书》第 786 册，第 82—83 页。

② 陈美东主编：《简明中国科学技术史话》，北京：中国青年出版社，2009 年，第 294 页。

③ 陈久金主编：《中国古代天文学家》，北京：中国科学技术出版社，2008 年，第 354 页。

④ （元）祖颐：《〈四元玉鉴〉后序》，（元）朱世杰原著，李兆华校证：《四元玉鉴校证》，北京：科学出版社，2007 年，第 56 页。

⑤ （元）莫若：《〈四元玉鉴〉序》，（元）朱世杰原著，李兆华校证：《四元玉鉴校证》，第 55 页。

⑥ （元）祖颐：《〈四元玉鉴〉后序》，（元）朱世杰原著，李兆华校证：《四元玉鉴校证》，第 56 页。

⑦ （元）莫若：《〈四元玉鉴〉序》，（元）朱世杰原著，李兆华校证：《四元玉鉴校证》，第 55 页。

⑧ （清）罗士琳：《续畴人传》卷 47《朱世杰传》，《中国古代科技行实会纂》第 3 册，第 393 页。

⑨ 易南轩、王芝平：《数学星空中的璀璨群星》，北京：科学出版社，2009 年，第 65 页。

⑩ 郭金彬、孔国平：《中国传统数学思想史》，北京：科学出版社，2007 年，第 245 页。

识分子集团，一个是隐居在元氏县封龙山下的李冶、元裕等人，另一个就是王恂、郭守敬等人的邢州紫金山集团。这些人与科学有密切的关系，许多人归顺了元廷，并将自己的知识服务于社会。郭守敬就是其中的一个优秀代表。”[①]我们知道，《授时历》是集体智慧的结晶，主要参与者有郭守敬、王恂、许衡、张文谦、张易、陈鼎臣、邓元麟、刘巨源、王素、齐履谦、杨恭懿等，如果把“四海测验”算进来，那么，为制定《授时历》而付出艰苦劳动的学者就更多了，其中仅监候官便有 14 员。所以戴逸介绍说：王恂担任太史令期间，为了编修《授时历》而“把宋、金两朝司天监的人员集中到大都（今北京），再加上新选拔的一些人才，组成了一支庞大的也是最为先进的天文学队伍”[②]，这支在当时最精锐的科研队伍成为完成《授时历》的强大物质力量。

至元十六年（1279），郭守敬主持兴建大都天文台，“凡工役土木金石，悉付行工部尚书兼少府监臣段贞以经度之。凡仪象表漏文饰匠制之美者，悉付大司徒臣阿你哥”[③]，阿你哥即阿尼哥，尼泊尔的著名工匠，对绘画、雕塑、铸造、建筑诸领域颇为精通。整个天文台分为三层：第一层“中室为官府，以总听院政，长曰令，次同知院事，次佥院事，以宰辅之重领于上者无定员。其属有主事，有令译史，有干事，有库局之司。左右旁室，以会司属议，凡推测星历诸生七十人，莅以三局：一曰推算，其官有五官正，有保章正，有副，有掌历，分集于朝室。二曰测验，其官有灵台郎，有监候，有副。三曰漏刻，其官有挈壶正，有司辰郎，分集于夕室”；第二层“凡器用出纳于阴室中层，离室以列景曜，巽室以措水运浑天壶漏，坤室以措浑天象盖天图，震兑二室，以图南北异方浑天盖天之隐见，坎室以位太岁，乾室以贮天文测验书，艮室以贮古今推算历法”；第三层，也即最上一层，“台颠设简仰二仪，正方案敷简仪，下灵台之左，别为小台，际蔳周庑以华四外，上置玲珑浑仪。灵台之右立高表，表前为堂，表北敷石圭，圭而刻度景丈尺寸分，圭旁夹以连蔳，可圭上露天日为度景计。灵台之前东西隅，置印历工作局，次南神厨，算学设位如上”[④]。难怪有人称它“规模宏大，人员众多、组织严密、设备齐全，是当时世界上最完善的天文台之一，也是中国历史上功能最好的天文台之一”[⑤]。

元大都的兴建，更体现了团队攻坚的优势。据《元史》本传载，至元四年（1267），忽必烈命“（刘）秉忠筑中都城，始建宗庙宫室。八年，奏建国号曰大元，而以中都为大都”[⑥]。关于元大都的城市用水问题，郭守敬通过兴修通惠河来满足市民的日常用水；另外，他沿用金朝的引水渠道，导玉泉诸水，经宫苑，注入太液池，专供宫苑用水。在兴

---

① 刘钝：《在纪念郭守敬诞辰 770 周年暨国际学术研讨会开幕式上得讲话》，陈美东、胡考尚主编：《郭守敬诞辰七百七十周年国际纪念活动文集》，北京：人民日报出版社，2003 年，第 11 页。

② 戴逸、龚书铎主编：《中国通史》彩图版，郑州：海燕出版社，2002 年，第 346 页。

③ 李修生主编：《全元文》第 9 册，第 131 页。

④ 李修生主编：《全元文》第 9 册，第 131—132 页。

⑤ 李罗力等：《中华历史通鉴》第 4 部，北京：国际文化出版公司，1997 年，第 3639 页。

⑥ 《元史》卷 157《刘秉忠传》，第 3694 页。

建大都的过程中，除了有郭守敬等中国建筑专家外，阿拉伯匠师也参加了规划建设，开创了请外国专家来共同策划城市发展建设的先河。例如，也黑迭儿即是可考的一位阿拉伯工匠。陈垣先生曾论述说："予近从欧阳玄《圭斋集》卷九《马合马沙碑》，发见元时燕京都城及宫殿，为大食国人也黑迭儿所建。也黑迭儿为马合马沙之父，父子世绾元工部事。以大食国人而为中国如许工程，实可惊也。"然"也黑迭儿《元史》无传，《世祖（本）纪》记修筑宫城事，只称'至元三年十二月丁亥，诏安肃公张柔行工部尚书，段天祐等同行工部事，修筑宫城'，而不及也黑迭儿。故自昔无人知有也黑迭儿也"[①]。关于大都宫城建筑的成就，《辍耕录·宫阙制度》已有详述，此不多言。据陈高华先生考证，参加设计兴建元大都的主要专家有赵秉温，张柔、张弘略父子，段天佑，以及蒙古人野速不花，女真人高觿和色目人也黑迭儿等。此外，还有众多的民间匠师为之殚思竭虑，如杨琼、王浩等均为曲阳县的石匠，他们技艺超绝，为元大都建筑工程的石雕艺术作出了突出的贡献。可见，元大都之所以独树一帜，"成为当时世界上最壮观的城市"[②]，其主要原因就是融合了中外各族建筑匠师的智慧。所以，元大都的建筑既以《考工记》为规划之基础，保留了中国古代都城的传统建筑理念，又根据城市多元素生态的实际需要，不断破旧立新，巧辟蹊径，因而尽可能地彰显出了大都的个性化特征及其特殊的文化意蕴。

（二）科学研究呈现出多民族和多元化的特点

金元科技思想的发展多与宗教相联系，这是此期科技思想发展的又一个重要特征。当然，宗教作为一种意识形态，它常常与某个民族的特殊社会历史发展相联系。从这个意义上讲，宗教生活同科学文化一样构成了民族生活的一个重要组成部分。元代的民族众多，宗教信仰亦很复杂。为了阐释问题的方便，本书仅以阿拉伯民族和伊斯兰教为例，其他如藏传佛教、道教、基督教等，分见各章所述。

阿拉伯人崇奉伊斯兰教，自宋至元，进入中国的阿拉伯学者、商人、工匠与日俱增，他们带来了阿拉伯地区先进的科技文化，包括天文历算、医学、数学、几何学、地理学、化学、建筑工程、海洋学、动植物学等方面的异国知识。而为了满足伊斯兰教节日，以及宗教生活习俗的需要，元朝统治者在天文机构的设置上实行汉、回双轨制，即建立了司天监和西域星历司（后改为回回司天监），并颁行回历。《元史》载：至元四年（1267），"西域札马鲁丁撰进《万年历》，世祖稍颁行之"[③]。《新元史》又进一步解释说："札马鲁丁之《万年历》，实即明人所用之回回历。"其法"为默特纳国王马哈麻所造历，元起西域阿刺必年，即随（隋）开皇己未，不置闰月，以三百六十五日为一岁。岁十二宫，宫有闰日，凡

① 陈垣：《元西域人华化考》，刘乃和编校：《中国现代学术经典·陈垣卷》，石家庄：河北教育出版社，1996年，第142页。

② 宏甲：《无极之路》，北京：解放军文艺出版社，1990年，第173页。

③ 《元史》卷52《历志一》，第1120页。

百二十八年宫闰三十一日，以三百五十四日为一周，周十二月，月有闰日，凡三十年月闰十一日。历千九百四十一年，宫月日辰再会。此其立法之大概也”[①]。

为了观测所需，札马鲁丁在至元四年（1267）还向回回司天监进献了诸多西域仪象，《元史》卷48《天文志一》载有“西域仪象”，共计7种，包括多环仪、方位仪、斜纬仪、平纬仪、天球仪、地球仪及观象仪。至元八年（1271），忽必烈在上都承应阙宫增置回回司天台，以札马鲁丁为提点。至元十年（1273），札马鲁丁以司天台提点充秘书监。此间，许多阿拉伯科技书籍被他们引入秘书监，《元秘书监志》卷7载有比较详细的数目，兹不重复。

在医药学方面，元上都和元大都均设有专门的回回药物院，其《回回药方》一书展现了中古波斯人的医疗特色，其所载药方的来源有三：一是从波斯萨珊王朝直接流传下来的，如《回回药方》卷30所载“说古阿里失等古阿里失庵？八而乞西剌于方”的原型方剂，本系《医典》卷5之“以龙涎香化食丹而闻名的库思老的化食丹”，其“乞西剌于”即“库思老”，为波斯萨珊王朝国王的徽号；二是波斯医生自制的方剂，如《回回药方》卷29所载“大答而牙吉方”的原型方剂，本系《医典》卷5由伊本·西拿自制的“大德解毒剂”；三是由拜占庭罗马人及印度人创制，在伊斯兰时期前传入波斯，并为波斯人加以改造和利用，然后再流传到黑衣大食王朝的方剂，如《回回药方》卷30所载“马竹尼阿傩失答芦方，此方是忻都人造的马肫”，本系《医典》卷5里印度人创制的“救命丹”，而方中所用玫瑰花却为波斯本土所产。显然，此方已经被波斯化了。[②]据相关专家研究[③]，《回回药方》杂糅了阿拉伯语、波斯语、突厥语系的维吾尔语，以及景教僧所用的古叙利亚语等，所以，“13世纪前后的波斯、阿拉伯医学影响了《回回药方》。因此，《回回药方》也呈现了丰富的多元的民族文化特色。更因为《回回药方》诞生在中国的元明年间，因此，其作者明显地使用了大量的传统中医药的语汇以及中国西北地区（即古代丝绸之路上）的汉语方言习惯。因而，《回回药方》呈现给人们一种五彩绚烂的历史风貌”[④]。

（三）中国古代科学技术发展到元代已经自成体系，因而对外来的科学思想往往会产生一定的拮抗作用，结果阻碍了中国古代科学技术由传统向近代的历史跃进

如前所言，阿拉伯科学技术在元朝已比较系统地传入中国，尽管它对元朝的科学发展产生了一定影响，但始终没有使元朝的中国传统科学技术体系产生实质性的改变，这是一个令人深思的问题。例如，李约瑟博士认为阿拉伯天文学之所以与中国天文学在元朝并存，而不能为中国古代的天文学所吸收和消化，主要就是“由于它们不适合中国天文学特有的体系——有天极，并使用赤道座（坐）标”[⑤]。杜石然先生在谈到中世纪阿拉伯国家的数学与中国古代数学的相互关系时，认为阿拉伯国家的数学传入欧洲之后，对欧洲数学发展的

---

① 柯劭忞：《新元史》卷34《历志一》，第945、946页。

② 王锋：《解读波斯——一位中国学者的伊朗之旅》，银川：宁夏人民出版社，2008年，第237—238页。

③ 王锋主编：《中国回族科学技术史》，银川：宁夏人民出版社，2008年，第163—165页。

④ 王锋主编：《中国回族科学技术史》，第166页。

⑤ ［英］李约瑟：《中国科学技术史·天文气象卷》，《中国科学技术史》翻译小组译，北京：科学出版社，1975年，第481页。

影响曾是巨大的，但对中国古代数学的影响却并不显著，其原因之一就是“《几何原本》的体系和中国传统的思维方法全然格格不入”[①]，医学的情况亦如此。从中国传统科学技术体系内部来寻找其拮抗阿拉伯科学技术中国化的原因，固然有其合理性，但问题还可以再深入一步。也就是说，在元代，中国古代科学技术体系之所以会对阿拉伯科学文明产生排异作用，在意识形态领域还隐藏着更深刻的思想原因。

我们知道，元代科学技术就其本质而言，无论它的存在形式如何，都没有脱离经学的母体而获得独立发展，这是中国古代科学技术发展的基本特点。尽管从整体上看，元朝经学的发展较宋代有所衰落，但是元朝的大量宋代儒士，他们隐逸民间，传以经学，教授生徒，加之忽必烈“聘起儒生，论讲书史，究明理学，问以治道”[②]，元仁宗更不经心耳目之娱和营缮之事，“惟经籍史传，日接于前”[③]，元明宗则尤“凝情经史，爱礼儒士”[④]等。显然，元代经学还是具有一定生命力的，特别是元代经学家以务实为己任，用经学补理学，极大地推动了宋元理学的发展。基于以上背景，元代科学家无不究心于经籍史传，而成为其科学思想的营养。例如，刘秉忠“于书无所不读，尤邃于《易》及邵氏《经世书》”[⑤]；杨恭懿，天文历法家，“尤深于《易》、《礼》、《春秋》”[⑥]；郭守敬“通五经，精于算数、水利”[⑦]；李冶“登金进士第”，“所著有《敬斋文集》四十卷，《壁书藂削》十二卷，《泛说》四十卷……《测圆海镜》十二卷”[⑧]，他说：“李子年二十以来。知作为文章之可乐，以为外是无乐五十矣，覆取二十以前所读《论》、《孟》、《六经》等书读之，乃知曩诸所乐，曾夏虫之不若焉，尚未卜自今以往，又有乐于此也与否。”[⑨]可见，李冶的经学基础十分深厚；朱震亨，“年逾三十，更感发为学，从文懿许先生谦游，讲学八华山中，理义大有得焉。于是向之杰然，一变而为粹然也”[⑩]等。总而论之，以“六经”为内核的传统经学体系，无疑包含着科技思想的内容，比如，《易》虽是占卜之书，但“《周易》的卦辞、爻辞，是对月月年年、世世代代大量占筮结果的精心整理而形成的，因而也可以视为昨日经验事实之总结”[⑪]，而在汉代经学体系的形成过程中，“《易》经中所体现的以德配天、唯德是辅和天人合一的原则，终于化为一种政治教条”[⑫]。因此，当“六经”成为官方的意识形态之后，它的地位便不可动摇。

---

① 杜石然：《数学·历史·社会》，沈阳：辽宁教育出版社，2003年，第631页。

② （元）郝经：《陵川集》卷37《上宋主请区处书》，《景印文渊阁四库全书》第1192册，第437页。

③ （元）欧阳玄：《欧阳玄集·圭斋文集》卷12《大廷策》，第161页。

④ （元）欧阳玄：《欧阳玄集·圭斋文集》卷9《曲阜重修宣圣庙碑》，第111页。

⑤ 《元史》卷157《刘秉忠传》，第3688页。

⑥ 《元史》卷164《杨恭懿传》，第3841页。

⑦ 《元史》卷164《郭守敬传》，第3845页。

⑧ 《元史》卷160《李冶传》，第3759—3761页。

⑨ （元）苏天爵：《元名臣事略》卷13《内翰李文正公》，《景印文渊阁四库全书》第451册，第663页。

⑩ （明）胡翰：《宗谱·忆丹溪先生哀辞》，（元）朱震亨：《丹溪医集》附《朱丹溪年谱》，北京：人民卫生出版社，2006年，第703—704页。

⑪ 蒋广学：《神会庐四书》，南京：东南大学出版社，2004年，第243页。

⑫ 蒋广学：《神会庐四书》，第246页。

如上所述，正像《易》经是中国古代自然科学发展的源头一样，《周礼》则成为中国古代技术科学发展的源头。《周礼·考工记》记述了木工、金工、皮革工、染色工、玉工、陶工6类“工”官的30个工种，确立了中国古代技术科学发展的基本规范和工艺定制，影响十分深远，详细内容可参见张道一先生的《考工记注释》。张道一先生曾在《〈考工记〉研究三题》一文中提出了如下见解和议题：①《考工记》较全面地反映了一个时代的智慧和经验；②阐释了“创物”与“造物”的关系；③对于“工艺”的定义，《考工记》提出了一个完整的概念；④《考工记》为工艺规定了设计和制作的原则；⑤《考工记》具体体现出人机工程学的原理和方法；⑥制造物品，要分析其机制，发挥其功能，以收到最佳的效益；⑦在工艺制造的过程中，应体现美学原则；⑧提出了总体规划的设计思想；⑨大量记录了先民所创造的科学技术成就；⑩讲求工艺技术的综合运用。一方面，中国古代科学技术构成经学的一个有机部分，治经者往往或多或少须猎奇一些科学技术知识，这是中国古代科学技术发展的理论源泉；另一方面，儒家将经学的内容一分为二，即《周易》所言“形而上者为之道，形而下者谓之器”[①]，而《礼记》则又有“德成而上，艺成而下”[②]之论，这样在经学的话语体系里，就出现了技艺之学被边缘化和弱化的倾向。

于是，隋唐实行科举制之后，“进士”与“明经”两科，尤为士人所重，然而技艺之学却渐为士人所疏远，甚至演为“地下的暗河”。因此，为了纠正士人片面追求道德学问而不及技艺之学的偏向，朱熹提出了“道未尝离乎器，道亦只是器之理”[③]的思想命题。之后，元代吴澄则更进一步解释说：“先儒云：道亦器，器亦道。是道、器虽有形而上、形而下之分，然合一无间，未始相离也。”[④]在此，对于宋元时期出现的这种“道”与“器”（或艺）的黏结现象，我们应作两面观：一是它在客观上促进了宋元科技的发展，并成为宋元科技达到高峰的一个因素；二是通过“道”与“器”的黏结而强化了中国古代科技体系的自闭性，因为一旦由于外来的文明而将中国古代的科技体系攻破，那么封建国家的意识形态必将会通过其经学思想的震动而波及它自身的存在，这是元朝统治者所不愿看到的。正是基于这样的思想考量，元朝实行回回科学体系与中国传统科学体系的“双轨制”，而不是一方为另一方所同化。这种“回汉制衡”策略的推行，确实有其特殊的社会历史背景。比如，以阿哈马为首的回回法与以许衡为代表的汉法之争，有元一代，终未见停息，回汉法的冲突伴随了整个元朝历史。这虽然属于政治层面的问题，但是只要细细地想一想，恐怕这场争论的意义远远超出了其政治的范围，而影响到经济、科技、思想、文化等社会生活的各个领域，如元代回汉民族所崇尚的两种完全异质文化——汉族儒家文化和伊斯兰文化之间存在隔阂，即是一例。又如，中国传统天文学和数学对阿拉伯国家天文学和数学的排斥等，

---

① 《周易·系辞上》，《黄侃手批白文十三经》，上海：上海古籍出版社，1983年，第44页。

② 《礼记·乐记》，《黄侃手批白文十三经》，第138页。

③ （宋）黎靖德编，王星贤点校：《朱子语类》卷77《易十三·说卦》，北京：中华书局，1986年，第1970页。

④ （元）吴澄：《吴文正集》卷3《答田副使第三书》，《景印文渊阁四库全书》第1197页，第52页。

也可视作上述回汉法之争在科技方面的一种表现形式。尽管从后果来看，回回法与汉法之争没有分出胜负，但是不可否认的是，传统汉文化在这场争论中所表现出来的巨大抗力是非常惊人的。而正是因为有了这种巨大的抗力，所以元朝的中国传统科学技术才无法完全吸收和消化阿拉伯国家的科学技术，然而，这样也就使其缺少了向近代科学技术跃迁的一个必要条件。

本章小结

金元两个少数民族政权恰好处于宋朝与明朝两个汉族政权之间，科学技术在此阶段发生了较大变化，即由宋朝的高峰期逐渐进入缓慢发展阶段。正是由于金元两朝历史地位的这种特殊性，所以金元科技发展状况便引起了国内外专家学者的高度重视，研究论著不断涌现，并取得了不俗的成绩。自从伟烈亚力在《北华捷报》上发表《中国算学说略》的长文之后，我国发明的天元术开始逐渐在欧洲学界传播，那种认为中国数学乏善可陈的偏见，不攻自破。无论从纵向还是横向的角度看，金元科技的总体水平依然都处于同期世界科技发展的领先地位。

究其根源，金元时期虽然战乱频仍，但在某些文化地域，例如太行山两麓的山西西南部及河北的中南部，因受到战乱的纷扰较少，一时人才荟聚，形成当时科学研究的中心，出现了以李冶聚徒授学的封龙山书院，以及山西数学家对天元术的研究和医学金元四大家等。可见，当时 12、13 世纪的中国北方形成了一个比较好的科研氛围，正是在这种科研氛围里，诞生了一批像刘守真、郭守敬、王祯、朱世杰、赵友钦等那样极富创新精神的杰出科学家。就其科技创新的特点而言，依靠科学研究中的团队合作，已经成为金元时期科技创新的一种有效方式。当然，中国古代科学技术发展到元代已经自成体系，因而它对外来的科学思想往往会产生一定的拮抗作用，结果延迟了中国科学技术近代化的进程。

第二章 道、儒、释及人文学者的科技思想

宗教发展有外与内两条途径，所谓外的途径是指遵循社会经济的发展变化决定宗教的产生和发展的规律。马克思说："宗教、家庭、国家、法、道德、科学、艺术等等，都不过是生产的一些特殊的方式，并且受生产的普遍规律的支配。"[①]与之相对，所谓内的途径则是指宗教除了遵循一般的历史发展规律外，还有它自己发展变化的特殊性，因为它以信仰为自己存在的前提，而且从观念史的发展和演变轨迹看，"宗教是在最原始的时代从人们关于自己本身的自然和周围的外部自然的错误的、最原始的观念中产生的"[②]，换言之，超自然体观念的形成是一个相对漫长的历史过程。

可见，对外部自然的错误观念是宗教产生的认识论前提，所以只要人们不能保证对外部自然的认识都是正确的，宗教就不可能退出历史舞台。马克思指出："只有当实际日常生活的关系，在人们面前表现为人与人之间和人与自然之间极明白而合理的关系的时候，现实世界的宗教反映才会消失，只有当社会生活过程即物质生产过程的形态，作为自由结合的人的产物，处于人的有意识有计划的控制之下的时候，它才会把自己神秘的纱幕揭掉。但是，这需要有一定的物质基础或一系列物质生存条件，而这些条件本身又是长期的、痛苦的历史发展的自然产物。"[③]那么，在这个"长期的、痛苦的历史发展"中，人们普遍认为，科学尽管已经成为战胜宗教的重要思想武器，但还不可能完全消除宗教的影响，因为科学认识本身还存在着三个方面的局限性：第一，科学暂时没有认识到的问题；第二，超经验的问题；第三，"在经验范围内，由于科学的认识能力而达不到的问题"[④]比如，气功就是目前"科学的认识能力而达不到的问题"。在中国古代历史上，由于统治阶级的政治态度不同，道、儒、释三教之间经历了从相互分离到相互融合和相互统一的过程，尤其是经过宋代三教统一的理论准备之后，为金元全真教的形成奠定了基础。同时，儒、释（主要是藏传佛教）二教亦在新的历史条件下，获得了更加丰富的内容。譬如，藏传佛教与科技的传播，从内容上进一步丰富了藏传佛教的思想内涵。而积极吸收当时科技思想的优秀成果，不断地完善自我和发展自我，就成为该时期各派宗教发展的一个重要特点。

---

① 中共中央马克思恩格斯列宁斯大林著作编译局：《马克思恩格斯全集》第3卷，北京：人民出版社，2002年，第298页。

② 中共中央马克思恩格斯列宁斯大林著作编译局：《马克思恩格斯选集》第4卷，北京：人民出版社，1972年，第250页。

③ 中共中央马克思恩格斯列宁斯大林著作编译局：《马克思恩格斯全集》第23卷，北京：人民出版社，2016年，第96—97页。

④ 钱时惕：《科学与宗教关系及其历史演变》，北京：人民出版社，2002年，第169页。

此外，同唐宋科学思想的历史特点一样，由于科学技术从本质上属于“六经”之一，所以许多元朝士人在究心儒家经典之余，也常常致力于科学技术思想的研究，甚至他们中有不少人还亲自参加了当时的农业、水利、天文观测等科技实践活动，并积累了比较丰富的科学实践经验，如元好问、马端临、谢应芳等，他们那深邃而博大的科技思想，无疑构成了元代科技思想发展历史的又一页精彩篇章。

第一节　全真教与王重阳“功行两全”的道家科技思想

北宋末年，宋徽宗的昏庸，导致蔡京、童贯专权，结果激起广大民众的反抗，而为了收复燕地，宋徽宗竟不顾后果，采取了联金灭辽的政策。没想到，金国在灭亡了辽国之后，回过头来又灭亡了北宋，从而使宋金的民族矛盾上升为一场异常残酷的军事战争。在战争中，受伤害最深的当然是生活在交战区的广大民众。马克思指出：每当这个时候，“弱者总是靠相信奇迹求得解放”[①]。从这个意义上说，全真教的出现并在相当程度上获得了民众的支持和认同，即可看成是用宗教思想来医治战争创伤的一个“奇迹”。

王重阳，字允卿，又字知明，号重阳子。祖籍陕西咸阳大魏村，后迁终南县刘蒋村，其家“富魁两邑”[②]。但是，与之形成鲜明对照的是，陕西不少地区饥民流散，以致“岁屡饥，人至相食”[③]，十分悲凉凄惨。这种现实生活的苦境，就成为全真教存在和发展的社会基础。

金海陵王正隆四年（1159）六月，王重阳于甘河镇（今西安市鄠邑区境内）遇异人授修真口诀，据《历世真仙体道通鉴续编》称，此异人乃是“唐纯阳子吕仙翁之化身也”[④]。虽然这是道家的虚妄之说，但它毕竟也是对客观存在的一种反映，而这个客观存在表明王重阳的思想渊源于唐末五代的钟、吕内丹术。

王重阳修道经历了一个从个体自觉到组织教团的过程，就具体的时间来说，自大定元年（1161）于终南县南时村作“活死人墓”起，至大定七年（1167）四月焚其刘蒋庵止，此时期是王重阳含耻忍辱内修真功和明心见性之养气炼丹的时期；自大定七年（1167）闰七月十八日抵宁海州筑“全真”室始，至元六年（1269），忽必烈诏封全真教所尊东华帝君、钟离权、吕洞宾、刘海蟾、王喆五祖为“真君”，册封王喆七大弟子即马钰（即马丹阳）、孙不二、谭处端、刘处玄、丘处机、郝大通、王处一为“真人”，是为全真教的鼎盛期。此期王重阳、丘处机等积极收徒传道，可谓源远流长，影响空前。故丘处机说：

---

① 中共中央马克思恩格斯列宁斯大林著作编译局：《马克思恩格斯全集》第8卷，第125页。

② （元）赵道一：《历世真仙体道通鉴续编》卷1《王嚞》，胡道静、陈莲笙、陈耀庭：《道藏要籍选刊（六）》，上海：上海古籍出版社，1989年，第319页。

③ （元）赵道一：《历世真仙体道通鉴续编》卷1《王嚞》，胡道静、陈莲笙、陈耀庭：《道藏要籍选刊（六）》，第319页。

④ （元）赵道一：《历世真仙体道通鉴续编》卷1《王嚞》，胡道静、陈莲笙、陈耀庭：《道藏要籍选刊（六）》，第319页。

“千年以来，道门开辟，未有如今日之盛！”[①]杨宏道亦说：“当是时也，郡邑山林，道庵棋布。”[②]元人宋子贞在《顺德府通真观碑》中更说：此时民众对全真教“翕然宗之”，而“由一以化百，由百以化千，由千以化万，虽十族之乡，百家之闾，莫不有玄学以相师授，而况大都大邑者哉！”[③]诚然，全真教的兴盛既有历史的原因，又有自身的教理和教法使然。就后者而言，全真教的教徒多是食力者，而不是食利者，他们“耕田凿井，自食其力”[④]，且“涧饮谷食，耐辛苦寒暑，坚忍人之所不能堪，力行人之所不能守”[⑤]。在这一方面，全真教与墨家相似，虽然全真教在科学技术方面，不如墨家的成就巨大，但是全真教对于中国古代生命科学的贡献，不仅颇具特色，而且卓尔不群，超迈前古。

下面我们分别从两个方面来探讨全真教的科技思想及其对中国古代道教发展的历史影响。

一、全真教的教义及其教徒的科技实践活动

（一）《重阳立教十五论》与全真教的教义

“全真”这个概念，在学界有多种解释，简而言之，主要有“大能备该黄帝老聃之蕴”、“求返其真”和“万化之本元”三种说法。[⑥]其中多数学者认为，全真教从学理上讲，源自老庄一脉，如高天祐说：“终南重南子称为祖师，实学老氏，以全真名其教。”[⑦]然而，在实际运转的过程中，全真教往往于“老氏”之外，又杂以儒释，并且通过不断添加新的思想内容和形式，如佛教的“识心见性”等，以适应已经变化了的文化形态和社会历史，从而尽力迎合和满足统治者的政权需要。诚如元代王磐的《瑞云宫记》所载：“佛之数（教），始于近代。南迁之后，其学直以识心见性为宗，而烧炼服饵、咽内观想之说毫发不与焉。老氏所谓为无为、事无事者，其是之谓欤？”[⑧]金源璹在《终南山神仙重阳王真人全真教祖碑》中亦说：“夫三教各有至言妙理，释教德佛之心者，达磨也，其教名之曰禅；儒教传孔子之家学者，子思也，其书名之曰《中庸》；道教通五千言之至理，不言而传，不行而到，居太上老子无为真常之道者，重阳子王先生也，其教名之曰全真。屏去妄幻，独传其真者，神仙也。”[⑨]正是在这个意义上，王重阳说：“释道从来是一家，两般形貌理无差。识心见性

---

① 《清和真人北游语录》卷1，《道藏》第33册，北京、上海、天津：文物出版社、上海书店、天津古籍出版社，1988年，第156页。

② （元）杨宏道：《重修太清观记》，王宗昱：《金元全真教石刻新编》，北京：北京大学出版社，2005年，第5页。

③ 陈垣：《道家金石略》，北京：文物出版社，1988年，第504页。

④ （元）王恽：《大元奉圣州新建永昌观碑铭并序》，陈垣：《道家金石略》，第694页。

⑤ （元）虞集：《非非子幽室志》，陈垣：《道家金石略》，第796页。

⑥ 王卡：《道教三百题》，上海：上海古籍出版社，2000年，第212—213页。

⑦ 高天祐：《妙真观记碑》，王宗昱：《金元全真教石刻新编》，第23页。

⑧ （元）王磐：《瑞云宫记》，王宗昱：《金元全真教石刻新编》，第34页。

⑨ （金）金源璹：《终南山神仙重阳王真人全真教祖碑》，《户县文物志》编纂委员会：《户县文物志》，西安：陕西人民教育出版社，1995年，第123页。

全真觉，知汞通铅结善芽。”[1]又说：“儒门释户道相通，三教从来一祖风。”[2]可见，“屏去妄幻”与“识心见性”应是全真教之既源于道、儒、释三教，同时又高于道、儒、释三教的两个基本点。由这两个基本点出发，王重阳便在《重阳立教十五论》中提出了“全真教”的根本主张和必要的修炼方法。

纵观《重阳立教十五论》，虽然全文仅仅1700多字，但它言近旨远，是研究全真教立教成宗的重要文献。从内容上看，王重阳重点规划了全真教之为“全真”的15项内容，包括住庵、云游、学书、合药、盖造、合道伴、打坐、降心、炼性、匹配五气、混性命、圣道、超三界、养身之法、离凡世。依修道的级次，则可分成以下四个层面。

第一，生理的层面，包括住庵、盖造和合道伴。王重阳说：“凡出家者，先须投庵。庵者舍也，一身依倚。身有依倚，心渐得安。气神和畅，入真道矣。凡有动作，不可过劳，过劳则损气；不可不动，不动则气血凝滞，须要动静得其中，然后可以守常安分，此是住安之法。”[3]至于庵舍的质料和构造，王重阳尤其强调“茅庵草舍”四个字，这是全真教之区别于其他宗教的典型特征。例如，基督教、伊斯兰教、佛教、一般道教和儒教都非常讲究殿堂的高大庄严，所以无论是伊斯兰教的清真寺、基督教的礼拜堂，还是佛教的寺塔、儒教的庙宇，以及一般道教的宫观，都有比较严格的建筑规范和装饰用材。与之相较，全真教的茅庵草舍既不讲究规范又不追求装饰，而是以简朴和遮形为其建筑理念。因此，王重阳说：“茅庵草舍，须要遮形，露宿野眠，触犯日月。苟或雕梁峻宇，亦非上士之作为；大殿高堂，岂是道人之活计。斫伐树木，断地脉之津液；化道货材，取人家之血脉。只修外功，不修内行，如画饼充饥，积雪为粮，虚劳众力，到了成空，有志之人，早当觅身中宝殿，体外朱楼，不解修完，看看倒塌。”[4]在南宋与金之对峙时期，随着经济重心的南移，北方的人口大量南迁，特别是山东地区，经过金兵的扫荡，已成为满目疮痍的荒凉之地，受害的程度相当严重。故李心传说：南宋初年，金国“纵兵四掠，东及沂、密，西至曹、濮、兖、郓，南至陈、蔡、汝、颍，北至河朔，皆被其害，杀人如刈麻，臭闻数百里，淮泗之间，亦荡然矣”[5]。全真教之所以能够在山东地区传布，并形成教团势力，实与这种特定的历史背景紧密相连。加之全真教在建筑方面，不尚华丽和奢侈，而是只求“遮形避丑”，这样它就在一定范围内适应了生活于战乱时期一般民众的身心需要，因而王重阳才有了“看看倒塌”[6]的警世之言。

不仅如此，王重阳还从人作为一个社会性的存在物出发，提出了“合道伴”的开放性主张，而这种开放性实际上又为全真教的发展奠定了比较雄厚的群众基础。他说：

> 道人合伴……然先择人，而后合伴，不可先合伴，而后择人。不可相恋，相恋

---

① （金）王喆：《重阳全真集》卷1《答战公问先释后道》，《道藏》第25册，第691页。
② （金）王喆：《重阳全真集》卷1《孙公问三教》，《道藏》第25册，第693页。
③ 《重阳立教十五论·住庵》，《道藏》第32册，第153页。
④ 《重阳立教十五论·盖造》，《道藏》第32册，第153页。
⑤ （宋）李心传：《建炎以来系年要录》卷4，建炎元年四月庚申，北京：中华书局，1956年，第87页。
⑥ 《重阳立教十五论·盖造》，《道藏》第32册，第153页。

则系其心；不可不恋，不恋则情相离。恋欲（与）不恋，得其中道可矣。有三合三不合：明心，有慧，有志，此三合也；不明著外境，无智慧性愚浊，无志气乾打哄，此三不合也。立身之本在丛林，全凭心志，不可顺人情，不可取相貌，唯择高明者，是上法也。[①]

“合道伴”这个原则非常重要，它是全真教赢得民心的关键，因为在追求一个相同信念的前提下，既不分相貌的妍媸，又不重身份的贵贱，只要能够同心协力，就可成为“道伴”，此举如果按照马斯洛的需要层次理论来分析，则“合道伴”相当于“安全需要”的层面，它是生理需要的进一步延伸。

第二，心理的层面。人的心理是人脑对客观物质世界的一种主观反映。据此，潘菽先生将人的心理分成两个部分：“一部分是意向活动（可简称意向），另一部分是认识活动（可简称认识）。”[②]其中，“认识活动是人们对客观世界的反映活动，人们对客观事物的感觉、知觉、想象、唤起、联想、思考等都是认识活动。意向活动是人们对客观世界作出的对待活动。人们对客观事物的注意、欲念、意图、情绪、谋虑、意志等都是对待或处理客观事物的活动”[③]。因此，在《重阳立教十五论》中，王重阳发现当人们满足了基本的生理需要之后，本身的需求活动并没有停滞，而是它有一种继续向更高需要层次和阶段进化的内驱力。于是，王重阳不失时机地将人们的欲望从生理的层面引向心理的层面，这是由全真教本身的教旨所决定的。具体地讲，它包括云游、降心和圣道三个环节。例如，王重阳说：

凡游历之道有二，一者看山水明秀，花木之红翠，或玩州府之繁华，或赏寺观之楼阁，或寻朋友以纵意，或为衣食而留心，如此之人，虽行万里之途，劳形费力，遍览天下之景，心乱气衰，此乃虚云游之人；二者参寻性命，求问妙玄，登巇崄之高山，访名师之不倦，渡喧轰之远水，问道无厌，若一句相投，便有圆光内发，了生死之大事，作全真之丈夫，如此之人，乃真云游也。[④]

在此，“参寻性命，求问妙玄”是一个认识和体悟的过程，用弗洛伊德的话说，就是一个由潜意识到显意识的认识过程，或者说是一个从自发到自觉的认识过程。而这个过程的实现当然十分艰难，非刻苦磨炼不能成就其超玄入化的境界。

比如，“降心”便是其中一个非常重要的环节。王重阳说：“凡论心之道，若常湛然，其心不动，昏昏默默，不见万物，冥冥杳杳，不内不外，无丝毫念想，此是定心，不可降也。若随境生心，颠颠倒倒，寻头觅尾，此名乱心也，速当剪除，不可纵放，败坏道德，损失性命。住行坐卧常勤降，闻见知觉为病患矣。”[⑤]在这里，王重阳为了变“乱心”而为

① 《重阳立教十五论・合道伴》，《道藏》第32册，第153页。
② 潘菽：《心理学简札》上册，北京：人民教育出版社，1984年，第5页。
③ 潘菽：《心理学简札》上册，第7—8页。
④ 《重阳立教十五论・云游》，《道藏》第32册，第153页。
⑤ 《重阳立教十五论・降心》，《道藏》第32册，第153、154页。

“定心”，就一扫感性认识的积极价值，视“闻见知觉为病患”，这是不是一种反科学的思想意识呢？当然不是。我们知道，客观事物的现象和本质对人们的认识活动具有不同的作用，就认识的特点来说，现象是事物的外在表现，故人们的感官可以直接感知它；而本质则是事物存在和发展的内在必然性，是深藏于事物内部的和同类现象中共同的东西，它是人们的感官不能直接感知的，只能通过抽象思维才可以认识和把握。在通常的情况下，人们的感觉认识往往会被假象所欺骗，并产生一系列的错觉和片面认识，例如，太阳东升西落现象与古人的地心说，即是一个典型的事例。所以，科学的任务就是认识同类现象中共同的东西，或者说是规律性的东西。在西方哲学史上，康德从现象和本质相对立的角度，认为科学的任务就是认识现象，因为现象存在于“此岸世界”，是人的认识可以达到的，而本质即不可捉摸的“自在之物”，则存在于“彼岸世界”，是人的认识能力所达不到的，因而是宗教和哲学研究的对象。

与康德的观点不同，在王重阳看来，现象具有易逝多变的特点，因此，如果人的认识仅仅局限于现象世界，或者按照培根的说法，即“四重假象”（种族假象、洞穴假象、市场假象和剧场假象）扰乱了人们的知觉（包括感官的知觉和心灵的知觉），就会导致“颠颠倒倒，寻头觅尾”而不着边际的后果，根本谈不上认识事物的存在本质和运动状态，更无法正确描述事物发展和变化的客观规律和必然趋势。从这个意义上说，王重阳才把“闻见知觉”看作是一种“病患”，而克服这种“病患”的方法便是“定心”。

虽然在语言的表述上，王重阳不免带有神秘主义的色彩，但是客观地讲，真正的科学研究确实需要有一种“定心”或者是“忘我”的心理状态。如果我们把“现象”看作是“特殊”，而把“本质”看作是“一般”，那么，在爱因斯坦看来，“从特殊到一般的道路是直觉性的，而从一般到特殊的道路则是逻辑性的”①。在这里，我们不能说王重阳讲到了爱因斯坦所讲的问题，因为两者的着眼点不同，但是就从现象到本质的思维过程来讲，“定心”实际上与“直觉”并无本质的差异。

那么，如何实现从现象到本质的理论转型，即进入“入圣之道”的精神境界呢？王重阳说：“入圣之道，须是苦志多年，积功累行。高明之士，贤达之流，方可入圣之道也。身居一室之中，性满乾坤。普天圣众，默默护持，无极仙君，冥冥围绕，名集紫府，位列仙阶。形且寄于尘中，心已明于物外矣！”②

关于人类的思维状态，目前学界已经研究得非常深入。一般认为，人有三种思维现象，即睁眼思维形式、梦境思维形式和闭目思维形式。其中，“静态”的闭目思维完全排除了外界的物象视觉综合干扰，能够使大脑在一种悟空独一的状态中，最大限度地发挥大脑细胞的潜能，从而进入“面壁十年，一朝悟道”的境界。由此可见，王重阳的“入圣之道”与庄子的“心斋”实际上是一个意思。在此，王重阳特别强调“苦志”与“入圣之道”的内在联系。从字面上讲，“苦志”即“苦其心志”之意。孟子说：“舜发于畎亩之中，傅说举于版筑之间，胶鬲举于鱼盐之中，管夷吾举于士，孙叔敖举于海，百里奚举于市。故天将

① 许良英等编译：《爱因斯坦文集》第3卷，北京：商务印书馆，1979年，第490—491页。

② 《重阳立教十五论·圣道》，《道藏》第32册，第154页。

降大任于斯人也，必先苦其心志，劳其筋骨，饿其体肤，空乏其身，行拂乱其所为，所以动心忍性，曾益其所不能。”[①]这里，所谓“畎亩之中”、“版筑之间”及“鱼盐之中”所指都是生产劳动和科技实践，实为磨炼意志的环节。而全真教的教徒多从事生产和科技实践活动，其理论根据正在于此。

第三，意识学的层面。意识学这个概念是钱学森在20世纪80年代创立的，为此，他曾经提出了一个关于人体科学学科体系的结构图，如图2-1所示。

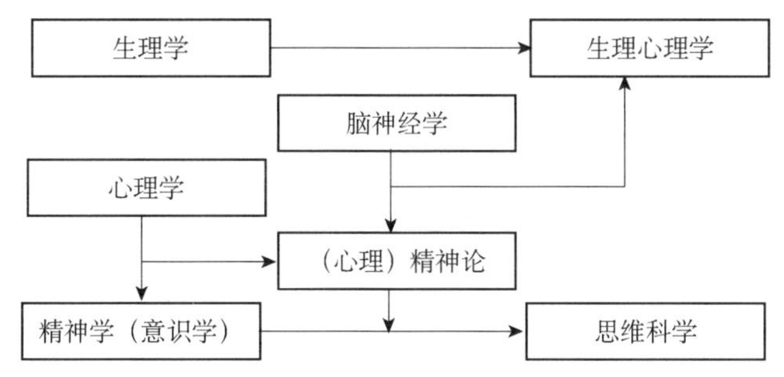

图2-1　人体科学学科体系的结构图[②]

在这个学科体系里，意识学居于最高的层次。钱学森解释说：“脑神经学和生理心理学更上升一步到（心理）精神论，当然这些都受心理学的作用，（心理）精神论再上升就到了精神学（意识学）。这是我根据Sperry（斯佩里——引者注）的设想的层次，感觉和刺激是比较低的层次，最高要升到意识和精神的层次。”[③]至于意识学的内容，就目前的研究状态而言，主要包括脑功能的研究和气功。钱学森认为：“中医、气功和特异功能是三个东西，而本质又是一个东西。”[④]仅此而言，王重阳依据金代科技发展的具体事实，亦对意识学进行了一定程度的探讨。比如，学书、合药及打坐，即是属于意识学层面的问题。王重阳说：

> 学书之道，不可寻文而乱目。当宜采意以合心，舍书探意采理。舍理采趣，采得趣则可以收之入心，久久精诚，自然心光洋溢，智神踊跃，无所不通，无所不解。若到此，则可以收养，不可驰骋耳，恐失于性命；若不穷书之本意，只欲记多念广，人前谈说，夸讶才俊，无益于修行，有伤于神气。虽多看书，与道何益！既得书意，可深藏之。[⑤]

读书是人们获得知识的主要途径，自然也是人类意识的重要来源。王重阳鼓励人们多读书和会读书，显然是继承了宋代理学的知识传统，并从知识形态上与传统的老庄学说划清了界限。老子说：“为学日益，为道日损。”[⑥]把“为学”与“为道”对立起来，在新的历

① （清）焦循：《孟子正义·告子下》，《诸子集成》第2册，石家庄：河北人民出版社，1986年，第510页。
② 钱学森：《人体科学与现代科技发展纵横观》，北京：人民出版社，1996年，第84页。
③ 钱学森：《人体科学与现代科技发展纵横观》，第84—85页。
④ 钱学森：《人体科学与现代科技发展纵横观》，第119页。
⑤ 《重阳立教十五论·圣道》，《道藏》第32册，第153页。
⑥ （三国·魏）王弼：《老子道德经·四十八章》，《诸子集成》第4册，第29页。

史条件下，显然，已与宋金时期科学技术的发展要求不相适应了。故王重阳批判性地吸收了老庄的“涤除玄览”思想，根据新的历史发展的客观要求，积极主张“穷书之本意”的意识学观点，从而推动了金代科技思想的进步。

以此为基础，王重阳更提出了他的“合药”观。他说：

药者，乃山川之秀气，草木之精华。一温一寒，可补可泄；一厚一薄，可表可托。肯精学者，活人之性命。若盲医者，损人之形体。学道之人，不可不通。若不通者，无以助道。不可执著，则有损于阴功。外贪财货，内费修真，不足今生招愆。①

对于全真教所说的“药”，有学者称其为一种供人吞食的灵符。考王重阳本人也确实有“乞觅行符设药人”②的诗句，更有“篆符”三字经：“抵良辰，集众仙。将玉篆，遂同编。丝不断，依从古。口相传，各取阒。字金书，谁敢悟。田丹诀，我惟先。然水木，火金土。一灵符，便奏天。”③但是从药效来说，“灵符”仅仅是一种形式，对疾病发生效用的其实是那些中草药。对此，王琛发认为“制符取材用料以医药知识为底蕴”，而“这种表现在符纸上的用药方法就不是单方的，而是复方的，而且，往往还要加上书符的材料，才会发生更全面的作用”，甚至“《祝由医学十三科》更直接地建议把能够用作治病的草木石头材料配符，作为送服符纸的饮料或食物，又或者提供各种可加强治病效果的说法”。陈垣亦说：在王重阳看来，行医治病是积功累德的最佳方式，所以全真教主张以医术或异术济世。于是，他们“异迹惊人，畸行感人，惠泽得人”④，在广大民众中树立了良好的“救世主”形象。当然，“合药”除了指用药方法外，还包含有排除杂念，使心神专一的沉思调节法，在某种意义上，与老子的“涤除玄览”观相同。

关于心理暗示与气功的关系，目前在学界争论得很热。肯定者有之，否定者也有之。就肯定者来说，随着各种实验手段的出现，人们已经开始从实证的立场去解释心理暗示与气功之间的本质联系，并且已取得了比较可靠的研究成果。否定者如司马南、何祚庥等，他们看到了心理暗示与气功疗法中所出现的消极后果，主张采取严厉的批判态度，去其糟粕，自有其合理之处。但是，由于他们片面夸大了心理暗示与气功疗法中所出现的消极后果，因而错误地把气功和中医都看作是伪科学，故有重新检讨的必要。王重阳说：

凡打坐者，非言形体端然、瞑目合眼，此是假打坐也。真坐者，须要十二时辰，住行坐卧，一切动静中间，心如泰山，不动不摇，把断四门，眼、耳、口、鼻，不令外景入内，但有丝毫动静思念，即不名静坐。⑤

这里，“入静”的过程和状态主要是通过意念锻炼的方式来实现的。所以不管“真坐”

① 《重阳立教十五论·合药》，《道藏》第32册，第153页。
② （金）王喆：《重阳全真集》卷1《上兄》，《道藏》第25册，第693页。
③ （金）王喆：《重阳全真集》卷2《道友作蘸篆符简》，《道藏》第25册，第700页。
④ 陈垣：《南宋初河北新道教考》，北京：中华书局，1962年，第37页。
⑤ 《重阳立教十五论·打坐》，《道藏》第32册，第153页。

的体姿和步骤如何，只要能够保证打坐者始终处在“神定”的境界，就不一定非要形定即“静坐”。可见，王重阳吸收了禅学那种相对自由的修炼形式，不讲求死板和教条，与当时以农作为特色的北方广大民众的生活方式相适应，因而成为全真教在山东、河北等地迅速传播的理论基础。

第四，禅学的层面。这个层面又可分成“气功”和“修真”两部分。《重阳立教十五论》涉及“气功”的内容有“炼性”“匹配五气”“混性命”。钱学森说：“如果排除了假的，对气功和特异功能所表现出的现象可以分为两大类：一类是现有科学体系能够解释的，另一类是现代科学不能解释的，即绝对真理长河中的相对真理。一些现象用现代科学解释不了也并不稀奇，整个科学的发展就是这样，不能不承认这个问题，要改造现有的科学理论。”①王重阳有习武的经历，而且他曾中过“武选”②。在宋金时期，练“辟谷”的人比较多，像朱自英、苏轼、谢叠山等，都很痴迷于练“辟谷”。从历史上看，“辟谷”固然有助于养生，但它当时受众人推崇的最根本原因恐怕还是在于，它能部分地缓解处于饥饿状态中的那些劳苦大众的生活困厄，尽管这是一种被迫和无奈之举。所以全真教兴盛于宋金两国交兵之际，似与当时北方广大地区民众的普遍饥馑状况相联系。在“辟谷”的方法中，其中有服食而致“辟谷”一法。此法主要是通过服用高营养且消化慢的中药、水果等来达到消除饥饿的目的。例如，《抱朴子内篇·仙药》载：“移门子服五味子十六年，色如玉女，入水不沾，入火不灼也。”③又，《宋史》载，赵自然辟谷“不食，神气清爽，每闻火食气即呕，性生果清泉而已”④。可见对气功“辟谷”这种生理或病理性有一定的“特异”现象。

通观地讲，王重阳在《重阳立教十五论》“论合药”中所说的“药”就包含有“辟谷”的功夫成分。他说：“五气聚于中宫，三元攒于顶上，青龙喷赤雾，白虎吐乌烟，万神罗列，百脉流冲，丹砂晃朗，铅汞凝澄，身且寄向人间，神已游于天上。”⑤尽管王重阳为他的全真教披上了一套神秘的外衣，甚至故弄玄虚，但是虚中有实，玄中有真。比如，他说：“理性如调琴弦，紧则有断，慢则不应；紧慢得中，琴可调矣。则又如铸剑，刚多则折，锡多则卷，刚锡得中，则剑可矣。调炼性者，体此二法，则自妙也。”⑥在此，“得中”就是一个实理，它可被运用于社会生活的各个方面，具有普遍的指导意义。在科学发展史上，“得中”是一个非常重要的研究方法，而通过“得中”在科学理论方面取得重大突破的例子也不少。例如，光的波动说与微粒说经过300多年的争论，最后“得中”而形成“光具有波粒二象性”的科学结论。又如，波动力学与矩阵力学经过双方的论争，后来“得中”而导致了量子力学的建立。再如，原子核的结构先是发现了正粒子和负粒子，后来“得中”而发现了中性粒子（即中子）等。

---

① 钱学森：《人体科学与现代科技发展纵横观》，第99页。
② 《终南山重阳祖师仙迹记》，《道藏》第19册，第726页。
③ （晋）葛洪著，顾久译注：《抱朴子内篇全译·仙药》，贵阳：贵州人民出版社，1995年，第293页。
④ 《宋史》卷461《赵自然传》，北京：中华书局，1977年，第13512页。
⑤ 《重阳立教十五论·匹配五气》，《道藏》第32册，第154页。
⑥ 《重阳立教十五论·炼性》，《道藏》第32册，第154页。

至于人们在练习气功时，由于不能较好地把握“运气”的关节点，而走火入魔的现象更是屡见不鲜。有人将在气功锻炼中所出现的情志失常、神昏意乱、躁狂疯癫等症状，甚或引起练功和日常生活失去常态，称为精神偏差。所以，练气功确实存在一定的生理风险，而从这个角度看，何祚庥先生反对青少年练气功，也颇有道理。为了尽量避免和减少生理风险，全真教非常重视练功的时机和方法。我们知道，将气功导向返璞归真和识心见性的状态，是全真教所追求的形而上目标。在王重阳看来，如果练习气功循序渐进，避力而行，练功者就会进入“如禽得风”之佳境。他说：“性者，神也；命者，气也。性若见，命如禽得风，飘飘轻举，省力易成。”①

然而，究竟如何使人的生命“如禽得风”，它的科学机制在哪里，目前，科学实验和已知的科学原理及理论尚无法给予正确的解释。按照前揭科学与宗教的关系，在科学暂时不能解释的现象里，宗教便得以滋生和繁衍。这样，那些为人类科学所不及之处往往会被各种宗教思想所利用，成了产生宗教信仰的土壤和根基。在学界，有一种观点认为，“宗教信仰则完全是人内界的体验”②。对于这种“内界的体验”，王重阳提出了三个概念，即“超三界”、“养身之法”和“离凡俗”。他说：

欲界、色界、无色界，此乃三界也。心忘虑念，即超欲界；心忘诸境，即超色界……离此三界，神居仙圣之乡，性在玉清之境矣。③

法身者，无形之相也。不空不有，无后无前，不下不高，非短非长。用则无所不通，藏之则昏默无迹。若得此道，正可养之。④

像“超三界”“养身之法”之类的境界，实际上每一个修道者都是很难达到的。因此，它们仅仅是也只能是全真教的一种思想信仰。费尔巴哈认为，科学从实验（包括观察）出发，运用自然规律来解释自然界的各种现象。宗教从信仰出发，引用超自然的力量来解释各种自然现象。对于神“你只有在信仰中，只有在想像（象）中，只有在人心中找到他：因为神本身无非是出于幻想或想像（象）力的东西，只是属于人心的东西”⑤。王重阳非常肯定地说明了这一点，既然“法身者，无形之相也”，那么，“得道之人，身在凡而心在圣境矣”⑥。确实，在经验世界里，诸如“不空不有，无后无前，不下不高，非短非长”的“法身”，究竟是个什么东西，没有人能够清晰地把它描绘出来。从这个角度讲，全真教不过是一种骗人的招魂术。但“骗人的招魂术”是不是就是纯粹虚幻的东西了呢？问题并非如此简单，因为宗教的产生除了认识根源、阶级根源、社会根源外，还有一个心理根源。据此，

---

① 《重阳立教十五论·混性命》，《道藏》第32册，第154页。

② 卢红、黄盛华、周金生：《宗教：精神还乡的信仰系统》，天津：南开大学出版社，1990年，第5页。

③ 《重阳立教十五论·超三界》，《道藏》第32册，第154页。

④ 《重阳立教十五论·养身之法》，《道藏》第32册，第154页。

⑤ ［德］路德维希·费尔巴哈：《费尔巴哈哲学著作选集》下卷，荣震华、王太庆、刘磊译，北京：商务印书馆，1984年，第496页。

⑥ 《重阳立教十五论·离凡世》，《道藏》第32册，第154页。

有学者主张，宗教所依赖的这个心理根源是不能被彻底消除的。[①]

（二）全真教教徒的科技实践活动

由上述《重阳立教十五论》的基本精神可知，王重阳主张本教的教徒应当以“积功累行”为立足点。在这里，“积功累行”主要体现在他们运用当时的科学技术去救死扶弱的具体实践之中。而围绕着“积功累行”这个中心思想，全真教的众教徒不仅养成了良好的科学技术修养，而且他们“谨紧锻炼”[②]，或从事农业生产，或以医术仁其民，形成了一种鲜明的崇尚技艺和生产实践的宗教个性特征。

1. 一般众徒的科技实践活动与道教科技思想

第一，“垦土积谷，以饭道众”的思想。全真教初起，由于在政治上还没有得到封建统治者的认同和支持，因而他们在经济上不得不以“食力”为念，自谋生计。具体途径有二：一是“乞化为生”[③]；二是耕凿自养。

金明昌元年（1190），全真教以寄生和游食为特点的“乞化为生”之风，已经成为“惑众乱民”[④]，造成社会不稳定的一个重要因素；加之“自古以农桑为本，今商贾之外又有佛、老与他游食，浮费百倍。农岁不登，流殍相望，此末作伤农者多故也”[⑤]的现实，给金朝的社会经济发展造成了巨大阻力，引起广大朝臣和民众的不满。有鉴于此，金朝统治者不得不“禁自披剃为僧、道者”[⑥]。时风逆转，全真教在政治上逐渐失去了支撑力。故此，为了改变其“乞化为生”的寄生和游食生活方式，并尽可能地接近金朝统治者的“农本”政策，同时，也是为了自身的生存和发展，全真教便一改传统的乞食风气而为自食其力，变“无为”立教为“有为”立教。丘处机说：

> 如修行人，全抛世事，心地下功，无为也；接待兴缘，求积功行，有为也。心地下功，上也；其次莫如积功累行。二者共出一道，人不明此，则不能通乎大同。[⑦]

其中，“求积功行”的途径很多，但以农作最为切要。这样，各地的全真教教徒便开始用从事耕作的方式来满足自身的生活之需，他们有的甚至拿出自己盈余的粮食去接济穷困之人，以“求积功行”。例如，山东泰安县上章村有全真观，巨阳子韩志具“独喜垦土积谷，以饭道众。岁遇凶荒，则尽推其羡余，以贷艰食。由是有声齐鲁间”[⑧]。又，任克润在《通玄观记》中说：“（全真教）其日用，则凿井耕田，菲薄取足，推其余以济人。”[⑨]另外，吴志坚于至正六年（1346）买潞州长子县“东北隅民居二十五亩，为祈福地”，他“垦负郭田

---

① 白新欢：《宗教会自行消亡吗？》，《学术探索》2003年第8期，第44—47页。
② 《重阳立教十五论·混性命》，《道藏》第32册，第154页。
③ 陈垣：《道家金石略》，北京：文物出版社，1988年，第432页。
④ 《金史》卷9《章宗本纪一》，北京：中华书局，1975年，第216页。
⑤ 《金史》卷46《食货志一》，第1035页。
⑥ 《金史》卷46《食货志一》，第1035页。
⑦ 《清和真人北游语录》卷1，《道藏》第33册，第159页。
⑧ （元）宋子贞：《全真观记》，王宗昱：《金元全真教石刻新编》，第13页。
⑨ 王宗昱：《金元全真教石刻新编》，第133页。

二顷，以耕耘足食”，而“未尝叩人门，俯首丐一钱”[①]。可见，此时的全真教教徒已经开始自觉地从“乞化为生”转向“食力”，而以“乞食”为耻了。

开荒辟地以为恒产，是金元之际全真教的主流思想和主要生产活动。全真教之所以在民间能产生巨大的影响力，不仅仅是因为他们自食其力，更重要的是因为他们自身有一种不辞劳苦和披荆斩棘的创业精神，这种创业精神无论在当时还是在现在，都是难能可贵的。例如，1237 年，石德瑾重建洛阳县九真观时，“地多荆棘，遂垦而诛之，悉为膏壤，作簪赏之恒产，给备岁时香火斋粥衣资之费”[②]。又，卢志清于 1238 年在蹯溪修建长春成道宫，也是“披荆棘，剃草莱，修垣墉，力耕稼，数年之间，栋者宇者，楹而础者，始有可瞻仰而定居矣”[③]。与当时的南方商品经济相对照，北方社会的小农经济仍然居于主导地位，在这样的经济生活背景之下，全真教必然会受到所谓时代精神和文化气氛的约束。因此，全真教教徒为了营造其相对保守和封闭的生活单元，往往从耕、织、烧窑、粮食加工等多方面去进行综合开发，遂形成了一种具有全真教特色的宫观经济，构成金元地主经济的一个部分。

比如，1257 年 9 月，《莱州掖县王贾村兴仙观记》载：“（道谨）与其徒明虚大师柳志升，苦志劳形，随缘□□。务耕稼而□食，植桑麻而易衣。垦□惟勤，变□芜而为衍沃。”[④]山东长清县的娄敬洞洞虚观则“有殿有庑，有厨有斋，有库有厩”[⑤]；真成子在山东峄县玄都观“立窑庄以备埏埴，开稻田以供饘粥，灌园圃以给蔬食。米粟不贷之于外，丝麻自足之于内”[⑥]；“则焚修有殿，斋会有堂，庖馔有厨，讲演有室，至于师席宾寮，井湢仓廪，果园蔬圃，栏厩水磨，人事所须，无不置设”[⑦]。像这种“人事所须，无不置设”的全真教宫观应当是普遍现象，而与生活密切相关的各种实用技术如种植、饲养、耕作、粮食加工等的推广，就成了维持全真教宫观正常运行的基本保障。

当然，如果全真教一味地将自己封闭起来，而不与周围民众的生活相互照应、相互沟通，那么，全真教也就失去了群众基础。一方面，全真教的发展需要教外民众的大力支持，比如，各种宫观的修建，有时需要大量的人手和财力，而每当遇到这种情况时，当地民众往往会热心相助，甚至不惜财力来帮助全真教，像莱州掖县武官村灵虚宫的缔构即是一例。当时，“雇人匠，具舟楫，深越大洋，伐材木于松岛，錾柱础于黄山，陶瓦甓于太基，而门□□士四方子来，则富者施财，贫者施力，若水之就下□然，莫之能御”[⑧]。另一方面，当周围民众有难时，尤其是当民众遭遇旱涝等关乎民生的自然灾害时，全真教教徒也会不遗余力，帮助民众排患释难，祈福禳灾。譬如，1220 年，时方大旱，丘处机在燕京天长观

① 李修生主编：《全元文》第 5 册，南京：江苏古籍出版社，1999 年，第 250 页。
② 王宗昱：《金元全真教石刻新编》，第 168 页。
③ 陈垣：《道家金石略》，第 629 页。
④ 王宗昱：《金元全真教石刻新编》，第 8 页。
⑤ 王宗昱：《金元全真教石刻新编》，第 24 页。
⑥ 王宗昱：《金元全真教石刻新编》，第 36 页。
⑦ 王宗昱：《金元全真教石刻新编》，第 168 页。
⑧ 王宗昱：《金元全真教石刻新编》，第 17 页。

斋醮，“既启醮事，雨大降”[①]。又如，大德元年（1297）五月，山东文登县“久旱，请师（指武道彬——引者注）求雨，天降甘霖，泽流四方。三年庚午，多蝗虫。复请于师，蝗退”[②]等。此类为百姓解厄禳灾的记载，虽然因宗教的需要而掺入了许多非科学的东西，但就当时的历史场景来讲，它适应了那个时代广大民众的认识水平，反映了那个时代的社会需要，因而具有一定的合理性。

至于如何正确理解和认识中国古代“禳灾”的思想价值和社会作用，请参见邓云特的《中国救荒史》[③]等，本书不作赘述。

从观念的角度来分析，如果说“禳灾”不论披着什么样的外衣，其内在的本质毕竟属于一种非科学的和消极的救灾手段和方式，那么，下面的例子便是一种实实在在的农田水利实践了。陈垣曾在陕西周至发现了一块《栖云王真人开涝水记》碑，是记载全真教教徒“惠泽德人”和济贫拔苦之积功事迹的。碑记云：

> 终南涝谷之水，关中名水也，渊源浩瀚，随地形之高下，批崖赴壑，枝分其流，去山一舍，径入于渭，然无疏导之功。初，不能为民用。丁未春，栖云真人王公领门众百余，祀香祖师之重阳宫，至自汴梁寻馆于会仙堂之两庑，爱其山水明秀，一日杖藜缓步，周览四境，语其徒曰：“兹地形胜其有如此，宫垣之西，甘水翼之，已为壮观，苦使一水由东而来，环抱是宫，谓双龙盘护，真万世之福田也。岂可得乎！”即与一二尊宿，亲为按视，抵东南涝谷之口，行度其地，可凿渠引而致之。于是，闻诸时官，太傅移剌保俭、总管田德灿，二君深嘉赏焉。遂给以府檄，明谕乡井民庶，应有所犯地土，无致梗塞。公乃鸠会道侣，仅千余人，挥袂如云，荷插如雨，趋役赴功，其事具举，曾不三旬，大有告成之庆。涝之水源源而来，自宫东而北，萦纡周折，复西合于甘，连延二十余里，穿村度落，莲塘柳岸，蔬圃稻畦，潇然有江乡风景，上下营磨，凡数十区，虽秦土膏沃，但以雨泽不恒，多害耕作，自时厥后，众集其居，农勤其务，辟荆榛之野，为桑麻之地，岁时丰登，了无旱干之患，两涘居民，举爪加额“非王公真人之力，则弗能如是，岂特为吾生一时之幸，实奕世世无穷之利也。”[④]

又，潘德冲在主持位于山西南部的纯阳万寿宫时，“中条东西居民，每岁初或有贷粟于宫者，数逾千石”[⑤]。与上面的“惠泽德人”不同，对于潘德冲的“放贷粟米”实例应作两面观：一方面，它表明全真教“救人之危”的修行主张，并不是一句诓骗人的空话、假话，而是落实到了行动上；另一方面，我们也不可否认，经过一段时期的财富增值，全真教的经济已经从自给自足的原始状态逐渐发展到以富足盈余为基础的借贷经济阶段，而且具有了一定的剥削性质。例如，到元代中期，纯阳万寿宫已经有“本宫常住户”40多人[⑥]，而

---

① 《长春真人西游记》卷上，《道藏》第34册，第482页。

② 王宗昱：《金元全真教石刻新编》，第55页。

③ 邓云特：《中国救荒史》，上海：上海书店，1984年。

④ 《户县文物志》编纂委员会：《户县文物志》，第106—107页。

⑤ 《甘水仙源录》卷5《徒单公履·冲和真人潘公神道之碑》，《道藏》第19册，第762页。

⑥ 陈垣：《道家金石略》，第794页。

这些常住户实际上是该宫的佃户。

第二，“惟以治疾治灾为念”的医学思想。前面说过，王重阳在《重阳立教十五论》中将医药学看作是积功累德的最佳方式之一。实际上，全真教重视医药学源于这样两个原因：一是道教有“拯黎元于仁寿，济羸劣以获安者”[①]的传统，故王重阳在《重阳立教十五论》中特别强调“学道之人，不可不通”医药[②]。二是金元时期，北方广大地区的疫情多发，给民众的生命健康和社会生活带来了严重危害。例如，金天兴元年（1232）五月辛卯，“汴京大疫，凡五十日，诸门出死者九十余万人，贫不能葬者不在是数”[③]。从死亡人数看，这应是中国古代历史上程度最严重的一次流行病。[④]又如，元至顺二年（1331）四月，“衡州路属县比岁旱蝗，仍大水，民食草木殆尽，又疫疠，死者十九”[⑤]。我们说金元四大医家的出现正是疫区民众自觉起来应对这种疫病现象的客观产物，而全真教教徒以医术救民厄，从根本上说，亦与当时疫病流行的现实相关联。例如，《白云观张真人道宽授异碑记》载：

> 道宽张姓者，居顺狐奴山，道号白云，清苦炼形，施符水治病，能起人死。东平王尝患疡，医药罔效，闻道宽名召往治之。数日平愈。王大异，劳谢殊腆，而宽名始显。谨按宽本农家子，东安州人，服田力穑，孝养父母，婴疾几殆，中夜梦数伟人衣冠肃然如古仙状，而教之曰：时当有疫疠，吾授汝符咒，以救民厄，复授以咒果法，令疾者食之，立愈。又曰此去北山可结庐修行。既寤身疾顿去。居无何，疫兴，遂间出其法，试之果验，由是惟以治疾治灾为念。[⑥]

用“符咒”祛除疫疠，这种迷信手段全然不可信。其实，全真教用以救人活命的有效工具，不是“符咒”，而是药物。不过，在人们遭遇疫邪疠魔的现实场景里，全真教教徒之所以采用“符咒”来祛除疫疠，主要是为了增加普通药物的神秘成分，并通过他们所制造的神秘气氛而使民众产生一种敬畏感，从而为之顶礼膜拜。另外，“符咒”在当时的文化背景里，还起着一定的心理治疗作用。因此，对于像“符咒”一类的迷信，我们应当用历史的态度去分析和批判。所以像上文所述张宽道人的“咒果法”，很可能是用符咒术的外壳包裹着真实的中草药物，他这么做一是对患者有一种心理暗示作用，二是为了便于患者服药而有意识地制成水果一类的药丸，就像今人的中药胶囊的作用一样。

其他如《□□修长生观碑》所载，施术情形亦如是：李太素，号熙和子，“世肄难素，好积阴功。凡有疲癃残疾之者，必施药以拯之。人欲酬谢之，辄长往而不顾。远近赖之以全活者，不可胜数”[⑦]。

又，崔道演“字玄甫，观之蓨人，真静其号也。……假医术筑所谓积善之基，富贵者

---

① （唐）王冰：《黄帝内经素问集注·序》，邹运国：《六脉玄机》，北京：人民军医出版社，2015年，第283页。

② 《重阳立教十五论·和药》，《道藏》第32册，第153页。

③ 《金史》卷17《哀宗本纪上》，北京：中华书局，1975年，第387页。

④ 张文：《中国古代的流行病及其防范》，《光明日报》2003年5月13日。

⑤ 《元史》卷35《文宗本纪四》，北京：中华书局，1976年，第784页。

⑥ 王宗昱：《金元全真教石刻新编》，第111—112页。

⑦ 王宗昱：《金元全真教石刻新编》，第146页。

无所取，贫窭者反多所给，是以四远无夭折，人咸德之”[①]。

从流传下来的全真教碑记看，教徒中还真有不少精医方者，如孙彬真人[②]、武道彬真人[③]、天倪子张志纯[④]等。可见，以岐黄术来济世救民是全真教的基本教旨之一，那么，在全真教教徒看来，“道寓于术，医药是先”[⑤]，就成为他们“修生”的主要手段。因此，全真教通过施展具有一定成效的道教医术，推仁布德，从而赢得了下层民众的信赖，并在元朝统治者阶层中亦享有良好的社会声誉，此为当时社会舆论的主流。

当然，在政治生活领域，释、道之间的冲突始终没有停止，如耶律楚材与全真教的矛盾斗争就很激烈。又如，1258 年的僧道大辩论，以及元世祖至元十八年（1281）的僧道第二次辩论，均以全真教的失败而告终，结果是全真教遭到了沉重打击。但从总体上说，那不是矛盾的主要方面，也不是社会舆论的主流。所以，元人任克润在《通玄观记》中云：“今通都大邑，营垒村落，远及深山大泽，莫不黄冠峨峨，蓂居相望。”[⑥]全真教能够在元代造成如此声势，固然有元朝统治者的政策扶持，然而，全真教关切民生，重视从广大的下层民众中立教筑基，不能不说是它成功的关键。

第三，以“坐圜”为特色的建观思想。中国传统道教有“圜室”（即道家修炼者的闭关之所）的建制，所谓圜是指仅供一人入内打坐的龛式小室，以布帘为门，这种修炼道场始于汉代的张道陵。[⑦]历代相沿，到王重阳创立全真教时，他则根据金朝社会环境的客观需要，在继承传统道教圜室制度的基础上，加以适当的损益，遂形成了以圜室和钵堂为轴心的全真教宫观制度。据《天皇至道太清玉册》卷 5 载，其圜室之制为：

> 圜室以砖砌为室，方圆一丈，无门，止留一窍以通饮食，后留一穴以出秽。全真入圜砌其门谓之闭关，坐百日乃开，谓之开关，此圜室之制也。[⑧]

关于钵堂之制，《天皇至道太清玉册》卷 5 称：

> 其堂乃四方鸾俦鹤侣栖真之所，自古名山仙迹之所有之。余于南极长生宫建造钵堂名曰栖真馆。揭其名于门楣，对曰：世间云水皆居此，天下全真第一关。堂之前轩，扁曰华灵隐霭之额。轩柱对曰：阐中国圣人之大道，袭上天仙子之遗风。轩之中立启关、闭关之牌，中祀王重阳真人像，案设金、木、水、火、土，以相五行造化，及金莲七朵以表七真。玄机供列于前，中立全真钵，架下列水鼎，上悬五铃，一钵架，有对云：五铃齐振弘开太极之关，一钵暂停再入泰玄之室。两傍对列坐龛一十四单，以铅、汞、子、丑、寅、卯、辰、巳、午、未、申、酉、戌、亥为号。堂之柱对句云：

① （元）杜仁杰：《真静崔先生传》，李修生主编：《全元文》第 2 册，第 377 页。
② 王宗昱：《金元全真教石刻新编》，第 30 页。
③ 王宗昱：《金元全真教石刻新编》，第 54 页。
④ 李修生主编：《全元文》第 2 册，第 376—377 页。
⑤ 王宗昱：《金元全真教石刻新编》，第 83 页。
⑥ 王宗昱：《金元全真教石刻新编》，第 133 页。
⑦ （明）朱权：《天皇至道太清玉册》卷 5，《道藏》第 36 册，第 402 页。
⑧ （明）朱权：《天皇至道太清玉册》卷 5，《道藏》第 36 册，第 402 页。

默朝上帝升金阙，静守中黄闭玉关。左右有二厢房，左曰鹤巢，右曰麟薮，内设云床一十四，坐卧事身品具齐馔器用等物悉皆周备，以俟云水全真栖息之用。世之作钵堂者，体此为法。①

依此，则知全真教的宫观布局大概是："殿以其中，翼以列庑，绕以崇墉。厨以西，斋于东（或东厨西堂——引者注）。"②用建筑学的术语讲，就是中轴线分明，左右讲究对称，整体布局追求和谐统一。例如，山东寿光县的灵显观，"转角大殿五间，绘以天尊之像，西堂东厨，前园后圃，为之一新，实为一县之伟观也"③。陕西澄城县的保安观，中为大殿，"设像俨然，东西廊庑，药圃宾馆，斋厨廥库，台榭三门，悉皆壮丽"④。山西荣河县的栖云观，"南构殿三架，宇前后各二，立元始道君老子像，使□起敬信。后为堂，与殿相称，列七真人于座，求全吾真者，得知所自出。堂之左右，延宇垂阿，武安、灵官位典焉。东西两庑，共十二楹四榱，中为宾馆，以待四远游方之士。前为大门，三筵四桷。庑西偏室，南北各三间"⑤。显然，这些全真教宫观有章可循，皆系按照钵堂形制来勾画和建筑的。

从总体来看，全真教的宫观建筑随着其社会地位的变化而变化，如初期主要是随地形而建，似无一定的规制。但入元之后，其宫观建筑不仅有了一定的规范，而且日趋壮观宏丽，至元代中后期，则与其寄生性的生活特点相适应，全真教一改简朴的生活作风而追求奢侈，反映在宫观建筑上则"雄深壮丽"者已经成为一种风尚。例如，至元二十四年（1287），李察在《利州长寿山玉京观地产传后弭讼记跋》中形容玉京观"壮哉峙然而金碧辉空"⑥，而嵩山崇福宫的三清殿更是"雄深壮丽，侈大于畴昔远甚"⑦。于是，全真教的奢侈之风引起了有识之士的强烈不满，如元人张养浩说：道教"今年造某殿，明年构某宫，凡天下人迹所到，精蓝胜观，栋宇相望，使吾民穴居露处，曾不得茎茅撮土以覆顶托足焉"⑧。从这个事例可以看出，全真教已经由替民解难的宗教团体渐渐演变成为压迫民众的一种思想工具了。

2. 全真七子的道教科技思想

所谓全真七子是指王重阳的七位嫡传弟子，即马丹阳、谭处端、刘处玄、丘处机、王处一、郝大通及孙不二。本书仅限于探讨马丹阳、刘处玄、丘处机及郝大通四真人的道教科技思想。

（1）马丹阳的"天星十二穴"及其医学思想。马丹阳本名从义，字宜甫，后更名为钰，字玄宝，号丹阳子，祖籍陕西扶风，后因避五代之乱，其家迁居山东宁海州，是王重阳的大弟子，全真教第二代教主，精通医术，并开创全真教之遇仙派，主要著作有《渐

① （明）朱权：《天皇至道太清玉册》卷5，《道藏》第36册，第401、402页。
② 王宗昱：《金元全真教石刻新编》，第4—5页。
③ 王宗昱：《金元全真教石刻新编》，第32页。
④ 王宗昱：《金元全真教石刻新编》，第83页。
⑤ 王宗昱：《金元全真教石刻新编》，第135页。
⑥ 王宗昱：《金元全真教石刻新编》，第230页。
⑦ 陈垣：《道家金石略》，第802页。
⑧ 李修生主编：《全元文》第24册，第575页。

悟集》《洞玄金玉集》《丹阳神光灿》等。明人杨继洲的《针灸大成》载有《马丹阳天星十二穴治杂病歌》，则其内容如下：

三里、内庭穴，曲池、合谷接，委中配承山，太冲、昆仑穴，环跳与阳陵，通里并列缺。合担用法担，合截用法截，三百六十穴，不出十二诀。治病如神灵，浑如汤泼雪，北斗降真机，金锁教开彻，至人可传授，匪人莫浪说。

其一：三里膝眼下，三寸两筋间。能通心腹胀，善治胃中寒，肠鸣并泄泻，腿肿膝胻（胫）酸。伤寒羸瘦损，气蛊及诸般。年过三旬后，针灸眼便宽，取穴当审的，八分三壮安。

其二：内庭次趾外，本属足阳明。能治四肢厥，喜静恶闻声，瘾疹咽喉痛，数欠及牙疼，疟疾不能食，针着便惺惺。

其三：曲池拱手取，屈肘骨边求。善治肘中痛，偏风手不收，挽弓开不得，筋缓莫梳头，喉闭促欲死，发热更无休，遍身风癣癞，针着即时瘳。

其四：合谷在虎口，两指岐骨间，头疼并面肿，疟疾热还寒，齿龋鼻衄血，口噤不开言。针入五分深，令人即便安。

其五：委中曲脷里，横纹脉中央。腰痛不能举，沉沉引脊梁，酸疼筋莫展，风痹复无常，膝头难伸屈，针入即安康。

其六：承山名鱼腹，腨肠分肉间，善治腰疼痛，痔疾大便难，脚气并膝肿，展转战疼酸，霍乱及转筋，穴中刺便安。

其七：太冲足大趾，节后二寸中。动脉知生死，能医惊痫风，咽喉并心胀，两足不能行，七疝偏坠肿，眼目似云朦，亦能疗腰痛，针下有神功。

其八：昆仑足外踝，跟骨上边寻。转筋腰尻痛，暴喘满冲心，举步行不得，一动即呻吟，若欲求安乐，须于此穴针。

其九：环跳在髀枢，侧卧屈足取。折腰莫能顾，冷风并湿痹，（身体似绳拘），腿胯连腨痛，转侧重欷歔。若人针灸后，顷刻病消除。

其十：阳陵居膝下，外臁一寸中。膝肿并麻木，冷痹及偏风，举足不能起，坐卧似衰翁，针入六分止，神功妙不同。

其十一：通里腕侧后，去腕一寸中，欲言声不出，懊恼及怔忡，实则四肢重，头腮面颊红，虚则不能食，暴喑面无容，毫针微微刺，方信有神功。

其十二：列缺腕侧上，次指手交叉。善疗偏头患，遍身风痹麻，痰涎频壅上，口噤不开牙，若能明补泻，应手即如拿。[①]

对于马丹阳是否作过《天星十二穴治杂病歌》的问题，学界有两种观点：一是持否定态度，如李鼎认为，元代王国瑞在《扁鹊神应针灸玉龙经》载有“十一穴歌诀”，但没

① （明）杨继洲：《针灸大成》卷3《马丹阳天星十二穴治杂病歌》，章威主编：《中华医书集成》第18册《针灸类》，北京：中医古籍出版社，1999年，第55—56页。

有说明作者，而明人高武在《针灸聚英》一书中名为“薛真人天星十二穴歌”[①]，而非“马丹阳天星十二穴歌”，据此，他得出了此歌虽为道家所传但非马丹阳所作的结论。[②]二是持肯定态度，目前肯定者居多数，1957年《上海中医药杂志》发表了李秀堂的《“马丹阳十二穴”的临床应用（附121例疗效分析）》一文，此后研究“马丹阳十二穴”的成果日益丰富，因而使该问题的研究在层次上不断深入。其主要成果有宋大仁的《金代针灸名家马丹阳象传》[③]等。从有关史料来看，马丹阳精通医术，是确定无疑的。例如，马丹阳曾写有一首《治病》词：

> 气不通，脚膝患。云母膏，敷贴常常备办。破伤风，要可何如？花蕊石细掺。治心病，清神散。医性僻，附子理中丸弹。灵宝丹，服得太多，和骨骰更换。[④]

又，汝州是马丹阳显扬医道之地，至今这里还有丹阳观和丹阳道，即是马丹阳在汝州行医的历史见证。因此，胡海牙在梳理马丹阳与“天星十二穴”的关系时说：“马丹阳针法，初时仅在道教全真派弟子内部流传。后经薛真人外传，才流行开来。”这个说法很有道理，也与基本史实相吻合，故笔者从胡海牙先生之说。

马丹阳针法的特点就在于“合担用法担，合截用法截”这10个字，此亦可看作是马丹阳针灸学的思想核心。根据临床应用证实，马丹阳针灸担截法在临床治疗方面确实取得了一定成效，例证见前。在马丹阳看来，所谓“合”是指在治疗疾病的过程中，根据病情的需要，于某一经络上同时刺入两针。所谓“担”是指用刺入穴位内的两根银针将肌肉挑起来，通过增加刺激的强度来达到治疗疾病的目的。例如，“三里内庭穴”的意思就是说，用两针在胃经上的三里穴和内庭穴同时刺入，以治疗胃痉挛、急慢性肠炎等疾病。与“担法”不同，“截法”是在两条经脉上的穴位刺针，而不像“担法”那样将两针刺入同一经脉的不同穴位上。比如，“通里并列缺”中的“通里”穴属心经，而“列缺”穴则属肺经，在临床上，医者常常用此法来实现“合截”的目的。如果说“古人在‘天人相应’说启示下，通过长期的医疗实践，发现人体头面颈部及四肢腕踝部某些脉动或脉象变化可以诊察疾病”[⑤]，是一种原创思想，那么，马丹阳针法就是对传统针灸方法的再创造，因而也是一种极具创新价值的针灸思想。

（2）刘处玄“自然有定于方寸”的思维科学思想。刘处玄，字通妙，号长生子，东莱（今山东莱州）人。金大定九年（1169）拜王重阳门下，成为全真道“七真”之一及随山派的祖师。其主要著作有《仙乐集》、《至真语录》、《道德经注》、《黄帝阴符经注》及《黄庭述》，其中《黄帝阴符经注》里包含着比较丰富的思维科学思想。

在道教思想中，“天”被赋予很多神秘色彩。比如，《尚书·吕刑》载：“皇帝……乃命

① （明）高武：《针灸聚英》卷4下《薛真人天星十二穴歌》，章威主编：《中华医书集成》第18册《针灸类》，第118页。

② （明）李鼎：《何来歌诀马丹阳？——天星十一穴、十二穴的由来》，《上海中医药杂志》1993年第3期，第29—30页。

③ 宋大仁：《金代针灸名家马丹阳象传》，《辽宁中医杂志》1960年第4期，第34—35页。

④ 《洞玄金玉集》卷8《治病》，《道藏》第25册，第605页。

⑤ 黄正祥：《中国针灸学术史大纲》，北京：华夏出版社，2001年，第195页。

重、黎，绝地天通，罔有降格。”孔安国传：“重即羲，黎即和。尧命羲、和世掌天地四时之官，使人神不扰，各得其序，是谓绝地天通。言天神无有降地，地只不至于天，明不相干。”[①]毫无疑问，“重、黎，绝地天通”是上古中华文明发展史上的一个大事件，因为当时尚处在巫人治国的蒙昧时期。所以，为开民智，重、黎对“天神”与“地民”相联系的路径进行了重大调整，原来“民”与“天神”相沟通的梯子被砍断，转而变成“帝王”的一种特权，从而结束了“夫人作享，家为巫史”的混乱局面。从这个视角看，“重、黎，绝地天通”无疑是中国古代王权与神权合一的肇端，它“既是在宗教领域内实行的一次重大改革，同时又是在科技领域内取得的一个重大进步”[②]。例如，陈梦家先生认为，“卜辞中常有王卜王贞之辞，乃是王亲自卜问，或卜风雨或卜祭祀征伐田游。……王兼为巫之所事，是王亦巫也”[③]。所以，单就“神道设教”与道教的巫术情结而言，可以说，“绝地天通”绝对是一次历史性的思想变革运动。因为从形式上看，只有将天与地分为两个相对独立的思想客体，道教才有可能去建立一种等级森严的天神系统。

那么，什么是天？按照韦政通先生的归纳，天在中国古代具有以下几个方面的内涵：一是权威意义的人格神；二是人格神权威的堕落；三是造物主，如《庄子·达生》载：“天地者，万物之父母也”；四是弘大；五是德化的天，如《周易·系辞下传》载：“天地之大德曰生。”六是天即自然，《论语·阳货》载：“子曰：天何言哉！四时生焉，百物生焉，天何言哉。”七是天代表纯真，如《淮南子·原道训》载：“所谓天者，纯粹朴素，质直皓白，未始有与杂糅者也。”八是命运的天。实际上，在金元时期，刘处玄综合了道、儒、佛三教的思想成果，在坚持“造物天”的基础上，进一步提出了“清炁，天也”[④]的朴素唯物主义思想主张。不仅如此，刘处玄在注解《黄帝阴符经》“天地万物之盗”一句话的内涵时说：“天地四时而变通造化，生成万物。万物之中所藏，天地阴阳之秀炁。……万物，人之盗，人所盗万物之精，夺天地之秀炁也。”[⑤]在此，刘处玄为我们展示了两个知识系统：

第一，物的系统。它又可细分为形式和内容两个方面。就形式而言，“炁”造化万物之形状，如《黄帝阴符经注》云：“万物不得天地之炁，不能造化成形。”[⑥]这个“形”便成为数学、化学和物理学研究的对象之一。例如，华罗庚说：“数学是从物理模型抽象出来的，它包括数与形两方面的内容。”[⑦]另外，在高分子科学领域，有“形状记忆材料”[⑧]的概念。

---

① （汉）孔安国传，（唐）陆德明音义，（唐）孔颖达疏：《尚书注疏》卷18《周书》，《景印文渊阁四库全书》，台北：台湾商务印书馆，1986年。

② 许兆昌：《重、黎绝地天通考辨二则》，《吉林大学社会科学学报》2001年第2期，第104—111页。

③ 陈梦家：《商代的神话与巫术》，《燕京学报》1936年第20期，第527—569页。

④ （金）刘处玄：《黄帝阴符经注·神仙抱一演道章上》，《道藏》第2册，第818页。

⑤ （金）刘处玄：《黄帝阴符经注·富国安民演法章中》，《道藏》第2册，第820页。

⑥ （金）刘处玄：《黄帝阴符经注·强兵战胜演术章下》，《道藏》第2册，第822页。

⑦ 华罗庚：《数学的用场与发展》，《现代科学技术简介》编辑组：《现代科学技术简介》，北京：科学出版社，1978年，第211页。

⑧ 李府春、韦复海：《热致型形状记忆高分子材料的研究进展》，《贵州化工》2004年第4期；左兰、陈大俊：《形状记忆聚氨酯的研究进展》，《高分子材料科学与工程》2004年第6期；胡金莲、刘晓霞：《纺织用形状记忆聚合物研究进展》，《纺织学报》2006年第1期等。

据此，柴立和提出了建立一门“形状科学”[1]的主张。就内容而言，“炁”是万物的内在结构，故《黄帝阴符经注》说：“万物之中所藏，天地阴阳之秀炁。”[2]在这里，虽然“秀炁”是个模糊概念，但是我们只要仔细琢磨一下，就不难领悟作者想要表达的话语指向。与西方的逻辑思维不同，全真教不是用一种清晰的形式化语言来描述客观事物发展变化的必然规律，而是用一种比较隐晦的文字来表达他们对客观事物发展变化的认识和理解。这样，我们很容易将其定性为“神秘主义”。其实，规律本身既看不见又摸不着，因为它是抽象的，并且往往隐藏在客观事物的背后。从这个角度看，规律确实可称为“秀炁”。除了“秀炁”，“机”也含有“规律”的意思。刘处玄说：“万物之机，所盗天地之炁。”而“穷通道则天地通，天地通则万化通，万化通则神通，神通则应机万变”[3]。所谓“应机万变”当然是指认识和掌握了客观规律后，人们就在自然界面前获得了相对的自由。而自由是什么？恩格斯指出：“自由是对必然的认识。”[4]可见，刘处玄不仅坚持了认识论中的朴素唯物观，而且具有一定的朴素辩证法思想。

第二，人的系统。首先，刘处玄继承了传统儒学中的“贵人”思想，认为“万物之中，唯人一物至尊至贵也”[5]。而人之“至贵”，是因为“天人合发”。刘处玄解释说：“天人者，人性通于天也。合发则心尽于物也。”[6]其中，“人性通于天”与下面的宇宙观相联系：“性通于命，命通于天，天通于道，道通于自然。”[7]而“心尽于物”则表明，人类认识活动的本性就是要穷尽自然规律，从而在更高的层面上驾驭自然和改造自然。用刘处玄的话说，即“夺天地之秀炁”，此处所讲的“夺”就是认识和掌握自然规律。另外，人与宇宙万物具有内在的统一性。刘处玄说：“万物造化与人造化无异也。”[8]因为两者都有一个共同的物质基础，那就是“炁”。所以，刘处玄说：“天有五方，正炁在人身中为神之母也。”又说：“五谷之精，在人身中保而为命也。”[9]过去，由于生物化学的进展比较缓慢，因而在一定意义上限制了人们的视野。因此，在这样的知识背景下，古代的智者便无法从科学的角度对“命”作出正确的解释。然而，自 1903 年“生物化学”这门独立的学科诞生之后，特别是 1953 年沃森-克里克确定了 DNA 双螺旋结构之后，生物化学遂进入机能生物化学，即真正意义上的现代生命化学时期。恩格斯说：“生命是蛋白体的存在方式，这种存在方式本质上就在于这些蛋白体的化学组成部分的不断的自我更新。”[10]在这里，“蛋白体”包含蛋白质和核酸两部分。目前，人们已经探明蛋白质本身由 20 种氨基酸按照不同的组合方式构成，其中粮谷、

---

① 柴立和：《形状的研究进展及建立形状科学的探讨》，《自然杂志》2004 年第 5 期，第 300—305 页。

② （金）刘处玄：《黄帝阴符经注·富国安民演法章中》，《道藏》第 2 册，第 820 页。

③ （金）刘处玄：《黄帝阴符经注·富国安民演法章中》，《道藏》第 2 册，第 821 页。

④ 中共中央马克思恩格斯列宁斯大林著作编译局：《马克思恩格斯选集》第 3 卷，北京：人民出版社，1972 年，第 153 页。

⑤ （金）刘处玄：《黄帝阴符经注·神仙抱一演道章上》，《道藏》第 2 册，第 818 页。

⑥ （金）刘处玄：《黄帝阴符经注·神仙抱一演道章上》，《道藏》第 2 册，第 819 页。

⑦ （金）刘处玄：《黄帝阴符经注·神仙抱一演道章上》，《道藏》第 2 册，第 819 页。

⑧ （金）刘处玄：《黄帝阴符经注·强兵战胜演术章下》，《道藏》第 2 册，第 823 页。

⑨ （金）刘处玄：《黄帝阴符经注·神仙抱一演道章上》，《道藏》第 2 册，第 818 页。

⑩ 中共中央马克思恩格斯列宁斯大林著作编译局：《马克思恩格斯全集》第 20 卷，第 88 页。

豆类食物及畜、禽、鱼、蛋类的蛋白质含量较高，是人体所需蛋白质的主要来源。从这层意义上说，“五谷之精，在人身中保而为命也”[①]，符合现代生命科学的理论认识。在刘处玄看来，“命”是具体的，是由“五谷之精”所构成的物质实体。当然，这个物质实体不是一般的物质实体，而是具有能动性的社会存在物。刘处玄说：“地产百谷，天生五味，万物生成，阴阳之气。”[②]此“阴阳之气”即是人与宇宙万物的共同物质基础。

在中国古代，由于解剖学不发达，人们主要凭直观意识，认为思维的物质基础在于心脏而非大脑。例如，《云笈七签》载：“心有窍，合虚。”[③]所以，刘处玄从这个传统的文化基点出发，探讨了思维本身的物质结构问题。他说：“人心方寸空虚，内有灵明。上人，心有九窍；中人，七窍；下人，五窍。心无窍，谓之愚人邪。”[④]从解剖学上讲，心有窍究竟有没有依据？这个问题在当时并不难回答。宋崇宁五年（1106），北宋政府对处决的犯人进行了一次较大规模的人体解剖，明人章潢《图书编》记其心脏的解剖情况时说：“割开视之，其心个个不同：有窍无窍，有毛无毛，尖者长者。”[⑤]通过大量的人体解剖观察，章潢认为心“有窍”至少在部分人体中是客观存在的，至于“窍”在量上有没有差异，章潢没有说明。考《黄帝八十一难经》之“四十二难”载：“心重十二两，中有七孔三毛，盛精汁三合，主藏神。”[⑥]此处所说的“七孔三毛”，应是解剖观察所得，并非主观臆测。因此，《庄子·应帝王》说：“人皆有七窍。”那么，何谓“窍”？《说文解字》云：“窍，空也。”[⑦]按照许慎的解释，则“窍”指的应是心房及心室内的动脉和静脉开口，其中右心房有上腔静脉开口和下腔静脉开口，右心室有肺动脉口，左心房有四个肺静脉开口，左心室有主动脉口。此外，右心房还有一个卵圆窝，有20%—25%的人，其卵圆窝的前上方有一潜在性解剖通道。以此为准，则人的心脏存在有九窍的说法是符合解剖实际的。相反，在正常的生理状态下，“无窍”的人体心脏是不存在的。本来，解剖学意义上的心脏与人的思维活动并无直接关系，但中医认为，人的精神、意识及思维活动分属于五脏而心主神志，即人的精神、意识及思维活动皆为心之所主。例如，《黄帝内经灵枢经》说：“心者，五脏六腑之大主也。”[⑧]又说：“血者神气也。”[⑨]在这样的认识域内，刘处玄把人类心脏的内部结构与其精神、意识及思维活动联系起来，尽管缺乏实验根据，但是从理论上看，它对于人们进一步把人类思维的机理研究引向深入，具有一定的借鉴价值和意义。

有基于此，刘处玄提出了下面的思想：

人生大小有定。大者，道也，道大包含天地。小者，微也，论微之妙，入于毫芒。

---

① （金）刘处玄：《黄帝阴符经注·神仙抱一演道章上》，《道藏》第2册，第818页。

② （金）刘处玄：《黄庭内景经注》，《道藏》第6册，第504页。

③ （宋）张君房：《云笈七签》卷64《金丹诀》，《景印文渊阁四库全书》第1060册，第690页。

④ （金）刘处玄：《黄帝阴符经注》，《道藏》第2册，第819页。

⑤ （明）章潢：《图书编》卷68《人道总叙》，《景印文渊阁四库全书》第971册，第22—23页。

⑥ （春秋战国）扁鹊：《黄帝八十一难经》卷下《四十二难》，陈振相、宋贵美：《中医十大经典全录》，北京：学苑出版社，1995年，第319页。

⑦ （汉）许慎：《说文解字》，北京：中华书局，1987年，第152页。

⑧ 《黄帝内经灵枢经》卷10《邪客》，陈振相、宋贵美：《中医十大经典全录》，第253页。

⑨ 《黄帝内经灵枢经》卷4《营卫生会》，陈振相、宋贵美：《中医十大经典全录》，第198页。

运而天地不能量，用而鬼神不能见，自然有定于方寸。[①]

在这段话里，抛去其“命定论”的糟粕，我们看到了刘处玄对人类思维“至上性”的肯定和赞扬。如果我们把“运而天地不能量，用而鬼神不能见”与“人心方寸空虚”联系起来，就会得出“真空能量”的结论。欧文·拉兹洛说：“空间不是一种真空——而是一种充满的空间（plenum）。更精确地讲，空间（用相对论物理学的话说，是时空）充满了尽管非常微妙的（所谓‘虚’的）但在物理学上却是真实的能量。”[②]当然，我们不是“唯能论”者，也不是说刘处玄提出了“真空能量”的概念。在此，我们只是想表明，刘处玄已经自觉或不自觉地触摸到了“人类思维”结构和机能的关系问题。同“真空能量学说”一样，刘处玄的“道微观”毕竟为人们更加深入研究人类心-脑关系作出了探索性的学术贡献。

不过，刘处玄的思想中也有消极成分。比如，他认为“以智治国，国之贼也”，因而主张“以无事治天下”[③]。显然，这种思想认识是一种小农经济的产物，它与以竞争为特点的商品经济格格不入。况且，随着社会的不断进步，科学技术作为“知识形态”的生产力，其向生产力各个实体性要素的渗透力越来越强，并从近代以来，它对社会发展已经起到第一位的推动作用。所以，“以智治国，国之贼”论是一种历史的倒退。又，在刘处玄看来，“恩爱七情，争名竞利，所迷酒色财气，种种欢爱所著，无有尽期，念念欲情，皆属于阴也”，且“伪巧则生万祸，真拙则生于清福”[④]。在现实社会里，“争名竞利”固然有其弊，但我们不能因这个缘故而把人类创造物质文明的工艺技术视作“伪巧”，并将其说成是万祸之源。所以，我们说，刘处玄的丹学思想中还包含着一定的反科学主义因素。

（3）丘处机的“大丹”养生思想。丘处机，字通密，号长春子，登州栖霞（今山东栖霞）人。他不但是一位出色的宗教政治家，更是一位出色的养生学家，他的《大丹直指》和《摄生消息论》是金元时期颇有影响力的养生学专著。其中《大丹直指》是否为丘处机所作，学界有两派观点：一派观点认为《大丹直指》确系丘处机的作品，此种认识目前在学界为主流观点；另一派则否认《大丹直指》为丘处机所作，此派以朱越利和戈国龙两位先生为代表。戈国龙先生在《〈大丹直指〉非丘处机作品考》一文中，似乎言之凿凿，但有一点该文没有注意到，那就是《大丹直指·序》所言基本上是全真教的精髓，而“盖人与天地禀受一同”及“脐内一寸三分所存元阳真气，更曾不相亲”[⑤]等完全是全真教龙门派的内丹话语。事实上，全真教并非唯“心功”是取，只是因为练身形功夫多为秘传，除入室大弟子外，一般的全真教弟子很难识其庐山真面目，甚至连丘处机都不得闻见秘法，故段志坚在《清和真人北游语录》中说：

一日，祖师（指王重阳）闭户与丹阳论调息法，师父（指丘处机）窃听于外，少间

---

① （金）刘处玄：《黄帝阴符经注》，《道藏》第2册，第821页。

② ［美］欧文·拉兹洛：《微漪之塘——宇宙进化的新图景》，钱兆华译，北京：社会科学文献出版社，2001年，第317—318页。

③ （金）刘处玄：《黄帝阴符经注》，《道藏》第2册，第820页。

④ （金）刘处玄：《黄帝阴符经注》，《道藏》第2册，第819页。

⑤ （金）丘处机：《大丹直指·序》，《道藏》第4册，第391—392页。

推户入，即止其论。一日乘间进问祖师，答曰：性上有，再无所言，师父亦不敢复问。[①]

在全真教看来，“丹是色身妙宝，炼成变化无穷，更能性上究真宗”[②]。至于如何“性上究真宗”，却不言传。所以，丘处机的《大丹直指》在其死后30年才面世，非常合乎常理。不过，由于是秘传，故其在流传的过程中，难免有传者添加的成分。正因为如此，在秘传的版本中，除《道藏》本外，还有青岛某道友手抄秘本传世。

经陈撄宁先生考订，青岛某道友手抄秘本中“所有功法、口诀，乃北派真传”[③]。所以，笔者认为，就《道藏》本《大丹直指》的根本而言，实为北派真传，它融合了钟离权、吕洞宾、王重阳的内丹学说，并结合他自己长期的练身形实践，从而形成了一套独特的调息和理气功夫。

在中国古代，养生的方法有许多种，如气功养生、药物养生、房中术、辟谷养生、饮食调摄养生等，其中药物养生和房中术由于流弊甚多，至北宋渐趋衰落，继之而起的是气功养生和饮食调摄养生。从一般的气功实践来看，气功既有正作用，又有副作用。其中正作用是气功实践的主流，在历史上它的正作用无疑占据着主导地位，正因为这个缘故，气功才会具有长久不衰的生命力，特别是进入20世纪90年代以后，经过一代又一代气功学家的实践—认识—再实践—再认识的不断锤炼，人们终于在传统气功的基础上创立了一门新的独立学科，即中医气功学。[④]而气功变成科学，则表明历史上的全真教内丹功夫，是可以用定量方法研究的实学，这应是丘处机《大丹直指》所讲九种炼丹方法的学理依据。《黄帝内经素问》载：“余闻上古有真人者，提挈天地，把握阴阳，呼吸精气，独立守神，肌肉若一，故能寿敝天地，无有终时，此其道生。”[⑤]而这个理论原则上也是《大丹直指》的基本指导思想，如丘处机在《大丹直指·序》中说：

> 天地本太空一气，静极则动，变而为二。轻清向上，为阳，为天；重浊向下，为阴，为地。既分而为二，亦不能静。因天气先动降下以合地气，至极复升。地气本不升，因天气混合，引带而上，至极复降。上下相须不已，化生万物。天化日、月、星、辰，地化河、海、山岳。次第而万物生……盖人与天地禀受一同。始因父母二气交感，混合成珠，内藏一点元阳真气，外包精血，与母命蒂相连。母受胎之后，自觉有物，一呼一吸，皆到彼处。与所受胎元之气相通。先生两肾，其余脏腑，次第相生，至十月胎圆气足。[⑥]

现在看来，上述关于人体胚胎的内容需要具体分析，其中“父母二气交感，混合成珠，内藏一点元阳真气”今天已经有了一定的科学依据。而“外包精血，与母命蒂相连。母受

① （元）段志坚：《清和真人北游语录》卷2，《道藏》第33册，第163页。

② （元）段志坚：《清和真人北游语录》卷1，《道藏》第33册，第158页。

③ 陈撄宁审定，胡海牙整理：《丘长春真人秘传〈大丹直指〉》，胡海牙、武国忠主编：《陈撄宁仙学精要》上册，北京：宗教文化出版社，2008年，第98页。

④ 吕明：《中医气功学》，北京：中国中医药出版社，2007年。

⑤ 《黄帝内经素问》卷1《上古天真论篇》，陈振相、宋贵美：《中医十大经典全录》，第8页。

⑥ （金）丘处机：《大丹直指·序》，《道藏》第4册，第391、392页。

胎之后，自觉有物，一呼一吸，皆到彼处。与所受胎元之气相通”也与人体胚胎第5周和第6周的发育实际相符合。但从第7周之后，丘处机认为的“先生两肾，其余脏腑，次第相生”，完全是为了体系的需要而作的一种猜测，没有实验和观察的客观依据。真实的过程则是第7周胎儿开始形成感觉器官，然后，依次形成头部，躯体的上部和下部，双肩和两髓胯骨，九窍，五脏，六腑，两条上臂、前臂及两条大腿、小腿，双手、双肘和双足、双膝，10个手指和10个足趾，血管和脉络，肌肉和脂肪组织，体内的韧带、筋膜、肌腱，全身的骨骼和骨骼内所有的骨髓，周身的皮肤等。但是，如果我们将“两肾”与“三胚层”的分化联系起来，丘处机的说法似乎又有一定的道理。

现代生物学的实验研究证实，在胚胎的第3周，原条和原结开始出现，原条形成中胚层，而原结则下陷形成脊索，它是骨骼、肌肉、真皮、泌尿生殖系统的原基。同时，内胚层形成原始消化器官，它是消化和呼吸系统的原基。从进化的特点看，中胚层的分化快于内胚层，仅此而言，“先生两肾，其余脏腑，次第相生”的说法亦不为过。

当然，丘处机研究人体胚胎的主要目的不是传播育儿知识，而是为其“五行颠倒龙虎交媾”思想提出理论依据。所谓“五行颠倒”实际上就是使元气循着“脊椎”各穴而逐渐返回到那个原结性的“脊索”里，因为“脊索”是先形成“头部”，后形成“脊椎”及脏腑。所以，从顺序上讲，“五行颠倒”的练功次序与先天胚胎形成的次序正好相反。具体步骤如下：

第一步，心肾两气上下相须，即肾气上升，心气下降（图2-2）。

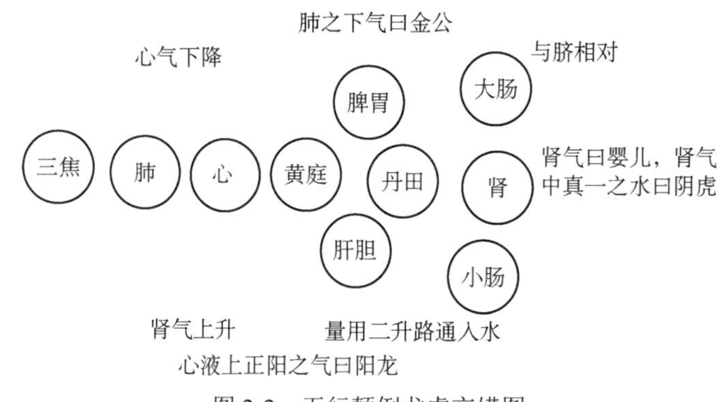

图2-2　五行颠倒龙虎交媾图

第二步，贯通三田，三田即上丹田的位置在泥丸宫（俗称脑门）下一寸和玄关穴（两眉中间）后一寸的交点上，在脑内；中丹田在肚脐后3/10处（设肚脐与命门穴之间的距离为十分，中丹田距脐三分，距命门穴七分），在腹内；下丹田即会阴穴。

第三步，成就小功（即“三田返复肘后飞金精”及“三田返复金液还丹”）、中功（即“五气朝元太阳炼形”及“神水交合三田既济”，“中成之法”图，图2-3）与大功（即“五气朝元炼神入顶”及“内观起火炼神合道”，“大成之法”图）。

在上述功法中，“脐内一寸三分所存元阳真气”是生命的秘密所在。用现代医学的观点看，则“脐内一寸三分处”分布着许多自主神经丛，如肾丛、肝丛、肠系膜上、下丛等，支配着肾、肝、肠、胃、生殖系统等的运动。从这个角度看，“炼内丹”实际上就是锻炼人体自主神经的功能，从而使其与中枢神经系统一起，共同调节和控制人体生命的内在活动规律。丘处机把“炁”分成先天之炁与后天之炁两部分，其中人在未出生之前，性命合一，九窍未通，是为先天性命。然而，当人出生之后，性命便一分为二，命藏于脐，性潜于顶，这即是“更曾不相亲”的意思。于是，炼内丹的目的就在于实现生命的交接和流转。所以，丘处机主张先修炼肾内元阳真气，然后再炼心中正阳之精，进而使两者上下交媾，升降相接。最后，通过“用意勾引，脱出真精真气”，使之“混合于中宫（脐内一寸三分处）”，并“用神火烹炼，使气周流于一身，气满神壮，结成大丹”①。

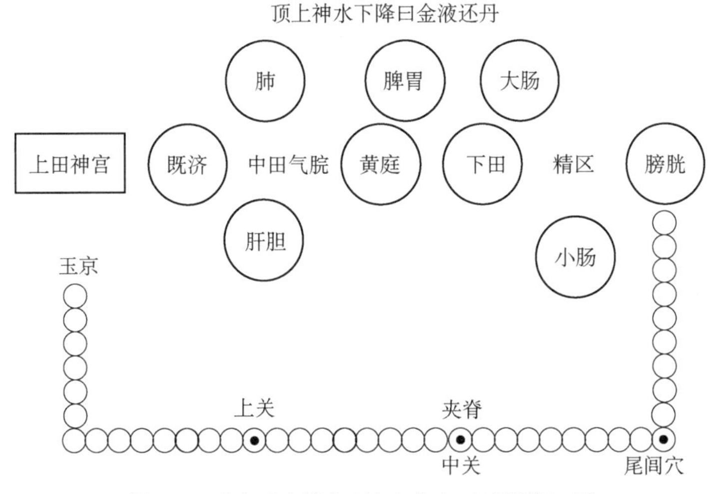

图 2-3　“中成之法”（神水交合三田既济）图

那么，如何炼成“神水交合，三田合一”的境界？丘处机的方法是先炼小成之法，继之炼中成之法，而“神水交合，三田合一”仅仅是“中成之法”所见功效的一种结果。

丘处机指出：

> 肾，水也。水中生气，号曰真火（图 2-4）。火中暗藏真一之水，而曰阴虎。心，火也。火中生液，号曰真水，水上暗附正阳之气，而曰阳龙。故龙虎非是肝肺之像，乃心肾之真阴阳也。二物混合为一，当用意，便为子时也。自然凝结（须知冬至不在子时），形如黍米之大，每日得一粒，僧人名为舍利，道士号为玄珠。每日增真气一丈，延寿不可计数，三百日气结丹凝，状如弹丸，色同朱橘，自可长生不死。②

其中，成就有三等：小成、中成和大成。练功不能跳跃，而应循序渐进，由小到大，否则，“不止见效自迟，而又徒劳心力，虚度时光”③。例如，小成之法中有“三田返复肘后飞金精”（图 2-5）。其法是：

> 用子时后，午时前。是气生时，披衣正坐，握固存神。先存后升，先升后偃，凸

① （金）丘处机：《大丹直指・序》，《道藏》第 4 册，第 392 页。
② （金）丘处机：《大丹直指》卷上《五行颠倒龙虎交媾火候诀义》，《道藏》第 4 册，第 394 页。
③ （金）丘处机：《大丹直指》卷上《神气交合三田既济诀义》，《道藏》第 4 册，第 398 页。

胸偃脊，是开中关。平坐昂头，是开上关。先升后存，下腰自腹，渐渐举腰升身，而凸胸偃脊，是开下关。已后气热感，上关之下方可举腰，升身正坐，一撞三关都过。补脑髓，自然面红、骨健、肌白、身轻，是名返老还童而长生不死之法也。年少行之不老，老者行之还童。[1]

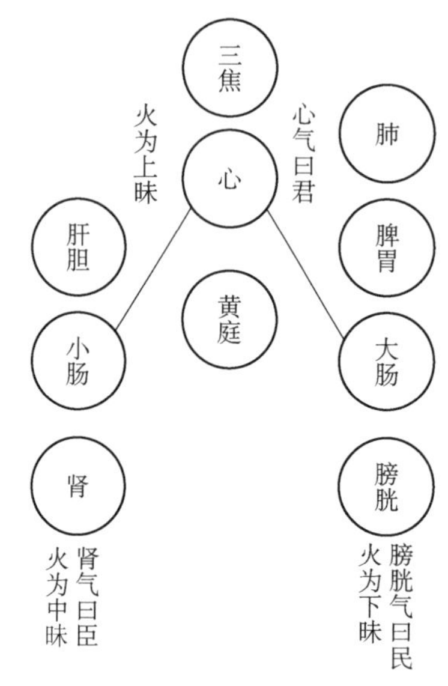

图 2-4　火候图（心气运行，方为真火）

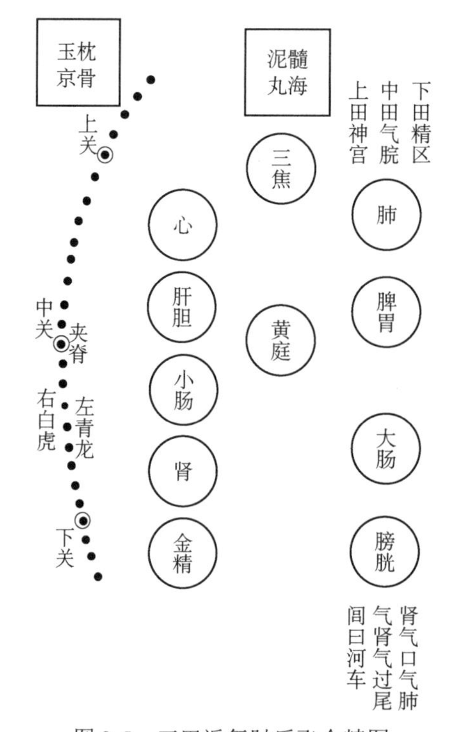

图 2-5　三田返复肘后飞金精图

① （金）丘处机：《大丹直指》卷上《三田返复肘后飞金精图》，《道藏》第 4 册，第 395 页。

中成之法中有“神水交合三田既济”。其法是：

“用阳时中刻，平坐伸腰，一撞三关，闭耳，神水下降。伸腰、举腹，鼻引长息，默运心火上升。”在练功的过程中，丘处机特别提醒习功者：“震、艮之时，一撞三关，金精入脑，补之数足，面红肌白如膏。后身轻，方可一撞三关，金精入顶。紧闭两耳，使肾气不出，并入天宫，造化金精下降，如淋灰相似。自上腭间，清凉美味，神水满口。若咽之归黄庭，号曰金液还丹。当此，上腭有甘美水降、下咽，便以伸腰、举腹，默运心火，暗引丹田真气上升，而又鼻中出息，同举真气，遍满四肢，上水下火，相见于重楼之下，号曰既济。”①

文中所言“金液还丹”，其基本意思是说当真气和真精在上、中、下三丹田中流转的过程中，用舌抵上腭，闭目内视中宫，开始“炼心”，摈弃一切杂念、思虑和欲望，当有清凉香美津液产生时，不漱而咽，经肝部下至黄庭（指下丹田），这个过程即为金液还丹。

大成之法中有“内观起火炼神合道”（图 2-6）。其法是：

> 止是静坐、升身，举起丹中纯阳之气。内炼五脏。气附神像，上入顶中。外炼四肢，气迸金光，外出神体。非久，神合为道，弃壳升仙。防其阴鬼、外魔、三尸、七魄假托形象，以乱天真，混杂阳神，不能合道。所以不计昼夜，常随气转。卯时观肝，肝气现青。午时观心，心气现红。酉阳观肺，肺气现白。子时观肾，肾气现黑。五色气出，壶中真境不同尘世，车马威仪胜及王者，不厌升身起火，真假自然两向也。②

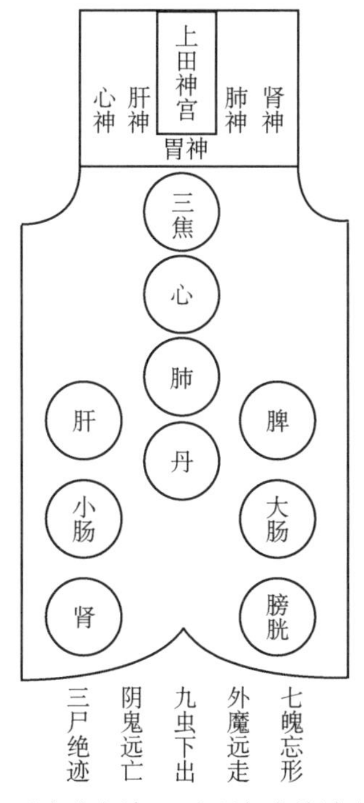

图 2-6　“大成之法”（内观起火炼神合道）图

① （金）丘处机：《大丹直指》卷上《神水交合三田既济》，《道藏》第 4 册，第 398 页。

② （金）丘处机：《大丹直指》卷下《内观起火炼神合道图》，《道藏》第 4 册，第 400 页。

这个过程以神与气相接相合为特点，即接续上面的“金液还丹”，用意念将其送入中宫，与元阳真气相合，待气足之后，自然会流动至尾闾。此时，随着下丹田内真气的不断充盈，丹液中蒸发出来的气体逐渐从尾闾、夹脊、玉枕三关通过，并由鼻孔缓缓放出。这个过程反复多次，直至凝结成内丹。

可见，内丹的修炼离不开人体内精气流转和自然界阴阳二气的运动变化，而这种天人合一的状态，恰恰证明人是自然界的一部分。因为内丹修炼的最终结果是完成后天与先天性命的亲融与和合，用集北派与南宗内丹于一体的元代丹家陈致虚的话说，就是“性命之修炼，莫如归一”①。

丘处机生活的时代，正值蒙古军队西进和南下攻打金国之际，生活在战争阴影下的北方地区人民，可谓惶惶不可终日。加之金朝统治者腐败无能，面对蒙古军队的进攻，除了逃跑就是屈辱求和，以致众叛亲离。最终，金宣宗不得不于贞祐二年（1214）放弃中都而迁都汴京，标志着金朝统治已经开始进入倒计时。例如，贞祐三年（1215）金朝统治者推行“禁见钱”（即禁止铜钱流通），“自是，钱货不用”②，结果造成了“以诸帛相诳欺”③的混乱局面，严重阻碍了社会经济的发展和居民日常生活的稳定，这种现象无疑增加了人们对未来生活的恐惧，可以想象，他们当时所承受的心理压力是巨大的。而元初统治者虽然取得了军事战争的胜利，但是他们显然对治理汉地缺乏足够的认识和对策。因此，疾疫和饥馑在一段时期内已经成为危害百姓生命健康的两大祸首。经过一次次的战乱与浩劫，广大的中原地区事实上已变成了“天纲绝，地轴折，人理灭”④的人间地狱。

在此历史背景之下，无论对于战乱中的中原地区，还是对于已被蒙古军队占领而正在重建和恢复中的中国北部，那个时候的老百姓并不奢望荣华富贵，只求无病无灾便成为一种比较普遍的社会心理。丘处机的《摄生消息论》在一定程度上满足了人们的上述心理的客观需要，所以产生了较大的社会影响。李道纯说：“息者，消之始；消者，息之终；息者，气之聚；消者，形之散。生育长养谓之息；归根复命谓之消。”⑤可见，“消”与“息”是矛盾统一体的两个方面，也就是说，作为一个生命体从其诞生的那一刻起，“死”就与其相伴随了，而人类自身所能做到的便是如何减缓与“死”相关因素的增长，从而使“生”的时间尽可能延长。丘处机认为，在一定范围内，“摄生消息”是可以控制的。他以四季为例，提出了一系列养生防病的具体措施，简便实用，寓动于静。

据《元史》载，元太祖问其“长生久视之道，则告以清心寡欲为要”⑥。通读《摄生消息论》，我们不难发现，“清心寡欲”乃是人们“摄生消息”的纲领。丘处机认为，春季摄生消息，贵在“生而勿杀，与而勿夺，赏而勿罚，此养气之应，养生之道也”⑦。夏季摄生

① （元）陈致虚：《金丹大要·图说》，徐兆仁主编：《金丹集成》，北京：中国人民大学出版社，1990年，第55页。
② 《金史》卷48《食货志三》，第1083页。
③ （金）刘祁撰，崔文印点校：《归潜志》卷10，北京：中华书局，1983年，第110页。
④ （元）宋子贞：《中书令耶律公神道碑》，李修生主编：《全元文》第1册，第178页。
⑤ （元）李道纯撰，张灿辉校点：《李道纯集》，长沙：岳麓书社，2010年，第11页。
⑥ 《元史》卷202《丘处机传》，第4525页。
⑦ （金）丘处机：《摄生消息论·春季摄生消息》，上海：商务印书馆，1937年，第1页。

消息，贵在“自然清凉，更宜调息净心”[①]。秋季摄生消息，贵在“安养”[②]。冬季摄生消息，贵在“养心”[③]。那么，如何“养”？丘处机从饮食起居、药补与锻炼等多个方面，依据《黄帝内经》的养生理论，并结合他自己的养生经验，阐述了对传统养生观的认识和看法，其中不乏科学见解。比如，他引《黄帝内经素问·四气调神大论篇》的话说：“春三月，此为发陈，天地俱生，万物以荣，夜卧早起，广步于庭，被发缓行，以使志生。”[④]这句话虽然不长，但包含着很多科学道理。诸如“夜卧早起”，是古人“眠食”[⑤]的重要组成部分，《黄帝内经素问》载：“人（夜）卧血归于肝。”[⑥]现代医学研究证实，睡眠时进入肝脏的血流量是站立时的7倍，而流经肝脏的血流量的增加，有利于增强肝细胞的功能，提高解毒能力，抵御春季多种传染病的侵袭。可见，养肝的根本还在于睡眠。文云“广步于庭，被发缓行”，不是主张人们不注重个人的生理卫生，而是旨在表明早晨散步时尽量在一种身体自然放松的状态下进行，千万不要刻意追求那些拘束身体自由舒展的表面形式，例如，现代名之为“瘦身”的各种机械性压迫肌肉舒张的方法，就非常不可取。所以，散步的目的在于调节情志，使肝气升发舒畅。为此，丘处机指出：

> 春日融和，当眺园林亭阁虚敞之处，用摅滞怀以畅生气，不可兀坐以生他郁。[⑦]

在临床上，如何保证一般百姓能在日常生活中自我处理某些多发病和常见病，应是中国古代医药学通过各种普及手段来降低和减少疾病发生的主要目标和途径。当时，丘处机根据传统的中医藏象理论，并结合当时的临床实践，提出了“相脏病法”的思想及其治疗方法。譬如：

> 肝热者，左颊赤。肝病者，目夺而胁下痛引小腹，令人喜怒。肝虚则恐，如人将捕之。实则怒，虚则寒，寒则阴气壮，梦见山林。肝气逆，则头痛胁痛，耳聋颊肿。肝病欲散，急食辛以散，用酸以补之。当避风，肝恶风也。肝病脐左有动气，按之牢若痛，支满淋溲，大小便难，好转筋。肝有病，则昏昏好睡，眼生膜，视物不明，飞蝇上下，胬肉扳睛，或生晕映（膜），冷泪，两角赤痒，当服升麻疏散之剂。[⑧]

在此，丘处机阐述了肝阳、肝气和肝血失调时的病理表现及其防治措施，大体上符合我国北方地区肝病发生的区域特点，至今仍具有一定的临床指导意义。

（4）郝大通的象数学思想。郝大通，字太古，号广宁子，自称太古道人，山东宁海（今山东牟平）人，全真教“七真”之一，洞晓阴阳、象数、律历、卜筮之术，有《太古集》传世。在全真教“七真”中，郝大通对传统的图书学有一种独特的感悟和理解。比如，他

---

① （金）丘处机：《摄生消息论·夏季摄生消息》，第3页。
② （金）丘处机：《摄生消息论·秋季摄生消息》，第5页。
③ （金）丘处机：《摄生消息论·冬季摄生消息》，第8页。
④ （金）丘处机：《摄生消息论·春季摄生消息》，第1页。
⑤ （宋）徐梦莘：《三朝北盟会编》卷95《靖康中帙》，上海：上海古籍出版社，1987年。
⑥ 《黄帝内经素问》卷3《五脏生成篇》，陈振相、宋贵美：《中医十大经典全录》，第21页。
⑦ （金）丘处机：《摄生消息论·春季摄生消息》，第1页。
⑧ （金）丘处机：《摄生消息论·相肝脏病法》，第3页。

在图解“天地交泰与否”时，不自觉地迸发出了朴素的“集合论”思想（图 2-7）。所谓集合就是把所研究对象的诸因素看成一个整体，像中国古代的天、地、日、月、阴、阳，都属于集合概念。若此，则郝大通对天地之集合性质做了下面的表述。他说：

> 天地交而泰，不交而否者，谓天之阳气下降地中，地之阴气升而天上，此谓天地交而成泰。若天之气上腾，地之气下降者，谓天地二气不相交感，而万物则有所否闭，不能通畅。故天地宜交，不宜不交。万物宜泰，不宜不泰。[①]

又，日月会合（图 2-8）亦复如此。在郝大通看来：

> 日月会而合，不相会合，而成弦望，日则一年而行天之一周，月则一月而行天之一周。一岁之内无闰，则十有二月，月各会有所合，故曰：日月隔壁，谓之朔。朔者，旦也。旦者，每月一日，各有会合于日之下，名之曰朔。日月相冲谓之望，四分之一谓之弦。此者不相会合之时也。[②]

图 2-7　天地交泰图　　　　图 2-8　日月会合图

月相的变化是由月球、地球和太阳三者之间的相对位置来决定的。当月球与太阳的黄经相等时，月球于“朔日”运行到地球和太阳之间，并同太阳同时出没，是谓“旦”，即“每月一日，各有会合于日之下”。当月球运行到与太阳刚好相反的方向时，即月球和太阳黄经相差 180°，呈太阳西下而月球东升之态，此谓“日月相冲”。从地球上看，当月球运行至太阳西边 90°时，我们所看到的月相为下弦，而当月球运行至太阳东边 90°时，我们所看到的月相则为上弦。如果将日月运行的轨道看作一个圆面，那么，90°正好为“四分之一”。可见，郝大通对月相的阐释虽然有缺点和局限，但从数学的角度讲还是颇有道理的。

对“幻方”这种数学形式，郝大通也有所认识。他说：

> 天地奇偶之数而成河图，则有五十有五，惟此图书则四十五数，而遍九宫，象龟之形状，头九尾一，左三右七，二四为肩，六八为足，此自然之象也。背上有五行而可以知来占，兆吉凶，故通神明之德，以类万物之情。[③]

---

① （金）郝大通：《太古集》卷 2《天地交泰》，《道藏》第 25 册，第 871 页。

② （金）郝大通：《太古集》卷 2《日月会合》，《道藏》第 25 册，第 872 页。

③ （金）郝大通：《太古集》卷 2《河图》，《道藏》第 25 册，第 872 页。

实际上，从东汉郑玄注《易纬·乾凿度》，到后周甄鸾注《数术记遗》，龟文之说已经非常盛行。入北宋之后，随着象数学的发展，重新激发起人们对“河图”和“洛书”的研究兴趣，并将天地生成数及九宫图与之相联系，遂形成了刘牧和阮逸两派观点①，而郝大通沿袭着阮逸一派的观点，将天地生成数视为“河图”（图 2-9）。

4	9	2
3	5	7
8	1	6

图 2-9　“河图”

南宋德祐元年（1275），杨辉在《续古摘奇算法》中述“洛书”的构造方法是：“九子斜排，上下对易，左右相更，四维挺出，载九履一，左三右四，二四为肩，六八为足。”②从数学的角度看，“河图”和“洛书”其实都来源于同一个构造方法。所以，杨辉干脆就把“河图”和“洛书”统称为“纵横图”。

由“河图”知，它实际上是一个三阶方阵（图 2-9）。在这个方阵里，无论是对角线之和，还是每行及每列之和，结果都是 15。而如果将天地生成数分为两个部分，即天地生数和天地成数（图 2-10），那么，各自所得到的和也都是 15。对此，郝大通做了这样的解释。他说：

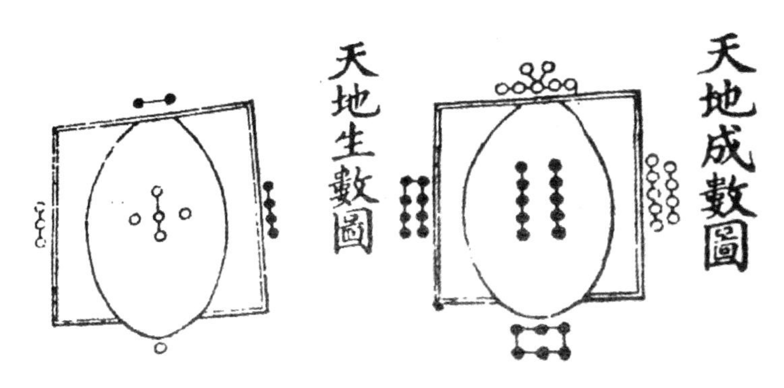

图 2-10　天地生数图与天地成数图

天阳而地阴，相交而有所生，生而各有其所。天一与地四而为生也，天三与地二而为长也。凡生长之数，而天地之情可见矣，故曰：天地交而万物通，天地不交而万物不通之故也。今则阳数一三五，阴数有四与二，此阳之与阴共成一十有五。阴阳各

① 中国科学院自然科学史研究所：《钱宝琮科学史论文选集》，北京：科学出版社，1983 年，第 585 页。
② （宋）杨辉：《续古摘奇算法》卷 1 “纵横图”，北京：中华书局，1985 年。

半，而成天地之道，故曰生长而名之生数者也。[①]

这段话隐藏着两种非常传统的思维模式：一种是阴阳五行，另一种是“十月历”。在我国，十月历的产生比较久远，关于这个问题，何新与陈久金两位先生已经做了深刻的分析，可谓见识高远。例如，陈久金发现：“中国上古最古老的十月历的月名，当是依《洪范》五行所排列的顺序来命名的：从夏至新年开始，经水火木金土五个月，到冬至新年；再经水火木金土五个月，又回到夏至新年。一年十个月分别配以公母，便成一水公，二火母，三木公，四金母，五土公，六水母，七火公，八木母，九金公，十土母。如以冬至为一年之始，情况也相类似。”[②]由此我们联想到，不仅五行是一种古老的十月历法，而且天地生成数本身也是一种古老的十月历法。因此，郝大通在解释“天地成数”的意义时说：

地者，阴也。乘天之阳气，而可以成就万物终始之道。始则潜伏，终则飞跃，皆物之自然也。地有阴数六、八、十，天有阳数七与九，故地六与天九而成，地八与天七而就。凡成之数则见天地之情。其于天五与地十，自相交通，共成其数者。凡天地之数，五十有五，而生长成就万物终始之道也。[③]

“55”在中国古代传统文化里是个颇具传奇色彩的数字，《周易·系辞上》载：“凡天地之数五十有五，此所以成变化而行鬼神也。”历代注疏家对“55”无不挖苦心思地给出各种解释，正如宋人胡瑗所说：“圣人因其天地生成之道，自然之理，积其成数，总而五十有五，以明天地之大法。今注疏之说，但言其用五十，殊不知天地生成之数……既言五十有五之数，岂得止言五十哉！此注疏之非也。”[④]至于为什么是“积（加法）其成数”而不是“乘其成数”，原因只有一个，那就是远古人类在他们发明天地生成之数时，还不曾懂得乘法。也许是人类在一个很长的历史时期内主要依靠十指计数的缘故，他们的数学思维被严格局限于 10 个自然数之内。这并不奇怪，因为人类认识事物的过程总是由简单到复杂，由低级到高级。这样，加和原理也就成为中国古代最有文化底蕴的一种思维模式。伊恩·斯图尔特说：“人类的心智和文化已经为模式的识别、分类和利用建立了一套规范的思想体系。我们把它称作为数学。”[⑤]从这个角度讲，数学也是一种模式思维。于是，在此前提下，郝大通把“天地生成数”与当时人们的生活场景联系起来，制作了《八卦数爻成岁图》《二十四气加临乾坤二象阴阳损益图》《六十甲子加临卦象图》《五运图》《六气图》《三才象三坛之图》《十二律吕之图》《变化图》等，其中《变化图》（图 2-11）以图文的形式阐释了道家的混沌思想。他说：

---

① （金）郝大通：《太古集》卷 3《天地生数图》，《道藏》第 25 册，第 877 页。

② 陈久金：《阴阳五行八卦起源新说》，《自然科学史研究》1986 年第 1 期，第 97—112 页。

③ （金）郝大通：《太古集》卷 3《天地成数图》，《道藏》第 25 册，第 877 页。

④ （宋）胡瑗：《周易口义》卷 10《大衍章释义》，杨军主编：《十八名家解周易》第 5 辑，长春：长春出版社，2009 年，第 443 页。

⑤ ［英］伊恩·斯图尔特：《自然之数——数学想象的虚幻实境》，潘涛译，上海：上海科学技术出版社，1996 年，第 4 页。

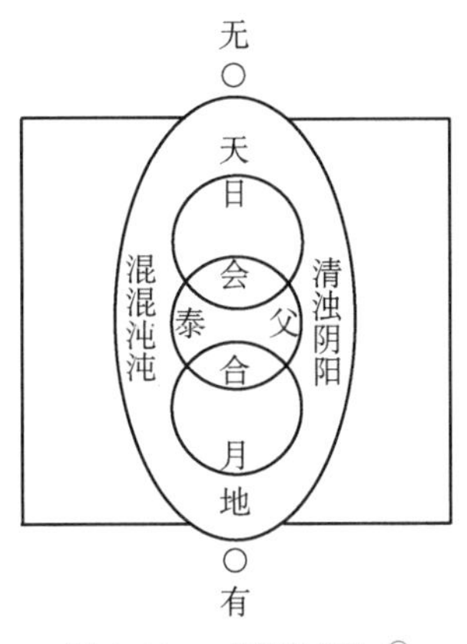

图 2-11 《变化图》[①]

夫易之道，非神功而不可测，非圣智而不可知。故有太易仍未见之气也，有太初，气之始也。有太始，形之始也。有太素，质之始也。气、形、质具未相离者，谓之混沌。混沌既判，两仪有序，万物化成，混沌已前则为无也，混沌之后则属有也，一有一无而为混沌，混混沌沌，天地日月会合交泰之时也。[②]

依现代科学技术的发展状况来分析，郝大通的《变化图》至少包含下面两个思想：第一，原始的场能量观。上文中所说的“无”，即那个“仍未见之气”的“太易”，实际上是指一种场的存在形态，何谓“场”？在日常生活中，如果我们将一块生铁放置在磁场中，就会出现这样的结果：铁被磁化而产生磁性。可是，磁场本身既看不见又摸不着。所以“场”是一种可以用能量来标志的物质存在方式，如引力场、电磁场、量子场等。而“太初”是能量的一种运动形式，道家将这种能量的运动形式称为“气”，结合“太始”和“太素”的特点，则“太初”、“太始”和“太素”三者恰巧是描述实物存在的三个基本性质：能量、动量和质量。在这里，“气、形、质具未相离者”是指每一个实物形态都具有能量、动量和质量，而实物的质量仅仅是其能量的凝聚形态。第二，提出了混沌学的基本原则。郝大通所说的“混沌”其实就是指每一个实物存在的普遍特性。在混沌学看来，确定性不过是实物存在的一种特殊形式，不确定性才是实物存在的一般形式。在此，“不确定性”是指“确定性的系统可以产生不可预言的行为”[③]。或者说，“不确定性”是指“可确定的概率世界”[④]。普利高津说：“现今正在出现的，是位于确定性世界与纯机遇的变幻无常世界这两个异化图景之间某处的一个‘中间’描述。物理学定律产生了一种新型可理解性，它由不可约的概率表述来表达。当与不稳定性相联系的时候，新自然法则无论是在微观层次还是在宏观层次都处理事件的概率，但不把这些事件约化到可推断、可预言的结局。”[⑤]按照郝大通的理

① 章伟文：《郝大通学案》，济南：齐鲁书社，2010 年，第 246 页。

② （金）郝大通：《太古集》卷 2《变化图》，《道藏》第 25 册，第 873 页。

③ ［英］伊恩・斯图尔特：《自然之数——数学想象的虚幻实境》，潘涛译，第 76 页。

④ ［比］伊利亚・普利高津：《确定性的终结——时间、混沌与新自然法则》，湛敏译，上海：上海科技教育出版社，1998 年，第 46 页。

⑤ ［比］伊利亚・普利高津：《确定性的终结——时间、混沌与新自然法则》，湛敏译，第 151 页。

解，我们可以将“概率”事件看作是“无”，而将“确定性”看作是“有”，则“一有一无而为混沌”。从这个角度讲，“混沌”即是“位于确定性世界与纯机遇的变幻无常世界这两个异化图景之间某处的一个‘中间’描述”。所以，伊恩·斯图尔特说：“混沌正在颠覆我们关于世界如何运作的舒适假定。一方面混沌告诉我们，宇宙远比我们想得要怪异。混沌使许多传统的科学方法受到怀疑，仅仅知道自然界的定律不再足够了。另一方面，混沌还告诉我们，我们过去认为是无规则的某些事物实际上可能是简单规律的结果。”[①]基于这一点，我们认为，前面所说的《五运图》《六气图》《三才象三坛之图》等，也可以看作是郝大通用于解释宇宙万物之复杂现象的一些“简单规律”。

二、王重阳“功行两全”的道家科技思想及其历史价值

（一）王重阳“功行两全”的道家科技思想

“功行两全”是王重阳全真教的重要特色，通俗地讲，在王重阳看来，“功（即个人内修）行（即传道济世）两全”应是“利己”与“利他”两种人生观的统一。

从修行的角度说,“利他”这种思想境界何以可能？王重阳提出了他的人人生而平等观。他说：“于身切莫论贤愚，好对三光认太初。剔正四门通教化，弼端一性便开舒。”[②]在此前提下，王重阳又说：“见彼过如余口过，愿人灵似我心灵。”[③]这种“人灵似我心灵”的观点，便成为全真教“识心见性”[④]的思想基础。就“真性”而言，不仅人人相同，而且人物相同，所谓“修行须是辩西东，勘破凡躯物物同”[⑤]，就是指这个意思。很显然，全真教的“平等观”源于大乘佛教的“万法平等”和禅宗的“即性见佛”思想。

在大乘佛教和禅宗看来，“平等是诸法体相，以诸法平等，故发心等。发心等，故道等。道等，故大慈悲等”[⑥]。此即佛教万法一如，佛与众生和合相处的世界观。又，《五灯会元》载智才禅师的话说：“……天平等，故常覆。地平等，故常载。日月平等，故四时常明。涅槃平等，故圣凡不二。人心平等，故高低无诤。”[⑦]此“人心平等”与慧能的“佛性无差别”[⑧]思想，在本质上是一致的。我们承认，一方面，佛教用“佛性平等”掩盖了存在于阶级社会里种种现实的不平等现象，因而是“人民的鸦片”[⑨]，这是它的消极作用；另一方面，佛教在一定程度上反映了人们对于构建人类社会生存和发展所需之各种平等关系的要求和愿

---

① ［英］伊恩·斯图尔特：《自然之数——数学想象的虚幻实境》，潘涛译，第82—83页。
② （金）王喆：《重阳全真集》卷1《孙公求问》，《道藏》第25册，第691页。
③ （金）王喆：《重阳全真集》卷1《马公问平等》，《道藏》第25册，第691页。
④ （金）王喆：《重阳全真集》卷1《答战公问先释后道》，《道藏》第25册，第691页。
⑤ （金）王喆：《重阳全真集》卷1《禅门初洪润乞无相》，《道藏》第25册，第694页。
⑥ 婆薮槃头菩萨造，沙门菩提流支译论，沙门昙鸾注解：《往生论注》，林世田点校：《净土宗经典精华》上，北京：宗教文化出版社，1999年，第108页。
⑦ （宋）释普济：《五灯会元》卷12《石门进禅师法》，《景印文渊阁四库全书》第1053册，第499页。
⑧ （唐）释慧能著，郭朋校释：《坛经校释》，北京：中华书局，1983年，第8页。
⑨ 中共中央马克思恩格斯列宁斯大林著作编译局：《马克思恩格斯选集》第1卷，第2页。

望，尤其是佛教主张众生平等的思想，它在客观上已经成为历代农民阶级反抗封建统治的一种精神武器。可见，宗教亦具有推动历史进步的积极作用。所以，马克思说："宗教里的苦难既是现实的苦难的表现，又是对这种现实的苦难的抗议。"[①]而元人虞集在叙述全真教的意义时说："昔者汴宋之将亡，而道士家之说，诡幻益甚。乃有豪杰之士，佯狂玩世，志之所存，则求返其真而已，谓之全真。士有识变乱之机者，往往从之。门户颇宽弘，杂出乎其间者，亦不可胜纪。而涧饮谷食，耐辛苦寒暑，坚忍人之所不能堪，力行人之所不能守，以自致于道，颇有所述于世者。"[②]除了以上最基本的"修行"功夫外，王重阳还特别地强调了以下两个修行的关键环节和成败要害：

第一，力戒酒、色、财、气。他从身体和性体两个方面来阐释内外环境对于修行的重要性，既然真性是道家修炼的最高境界，那么，王重阳怎么会容忍那些侵蚀真性的因素肆虐呢？他看到了在日常生活中存在着大量影响修行的干扰因素，具体归纳起来，则主要有酒、色、财及气四者。王重阳说：

> 酒酒，恶唇脏口性多昏。神不秀，损败真元，消磨眉寿。半酣愁腑肠，大醉摧心首。于己唯恣猖狂，对人更没渐忸（丑）。不如不饮，永醒醒，无害无灾修九九。[③]
>
> 色色，多祸消福损金精。伤玉液，摧残气神，败坏仁德。会使三田空，能令五脏惑。亡殒一性灵明，绝尽四肢筋力。不如不做，永绵绵，无害无灾长得得。[④]
>
> 财财，作孽为媒唯买色。会招杯，更令德丧，便惹殃来。积成三界苦，难脱九幽灾。至使增家丰富，怎生得免轮回？不如不要，常常乐，无害无灾每恢恢。[⑤]
>
> 气气，伤神损胃骋猩狞。甚滋味，七窍仍前（煎），二明若沸。道情勿能转，王法宁肯畏？斗胜各炫喽㑩，争强转为乱费。不如不作，好休休，无害无灾通贵贵。[⑥]

从历史上看，酗酒、贪财、好色、恆气（如瞋恚、心胸狭隘等）确实可以招致国破家亡之灾，像商纣、隋炀帝、李煜等都是非常典型的例子。酒、色、财、气作为一种人情，自然也是遮蔽真性的四大恶魔。故此，王重阳从养生的角度说明了修行须戒除酒、色、财、气的必要性。他说：

> 凡人修道先须依此一十二个字：断酒、色、财、气、攀缘、爱念、忧愁、思虑。[⑦]

又说：

---

① 中共中央马克思恩格斯列宁斯大林著作编译局：《马克思恩格斯选集》第 1 卷，第 2 页。
② （元）虞集：《非非子幽室志》，陈垣：《道家金石略》，第 796 页。
③ （金）王喆：《重阳全真集》卷 1《酒》，《道藏》第 25 册，第 696 页。
④ （金）王喆：《重阳全真集》卷 1《色》，《道藏》第 25 册，第 696 页。
⑤ （金）王喆：《重阳全真集》卷 1《财》，《道藏》第 25 册，第 696、697 页。
⑥ （金）王喆：《重阳全真集》卷 1《气》，《道藏》第 25 册，第 697 页。
⑦ （金）王喆：《重阳教化集》卷 2《化丹阳》，《道藏》第 25 册，第 780 页。

修行切忌顺人情，顺著人情道不成。奉报同流如省悟，心间悟得是前程。[①]

实际上，这些说法与程朱理学所讲的“存天理，灭人欲”如出一辙，都将“人情”看作是妨碍“道心”或修命的大敌。对此，金人刘孝友在《重阳教化集·序》中解释说：“有生最灵者人，人生至重者命。性命之真，弗克保全，其为人也，末如之何？语所以保全性命之真者，非大道将安之乎？世之人，徒意乎高爵之贵以为荣，丰资之富以为乐，谓可以滋益性命于永久，而不知富贵之中，蚁食华衣，饶给于口体。繁声艳色，侈奉于视听。心猿易放，情窦难窒，嗜欲耽荒，皆因以萌。骄奢淫泆，靡所不至，而劳神惫气，戕性贼命之患，举在于是，良可鄙也。”[②]如何摆脱和摈弃物质欲望对人的诱惑，这是一个十分艰难的修炼过程，王重阳想要做的就是将身外之物（如名利、地位等）与身内之物（即真性）区分开来，并通过“功行两全”的修炼而把身内之物的真正价值凸显出来，不仅使人们相信它，而且要引导人们身体力行。只有这样，他那乌托邦式的“真性”思想才有可能转变成为一种具有“救生保命”意义的活宝。

第二，将《九阳图》看作是修行的向导和入门。王重阳说：

修行须用《九阳图》，认得阳图事事苏。[③]

什么是《九阳图》？《道藏》收录了宋人太玄子所述《上清太玄九阳图》1卷，内绘有“未见之图”等。因为“初三日，月出于庚位，得震卦升一阳爻也。……八日，上弦月出于丁位，得兑卦升二阳爻。……十五日照，望月圆于甲地，得乾卦。……十六日平明，月在于辛，得巽卦，复一阴生。……二十三（日），下弦，月在丙，得艮卦，复二阴生。……三十日月尽，于乙地得坤卦……神功运移，如环无端”[④]。所以《九阳图》实际上就是一张练功时间表，它的思想源于中国传统文化中的天人相应原理。老子说：“人法地，地法天，天法道，道法自然。”[⑤]地球运行一昼夜计十二辰（合现代24小时），在此期间，天地的阴阳变化节律是不一样的，相应地，人体的五脏运动变化亦各不相同。为了使人体各种组织和机能的运动变化与天地阴阳变化的节律相一致，王重阳发明了“坐钵规式”。对此，王天麟先生撰写了《全真坐钵漏盂规式与义理》一文，文中对“坐钵规式”问题做了比较详尽的阐释，深入浅出，可资参考。

据王天麟先生称，通玄子陆道和所编的《全真清规》本来附有“九阳真人图”，然而，收入《正统道藏》的《全真清规》却未录此图。为了叙述的方便，我们特采用王天麟先生所看到的“九阳真人图”于兹，如图2-12所示。

---

① （金）王喆：《重阳全真集》卷2《唐公求修行》，《道藏》第25册，第704页。
② （金）刘孝友：《重阳教化集·序》，《道藏》第25册，第770页。
③ （金）王喆：《重阳全真集》卷1《修行》，《道藏》第25册，第696页。
④ （金）太玄子：《上清太玄九阳图·震象之图》，《道藏》第3册，第120页。
⑤ （三国·魏）王弼：《老子道德经》上篇《二十五章》，《诸子集成》第4册，第14页。

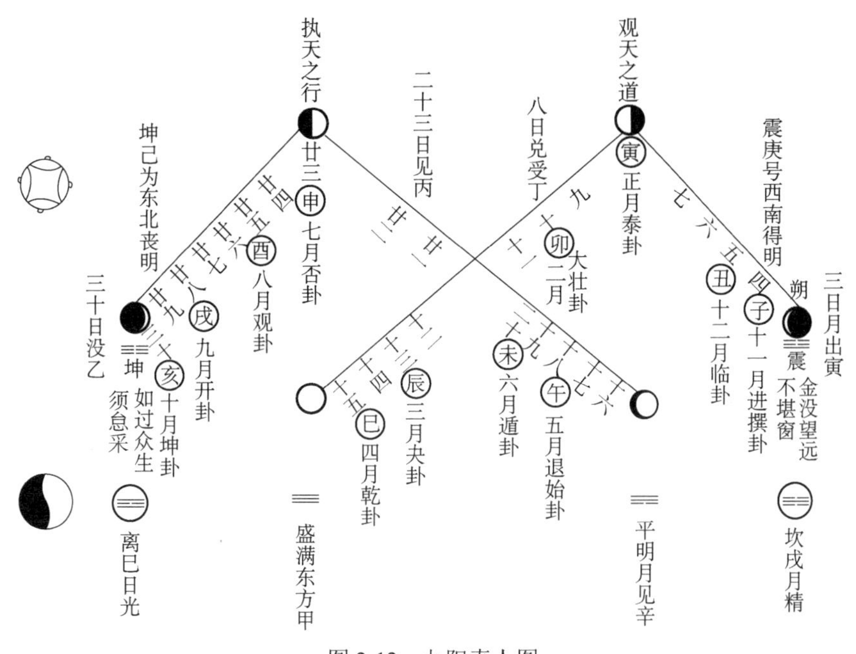

图 2-12　九阳真人图

从总体看，图 2-12 揭示了三个非常重要的自然科学原理：

一是阴阳对称，即“观天之道”的震卦和乾卦与“执天之道”的巽卦和坤卦，一阴一阳，两两相对，不偏不倚，均衡适中。

二是人的生命以阴阳之炁为其原动力。在图中，王重阳将阴阳历与修行实践结合起来，一方面，月相盈亏的周期变化与寒暑节气的更替，成为修行的重要向导，当然，亦是修行的基本前提；另一方面，修行不仅不能违背时节，而且需要将阴阳之气，在特定的时间里导入人体的各个脏腑内，使其成为促使人体血液循环流动的一种物质力量。

三是循环无端。自然界是一个开放的循环系统，如太阳系中各个星体的自转及公转运动，地球上的大气循环、水循环及生物循环，岩石圈物质循环等。同样，人体也是一个开放的循环系统，如血液循环、三羧酸循环、细胞微循环、子午流注等。可见，循环运动广泛地存在于宇宙万物的生成和变化过程之中，是自然界无限发展的基本方式之一。因此，循环规律构成了全真教修行的现实依据。

按照“九阳真人图”，一年 12 个月分别是：十一月（子）、十二月（丑）、正月（寅）、二月（卯）、三月（辰）、四月（巳）、五月（午）、六月（未）、七月（申）、八月（酉）、九月（戌）、十月（亥）。一天分为 12 辰，以现代时间换算，则夜半为子时（24—1 时）、鸡鸣为丑时（2—3 时）、平旦为寅时（4—5 时）、日出为卯时（6—7 时）、食时为辰时（8—9 时）、隅中为巳时（10—11 时）、日中为午时（12—13 时）、日昳为未时（14—15 时）、晡时为申时（16—17 时）、日入为酉时（18—19 时）、黄昏为戌时（20—21 时）、人定为亥时（22—23 时）。

《全真清规》载“坐钵规式”云：“夫坐钵者，自十月初一日为始，集众过冬至，新年正月中旬满散，百日为则。”①具体言之，“每日至五更寅时，闻开静板响，各请洗漱，朝真礼圣。卯时早斋，辰时混坐，巳时静钟三通，各各静坐，如法用功。午时赴斋，未时混坐，申时如前入静，酉时晚参，戌时混坐，茶汤。亥时如前入静。用功如法，子时歌咏……丑时放参，各请随意”②。实际上，在任何一个月内，全真教的修行和练功都需要特定的规式。根据前揭“九阳真人图”及太玄子的《上清太玄九阳图》的阐释，我们绘制了下面这幅直观表达“一月三十天与八卦练功法”之间的关系图（图 2-13）。

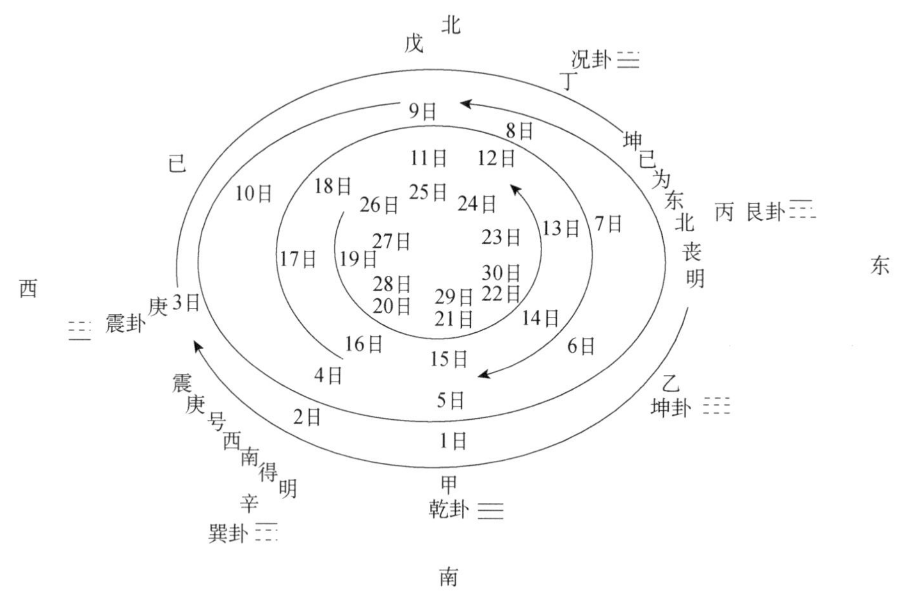

图 2-13　一月三十天与八卦练功法关系图

在图 2-13 中，一个月 30 天的布局是有讲究的。

首先，从 1 日到 30 日的排列，需要注意其方向性。《上清太玄九阳图》说：“初三日，月出于庚位，得震卦，升一阳爻也。”③又，“九阳真人图”云：“震庚号西南得明。”这说明从每月的 1 日（甲位）到 3 日（庚位），是一种顺时针方向的运动。它告诉人们，在这段时期，练功者需要面向西南，此处表明全真教的方向识别与定位，已经跟现代的方向识别与定位相一致了，即上北下南，左西右东，而不是上南下北，左东右西。同理，《上清太玄九阳图》说：“八日，上弦月出于丁位，得兑卦升二阳爻。”④又，“九阳真人图”云：“坤已为东北丧明。”它表明从每月的 4 日（辛位）到 8 日（丁位），延至 10 日（已位），是一种逆时针方向的运动。此段时期，练功者需要面向东北方向。继之，从每月的 11 日（戊位）到 18 日（已位），按顺时针方向运动，其中，“十五日照，望月圆于甲地，得乾卦”，“十六日

① （元）陆道和：《全真清规·坐钵规式》，《道藏》第 32 册，第 157 页。
② （元）陆道和：《全真清规·坐钵规式》，《道藏》第 32 册，第 157 页。
③ （元）太玄子：《上清太玄九阳图·震象之图》，《道藏》第 3 册，第 120 页。
④ （元）太玄子：《上清太玄九阳图·震象之图》，《道藏》第 3 册，第 120 页。

平明，月在于辛，得巽卦，复一阴生”[①]。而从每月的19日（庚位）到30日（乙位），则按逆时针方向运动。其中，“二十三（日），下弦，月在丙，得艮卦，复二阴生”，“三十日月尽，于乙地得坤卦，纯阴之象也”[②]。其次，练功分四个层次：第一个层次，练庚震；第二个层次，练丁兑；第三个层次，练甲乾及练辛巽；第四个层次，练丙艮及乙坤。

对此，《上清太玄九阳图》做了这样的阐释：“震卦变成兑，八日月在丁，灵华盈秀目，阴退二阳升。……兑卦变成乾，乾元法象天，圆明盈甲照，纯粹始通玄。……乾卦变成巽，平明月在辛，阴生阳气减，进退若晨昏。……巽卦变成艮，下弦二十三，玉环沉丙位，一半落深潭。……艮卦变成坤，坤元气象蒙，纯阴从乙地，至道悟无穷。”[③]

在王重阳看来，练功以修行为先，所谓修行，其实就是修德。王重阳说：“先须持戒，清静，忍辱，慈悲，实善，断除十恶，行方便，救度一切众生，忠君王，孝敬父母，师资此是修行之法，然后习真功。”[④]而练功的本质则是保存性命，即“精生魄，血生魂，精为性，血为命。人了达性命者，便是真修行之法也”[⑤]。

那么，人生缘何而来呢？王重阳从生物学的角度回答说：“所生须借父精母血，二物者为身之本也。”[⑥]以此为根据，王重阳批评了当时修行者的诸多认识误区。他说：“今人修行都不惜父精母血，耗散真气，损却元阳，故有老，老有病，病中有死。”[⑦]人的生老病死，既有客观的必然性，又有人的主观随机性。每个人的体质不同，因此，人们对疾病的抵御能力亦自有个体差异。在这里，王重阳十分强调人的先天免疫能力，而练功的实质亦在于此。他说：“性命者，是精血也。人有万病，是病者皆伤人之命矣。有疾病者，盖不干五脏之事，都是损了精气血三宝，欲要安乐长生者，除是持清净之识。”[⑧]对每个生命体来说，既然精、气、血三宝具有先天性，那就不能不想到优生的问题。王重阳与一般的道家不同，他非常重视人们的优生问题。他说：

> 貌正者，是日父母二气感应日月，午时已前，丑时已后，便得端正，真实，长命，有衣禄。貌正，得父母喜悦之心。午时已后，丑时已前受胎，有一貌不正者，或病聋喑痖，多性劣不得人意。命穷，无衣禄，寿命不长也。此是造化之根本也。[⑨]

在这里，尽管其言语中还存在着一定的神秘主义思想因素，有些说法也不符合科学，但是从优生学的角度看，王重阳提出的一些见解，似应作进一步的实证研究。例如，在一定的时间内受胎是否与胎儿的先天体质有关，我国古代基本持肯定的态度。例如，《宋氏女科秘书》载：“施精亦要在夜半子时候，方可也。盖子时候，夜气清明，一阳发生。古语：

---

① （金）太玄子：《上清太玄九阳图·震象之图》，《道藏》第3册，第120页。
② （金）太玄子：《上清太玄九阳图·震象之图》，《道藏》第3册，第120页。
③ （金）太玄子：《上清太玄九阳图》，《道藏》第3册，第120页。
④ （金）王喆：《重阳真人金关玉锁诀》，《道藏》第25册，第798页。
⑤ （金）王喆：《重阳真人金关玉锁诀》，《道藏》第25册，第799页。
⑥ （金）王喆：《重阳真人金关玉锁诀》，《道藏》第25册，第799页。
⑦ （金）王喆：《重阳真人金关玉锁诀》，《道藏》第25册，第799页。
⑧ （金）王喆：《重阳真人金关玉锁诀》，《道藏》第25册，第800页。
⑨ （金）王喆：《重阳真人金关玉锁诀》，《道藏》第25册，第802页。

一阳动处，兴功是也。此时再遇天晴月朗，风清气和，又是成定吉日，又逢天月二德，合日行房，不惟生子，而子且贵，神气清秀，聪明必过人矣。”[①]当然，此“夜半子候”是一种比较狭窄的时间域，而王重阳所说的“午时巳前，丑时巳后”（即2—13点）则是一种比较宽舒的时间域。在此期间人体经脉畅通，气血充足，有利于性生活的协调和愉快。所以，在生活实践中，后者较前者更容易被男子所接受。

对于行功与疾病的关系，王重阳认为：

> 饥饱、劳役、风寒、暑湿，饥来痛饱、寒极忧心、远行困倦，及冷热身醉，亦不可行功，变成大病也。[②]

行功固然有益于健康，但当人体处于“饥饱、劳役、风寒、暑湿，饥来痛饱”等状态时，不宜行功，否则，会招致“大病”。此外，情绪不正常也会对行功者造成身体危害。所以，王重阳说：

> 欢喜者，是药之根本。常烦恼者，是万病之根本。[③]

从这个角度讲，王重阳将“除无名烦恼”看作是“修真妙理”[④]的第一要义，可见他对这个问题的重视程度甚高。那么，如何“除无名烦恼”以绝病患呢？当然是通过修行和练功。故王重阳说：

> 人有万病者，每一病各一般真功，治其病，自应也。第一，大炼九转还丹之法，有黄芽穿膝之法，射九重铁鼓之法，太子游四门之法，有金鞭指轮之法，有芦茅穿膝之法，有轩辕跨火之法，有玉女摸身之法，有钟离背剑之法，有吕翁钓鱼之法，有陈希夷大睡之法，三教内行法门者，尽各治于疾病也。[⑤]

归根到底，王重阳的“功行两全”思想的实质还是为了强身健体，祛除疾患，从而使行功者“一身快乐无病”[⑥]，这种价值指向成为全真教能够在广大民众里推行教化之策的重要思想保证。

（二）王重阳“功行两全”的道家科技思想的历史价值

全真教主张“三教合一”，这在王重阳的诗句中多有体现。譬如，他说：“儒门释户道相通，三教从来一祖风。悟彻便令知出入，晓明应许觉宽洪。”[⑦]尽管“三教”形成的文化背景各不相同，思想体系亦各有特点，但是，在王重阳看来，有一点应该是相通的，那就是“三教”都是“修仁蕴德”之学。他说：

---

① 牛兵占：《中医妇科名著集成》，北京：华夏出版社，1997年，第314页。
② （金）王喆：《重阳真人金关玉锁诀》，《道藏》第25册，第802、803页。
③ （金）王喆：《重阳真人金关玉锁诀》，《道藏》第25册，第803页。
④ （金）王喆：《重阳真人金关玉锁诀》，《道藏》第25册，第798页。
⑤ （金）王喆：《重阳真人金关玉锁诀》，《道藏》第25册，第805页。
⑥ （金）王喆：《重阳真人金关玉锁诀》，《道藏》第25册，第805页。
⑦ （金）王喆：《重阳全真集》卷1《孙公问三教》，《道藏》第25册，第693页。

窃以平等者，道德之祖、清静之元。首看莱州，终归平等。为玉花金莲之根本，作三光七宝之宗源。普济群生，遍拔黎庶，银艳冲（充）盈于八极，彩霞蒸满于十方。渐生良因，用投吉化。有缘固蒂，无果重生，人人愿吐于黄芽，个个不游于黑路。夫玉华者，乃气之宗。金莲者，乃神之祖。气、神相结（接），得为神仙。《阴符经》云："神是气之子，气是神之母。"子母相见，得做神仙，起置玉花（华）、金莲社在于两州，务要诸公认真性、养真气。诸公不晓根源，尽学旁门小术，此乃是作福养身之法，并不干修性命入道之事。稍为失错，转乖人道。诸公如要修行，饥来吃饭，睡来合眼，也莫打坐，也莫学道。只要尘凡事屏除，只用心中"清净"两个字，其余都不是修行。诸公各怀聪慧，每斋场中细细省悟，庶几不流落于他门功行，乃别有真功真行。晋真人云：若要真功者，须是澄心定意，打叠神情，无动无作，真清真静，抱元守一，存神固气，乃真功也。若要真行者，须是修仁蕴德，济贫救苦，见人患难，常行拯救之心，或化诱善人，入道修行，所行之事，先人后己，与万物无私，乃真行也。①

虽然王重阳没有提出具体救民救世的社会改革方案，但是上述一段话所包含的那种劝人以善的社会关怀，却具有永恒的思想价值和道德意义。我们知道，劝人以善是儒、释、道三教共同的思想特点，然而，王重阳从元初社会的具体国情出发，却赋予了"修仁蕴德"新的思想内涵。具体地讲，就是王重阳把"平等"观同他的"所行之事，先人后己，与万物无私"思想联系起来，从而使"平等"这个概念构成了全真教立教的基本信条。佛道不乏"平等"之言，如说："佛身即众生之体，大法平等，无所不同"②，又，"圣凡平等，天地同宗"③等。在西方，平等观有着悠久的历史传统，自古希腊智者学派提出朴素的"平等"观起，直到近代资产阶级革命将"平等"观写进法律，并确立了"法律面前，人人平等"的原则，可以说，"平等"观已经构成西方文明的一个重要组成部分。与之不同，中国古代由于专制制度的长期延续，压制了包括自由、平等等观念在内诸多张扬个性思想的生长和发展，更不可能形成比较成熟的思想体系。而在宗教的范围之内，全真教通过教化的方式，将我国古代的"平等"思想提升到了道德的层面，并使之成为立教的思想基础，这可以说是中国古代平等观所能达到的最高认识水平。

于是，以平等思想为前提，王重阳积极推行其"修仁蕴德，济贫救苦"的教旨和修行主张。从目前学界对民间留存下来的石刻资料和历史文献来看，王重阳以身作则，全真教的教徒确实做了不少有利于民众的事情，如《十方重阳万寿宫记》载：王重阳"悯岁之艰食，出粟以贷。哀人之陷死，捐金以活"，且"心符诸圣，理贯群经"④。而全真教教徒"或见人危疾，必书符以救之，或忧民阻饥，必设粥以济之"⑤；又有王志深者，"扶伤救死尸

① （金）王喆：《重阳教化集》卷3《三州五会化缘榜》，《道藏》第25册，第788页。
② （唐）李华：《李遐叔文集》卷2《润州天乡寺故大德云禅师碑》，《景印文渊阁四库全书》第1072册，第392页。
③ （宋）周敦颐：《周元公集》卷8《颜鲸·谒元公祭文》，《景印文渊阁四库全书》第1101册，第499页。
④ 王宗昱：《金元全真教石刻新编》，第68页。
⑤ 陈垣：《道家金石略》，第625页。

秽间，亲馈粥药，恻然有骨肉之爱，赖以全活者余百人”[①]；另，符道清“至于临患难能舍己以济众，向使得志居位，则视民之饥犹己之饥，溺犹己之溺，必能禹稷之事”[②]。在这里，用“必能禹稷之事”来概括全真教众教徒服务于社会的各种慈善活动，并不为过。而通过这些活动，广大民众对全真教有了一个全新的认识，其社会影响亦越来越大。例如，元人孟攀鳞说：“历观前代列辟，尊道重教，未有如今日之极。道徒蕃衍，教门增广，未有如斯时之盛。兴作之日，四方奔走而愿赴役者从之如云，子成父事亦未有若此之速也。是孰使之然哉？皆重阳大宗师感格之效也。”[③]元好问更云：“贞祐丧乱之后，荡然无纪纲文章，蚩蚩之民，靡所趣向，为之教者独是家（即全真教）而已。”[④]

虽然，在权谋功利的历史背景下，诸多全真教弟子皆远离喧嚣的城市而岩栖谷隐，但这绝非独善其身，而是在着意追求一种炼心求真的境界和氛围，这正是科学研究所需要的一种精神境界。对此，洪万生先生曾撰写了《全真教与金元数学——以李治（1192—1279）为例》一文，文中用事实证明全真教确实对金元科学的发展产生了积极影响。比如，李之绍说：“予惟道家者流，以清心寡欲为本，自非上智，不能不为外物所挠，故必处闲旷僻远之境。凡世俗之汩吾真者，悉从屏绝，则道本可立。本既立矣，则道斯可以驯致。”[⑤]对于从事科学研究的人来说，他们同样面临着“世俗之汩吾真”的扰动因素，这往往是考验从事科学研究的人有没有定力的关键，这种定力在心理学上则被称为“自制性意志品质”。有媒体在介绍“科学隐士”俄罗斯天才数学家佩雷尔曼的“求真”精神境界时说：“对于许多基础学科的研究来说，一个相对封闭和安静的时空是成功的必要条件。而外界的商业利益、名誉诱惑常常让一个人失去时间和思考的空间。”[⑥]因此，在当今学术界，从一般的科研工作者到两院院士，很多人都崇尚一种被称为“耐得住寂寞”的科学精神。有人说：“科学家永远不会是球星、歌星，只要看看那些不能承受寂寞之重的所谓的‘科学家’，就会知道太多的喧嚣，只会让他们的科学研究趋于平庸，甚至走向‘伪科学’、‘反科学’的方向。真正优秀的科学家需要的绝不是追捧、热炒，科学家需要承受寂寞之重，惟有如此，我们国家科学的复兴，才能拥有更好的阳光、温度和水分，这些科学家的后世，也才能有更多崇敬的目光。”[⑦]爱因斯坦则说得更加直白和坦率：“金钱只能唤起自私自利之心，并且不可抗拒地会招致种种弊端。”[⑧]严格地讲，“耐得住寂寞”是一种宗教生活，它与世俗生活有着不同的价值指向。宗教本身确实有其伪善的一面，然而，全真教能够在金元之际取得“人敬而家事之”[⑨]的社会效果，那无论如何仅仅用“伪善”两个字是不能说明问题的，我们应当

① 陈垣：《道家金石略》，第 467 页。
② 王宗昱：《金元全真教石刻新编》，第 81 页。
③ 王宗昱：《金元全真教石刻新编》，第 69 页。
④ 陈垣：《道家金石略》，第 475 页。
⑤ 王宗昱：《金元全真教石刻新编》，第 52 页。
⑥ 《科学研究，要耐得住寂寞》，《浙江日报》2006 年 8 月 30 日。
⑦ 单士兵：《科学家应承受寂寞之重》，《华商报》2005 年 7 月 14 日。
⑧ 许良英等编译：《爱因斯坦文集》第 3 卷，第 37 页。
⑨ 陈垣：《道家金石略》，第 475 页。

看到全真教的另一面，即它的社会教化和向心作用。罗素说："科学文明若要成为一种好的文明，则知识的增加还应当伴随着智慧的增加。我所说的智慧，指的是对人生目的的正确认识。这是科学本身所无法提供的一种东西。"[①]在这里，"科学本身所无法提供的那种东西"正是全真教所说以"修仁蕴德，济贫救苦"为特点的宗教关怀及其道德境界。从这个层面看，全真教的众教徒既寂寞又不寂寞，因为"夫人之一身皆具天地之理，天地所以含养万物，万物所以盈天地间，其天地之高明广大，未尝为万物所蔽"[②]。此"未尝为万物所蔽"便是全真教在修真过程中所需要的一种胸怀，当然也是科学家所应当具有的一种胸怀和意念。

《重阳真人金关玉锁诀》载有王重阳对"五等神仙"的阐释：

> 第一，不持戒，不断酒肉，不杀生，不思善，为鬼仙之类；第二，养真气长命者，为地仙；第三，好战争，是剑仙；第四，打坐修行者，为神仙；第五，孝养师长父母，六度万行，方便救一切众生，断除十恶，不杀生，不食酒肉，邪非偷盗，出意同天心，正直无私曲，名曰天仙。[③]

可见，"神仙"的最高境界是"天仙"。爱因斯坦说："我非常真诚地相信，一个人为人民最好的服务，是让他们去做某种提高思想境界的工作。"[④]从某种意义上说，全真教所做的就是一种"提高思想境界的工作"，并且其目的不仅是要提高一般民众的思想境界，而且要提高君主的思想境界。在这个方面，丘处机做得更突出一些。《元史》记载："太祖时方西征，日事攻战，处机每言欲一天下者，必在乎不嗜杀人。"[⑤]又，"岁癸未，太祖大猎于东山，马踣，处机请曰：'天道好生，陛下春秋高，数畋猎，非宜。'太祖为罢猎者久之。时国兵践蹂中原，河南、北尤甚，民罹俘戮，无所逃命。处机还燕，使其徒持牒招求于战伐之余，由是为人奴者得复为良，与滨死而得更生者，毋虑二三万人。中州人至今称道之"[⑥]。尽管学界对丘处机"一言止杀"尚有争议，但是丘处机的宗教思想对元太祖产生了一定的影响是可以肯定的。在当时的历史条件下，我们不能奢望丘处机一番苦口婆心，就可以制止战争欲望日益膨胀的元太阻放下屠刀立地成佛，因为那是很不现实的。比如，13 世纪 80 年代，元世祖忽必烈先后发动了对日本和南亚等国家和地区的军事战争，即是明证。

全真教主张"不杀生"，除了不杀自己的同类外，还包括一切有生命的物体，这是其"人我两无分别"[⑦]之"平等"思想及"大凡学道不得杀盗饮酒食肉破戒犯愿"[⑧]原则的具体体现。前面说过，全真教的主旨就是"外修福行，内固精神"[⑨]。其实，科学研究也非常需要

---

① ［英］罗素：《罗素文集》第 3 卷，靳建国等译，呼和浩特：内蒙古人民出版社，1997 年，第 33 页。
② （金）王喆：《重阳真人金关玉锁诀》，《道藏》第 25 册，第 798 页。
③ （金）王喆：《重阳真人金关玉锁诀》，《道藏》第 25 册，第 802 页。
④ 许良英等编译：《爱因斯坦文集》第 3 卷，第 36 页。
⑤ 《元史》卷 202《丘处机传》，第 4524 页。
⑥ 《元史》卷 202《丘处机传》，第 4525 页。
⑦ （金）王喆《重阳教化集》卷 1《丹阳继韵》，《道藏》第 25 册，第 776 页。
⑧ （金）王喆《重阳教化集》卷 2《读晋真人语录》，《道藏》第 25 册，第 780 页。
⑨ （元）玄全子：《真仙直指语录》，《道藏》第 32 册，第 437 页。

"外修福行，内固精神"的修养，正如爱因斯坦所说："关心人的本身，应当始终成为一切技术上奋斗的主要目标；关心怎样组织人的劳动和产品分配这样一些尚未解决的重大问题，用以保证我们科学思想的成果会造福于人类，而不致成为祸害。"[①]从这个层面上讲，全真教的人文关怀无疑会成为我们重新建构适用于全球化而不是狭隘民族主义之科技道德的营养素和驱动力。

第二节　许衡的理学科技思想

许衡，字仲平，号鲁斋，怀州河内（今河南沁阳）人，生于新郑邑中。[②]世为农，其一般的生活状态是"家贫躬耕，粟熟则食，粟不熟则食糠核菜茹，处之泰然，讴诵之声闻户外如金石"[③]，颇有"一箪食，一瓢饮，在陋巷。人不堪其忧，回也不改其乐"[④]之贫而好学的颜渊精神。他流离乱世，嗜学不辍，"与（姚）枢及窦默相讲习。凡经传、子史、礼乐、名物、星历、兵刑、食货、水利之类，无所不讲，而慨然以道为己任"[⑤]。与刘因以"六经"为其理学思想的轴心不同，许衡以《大学》和《中庸》为其理论研究的基石。

从方法论的层面看，《大学》和《中庸》不仅是修身的指南，而且更是中国古代科学特别是宋元科学发展的两翼。所以，朱熹将《大学》和《中庸》从《礼记》中独立出来，与《论语》《孟子》并称为"四书"，遂成为元代科举考试的范本，而以朱熹《四书集注》为答题的标准。这个结果不完全是政治使然，更不是少数理学家的意志所为，而是当时科学技术发展的必然要求，因为科学技术发展到宋元，它便迫切地要求人们的思维方式由传统儒学向新儒学转变。于是，像"格物致知""中庸之道"等概念，经过宋元理学家的阐释而被赋予了崭新的思想内容。自此，"四书"开始取代"六经"而成为元代士人的思维范型，同时也成为当时人们确立人生观和价值观的基本向导和坐标。

为了与元代社会发展的这种实际需要相适应，许衡在提出"三纲领""八条目"的基础上，条分缕析，酌以己见，从而把《大学》和《中庸》的研究推向了一个新的历史阶段。因此之故，《宋元学案》称："有元之学者，鲁斋、静修、草庐三人耳。草庐后，至鲁斋、静修，盖元之所借以立国者也。"[⑥]可见，许衡的理学思想对元代政治、道德、科技、法律等意识形态诸方面的影响是显而易见的，其主要著作有《鲁斋集》、《鲁斋心法》、《授时历经》（与郭守敬合著）等。

---

① 许良英等编译：《爱因斯坦文集》第 3 卷，第 73 页。

② 王成儒：《许衡的生平、著作及思想》，（元）许衡著，王成儒点校：《许衡集》，北京：东方出版社，2007 年，第 1 页。

③ 《元史》卷 158《许衡传》，第 3717 页。

④ （清）刘宝楠：《论语正义・雍也》，《诸子集成》第 1 册，第 121 页。

⑤ 《元史》卷 158《许衡传》，第 3717 页。

⑥ （清）黄宗羲原著，（清）全祖望补修，陈金生、梁运华点校：《宋元学案》卷 91《静修学案》，北京：中华书局，1986 年，第 3021 页。

一、发挥《大学》和《中庸》的科学研究方法

《大学》和《中庸》本来是《礼记》中的两节内容，就分量来说，它们在《礼记》中的地位并不突出。比如，《礼运》《王制》《月令》《曾子问》等都在《大学》和《中庸》之上，这说明在唐中叶之前，以均田制为特点的社会经济及建立在其上的科技发展尚未提出变革思维方式的客观要求，因而在一个较长的历史时期内，《大学》和《中庸》的思想价值并没有被提升到应有的高度。

自唐中叶实行“两税法”之后，尤其是入北宋后，租佃制已经成为农民小土地所有制的主要形式。在此土地制度之下，农民获得了一定的人身自由，因而他们往往在主业之外，兼营工商等副业，从而促进了宋代商品经济的繁荣和发展。相应地，科学技术亦被推到了一个新的历史高峰。而经济和科学技术的巨大进步必然会引起意识形态领域的思想变革。于是，以韩愈为肇始，由排斥释老到融合三教，传统儒学经过程朱的改造，而逐渐转变成为一种理论体系更完备的新儒学。

那么，“新儒学”究竟“新”在何处？就理论的层面而言，《大学》和《中庸》开始被推崇到“经学”的地位，以及“援佛入儒”，是“新儒学”形成的重要标志。陈寅恪先生说：

> 盖天竺佛教传入中国时，而吾国文化史已达甚高之程度，故必须改造，以蕲适合吾民族、政治、社会传统之特性，六朝僧徒“格义”之学……即是此种努力之表现，儒家书中具有系统易被利用者，则为《小戴记》之《中庸》，梁武帝已作尝试矣。(《隋书》三二经籍志经部有梁武帝撰《中庸讲疏》一卷，又私记制旨《中庸义》五卷。）然《中庸》一篇虽可利用，以沟通儒释心性抽象之差异，而于政治社会具体上华夏、天竺两种学说之冲突，尚不能求得一调和贯彻，自成体系之论点。退之首先发见《小戴记》中《大学》一篇，阐明其说，抽象之心性与具体之政治社会组织可以融会无碍，即尽量谈心说性，兼能济世安民，虽相反而实相成，天竺为体，华夏为用，退之于此以奠定后来宋代新儒学之基础。①

在陈寅恪先生看来，“新儒学”的“新”主要在于儒学与佛学的结合，即“援佛入儒”。我们知道，入宋之后，经过释智圆的提倡，周敦颐混合佛、道、儒，以“诚”为灵魂，明心见性，贯通《中庸》而启发“千古不传之秘”②。故薛文清说：“《通书》一‘诚’字括尽。”③后来，程颢和程颐（以下简称二程）进一步将“诚”扩张为宇宙万物的“本体”，《中庸》的地位陡然上升，称其为“学者之至”，而与《大学》《论语》《孟子》合称“四书”④。例如，程颐说：“《中庸》之书，学者之至也，而其始则曰；‘戒慎

① 陈寅恪：《论韩愈》，《金明馆丛稿初编》，北京：生活•读书•新知三联书店，2001年，第322页。

② 牟宗三：《心体与性体》，台北：正中书局，1989年，第324—325页。

③ （清）黄宗羲原著，（清）全祖望补修，陈金生、梁运华点校：《宋元学案》卷11《濂溪学案上》，第483页。

④ 肖永明、朱汉民：《二程理学体系的建构与〈四书〉》，《广西师范大学学报（哲学社会科学版）》2004年第4期，第29—32页。

乎其所不睹，恐惧乎其所不闻。’盖言学者始于诚也。”[①]又，“中庸之德，不可须臾离，民鲜有久行其道者也”[②]，“入德之门，无如《大学》。今之学者，赖有此一篇书存，其他莫如《论》、《孟》”[③]。

《宋史》称：“颐于书无所不读，其学本于诚，以《大学》、《语》、《孟》、《中庸》为标指，而达于《六经》。”[④]朱熹则从“明人伦”的立场出发，建构了一个以“四书”为核心的理学思想体系，他生前从34岁时编写《论语要义》起，至71岁临终前，孜孜矻矻，一直没有中断对“四书”的再造、诠释和修改。他自己说：“某于《语》、《孟》，四十余年理会，中间逐字称等，不教偏些子，学者将注处宜仔细看。”[⑤]由于《四书集注》具有“六经之阶梯”的独特作用，深得宋理宗的青睐和推崇，认为其“有补治道”。例如，南宋宝庆三年（1227）正月，宋理宗诏：“朕每观朱熹《论语》、《中庸》、《大学》、《孟子》注解，发挥圣贤之蕴，羽翼斯文，有补治道。”[⑥]于是，“朝廷以其《大学》、《语》、《孟》、《中庸》训说立于学官”[⑦]。皇庆二年（1313），元朝规定科举考试以《四书集注》取士，其地位超过“六经”，遂成为中国封建社会后期最重要的官方哲学思想。许衡曾教育他的儿子说：

> 《小学》、《四书》，吾敬信如神明。自汝孩提，便令讲习，望于此有得，他书虽不治，无憾也……韩遵道今在此，言论、意趣多出《小学》，《四书》，其《注语或问》与《先正格言》诵之，甚熟。至累数万言犹未竭，此亦笃实自强，故能尔尔。我生平长处，在信此数书，其短处，在虚声牵制，以有今日。[⑧]

当然，就科学研究的方法而论，许衡的理学科学思想主要体现在《大学直解》和《中庸直解》两部著作上。

（一）发挥《大学》中“明明德”和“格物致知”的方法论

1. 许衡对《大学》中“明明德”思想的阐释

同朱熹的认识一样，许衡将“大学之道，在明明德，在亲民，在止于至善”称为“《大学》一部书的纲领”[⑨]。其中“在明明德”不仅是一般做人的道德要求，而且是一般科学研究的道德底线。据考，“明德”一词取自《黄帝四经・经法・六分》[⑩]，说明“儒学”与“道学”在思想本源上可以说是血脉相连的。许衡说：

---

① （宋）程颢、程颐著，王孝鱼点校：《二程集》上册，北京：中华书局，2004年，第325页。
② （宋）程颢、程颐著，王孝鱼点校：《二程集》上册，第382页。
③ （宋）程颢、程颐著，王孝鱼点校：《二程集》上册，第277页。
④ 《宋史》卷427《程颐传》，第12720页。
⑤ （宋）黎靖德编，王星贤点校：《朱子语类》卷19，北京：中华书局，1986年，第437页。
⑥ （元）佚名著，李之亮校点：《宋史全文》卷31《宋理宗一》，哈尔滨：黑龙江人民出版社，2004年，第2151页。
⑦ 《宋史》卷429《朱熹传》，第12769页。
⑧ （元）许衡著，王成儒点校：《许衡集》卷9《与子师可》，第204页。
⑨ （元）许衡著，王成儒点校：《许衡集》卷4《大学直解》，第66页。
⑩ 熊春锦：《道德复兴论修身》，北京：团结出版社，2008年，第154页。

> 大学之道，是大学教人为学的方法。明，是用工夫明之明。德，是人心本来元有的光明之德。夫子说，古时大学教人的方法，当先用功夫明那自己光明之德，不可使昏昧了。①

此“光明之德”实际上既是一种道德的根本文化，又是一种“修之身，其德乃真”的修真文化。通俗地讲，“是一种通过修身而达到天人合一，获得自然、宇宙真知的文化”②。孟子将它称作“良知”，而“良知”则是一个“所不虑而知”③的东西。像“四端”即“恻隐之心，仁也；羞恶之心，义也；恭敬之心，礼也；是非之心，智也”④，就是属于一种“所不虑而知”的先验的东西。对于这种先验的东西，人们不能经验和推理，只能“求其放心而已”⑤，或者“反求诸己而已”⑥。于是，中国古人非常讲究“反观”和“直觉”的思维方法，其基本的依据就在于此。按照许衡的说法：

> 人人皆有明德，都昏蔽了。⑦

然而，“文王、成汤、帝尧，三个圣人，都是自明其明德”⑧。至于究竟如何“自明其明德”，许衡没有明确说明，但他对成汤的“明命”解释道：“成汤常常看著这明命，无一时不明。”⑨“命”是隐藏在人体深处的东西，成汤怎么用肉眼去审视和观察或者说看呢？想必得用直觉方法去领悟“明明德”的真谛。不独孟子讲“直觉”，道教和佛教也讲“直觉”。福克认为，“伟大的发现，都不是按逻辑的法则发现的，而都是由猜测得来；换句话说，大都是凭创造性的直觉得来的”⑩。那么，何谓直觉？

从形式上讲，直觉是指“既不靠推理或观察，也不靠理性或经验而可获得知识的能力”，“它是用来解释其他知识来源所不能提供的那种知识”⑪。甚至洛克认为，直觉的知识是人类三大知识中属于第一位的知识，他说：“人心有时不借别的观念为媒介就能直接看到它底两个观念间的契合或相违这种知识”，即是“直觉的知识”，而“就认识的途径说来，我们所能得到的光明，亦就以此为极限，所能得到的确定性，亦就以此为最大”⑫。从内在的心理和生理机制上讲，直觉是人体内阴阳两种力量相互转运、碰撞、吸纳而形成的一种信息流。许衡解释说：

> 所谓纯阳纯阴者，正犹一尺之棰，日取其半，万世不竭，其细微之极，非特不可

---

① （元）许衡著，王成儒点校：《许衡集》卷4《大学直解》，第66页。
② 熊春锦：《道德复兴论修身》，第9页。
③ （清）焦循：《孟子正义・尽心上》，《诸子集成》第2册，第529页。
④ （清）焦循：《孟子正义・告子上》，《诸子集成》第2册，第446页。
⑤ （清）焦循：《孟子正义・告子上》，《诸子集成》第2册，第464页。
⑥ （清）焦循：《孟子正义・公孙丑上》，《诸子集成》第2册，第142页。
⑦ （元）许衡著，王成儒点校：《许衡集》卷4《大学直解》，第71页。
⑧ （元）许衡著，王成儒点校：《许衡集》卷4《大学直解》，第71页。
⑨ （元）许衡著，王成儒点校：《许衡集》卷4《大学直解》，第71页。
⑩ 王梓坤：《科学发现纵横谈》，上海：上海人民出版社，1982年，第122页。
⑪ 中美联合编审委员会：《简明不列颠百科全书》卷9，北京：中国大百科全书出版社，1986年，第433页。
⑫ ［英］洛克：《人类理解论》下册，关文运译，北京：商务印书馆，1959年，第520—521页。

取而得，亦不可视而见也。是知天下古今，未有无阳之阴，亦未有无阴之阳，此一物各具一太极，一身还有一乾坤也，孟子谓“万物皆备于我”者是也。①

此段话中所说的“太极”、“乾坤”及“纯阳纯阴”究竟在人体内具有什么样的实际意义，目前人体科学尚没有确切的说法。不过，熊春锦先生结合“河图”与脑意识的关系问题，谈到了“河图”“洛书”产生的秘密。他说：

河图洛书，是中国道德根文化的基因，是上古时代的圣哲修身内求而产生的图案。……其实，在修身内求法中，本身就将心意比喻为“龙马”，而肾气之精则喻为“神龟”，实践至“金水分形”阶段时则会呈现龟形的全息图像。人体脊髓内的脑脊液循环系统则喻为“漕溪黄河”。拴心猿锁意马，进入深沉的静定之中，心液（擒龙）下降，肾气之精（神龟）上升（亦称伏虎），心内阳中阴精与肾内阴中阳精自然结合以后，必然会自动进入黄河漕溪的脊髓之内运转，逆行而上进入大脑，在脑中呈现图像，少数人可以在大脑出现内河图全景图像，类似旋极图。当内河图稳定以后，必然会由光点产生光柱冲出头颅而与宇宙全息星象相连接，宇宙中的河图亦形成光柱下降，与这些光柱相连接。从而在心身了了若无之中，产生更为细致的全息图形与图像。②

作为探讨意识机制及形成过程中的一个学术观点，熊春锦先生的结论未必正确。但是他的观点至少可以解释科学发现的某些特殊现象。例如，弗里德里希·凯库勒在梦中见到两条相互咬着对方尾巴的蛇与苯之环形结构的发现；侯振挺在候车室排队的过程中找到了证明巴尔姆断言的数学方法；而“笛卡儿著作中关于方法论、数学和物理等方面的一些基本概念，竟是1619年的一天夜里从3个不连贯的梦境中构思出来的”③等。像上述这些出现在大脑中的图像，应当同“河图”的形成机理一样，它们具有相同的心理和生理基础。一般而言，“明明德”属于道德层面的问题，而不属于科学层面的问题，如冯友兰认为，唤起人们对《大学》和《中庸》的注意，实在是宋代新儒家的功劳，而“中国哲学史的这个时期，与欧洲史上现代科学发展的这个时期，几乎完全类似，类似之处在于，其成果越来越是技术的，具有经验的基础和应用的方面。唯一的但是重要的不同之处是，欧洲技术的发展是认识和控制物质，而中国技术的发展是认识和控制心灵。对于后者的技术，印度也作出了大贡献。不过印度的技术只能在人生的否定中实行，中国的技术则只能在人生之内实行”④。由此冯友兰先生得出结论说：中国没有科学。然而，同样面对这个时代，李约瑟却得出了与冯友兰先生截然相反的认识，他说：“每当人们在中国的文献中查考任何一种具体的科技史料时，往往会发现它的主焦点就在宋代。不管在应用科学方面或在纯粹科学方面都是如此。”⑤即使在元代，欧洲的科学文化在总体上也落后于中国的科学文

① （元）许衡著，王成儒点校：《许衡集》卷6《读易私言》，第165—166页。

② 熊春锦：《道德复兴论修身》，第8—9页。

③ 宋子成：《通用科学方法三百种》，内部资料，1984年，第151页。

④ 冯友兰：《哲学的精神》，西安：陕西师范大学出版社，2008年，第19页。

⑤ ［英］李约瑟：《中国科学技术史》第1卷《总论》第1分册，《中国科学技术史》翻译小组译，北京：科学出版社，1975年，第112页。

化。[1]所以，杜石然、范楚玉等中国科技史学界的前辈将960—1368年这段历史时期称为“古代科学技术发展的高峰”[2]。正是基于这样的历史事实，李约瑟才提出了下面的问题：

> 中国在理论和几何学方法体系方面所存在的弱点，为什么并没有妨碍各种科学发现和技术发明的涌现？[3]

答案可能不止一个方面，但中国古代的直觉思维方法应当在各种科学发现和技术发明的过程中起着非常重要的作用，这一点是毋庸置疑的。许衡说：

> 学者穷究事物的道理，今日穷究一件，明日穷究一件，用工到那积累多时，有一日间忽然心里自开悟通透。[4]

其“开悟通透”是“直觉思维”的重要特征，同时也是宋元科技创新的主要思维方法，而对于它的形成机制，目前科学界尚在探索之中。因此，宋子成将直感思维方法、形象化方法、想象方法、滤斗净化方法、图示方法、灵感方法、希望点列举方法、缺点列举方法、特性列举方法、智力激励方法、意识导引方法、移植方法、机遇方法等都看成科学的思维方法，并且都与直觉思维方法相关联。蒙培元先生说：“这种以直觉、顿悟为特征的经验综合型的认识方法，是理学认识论的重要特点，和西方概念分析演绎型的认识方法，形成鲜明的对比。”[5]如此看来，笼统地讲“明明德”的思维方式不能引导人们去探求自然万物运动变化的根源，恐怕与宋元时期科学技术高度发展的历史事实不吻合。实际上，“明明德”不仅是人生的道德律，也是科学研究的入门，至少在客观上造成了有利于科技思想创新的历史效应。对此，许衡这样解释说：

> 大学之道，在明明德。德是人心都有，这德性虚灵不昧，因后来风俗变化，多有昏昧了处。孔子所以说这在明明德，正是教后人改了那昏昧，都教德性明著。明德中，便知天地造化，阴与阳相为连行，中间便有五行，金、木、水、火、土。阴阳是春夏秋冬四季，春属木，夏属火，秋属金，冬属水，四季属土。土寄旺，四季各十八日。木是仁，火是礼，土是信，金是义，水是智。夫妇是阴阳，人受五行之气成人。天与人的仁、义、礼、智、信，仁是温和慈爱，得天地生万物的道理。义是决断事物，不教过去，不教赶不上，都是合宜的道理。礼是把体面敬重为长的道理。智是分辨是非的道理。信是老实不说谎的道理。这五件，虽是天与人的德性，一个个人都有。[6]

说来说去，“明明德”的“德”指的是仁、义、礼、智、信这“五常”。从表面上看，“明明德”是一种道德的形而上，而不是科学的形而上。因为《周易》云：“形而上者谓

---

① 邱志华：《陈序经学术论著》，杭州：浙江人民出版社，1998年，第81页。
② 杜石然等：《中国科学技术史稿》下册，北京：科学出版社，1982年，第1页。
③ ［英］李约瑟：《中国科学技术史》第1卷《总论》第1分册，《中国科学技术史》翻译小组译，第2页。
④ （元）许衡著，王成儒点校：《许衡集》卷4《大学直解》，第78页。
⑤ 蒙培元：《理学范畴系统》，北京：人民出版社，1998年，第346页。
⑥ （元）许衡著，王成儒点校：《许衡集》卷3《大学要略》，第55—56页。

之道，形而下者谓之器。”[①]在这里，对“道”与“器”的关系，尽管目前学界因适用范围的不同而各有所指，但是把“器”解释为“科学技术”却是一种比较普遍的认识。例如，王一川的《中国现代性的特征（上、下）》[②]、刘明武的《科学与道器之学——两种文明背后的两种“学”》[③]、程亚男的《“道”“器”之辨——也论公共图书馆精神》[④]等。严格来说，把“科学”笼统地解释为“器学”，未必符合宋元士人的思想实际。例如，南宋数学家秦九韶说：“数与道非二本也。”[⑤]元代数学家李冶更进一步说：“数一出于自然……苟能推自然之理，以明自然之数，则虽远而乾端坤倪幽而神情鬼状，未有不合者矣。”[⑥]又，莫若在《四元宝鉴·序》中说：“数，一而已。一者，万物之所以始。故易一太极也，一而二，二而四，四而八，生生不穷者岂非自然而然之数耶。”[⑦]凡此种种，皆与老子所说的“天法道，道法自然”如出一辙，这说明科学的本质与“道”在来源和审美层面上具有统一性，而“道法自然”与“数一出于自然”显然都属于形而上的范畴，而这一点往往为人们所忽视。

2. 许衡对《大学》中“格物致知”思想的阐释

由上述可知，中国近代学者将“格物致知”而不是“形而下之谓器”与西方的科学（science）对译，即体现了“格物致知”具有鲜明的形而上的意义。例如，1861年，伟烈亚力、傅兰雅与李善兰合作，将牛顿的《自然哲学的数学原理》译作《数理格致》。1874年徐寿等创办“格致书院”时，述其办学宗旨是“意欲令中国便于考究西国格致之学、工艺之法、制造之理”[⑧]。这些事例表明，在当时，国人是把“格物致知”与“科学”看成同一层次的学问，在本质上“格物致知”与作为技术（technology）的“器”还是有区别的，不能等而视之，因为科学本身包含一定的道德境界和人文理念。譬如，吴国盛在解读“科学”的本质时，曾经讲了下面一段颇为精彩的话。他说：

科学一开始就是希腊人的人文学说……我们今天所说的“科学”首先指的是近代自然科学。这一点是毋庸置疑的。但这个定义即使从西方来讲也是很狭隘的。我们知道，一些德国思想家经常使用“科学”这个词，但是他们所指的范围广得多。比如，黑格尔说哲学也是科学，李凯尔特的文化科学，狄尔泰的精神科学，等等，都是科学。那么这里的“科学”显然不是指牛顿开创的那套近代自然科学，他们指的是由希腊人开创的那套理性的学问。我们今天所说的“欧洲科学危机”也不是指自然科学危机，

---

① 《周易·系辞上》，《黄侃手批白文十三经》，第44页。

② 王一川：《中国现代性的特征（上）》，《河北学刊》2005年第5期，第150—158页；王一川：《中国现代性的特征（下）》，《河北学刊》2005年第6期，第90—100页。

③ 刘明武：《科学与道器之学——两种文明背后的两种“学”》，《中国文化研究》2007年第1期，第143—152页。

④ 程亚男：《“道”“器”之辨——也论公共图书馆精神》，《公共图书馆》2007年第3期，第3—7页。

⑤ （宋）秦九韶：《数书九章·序》，上海：商务印书馆，1936年。

⑥ （清）阮元：《畴人传》卷24《李治传》，《中国古代科技行实会纂》第2册，北京：北京图书馆出版社，2006年，第184页。

⑦ （元）朱世杰原著，李兆华校证：《四元玉鉴校证·序》，北京：科学出版社，2007年。

⑧ 朱有瓛：《中国近代学制史料》第1辑下册，上海：华东师范大学出版社，1986年，第169页；朱发建：《清末国人科学观的演化：从“格致”到“科学”的词义考辨》，《湖南师范大学社会科学学报》2003年第4期，第79—82页。

而是指欧洲人那整套以安身立命的东西出现了危机。[①]

就科学研究的方法而言，“格物致知”是一种从个别上升到一般的“直觉”方法。爱因斯坦说：“从特殊到一般的道路是直觉性的，而从一般到特殊的道路则是逻辑性的。”[②]实际上，“直觉”与“逻辑”正是中西两种文化的异质性所在。过去，许多人把“直觉思维”看得很神秘，这是因为它属于经验归纳方法，需要从少数特例中猜想或悟出一般性的规律。然而，既然说是“猜想”，这就表明“直觉思维”的结果不可避免地还带有一定的主观性和随意性。因此，“要断言从经验归纳方法得到的‘一般’规律是正确的，必须经过严格证明”[③]。结合中国古代科技思想发展史的客观实际，我们认为，宋元时期所盛行的“格物致知”，缺乏的恰恰就是“严格证明”。例如，赵友钦的“小罅光景”实验，元大都宫廷园林中的人工喷泉，陶宗仪的热胀冷缩实验，罗桀的“磁石引针”实验等。这些实验只停留在一般的描述阶段，而没有能够对其进行深入的理论分析、逻辑证明，以及本质性的“求真”研究。

那么，当时为什么会形成这样的科研后果呢？

为了说明问题，我们不得不回到《大学》所倡导的那种以“格物致知”为特点的思维方法里来，尽管造成上述后果的因素不止方法一途，其他如政治、经济、思想及中外文化的交流等，都是非常重要的原因，但是“科学是随着研究法所获得的成就而前进的”[④]，而“认识一种天才的研究方法，对于科学的进步并不比发现本身更少用处”[⑤]。所以，探讨许衡对《大学》中“格物致知”法的阐释，对于从宏观上理解和把握元代科技思想发展的基本规律，是颇有意义的。

《大学》载：“所谓致知在格物者，言欲致吾之知，在即物而穷其理也。盖人心之灵莫不有知，而天下之物莫不有理。”[⑥]由于《大学》有关“格物致知”的内容“因古时简编坏烂，这一章书如今遂亡失了，朱子补在后面”[⑦]，但唐人李翱在《复性书》中解释：“物者万物也，格者来也，至也。物至之时，其心昭昭然明辨焉，而不应于物者，是致知也，是知之至也。”[⑧]再结合唐代佛教相对盛行的历史特点，我们不难发现，李翱对“格物致知”的理解完全是一种不加任何外物和手段的“唯心”论，或可说是一种依靠心智作用的“心性论”。用式子表示，则为：

心→物（从心到物）。

显然，这种解释很难满足宋代经济、科技蓬勃发展的现实需要。于是，二程在李翱解说的基础上，对“格物致知”的内涵进行了新的挖掘和阐释：

---

① 吴国盛：《科学与人文》，《北大讲座》第1辑，北京：北京大学出版社，2002年，第16页。
② 许良英等编译：《爱因斯坦文集》第3卷，第490—491页。
③ 宋子成：《通用科学方法三百种》，第92页。
④ 欧阳康：《哲学研究方法论》，武汉：武汉大学出版社，1998年，第53页。
⑤ ［法］拉普拉斯：《宇宙体系论》，李珩译，上海：上海译文出版社，1978年，第445页。
⑥ （宋）朱熹：《四书集注・大学章句》，北京：北京古籍出版社，2000年，第10—11页。
⑦ （元）许衡著，王成儒点校：《许衡集》卷4《大学直解》，第77页。
⑧ （唐）李翱：《李文公集》卷2《复性书中》，《景印文渊阁四库全书》第1078册，第109页。

> 或问："进修之术何先？"曰："莫先于正心诚意。诚意在致知，'致知在格物'。格，至也，如'祖考来格'之格。凡一物上有一理，须是穷致其理。穷理亦多端：或读书，讲明义理；或论古今人物，别其是非；或应接事物而处其当，皆穷理也。"或问："格物须物物格之，还只格一物而万理皆知？"曰："怎生便会该通？若只格一物便通众理，虽颜子亦不敢如此道。须是今日可知一件，明日又格一件，积习既多，然后脱然自有贯通处。"①

与李翱相比，二程的变化是将"物"看成是"穷理"的一种手段，即"格物"是"积习"的过程，"穷理"是目的和结果。用式子表示，则为：

心← →物→理（从心到物再到理）。

"心← →物"关系是双向的，一方面，"格物须物物格之"，这是从"心"到"物"，用式子表示即"心→物"；另一方面，致知还要"反求诸身"，这是从"物"到"心"，用式子表示即"物←心"。不过，这里不是指唯物的反映论，而是类似于禅宗的"省悟"。事实上，科学认识的真实过程并非如此，所以朱熹综合了李翱和二程的思想，并加以发展和改造，遂形成了一条近似于唯物反映论的认识路线，它标志着宋代理学在知识创新和思维方法方面实现了重大的理论突破。朱熹说：

> 及其进乎《大学》，则所谓格物致知云者，又欲其于此有以穷究天下万物之理而致其知识，使之周遍精切而无不尽也。若其用力之方，则或考之事为之著，或察之念虑之微，或求之文字之中，或索之讲论之际，使于身心性情之德，人伦日用之常，以至天地鬼神之变，鸟兽草木之宜，莫不有以见其所当然，而自不容已者，而又从容反覆而日从事于其间，以至于一日脱然而贯通焉，则于天下之理皆有以究其表里精粗之所极，而吾之聪明睿知亦皆有以极其心之本体而无不尽矣。②

他又说：

> 虽草木亦有理存焉。一草一木，岂不可以格。如麻麦稻粱，甚时种，甚时收，地之肥，地之硗，厚薄不同，此宜植某物，亦皆有理。③

在这里，朱熹把"知识"分为两类：一类是"身心性情之德，人伦日用之常"，此大体相当于我们通常所说的社会科学知识，在朱熹那里，"修德"是主要的知识；另一类是"天地鬼神之变，鸟兽草木之宜"，此大体相当于我们通常所说的自然科学知识。不过，探究自然规律的学问是次要的知识。虽然如此，朱熹却不反对人们对自然现象进行观察和认识。不仅如此，朱熹还认识到了推理在研究自然规律中的作用。他说："一物有十分道理，若只见三二分，便是见不尽。须是推来推去，要见尽十分，方是格物。既见尽十分，便是知止。"④

---

① （宋）程颢、程颐著，王孝鱼点校：《二程集》上册，第188页。

② （宋）朱熹：《晦庵集》卷15《讲义》，《景印文渊阁四库全书》第1143页，第263页。

③ （宋）黎靖德编，王星贤点校：《朱子语类》卷18《大学五·或问下》，北京：中华书局，2004年，第420页。

④ （宋）黎靖德编，王星贤点校：《朱子语类》卷15《大学二·经下》，第294页。

所以有人认为，“朱熹的格物致知说，并不是要取得真正的科学知识，不是为了认识客观世界，而是通过对‘物理’的认识，达到对心中‘全体大用’的自我认识”[①]。就朱熹“格物致知”的主导思想来说，他对道德力量的重视胜过对日用科技的究心，是客观存在的事实。然而，朱熹所讲的“物”不但是道德之体，还包含实物之体，“致知”不但包括道德知识，也包括科学知识。所以，把朱熹的“格物致知”说仅仅等同于或归结于“达到对心中‘全体大用’的自我认识”，这肯定不能涵盖朱熹“格物致知”思想的全部内容，或者不是朱熹在“格物致知”问题上客观真实的原思想。关于这一点，可由他本人的著述和南宋理学科技思想的积极成果来证实，详细内容可参见山田庆儿的《朱子的自然学》、金永植的《朱熹的自然哲学》、乐爱国的《宋代的儒学与科学》等著作。乐爱国说：“朱熹的格物包含了对诸多学科的研究，也包括自然科学的研究在内。”[②]此言有理，而许衡忠实地继承了朱熹的上述思想，并且在某种程度上还有进一步的扩张和发挥。许衡说：

> 经文所言致知在格物者，是说人要推极自家心里的知识呵，便当就那每日所接的事物上，逐件穷究其中的道理，务要明白，不可有一些不尽处。[③]
>
> 心，是人之神明。人之一心，虽不过方寸，然其本体至虚至灵，莫不有个自然知识。物，即是事物。天下事物，虽是万有不齐，然就一件件上观看，莫不有个当然的道理。[④]

这两段话可观察的视角比较多，如从脑神经科学看，有“心-脑”与“至虚至灵”的关系；从现象与本质的辩证关系看，穷究“当然的道理”实际上包含着对自然规律的探索；从知识创新的角度看，如何由已知的知识（即“推极自家心里的知识”）推出未知的知识（即“当然的道理”）；从知识的来源讲，许衡既讲先验的知识（即“其本体至虚至灵，莫不有个自然知识”），同时又讲后天的实践和观察（即“便当就那每日所接的事物上，逐件穷究其中的道理”），主要是处理各种感知信息；从意识的起源来看，意识是如何形成的，思维与信息之间有什么内在联系等。这些问题本身多是自然科学所研究的对象，而为了使科学研究顺利实现“至极的去处”，许衡对“止”和“尽”这两个思想范畴做了独特的发挥和阐释。他释“止”云：

> 止字，便是在止于至善的止字。明德、新民，都有个所当止的去处。人若是先晓得那所当止的去处，志便有个定向无疑惑了。[⑤]

又，“止，是必到这里不改移的意思”[⑥]。

仅就这两个阐释而言，同样适用于自然科学的研究。在某种程度上说，“脱然自有贯通”

---

① 蒙培元：《理学范畴系统》，北京：人民出版社，1998 年，第 350 页。
② 乐爱国：《宋代的儒学与科学》，北京：中国科学技术出版社，2007 年，第 87 页。
③ （元）许衡著，王成儒点校：《许衡集》卷 4《大学直解》，第 77 页。
④ （元）许衡著，王成儒点校：《许衡集》卷 4《大学直解》，第 77—78 页。
⑤ （元）许衡著，王成儒点校：《许衡集》卷 4《大学直解》，第 66—67 页。
⑥ （元）许衡著，王成儒点校：《许衡集》卷 4《大学直解》，第 66 页。

应是“止”的一种思维后果。对此，宋子成解释道：“灵感往往发生在人们集中精力研究某一个问题而久攻不克，暂时放下它而注意到其它事情的时候。”[①]钱学森用更通俗的事例说：“在做科学研究时碰到一个难题，归纳推理，抽象（逻辑）思维不行，弄不通，这手不行，再用高一手的，用形象（直感）思维，想借助于其他的东西，怎么一下蹦过来结合上，也不行，根本没招儿，到处碰壁。有时很长时间处在这么一种没办法的状态下，没办法就找熟人去聊聊天吧，解解闷儿，或者白天左思右想不行，脑袋不灵，不灵就睡觉吧，哎，或者你跟别人聊天时，或者你睡觉做梦时一下通了，这个问题解决了，而且这种出现是很突然的，你也不知道它是怎么来的，没有理由它就来了。”[②]可见，科学研究离不开“所当止的去处”，也即对一个科研过程而言，既要有定心和毅力，又要有必要的弛力和张力。“尽”是全面和整体的意思，用逻辑学的语言讲，近于“归纳法”。比如，许衡说：“便当就那每日所接的事物上，逐件穷究其中的道理，务要明白，不可有一些不尽处。”[③]细分析，这个“尽”不是让人们将天下的事物都一一去格，因为那是很不现实的。实际上，许衡讲“尽”这个思维范畴，主要说的是整体的思维和全面的思维。他说：

> 人之一心能具众理的，是全体应万事的，是大用。人若到那豁然贯通处，则于万物的道理，显隐精粗无一些晓不到，此心所具的全体大用，无一些不明了。[④]

如果我们把“尽”与“豁然贯通”联系起来，就很容易发现“尽”所指应当就是逻辑学上的“归纳法”。归纳法分完全归纳推理方法与不完全归纳推理方法，在被考察对象数量有限的情况下，进行“逐件穷究其中的道理”是可行的，反之，在被考察对象数量无限多的情况下，想要做到“逐件穷究其中的道理”是不可能的。于是，人们在生产和生活实践中尤其是在科学研究中，应用最多的则是不完全归纳推理方法。然而，这种方法由于没有穷尽被考察的对象，因而得出的结论往往不具有必然性，而多以猜想和假说的形式存在。所以，许衡指出这种方法的缺点是“未免昏昧欠缺”[⑤]。不过，不完全归纳推理方法尽管证据不充分，但对于建立一般性的科学研究结论是非常必要的。

那么，“本体至虚至灵”的心是不是空无一物呢？当然不是，许衡用“种子”作比喻，说明心本体是一个很大的信息场，信息虽然无形，但它却是实有。他说：

> 耳目闻见，与心之所发，各以类应。如有种焉，今日之所出者，即前日之所入也，同声相应，同气相求，未尝少差，不可不慎也。[⑥]

“种子”的比喻很生动，它表明人的任何思想认识都不是无中生有，而是对已经存储到人脑中的各种知识信息进行整理和加工的产物。虽然这个思想与唯物主义的反映论还有一

① 宋子成：《通用科学方法三百种》，第151页。
② 钱学森：《人体科学与现代科技发展纵横观》，第66页。
③ （元）许衡著，王成儒点校：《许衡集》卷4《大学直解》，第77页。
④ （元）许衡著，王成儒点校：《许衡集》卷4《大学直解》，第78页。
⑤ （元）许衡著，王成儒点校：《许衡集》卷4《大学直解》，第78页。
⑥ （元）许衡著，王成儒点校：《许衡集》卷1《语录上》，第5页。

定差距，但是它毕竟清晰地向人们表达了这样一个思想：认识的来源是客观的。有基于此，许衡批评了宋人有理而无实的学风。他说："凡立论，必求事之所在，理果如何。"[①]而"宋文章，近理者多，然得实理者亦少。世所谓弥近理而大乱真，宋文章多有之"[②]。可见，不仅"求理"，而且更要"求真"，这是许衡理学思想的一个重要特点。这样，理学发展就由宋代的"求理"阶段进入了元代的"求真"阶段，而元代科技文化在两宋的基础上又有进一步的提高和发展，从思想根源上讲，许衡等所倡导的"求真"观应是一个十分重要的促进因素。

（二）发挥《中庸》中"学、问、思、辨、行"的方法论

关于《中庸》与科学研究方法的关系，席泽宗先生曾有专文进行论述，见《中国传统文化里的科学方法》（已收入《科学史十论》一书）。在这里，我们不想重复席泽宗先生的观点，而是想就席泽宗先生在文中没有注意到的几个问题，略作阐释。

1."穷理"是科学研究的本质特点

许衡说：

> 所谓理也，曰博学、审问、慎思、明辩，此解说个穷字。其所以然与其所当然，此说个理字。所以然者是本原也，所当然者是末流也。所以然者是命也，所当然者是义也。每一事每一物须有所以然与所当然。[③]

"所当然"是个道德问题，而"所当然者"则是个科学问题，或者说是个"准科学问题"。按照许衡的理解，"理"可分为"本"与"末"两个层面，其中"所以然者是本原也"，换言之，属于"本原"层面的"理"指的是规律，再进一步说就是"真"，因为"博学之、审问之、慎思之、明辩之，只是要个知得真"[④]。在此，所谓"真"是指达到对客观事物的正确认识。在学界，李申曾谈到了任鸿隽、梁启超的科学观，在任鸿隽和梁启超看来，"科学精神、科学方法等等，才是'科学本身'。而科学知识，不过是科学本身的产物"，且"所谓科学精神，其核心是'求真'，即求得真实而确切的知识"[⑤]。许衡虽然没有像任鸿隽和梁启超一样，对"真"解释得那样清晰、具体，但就思想的主要方面来说，两者具有一致性。

程朱理学对"理"的阐释，内涵比较多，但"天理"却是二程的发明。于是，许衡在解释《中庸》"思知人不可以不知天"中的"天"字时说："天，即是理。"[⑥]对于这个命题，许衡有一段解释，他说：

> 天即理也。有则一时有，本无先后。有是理而后有是物，譬如木生，知其诚有是

---

① （元）许衡著，王成儒点校：《许衡集》卷1《语录上》，第12页。

② （元）许衡著，王成儒点校：《许衡集》卷1《语录上》，第13页。

③ （元）许衡著，王成儒点校：《许衡集》卷1《语录上》，第5—6页。

④ （元）许衡著，王成儒点校：《许衡集》卷1《语录上》，第5页。

⑤ 李申：《科学精神：如何求真、怎样创新》，王大珩、于光远主编：《论科学精神》，北京：中央编译出版社，2001年，第156—157页。

⑥ （元）许衡著，王成儒点校：《许衡集》卷5《中庸直解》，第122—123页。

> 理，而后成木之一物，表里精粗无不到。如成果实相似，如水之流溢出，东西南北皆可。体立而用，行积实于中发见于外，则为恻隐、为羞恶，内无不实而外自无不应。凡物之生，必得此理，而后有是形，无理则无形。……事物必有理，未有无理之物。两件不可离，无物则理何所寓。读史传事实文字，皆已往粗迹，但其中亦有理在。圣人观转蓬，便知造车。或观担夫争道，而得运笔，意亦此类也。但不可泥于迹而不知变化，虽浅近事物亦必有形而上者，但学者能得圣神功用之妙，以观万事万物之理可也。则形而下者事为之间，皆粗迹而不可废。①

除了道德的含义之外，“天”也包含着自然规律的意思。在上述一段话里，像“事物必有理，未有无理之物”“读史传事实文字，皆已往粗迹，但其中亦有理在”等思想，基本上都是对程朱理学思想的一种复述，并无新义，然而“虽浅近事物亦必有形而上者”这个命题却是许衡的一个非常有特点的科学命题。

科学从哪儿开始？学界有“科学研究始于观察”、“科学研究始于问题”和“科学研究始于机会”等多种说法②。上述的说法从表面看是各有不同，其实有一点是共同的，那就是科学研究主体对现实生活中经常出现的各种客观事实和自然现象的捕捉力和分辨力都要较常人为高。所以，在常人看来是习以为常的自然现象，也许在某些科学家的眼里就转变成了“科学问题”或“科学发明”。例如，鲁班发明锯子始于小草划破手指这个事实；此外，吊灯被风吹后之晃动现象与伽利略发现钟摆的等时性及钟表的发明；苹果落地与牛顿发现万有引力定律；蝙蝠的超声波与雷达的发明；水壶中的沸水冒出白烟现象与瓦特发明蒸汽机；蝴蝶的体温控制机理与卫星温控系统的建立；能随风飘舞的蒲公英种子与降落伞的发明；能在空中悬浮的蜻蜓与直升机的发明等，也都是把简单的事实作为观察和研究的对象，由浅入深，从而作出了重大的发明和创造。而许衡举“圣人观转蓬，便知造车”为例（即我国古人见到随风旋转的飞蓬草而受到启发，于是制造了装成轮子的车），其主要目的还在于阐明科学研究和科学创新的一般规律，以小见大，由简单到复杂。正如拉丁箴言所说“简单是真（理）的标志”③。从这个角度讲，“一生二，二生三”之“一”指的就是简单，而“三”指的则是复杂。所以，许衡又说：

> 天下皆有对，惟一理无对。一理，太极也。④

这句话有两层意思：第一层意思是说，宇宙万物的运动变化都由矛盾所引起，所以，从根源上讲，矛盾是事物运动变化之源；第二层意思是说，宇宙万物的发展秩序是由简单到复杂，而世界上最简单的事物就是一，所以“一”被排在宇宙万物生成的第一个位置，这个一并不是至上神，其实它就是一个标志，即宇宙万物的运动从最简单的“一”开始。

---

① （元）许衡著，王成儒点校：《许衡集》卷1《语录上》，第2—3页。

② 吴彤：《科学研究始于机会，还是始于问题或观察》，《哲学研究》2007年第1期，第98—104页。

③ 韩锋：《简单是真的标志——关于简单性原理的断想》，《新疆师范大学学报（哲学社会科学版）》2000年第1期，第16—19页。

④ （元）许衡著，王成儒点校：《许衡集》卷2《语录下》，第29页。

实际上，“太极”仅仅是一个符号，它在中国古代的文化背景下，还可称作“一”“理”“道”等，而在古希腊则被称作“数”“水”“原子”等。在古希腊，“‘Arche’（本原、始基、起始）即有最少的又有最原发的意义机制之义”[①]。因为从人类思维的本质特点来看，人们总是希望宇宙万物的开端是最简单的元素，而不是复杂的元素，于是就有了“水是本原”“气是本原”“数是本原”“火是本原”“原子是本原”等各种观点。然而，不管人们的观点有何不同，其最后都趋向于从最简单的事物来寻找宇宙万物生成和变化的原因却是共同的和一致的。例如，牛顿第二定律的数学公式 $F=ma$ 及爱因斯坦的质能公式 $E=mc^2$，都是以简单为特征的。爱因斯坦说：“一切理论的崇高目标，就在于使这些不能简化的元素尽可能简单，并且在数目上尽可能少，同时不至于放弃对任何经验内容的适当表示。”[②]从这个层面看，《周易》中的八卦和六十四卦便可以看成是解释物质世界运动变化的“尽可能简单”的逻辑元素。周敦颐说：“圣人之道……岂不易简？”[③]南怀瑾说：“只有文化到了最高处，才能变成最简化。”[④]可见，追求“简约”是中国古代先哲特别是宋元理学家所追求的最高境界，当然，也是科学研究的“崇高目标”。

2. 以“诚之”为特点的科学精神

《中庸》载：“诚者，天之道也；诚之者，人之道也。”朱熹释：“诚者，真实无妄之谓，天理之本然也。诚之者，未能真实无妄而欲其真实无妄之谓，人事之当然也。”[⑤]将“诚”上升到宇宙本体的地位，是周敦颐的《通书》对于宋代理学的一个重要贡献。周敦颐说：“寂然不动者，诚也。”[⑥]朱熹解释说：“诚即所谓太极也。”[⑦]

许衡继承了周朱“诚”为宇宙本体的思想，在他看来，“诚”作为一个独立存在的客观实体，它本身具有两个方面的意义：一是与圣人直接地合二为一，或可说两者具有直接的同一性；二是与一般人不是直接地合二为一，而是具有间接的同一性。对此，许衡解释说：

> 诚者，安而行之，不待勉强，自然中道。生而知之，不假思索，自然合理，此乃浑然天理的圣人，则亦是天之道也。[⑧]

在这里，“自然中道”的“中”即是“符合”的意思，就是说圣人与“诚”之“道”具有先天的一致性，而“自然合理”讲的也是这个意思。然而，更多的人不是“诚者”，而是“诚之者”，用许衡的话说，就是：

> 诚之者，未能不思而得，则必辨别众理，以明乎善，未能不勉而中，则必坚固执

---

① 张祥龙：《西方哲学笔记》，北京：北京大学出版社，2005 年，第 25 页。
② 许良英等编译：《爱因斯坦文集》第 1 卷，第 314 页。
③ （宋）周敦颐：《周敦颐集》，长沙：岳麓书社，2002 年，第 23—24 页。
④ 南怀瑾：《南怀瑾选集》第 3 卷《易经杂说》，上海：复旦大学出版社，2003 年，第 59 页。
⑤ （宋）朱熹：《四书集注》，北京：北京古籍出版社，2000 年，第 38 页。
⑥ （宋）周敦颐：《周敦颐集》，第 21 页。
⑦ （宋）周敦颐：《周敦颐集》，第 15 页。
⑧ （元）许衡著，王成儒点校：《许衡集》卷 5《中庸直解》，第 130 页。

> 守，以诚其身，此乃未至于圣，而用力修为的，则所谓人之道也。[①]

当然，“诚”还可理解为一个“绝对真理”，而“诚之”则是无限接近这个“绝对真理”的相对真理。所以，“诚”与“诚之”的关系，便是绝对真理与相对真理的关系。许衡说：“诚，是真实无妄之谓。天赋与人的道理，本来真实无妄，无一些人为，这便是天之道也。诚之，是未能真实无妄，要用力到那真实无妄的地步，人事当得如此，这便是人之道也。”[②]“诚”作为一个“绝对真理”，它本身有多种称谓，如“良知良能”“天赋观念”“绝对精神”“道”等。在西方，黑格尔将“绝对精神”看作一个矛盾运动的过程，它在这个矛盾运动的过程中不断展现自我，并外化为自然万物。与之不同，宋元理学却把“诚”看作是一个“寂然不动”的客观实体，而人们的认识从本质上讲则是如何接近这个“寂然不动”的“诚”。于是，就有了“诚之”这个环节。由于“诚之”是一种“学而知之”的工夫，所以《中庸》提出了“博学之，审问之，慎思之，明辨之，笃行之”的认识论思想。朱熹说：“此‘诚之’之目也。学、问、思、辨，所以择善而为知，‘学而知’也。”[③]许衡引孔子的话说：“凡天下事物之理，都须学以能之。”[④]不管许衡立论的前提如何，他在“诚之”问题上所持的观点是可取的，因为它符合科学认识的基本规律。

基于以上分析，我们认为，从“诚”到“几”的演变过程，“诚之”起着非常重要的分化作用。一般来讲，“诚”是个中性概念，是一个“真实无妄”的存在实体，其本身无所谓“善”与“恶”。然而，“诚之”的过程却是有善有恶的。因此，许衡把“明善”看作是“诚之”的重要向导。他说：

> 明，是知之真的意思。人要诚其身，自有个道理，只在乎明善。若不能察于人心，天命之本然，而真知至善之所在，则好善不如好好色，恶恶不如恶恶臭，如何能诚其身。[⑤]

将“真知至善”看作是“诚”的本质特点，而这个“真知至善”的存在仅仅是“诚”本身，它却不是人的认识本身。也就是说，人们在认识“诚”的过程中，并不能保证其结果都是“真知至善”的，因为“真知至善”的“诚”一旦为目的不纯的人所利用，它就会产生出各种“恶”的后果来，就像潘多拉盒子中的魔鬼一样。例如，希特勒与纳粹德国研制原子弹；恶性肿瘤患者与某些医生的生存期“预测”；扎沃斯与生殖性克隆人；弗里茨·哈伯与氯气、芥子气等毒气被使用于战争之中；滥用科学技术与环境污染等。所以，田洺主张：“科学包括科学的理论、事实、方法、精神，以及科学的价值观。……科学需要有人道主义情怀，否则科学就是不人道的活动，就不可能承担起解惑益智的重任。”[⑥]殷登祥亦说：“科学技术的主体是人，无论是科学技术的研究、变革和创新，还是科学技术成果的应用，

---

① （元）许衡著，王成儒点校：《许衡集》卷5《中庸直解》，第130—131页。
② （元）许衡著，王成儒点校：《许衡集》卷5《中庸直解》，第130页。
③ （宋）朱熹：《四书集注·中庸章句》，第39页。
④ （元）许衡著，王成儒点校：《许衡集》卷5《中庸直解》，第131页。
⑤ （元）许衡著，王成儒点校：《许衡集》卷5《中庸直解》，第130页。
⑥ 田洺：《宗教、迷信和科学》，《读书》1999年第12期，第135—141页。

都是人有目的的实践活动，绝对离不开伦理观念和规范的指导。”[①]由此，科技伦理学应运而生。从这个角度看，许衡所关注的是“求真”过程中的科学方法和精神教育，他的“诚之”观实际上是针对那些“大贤以下”的社会群体，因为这个社会群体“诚有未至”，需要“曲积”的工夫。他引子思的话说：

> 其次的人（即“诚有未至的人”——引者注），必须从那善端发见的一偏处，推而致之以至其极，曲无不致，则其德无有不诚实处。[②]

据许衡解释，“曲，是一偏”[③]，此“偏”即是片面之义，它也是“恶”的特点之一。因此，对于“恶”本身我们不要狭义地理解，实际上，“恶”既包含道德的因素，同时又包含着人类认识的因素。从科学史的发展历程来看，由片面到全面，由不知到知，由知之甚少到知之甚多，无疑是科学认识的一个基本规律。由此可见，“一偏处”无论如何也是科学研究不能回避的问题，这是因为人类科学的发展历史往往都是从“一偏处”到“至其极”（即“真理”）的认识过程。例如，18 世纪末 19 世纪初，人们对地球岩石圈表面历史演进的认识，从“水成论”与“火成论”之争到赖尔“渐变论”思想的形成；在有机化学方面，从柏采留斯的“电化二元学说”和杜马的“类型论”，到布特列洛夫提出“分子化学结构”的概念；在光学方面，从“波动说”和“微粒说”之争到形成光具有“波粒二象性”的科学认识；在生命的起源方面，从“自生说”和“生源说”的争论到巴斯德消毒法（建立在否定“自生说”的基础上）之产生。当然，正如歌德所说：“一门科学的历史就是这门科学本身。”[④]接着此言，我们也可以这样说，科学始于“一偏处”恰恰就是每门科学发展的历史。另外，许衡的“诚之”观又是以可知论为前提的。他十分信服子思的说法：

> 圣人既能尽人之性，便能使天下之物，一个个都遂其自然的道理。[⑤]

许衡相信不独“圣人”如此，事实上，每一位“大贤以下”的人，只要其主观努力，不断“曲积”，就能“与圣人一般”[⑥]，而“尽物之性”，“与天地参”[⑦]。用孔子的话说，就是“人于那学问思辨笃行五件事上，果然能用百倍工夫气质，虽是昏愚，必能变化做个明白的人”[⑧]。在这里，所谓“明白”既包括人道又包括天道，其中“天道”可以理解为“自然的道理”，它主要是自然科学的任务。

---

① 殷登祥：《科学伦理学及其对我国现代化的作用》，《中国社会科学院院报》2008 年 3 月 20 日，第 3 版。

② （元）许衡著，王成儒点校：《许衡集》卷 5《中庸直解》，第 133 页。

③ （元）许衡著，王成儒点校：《许衡集》卷 5《中庸直解》，第 133 页。

④ M.克莱因：《〈数学：确定性的丧失〉引论》，朱正琳主编：《成长文摘》第 3 辑，济南：山东画报出版社，2002 年，第 77 页。

⑤ （元）许衡著，王成儒点校：《许衡集》卷 5《中庸直解》，第 133 页。

⑥ （元）许衡著，王成儒点校：《许衡集》卷 5《中庸直解》，第 133 页。

⑦ （元）许衡著，王成儒点校：《许衡集》卷 5《中庸直解》，第 132 页。

⑧ （元）许衡著，王成儒点校：《许衡集》卷 5《中庸直解》，第 132 页。

3. 以“时中”为特征的科学研究方法

子思说：“知识高明，周于万物，这便是知。”[①]虽然许衡没有对“周于万物”之“周”作出具体的解释，但这个“周”实则是“圜道”思维的另一种说法。因为子思说：“天之体最是高明。”[②]又说：“天之为天，指其一处言之，不过昭昭然小明而已。若举其全体而言，则高大光明，更何有穷尽。那日月星辰皆系属于上，万物之众皆覆盖于下，天之气象功效盖如此。”[③]此“万物之众皆覆盖于下”显系指“盖天说”，这个事实说明，至少在春秋时期，“盖天说”便已在士人中流行。事实上，在中国，天体为圆的观念起源甚为古老，如钱宝琮说：“盖天说中勾股测量方法的起源可能还在春秋以前。”[④]既然天体是圆的，那么，它就必然有一个“中心”。于是，人们就提出了“天中”“天地之中”[⑤]等概念，而“中庸”的“中”字便包含着“中心”的意思，用朱熹的话说，所谓“中”就是维持事物发展变化的那个平衡点，而子思亦将其称为“诚”。例如，朱熹释：“中者，不偏不倚、无过不及之名。”[⑥]近来学界有人认为，“不偏不倚”不是“中”的本义，“中”应作“心”解，所谓“中庸”即是“用中”或曰“用心”。其实，朱熹理解得并没有错，因为“不偏不倚”是指宇宙万物的本然存在状态，也就是子思所说的“诚”，而“心”实际上指的是人类的思维活动。这样，“中庸”两字的含义是指人们用自己的思维去把握宇宙万物之“诚”。对此，子思说得很清楚：“人心本自广大，君子不以一毫私意自蔽，以推致吾心之广大，而于析理又必到那精微处，不使有毫厘之差。人心本自高明，君子不以一毫私欲自累，以推极吾心之高明，而于处事又必由那中庸处，不使有过与不及之谬。”[⑦]现在的问题是，我们如何去把握宇宙万物之“诚”呢？

许衡以《中庸》为向导，他特别强调认识宇宙万物的本质，一定不能局限于“一处”，而应从整体出发，用整体思维去认识宇宙万物存在和发展变化的内在必然性。为此，许衡列举了子思的三段话：

> 以地言之，指其一处不过一撮土之多而已。及举其全体而言，则广博深厚不可测度，那华岳这等大的也承载得起，不见其为重。那河海这等深的也振收得住，不见其漏泄。至于世间所有之物，虽万万之多，也莫不承载于其上，无一些遗失。
>
> 以山言之，指其一处，不过一卷石之多而已。及举其全体而言，则广阔而且高大，百草万木，种类虽多，都于此发生，飞禽走兽，形性虽异，都于此居止，至于金银铜铁之类，凡世间宝藏的好物件，也都产生出来。
>
> 水之为物，指其一处而言，不过一勺之多而已。及举其全体而言，则汪洋广大，不可测度他浅深。凡百水族若鼋鼍蛟龙鱼鳖，这许多物都生长里面，又如金玉珠这许

① （元）许衡著，王成儒点校：《许衡集》卷5《中庸直解》，第135页。
② （元）许衡著，王成儒点校：《许衡集》卷5《中庸直解》，第136页。
③ （元）许衡著，王成儒点校：《许衡集》卷5《中庸直解》，第137页。
④ 中国科学院自然科学史研究所：《钱宝琮科学史论文选集》，第390页。
⑤ 中国科学院自然科学史研究所：《钱宝琮科学史论文选集》，第391页。
⑥ （宋）朱熹：《四书集注·中庸章句》，第23页。
⑦ （元）许衡著，王成儒点校：《许衡集》卷5《中庸直解》，第140页。

多货财，也都滋长在里面。[①]

上述引文分别从不同角度阐述了“一处”（即局部）和“全体”的关系，并通过几个例证说明《中庸》的特色思维方法是“全体”或称“整体”。而“整体”思维中包含着“中庸之道”，这是学界比较普遍的认识。例如，有人认为，“从对事物之间关系的认知上讲，中庸思维强调要认清事物间的复杂关系，从整体上加以把握。因此，如果能够领悟事物间的辩证关系，将事物间的表面矛盾统一起来，就能达到‘万物并育而不相害，道并行而不悖’的境界”[②]。又有人说：“‘折中’崇尚整体”，即“在承认事物变化具有两极可能的前提下，清醒地估量变化的趋势，审时度势，沟通对立面，在相对稳定发展中维持或重建秩序，防止整个系统的混乱和破坏”[③]。诚然，“中庸之道”也讲静止，但它更注重变化。因此，子思在讲到知识的功用时说：“既得于己，则见于外者，随所设施各得其当，而合乎时中之宜也。”[④]此处之“时”是指四时有规律的交错变化，而“中”则是指事物发展变化的内部矛盾运动。所谓“时中”，即是说从事物的内部矛盾中去认识和掌握其运动变化的必然性和客观规律。因此，子思说：“圣人之德，既是极其真实，无有一些虚假，便自然无有间断。既无间断，自然常久于中，既常久于中，自然著见于外，有不可掩者矣。”[⑤]这种“内外合一”的认识状态，主要是基于客观事物在本质上“相反而不相悖”这个矛盾特征。用子思的话说就是：“天无不覆，地无不载，大化流行，万物并皆生育于其间，大者大，小者小，各有生意而不相侵害。四时错行，日月代明，同运并行于天地间，一寒一暑，一昼一夜，似乎相反而实不相违悖。就其不害不悖处说，是全体之分，如川水之流，脉络分明，而相继不息。就其并育并行处说，是化育之功，敦厚纯一，根本盛大，而流出无穷。”[⑥]这是子思的世界观，当然也是许衡的世界观。子思所构想的这一幅世界图景，充满了中国传统文化的思维色彩，万物和谐相处，相安而动，有理有序，变化无穷。毋庸讳言，子思和许衡所憧憬的这幅世界图景恰恰正是各国科学家所追求的目标，因为世界上所有的科学家或者说至少是大多数科学家都在追求整个自然界的统一、和谐和完美。

根据以上原则，许衡提出了“分限”思想。他说：

> 天地间，为人为物，皆有分限。分限之外，不可过求，亦不得过用，暴殄天物，得罪于天。[⑦]

在这里，我们对“分限”说应作两面观：一方面是它有消极作用，如前所述，许衡强调宇宙万物“相反而不相悖”，特别是他主张“全体之分，如川水之流，脉络分明，而相继不息”，在这种思想背景之下，人们就只能顺从自然界的这种设计和安排，而不能将我们自

① （元）许衡著，王成儒点校：《许衡集》卷5《中庸直解》，第137—138页。
② 侯玉波：《文化心理学视野中的思维方式》，《心理科学进展》2007年第2期，第211—216页。
③ 范会敏、郝德永：《中间突围：新课改的路径选择》，《江西教育科研》2007年第9期，第106—108页。
④ （元）许衡著，王成儒点校：《许衡集》卷5《中庸直解》，第135页。
⑤ （元）许衡著，王成儒点校：《许衡集》卷5《中庸直解》，第135页。
⑥ （元）许衡著，王成儒点校：《许衡集》卷5《中庸直解》，第147页。
⑦ （元）许衡著，王成儒点校：《许衡集》卷1《语录上》，第21页。

己的意志强加给自然界。可见，这种思想认识压抑了人的主观能动性，因而不利于科学技术的发展。关于这一点，我们只要看看西方近现代科技发展所依赖的哲学思想基础，就可明白。例如，培根说："整个世界一起为人服务，没有任何东西人不能拿来使用并结出果实。星星的演变和运行可以为他划分四季、分配世界的春夏秋冬，中层天空的现象给他提供天气预报，风吹动他的船，推动他的磨和机器，各种动物和植物创造出来（是）为了给他提供住所、衣服和食物或药品的，或是减轻他的劳动，或是给他快乐和舒适；万事万物似乎都为人做事，而不是为它们自己做事。"①后来，康德进一步提出"人的理性为自然界立法"的思想命题。在今天看来，上述思想因为带有鲜明的"人类中心主义"立场，鉴于近现代科学技术的片面发展给人类生存造成了严重后果，所以它们在现代社会中的影响力已经越来越弱。可是，在西方近现代科学技术发展史上，培根和康德的上述思想曾经产生了巨大的影响，这是铁的事实。与之相比，许衡的"分限"说则显然具有一定的保守性和落后性。另一方面，它还有积极的正作用，我们知道，人与自然的关系迄今已经过了消极适应、征服扩张及失衡与反思三个历史阶段。②自 20 世纪 60 年代以来，随着罗马俱乐部对人类未来生存状况的担忧，人们日益感觉到"人类中心主义"思想的危害。于是，在全球化的时代背景下，反人类中心主义思潮迅速发展成为当今世界文化的主流。在非人类中心主义者看来，人之外的所有自然物都有与人绝对平等的权利。但是，与生态危机相联系，人口过度膨胀已经使社会经济结构调整的难度越来越大。基于此，奥雷利奥·佩西提出了人类社会发展极限论的观点，尽管这个观点有些悲观，但是它告诉人们科学不是万能的。特别是当"科学已成为如此昂贵的事物，贫穷社会不再能掌握科学，几乎已成为工业国家独有的利益"③的时候，如何保持世界各国经济的可持续发展问题就变得越加重要了。虽然对于可持续发展问题，学界尚有不尽相同的理解，但自然资源并非用之不竭，这个观念已经得到人们的普遍认同。在这样的历史背景下，许衡的"分限"思想便显得尤为可贵。他说：

> 地力之生物，有大数。人力之成物，有大限。取之有度，用之有节，则常足。取之无度，用之无节，则常不足。生物之丰歉由天，用物之多少由人。④

这段话除了"生物之丰歉由天"一句尚有缺憾外，总体上看，许衡的思想里既含有人类中心主义的成分，又含有非人类中心主义的因素，但以后者为主。所以许衡的"取之有度，用之有节"思想，非常接近当今生态伦理学的基本原则。既然"用物之多少由人"，那么，人们就要充分考虑"地力之生物，有大数"和"人力之成物，有大限"的问题。而忽视"大数"和"大限"这两个问题恰恰正是人类中心主义思想的致命弱点，从这个角度看，许衡的上述主张可以看作是对人类中心主义思想的一种纠偏措施。

---

① ［英］培根：《古代的智慧：普罗米修斯》，马常纲等：《世界十大思想家名言精华》，西安：三秦出版社，1998 年，第 202 页。

② 唐辉：《人与自然关系的哲学思考》，四川师范大学 2007 年硕士学位论文。

③ ［意］奥雷利奥·佩西：《未来的一百页——罗马俱乐部总裁的报告》，汪帼君译，北京：中国展望出版社，1984 年，第 75 页。

④ （元）许衡著，王成儒点校：《许衡集》卷 1《语录上》，第 21 页。

二、“气服于理”的理学科技思想

（一）许衡对理学“气”思想的发挥

“气”这个范畴，经过程朱理学的改造之后，便具有了两方面的含义：自然之气与生命之气。

对于自然之气，大致可分为五类：浊气、清气、运气、精气及至精之气。许衡说：

> 天之低以浊者又复清而浮，地之裂以泄者又复凝而填，人物之歇灭萎败者又复生息而繁。滋比阴阳运气泰而通，则前日之混沌者复为之开辟矣。①

这段话包含浊气、清气和运气三个概念，都是引述前人的思想，本身并没有什么新意。然而，抛去上述三个概念之后，我们发现里面却隐含着关于宇宙生成的科学假说。依现代的宇宙学理论讲，“天之低以浊者又复清而浮，地之裂以泄者又复凝而填”与“前日之混沌者复为之开辟矣”两句话，如果放在更大的宇宙背景之下，就不难发现，它实际上讲到了宇宙天体的周期性生灭过程，其思想实质近于现代宇宙学的标准大爆炸模型和作为它的补充的暴胀模型。许衡又说：“天地阴阳精气，为日月星辰。……只是至精之气到处，便如此光明。阴精无光，故远近随日所照。”②承认物质世界是由精气所构成，这显然是唯物主义的观点。许衡进一步解释说，发光的星球是由“至精之气”所产生，虽然从科学的角度看，这种说法未免有些粗糙，但是他尝试将物质世界分成不同的类型和层次，其主导思想值得肯定。

对于生命之气，亦可分成五类：血气、元气、浩然之气、恶气及感性之气。许衡说：“人身血气周流亦有度数。”③气血津液是组成人体及其思维的原质，同时也是人体各组织器官和生理功能活动的物质基础。当然，人类的思维活动不能脱离“血气”，但又不能简单地归结为“血气”，毕竟人类思维具有自己的特殊运动方式。所以，许衡说：“天地间当大著心，不可拘于气质。”④在许衡看来，人的“喜怒哀乐爱恶欲”⑤都属于“气质”的表现形式。从这个层面来说，许衡讲“为恶者气”⑥，则是对理学之气的补充和发挥。在此，“恶”不是指狭义的道德之恶，而是在更宽广的范围内，一切对人体健康有害的因素，包括精神的因素和物质的因素，都属于“恶气”的范畴，像“声色臭味发于气，人心也，便是人欲”⑦，而这种“人欲”，按照许衡的理解，应当为“不合贪”⑧的人欲。他说：“贪字，有合贪有不

---

① （元）许衡著，王成儒点校：《许衡集》卷1《语录上》，第1页。有学者考此为许庸斋语，参见许红霞：《许衡“语录”流传辨析》，北京大学中文系：《北大中文学刊（2010）》，北京：北京大学出版社，2010年，第510页。本书权且维持《鲁斋遗书》说。

② （元）许衡著，王成儒点校：《许衡集》卷1《语录上》，第1页。

③ （元）许衡著，王成儒点校：《许衡集》卷1《语录上》，第1页。

④ （元）许衡著，王成儒点校：《许衡集》卷1《语录上》，第7页。

⑤ （元）许衡著，王成儒点校：《许衡集》卷1《语录上》，第6页。

⑥ （元）许衡著，王成儒点校：《许衡集》卷2《语录下》，第22页。

⑦ （元）许衡著，王成儒点校：《许衡集》卷2《语录下》，第23页。

⑧ （元）许衡著，王成儒点校：《许衡集》卷2《语录下》，第23页。

合贪。读书穷理学圣贤，做底是合贪。”[①]一般来讲，“不合贪”的“人欲”即是“恶气”。许衡明确表示：“恶是气禀人欲。”[②]

与“恶气”相反，“元气”则是指人体最基本的物质存在形式，是“人之自生至老”[③]所赖以活动的原动力。因此，许衡同意这样的说法：“一元之气，变于四时，在人亦然。人生四变，婴儿、少壮、老耄、死亡。”[④]为了遏制“恶气”的滋生和蔓延，许衡提出了“当养浩然之气”的思想。他说：“浩然之气所以当养者。盖说不动心，由于无疑惧。而惟浩然之气，乃是集义所生。”[⑤]可见，“气”与人生关系密切。而将“义”看作是构成“浩然之气”的原质，则显示了许衡对“道德修养与养生”的重视。同孟子一样，许衡在此强调“浩然之气与血气的统一”，因而“当养浩然之气”实际上是一种通过道德修养达到身体健康的养生学，它成为许衡“治生”观的物质前提。

至于感性之气，那便属于认识领域的范畴了，具体内容见下文。

（二）理与以“治生”为特色的科技思想

在许衡的各种文本和生活场景里，“理”的内涵有两层：一层是伦理之理，它属于道德领域的问题；另一层是客观规律，它是理学科技思想的重要内容。许衡说：

> “圣贤以理为主，常人以气为主。”[⑥]

在此，“理”与“气”对举，分别指人的理性认识和感性认识这两种认识形式。故“合虚与气，有性之名。虚，是本然之性。气，是气禀之性”[⑦]。由于“气禀之性”常常蒙蔽人的本性，所以许衡非常强调理性认识的作用。他说：

> 传记中人材杰然可观，以道理观之，只是偏材。圣人便圆融浑全，百理皆具。古今人材，多是血气用事，故易偏。圣人纯是德性用事，只明明德使自能圆成不偏驳。[⑧]

所谓“偏”是指认识事物的片面性，而“圆成”则是指认识事物的全面性。在许衡看来，“德性”也可称为“理性”。他说：“性者，即形而上者，谓之道，理一是也。”[⑨]在许衡看来，理就是事物的所以然，就是事物存在和发展变化的内在必然性。许衡说：“其所以然与其所当然，此说个理字。所以然者，是本原也。”[⑩]又“心与天地一般”[⑪]。而“心与天地一般”这个命题，表明人类的理性可以把握事物的“所以然”，具体地讲，就是“气与理

---

① （元）许衡著，王成儒点校：《许衡集》卷2《语录下》，第23页。
② （元）许衡著，王成儒点校：《许衡集》卷2《语录下》，第28页。
③ （明）张介宾：《景岳全书》卷17《论脾胃》，《景印文渊阁四库全书》第777册，第364页。
④ （元）许衡著，王成儒点校：《许衡集》卷2《语录下》，第22页。
⑤ （元）许衡著，王成儒点校：《许衡集》卷2《语录下》，第24页。
⑥ （元）许衡著，王成儒点校：《许衡集》卷2《语录下》，第26页。
⑦ （元）许衡著，王成儒点校：《许衡集》卷2《语录下》，第27页。
⑧ （元）许衡著，王成儒点校：《许衡集》卷12《鲁斋心法》，第381页。
⑨ （元）许衡著，王成儒点校：《许衡集》卷2《语录下》，第27页。
⑩ （元）许衡著，王成儒点校：《许衡集》卷12《鲁斋心法》，第357页。
⑪ （元）许衡著，王成儒点校：《许衡集》卷12《鲁斋心法》，第356页。

合为一”[①]。其实质则是“气服于理”[②]。

下面我们以许衡的“治生”观为中心，对其“气服于理”的理学科技思想略作阐释。

1. 农业生产与许衡的“治生”思想

前面说过，许衡虽然讲“生物之丰歉由天”，但是他并没有忽视现实社会在整个“生物”环境（包括政治环境、经济环境、思想环境和文化环境等）及生存过程中所担当的角色和所起的作用。他在《为君难六事》之《顺天道》一文中说：

> 秦之苦天下久矣，加以楚汉之战，生民糜灭，户不过万，文帝承诸吕变故之余，入继正统，专以养民为务。其忧也，不以己之忧为忧，而以天下之忧为忧；其乐也，不以己之乐为乐，而以天下之乐为乐。今年下诏，劝农桑也，恐民生之不遂；明年下诏，减租税也，虑民用之或乏。恳爱如此，宜其民心得而和气应也。[③]

中国古代科学技术的发展主要依靠国家力量的支持，汉唐如此，宋元亦如此，这是封建专制社会的主要特色之一。许衡深深懂得：如果他的“治生”思想不能得到元朝统治者的认可和支持，就等于是纸上谈兵，一点儿用处都没有。所以，许衡在至元三年（1266）上元世祖忽必烈的《时务五事》疏里专门谈到了“农桑学校”问题。他说：

> 诚能自今以始，优重农民，勿使扰害，尽驱游惰之民归之南亩，岁课种树，恳谕而督行之，十年以后，当仓库之积非今日比矣。自上都、中都、下都及司县，皆设学校，使皇子以下至于庶人之子弟，皆从事于学。日明父子君臣之大伦，自洒扫应对至于平天下之要道。十年之后，上知所以御下，下知所以事上，上和下睦，又非今日比矣。……是道也，尧舜之道，好生而不私。唯能行此，乃可好生而不私也。[④]

回顾元初农业生产的恢复和发展过程，许衡的“治生”主张确实发挥了一定作用。例如，至元十年（1273），元世祖命人编修《农桑辑要》一书，该书以北方农业为对象，农耕与蚕桑并重，崇本抑末，不仅对北方地区精耕细作和栽桑养蚕技术有所提高和发展，而且对于棉花、苎麻等经济作物的栽培技术亦十分重视。因此，它在引导当时农业生产的发展方向上起到了至关重要的作用。又如，至元二十三年（1286），元世祖在《农桑辑要》的基础上颁布《农桑制十四条》，其具体内容包括村社组织、社长的任务和权利、奖励农业的生产措施、互助合作、垦荒救荒及治蝗等，例如，《农桑制十四条》规定：

> 事农桑之术以备旱暵为先，凡河渠之利，委本处正官一员，以时浚治。或民力不足者，提举河渠官相其轻重，官为导之。地高水不能上者，命造水车。贫不能造者，官具材木给之。俟秋成之后，验使水之家，俾均输其直。田无水者凿井，井深不能得水者，听种区田；其有水田者，不必区种。仍以区田之法，散之诸农民。种植之制，

---

① （元）许衡著，王成儒点校：《许衡集》卷12《鲁斋心法》，第371页。

② （元）许衡著，王成儒点校：《许衡集》卷12《鲁斋心法》，第371页。

③ （元）许衡著，王成儒点校：《许衡集》卷7《时务五事》，第180页。

④ （元）许衡著，王成儒点校：《许衡集》卷7《时务五事》，第181—182页。

> 每丁岁种桑、枣二十株。土性不宜者，听种榆、柳等，其数亦如之；种杂果者，每丁十株，皆以生成为数，愿多种者听……令各社布种苜蓿以防饥年。近水之家又许凿池养鱼，并鹅鸭，及莳莲、藕、菱、芡、蒲苇等以助衣食。凡荒闲之地悉以付民，先给贫者，次及余户，每年十月令州县正官一员巡视境内有蝗蝻遗子者，设法除之。①

在许衡看来，“稷播（布）百谷以厚民生，契敷五教以善民心，此辅导尧舜之实也”②。他非常崇尚“所享有限”的社会理想，在现实生活里，如何保持科学技术的发展与人们的物质文化需要之间的平衡与协调，使之国泰民安，进而成就王道乐土之事业，这是历代封建统治者苦苦追寻但却始终无法破解的一道政治难题。两宋的社会经济和科学技术都达到了一个新的历史高度，与之相适应，科技发达，工商业兴旺。可是，随着人们追名逐利日盛一日，奔竞之风便无情地侵蚀着各个阶层士民的肌体，其结果是“天下士子归怨国家”③。到南宋中后期，可以说这种现象已经严重到了体无完肤的地步。所以，一旦国家有难，由“趋竞”造成的那种唯利是图而置国家命运于不顾的恶习，必然会成为加速南宋灭亡的一个重要因素。④正是受到这种社会现实的强烈刺激和基于对元代士风的担忧，许衡才极力主张“革趋竞之弊”⑤。他说：

> 古时，公卿大夫以下位称其德，终身居之，得其分也。位未称德，则君举而进之，士修其学，学至而君求之，皆非有预于己也。农工商贾，勤其事，而所享有限，故皆有定志，而天下以治。后世，自庶士以至公卿，日志于尊荣，农工商贾日趋于富侈，亿兆之心交骛于利，天下纷然。虽英明之君有不得而理者矣。此趋竞之风不可遏，其君子则志欲无厌，其小人则放僻邪侈，无不为己。尝谓中国之俗，必土著有恒产，使安其居，乐其俗，土田种树，父子兄弟嬉嬉于田里，不知有利欲之可趋也。民志一定，则治道可行也。⑥

在许衡的治国方案中，农业居于基础的地位，这是他“苦心极力，至年五十始大晓悟”⑦的一个大道理。元代没有沿着南宋的商品经济路子继续走下去，故尚钺先生认为，元朝“统治时期，中国的工商业较之南宋时呈现出衰退现象”⑧。当然，“衰退”是相对的和暂时的现象，从总体上看，元代的商品经济也有发展和进步，如有人统计，“元代岁入粮大于唐、宋，元时天下岁入粮为2422万石，比唐天下岁入粮1980余万石多400余万石”⑨，又如，

---

① （清）嵇璜等：《钦定续文献通考》卷1《田赋考》，《景印文渊阁四库全书》第626册，第33页。

② （元）许衡著，王成儒点校：《许衡集》卷7《时务五事》，第181页。

③ （宋）李心传：《建炎以来系年要录》卷171，绍兴二十六年辛亥，第2802页。

④ 喻学忠：《晚宋士大夫奔竞之风述论——晚宋士风研究之一》，《东南大学学报（哲学社会科学版）》2003年第2期，第27—32页。

⑤ （元）许衡著，王成儒点校：《许衡集》卷2《语录下》，第35页。

⑥ （元）许衡著，王成儒点校：《许衡集》卷2《语录下》，第35—36页。

⑦ （元）许衡著，王成儒点校：《许衡集》卷7《时务五事》，第181页。

⑧ 尚钺：《中国历史纲要》，北京：人民出版社，1954年，第270页。

⑨ 余亦非：《中国古代经济史》，重庆：重庆出版社，1991年，第424页。

“元朝是世界上第一个在全国范围统一强制流通纸钞的国度”[①]等，但它的发展没有能够促进资本主义因素的进一步增长，却亦是事实。而为了“定民志”，元代实行严格的“分限制”，即元朝统治者按照职业的特点将全体民众分成若干种类，史称“诸色户计”，如军户、站户、匠户、灶户、民户、儒户、医户、乐户、冶炼户、僧道、鹰房、打捕等，一经定籍，世代相袭，不得脱籍。尽管元代的“户籍”制度在一定程度上限制了人们的择业自由，但是我们也应看到，这种科技管理体制毕竟在保证科学技术研究队伍的稳定性与专业知识的不断传习方面起到了积极作用，而元代科学技术的发展应当说与这种科技管理体制有着某种内在的联系。

2. 医药学与许衡的“仁民”实践和思想

《汉书》云：“方技者，皆生生之具，王官之一守也。”[②]在此，“方技”特指医药学，故章学诚释：“方技之书，大要有四，经、脉、方、药而已。经阐其道，脉运其术，方致其功，药辨其性；四者备，而方技之事备矣。”[③]其“生生”是使生命长生的意思，或云医药学是一门“仁民”之术。许衡用心医药[④]，间有心得，他有三篇医学专论，收于文集之中，第一篇是《吴氏伤寒辨疑论序》，第二篇是《与李才卿等论梁宽甫病症书》，第三篇是《与人四首》之三。其中第二与第三篇都是讨论肺病的案例，由此可见，许衡在治疗肺病方面是有独到之处的。以《与李才卿等论梁宽甫病症书》为例，虽然讨论的是一例疑为肺结核病的个案，但他辨证求因，并根据易水派和河间派的用药特点，综合众家之长，同时结合患者的临床实际，正确地进行取舍与应用，最后提出了自己的一套治疗方案，颇有见地。他说：

> 梁宽甫证候，右胁肺部也，嗽而唾血，举动喘促者，肺诊也。发热脉数，不能食者，火来刑金，肺与脾俱虚也。脾与肺俱虚，而火乘之，其病为逆。如此者，例不可补泻。盖补金则虑金与火相持，而喘嗽益增；泻火则虑火不退位，而痃癖反盛。正宜补中益气汤，先扶元气，少以治病药加之。闻已用此药而不获效，意必病势苦逆而药力未到也。当与宽甫熟论，远期秋凉，庶就平复。盖肺病，恶春夏，火气至秋冬则退也。止宜于益气汤中，随四时阴阳，升降浮沉，温凉寒热，及见有症，增损服之。……或觉气壅，间服加减枳术丸；或有饮间服《局方》枳术汤。数月后，庶逆气少回，逆气回则治法可施。但恐今日已至色青、色赤，及脉弦、脉洪，则无及矣。近世论医，有主河间刘氏者，有主易州张氏者。张氏用药，依准四时阴阳升降而增损之，正《内经》四气调神之义，医而不知此，妄行也。刘氏用药，务在推陈致新，不使少有怫郁，正造化新新不停之义，医而不知此，无术也。然而，主张氏者，或未尽张氏之奥，则瞑眩之剂，终莫敢投，至失机后时，而不救多矣。主刘氏者，或未悉刘氏之蕴，则劫效目前，阴损正气，遗祸于后者多矣。能用二家之长，而无二家之弊，则治庶几乎？宽甫病候，初感必深，所伤物当时消导不尽，停滞淹延，变生他症，以至于今，恐亦

① 李治安：《元代及明前期社会变动初探》，《中国史研究》2005年增刊，第83—98页。
② 《汉书》卷30《艺文志》，北京：中华书局，1962年，第1780页。
③ （清）章学诚著，叶瑛校注：《文史通义校注》，北京：中华书局，1985年，第1083页。
④ 王星光：《许衡与医学探研》，《殷都学刊》2006年第3期，第40—43页。

宜仿刘氏推陈致新之意，少加消导药于益气汤中，庶有渐缓之期也。[①]

从梁宽甫“嗽而唾血，举动喘促者”及“发热、脉数、不能食者”等症状观察和思辨，许衡的印象诊断为气阴两虚证（气阴亏耗、肺肾阴虚）肺病（即肺结核），结合现代临床医学的诊治经验，这个诊断是有道理的。在许衡看来，由于该患者属肺脾同病，同时又表现为肺病及肾，治法宜“培土生金”与“培元固本”相兼。据此，许衡主张先治以“补中益气汤”，“先扶元气，少以治病药加之”，可谓对症治疗，标本施治。“补中益气汤”是李杲“甘温除大热法”[②]的具体应用，它是在四君子汤方的基础上化裁而成的，用孙其新先生的话说，就是甘补加升发药，或再加清热药。[③]具体来讲，就是去茯苓之渗利而加入黄芪益气补中，故有增进人体免疫和调节周围神经系统尤其是自主神经系统的功用。赵献可评论说：“凡脾胃，喜甘而恶苦，喜补而恶攻，喜温而恶寒，喜通而恶滞，喜升而恶降，喜燥而恶湿，此方得之。”[④]在临床上，因该方多甘温益气之品，故在适应证上除有7禁[⑤]之外，加减用药更为关键，况且在通常情况下，“甘温”药品服用多了还会造成体内壅滞之患，所以许衡认为梁宽甫“用此药而不获效”的原因，主要在于饮用“补中益气汤”不得法，正确的治法应当是“见有证，增损服之”及“或觉气壅，间服加减枳术丸；或有饮间服《局方》枳术汤”。同时，还应“仿刘氏推陈致新之意，少加消导药于益气汤中”。虽然此方是否有用不得而知，但就其整个治疗思想来说，其因势利导、顾护正气及治病求本的治疗思想体现了中医药学的本质特点。恰如许衡自己所说：“痼疾之人，且当扶护元气为主。”[⑥]

另外，注意“时药”的运用也是许衡治疗思想的一个重要特色。

何为“时药”？时药亦可称为“四时药法”。《黄帝内经》曰：“必先岁气，无伐天和。”[⑦]宋人陈直在《养老奉亲书》下篇《四时养老通用备疾药法》及李杲在《珍珠囊补遗药性赋》卷2《四时用药法》篇中对此都有较详细的论述。以此为前提，许衡从“天人合一”的原则出发，亦强调因时用药，顺应天道。他在《与人四首》之3中说：“桑根煎固治肺疾，然须从升降浮沉，多加时药，少加治药，以待秋凉。”[⑧]又前揭《与李才卿等论梁宽甫病症书》亦说：“止宜于益气汤中，随四时阴阳，升降浮沉，温凉寒热，及见有症，增损服之。”

可见，许衡讲“时药”的理论依据就在于“阴阳升降浮沉温凉寒热”这10个字。其中“阴阳”是指四季寒暑往来的阴阳变化，故《黄帝内经》有“阴阳者，天地之道”[⑨]和“法于阴阳，和于术数”[⑩]之说。“升降浮沉”与“温凉寒热”是指药物的性能和用药原则，它

① （元）许衡著，王成儒点校：《许衡集》卷8《杂著·与李才卿等论梁宽甫病症书》，第195—196页。

② （金）李东垣著，张丰顺校注：《内外伤辨惑论》卷中《饮食劳倦论》，北京：中国中医药出版社，2007年，第14页。

③ 孙其新：《谦斋辨证论治学——当代名医秦伯未辨证论治精华》，北京：人民军医出版社，2009年，第184页。

④ （明）赵献可：《医贯》卷6《后天要论·补中益气论》，北京：人民卫生出版社，1959年，第76页。

⑤ 成都中医学院主编：《中医各家学说》，贵阳：贵州人民出版社，1988年，第30页。

⑥ （元）许衡著，王成儒点校：《许衡集》卷1《语录上》，第9页。

⑦ 《黄帝内经素问·五常政大论篇》，陈振相、宋贵美：《中医十大经典全录》，第111—112页。

⑧ （元）许衡著，王成儒点校：《许衡集》卷9《书状·与人四首》，第219页。

⑨ 《黄帝内经素问·阴阳应象大论篇》，陈振相、宋贵美：《中医十大经典全录》，第13页。

⑩ 《黄帝内经素问·上古天真论篇》，陈振相、宋贵美：《中医十大经典全录》，第7页。

与四时的运动变化相对应，是张元素的《珍珠囊》中“药性理论”的核心。许衡比较推崇张元素，他说：“张氏用药，依准四时阴阳升降而增损之，正《内经》四气调神之义，医而不如此，妄行也。”①所以，从直接的理论根源讲，许衡的“时药”思想源自张元素的《珍珠囊》。

在病理学方面，许衡提出了“防微杜渐”的医疗过程论思想。

疾病的生成同寒暑的相互转化一样，是一个由量变到质变的积累过程。许衡说：“窃尝思之，寒之与暑，固为不同，然寒之变暑也，始于微温，温而热，热而暑，积百有八十二日，而寒气始尽。暑之变寒，其势亦然。山木之根，力可破石，是亦积之之一验也。”②自然界的寒暑变化在客观上给人类的生存营造了一定的生态环境，与特定的生态环境相适应，不悖天道，人们就自然能保持一个健康的体格。这是因为：

> 日月行有度数，人身血气周流亦有度数，天地六之气运转亦如是。到东方便是春，到南方便是夏，行到处便主一时日，行十二时亦然。万物都随他转过去便不属他。③

那么，如何适应“天地六气运转”的地理环境呢？许衡说：“幽燕以北，服食宜凉，蜀汉以南，服食宜热，反之则必有变异。”④从中医药学的角度讲，“幽燕以北”气候干燥，它对人体的影响是“燥胜则干”⑤，主要表现为皮肤粗糙、口鼻干涩、口渴便少等不适，所以刘完素说：“诸涩枯涸，干劲皴揭，皆属于燥。”⑥又，燥易伤肺，故生活在干燥气候条件下的“燕北”人宜吃具有润肺作用的凉性食物，如小麦、大麦、绿豆、豆腐、芝麻油、苹果、梨、白菜、茄子、冬瓜、丝瓜、黄瓜、羊肝、牛蹄、鸭肉、鸭蛋、茶叶等。反之，温热性的食物含热量偏高，往往会导致肺火旺盛，使体内出现“燥气”，从而引发上呼吸道疾患。与之不同，“蜀汉以南”气候潮湿，湿性重浊趋下，《黄帝内经》说：“伤于湿者，下先受之。”⑦特别是湿邪过胜易伤脾脏，因为脾主湿而恶湿。一般来讲，性凉的食物多湿，而“湿喜归脾者，以其同气相感故也”⑧。在这种气候条件下，宜多吃些具有热性的食物，如柿子椒、香菜、南瓜、茴香、桃、荔枝、杨梅、海参、海虾、带鱼、鲢鱼、鲩鱼、葡萄酒、啤酒、米酒等，发汗散湿，健脾利肾。在这里，许衡虽然讲的是饮食与地理环境的关系，但实际上他是在强调饮食习惯与疾病之间固有内在的联系，因为日积月累的饮食过程，常常使人们不自觉地进入两种境地：或者增进了健康，或者慢慢地滋生了疾患。像许衡论梁宽甫的病，就有“所伤物当时消导不尽，停滞淹延，变生他证”之说，而他在治病过程中也坚持用过程论的思想来处方用药，如在《与人四首》中说：用桑根煎治肺病，“虽旦暮未有显效，

---

① （元）许衡著，王成儒点校：《许衡集》卷8《杂著·与李才卿等论梁宽甫病症书》，第196页。

② （元）许衡著，王成儒点校：《许衡集》卷7《时务五事·立国规摹》，第172页。

③ （元）许衡著，王成儒点校：《许衡集》卷1《语录上》，第1页。

④ （元）许衡著，王成儒点校：《许衡集》卷7《时务五事·立国规摹》，第172页。

⑤ 《黄帝内经素问·阴阳应象大论篇》，陈振相、宋贵美：《中医十大经典全录》，第13页。

⑥ （金）刘完素著，宋乃光点校：《素问玄机原病式·六气为病·燥类》，北京：中国中医药出版社，2007年，第43页。

⑦ 《黄帝内经素问·太阴阳明论篇》，陈振相、宋贵美：《中医十大经典全录》，第49页。

⑧ （清）叶天士：《临证指南医案》卷2，北京：人民卫生出版社，2006年。

而他日奉长之气渐有生发，则神秘汤辈可以两服，便验斯理也”[①]。此“斯理”即是量变到质变的规律。

3.“历法之要”与许衡对《授时历》的贡献

无论过去还是现在，天文历法与民生的关系都非常密切，故祖冲之说：“历数之要，生民之本。”[②]由于“生民”始终是儒学关注的话题，所以在学界，人们多从“生民”的角度来考察儒学与中国古代天文学发展的内在联系，取得了比较显著的成绩。例如，李约瑟说：在中国古代“天文和历法一直是‘正统’的儒家之学”[③]。这是因为天文学是历代封建统治者取得合法性的重要理论基础，而他们厉禁“私习天文”的深层思想根源亦在于此。对于这个问题，乐爱国先生在《试述中国古代天文学家的儒学背景》《论中国古代天文历法史儒家之学》等文章中已经做了较为详尽的阐释，兹不赘言。实际上，《左传》早已明言：天文学的主要功能就是“顺天时，救民疾”[④]。可见，天文学确实是中国古代儒家“治生”思想的重要内容之一。许衡是元初的硕儒，他从“圣人与天地同用”[⑤]的观念出发，领导并实际性地参与了《授时历》的修撰工作，对元代天文历法的发展作出了积极贡献。例如，《元史》载：

> （至元）十三年，平宋，遂诏前中书左丞许衡、太子赞善王恂、都水少监郭守敬改治新历。衡等以为金虽改历，止以宋《纪元历》微加增益，实未尝测验于天，乃与南北日官陈鼎臣、邓元麟、毛鹏翼、刘巨渊、王素、岳铉、高敬等参考累代历法，复测候日月星辰消息运行之变，参别同异，酌取中数，以为历本。十七年冬至，历成，诏赐名曰《授时历》。[⑥]

由于《授时历》是一个集体攻关项目，其分工不同，作用大小有别，所以学界对四位主持许衡、王恂、郭守敬及杨恭懿在修撰《授时历》中的地位的认识并不一致。例如，《元史》载杨恭懿的奏书说：“臣等遍考自汉以来历书四十余家，精思推算，旧仪难用，而新者未备，故日行盈缩，月行迟疾，五行周天，其详皆未精察。今权以新仪木表，与旧仪所测相较，得今岁冬至晷景及日躔所在，与列舍分度之差，大都北极之高下，昼夜刻长短，参以古制，创立新法，推算成《辛巳历》（即《授时历》）。”[⑦]据此，薄树人在讨论《授时历》的天文成就时，并不注明具体的人物，而以“编者们”来称谓[⑧]；又，《中国数学简史》称：“《授时历》中的数学工作主要是由王恂完成的”，至于郭守敬则“主要负责仪器制造与观

---

① （元）许衡著，王成儒点校：《许衡集》卷9《与人四首·之三》，第219页。

② （清）阮元：《畴人传》卷8《祖冲之传》，《中国古代科技行实会纂》第1册，第315页。

③ ［英］李约瑟：《中国科学技术史》第4卷《天学》，《中国科学技术史》翻译小组译，北京：科学出版社，1975年，第2页。

④ 《汉书》卷27上《五行志》，第1325页。

⑤ （元）许衡著，王成儒点校：《许衡集》卷5《中庸直解》，第136页。

⑥ 《元史》卷52《历志一》，第1120页。

⑦ 《元史》卷164《杨恭懿传》，第3842页。

⑧ 薄树人：《〈授时历〉中的白道交周问题》，《薄树人文集》，合肥：中国科学技术大学出版社，2003年，第326页。

测”[①]；同样是这个问题，曲安京则根据《天文大成管窥辑要》卷8《论日躔盈缩差》的有关记载，认为《授时历》中的三次内插法为郭守敬所创[②]。按《元史·王恂传》载：“帝以国朝承用金《大明历》，岁久浸疏，欲厘正之，知恂精于算术，遂以命之。恂荐许衡能明历之理，诏驿召赴阙，命领改历事，官属悉听恂辟置。恂与衡及杨恭懿、郭守敬等，遍考历书四十余家，昼夜测验，创立新法，参以古制，推算极为精密。”[③]由此可知，《授时历》对于几个主持来说，虽然他们各自扮演的角色不同，其研究方向亦各有侧重，但严格地讲，《授时历》的每一项成就确实不能归功于一两个人，而是集体智慧的结晶，包括许衡在内。正如钱宝琮先生所说：“这个天文工作集团完成了历史上无比光荣的科学任务。无论在实际测量方面，或在推算方法方面都有辉煌的成就。但是我们对于这些成绩不能分别指出它是那（哪）一个工作人员的独立贡献。”[④]当然，从“恂以为历家知历数而不知历理，宜得衡领之”[⑤]的记载来看，许衡在修撰《授时历》的整个过程中，始终起着总设计师的作用。具体地讲，许衡主要做了以下几个方面的工作：

衡以为冬至者历之本，而求历本者在验气。今所用宋旧仪，自汴还至京师已自乖舛，加之岁久，规环不叶。乃与太史令郭守敬等新制仪象圭表，自丙子之冬日测晷景，得丁丑、戊寅、己卯三年冬至加时，减《大明历》十九刻二十分，又增损古岁余岁差法，上考春秋以来冬至，无不尽合。以月食冲及金木二星距验冬至日躔，校旧历退七十六分。以日转迟疾中平行度验月离宿度，加旧历三十刻。以线代管窥测赤道宿度。以四正定气立损益限，以定日之盈缩。分二十八限为三百三十六，以定月之迟疾。以赤道变九道定月行。以迟疾转定度分定朔，而不用平行度。以日月实合时刻定晦，而不用虚进法。以躔离朓朒定交食。其法视古皆密，而又悉去诸历积年月日法之傅会者，一本天道自然之数，可以施之永久而无弊。自余正讹完阙，盖非一事。[⑥]

（1）关于“验气”（此气指“二十四节气”）的原理。《元史·授时历议上》载：“天道运行，如环无端，治历者必就阴消阳息之际，以为立法之始。阴阳消息之机，何从而见之？惟候其日晷进退，则其机将无所遁。候之之法，不过植表测景，以究其气至之始。智作能述，前代诸人为法略备，苟能精思密索，心与理会，则前人述作之外，未必无所增益。”[⑦]前面讲过，“阴阳消息”是许衡天道思想的本质特征。例如，在《读易私言》里，许衡专门论述了“阴阳消长”的原理，他说：

凡阴阳消长，皆始于下，故得下则长，失下则消。自始少而至长极，凡八消，则始消而至消尽，凡八长，盖消之中复有长焉，长之中复有消焉。长中之消，其消也渐

---

① 中外数学史编写组：《中国数学简史》，济南：山东教育出版社，1986年，第317页。
② 曲安京：《中国历法与数学》，北京：科学出版社，2005年，第283页。
③ 《元史》卷164《王恂传》，第3845页。
④ 中国科学院自然科学史研究所：《钱宝琮科学史论文选集》，第363—364页。
⑤ 《元史》卷158《许衡传》，第3728页。
⑥ 《元史》卷158《许衡传》，第3728—3729页。
⑦ 《元史》卷52《历志一》，第1121页。

微；消中之长，其长也亦渐微。[①]

从表面上看，此段论述是仅就卦爻来说的，实际上，它反映了宇宙万物运动变化的一个内在规律。依此，许衡便想到了“惟候其日晷进退，则其机将无所遁”的问题，因为“日晷进退”实践与“阴阳消长”原理在本质上具有统一性。正是在这样的天文学思想的指导下，许衡与郭守敬一起改进了测定二十四节气特别是冬至和夏至确切时刻的圭表。

（2）当年许衡和郭守敬一起制作的圭表，今已不存，但《元史》中保留着一段有关此圭表的完整资料。《元史·天文志一》载：

> 圭表以石为之，长一百二十八尺，广四尺五寸，厚一尺四寸。座高二尺六寸。南北两端为池，圆径一尺五寸，深二寸，自表北一尺，与表梁中心上下相直。外一百二十尺，中心广四寸，两旁各一寸，画为尺寸分，以达北端。两旁相去一寸为水渠，深广各一寸，与南北两池相灌通以取平。表长五十尺，广二尺四寸，厚减广之半，植于圭之南端圭石座中，入地及座中一丈四尺，上高三十六尺。其端两旁为二龙，半身附表上擎横梁，自梁心至表颠四尺，下属圭面，共为四十尺。梁长六尺，径三寸，上为水渠以取平。两端及中腰各为横窍，径二分，横贯以铁，长五寸，系线合于中，悬锤取正，且防倾垫。按表短则分寸短促，尺寸之下所谓分秒太半少之数，未易分别；表长则分寸稍长，所不便者景虚而淡，难得实影。前人欲就虚景之中考求真实，或设望筒，或置小表，或以木为规，皆取端日光，下彻表面。今以铜为表，高三十六尺，端挟以二龙，举一横梁，下至圭面共四十尺，是为八尺之表五。圭表刻为尺寸，旧一寸，今申而为五，厘毫差易分别。[②]

从文中不难看出，许衡和郭守敬所制作的圭表与前代所制作的圭表相比较，至少具有三个明显的优点：一是增加了圭表的高度，同时又在表顶上安置了一根架空的横梁，以提高测影的精度；二是改进了量取长度的技术，即由原来所用的“分”位提高到“厘”位，而由原来估读的“厘”位提高到“毫”位，这是采用“景符”仪后所取得的观测精度；三是“悬锤取正”，即“从横梁下垂的三对重锤有两种作用，其一保证横梁处于东西方向，其二确定圭的起测点”[③]。

（3）考正工作是许衡等编撰《授时历》的基础，也是最能见其天文学功底之处。对此，《元史·郭守敬传》称：他们“用创造简仪、高表，凭其测实数，所考正者凡七事”。该传对“七事”的记述比较详细，可与上述《元史·许衡传》中所说的四项内容相互参照。

一是关于冬至，《元史·许衡传》载：“自丙子之冬日测晷景，得丁丑、戊寅、己卯三年冬至加时，减《大明历》十九刻二十分，又增损古岁余岁差法，上考春秋以来冬至，无不尽合。”而《元史·郭守敬传》说得比较具体：“自丙子年立冬后，依每日测到晷景，逐日取对，冬至前后日差同者为准。得丁丑年冬至在戊戌日夜半后八刻半，又定丁丑夏至在

① （元）许衡著，王成儒点校：《许衡集》卷6《读易私言》，第165页。
② 《元史》卷48《天文志一·圭表》，第996—997页。
③ 雷焕芹、张元东：《浅论郭守敬的圭表改革》，《中央民族大学学报（自然科学版）》2000年第1期，第51—53页。

庚子日夜半后七十刻；又定戊寅冬至在癸卯日夜半后三十三刻；己卯冬至在戊申日夜半后五十七刻（半）；庚辰冬至在癸丑日夜半后八十一刻（半）。各减《大明历》十八刻，远近相符，前后应准。”[①]依此，则知许衡所说“减《大明历》十九刻二十分”是不正确的。

二是关于日躔，《元史・许衡传》载：“以月食冲及金木二星距验冬至日躔，校旧历退七十六分。”此说与《元史・郭守敬传》所载的结果在形式上也有别，《元史・郭守敬传》载：“用至元丁丑四月癸酉望月食既，推求日躔，得冬至日躔赤道箕宿十度，黄道箕九度有奇。仍凭每日测到太阳躔度，或凭星测月，或凭月测日，或径凭星度测日，立术推算。起自丁丑正月至己卯十二月，凡三年，共得一百三十四事，皆躔于箕，与月食相符。”[②]可见，《元史・郭守敬传》中所说是当时实测的结果，而《元史・许衡传》中所说则是当时实测结果与旧历之差，两者侧重不一，实质相同。

三是关于月离，《元史・许衡传》载：“以日转迟疾中平行度验月离宿度，加旧历三十刻。”与此相较，《元史・郭守敬传》对这项实测结果记载得十分详细：“自丁丑以来至今，凭每日测到逐时太阴行度推算，变从黄道求入转极迟、疾并平行处，前后凡十三转，计五十一事。内除去不真的外，有三十事，得《大明历》入转后天。又因考验交食，加《大明历》三十刻，与天道合。”[③]

四是用简仪、高表测定二十八宿距度，从而使《授时历》的“宿度”数据更加精确。《元史・许衡传》载其事迹云：“以线代管窥测赤道宿度。”虽然没有具体赞美之辞，但它实乃系对许衡等所制圭表良好性能的一个积极评价。这可能是《元史》作者的倾向性使然，与《许衡传》叙事过于简约的方式不同，《元史・郭守敬传》对此却做了较为详细的评说：“自汉《太初历》以来，距度不同，互有损益。《大明历》则于度下余分，附以太半少，皆私意牵就，未尝实测其数。今新仪皆细刻周天度分，每度为三十六分，以距线代管窥，宿度余分并依实测，不以私意牵就。”[④]毋庸置疑，天文仪器的改进使实测精度大为提高，这是保证历法先进性的重要技术条件。

（4）历法创新是《授时历》科学思想的灵魂。许衡认为编撰《授时历》在方法上至少有以下三项突破性成就。

一是太阳盈缩。《元史・许衡传》载：“以四正定气立损益限，以定日之盈缩。”在此，“四正”即春分、夏至、秋分、冬至。《元史・郭守敬传》说：“用四正定气立为升降限，依立招差求得每日行分初末极差积度，比古为密。”[⑤]“日之盈缩”是由太阳运动的不均匀性引起的，在许衡等看来，从冬至日到夏至日，太阳的运动速度快，因而太阳在这个时段的运动称“盈历”；与之相反，从夏至日到冬至日，太阳的运动速度减慢，因而太阳在这个时段的运动称“缩历”。关于太阳盈缩的算法，《元史・求盈缩差》载：“视入历盈者，在盈初

① 《元史》卷164《郭守敬传》，第3849页。
② 《元史》卷164《郭守敬传》，第3849—3850页。
③ 《元史》卷164《郭守敬传》，第3850页。
④ 《元史》卷164《郭守敬传》，第3850页。
⑤ 《元史》卷164《郭守敬传》，第3851页。

缩末限已下，为初限，已上，反减半岁周，余为末限；缩者，在缩初盈末限已下，为初限，已上，反减半岁周，余为末限。其盈初缩末者，置立差三十一，以初末限乘之，加平差二万四千六百，又以初末限乘之，用减定差五百一十三万三千二百，余再以初末限乘之，满亿为度，不满退除为分秒。缩初盈末者，置立差二十七，以初末限乘之，加平差二万二千一百，又以初末限乘之，用减定差四百八十七万六百，余再以初末限乘之，满亿为度，不满退除为分秒，即所求盈缩差。”①

二是月行迟疾。《元史·许衡传》载：“分二十八限为三百三十六，以定月之迟疾。”这段话过于简略，里面所包含的“招差”算法亦隐晦不明。所以，《元史·郭守敬传》说：“古历皆用二十八限，今以万分日之八百二十分为一限，凡析为三百三十六限，依垛叠招差求得转分进退，其迟疾度数逐时不同，盖前所未有。”②

“万分日”创始于五代，但对它的发明者史家说法不一。比如，欧阳修在《新五代史》中载：“初，唐建中时，术者曹士蒍始变古法，以显庆五年为上元，雨水为岁首，号《符天历》。……周广顺中，国子博士王处讷，私撰《明玄历》于家。民间又有《万分历》。”③又，《宋史·艺文志六》载有《符天历》3卷和《合元万分历》（同书注：“作者名术，不知姓”）3卷④，显然，两者不是一回事。与此不同，王应麟在《困学纪闻》中认为《符天历》就是《合元万分历》，他说：“曹士蒍七曜符天历，一云合元万分历，本天竺历法。”⑤王应麟之说，钱宝琮先生略有同感。例如，钱宝琮先生曾推测所谓《万分历》大概“是和神龙历相仿，分一日为一万分的”⑥。至于“万分术”对《授时历》的意义，钱宝琮这样评价：“授时历法以一日为一万分，一分为一百秒。用分、秒来表示天文数据的奇零部分，可以准确到小数第六位，比一般用分数来表示要简便得多。”⑦同太阳的运动特点一样，月球的近点月运动也有迟疾之分。因此，《授时历》把月球从近地点到远地点的运动称作疾历，而把月球从远地点到近地点的运动称作迟历。

《元史·历志三》述求月行迟疾差的算法云：

> 置迟疾历日及分，以十二限二十分乘之，在初限已下为初限，已上覆减中限，余为末限。置立差三百二十五，以初末限乘之，加平差二万八千一百，又以初末限乘之，用减定差一千一百一十一万，余再以初末限乘之，满亿为度，不满退除为分秒，即迟疾差。⑧

前述引文所说“依垛叠招差求得转分进退”，是《授时历》科学思想的一个重要成果。

---

① 《元史》卷54《历志三》，第1198页。

② 《元史》卷164《郭守敬传》，第3851页。

③ 《新五代史》卷58《司天考》，北京：中华书局，1974年，第670页。

④ 《宋史》卷207《艺文志六》，第5273、5275页。

⑤ （宋）王应麟：《困学纪闻》卷9《天道》，《景印文渊阁四库全书》第854册，第332页。

⑥ 中国科学院自然科学史研究所：《钱宝琮科学史论文选集》，第364页。

⑦ 中国科学院自然科学史研究所：《钱宝琮科学史论文选集》，第364页。

⑧ 《元史》卷54《历志三》，第1217页。

对此，钱宝琮先生解释道："授时历用三差法列出'太阴迟疾立成'以备检查在任何指定'限'内月球多行或少行的度数。"[①]

三是计算交食。《元史·许衡传》载："以躔离朓朒定交食。"张培瑜和李勇将其称为"躔离表法"[②]，同时，他们还发表了《〈授时历〉交食推步研究》一文[③]。另，景冰[④]、王荣彬[⑤]等也都有专文讨论该问题。总之，目前学界对《授时历》中的交食问题已经做了非常深入的研究，成绩斐然。

（5）天文表格更加精确和细致。陈美东先生称，天文数据、天文表格、天文方法和天文理论是中国古代历法的四大要素，其中天文表格是对日、月、五星在更小时段内运动状况进行数量描述的载体，是天文周期数据的一个细化的结果，它包括月离表、日躔表、赤道宿度表、五星盈缩表等，其具体计算方法可参见张培瑜、陈美东等合著的《中国古代历法》一书中的第一章第三节、第七节及第九节。

在天文观测实践中，天文表格大体上都是一种视运动的度次，它与圭表这种天文测量仪器关系密切。如前所述，许衡精通"历理"，但他是否精通"历术"，由于文献记载不详，我们在此难以明断。不过，《元史》本传对许衡与天文表格之间的关系，既然给予了高度关注，就似乎表明许衡于"历术"亦很专业。例如，《授时历经》载于《许文正公遗书》卷12，而《元史》卷54即以许衡的《授时历经》为蓝本。

据《元史》载，《授时历》在实测的基础上，参校古历，其诸"步术"采用了一套在当时来说较为科学的数据。例如，"步日躔"：

> 周天分，三百六十五万二千五百七十五分。周天，三百六十五度二十五分七十五秒。半周天，一百八十二度六十二分八十七秒半。象限，九十一度三十一分四十三秒太。岁差，一分五十秒。周应，三百一十五万一千七十五分。半岁周，一百八十二日六千二百一十二分半。盈初缩末限，八十八日九千九十二分少。缩初盈末限，九十三日七千一百二十分少。[⑥]

又"步气朔"：

> 日周，一万。岁实，三百六十五万二千四百二十五分。通余，五万二千四百二十五分。朔实，二十九万五千三百五分九十三秒。通闰，十万八千七百五十三分八十四秒。岁周，三百六十五日二千四百二十五分。朔策，二十九日五千三百五分九十三秒。气策，十五日二千一百八十四分三十七秒半。望策，十四日七千六百五十二分九十六秒半。弦策，七日三千八百二十六分四十八秒少。气应，五十五万六百分。闰应，二十万一千八百五十分。没限，七千八百一十五分六十二秒半。气盈，二千一百八十四

① 中国科学院自然科学史研究所：《钱宝琮科学史论文选集》，第481页。
② 李勇、张培瑜：《中国古历定朔推步综述》，《天文学进展》1996年第1期，第66—76页。
③ 李勇、张培瑜：《〈授时历〉交食推步研究》，《南京大学学报（自然科学版）》1996年第1期，第16—24页。
④ 景冰：《〈授时历〉的研究》，《自然科学史研究》1995年第4期，第349—359页。
⑤ 王荣彬：《关于关孝和对〈授时历〉交食算法的几点研究》，《自然科学史研究》2001年第2期，第143—150页。
⑥ 《元史》卷54《历志三》，第1197—1198页。

分三十七秒半。朔虚，四千六百九十四分七秒。[①]

再者，“步月离”：

转终分，二十七万五千五百四十六分。转终，二十七日五千五百四十六分。转中，十三日七千七百七十三分。初限，八十四。中限，一百六十八。周限，三百三十六。月平行，十三度三十六分八十七秒半。转差，一日九千七百五十九分九十三秒。弦策，七日三千八百二十六分四十八秒少。上弦，九十一度三十一分四十三秒太。望，一百八十二度六十二分八十七秒半。下弦，二百七十三度九十四分三十一秒少。转应，一十三万一千九百四分。[②]

至于上述数值有何实际的科学价值，钱宝琮、李勇、张培瑜、曲安京等都从不同的角度做了阐释，我们不妨试举数例，虽是管中窥豹，但它们多少也能起到彰显许衡等人的科学精神和治学品质的作用。

一是将一年精确到365.242 5日，这个数值的取得主要基于下面两个事实：通过从至元十三年（1276）到至元十七年（1280）连续四年的实地观测和积极撷取前人的优秀科学研究成果。比如，《统天历》的岁实=岁分/日法=4 382 910/12 000=365.242 5日，《授时历》与之相合。当然，这种相合不是偶合，也不是简单因袭，而是许衡、郭守敬等在大量实测基础上所测算出来的结果。从现代天文学的角度看，许衡等所取得的这项科研成果与理论值（地球绕太阳公转一周的平均长度是365.242 199日）相差仅3秒，而同现行的格列高里历一年的周期（即365+97/400=365.242 5）一致。

二是《授时历》经测算，岁差值为0.015 0°/年，与《统天历》的岁差值相同。为了便于比较，曲安京曾统计了唐宋金元岁差值，并列表，如表2-1所示。

表2-1 唐宋金元岁差值简表[③]

历名	年代	回归年 365.	周天度 365.	Δ*P*	回归年参照值
《大衍历》	唐（724）	244 408	256 469	0.012 0	365.244 5
《宣明历》	唐（822）	244 643	256 428	0.011 8	365.244 6
《崇玄历》	唐（892）	244 518	256 388	0.011 9	365.244 5
《乾元历》	唐（981）	244 898	256 379	0.011 5	365.244 6
《仪天历》	北宋（1001）	244 555	256 336	0.011 8	365.244 6
《崇天历》	北宋（1024）	244 570	256 373	0.011 8	365.244 6
《明天历》	北宋（1064）	243 590	256 482	0.012 9	365.243 6
《观天历》	北宋（1092）	243 558	256 406	0.012 8	365.243 6
《统元历》	北宋（1135）	243 579	256 403	0.012 8	365.243 6
《纪元历》	北宋（1106）	243 621	257 231	0.013 6	365.243 6
《乾道历》	南宋（1167）	243 600	257 235	0.013 6	365.243 6

① 《元史》卷54《历志三》，第1191—1192页。
② 《元史》卷54《历志三》，第1213—1214页。
③ 曲安京：《中国历法与数学》，西安：西北大学出版社，1994年，第121页。

续表

历名	年代	回归年 365.	周天度 365.	ΔP	回归年参照值
《会元历》	南宋（1191）	243 721	257 290	0.013 6	365.243 7
《知微历》	金（1180）	243 595	256 798	0.013 2	365.243 6
《庚午元历》	元（1220）	243 595	256 784	0.013 2	365.243 6
《统天历》	南宋（1199）	2 425	2 575	0.015 0	365.242 5
《开禧历》	南宋（1207）	243 077	357 929	0.014 8	365.243 1
《成天历》	南宋（1270）	242 722	257 495	0.014 8	365.242 7
《授时历》	元（1280）	2 425	2 575	0.015 0	365.242 5

简单地说，所谓岁差实际上就是天周与岁周之间的差。在我国，东晋虞喜第一个发现了太阳从第一年冬至运行到第二年冬至并没有回到原来的冬至点上的现象，而《大明历》首次将岁差计算在内。毋庸置疑，岁差的发现不仅是一次观念的革命，如《畴人传》称祖冲之“减去闰分，增立岁差，毅然不顾世俗之惊，著为成法”①，而且对中国古代天文学的发展产生了极其深远的历史影响。甚至现代科学研究的结论认为，岁差会对地球的冰川化和非冰川化产生一定的作用。日本学者荻生徂徕根据《授时历》所载的“岁差”现象，认为“天”与“人”都是发展的和运动的，二者的因缘际会演出无穷无尽、纷繁复杂的局面。至于“岁差”的数据来源，《元史》载：

今自刘宋大明壬寅以来，凡测景验气得冬至时刻真数者有六，取相距积日时刻，以相距之年除之，各得其时所用岁余。复自大明壬寅距至元戊寅积日时刻，以相距之年除之，得每岁三百六十五日二十四分二十五秒，比《大明历》减去一十一秒，定为方今所用岁余。余七十五秒，用益所谓四分之一，共为三百六十五度二十五分七十五秒，定为天周。余分强弱相减，余一分五十秒，用除全度，得六十六年有奇，日却一度，以六十六年除全度，适得一分五十秒，定为岁差。②

其“强弱相减”就是用天周（365.257 5 日）减岁周（365.242 5 日），结果为岁差。又“杨忠辅统天历，‘策法’12 000，‘岁分’4 382 910，‘周天分’4 383 090，以‘策法’除‘岁分’得回归年 365.242 5 日，以‘策法’除‘周天分’得周天 365.257 5 度。由此得‘岁差’每年退 0.015 0 度，或 66 年 8 月退一度”③。

三是“朔策（即朔望月的长度），二十九日五千三百五分九十三秒”，即一朔望月为 29.530 593 日。在《授时历》之前，人们通过上元积年的日法与其朔实之比（朔实/上元积年的日法）来求得一朔望月的数值。依此，则《大明历》取日法 5230，朔实 154 445 分，154 445/5230=29.530 592 734 2≈29.530 593 日。今测一朔望月=29.530 588 67≈29.530 589 日，与之相较，《大明历》每月仅差 0.000 004 日，可见其精准度是很高的。所以，钱宝琮

① （清）阮元：《畴人传》卷 8《祖冲之传》，《中国古代科技行实会纂》第 1 册，第 327 页。

② 《元史》卷 52《历志一》，第 1131 页。

③ 中国科学院自然科学史研究所：《钱宝琮科学史论文选集》，第 473 页。

先生说："大明历的月行周期原本十分精密，授时历继承取用是明智的。"[①]

四是《元史·授时历经上》"岁实"下注云：

> 上推往古，每百年长一；下算将来，每百年消一。[②]

此处所谓的"每百年消一"是指"每一百年减少一万分之一日"，即每一百年中回归年的长度减小 0.000 1 日。回归年究竟是一个不变数还是一个可变数？在我国古代有两种观点：一种观点认为回归年长度是一个常数，这是主流思想，如古六历把 365.25 日看作一个回归年的常数。另外，"平气"亦称"恒气"，是我国古历的基本特征，而这个特征便是以回归年长度不变为前提的；另一种观点认为回归年的长度不是一个固定的数值，而是古今有所变动，如《统天历》《授时历》等。从历史上看，南宋的杨忠辅在制定《统天历》时，首先发现了回归年长度"古大今小"的问题。为了减少回归年长度变化给历算带来的干扰，避免影响历算值的精确性，杨忠辅就试用"斗分差"对其数值进行校正。对此，朱文鑫在《历法通志》一书中说："杨忠辅始立斗分差，晤岁实有消长。"[③]当时，杨忠辅试用的"斗分差"为 0.000 021 2 日，而近代的观测值为 0.000 000 061 4 日，显然，杨忠辅的"斗分差"值偏大。不要说杨忠辅的"斗分差"值偏大，即使《授时历》的"每一百年减少一万分之一日"，与现代的观测值相比较，其值也仍然偏大。但是，"岁实有消长"的科学意义主要不在于它本身的数学性质，而在于它所蕴含的思想内容。许衡说：

> 盖消之中复有长焉，长之中复有消焉。长中之消，其消也渐微；消中之长，其长也亦渐微。[④]

这句话，我们在前面已经征引过，而在此我们仍然不厌其烦地再次征引，是因为许衡的"渐微"思想实在太有魅力了。

4. 许衡儒学科技思想的哲学依据、学术价值及其主要缺陷

我们看到，无论是疾病的发生与治疗，还是日月的周期运动，许衡都能在"微变"中找到隐藏在自然界深处的一个个奥秘，肯定自有道理。他作为制定《授时历》的总设计师，在中国古代科学史上，《授时历》之所以能够成为一座无人企及的科技高峰，除了精细观测和以古人为师这两个因素之外，主要还是因为许衡的思想境界已经升入了"万物皆备于我，反身而诚"[⑤]的"大道"。

何谓"反身而诚"？许衡解释说："反身而诚，是气服于理，一切顺理而行。"[⑥]一句话，"气服于理"便是许衡科技思想的哲学依据。

许衡既然讲"万物皆备于我"，那是不是说人们就可以随心所欲地改变客观规律了呢？

---

① 中国科学院自然科学史研究所：《钱宝琮科学史论文选集》，第 477 页。
② 《元史》卷 54《历志三》，第 1192 页。
③ 朱文鑫：《历法通志》，上海：商务印书馆，1934 年，第 192 页。
④ （元）许衡著，王成儒点校：《许衡集》卷 6《读易私言·阴阳消长》，第 165 页。
⑤ （元）许衡著，王成儒点校：《许衡集》卷 15《鲁斋心法》，第 371 页。
⑥ （元）许衡著，王成儒点校：《许衡集》卷 15《鲁斋心法》，第 371 页。

对于这个问题，许衡作出了明确回答：客观规律不能违抗。正是在这样的思想前提下，他站在一个更高的思想角度，批判了人们试图改变客观事物发展规律的各种主观行为。比如，许衡说：

人生天地间，生死常有之理，岂能逃得？却要寻个不死，宁有是理？①

不仅人有生死，宇宙万物都有生死②，这是许衡的一个非常重要的过程论思想。神仙不死之说，从先秦以降，历朝历代，都有不少信奉者。例如，战国时“客有教燕王为不死之道者”，道教更将“得道成仙”视为修炼的最高境界。虞集云：“汉代所谓道家之言，盖以黄老为宗，清静无为为本。其流弊以长生不死为要，谓之金丹。金表不坏，丹言纯阳也。其后变为禁祝祷祈、章醮、符录之类，抑末之甚矣。昔者汴宋之将亡，而道士家之说，诡幻益甚。乃有豪杰之士，佯狂玩世，志之所存，则求返其真而已，谓之全真。”③虽然全真教在形式上反对“禁祝祈祷，章醮符录之类”，但实际上与其他的道教派别一样，寻找“长生不死”之术仍是全真教握在手中的一张王牌。许衡指出：

学仙长年一说，世所决无，决不可得。世间万事有样子可做，只此无样子。古仙者不可见，长年者亦无有，看谁做样子。④

话虽不多，却一针见血，鞭辟入里。在他看来，“凡立论，必求事之所在，理果如何”⑤。而“长生之说”则既不求“事之所在”，又不讲究客观规律，所以它的本质在于“以利害惑人”⑥。又，许衡讲“命”只求顺应自然规律，而不是以人的主观愿望去干预或改变自然规律。因此，他反对“卜命”说。许衡云：“说知命，不是术数家言命。亦非二氏福孽之命。是天之所赋，尽力行去，至于死生祸福贫富寿夭，委之于天而已。当其可为而为，于其不可为而止，不必问今岁如何？明岁如何？”⑦在这里，许衡的表述可能有问题，其“天之所赋”很容易被人误解，实际上，它的本意是说人应当尊重自然规律，并按自然规律办事。在此基础上，“尽力行去”，“当其可为而为，于其不可为而止”，只有这样，才可以说是“知命”。

“同性相斥，异性相吸”是物质运动的基本特点之一。尽管许衡不懂得这个物理定律，但是他从自然和社会生活现象中悟出了“两刚不能相下”的道理。他说：

两刚则不能相下，两柔则不能相济，物理是如此，阴阳亦如此。事之初，智勇者相合相资，事之定，则相忌。到后来，勇与怯者合，智与愚者合。……功臣多难全，

① （元）许衡著，王成儒点校：《许衡集》卷1《语录上》，第2页。
② （元）许衡著，王成儒点校：《许衡集》卷15《鲁斋心法》，第355页。
③ （元）虞集：《非非子幽室志》，陈垣：《道家金石略》，第796页。
④ （元）许衡著，王成儒点校：《许衡集》卷15《鲁斋心法》，第373页。
⑤ （元）许衡著，王成儒点校：《许衡集》卷1《语录上》，第12页。
⑥ （元）许衡著，王成儒点校：《许衡集》卷1《语录上》，第12页。
⑦ （元）许衡著，王成儒点校：《许衡集》卷2《语录下》，第51页。

不知时也。又两雄难并居，久则忌。[①]

此处之“时”即“时变”，用现代人的话说，就是“与时俱进”。在一定条件下，“智勇者相合”是可能的，但那只是暂时的现象。从长远的观点看，相反者相成才会使事物的存在和发展具有持久性和稳定性。他举例说：“天地二气相推迁，故恒久到今日，随时变易以从道也。”[②]

当然，许衡的思想中也有糟粕。比如，他把封建纲常伦理神圣化和永恒化，说：“先天伦，如父子、兄弟、夫妇、长幼，礼应如法，不可妄意增损。”[③]在这里，所谓“法”即是指固定化和模式化。又如，许衡还有轻视技术的思想倾向，他说：“贱工末技，一日崇尚，尚且掀然于天下，况圣人大公至正之道。”[④]这个比喻很成问题，许衡使用“贱工末技”这个词本身，也许并非他的本意，但是在客观上却起到了引导民众贱视工艺技术的消极作用。如果用历史的观点分析，则许衡的“贱工末技”观一方面反映了元代社会的现实，另一方面又表明他仍然沿袭“德高艺下”的传统观念。这个事例说明，许衡的思想还不可能超越他所生活的那个时代的历史局限性。

第三节 刘因的经学科技思想

刘因，字梦吉（亦作梦骥），保定容城（今河北容城县）人，是元朝新政一族成员，官至承德郎、右赞善大夫，虽仕途忐忑，然其才器超迈。他敦品励学，旷达高远，在安新县三台镇隐居授徒达25年之久，“尝爱诸葛孔明静以养身之语，表所居曰静修”[⑤]，有《静修先生文集》传世。

在理学发展史上，程朱理学从南国传布到北疆，刘因有助其一臂之力之功，因而是连接宋明理学的一个重要环节。在治学方面，他由“究训诂疏释之说”[⑥]转为“曾点气象”[⑦]，于“周、程、张、邵、朱、吕之书，一见能发其微”[⑧]，“盖元之所借以立国者也”[⑨]，或曰“从周公、孔子之后，为往圣学继绝学，为来世开太平者邪”[⑩]。

理学的成就以宋代高度发达的自然科学为根基，所以，刘因对程朱理学思想的“发微”

① （元）许衡著，王成儒点校：《许衡集》卷15《鲁斋心法》，第380—381页。
② （元）许衡著，王成儒点校：《许衡集》卷15《鲁斋心法》，第376页。
③ （元）许衡著，王成儒点校：《许衡集》卷15《鲁斋心法》，第381页。
④ （元）许衡著，王成儒点校：《许衡集》卷15《鲁斋心法》，第372页。
⑤ 《元史》卷171《刘因传》，第4008页。
⑥ 《元史》卷171《刘因传》，第4008页。
⑦ （清）黄宗羲原著，（清）全祖望补修，陈金生、梁运华点校：《宋元学案》卷91《静修学案》，第3021页。
⑧ 《元史》卷171《刘因传》，第4008页。
⑨ （清）黄宗羲原著，（清）全祖望补修，陈金生、梁运华点校：《宋元学案》卷91《静修学案》，第3021页。
⑩ 《元史》卷171《刘因传》，第4010页。

亦是以“六经”科技为突破口的，从这个层面看，刘因的理学思想之所以能够超迈前贤，其深厚的“六经”科技素养应是一个至关重要的因素。

一、《椟蓍记》与演卦法的数理基础

中国远古时代就已出现了数的概念，据考，至少生活在6500年前的西安半坡人就已经掌握了从1到9全部9个数目字。随着生产实践的不断发展和人们对于记数法的客观需要，到夏、商、周时期，算术运算已经大量出现。在此基础上，人们开始探讨数的变化规律，于是，数理科学诞生了。《周易》被誉为中国古代科学之源，其中数理思想成为支撑《周易》卜筮术的一块理论基石。与后来卜筮越来越流于荒诞和骗术的倾向不同，原始的卜筮是当时人们认识自然和引导那个时期人们生产与生活实践的思维模式，它的科学意义和宗教意义被牢牢地粘连在一起，以至后人对《周易》性质的认识，截然形成两派：或谓“及秦燔书，而《易》为筮卜之事，传者不绝”①。故此，朱熹说：“《易》只是古人卜筮之书。”②与之相反，或谓“《易》非卜筮之书，乃穷理尽性至命之学也”③，或谓《易》是史书，其“乾坤两卦是绪论，既济未济两卦是导论。自屯卦至离卦草昧时代至殷末之史，自咸卦至小过卦为周初文、武、成代之史”④。又，冯友兰先生认为：“周易哲学可以称为宇宙代数学。代数学是算学中的一个部门，但是其中没有数目字，它只是一些公式，这些公式用一些符号表示出来。对于数目字来说，这些公式只是一些空套子。正是因为它们是空套子，所以任何数目字都可以套进去。是一套比较完整的辩证的宇宙代数学。”⑤自此，科学易逐渐形成一股思想潮流，如滚滚之江水，大有乱石穿空和惊涛拍岸之势。仅著作而言，就有刘绍光的《一元数理论初探》等。当然，科学易的出现并不等于否定了《周易》学说中所包含的宗教思想成分，恰恰相反，我们承认科学易正是站在一个新的视角去重新认识《周易》与科学和宗教的关系，从而使之更加接近历史的真实，因为“《易传》的无名作者们相信宇宙的奥秘在数字之中”⑥。

（一）“十二消息卦图”与刘因的演卦法

1.《周易》道本体论思想与“十二消息卦图”

刘因在至元十年（1273）春写成《椟蓍记》一文，该文以“道”为万物本源，构造了宇宙生成与演化的模式。在刘因看来，“道”本体具有如下特点：

> 道之体本静，出物而不出于物，制物而不为物所制，以一制万，变而不变者也。以理之相对，势之相寻，数之相为流易者而观之，则凡事物之肖夫道之体者，皆洒然

---

① 《汉书》卷30《艺文志》，第1704页。
② （宋）黎靖德编，王星贤点校：《朱子语类》卷66《易二·纲领上之下》，第1633页。
③ 素朴散人著，张玉良点校：《周易阐真·自序》，西安：三秦出版社，1990年，第3页。
④ 胡朴安：《周易古史观·自序》，上海：上海古籍出版社，2005年。
⑤ 冯友兰：《孔丘、孔子、如何研究孔子》，《新华文摘》1985年第4期。
⑥ 冯友兰：《中国哲学简史》，北京：新世界出版社，2004年，第145页。

而无所累，变通而不可穷也。[①]

这种“道体”实际上相当于亚里士多德的“形式因”，其“物”或“气”则相当于亚里士多德的“质料因”。这里需要解释的是，哲学界和科技史学界对上述“二因”的认识颇为不同，一般而言，哲学界仅仅从观念的角度来理解“形式因”，比较抽象。[②]而科技史学界则抛开了简单的“观念”说，而是深入科学原理的层面，认为“追求和谐、秩序、简单性及科学美，一直是物理学家所津津乐道的”，因此“物理模型在物理研究中的重要性，更使得形式因永不丧失魅力”[③]。

在元代，刘因虽然不懂得现代物理学概念，也不懂得亚里士多德的“形式因”，但是他在文中提出了“理”、“势”及“数”等概念。仔细考究，像“势”与“数”这样的概念，只有用亚里士多德的“形式因”来解释，才会更加接近刘因的观点。刘因说“道之体本静，出物而不出于物，制物而不为物所制”，既“出物”又“不出于物”，岂不把“道”（或称作“体”）看作是独立于“万物”（或称作“用”）之外的“绝对理念”，而与程颐的“体用一源，显微无间”思想相违背。事实上，刘因仅仅多了一个环节即“太极”，因而从形式上看，“道体”不出于物，实则“道体”、“物”与“太极”通过矛盾对立面的相互作用而结成一个统一体。因此，刘因这样解释“道体”生成万物（即“出物”）的过程，他说：

> 蓍之在椟也，寂然不动，道之体立，所谓易有太极者也。及受命而出也，感而遂通，神之用行，所谓是生两仪，两仪生四象，四象生八卦，八卦定吉凶，吉凶生大业者也。犹之图也，不用五与十。不用云者，无极也。而五与十则太极也，犹之易也，洁静精微，洁静云者，无极也；而精微，则太极也。知此，则知夫椟中之蓍，以一而具五十，无用而无所不用。谓之无则有，谓之实则虚也。而其数之流行于天地万物之间者，则亦阴阳奇偶而已矣。[④]

这一段话不仅是《椟蓍记》的思想内核，而且是刘因宇宙数学观的基本量纲，其“数之流行于天地万物之间者，则亦阴阳奇偶而已”，可以看作是刘因对《周易》数本体论思想的高度概括。在此，无极与太极、无与有、实与虚构成了宇宙万物运动变化的两个方面，如果用数的属性来描述，那么，“阴阳奇偶”就可以看作是万物运动变化的根本原因和基本特征。从形式上看，卜筮之术是讲命理学的，神秘的成分比较多，但就其内容而言，命理的物质基础在于天地四时的阴阳变化，人天合一，故《椟蓍记》的基本理论来源于我国古人对日月运动规律的认识及其经验总结。刘因称他的易数学思想“夫一行、邵子之说而得之”[⑤]。刘因说：“自挂扐之奇而十二之。”[⑥]此“十二”在邵雍的语境里，至少有以下几种

---

① （元）刘因：《静修先生文集》卷18《退斋记》，上海：商务印书馆，1936年，第86页。
② 蒙培元：《理学的演变——从朱熹到王夫之戴震》，福州：福建人民出版社，1984年，第14页。
③ 刘佑昌：《现代物理思想渊源——物理思想纵横谈》，北京：北京航空航天大学出版社，1995年，第200页。
④ （元）刘因：《静修先生文集》卷18《椟蓍记》，第83页。
⑤ （元）刘因：《静修先生文集》卷18《椟蓍记》，第84页。
⑥ （元）刘因：《静修先生文集》卷18《椟蓍记》，第83页。

内涵：①“一生二为夬，当十二之数也”[①]；②“天统乎体，故八交而终于十六。地分乎用，故六变而终于十二”[②]；③“一年止举十二月也”[③]；④“一元统十二会”[④]。

要之，“十二分法”是邵雍易学思想的重要特色。对此，宋人张行成在《皇极经世观物外篇衍义》一书中有比较详细的阐释，兹不赘言。张行成说：“六者，用数也。十二者，六之偶也。”[⑤]在易学思想史上，由于“十二”代表周年运动，且又以日动说为背景，故邵雍等习惯用“圆图”来描述太阳的周天运动。为此，张行成采用“十二消息卦图”（图 2-14）比较直观地表达了十二月阴阳消长的节律。虽然刘因所据不止此一图，但“十二消息卦图”却是能够用以阐释他的《椟蓍记》及其演卦法的数理基础。

图 2-14　十二消息卦图[⑥]

2. 刘因的演卦法

如果我们将“十二消息卦图”的圆周分为十二等分，按顺时针方向，则十二象限的度数依次为：临卦 30°，泰卦 60°，大壮卦 90°，夬卦 120°，乾卦 150°，姤卦 180°，遁卦 210°，否卦 240°，观卦 270°，剥卦 300°，坤卦 330°，复卦 360°，周而复始，是为“复”。一般地讲，在古人看来，当太阳围绕地球旋转到 360°时，恰好是二十四节气中的冬至，亦是一年中的第十一个月，若两个节气合成一个月，则大雪与冬至对应于十一月，小寒与大寒对应于十二月，立春与雨水对应于一月，依次类推。又，奇数 1、3、5、7、9、11 为阳，偶数 2、4、6、8、10、12 为阴。这样，刘因不仅综合了上述知识，而且做了下面的回答。他说：

---

① （宋）邵雍撰，李一忻点校：《梅花易数》，北京：九州出版社，2003 年，第 196 页。

② （宋）邵雍撰，李一忻点校：《梅花易数》，第 197 页。

③ （宋）邵雍：《皇极经世书》卷 13《观物外篇上》，《景印文渊阁四库全书》第 803 册，第 1054 页。

④ （元）陈师凯：《书蔡氏传旁通》卷 2《禹贡 • 甘誓》，《景印文渊阁四库全书》第 62 册，第 315 页。

⑤ （宋）邵雍撰，李一忻点校：《梅花易数》附录《皇极经世观物外篇衍义》卷 2，第 273 页。

⑥ 常秉义：《易经图典举要》，北京：光明日报出版社，2004 年，第 237 页。

自挂扐之奇而十二之，则阳奇而进之不及夫偶者，为少阴。阴偶而退之不及夫奇者，为少阳。而四之，则三四五六合夫画，奇全偶半合夫数。而画亦于是焉合其多少，则合其位之阳少而阴多。故有自一进一而为偶，自偶退一而为奇之象也。自过揲之策而十二之，阳奇而退之不及夫偶者，为少阴。阴偶而进之不及夫奇者，为少阳。而四之，则六七八九合夫数，奇三偶二合夫画，而数亦于是焉。合其多少，则合其数之阳实而阴虚，故有自一虚中而为偶，自二实中而为奇之象也。盖挂扐之奇径一，而过揲之奇围三，而挂扐过揲之偶，钧用半也。故分挂扐过揲而横观之，则以阴为基，而消长有渐，分四象而纵观之，则亦以阴为平，而低昂有渐。其十二之，则自右一而二，自左二而三。其四之，则自右三而六，自左六而九，如水之流行，触东而复西。其消长，则其自然之沦漪。①

这段话尽管是对邵雍“演卦法”的解释，但理解起来仍有不少难度。所以，为了便于说明问题，我们特用图 2-15 来表示之。

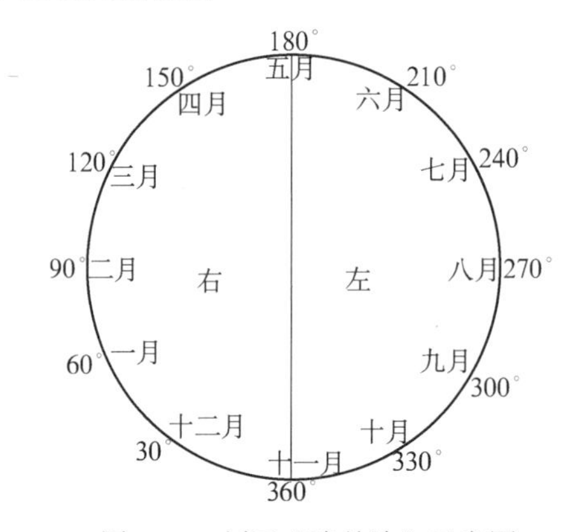

图 2-15 刘因“演卦法”示意图

图 2-15 中的“月份”可以用数字代之，而成 12 个自然数。图中以 180°和 360°为中线，把一年等分为两半，其中按照古人的方向定位，从阴历十一月至次年五月为右，从阴历五月至十一月为左。文中释周年的卦气运动特点是“自右一而二，自左二而三，其四之则自右三而六，自左六而九”，此处所谓“右一而二”是指右半圆的数字变化为加一法，即 2+1=3，3+1=4，4+1=5，5+1=6；所谓“左二而三”是指左半圆的数字变化为加三法，即从 3 开始，3+3=6，6+3=9，9+3=12。“其四之”也就是以“四个数”为一组，则右半圆为 3、4、5、6，而左半圆为 6、7、8、9。在易卦中，天“其数九，称老阳”，地“其数六，称老阴”，日“太阳之精，其数七，称少阳”，月“太阴之精，其数八，称少阴”②。据此，“6、7、8、9”的排序应当是“9、6、7、8”。从这个角度讲，“横观之，则以阴为基而消长有渐，分四象而纵观之则亦以阴为平，而低昂有渐”。虽然在易学界，学者对扐揲的方法众说纷纭，但是人

① （元）刘因：《静修先生文集》卷 18《椟蓍记》，第 83—84 页。

② （金）郝大通：《太古集》卷 2，《道藏》第 25 册，第 871 页。

们对“9、6、7、8”四象的特殊地位却毫不怀疑。例如，沈宜甲的《科学无玄的周易》[①]、章秋农的《〈周易占筮学〉——读筮占技术研究》[②]、周山的《易经新论》[③]、兰甲云的《周易卦爻辞研究》[④]等，都对“9、6、7、8”的卦爻意义做了较为深入的研究和诠释，使人们对《周易》所揭示出来的特殊占事方法有了更加全面的认识和了解。

特别值得注意的是，费姆鲍根据澳大利亚科学家梅先生所得倍频分岔的 2*n* 自组织规律，得出结论认为：“自组织系统从有序通向混沌的道路为 2*n*，引起分岔（即发生质变）须 3；从混沌到有序的几何收敛值可近似地取 5（4.669），时空能量结构的基本状态模式为 8——正是 2、3、5、8 这四个数字的自组织推演，决定着自然界发生‘质变’的物理学机制。”当然，对于“从无中创生有”的质变逻辑是否包含在 2、3、5、8、10、12 这组数之中，那就不仅仅是一个科学观的问题了。笔者认为，世界的统一性在于它的物质性，而不是象数性，这一点是毋庸置疑的。

（二）刘因“挂扐法”的意义

1. 卜筮的起源与勾股定理

卦法有“过揲法”和“挂扐法”之分别，郭雍主张前者，朱熹则主张后者，即“奇三偶二”法。从《椟蓍记》所反映出来的主导思想看，刘因似乎更倾向于后者。例如，刘因说：

> 初变之，径一而围三以为奇者，三而得之，是以老阳、少阴之数多也。后二变之，围四用半以为偶者，二而得之，是以少阳、老阴之数少也。分阴分阳则初一变皆奇，而后二变皆偶也。迭阴迭阳，则去挂一，初一变皆偶，而后二变皆奇。[⑤]

根据宋人张行成的解释：“圆者，径一围三，重之则六。方者，径一围四，重之则八也。”[⑥]朱熹亦说：“凡数之始，一阴一阳而已矣。阳之象圆，圆者径一而围三；阴之象方，方者径一而围四。围三者以一为一，故参其一阳而为三，围四者以二为一，故两其一阴而为二。是所谓参天两地者也。三二之合，则为五矣。此《河图》之数，所以皆以五为中也。”[⑦]有学者认为，仰韶文化西安半坡遗址和西华县元君庙遗址所出土的陶片或陶器上，都发现有 36、45、55 数点组成的锥孔三角形，它表明卜筮的起源与勾股定理的应用具有内在的统一性。实际上，所谓“圆者径一而围三”即是指圆内接等边三角形的问题，而“方者径一而围四”则是指圆外接正四边形的问题。《周髀算经》卷首载商高的话说：“数之法出于圆方。圆出于方，方出于矩。矩出于九九八十一。故折矩以为勾广三，股修四，径隅五。既方之外，半其一矩，环而共盘，得成三四五。”[⑧]而对于三角形的周长与圆周长之间的数学关系，

---

① 沈宜甲：《科学无玄的周易》，北京：中国友谊出版公司，1984 年。

② 章秋农：《〈周易占筮学〉——读筮占技术研究》，杭州：浙江古籍出版社，1990 年。

③ 周山：《易经新论》，沈阳：辽宁教育出版社，1993 年。

④ 兰甲云：《周易卦爻辞研究》，长沙：湖南大学出版社，2006 年。

⑤ （元）刘因：《静修先生文集》卷 18《椟蓍记》，第 84 页。

⑥ （宋）邵雍撰，李一忻点校：《梅花易数》附录《皇极经世观物外篇衍义》卷 3，第 293 页。

⑦ （宋）胡方平：《易学启蒙通释》卷上《本图书第一》，《景印文渊阁四库全书》第 20 册，第 668 页。

⑧ （三国·吴）赵爽：《周髀算经》卷上，上海：上海古籍出版社，1990 年，第 4—5 页。

清朝易学家李光地释：“周围三角，分三重，中一重九，次内一重二九一十八，外一重三九二十七，除中心，凡数五十四。”[①]其中9、18、27分别是由同一中心而扩展成三个三角形的周长，同时它们又分别是径为3、6、9三个同心圆的周长，圆周长的计算公式为$C=\pi D$（D为直径，$\pi=3$），则3×3=9，3×6=18，3×9=27，它表明“先民是用三角形来表达圆周的，三角形成为‘圆径一而周三’的数理的形象表达”。依此，我们可得出“初变之，径一而围三以为奇者，三而得之，是以老阳、少阴之数多也”的算法是：初变共运算两次，且每次运算都要加“3”，用刘因的话是“三而得之”，即2+3+3=8（少阴），3+3+3=9（老阳），因为按照《纵横图》的规律，“四正四维皆合于十五”[②]，所以有“老阳、少阴之数多”（9+8>15）的说法。同理，“围四用半以为偶者，二而得之，是以少阳、老阴之数少也”的算法是：后二变共运算两次，或云“二而得之”，“二”既含运算两次之意，同时也有每次运算需要加“2”之意，即0+2+4=6（老阴），1+2+4=7（少阳），因7+6<15，故有“少阳、老阴之数少”的说法。

在这里，求9、6、7、8四个数，不是玩数字游戏，而是为了寻找64卦中的某一卦，此卦既确定又不确定，它体现了偶然性和必然性的辩证统一。于是，刘因说：

> 其变也，自一生二，二生四，而又四之，四生八，八生十六而言，则画卦之象也。自四乘而十六，十六乘而六十四，则重卦之数也。故初变而得两仪之象者，二画卦之数也。再变而得四象之象者，四画卦之数也。三变而得八卦之象者，六画卦之数也。自两仪之阴阳而言，其用数则乾、兑、离、震皆十二，而巽、坎、艮、坤皆四也。自八卦之阴阳而合其体数，则乾、坎、艮、震三十二，而巽、离、坤、兑三十二也。自二老二少之阴阳而言，其饶乏之数则又如四象之七、八、九、六也。六变而得四象之画，则每位之静变往来得十画卦之数也……此以蓍求卦者也。[③]

以重卦言之，则一卦为六爻，自下而上排列，依次为初爻、二爻、三爻、四爻、五爻、上爻，用朱熹的挂扐法，可以求得每爻的阴阳之数。

2. 挂扐说与易卦爻中的数理思想

在刘因看来，朱熹挂扐说具有比较突出的卜筮意义。他说：

> 此以蓍求卦者也，若夫以卦而求变也，则自夫交易已成之体，为变易应时之用，由两仪而上，自纾而促，八卦循环而其序不乱，以远御近，以下统上，而皆有文之可寻也，以变而求占也，则自静极而左之，一二三四五自动极而右之，一二三四五极，自用其极，而一则专其一，居两端而分属焉。二则分其爻。居次两端，而分属焉。动则上爻重，而静则下爻重也。三则分其卦，居中自为两端而分属焉。前则本卦重，而后则之卦重也。动中用静，静中用动。[④]

---

① （清）李光地：《启蒙附论》，孙国中主编：《河图洛书解析》，北京：学苑出版社，1990年，第340页。

② （汉）郑康成：《周易乾凿度》卷下，《景印文渊阁四库全书》第53册，第875页。

③ （元）刘因：《静修先生文集》卷18《椟蓍记》，第84页。

④ （元）刘因：《静修先生文集》卷18《椟蓍记》，第84—85页。

我们知道，《周易》卦的变数无穷，每个现实的人类个体都能根据自身的知识结构或生活经验，给予其相应的意象域和问题解，这就是《周易》的魅力所在。我们权且抛开朱熹挂扐说本身的卜筮意义不说，仅就其哲学和科学思想而言，作为人类智慧的信息场，它那巨大的能量辐射是不言而喻的。刘因不是要解构《周易》筮术，而是要通过对僧一行、邵雍、欧阳子、朱熹等人的易学思想的整合，使其适应元代社会发展的实际需要。比如，刘因在《椟蓍记》中非常重视对“变易”“消长”“进退”“顺逆”等概念的应用，而这正是其“自夫交易已成之体，为变易应时之用”观与现实生活相联系的生动体现，在这里，“应时”最能反映刘因本人写作《椟蓍记》时的那种复杂心态。例如，他在《麟斋记》一文中说：

> 春秋之时，仲尼实天理元气之所在，而与浊乱之气数相为消长于当时，如麟者，则我之气类也，其来也固非偶然而来也。然而，斯气之在当世者，盖无几焉。在彼之气，足以害之；在此之气，不足以养之。由麟可以卜我之盛衰，由我可以卜世运之盛衰……圣人之作《春秋》，因天道人事自成之文，从而文之其义皆因事而寓焉，安可曲为一定之说也。①

很显然，刘因反对人们对各种理论问题动辄以“一定之说”来欺世，不只对“获麟”一事如此，而且对“挂扐”和“过揲”亦复如此。因此，在“挂扐”和“过揲”问题上，刘因批评人们舍弃“挂扐”和“过揲”的思想精髓，而“误推一行三变八卦之象，谓阴阳老少不在乎过揲者，为昧乎体用之相因。而误推邵子去三用九之文，谓七八九六不在乎挂扐者，又昧乎源委之分也”②。

可见，要想弄懂易卦爻中的数理思想，脱离开“挂扐”和“过揲”是行不通的，这是问题的一个方面。另一方面，如果囿于先人的“一定之说”，就无法透视易卦思想的科学真谛。因为易卦虽然表现为一系列的数理形式，但是它的物质基础却是日月四时的运动变化和在不同历史时期的人事变故及其王朝更替。正是从这个角度，刘因在批评欧阳子的卦爻思想时说：

> 七八常多九六常少之一言而推之，与夫后二变不挂不知其为阴，而使二老之数与成卦同。二少之数与二老同，而参差益甚。其初一变必钧，不知其为阳而于乾坤六子之率勉强求合，乃若四十九蓍而虚一，与五十蓍虚一而挂二者，固有间矣。③

“有间”是相互矛盾的意思，就是说欧阳子有超越前贤的创新意识，这是应当肯定的，但创新不是无本之木，也不是无源之水，它不能离开原典而自由发挥，否则，就有离经叛道之嫌。当然，鉴于“每遗恨不能致古人之详”④的现实，刘因主张在尊重原典的前提下，应充分发挥人们的聪明才智，积极进取，求新求变，而不要固守成规。他说：

---

① （元）刘因：《静修先生文集》卷18《麟斋记》，第85页。
② （元）刘因：《静修先生文集》卷18《椟蓍记》，第84页。
③ （元）刘因：《静修先生文集》卷18《椟蓍记》，第84页。
④ （元）刘因：《静修先生文集》卷18《椟蓍记》，第85页。

若以奇策之数合之圆图之画，则四十八一卦之画也。其奇之十二即乾之阴而策之三十六，即其阳也。三十六自九进而得之也，九阳也，三十六亦阳也，全阳也。其奇之二十即兑离之阴也，而策之二十八即其阳也。……其奇策之八方数之变也，挂扐之六圆数之变也。此邵子之说也，然前之奇策之所当阴，不若阳之齐。后之六八之所应圆，不若方之备，是必有深意也。第未能考而知之，又不知朱子之意以为如何，此因椟蓍而记之。①

随着人类科学知识的不断发展，易卦所包含的深刻思想必然会逐渐地展现在世人面前。不过，旧的问题解决了，新的问题又会随之而出现，易学的科学思想是不会穷尽的。

二、返求六经的科技思想及其特点

刘因是元代的著名理学家，他终身致力于“六经”的教学和研究，颇多心得，成果累累，计有《四书精要》30 卷、《易系辞说》及《四书语录》等，可惜今已不传。不过，在传世的《静修先生文集》里，却收有《叙学》《驯鼠记》《麟斋记》《退斋记》《游高氏园记》《赵征士集注阴符经序》《内经类编序》《篆隶偏傍正伪序》《庄周梦蝶图序》《唯诺说》《告峨山龙湫文》等多篇儒学科技文献，是我们研究刘因科技思想的宝贵史料。

（一）返求“六经”科技思想的主要内容

1. 治“六经”以“传注”为先的思想

首先，由于元初的理学基础比较薄弱，民众的文化素质水平较南宋有所下降，这给程朱理学的北传造成了很大障碍，加之“世变既下，风俗日坏”②，有些学者急功近利，治学方法不对，甚至头足倒置，例如，“世人往往以《语》、《孟》为问学之始，而不知《语》、《孟》圣贤之成终者”③。这种倒终为始的治学方法，显然不利于正确理解和把握孔孟之道的思想精髓。所以，刘因根据当时社会发展的客观实际，从现实的世风和民情出发，提出了“为学之次序”和“必先传注而后疏释，疏释而后议论”④的问学进路。在这里，我们潜在地意识到了从宋学到明清考据学之演变过程中所带有征兆性的那一阵阵思想震波，而刘因应是形成此震波的震源之一。从现代的观点看，“六经”的思想固然有束缚人们创新思维的消极作用，但从固守文化传统的角度看，“六经”思想有益于中国优秀文化思想的传承，有益于多民族国家的统一和多元文化形态的均衡与向心性凝聚，而元代所面临的首要问题正在于此。因之，刘因的思想适应了元代统治者的政治需要，因而受到了元世祖忽必烈的重视。

其次，宋学之与汉学相区别，关键就在于前者对待经学的态度是舍“传注”而取心性

① （元）刘因：《静修先生文集》卷 18《椟蓍记》，第 85 页。
② （元）刘因：《静修先生集》卷 1《叙学》，清光绪五年（1879）刻本。
③ （元）刘因：《静修先生集》卷 1《叙学》，清光绪五年（1879）刻本。
④ （元）刘因：《静修先生集》卷 1《叙学》，清光绪五年（1879）刻本。

与义理，故孙复“病注说之乱六经，六经之未明”①，而以“复古劝学”为己任，作《春秋尊王发微》，不惑传注，“得于经之本义”。欧阳发称其父欧阳修的治学特点是：“先儒注疏，有所不通，务在勇断不惑。”②可见，疑古惑经是成就宋学的先决条件。然而，宋人并不是一般地疑古惑经，而是针对汉代学者所整理撰述的先秦典籍，以纠其悖经离义之弊。例如，欧阳修认为，经汉代学者撰述的先秦典籍与原典的思想宗旨相差甚远，并多有改舛之处，且“自秦之焚书，六经尽矣，至汉而出者皆其残脱颠倒，或传之老师昏耄之说，或取之冢墓屋壁之间；是以学者不明，异说纷起”③。如果归总为一句话，则宋学的实质就是疑“秦、汉以来诸儒所述荒虚怪诞”④。于是，承续唐代的古文运动，便有了宋人颠覆汉儒、回归原典的主张和儒学变革。就这个层面来说，刘因的思想无疑是继承了宋学的传统。比如，他说：“先秦之书，《六经》、《语》、《孟》为大”，而“六经自火于秦，传注于汉，疏释于唐，议论于宋，日起而日变。学者亦当知其先后，不以彼之言而变吾之良知也。近世学者，往往舍传注、疏释，便读诸儒之议论，盖不知议论之学，自传注、疏释出，特更作正大高明之论尔。传注、疏释之于经，十得其六、七。宋儒用力之勤，铲伪以真，补其三、四而备之也。故必先传注而后疏释，疏释而后议论，始终原委，推索究竟，以己意体察，为之权衡，析之于天理人情之至。勿好新奇，勿好辟异，勿好诋讦，勿生穿凿。平吾心，易吾气，充周隐微，无使亏欠。若发强弩必当穿彻而中的，若论罪囚棒棒见血而得情，毋惨刻，毋细碎，毋诞妄，毋临深以为高。渊实昭旷，开廓恳恻，然后为得也”⑤。

在这里，我们看到了刘因对宋学舍传求经之学风的批评与矫正。文中谓“近世学者，往往舍传注、疏释，便读诸儒之议论，盖不知议论之学，自传注、疏释出”，明显是针对宋代治经的学风而发。在刘因看来，治经不能绕过先辈的“传注、疏释”，因为那是“读诸儒之议论”的基础和前提。前已述及，元代统治者倡导“务实”而反对虚妄之论，这种治学理念反映到对经学思想的诠释和解读上，刘因则比较具体地指出了人们在治经过程中需要克服的 8 种弊病：“勿好新奇，勿好辟异，勿好诋讦，勿生穿凿”，再者，“毋惨刻，毋细碎，毋诞妄，毋临深以为高”。当然，刘因并不是通过上述手段而限制人们对“六经”发表自己的主张和见解的，恰恰相反，他鼓励人们“以己意体察”，只不过是这种“体察”须建立在“渊实昭旷”和“充周隐微”的基础之上。

2.“遗名而求实”的治经方法及其“阴阳对待”思想

1）“遗名而求实”的治经方法

《元史》载刘因“初为经学，究训诂疏释之说”，而后才有对程朱理学“一见能发其微”⑥之成效。基于这样一种治经体验，刘因阐释了“名实”与治经的关系问题。他的基本观点

---

① （宋）孙复：《孙明复小集·寄范天章书二》，《景印文渊阁四库全书》第 1090 册，第 171 页。

② （宋）欧阳修：《文忠集》附录卷 5《事迹》，《景印文渊阁四库全书》第 1103 册，第 629 页。

③ （宋）欧阳修：《文忠集》卷 48《问进士策三首》，《景印文渊阁四库全书》第 1102 册，第 366 页。

④ （宋）欧阳修：《文忠集》卷 48《问进士策四首》，《景印文渊阁四库全书》第 1102 册，第 370 页。

⑤ （元）刘因：《静修先生集》卷 1《叙学》，清光绪五年（1879）刻本。

⑥ 《元史》卷 171《刘因传》，第 4008 页。

是：问学“六经”应当遗名而求实，而不能“求名而遗实”[①]。

那么，如何“求实”？

刘因指出：“本诸《诗》以求其情，本诸《书》以求其辞，本诸《礼》以求其节，本诸《春秋》以求其断。”[②]此是“求实”之一途。

此外，“《素问》一书虽云医家者，流三代先秦之要典也；学者亦当致力孙吴姜黄之书，虽云兵家智术战陈之事，亦有名言不可弃也”[③]。此为“求实”之又一途。

当然，还有其他的“求实”途径，如学史，读诸子老庄列阴符书等。同其他理学科技思想家一样，刘因非常重视天地万物的生成变化。他在《答乐天问》一诗中说：“邈哉开辟初，造化惟阴阳。错然入形化，一受不可忘。稻粱固为爱，豺狼非故殃。物理本对待，生气常相将。”[④]又说：“二气日交感，变态何纷纭。”[⑤]在这里，我们能够非常清晰地看到刘因科技思想的一个重要特点，那就是他把宇宙万物的变化看作是“阴阳对待”的变化发展过程。

2)“阴阳对待”思想

何谓“对待”？刘因举例说：

> 先君子尝与客会饮于易水上，而群蜂近人，凡扑而却之者皆受螫，而先君子独不动，而蜂亦不迫焉。盖人之气不暴于外，则物之来不激之而去，其来也如相忘；物之去不激之而来，其去也亦如相忘。盖安静慈祥之气与物无竞，而物亦莫之撄也。[⑥]

虽然从表面上讲，“盖安静慈祥之气与物无竞，而物亦莫之撄也”渗透着消极的道教出世思想，似乎与儒家的积极入世思想格格不入。但事实上，刘因的内心世界是十分复杂的，在当时，许多金朝和南宋的遗民实在无法接受元灭金和南宋的残酷现实，他们通过各种方法和手段抵制元朝的统治，甚至刘因本人对效力于元朝的汉族理学家许衡极为不满，并写下了《退斋记》予以讽刺和嘲笑。然而，在刘因看来，“夫天地之理，生生不息而已矣。凡所有生，虽天地亦不能使之久存也，若天地之心见其不能使之久存也，而遂不复生焉，则生理从而息矣。成毁也，代谢也，理势相因而然也”[⑦]。正是有了这样的思想认识，他才逐渐改变了自己的那种相对封闭的处世方法和性格特征，不仅慢慢地接受了元灭金、南宋的现实，而且步入了元朝的统治阶层。刘因在《上宰相书》中坦言：“因生四十三年，未尝效尺寸之力，以报国家养育生成之德，而恩命连至，因尚敢偃蹇不出，贪高尚之名以自媚，以负我国家知遇之恩。”[⑧]可见，当43岁时，刘因的世界观才发生了

---

① （元）刘因：《静修先生集》卷1《叙学》，清光绪五年（1879）刻本。
② （元）刘因：《静修先生集》卷1《叙学》，清光绪五年（1879）刻本。
③ （元）刘因：《静修先生集》卷1《叙学》，清光绪五年（1879）刻本。
④ （元）刘因：《静修先生文集》卷2《答乐天问》，第18页。
⑤ （元）刘因：《静修先生文集》卷2《答乐天问》，第18页。
⑥ （元）刘因：《静修先生文集》卷18《驯鼠记》，第83页。
⑦ （元）刘因：《静修先生文集》卷18《游高氏园记》，第88页。
⑧ （元）刘因：《静修先生文集》卷21《上宰相书》，第100页。

转折，说明在此之前，他对元朝的统治是不接受的，甚至有很深的抵触情绪。我们知道，元朝的民族矛盾比较尖锐，而元朝统治者推行民族歧视政策，则更加重了民族之间的不和谐。

于是，刘因提出了"物理本对待，生气常相将"的主张。在此，"将"是相互扶持和相互作用的意思。刘因非常重视"物理本对待"的思想，他先后写了多篇杂记来深入浅出地谈论这个话题。例如，刘因以"何氏二鹤"为例说："虽万物失所，而独全其生；虽气类暴悍，而独顺其性。故猫有相乳者，鸡有哺狗者，夫物固不得而自知之也。今何氏之鹤能有别，复卵而育也，在仲韫（即何氏）必有以使之然者。虽然，自物而推之人，自家而推之国，吾之志所得而帅，吾之气所得而育者，二鹤而已乎！"①显然，刘因的本意就在于将万物之和谐原理推而广之到元代的现实社会中去，从而实现其"物理本对待，生气常相将"的社会理想和人生境界。

3）"阴阳对待"思想的生态意义

刘因认为，大到日月星辰，小到飞禽走兽，包括人类在内，无不处在无限发展的"变态"之中，而造成这种"变态"的动因即是"阴阳二气"。但变中有不变，天地间不变者是自然规律，而自然规律不可改变。刘因说："四时有代谢，寒暑皆常经。二气有交感，美恶皆天成。天既使之然，人力难变更。"②尊重自然变化发展的规律，这是科学精神的第一要义。例如，被誉为"泥沙研究之父"的小爱因斯坦曾经说过这样一句名言："尊重河流演化的自然规律，尊重河流蕴含的巨大能量。"③而卢岑贝格更以《自然不可改良》为题来命名他的"绿色哲学"专著。于是，一方是根基于"天人合一"的中国古代传统科技思想体系，另一方是以"人为自然界立法"的西方近代科技思想体系，这两个立论不同的思想体系在新的和后现代的知识背景下终于碰撞在一起了，这种现象引起了科学界究竟如何认识科学本质的又一轮激烈争论。以我国科学界为例，形成了"敬畏大自然"与反对"敬畏大自然"两派截然对立的观点。前者以汪永晨为代表，后者以何祚庥为代表。实际上，对于人类与自然的关系问题，恩格斯在《自然辩证法》一书中已经讲得非常清楚：

> 一句话，动物仅仅利用外部自然界，单纯地以自己的存在来使自然界改变；而人则通过他所作出的改变来使自然界为自己的目的服务，来支配自然界。这便是人同其他动物的最后的本质的区别，而造成这一区别的还是劳动。
>
> 但是我们不要过分陶醉于我们对自然界的胜利。对于每一次这样的胜利，自然界都报复了我们。……因此我们必须时时记住：我们统治自然界，决不象（像）征服者统治异民族一样，决不像（像）站在自然界以外的人一样——相反地，我们连同我们的肉、血和头脑都是属于自然界，存在于自然界的；我们对自然界的整个统治，是在于我们比其他一切动物强，能够认识和正确运用自然规律。

---

① （元）刘因：《静修先生文集》卷18《何氏二鹤记》，第87页。

② （元）刘因：《静修先生文集》卷3《和饮酒》，第21页。

③ 肖丹：《尊重河流演化的自然规律》，《中国水利报》2007年10月18日。

> 事实上，我们一天天地学会更加正确地理解自然规律，学会认识我们对自然界的惯常行程的干涉所引起的比较近或比较远的影响。特别是从本世纪自然科学大踏步前进以来，我们就愈来愈能够认识到，因而也学会支配至少是我们最普通的生产行为所引起的比较远的自然影响。但是这种事情发生得愈多，人们愈会重新地不仅感觉到，而且也认识到自身和自然界的一致，而那种把精神和物质、人类和自然、灵魂和肉体对立起来的荒谬的、反自然的观点，也就愈不可能存在了。①

我们在此转引恩格斯的这一大段话，目的只有一个，那就是通过这种转引而使人们更加明确“反自然”观的思想基础是，“把精神和物质、人类和自然、灵魂和肉体对立起来”。即使当代的那些“反自然”论者，他们的思维方法也仍然如此。仅从这一点来看，当代的那些“反自然”论者，他们的思维境界还不如元代的刘因。因为刘因的思维方法是“对待”而不是“对立”。

3. 刘因对《阴符经》的阐释

《阴符经》总共400余字，分上、中、下三篇，然其言近旨远，可谓金言玑字，文深而事备，故有“古今来修道第一部真经”②之称。

同其他思想理论一样，《阴符经》也有自己独特的概念体系，而“机”便是其立论的核心概念，并由此派生出“杀机”“盗机”“神机”等诸多次级概念。所以，对“机”这个概念的阐发就成为理解《阴符经》之精神实质的根本所在。《阴符经》不但是丹道之书，更是一部科学思想专著。对此，今人张家诚撰有《智慧的宝藏——〈阴符经〉详解》一书，已经从教育与科学、环境科学、灾害与产业，以及为何近代科学技术的发源地不在中国等视角进行了多方位的解读，给人以耳目一新的感觉，可资参考。

元代初期，随着国家的统一和农业经济的不断恢复与发展，各种社会关系也处在重新组合与调整的过程之中。这时，为了适应上层建筑和意识形态的统治需要，忽必烈先后采取了多项“汉法”政策与措施，比如，定都汉地、发展农桑、取《易经》“大哉乾元”之义而取国号“大元”、建立汉式官僚体制、尊崇儒学、招揽汉族士人等，从而奠定了汉式王朝的政治基础。因此，《元史》称其“度量弘广，知人善任使，信用儒术，用能以夏变夷，立经陈纪，所以为一代之制者，规模宏远矣”③。虽然话中多少有些誉美的味道，但大体符合当时的历史事实。可惜好景不长，中统三年（1262）忽必烈在平定了汉人李璮叛乱后，一改信用汉族士人的政策而通过制定“四等人制”对汉族士人进行排挤和压制。可以想象，这种巨大的制度反差，必定带给汉族儒士以极大的人格伤害和心理焦虑。刘因恰好生活在元朝初期新旧制度转变的历史时期，这种转变在客观上无益于历史的发展和进步，相反，倒是一种历史的退变，所以，它必然会程度不同地引起元初儒士的精神压抑和思维紧张。时人叶子奇说：元朝“台、省要官皆北人为之，汉人、南人万中无一二”④。“北人”指蒙

---

① 中共中央马克思恩格斯列宁斯大林著作编译局：《马克思恩格斯选集》第3卷，第517—518页。
② （清）刘一明：《道书十二种·阴符经注》，北京：中国中医药出版社，1990年，第406页。
③ 《元史》卷17《世祖本纪》，第377页。
④ （明）叶子奇：《草木子》卷3下《克谨篇》，《景印文渊阁四库全书》第866册，第768页。

古、色目贵族。有鉴于此，刘因遂于至元八年（1271）写了一篇《赵征士集注〈阴符经〉序》，曲折地表达了他对元朝政治前途的顾忌与焦虑。他说：

> 予读《阴符经》“观天之道，执天之行矣，尽矣”，此言其体之自天而人者也。“天有五贼，见之者昌”，即观天之道也。“五贼在心，施行于天，宇宙在乎手，万化生乎身”，即执天之行也，此言其用之自人而天者也。“天性，人也；人心，机也；立天之道以定人也”，此则言圣人之兼体用，以天道立人极者也。“天发杀机，龙蛇起陆，则非天性矣。”“人发杀机，天地反覆，则为人心矣。天人合发，万化定基”，则又立天之道以定人者也。夫苟不以道定焉，则天人判而二；以道定焉，则天人合而一。二之，则机过而相悖；一之，则机定而化行。化行，则天地位，万物育，而君臣父子各得乎天理，而止其所矣。“性有巧拙，可以伏藏。九窍之邪，在乎三要，可以动静”，此希天、希圣之功而所谓执天道、见天贼、立天道、合天人者，其本（天）皆出乎此也。盖“九窍之邪”未除，则不能静而常动，若以三要为害而绝之，则又一于静而不动也。惟知夫“九窍之邪，在乎三要”，克其邪而反其初，则可以动静矣。其所谓动静者，即朱子之所谓动未尝离静而静非不动者也。其“天人合发，万化定基”则动而未尝离静者也，而“杀机”则动之过者也。①

一句“‘杀机’则动之过者也”已经把作者立言的目的说得再直白不过了。在蒙古军队与南宋交战的过程中，死亡和恐怖的幽灵无时无刻不在江南和江北大地的上空游荡。比如，至元十六年（1279），四川成都被蒙古军队洗劫之后，城中骸骨一百四十万，城外者不计。又，“宋元争蜀，资、内三得三失，残民几尽。迨元一统，则已地荒民散，无可设官。一时资州、内江、资阳、安岳、隆昌、威远，州县并省，终元代九十年未复，惟安岳复于顺帝至正元年”②。刘因尽管没有像丘处机那样具有“一言止杀”的威力，但是他仍从养生学的角度，并以自己特有的表达方式提出了制止“杀机”的良策，那就是“克其邪而反其初”。刘因认为，“三要”即耳、目、口是形成“九窍之邪”的生理性根源，另外，还有精神性的根源——人心。《尚书·虞书·大禹谟》载：“人心惟危，道心惟微。”此处的“危”是危险的意思，而“人心”是指人类个体的私欲。可见，“人心惟危”的意思就是说在处理人与人的关系问题时，最危险的事情即是人们的私欲。一般来讲，当人心与道心处在严重失衡的状态下时，与之相适应的社会形态，必定是“世变既下，风俗日坏”③。例如，从忽必烈后期开始，元代的社会发展面临着越来越严重的“人心惟危”问题，而刘因思想中最为关注的也是这个问题。清朝的马平泉曾说：“元之初政，大纲不立，奸慝横恣，世祖虽有图治之心，而酷烈嗜杀，岂大有为之主哉！先生所以决去不顾耳。”④而为了使“人心”与“道心”的关系恢复或接近正常化的水平，刘因将造成“人心惟危”的原因归结于“学术之差，品

---

① （元）刘因：《静修先生文集》卷19《赵征士集注阴符经序》，第90页。

② 民国《内江县志》卷13《内江旧户多楚人说》，台北：台湾学生书局，1969年，第3页。

③ （元）刘因：《静修先生集》卷1《叙学》，清光绪五年（1879）刻本。

④ （清）王梓材、冯云濠编撰，沈芝盈、梁运华点校：《宋元学案补遗》卷91《静修学案补遗》，北京：中华书局，2012年，第5462页。

节之紊，异端之害”三个原因。他说：

> 性无不统，心无不宰，气无不充，人以是而生，故材无不全矣。其或不全，非材之罪也，学术之差，品节之紊，异端之害，惑之也。今之去古远矣，众人之去圣人也。下矣幸而不亡者，大圣大贤。惠世之书也，学之者，以是性与是，心与是，气即书以求之俾邪，正之术明诚伪之辨，分先后之品，节不差笃行而固守。谓其材之不能全，吾不信也。①

至此，我们终于搞懂了刘因主张“返求‘六经’”的思想用心，原来这是他为挽救元代“人心惟危”之困境所开出的一副良方。看来，刘因对自己的救治方案是满怀信心的。这样，我们把《叙学》与《赵征士集注阴符经序》联系起来，就可以发现刘因的救世思想在程序上是符合科学的，这是因为人是环境的产物。对此，刘因在《叙学》开篇就说得很清楚，按照刘因自己的说法，“六经”属于静的知识形态，而“人心”则属于动的物质形态，“静非不动也”，作为知识形态的“六经”可以克制“人心”之邪。从儒学发展的历史过程来讲，这个思想并不是刘因的发明，因为从孟子一直到程朱理学，都在反复阐释“明心见性”的问题，只不过是刘因把程朱理学的“存天理、灭人欲”命题进一步具体化了。所以，刘因的目的是通过“六经”的途径使“人心”归向“道心”，并使之“克其邪而反其初”，最终达到“天人合而一”的道德境界。葛剑雄先生说：“要达到和谐，人类应该控制自己的欲望，要更加注重精神生活。这中间不仅需要正确的观念，还要有科学的技术。”②而在刘因生活的时代，“六经”本身不仅具有道德的功能，而且有科学技术的功能。以“六经”为轴心来建构理学式的和谐社会，在当时不失为一种可供统治者选择的补偏救弊方案。虽然，就政治效果来说，刘因的主张显得非常弱能低效，甚至近于乌托邦，但是通过“六经”教育可以在一定程度上提高国民的科学知识素质和道德文化修养，这对于推进我国古代科技文化的发展事业无疑是有所裨益的。

4. 刘因的医学思想

金元医学流派纷呈，名家辈出，是我国古代医学发展的一个十分重要的历史时期。刘因生活在金元之际的易水流域地区，此时“易水派”医学思想的影响日渐广大。同饮一条水，都是故乡人。“易水派”的后继者罗天益（字谦甫）撰成《内经类编》一书，请老乡刘因为之作序。仅从《内经类编·序》推知，刘因与罗天益的私人关系不错，两人平常也多有交往。比如，刘因在《内经类编·序》中说：罗天益有一天路过他家门，顺便拜访了他。当时，罗天益谈到李杲的医学思想特色，还谈到《内经类编》是受先师李杲之嘱托而为之。接着，罗天益向刘因转述了李杲的托言，其言云：

> 夫古虽有方，而方则有所自出也。钓脚气也，而有南北之异，南多下湿，而其病则经之所谓水清湿，而湿从下受者也。孙氏知其然，故其方施之南人则多愈。若夫北

① （元）刘因：《静修先生集》卷1《叙学》，清光绪五年（1879）刻本。

② 葛剑雄：《从环境变迁看人与自然的关系》，《解放日报》2007年4月8日。

地高寒，而人亦病是……跗瘴于下，与谷入多而气少，湿居下者也。我知其然，故我方之施于此，犹孙方施之于南也。子为我分经病证而类之，则庶知方之所自出矣。予自承命，凡三脱稿，而先师三毁之，研摩订定，三年而后，成名曰：《内经类编》。①

同先秦诸多典籍的命运一样，《黄帝内经》在流传的过程中，亦多有散失，后人补入者亦不少，如唐朝王冰补入第七卷即是一例。因此，刘因说："苟不于其所谓全书者，观其文而察其理焉，则未有识其真是而贯通之者。今先生之为此也，疑特令学者之熟于此，而后会于彼焉耳。苟为不然，则不若戒学者之从事于古方，而学者苟不能然，则不若从事古方之为愈也。"②在这里，刘因表达了研读古方的目的，就在于对症下药和药来病除。然而，应用古方贵在因症而异，活学活用。他说：

一诗之不善，诚不过费纸而已；一方之不善则其祸有不可胜言矣。③

针对临床诊治的医疗过程，刘因提出了"攻养结合"的医学思想。他说：

《周礼·疡医》："凡疗疡，以五毒攻之，以五气养之，以五药疗之，以五味节之。""五毒"疑即医师所聚毒药。凡"五药"之有毒者，非谓一方五药，而可以尽攻诸疡也。攻与疗，所以去疾也。养与节，所以扶其本也。盖攻则必养之，疗则必节之。攻，视疗加急；养，视节加密，理势然也。④

依《黄帝内经》的"阴阳应象"原理可知，疾病的本质实际上就是机体阴阳失调的一种临床表现。所以，《黄帝内经素问》载："阴阳者，天地之道也，万物之纲纪，变化之父母，生杀之本始，神明之府也，治病必求于本。"⑤此处所说的"本"即是指"阴阳"。在临床上，阴阳失调虽有阴阳偏胜、阴阳偏衰、阴阳互损、阴阳格拒、阴阳亡失等多种表现形式，但归结起来，阴阳这对矛盾的统一体不外乎表现出一方为"过"而另一方为"不及"的生理病理状态。对此，施治的方法应是"过"者宜攻，"不及"者宜养，前者的目的是祛邪，而后者的目的则是扶正。

人与环境的关系，是刘因考虑较多同时也是他探讨较深入的一个课题。从现代科学的角度看，人体内微量元素的种类和海洋中所含元素的种类相似。另外，人体血液、肌肉，以及各器官的化学元素含量，也与地壳岩石中化学元素的含量具有相关性，因而人体化学元素的组成与我们周围自然环境化学元素的组成具有高度的统一性。这个事实表明，人是自然界的产物，白然环境的变化与人类的生存状态息息相关。

在刘因那个时代，尚未出现"化学元素"这个科学概念，因此，人们便以"气"来代替之，而刘因所讲的"气"实际上指的就是自然环境中的化学元素。譬如，刘因说："岭南多毒，而有金蛇、白药以治毒；湖南多气，而有姜、橘、茱萸以治气。鱼、鳖、螺、蚬治

① （元）刘因：《静修先生文集》卷19《内经类编序》，第90页。
② （元）刘因：《静修先生文集》卷19《内经类编序》，第91页。
③ （元）刘因：《静修先生文集》卷21《书示疡医》，第104页。
④ （元）刘因：《静修先生文集》卷21《书示疡医》，第103页。
⑤ 《黄帝内经素问》卷2《阴阳应象大论篇》，陈振相、宋贵美：《中医十大经典全录》，第13页。

湿气而生于水，麝香、羚羊治石毒而生于山。盖不能有以胜彼之气，则不能生于其气之中。而物之与是气俱生者，夫固必使有用于是气也。犹朱子谓天将降乱，必生弭乱之人以拟其后。以此观之，世固无无用之人，人固无不可处之世也。”[①]环境学家指出，以人类为中心事物的自然环境包括空气、水、岩石、土壤、阳光、温度、气候、地磁、动植物、微生物，以及地壳的稳定性等直接或间接影响到人类的一切自然形成的物质、能量和自然现象。而刘因把这些环境要素笼统地称为“气”，用他的话说就是“盖不能有以胜彼之气，则不能生于其气之中。而物之于是气生者，夫固必使有用于是气也”。一方面，环境决定人；另一方面，人也能适应环境，而这个适应的过程即是人体内的化学元素与其周围自然环境中的化学元素进行不间断的相互交流的过程。

从历史上看，作为人类生存的物质产物——聚落，经常处在不断的兴衰之中。一般地讲，如果人类与周围环境之间的相互交流过程中断，此地就不适合人类居住和生存了。像曾经坐落在丝绸之路上的楼兰城、尼雅城、喀拉墩、米兰城、尼壤城、可汗城、统万城等，后来都是由于环境的严重恶化，遂造成人类与周围环境之间不能进行有效的物质交流，结果它们相继在历史上消亡了。仅此而言，刘因所提出的“不能有以胜彼之气，则不能生于其气之中”的人类居住环境思想，便具有极强的现实意义。这是因为人类可以通过人工环境而对自然环境加以适当的改良，以使其更加有利于人类的居住。

前面说过，人体化学元素的组成与我们周围自然环境化学元素的组成具有高度的统一性，从中医药学的本质来讲，这种统一性也是中药处方的物质基础。也许有人会问：中药（主要包括动植物药和矿物药）为什么能够有效地用于治疗各种疾病？答案只能是：人体与中药之间有着统一的化学元素。对此，刘因做了下面的阐释。他说：

> 人秉是气以为五脏百骸之身者，形实相孚而气亦流通，其声色气味之接乎？人之口鼻耳目者，虽若泛然，然其在我而同其类者，固已吻焉。而相合异其类者，固已怫然而相戾。虽其人之身亦不得而自知也，如饮药者以枯木腐骨荡为齑粉，相错合以饮之，而亦各随其气类而之焉。盖其源一也，故先儒谓酸木味，木根立地中似骨，故骨以酸养之；金味辛，金之缠合异物似筋，故筋以辛养之；咸，水也，似脉；苦，火也，似气；甘，土也，似肉，其形固已与类矣。而其气安得不与之流通也。[②]

在这段话里，刘因用到了“同其类者”“各随其气类”“其源一”“流通”等说法，如果仔细考究上述说法，我们就会发现，虽然刘因的说法比较直观和笼统，但他想要表达的中心思想与我们今天所说的“化学元素”，在本质上具有相同之处。比如，刘因认为，人类的躯体与中药的性味在来源上具有统一性，都是化学元素的结构方式。而人的口、鼻、耳、目具有鉴别人们所饮用的中药是否与人体“同其类”的功能和作用。凡是“同其类”者，人体就能够吸收，反之，人体就会排斥，“怫然而相戾”。恰如刘因所言，中药学既讲四气与五味，包括味同性异、性同味异等内容，又讲服药的饮食禁忌，分病忌和药忌两个方面。

---

① （元）刘因：《静修先生文集》卷21《读药书漫记二条》，第104页。
② （元）刘因：《静修先生文集》卷21《读药书漫记二条》，第104页。

说到底，取同别异或者说求同存异是中医临床用药的一个重要原则。

随着科学的发展，中医学的分科越来越细，也越来越重视药物性味与人体化学元素的异同。例如，中药化学这门由传统和现代科学相结合而形成的中医基础学科，其主要任务就是研究和辨析中药中所含有效成分的结构类型、理化性质、提取、分离、检识的理论和技能，以及中药所含有效成分的结构鉴定方法，从而使人们从化学元素的层面而不仅仅局限于四气与五味，来更加深入、更加科学、更加有效地认识和掌握中药的临床功效，并使中医学走出一条既面向世界又立足于传统和现实的具有中国特色的现代化之路。

（二）返求“六经”科技思想的主要特点

1. 人“固有可为致知之一明”的技术思想

在中国传统文化的范式里，“德高艺下”是一个影响深远的价值准则和人生命题。《礼记·乐记下》说：“是故德成而上，艺成而下，行成而先，事成而后。”孔颖达疏：“艺成而下者，言乐师商祝之等艺术成就而在下也。”其实，此处之“上下”在唐代以前士人的语境里并无“职业歧视”的意思，甚至孔子还对那些有才艺的学生倍加赞赏。譬如，《论语·雍也》载孔子的话说：“求也艺，于从政乎何有？”《论语·宪问》又说：“若臧武仲之知，公绰之不欲，卞庄子之勇，冉求之艺，文之以礼乐，亦可以为成人矣。”汉人班固不仅为艺者立传，而且认为“方技者，皆生生之具，王官之一守也”①。直到唐代，人们仍然认为，杂占一类艺术“有辅于教”②。所以唐代在任人唯贤方面，并不歧视技术人才。

然而，自北宋中期以后，宋代士人对待技艺的态度急转直下，他们从一般的轻贱直至发展到人格的歧视。例如，廖刚说：“世之名技术者，类多异端末习，徒以投好流俗，初无补于名教。”③又，《宋会要辑稿》载：“非缘医药不许与见任官往来，违者以违制论。”④如果说上述是一般儒士的看法，社会影响力尚有一定局限，那么，程朱理学对技术地位的界定就具有关键性的作用和重要影响了。二程和朱熹对科学本身比较重视，他们各自在天文学、数学、物理学、地学等多方面都有所建树，尤其是朱熹的科学思想受到了李约瑟博士的高度赞扬。与他们对待科学的态度不同，技术的地位则已远离了程朱的视野。比如，朱熹说：“器者，各适其用而不能相通。成德之士，体无不具，故用无不周，非特为一才一艺而已。”⑤又，“谓之器则拘于一物”⑥。看来朱熹并不欣赏“一才一艺”者，因而就更谈不上为技术人才树碑立传了。刘因虽然沿袭着程朱理学的路子，亦强调“天地之间理一而已”⑦，但是他对技术的重视远远超过了程朱，因而这也成为其科技思想的一个重要特点。他说：

---

① 《汉书》卷30《艺文志》，第1780页。

② （宋）吕陶：《净德集》卷28《书术》，《景印文渊阁四库全书》第1098册，第220页。

③ （宋）廖刚：《高峰文集》卷11《书赠冯生》，《景印文渊阁四库全书》第1142册，第443页。

④ （清）徐松辑，刘琳等校点：《宋会要辑稿》职官36之115，上海：上海古籍出版社，2014年，第3957页。

⑤ （宋）朱熹：《四书集注·论语集注》，第65页。

⑥ （宋）蔡节：《论语集说》卷1《学而》，《景印文渊阁四库全书》第200册，第567页。

⑦ （元）刘因：《静修先生集》卷1《希圣解》，清光绪五年（1879）刻本。

人之于古器物也，固有可为致知之一明，德之端者矣。①

这是一种很有远见卓识的考古和文物思想。在北宋，沈括认为，各种各类的历史文物，尽管年代不同，形制有殊，但它们都“别有深理”②。之后，元代的吴丘衍于大德庚子年（1300）编撰了我国古代第一部印学专著《学古编》，而刘因的《饕餮古器记》则成于至元十四年（1277），较《学古编》早20多年。可见，刘因“致知之一明”的文物思想具有承前启后的重要作用。由此，刘因更从“参天地而赞化育”的角度来认识技术的价值和作用，他在《题娄生平钑模本后》一文中说：

夫以人心之灵有可以参天地而赞化育者，存苟专力于一艺，其精密神功亦何不至此，固无足怪焉。予所感者自污尊抔饮而有器皿，自器皿而有文饰，自文饰而有如此，至有如此者，考其由尚未远也，而来者无穷，焉将止于如此而已邪。③

技术发展的规律必然是越来越精密和高端，这是由人类社会物质生产力的本质特征所决定的。对于刘因来说，难能可贵的是，他敢于突破程朱理学贱技的思维模式，转变传统观念，积极倡导“致知之一明”的崇尚技术之社会风气。他以身作则，为不少书画作品题跋作序，热忱于向广大民众推荐那些“跨越古今，开阖宇宙”④的书画真迹，体现了他“循序穷理”⑤的治学个性特征。

2.“法象之自然”与“援物比类”法

许多学者认为，“求实”和“求真”是科学精神的本质特点。然而，究竟如何定义“求真”和“求实”，人们的说法就各有不同了。实际上，刘因所说的“法象之自然”即是对科学之“求真”和“求实”精神的最好注释和说明。虽然“法象之自然”指的仅是“六艺”中的小学，但它的内涵确实已经超出了小学的认知范畴，而可以推广适用于整个科学技术领域。他说：

小学之废尚矣，后世以书学为小学者，岂以书古之小学、六艺之一乎？……而今之所谓书学者，又果古人之所谓小学者乎？夫古人之于书也，点画颠末方圆曲直一出于法象之自然，非可以容一毫人力于其间者，而幼学之士盖欲即此而其事物义类之所在，因其形而求其声焉而已矣，是皆天理人事之所当为，非有一毫慕外为人之私也。⑥

在这段话里，刘因想要表达的思想就是，人的认识与客观对象相符合，这种符合是一种客观而真实的符合，是不掺杂任何主观成分的符合，这是一种客观主义的认识论。当然，科学认识与书画艺术既有相同之处又有各自的特点。就其相同之处来说，两者都是对客观事物的一种反映，所不同的是科学认识属于逻辑思维的范畴，而书画艺术则属于形象思维

① （元）刘因：《静修先生文集》卷18《饕餮古器记》，第87页。
② （宋）沈括著，侯真平校点：《梦溪笔谈》卷19《器用》，长沙：岳麓书社，1998年，第154页。
③ （元）刘因：《静修先生文集》卷22《题娄生平钑模本后》，第107页。
④ （元）刘因：《静修先生文集》卷22《跋朱文公杰然直方二帖真迹后》，第107页。
⑤ （元）刘因：《静修先生文集》卷19《庄周梦蝶图序》，第91页。
⑥ （元）刘因：《静修先生文集》卷19《篆隶偏傍正讹序》，第91页。

的范畴。由于中国古代的传统科技思维主要受《周易》和《黄帝内经》取象比类或称“援物比类”法的影响，因此，其传统的科技思维既不属于纯粹的形象思维也不属于纯粹的逻辑思维，而是两者的结合，或可说是一种包含性思维。例如，《黄帝内经》说：“援物比类，化之冥冥。”[①]《周易·系辞上》又云：“引而伸之，触类而长之，则天下之能事毕矣。”而事物之所以能够类推，是因为被观察的对象与已知对象之间有一种内在的你中有我、我中有你的包含关系，在此前提下，人们才有可能由甲事物去刻画和描述乙事物，从而使人们对乙事物形成一种客观的认识。例如，中国古代的天文、医学、建筑、象数、内外丹等，都是“援物比类”思维的产物。刘因虽然不是职业科学家，他的理论思维也没有脱离传统的“援物比类”法，但是他善于根据社会生活的实际需要来进一步充实和发展“援物比类”的传统思维方法。于是，他依据“节卦”的卦象提出了“动久而以静节之，静久而以动节之”的具体思维主张。刘因说：

> 涣先阴而后阳也，自一阴一阳而二阴二阳也，故为涣焉，涣散也。节，先阳而后阴也，自二阳二阴而一阳一阴也，故为节焉。节，止也。以卦之象而言之，泽所以限水，水遇泽而止，皆节之义也。……夫事物之有限而止者，节也。而节亦一事物也，独无所谓有限而止者乎？知节而不知节其节焉，于彼虽为节于节，则为不节也。此则节而至于苦者也。在物皆有自然之节也，若因其节而节焉，犹支之有节，分之有假，亦风行于水，自然披离之为涣而已。若节而至于苦，则非自然之节矣……未节则思所以节焉，已节则思戒其所以苦节者焉。动久而以静节之，静久而以动节之，皆所以为节也。[②]

朱熹释：“节，有限而止也。为卦下兑上坎，泽上有水，其容有限，故为节。节，固有亨道矣。又其体阴阳各半而二五皆阳，故其占得亨，然至于太甚则苦矣，又戒以不可守以为止也。”[③]从内容上看，刘因与朱熹的“节之”思想具有一致性，两者都倾向于认为，欲运用好“节”这个方法，关键就在于如何处理好“节”与“非节”的辩证关系。

自近代以来，随着欧洲资本主义生产关系的确立，人们为了攫取自然界所蕴藏着的物质资源，从中获得高额利润，便采用各种先进的技术手段，对自然资源进行毫无节制的疯狂开采和掠夺，结果造成了一系列全球性的生态灾难，给人类社会的生存和发展带来了非常严重的后果。科技的发展与人类社会的进步密切相关，人类社会每前进一步，都离不开科学技术的推动和牵引，从农业文明的建立到近代工业文明的到来，科学技术本身始终是最重要的生产力形式之一。然而，由于人们片面强调科学技术的“功利”性，而忽略了它有可能产生的“危险”后果，用刘因的话说，就是“苦节”，结果导致了人类在改造自然过程中的诸多失误。譬如，农耕生产“最初影响是有益的”，可是，久而久之，“耕作如果自发地进行，而不是有意识地加以控制（他作为资产者当然想不到这一点），接踵而来的就是

① 《黄帝内经素问》卷23《示从容论篇》，陈振相、宋贵美：《中医十大经典全录》，第140页。
② （元）刘因：《静修先生文集》卷21《节象》，第102—103页。
③ （宋）朱熹：《周易本义》卷2《周易下经·节》，《易学集成（一）》，成都：四川大学出版社，1998年，第604页。

土地荒芜，像波斯、美索不达米亚等地以及希腊那样”[①]。

当然，目前人类面临的生态灾难不限于某个或某些国家和地区，而是一个全球性问题。从许多事实中，我们不难发现，造成“全球问题”的根源不仅是一个社会问题，更是一个政治问题。从宏观的角度看，认识到自然资源“有限而止”，其实并不难，而难点在于“知节而不知节其节焉”。其中“知节其节”是一个更深层次的理论问题，在具体的社会实践中，我们只有“知节其节”，才能有效地遏制“苦节”的发生，即“戒其所苦节者焉”，也才能“所遇而变也”[②]。

3. 强调“民”是技术创新的主体

刘因对待前人的研究成果，不盲从，而是用批判的态度去分析，去解剖，并正以己见。比如，对于《周礼·疡医》中“五毒”一词的理解，前人说法殊异。郑玄释：“五毒，以黄堥置石胆、丹砂、雄黄、矾石、磁石其中，烧之三日三夜，其烟上著，鸡羽扫取用以注疮，恶肉破骨则尽出也。”对于这种解释，刘因明确表示，其“失经之意”。他认为，《周礼·疡医》所说的“五毒”其实“即医师所聚毒药，凡五药之有毒者，非谓一方五药而可以尽攻诸疡也”[③]。又，《太极图》的传承一直是理学中争论不休的问题。刘因举出两说：一说是朱熹的考辨，朱熹认为，《太极图》为周敦颐“自作”而无师传；另一说则认为：“周子与胡宿、邵古同事润州一浮屠而传其易书，此盖与谓邵氏之学因其母旧为某氏妾，藏其亡夫遗书以归邵氏者，同为浅薄不根之说也。”在刘因看来，把周氏的《太极图》与邵氏的《先天图》一分为二的看法是错误的，因为“周子、邵子之学，《先天》、《太极》之图，虽不敢必其所传之出于一，而其理则未尝不一，而其理之出于河图者，则又未尝不一也”[④]。

还有，刘因认为：“蔡氏中篇所引‘民可使由之，不可使知之’之说，若非正学之语而有害。”[⑤]“民可使由之，不可使知之”语出《论语·泰伯》，历代注释家对这句话的解释可谓是百家争鸣，聚讼不已。从东汉的经学家郑玄，经魏人何晏、北宋的邢丙，到南宋的朱熹，基本上形成了两派看法：一派以郑玄为代表，将“民”作“愚民”解，如郑玄说：“由，从也。言王者设教，务使人从之，若皆知其本末，则愚者或轻而不行。”[⑥]另一派以朱熹为代表，将“民”作“开民智”解，它是“圣人设教”的基本立场和目的。例如，朱熹引程子的话说：“圣人设教，非不欲人家喻而户晓也，然不能使之知，但能使之由之尔。若曰圣人不使民知，则是后世朝四暮三之术也，岂圣人之心乎？”[⑦]

虽然朱熹如此讲，但时人在实际生活中，常常是从“愚民”的角度来理解“民”这个社会发展的主体创造者，而刘因所反对的正是这一点。他说：

> 礼，饮食必祭，祭先造饮食者也。盖以吾之所以享此者，斯人之力也。孔子立人

---

① 中共中央马克思恩格斯列宁斯大林著作编译局：《马克思恩格斯全集》第32卷，第53页。

② （元）刘因：《静修先生文集》卷21《节彖》，第101页。

③ （元）刘因：《静修先生文集》卷21《书示疡医》，第103页。

④ （元）刘因：《静修先生文集》卷22《书太极图后》，第105页。

⑤ （元）刘因：《静修先生文集》卷19《赵征士集注〈阴符经〉序》，第90页。

⑥ 《后汉书》卷82上《方术列传》注释15，北京：中华书局，1965年，第2705页。

⑦ （宋）朱熹：《四书集注·论语集注·泰伯》，第117页。

道者也，今吾之所以为人，君君、臣臣、父父、子子而不沦胥于禽兽之域者，其谁之力欤？于一饮食而知报其力于此而不知所以报焉，惑矣。[①]

毫无疑问，“造饮食者”以民为主，刘因反复强调“于一饮食而知报其力于此而不知所以报焉”，其目的是唤起士人对“民”者的尊重，而不要以“愚民”的态度对待他们。例如，为了纠正士人轻视“工匠”的看法，刘因谈了这样一件事情，他引杨翁的话说：“保州屠城，惟匠者免。”[②]此例非常极端，但它说明了一个问题，即“匠人”是技术创造的主体力量。

尽管刘因不是从历史唯物论的立场去批评时人对“民”的错误理解，然而他能够在当时的历史条件下，敢于为“民”正名，甚至认为《论语》中那些“愚民”观点“有害”于社会等，颇有张载“为生民立道”的情操和志节。从这里，我们不仅看到了宋代疑古惑经思潮在元代初期的延续，而且看到了刘因似乎已经无意识地触摸到了社会发展动力这个历史唯物主义的基本问题。可以说，刘因对“造饮食者”与“斯人之力”的论述，昭示了元初理学思想所发生的一个重要变化。

第四节 吴澄的象数学思想

吴澄，字幼清，号草庐，江西崇仁（今江西乐安）人，是元代儒学三大家之一，明人有“南吴北许”[③]之称。可见，吴澄属于一个枢纽性人物，在元代儒学思想发展过程中占有举足轻重的地位。与许衡略有不同，如果说许衡的思想侧重于政治，那么，吴澄的思想则侧重于教育和《周易》象数学。

在教育思想方面，吴澄重视科技教育，并强调从国家经济建设的角度来统筹安排教学计划。比如，《元史》本传载：“皇庆元年，升司业，用程纯公《学校奏疏》、胡文定公《六学教法》、朱文公《学校贡举私议》，约之为教法四条：一曰经学，二曰行实，三曰文艺，四曰治事。”[④]在这里，“行实”和“治事”实际上近于我们今天的科技教育。

吴澄说：“道之大原出于天。”[⑤]此“天”首先是自然之天，它是宋元理学的立论重心。为了理性地透视“自然之天”的内在机制，吴澄倾注了全部心血去孜孜于《周易》象数学思想的研究和阐释。除了《原理》、《易纂言》及《易纂言外翼》等专著外，他还校订了“《皇极经世书》，又校正《老子》、《庄子》、《太玄经》、《乐律》，及《八阵图》、郭璞《葬书》”[⑥]，遂成为元代象数学的重要代表人物，并“开显出《周易》吴氏学——一种理学视野下的独

① （元）刘因：《静修先生文集》卷18《高林重修孔子庙记》，第88页。
② （元）刘因：《静修先生文集》卷21《武遂杨翁遗事》，第103页。
③ （明）周琦：《东溪日谈录》卷15《吴草庐之学》，《景印文渊阁四库全书》第714册，第263页。
④ 《元史》卷171《吴澄传》，第4012页。
⑤ （清）黄宗羲原著，（清）全祖望修补，陈金生、梁运华点校：《宋元学案》卷92《草庐学案》，第3037页。
⑥ 《元史》卷171《吴澄传》，第4014页。

特易学天人之学”[①]。

一、“太一”宇宙观与“原理”思想

（一）吴澄的象数学与“太一”宇宙观

在宋代，象数学朝着两个方向发展：邵雍的先天易象数学和周敦颐的太极象数学。其中邵雍主要探讨的是象数学之“物”的层面，如他的《皇极经世书》总名为《观物》[②]，而“观物”有两法，即“以理观物”和“以物观物”。他在议论“以物观物”时说：“圣人之所以能一万物之情者，谓其圣人之能反观也。所以谓之反观者，不以我观物也。不以我观物者，以物观物之谓也。既能以物观物，又安有我于其间哉？”[③]

从理论渊源上看，邵雍的“以物观物”法来自《庄子》，如《庄子·外篇·秋水》云：“以道观之，物无贵贱；以物观之，自贵而相贱。”可见，“以物观物”的实质就是告诉人们，当观察者对被观察的客观物质对象进行科学研究时，首先应当将被观察对象的研究价值凸显出来，使其变得崇高起来，如果没有这种崇高美，我们就很难想象科学家能够在他所研究的领域里有所发现和有所创造。显然，这既是一种科学方法，同时又是一种科学精神。正是从这个角度，邵雍说：“以物观物，性也。”[④]与邵雍的“观物”法略有不同，周敦颐通过《太极图》“在深层次上提示了象数之理，而近于科学”[⑤]。也许是因为《太极图》将理的范围限于象数之内的缘故，二程始终不承认《太极图》的地位。所以，朱熹论《程子易传》的特点时说：“言理甚备，象数却欠在。”[⑥]而朱熹本人则综合了邵雍先天易象数学和周敦颐太极象数学各自的优点，推陈出新，从而将宋代《周易》象数学的研究推向了一个新的阶段。

虽然吴澄之学“兼主陆学”，但就整体而言，“草庐之著书，则终近乎朱”[⑦]。这样，吴澄的象数学思想也必然以“太极”或“太一”作为其宇宙逻辑的起点。

邵雍说：“太极，一也。不动生二，二则神也。神生数，数生象，象生器。太极不动，性也。发则神，神则数，数则象，象则器，器之变复归于神也。”[⑧]这段话可用图 2-16 的图示来表达。

在图 2-16 中，太极与一和二（指阴阳）是同一个层级的范畴，一包含二，二以“一”为自身存在的统一体。可见，一与二不可分。至于在“器”与“器”之间由“性”来相互贯通，那是因为“器”属于“物”的层级，而在这个层级里，邵雍讲“性之在物之谓理”[⑨]。

① 王新春：《吴澄理学视野下的易学天人之学》，《周易研究》2005 年第 6 期，第 51—63 页。
② 侯外庐、邱汉生、张岂之：《宋明理学史》上卷，北京：人民出版社，1997 年，第 202 页。
③ （宋）邵雍：《皇极经世书》卷 12《观物篇》，《景印文渊阁四库全书》第 803 册，第 1050 页。
④ （宋）邵雍：《皇极经世书》卷 14《观物外篇下》，《景印文渊阁四库全书》第 803 册，第 1085 页。
⑤ 李树菁：《周易象数通论——从科学角度的开拓》，北京：光明日报出版社，2004 年，第 31 页。
⑥ （宋）黎靖德编，王星贤点校：《朱子语类》卷 67《易三·纲领下》，第 1652 页。
⑦ （清）黄宗羲原著，（清）全祖望补修，陈金生、梁运华点校：《宋元学案》卷 92《草庐学案》，第 3036 页。
⑧ （宋）邵雍：《皇极经世书》卷 14《观物外篇下》，《景印文渊阁四库全书》第 803 册，第 1075 页。
⑨ （清）李光地：《周易折中》，成都：巴蜀书社，1998 年，第 1004 页。

这样，通过“器”这个媒介，性与理（邵雍称作“道”）便顺利地实现了对接和沟通。而吴澄并没有直接搬来邵雍的太极思想，为了体系的需要，吴澄对邵雍的“太极”思想进行了一定程度的改造。比如，吴澄把“气”引入“太极”的内部，使之成为同“道”具有同等地位的构成要素。他说：

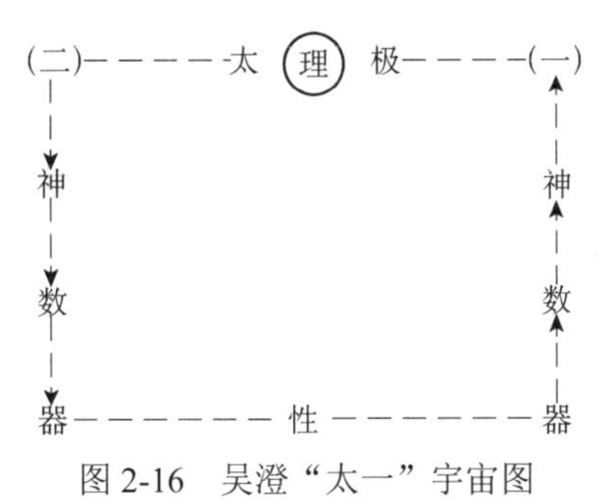

图 2-16　吴澄“太一”宇宙图

> 夫理与气之相合，亘古今永无分离之时，故周子谓之妙合，而先儒谓推之于前而不见其始之合，引之于后而不见其终之离也，言太极理气浑是矣。①

“太极，理气浑是也”，这是一个很重要的思想命题。

因为“太极”本身不再是一个空无一物的虚幻之造影，而是被改造成了一个结构与功能的对立统一体。吴澄说：“若以太极为一气未分之名，上头却可着无极两字，然自无而有，非圣贤吾儒知道者之言，乃老庄之言道也。”②有鉴于此，二程将《太极图》秘而藏之，至死都没敢示人，吴澄记云：

> 程子亲受学于周子，周子手授此图于二程。二程藏而秘之，终身未尝言及，盖为其辞不别，自恐人误以为老庄之言故也。③

可以说，二程之所以“藏而秘之，终身未尝言及”，是因为他们始终没有能够解决太极“自有而有”的问题。关于这一点，从其终身秘藏《太极图》这个事实中就能得到证明。后来的朱熹也没有能够很好地解决“自有而有”的问题，因为他片面地将“太极”解释为无形的“理”。他说：“‘无极而太极’，只是说无形而有理。所谓太极者，只二气五行之理。”④又说：“太极是五行阴阳之理皆有，不是空底物事。”⑤从形式上看，朱熹将“太极”解释为“五行阴阳之理”，好像就解决了宇宙万物“自有而有”的运动过程。其实，如果进一步追问“理”是什么，朱熹就又不自觉地回到了“自无而有”的老路上去了。比如，他说：“未有天地之先，毕竟也是先有此理。”⑥而“理”是天地之心，“心固是主宰底意，然所谓主宰

---

① （元）吴澄：《吴文正集》卷 3《答田副使第二书》，文渊阁《四库全书》第 1197 册，第 42 页。
② （元）吴澄：《吴文正集》卷 3《答田副使第二书》，文渊阁《四库全书》第 1197 册，第 43 页。
③ （元）吴澄：《吴文正集》卷 3《答田副使第二书》，文渊阁《四库全书》第 1197 册，第 43 页。
④ （宋）黎靖德编，王星贤点校：《朱子语类》卷 94《周子之书 · 太极图》，第 2365 页。
⑤ （宋）黎靖德编，王星贤点校：《朱子语类》卷 94《周子之书 · 太极图》，第 2367 页。
⑥ （宋）黎靖德编，王星贤点校：《朱子语类》卷 1《理气上 · 太极天地上》，第 1 页。

者，即是理也”[①]。在这样的思维方式之下，朱熹尽管说“理未尝离乎气”[②]，但那是以承认理的主宰地位为先决条件的。实际上，气相对于理，仅仅是从属性的和被动的。吴澄看到了朱熹“太极”思想中所固有的逻辑缺陷，因而他吸取了汉唐经学家“太极元气”的思想，并结合朱熹的理学思想，化腐朽为神奇，给人们展示了一幅广袤宇宙形成和演化的生动图景。例如，《汉书》载：“太极元气，函三为一。极，中也。元，始也。”[③]这句话的中心意思是说太极本身就是元气，元气与太极是一体的。在吴澄看来，对于“太极”这个“一”而言，仅有“气”还是不够的，所以他才提出了“太极，理气浑是也”的思想命题。

（二）吴澄的“混元太一之气”与“原理”思想

为了叙述的方便，我们分别讨论吴澄的“混元太一之气”思想和“原理”思想。

1. 吴澄的“混元太一之气”思想

宇宙的本体究竟是什么？吴澄做了十分明确的回答：

> 天地之初，混沌鸿蒙，清浊未判，莽莽荡荡，但一气尔。[④]

“一气”看似简单，既无始又无终，既能生成万物又能使万物归于消亡，但此“一气”本身是如何运动的？它有没有更具体的内部结构？如果有，那内部结构的机制运行怎样？等等，对这些问题都需要进行更加深入的研究和回答。

首先，吴澄承认阴阳是太极运动变化的根源。他在解释《易传·系辞上》“一阴一阳之谓道”一句话的内涵时说：

> 天地间阴阳二气而已，圣人合卦象与蓍数而名曰易者，取阴阳互相更易之义。庄氏云易以道阴阳是也，故此章专言阴阳二字以明易之所以为易者，阴阳也。一阴一阳谓阴而阳，阳而阴，循环无端也。周子曰：动而生阳，动极而静，静而生阴，静极复动，一动一静，互为其根是也。阴阳，气也；道者，理也。然非别有一物，在气中即是气而为之主宰者道也。程子说：阴阳非道也，所以一阴一阳者道也。[⑤]

实际上，把宇宙万物运动变化的根源归之于阴阳，是中国古代道家科技思想的一个基本特点。在这里，吴澄仅仅重复了前人的观点，却并没有增加任何新的思想内容。而与《易传》之阴阳观略微不一样的地方是，吴澄所思考的问题绝不是经验世界里的宇宙，尽管这是他所思索对象的一个组成部分。比如，他说：“澄窃谓伏羲当初作《易》时，仰观天文，天文只是阴阳；俯察地理，地理只是阴阳，观鸟兽之文与地所宜之草木，近取诸人之一身，远取诸一切动植及世间服食器用之物，亦无一而非阴阳者。”[⑥]这完全是经验世界里的阴阳，是人们能够通过自己的感觉器官直接感受到的阴阳，换言之，这是现实生活层面上的阴阳。

① （宋）黎靖德编，王星贤点校：《朱子语类》卷1《理气上·太极天地上》，第4页。
② （宋）黎靖德编，王星贤点校：《朱子语类》卷1《理气上·太极天地上》，第3页。
③ 《汉书》卷21上《律历志上》，第964页。
④ （元）吴澄：《吴文正集》卷1《原理》，《景印文渊阁四库全书》第1197册，第14页。
⑤ （元）吴澄：《易纂言》，上海：上海古籍出版社，1990年，第148页。
⑥ （元）吴澄：《吴文正集》卷3《答田副使第二书》，《景印文渊阁四库全书》第1197册，第47页。

除此之外，还有一种阴阳是终极层面上的阴阳，它是人们用经验方法所无法认识的阴阳，这个阴阳即是太极阴阳。

然而，这里的太极阴阳，不是回答宇宙是什么和怎么样的问题，而是回答宇宙从何而来的问题，也就是回答宇宙的起源问题。

关于宇宙的起源，目前有多种假说，如宇宙大爆炸说、宇宙无中生有说、暴胀宇宙说等。不过，无论哪一种宇宙的起源假说，都离不开对宇宙形成中的各种化学元素进行研究和探讨。一句话，宇宙起源问题在一定程度上也是解决化学元素的本质问题，两者具有高度的统一性。爱因斯坦说："知识不能单从经验中得出，而只能从理智的发明同观察到的事实两者的比较中得出。"[①]从这个观念出发，爱因斯坦不仅提出了光量子概念，创立了狭义相对论和广义相对论，而且积极追求"统一场理论"。虽然对于爱因斯坦的"统一场理论"，科学界存在着各种不同的看法，比如，普利高津、邦迪、约翰·惠勒等，他们就很不理解爱因斯坦的"统一论"思想。普利高津甚至宣称：爱因斯坦想把物理学的一切定律都压缩到一个"统一场论"中，"这个巨大梦想今天已经破灭了"[②]。在今天，"统一场论"真的破灭了吗？当然没有。例如，1973 年美国哈佛大学的格拉肖发现了把电磁力、核弱力和核强力统一起来的一个数学公式；1995 年普林斯顿大学的爱德华-威滕提出了 M 理论；温伯格-萨拉姆所建立的弱电统一理论已经得到了新的实验事实的支持。[③]可见，爱因斯坦的"统一场论"绝不是"永动机"，因为它虽然是一种抽象的可能性，但并非真正的不可能，而是在将来可以实现的可能性。我们之所以对爱因斯坦的"统一场论"充满了信心，除了它本身具有一定的现实根据以外，主要还是因为它近似于吴澄的"太极阴阳"思想。"太极阴阳"是一个整体，更是一个关于宇宙起源的结构模型。在这个结构模型里，吴澄反对将"太极"与"阴阳"作逻辑上的先后之分，像"阴阳之前先有太极，太极之前先有无极"[④]这样的机械性叠加认识，在他看来就是非常错误的。于是，他提出了"阴阳太极同时"[⑤]的命题。而这个思想命题的重要意义在于它说明了一个道理，那就是太极不需要外力的推动，其自身以自身的存在为根据，化生万物，变易不已。

其次，太极是一个无穷大的能量场，它本身具有质能守恒的特征。吴澄为了构造宇宙的起源模型，他区分了"太极"与"太一"、"太一"与"阴阳"及"太极"与"元"等概念。尽管从形式上看，吴澄之说有犯纯粹概念运动之嫌，但他确实把我国古代的宇宙起源学说推向了深入。例如，吴澄同意朱熹在"太一"问题上的看法，他说：

> 夫子所言之太极指道而言，则不可言分，言分者是指阴阳未判之时，故朱子《易赞》曰：太一肇判，阴降阳升，不言太极而言太一，是朱子之有特见也。朱子本义解

---

① 许良英等编译：《爱因斯坦文集》第 1 卷，第 278 页。

② 湛垦华等：《普利高津与耗散结构理论》，西安：陕西科学技术出版社，1982 年，第 201 页。

③ 林川水：《爱因斯坦最后的问题》，《大科技》2004 年第 7 期；武杰：《再论爱因斯坦的统一性思想》，《山西高等学校社会科学学报》1994 年第 3 期。

④ （元）吴澄：《吴文正集》卷 3《答田副使第三书》，《景印文渊阁四库全书》第 1197 册，第 57 页。

⑤ （元）吴澄：《吴文正集》卷 3《答田副使第三书》，《景印文渊阁四库全书》第 1197 册，第 57 页。

易有太极云：易者，阴阳之变；太极者，其理也。朱子只以阴阳之变解易字，太极者是易之本原。①

这段论述表明：在“太极”与“阴阳”之间，不是直接统一的，而是中间还有一层结构，这个结构便是“太一”。“太一”包含着阴阳两个实有，是“太极”的核心。可见，这种构造近似于生物学里的细胞。其中“太极”相当于细胞膜，“太一”（也称“太一之气”）相当于细胞质，阴阳相当于细胞核。

当然，把“太极”比作细胞，也是吴澄本人的意思。因为吴澄引《三五历纪》的话说：“未有天地之时，混沌如鸡子，溟涬鸿蒙谓之太极元气，函三为一。”②此初的“函三为一”应当是指“太一”、阴与阳三者的统一，而“一”指的是“太极”，也就是说“太一”、阴与阳三者共处于“太极”这个统一体中。

那么，“太极”在吴澄的话语体系里究竟具有什么样的意义？

吴澄有一篇专论，名为《无极太极说》。在这篇专论里，吴澄认为“太极”本身具有很多性质。他说：

全体自然曰天，主宰造化曰帝，妙用不测曰神，付与万物曰命，物受以生曰性，得此性曰德，具于心曰仁，天地万物之统会曰太极。道也，理也，诚也，天也，帝也，神也，命也，性也，德也，仁也，太极也，名虽不同，其实一也。③

从自然科学哲学的思维角度讲，人们也许会问：“太极”这个实体如何能包含这么多的事物性质呢？

原来，“太极”不是一个有限的实体，而是一个无限巨大的能量场。对此，吴澄说：

太极者，盖曰此极乃甚大之极，非若一物一处之极，然彼一物一处之极，极之小者尔，此天地万物之极，极之至大者也。④

此“极之至大者”非能量莫属，有人干脆称之为“太极能量”。当然，对于“太极能量”这个概念，究竟如何定义，它与现代科学的关系是什么等，这些问题尚需进一步论证，总的来看，“太极能量”的概念还有待完善。虽然如此，但从能量的视角来关注“太极”问题，不失为探索宇宙起源问题的一种方法。

过去，我们研究中国古代科学思想史，对吴澄这个人物是忽略的。实际上，吴澄这个人物很不简单，比如，他自觉地意识到了宇宙起源于大爆炸的问题。诚然，限于当时科技发展的历史水平和儒家固有的传统文化观念，他没有具体阐释宇宙由于大爆炸而出现的各种状态，而是用一幅图即《洛书》来向人们传达了宇宙大爆炸的思想信息，如图 2-17所示。

---

① （元）吴澄：《吴文正集》卷 3《答海南海北道廉访副使田君泽问》，《景印文渊阁四库全书》第 1197 册，第 39 页。
② （元）吴澄：《吴文正集》卷 3《答田副使第二书》，《景印文渊阁四库全书》第 1197 册，第 42 页。
③ （元）吴澄：《吴文正集》卷 4《无极太极说》，《景印文渊阁四库全书》第 1197 册，第 60 页。
④ （元）吴澄：《吴文正集》卷 4《无极太极说》，《景印文渊阁四库全书》第 1197 册，第 61 页。

由图 2-17 可知（抛去其数字排列的形式），从宇宙中心点开始的巨大爆炸，是“太极能量”于刹那间释放出来的一种形象化的反映，既形象又真实。所以该图无疑是中国古代解释宇宙起源问题的第一图，它本身所具有的科学性远远超过了周敦颐的《太极图》。

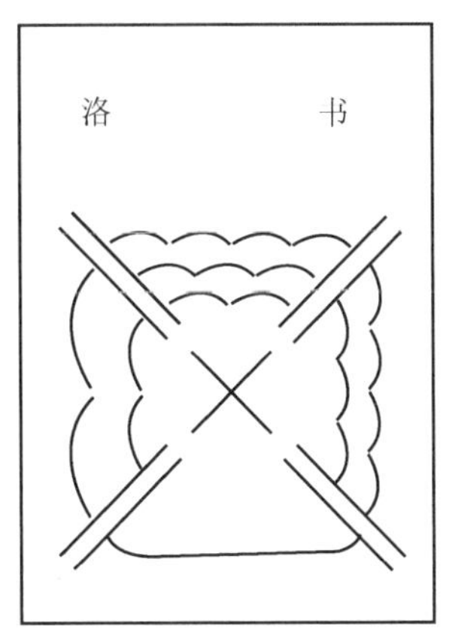

图 2-17　《洛书》与太极能量示意图

在吴澄看来，“太极能量”既不增加又不减少，它遵守能量守恒定律。他说：

> 太极常常如此，始终一般，无增无减，无分无合。[①]

由于吴澄使用的是文字表达方式，而不是物理实验的描述，所以人们很容易忽视他的科学思想。事实上，1837 年德国化学家弗里德利希·莫尔正是用文字表述了各种物质运动形式的统一，以及在适当条件下相互转化的思想。经考，吴澄在阐释太极能量守恒的问题时，也是以“元气”形式的相互转化为基础的。比如，吴澄说：

> 元，无顷之不运。贞下之元，静，极之动也；静根动，动根静，天地之机也，天地之寿无穷者。[②]

在此，所谓“无顷之不运”即是指宇宙万物的相互转化，而这种转化是永无止境的，用吴澄的话说，就是“天地之寿无穷”。在这里，我们只要把上述思想加以具体地表述，那就变成了能量的相互转化和守恒定律了。而吴澄所讲的“太极能量”既“无增无减”，又“无分无合”，便是就物质运动在质上不灭这个层面来说的。

2. 吴澄的“原理”思想

吴澄说：“阴阳之所以能变易者，理也。”[③]依吴澄之见，“理”是“太一”运动变化的动力因。那么，如何理解“理”与“太一”的关系？吴澄提出了以下三个思想：

第一，“理在气中”。我们知道，在程朱理学的思想体系里，理与气的地位是不同的。例如，朱熹说：“未有天地之先，毕竟也只是理。有此理，便有此天地；若无此理，便亦无

① （元）吴澄：《吴文正集》卷 3《答田副使第三书》，《景印文渊阁四库全书》第 1197 册，第 55 页。
② （元）吴澄：《吴文正集》卷 4《静寿堂说》，《景印文渊阁四库全书》第 1197 册，第 64 页。
③ （元）吴澄：《吴文正集》卷 3《答田副使第二书》，《景印文渊阁四库全书》第 1197 册，第 49 页。

天地。”[①]又说：“理与气本无先后之可言。但推上去时，却如理在先，气在后相似。”[②]不管朱熹如何理会和辩解，他在客观上承认理逻辑地在先，气逻辑地在后，这一点是无可争议的和确定的。从这个前提出发，很容易倒向神秘主义的外力论。根据元代科学发展的实际需要，吴澄大胆地否定了理先气后说，实在是我国古代科技思想发展史上的一个大进步。吴澄说：

气之所以能如此者何也？以理为之主宰也。理者非别有一物在气中，只是为气之主宰者即是，无理外之气，亦无气外之理。[③]

如果说“无理外之气，亦无气外之理”的表述比较一般，在逻辑上还不是十分有力和清晰，那么，下面的命题就非常具有个性了。吴澄说：

理在气中，同时俱有。[④]

对于这个命题，我们可以分成两个部分：一部分是“理在气中”，它属于一个哲学命题，另一部分是“同时俱有”，它属于一个科学命题。前面我们讲过，大爆炸宇宙说和暴胀宇宙说给出了宇宙诞生的具体时间和过程。据席泽宗推算[⑤]：奇点期（10^{-44}秒），物质处于完全辐射状态，时空开始形成（10^{32}K）；极早期（10^{-36}秒），重子开始形成（10^{28}K）；早期（10^{-12}秒），氦、氘、锂等重元素开始形成（10^{16}K）；现期（10^{-4}秒），星系胚（巨大的气体星云）开始形成（10^{12}K）。又，根据暴胀宇宙说，在大爆炸后不到10^{-35}秒的瞬间，宇宙迅速膨胀，这个阶段持续约10^{-32}秒，但宇宙膨胀的体积却增大了10^{43}倍[⑥]，这是非常令人难以想象的。用吴澄的表述方式来说，理与气两者在10^{-35}—10^{-44}秒就完成了宇宙的诞生过程，从理论上讲确实可以看作是“同时性”的。

第二，理使宇宙的演化呈现出阶段性的特点。吴澄说：

一元凡十二万九千八百岁，分为十二会，一会计一万八百岁。天地之运，至戌会之中为闭物，两间人物俱无矣。如是，又五千四百年而戌会终，自亥会始五千四百年，当亥会之中而地之重浊凝结者，悉皆融散与轻清之天，混合为一，故曰浑沌。清浊之混逐渐转甚，又五千四百年，而亥会终，昏暗极矣，是天地之一终也。贞下起元，又肇一。初为子会之始，仍是混沌，是谓太始。言一元之始也，是谓太一，言清浊之气，混合为一而未分也。又谓之混元，混即太一之谓。元即太始之谓，合二名而总称之也。自此，逐渐开明，又五千四百年当子会之中，轻清之气腾上，有日有月，有星有辰，日月星辰四者成象而共为天，故曰天开于子，浊气虽抟在中间，然未凝结坚实，故未有地，又五千四百年而子会终，又自丑会之始，五千四百年当丑会之中，重浊之气凝

① （宋）黎靖德编，王星贤点校：《朱子语类》卷1《理气上·太极天地上》，第1页。
② （宋）黎靖德编，王星贤点校：《朱子语类》卷1《理气上·太极天地上》，第3页。
③ （元）吴澄：《吴文正集》卷2《答人问性理》，《景印文渊阁四库全书》第1197册，第32页。
④ （元）吴澄：《吴文正集》卷3《答田副使第三书》，《景印文渊阁四库全书》第1197册，第51页。
⑤ 席泽宗：《科学史十论》，上海：复旦大学出版社，2003年，第129页。
⑥ 崔钟雷：《宇宙未解之谜》，长春：吉林人民出版社，2008年，第11页。

结者，始坚实而成土石，湿润之气为水流而不凝，燥烈之气为火，隐而不显，水火土石四者成形而共为地，故曰地辟于丑。又五千四百年而丑会终，又自寅会之始五千四百年，当寅会之中，两间之人物始生，故曰人生于寅，开物之前浑沌太始，混元之如此者，太极之为也。开物之后有天地，有人物如此者，太极为之也。开物之后，人销物尽，天地又合为混沌者，亦太极为之也。[①]

在这段话里，至少包含两个基本思想：一是昭示宇宙万物发展变化的阶段论；二是描述宇宙万物发展变化的循环论。就阶段论而言，吴澄将宇宙万物发展变化的一个周期定为12 980年，是为一元。显然，在整个宇宙时空的大尺度内，这个时间长度远远不够，而实际的宇宙年龄要比吴澄所依据的年龄大许多。不过，为了揭示吴澄“原理”思想的实质和精髓，我们可不必计较他在细节上的错误。在吴澄看来，一元分12会，即子会、丑会、寅会、卯会、辰会、巳会、午会、未会、申会、酉会、戌会及亥会，一会10 800年，每一会都存在着阴阳变化，所以需要一分为二，即每会之中包括两个小阶段，而每个阶段各经历5400年。为了与当时人们的认识习惯相适应，吴澄将《周易》中的元、亨、利、贞配以春、夏、秋、冬。[②]由此一来，宇宙万物的发展变化不仅呈现出阶段性，而且以循环运动为特征。

从元到贞的周期性变化，吴澄用“贞下起元，又肇一”来概括，意思是说当一个旧的周期结束之时，一个新的周期马上就接着开始，宇宙万物的发展变化就是在这样不间断地进行新陈代谢的周期性更替过程中，相互转化和往复无穷。

另外，吴澄的“开物”和“闭物”思想，在基本观点上与目前天文学家的“椭圆—旋涡”与“旋涡—椭圆”（即“旋开—旋闭”与“旋闭—旋开”）之争颇相类似。吴澄说：

戌会之中为闭物，两间人物俱无矣。[③]

大约经过亥会之后，到子会之中，复又开物成象，如图2-18所示。

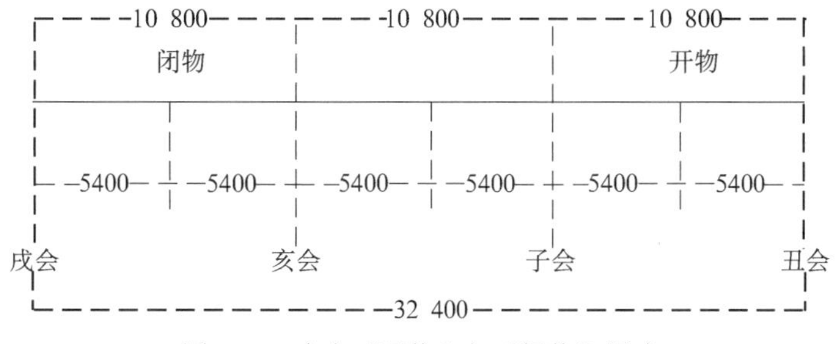

图2-18 宇宙“开物”与“闭物”图式

就“开物”与“闭物”的时间长度来说，吴澄仅仅给出5400×4=21 600 年，显得略有不足。然而，从其思想的主要特征看，他对于宇宙星辰及万物的生成和变化的认识在今天毕竟还有一定的价值和借鉴作用。因此，他的研究方法本身也有值得肯定的方面。不过，

---

① （元）吴澄：《吴文正集》卷3《答田副使第三书》，《景印文渊阁四库全书》第1197册，第54—55页。

② （元）吴澄：《易纂言》卷9《文言传》，上海：上海古籍出版社，1990年，第169页。

③ （元）吴澄：《吴文正集》卷3《答田副使第三书》，《景印文渊阁四库全书》第1197册，第54页。

随着人类科学的进一步发展和技术手段的更加精密化，吴澄的天文学思想也必然会继续得到新的修正、补充和完善。

第三，“天地絪缊变化之机”①。前面讲过，吴澄重视对事物存在和发展之“所以然”的探究。他说：“凡物必有所以然之故”，而“所以然者理也”②。为了说明天地万物“变易”之理，吴澄从质和量两个方面进行了阐释。他说：

> 自未有天地之前至既有天地之后，只是阴阳二气而已。本只是一气，分而言之则曰阴阳。又就阴阳中细分之，则为五行，五气即二气，二气即一气。③

我们说“阴阳”是太极这个巨细胞的核心，此表述说明太极本身并非一个不可分割的“单子”。按照吴澄的看法，“阴阳”本身还有结构，比如，“五行”便是“阴阳”的内在结构之一。在太极这个巨细胞的核心，亦称“太一”，理和气相互作用和相互影响，就像DNA（脱氧核糖核酸）的自我复制一样。

“太一”的自我复制过程可以绘成图2-19。从图2-19中，我们能直观地看出，由“太一”不断生成“理”和“气”，从第一层次到第二层次、第三层次，以至无穷，这是一个由简单到复杂的进化系统；反过来，复杂的事物发展到一定阶段，便不可避免地又回归到原来的简单层面，所谓“五气即二气，二气即一气”，就是指由复杂回归简单的过程。当然，从质的方面来说明“天地絪缊变化之机”，仅仅是问题的一个侧面，而为了更深入地认识天地万物变化的内在机理，还需要从量的方面来加以说明。吴澄根据前人对日月星辰的观察和研究成果，在《原理》一文中比较详细地论述了岁差、日月食、南北极等天文学问题。他的论述虽然并无新意，但是却反映了他“原理”或称“历理”思想的一个侧面。他说：

> 积气之中有光耀，为星二十八宿及众星皆是，犹地之石也。日月五纬乃阴阳五行之精，成象而可见者，浮生太虚中与天不相系著，各自运行迟速不等，天左旋于地外，一昼夜一周匝，自地之正午观之则其周匝之处第二日子时微有争差。盖周匝而过之，观天者定其阔狭名曰一度，每日运行一周匝而过一度，至三百六十五日三时有奇，则地之午中所直天度始与三百六十五日以前子时初起之处合，故定天度为三百六十五度四分度之一有奇。④

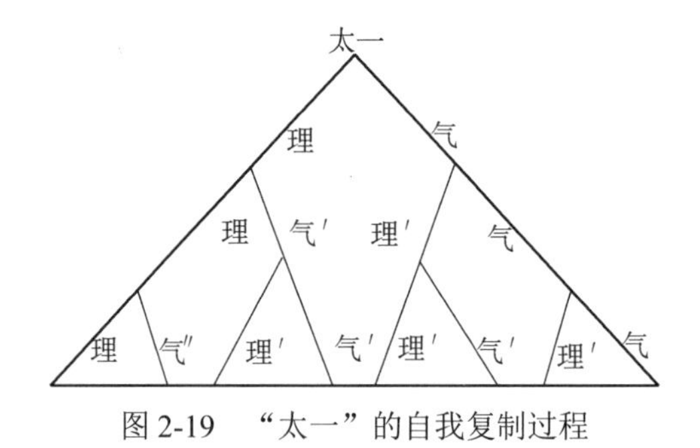

图2-19 “太一”的自我复制过程

① （元）吴澄：《吴文正集》卷3《答田副使第二书》，《景印文渊阁四库全书》第1197册，第47页。
② （元）吴澄：《吴文正集》卷2《评郑浃漈〈通志〉答刘教谕》，《景印文渊阁四库全书》第1197册，第25页。
③ （元）吴澄：《吴文正集》卷2《答人问性理》，《景印文渊阁四库全书》第1197册，第32页。
④ （元）吴澄：《吴文正集》卷1《原理》，《景印文渊阁四库全书》第1197册，第14—15页。

此处所说的“天”，实际上指的是太阳系。太阳是一颗恒星，对于它的起源，目前有星云假说、星子假说、潮汐假说、施密特的俘获说、巨星依次分离说、循环日爆说等近50种，而吴澄认为太阳系是“积气”所成。他说：

> 天地之初，混沌鸿蒙，清浊未判，莽莽荡荡，但一气尔，及其久也，其运转于外者，渐渐轻清，其凝聚于中者，渐渐重浊……天包地外，旋绕不停，地处天内，安静不动。①

可见，吴澄在坚持“地心说”的前提下，提出了近于“星云说”的太阳系起源思想。在吴澄看来，由于宇宙空间存在着无数像太阳一样的恒星，它们的形成应当同太阳的形成途径是一样的。于是，他进一步提出了宇宙空间存在着多个“星云旋转中心”。其表达式如下②：

一气→阴阳二气→五气（即五行）

在这里，“五”是指多。这样，由多个“星云旋转中心”形成“二十八宿及众星”，这实际上已经牵涉银河系和河外星系的起源问题了。从理论上，我们假设地球是一个质点，而太阳环绕地球不停地作旋转运动，诚如吴澄所说“天左旋于地外，一昼夜一周匝”，那么，由于受其他星体引力的影响，太阳自身的旋转速度有比较明显的迟疾现象，即太阳的轨道运动是一个不均匀的运动。显然，吴澄的这个思想是对元代之前我国古代对太阳周年运动观察和研究成果的概括和总结，其基本思想与现代天文学的观察实际相符合。吴澄又说：

> 日亦左行，昼行地上，夜行地下，昼夜一周匝，但比天度则不及一度，盖日之行也，与地相直处，日月齐同无过不及，而天之行也，与地相直处，一日过一度，二日过二度，三日过三度，故历家以日之不及天而退一度者为右行一度，盖以截法取其易算尔……天度一周之时三百六五日四分日之一而有余，日道一周之时三百六十五日四分日之一而不足，天度有余，日道不足，故六十余年之后冬至所直天度率差一度，是谓岁差。③

在这里，我们必须指出吴澄对昼夜形成的原因做了错误的解释，但这仅仅是问题的一个方面。另一方面，我们还要看到，在“地心说”所允许的范围内，吴澄依据当时天文学发展的实际水平，还对“岁差”现象进行了一定程度的阐释，而正是通过吴澄等人的努力，“岁差”的观念在元代才逐渐深入人心，这是元代理学取得的一个非常重要的科学思想成果。吴澄有诗云：

> 天运比日舒，月行比日徐。舒缩生岁差，徐疾成闰余。④

其他如许衡、陈栎、李谦等，也都有明确的“岁差”意识。比如，陈栎说：“虽岁差数

① （元）吴澄：《吴文正集》卷1《原理》，《景印文渊阁四库全书》第1197册，第14页。
② （元）吴澄：《吴文正集》卷2《答人问性理》，《景印文渊阁四库全书》第1197册，第32页。
③ （元）吴澄：《吴文正集》卷1《原理》，《景印文渊阁四库全书》第1197册，第15页。
④ （元）吴澄：《吴文正集》卷91《感兴时第二首》，《景印文渊阁四库全书》第1197册，第841页。

难以一说定之，而岁之必差可知矣。”[①]而这个思想对于自董仲舒以来儒家所宣扬的“天不变，道亦不变”[②]思想无疑是一个巨大的冲击和否定。

从《周髀算经》到《朱子语类》，月行的速度问题一直是历家和儒家“天道”思想所探讨的基本问题之一。虽然早在东汉以前，人们就认识到了月行速度有快慢的问题，如贾逵说：“今史官推合朔、弦、望、月食加时，率多不中，在于不知月行迟疾意。永平中，诏书令故太史待诏张隆以《四分法》署弦、望、月食加时。……今案隆所署多失。臣使隆逆推前手所署，不应，或异日，不中天乃益远，至十余度。梵、统以史官候注考校，月行当有迟疾，不必在牵牛、东井、娄、角之间，又非所谓朓，侧匿，乃由月所行道有远近出入所生，率一月移故所疾处三度，九岁九道一复。”[③]但直到后汉灵帝光和中刘洪编撰《乾象历》时，才第一次考虑到月行速度的快慢问题。刘洪将月行速度的快慢引入历法，因而导致了南北朝时期的废“平朔”而用“定朔”之争。可惜，何承天、刘孝和、刘焯等拟在历法中采用定朔的主张，都未能被封建统治者所认可和采纳。后来，唐高祖虽准予颁行用定朔而不用平朔的《戊寅元历》，但为时不长，终因众人的反对，又不得不改用平朔。到元代，许衡等在编撰《授时历》的过程中，采用定朔、平气注历，并为封建统治者所认可，从而使《授时历》成为我国古代使用时间最长、精度最高的一部历法。为了与月行快慢的实际速度相适应，许衡等在编撰《授时历》的过程中提出了“气盈”“朔虚”“闰余”等概念，吴澄及时把这些概念吸收到自己的研究成果中，这个实例体现了他的科技思想本身具有先进性的一面。例如，吴澄说：

> 月亦左行，犹迟于日一昼夜不及天十三度十九分度之七，盖日行疾于月而退度不及天一度，反若迟。然月行迟于日而退度不及天十三度有奇，反若速。然日之行三十日五时有奇，而历一辰则为一月之气，月之行二十九日六时有奇……朔虚六时，不满积十二气盈，凡五日三时不满十二朔虚。凡五日七时有奇，一岁气盈朔虚共十日十一时有奇，将及三载则积之三十日而置一闰，日之有余为气盈，月之不足为朔虚，气盈朔虚之积是为之闰余，五星之行亦犹日月其行有迟速，其行过于天则为逆，其行与天等则为留，其行不及天则为顺，日月五星之与天体相值也。[④]

在此，月的每日平行度为“十三度十九分度之七”，即13°.368 42，取自《朱子语类》卷2《理气下》，而没有取《授时历》的13°.368 75，反映了吴澄对程朱理学的那种不愿割舍的思想情结，同时这也说明科学与理学的关系不是简单的平移，而是复杂的交织。另外，《授时历》测定的朔望月长29.530 593日，此亦是金代《重修大明历》所用的数值，而吴澄认为朔望月长“二十九日六时有奇”。与现代天文学的观测数值相比较，吴澄所采用的数值也在合理的范围之内，因为朔望月的长度并不是固定不变的，而朔望月长29.530 593日仅

---

① （元）陈栎：《定宇集》卷4《考辨论·中星考》，《景印文渊阁四库全书》第1205册，第201页。
② 《汉书》卷56《董仲舒传》，第2519页。
③ 《后汉书·律历志中》，第3030页。
④ （元）吴澄：《吴文正集》卷1《原理》，《景印文渊阁四库全书》第1197册，第15—16页。

仅是一个平均值。

二、《易纂言》及《易纂言外翼》中的象数思想及其价值

据四库全书《易纂言》提要称："（吴澄）在元人说易诸家，固终为巨擘。"[①]又，四库全书《易纂言外翼》提要云："自唐定《正义》，《易》遂以王弼为宗，象数之学，久置不讲。澄为《纂言》，一决于象。史谓其能尽破传注之穿凿，故言《易》者多宗之。"[②]可见，《易纂言》与《易纂言外翼》这两部著作对于确立吴澄在元代乃至中国古代易学发展史上的重要地位，具有特别关键的意义。

由《宋元学案》可知，《易纂言》成书于至治二年（1322），而天历二年（1329）《易纂言外翼》完稿。[③]其中《草庐行状》谓："《外翼》十二篇，曰卦统，曰卦对，曰卦变，曰卦主，曰变卦，曰互卦，曰象例，曰占例，曰辞例，曰变例，曰易原，曰易流。"[④]与之比照，现传本《易纂言外翼》仅有"卦统""卦对""卦主""象例""占例""辞例""变例""易流"8 篇，缺失"卦变""变卦""互卦""易原"4 篇。尽管如此，从总体上看，吴澄象数学思想的基本点还是能够通过以上残篇而一个个地浮现出来。

截至目前，学界对吴澄象数学思想的研究已经取得了不少成果，如唐宇元的《吴澄评传》[⑤]、徐志锐的《宋明易学概论》第三章"吴澄象数义理之学"[⑥]、章伟文的《略析吴澄的易学象数思想》[⑦]、孙美贞的《吴澄理学思想研究》[⑧]、杨自平的《吴澄〈易学〉研究——释象与"象例"》[⑨]、方旭东的《吴澄评传》[⑩]、王新春的《吴澄理学视野下的易学天人之学》[⑪]、张国洪的《吴澄的象数义理之学》[⑫]、朱伯崑主编的《周易知识通览》第三编第五章之"吴澄与象学"[⑬]等，不仅研究吴澄象数学的视角越来越多元化，而且开拓的广度和深度也越来越趋于理性化和科学化。

象数学在封建社会里长期处于被垄断的地位，因而在过去一个很长的历史时期里，民间研究象数都是被严格禁止的。例如，北宋太平兴国二年（977）诏令："禁天文卜相等书，私习者斩。"[⑭]元至治元年（1321）五月规定："禁日者毋交通诸王，驸马，掌阴阳五科者毋

① （元）吴澄：《易纂言》，第 2 页。
② （元）吴澄：《易纂言外翼》，上海：上海古籍出版社，1990 年，第 2 页。
③ （清）黄宗羲原著，（清）全祖望补修，陈金生、梁运华点攀亲：《宋元学案》卷 92《草庐学案》，第 3050 页。
④ （清）黄宗羲原著，（清）全祖望补修，陈金生、梁运华点攀亲：《宋元学案》卷 92《草庐学案》，第 3050 页。
⑤ 唐宇元：《吴澄评传》，《中国古代著名哲学家评传续编三》，济南：齐鲁书社，1982 年，第 517—572 页。
⑥ 徐志锐：《宋明易学概论》，沈阳：辽宁古籍出版社，1997 年，第 12—58 页。
⑦ 章伟文：《略析吴澄的易学象数思想》，《周易研究》1998 年第 2 期，第 53—63 页。
⑧ 孙美贞：《吴澄理学思想研究》，中国社会科学院 2000 年博士学位论文。
⑨ 杨自平：《吴澄〈易学〉研究——释象与"象例"》，《元代经学国际研讨会论文集》，台北："中央"研究院中国文哲研究所，2001 年。
⑩ 方旭东：《吴澄评传》，南京：南京大学出版社，2005 年，第 84—108 页。
⑪ 王新春：《吴澄理学视野下的易学天人之学》，《周易研究》2005 年第 6 期，第 51—63 页。
⑫ 张国洪：《吴澄的象数义理之学》，山东大学 2006 年博士学位论文。
⑬ 朱伯崑主编：《周易知识通览》，济南：齐鲁书社，1993 年。
⑭ 《宋史》卷 4《太宗本纪一》，第 57 页。

泄占候。”[①]从本质上讲，象数学属于“卜相”和“占候”之学，它既可以预测人生，又可以预测异常天象及自然灾害现象的出现，这不能不引起封建统治者的内心恐惧，而吴澄的《易纂言外翼》4篇的缺失很可能与元明统治者对待象数学的严禁政策有关。从这个层面看，象数学获得新生确实是托我们时代之福。

至于《易纂言》和《易纂言外翼》本身所包含的象数学思想，前人已作过多方位的阐释，本书为避免过多重复，拟根据吴澄象数学思想的特点试从以下两个方面略述管见。

（一）象数是“气之有次第而可数者”

吴澄把象数看作“太一之气”的一种量的规定，是气本体自身长期发展和演化的必然结果。在吴澄看来，象数不是一种独立的存在，而是一种派生的东西。他说：

> 以象数并理气而言，则象数果别为一物乎？以其气之著见而可状者谓之象，以其气之有次第而可数者谓之数，象数两字不过言气之可状可数者尔，非气之外别有象数也。[②]

依此，则天空中的日月星辰，地球上的山石草木等，凡是一切“可状”的事物皆称为“象”。吴澄释“象”字说：

> 向，兽名，象其形而为字，因假借其字，为物形肖似之称。凡虎兕鹿兔马牛羊犬等字皆象其形也。而肖似之义独于象字取之者，象为极南之兽，中土所无，惟观图画而想见其形，由是图写物形之肖似谓之象。[③]

在此，吴澄把“物形肖似”或“写物形之肖似”作为“象”的一个根本特征。这个特征说明象是对客观事物的一种主观反映，它本身亦是一种实在。具体地讲，象的实在性有两种内涵：一是对客观事物的直接反映，如象形字、手工制品、自然风物等；二是对客观事物的间接反映，如“象为极南之兽，中土所无，惟观图画而想见其形”，即中土人所认识的“象”多是通过“图画”这种形式而获得的，并非亲眼所见。在科学领域，诸如原子核、DNA分子、病毒、细胞分裂等物质形态，对于大多数人来说，他们都是通过书本知识才获得了对上述物质形态的感性认识。

从《易纂言》和《易纂言外翼》的篇章结构及实际内容来看，吴澄讲“象”侧重于对客观事物的直接反映。比如，《易纂言外翼》有一篇《象例》，是专门阐释“象”的实在性特点的。在该篇中，吴澄从九个方面证明了“象”本身所具有的客观实在性：

（1）“象之取于天者”[④]，包括天、日、月、斗、沫、雨、云、霜、冰。其中“天”是

---

① 《元史》卷27《英宗本纪一》，第612页。

② （元）吴澄：《吴文正集》卷3《答田副使第二书》，《景印文渊阁四库全书》第1197册，第42页。

③ （元）吴澄：《易纂言》卷5《象上传》，第114页。

④ （元）吴澄：《易纂言外翼》卷2《象例上》，第11页。

指星系空间，吴澄举“有陨自天”[1]的事例来加以说明；“日”是指地球自转一周的时间，吴澄用12时辰来表示之，他说：

> 日中，午；午前，禺中，巳；午后，昳昃，未；晨者，早食，辰，亦曰早晡者；晚食，申，亦曰晚朝者；日出，卯，亦曰夙夕者；日入，酉，亦曰暮旦者；平旦，寅；昏者，黄昏，戌；子前，人定，亥；子后，鸡鸣，丑；夜者，夜半，子。[2]

用图式表示，如图2-20所示（以地平线为中轴，上为昼，下为夜），“月”是指月相更替的周期，即一个朔望月。根据月相的不同，吴澄把一个朔望月分成生明之月、上弦之月、望之月、既望之月、下弦之月、晦之月，而这6个特征点若与现代人类对月相的认识相参照，则可进一步细化为上蛾眉月和下蛾眉月（即“生明之月”），上弦月，满月（即“望月”），残月和凸月（即“既望之月”），下弦月，新月和晦日（即“晦之月”，看不见月亮），具体情况如图2-21所示。“斗”是指北斗七星，吴澄说：“北斗七星在中宫，星之最大者”[3]。“沫”是指“斗杓下小星也”[4]；“雨”和“云”不可分，因为雨本身是云不断变化的产物，《辞海》释：云是指“悬浮在空中由大量水滴或（和）冰晶组成的可见聚合体”。因此，吴澄注意到了“密云”及“云密蔽而不雨”的现象。“霜”是指在特定气候条件下附着在物体表面上的水汽所凝结而成的冰晶，吴澄解释说：“霜者，露之所结。露者，土之所为，自下而上，地上有阳则坤土之气为露，能滋养万物，及九月五阴，阳消将尽，则露凝为霜。”[5]在这里，用阴阳范畴来说明露和霜形成的道理，虽说从理论上看不免有些粗疏，但基本思想是符合现代气象学原理的；“冰”是指当水达到冰点之后所凝成的具有四面体的结构，用吴澄的话说就是“水遇盛阴之气而凝”[6]。

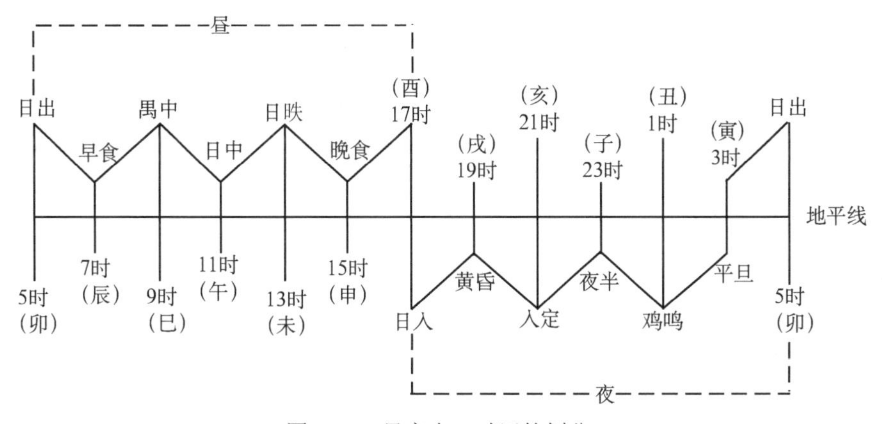

图2-20　昼夜十二时辰的划分

① （元）吴澄：《易纂言外翼》卷2《象例上》，第11页。
② （元）吴澄：《易纂言外翼》卷2《象例上》，第12页。
③ （元）吴澄：《易纂言外翼》卷2《象例上》，第13页。
④ （元）吴澄：《易纂言外翼》卷2《象例上》，第13页。
⑤ （元）吴澄：《易纂言外翼》卷2《象例上》，第13页。
⑥ （元）吴澄：《易纂言外翼》卷2《象例上》，第13页。

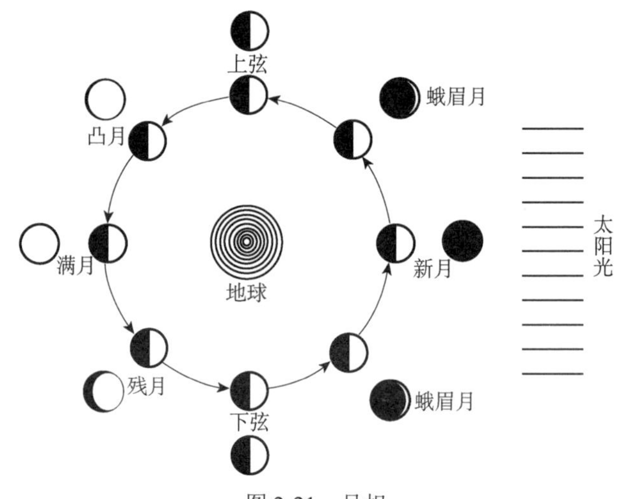

图 2-21　月相

（2）“象之取于地者”[1]，主要有：“地”泛指整个地球表面，包括陆地与海洋，如吴澄说：“日入于地之下。”[2]“田”则是指地球表面之陆地部分，“田，地上也”[3]。“渊”是指深水潭，或者出地而不流者，吴澄说：“渊在地下，龙之所潜。”[4]“龙”是古代神话中的一种动物，有人考证龙的原型是扬子鳄。“川”特指奔腾在两岸中的河流，《管子・度地》云：“水之出于他水，沟流于大水及海者，命曰川水。”在通常情况下，人们经过川水时须借助一定的交通工具，所以吴澄说：“凡涉大川，舟之进而前者。”“河”是指地面上有水流动的天然水道，在吴澄看来，“河，流水之大者”[5]，但其水流量应当较川为缓，因此，吴澄又说：“不用舟而徒涉。”“谷”是指两山之间有出口的水道，即“水之下注者，谷也”。还有一种地下河，吴澄称之为“井谷”，他说：“水之通其下，流而不壅塞，有井水不上出而下注。”“井”是指人工挖成的供人饮水用的深洞，因此，“水在井中”是一层意思，而“汲水上出井口”又是一层意思。“泉”特指那种地下水能流出地面的自流井和地下水不能流出地面的半自流井，吴澄说：“泉水之初出也，坎之中画象，泉出地中，井之九五，则象汲泉上至井口。”“泥”是指土与水混合而成的物质，在一般情况下，人们习惯把路上布满烂泥难以行走的状况称为“泥涂”。“沙”指的是沉积在河流里粒径为 0.005—2 毫米的岩石碎粒，故云：“沙，小石，在水旁，水透入其中。”尽管现在的人们已经发明了水可不透入沙中而是漂浮在沙上的高新技术，但在吴澄生活的那个时代，水透沙是常理。“石”是指构成地壳的矿物集合而成的硬块，有大小之分，吴澄分别用“艮”和“坎”两个概念表示，其中“艮为小石”，而坎为“土中之大石也”。“磐”特指水中的巨石，故吴澄说：磐乃“水中大石，近岸者也”[6]。“干”指水边或河岸，吴澄释：“干，水崖也。”“山”特指西山和岐山，“二

① （元）吴澄：《易纂言外翼》卷 2《象例上》，第 20 页。
② （元）吴澄：《易纂言外翼》卷 2《象例上》，第 13 页。
③ （元）吴澄：《易纂言外翼》卷 2《象例上》，第 13 页。
④ （元）吴澄：《易纂言外翼》卷 2《象例上》，第 13 页。
⑤ （元）吴澄：《易纂言外翼》卷 2《象例上》，第 14 页。
⑥ （元）吴澄：《易纂言外翼》卷 2《象例上》，第 15 页。

山皆在正西”。“林”的意思系“平地有竹木”。“麓”，“山之足也”。“丘”是指小土山，具体地说，即“丘之高得山之半”[①]。“陵”是指大土山，但“取象与丘同”，故有“丘陵”之说。“陆”指高出水面的土地，吴澄释：“陆者，高平广大可以通行之地。”可见，此处的“陆地”为狭义的概念。“道”，依《尔雅》释：“一达谓之道，路之一达而无他歧者也”，就取象而言，“震之大途平广之正路也，艮之径路狭小之山蹊也”。“行”指人生的正确方向或可以作为师范的品行，故曰：“君子有行。”[②]“庭”系指“行道也”，包括天体的运行，如地球围绕太阳的公转，月球围绕地球的旋转等，故《诗》言：“周行，影行是也。”“衢”谓“路之四达者”。“易”即“场”字，谓“在外境穷尽之处”。“野”是指郊外，用吴澄的话说就是“地与天际者”。“郊”系指“国门之外”的地方，亦称邑外。“国”系指诸侯所受封的地域，有“邑国”及“四边国”[③]等称谓。“邑”的意思与“国”同，又泛指一般城镇，故有“邑削众散”之说。“城隍”是指城墙和护城河或壕，吴澄说：“掘地为隍，取其土以架城。”“墉”系指城垣，而“离有垣墉之象”。“藩”的意思是篱笆，故吴澄说：“当羊所触者为藩。”“巷”为胡同之意，吴澄释：“五离之中虚处为巷。”“穴”即“坎窞”，实际上就是一种洞。“庙”是指供奉祖先的处所，如“王假有庙”。“家”的本义是供人类居住之所，故“离外有垣，墉中虚，可居家之象”[④]。“宫”是指帝王所居之处，具体划分，有“剥之宫，有国者之宫也。坤为国，一刚画在外，宫之墙也。五阴在内，宫内之人也。困之宫，有家者之宫也”。“门”指安装在建筑物出入口能闭藏自固的设备，其附属建筑有“阙”、“除”（台阶）等。户，规格较“门”为低，吴澄说：“艮为门者，二偶画为出入之所，户门之半也。故一画之偶为户。丰之户五也。节初变为柔，为户。庶人之家有户无门，故计民数，以一家为一户。”“牖”是指室与堂之间的窗，吴澄说：“凡室，东户（即室的门）西牖”，且“虚而通明，牖之象也。”[⑤]程颐亦说：“牖，开通之义。室之暗也，故设牖，所以通明。”[⑥]“栋”，《说文解字》：“栋，极也。”所谓“极”即屋顶最高处的那根水平木梁，故吴澄说：“栋者，屋之脊檩也。”“屋”，指房间，在《易传》里，大壮为屋之象，吴澄说：“凡刚变而柔，为减损而小之。柔变而刚，为增益而大之。丰上柔变为刚是增大其屋也。”“庐”，一般指那些简陋居室，因此，吴澄云：“艮有庐象，艮之上画奇变而偶，则上无盖覆矣，是剥其庐也。”“庭”是指门前后的空阔之地，所谓“艮为门，有门外之庭，有门内之庭”[⑦]是也。“背”指正北堂屋，“背，北堂也”。“阶”是指用砖、石等砌成的分层梯级，而“坤土三画，自下而上，阶之象也”。“次”指临时所居止之处所，吴澄释：“次谓权暂止息之地，非常居之地也。故军师之所宿，行旅之所舍，皆曰次。”[⑧]

---

① （元）吴澄：《易纂言外翼》卷2《象例上》，第16页。
② （元）吴澄：《易纂言外翼》卷2《象例上》，第16页。
③ （元）吴澄：《易纂言外翼》卷2《象例上》，第17页。
④ （元）吴澄：《易纂言外翼》卷2《象例上》，第18页。
⑤ （元）吴澄：《易纂言外翼》卷2《象例上》，第19页。
⑥ （宋）程颢、程颐著，王孝鱼点校：《二程集》下册，第847页。
⑦ （元）吴澄：《易纂言外翼》卷2《象例上》，第19页。
⑧ （元）吴澄：《易纂言外翼》卷2《象例上》，第20页。

显而易见，吴澄能十分娴熟地应用中国传统的博物思维于他的易学研究，并且将它发挥到了极致。在宋代，王安石的《诗学》开辟了一条通向博物学研究的路径，在它的引导下，北宋科技走向了中国古代历史的巅峰，涌现出了沈括、陆佃、李诫等一大批杰出的科学家。例如，蔡卞认为：“圣人言《诗》而终于鸟兽草木之名，盖学《诗》者始乎此而由于此，以深求之，莫非性命之理、道德之意也。”[①]吴澄继承了蔡卞的“名物训诂”传统，追求实用之学，从而推动了元代经学科技的发展。

（3）“象之取于人者”[②]。此类因与吴澄的实用性科技思想关系不大，故从略。

（4）“象之取于动物者”[③]。“龙”，前面已经讲过，龙的实物原型应系扬子鳄；“马”，乾、震、坤三阳卦皆有马象，其“乾为马者，性健而行不息也”[④]。“牛”与人类生产和生活的关系非常密切，它是人类较早利用的畜力工具之一，所以吴澄说：“今无妄之牛，人系之于其前，大畜之牛牿加于其首，遁革之牛其皮去毛为革。”“羊”，兑为羊象。“豕”特指已经阉割过的猪。“牲”特指供宴飨祭祀用的马、牛、羊、猪、狗、鸡，吴澄云：“马、牛、羊、豕、犬、鸡为六牲，祭礼所常用者牛、羊、豕三牲也。”[⑤]“虎”，离为虎象，对此，吴澄辨：“荀九家逸象，以艮为虎。先儒或以乾为虎，皆非也。虎者，离象。离于飞类为雉，于走类为虎，皆外有文明而中则阴质也。”“狐”，坎为狐象[⑥]。“鼠”，艮为鼠象。“禽”，为“飞类走类之通称，取坎象”。“鸟”，亦取坎象。“隼”亦称“鹘”，为“鸟飞之迅疾者”。“鸿”，今按鸖当作鸿。“鹤”，今按鹄当作鹤。“雉”，俗名野鸡，吴澄说：“离为雉，中阴质而外文明也。”“翰音”，亦称鸡，“巽为鸡，一阴随二阳，鸡之行首先动，足次动而身随之。阴在后随前二阳而动，鸡之象也”。“龟”，因其寿命很长，亦被称为灵龟。吴澄释：“离为龟，中柔者肉，外刚者甲也。”“贝”特指有介壳的软体动物，吴澄说：“贝亦介虫，取离为象。”“鱼”与“鲋”，巽为鱼之象，“鲋，小鱼也”[⑦]。“豚鱼”是指河或江豚鱼，吴澄释：“豚鱼，江豚鱼也。中二阴，鱼之质，外四阳，形貌刚燥似豚，泽将有风则出舟，人谓此鱼为风信。”[⑧]其他如首、牙、角、革、翼等内容略。

（5）“象之取于植物者”[⑨]。“木”，巽为木象，吴澄说：“按字画，一在木下为本，木之根也。一在木上为末，木之枝也。一在木中为朱，木之干也。后人假借为颜色之朱，遂加木于旁以别木朱之朱。”“桑”系落叶乔木，叶子可养蚕，吴澄释：“否互巽而其下又有二阴，象桑根之多也。”“棘”泛指有刺的苗木，吴澄说：“坎中刚，象棘身，上下二偶，象刺，二坎相重为丛。”“蒺藜”为一年生草本，果皮有尖刺，据此，吴澄释：“坎中刚，象其质。上

① （宋）蔡卞：《毛诗名物解》卷17《杂解·草木总解》，《景印文渊阁四库全书》第70册，第596页。
② （元）吴澄：《易纂言外翼》卷2《象例上》，第31页。
③ （元）吴澄：《易纂言外翼》卷4《象例下》，第34页。
④ （元）吴澄：《易纂言外翼》卷4《象例下》，上海：上海古籍出版社，1990年，第31页。
⑤ （元）吴澄：《易纂言外翼》卷4《象例下》，第32页。
⑥ （元）吴澄：《易纂言外翼》卷4《象例下》，第32页。
⑦ （元）吴澄：《易纂言外翼》卷4《象例下》，第33页。
⑧ （元）吴澄：《易纂言外翼》卷4《象例下》，第34页。
⑨ （元）吴澄：《易纂言外翼》卷4《象例下》，第35页。

下二偶，象其刺。"[①]"果"是指植物花落后含有种子的部分，"艮为果蓏，上一阳为果，中下二阴为蓏"。"茅"特指白茅，亦称菅或藉，故吴澄说："藉用白茅。""莽"指密生的草，吴澄说："莽者，草之多。震为旉、为蕃，鲜草之类，皆象震。""葛藟"亦称"千岁藟"，葡萄科落叶木质藤本，吴澄释："巽，木也。上六以柔而缠系于木上，葛藟也。"[②]

（6）"象之取于服物者"[③]。"簪"，或称笄，它的主要功用就是绾住盘起来的头发，故吴澄说："簪即笄也，笄以妆发。"[④]"帛"为丝织品的统称，坤为帛。"繻"，《续古今考》引苏林的话说："繻，帛边也，旧关出入皆以传，传烦，因裂帛头合以为符信也。"[⑤]吴澄采纳了这种说法，并进一步补充道："汉制猎帛边为符信。"[⑥]"衣"，有两层含义：一是人穿在身上的服装，所谓"衣在裳之上"是也；二是指穿旧了的败衣，吴澄说："以缯帛为衣，终有敝坏之时，故曰繻有衣袽，乾之中画变为柔成离，乾体亏损，象衣之败。""袂"，衣袖也。"裳"是指遮蔽下体的衣裙，吴澄释："坤为裳，两开不属也。""带"特指古人的束衣带，亦称鞶带，吴澄说："巽为股上画连而系于股之上，革带也。""绂"指祭服上缝于长衣之前的蔽膝，即"以牛革蔽巽股而垂过股，绂之象也"。"履"指鞋，吴澄说："履形如舟，纳足于其中，故履之字从舟"，而"履卦中一画虚，有舟之象，离中虚，亦有舟之象"[⑦]。

（7）"象之取于食物者"[⑧]。"酒"是指用粮食等发酵所酿成的含有一定乙醇成分的饮料，由于它在中国古代文化中具有特殊的内涵，故有"酒食"之说。"德"不只属于纯粹的精神性范畴，它与食物也有关系，吴澄所强调的正是后一个特点，他说："得食于人曰德，言恩惠所及也。""羞"特指非正馔的美食，对此，吴澄释："俎所荐为正馔，豆所羞为加馔。羞者，牛臛、羊臛、炙羊、炙牛、脔羊、脔牛之类，虽美味而非牲体之正馔。""脀"，传统有两种解释：一是把牲体放入俎中；二是盛牲体的俎。对于这两种说法，吴澄提出了疑义。他说："承、脀，古字通用，而读者误其音释者，误其义。脀，牲之正体。"[⑨]其他如血、膏、肤、肉等，多无新意，故此从略。

（8）"象之取于用物者"[⑩]。此类属于生产和生活用具，如鼎、尊、缶、瓶、筐、机、床、舆、辐、轮、弧、矢、斧、律、圭等，总体来讲，这部分内容沿袭了传统的成说，以"律"为例，吴澄说："律，截竹为管，或铸铜为管，以候气定声也。"[⑪]从历史上看，"候气定声"在汉代既已盛行。蔡邕在《月令章句》中说："律，率也，声之管也。上古圣人本阴阳，别风声，审清浊，而不可以文载口传也。于是始铸金作钟，以主十二月之声，然后以

① （元）吴澄：《易纂言外翼》卷4《象例下》，第34页。
② （元）吴澄：《易纂言外翼》卷4《象例下》，第35页。
③ （元）吴澄：《易纂言外翼》卷4《象例下》，第36页。
④ （元）吴澄：《易纂言外翼》卷4《象例下》，第35页。
⑤ （元）方回：《续古今考》卷24《繻》，《景印文渊阁四库全书》第853册，第432页。
⑥ （元）吴澄：《易纂言外翼》卷4《象例下》，第35页。
⑦ （元）吴澄：《易纂言外翼》卷4《象例下》，第36页。
⑧ （元）吴澄：《易纂言外翼》卷4《象例下》，第37页。
⑨ （元）吴澄：《易纂言外翼》卷4《象例下》，第36页。
⑩ （元）吴澄：《易纂言外翼》卷4《象例下》，第40页。
⑪ （元）吴澄：《易纂言外翼》卷4《象例下》，第39页。

放升降之气。而钟难分别，不可用，乃截竹为管，谓之律。”[①]对此，《汉书》和《后汉书》都有记载。魏晋以降，人们为了证实或否定“候气说”而设计了不少新奇的实验方法，其中北齐信都芳的候气实验获得了成功，在经过隋、唐、五代的发展之后，到宋代，士人又掀起了一股“候气热”。例如，沈括在《梦溪笔谈》中载有一法：“先治一室，令地极平，乃埋律琯，皆使上齐，入地则有浅深。冬至阳气距地面九寸而止。唯黄钟一琯达之，故黄钟为之应。正月阳气距地面八寸而止，自太蔟以上皆达，黄钟、大吕先已虚，故唯太蔟一律飞灰。如人用针彻其经渠，则气随针而出矣。地有疏密，则不能无差忒，故先以木案隔之，然后实土案上，令坚密均一。其上以水平其概，然后埋律。其下虽有疏密，为木案所节，其气自平，但在调其案上之土耳。”[②]此外，南宋的朱熹和蔡元定亦都积极支持候气说，这说明候气说作为一种定律理论已经深入人心。可见，吴澄主张“候气说”是以宋代理学和科学的发展水平为学术背景的，它在一定程度上也反映了元代士人对“候气说”的认同态度。

（9）“象之取于采邑、方位、时日、名数者”[③]。与前8类略有不同，我们所看到的第9类大多属于抽象的而非感性的概念，因此，理解第9类的“方位、时日、名数”等就必须借助于抽象的思维方法。而关于这个问题，我们将在下面再作专门阐释。

在这里，我们需要强调两点：一是吴澄的“象思维”不仅仅是一般的生活常识，尽管他的价值导向偏于生活，因为中国古代的科技思维属于经验型思维，而吴澄的《象例》一文比较典型地反映了这种思维的特征。在这里，“象”从“太一”被分割成一个一个的“万有”，非常细碎化，而在这种重在把客观对象细碎化的思维方式下，以逻辑抽象为特点的科学理论就很难建立起来。二是与当时整个国家的知识资源分布不均衡相联系，元代科技思想的发展具有明显的普及性质（详见本书第一章第三节），比如，吴澄的科技思想便体现出了这个重要特点。诚然，科技创造需要有高深的理论思维，但对于那些没有经过专业化科技思维训练的广大老百姓来说，他们恐怕更需要像吴澄这样具有一定的形象思维能力的科技普及型人才，唯其如此，提高全民族的科技文化素质才不是一句空话，也只有如此，整个民族的科技创新能力才会有强大不竭的社会力量源泉，同时，也才能形成专业性研究与民间的非专业性研究的科技创新和发展格局，并最终形成一种合力，从而使中华民族长期屹立于世界先进的科技文化之林。

（二）象数是一种抽象思维构造

1. 思维简单性与“八卦图”

从终极的层面上说，宇宙万物究竟是由简单的原因所构造而成的还是由复杂的原因构造而成的，学界形成了截然对立的两派：一派以爱因斯坦为代表，认为任何复杂的自然现象，最后都能用简单的逻辑形式加以说明，他说：“实际上，自然规律的简单性也是一种客观事实，而且正确的概念体系必须使这种简单性的主观方面和客观方面保持平衡。”[④]虽然

① 《后汉书·律历志上》，第3001页。

② （宋）沈括著，侯真平校点：《梦溪笔谈》卷7《象术一·候气之法》，第67页。

③ （元）吴澄：《易纂言外翼》卷4《象例下》，第46页。

④ 许良英等编译：《爱因斯坦文集》第1卷，第214页。

“复杂性科学”已经成为当今科学发展的前沿，甚至有人将其称为“21世纪的科学”。果真如此吗？根据美国《科学》杂志1999年出版的“复杂系统”专辑对“复杂性”的理解，所谓复杂性就是“在变化无常的活动背后，呈现出某种捉摸不定的秩序，其中演化、涌现、自组织、自适应、自相似被认为是复杂系统的共同特征”[①]。而这些所谓的“捉摸不定的秩序”究竟是客观事物存在的本质还是现象，在那些“捉摸不定的秩序”背后是否还存在着简单的规则？答案是肯定的。正如有学者所说的那样：“复杂生物系统不论是采用等级制还是以自相似方式构成的，都体现了一个共同的特性：系统内的每一个元件都根据一定的规则组织起来。”[②]所以，通过各种简单的结构单元组装而成复杂系统，是目前各门科学发展的基本趋势和路径。

因此，宇宙万物虽然是纷繁复杂的，但是人们可以通过逻辑抽象或者直觉思维而找出隐藏在事物复杂现象背后的“逻辑简单性”。事实上，《易经》的思维方式即是从最抽象的“八卦图”出发来演绎和阐释宇宙万物之无穷变化。吴澄说：

> 易者，阴阳相变易也。上古包羲氏见天地万物之性情形体，一阳一阴而已。于是，作一奇画以象阳，作一耦画以象阴，见一阳一阴之互相，易也。故自一奇一耦相易而为四象、八卦，极于六十四卦，为卦画之象。[③]

在这里，由于“八卦图”是演绎宇宙万物发展变化的基本范式，因而也就成为我们重点探究思维简单性问题之关键所在，而为了叙述的方便，兹先录其图式（图2-22）。

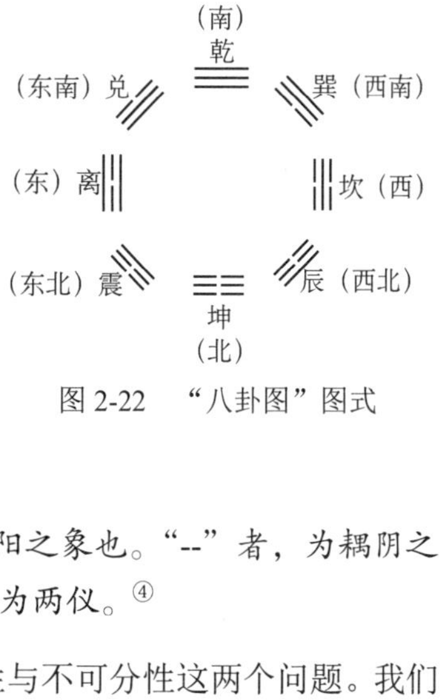

图2-22　“八卦图”图式

对于“八卦图”，从魏伯阳的《周易参同契》到朱熹的《易学启蒙》，多少年来，哲人们可谓探赜索隐，锲而不舍，但从阐释学的角度看，应当说吴澄的易理思想在主要方面确实超过了他的前辈，不仅立意新奇，而且说理简约，颇得圣人作易之主旨。

首先，吴澄对阴爻和阳爻的构成原理做了这样的阐释：

> 羲皇画卦之时，先作此“—”画，“—”者，为奇阳之象也。“--”者，为耦阴之象也。阳浑合无间，故一阴受冲即开，故二。后人名之为两仪。[④]

在此，“一阴受冲即开”实际上包含着宇宙万物的可分性与不可分性这两个问题。我们知道，宇宙万物的可分与不可分，在一定程度上是一个方法问题，而不是客观事物本身所具有的性质。例如，人们说“基本粒子”不可分，那主要是因为我们还没有找到分割“基本粒子”的手段。从“一阴受冲即开”的原理推断，宇宙中不存在不可分割的最小物质单位。因此，有人说：“非点理论的创立证明了基本粒子的可分性。”在非点理论看来，基本

---

① 张路：《循环经济的生态学基础初探》，《东岳论丛》2005年第2期。

② 叶向东、吴章霖、黄晨曦编著：《人类未来的希望——蓝色科技》，北京：中国经济出版社，2005年，第146页。

③ （元）吴澄：《易纂言》卷首，第3页。

④ （元）吴澄：《易纂言》卷首，第3页。

粒子不再表示“小而不可入的实体”。

其次，吴澄对“四象”的排列组合做了阐释，他说：

奇耦一画之上再加一奇一耦，以象阴阳之有老少。奇上加奇者，阳之纯，故老阳；奇上加耦者，阴杂于阳中，故象少阴；耦上加奇者，杂于阴中，故象少阳；耦上加耦者，阴之纯，故象老阴。后人名之为四象，《系辞传》曰：两仪生四象……其画二，其位四，其积画为八，一为二，其位则倍二为四也。[①]

从形式上讲，上述解释好像是老生常谈。其实不然，吴澄在阐释“四象”的过程中，死死地咬住了两点：一是奇偶的排列组合，即“四象”本身就是每次取两个爻的排列；二是换位思考。对于前者，最好的事例是“田忌赛马”。《史记》载：“忌数与齐诸公子驰逐重射。孙子见其马足不甚相远，马有上、中、下辈。于是孙子谓田忌曰：‘君弟重射，臣能令君胜。’田忌信然之，与王及诸公子逐射千金。及临质，孙子曰：‘今以君之下驷与彼上驷，取君上驷与彼中驷，取君中驷与彼下驷。’既驰三辈毕，而田忌一不胜而再胜，卒得王千金。”[②]排列组合在生产和生活中的应用，其主要目的当然是获得一个解决问题的最优方案。例如，“电子地图”与选择乘车的最优线路；经最优化矩阵排列组合的细菌耐药基因芯片与疾病的早期诊断；学校的资源配比与最优化的排课方案；开盟印刷工单与最优化的排版技术等。对于后者，最好的例证就是化学中的同分异构体。在理论上，同分异构体有三种类型，即碳链异构、位置异构和类别异构。其中，位置异构又可大致分为“取代基位置异构”和“官能团位置异构”两种形式，如3-戊醇与2-戊醇及三种二甲苯都属于取代基位置异构，而1-戊烯与2-戊烯则属于官能团位置异构。前揭《易纂言外翼》之《象例》的有关内容，吴澄采用的思维路径就有阴阳卦爻的“位置异构”。比如，离与革、家人、无妄、大过、鼎、巽、雷等，都是四阳二阴，但阴阳爻的位置不同；晋与风、屯、明夷、解、坎、蒙、小过等，都是四阴二阳，但阴阳爻的位置亦都不同。于是，吴澄释“雉”云：

雉，鼎三雉膏……离为雉，中阴质而外文明也，鼎九三变为柔成离。[③]

又释“翼与羽”说：“明夷，初垂其翼，渐上其羽，可用为仪；小过，象飞鸟，初上象其飞之翼。故明夷初画象翼，渐上画象羽。”[④]

最后，吴澄阐释了“八卦图”的内在构造，他说：

二画之上又各加一奇一耦，奇奇之上加一奇，象天而名乾；奇奇之上加一耦，象泽而名兑；奇耦之上加一奇，象日象火而名离；奇耦之上加一耦，象雷而名震；耦奇之上加一奇，象风而名巽；耦奇之上加一耦，象月象水而名坎；耦耦之上加一奇，象

① （元）吴澄：《易纂言》卷首，第3页。
② 《史记》卷65《孙子吴起列传》，北京：中华书局，1982年，第2162—2163页。
③ （元）吴澄：《易纂言外翼》卷4《象例下》，第33页。
④ （元）吴澄：《易纂言外翼》卷4《象例下》，第34页。

山而名艮；耦耦之上加一耦，象地而名坤。[①]

经过这样的排列组合之后，人们给出了八卦排序图，如图 2-22 所示。由图中的排位，我们很容易发现一个规律，那就是位于东南、西南及西北、东北四个方向上的卦爻，两两为一组，即位于东南之兑与位于西南之巽为一组，而位于东北之震与位于西北之艮则为另一组，它们各自形成了一种具有手性（像人类的左手和右手一样，科学界有对映异构体、费舍尔投影、不对称性及手性异构体等多种称谓）特点的构象卦图，如图 2-23 所示。在生活实践中，镜子里和镜子外的物体是一种手性构象的典型事例，因而镜面不对称性就成为识别手性分子与非手性分子的基本标志。我们知道，在物质世界里，存在着大量的手性分子，像氨基酸、核酸中的核糖、螺旋的藤木和海螺、樟脑、河外星系的正旋和逆旋旋涡结构等，因此，从这个意义上说，手性无疑是自然界的一种本质表现。

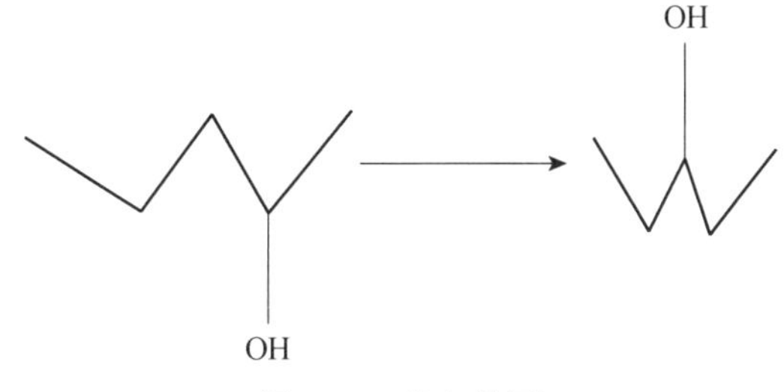

图 2-23　构象卦图

从八卦到六十四卦，既有对称的一面，也客观存在着不对称的一面。比如，吴澄的《易纂言外翼》中的《卦变》篇，虽已阙失，但通过黄宗羲的《易学象数论》卷 2《古卦变图》的内容可知，“六十四卦”象爻的变化呈对称分布规律：其中“一阴一阳之卦各六，皆自复姤而变”，阴阳相对，分别为复与姤、师与同人、谦与履、豫与小畜、比与大有、剥与夬，共结成 6 对；“二阴二阳之卦各九，皆自临遁而变”，阴阳对称，分别是临与遁、升与无妄、解与家人、坎与离、蒙与革、明夷与讼、震与巽、屯与鼎、颐与大过，共 9 对；“三阴三阳之卦各十，皆自泰否而变”，阴阳搭配，分别系泰与否、恒与益、井与噬嗑、蛊与随、丰与涣、既济与未济、贲与困、归妹与渐、节与旅、损与咸，共 10 对；“四阴四阳之卦各九，皆自大壮观而变”，阴阳对应，分别为大壮与观、重大过与重颐、重鼎与重屯、重革与重蒙、重离与重坎、兑与艮、睽与蹇、需与晋、大畜与萃，共 9 对。至于不对称的一面，除了上面所举的例证之外，张国洪认为，在吴澄看来，“象是周易所固有的，是系辞的根据，易辞所取之象与此卦卦画相关。但在周易中，象与卦辞并不一一对应，这就给解易留下了一个个难题。如何解决这个矛盾呢？对此，草庐（即吴澄）的方法是，广泛运用互体之法，从多个角度互出一个新卦，以解决象与辞之间的矛盾”[②]。更准确地讲，是解决象与辞之间的不对称问题。传统的“互体”见载于《左传》，如《左传・庄公二十二年》载：陈厉公“生敬仲，其少也。周史有以周易见陈侯者。陈侯使筮之，遇‘观’之‘否’，是谓观国之光……

① （元）吴澄：《易纂言》卷首，第 4 页。
② 张国洪：《吴澄的象数义理之学》，山东大学 2006 年博士学位论文，第 45—46 页。

坤，土也；巽，风也。乾，天也；风为天，于土上，山也”。杜预释：“自二至四有艮象，艮为山”[①]。所以，“互体”是以天、地、人三者为一个基本单元，除了上卦与下卦之经卦外，还可分别以二、三、四爻和三、四、五爻为单元，生成两个经卦的卦体。对此，吴澄说：

重卦（即六十四卦）有上下二体，又以卦中四画交互取之，二、三、四成下体，三、四、五成上体。[②]

然而，在吴澄的视野里，上述解释绝对不是“互体”内涵的全部，他说：

自昔言互体者，不过以六画之四画，互二卦而已，未详其法象之精也。今以《先天图》（图 2-24）观之，互体所成十六卦，皆隔八而得（外一层隔八卦得两卦，即中一层互体之卦名），缩四而一（内层一卦缩外层四卦）。《图》之左边起乾、夬，历八卦而至睽、归妹，又历八卦而至家人、既济，又历八卦而至颐、复。《图》之右边起姤、大过，历八卦而至未济、解，又历八卦而渐、蹇，又历八卦而至剥、坤。左右各二卦互一卦，合六十四卦，互体只成十六卦。又合十六卦，互体只成四卦，乾、坤、既、未济也。《周易》始乾、坤，终既、未济以此欤！中一层左右各十六卦。其下体两卦相比，一循乾一坤八之序。其上体十六卦，两周乾一坤八之序。正体则二为内卦之中，五为外卦之中；互体则三为内卦之中，四为外卦之中。故皆谓之中爻。[③]

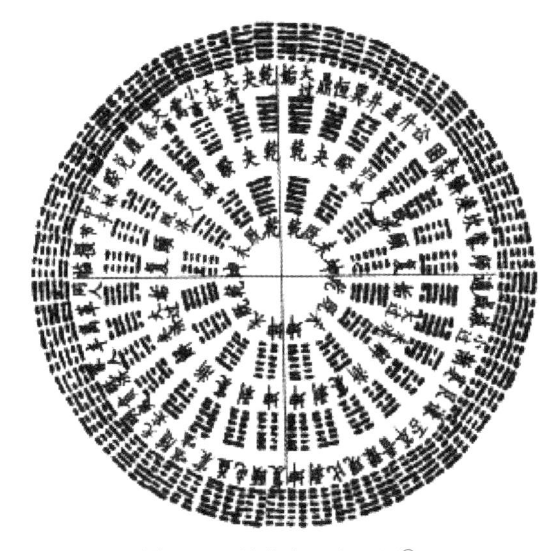

图 2-24　吴草庐互先天图[④]

那么，如何理解吴澄“隔八而得、缩四而一”的思维方法？具体可分为以下几个步骤。

第一步，先从位于“南方”外层的“乾”开始，逆时针旋转 180°，产生第一轮和第二轮互体成卦必须满足两个条件，即“隔八而得”和“左右各二卦互一卦”。依此，则半圆共

① （清）阮元校刻：《十三经注疏》，北京：中华书局，1980 年，第 1775 页。

② （元）吴澄：《易纂言外翼》十二篇原序，第 3 页。

③ （清）黄宗羲：《易学象数论》卷 2《互卦》，《景印文渊阁四库全书》第 40 册，第 48 页。

④ （清）黄宗羲撰，谭德贵校注：《易学象数论》，北京：九州出版社，2007 年，第 112 页。

有 32 卦，应当产生 4 组互体卦，它们是“乾、夬”、“睽、归妹”、“家人、既济”和“颐、复”；同理，再从位于南方外层的“姤”开始，顺时针旋转 180°，也生成 4 组互体卦，它们是“姤、大过”、“未济、解”、“渐、蹇”和“剥、坤”。由此得到的这 16 卦，形成“吴草庐互先天图”的中层圆。

第二步，按照前面所介绍的“互体”概念，则“乾、夬”各卦二、三、四爻与三、四、五爻所形成的新经卦，即“互体之象”都是“乾”；同理，“睽、归妹”的“互体之象”都是“既济”；“家人、既济”的“互体之象”都是“未济”；“颐、复”的“互体之象”都是“坤”；“姤、大过”的“互体之象”都是“乾”；“未济、解”的“互体之象”都是“既济”；“渐、蹇”的“互体之象”都是“未济”；“剥、坤”的“互体之象”都是“坤”。这样，复杂的“六十四重卦”变来变去，最终又回到了原始的“四象八卦”，当然，这里的“回归”不是一般地回到原来的出发点，而是经过了两个阶段的“扬弃”和否定，因而它本身已经包含着丰富的易学内容，并且是在更高阶段上仿佛是向原来出发点的回归。这里，它非常生动地体现着吴澄象学思想的“逻辑简单性原则”，同时，也是其思维方法的一个重要特点。

2.“数者”与“变者”的关系思想

当然，“象”只是客观事物运动变化的“著见”部分，与之相对，客观事物的运动变化还有其“不著见”的部分，那么，我们用什么方法来反映这“不著见”的客观存在呢？在吴澄看来，如果“象”所反映的是客观事物运动变化的“著见”部分，那么“数”所反映的就应是客观事物运动变化的“不著见”部分。他说：

> 一阴一阳之谓道，寓于蓍数者也……数者，变之已成；变者，数之未定。①

又说：

> 变化谓天地交，而变化生万物，此以小气数言一岁之春夏也。闭为天地不交而闭塞不相通，此以大气数言一运之秋冬也。②

在此，所谓“寓于蓍数者”之中的“道”是不可见的，但是，不可见不等于不可认识，所以吴澄说“数者，变之已成”，也就是说，当客观事物成为一个比较稳定的运动系统时，人们就可以通过逻辑思维或者直觉思维而把握它。比如，行星运动与牛顿的万有引力定律，以及在光速不变的条件下爱因斯坦对能量本质的数学描述等。然而，对于一个尚不稳定的物质运动系统，人们就无法用数学的形式来完整和准确地刻画它，如海森伯的“测不准原理”（亦称“不确定性原理”）、洛伦茨的“混沌理论”（亦称“蝴蝶效应”）等。

在吴澄生活的时代，科学技术尚不能对物质世界的不确定现象进行“量化”的研究和说明。有鉴于此，吴澄侧重探讨了“数”与“变之已成”（即呈稳定状态的物质现象）之间的关系。为了便于说明问题，我们兹以吴澄对邵雍的“圆图”解释为例，试对吴澄的数象思想略加阐释。

① （元）吴澄：《易纂言》卷 7《系辞上传》，第 149 页。
② （元）吴澄：《易纂言》卷 9《文言传》，第 174 页。

由《易纂言外翼》可知，吴澄对“数”的认识趋同于朱熹的“象先数后”观，而不同于邵雍的“数先象后”说。但这并不等于说吴澄就不重视和吸收邵雍的象数思想，恰恰相反，吴澄花费了极大的精力来发挥邵雍的象数思想和学说。具体地讲，在“象”（或曰“变之已成”）与“数”的关系问题上，吴澄以邵雍的圆图为依据，其所阐述的主要观点如图 2-25 所示。

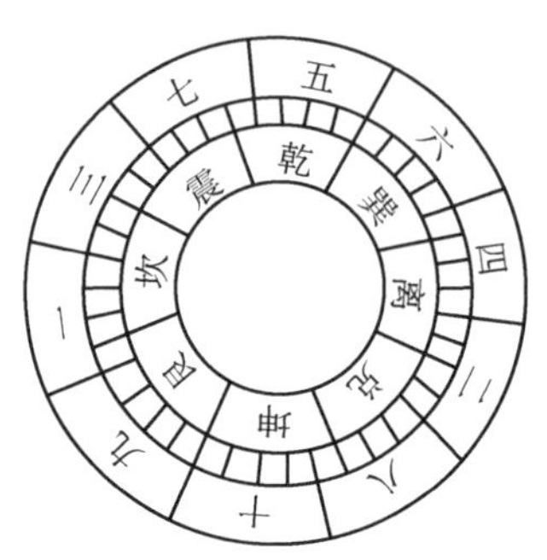

图 2-25　邵雍圆图

读此图需要先弄懂“图”的结构，该图由 4 个圆周组成，自内至外，依次是“内核”（或曰“太极”）、八卦、“四分”倍数及“十个自然数”的布局。这里所说的“四分倍数”实际上是指“十个自然数”与“八卦”的最小公倍数。至于该“图”的意义，吴澄说：

> 阳气自左降则起中五而究于九，阴形自右升则起中十，而究于六，此圆图之逆行者也。①

即按照逆时针方向，从阳五开始，呈下降趋势，至阳九告一段落，然后从阴十开始，呈上升态势，至阴六结束。接着，吴澄看到“十个自然数”与“八卦”之间存在着一种“数学”关系。他说：

> 一数析为四分十数，凡四十分。每卦占五分，乾得五之全，七之少；震得七之太，三之半；坎得三之半，一之太；艮得一之少，九之全；坤得十之全，八之少；兑得八之太，二之半；离得二之半，四之太；巽得四之少，六之全。②

就总体来说，宇宙万物的运动变化具有周期性和对称性的特点。对此，吴澄自己有一段说明：

> 天之星有五宫：东宫苍龙，北宫玄武，西宫白虎，南宫朱鸟，中宫紫微垣是也。五者，有中央四边而无四角，无四角故员（圆）。历纪之数皆以五起。五者，五行之一周也。五日为一候，二其五者，十干之一周也。十日为一旬，三其五为一气，六其五为一月。九其五为一节，十二其五者，干支相乘之一周也。十八其五为一时，七十二其五为一岁，每岁木火土金水各王七十二日，是为五辰。凡此历纪之数皆起于天星五

---

① （元）吴澄：《易纂言外翼》卷 4《象例》，第 46 页。
② （元）吴澄：《易纂言外翼》卷 4《象例》，第 46 页。

宫之五，故曰其肇于此乎。[①]

在古埃及，“五”被称作“真理之数”。在我国，“五”作为一种传统的思维方式，已经渗透到社会生活的各个方面，包括对自然、社会和人类思维本身的认识，如“五行”“五官”“五脏”“五色”等，其中“五行”早已凝结为中国古代一种基本的哲学思维方法。当然，随着阿拉伯数学的传入，元代的科学发展已经处在由易学思维向数理思维转换的历史关头。可惜，由于以“五行”“阴阳”等范畴为特点的易学思维（或称阴阳逻辑系统）拒斥以阿拉伯数字为表现方式的数理工具思维，实际上，数字本身“有自身内在依据的结构推演机制”，因而没有形成从数字本身的逻辑规律出发推导出一系列算术定理的思维传统，而正是后者构成了诸如微分和积分、有理数和无理数、实数和虚数、有穷和无穷、连续和离散、存在和构造、概念和计算等新的逻辑范畴，并成为奠基近代自然科学大厦的理论基石。

第五节　朱思本的地图学思想

朱思本，字本初，号贞一，又名为成德体玄贞宏远法师，豫章临川（今江西抚州）人。《贞一斋诗文稿·刘有庆序》说：“吾友朱公本初，故礼义家。”[②]又为“黄冠”[③]，或云“道教法师”[④]。其“从吴全节宗师居大都，敷祀名川”[⑤]，故吴全节述朱思本“为黄冠，与予同道。居龙虎，与予同山。处京师，与予同朝。杂志诗文，与予同好”[⑥]。

当然，朱思本完成《九域志》80卷和《舆地图》2卷需要两个条件：一是对祖国传统地理学的全身心投入，这是主观方面的条件，或曰内因；二是“元代注重道教，而朱氏常奉诏代祀名山河海”[⑦]，是他成就一番地理事业的“境遇”，即客观条件，或曰外因。其中内因是朱思本成就一番地理事业的根据，而“境遇”仅仅是一种外部条件。所以，朱思本在《题仁智山水图》一诗中说：“居官绘为图，写此胸中奇。”[⑧]这虽然说的是子昂，但也是他自己的真心流露和表白。在朱思本看来，无论题诗作画还是摹图索文，都不可能不留下作者的思想印记。即使是像《舆地图》那样直观的描绘形式，也需要“思构”[⑨]的反应过程，也寄托着作者对祖国山河的深情厚爱。因此，《舆地图》除了比较准确地记录了元代疆土地域的基本范围、各个不同地理单元的地形地貌特点、主要河流流经的地形区及支流数量、长度和山脉的走向等内容外，更集中地体现了朱思本个人的思想境界和人生价值，尤其是

① （元）吴澄：《易纂言外翼》卷7《易原》，第75页。
② （元）朱思本：《贞一斋诗文稿·刘有庆序》，宛委别藏录丛书堂钞本。
③ （元）朱思本：《贞一斋诗文稿·吴全节序》，宛委别藏录丛书堂钞本。
④ 唐锡仁、杨文衡主编：《中国科学技术史·地学卷》，北京：科学出版社，2000年，第355页。
⑤ （明）黄虞稷：《千顷堂书目》卷29《朱本初贞一稿》，适园丛书本。
⑥ （元）朱思本：《贞一斋诗文稿·吴全节序》，宛委别藏录丛书堂钞本。
⑦ 王庸：《中国地理学史》，北京：商务印书馆，1955年，第87页。
⑧ （元）朱思本：《贞一斋诗文稿·题仁智山水图》，宛委别藏录丛书堂钞本。
⑨ （元）朱思本：《贞一斋诗文稿·舆地图·自序》，宛委别藏录丛书堂钞本。

它突出地反映了朱思本对元朝社会的基本看法和对元朝历史的一般认知程度。

一、玄教与朱思本的科学实践

（一）正一教的“异化”与玄教的产生

宋代道教发展因受到“右文”国策的影响，故支脉繁杂，流派众多，主要有神霄派、清微派、东华派、净明派、天心派、正一派（又称“天师道”）、灵宝派、七真派、清水道等。从历史上看，南方诸路由于各自的历史文化传统不同，可以按照其占主流地位的宗教信仰类型，大致分为下面两个宗教传播中心：福建、两浙为佛教传播中心，江西、四川为道教传播中心。《续资治通鉴长编》载大中祥符二年（1009）十月的道教流布情况说：“先是，道教之行，时罕习尚，惟江西、剑南人素崇重。及是，天下始遍有道像矣。”[①]从北宋初年（960）到大中祥符二年，在近50年内道教即由江西、四川两个主要区域迅速传播到全国各地，可见道教文化的渗透力和扩展力都是比较强的，而宋代帝王的推崇则更强化了它的上述功能。

在南宋道家的视野里，江西的神气最灵。比如，刘辰翁说：“其地合，其宿近，故其神最灵豫章、吴、楚之间。”[②]此处所说的“豫章”即指江西南昌，因为这里的道教文化源远流长，相传三皇时就有洪崖先生在江西南昌的西山得道。[③]故雍正《江西通志》载：“洪崖，在西山，距府城（南昌市）四十里，一名伏龙山，乃洪崖先生炼药处。”[④]此外，信州的龙虎山、洪州的�州山、临江军和吉州交界的玉笥山、建昌军的麻姑山等，也都是道教圣地。所以，元世祖忽必烈在征战南宋的过程中，非常注重网罗各地的道士，以使其为元朝的统治利益服务。

信州龙虎山是正一教派的传布中心，此派道教自张道陵开创以符书为人治病驱邪的方法之后，再经过魏晋时期的玄化，人们便开始把符文与佛教咒语相结合。这样，不仅其经文或法咒越加精致，而且它的斋仪科范更加复杂完备，甚至唐朝皇帝还把张天师的后裔张晶所修道的张氏山封为“龙虎山”，并“建宫赐号，敕命累加，历世有天师之称”[⑤]，因而它的气势日隆，影响越深，当然，其对民众思想的腐蚀性亦更强。孙夷中说：按照正一教以血缘关系为传承纽带的宗教传播方式，“天师之裔世传一人，即信州龙虎山张家也”[⑥]，即天师的传承是世袭的。又，“大约此教盛于吴蜀，迄于魏世有嵩岳寇谦之天师复大弘阐历于唐季”[⑦]。

---

① （宋）李焘：《续资治通鉴长编》卷72，大中祥符二年十月甲午，北京：中华书局，2004年，第1637页。

② （宋）刘辰翁：《须溪集》卷4《玉真观记》，《景印文渊阁四库全书》第1186册，第482页。

③ （宋）洪咨夔：《平斋集》卷30《题洪崖图》，《景印文渊阁四库全书》第1175册，第315页；（宋）曾慥：《类说》卷2《高士传》，《景印文渊阁四库全书》第873册，第20页。

④ 雍正《江西通志》卷7《山川》，清雍正十年（1732）刻本。

⑤ 佚名：《玄圃山灵匮秘录·皇甫朋序》，《道藏》第10册，第727页。

⑥ （宋）刘若拙传，（宋）孙夷中编：《三洞修道仪》，《道藏》第32册，第166页。

⑦ （宋）刘若拙传，（宋）孙夷中编：《三洞修道仪》，《道藏》第32册，第166页。

宋真宗大中祥符八年（1015），正一教派第24代天师张正随被赐号“贞静先生”，此后每代正一天师都被诏赴阙，获赐“先生”号。南宋理宗嘉熙三年（1239）第35代天师张可大受命提举江南“三山符箓”，同时兼管御前诸宫观教门公事。至元十三年（1276），第36代天师张宗演应诏入京，由弟子张留孙随行。在大都时，张宗演受忽必烈之命主领江南诸路道教，第二年又被封为“真人”，此后凡天师嗣位皆被封为“真人”，并形成了惯例。不久，张宗演返回龙虎山，而弟子张留孙却仍留侍阙下，专掌祠事。据《元史》载：

> 世祖尝亲祠幄殿，皇太子侍。忽风雨暴至，众骇惧，留孙祷之立止。又尝次日月山，昭睿顺圣皇后得疾危甚，亟召留孙请祷。既而后梦有朱衣长髯，从甲士，导朱辇白兽行草间者。觉而异之，以问留孙，对曰：“甲士导辇兽者，臣所佩法箓中将吏也；朱衣长髯者，汉祖天师也；行草间者，春时也。殿下之疾，其及春而瘳乎！”后命取所事画像以进，视之果梦中所见者。帝后大悦，即命留孙为天师，留孙固辞不敢当，乃号之上卿，命尚方铸宝剑以赐，建崇真宫于两京，俾留孙居之，专掌祠事。十五年，授玄教宗师，锡银印。[①]

这段记载说明，尽管张留孙的祷法未必具有必然性，但是他的神秘法术却适应了元朝统治者的政治需要，甚至在某种意义上，元世祖忽必烈信任张留孙胜过了张宗演。于是，才有忽必烈“命留孙为天师”而“留孙固辞不敢当”之说道。显而易见，忽必烈是想让张留孙取代张宗演的“天师”地位。虽然这件事情最终没有成为事实，但张留孙却被授予了“玄教宗师”之称号，其政治地位明显高于“天师”。故《元史》载：

> 是时天下大定，世祖思与民休息，留孙待诏尚方，因论黄老治道贵清净、圣人在宥天下之旨，深契主衷。及将以完泽为相，命留孙筮之，得《同人》之《豫》，留孙进曰：“‘《同人》，柔得位而应乎乾’，君臣之合也；‘《豫》，利建侯’，命相之事也。何吉如之，愿陛下勿疑。”及拜完泽，天下果以为得贤相。大德中，加号玄教大宗师，同知集贤院道教事，且追封其三代皆魏国公，官阶品俱第一。[②]

至治元年（1321），张留孙卒，天历元年（1328）被追封为“真君”[③]，他的高徒中有7人被封为“真人”。可见，玄教的地位已经超过了正一教。玄教的第二任宗师是吴全节，与张留孙的思想风格略有不同，吴全节除了擅长祈禳占筮之外，尤其精通儒学，显示了玄教与正一教之间的思想差异。例如，许有壬有诗赞云：“人以（公）为仙，我以（公）为儒。”[④]因此，在玄教和正一教的关系问题上，学术界形成了两种观点：一种观点认为，玄教为正一教的支派[⑤]；另一种观点则与之相反，认为玄教实质上是元统治者分化、抑制正一天师道

---

① 《元史》卷202《释老传》，第4527页。
② 《元史》卷202《释老传》，第4527—4528页。
③ 《元史》卷202《释老传》，第4528页。
④ （元）许有壬：《至正集》卷35《特进大宗师闲闲吴公挽诗序》，《景印文渊阁四库全书》第1211册，第253页。
⑤ 申喜萍：《全真道、玄教在元代发展原因比较分析》，《宗教学研究》1999年第3期，第41页。

的产物，是一个独立发展的政治派别，而并不是龙虎宗的支派[①]。笔者认为从元代当时的政治历史背景分析，玄教确实具有一定的相对独立性，因为唯有张留孙一人被封为“真君”，其地位远在正一教天师之上，如果将玄教理解为正一教的支派，那么，这个问题就没有办法解释清楚了。

此外，玄教注重儒学修养和政治参与，这一点亦与传统正一教的“无为”理论主旨相背离。所以，这种从政治到思想的不断“异化”，便促使玄教成为一个特殊的带有强烈政治色彩的宗教派别，而这个教派的立教原则是“以泯然无闻为深耻”。具体言之，则“每于国家政令之得失，人才之当否，生民之利害，吉凶之先征，苟有可言者，未尝敢以外臣自诡而不尽心焉”[②]。这种积极的入世生活态度显然受到了儒学精神的鼓舞，因而玄教的弟子多“奇材异质”[③]者，他们留居“禁近”，昂扬向上，主动亲近皇帝，因而其言行亦主要影响于贵族社会。就此而言，它和全真教及正一教远离京城、退居山林的隐逸生活形成了鲜明的对照。

因此，玄教的立教理念与儒家的经世之道在基本的价值取向方面具有一致性，他们以“六艺”为法，学政干政，即事求实，主张在此岸世界为国家建功立业，这是问题的一个方面。另一个方面，我们还应看到玄教毕竟不同于儒教，如在政治前途上玄教入世而不仕，这与追求仕途的儒生所走的路径截然有别。所以，这种立教观念恰好适应了南宋遗民这个特殊社会群体的政治需要。换言之，军事上的失败并不意味着南宋遗民就丧失了斗志，他们亡国不亡志，因而入元之后他们并不甘心任元人宰割，而是时刻准备着寻找可以利用的方法及手段，试图借机来发泄其心中对元朝统治的不满和对故土的眷念。正是在这种历史条件下，玄教便成为南宋遗民努力追求的一个掩体目标。据欧阳应丙称：“本初大父以科举仕宋，至淮阴宰。”[④]至于朱思本则“厌世溷浊”，因而“嗜圣经史传诸子百家，若饥渴然”[⑤]。可见，南宋遗民群体的矛盾性格和身在曹营心在汉的特殊心境是朱思本成为一代伟大地理学家的必要条件。

（二）朱思本的科学实践活动

受目前史料所限，关于朱思本一生的主要社会实践活动，依瞿镛的《铁琴铜剑楼书目》卷22的记载，朱思本“学道龙虎山中，从张仁靖真人扈直两京，又从吴全节居都下。后主席玉龙万寿宫。尝以周游天下，考核地理，竭十年之力，著有《舆地图》二卷，刊石于上清之三华院，惜今不传”[⑥]。

据此则朱思本的社会及科技实践活动，大致可分为龙虎山时期、大都时期和玉隆万寿宫时期。

---

① 郭树森、陈金凤：《元代玄教与龙虎宗关系论》，《江西社会科学》2008年第5期，第46页。
② （元）虞集：《河图仙坛之碑》，陈垣：《道家金石略》，第963页。
③ （元）虞集：《陈真人道行碑》，陈垣：《道家金石略》，第932页。
④ （元）朱思本：《贞一斋诗文稿・欧阳应丙序》，宛委别藏录丛书堂钞本。
⑤ （元）朱思本：《贞一斋诗文稿・刘有庆序》，宛委别藏录丛书堂钞本。
⑥ （清）瞿镛：《铁琴铜剑楼藏书目录》卷22《贞一斋杂著》，扬州：江苏广陵古籍刻印社，1985年。

1. 龙虎山时期

龙虎山位于江西省鹰潭市区南郊20千米的贵溪境内，是道教正一派的“祖庭”，素有“神仙所都”之誉。《汉天师世家》卷2载：第一代天师“入云锦山，炼九天神丹，丹成而龙虎见，山因以名”[①]。从地质学的角度讲，龙虎山是我国丹霞地貌发育程度最好的区域之一，这里集众山之雄、险、幽、秀、绝、奇于一体，堆紫叠翠，充满了诗情画意，难怪正一教道士中多诗人和画家。清人顾嗣立编撰的《元诗选》中录有吴全节、朱思本、张雨等10余位玄教诗人，其中传世诗集有马臻的《霞外诗集》、陈义高的《秋岩诗集》、朱思本的《贞一斋诗文稿》（又称《贞一斋杂著》或《贞一斋稿》）及张雨的《贞居先生诗集》等。另外，由于符箓本身的需要，正一教素有绘画的传统。在绘画方面，方从义（1302—1393，字无隅，擅画云山墨戏）是元代很有影响的一位道教画家，其代表作有《云山图》卷（美国大都会美术馆藏）、《山阴云雪图》轴（台北故宫博物院藏）、《太白泷湫图》轴（日本大阪市立美术馆藏）等。

朱思本家与贵溪张留孙家族是世代姻亲，所以少年的朱思本随父至贵溪龙虎山拜张留孙为师，遂出家为道士。在龙虎山时期，朱思本形成了一种出污泥而不染的高洁品格。比如，他在离开龙虎山去大都时曾赋诗一首：

> 须臾陟东岭，回盼仙人城。晚圃秋正浓，露华缀金英。胡为舍此去，乃与尘俗萦，人生有行役，岂必皆蝇营。[②]

在《为祖云作游仙诗四章》之第一章中则更有下面的真情表露：

> 五陵有佳士，乃在西山颠。昼餐金光草，夜读青苔篇。俯视世间荣，于我若浮烟。[③]

如果我们把上述思想品格和精神境界的形成，放置于人类思维方式的层面去审视，那么，朱思本显然受到了其生长环境之综合因素的影响，如南宋遗民群体的特有生活体验、龙虎山独具魅力的景观辐射、天师道固有文化传统的熏陶与训练、江西儒释道三教的共同作用等。以“天师道固有文化传统的熏陶与训练”为例，陈寅恪先生在论及“天师道与书法之关系”的问题时指出：“东西晋南北朝之天师道为家世相传之宗教，其书法亦往往为家世相传之艺术。”[④]这是因为“道家学经及画符必以能书者任之。故学道者必访寻真迹，以供摹写。适与学书者之访寻碑帖无异”[⑤]。实际上，这种文化传统从魏晋以降，一直绵延不绝。书法或画符确实可以净化人的灵魂，有陶情冶性和托志抒怀之功效。当然，我们有理由相信朱思本的绘图才能与天师道的画符之间存在着一定的内在联系，而他的《舆地图》不仅被翻刻在石碑上，而且准予立在龙虎山上清宫三华院内，即是明证。

天师道规定只有获得“法师”资格后，方可“代天说法”而从事斋醮祈禳类的法事活

① 《汉天师世家》卷2，《道藏》第34册，第820页。
② （元）朱思本：《贞一斋诗文稿》卷下《发山中》，宛委别藏录丛书堂钞本。
③ （元）朱思本：《贞一斋诗文稿》卷下《游仙诗四章为祖云作》，宛委别藏录丛书堂钞本。
④ 陈寅恪：《金明馆丛稿初编》，第39页。
⑤ 陈寅恪：《金明馆丛稿初编》，第42页。

动。朱思本自称："至大四年辛亥，予年卅九，承应中朝，奉诏代祀海、岳。"[①]由此可知，他至少在龙虎山时期即已被"授箓"，故有"法师"之称。当然，依龙虎山天师派的宗旨，凡被"授箓"的道士须恪守以下信条和戒律：

> 奉道不可不勤，事师不可不敬，事亲不可不孝，事君不可不忠，己身不可不宝，教戒不可不从，同志不可不亲，外行不可不愚，内宝不可不明，语言不可不慎，祸患不可不防，明者不可不请，愚者不可不教，仁义不可不行，施惠不可不作，孤弱不可不恤，贫贱不可不济，厄人不可不度，生物不可杀伐，恶事不可不避，色欲不可不绝，贪利不可不远，酒肉不可不节，善人不可不敬，恶人不可不劝也。[②]

用今天的眼光看，上述"二十五不可"固然有其历史局限性，其中有些说教具有明显的欺骗世人意识与歧视"外行"的思想倾向。但是总的来说，这些戒律有利于道徒的自身修养，有利于他们提升其人生境界，甚至在某种意义上，它们也是中国古代科学思想和科学精神的内在体现。而为了"修真有得"，龙虎山天师派道徒早晚功课都须唱经颂文，如"澄清韵""常清常静天尊""神威如在天尊""净心神咒""净口神咒""净身神咒""安土地咒""净天地神咒""祝香咒""金光神咒""开经偈""太上老君常清静经""高上玉皇心印妙经""玉清宝诰""上清宝诰""太清宝诰"等，天天唱颂这些经文固然很枯燥乏味，但是在此过程中却可以欣赏到龙虎山天师道科仪音乐之经韵乐曲，当时，唱颂经文对于开发人的右脑思维是非常有帮助的。从这个层面看，李约瑟认为"道家思想乃是中国的科学和技术的根本"[③]，似有一定的道理。

在朱思本的视野里，天下的疆域不外九州，而且从《禹贡》一直到《元丰九域志》，以"九州"定天下的范式始终没有改变。然而，当元朝灭亡南宋之后，对于新的一统志怎么去写便产生了分歧：是从汉民族的角度去诠释元朝的一统江山，还是从蒙古族的角度去诠释元朝的一统江山？这是一个非常棘手的问题。实际上，南宋遗民群体的汉民族意识与以蒙古族为主体的夷族世界观发生了比较激烈的冲突。在"九州"的框架内，蒙古族没有位置。因此，对于蒙古族人来说，这是一种先天的缺陷，也是历史烙印在他们心灵深处的一块伤疤。所以为了不让汉族人揭其伤痛，至元二十三年（1286），元世祖命札马剌丁（札马鲁丁）主持修纂全国性地理总志，即《大元大一统志》，其编写体例以路、府所辖州及行省直辖州为纲，而不是以"九州"为纲。

然而，与元代官修全国地理总志的编写体例不同，朱思本在龙虎山时期也编纂了一部元代全国地理总志，名为《九域志》，共有 80 卷。对于该志的编写体例和原则，朱思本自己说：

> 自嬴秦破九州为郡县，中古之下，迄而不改，遂使九州之域，仅仅徒有其名，几

---

① （元）朱思本：《贞一斋诗文稿》卷下《喻山雨诸友》，宛委别藏录丛书堂钞本。

② 《正一法文天师教戒科经》，《道藏》第 18 册，第 232 页。

③［英］李约瑟：《中国科学技术史》第 2 卷，《中国科学技术史》翻译小组译，北京、上海：科学出版社、上海古籍出版社，1990 年，第 145 页。

乎漫遗湮没。暇日因取郡笈，参考异同，分条理析，一以《禹贡》九州为准的。乃以州县属府，府属都省，以都省分隶九州焉。[①]

该书于大德元年（1297）刻板，惜未流行。朱思本《九域志》的散失固然与元代的刻板和印刷技术及元朝政府的不够重视有关，但它的体例不为元朝统治者所承认，肯定也是一个不能忽视的重要因素。

2. 大都时期

这个时期从大德三年（1299）算起，一直到至治元年（1321），前后总共22年。在这段历史时期内，朱思本由南而北，比较广泛地接触了当时的社会实际，目睹了生活在社会底层民众的各种悲惨命运，从灾民的流亡失所到元朝官吏的横征暴敛，对于本来就是南宋遗民后代的朱思本来说，那一桩桩、一件件都深深地刺伤着他的心。当然，这亦更加激发了他久积于胸中的那种忧国忧民的内在情感。对《贞一斋诗文稿》所留下来的诗文进行对照，我们可发现朱思本对待已亡的宋朝和新建的元朝，有着截然不同的审美心态。例如，他赞美宋朝的开国皇帝赵匡胤说："挥手决浮云，举足奠坤势。休明启三百，烈烈光汉魏。"[②]而对于元朝的统治，他则忧心忡忡，其怨愤之情跃然纸上：

东南千万斛，岁漕输上国。今兹民力竭，何以继供亿？圣明仁如天，闻此应怆恻。谁当绘为图，献纳通宸极。[③]

所以在这种思想意识的支配下，先是自龙虎山至大都，远隔千山万水，一路上，朱思本"登会稽，泛洞庭，纵游荆、襄，流览淮、泗，历韩、魏、齐、鲁之郊，结辄燕、赵，而京都实在焉"[④]。在这一路上，朱思本虽然有"登""泛""纵游""流览"沿途景色之经历，但他实际上更关注景色之外的种种社会现象，体察民情，倾听民声，而考察"民生休戚，时政得失"[⑤]正是朱思本社会实践的主要内容，当然也是他地理科学思想形成的思想基础。

在大都期间，朱思本不仅接受了吴全节的玄教思想，并成为其得力助手，而且在京城士大夫的交游圈子里享有较高的学术声望。

首先，大都丰厚的文化资源为朱思本的研究志向和地理才能提供了难得的理论条件。这里有两件事必须提一提：第一件事是朱思本从京城八里吉思家得到用梵文写的《河源录》，还将其翻译成汉文[⑥]；第二件事是朱思本有机会看到《大元一统志》，与他依靠一己之力所编撰的《九域志》不同，从元朝政府组织编撰《大元一统志》的规模看，不仅历时长，从至元二十二年（1285）始至大德七年（1303）完成，前后用了18年的时间，而且引用资料

---

① （清）蒋光煦：《东湖丛记》，台北：广文书局，1967年。

② （元）朱思本：《贞一斋诗文稿》卷下《题宋太祖、赵普、党进、石守信、楚昭辅蹴踘图》，宛委别藏录丛书堂钞本。

③ （元）朱思本：《贞一斋诗文稿》卷下《庙山九日》，宛委别藏录丛书堂钞本。

④ （元）朱思本：《贞一斋诗文稿》卷上《舆地图・自序》，宛委别藏录丛书堂钞本。

⑤ （元）许有壬：《至正集》卷32《朱本初北行稿序》，《景印文渊阁四库全书》第1211册，第229页。

⑥ 《元史》卷63《地理志六》，第1564页。

详尽，如《云南图志》《甘肃图志》《辽阳图志》等，它们均为朱思本修撰《九域志》时所未见，因而《大元一统志》就成为我国历史上第一部规模巨大、篇幅浩繁的全国一统志，全书共600册，计1300卷，这便为他以后绘制《舆地图》奠定了坚实的理论基础。于是，随着其学术视野的进一步开阔和地志知识的不断丰富，朱思本的才学逐渐引起中书平章政事李孟的注意。而为了使朱思本的才学更好地服务于元朝统治者，李孟曾劝朱思本返儒入仕，但被朱思本婉言拒绝了。[①]

其次，在京城有不少南宋遗民，他们肯定有不少人在元朝政府里任职。故国旧土，不时萦绕心头。于是，他们希望朱思本绘制一幅能够展现南宋旧貌的全国地图，以满足其眷念故土的心愿，而朱思本则实际上早就有这样的打算。据他自己说：

> 中朝士夫，使于四方，遐迩攸同，冠盖相望，则每嘱以质诸藩府。[②]

在这里，朱思本究竟与哪些"中朝士夫"往来密切，文中虽然没有交代，但从朱思本的语气里我们多少能够体会出，当时他肯定有一个比较广泛的交友圈，而且通过他们相互之间的互动，定然给了朱思本以很多的鼓励、支持和帮助。于是，朱思本才有"博采群言"[③]的由衷喜悦和真诚感动。

从武宗至大四年（1311）开始到仁宗延祐七年（1320），朱思本借奉诏代祀名山大川之际，离开大都南下河南、安徽、江苏、浙江、江西、湖北、湖南等地，对沿途各地进行了比较广泛和深入细致的考察，"随地为图"，为其绘制《舆地图》准备了丰富的第一手资料。故他说：

> 由是奉天子命，祠嵩高，南至桐柏，又南至于祝融，至于海。往往讯遗黎，寻故迹，考郡邑之因革，核山河之名实。[④]

可见，朱思本的所行所至，基本上都在南宋故国的疆域之内。这个事实与《舆地图》所绘制的疆界大体一致，它说明朱思本这种特殊的亲身体验和故国情怀与其"思构"《舆地图》有着直接的联系。我们知道，元代的疆域非常辽阔，据《元史》载：其范围"北逾阴山，西极流沙，东尽辽左，南越海表"[⑤]。如果再细化一点，则行中书省所辖"岭北"之境包括今蒙古人民共和国及俄罗斯西伯利亚南部、中国内蒙古东北部地区。[⑥]对此，朱思本认为，"诸番异域，虽朝贡时至，而辽绝罕稽，言之者既不能详，详者又未必可信，故于斯类，姑用阙如"[⑦]。形成这种情况的原因，一则是朱思本游历本身的空间局限；二则是其受到了故国情结的强烈影响。但不管怎样，朱思本在此期间完成了《舆地图》"合而为一"的工作，从而把我国古代地图学的发展推向了一个新的历史高度。

---

① （元）许有壬：《至正集》卷32《朱本初北行稿序》，石印乾隆刻本。
② （明）罗洪先：《广舆图》卷首《舆图旧序》，国家图书馆藏明万历本。
③ （明）罗洪先：《广舆图》卷首《舆图旧序》，国家图书馆藏明万历本。
④ （元）朱思本：《贞一斋诗文稿》卷上《舆地图·自序》，宛委别藏录丛书堂钞本。
⑤ 《元史》卷58《地理志一》，第1345页。
⑥ 田野：《元代的疆域》，《内蒙古社会科学》1981年第3期，第153页。
⑦ （元）朱思本：《贞一斋诗文稿》卷上《舆地图·自序》，宛委别藏录丛书堂钞本。

3. 玉隆万寿宫时期

至治元年（1321），朱思本离开大都，出任杭州玄妙观主持，时间不长又调任龙兴路（今南昌）玉隆万寿宫主持，直至去世。玉隆万寿宫位于江西南昌新建区的西山之上，它是南宋高宗绍兴年间兴起的一个道教派别——“净明忠孝道”的祖庭。该派主张“儒道互补”，其受朱熹和陆九渊思想的影响尤深。以陆九渊为例，“心即理”是陆九渊心学思想的重要命题，以此为前提，净明忠孝道的代表人物刘玉认为，“忠者，忠于君也。心君为万神之主宰，一念欺心即不忠也”[①]。可见，他之所谓“忠君”主要不是指忠于世俗的帝王本身，而是忠于每个人心中所存在着的那个“帝君”。此“帝君”也称为“太极”，故刘玉又说“人心皆具太极”[②]或云“人心皆具天理”[③]。正是从这个角度，刘玉解释说：“何谓净？不染物。何谓明？不触物。不染不触，忠孝自得。”[④]既然如此，那么，原本烦琐的道法科仪便可以大大地简化了，在刘玉看来，“每见朝醮行事太烦，及至祭享，则斋主法众诚意已怠。修斋之士可不审之”[⑤]。于是，经过他的改革，净明忠孝道“为事简而不繁”[⑥]，修道主旨为“不昧心君，不戕性命，忠孝存心，方便济物”[⑦]，故其道法科仪以“席地存神”[⑧]为主，体现了陆九渊“易简工夫”的思想主张和修道方法。

又，龙虎山与陆九渊的家乡为邻，陆九渊的学风和思想对正一教及玄教理论的形成都产生了比较深刻的影响。所以，吴全节在至顺二年（1331）向朝廷“进宋儒陆文安公九渊语录，世罕知陆氏之学，是以进之”[⑨]。在这样的思想氛围里，朱思本的学术思想不可能不受其熏陶。比如，他在任杭州玄妙观主持提点时，曾为保和通妙宗正真人徐德明撰写了一篇行述，文中称徐德明“以开府公所授宗旨觉悟后进，参以儒术品节之故，其徒皆颖异秀发，卓为道门师范”[⑩]。同朱思本一样，徐德明也是南宋遗民，所以他们有着共同的情感基础和遗民心理状态，而“儒术品节”虽然是朱思本美誉徐德明的修道方法，实际上亦是他自身修道和传道的经验总结和真心感悟。从地缘文化的角度看，这种“儒术品节”自然是朱熹和陆九渊思想所塑造的一种具有江西士人特色的做人品质。

玉隆万寿宫本为净明忠孝道祖师许逊故宅，后立为祠，南北朝时改祠为观，入宋以后，更升观为宫，其道教地位不断上升。对此，白玉蟾记述说：

> 真君（即许逊）飞升之后，里人与真君之族孙简，就其地立祠……隋炀帝时，焚修中辍，观亦寻废。至唐永淳中，天师胡惠超重新建之，明皇尤加赍奉。本朝太宗、

---

① （元）黄元吉编集，（元）徐慧校正：《净明忠孝全书》卷3《玉真先生语录内集》，《道藏》第24册，第635页。
② （元）黄元吉编集，（元）徐慧校正：《净明忠孝全书》卷3《玉真先生语录内集》，《道藏》第24册，第637页。
③ （元）黄元吉编集，（元）徐慧校正：《净明忠孝全书》卷3《玉真先生语录内集》，《道藏》第24册，第636页。
④ （元）黄元吉编集，（元）徐慧校正：《净明忠孝全书》卷3《玉真先生语录内集》，《道藏》第24册，第635页。
⑤ （元）黄元吉编集，（元）徐慧校正：《净明忠孝全书》卷5《玉真先生语录别集》，《道藏》第24册，第646页。
⑥ （元）黄元吉编集，（元）徐慧校正：《净明忠孝全书》卷1《西山隐士玉真刘先生传》，《道藏》第24册，第630页。
⑦ （元）黄元吉编集，（元）徐慧校正：《净明忠孝全书》卷1《西山隐士玉真刘先生传》，《道藏》第24册，第630页。
⑧ （元）黄元吉编集，（元）徐慧校正：《净明忠孝全书》卷1《西山隐士玉真刘先生传》，《道藏》第24册，第630页。
⑨ （元）虞集：《河图仙坛之碑》，陈垣：《道家金石略》，第964页。
⑩ （元）朱思本：《贞一斋诗文稿》卷上《保和通妙宗正真人徐行述》，宛委别藏录丛书堂钞本。

真宗、仁宗皆赐御书，真宗又遣中使赐香烛花幡旌节舞偶，改赐额曰“玉隆”，取《度人经》太释玉隆腾胜天之义也，仍禁名山樵采蠲租赋之役，复置官提举，为优异老臣之地。[①]

政和六年，改观为宫，仍加“万寿”二字。[②]

元人柳贯说：“观肇兴于晋，而盛于唐，尤莫盛于宋。”[③]然宋元之际因战乱的关系，玉隆万寿宫亦遭受到了不同程度的损毁。因此，朱思本到任后的第一件事情就是重新修建这里的宫观和堂阁，使之旧貌换新颜。据柳贯载：

至治元年，临川朱君思本实嗣居其席，始至，见十一大曜、十一真君殿、祖师祠堂摧剥弗治，位置非据，谋将改为。则以状请于教主嗣汉天师。会元教大宗师吴公亦以香币来祠。因各捐赀倡首，而施者稍集。抡材庀工，有其具矣。盖宫制二殿中峙，厢序参列于前，而分画其中，以左右拱翼。乃相藏室之北，撤故构新，作别殿六楹。东以奉十一曜真形之像，西以奉吴黄十一真君之像，夹铺面背，各有攸尊。亦既无紊于礼，又即十一真殿旧址，筑重屋一区，上为青玄阁，下为祠。[④]

这段时期已是朱思本的晚年，人情世故变化较大，如张留孙在至治二年（1322）病逝，由于张留孙与朱思本之间有姻亲关系，加之两人同为玄教中人，故朱思本北上大都向张留孙的遗体告别，吊唁治丧。张留孙的谢世，对朱思本情感的打击比较大，他在祭玄教大宗师张留孙文中说：“怀公之恩，如水之东。今公往矣，弟子曷从？”[⑤]由此可见，张留孙对于朱思本而言不仅是姻亲，更是导师，他们之间的真挚情感绝非一般俗人所能体会。

此后，朱思本极少离开玉隆万寿宫，直到去世。他总结自己早期的思想演变，用“逃儒学道，景行真风”[⑥]8个字来概括。这反映了隐藏在其思想深处的那种既渴望以儒为志，又迫于世事之艰难的尴尬与无奈，此处的“逃”字而不是“弃”字非常生动地刻画了他那时的极端矛盾心理。所以，朱思本与一般的道士不同，他从来不以道术欺世盗名。相反，朱思本还以法师的身份揭露了像星相、天人感应等谬说的骗人伎俩，体现了其宗教思想中多少包含着一定程度的叛逆因素。例如，他记道：

世有星命者流，其法：列十二宫，定太阳躔次。以人之生时，从太阳宫推知命纬之所在，又推而知限之所至。其主则日、月、五星，益以罗睺、计都、紫炁、月孛，曰十一曜。推其躔次、喜怒、命限值之，而知穷通、寿夭焉，谓之五星。以人之生年、月、日、时，配以十干、十二枝，由始生之节序先后，推而知运之所值、五行生克、旺相死绝，而知吉凶祸福焉，谓之三命。挟斯术以游于通都大郡，下至闾阎田里，比

---

① （宋）白玉蟾：《修真十书玉隆集》卷34《续真君传》，《道藏》第4册，第761页。
② （宋）白玉蟾：《修真十书玉隆集》卷34《御降真君册诰表文》，《道藏》第4册，第762页。
③ （元）柳贯：《待制集》卷14《玉隆万寿宫兴修记》，《景印文渊阁四库全书》第1210册，第416页。
④ （元）柳贯：《待制集》卷14《玉隆万寿宫兴修记》，《景印文渊阁四库全书》第1210册，第416—417页。
⑤ （元）朱思本：《贞一斋诗文稿》卷上《祭玄教大宗师张上卿文》，宛委别藏录丛书堂钞本。
⑥ （元）朱思本：《贞一斋诗文稿》卷上《祭玄教大宗师张上卿文》，宛委别藏录丛书堂钞本。

比皆是也。予客京师十有五年，所见名动公卿者数人。自谓人之死生、得失，悉能前知，断以年月，无毫髪厘少差。荐绅交相荐誉招致，赂遗殆无虚日。轻裘肥马，光采照地，由是而获禄仕者有之。时予居道宫，甚无事，旦夕与之游处。因举平昔所记贫富、贵贱、存没、年命凡数十以质之，十不一验焉。予固疑之，久而得其说焉。其见遇于公卿也，推之则曰：某时迁，某时相，某时受上赏，寿八十。余若干，或逾七十。其见接于常人也，推之则曰：某时获财，某时成名，某时大显，寿如前所云。闻者莫不欣慰，历岁时间，数十百人中幸而有验者，则奔走相告，语曰：某术士，神人也。由是而名声日彰，游从日广。其不验者问之，则曰：今虽未验，当在某时。其人益信之，日夕延颈以俟其至期，复不验，问之，则曰：非吾术之疏也，若生时之误也。或语他人曰：某之命贫且贱，或不能至大官。问予以富贵何时？予嗤其不自量也，惧其怒且骂也，则姑应之曰某时富贵。今而不验，乃求之于余，余岂司富贵者哉！公卿岁有诛者、谪者、左迁者，咸未闻其前有言焉。及是而问之，则曰：吾固知其然也，彼方赫赫有位，吾敢昌言以贾祸哉？听者不察，遂以为神。呜呼！虽其挟诈规利，亦患得患失者有以成之也。患得者惟恐其言之不吾与，患失者惟恐其言之不吾固，遑遑焉，汲汲焉。惟命之推术者，揣知其如是，则累千百言以谀之。其既也验者恒少，诞者恒多。少者扬之，多者藏之。为之者，则洋洋然自得而无愧矣。然则其何以矫之？曰：君子居易而已。①

星相术的理论基础是中国古代传统的“天人感应”观念，如果说它起源于神道设教、政教合一的远古时代，那么，进入阶级社会以后，它则转变成了愚弄人们心智和麻痹人们斗志的一种迷信手段，当然，亦是封建统治者借以维护其腐朽政权的一种思想工具。在唐代，星相术被称为“三命术”，而宋代徐子平在此基础上则又创造了“子平术”。于是，“三命术”和“子平术”便成为中国古代星命术的两大主要流派。从民间流行的情况看，元代的“三命术”非常盛行。《礼记集说》载《援神契》的话说：“受命以保庆，有遭命以谪暴，有随命以督行。”释云：“受命谓年寿也，遭命谓行善而遇凶也，随命谓随其善恶而报之。”②元代的耶律楚材、俞竹心、郑希诚等都是知名的星命学家，而郑振铎在论及元代士人的悲惨生活状况时说：他们中“每多挺秀的才士，而沦为医卜星相之流，乃至做小买卖，说书，为伶人们写剧本，以此为生”③。可见，元代星相术的盛行与当时大量士人不被国家重用的特定社会背景有一定的关系。而为了生计的需要，其中许多士人仅仅把相命看作是一种谋生的手段，因此他们“往往揣度人意，牵合附会，以媒悦于人，以图利其身”④，其功利目的极强。

既然星相术纯粹是为了逐利，那么，我们对它本身的可验性就大可怀疑了。实际上，朱思本通过亲自验证，“凡数十以质之，十不一验焉”，所以他得出结论说：“星命之命，斯

① （元）朱思本：《贞一斋诗文稿》卷上《星命者说》，宛委别藏录丛书堂钞本。
② （宋）卫湜：《礼记集说》卷 109，《景印文渊阁四库全书》第 119 册，第 364 页。
③ 郑振铎：《论元人所写商人、士子、妓女间的三角恋爱剧》，《文学季刊》1934 年第 4 期。
④ （元）朱思本：《贞一斋诗文稿》卷上《答祖孙好谦书》，宛委别藏录丛书堂钞本。

惑也已。”[①]从而揭露了星相术的神秘主义本质和骗人把戏。

综上所述，我们至少能够得出如下结论：朱思本的宗教实践活动和作为南宋遗民的特殊身份，对于他形成以“九州”为中心的地理学思想起到了关键作用。《舆地图》之所以没有能够在元代广泛流行和传播，恐怕与它不为元朝统治者所重视有关，或可说朱思本的《舆地图》本来就不是给元朝统治者画的。故王庸说：“朱思本之制图虽利用国家公务之机会，而实系私人之作，官府图籍恐未必因而改观。即在元末明初之际，一般舆图殆亦鲜受影响。及嘉靖间有罗洪先氏，因朱图而改制为《广舆图》，其势力始稍普及。设无罗氏之作，恐朱图早已湮没不彰矣。”[②]

二、《舆地图》的科学价值及其世界观和科学方法

（一）《舆地图》的科学价值

按照朱思本的记述，《舆地图》分两步完成：第一步是“随地为图”，第二步则是“合而为一”。前面讲过，元朝统治者迷信道教的“通天”方术，所以为了使政权与神权相统一，他们就利用正一教在民众中所产生的心理效应和向心力，赋予正一教法师“代天子致祀五岳四渎等名山大川”[③]的特权。而朱思本正是利用了这一条件，游历了江南和江北的地理风光，并摹写了当时目力所及的山河之貌，遂成为分图的原始记录。从这个层面看，明人陈组绶称“元人朱思本计里画方，山川悉而郡县则非”[④]，是有道理的。也就是说，朱思本的《舆地图》应主要是一幅全国地形图，而不是一幅全国行政图。至于在这个过程中，朱思本究竟共画了多少幅地理分图，由于史料没有明确记载，我们仅能推测其大概数量。

首先，朱思本所游历之地，是必有图谱的，关于这一点他自己说得已经十分明白。[⑤]据《舆地图・自序》可知，朱思本所到之处计有：会稽、洞庭、荆、襄、淮、泗、韩、魏、齐、鲁、燕、赵、大都及嵩高、桐栢、祝融、海。可以想到的是，这里至少需要15幅分图。其次，罗洪先增补朱思本《广舆图・序》云：整个算下来，他绘制《广舆图》的分图共计45个，即“两直隶十三布政司图十六”、“九边图十一”、“洮河、松潘、虔镇、麻阳诸边图五”、“黄河图三”、“漕河图三”、“海运图二”和“朝鲜、朔漠、安南、西域图四”等。其中“九边图十一”、“洮河、松潘、虔镇、麻阳诸边图五”及“朝鲜、朔漠、安南、西域图四”为朱思本的地图中所无[⑥]，剩余的25幅图应为朱思本绘制《舆地图》时所固有的。考虑到朱思本对所祀山川的经验和知识，他当绘有五岳及会稽、洞庭湖的地形图，计有7幅。这样，加上前面的25幅图，一共约有32幅图。卢良志亦有朱思本为32图之说，而在他看来，其

---

① （元）朱思本：《贞一斋诗文稿》卷上《答祖孙好谦书》，宛委别藏录丛书堂钞本。

② 王庸：《中国地理学史》，第89页。

③ 汪前进：《中国地图学史研究文献集成（民国时期）》第3册，第869页。

④ （明）陈组绶：《皇明职方地图・序》，郑振铎：《玄览堂丛书三集》第10册，南京图书馆1955年影印本。

⑤ （元）朱思本：《贞一斋诗文稿》卷上《舆地图・自序》，宛委别藏录丛书堂钞本。

⑥ 王庸：《中国地理学史》，第91页。

32 图分别是：16 幅分省图、11 幅九边图及 5 幅其他诸边图。[①]显而易见，王庸与卢良志在朱思本的《舆地图》有无“九边图十一”之问题的认识上，是有分歧的。我们以朱思本《舆地图・自序》为依据，认为王庸所见为是。

就目前所流传的版本看，《广舆图》中的“舆地总图”至少有两个版本：一个版本是李约瑟在《中国科学技术史》第 5 卷所取材于《朝圣者》一书中的版本；另一个版本是《续修四库全书》所见之版本。两个版本之间的最显著差异就是前者绘有长城，而后者没有长城。根据南宋人绘制的“舆地图”（相当于今天的世界地图）的传统和风格，如绍兴六年（1136）上石的“华夷图”，其上大概都标明了长城的位置，按照朱思本的计划，他的《舆地图》是站在世界的角度来认识中国的，所以其上当绘有“长城”的位置。例如，朱思本介绍他绘图的原则时说：“至若张海之东南，沙漠之西北，诸番异域，虽朝贡时至，而辽绝罕稽言之者，既不能详，详者又未必可信，故于斯类姑用阙如。”[②]在这里，对“姑用阙如”这个词，我们应当作全面的理解，从字面上讲，朱思本为了谨慎起见，对“诸番异域”采取了“姑且空缺”的方法，“姑且空缺”不等于“完全空缺”，而是先画一个大致的方位和轮廓，等到条件成熟以后，再行填补其山川和地名。依此，我们认为朱思本的《舆地图》具有以下三个特点。

第一，立足九州，面向寰宇，以“天下一家”的视角来重新认识祖国的江河大地。朱思本的《舆地图》究竟是一幅中国地图还是一幅世界地图？学界存在不同的看法。李约瑟认为，“尽管朱思本在绘边远地区的地图时很小心谨慎，但是有一个事实却是值得注意的，这一事实，正如福克斯所指出，就是朱思本及其同时代的人都已知道非洲的形状像个三角形。在十四世纪的欧洲和阿拉伯的地图中常把非洲的那个尖端画成指向东面，直到十五世纪中叶才把这一错误纠正过来，可是在公元 1555 年刊印的这一册中国地图集中，非洲的那个尖端则是指向南方，并且还有其他证据可以说明，朱思本早在公元 1315 年就已经是这样画的了”[③]。显然，李约瑟是从世界地图的角度来看待朱思本的《舆地图》的，它相当于一幅以中国为中心的世界地图。与此不同，王庸则认为，“其图止绘华夏疆土”[④]，因而是一幅纯粹的中国地图。其依据是朱思本自己的说法，因为他承认绘制《舆地图》所参考的前代地图有“滏阳、安陆石刻、禹迹图、樵川混一六合郡邑图”[⑤]。其中《禹迹图》相当于中国地图[⑥]；“滏阳、安陆石刻”无考；“樵川混一六合郡邑图”，亦作“建安混一六合郡邑”，大概是以“九州”为中心的中国地图。

现在的问题是，在朱思本看来，上述诸图都是有问题的和存在“乖缪”的地图。朱思本说：“验诸滏阳、安陆石刻、禹迹图、樵川混一六合郡邑图，乃知前人所作殊为乖缪，思

① 卢良志：《中国地图学史》，北京：测绘出版社，1984 年，第 103 页。
② （元）朱思本：《贞一斋诗文稿》卷上《舆地图・自序》，宛委别藏录丛书堂钞本。
③ ［英］李约瑟：《中国科学技术史》第 5 卷《地学》，《中国科学技术史》翻译小组译，第 151 页。
④ 王庸：《中国地理学史》，第 88 页。
⑤ （元）朱思本：《贞一斋诗文稿》卷上《舆地图・自序》，宛委别藏录丛书堂钞本。
⑥ （元）杜石然等：《中国科学技术史稿》下册，第 57 页。

构为图以正之。”[1]可惜，在前人所绘的地图中，到底哪些内容“乖缪”，同时他在“思构为图以正之”过程中所纠正的内容又有哪些，朱思本都没有说明。因此，为了弄清朱思本的《舆地图》与前面诸图的差别，我们就只有依靠流传下来的《舆地图》去判断了。

第二，比较正确地绘出了黄河源。黄河是中华民族的母亲河，她不仅孕育着5000年的华夏灿烂文明，而且承载着中国人的民族情怀和审美旨趣，是维系中华民族的血脉。从历史上看，自夏禹治水以后，我国古代劳动人民就始终不懈地为治理黄河水患而拼搏和奋斗。与此同时，人们对河源的探索亦付出了极大的努力。《山经》云：“昆仑之丘……河水出焉。”又，《尚书·禹贡》载：“导河积石，至于龙门。”此处所说的“积石”位于青海省积石山以西，由于先秦的科考实践尚不完备，加之羌汉之间的军事战争不断，因此，中原人士在没有实地考察的前提下，对黄河源提出了“河出积石”的主观猜测。汉通西域后，人们进一步把黄河源与西域的于阗河（即今塔里木河，在新疆境内）联系起来，认为于阗河潜入地下南出姬石而成为黄河的源头。比如，班固这样记述道：“于阗在南山下，其河北流，与葱岭河合，东注蒲昌海。蒲昌海，一名盐泽者也，去玉门、阳关三百余里，广袤三百里。其水亭居，冬夏不增减，皆以为潜行地下，南出于积石，为中国河云。”[2]此“蒲昌海”即今罗布泊，同“河出昆仑”说一样，此“潜流复出”说亦是一种纯粹的臆测，实际上没有任何科学依据。魏晋以降，中原人士与居住在青海地区的吐谷浑、羌族、藏族等少数民族兄弟人民之间的交往越来越密切，这在客观上为内地学者探索和确定黄河源提供了必要条件。所以，晋人张华才有了“源出星宿”[3]的认识。唐太宗贞观九年（635），侯君集与李道宗曾率兵到达河源地区，据《新唐书》载：他们“次星宿川，达柏海上，望积石山，览观河源”[4]。在这里，柏海当即今黄河源上的扎陵湖。当然，唐人尽管有过到达河源的历史记录，可惜那都不是科学考察，因而他们的认识也不是科学考察的结论。

从历史上看，元朝派遣都实入青海地区对黄河源进行科学考察，应是一次具有科学价值的科考实践，而由他负责绘制的《黄河源图》[5]也就成为我国历史上最早一幅关于河源地区的实测地图。不过，为了配合元朝政府的河源科考工作，朱思本特从梵文图志中翻译了关于河源的记载。《元史·地理志》在记载河源时比较完整地采录了朱思本有关河源的两大段叙述。其中记河源的位置云：

> 河源在中州西南，直四川马湖蛮部之正西三千余里，云南丽江宣抚司之西北一千五百余里，帝师撒思加地之西南二千余里。水从地涌出如井。其井百余，东北流百余里，汇为大泽，曰火敦脑儿。[6]

“火敦脑儿”是蒙古语，意即星宿海。据此，并结合都实的科考结果，朱思本在绘制《舆

---

① （元）朱思本：《贞一斋诗文稿》卷上《舆地图·自序》，宛委别藏录丛书堂钞本。

② 《汉书》卷96上《西域传》，第3871页。

③ （清）纪昀等：《钦定河源纪略》卷35《杂录四》，《景印文渊阁四库全书》第579册，第309页。

④ 《新唐书》卷221上《吐谷浑传》，第6226页。

⑤ （明）陶宗仪：《辍耕录》卷22《黄河源图》，《景印文渊阁四库全书》第1040册，第651页。

⑥ 《元史》卷63《地理志六》，第1564页。

地图》时不仅把星宿海的形状画成一个葫芦形，而且比较清晰地将流入星宿海的喀喇渠绘作黄河河源，因而它成为我国迄今最早在全国地图上正确绘出黄河源的实例。[①]

第三，在地图图例方面，开我国古代地图学史上系统使用几何标示法的先河。用图例说明图中所显示对象的地理位置和自然特征，是现代地图通用的方法。明代罗洪先的《广舆图》将它称作“省文”，仅从字面上我们就能感悟到“图例”的真正价值和意义。实际上，图例的作用不仅仅在于“省文”，更在于它的直观和会意。在我国古代，至少汉代即已出现了用符号标示地理内容的地图，如甘肃天水放马滩秦墓出土的地图单曲线标示河流，长沙马王堆三号汉墓出土的汉代帛绘《驻军图》，更采用不同符号来标志不同的地理对象和内容，而宋代帝师黄裳所绘《地理图》中则有长城、森林、山川等符号，可惜这些符号还没有形成系统，除河流外也没有形成统一的标准。与之不同，朱思本的《舆地图》不仅继承了我国古代以“省文”为特点的地图绘制传统，而且把传统的几何符号系统化和标准化，遂成为后世人们绘制地图的范本。

在《舆地图》中，朱思本以几何图案替代象形图案，他用 24 种几何符号来标示山、河、沙漠、路、府、州、县、驿、卫等地理对象和内容，从而使整个地图显得既简洁明了又趣味无穷。此后，明代的《杨子器跋舆地图》和罗洪先的《广舆图》，都沿袭了朱思本的图例做法。于是，形成了朱思本地图系统，它支配着明清地图绘制达 200 多年。

（二）《舆地图》的世界观

如果我们仅仅把《舆地图》看作是一幅简单的地形图或行政图，就未免降低了该图的人文价值。元朝的空前统一，应当说对南宋遗民的内心世界产生了非常大的震动。例如，朱思本盛赞元世祖的功绩说：“窃惟我皇元肇运，自世祖龙飞漠北，定鼎燕南，虽为辽金旧都，自圣朝混一区宇，奠安黎庶，为亿万年不拔之鸿基。”[②]在这版图远远超过汉、唐的辽阔疆域内，如何“混一区宇，奠安黎庶”？元世祖采取的措施是积极推行“汉法”，主张“帝中国，当行中国事”[③]。当然，元朝推行“汉法”具有典型的“漠北”特征：一方面，在政治制度、思想文化、经济政策等诸多层面，“信用儒术”及“以夏变夷”[④]，即用先进的中原农业文明来改造或同化蒙古族游牧文明，从而使新王朝在更高的阶段把中华民族的优秀文化推向新的历史辉煌；另一方面，蒙古族拥有“国族”的独尊地位，享有“色目法”的特权，且在政治地位上居四等人之首，而原南宋统治区的居民则被视为第四等人，地位最卑贱。所以，元朝统治者的政治心理是非常矛盾的，他们主观上确实想推行“汉法”，可是“汉法”程度较高的南宋人却被压在社会的最底层，不得重用，这就使得元朝统治者所推行的“汉法”大打折扣。不仅如此，元朝统治者为了孤立南人，故意抬高原金朝统治下汉民的社会地位，使其在政治地位上有别于南人。这样，“南北之士，亦自町畦以相訾甚，若晋

---

① 唐锡仁、杨文衡主编：《中国科学技术史·地学卷》，第 356 页。

② （元）朱思本：《九域志·自序》，（清）蒋光煦撰，梁颖校点：《东湖丛记》卷 1，沈阳：辽宁教育出版社，2001 年，第 4 页。

③ 《元史》卷 160《徐世隆传》，第 3769 页。

④ 《元史》卷 17《世祖本纪十四》，第 377 页。

之与秦，不可与同中国”[1]。可见，金朝遗民与南宋遗民之间业已存在着的那种“畛域”之见，经过元朝统治者的蓄意挑唆，犹如火上浇油，其历史成见不仅没有随着时间的推移而逐渐淡化，反而是积怨越来越深。这种潜在的思想矛盾必然会通过各种方式自觉或不自觉地表现出来。

只要仔细观察，我们就不难发现，在整个《舆地图》里，朱思本对于南北地区的描绘力度是大不相同的，其详南略北的意图比较明显。就两者的分量而言，沿长江一线山川密布，勾勒细致；相反，沿黄河一线则用笔简单，景致疏阔。很显然，在朱思本的视野里，中国文化的重心在南而不在北，尽管元朝统治者把南人置于社会的最底层，但是南人在那个时代确实把握着儒家文化的命脉，是承接南宋文明继续向前发展的主要力量。正是从这样的角度看问题，朱思本才在《广海选论》一文中由衷地发出了如下感慨：

> 五岭之南，列郡数十，县百有一十，统于广、桂、雷三大府，自守令至簿尉，庙堂岁遣郎官、御史与行省，考其岁月，第其高下而迁之，谓之“调广海选”。仕于是者，政甚善，不得迁中州、江、淮，而中州、江、淮夫士，一或贪纵不法，则左迁而归之是选焉。终身不得与朝士齿。虽良心善性油然复生，悔艾自新，不可得已……呜呼！世皇之制，岂端使然哉！法无不弊，弊则必更，明王治天下之要道也。夫以海隅之于天下，犹爪髪之于人身也，虽微且末，或拔焉、或折焉，则举体为之不安。遐陬僻壤，一夫不获其所，撞搪叫呼，扇动远近。中州、江、淮之氓庸独安乎？昔者李唐之制：重内轻外，班生入朝以为登仙。赵宋之法：远近适均，偏方一隅，无足多论。然则今日之事，将奚师？曰：圣人一视而同仁，笃近而举远。[2]

朱思本的言外之意无非是说，元朝统治者亲近“金朝遗民”而疏远“南宋遗民”，而南宋原辖境内的广大地区不能受到元朝统治者的高度重视，朱思本打心眼儿里就不服气。所以，他提出了“圣人一视而同仁，笃近而举远”的主张。可惜，他的主张并没有被元朝统治者所采纳，而南人悲惨的社会地位始终也没有因此而发生丝毫改观。对此极不公正的社会现实，朱思本当然会在他的《舆地图》里表现出来。

如果我们将日本栗棘庵所藏南宋《舆地图》与朱思本所绘《舆地图》加以比对，就会发现两者在构图方法和详南略北的立意方面都非常相近。当然，在个别细节方面朱思本的《舆地图》做了改进，如河源的位置、沿海各岛屿的形状，朱思本的《舆地图》较南宋《舆地图》更为精确。由此可见，朱思本的《舆地图》与南宋《舆地图》之间一定存在着某种联系，尽管朱思本在自序中没有提到该图，但是我们不排除朱思本曾经参考了南宋《舆地图》的可能。用今人的眼光看，朱思本《舆地图·自序》中有一段话既是一个科学问题，又是一个世界观问题。这段话是：

> 至若涨海之东南、沙漠之西北，诸番异域，虽朝贡时至，而辽绝罕稽言之者，既

---

① （元）余阙：《青阳集》卷2《杨君显民诗集序》，《景印文渊阁四库全书》第1214册，第308页。

② （元）朱思本：《贞一斋诗文稿》卷上《广海选论》，宛委别藏录丛书堂钞本。

不能详，详者又未必可信，故于斯类姑用阙如。[1]

对于这段话，一般学者都从求真务实的科学实践角度立论，认为朱思本具有很强的科学实践精神。实际上，这仅仅是上述话语所蕴含的真实内容之一，因为“朝贡时至，而辽绝罕稽言之者”只是问题的一个方面。用常理来推测，这种客观上所造成的缺憾，完全可以通过个人的主观努力去弥补，这是问题的另一个方面，它也是真实的思想内容之一，我们在解读《舆地图》时不应忽视。因为在主观上，朱思本既然“观司马氏周游天下，慨然慕焉”[2]，而且他已经遍历华北、东南、中南、华南等地区，所以在当时的历史条件下，朱思本如果真的是在政治上为元朝统治者的利益着想，在科学上是为了真正推进中国古代地图学的发展事业，那么，他就会克服一切困难去东北、西北、西南，甚至南海诸岛、台湾岛等地进行实地考察，并随地为图，以作为其绘制《舆地图》的重要参考。这样，他的《舆地图》肯定会更加完备和详尽。可惜，朱思本没有那样做，而是罗列了一大堆客观理由。说实话，只要我们设身处地地想一想，当时朱思本来往内蒙古高原及东北平原，还是比较方便的。由此我们不难得出结论：朱思本所说的上述诸多客观理由，其实都是托词，因为从当时“朝贡时至”的情况看，中外的交通联系是比较密切的，其交通环境也是比较宽松的。而朱思本之所以没有充分利用当时的交通资源，关键因素就在于他主观上还有着很深的故土情结。换言之，朱思本头脑中恐怕还没有摆脱儒家传统夏夷观的影响。

在宋、金、蒙相对峙的分裂时期，战争频发，民不聊生。从这个意义上说，元朝的统一结束了晚唐五代以来长期分裂割据的局面，有力地推动了统一的多民族国家的巩固和历史发展，并为创造多民族社会的和谐共处局面提供了前提条件。因此，《舆地图》所反映的正是元朝“北逾阴山，西极流沙，东尽辽左，南越海表”[3]的疆域现实。不过，在现实与地图之间还有一定的差距，因为地图毕竟是人脑的反映，它在一定程度上体现着绘图者个人的主体意志。比如，在“阴山”以北的广袤大地，除了沙漠，还有辽阔的草原和串串湖泊，以及蒙古包和牛羊。在朱思本的心目中，“敕勒川，阴山下，天似穹庐，笼盖四野。天苍苍，野茫茫，风吹草低见牛羊”的草原风景全被一望无际的沙漠所掩盖，而在此背景之下，阴山以北的内蒙古高原连一点生命力都没有了。

显然，朱思本在《舆地图》里试图向人们发泄着一种民族情绪，这种情绪到明朝程道生那里便完全演变为仇夷心理。所以，程道生在《舆地图考》一书中专列“建夷”一篇，其开篇即曰：“按今女直，即金余孽也。”[4]这样恶意诋毁女真族的言论，恐怕不仅仅是程道生一个人所特有的心态，当年的朱思本也未尝没有这样的心态，只是他没有表露出来罢了。

在整个朱思本地图系统中，我们应当注意下面这个事实：在以南宋疆域为重点描绘对象的前提下，周边各民族与国家的真实面貌和历史地位很难在图中显示出来。于是，朝鲜

---

① （元）朱思本：《贞一斋诗文稿》卷上《舆地图·自序》，宛委别藏录丛书堂钞本。

② （元）朱思本：《贞一斋诗文稿》卷上《舆地图·自序》，宛委别藏录丛书堂钞本。

③ 《元史》卷58《地理志一》，第1345页。

④ （明）程道生：《舆地图考》卷4《建夷考》，四库禁毁书丛刊编纂委员会：《四库禁毁书丛刊·史部》第72册，北京：北京出版社，1997年，第481页。

在朱思本的《舆地图》的基础上进一步增广为《混一疆理历代国都之图》[①]，图下有李氏王朝权近的题跋。其文云："其辽水以东，及本国（指朝鲜）之图，泽民之图（即李泽民《声教广被图》），亦多缺略。今特增广本国地图，而附以日本，勒成新图，井然可观，诚可以不出户庭而知天下也。"[②]按照卢良志先生的观点，无论是李泽民于1330年左右所绘的《声教广被图》，还是由朝鲜人所绘而由日本人所复制的《混一疆理历代国都之图》，都属于朱思本地图系统。在这里，人们站在世界地图的立场上来重新审视朱思本的《舆地图》的科学意义，结果发现《舆地图》已经标明非洲的地理形状和大体位置了，于是学界开始争论谁最早将非洲大陆描绘在世界地图上的问题。目前，形成了两派：一派以李约瑟为代表，认为朱思本的《舆地图》已经正确地描绘出非洲的形状了。[③]在朱思本之后，李泽民更加详细地描绘了非洲的地理特征，比如，"图中非洲北部的撒哈拉，与许多中国地图（包括《广舆图》在内）上的戈壁沙漠一样，画成黑色"[④]。与之相反，另一派以葛兆光为代表，他们认为，元代的中国人对于世界地理的知识还不足以准确描绘出非洲的地理特点。[⑤]。日本地图学家海野一隆也认为，《声教广被图》（约1230年，已佚）对非洲东岸和南部海岸所描绘的底图应取自阿拉伯世界的地图。

此外，"从《元经世大典地理图》的内容来看，当时画有经纬线的地域图无疑已经传入中国。元朝接受伊斯兰地图学影响的主要是属于统治阶层的蒙古人、色目人，还不能从根本上动摇以'大地平坦说'为前提的中国传统的地图学。元朝朱思本的《舆地图》仍无视欧洲和非洲的存在，就说明了这一点"[⑥]。说朱思本在思想上"无视欧洲和非洲的存在"，恐怕不符合历史实际，因为朱思本反复表明了他绘《舆地图》的原则，那就是"诸番异域，虽朝贡时至，而辽绝罕稽言之者……姑用阙如"。可见，朱思本心里非常清楚，中国之外还有一个更加广阔的世界，但是这些"诸番异域"相对于华夏文化，其影响力并无太大的圈点之处，所以朱思本使用了"边远空白"的画法，用他自己的话说就是"阙如"，所以"阙如"实际表明这些地方是人类文明的"盲区"，是有待于开化的领域。

元人对"异域"的认识，多停留在传说和想象的阶段，他们似乎仍不将生活在"异域"的人类看作是正常的、有道德文化的人，而是把他们看作是类人的"怪物"。例如，元代周致中的《异域志》就是如此。虽然像赵汝适的《诸蕃志》、汪大渊的《岛夷志略》等真实的旅行记录已经在士人群体中传播，但是正如葛兆光先生所说：在元代，"像'狗国'、'女人国'、'无腹国'、'奇肱国'、'后眼国'、'穿胸国'、'羽民国'，这些形象被当做异域人的形象看待，体现了古代中国一种相当傲慢的、把外夷视为'非人'的观念"，而"这种想象在很长时间里面，甚至比真实的旅行记录更加普遍地被当做关于异域的知识。所以古代中国常常会沉湎在关于'天下'的自满的想象里面，这种想象常常被批评为中国式的无端傲慢

---

① 原图已佚，现存有日本于1500年所复制之图，今藏于日本龙谷大学附属的图书馆内。

② 卢良志：《中国地图学史》，第108页。

③ ［英］李约瑟：《中国科学技术史》第5卷《地学》，《中国科技史》翻译小组译，第151页。

④ ［英］李约瑟：《中国科学技术史》第5卷《地学》，《中国科技史》翻译小组译，第154页。

⑤ 葛兆光：《重写历史——谜一样的古地图》，《南方周末》2008年7月31日。

⑥ ［日］海野一隆：《地图的文化史》，王妙发译，香港：中华书局，2002年，第48页。

和固步自封”[①]。在这里，我们无意于贬低朱思本的《舆地图》的科学价值，而是试图根据历史的真实与特定环境下的思想“在场”，从世界观的层面来揭示朱思本的《舆地图》背后不说话的内在思想及其现实心理状态和那个时期中国士大夫对“诸番异域”的历史知识。一句话，朱思本的《舆地图》虽然是以全球为背景来描绘中国的山河地理，但在传统夏夷观念的支配之下，它的中国中心地位却是相当显眼的，而且就《续修四库全书》所录《广舆图》之《舆地总图》所描绘的海浪翻卷的方向看，以中国大陆为发散源，一起向外推进，它似乎预示着中华文明伴随着海洋交通的不断拓展而逐渐传播到世界各地的历史趋势。朱思本有诗云：“当为君子儒，必变九夷陋。”[②]这既是他本人的志愿，又是对儒学世界化的一种预见。毋庸置疑，在以儒家文化为主体的中华文明在这种强大的向海外的扩张力中，我们看到的不是傲慢，而是朱思本的期待与自信。

（三）《舆地图》的科学方法及其局限性

1.《舆地图》的科学方法

卢良志在《中国地图学史》第七章“元明两代的传统制图学高峰”中，把朱思本的《舆地图》看作是这个历史高峰的起点，因而有“朱思本地图系统”之称。他说：“朱思本地图系统，是指导源于朱思本制图方法或取材于朱思本《舆地图》的图。”[③]单就朱思本制图方法而言，学界已发表了不少研究成果，如黄长桩的《朱思本及其〈舆地图〉》[④]、王树林的《文学家兼地理学家的元代道士朱思本》[⑤]、朱炳贵的《朱思本——我国传统制图学成就达到高峰的奠基人》[⑥]、盖建民的《略论玄教门人朱思本的地图科学思想》[⑦]、吴厚荣的《朱思本：出自龙虎山的中国地图学大家》[⑧]等。综合起来看，朱思本绘制《舆地图》所采用的科学方法，尽管各家的论说有详有略，有多有少，但大体包括经验和理论两个层面。

首先，从经验的层面讲：①朱思本在绘图过程中所采用的最基本的科学方法就是实地考察。严格说来，实地考察相当于经验方法中的“质观察方法”，它是地理学中极为流行的方法。例如，朱思本在绘制《舆地图》时需要了解和掌握各地地表的自然景观和人文景观，而为了真实和准确起见，他就必须进行实地考察。由朱思本的《舆地图 • 自序》知，他利用公务之便，从龙虎山北上到大都，跋涉数千里；继而奉诏代祀名山海河，南下桐柏、祝融，至于海。所到之处，“往往讯遗黎，寻故迹，考郡邑之因革，核山河之名实”[⑨]，而这一番功夫则成为朱思本绘制《舆地图》最宝贵的知识资源，是他超迈前贤的基本条件。正

① 葛兆光：《古代中国的历史、思想与宗教》，北京：北京师范大学出版社，2006 年，第 54 页。
② （元）朱思本：《贞一斋诗文稿》卷下《次韵酬卢道士》，宛委别藏录丛书堂钞本。
③ 卢良志：《中国地图学史》，第 99 页。
④ 黄长桩：《朱思本及其〈舆地图〉》，《江西师范学院学报（哲学社会科学版）》1983 年第 3 期，第 61—64 页。
⑤ 王树林：《文学家兼地理学家的元代道士朱思本》，《中国典籍与文化》1996 年第 2 期，第 47—53 页。
⑥ 朱炳贵：《朱思本——我国传统制图学成就达到高峰的奠基人》，《地图》1999 年第 3 期，第 38—39 页。
⑦ 盖建民：《略论玄教门人朱思本的地图科学思想》，《宗教学研究》2008 年第 2 期，第 7—10 页。
⑧ 吴厚荣：《朱思本：出自龙虎山的中国地图学大家》，《中国道教》2009 年第 4 期，第 59—60 页。
⑨ （元）朱思本：《贞一斋诗文稿》卷上《舆地图 • 自序》，宛委别藏录丛书堂钞本。

如王庸所说："其足迹之广，目验之多，自属突胜前人。"[①]因此，朱思本不仅是我国古代地图学史的一位划时代人物，而且他的《舆地图》"影响之大，较元以前之贾图有过之而无不及"[②]。②量观察法，主要是指观察距离。从历史上看，我国至少在夏商时期就出现了比较系统的山地测量技术。据《史记》载，夏禹"命诸侯百姓兴人徒以傅土，行山表木，定高山大川"，又，"左准绳，右规矩，载四时，以开九州，通九道，陂九泽，度九山"[③]。在这里，通过对"行山表木"及"准绳"、"规矩"测量工具的记述，我们不难推知当时已经出现了最早的地理定向、定位和量度数据的方法。到汉代，人们开始用"记里鼓车"进行远距离测量，从而使标准地图的绘制成为可能，如湖南长沙马王堆三号墓中出土了 3 幅绘在绢上的地图，即《长沙国南部地形图》、《驻军图》和《城邑图》。经故宫博物院等有关单位的专家研究和考证，在这 3 幅地图中至少有两幅已经使用了比例尺的概念。其中《长沙国南部地形图》的比例为 1/170 000—1/190 000，《驻军图》的比例为 1/80 000—1/100 000。[④]以此为基础，西晋时裴秀系统地总结了前人的制图经验，并提出了"制图六体"（即分率、准望、道里、高下、方邪、迂直）说。这样就使中国古代的制图学具备了一定的数学依据，尤其是为"计里画方"法提供了科学武器。

据记载，晋代的裴秀、唐代的贾耽、北宋的沈括等，都曾用"计里画方"（即以适当的比例制成方格坐标网）法来绘制地图。[⑤]《北堂书钞》引《晋诸公赞》的话说：裴秀作《方丈图》，"以一分为十里，一寸为百里，备载名山都邑"[⑥]，可惜没有实物佐证，而目前我们所发现的第一幅画有方格网的中国地图是南宋上石的《禹迹图》，正是由于这样的缘故，卢良志先生才将"计里画方"法的起始时间确定为南宋。[⑦]当然，卢良志先生的观点还不是最后的结论，因为我国的考古工作仍在继续，新的考古发现随时都有可能改变人们以往的认识和看法。朱思本继承和发展了中国古代的传统"计里画方"法（图 2-26），并使地图的精度大为提高，故罗洪先称：《舆地图》中"有计里画方之法，而形实自是可据"[⑧]。至于《舆地图》以"计里画方"为法所表现出来的"形实"究竟具有哪些优点，由于原图已失，我们只能通过《广舆图》去一睹朱思本图的主要形貌特征了。明人霍冀评价《广舆图》的科学价值时说："计里画方者所以较远量迩，经延纬袤，区别域聚，分拆疏数，河山绣错，疆里井分，如鸟丽网而其目自张，如棋布局而罫自列，虽有沿革转相易移，而犬牙所会，交统互制，天下之势尽是矣。"[⑨]这些赞美之辞不仅是献给罗洪先的，更是献给朱思本的，因为罗洪先的地图学成就乃渊源于朱思本的先进地图科学思想及其理论与实践相结合的科学方法。

---

① 王庸：《中国地理学史》，第 88 页。

② 王庸：《中国地理学史》，第 86 页。

③ 《史记》卷 2《夏本纪》，第 51 页。

④ 汝信主编：《社会科学新辞典》，重庆：重庆出版社，1988 年，第 601 页。

⑤ 文湘北、李国建主编：《测绘天地纵横谈——测绘与地球空间信息知识 300 问答》，北京：测绘出版社，2006 年，第 16 页。

⑥ （唐）虞世南：《北堂书钞》卷 96《方丈图》，《景印文渊阁四库全书》第 889 册，第 466 页。

⑦ 卢良志：《"计里画方"是起源于裴秀吗？》，《测绘通报》1981 年第 1 期，第 48 页。

⑧ （明）罗洪先：《广舆图序》，首都图书馆藏明万历本。

⑨ （明）罗洪先：《广舆图》卷首附霍冀《广舆图叙》，首都图书馆藏明万历本。

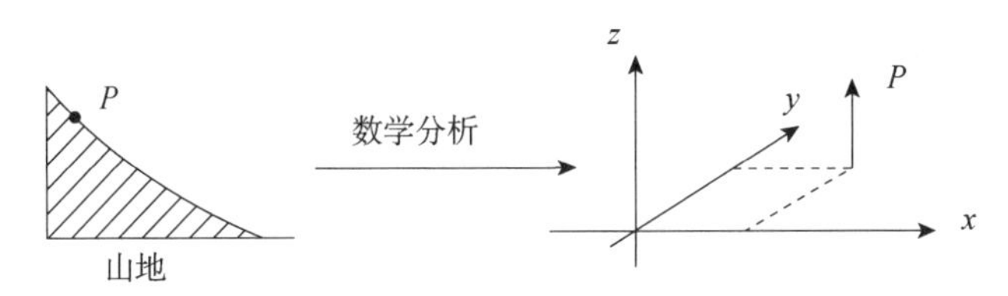

图 2-26 “计里画方”的模拟表示及数学解析[①]

其次，从理论的层面讲，至少有以下三个方面的贡献。

（1）朱思本继承了北宋以来新儒学所倡导的求理和求实思想传统，并灵活地应用于他的制图实践中。在宋人的视野里，“理”的内涵比较丰富[②]，然而，不管是二程还是朱熹，抑或是元朝的许衡、刘因、吴澄，都承认这样一个事实：理乃是一物所遵循的规律。例如，程颐说：“凡物有本末，不可分本末为两段事。洒扫应对是其然，必有所以然。”[③]此“所以然”即是此物之为此物而不是别物的本质和内在根据。朱熹进一步说：“理又非别为一物，即存乎是气之中；无是气则是理亦无挂搭处。”[④]在朱熹看来，“理”是虚空，它需要物质载体来具体地承载它，容纳它，如果没有实实在在的物质载体，“理”就失去了存在的基础，因而就完全变成了一种空洞的形式，当然也就完全变成了一种没有血和肉的躯壳。很显然，从科学思想史的角度讲，朱熹的认识更加有利于实证科学的发展，而不是相反。所以许衡非常肯定地说：“事物必有理，未有无理之物，两件不可离，无物则理何所寓？”[⑤]可见，从“物”中寻求“理”是南宋及元之儒生治学之要旨。朱思本在《送数学柳茂林序》中说：元初的士儒常以长沙鲁叔宁的数学才能为“称首”，而其高第弟子清江柳茂林则“推人穷通，言辄奇中”[⑥]。当然，柳茂林的才能实源于陈抟、邵雍的象数之“理”，即所谓“元会运世之说，包罗天地，洞测古今”[⑦]是也。同样，图学有图学之“理”。

譬如，由于地势高低的缘故，如何将大都与汴京之间的地形差异在地图上比较准确地反映出来？在宋代以前的地图没有办法作区别，然而，朱思本初步利用元代出现的“海拔”概念，较好地解决了这个疑难问题。我们知道，郭守敬最先提出“海拔高程”的概念，《元名臣事略》载：郭守敬“尝以海面较京师至汴梁地形高下之差，谓汴梁之水去海甚远，其流峻急，而京师之水去海至近，其流且缓”[⑧]。这种实测的结果即是一种隐藏在客观事物背后的“理”，郭守敬首先发现了它，朱思本将其应用到《舆地图》的绘制上，从而找到了地

① 安敏、张春玲：《中国古代地图的数学基础与地理空间维度认知》，《测绘科学技术学报》2007 年第 24 卷增刊，第 34 页。

② 吕变庭：《北宋科技思想研究纲要》，北京：中国社会科学出版社，2007 年，第 203—208、242—248 页。

③ （宋）程颢、程颐著，王孝鱼点校：《二程集》，第 148 页。

④ （宋）黎靖德编，王星贤点校：《朱子语类》卷 1《理气上》，第 3 页。

⑤ （元）许衡：《鲁斋遗书》卷 1《语录上》，《景印文渊阁四库全书》第 1198 册，第 275 页。

⑥ （元）朱思本：《贞一斋杂著》卷 1，丛书集成续编本。

⑦ （元）朱思本：《贞一斋杂著》卷 1，丛书集成续编本。

⑧ （元）苏天爵：《元文类》卷 50《知太史院事郭公行状》，上海：商务印书馆，1936 年，第 721 页。

图之“理”。当然，在朱思本的《舆地图》绘制中，由于海洋扮演着地图基面的角色，所以与宋代地图见陆不见海的《华夷图》及《禹迹图》不同，在明人罗洪先将朱思本的《舆地图》“因广其图至于数十”的绘图过程中，海洋构成了《舆地总图》（当时的全国疆域图）及《北直隶舆图》、《南直隶舆图》、《山东舆图》、《浙江舆图》、《福建舆图》、《广东舆图》、《辽东边图》等各分图画面上最显眼的标志。因此，从裴秀“制图六体”理论中的“高下”即“相对高程”到朱思本在制图实践中对“海拔高程”即“绝对高程”的应用，中国传统地图学已经步入了其理论方法的巅峰。

（2）进一步完善了中国传统地图的“计里画方”法。裴秀“制图六体”的首则是“分率”，即按照一定的比例把地图缩放到正方网格里，用方格中的边长代表实地距离，以此来确定其地图元素的位置，用裴秀的话说就是“审远近之差”和“辨广（东西为广——引者注）轮（南北为轮——引者注）之度”①。有了比例尺，《舆地图》的准确性大为提高。

（3）加强了绘制舆地图方法的综合应用。自裴秀之后，绘制舆地图往往不是一种方法所能为，而是由多种方法综合和互补所成。比如，数学方法是中国古代地图学的主导，它也是裴秀创制“计里画方”地图理论的科学基础。据谢庄先生研究，按照裴秀“制图六体”所绘地图是实地地形的三维数学模型。中国古人讲究“天地合一”，实亦系“天人合一”，讲求“气凝于地而精应于天”②。所以朱思本在《九域志·序》中提出了绘制舆地图应“系以星宿，画为疆宇”的思想主张，这是中国古代地图学最重要的特征之一。既然天上的某些区域与地面上的某些区域存在对应关系，那么，天上的区域中心即是地面上的区域中心，这种方法史书上称为“天星——分野法”。即先民先把周天分为十二星次，然后以此来划分地面上的国家和州府，两者之间的对应关系是：

> 玄枵⇔齐；降娄⇔鲁；星纪⇔吴越；娵訾⇔卫；大梁⇔赵；鹑首⇔秦；鹑火⇔周；鹑尾⇔楚；实沈⇔晋；寿星⇔郑或韩；大火⇔宋；析木⇔燕。

此外，还有源于中国绘画艺术的传统形象画法，也成为朱思本的《广舆图》的重要方法之一。地物、地貌用形象的写景法，大体上有两种风格，即以国画风格描绘山川地势的绘本地图和采用简明符号表示山峦绵延的印本地图。显然，朱思本的《广舆图》的形象画法属于第二种风格。综上所述，我们不难看出，朱思本绘制舆地图的方法是多重的和复合的，他把宋代以前中国绘制舆地图的多种方法综合起来，各取其长，相互补充，从而创造了一种新的以“计里画方”和形象画法相结合的舆地图传统画法。

2.《舆地图》的局限性

地球不是方形，也不是圆形，而是一个两极稍扁、赤道略鼓的不规则球体。在古希腊，亚里士多德认为地球是球体或近似球体，而中国古代的“盖天说”则认为“天圆如张盖、地方如棋局”。例如，《晋书》载东汉蔡邕的话说：

---

① 《晋书》卷35《裴秀传》，北京：中华书局，1987年，第1040页。

② （清）仇巨川纂，陈宪猷校注：《羊城古钞》，广州：广东人民出版社，1993年，第78页。

所谓《周髀》者，即盖天之说也。其本庖牺氏立周天历度，其所传则周公受于殷高，周人志之，故曰《周髀》。髀，股也；股者，表也。其言天似盖笠，地法覆槃，天地各中高外下。北极之下为天地之中，其地最高，而滂沲四隤，三光隐映，以为昼夜。天中高于外衡冬至日之所在六万里。北极下地高于外衡下地亦六万里，外衡高于北极下地二万里。天地隆高相从，日去地恒八万里。日丽天而平转，分冬夏之间日所行道为七衡六间。每衡周径里数，各依算术，用句股重差推晷影极游，以为远近之数，皆得于表股者也。故曰《周髀》。①

此处所言“重差”法，即是构成《海岛算经》（3世纪）的基本测量方法。刘钢先生认为，以“天圆地方”为核心的《周髀》“盖天说”，所讨论的是“以方出圆”的问题，亦即关于球面与平面的关系问题，因而《周髀算经》出现了地图投影学。②然而，这种地图投影学的数学基础却是平面几何学，而非球面几何学，因为其球面是指天球而非地球，而古希腊认为地是一个圆球，这样便形成了中西两种不同的地图绘制传统。由于中国绘制舆地图始终坚持“方者有常”的原则，所以从裴秀提出“制图六体”理论之后，无论是唐代的贾耽，还是宋代的沈括，历朝制图名家都非常重视实地测量工作，因为这是提高绘制舆地图精度的充要条件。元代朱思本更是如此，他“登会稽，泛洞庭，纵游荆、襄，流览淮、泗，历韩、魏、齐、鲁之郊，结辄燕、赵”③，南览吴越，北眺幽燕，遍历天下名山大川，足迹遍及大江南北，然而，这才仅仅是“计里画方”的第一步，即“计里”阶段。由“计里”到“画方”，实际上就是从实践到理论的一次飞跃。在这里，“画方”之“方”有两种含义：一是它是一种正交的格网；二是它兼顾控制与展绘两种功能，使之具有很强的实用性。

由于“画方”是对“计里”的一种图画表现形式，所以它需要以几何学或者说图形运算作为绘制手段。从这个角度讲，“计里画方”的重要缺陷就是它的发展受到中国古代几何学传统思维的局限，即没有从平面几何上升到球面几何。事实上，在中国古代绝大多数先民的头脑中，根本就没有“球形”地球的概念，因而他们也无须考虑“方格平面”与“扁圆地球”之间如何对应和如何转换的图形关系。因此，建立在《周髀算经》和《海岛算经》基础之上的中国传统舆地图，只能采用平面绘图法来“计里画方”，其方格的形式有两种：正方格与长方格。如前所述，地球的实际形状是个曲面，而“计里画方”显示的却是一个几何平面。那么，如何用几何平面的方格来表现地球的曲面形状，这是“计里画方”所无法解决的制图难题。特别是随着绘制对象的扩大，当制图者需要将中国之外的地区纳入“格网”里面时，往往会出现图画的变形和走样，与实际情况大相径庭。比如，《华夷图》将非洲南端绘成偏向东方即是“计里画方”所产生的一种错误后果。故此，刘钢先生以“华夷图”为例，认为“计里画方”本身尚存在这样的缺陷：为了表现以中国为中心的世界观和

① 《晋书》卷11《天文志上·天体》，第278—279页。
② 刘钢：《古地图密码：中国发现世界的谜团玄机》，桂林：广西师范大学出版社，2009年，第135页。
③ （元）朱思本：《贞一斋诗文稿·舆地图·自序》，首都图书馆藏明万历本。

显现地表弯曲的绘图理念，绘图者便将地中海、西亚、非洲大陆、印度半岛和中南半岛等位于西方或西南方向的地域轮廓向地图的左下方压缩，“由于这些地域轮廓被压缩，地中海被移植到地图的左下部位、红海被绘成线条型、印度洋的面积也相应被缩小。此外，为了使地图表现出地表弯曲，裴秀和贾耽等人的梯形地图还对垂直向南的非洲大陆做了调整，将其绘成向东弯曲”[①]。

按照明人罗洪的说法，朱思本很可能已经意识到了上述矛盾，只可惜他没有可靠的数学方法去解决这些问题。罗洪在《广舆图》的序言里说：“其图（指朱思本的《舆地图》）有计里画方之法，而形实自，是可据从而分，合东西相侔，不至背舛。”[②]又刘钢先生解释道：“《舆地图》采用了计里画方之法，以圆球形状，在正中之处，依南北方向，将圆球分为东西相互对等、和谐的两个圆形，从而避免圆球正反两面相互交错造成的谬误。”[③]

实际上，元代还有一幅世界地图，那就是苏州文人李泽民绘制的《声教广被图》。据姚大力研究，《声教广被图》对于吐蕃、塔里木盆地，以及帕米尔山地的东侧这片区域，为一“知识空白区”，而这片“知识空白区”“正是该图所表现的元代中国西北疆域会极大地向东收缩和变形的主要原因。由此几乎还可以进一步断定，恰恰就在上述空白区，‘混一图’（指《声教广被图》——引者注）的东、西两半部分被互相拼合起来”[④]。按：朱思本的《舆地图》与李泽民的《声教广被图》，两者具有一致性，因为后者是在前者的基础上增广绘制而成的。[⑤]所以朱思本的《舆地图》的“合东西相侔”，其实也是用“知识空白区”将“东、西两半部分被互相拼合起来”。关于这一点，朱思本在他的《舆地图・自序》里已经做了说明，他游历的范围没有青藏高原及西域等地，因此，这一片地区成为他绘制《舆地图》的“知识空白区”，是完全可以理解的。当然，如果一分为二地看，那么，大地之圆球形状与“计里画方”之间的矛盾，有弊亦有利。一方面，它限制了中国“舆地图”向更加精细化方向发展的历史进程，这是“弊”；另一方面，它又给西方经纬网格的传入创造了条件，这则是“利”。因此，自明清以后西方经纬网格逐渐取代计里画方，无疑是历史的必然。因为它符合中国古代“舆地图”螺旋式发展的历史规律，同时也体现了中国古代“舆地图”的数学基础和方法开始从平面几何向球面几何转化。从长远的眼光看，这不仅是一种思维方法的更新和突破，而且更是一种思想习惯的置换和文化观念的变革。

有学者认为，与西方的地图相比，中国传统地图学具有 10 个特征：绝大多数中国古地

---

① 刘钢：《古地图密码：中国发现世界的谜团玄机》，第 151 页。

② 刘钢：《古地图密码：中国发现世界的谜团玄机》，第 164 页。

③ 刘钢：《古地图密码：中国发现世界的谜团玄机》，第 164 页。

④ 姚大力：《“混一图”与元代域外地理知识——对海陆轮廓图形的研究札记》，复旦大学历史地理研究中心：《跨越空间的文化：16—19 世纪中西文化的相遇与调适》，上海：东方出版中心，2010 年，第 462 页。

⑤ 张帆：《辉煌与成熟——隋唐至明中叶的物质文明》，北京：北京大学出版社，2009 年，第 165 页。

图都是政府绘制；地图上有许多文学注释；手稿地图占据着极重要的地位；用高度象形的图画式符号表示山和建筑物；以大地是平坦的概念为基础；在地图上表示绘图者的思想观念，即以变形表示特别的观点；以“计里画方”为基础；详于画水而略于画山；以使用者为中心的地图定位，即多方向定位；行政区划变迁地图的绘制是历史地图的主流。[①]这10个特征既可以理解为优点，又可以解释为缺点，可谓利弊参半。其中“计里画方”网格法经过贾耽、朱思本等的改良，在13世纪传入西方，促进了西方地图学的进步。不过，就朱思本的《舆地图》而言，我们从《广舆图》所载之“总图”和“分图”看到，每幅地图的比例都呈“南北长而东西窄”，与实际情形差距很大，给人以貌似合而神离、形近而实远之感。另外，在《舆地总图》的注释文字里，明确写道：“止载府州，不书森山；止五岳，余别以水。”[②]在此原则之下，整个地图如同云烟缭绕，一派道家的符书气象，这种重水不重山的地图传统，固然“对河流和水道的关注是由于政治和经济的目的”[③]，但是朱思本的特殊道家经历，必定会对其绘制地图的思想意识产生或多或少的影响。此外，有学者指出，在中国传统的“计里画方”体系内，“视大地为平面，只适宜绘制小范围的地图，而不宜绘制必须考虑地表曲度的大范围地图和世界地图。这也说明了封闭的内陆环境对于地理观察的局限性”[④]。也就是说，用“计里画方”来绘制世界地图，只能像朱思本所说“若夫泓海之东南，沙漠之，西北，诸蕃异域，虽朝贡时至，而辽绝罕稽。言之者既不能详，详者又未可信；故于斯类，姑用阙如”[⑤]。这段话，与其说是谦虚，倒不如说是绘图者无能为力。因为他不可能“计里”于世界各地，况且中国传统地图以保持正方形为特色，而在这种地图框架内，根本没有“四夷”的容脚之地，因为一旦那样，便破坏了中国作为“舆地图”的中心位置，这样的结局无论如何都是那些绘图者所不愿看到的，事实上也是中国的传统观念所不允许的。

《清会典图・凡例》对“朱思本地图系统”本身所存在的局限性问题，载有这样一段话：

> 地本圆体，图为平面，绘图于平，虽有弦线切线，及墨加祷（即麦卡托）诸法，然皆因图制宜利弊参半……今遵内府图高偏度分，用尖锥容图法（即指圆锥投影法）绘成《皇舆全图》，不加方格。[⑥]

确实，明代万历十二年（1584）至万历三十六年（1608），利玛窦编绘了多幅“椭圆形世界地图”，令国人耳目一新，大开眼界。在绘图方法上，利玛窦采用经纬度确定地上目标

---

① 姜道章：《论传统中国地图学的特征》，《自然科学史研究》1998年第3期。
② 李勇先：《宋元地理史料汇编（五）》，成都：四川大学出版社，2007年，第209页。
③ 姜道章：《论传统中国地图学的特征》，《自然科学史研究》1998年第3期，第266页。
④ 毛敏康：《近代地理学为什么未诞生于中国》，《大自然探索》1996年第1期，第125页。
⑤ （元）朱思本：《贞一斋诗文稿》卷1《舆地图・自序》，《续修四库全书》第1323册，第596页。
⑥ 《清会典图・凡例》，北京：中华书局，1991年。

物的位置，其精确性显然较“计里画方”更高。正是在这样的文化背景下，明清的绘图者才逐渐对中国传统“计里画方”有了一个比较正确的认识。

第六节　元好问面向实际的科技思想

元好问（1190—1257），字裕之，号遗山，太原秀容（今山西忻州市）人，为北魏皇族鲜卑族拓跋氏的后裔，具有鲜明的北方游牧民族气质，率真任情，刚健粗犷，而这也是他成为“中州万古英雄气”的一个重要基质。元好问天赋早慧，有“神童”之称。后师郝天挺，淹贯经史百家。金哀宗正大六年（1229）中博学宏词科，授儒林郎，官至行尚书省左司员外郎。由于时势维艰，元好问亲历了战乱与逃亡的悲惨生活，激情澎湃，写下了大量现实主义的伟大诗作，得苏轼、辛弃疾风骨，恰如清人赵翼所说：他“盖生长云、朔，其天禀多豪健英杰之气。又值金源亡国；以宗社丘墟之感，发为慷慨悲歌，有不求工而自工者，此固地方为之也，时为之也”[①]，是为“国朝文派”的中坚，同时亦是金源文学的高峰。此外，他于历算、医药、书法、佛道等无所不通，《四库全书总目·遗山集》称其“才雄学瞻，金、元之际屹然为文章大宗”[②]。金亡不仕，以著述存史自任。他的多半生四处漂泊，足迹踏遍齐、鲁、燕、赵、晋、魏，最后归隐原籍，“半生无根著，筋力疲世故”[③]。由官宦而俘虏，而布衣，瀑布人生，静心思理，反而成就了他“一代文宗”的崇高地位。其主要著述有《中州集》、《续夷坚志》、《壬辰杂编》（已佚）、《集验方》（已佚）、《故物谱》（已佚）等。

一、从“尽力民事”的农政思想到“巧用于水”的资源意识

（一）“尽力民事”的农政思想

元好问生逢乱世，曾有短暂任县令的经历。金哀宗正大三年（1226）夏四月，元好问除镇平（今河南镇平县）县令。正大四年（1227）改任内乡（属邓州，今河南内乡县；或今河南西峡）令。此时，金朝内外矛盾错综复杂，越演越烈，特别是豪绅恶霸横行乡里，给当地百姓的生活造成了严重危害，这使他的内心非常纠结。元好问在《宿菊潭》一诗中写道：

> 民事古所难，令才又非宜。到官已三月，惠利无毫厘。汝乡之单贫，宁为豪右欺？聚讼几何人？健斗复是谁？官人一耳目，百里安能知？东州长官清，白昼下村稀。我

① （清）赵翼：《瓯北诗话》卷8《论元遗山诗》，清嘉庆七年（1802）刻本。

② （清）永瑢等：《四库全书总目》卷166《集部·别集类十九·遗山集》，《景印文渊阁四库全书》第4册，第355页。

③ 姚奠中主编，李正民增订：《元好问全集》卷2，太原：山西古籍出版社，2004年，第47页。

虽禁吏出，将无夜叩扉？教汝子若孙，努力逃寒饥。[①]

在出任县令之前，元好问已有“稍学老圃分红姜”[②]的劳动体验，且又经历过“借地乞麦种……无丁复无牛”[③]的窘迫与饥忧，这使他更加贴近和同情广大民众所遭受的苦难。当然，在长期的农村生活里，元好问学到了不少农业气象方面的知识，如“河南冬来已三白，土膏坟起如蜂房。嵩山东头玉旆出，父老知是丰年祥”[④]。诗中“三白”就是指下三次冬雪，因为北方地区苦旱，小麦秋末播种，冬天能否及时补充土壤水分，对于第二年小麦丰歉起着十分关键的作用。又，“如何落吾手，羊年变鸡猴。身自是旱母，咄咄将谁尤”[⑤]。诗中“羊年变鸡猴”是对农谚“猪狗年，好收田。但怕鸡猴那二年”的改写，通过长期的观察和大量的生产实践，人们发现鸡猴年常有歉收的情形，所以“羊年变鸡猴”也是劳动人民对山西、河北等地农业气象变化规律的一个经验总结。

考，《雪后招邻舍王赞子襄饮》作于兴定二年（1218）。当时元好问从三乡移家河南登封。而《麦叹》则作于金宣宗元光二年（1223），此年他虽然进士及第，却没有选官，因而归隐嵩山，躬耕为生。在当时的特定历史背景下，这种自食其力的田园生活对于元好问日后形成同情农民艰难生活境遇的思想意识，具有重要的作用。

不过，当元好问出任县令之后，他的角色变了，其心态亦必然发生微妙的变化。一方面，金朝实行“视每岁所入，以为官吏殿最”[⑥]的政策，即以劝课农桑及催纳租税为考核各级官吏的重要依据，它已经形成一种比较严格的考核制度和标准了。金代赋税杂多，计有牛头税、两税、有物力钱等，又“计口、计税、计物、计生殖之业而加征”[⑦]，更有“额征诸钱，横泛杂役”[⑧]者，其间征钱官吏“往往以苛酷多得物力为功”，因而“今乃残暴，妄加民产业数倍”[⑨]。遂造成了“民将厌避，耕种失时，或止耕膏腴而弃其余”[⑩]的后果。于是，劝逃户复业和催民纳租就成为元好问任县令的头等大事。有诗为证：“劝农冠盖已归休，了却逋悬百不忧。”[⑪]“逋悬”即拖欠税租，而“劝农使”是怎样解决农民“拖欠税租”问题的，元好问没有交代，但他在一首《宿菊潭》诗中记录了他走进民户了解地方治安及好言劝租的情形，“期会不可违，鞭扑伤汝肌”[⑫]，这些不交租的民户，或许是些“钉子户”，而元好问的言谈话语中不免带着明显的恫吓和威胁。身处宦海，身不由己，无奈“催科无

---

① 姚奠中主编，李正民增订：《元好问全集》卷 1，第 27 页。
② 姚奠中主编，李正民增订：《元好问全集》卷 3，第 78 页。
③ 姚奠中主编，李正民增订：《元好问全集》卷 1，第 21 页。
④ 姚奠中主编，李正民增订：《元好问全集》卷 3，第 66 页。
⑤ 姚奠中主编，李正民增订：《元好问全集》卷 1，第 18 页。
⑥ （宋）宇文懋昭撰，崔文印校证：《大金国志校证》卷 17《世宗明皇帝中》，北京：中华书局，1986 年，第 239 页。
⑦ 《金史》卷 48《食货志三》，第 1088 页。
⑧ 《金史》卷 107《高汝砺传》，第 2360 页。
⑨ 《金史》卷 46《食货志一》，第 1037 页。
⑩ 《金史》卷 107《高汝砺传》，第 2357 页。
⑪ 姚奠中主编，李正民增订：《元好问全集》卷 11，第 281 页。
⑫ 姚奠中主编，李正民增订：《元好问全集》卷 1，第 23 页。

政堪书考，出粟何人与佐军”[①]。另一方面，出于对民户艰难处境的同情及对酷吏于民不仁行径的憎恶，元好问又常常视具体情况，尽量减轻农民的负担。比如，元好问在《邓州新仓记》中说：“天下之谋食者莫劳于农，而莫不害于农。农之力至于今极矣。叱牛而耕，曝背而耘，一人之劳不能给二人之食，水旱霜雹，螟蝗蟊贼，凡害于稼者不论也。用兵以来，调度百出，常赋所输，皆创痍之民，终岁勤动不得以养其父母妻子，而以之佐军兴者。”结果是“百家之所敛，不足以给雀鼠之所耗；一邑之所入，不足以补风雨之所败”[②]。不可否认，其中亦有“尽力民事”的贤官。例如，观察判官曹德甫“尽力民事二十年于兹，知民之所难，知战之所资，知废政之不可不举，知积弊之不可不去”[③]。像曹德甫这样的“亲民官”，自然是元好问所效仿的榜样。事实上，元好问时时以之来勉励自己，尽量体察民情，少以催租扰民。他在《宛丘叹》一诗的序中记述道：“髯李令南阳，配流民以牛头租，迫而逃者余万家。刘云卿御史宰叶，除逃户税三万斛，百姓为之立碑颂德。贤不肖用心相远如此！李之后十年，予为此县，大为逋悬所困。辛卯七月，农司檄予按秦阳陂田，感而赋诗。”[④]将不肖的髯李与贤官刘云卿对举，元好问的用意非常明确，他就是要做一名受百姓爱戴的贤官，“尽力民事”。正是在这样的思想状态下，他提出了“为国家重民食而谨军赋”[⑤]的恤民救民主张。

1.“经世致用”与元好问诗文中的忧患生民意识

《元史》载有赵复劝诫元好问为学应向“内求”而不要外以“事功”的一段话，文云：

> 元好问文名擅一时，其南归也，复赠之言，以博溺心、末丧本为戒，以自修读《易》求文王、孔子之用心为勉。[⑥]

忽必烈在总结金朝灭亡的教训时，曾与张德辉一起讨论过“金以儒亡”[⑦]的问题。当时，尽管张德辉举证了金朝“宰执中虽用一二儒臣”及其内外杂职，“以儒进者三十之一”[⑧]的事实，但从元初官僚集团成员的实际构成情况看，“台省要官皆北人为之，汉人、南人万中无一二”[⑨]，表明忽必烈并没有从心里完全抹去“金以儒亡”的灰色阴影。这个阴影直接影响到元朝统治者对汉人及南人儒士所采取的冷落政策。诚然，“金以儒亡”肯定失之公失，不过，金朝的“腐儒”误国也是不能回避的问题。例如，金遗老程自修有“乾坤误落腐儒手，但遣空言当汗马”[⑩]的深刻反思。元好问亦有同感，他在《赠答刘御史云卿四首》中写

---

① 姚奠中主编，李正民增订：《元好问全集》卷8，第173页。
② 姚奠中主编，李正民增订：《元好问全集》卷33，第683—684页。
③ 姚奠中主编，李正民增订：《元好问全集》卷33，第684页。
④ 姚奠中主编，李正民增订：《元好问全集》卷3，第67页。
⑤ 姚奠中主编，李正民增订：《元好问全集》卷33，第684页。
⑥ 《元史》卷189《赵复传》，第4315页。
⑦ 《元史》卷163《张德辉传》，第3823页。
⑧ 《元史》卷163《张德辉传》，第3823页。
⑨ （明）叶子奇：《草木子》卷3《克谨篇》，《景印文渊阁四库全书》第866册，第768页。
⑩ （元）杜本辑：《谷音》卷上《痛哭》，《景印文渊阁四库全书》第1365册，第596页。

道："开云揭日月，不独程张俦……九原如可作，吾欲起韩欧。"[①]这四首诗写于兴定年间，当时金朝的历史进程步履艰难，在政治、经济、军事及思想文化诸方面都出现了比较严重的肌无力危象。此时，元好问从思想文化的角度，认为金朝正面临两种不同指向的文化选择：向内求的程朱理学和积极主张变革更新的韩欧道学。前者空谈性理，欺世盗名，为元好问所不取。他说：此派儒士"窃无根源之言，为不近人情之事，索隐行怪，欺世盗名"[②]，因而元好问才有"风雅久不作，日觉元气死"[③]的感慨。后者追求"改新"，顺应时变，符合元好问"以穷则变，变则通"[④]的经世致用主张。

我们知道，从韩愈的"不平则鸣"说到欧阳修的"穷而后工"说，古文的改革运动不断走向深入，其思想境界亦越来越趋于平实和率真。比如，欧阳修在《梅圣俞诗集序》中说："世所传诗者，多出于古穷人之辞也。凡士之蕴，其所有而不得施于世者，多喜自放于山巅水涯之外，见虫鱼草木风云鸟兽之状类，往往探其奇怪，内有忧思感愤之郁积，其兴于怨刺，以道羁臣寡妇之所叹，而写人情之难言，盖愈穷则愈工。"[⑤]而元好问的诗文即体现了欧阳修"见虫鱼木风云鸟兽之状类，往往探其奇怪"的特色，以小博大，突出了实用性。

作为其"亲民"思想的具体体现，"花栏及菜圃，次第当耘锄"[⑥]，元好问诗文中描写了大量金朝后期的农作物和农民的饥荒及贫穷生活状况，它对于我们认识和了解金元时期农作物的栽培历史及当时的社会发展状况具有一定的参考价值。

1）农作物与金朝后期的饥荒及贫穷问题

关于金代的农作物种植与分布状况，韩茂莉在《金代主要农作物的地理分布与种植制度》一文中已有比较详细的介绍[⑦]，我们在此略作阐释。

金朝农业在金章宗之前，基本上维持在一个较高的水平上，但是自金章宗之后，由于蒙金战争、自然灾害、酒类酿造与买卖的繁荣消耗了大量粮食，以及内政腐败等多重因素，金朝的农业生产开始急剧衰落，金世宗所创造的"宇内小康"景象一去不返，代之而来的是天灾频仍，危机四伏，而元好问恰好就生活在这个时期。从金朝所辖的统治区域看，其农业以旱地作物为主，主要有麦、粟、黍、稷、稻、粱、稗等。此时，对于金朝后期的民众而言，饥荒和贫穷已经成为一个非常严重的社会问题。例如，"去年春旱百日强，小麦半熟雨作霜"[⑧]。此诗作于兴定三年（1219），诗中所言"去年"即兴定二年（1218），这一年元好问从三乡移居河南登封，据《金史·五行志》载："四月，河南诸郡蝗。五月，秦、陕狼害人。六月，旱。"[⑨]又，"垂纶鲜可食，种秫酒亦足"[⑩]，"秫"

---

① 姚奠中主编，李正民增订：《元好问全集》卷1，第13页。
② 姚奠中主编，李正民增订：《元好问全集》卷32，第669页。
③ 姚奠中主编，李正民增订：《元好问全集》卷2，第36页。
④ 姚奠中主编，李正民增订：《元好问全集》卷40，第825页。
⑤ （宋）欧阳修：《文忠集》卷42《梅圣俞诗集序》，《景印文渊阁四库全书》第1102册，第332页。
⑥ 姚奠中主编，李正民增订：《元好问全集》卷2，第30页。
⑦ 袁行霈主编：《国学研究》第7卷，北京：北京大学出版社，2000年，第147—170页。
⑧ 姚奠中主编，李正民增订：《元好问全集》卷3，第65页。
⑨ 《金史》卷23《五行志》，第543页。
⑩ 姚奠中主编，李正民增订：《元好问全集》卷2，第37页。

系一种黏稻米；“一蝗食禾尽，半菽不易求”[①]；“去年夏秋旱，七月黍穗吐”[②]；“邻墙有竹山更好，下田宜秫稻亦良。已开长沟掩乌芋，稍学老圃分红姜”[③]，此处的“秫稻”是一种黏稻子，“乌芋”即荸荠，“红姜”即彝族人所说的“诺诺齐”，意为可以当饭吃的药[④]；再有，“旱干水溢年年日，会计收成才什一……儿童食穈须爱惜，此物群猪口中得”[⑤]，“穈”亦称穄子，子实无黏性；“壬辰困重围，金粟论升勺……一日仅两食，强半杂黎藿”[⑥]，《金史・完颜奴申传》载：天兴元年十二月“时汴京内外不通，米升银二两，百姓粮尽，殍者相望，缙绅士女多行乞于市”[⑦]等。综上所述，我们不难发现元好问确实对金朝后期各地所遇到的饥荒和贫穷问题焦虑重重。究其原因，自然和社会两个方面都有。但不论怎样，最关键的问题是如何鼓励饥民在国家赈济力量日渐衰弱的情况下，能够通过寻找新的食物来源去进行生活自救。

2）救荒植物与元好问的生活自救意识

如何救荒？方法多种多样。然而，在元好问生活的时代，战乱不断，官政腐败，灾害频仍，对于广大饥民来说，最直接和最见效的方法就是扩大自然界的食物资源。根据元好问的观察和亲口尝试，当时能够食用的主要植物有以下六种。

（1）橡与白术、苍术。元好问说：“煮橡当果谷，煎术甘饴饧。此物足以度荒岁，况有麋鹿可射鱼可罾？”[⑧]诗中的“橡”指橡树的果实，可食。例如，《枕中记》云：“橡子非果非谷，最益人服食。”[⑨]明代文学家谭元春在《游玄岳观》一文中亦述：武当山的道人“煮橡面接众食，食随磬下”[⑩]，其“橡面”即是用橡树果实磨成的面。“煎术”之“术”指白术和苍术，和中益气，打粉煮粥，可以适量食用。西汉以前止称“术”，而没有白、苍之分，张仲景的《伤寒论》和《金匮要略方论》始别“术”为白、苍。《抱朴子》载：“南阳文氏，汉末逃难华山中，饥困欲死，有人教之食术，遂不饥。”[⑪]

（2）枸杞。元好问的《采杞》诗云：“仙苗不择地，榛莽散秋实……方书尚服饵，僮仆课采拾。”[⑫]枸杞主要产于宁夏、河北等地，其子含有多种维生素，历来被中药学家奉为滋补佳品。例如，《诗经》中有“言采其杞”的记载，《淮南子・枕中记》更有“西河女子服枸杞法”：“正月上寅采根，二月上卯治服之；三月上辰采茎，四月上巳治服之；五月上午其采叶，六月上未治服之；七月上申采花，八月上酉治服之；九月上戌采子，十月上亥治

① 姚奠中主编，李正民增订：《元好问全集》卷2，第37页。
② 姚奠中主编，李正民增订：《元好问全集》卷2，第49页。
③ 姚奠中主编，李正民增订：《元好问全集》卷3，第66页。
④ 张之道、昆明龙润药业有限公司：《彝药本草》，昆明：云南科学技术出版社，2006年，第54页。
⑤ 姚奠中主编，李正民增订：《元好问全集》卷5，第113页。
⑥ 姚奠中主编，李正民增订：《元好问全集》卷2，第30页。
⑦ 《金史》卷115《完颜奴申传》，第2524页。
⑧ 姚奠中主编，李正民增订：《元好问全集》卷5，第101页。
⑨ （王国・吴）陆玑撰，（明）毛晋广要：《陆氏诗疏广要》卷上之下《集于苞栩》，《景印文渊阁四库全书》第70册，第82页。
⑩ 杨立志主编：《自然・历史・道教：武当山研究论文集》，北京：社会科学文献出版社，2006年，第496页。
⑪ （晋）葛洪：《抱朴子》内篇卷11《仙药》，《诸子集成》第12册，第51页。
⑫ 姚奠中主编，李正民增订：《元好问全集》卷1，第23页。

服之；十一上子采根，十二月上丑治服之。”[①]是为宋代《太平圣惠方》枸杞以“四时采服之”的理论依据。

（3）桑、榆。从新石器时代开始，我国先民就已经知道种桑养蚕了，榆树则源于商周时期。[②]经过汉晋的发展，到北魏时，桑榆在均田制的作用下，在北方各地种植更加普遍。例如，均田制规定：“诸初受田者，男夫一人给田二十亩，课莳余，种桑五十树，枣五株，榆三根。非桑之土，夫给一亩，依法课莳榆、枣。”[③]桑榆不止养蚕，亦可食用，如《说文解字》说：榆树“荚可食，亦可为酱”。而桑椹由于含有丰富的矿物素、维生素、氨基酸等成分，则有“民间圣果”之称。《资治通鉴》载：“椹，桑实也；其始生也，色青，熟则色黑，可食。”[④]正因桑榆可以救荒，所以元好问才有“桑榆倘可收，岁事在穮蔉”[⑤]的期待。此外，元好问在诗中还描写了饥民“食榆荚”的情形：“榆令人瞑何暇计，田舍年例须浓煎。”[⑥]实际上，人们是将榆荚煮成糨羹来充饥。

（4）藜藿。藜系指一种灰色条莱，藿系指豆叶。《史记正义》释：“黎，似藿而表赤。藿，豆叶也。”[⑦]《韩非子》载：“尧之王天下也，粝粢之食，藜藿之羹。”[⑧]北宋石介先生的“三子”曾“以食贫而困于藜藿”[⑨]。看来，古人一直把藜藿作为救荒食物之一种。在金朝后期，当北方各地遇到灾荒的时候，藜藿首先被充作救命的食物。比如，元好问即“一日两食藜藿葵”[⑩]。此处所言“葵”即葵菜。可见，金朝的饥荒问题非常严重。

（5）杏。元好问诗文中以“杏”的出现频率最高，凡 89 见，仅咏杏花的诗就达 40 余首。其中纪子正杏园备受元好问的关注，一云“纪翁种杏城西垠，千株万株红艳新”[⑪]，又云“为君留故事，唤作杏园春”[⑫]。其他如“浑源望湖川见百叶杏花”；《聊城寒食》诗中有“城外杏园人去尽”句；“冠氏赵庄赋杏花”；《奉酬子京禅师见赠之什三首》组诗中有“杏花香里唱歌时”，诗人特别注明此为他与冯内翰及雷御史一起游河南嵩山戒坛时的真实情景[⑬]；河南汴京更有“为向杏园双燕道”的“杏园”[⑭]；《梁县道中》有“也是杏花无意况”[⑮]的诗句；《杏花杂诗十三首》等。金朝地区之所以广种杏树，不单是欣赏杏花的红艳，更重要的是杏干（钙、磷、铁、蛋白质含量较丰富）可以充饥。例如，寇宗奭云：“生杏可晒脯

① （明）姚可成汇辑，达美君、楼绍来点校：《〈食物本草〉点校本》，北京：人民卫生出版社，1994 年，第 1261 页。
② 关传友：《榆树的栽培历史及与之相关的文化现象》，《古今农业》2010 年第 2 期，第 83—93 页。
③ 《魏书》卷 110《食货志》，北京：中华书局，1984 年，第 2853 页。
④ （宋）司马光：《资治通鉴》卷 62《汉纪五十四》，北京：中华书局，1956 年，第 1990 页。
⑤ 姚奠中主编，李正民增订：《元好问全集》卷 2，第 37 页。
⑥ 姚奠中主编，李正民增订：《元好问全集》卷 5，第 116 页。
⑦ 《史记》卷 130《太史公自序・正义》，第 3291 页。
⑧ （战国）韩非：《韩非子》卷 19《五蠹》，长沙：岳麓书社，1993 年，第 1788 页。
⑨ （宋）石介著，陈植锷点校：《徂徕石先生文集》，北京：中华书局，1984 年，第 33 页。
⑩ 姚奠中主编，李正民增订：《元好问全集》卷 5，第 107 页。
⑪ 姚奠中主编，李正民增订：《元好问全集》卷 5，第 103 页。
⑫ 姚奠中主编，李正民增订：《元好问全集》卷 7，第 151 页。
⑬ 姚奠中主编，李正民增订：《元好问全集》卷 12，第 293 页。
⑭ 姚奠中主编，李正民增订：《元好问全集》卷 12，第 287 页。
⑮ 姚奠中主编，李正民增订：《元好问全集》卷 11，第 277 页。

作干果食之。”[①]另外，《嵩山记》载：“嵩山有牛山，多杏，百姓饥馑皆须此为命。”[②]可见，在粮食歉收的情况下，像杏、柿、枣（包括红枣与黑枣）等果品皆可成为人们赖以活命的重要食物。

（6）枣、栗。河北北部地区自古就有枣栗之利。例如，《战国策》中有“南有碣石雁门之饶，北有枣栗之利，民虽不细作，而枣栗之实，足食于民矣，此所谓天府也”[③]的记载，《史记·货殖列传》亦云：“安邑千树枣，燕、秦千树栗。”[④]“安邑”在今山西夏县西北，“燕、秦”包括今河北北部及陕西地区。《清异录》又载：“晋王尝穷追汴师，粮运不继，蒸栗以食，军中遂呼栗为‘河东饭’。”[⑤]故元好问说：“全燕疆界广阔，风土完厚。自秦灭六国而郡县之，迄唐中叶……以枣栗之利、车骑之盛言之，则为勇武之国。”[⑥]他在《顺天府营建记》中又说：清苑、满城等地“周泊千里，完保聚，植桑枣”[⑦]。而金代文学家朱之才在《谢孙寺丞惠梅花》诗中描写山东泗水县的景物是：“弥望多枣栗，碍眼皆荆榛。”[⑧]所以栗有“木本粮食”和“铁杆庄稼”之称。

2.“经世致用”与元好问的民用技术思想

1）酿真葡萄酒法

元好问的《葡萄酒赋并序》载有酿葡萄酒法：

> 贞祐中，邻里一民家避寇自山中归，见竹器所贮蒲桃在空盎上者，枝蒂已干，而汁流盎中，熏然有酒气，饮之，良酒也。盖久而腐败，自然成酒耳。不传之密，一朝而发之，文士多有所述。[⑨]

中原知种植葡萄，始于西汉。三国时，魏文帝曹丕喜欢喝葡萄酒，并在《诏群医》中云：“蒲萄……酿以为酒，甘于鞠蘖，善醉而易醒。”[⑩]东汉时，葡萄酒异常珍贵，甚至出现了用葡萄酒买官的现象。[⑪]南北朝时期的庾信有“蒲桃一杯千日醉，无事九转学神仙”[⑫]的诗句，表明当时饮葡萄酒已成时尚。唐代的葡萄酒文化十分发达，唐太宗不仅提倡种葡萄，还亲自参与葡萄酒的酿制。[⑬]另外，像李白、白居易等都十分钟爱葡萄酒。入宋之后，宋代

---

① （明）李时珍：《本草纲目》第3册，北京：人民卫生出版社，1975年，第1729页。

② （清）张玉书、陈廷敬等：《佩文韵府》卷53之4《杏》引《嵩山记》，《景印文渊阁四库全书》第1020册，第442页。

③ （汉）刘向：《战国策》卷29《燕一·苏秦将为从北说燕文侯》，上海：上海古籍出版社，1988年，第1039页。

④ 《史记》卷129《货殖列传》，第3272页。

⑤ （宋）陶谷：《清异录》卷上《河东饭》，朱易安、傅璇琮等主编：《全宋笔记》第1编第2册，郑州：大象出版社，2003年，第42页。

⑥ 姚奠中主编，李正民增订：《元好问全集》卷28，第596页。

⑦ 姚奠中主编，李正民增订：《元好问全集》卷33，第694页。

⑧ （金）元好问编，中华书局上海编辑所编辑：《中州集》，北京：中华书局，1959年，第62页。

⑨ 姚奠中主编，李正民增订：《元好问全集》卷1，第2页。

⑩ （唐）欧阳询：《艺文类聚》卷87《果部上·葡萄》，《景印文渊阁四库全书》第888册，第755页。

⑪ （明）陶宗仪：《说郛》卷94上《酒谱》，《景印文渊阁四库全书》第881册，第338页。

⑫ （北周）庾信：《庾子山集》卷5《燕歌行》，《景印文渊阁四库全书》第1064册，第495页。

⑬ （宋）李昉等：《太平御览》卷844《饮食部二·酒中》，北京：中华书局，1960年，第3773页。

士人的饮葡萄酒兴趣大为减弱，这可能与辽国控制了以太原为中心的葡萄酒生产基地有关。据《遵生八笺》所载，宋代酿造葡萄酒通常喜欢使用曲，本来“葡萄是不必糖化就可酿酒的，如果加上曲就反而破坏了葡萄酒的风味”①。金国士人已经很少有人知道葡萄酒的酿造技术了，然葡萄酒是自然发酵的产物，因为葡萄表面附着的野生酵母微生物发酵，在适当的温度条件下（20—25℃），一旦葡萄破碎后，附着在葡萄表面的野生酵母就会自然繁殖，发酵成葡萄酒。可见，元好问所言不用曲所酿之葡萄酒，是为真葡萄酒。

2）防治被烟火“熏死”的备急方法

《续夷坚志》载：

> 辛未冬，德兴西南磨石窑，居民避兵其中。兵人来攻，窑中五百人，悉为烟火熏死。内一李帅者，迷闷中摸索得一冻芦菔嚼之，汁才咽而苏。因与其兄，兄亦活。五百人者，因此皆得命。芦菔细物，活人之功乃如此。中流失船，一壶千金，真不虚语。河中人赵才卿又言：“炭烟熏人，往往致死。临卧削芦菔一片著火中，即烟气不能毒人。如无芦菔时，预暴干为末备急用，亦可。”②

这里的“熏死”实际上就是由一氧化碳中毒而导致呼吸微弱或停止呼吸。芦菔通常多称作萝卜或莱菔，历代文献对它的称谓各不相同。例如，《诗经》中有“采葑采菲，无以下体”之诗句，注释家多认为“菲”即萝卜。③《尔雅》又说：“芦菔，芜菁属，紫花大根，俗称雹葖。”④贾思勰认为，“芦菔，根实粗大，其角及根叶，并可生食”⑤。至于萝卜的药用价值，陶弘景的《名医别录》说：萝卜“主通利肠胃，除胸中烦，解酒渴”⑥。此后，《新修本草》《千金方》《日华子本草》《本草演义》等唐宋药籍，都没有载明萝卜具有解炭毒的功效。而元好问的《续夷坚志》首载萝卜能防治“炭烟熏人”，这在当时确实是一个重要发现。故清人王士雄在《随息居饮食谱》中进一步总结了萝卜具有“救烟熏欲死”及“解酒毒、煤毒”⑦等多种功效。经现代临床证实，白萝卜榨汁内服，对一氧化碳中毒有解毒作用。

3）民间的稻桦皮画技术

所谓稻桦皮画是指用稻秆贴出的画，元好问亦称其为“稻画”，它与现代流行的麦秆贴画的制作方法相同。元好问在《续夷坚志·稻画》中载：

> 西京田叟，自号瓦盆子，年七十余，所作《尧民图》，青缣为地，稻桦皮为之。暗室中作小窍取明，与主客谈笑为之。尝戏于袖中掐虱数枚，乱掷客衣上，客以为真虱

---

① 袁翰青：《酿酒在我国的起源和发展》，《中国酒文化和中国名酒》，北京：中国食品出版社，1989年，第58页。

② （金）元好问撰，常振国点校：《续夷坚志》卷2《救熏死》，北京：中华书局，1986年，第39—40页。

③ 《中国商品大辞典》编辑委员会：《中国商品大辞典·蔬菜调味品分册》，北京：中国商业出版社，1997年，第2页；徐振邦：《汉字正音字典》，北京：大众文艺出版社，1999年，第96页等。

④ （晋）郭璞注，（宋）邢昺疏：《尔雅注疏》卷8《释草·葖》，《景印文渊阁四库全书》第221册，第151页。

⑤ 缪启愉、缪桂龙：《齐民要术译注》，上海：上海古籍出版社，2006年，第184页。

⑥ （南朝·梁）陶弘景集，尚志钧辑校：《名医别录》，北京：人民卫生出版社，1986年，第95页。

⑦ 江苏新医学院：《中药大辞典》，上海：上海科学技术出版社，1977年，第1800页。

而拾之，其伎如此。性刚狷，自神其艺，不轻与人，己所不欲，虽千金不就也。盖稻画不见于书传，当自此人始耳。[①]

从“青缣为地，稻桦皮为之”来看，稻画不需着色，而是以麦秆本身的光泽、纹彩和质感为其表现形式。所以，严格地讲，此稻画应系稻秆贴画。这种画具有立体感强、色泽鲜明和图案清晰的特点，故钱定一先生将其视为民间“麦秆贴画的嚆矢”[②]。当然，由秦怀王墓出土的麦秆贴画可知，麦秆贴画曾流行于隋唐宫廷，惜其贴画技艺久已失传，所以西京田叟的“稻画”是否与隋唐宫廷“麦秆贴画”之间存在着联系，抑或西京田叟本身即是隋唐宫廷“麦秆贴画”工匠的后裔？尚待考证。

至于“稻画”的制作方法，因西京田叟“自神其艺，不轻与人”，元好问自然无法详述。不过，由麦秆贴画的基本工序推知，稻秆贴画至少要经过割、漂、刮、碾、烫、熏、剪、刻、编、绘等加工处理工序。可见，西京田叟的“稻画”不仅是金元民间手工艺苑里新增的一枝奇葩，而且从技术源流上看，麦秆贴画由宫廷转向民间，此稻画《尧民图》无疑具有标志性的意义。

4）发现和推广民间经验方

方药传承是中医药学发展的一个重要特点，特别是对民间验方的收集与整理几乎成为唐宋以来诸医家义不容辞的历史责任。例如，仅《宋史·艺文志六》就载有唐宋时期的处方书籍多达 168 种，像《传信方》《苏沈良方》等，都是流传至今的民间经验方集。除上述这些专业的处方书籍之外，有些笔记小说亦收集了不少民间验方或偏方，如《东坡志林》、《齐东野语》、《梦溪笔谈》、《夷坚志》及《续夷坚志》等就是典型的实例。《夷坚志》载有大量的民间验方，对此，《中医药文化选粹》一书以专题形式谈论了“《夷坚志》中的中医药文化”，而有学者更从通观的角度考察了宋代各种笔记中的医学史料[③]，其中包括许多阙载于医药专著中的民间验方。可见，宋元笔记中的民间验方确实有待于我们认真和深入地研究与发掘，并通过现代医学手段验证其是否确有疗效，去粗取精，去伪存真，以期使诸验方的疗效更加确切、可靠，从而进一步丰富中华民族的传统医药学宝库。

元好问的《续夷坚志》篇幅不长，可里面却载有多首民间验方，很有特色。然而，限于篇幅，兹仅介绍“揩牙方”和“神人方”两首处方。

第一首验方：揩牙方。元好问记述说：“茯苓、石膏、龙骨各一两，寒水石二两半，白芷半两，细辛五钱，石燕子大者一枚，小者一对，末之，早晚揩牙。繁畤王文汉卿得此方于麟抚折守，折守得于国初洛阳帅李成。折年逾九十，牙齿都不疏豁，亦无风虫。王文今亦九十，食肉尚能齿决之。信此方之神也。”[④]

宋人对保护牙齿非常重视，《圣济总录》卷 121《口齿门》载：“齿者，骨之所终，髓之所养。摧伏诸谷，号为玉池，揩理盥漱，叩琢导引，务要津液荣流，涤除腐气，令牙齿

① （金）元好问撰，常振国点校：《续夷坚志》卷 1《稻画》，第 9 页。
② 钱定一编著：《中国民间美术艺人志》，北京：人民美术出版社，1987 年，第 367 页。
③ 彭榕华：《宋人笔记医学史料探考》，《福建中医药》2008 年第 1 期，第 58—60 页。
④ （金）元好问撰，常振国点校：《续夷坚志》卷 3《揩牙方》，第 63 页。

坚牢，龂膭固密，诸疾不生也。”[①]显然，宋人对牙齿健康与延年益寿的关系已经形成了比较科学的认识。在此理论的引导下，金元时期的养生家格外关注牙齿的保健，如元好问记载“揩牙方”的流传，从洛阳帅李成传给麟抚折守，再由麟抚折守传到繁畤王文汉，最后为元好问所得，即体现了当时士人对“揩牙”保健方法的重视。上述验方中共有 7 味药，即茯苓、石膏、龙骨、寒水石、白芷、细辛及石燕子。方中石燕子须火煅醋淬，具有除湿热之功效；寒水石研碎生用，能清热泻火；石膏与寒水石相须为用，清阳明气分热；茯苓行水之功多，益心脾；白芷芳香辛温，为疗风止痛之上品；细辛为祛风胜湿之要药，止痛作用较好；生用龙骨，镇静安神，除烦热。因此，诸药组合，升降有节，邪去正复，使之脾胃健实，气畅血通，牙齿完坚，益寿天年。又，《苗家养生秘录》载有此方的药物组成及用法，比较实用：茯苓、石膏、龙骨各 30 克，寒水石 60 克，细辛 10 克，石燕子（大者 1 枚，小者 2 只），共研细末，早晚揩牙。[②]

第二首验方：阿魏散。阿魏散又称“神人方”，出自《普济加减方》。《永乐大典》作《经验普济加减方》。临床上用于治疗骨蒸、传尸痨、寒热、困羸、喘嗽，其组方及服法是：

> 阿魏三钱；斫青松一握，细切。东北桃枝一握，细锉切。甘草如病人中指许大，男左女右。童子小便二升半。先以小便隔夜浸药，明旦煎取一大升，空心温服，分为三服以进。次服调槟榔末三钱，如人行十里更一服。丈夫病，妇人煎药。妇人病，丈夫煎药。合时忌孝服、孕妇、病人及腥秽物、鸡犬见。服药后，忌油腻、湿面、冷硬物。服至一二剂，即吐出虫或泄泻，更不须服余药。若未吐利，即当尽服。病在上即吐，在下即利，皆出虫如马尾、人发之类，即当差。天下治劳，直须累月或经岁，唯此方得于神授，随手取效。……服药后，遂去诸疾，五藏虚羸，魂魄不安，即以白茯苓汤补之。白茯苓一钱，茯神一钱，人参三钱，远志三钱，去心龙骨二钱，防风二钱，甘草三钱，麦门冬去心四钱，犀角五钱，错为末。生干地黄四钱，肥大枣七枚，水二大升，煎作八分，分三服温下，如人行五里更一服，仍避风寒。若觉未安，隔日更作一剂。已上两药，须连服之。[③]

对于这首中医药方的性质，有两种认识：一种观点认为是“怪异故事”，尽管文中“亦注明来源，以示征信。此殆从宋代志怪沿习而来的作法”[④]。另一种观点则主张“《延寿丹》、《神人方》、《背疽方二》（以上卷二）、《揩方方》（卷三）等竟是药方而已”[⑤]，因而文学价值不高。

但是文学价值不高，不一定代表没有科学价值。元好问在叙述“神人方”的过程中，

---

① （宋）赵佶敕编，王振国、杨金萍主校：《圣济总录》卷 121《口齿门》，北京：中国中医药出版社，2018 年，第 2616 页。

② 滕建甲、滕敏、陈亮：《苗家养生秘录》，北京：中医古籍出版社，2005 年，第 257 页。

③ （金）元好问撰，常振国点校：《续夷坚志》卷 2《神人方》，第 40—41 页。

④ 侯忠义、刘世林：《中国文言小说史稿》下，北京：北京大学出版社，1993 年，第 50 页。

⑤ 李剑国：《宋代志怪传奇叙录》，天津：南开大学出版社，1997 年，第 416 页。

一再强调“天下治劳，直须累月或经岁，唯此方得于神授，随手取效”。此处的“取效”是指取得预期的征验或效果。[①]传尸痨即我们今天所说的肺结核，由于古人没有结核杆菌的概念，故名之以“痨虫”。明代著名医家武之望说：“传尸者，彼此传染相续而亡。其症亦大相类。然以为传尸有虫，形变不一，故多难治。此方以天灵盖祛伏尸，安息香逐邪祟，阿魏、桃仁、槟榔祛虫，其余诸药则补气血、清骨热、消痰而已，别无所奇。而其妙则在童便、桃枝、柳枝、葱姜而已。”[②]此言佐证了元好问的说法，元好问绝对不是奇谈怪论，而仅仅是用客观的态度把《普济加减方》中写的“简略”之处，做些“备论”而已。考，《永乐大典》卷 8021 引《普济经验加减方》，文中对“用法”的记述确实有点简单。《医学纲目》卷 5 引《济生》，名为“神人阿魏散”。为了与元好问“神人方”的内容略作对比，我们不妨将其《医学纲目》所载“用法”转述于此：

> 上以童便二升许，隔夜浸药，明旦煎取一大升，分为三服，每次调入槟榔末三钱，空心温服，如人行十里，更进一服。服至一二剂即吐出虫子，或泻出，更不须服余药；若未吐利，即当尽脉（服），病在上则吐，病在下则利，皆出虫如马尾、人发即愈。服药后觉五脏虚弱，魂魄不安，即以白茯苓汤补之。[③]

从《外台秘要》卷 5 载“阿魏散”之后，历代医家多以此方为基本而加减之，故诸方药书中所见同名“阿魏散”颇多，但在元好问看来，诸“阿魏散”中唯《普济加减方》中所载“阿魏散”的效果最好。诚如有学者所称，“痨瘵不治‘劳’，而治虫，也算是一种诸病必求本的体现，因为古人认为痨瘵是由尸虫引起”[④]。仅从《永乐大典》和《医学纲目》均原封不动地记载了这首处方的事实看，“阿魏神人方”被元好问吸收到《续夷坚志》之中，绝不是为了猎奇，而是为了广泛地传播它和让民众能够正确地使用它，使之发挥“济羸劣以获安”的作用。尽管文中的某些说法并不科学，但其思想主旨是持方救人，拯急于传尸痨患者。所以我们应当用历史的态度对待“神人方”，不能因为它与其他的怪异故事搅和在一起，就一概否定它的科学价值。

（二）“巧用于水”的资源意识

辽朝实行南北面官制度，其中“南面官”治汉人州县，以与治宫帐、部族及属国的北面官相区别，这实际上是一种民族歧视政策。金朝继承了辽朝的民族歧视政策，将汉人（州县制）与女真人（猛安谋克制）分治。至于金朝是否推行过南北面官制度，学界有争议[⑤]，我们在此置而不论。

金朝在立国初期，尚不适应农业社会的生产力发展状况，因而“把女真落后的奴隶制度带到中原地区，给先进的封建经济带来了极大的破坏，大批良田被占，或划为围场、禁

① 汉语大词典编辑委员会：《汉语大词典》，上海：汉语大词典出版社，1997 年，第 1109 页。
② （明）武之望著，鲁兆麟等点校：《济阴纲目》，沈阳：辽宁科学技术出版社，1997 年，第 51 页。标点略有调整。
③ 彭怀仁：《中医方剂大辞典》第 7 册，北京：人民卫生出版社，1993 年，第 1162 页。
④ 张年顺、李瑞：《神仙奇方 999》，北京：中国中医药出版社，1997 年，第 142 页。
⑤ 参见李锡厚：《金朝实行南北面官制度说质疑》，《临潢集》，保定：河北大学出版社，2001 年，第 188—198 页。

地，或括给猛安谋克民户”[①]，社会经济陷于停滞和倒退。自金熙宗始，金朝统治者在中原地区逐步推行弛禁政策，同时积极鼓励垦荒。大定十年（1170），金世宗敕有司“每岁遣官劝猛安谋克农事”[②]。而不少地方官因地制宜修复坝渠，引水灌溉，促进了当地农业生产的发展。

1.《创开滹水渠堰记》与元好问的“巧于用水”思想

滹沱河源于五台山北麓忻州市繁峙县泰戏山脚下的乔儿沟，历史上因其水势滂沱多变，少有通航之利，多以灌溉为主，故有人称滹沱河“过太行至真定、河间则为害矣。不惟不可灌，亦浮沙难以舟楫”[③]。而位于上游的忻州、定襄与滹沱河的关系最为密切，所以金代开始有人在这里修渠引水灌溉。例如，《滹水新渠记》云：

> 上世（宋朝）以来，知水利可兴，故尝兴之。由来尔朱氏而下，凡三人焉。尔朱丘村人，家有赐田百顷，因以雄吾乡。役家之僮奴，欲从忻口分支流为渠。乡之人以是家公为较固之计，莫有助之者，且姗笑之，因自沮而罢。大定戊子，无畏庄信武乔公，号称“十万乔氏”者，度其财力易于兴造，复以渠为事。开及日阳里，农民以盗水致讼，有避罪而就死者；事出于暧昧，甲乙钩连，无从开释，役夫散归，至以水田为讳。承安中，吾里齐全美率乡曲大家，按乔公故迹，欲终成之，而竟亦不成。仆不自度量，以先广威尝与齐共事，思卒前业。赖县豪杰、乡父兄子弟佽助之，历二年之久，仅有成立。盖经始于壬寅之八月，起汤头岭西之北村，上下逾六十里，经（五台）建安口乃合流。又明年之三月既望，合乡人豫议洎执役者，置酒张乐以落之。老幼欣快，欢呼动地，出乎昔所望之外。[④]

据雍正《山西通志》载：滹沱河“过忻口入定襄，横北东流，合云中河水，水性驯顺，土人引以溉田，水利大兴”[⑤]。元好问所记“滹水渠”在定襄县境内。雍正《山西通志》云：“滹水渠起（忻定原交界）汤头村，东绕横山村，经建安合河。”[⑥]先是定襄丘村人尔朱氏从忻口沿滹沱河开数十里渠道，而滹水渠大体上是依尔朱旧渠扩延，用以灌溉定襄之丘村、白村等地农田。后废，清康熙二十一年（1682），知县赵继普复开，“起忻口蝦蟆石，经灰领、四家庄、白村，十五里入定襄县境，溉上、下汤头等八村田”[⑦]。在《创开滹水渠堰记》中，元好问不但记述了开滹水渠的过程，更重要的是他提出了“巧于用水”的思想。他说：

> 江乡泽国，巧于用水，凡可以取利者无不尽。举锸投袂，随为丰年。今河朔州郡非无川泽，而人不知有川泽。捐可居之食，失当乘之机，如愚贾操金，昧于贸迁之术。旱暵为虐，乃无以疗之。求象龙、候商羊、坐为焚尪暴巫禳禬家之所误。搏手困穷，

---

① 漆侠、乔幼梅：《辽夏金经济史》，保定：河北大学出版社，1994年，第315页。

② 《金史》卷47《食货志・田制》，第1044页。

③ （清）陈梦雷编，（清）蒋廷锡校订：《古今图书集成》卷210《山川典》，北京、成都：中华书局、巴蜀书社，1985年，第6页。

④ 姚奠中主编，李正民增订：《元好问全集》卷33，第687—688页。

⑤ 雍正《山西通志》卷33《水利・繁峙县》，《景印文渊阁四库全书》第543册，第133页。

⑥ 雍正《山西通志》卷33《水利・定襄县》，《景印文渊阁四库全书》第543册，第126页。

⑦ 雍正《山西通志》卷33《水利・定襄县》，《景印文渊阁四库全书》第543册，第126页。

> 咎将谁执？方新渠之成也，余往观焉。流波沄沄，净讴盈沟，若大有力者拥之而前。农事奋兴，坐享丰润，禾麻菽麦，郁郁弥望。计所收拾，如有以相之。夫孤倡而合众力，一善而兼万夫，暂劳而有亡穷之利，若李侯者，其可谓有志之士矣！虽然，水利之在吾州者，非特滹河而已也。出东门一舍，少折而南，由三霍而东，尽南邢之西，其间无井邑，无聚落、无丘垄，特沮洳之泺而已。诚能引牧马之水，以合三会于蒙山之麓，堤障有所，出内有限；才费数千人之功，平湖渺然，当倍晋溪之十。惜无大农尺一之版，使扁舟落吾手中耳！[①]

金朝的水利工程多为民间捐资修筑，但凡大型的水利工程，如果没有国家财力的支持，是无论如何都不能完成的。元好问一语中的，“惜无大农尺一之版”，“大农”亦称大司农，掌全国农桑、水利、救荒等事。元好问认为，“除了滹沱河可以兴建灌渠外，还应引牧马河水，将忻州城东南三十里的大片沼泽荒地改造成为一个可以灌良田、可以行扁舟的万顷湖泊。但蒙古国中央政府的‘大农’不下命令（‘尺一之版’），又有谁能够和敢于为民兴此大利呢？”[②]据《元遗山年谱汇纂》载，元好问写作《创开滹水渠堰记》一文是在乃马真皇后称制三年（1244）。此时，金国已亡，而蒙古军队尚在与南宋交战，无力顾及原金国属地的水利，暂且不说开凿新的渠堰，能把既有的渠道维持好就已经很不易了。所以，元好问去世不久，金朝灌渠便被泥沙淤没而废。[③]

2.《邢州新石桥记》与元好问“因所利而利”的水政思想

经过多年的战乱，邢州经济凋敝，民不聊生，这给当时身为忽必烈“谋士”的刘秉忠以极大的震动。刘秉忠为邢州人，张文谦为沙河县人，而邢州又是忽必烈的封地。故蒙哥汗元年（1251），刘秉忠和张文谦向忽必烈献言：“邢吾分地也，受封之初，民万余户，今日减月削，才五七百户耳，宜选良吏抚循之。”[④]尽管当时忽必烈尚在潜邸（皇储未正名时居住的宅第，取“潜龙勿用”意）之时，但是他即已“思大有为于天下，延藩府旧臣及四方文学之士，问以治道”[⑤]，而邢州正好可以作为他以汉法治理汉地的一个试点。对此，《元史·张文谦传》比较详细地记载了张文谦与刘秉忠的进言：“今民生困弊，莫邢为甚。盍择人往治之，责其成效，使四方取法，则天下均受赐矣。”[⑥]于是，忽必烈在宪宗三年（1253）“承制以脱兀脱及张耕为邢州安抚使，刘肃为商榷使，邢乃大治”[⑦]。说来轻巧，实际上“邢乃大治”经历了10余年的历程（1251—1262）。在此期间，如果没有忽必烈的支持，那么，张耕和刘肃等就很难有所作为。例如，蒙古勋贵脱兀脱及其下属就与被张耕和刘肃等罢黜的官吏“交构嫌隙，动相沮挠。世祖时征云南，良弼驰驿白其事，遂黜脱兀脱，罢其属”[⑧]。

---

① 姚奠中主编，李正民增订：《元好问全集》卷33，第688—689页。
② 郝树侯、杨国勇：《元好问传》，太原：山西人民出版社，1990年，第134页。
③ 翟旺、米文精：《山西森林与生态史》，北京：中国林业出版社，2009年，第368页。
④ 《元史》卷4《世祖本纪一》，第57—58页。
⑤ 《元史》卷4《世祖本纪一》，第57页。
⑥ 《元史》卷44《张文谦传》，第3695页。
⑦ 《元史》卷4《世祖本纪一》，第58页。
⑧ 《元史》卷159《赵良弼传》，第3743页。

因此，元人苏天爵说："上居潜邸，用荐者召公北上，占对称旨。会立邢州安抚司，擢公为幕长。邢久不得善吏，积弊日深。公区画有方，事或掣肘，则请诸王府，再阅岁，凡六往返，所请率赐俞允，邢赖以治。"[①]由于"积弊"根深，所以张耕、刘肃等除了"苏枯弱强"、洗涤蠹敝及革去贪暴外，兴修水利也是其治理邢州的重要措施之一，其中尤以修复"邢州新石桥"最为著名。元好问说：

州北郭有三水焉：其一潦水；其一曰达活泉，父老传为佛图澄卓锡而出；"达活"不知何义，非讹传则武乡羯人之遗语也；其一曰野狐泉，亦传有妖狐穴于此。潦水由枯港行，并城二三里所，稍折而东去为蔡水。丧乱以来，水散流，得村墟往来取疾之道，溃堤口而出，突入北郭，泥淖弥望，冬且不涸。二泉与港水旧由三桥而行。中桥，古石梁也，淤垫既久，无迹可寻。数年以来，常架木以过二泉。规制俭狭，随作随坏，行者病涉久矣。两安抚张君耘夫、刘君才卿思欲为经久计，询访耆旧，行视地脉，久乃得之。经度既定，言于宣使。宣使亦以为然，乃命里人郭生立准计工，镇抚李质董其事。分画沟渠，三水各有归宿。果得故石梁于埋没之下，矼石坚整，与始构无异。堤口既完，潦水不得骋，附南桥而行。石梁引二泉分流东注，合于柳公泉之右。逵路平直，往来憧憧，无褰裳濡足之患，凡役工四百有畸，才四旬而成。择可劳而劳，因所利而利，是可纪也。[②]

文中的"郭生"即郭守敬，当年他才 21 岁（亦有人说是 20 岁）。郭守敬仅用"四旬"便治好了邢州城北为害 30 年的水患，显见他智能超群。作为标志邢州治理效绩的典型事例，元好问当然不能无视这项水利工程本身的成就。然而，元好问更想通过"邢州新石桥"的修复，证明社会积弊只要"随其坏而治之"[③]，都是完全能够革除的。譬如，忽必烈邢州新政的成功即是一个很有说服力的显证。从这个意义上说，科学技术也是一门特殊的政治学。元好问解释说：

子路治蒲，沟洫深治，孔子以"恭敬而信"许之。子产以所乘舆济人溱、洧之上，孟轲氏至以为惠而不知为政。若二君者，谓不知启闭之急与不知为政，可乎？虽然，此邦之无政有年矣！禁民，政也；作新民，亦政也。禁民所以使之迁善而远罪；作新民所以使之移风而易俗。贤王付畀者如此，二君之奉承者亦如此。犹之陋巷有败屋焉，得善居室者居之，必将正方隅、谨位置，修治杞梓，崇峻堂构，以为子孙无穷之传；岂止补苴罅漏、支柱邪倾而已乎？[④]

在元好问看来，"有一国之政，有一邑之政，大纲小纪，无非政也"[⑤]。所以"子产以所乘舆济人溱、洧之上"也是一种政治，而张耕、刘肃等修复邢州桥更是"忽必烈邢州新

① （元）苏天爵辑撰，姚景安点校：《元朝名臣事略》卷 11《枢密赵文正公》，北京：中华书局，1996 年，第 225 页。
② 姚奠中主编，李正民增订：《元好问全集》卷 33，第 696 页。
③ 姚奠中主编，李正民增订：《元好问全集》卷 33，第 696 页。
④ 姚奠中主编，李正民增订：《元好问全集》卷 33，第 697 页。
⑤ 姚奠中主编，李正民增订：《元好问全集》卷 33，第 696 页。

政”的有机组成部分。一方面，打击豪强，罢黜蠹政害民的官吏是政治；另一方面，开辟财源，发展生产，存恤百姓，造桥修渠，更是政治。在此，元好问把科学技术与元朝政治联系起来，颇有深意。

二、元好问的诸篇“行记”及其“求实”精神

在中国古代，各种行记（即旅行笔记）构成了研究古地理风貌及其历史演变的重要史料之一，内容非常丰富。例如，《晋唐两宋行记辑校》共汇集了晋唐两宋间的各类行记131种。像南北朝时期杨衒之的《洛阳伽蓝记》，唐代玄奘的《大唐西域记》、王玄策的《中天竺国行记》、杜环的《经行记》、李翱的《来南录》，五代高居诲的《行记》，宋代范成大的《吴船录》、陆游的《入蜀记》等，都是比较著名的旅行笔记，因其多为当事人亲撰，叙极真实，所以史料价值甚高。元好问一生多在漂泊之中，足迹所到，往往被他记录下来，遂成多篇行记。其要者有《济南行记》、《东游略记》和《两山行记》3篇。

（一）元好问行记的主要内容及其特点

金哀宗天兴三年（1234），蒙宋联军攻破汴京，金朝灭亡，元好问被羁管于山东聊城至觉寺中，作《南冠录》。“以先世杂事附焉，以行年杂事附焉，以先朝杂事附焉”[①]，可惜今已不传。1235年，元好问由聊城移居冠氏（今山东冠县）。七月，与李天翼、杜仁杰游历济南，作《济南行记》。次年（1236），又写出了《东游略记》。此时此刻，面对故国旧土，他的心情十分复杂。不过，我们不妨换一个角度，结合其思想的转变过程来试析他的诸篇行记及其艺术特色。

实际上，早在金天兴二年（1233），元好问即向蒙古中书令耶律楚材上书，推荐儒士54人，包括数学家李冶、散曲家杜仁杰等。他认为，“凡所以经造功业，考定制度者，本末次第，宜有成策，非门下贱士所敢与闻”[②]。之后，他编撰《中州集》，以诗存史；又“以金源氏有天下，典章法度几汉、唐，国亡史作，己所当任。时金国实录在顺天张万户家，乃言于张，愿为撰述，既而为乐夔所沮而止”，转而“构亭于家，著述其上，因名曰‘野史’”[③]。可见，由倡导儒学到反思历史，元好问的行记在其间扮演着非常重要的角色。在此，只有紧紧抓住这个特点，我们才有可能深刻地认识和全面地理解元好问诸篇行记的真实思想内涵。

1.《济南行记》与元好问的“论水之变与常”思想

济南最有特色的地理景观便是其名泉。元好问说：“凡济南名泉七十有二，瀑流为上，金线次之，珍珠又次之，若玉环、金虎、柳絮、皇华、无忧、洗钵及水晶潭，非不佳，然亦不能与三泉侔矣。”[④]“三泉”之中，“瀑流泉”（即趵突泉）名气最大。元好问记其成因说：

---

① 姚奠中主编，李正民增订：《元好问全集》卷58，第1419页。

② 姚奠中主编，李正民增订：《元好问全集》卷39，第804页。

③ 《金史》卷126《元好问传》，第2742—2743页。

④ 姚奠中主编，李正民增订：《元好问全集》卷34，第715页。

瀑流泉在城之西南，泉，泺水源也。山水汇于渴马崖，洑而不流，近城出而为此泉。好事者曾以谷糠验之，信然。往时漫流才没胫，故泉上涌高三尺许。今漫流为草木所壅，深及寻丈，故泉出水面才二三寸而已。[①]

此处的解释如果再专业一点就是，趵突泉的形成是济南城区独特的地层条件、构造条件及地形条件三者共同作用的结果。简单地说，就是“济南城区位于千佛山石灰岩含水层，与华山、鹊山火成岩阻水体，二者接触部位。含水层地下水向北流动，遇到火成岩阻挡和覆盖，产生承压力，转成承压水”，而当“火成岩被冲刷掉，承压水直接从含水层中涌出地面，形成趵突泉群”[②]。大气降水与岩石层的渗漏，与趵突泉的喷涌具有直接的关系。据张华松先生研究，趵突泉在宋代熙宁年间一度因连年干旱而断流，然入元之后，济南腹地的大气降水渐次增多，趵突泉水位较高，泉涌基本上维持在 3 尺[③]以上的高度。[④]

其次是金线泉，属趵突泉群。顾名思义，泉涌出岩石缝隙，从池底两边对涌，且流势相当，故而泉池水面上南北方向有时会形成一根线[⑤]，水流如丝，光照灿烂似万缕金线。尤为奇妙的是，这无数金线闪烁，隐起水面，漂浮不定。故曾巩有“云依美藻争成缕，月照灵漪巧上弦”[⑥]之赞叹。然而，金线泉之金线时隐时现，对于游人来说，只见泉涌，而金线却常常难得一见。元好问就遇到了这种景象，他说：

金线泉有纹若金线，夷犹池面。泉今为灵泉庵。道士高生妙琴事，人目为琴高，留予宿者再。进士解飞卿好贤乐善，款曲周密，从予游者凡石许日。说少日曾见所谓“金线”者。尚书安文国宝亦云：“以竹竿约水，使不流，尚或见之。”予与解裴回泉上者三四日，然竟不见也。[⑦]

北宋王辟之比元好问幸运，王辟之不仅看到了金线，而且对它做了这样的描述：

齐州城西张意谏议园亭有金线泉，石甃方池，广袤丈余，泉乱发其下，东注城壕中，澄清见底。池心南北有金线一道隐起水面，以油滴一隅，则线纹远去；或以杖乱之，则线辄不见。水止如故，天阴亦不见。[⑧]

金线泉系天然造就，非人力之可为。所以尚书安文国宝对元好问说“以竹竿约水，使不流，尚或见之”，显然没有可能，这便是金线泉的神奇之处，它“容不得尘世的扰乱和玷污，否则，便悄声隐去”[⑨]。

---

① 姚奠中主编，李正民增订：《元好问全集》卷 34，第 714 页。

② 朱传东主编：《趵突流长——趵突泉之谜》，济南：山东省地图出版社，2006 年，第 10 页。

③ 1 尺≈0.33 米。

④ 张华松：《古代趵突泉的喷涌与断流》，《安作璋先生史学研究六十周年纪念文集》，济南：齐鲁书社，2007 年，第 732 页。

⑤ 柳斌杰：《灿烂中华文明·山水卷》，贵阳：贵州人民出版社，2006 年，第 250 页。

⑥ （宋）陈思：《两宋名贤小集》卷 65《金线泉》，《景印文渊阁四库全书》第 1362 册，第 726 页。

⑦ 姚奠中主编，李正民增订：《元好问全集》卷 34，第 714 页。

⑧ （宋）王辟之撰，吕友仁点校：《渑水燕谈录》，北京：中华书局，1981 年，第 132 页。

⑨ 张蕾、胡偕华：《千载神奇金线泉》，朱传东主编：《趵突流长——当代文选》，第 117 页。

再次是珍珠泉。与趵突泉的成因不同，此泉为侵蚀上升泉，所以呈分散上涌状，“忽聚，忽散，忽断，忽续，忽急，忽缓，日映之，大者为珠，小者为玑，皆自底以达于面，瑟瑟然，累累然”[①]。然而，元好问仅提到“珍珠泉今为张舍人园亭”，却没有记述。看来元好问更喜欢自然界那种来自岩层深处的力的凝聚和喷发，而不是力的分散，这似与他的特殊生活经历有关。斗转星移，朝代更迭，除旧更新已经成为自然界和人类社会不断发展演变的一条铁规则。泉水亦复如此，元好问通过观察济南泉群的变动状态，发现无论是趵突泉还是金线泉，抑或是珍珠泉，都不过是地下水升降运动的一种客观的和外在的表现形式。他说：

“济之为渎，与江、淮、河等大而均尊，独济水所行道，障于太行，限于大河，终能独达于海，不然，则无以谓之渎矣。江、淮、河行地上，水性之常者也；济或洑于地中，水性之变者也。”予爱其论水之变与常，有当于予心者，故并录之。[②]

此论水之变与常，给元好问的启发极大。水之变与常同人类社会的变与常一样，升降沉浮，各有存在的必然性。上升与下沉是地质结构运动的常态，而在这个常态中，水的运动则会出现应激性的变化状态。所以，元好问特别钦佩“济或洑于地中”的水流，因为它们需要克服很多障碍和阻力，曲折向前，“潜行地中，复出共山”[③]，最后“独达于海”，这就是济水的品格。有人说：“‘记’实际上是用假托说出人生的理想。”[④]这句话用来诠释《济南行记》的主题思想再贴切不过了。

2.《东游略记》与“泰山绝胜”

按照孔新人先生的分类，中国古代的游记有 4 种类型：一是追求生命体验的自由境界；二是借山水自然抒发幽情，遗世转生；三是记述人文地理与自然地理；四是反击游记文学乌托邦色彩的“游记小说”[⑤]。《东游略记》与前述《济南行记》的风格不同，《济南行记》侧重抒怀，而《东游略记》侧重观景，它属于记述人文地理与自然地理的游记类型。

1）在人文地理方面，主要记述了“郭巨庙”与“灵岩寺”的历史内涵

郭巨是西汉时著名的孝子，他借住在济南长清县（今山东济南市长清区）孝里铺的一位徐姓人家，上有老母，下有幼儿。因家境贫寒，他总是把好吃的东西拿给老母吃，但老母又经常悄悄地将食物分给她的孙子吃。当郭巨知道事情的真相后，就与妻子商量，决定把儿子埋掉，因为“儿可再有，母不可复得”[⑥]。后来，正当准备埋儿时，忽得黄金一釜，“官不得取，民不得夺”，郭巨孝心感天。此事很快传遍全国，并被封建统治者列为“二十四孝图”之一，即“郭巨埋儿”。郭巨死后，就葬在长清县孝里铺的孝堂山（今属山东平阴县）上，目前尚有一座汉代建筑的享堂，后人附会为“孝堂山郭氏墓石祠”，祠内墙壁上布

---

① （清）王昶：《游珍珠泉记》，费振刚选注：《古代游记精华》，北京：人民文学出版社，1992 年，第 185 页。
② 姚奠中主编，李正民增订：《元好问全集》卷 34，第 714—715 页。
③ 姚奠中主编，李正民增订：《元好问全集》卷 34，第 714 页。
④ 孔新人：《“游记”的历史分型》，《中国文学研究》2007 年第 3 期，第 54 页。
⑤ 孔新人：《“游记”的历史分型》，《中国文学研究》2007 年第 3 期，第 56 页。
⑥ （春秋）孔丘著，吕平编：《孝经・为母埋儿》，乌鲁木齐：新疆青少年出版社，1996 年，第 131 页。

满汉代的石刻画像。南北朝时期，齐州胡长仁在孝堂山修建石室，亦即郭巨庙。对此，元好问记述得比较详细。他说：

> 郭巨庙在长清西南四十里所，路傍小山之上，齐武平中，齐州胡仆射所造石室在焉。所刻人物、舟车、马、象，三壁皆满。衣冠之制，绝与今世不同。有如沈存中所记幞头，但不展脚耳。西壁外胡仆射刻颂，规制如磨崖状，字作隶书，文齐梁体而苦不佳。后题云“居士慧朗侍从至”。朗能草隶书，世谓“朗公书”者是也。予意此颂必朗公所书，故题字云然。又有开元二十一年题字，并长清尉孝皋祭文。①

胡仆射所造石室与孝堂山郭氏墓石祠是一种什么关系，按今天所见孝堂山郭氏墓石祠西山墙外壁有一篇北齐武平元年（570）《北齐陇东王感孝颂》，颂文为隶书。陇东王即当时担任齐州刺史的胡长仁，为北齐武成皇后之兄。文后又刻有唐开元二十三年（735）杨杰题记。宋人赵明诚说：“右北齐《陇东王感孝颂》，陇东王者，胡长仁也，武平中为齐州刺史，道经平阴有古冢，寻访耆旧，以为郭巨之墓，遂命僚佐刻此颂焉。墓在今平阴县东北官道旁小山顶上……冢上有石室，制作工巧，其内镌人物车马，似是后汉时人所为。”②那么，郭巨庙究竟建于何时？宋人赵明诚也不敢肯定是“后汉时人所为”，而元好问认为是“北齐胡仆射所造”，而今人则称它是中国现存最古老的房屋建筑。③那么，作为一座建筑实体，历经千余年的沧桑，其各个构件之间在修筑时间上是否存在差别，尚需考古工作者进一步梳理。

灵岩寺，位于济南市长清区万德镇境内的方山（亦名玉符山）下，创建于前秦永兴年间，北魏正光年间法定禅师重建，与天台山国清寺、武当山玉泉寺、栖霞山栖霞寺并称中国“海内四大名刹”，为禅宗的五宗之一，在佛教史上占有重要地位。元好问记述道：

> 灵岩寺亦长清东南百里所。寺旁近有山，曰鸡鸣，曰明孔；寺后有方山，泉曰双鹤，曰锡杖。寺先有宋日御书，今亡矣。绝景亭在方山之下，绝类嵩山法王。党承旨世杰（即党怀英，官至翰林学士承旨）寺记云：“寺本希有，如来出世道场，后魏正光初，梵僧法定拨上立之。定之来，青蛇导前。双虎负经。景德中赐今名。”予按大观中石桥记云“寺是正光初重建”。然则党承旨亦未尝遍考耶。梁县香山寺记说，寺初建时，一胡僧自西域来，云此地山川甚似彼方香山，今人遂谓梁县香山真是大悲化现之所。④

在此，元好问纠正了党怀英的错误说法，不是“梵僧法定拨上立之”，而是“重建”。其寺旁的千佛殿东侧崖壁下，锡杖泉、白鹤泉、双鹤泉，三泉相邻，有“五步三泉”之称。由于新构造运动，这里的山脉秀、奇、幽、奥，有明孔山、珠山、象山、鸡鸣山等，登临

---

① 姚奠中主编，李正民增订：《元好问全集》卷34，第716页。
② （宋）赵明诚：《金石录》卷22《北齐陇东王感孝颂》，《景印文渊阁四库全书》第681册，第311页。
③ 孙明振：《我国现存最古老的房屋建筑》，《中国建设》1981年第6期，第76—78页。
④ 姚奠中主编，李正民增订：《元好问全集》卷34，第717页。

诸山，峭壁如削，裂岩嶙峋，如圭如剑，鬼斧神工。绝景亭又名抱灵亭，宋僧仁钦建，元好问称其为“绝类嵩山法王”，惜今已废。

2）在自然地理方面，主要记述了泰山“日观峰”和“岩岩亭”的绝妙景象

历来文人对“日观峰”之“旭日东升”奇观不吝笔墨，故有“东南第一观”之称。其“太山鸡一鸣，日出三丈”语出东汉马第伯的《封禅仪记》，元好问则认为是司马迁的夸辞。他说：

> 太史公谓“太山鸡一鸣，日出三丈”。而予登日观，平明见日出，疑是太史公夸辞。问之州人，云：“尝有抱鸡宿山上者，鸡鸣而日始出。盖岱宗高出天半，昏晓与平地异，故山上平明，而四十里之下才昧爽间耳。”此语似亦有理。①

由“泰山鸡鸣”而“日出三丈”，经过当地州人的解说，元好问开始明白其并非司马迁的夸辞。故唐代李德裕在《泰山石》一诗中说：“鸡鸣日观望，远与扶桑对。沧海似熔金，众山如点黛。”②元代张养浩亦有“五更沧海日三竿”③的诗句。明朝萧协中的《泰山小史》载：“日观峰，在岱顶东里许。距阳谷不知几千里也，五鼓可见日出。银波澎湃，金轮升没隐现，射人眼目。洎升，而人间尚稔睡未晓，真奇观也。”④

岩岩亭，曾毁于战火。姚建荣的《重修岩岩亭碑》称：正隆之际，金军与各支抗金义军在泰山附近数次激战，岩岩亭毁于兵燹。后姚建荣“因访所谓岩岩亭故迹，委知观道士田信言新之。道士既闻命，于是佣夫召匠，指画经构，伐恶木，剃臭草，基砖柱础，壁石檐云，毕能事于浃旬间”⑤。而元好问所述之岩岩亭，即是重修后的岩岩亭，他说：

> 岱岳观有汉析柏，柯叶甚茂。东有岩岩亭，山水自溪涧而下，就两崖为壁。如香山石楼，上以亭压之。北望天门，屹然如立屏，而浊流出几席之下，真泰山绝胜处也。⑥

3.《两山行记》与元好问的“灵境之绝异”思想

蒙古乃马真皇后称制四年（1244）夏五月，元好问因事到崞县（今山西原平），为还父亲生前的遗愿，“生平爱凤山，然竟不一到”，特意往雁门凤凰山一游，同时观光了崞县前高山，但《两山行记》实为游凤凰山记。

此时，元好问因为撰写《尚书右丞耶律公神道碑》而招来“嬉笑姗侮，百谤百骂”⑦，可谓凌辱负重。对于那些金朝遗老来说，元好问与耶律楚材走得太近，有屈金朝士大夫的气节，因而为他们所不能理解。

实际上，那些只会“嬉笑姗侮”的士人，不仅民族气节狭隘，而且逆历史潮流而动，

---

① 姚奠中主编，李正民增订：《元好问全集》卷34，第717页。
② （清）彭定求等：《全唐诗》卷475《泰山石》，郑州：中州古籍出版社，2008年，第2463页。
③ 薛祥生、孔繁信选注：《张养浩诗文选》，济南：济南出版社，2009年，第110页。
④ 汤贵仁、刘慧主编：《泰山文献集成》第2卷，济南：泰山出版社，2005年，第370页。
⑤ （清）张金吾：《金文最》卷69《重修岩岩亭碑》，北京：中华书局，1990年，第1017页。
⑥ 姚奠中主编，李正民增订：《元好问全集》卷34，第718页。
⑦ 姚奠中主编，李正民增订：《元好问全集》卷39，第807页。

反而不能传承金朝的文化精髓。因为金朝的历史既然已经被终结，那么它一定存在着被终结的必然性，真正对金朝文化负责任的士人，就应该认真地总结它和反思它，所以元好问所做的一切（包括接近蒙古统治者）都是为了更深刻地总结金朝的历史和反思金朝的历史，"国亡史作，己所当为"，他的《壬辰杂编》（已佚）即是一部总结和反思金史的专著。雁门凤凰山历来是道家修炼、名士隐逸之地，这正是元好问心中的"灵境"。他说：

> 予二十许时，自燕都试，乃与客登南楼，亡友苏莘老、阎德润、张九成、王仲容辈，说山中道人所居，有松风轩，层檐高栋，半出空际；长松满涧谷，如云幢烟盖，植立阑楯之下；山空夜寂，石上闻坠露声，使人耿耿不寐。昙时闻此，固尝以不一游为恨矣。[①]

从"二十许时"之"固尝以不一游为恨矣"，到55岁，始如愿以偿，个中隐秘只有元好问自己心中明白。当时，元朝与南宋的鏖战仍在继续，时局变幻，人心叵测。在《两山行记》开首，即出现了与他同行的人悉尽散去，而留他一人"独游神清观"的情形。那么，他为什么"独游神清观"？理由其实很简单，"旧闻行台员外广宁王纯甫弃官学道，筑环堵而居"[②]。道教与科学始终是纠结国人的一个难题。在中国古代，为什么许多重大的科学发明都是由道士来完成，而不是儒士？这是因为道家侧重求真，而科学的最高境界亦在于求真，两者具有内在的一致性。当然，一个人内心的"宁静"需要与外在的"灵境"相契合，这一点对于科学创造来说也非常重要。因此，元好问记述道：

> 十一日，仲章步送入山，由真人谷行，夹道杂花盛开；水声激激，自涧壑而下。且行且止，不知顿之为劳也。半山一峰为钓鱼台，其上为十八盘，为青龙岭，为风门。由风门而下，绕佩剑峰之右，为来仪观。观在山腹。峰回路转，台殿突起，云林悄然，别有天地。信灵境之绝异也！[③]

据元好问考证，凤凰观始建于后魏。"盖后魏太武尝都于此，师事寇谦之，授秘箓；自崧高迎谦之来居此山。时有凤凰见，太武为立观，且以'凤凰'名之。"[④]寇谦之是南北朝时期北方的道教领袖，他针对五斗米道的"旧法"，借助佛教势力和王权推行了革新道教的一系列举措，如反对滥传房中修炼术及仙方药饵、废除五斗米道的租米钱税制度、废除祭酒道官的世袭制等，从而将科诫、礼度、轮转、成仙巧妙地结合在一起，"专以礼度为首，而加之以服食闭练"[⑤]。陈寅恪先生曾根据《魏书·释老志》中的相关记载，认为"寇谦之少修张鲁之术，即其家世所传之旧道教，而服食饵药历年无效，是其所传之旧医药生理学有待于新学之改进也。其学算累年而算七曜周髀有所不合，是其旧传之天文算学亦有待于

---

① 姚奠中主编，李正民增订：《元好问全集》卷34，第719页。
② 姚奠中主编，李正民增订：《元好问全集》卷34，第719页。
③ 姚奠中主编，李正民增订：《元好问全集》卷34，第720页。
④ 姚奠中主编，李正民增订：《元好问全集》卷34，第720页。
⑤《魏书》卷114《释老志》，第3051页。

新学之改进也”[①]。所以新天师道不自觉地把道教与中国古代的传统科学联系起来，则是道教自身发展的必然要求。相传东晋著名丹学家葛洪、唐代著名医学家孙思邈都曾在此居住，显见此观的道教科学传统的积淀当十分深厚。关于这一点，完全可由凤凰山上的炼丹峰、洗药池、烧药炉等遗迹[②]佐证，自不待言。但是，元好问看到了问题的另一面，道士的生活真的能够远离世俗吗？元好问的回答是肯定的。他在行记的结尾笔锋一转，道出了下面的一番感悟：凤凰山并不平静，当雷雨到来时，这里“山气蒸郁，可喜可愕。雨从林际来，谡谡有声，云烟草树，浓澹覆露。不两时顷而极阴晴晦明之变。夜参半，星日清润，中庭散步，森然魄动。惜情景之不可久留也”[③]。此“情景之不可久留”实则是指道士的“出世”具有片面性，而人应该在“入世”中求生存、求发展，这便是元好问写作《两山行记》的主体思想。

（二）元好问的“求实”精神

“求实”的前提是能够正确地对待和处理可能性与现实性的关系。人是一个有能动性和实践性的动物，有头脑、有思想、有目标、有方法等。然而，我们的想法是否符合实际，是否具有实现的可能性，便是一个不能不认真考虑的问题，而成功一定是建立在具有现实可能性的基础之上。元好问在他所生活的那个时代，尽管命运多蹇，但总的来说，他享有了比较成功的人生。元好问之所以能够成功，是因为他能顺应时代的潮流，学会了充分地利用条件，从而在现实可能性的基础上求实、求新和求变。

1.“癸巳上书”与耶律楚材拯救金朝儒士运动

前面讲过，金朝末年，当不堪忍受沉重赋役剥削和贪残腐朽统治的红袄军起义爆发之时，金朝的灭亡即已不可避免，就像夕阳西下一样，相反，元朝政权却如日东升，历史必将翻开新的一页。在这里，“灭亡”有两层含义：一层含义是说金朝的统治将一去不返；另一层含义是说新的政权的建立还需要吸收和利用旧政权中有利于巩固新政权的元素与成分。因此，正是在后一种意义上，当蒙古军队进入汴京之际（1233），元好问主动向蒙古中书令耶律楚材上书，以“国家所以成就人材者，亦非一日之事也”和“百年以来，教育讲习非不至，而其所成就者无几。丧乱以来，三四十人而止矣”[④]为由，请求他保护和重用包括数学家李冶在内的54名金朝知名文士。在国亡家破的历史关头，元好问首先想到了保护人才，从而为金朝文化的传承留下活种，这是非常务实的举措。当然，这也是不得已而为之的权宜之策。不承想，元好问的上书还间接地促成了元初的“戊戌之试”。《元史・耶律楚材传》载：

> 丁酉，楚材奏曰：“制器者必用良工，守成者必用儒臣。……”帝（指窝阔台）曰：“果尔，可官其人。”楚材曰：“请校试之。”乃命宣德州宣课使刘中随郡考试，以经义、

① 陈寅恪：《金明馆丛稿初编》，第126页。

② 姚奠中主编，李正民增订：《元好问全集》卷34，第720—721页。

③ 姚奠中主编，李正民增订：《元好问全集》卷34，第722页。

④ 姚奠中主编，李正民增订：《元好问全集》卷39，第804—805页。

辞赋、论分为三科，儒人被俘为奴者，亦令就试，其主匿弗遣者死。得士凡四千三十人，免为奴者四之一。[①]

当然，耶律楚材推动“戊戌之试”还有一个更加事关大局的理由，那就是“考汰三教”。宋子贞的《中书令液氯公神道碑》说：

丁酉，汰三教，僧、道试经，通者给牒、受戒、许居寺、观。儒人中选者，则复其家。公初言：“僧、道中避役者多，合行选试。”至是，始行之。[②]

耶律楚材死后，与其关系密切的元好问却在社会舆论的强劲压力下，没有为其书写赞文。倘若元好问有机会发表意见，不知他将作何感慨。

前面讲过，元好问的“癸巳上书”，耶律楚材没有回信，但行动证明了一切。“请校试之”使耶律楚材摆脱了两难境地：元好问所举荐的人才，究竟有无真才实学，通过“校试”即可鉴别；老实说，在当时的历史背景下，耶律楚材个人无力保护金朝的儒士，最终还要依靠制度与政策。所以元好问所荐举的54人均在这次“校试”之名录中。1238年，通过“路试”而选拔录取了4030名儒士，其中有1008名儒士，由奴转变为后来的“儒户”。所以元人许有壬评价说：“圣朝戊戌之试，复其家者，子孙于今赖之。”[③]恰如萧启庆先生所言：“戊戌之试在历史上的重要性，不在于举拔官吏，而在于救济流离失所及陷于奴籍的儒士，使他们以‘儒户’的身份，取得优免赋役的特权。”[④]诚然，在具体落实的过程中，儒士进入元朝的权力高层确实很难，他们的出路主要在于补吏和教官。不过，我们不能忽视这样一个事实：元初之所以能够在宋代科技发展成果的基础上，继续把中国古代科学技术的发展推向一个新的历史高峰，并涌现出了像郭守敬、王恂、李冶、朱世杰、李杲、王好古等一大批科技名家，确实与耶律楚材拯救金朝儒士运动有关。从这个角度看，元好问对于保护和培养元代科学技术人才，作出了不可磨灭的历史贡献。

2.《中州集》与以诗存史

《中州集》诗人小传，虽以“诗人”名，但亦不乏经世致用之才，尤其是它或多或少地保存了一些金元时期的珍贵科技史料，可惜以往学者多有所忽视，这是很不应该的。例如，

赵秉文：“贞祐初，中国仍岁被兵，公建言时事可行者三：一迁都，二导河，三封建。朝廷略施行之。”[⑤]

杨云翼：“天资颖悟，博通经传。至于天文、律历、医卜之学，无不臻极。”[⑥]

麻九畴：“少时有恶疾，就道士学服气，数年疾遂平。又从宛丘张子和学医，子和以为

① 《元史》卷146《耶律楚材传》，第3461页。

② 《国朝文类》卷57《中书令耶律公神道碑》，第18页。

③ （元）许有壬：《至正集》卷32《王濯缨集序》，三怡堂丛书，第8页。

④ 萧启庆：《元代的儒户——儒士地位演进史上的一章》，《宋史研究集》第15辑，台北：编译馆，1984年，第237页。

⑤ 姚奠中主编，李正民增订：《元好问全集》卷41，第863页。

⑥ 姚奠中主编，李正民增订：《元好问全集》卷41，第870页。

能得其不传之妙。大率知几于学也专，故所得者深。”①

禹锡：“农司治许昌，又为主事，区处馈饷，上下千余里，不露声迹，而条画次第皆具。虽鳞杂米盐若不足经意者，问之即应，如指诸掌。”②

景覃：“隐居西阳里，以种树为业。”③

苑中：“贞祐中，高琪当国，专以威刑肃物。士大夫被掊摭者，笞辱与徒隶等。医家以酒下地龙散，投以蜡丸，则受杖者失痛觉。此方大行于时。”④

耶律履：“学通《易》、《太玄》，至于阴阳历数，无不精究。”⑤

姚孝锡：“善治生，亭榭场圃，富于游观，宾客日盈其门。州境岁饥，出家所藏粟万石振贫乏，多所全济，乡人德之。”⑥

在宋代，歧视技术官的现象非常严重。相反，在金朝，文化政策则相对比较开放，“既实行允许信仰各种宗教政策，又不限制科学的发明和创造”⑦，因此，像天元术、诸家医学、营建燕京、全真教等对中国古代科技发展产生了重要影响的大事变，才有可能在这样的学术氛围与环境中得以产生和发展。故元好问评论说：金世宗“得人之盛，近古所未有”⑧。如果没有海纳百川的胸怀和任人唯贤的策略，想要开创“得人之盛”的政治局面是根本不可能的。以耶律楚材之父耶律履为例，元好问非常欣赏他的才华，且有“谈近代贤臣，莫不以公为称首”⑨之誉。耶律履是辽太祖长子东丹王突欲之七世孙，通六经百家之书，能诗善画，素善契丹大小字，创设女直进士科，熟习汉文典籍，撰修《乙未元历》等，历仕金世宗和金章宗两朝。金朝在灭辽之后，对契丹文化没有实行扼杀政策，如耶律履善契丹大小字，而金世宗竟然“诏以小字译《唐史》”⑩。可以想见，当时金朝的文化政策是多么开放和兼容。耶律履所撰《乙未元历》在金朝未被采纳，因为经“尚书省委礼部员外郎任忠杰与司天历官验所食时刻分秒，比校（赵）知微、（耶律）履及见行历之亲疏，以知微历为亲，遂用之”⑪。尽管未被采纳，但是通过修历却越加凸显了耶律履崇尚考实的科学精神。元好问的《神道碑》载有耶律履自己解释《乙未元历》的修撰动机：

> 自丁巳（天会十五年）《大明历》行，正隆戊寅三月朔，日当食而不之食。历家谓必当改作，而朝廷不之恤也。及大定癸巳五月朔、甲午十一月朔，日食皆先天。丁酉

---

① 姚奠中主编，李正民增订：《元好问全集》卷41，第881—882页。
② 姚奠中主编，李正民增订：《元好问全集》卷41，第886页。
③ 姚奠中主编，李正民增订：《元好问全集》卷41，第890页。
④ 姚奠中主编，李正民增订：《元好问全集》卷41，第921页。
⑤ 姚奠中主编，李正民增订：《元好问全集》卷41，第940页。
⑥ 姚奠中主编，李正民增订：《元好问全集》卷41，第964页。
⑦ 赵永春：《论金代的文化政策与思想控制》，《金史研究论丛——第二届金史国际学术研讨会论文专集》，哈尔滨：哈尔滨出版社，2000年；兰婷：《金代教育研究》，长春：吉林大学出版社，2010年。
⑧ 姚奠中主编，李正民增订：《元好问全集》卷27，第584页。
⑨ 姚奠中主编，李正民增订：《元好问全集》卷27，第583页。
⑩ 姚奠中主编，李正民增订：《元好问全集》卷27，第584页。
⑪ 《金史》卷21《历志上》，第442页。

九月朔乃反后天。臣辄迹其差忒之由，冀得中数，以传永久。[①]

可惜，由于《乙未元历》不传，其“迹其差忒之由，冀得中数”也就成了不解之谜，然元好问称“世推其精密”[②]，并非溢美之词，而“冀得中数”也肯定经过了一系列比较严密的观测与实证，是一组与日月五星等天体运动相符合的理论与经验数据。对于“实”，耶律履有他自己的理解，例如，由御史大夫张景仁领国史、耶律履为编修所撰写的《海陵实录》，书中却没有记载“海陵弑熙宗”一事。金世宗提出疑问：“景仁为何隐而不书？”有人说：“景仁事海陵，颇被任使，故为讳之。”金世宗回头问耶律履：“隋炀帝弑逆，血溅于屏，史亦书之。卿谓景仁无是心，何不如《隋史》书之？”按照一般的官场规则，耶律履完全可以借此机会，排除异己，然而他没有这样做，反而为张景仁辩解：“炀帝自讳其恶，故史臣不载之《帝纪》而详于他传，此所谓暗而章者也。海陵以废昏为辞，明告天下，居之不疑。此不同也。且与之弑君而不辞血溅之罪，虽不书可也。”于是，“世宗怒遂解”[③]。简言之，在耶律履看来，“海陵弑熙宗”顺应了历史发展的规律，是符合绝大多数民众利益的历史事件，天下百姓“居之不疑”。在这种历史条件下，不把“海陵弑熙宗”写入《实录》，恰是春秋笔法的体现，存真求实，披沙拣金。而这种修史观与元好问“以诗存史”的理念不谋而合，或可以说通过剖析耶律履，元好问则曲折地表达了他自己的修史倾向，即肯定杰出人物在历史发展进程中的重要作用。

考，《中州集》共为249人立传，元好问将他们分成一般诗人、诸相、状元、异人、隐德、三知己、南冠五人及附见等8类。如果从宇文虚中宋高宗建炎二年（1128）应诏使金被软禁算起，到杨慥卒于天兴二年（1233）为止，它基本上涵盖了整个金朝的发展和演变历史（去头掐尾）。在《中州集》中，诗人（有的诗人同时也是科学家）是金史的主体，里面却没有理学家的地位，这是颇耐人寻味的文化现象。我们知道，忽必烈有“金亡于儒”的成见，而元好问对理学家侈谈心性、华而不实的论说，十分反感。事实上，自唐代以来，对待儒生的社会价值，人们就形成了两种认识：肯定的一派与否定的一派。肯定派自不待言，至于否定派，唐朝初年宰相姚崇就有“庸儒执文，不识通变”[④]的说法。“庸儒”是指那些思想迂腐冥顽者。李翰亦说：儒士“高谈有余，待问则泥”[⑤]。诚然，这些看法从客观的立场讲虽有失公允，但南宋理学确实存在“高谈有余，待问则泥”的弊病，这是南宋晚期史论的主流看法。如果说黄震认为南宋“士大夫无耻”[⑥]责之偏激，那么“实务之才者十不一二”[⑦]则是当时南宋士大夫政治的真实景象。

所以，元好问在反思南宋败亡的历史教训时，将批判的矛头直指程朱理学，无疑是南宋末期黄震等否定程朱理学这种思想观念在元代的延续。至于元好问对宋儒的看法是否与

① 姚奠中主编，李正民增订：《元好问全集》卷27，第585页。
② 姚奠中主编，李正民增订：《元好问全集》卷27，第585页。
③ 姚奠中主编，李正民增订：《元好问全集》卷27，第588页。
④《旧唐书》卷96《姚崇传》，第3024页。
⑤（唐）李翰：《通典》原序，《景印文渊阁四库全书》第603册，第6页。
⑥《宋史》卷438《黄震传》，第12992页。
⑦［日］宫崎市定：《宋代的士风》，《亚细亚史研究》1975年第4号，第169页。

忽必烈的成见之间存在一定的联系，目前尚难下结论。一方面，忽必烈任用儒士，另一方面，他又认为儒臣“不识事机”[①]。正是在这种既利用又限制的政策之下，儒学在元朝没有取得“独尊”的地位。不过，元好问清醒地意识到，宋代理学与传统儒学之间不能截然画等号。因为传统儒学的教育内容非常全面而丰富，非囿于心性一隅。他说：

> 三代皆有学，而周为备。其见之经者，始于井天下之田。井田之法立，而后党庠遂之教行。若乡射、乡饮酒，若春秋合乐、劳农、养老、尊贤、使能、考艺，选言之政，受成、献馘、讯囚之事无不在。又养乡之俊造者为之士，取乡大夫之尝见于施设而去焉者为之师。德则异之以知、仁、圣、义、忠、和；行则同之以孝、友、睦、姻、任、恤；艺则尽之以礼、乐、射、御、书、数。淫言诐行，凡不足以辅世者，无所容也。[②]

可见，周朝教育是一种实用之学，其教学内容包括道德、技艺及与之相联系的社会关系，没有德高艺轻之别。元好问认为周朝的教学模式在战国之后即被废弃，“有教焉，不过破梁碎金，‘胡书记咏史’而已”[③]。那么，他试图通过说服忽必烈，崇儒重道，恢复周朝的教学模式。所以元好问在诸篇学记中反复声张学校教育应当是全面的和注重实用的教育，而不是片面的道德教育。因此，从本质上讲，元好问的“以诗存史”实践正是其恢复周朝注重实用和功效教育模式的一种积极努力。

3. 元好问“已试之效”的医学思想

元好问有一篇《少林药局记》和四篇医方书序，是认识和理解其医药学思想的基本文献史料。元好问认为，“医，难事也。自岐、黄、卢、扁之书而下，其说累数千万言，皆典雅渊奥，本于大道之说，究乎死生之际。儒者不暇读，庸人不解读。世之学者非不艺专而业恒，至终其身有不免为粗工者，其可为难矣！”[④]实际上，具体到医疗临床实践，治病尤为难。沈括曾从辨疾、治疾、饮药、处方和别药 5 个方面论述了治病之难。元好问说：“药之性难穷，难穷则不善用之者反以生人者杀人”，或“取未必甚解之人而付之司命之事，病者何赖焉”[⑤]。可见，医术精良是避免“以生人者杀人”的重要保证。然而庸医易得，良医难求。由于金元时期的疫病多发，无论城乡，各地缺医少药的状况都非常堪忧。对此，我们在前面的个案研究中均有述及，兹不重复。有一件事对元好问的触动很大，他在《李氏脾胃论序》中述：“《内经》说，百病皆由上中下三者，及论形气两虚，即不及天地之邪。乃知脾胃不足为百病之始。‘有余’、‘不足’，世医不能辨之者盖已久矣。往者遭壬辰之变，五六十日之间，为饮食劳倦所伤而没者将百万人，皆谓由伤寒而没。后见明之（李杲，字明之）《辨内外伤及饮食劳倦伤》一论，而后知世医之误。学术不明，误人乃如此，可不大

---

① 《元史》卷 205《阿合马传》，第 4560 页。
② 姚奠中主编，李正民增订：《元好问全集》卷 32，第 665 页。
③ 姚奠中主编，李正民增订：《元好问全集》卷 32，第 672 页。
④ 姚奠中主编，李正民增订：《元好问全集》卷 35，第 730 页。
⑤ 姚奠中主编，李正民增订：《元好问全集》卷 35，第 731、730 页。

哀耶？”[①]每当此时，元好问更加崇敬那些“大医”和“良医”。于是，在《少林药局记》中，元好问深为僧德和僧浃“靖深而周密”的医术所感动，称“时节、州土无不适其当，炮炙、生熟无不极其性，德与浃固亦尽其技矣”[②]。

对于处方，仅“一睹其验，即谓之良”[③]，恐怕远远不够。元好问总结李杲、周孟卿的处方经验，概括为“其已试之效”5个字。在《元氏集验方序》中，元好问将自家先世传承下来的数十方编为《集验方》，并特别强调那数十方均系“予所亲验者”[④]。至于元好问如何“亲验”，不得而知，但有两种可能：在自己身上验证之，或拿给其他患者验证之。在这里，我们看到元好问确实是在用实际行动来践行他那“医药、大事也”[⑤]的思想主张，而这本身也是他“务实”精神的进一步体现。

第七节 马端临的科技文献思想

马端临，字贵与，号竹村，饶州乐平（今江西乐平市）人。其父马廷鸾，官至宋右丞相。《补元史马端临传》载：廷鸾“曾建碧梧精舍，积书连楹，端临寝馈其中，效袁峻课抄经史，日五十纸”[⑥]。这样，丰富的藏书与超强的定力，便成为马端临著《文献通考》的两个基本条件。当然，其父不附权贵和性根忠义的品格及其不避私嫌的修史原则，无不给幼小的马端临以深刻影响。《元书》载：“端临博学多才，以为宋亡，将一代制度恐至散佚，而家有藏书，及得诸廷鸾所语朝章国政，庶几文献足征。”[⑦]就“廷鸾所语朝章国政”而言，景定元年（1260）三月，马廷鸾上谏宋理宗：“遏恶扬善以顺天，举直错枉以服民。”[⑧]“天”指规律，“顺天”就是指顺应历史发展的客观规律，而这14个字亦系马端临撰写《文献通考》的思想指南。故《宋元学案》载：马端临“宋亡不仕。著《文献通考》，自唐、虞至南宋，补杜佑《通典》之阙，二十余年而成”[⑨]。在马端临的早期学术生涯里，朱子学对他的影响不可不提。《新元史》本传云：端临15岁时，“休宁曹泾深于朱子之学，端临从之游”[⑩]。曹泾入元后为紫阳书院山长，所以《宋元学案》将他列为“曹氏门人”，而成为朱学传人。从这个层面看，马端临亦是朱学传人。但是，与一般的朱学传人不同，马端临把朱子学置于历史的长河之中加以考察和审视。因此，他对程朱理学既没有全盘肯定，也没有全盘否定，而是结合历史实际，批判地看待程朱理学的一些观点和看法。例如，朱熹认为西周的

① 姚奠中主编，李正民增订：《元好问全集》卷37，第787页。
② 姚奠中主编，李正民增订：《元好问全集》卷35，第731页。
③ （宋）苏轼、沈括：《苏沈良方·原序》，《景印文渊阁四库全书》第738册，第220页。
④ 姚奠中主编，李正民增订：《元好问全集》卷37，第785页。
⑤ 姚奠中主编，李正民增订：《元好问全集》卷37，第786页。
⑥ （清）王棻：《柔桥文抄》卷14《补元史马端临传》，上海：国光书局，1914年。
⑦ （清）曾廉：《元书》卷89《马端临传》，清宣统三年（1911）刻本。
⑧ 《宋史》卷414《马廷鸾传》，第12437页。
⑨ 沈善洪主编：《黄宗羲全集》第6册《宋元学案（四）》，杭州：浙江古籍出版社，1992年，第504页。
⑩ 《元史二种·新元史》卷234《马端临传》，上海：上海古籍出版社，1989年，第907—908页。

井田制乃土地制度的经典模板。以此为准绳，朱熹反对战国以来的土地私有制度，反对唐代的两税法，反对宋代的富人阶层等。在马端临看来，朱熹的观念不能说不合理，但与历史的发展进程不合拍，因而得出结论说：郡县取代分封实为时异势变，而“书生之论所以不可行也”[①]。由这个实例可以看出，《文献通考》不是先用理学的先验观念生搬硬套在每个历史人物和历史事件之上，然后对其进行论短道长，而是从存在的必然性角度看问题，从历史的变化中去客观地分析和评价每一人物和事件在特定历史发展阶段的作用。因此，王瑞明先生把“史实确凿，论证精辟”看作是《文献通考》最有价值的特色[②]，而顾炎武则称赞说：“宋人书如司马温公《资治通鉴》，马贵与《文献通考》，以一生精力成之，遂为后世不可无之书。”[③]

本节仅从科技文献的角度，论述马端临的科技文献思想，其他更全面的阐释可参考王瑞明著的《马端临评传》和邓瑞著的《马端临与〈文献通考〉》等书。

一、科技文献与《文献通考》的体系创新

什么叫文献？马端临解释说：“凡叙事则本之经史，而参之以历代会要，以及百家传记之书，信而有证者从之，乖异传疑者不录，所谓文也；凡论事，则先取当时臣僚之奏疏，次及近代诸儒之评论，以至名流之燕谈，稗官之纪录，凡一话一言，可以订典故之得失，证史传之是非者，则采而录之，所谓献也。”[④]简言之，文献是史学的骨干，欲使史论立起来就需要有充分的第一手资料，不分官私，凡当时人的所见所闻，均可作为史料征引，这就是马端临的大视野和大境界。《文献通考》共348卷计24考，与《通典》相比，新增经籍、帝系、封建、象纬、物异五考，在体系方面进行了大胆的创新，壁立千仞，一峰独秀。其中《象纬考》和《物异考》比较系统地记录了汉代以来直到南宋时期的各种异常天象及动植变异状况，资料详实，内容丰富，处处闪烁着马端临不朽的科技思想光辉，因而是研究中国古代科技思想史的“不可无之书”。

（一）《象纬考》与马端临的天文思想

马端临的天文思想是以天人合一为前提的，他开首引《汉书·天文志》的话说：

> 凡天文在图籍昭昭可知者，经星常宿中外官凡一百十八名，积数七百八十三星，皆有州国官宫物类之象。其伏见早晚，邪正存亡，虚实广狭及五星所行，合散犯守，陵历斗食，彗孛飞流，日月薄食，晕适背穴，抱珥虹霓，迅雷风袄，怪云变气，此皆阴阳之精，其本在地，而上发于天者也。政失于此，其过则变见于彼，犹景之象形，

---

① （元）马端临：《文献通考》卷1《田赋考一》，北京：中华书局，1986年，第36页。

② 王瑞明：《马端临〈文献通考〉的文献学特色》，董恩林主编：《历史文献与文化研究》第1辑，武汉：崇文书局，2002年，第129页。

③ （清）顾炎武著，周苏平、陈国庆点注：《日知录》卷19《著书之难》，兰州：甘肃民族出版社，1997年，第838页。

④ （元）马端临：《文献通考·自序》，第3页。

乡之应声。是以明君睹之而寤，饬身正事，思其咎谢，则祸除而福至，自然之符也。[1]

在西方，科学思想界的主流观念可以概括为两点：第一，逻各斯是一种普遍的规律或者规则，它外在于人类的理性而存在，并支配自然万物处在永恒的生灭变化之中，如古希腊的赫拉克利特说："这个世界，对于一切存在物都是一样的，它不是任何神所创造的，也不是任何人所创造的；它过去、现在、未来永远是一团永恒的活火，在一定的分寸上燃烧，在一定的分寸上熄灭。"[2]"一定的分寸"指的就是逻各斯。可见，在天与人的关系问题上，逻各斯一派的本质是强调以自然为中心。第二，努斯是内在于人类的一种理性精神，它具有能动性和主体性。例如，普罗泰戈拉主张："人是万物的尺度，是存在者存在的尺度，也是不存在者不存在的尺度。"[3]这样，人的理性作为自然界的对立物而与自然界相分离。因此，努斯一派的本质则是强调以人类的理性为中心。西方近代科学技术就是在这个观念的主导下发展起来的，而近代科学技术为西方世界创造了巨大的物质财富。当然，在这个历史进程中也产生了许多负面影响。与之不同，中国古代的主流思想始终处于以自然为中心的历史阶段，而没有能够从以自然为中心的历史阶段转变到以人为中心的更高的历史阶段。在此，天人合一即是这种主流思想的"基因"表达。在中国古代文献里，人们对"天"的理解大体有下面几种认识："天有五号，各因所宜称之，尊而君之，则曰皇天。元气广大，则称昊天。自上监下，则称上天。据远视之苍苍然，则称苍天。"[4]在此，天道自然居其二，而天人感应却居其三，显示了后者在人们思想观念中占据着越来越重要的地位，这是中国古代神权政治的基础。我们知道，从汉代董仲舒之后，有意志的天逐渐成为一种谶纬学说，它把天象与人事结合在一起，并试图在科学与迷信之间进行调和，对中国古代天文学的发展产生了重要影响。例如，东汉的儒者说："天，气也，故其去人不远。人有是非，阴为德害，天辄知之，天辄应之，近人之效也。"[5]那么，天究竟是不是一种"气"，王充提出了不同的主张，他说："天，体，非气也。"[6]即王充认为天是由各种星体组成的物质空间，其运动与人事无关。这一派构成了中国古代的无神论思想体系，如王符、范缜、祖冲之、柳宗元、王安石等。然而，作为皇权政治的理论基础，天人感应始终都占据着封建社会上层建筑的核心位置。因此，汉代以后留下了大量这方面的历史文献，特别是各朝在修撰正史时，天人感应便成了贯穿《天文志》的基本线索。所以，正确解读这些文献，就成了史学家义不容辞的责任。马端临说：

昔三代之时，俱有太史，其所职掌者，察天文、记时政，盖合占候、纪载之事，以一人司之。汉时，太史公掌天官，不治民，而紬史记金匮石室之书，犹是任也。至宣帝时，以其官为令，行太史公文书，其修撰之职，以他官领之，于是太史之官，唯

① （元）马端临：《文献通考》卷278《象纬考一》，第2205页。
② 北京大学哲学系外国哲学史教研室编译：《西方哲学原著选读》上卷，北京：商务印书馆，1981年，第21页。
③ 北京大学哲学系外国哲学教研室编译：《西方哲学原著选读》上卷，第55页。
④ 《尚书纬》卷3《帝命验》，[日]安居香山、中村璋八辑：《纬书集成》，石家庄：河北人民出版社，1994年，第390页。
⑤ （汉）王充：《论衡·谈天》，石家庄：河北人民出版社，1986年，第107页。
⑥ （汉）王充：《论衡·谈天》，第107页。

知占候而已。盖必二任合而为一，则象纬有变，纪录无遗，斯可以考一代天文运行之常变，而推其休祥……天文志莫详于晋、隋，至丹元子之《步天歌》，尤为简明。宋《两朝史志》言诸星去极之远近，《中兴史志》采近世诸儒之论，亦多前史所未发，故择其尤明畅有味者具列于篇。[①]

上述除叙“象纬”的历史演变外，有两点值得注意：一是“象纬有变，纪录无遗，斯可以考一代天文运行之常变，而推其休祥”。其中，“考一代天文运行之常变”属于科学研究的范畴，而“推其休祥”则属于谶纬的思想范畴。二是从科学思想史的角度看，《宋两朝天文志》和《中兴史志》（即《中兴天文志》）的价值较高。可惜，两志均已散佚。

（1）北极星因其地位特殊，历来为星象家所重。《后汉书》载李贤注：“天有紫微宫，是上帝之所居也。”[②]此处之“紫微宫”即是北极星。因此，对北极星的测定，意义非同寻常。那么，北极星究竟是否居于天球的正北？马端临引《中兴天文志》云：“坎，正北方也，北极不于坎。”[③]这是“天道自然”，没有什么可奇怪的。在祖暅之以前，像贾逵、张衡、蔡邕、王蕃等都认为“纽星在天球北极的不动处”，然南北朝的祖暅之发现天球不动处距纽星“犹一度有余”[④]。北宋沈括则测定“天极不动处远‘极星’犹三度有余”[⑤]，与祖暅之的观测值相较，沈括所观测的数值显然偏大。“实际上，自汉以来，纽星逐渐靠近天球北极。至唐元和二年，即公元807年到达最近点，极距最小值为0.54°。嗣后又逐步离开北极，到元至元十八年（1281年）郭守敬作恒星观测时，极距已有2.67°，它即将让出北极星的尊称了”[⑥]。所以，《中兴天文志》没有采用沈括的观测数值，而是选用了另外一个观测值“一度有半”[⑦]，即1.478°，这个观测数值为宋元丰五年（1082）所测定，比较精确。因为潘鼐先生用现代方法测算，知1052年的赤经为13时33分30秒，赤纬为88°32′49″，极距为p=1.453°，即去极1.474°。[⑧]故马端临亦表示赞同。可见，北极星绝非不动，而是人们用肉眼看不到它的小幅度旋转。现代天文学已经证实，天北极围绕着它的平均位置，每25 800年旋转一周，因而在不同的历史时期人们观测到的北极星是不同的。

（2）二十八宿分野（天区与地区相对应）始于战国[⑨]，但完整的记载却见于《淮南子·天文训》：“星部地名，角、亢郑，氐、房、心宋，尾、箕燕，斗、牵牛越，须女吴，虚、危齐，营室、东壁卫，奎、娄鲁，胃、昴毕魏，觜嶲、参赵，东井、舆鬼秦，柳、七星、张

① （元）马端临：《文献通考·自序》，第9页。
② 《后汉书》卷48《霍谞传》，第1617页。
③ （元）马端临：《文献通考》卷278《象纬考一》，第2207页。
④ 《隋书》卷19《天文志上》，北京：中华书局，1987年，第529页。
⑤ （宋）沈括著，侯真平校点：《梦溪笔谈》卷7，第58页。
⑥ 潘鼐：《中国恒星观测史》，上海：学林出版社，2009年，第238页。
⑦ （元）马端临：《文献通考》卷278《象纬考一》，第2208页。
⑧ 潘鼐、王德昌：《北宋的恒星观测及〈宋皇祐星表〉（下）》，中国天文学史整理研究小组：《科技史文集》第16辑，上海：上海科学技术出版社，1992年，第93页。
⑨ 王玉民：《中国古代二十八宿分野地理位置分析》，周光召主编：《自然科学与博物馆研究》第2卷，北京：高等教育出版社，2006年，第117页。

周，翼、轸楚。”[①]

据王玉民先生研究，二十八宿分野是结合列国祭祀的族星和列宿方位创定的，尾、箕二宿原分野是越国，秦汉以后才被转移到幽燕、朝鲜，并成为“经”再不能改动。[②]《晋书·天文志》被视为中古天文星占思想的集大成著作，在该志中确立了以下天区（二十八宿）与地区（十二州）的对应关系：角、亢、氐，郑，兖州；房、心，宋，豫州；尾、箕，燕，幽州；斗、牵牛、须女，吴、越，扬州；虚、危，齐，青州；营室、东壁，卫，并州；奎、娄、胃，鲁，徐州；昴、毕，赵，冀州；觜、参，魏，益州；东井、舆鬼，秦，雍州；柳、七星、张，周，三辅；翼、轸，楚，荆州。[③]从历史的发展过程看，天区的位置相对固定，而与它相对应的地区则变动较大。事实上，从唐至元，封建王朝的实际控制区域已经远远超出了《晋书·天文志》的分野范围。于是，郑樵提出了这样一个观点：“天之所覆者，广而华夏所占者牛、女下十二国耳。牛、女在东南，故释氏谓华夏为南赡部州，其二十八宿所管者多，十二国之分野随其隶耳。”[④]由于二十八宿分野是建立在“天人感应”的思想理论基础之上的，它突出的是天的主宰作用，所以严格说来，二十八宿分野并不科学。但是在古人的思维方式下，分野说试图依据天区而为封建王朝建立一种顺从天意的统治秩序，因此，在相当长的历史时期内，它禁锢着许多封建统治者的思想而不敢突破传统的分野说，并进行领土的扩张。南宋即是一个典型的例子，如宋太祖生前不敢接受“广运一统”的称号。在他看来，“汾晋未平，燕蓟未复，谓之一统，可乎？”[⑤]以后，宋太宗、宋徽宗、宋孝宗等，均以收复燕云十六州为“奇”志，竟无一位皇帝敢于在更大的范围内扩张其领土。诚然，形成这种观念的思想根基非常复杂，但是受传统分野说的局限，不能说不是一个重要原因。于是，马端临针对这种保守观念，在质疑的基础上，提出了如下看法。他说：

郑氏因牛女间有十二国星，而以为华夏所占者只牛女二宿。且引释氏南赡部州说以为证。然以十二次言之，牛女虽属扬州，而华夏之地所谓十二国者，则不特扬州而已。又扬州虽可言东南，而牛女在天则北方宿也，与南赡部州之说异矣。且北斗七星，其次舍自张而至于角，《星书》以为一主秦……然则北斗、五车所主者亦此十二国，而此二星初未尝属乎牛女也，谓牛女专主华夏可乎？[⑥]

这段话的潜意识里，存在着一股打破分野说的力量冲动。尽管马端临没有明确提出来“领土扩张”或称“拓疆”的思想，但是他以“不特扬州”为楔子，提示人们“分野”的可变性和伸张性，从而激励统治者在可能的条件下，不断扩大自己的统治区域，而固守传统的分野说，在当时并不是一种积极的“统一”方略。我们知道，对忽必烈的统一战争，《剑桥中国辽西夏金元史》使用了“向外扩张”的说法。书中载有这样一段话：1260 年“在中

① （汉）高诱注：《淮南子注》卷 3《天文训》，上海：上海书店，1986 年，第 50 页。
② 王玉民：《中国古代二十八宿分野地理位置分析》，周光召主编：《自然科学与博物馆研究》第 2 卷，第 115 页。
③ 《晋书》卷 11《天文志上》，第 309—313 页。
④ （元）马端临：《文献通考》卷 279《象纬考二》，第 2215 页。
⑤ 赖琪、陈琛编译：《宋太祖治国圣训》，北京：中国华侨出版社，1995 年，第 42 页。
⑥ （元）马端临：《文献通考》卷 279《象纬考二》，第 2215 页。

国建立政府之后，忽必烈现在把他的注意力转向对外关系。和他的蒙古前辈一样，忽必烈懂得必须坚持领土扩张。在蒙古人的心目中，衡量一位统治者的成就在某种意义上讲是看他是否有能力将更多的财富、人民和领土并入他的版图”[①]。这就是作为少数民族皇帝和为“分野说”所束缚的汉族皇帝之间的观念差异：一方是保守，另一方则是主动进取。仅从这一点来看，马端临的思想主张适应了忽必烈“向外扩张”的政治需要，所以饶州路儒学教授杨某称“此可谓济世之儒，有用之学”[②]，而“诏官为镂版”[③]，以广其传。

（3）对于天体运动的认识，由于主客观方面的原因，存在不同的争论是正常的，尤其是在诸派学者各执一词，互有抵牾，而科学技术手段还暂时不能证实其何者正确、何者错误的历史条件下，文献学家应当尊重各家学说，并存而录之，这是马端临科技文献思想的一个显著特征。例如，对于“大角”星，各家历书说法有别。对此，马端临评论说：

> 按史志言：三家所考三垣大角之列卫二十八舍，内外官之分隶不无异同。今按历代《天文志》，惟宋《两朝》及《中兴志》与隋丹元子《步天歌》能言诸星之分隶，然大角一星，《两朝志》以为属亢。《中兴志》以为属角。库楼十星，丹元子以为属角，而《两朝志》以为属轸，其为异同，大概若此。盖自唐开元中，一行所造浑仪，其所测宿度已与旧经异，而宋太平兴国中，浑仪所测又与唐异。所争或一、二度或三、五度。以管窥天，岂能无误？于是，此以为轸，彼以为角，甲以为氐，乙以为房，所差者常在裨邻之次，舍则亦不过三、五度间耳。天道幽远，术家各持一说，固未有以订其是非也。至如南斗六星，即斗牛之斗，则其分野反在北方北斗，天枢在张宿十度，则其分野反在南方，则其理有不可究诘者，当俟知星者而质之。[④]

大角星亦谓之栋星，它是牧夫座中的 α 星（即星座内最亮的星，多为单星）。《史记・天官书》说：“杓携龙角，衡殷南斗。”[⑤]前一句的意思是说顺着北斗星七星斗柄的弯曲方向能够找到东宫苍龙的龙角大角星，也是最先遇到的亮星。从观测的角度讲，每年三月至八月为最佳观测季节。三月初，大角星约晚 8 时升起；进入四月，它在日落时升起；六月至八月，则在黄昏时升起。所以，赫西俄德在《工作与时日》一书中，将大角星视为季节的标志，而这也是中国古人非常重视此星的原因之一。不过，由于大角星的运行速度很快，每秒 483 千米，这对观测手段相对落后的中国古代星象家而言，出现张冠李戴的事情就不难理解了。这里既有主观因素，又有客观因素。而马端临认为，在星象观测实践中，观测手段起着至关重要的作用。因此，他提出了“以管窥天，岂能无误”的著名思想。我们知道，现代科学技术的发展，对仪器的依赖越来越大，其人与仪器的黏着性日益强化。在这种历史环境下，如何克服人们在人-器关系中所遇到的“智障”问题，就成为推动现代科学向更高阶段飞速跨越的技术关键。仪器不是万能的，任何仪器都有它的片面性。当然，马端临

---

① ［德］傅海波、［英］崔瑞德：《剑桥中国辽西夏金元史》，史卫民等译，北京：中国社会科学出版社，1998 年，第 499 页。

② 舒大刚：《马廷鸾马端临父子合谱》，《宋代文化研究》第 4 辑，成都：四川大学出版社，1994 年，第 288 页。

③ 舒大刚：《马廷鸾马端临父子合谱》，《宋代文化研究》第 4 辑，第 289 页。

④ （元）马端临：《文献通考》卷 279《象纬考二》，第 2223 页。

⑤ 《史记》卷 27《天官书》，第 1291 页。

并不否认仪器的价值，仅仅是提醒人们不要过分迷信仪器，更不能成为“机器奴”，或产生对机器的拜物教。所以，马端临相信天体运行有规律可循，在这个问题上，他是可知论者。以此为前提，他坚信随着社会的进步和科学技术的发展，人们总有一天会对“大角星”形成一个比较科学的认识。

问题是当这种新的检验手段还不曾出现或史料尚不完全的时候，人们对客观事物所形成的各种认识，究竟哪一个比较接近真理，或者各有片面，便不能不作出甄别和判断。此时，客观和保守的态度是存而不论，这才是实事求是的科学方法。马端临把这种方法贯彻到具体的文献研究之中，如在二十八宿度的问题上，马端临指出：“按《中兴志》所载，王奕之说即沈括之说也。王、沈二公不知其孰先孰后，孰倡孰袭，然王说详而明，沈说简而当，故不嫌并著之云。”[①]从这个实例可以看出，马端临在科学研究过程中，自觉以求实为治学的原则，力戒主观臆断，由此可知，元初学界正在逐渐摈弃宋学的“纯任主观”倾向，并开始出现事取实证、不容空议的朴学面相，从这层意义上讲，元初出现的这股求实思潮无疑是宋学向汉学转变的一个重要环节，它反映了历史发展的必然趋势。

（4）在天人合一的思维模式下，日食是历朝历代统治者最为关切的天象之一。这是因为：第一，日食表征“阴侵阳，臣凌君”[②]之象，此时上天往往会对君主发出警告，甚至李淳风认为“日食必有亡国死君之灾”[③]；第二，通过测定日食可以检验历法的精与疏，即“历法疏密，验在交食”[④]。所以从《春秋》以来，历代史书保留了较为完整的日食材料，这些日食材料自然就成为史学和科学研究的重要对象。特别是日食不仅客观地反映着每个历史时期历法的计算水平及人们对自然现象的认识程度，而且是研究早期历史年代和地球自转长期变化规律的科学工具。因此，马端临投入了大量精力来研究宋代以前记录日食的各种文献，得出了许多科学的认识结论。例如，他说：

> 按《春秋》书日食终于鲁定公之十五年，汉史书日食始于高帝之三年，其间二百九十三年，搜考史传，书日食者凡七而已。昔春秋二百四十二年日食凡三十六，刘向犹以为乖气致异。至前汉二百一十二年而日食五十三，则又数于春秋之时。后汉一百九十六年，而日食七十二。魏晋一百五十年，而日食七十九，则愈数于汉西都之世矣。春秋降而战国七雄竞角，争城争地，斩艾其民，伏尸百万以至于始皇、二世，生民之祸裂矣，世道之变极矣。乖气所致，谪见于天，宜不胜书；而此二三百年之间，日食仅六七见焉，何哉？盖史失其官，不书于册，故后世无由考焉。昔春秋日食必书晦朔与日。日而不书晦朔，与晦朔而不书日，俱以为官失之，今秦初书日食者一，则书月而不书日与晦朔。周末书日食者六，则书年而并不书月。其见于史册，而可考者，卤莽疏漏如此，则其遗轶不书者，可胜道哉；非日之果不食也。[⑤]

① （元）马端临：《文献通考》卷279《象纬考二》，第2224页。
② （清）朱鹤龄：《读左日钞》卷9，《景印文渊阁四库全书》第175册，第174页。
③ （明）陈耀文：《天中记》卷1《天・日蚀》，《景印文渊阁四库全书》第965册，第32—33页。
④ 《元史》卷53《历志二》，第1153页。
⑤ （元）马端临：《文献通考》卷282《象纬考五》，第2243页。

鲁定公十五年（前 495）八月二日至汉高帝三年（前 204）十月三十日，其间历时 290 年，“书日食者凡七而已”。与现代学者陈遵妫先生的统计结果相较，马端临的统计略有差误，如《春秋公羊传》所载的日食次数为 36 次，而《春秋谷梁传》和《春秋左传》则各为 37 次。所以春秋时期的日食次数应为 37 次，其中有 33 次可用现代计算来证实[①]；战国时期为 14 次，有学者认为在这 14 次日食记录中，有些年“根本就没有任何可见的日食，显然是错误”的[②]；两汉为 147 次；魏晋为 86 次。[③]造成两者之间的差误，主要原因是援引史书的不同，如马端临云：“《春秋》书日食终于鲁定公之十五年”，若此，自然就缺少了鲁哀公十四年（前 481）五月二日的那一次日食记录。又据张培瑜先生研究：实际上，此期在曲阜可以看到的日食共计 97 次，这是因为“经文所记载都是大食分的日食，食分小于 0.5 者仅有 6 次，并知经文不计小食分（<0.3）的日食”[④]。日食是研究天人关系的第一手资料，而战国时期的日食记录对于深入理解那个历史阶段的君臣地位变化，具有十分重要的价值和作用。可惜，史料保留下来的日食记录却很少。即使依 14 次来说，那与实际发生的日食现象也相差甚远。不只马端临，连我们这些后辈都非常希望不断有新的史料被发现，以便人们逐渐对战国时期的日食有一个比较系统和完整的认识。马端临认为，战争是造成战国史官无心对天象进行长期、稳定观测的主要原因，其议论亦十分中肯。当然，按照陈遵妫先生的推测，“《春秋》日食纪事可能先根据纯经验的周期而试作预测，然后再加上实际看到的现象，给以检验”[⑤]。如果果真如此，人们发掘出战国时期的新的日食记录是完全有可能的。

（5）仅以记录日食为例，马端临从科技文献学的角度批评了某些历史时期史官的疏略，因而使后人不能真实地认识当时日食发生的过程及其对人类活动的影响。马端临举例说：

> 自魏明帝泰常五年至隋文帝开皇八年，此一百六十九年之间，《南史》所书日食仅三十六，而《北史》所书乃七十九，其间年岁之相合者才二十七，又有年合而月不合者（如南齐高帝建元二年即北魏孝文帝太和五年，是年日食。《南史》书九月甲午朔，《北史》书六月庚申朔之类）。夫悬象著明，同此一宇宙也，岂有食于北而不食于南之理。如以为阴云不见则不书食，然《北史》所书过倍《南史》之数，岂南常阴翳而北常开霁乎？又岁年之不合，与年同而月异，皆所不可晓者，《春秋》日食，不书日与晦朔，犹以为官失之。今二史抵牾乃如此，其为官失也大矣。[⑥]

《南史》与《北史》均为唐朝李延寿所撰，考此二史，司马光曾赞：“叙事简径”，且“无烦冗芜秽之辞”[⑦]。对于传记的写法，不以个人为主线而是张扬家族连续的家传，颇为清代

---

① 张培瑜、陈美东：《中国天文学史大系——历法》，石家庄：河北科学技术出版社，2002 年，第 312 页。
② 刘次沅、马莉萍：《中国历史日食典》，北京：世界图书出版公司，2006 年，第 36 页。
③ 陈遵妫：《中国天文学史》中册，上海：上海人民出版社，2006 年，第 621 页。
④ 张培瑜：《日月食卜辞的证认与殷商年代》，《中国社会科学》1999 年第 5 期，第 172—198 页。
⑤ 陈遵妫：《中国天文学史》中册，第 621 页。
⑥ （元）马端临：《文献通考》卷 283《象纬考六》，第 2249 页。
⑦ （宋）司马光：《传家集》卷 63《贻刘道原》，《景印文渊阁四库全书》第 1094 册，第 580 页。

史家所诟病。不过，日本史学家内藤湖南认为，“在六朝那种重门阀，重先祖的时代，个人并不重要，天子是何姓都关系不大，值得夸耀的只是自己那崇高的门阀。这种风气自六朝延至唐初，其结果之一就是撰写家传之法的形成”，所以“从今日立场平心而论，应该说这是适合当时实情的笔法”[①]。当然，马端临的着眼点在于二史的日食记录失于考证，辨审不详，故同一次日食却出现了两个不同的日期，它给科技史料的利用造成了很大的麻烦，甚至容易误导读者。因此，马端临的批评具有很强的针对性。现在我们知道，南齐高帝建元二年（480）的那次日食发生在九月朔，即《南史》所录正确，而《北史》所录为误。可见，科技文献的价值就在于客观地描述和真实地记录，如果记录不真实，那它也就失去了文献的价值。

（6）《宋史》与对流星、飞星之变的记录。流星是星际间围绕太阳旋转的流星体尘粒和固体块，受地球引力的摄动而高速闯入地球大气圈，并同大气摩擦所产生的一种光热现象。中国古代所谓流星或飞星主要是周期彗星瓦解之后所存留的物质，就形态来说，有自下而上的“飞星”，有大奔急行的流星，有发声的流星，有出现剥脱现象的流星，有带尾迹的流星。[②]其发生的形式可分为两类：一类是没有固定时间和天区所出现的偶发流星；另一类是在一定的时期和天区范围内所出现的流星群或周期流星。所以，马端临论述流星的性质时说：

> 按容斋言：星历之学无传，故其占不验。然愚尝考之五纬，行天其常也，流星、飞星之变非常也。故前史所书或数年一见，或间岁一见，其甚者则一岁频见。今《宋史》所书则无月无之，而《四朝志》尤甚，至有一月而四、五见，或同日而数流者。今姑掎摭其略，每季仅一书，而犹觉繁夥，夫其纪载之冗杂如此，则其占验之茫昧固宜矣。[③]

在此，马端临用天人感应来解释流星发生的性质，对其主导思想应当批判和否定。然而，星占在宋代的地位非常特殊，它具有极强的政治功能，是宋代皇权政治的一个十分重要的组成部分。对此，韦兵先生已经做了比较深入的研究，其代表作有《占星历法与宋代政治文化》及《星占、历法与宋夏关系》等，在此笔者不必多言。

总之，我们不能对马端临的“占验说”一概抹杀。因为科学发展不是直线上升而是曲折向前的，在特定的历史条件下，由于各种复杂的社会因素的综合作用，科学往往会被变成占验的一种工具。比如，马端临的占验说就是一例。现在的问题是：我们如何从马端临的占验说中滤出那些本来属于科学思想的东西。“前史所书或数年一见，或间岁一见，其甚者则一岁频见。今《宋史》所书则无月无之”，那么，宋代流星为什么如此频发？它的发生是否与超新星爆发有某种直接联系？科学研究证实：超新星爆发与流星及地球上的重元素

① ［日］内藤湖南：《中国史学史》，马彪译，上海：上海古籍出版社，2008年，第140页。

② 庄天山：《古代流星记录对现代科学研究的价值》，宋正海、孙关龙主编：《中国传统文化与现代科学技术》，杭州：浙江教育出版社，1999年，第202页。

③ （元）马端临：《文献通考》卷292《象纬考十五》，第2311—2312页。

之间存在着密切的联系。而有科学家认为："1644年明朝灭亡，与太阳黑子消失关系密切。"[①]又有科学家提出，"地球上流行性感冒的大流行年，大都是太阳黑子活动的高峰年"[②]等。彗星与地球生命的关系，是目前生物学界最热的前沿课题之一。有许多科学家相信，生命是由彗星或流星从外太空带至地球的，甚至人类的某些流行病亦与流星有关。根据《中国古代重大自然灾害和异常年表总集》的统计，宋代发生的大疫共有30次，而韩毅先生认为宋代发生的疫病计有204次，平均约1.6年1次。诚然，北宋的疫病发生是一个比较复杂的问题，除了自然灾害、战争、人口流动等因素外，频发的流星体恐怕也是一个应当考虑的因素。马端临说："行天其常也，流星、飞星之变非常也。"把流星、飞星这类流星体看作是天体的一种"非常之变"，似有一定的道理。因为这些流星体不仅是发生在宇宙星际间的异常天象，而且它们亦或多或少会对人类生活产生各种各样的不良影响。

（二）《物异考》与马端临的变异生物学思想

《物异考》凡20卷，篇幅不小。从体例上看，马端临的《物异考》虽脱胎于《五行传》，但它的内容又与之不同。马端临解释说：

> 自伏胜作《五行传》，班、孟坚而下踵其说，附以各代证应为《五行志》，始言妖而不言祥，然则阴阳五行之气，独能为妖孽而不能为祯祥乎，其亦不达理矣。[③]

又说：

> 窃尝以为物之反常者，异也。其祥则为凤凰、麒麟、甘露、醴泉、庆云、芝草；其妖则山崩、川竭、水涌、地震、豕祸、鱼孽，妖祥不同，然皆反常而罕见者，均谓之异，可也。[④]

在生物学领域，遗传和变异是贯穿于生命始终的一个基本规律。所谓遗传，是指亲代的性状在下一代表现出来的现象，而变异则是指由于内外环境的变化，遂造成同种生物世代之间或同代不同个体之间的性状差异，因为它是基因本身突变的产物，故称之为变异。德国哲学家莱布尼茨说："凡物莫不相异"，而"天地间没有两个彼此完全相同的东西"[⑤]。此"相异律"既是辩证法的名言，又是生物进化的铁则。所以"变异"是客观的，它是物种多样性的根据。尽管马端临还不懂得何为"变异"，但是他已经把事物的发展过程分成了两类：一类是保持旧的传统性状的发展和成长；另一类是突破传统性状的局限，出现了新质因素的成长和"异化"。在马端临的视野里，无论是物之常态还是物之异态，说到底都是事物本身所固有的，是事物存在与发展的客观形态。于是，马端临通过列举木异、草异、

---

① 王景泽：《明末东北自然灾害与女真族的崛起》，赵毅、秦海滢主编：《第十二届明史国际学术研讨会论文集》，大连：辽宁师范大学出版社，2009年，第375页。

② 王苗芝：《十万个为什么》第5册，延吉：延边人民出版社，1999年，第469页。

③ （元）马端临：《文献通考·自序》，第9页。

④ （元）马端临：《文献通考·自序》，第9页。

⑤ 王增喜：《辩证法与自然科学》，福州：福建教育出版社，1985年，第35页。

谷异、野谷、竹米、芝草、朱草、人异、毛虫之异、麒麟、马异、牛祸、豕祸、羊祸、犬祸、羽虫之异、凤凰、鸡祸、龙蛇之异、鱼异、龟异、虫异、蝗异、鼠妖等细目，从不同侧面分析和阐释了生物变异的诸多类型及特点。

1. 批判历代《五行传》的灾异谬说，主张“天变不足畏”

自《汉书》列《五行志》以来，历代史家撰写《五行志》有一个基本特征，那就是“五事愆违则天地见异”①。而五代刘昫在《旧唐书·五行志》序录中对汉人“论灾异”之说产生的背景有下面的认识，他说：

> 昔禹得《河图》、《洛书》六十五字，治水有功，因而宝之。殷太师箕子入周，武王访其事，乃陈《洪范》九畴之法，其一曰五行。汉兴，董仲舒、刘向治《春秋》，论灾异，乃引九畴之说，附于二百四十二年行事，一推咎征天人之变。班固叙汉史，采其说《五行志》。绵代史官，因而缵之。②

明知“咎征天人之变”是人们主观推演的结果，但史家仍然沿袭《汉书》的套路，讲一些天人感应之类的“实例”。对这种伦理化的修史倾向，北宋欧阳修在质疑和反思的基础上，提出了“著其灾异，而削其事应”的原则。马端临完全赞同此观点，并于《文献通考·物异一》内足数征引了欧阳修《新唐书·五行志》的序文，其中说道：

> 夫所谓灾者，被于物而可知者也。水旱、螟蝗之类是已。异者，不可知其所以然者也，日食、星孛、五石、六鹢之类是已。孔子于《春秋》，记灾异而不著其事应，盖慎之也。以谓天道远，非谆谆以谕人，而君子见其变，则知天之所以谴告，恐惧修省而已。若推其事应，则有合有不合，有同有不同。至于不合不同，则将使君子怠焉，以为偶然而不惧。此其深意也。盖圣人慎而不言如此，而后世犹为曲说以妄意天，此其不可以传也。故考次武德以来，略依《洪范》《五行传》，著其灾异，而削其事应云。③

苏轼则一方面揭露了用“天人感应”来修《五行志》必然造成多舛谬和虚妄之说的后果，另一方面分析了明知虚妄而后代史家仍步班固后尘的思想根源。苏轼指出：

> 传之法，二刘（指刘向、刘歆父子）唱之，班固志之。后之史志五行者，孰不师而效之，世之读者，又孰不从而然之。是为胶为一论。④

南宋郑樵继承了欧阳修和苏轼的批判精神，认为“国不可以灾祥论兴衰”及“家不可以变怪论休咎”⑤。这样，实际上就等于否定了自董仲舒以来的“天人感应”说。仅就《五行志》所记载的感应实例而言，生物界和非生物界所发生的各种灾异现象，不过是客观事物在发展和变化过程中所出现的一种超乎当时人类认识范围的异常变化，它们与人类的社

---

① 《隋书》卷22《五行志上》，第617页。
② 《旧唐书》卷37《五行志》，第1345页。
③ （元）马端临：《文献通考》卷295《物异考一》，第2336页。
④ （元）马端临：《文献通考》卷295《物异考一》，第2337页。
⑤ （元）马端临：《文献通考》卷295《物异考一》，第2337页。

会行为之间不存在必然的因果联系。这个思想深为马端临所赞赏，但又不盲从。他在郑樵的议论之后，加了一段按语，表达了他自己鲜明的立场和观点：

按古今言灾异者，始于《五行传》，而历代史氏所述灾异因之，然必曰某事召某灾，证合某应，如医师之脉诀，占书之爻辞，则其说大牵强而拘泥。老泉（指苏轼）之论，足以正其牵强之失。夹漈（指郑樵）之论，足以破其拘泥之见。然郑论一归之妖妄，而以为本无其事应，则矫枉而至于过正矣。是谓天变不足畏也，不如苏论之正大云。①

显然，对于郑樵的观点，马端临采取了"扬弃"的辩证立场，既克服又保留。从保留的角度看，马端临认为元代之前的《五行志》确实存在着诸多"牵强而拘泥"之处，这是应当摈弃和克服的地方。然而，我们能不能因为这个缘故，就彻底否定它呢？马端临的态度是肯定的——不能。因为在他看来，自然界的灾异现象不能说与人类的活动毫无瓜葛。但他反对少数人为了达到某种目的而人为编造所谓的祥瑞之兆，并以此来祸国殃民的行为。对此，欧阳修在《新五代史·前蜀世家》里指出："麟、凤、龟、龙，王者之瑞，而出于五代之际，又皆萃于蜀，此虽好为祥瑞之说者，亦可疑也。因其可疑者而攻之，庶几惑者有以思焉。"②五代不是王者时代，而象征王者的瑞凤、瑞麟等在这个时期大量出现，而且多集中在蜀国，很明显，这里存在着人为造假的嫌疑。所以马端临说：

按古今言祥瑞者，祥于礼运而历代史氏所述祥瑞因之。然有无其证而有其应者，又有反当为妖而谬以为祥者。欧阳公"胡氏致堂"之论，谊正词伟，足以祛千古之惑，破谄子之谬。③

可见，自然界并不按照人类的意志而改变它的运动规律，人们应当在认识和把握客观事物发展和变化规律的基础上，尽量使自己的行为及意识与之相适应，这便是真正的"祥瑞"。

2. 植物之"变异"与封建统治者的"导谄"

马端临特别设立"物异"一门来将历代文献史料中的相关记载归集在一起，他的用意当然不是为了猎奇，也不是为了炫才耀能，而是为了引起治史者对自然界灾异现象的重视。既不要不加辨析地信而从之，又不要不分青红皂白地斩尽杀绝，杀绝不是科学的态度，更是不合历史发展逻辑的做法。而正确的做法应当是，对其进行客观的分析和批判，去伪存真。以木异为例，马端临从科技文献学的角度保存了大量宋代之前的"木异"史料。例如，"殷大戊，亳有祥桑谷共生（二木合而共生）"④。"谷树"即楮树，适应各种土壤，具有生长快和萌芽力强的特点。在现实生活中，景德镇乐平市李家村即有一棵楮树身上长出了两株樟树的生动实例。按照植物生长的特殊规律，"木连理"是指树枝的表层经摩擦或外部力

① （元）马端临：《文献通考》卷295《物异考一》，第2337页。
② （元）马端临：《文献通考》卷295《物异考一》，第2338页。
③ （元）马端临：《文献通考》卷295《物异考一》，第2338页。
④ （元）马端临：《文献通考》卷299《物异考五》，第2363页。

量使之破损后连生在了一起，而“桑谷共生”便是属于这种“木连理”现象，连理既可发生在同一树种之间，如元丰三年（1080）十二月，“康州泌阳县甘棠木连理”[①]，又可发生在不同树种之间，如“明道元年八月，黄州橘木及柿木连枝”[②]，这些本都是一种客观的植物生长过程，却被人们赋予了亲和的意象，因而成为附会祥说的依据。《史记·殷本纪》载：“亳有祥桑谷共生于朝，一暮大拱。帝太戊惧，问伊陟。伊陟曰：‘臣闻妖不胜德，帝之政其有阙与？帝其修德。’大戊从之，而祥桑枯死而去。”[③]孔安国说：“祥，妖怪也。二本合生，不恭之罚。”[④]其实，祥桑的死亡是水土和阳光不足，最后导致营养缺乏而枯萎，与大戊修德没有必然的联系。但在当时的历史条件下，拿祥桑说事要比直谏更加具有说服力，况且这种谶纬之说与当时殷朝“以巫治国”的具体国情相一致。又如，“绍熙四年临安府富阳县栗生橹实”[⑤]。植物界中的“共生现象”比较普遍，而由于偶然的原因，像小鸟吃了甲木的果实而将粪便排泄在乙木上，结果使两者结合成新植株，即乙木长出了甲木的果实，这是原始的“嫁接法”或云植物无性繁殖方法之一。这样，不仅“栗生橹实”，而且可“桑生李实、栗生桃实”[⑥]等。当然，由于通过这种嫁接法成活的植株比较少见，因此，占家认为“木生异实，国主殃”[⑦]。可以肯定，只要我们把迷信的成分剔除掉，那么，在上述的记录中还是保留了不少植物共生的史例，它为人们进一步研究植物嫁接技术的产生和发展历史提供了珍贵资料。

其他如“太平兴国四年八月，宿州符离县滭湖稆生稻，民采食之，味如面”[⑧]；“淳化五年，亳州永城县麦一茎三穗，四岐同干者三十本”[⑨]；“天禧元年四月，邵州邵阳县竹上生穗如米，居民饥乏食采食之”[⑩]等。马端临承认：“自乾德以来至天禧，郡县所上嘉禾异麦、野穀之属，殆不胜书。”[⑪]这说明由于环境的变化，宋代引起植物变异的现象非常普遍，几乎处处有之。既然如此，马端临为什么还要不惜笔墨将先代史书中所记载的事例，都一五一十地照搬过来呢？这是因为从张载以后，宋人便打出了“回归经典文本”的旗号，“述空文以继志兮，庶感通乎来古”[⑫]。而《西铭》一文的显著特点就是“大抵皆古人说话集来”[⑬]，其事例皆引证自儒家典籍。之后，诸如司马光的《资治通鉴》、郑樵的《通志》等，多采用此法修史，马端临亦不例外。其“感通乎来古”不只是重复古人的所思所想，恐怕最关键的环节还是在于，现实生活中人与人之间业已建立起来的常态关系被打破，所以相互间的

---

① （元）马端临：《文献通考》卷299《物异考五》，第2365页。
② 《宋史》卷65《五行志三》，第1416页。
③ 《史记》卷3《殷本纪》，第100页。
④ 《史记》卷3《殷本纪·集解》，第100页。
⑤ （元）马端临：《文献通考》卷299《物异考五》，第2365页。
⑥ （元）马端临：《文献通考》卷299《物异考五》，第2365页。
⑦ （元）马端临：《文献通考》卷299《物异考五》，第2365页。
⑧ （元）马端临：《文献通考》卷299《物异考五》，第2367页。
⑨ （元）马端临：《文献通考》卷299《物异考五》，第2367页。
⑩ （元）马端临：《文献通考》卷299《物异考五》，第2367页。
⑪ （元）马端临：《文献通考》卷299《物异考五》，第2367—2368页。
⑫ （宋）张载著，章锡琛点校：《张载集·文集佚存·杂诗》，北京：中华书局，1978年，第367页。
⑬ （宋）黎靖德编，王星贤点校：《朱子语类》卷98《张子之书一》，第2520页。

失位和变态现象十分严重，因而有些儒士就乌托邦式地设想通过“感通”的方式来调节之和修复之。并且在特定的历史条件下，“谶谏”对于促进社会发展和人心稳定、和谐也起着不可忽视的作用。相反，一味夸大植物界的灵瑞气象以至发展到忘乎所以的“导谄”地步，那后果就相当危险和可怕了。例如，“政和二年二月戊午，河南府新安县，蟾蜍背生芝草，自是而后，祥瑞日闻，玉芝产禁中，殆无虚岁。凡殿宇园苑及妃嫔位，皆有之。外则中书、尚书二省，太学、医学亦产紫芝”①。这种“导谄”实则是用一种“升平”虚象掩盖了真正的社会危机，最终只会招致祸国殃民的恶果。马端临非常清醒地意识到，倘若把植物的某些“变异”特性加以人为的政治化或神性化，并用以掩饰和虚化日益激烈的社会矛盾，那它的性质就非常恶劣。他说：

> 《三朝符瑞志》载天禧以前草木之瑞，史不绝书，而芝草尤多，然多出于大中祥符以后东封西祀之时，王钦若、丁谓之徒以此导谀，且动以万本计，则何足瑞哉？②

由上述不难看出，“谶谏”与“导谀”在性质上是不同的，前者虽然方法愚昧，但其目的是想通过这种手段约束或节制君主个人私欲的泛滥，从而使之改邪归正；后者的作用正好与之相反，它不是遏制君主的私欲，而是助长其为所欲为，不是禁欲，而是驰欲，结果只能使国家越来越腐败，动摇政权的稳固性。因此，对于马端临的“物宜”思想，我们需要全面地和客观地去认识和理解，避免形而上学的简单和粗暴的做法。

3. 动物之“变异”与动物生态及分布地域的历史变迁

马端临在《物异考》17、18、19、20等卷中共分“毛虫之异”、“麒麟”、“马异”、“牛祸”、“豕祸”、“羊祸”、“犬异”、“羽虫之异”、“凤凰”、“鸡祸”、“龙蛇之异”、“鱼异”、“龟异”、“虫异”、“蝗虫”和“螟”16目来分别记录宋代之前各个朝代所发生的动物变异现象，内容翔实，是研究和分析我国古代动物生态发展演变的重要历史资料。

下面我们依据《文献通考》的相关记录，试对历史时期大象和白鹿的生态及区域分布之发展变化状况进行一初步的考察。

1）大象的生态及区域分布与发展变化状况

有学者指出：“在中国，大象向北方曾最远到过北京。4000年来，大象活动范围的收缩是中国征服环境的象征。尽管战争、捕猎和气候变化都发挥了作用，但毁坏森林为中国农业文明让路却是关键因素。”③此说不无道理，下面我们仅据《文献通考》的相关记载，以气候变化为基准，试就大象在历史时期的分布及变化略作阐述。马端临说：“梁武帝天监六年三月，有三象入建邺。”④建邺即今江苏南京市，位于北纬32°稍偏北，说明在南北朝时期，长江下游地区尚有大象分布，按照大象的生存温度需要保持在17℃以上这个特点推断，南北朝的南京市区曾有一个相对冬暖的时期。

---

① （元）马端临：《文献通考》卷299《物异考五》，第2369页。

② （元）马端临：《文献通考》卷299《物异考五》，第2368—2369页。

③ 《中国的大象争夺生存空间》，《洛杉矶时报》2010年3月13日。

④ （元）马端临：《文献通考》卷311《物异考十七》，第2437页。

又，“元帝承圣元年十二月，淮南有野象数百坏人室庐”[①]。淮南即安徽当涂南部一带地区，位于北纬31—32°。经测，南京到当涂的直线距离为60千米，也就是说仅仅过了45年，大象的活动区域就向南移动了60多千米，这与当时长江中下游地区冬季气候逐渐变冷的演变趋势有关。接着，马端临记载了如下事例：

（1）“宋太祖建隆三年五月，有象至黄州黄陂县匿林木中，食民苗稼”[②]。黄州黄陂县即今湖北黄陂，位于北纬31°以南。

（2）“乾德二年五月，有象至澧州、安乡、澧阳等县。又有象涉江入岳州华容县”[③]。澧州即今湖南澧县，安乡在今湖南安乡县西南，澧阳即今湖南石门县，华容在今湖南华容县东南十五里檀子湾，它们均位于北纬30°以南。根据竺可桢先生的研究，北宋初期的温度较现今温度低约0.6℃[④]，由于气候逐渐变冷，而大象的活动区域从安徽当涂南部一带地区又向南至少移动了1.5个纬度。

（3）“孝宗乾道七年，潮州野象数百为群，秋成食稼”[⑤]。潮州即今广东潮州市，位于北纬24°与北回归线之间。此时表明，长江中下游地区已经不适合大象生存了，所以大象的活动区域继续南移，并仅限于岭南地区。

从《文献通考》的相关引证材料来看，由于气候、局域生态环境、人与象之间的矛盾及猎捕等原因，大象的生存状态呈逐渐劣化的发展趋势。比如，宋太祖建隆三年（962）有象出现在黄州黄陂县、安复（今安徽阜阳市境内）、襄（今湖北襄阳市）、唐州（今河南唐河县）等地，不仅“食民苗”，而且“践民田”，对当地居民的生产和生活造成了比较严重的危害。于是，封建统治者“遣使捕之，明年十二月于邓州南阳县获之，献其齿革”[⑥]。又，乾道七年（1171）潮州人“设阱田间”，而“数百为群”的大象因“不得食”，遂群起“围行道车马，保伍积谷委之，乃解围”[⑦]。大象群食庄稼，这种恶性事件的不断发生，表明大象的生态环境正在不断恶化，而为了生存的需要，大象必然会将人类的庄稼作为它们的食物来源。因此，大象与人类争地、争食的现象，就不可避免地会时常发生。所以，在现代，人类为了保护大象这个种群，究竟应当如何协调人类与大象之间的矛盾，确实是一个值得关注的研究课题。

2）野生白鹿区域分布之发展变化状况

历史时期的野生白鹿在中国各地均有分布，但从发展演变的过程看，却呈逐渐减少之势，以至今天的野生白鹿已经难得一见了。《国语·周语》载：周穆王北征犬戎，“得四白

---

① （元）马端临：《文献通考》卷311《物异考十七》，第2437页。

② （元）马端临：《文献通考》卷311《物异考十七》，第2438页。

③ （元）马端临：《文献通考》卷311《物异考十七》，第2438页。

④ 竺可桢：《中国近五千年来气候变迁的初步研究》，彭卫等主编：《中国古代史》下册，兰州：兰州大学出版社，2000年，第481页。

⑤ （元）马端临：《文献通考》卷311《物异考十七》，第2438页。

⑥ （元）马端临：《文献通考》卷311《物异考十七》，第2438页。

⑦ （元）马端临：《文献通考》卷311《物异考十七》，第2438页。

狼四白鹿以归”①。对“四白鹿”有两种解释：传统解释系指稀贵的白鹿，而有学者考证为系犬戎的两个胞族之一，即白鹿族。②笔者赞同前说，因为在当时白鹿被视为吉瑞之兽，所以此为迄今我国古代文献最早记载白鹿的历史资料。又，《越绝书》载：“犬山者，勾践罢吴，畜犬猎南山白鹿，欲得献吴。”③“犬山”距会稽县29千米，此“白鹿”无疑是野生白鹿。汉代的白鹿经常在雍（今陕西凤翔一带）、阳翟（今河南禹州市）等地出现，《文献通考》载：“后汉章帝建初七年，获白鹿。安帝延光三年扶风言：‘白鹿见雍。’颍川言：‘白鹿及白虎二，见阳翟。’……桓帝永兴元年张掖言：‘白鹿见。’”④魏明帝青龙四年（236），“司马懿获白鹿献之”⑤。至于此“白鹿”在何处获得，史料不详。十六国后赵石虎时，都邺（今河北临漳），“郡国前后送苍麟十六、白鹿七”⑥。考后赵领州17，即司、洛、豫、兖、冀、青、徐、幽、并、朔、雍、秦、荆、扬、营、洛、凉，其中朔、雍、秦、荆、扬等地区都有白鹿活动的历史记录。唐贞元八年（792）正月，“鄂州献白鹿”⑦。另，宪宗元和十年（815）五月，“临碧院使奏寿昌殿南，获白鹿麑（指幼鹿——引者注），进之”。至宋代，野白鹿已经非常少见了。《文献通考》仅见3例，且均为北宋：真宗咸平六年（1003）十月，“潭州献白鹿，颍州献白麑”；神宗熙宁元年（1068）十二月，“岚州获白鹿”⑧。由于《文献通考》引证史料所阙甚多，不便统计分析。故为了直观起见，笔者依据正史及方志所载，特把各地历史时期（主要是汉至宋）所见白鹿（以野生为主）的详细情况汇总成表2-2，仅供参考。

表2-2 汉至宋各地所见白鹿统计表

朝代	序号	时间	发现地	数量	史料来源
汉	1	建初七年（82）	临平观（在今陕西乾县境内）	1	《后汉书》卷3《章帝纪》；《宋书》卷28《符瑞中》
	2	元和二年（85）	不详	1	《后汉书补逸》卷8《东观汉记》
	3	延光三年（124）	雍（今陕西凤翔一带）；阳翟（今河南禹州市）	2	《后汉书》卷5《安帝纪》
	4	永兴元年（153）	张掖（今甘肃张掖市）	1	《后汉书》卷7《桓帝纪》；《宋书》卷28《符瑞中》
魏	5	黄初元年（220）	不详	1	《宋书》卷28《符瑞中》
晋	6	泰始八年（272）	雍（今陕西凤翔一带）	1	《宋书》卷28《符瑞中》
	7	太康元年（280）	零陵泉陵（今湖南永州市北2里）；天水西县（在今甘肃天水市西南90里）	2	《宋书》卷28《符瑞中》

① （春秋）左丘明撰，鲍思陶点校：《国语》卷1《周语上》，《二十五别史》，济南：齐鲁书社，2000年，第4页。
② 刘郭愿：《美术考古与古代文明》，北京：人民美术出版社，2007年，第422页。
③ 赵晔等：《野史精品》第1辑，长沙：岳麓书社，1996年，第125页。
④ （元）马端临：《文献通考》卷311《物异考十七》，第2437页。
⑤ （元）马端临：《文献通考》卷311《物异考十七》，第2437页。
⑥ （元）马端临：《文献通考》卷311《物异考十七》，第2437页。
⑦ （元）马端临：《文献通考》卷311《物异考十七》，第2438页。
⑧ （元）马端临：《文献通考》卷311《物异考十七》，第2438页。

续表

朝代	序号	时间	发现地	数量	史料来源
晋	8	太康三年（282）	零陵（在今广西全州县西南）	1	《宋书》卷28《符瑞中》
	9	元康元年（291）	交趾武宁（今越南河北省北宁县）	1	《宋书》卷28《符瑞中》
	10	建武元年（317）	高山县（在今江苏盱眙县南）	1	《宋书》卷28《符瑞中》
	11	大兴二年（319）	秦州（今甘肃天水市）	1	《晋书》卷105《石勒载记下》
	12	335—348年	不详	7	《晋书》卷107《石季龙载记下》
	13	太兴三年（320）	豫章（今江西南昌市）；晋陵延陵（在今江苏丹阳市境内）	2	《宋书》卷28《符瑞中》
	14	永昌元年（322）	江乘县（在今江苏句容县境内）	1	《宋书》卷28《符瑞中》
	15	咸和四年（329）	零陵洮阳（在今广西全州县境内）；南郡（今湖北荆州市）	2	《宋书》卷28《符瑞中》
	16	咸和九年（334）	长沙临湘（今湖南长沙市）	1	《宋书》卷28《符瑞中》
	17	咸康二年（336）	豫章望蔡（今江西上高县）	1	《宋书》卷28《符瑞中》
	18	太和四年（369）	陕西	1	《晋书》卷1《宣帝纪》
	19	北魏登国中（386—395）	河南	不详	《魏书》卷112上《灵徵志下》
	20	太元十六年（391）	豫章望蔡（今江西上高县）	1	《宋书》卷28《符瑞中》
	21	太元十八年（393）	江乘县（在今江苏句容县境内）	1	《宋书》卷28《符瑞中》
	22	太元二十年（395）	巴陵清水山（在今贵州开阳县境内）	1	《宋书》卷28《符瑞中》
	23	隆安五年（401）	长沙（今湖南长沙市）	1	《宋书》卷28《符瑞中》
南北朝	24	天兴四年（401）	魏郡斥丘县（在今河北成安县东南30里）	1	《魏书》卷112上《灵徵志下》
	25	永兴四年（412）	建兴郡（在今山西晋城市北40里）	1	《魏书》卷112上《灵徵志下》
	26	神䴥元年（428）	定州（今河北定州市）；乐陵（在今山东乐陵市东北50里）	2	《魏书》卷112上《灵徵志下》
	27	宋元嘉五年（428）	东莞莒县峋峨山（在今山东莒县境内）	1	《宋书》卷28《符瑞中》
	28	神䴥三年（430）	代郡倒刺山（在今山西大同市一带）	1	《魏书》卷112上《灵徵志下》
	29	元嘉九年（432）	南谯谯县（在今安徽巢湖市附近）	1	《宋书》卷28《符瑞中》
	30	元嘉十四年（437）	文乡（在今山东高唐县西南）	1	《宋书》卷28《符瑞中》
	31	太延四年（438）	相州（今河北临漳县西南邺镇）	1	《魏书》卷112上《灵徵志下》
	32	元嘉十七年（440）	南汝阴宋县（在今安徽合肥附近）	1	《宋书》卷28《符瑞中》
	33	元嘉二十年（443）	谯郡蕲县（在今安徽宿州市南）	1	《宋书》卷28《符瑞中》
	34	元嘉二十二年（445）	建康县（今江苏南京市）；南康赣县（今江西赣州市东北）	2	《宋书》卷28《符瑞中》
	35	元嘉二十三年（446）	交州（在今越南河北省仙游东）；彭城彭城县（今江苏徐州市）	2	《宋书》卷28《符瑞中》
	36	北魏真君八年（447）	洛州（在今河南洛阳市东北汉魏故城西北角）	1	《魏书》卷112上《灵徵志下》
	37	元嘉二十七年（450）	济阴（在今山东定陶县西北）	1	《宋书》卷28《符瑞中》
	38	元嘉二十九年（452）	鄱阳（在今江西波阳县东北）	1	《宋书》卷28《符瑞中》

续表

朝代	序号	时间	发现地	数量	史料来源
南北朝	39	元嘉三十年（453）	南琅邪（在今江苏南京市金川门外，幕府山南麓）；武建郡（在今湖北宣城市北）	2	《宋书》卷28《符瑞中》
	40	太安二年（456）	大同（今山西大同市）	1	《魏书》卷112上《灵徵志下》
	41	孝建三年（456）	临川西丰县（在今江西临川市西南50里）	1	《宋书》卷28《符瑞中》
	42	大明元年（457）	南平（今湖北公安县）	1	《宋书》卷28《符瑞中》
	43	大明二年（458）	桂阳郴县（今湖南郴州市）	1	《宋书》卷28《符瑞中》
	44	大明三年（459）	南琅邪江乘（在今江苏句容县北）；广陵新市（在今湖北京山县东北）	2	《宋书》卷28《符瑞中》
	45	大明五年（461）	南东海丹徒（在今江苏丹徒市东南）	1	《宋书》卷28《符瑞中》
	46	大明八年（464）	衡阳郡（今湖南湘潭县西南）	1	《宋书》卷28《符瑞中》
	47	泰始二年（466）	宣城（今安徽宣州市）	1	《宋书》卷28《符瑞中》
	48	泰始五年（469）	长沙（今湖南长沙市）	1	《宋书》卷28《符瑞中》
	49	泰始六年（470）	梁州（今陕西汉中市东）	1	《宋书》卷28《符瑞中》
	50	元徽三年（475）	郁洲（今江苏连云港市东云台一带）	1	《宋书》卷28《符瑞中》
	51	承明元年（476）	秦州（在今甘肃甘谷县东）；云中（在今山西原平县西南）	1	《魏书》卷112上《灵徵志下》；《册府元龟》卷23《帝王部·符瑞》
	52	太和元年（477）	秦州（在今甘肃甘谷县东）；青州（今山东青州市），《册府元龟》亦作“秦州”	2	《魏书》卷112上《灵徵志下》；《册府元龟》卷23《帝王部·符瑞》
	53	太和四年（480）	南豫州（今安徽和县）	1	《魏书》卷112上《灵徵志下》
	54	永明五年（487）	望蔡县（今江西上高县）	1	《南齐书》卷18《祥瑞志》
	55	永明九年（491）	临湘（今湖南长沙市）	1	《南齐书》卷18《祥瑞志》
	56	太和十九年（495）	司州（今河南洛阳）	1	《魏书》卷112上《灵徵志下》
	57	太和二十年（496）	司州（今河南洛阳）	1	《魏书》卷112上《灵徵志下》
	58	梁大同二年（536）	邵陵县（今福建邵武市）	1	《梁书》卷3《武帝本纪下》
	59	景明元年（500）	荆州（今河南邓州市）	1	《魏书》卷112上《灵徵志下》
	60	永平四年（511）	平州（今河北卢龙县北潘庄镇沈庄一带）	1	《魏书》卷112上《灵徵志下》
	61	延昌二年（513）	齐州（今山东济南市）	1	《魏书》卷112上《灵徵志下》
	62	延昌四年（515）	司州（今河南洛阳）	1	《魏书》卷112上《灵徵志下》
	63	熙平元年（516）	济州（今山东仕平县西南）	1	《魏书》卷112上《灵徵志下》
	64	熙平二年（517）	司州（今河南洛阳）	1	《魏书》卷112上《灵徵志下》
	65	神龟二年（519）	徐州（在今河南兰考县东北）	1	《魏书》卷112上《灵徵志下》
	66	元象元年（538）	不详	1	《魏书》卷112上《灵徵志下》
	67	大同六年（540）	秦郡（在今江苏六合县西北）；平阳县（今河南信阳市）	2	《梁书》卷3《武帝本纪下》
	68	武定元年（543）	兖州（在今河南滑县东南）	1	《魏书》卷112上《灵徵志下》
	69	大统十年（544）	北雍州（在今陕西富平县西北）	1	《周书》卷22《柳庆传》

续表

朝代	序号	时间	发现地	数量	史料来源
南北朝	70	保定二年（562）	湖州（在今河南唐河县）	2	《周书》卷5《武帝纪上》
	71	建德二年（573）	岐州（今陕西凤翔）	2	《周书》卷5《武帝纪上》
隋	72	大业三年（607）	鲁郡（在今山东兖州市东北）	1	《隋书》卷71《陈孝意传》
	73	义宁二年（618）	安邑（今山西夏县）	1	《册府元龟》卷21《帝王部·徵应》
唐	74	调露元年（679）	泰州（在今广西藤县西北）	1	《新唐书》卷35《五行志》
	75	武德二年（619）	麟州（今陕西麟游县）	1	《册府元龟》卷24《帝王部·符瑞第三》
	76	武德九年（626）	益州（今四川成都市）	1	《册府元龟》卷24《帝王部·符瑞第三》
	77	贞观八年（634）	沂州（在今山东临沂市西20里）	1	《册府元龟》卷24《帝王部·符瑞第三》
	78	贞观十年（636）	九成宫（在今陕西省宝鸡市麟游县境内）	1	《册府元龟》卷24《帝王部·符瑞第三》
	79	贞观十三年（639）	济州（在今山东仕平县西南）	1	《册府元龟》卷24《帝王部·符瑞第三》
	80	贞观十五年（641）	卢山府（在今蒙古国）；衡州（今湖南衡阳市）	2	《册府元龟》卷24《帝王部·符瑞第三》
	81	贞观十七年（643）	丹州（在今陕西宜川县东北）	1	《册府元龟》卷24《帝王部·符瑞第三》
	82	贞观十八年（644）	赵州（今河北赵县）	1	《册府元龟》卷24《帝王部·符瑞第三》
	83	贞观二十年（646）	泽州（今山西阳城县）	1	《册府元龟》卷24《帝王部·符瑞第三》
	84	开元十三年（725）	潞州（今山西长治市）	1	《册府元龟》卷24《帝王部·符瑞第三》
	85	开元二十三年（735）	绵州（在今四川绵阳市涪江东岸）	1	《册府元龟》卷24《帝王部·符瑞第三》
	86	天宝四年（745）	禁苑（在今陕西西安市）	1	《玉海》卷198《唐白鹿》
	87	天宝九年（750）	大罗峰（在今陕西华山）	1	《册府元龟》卷24《帝王部·符瑞第三》
	88	永泰元年（765）	禁苑（在今陕西西安市）	3	《册府元龟》卷25《帝王部·符瑞第四》
	89	永泰八年（773）	亳州（今安徽亳州市）	1	《册府元龟》卷25《帝王部·符瑞第四》
	90	贞元三年（787）	同州沙苑监（今陕西大荔）	1	《册府元龟》卷25《帝王部·符瑞第四》
	91	贞元十四年（798）	禁苑（在今陕西西安市）	1	《册府元龟》卷25《帝王部·符瑞第四》
	92	元和十年（815）	寿昌殿（在今陕西西安市）	1	《玉海》卷198《唐白鹿》
五代	93	天福十二年（947）	颍州（今安徽阜阳市）	1	《册府元龟》卷25《帝王部·符瑞第四》
宋	94	端拱二年（989）	丹徒（今江苏丹徒）	1	《宋史》卷70《律历志三》
	95	开宝七年（974）	琼州（今海南海口市）	1	《玉海》卷198《开宝、祥符白鹿》
	96	咸平六年（1003）	潭州（今湖南长沙市）	1	《文献通考》卷311《物异考》

续表

朝代	序号	时间	发现地	数量	史料来源
宋	97	大中祥符四年（1011）	绵上（在今山西介休东南）	1	《宋史》卷8《真宗本纪三》;《玉海》卷198《开宝、祥符白鹿》
	98	天禧三年（1019）	滑州（在今河南滑县东）	1	《玉海》卷198《开宝、祥符白鹿》
	99	大中祥符七年（1014）	亳州（今安徽亳州市）	1	《宋史》卷8《真宗本纪三》
	100	熙宁三年（1070）	岚州（在今山西岚县北25里）	1	《宋史》卷66《五行志四》
	101		陇西郡麦积山（在今甘肃天水市东南麦积乡境）	1	《乐全集》卷3《陇西郡麦积山有献白鹿者洁如霜雪驯养逾年放归旧山十二韵》

由表2-2的统计不难看出，白鹿在各个历史时期的区域分布不平衡，以上统计尽管可能有遗漏，但大体上能够反映出历史上白鹿生存状态与人类活动之间的关系变化。首先，从客观的角度看，王利华先生曾对南北朝时期多白鹿的现象作过分析，他说："魏晋南北朝时期，北方地区长期处于战争动乱状态，人口密度一度下降到了相当低的水平，土地荒芜的情况十分严重，农业经济曾经相当低落。但这种令人慨叹的社会经济衰退，也带来了一个从生态的角度看来具有一定积极意义的后果：即自然生态环境的恢复，特别是草场和次生林的扩展。由于这种恢复和扩展，鹿类等野生动物获得了扩大其种群数量和栖息范围的机会。"①反之，当社会局面稳定之后，随着农业生产的恢复和发展，垦荒面积不断拓展，人口数量也日益增加，鹿类的生存空间必然被挤占而变得越来越狭窄。其次，从白鹿本身的角度讲，由于它过于招摇和显眼，容易引来天敌及人类的捕杀，这就使得白鹿个体的生存非常艰难，因而无法繁殖成为一个种群，就此而言，白鹿是鹿科动物中最为不幸的生命个体。②

那么，白鹿如何变异而来？梅花鹿亦称"斑鹿"。据《玉海》载："天宝四载戊子，有斑鹿产白鹿于苑中。"③无独有偶，1999年6月，北京昌平某鹿场有一对梅花鹿产下一只小白鹿。④由现代动物学的研究成果可知，我们所说的"白鹿"实际上"是梅花鹿隐性白花基因的表现型，是一种罕见的变异现象"⑤。然而，Larry Kohle 则认为"白鹿是马鹿的一个变种"⑥。所以"白鹿"究竟是"梅花鹿隐性白化基因的表现型"还是"马鹿隐性白花基因的表现型"，抑或是两者杂交的一种遗传表现？另外，白鹿是基因突变的产物，还是由长期潜伏的隐性基因所引起的？尚待动物学家进行进一步的研究。

---

① 王利华:《中古华北的鹿类动物与生态环境》,《中国社会科学》2002年第3期，第199页。
② 郭耕:《吉祥之鹿：白鹿——漫谈白色动物》,《中国青年报》2001年1月14日。
③ （宋）王应麟辑:《玉海》卷198《唐白鹿》，扬州：广陵书社，2003年，第3630页。
④ 《"吉祥白鹿"降人间（图）》,《生活时报》1999年6月12日。
⑤ 王利华:《中古华北的鹿类动物与生态环境》,《中国社会科学》2002年第3期，第191页。
⑥ 耿社民、刘小林主编:《中国家畜品种资源纲要》，北京：中国农业出版社，2003年，第333页。

二、马端临科技文献思想的历史价值和意义

（一）为研究生物变异现象提供了大量比较系统的文献资料

自达尔文确立了科学的进化论以来，人们对遗传和变异的研究始终是沿着生物学发展的主导方向进行，然而，沃森和克里克在1953年发表了划时代的《核酸的分子结构》一文，使生物学的研究突破了定性描述的阶段。于是，为了获得特定的目的基因，人们将不同来源的基因按预先设计的蓝图，用人工方法将某种生物的基因，接合到另一种生物的基因组DNA中并使其表达，以改变生物原有的遗传特性，产生出人类所需要的产物，或创造出新的生物类型。当然，生物性状的变异总是对应于某一特定的基因，因此，通过考察历史上诸文献中所保留下来的遗传变异资料，可以帮助人们进一步确定基因图谱与生物个体性状遗传和变异之间的内在联系。

1. 人类的变异现象

（1）“长了角的人。”《文献通考》载：“（汉）景帝二年九月，胶东下密人年七十余，生角，角有毛。”[①]此外，史书中尚有不少与之相同的记载：“（晋）武帝泰始五年，元城人年七十生角。”[②]北魏太和年间，“涪陵民药氏妇头上生角，长三寸，凡三截之”[③]。“大业元年，雁门人房回安，母年百岁，额上生角，长二寸”[④]。“咸通七年，渭州有人生角寸许”[⑤]。淳化元年（990）八月，“汾州悉达院僧智严头生角三寸”[⑥]等。通过上引实例，我们不难看出，尽管“人长角”的概率极低，且历史上发生的此类变异多为年长的老人，但是同其他任何事物一样，“人长角”也是一种自然现象，不过是一种非正常的生长变异现象而已。例如，日本东京大学综合研究资料馆医学部保存着下面一则原始的病例资料：“患者75岁，男性，中国东北地方人，40岁起在头左侧后部长出一个大皮角，弯曲如S状，长18厘米，伸展全长26厘米，在表面上有20多条纵线，呈黄褐乃至暗褐色，坚硬如同牛角，自诉强力触碰有疼痛感。此外，位于头右部有一个小皮角是三年前长出来的，屡次脱落，长6厘米，直径8厘米，周围潮红。”[⑦]古今头上长角的人，均可以如是观。皮角是锥形突出的角化性损害，系局限性角质增厚之角样赘生物，其高度大于宽度，表现为正常皮肤上有坚硬的形状不一的角质突起、生长，有的弯曲成兽角，有的则直上直下，以肥厚性光化性角化病为主，好发于中老年特别是那些经常被日晒的中老年人之头、面、颈部。对于皮角的病变性质，古人不能理解。于是，就附会以有“下人伐上之痾”[⑧]，故京房《易传》云：“冢

---

① （元）马端临：《文献通考》卷308《物异考十四·人异》，第2417页。
② 《晋书》卷29《五行志下》，第907页。
③ 《魏书》卷96《司马势传》，第2112页。
④ 《隋书》卷23《五行志下》，第662页。
⑤ 《新唐书》卷36《五行志三》，第956页。
⑥ 《宋史》卷62《五行志一下》，第1367页。
⑦ 姜振环、程树康编译：《长了角的人》，《科学时代》1980年第6期，第14页。
⑧ （元）马端临：《文献通考》卷308《物异考十四·人异》，第2417页。

宰专政，厥妖人生角。”[①]马端临在辑录汉代“人生角”的事例时，对汉人附会的谶纬之说，不加任何批判，反映了他的科学观不仅是不彻底的，而且在原则问题上还没有完全同封建谶纬迷信划清界限。

（2）人类的性变现象。尽管在理论上，中国古人讲“阴阳转化”是一个具有普遍性的客观规律，“阳至而阴，阴至而阳”[②]，放之四海而皆准，但是一旦具体到人类的性别问题，“别男女”往往就变成了一道难以逾越的道德壁垒。例如，《礼记・哀公问》说：“非礼无以别男女”，又说：“民之所由生，礼为大”[③]。因此，在男女性变问题上，中国古人的观念非常保守，这就是中国古代文献把男女之间的变形现象视为“人痾”的主要原因之一。例如，“惠帝元康中，安丰有女子周世宁，八岁渐化为男子，至十七八而气性成。京房《易传》曰：‘女子化为丈夫，兹谓阴昌贱人为王，此亦刘石覆荡天下之妖也’”[④]。还有东汉建安七年（202），“越嶲有男子化为女子，时周群上言：‘哀帝时亦有此异，将有易代之事’”[⑤]。又，“惠帝之世，京洛有人兼男女体，亦能两用人道而性尤淫，此乱气所生。自咸宁、太康之后，男宠大兴，甚于女色，士大夫莫不尚之，天下相仿效，或至夫妇离绝，多生怨旷，故男女气乱而妖形之作也”[⑥]。晋惠帝自幼养尊处优，是历史上典型的白痴皇帝。他在位 17 年，其政局混乱，民心糟践，具体表现为外戚专权，战乱迭起，结果引火于八王之乱。马端临同意这样的观点：晋朝的败乱政局是造成“两性人”变异的根本原因。事实上，“两性人”的变异是一种客观的自然过程，与社会的治乱状况没有关系。随着人类社会的发展和世界文明历史的进步，人们对于“两性人”的认识必然日趋科学化和多元化，而“两性人”的存在将使人们的传统性别意识发生改变，原来人类性别不止男女两性，其实兼有男女特征的“两性人”，也是人类性别的一个有机组成部分。

（3）先天缺陷新生儿现象。由于人类的婚育是一个比较复杂的社会现象，在新生儿中，存在先天缺陷者的比例为 1%—3%。[⑦]从客观上讲，先天缺陷新生儿无疑对家庭和社会都是一个沉重的负担，但是从主观上父母往往不得不以一种“负罪”的态度来善待他们。然而，在古代，先天缺陷新生儿却被视为“人痾”，而备受歧视。例如，晋朝“愍帝建兴四年，新蔡县吏任侨妻产二女，腹与心相合，自胸以上脐以下各分，此盖天下未一之妖也”[⑧]。另，晋朝“元帝太兴初，有女子其阴在腹当脐下”，京房《易传》云：“人生子……（阴）在腹，天下有事。”[⑨]其把造成社会变乱的原因归咎于先天有缺陷的人，显然非常荒谬。在这样的社会舆论之下，那些有先天缺陷者的悲惨命运就可想而知了。对于连体婴儿，遗传学的

---

① （元）马端临：《文献通考》卷 308《物异考十四・人异》，第 2417 页。
② （春秋）左丘明撰，鲍思陶点校：《国语》卷 21《越语下》，《二十五别史》，第 319 页。
③ 陈戍国：《四书五经校注本・礼记》，长沙：岳麓书社，2006 年，第 689 页。
④ （元）马端临：《文献通考》卷 308《物异考十四・人异》，第 2418 页。
⑤ （元）马端临：《文献通考》卷 308《物异考十四・人异》，第 2418 页。
⑥ （元）马端临：《文献通考》卷 308《物异考十四・人异》，第 2419 页。
⑦ 石大璞：《医学中的伦理纷争——医学伦理学文集》，西安：西北大学出版社，1993 年，第 76 页。
⑧ （元）马端临：《文献通考》卷 308《物异考十四・人异》，第 2419 页。
⑨ （元）马端临：《文献通考》卷 308《物异考十四・人异》，第 2419 页。

解释是：同一个受精卵分裂成 2 个胚胎细胞时没有完全分裂，结果形成了连体双胞胎，且多为女性。[①]至于其他的缺陷现象，是多位基因突变所致，而随着基因工程的发展，人类控制基因突变的能力不断提高，诸如“阴在腹”“眼在顶上”等畸形现象必将会越来越少。

2. 一般动物的变异现象

（1）头上长角的马。《文献通考·马异》辑录了“马生角”的变异现象：“汉文帝十二年，有马生角于吴，角在耳前上乡”；“晋武帝太康元年，辽东有马生角，在两耳下，长三寸”；“陈宣帝大建五年，衡州马生角”；唐“懿宗咸通三年，郴州马生角”；北宋“徽宗宣和五年，马生两角，长三寸”[②]等。据报道，西藏山南地区桑日县马鹿自然保护区生活着一匹长角的马，头上左右各有一只角，角呈黑色，右角长约 6 厘米，左角长约 4 厘米。[③]马一般不长角，而马长角的原因，目前尚不完全清楚，有多种可能，或是基因信息在转录过程中偶然出现了差错，或是由某种角化病所致，或是在当地马群中有基因，或是遭受某种外界物质刺激的一种生理反应等。但不管怎样，马端临为人们分析和研究现代马种的变异现象提供了比较丰富的典型实例。

（2）“豕祸”与变异。在唐代之前的志怪小说里，载有诸多被人们视为荒诞不经的马生角、豕生人、女变男等怪异现象，现在看来，那些表面上看似荒诞不经的内容，在现实生活中还真有其实例。由此上溯到远古时代，人类祖先创造了许多人面猪身的艺术形象，如仅《山海经·北山经》和《山海经·中山经》就载有 40 余位“人首豕身”的神怪。我们知道，艺术是对现实生活的形象反映，虽然这种认识并不能包括艺术创造的全部内容，但它却是艺术创造的本质。所以，历史学家把“猪生人”（严格说来仅仅是某一部分形体与人相类似）的现象载入史书，则绝非荒诞，在某种意义上它也是一种信史。故《文献通考》载：东晋“成帝咸和六年六月，钱塘人家猳豕（即牡豕）产两子，而皆人面，如胡人状，其身犹豕”[④]。又，唐“广明元年，绛州稷山县民家豕生如人状，无眉、目、耳、发，占为邑有乱”[⑤]。而元代《辍耕录》载有下面一则实例：“至正辛卯春，江阴永宁乡陆氏家一猪产十四儿，内一儿人之首、面、首、足而猪身。”[⑥]对此，方飞先生说：“此记载摘自古代的信史，这类‘异种怪胎’历来被迷信观念极重的封建统治者视之为极为晦气的‘不祥之兆’，十分忌讳。无论是地方官员或宫廷史官若虚报伪造这类凶兆，无疑要担满门抄斩的罪名，所以这些记载本身还是可信的。但是，如果承认这些现象的存在，那现代遗传科学的有关理论则将受到严重的挑战。”[⑦]承认“猪生人”的变异现象，并不构成对现代遗传科学的严重挑战，相反，它们恰恰为“异类相生”这样的生物遗传变异现象提供了比较可靠的历史资料，同时也是“人类祖先由动物演化为

① 康永清：《人类神秘现象未解之谜》，北京：中国画报出版社，2009 年，第 173 页。
② （元）马端临：《文献通考》卷 311《物异考十七·马异》，第 2439—2440 页。
③ 《西藏怪马头上长角》，《山西晚报》2003 年 9 月 10 日。
④ （元）马端临：《文献通考》卷 312《物异考十八·豕祸》，第 2443 页。
⑤ （元）马端临：《文献通考》卷 312《物异考十八·豕祸》，第 2443 页。
⑥ （明）陶宗仪：《辍耕录》卷 11《猪妖》，《文渊阁四库全书》第 1040 册，第 537 页。
⑦ 方飞：《世界奇异之谜揭秘》上，深圳：海天出版社，1995 年，第 246 页。

半人半兽类动物的历史见证”[①]。从这个角度看，它亦是一种特殊的人类返祖现象。至于为何出现“猪生人”的变异现象，有一种比较合理的解释是：“在动物的胎卵异常中有异胎、有器官错位、有无交而孕问题。人面猪、人头猫、鸡怀羊胎、鸡怀人胎这都不存在交配问题，也许因为鸡饲于牛棚羊棚、猪猫为家养、受人畜精液污染所致。”[②]当然，“猪生人”与“受人畜精液污染”之间仅仅是一种可能性，也许在长期的进化过程中，牲畜的性染色体内保存着与人类基因组合相同的一小部分遗传信息，一旦条件适宜它们便时常表现出来。

此外，尚有像“羊祸”“犬异”“羽虫之异”等诸多生物变异（包括异类相生）现象，由于篇幅所限，本部分就不再一一阐释了。

（二）为研究自然灾害的发生、发展规律提供了比较可靠的系统史料

自然灾害历来是关乎民生的大问题，受天人合一观念的支配，古代每个朝代的统治者无不悚惧惟危，故自有文字记载以来，自然灾害的记录就不绝于史书，因而成为一个巨大的自然信息宝库，内容非常丰富。例如，《文献通考·物异考》中至少包含太阳黑子、日食、月食、月掩行星、流星雨、流星、陨石雨、陨石、天鸣鼓、彗星、山崩、地裂、地陷、涌山、山移、物自移、山鸣地鸣、温泉、水沸、泉涌、地下水质异常、地涌血、地生毛、地气、火山、地火地光、化石、大地震、地震地裂、奇寒、春秋寒、夏寒、冬暖春热、冬雷、大旱、暴雨大雨、大雹、大雪、雨木冰、大雾、黄黑雾、大风、陆龙卷、黑风红风、昼晦、极光、黑白气、日月晕、多日并出、雨土雨沙等灾害类型，可谓集宋代之前我国自然灾害史料之大成，学术价值甚高。下面我们仅以大地震和大旱为例，略作阐释。

1. 比较完整系统地集录了南宋之前我国古代发生的大地震史料

按照王嘉荫先生的分类，我国古代的地震史料大致可分为破坏性地震现象、历史上的地震方向及古代对于地震原因的认识三种情况，据此，王嘉荫先生统计南宋之前的破坏性地震为65见，其考量标准是地震结果出现了房屋倒塌或伤人现象[③]，而《文献通考·地震考》则为57见。不过，这里说明的情况是，有些破坏性地震现象王嘉荫先生亦有阙载，如《文献通考·地震考》载：“齐东侯永元元年七月，地震至来岁，昼夜不止，小屋多坏”[④]；“景云三年（是年八月改元先天）正月甲戌，并、汾、绛三州地震，坏庐舍，压死百余人”[⑤]；大历十二年（777），“恒、定二州地大震三日乃止，束鹿、宁晋地裂数丈，沙石随水流出平地，坏庐舍，压死数百人”[⑥]；“（咸通）六年十二月，晋、绛二州地震，坏庐舍，地裂、泉涌，

① 朱长超：《人类之谜》，上海：上海远东出版社，1995年，第6页。
② 徐好民：《地象概论——自然之谜新解》，北京：北京图书馆出版社，1998年，第503页。
③ 王嘉荫：《中国地质史料》，北京：科学出版社，1963年，第19页。
④ （元）马端临：《文献通考》卷301《物异考七·地震考》，第2381页。
⑤ （元）马端临：《文献通考》卷301《物异考七·地震考》，第2382页。
⑥ （元）马端临：《文献通考》卷301《物异考七·地震考》，第2382页。

泥出青色”[①]；“（咸通）八年正月丁未，河中、晋、绛三州地大震，坏庐舍，人有死者”[②]；“乾符三年六月乙丑，雄州地震至七月辛巳止，州城庐舍尽坏，地陷水涌，伤死甚众”[③]等。以上诸多破坏性地震，王嘉荫先生在《中国地质史料》一书中均不见记载。另，宋正海先生任总主编的《中国古代重大自然灾害和异常年表总集》中“大地震”一节，共收录了南宋之前的大地震（地震烈度在VI级以上）凡30见，与之相较，《文献通考》和《中国地质史料》都没有收录的计5见：赵王迁五年（前231）、汉高后二年（前186）、辽太平二年（1022）、金大安元年（1209）及金兴定三年（1219）。然而，不管是《文献通考》还是《中国地质史料》，抑或是《中国古代重大自然灾害和异常年表总集》，其对大地震主要区域分布的记录都是一致的，按照所见数量排序，最频发的前6位地区依次是甘肃、山西、陕西、河北、四川、江苏。

根据王嘉荫先生的研究，我国古代对地震方向的记录，所见史料不多，但南宋之前能够看出地震方向的史料，《文献通考》却几乎没有阙载。例如，宋孝武大明六年（462）七月甲申，“地震有声如雷，兖州尤甚，鲁郡山摇者二”[④]。兖州即今山东兖州，鲁郡即今山东曲阜市。但《宋书·五行志》的记载较为详细：“有声自河北来，鲁郡山摇地动，彭城城女墙四百八十丈坠落，屋室倾倒，兖州地裂泉涌，二年不已。”[⑤]彭城即今江苏徐州市，位于兖州的东南方向。从兖州至徐州约155千米，它的震动主要是横向波。其传播方向是由西北震到东南，此亦即地震方向，恰与地质结构中的泰山方向（呈NW-SE向）一致。在现代工程地质学中，研究地震方向对于建筑设计具有非常重要的意义。从这个角度说，《文献通考》所集录的古代地震资料，为人们研究历史时期的地震方向提供了十分有价值的实例。

又如，唐“开元二十二年二月壬寅，秦州地震，西北隐隐有声，坼而复合，经时不止，坏庐舍殆尽，压死四千余人”[⑥]。这次地震的震中在天水，地震烈度为VII级，是唐朝所见最大的一次地震，损失惨重。此次地震的特点是先在西北方向有震感，然后剧烈的震动出现在天水。显然，先开始震动的地方与震动最剧烈的地方不在一处。对于地震发生的原因，我国古人存在着两种不同的认识：一种以刘向为代表，认为“阳伏而不能出，阴迫而不能升，于是有地震”[⑦]；另一种以晏子为代表，认为“钩星在房、心之间，地其动”[⑧]。前者的认识拘于阴阳五行原理，学理上虽然包含着朴素辩证法的思想，但是对于预测地震的发生却毫无意义。后者从科学认识的角度讲，显然较前者更容易操作和把握，且把天体的运动位置与地震的发生联系起来，在技术上是行得通的。我国古代先民已经观测到这样的事

---

① （元）马端临：《文献通考》卷301《物异考七·地震考》，第2382页。
② （元）马端临：《文献通考》卷301《物异考七·地震考》，第2382页。
③ （元）马端临：《文献通考》卷301《物异考七·地震考》，第2382页。
④ （元）马端临：《文献通考》卷301《物异考七·地震考》，第2381页。
⑤ 《宋书》卷34《五行志》，北京：中华书局，1974年，第996页。
⑥ （元）马端临：《文献通考》卷301《物异考七·地震考》，第2382页。
⑦ （元）马端临：《文献通考》卷301《物异考七·地震考》，第2379页。
⑧ （汉）王充著，陈蒲清点校：《论衡》卷4《变虚》，长沙：岳麓书社，1991年，第71页。

实："钩星，直则地动。"[①]"钩星"亦称"天钩"，共由9星组成，属危宿（图2-27）。此外，还有二十八宿之一的心三星"直则地动"[②]。再有"维星散而直则地动"[③]。本来不在一条直线上的星宿，经过一定时期的运行，或者由于某种天体引力或者受到新星、超新星爆发等因素的影响，像心三星、维星及钩星突然变成一条直线，地球内部结构也随之发生变动，即为地震发生的原因。我们认为王嘉荫先生所讲的一段话，非常有道理，故转引于兹，以资参考。王嘉荫先生说：

> 关于预报地震问题，现在还没有办法。甚至有的地震学家悲观失望，认为没有办法解决。也有一些学者设法单纯地从地质结构上来解决，也没有成功。如果考虑周全些，晏子的"钩星"观察可能是解决这个问题的一种方法。[④]

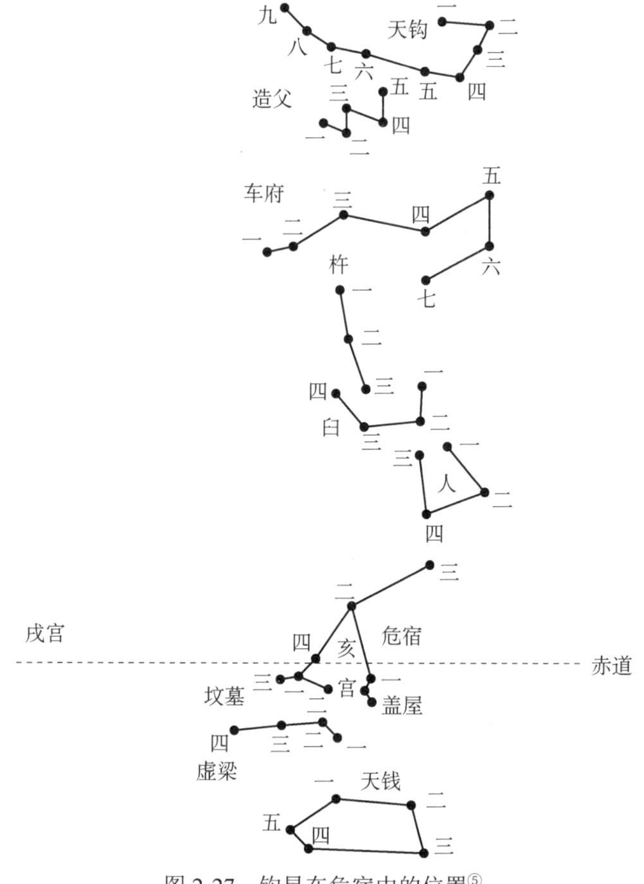

图2-27　钩星在危宿中的位置[⑤]

① 《晋书》卷11《天文志上》，第290页。
② （元）马端临：《文献通考》卷279《物异考七・象纬考》，第2212页。
③ （元）郝经：《郝氏读》郝经：《续后汉书》卷84《历象》，《景印文渊阁四库全书》第386册，第313页。
④ 王嘉荫：《中国地质史料》，第43页。
⑤ 华夫：《中国古代名物大典》上，济南：济南出版社，1993年，第68页。

当然，我国古代史官言“天象”与“地动”的关系，其政治意义远远胜于其科学意义。正是从这个角度，“言其时星辰之变，表象之应，以显天戒，明王事焉”[①]。而马端临也是在这个层面上来认识和理解“地震”的本质的，这种认识使他在择取前史中的地震资料时，自觉或不自觉地就把那些与“天戒”无关或者与汉族政权无关的地震史料舍弃不用了，这是很可惜的。例如，《文献通考》之“地震考”中没有辽、金两朝的地震史料，这反映了在马端临的思想意识中，存在一种比较狭隘的汉民族倾向。

2. 比较完整、系统地集录了南宋之前我国古代发生的大旱史料

有学者统计，历史上我国的旱涝状况以旱为主，长期降水偏少时期的总长度几乎是长期降水偏多时期的 2 倍。[②]与宋正海先生任总主编的《中国古代重大自然灾害和异常年表总集》中“大旱”一节相比较，马端临的《文献通考・恒旸考》中所集录南宋之前的大旱史料，凡 362 见，而前者才 144 见。可见，马端临十分重视旱灾对中国古代社会发展的重要影响。就大旱的季节分布而言，《文献通考・恒旸考》中所集录的大旱史料，春旱 52 见，夏旱 98 见，秋旱 38 见，冬旱 19 见，季节连旱 102 见，季节不明 53 见。以季节连旱为多见，为了使南宋之前季节连旱的发展状况看起来更为直观，我们不妨绘一图，如图 2-28 所示。

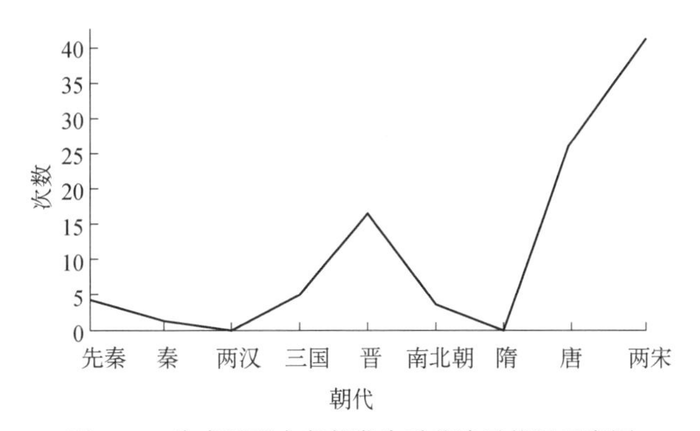

图 2-28　先秦至两宋各朝发生季节连旱状况示意图

经不完全统计，先秦至两宋各朝发生季节连旱状况是：先秦 4 见，秦朝 1 见，两汉无，三国 5 见，晋 16 见，南北朝 5 见，隋朝无，唐朝 28 见，两宋 43 见。其中以两宋、唐及晋为多见，我们知道，唐宋的旱作农业比较发达，尤其是北方旱作农业逐渐向南方推广，应当说与这段历史时期日益严重的干旱状况有关。

在北宋，干旱状况较严重的区域恰恰是都城开封及其周边地区。例如，端拱二年（989）五月，“京师旱，秋七月至十一月旱。上忧形于色，蔬食致祷。是岁，河南、登、莱、深、冀旱甚，民多饥死。诏发仓粟贷之，人五斗”[③]。又，宋真宗“咸平元年春夏京畿旱。又，江浙淮南荆湖四十六州军旱。二年春，京师旱甚。又，广南西路、江、浙、荆湖及曹单岚

① 《后汉书》志 10《天文上》，第 3215 页。
② 齐涛：《中国古代经济史》，济南：山东大学出版社，2011 年，第 73 页。
③ （元）马端临：《文献通考》卷 204《物异考十・恒旸考》，第 2396 页。

州、淮阳军旱。三年春，京师旱。江南频年旱歉，多疾疫。四年，京畿正月至四月不雨”[①]。再有，“熙宁二年三月，旱甚。三年，畿内及诸路旱。八月，卫州旱。五年五月，北京自春至夏不雨。七年，自春至夏，河北、河东、陕西、京东西、淮南诸路久旱。九月，诸路复旱。时新复洮河亦旱，羌户多殍死。八年四月，真定府旱。八月，淮南、两浙、江南、荆湖等路旱。九年八月，河北、京东西、河东、陕西旱。十年春，诸路旱”[②]。南宋则“绍兴二年，常州大旱。三年四月，旱。至于七月。五年五月，浙东、西旱五十余日。六月，江东、湖南旱。秋，四川郡县旱甚。六年，夔、潼、成都郡县及湖南衡州皆旱。七年春，旱七十余日。六月，又旱。八年冬，不雨。九年六月，旱六十余日”[③]等。像这样不仅一年内出现两个季节甚至两个季节以上的连续干旱，而且往往是连续两年甚至两年以上的连年干旱，在北宋和南宋是很常见的现象。毫无疑问，这种干旱局面对宋代的农业生产和科技发展都是一个严峻的考验。反思北宋社会发展的历史，王安石变法正好开始于熙宁二年（1069），这绝不是偶然的历史巧合。因为多年的连续干旱，加之战争耗费，北宋的民生问题已经严重到不解决则社会就无法继续前行的地步了。变法的内容很多，但“农田水利法”却是王安石变法的最重要内容之一。随着一系列农田水利设施的兴修，各地的干旱问题基本得到了控制，所以从熙宁八年（1075）一直到北宋灭亡，宋代各地再也没有发生因干旱而“死者十二三”或“民多饿死”[④]的灾难性后果。以宋代之前的历史为例，西汉、东汉、隋朝、唐朝都是因遭遇到严重的自然灾害，而统治者缺乏有效的社会控制措施，故最终都酿成了大规模的农民起义，遂促使旧政权的覆亡，然而宋代没有出现这种局面，这不能说不是一个奇迹。究其原因，王安石变法的作用不可低估。由此可见，王安石变法的历史功绩是巨大的，其影响也是极其深远的。有学者通过分析我国古代历史时期旱涝灾害发生的文献资料，发现了这样一个特点：在880—1230年，旱涝灾害的空间分布特点是西涝东旱。[⑤]因此，仅从解决干旱问题的角度看，王安石变法确实顺应了历史发展的客观规律，它无疑是人类科学地认识和改造自然的一个成功范例。造成连续干旱的原因，非常复杂，既有自然的因素又有人为的因素，它是多因素综合作用的结果。比如，从气象上讲，西太平洋上亚热带高压的脊线持续偏西，其结果是造成了夏季西涝东旱的异常气候现象，而之所以形成这种局面，是太阳内部的剧烈活动、地球结构的变化、日本南部到我国东部的海面海温持续偏低、人口的增加、生态环境恶化等多种因素相互叠加而出现的一个灾害效应。马端临没有意识到大旱与太阳活动，以及地球内部结构变化等因素之间的相关性，因为他只是从天人感应（这是历史局限性所致）的视角，考察了干旱与特定的社会政治事变之间的相关性，其目的是告诫封建统治者警惕大旱会引发社会变乱，而为了避免此后果则需要加大社会控制的力度。但是，就科技思想史的层面看，《文献通考·恒旸考》毕竟为我们提供了

① （元）马端临：《文献通考》卷204《物异考十·恒旸考》，第2396页。
② （元）马端临：《文献通考》卷204《物异考十·恒旸考》，第2396页。
③ （元）马端临：《文献通考》卷204《物异考十·恒旸考》，第2396页。
④ （元）马端临：《文献通考》卷204《物异考十·恒旸考》，第2396页。
⑤ 齐涛：《中国古代经济史》，第74页。

南宋之前比较系统和全面的大旱史料，它有助于史学家从自然史的角度来分析和透视中国古代社会发展变化，特别是发生某些重大历史事件的内在原因与客观根据。所以，邓瑞先生在《马端临与〈文献通考〉》中的“从《物异考》看其重视科技的思想”一节，反复申明马端临重视“科学之思”[①]、“科学史思”[②]和“科学之史思”[③]，可谓卓见，当然更是允当之论。

第八节　谢应芳的无神论思想

谢应芳，字子兰，毗陵（今江苏武进）人，元末无神论者，诗文家，早有俊誉。元至正初，隐居白鹤溪，构筑小室，名为“龟巢”。他尊奉程朱理学，疑释、道，惑老、庄，而“郡辟教乡校子弟”，为人耿介尚节义。故《明史》称其“有举为三衢书院山长者，不就。及天下兵起，避地吴中，吴人争延致为弟子师”[④]，即一生不仕，以教书终其年。他头脑清醒，“疾夫异端邪说之诬民”[⑤]，但生活清贫，比较贴近社会下层，这是他“议论必关世教，切民隐”[⑥]的重要物质前提和社会基础。当然，在思想理论方面，他以“正风俗，息妖妄”[⑦]为己任，“尝辑圣贤格言、古今明鉴为《辨惑编》”[⑧]，提出了“苟欲正风俗，息妖妄，摒巫者不用，其在士大夫家始耳”[⑨]及“若老庄、仙佛之流，自秦汉以来，惑世尤甚”[⑩]的思想和主张，在中国古代无神论史上大放异彩。《辨惑编》共4卷，分死生、疫疠、鬼神、祭祀、淫祀、妖怪、巫觋、卜筮、治丧、择葬、相法、禄命、方位、时日、一端15目，“一一条析而辨之”[⑪]，《四库全书总目提要》称“此书持论虽似乎浅近，而能因风俗而药之，用以开导愚迷，其有益于劝戒”[⑫]。

谢应芳的著作，除《辨惑编》4卷外，尚有《龟巢稿》20卷、《思贤录》5卷、《思贤续录》1卷等，今皆存世。《全元文》第43册集录了谢应芳的全部文稿，可谓整理谢应芳存世文献的一项重要学术成果。学界研究谢应芳无神论思想的论著非常多，其要者有吴则虞等的《谢应芳〈辨惑编〉的无神论思想》[⑬]、马俊南的《试论元明之际的重要

① 邓瑞：《马端临与〈文献通考〉》，太原：山西古籍出版社，2003年，第350页。
② 邓瑞：《马端临与〈文献通考〉》，第352页。
③ 邓瑞：《马端临与〈文献通考〉》，第354页。
④ 《明史》卷282《谢应芳传》，北京：中华书局，1974年，第7224页。
⑤ （元）谢应芳：《辨惑编·序》，《景印文渊阁四库全书》第709册，第537页。
⑥ 《明史》卷282《谢应芳传》，第7225页。
⑦ （元）谢应芳：《辨惑编》卷2《巫觋》，金沛霖主编：《四库全书子部精要》上，天津、北京：天津古籍出版社、中国世界语出版社，1998年，第272页。
⑧ 《明史》卷282《谢应芳传》，第7224页。
⑨ （元）谢应芳：《辨惑编》卷2《巫觋》，金沛霖主编：《四库全书子部精要》上，第272页。
⑩ （元）谢应芳：《辨惑编》卷4《异端》，金沛霖主编：《四库全书子部精要》上，第278页。
⑪ （清）永瑢等：《四库全书总目》卷93《子部三》，第789页。
⑫ （清）永瑢等：《四库全书总目》卷93《子部三》，第789页。
⑬ 吴则虞、包遵信：《谢应芳〈辨惑编〉的无神论思想》，《人民日报》1964年6月19日。

无神论者谢应芳》①、秦志勇的《元代进步思想家谢应芳及其无神论思想》②等。为避免过多重复前人的论说，本部分拟从科学思想史的角度，对谢应芳的无神论思想稍作探讨。

一、“辟邪植正”的科学态度和科学实践

（一）元朝宗教发展的基本状况

在世界范围内，有神的观念源远流长，从盘古神话即有体现的泛自然神论到多神论，如印度教，再到一神论，如犹太教、伊斯兰教和基督教。有神论随着人类社会的发展不断改变着自己的存在形式，特别是科学迫使宗教观念发生这样或那样的演变。以基督教为例，伦敦国王学院神学教授麦克格拉思曾经指出：“在中世纪的全盛期，产生了一种巧妙的《圣经》阐释方式：某些章节可以按字面意义来理解，其他章节则可以以非字面意义理解。奥古斯丁强调尊重那些与《圣经》注释相联系的科学结论的重要性，他本人在对《圣经》的注释中，一些章节事实上已具有多样解说的可能性，所以，借助于更多的科学探索，以便更好地解说某个章节，这就很重要了。”③与之相类，中国古代的本土宗教道教始自东汉顺帝时期由张陵创立的“天师道”。魏晋南北朝时期，道教逐渐发展成为被封建统治者所承认的官方宗教，而葛洪著的《抱朴子・内篇》，对道教方术进行了比较系统的整理和阐释。唐代统治者更将道教奉为“皇族宗教”，因而道教在教理教义及斋醮仪式等方面都获得了较为系统的发展。宋金对峙，王重阳在山东宁海创立全真教，主张三教合一和内丹修炼，不尚符箓与黄白之术；在南宋，由张伯端创立的“道教南宗”渐成一派气象，后经白玉蟾推动，声势汹涌，并建立了传戒和丛林制度。

元代一统南北，天师道与符箓诸派融合，于是形成了正一道，主要活动在北方地区。正一道基本上保留着原始道教的形态，不出家，主要从事符箓斋醮，祈福禳灾等迷信活动。严格来说，正一道在元代的出现是中国道教的一种倒退。因为它完全抛弃了唐宋道教已经萌生出来的许多积极因素，甚至是一些科学因素，而使道教方术蜕变为一种欺世惑众的骗术。谢应芳所反对的主要就是以符箓斋醮和祈福禳灾为内容的元代正一道。

由于元朝疆域辽阔，民族众多，为了维持大一统社会的政治稳定，元朝统治者推行诸多宗教并存的政策。一时宗教气氛遍于国中，弥漫朝野上下。除了中国本土的道教、儒教，以及早已中国化的佛教之外，还有伊斯兰教、术忽（犹太教）和也里可温（天主教）等。

---

① 马俊南：《试论元明之际的重要无神论者谢应芳》，中国无神论学会：《中国无神论文集》，武汉：湖北人民出版社，1982年，第254—271页。

② 秦志勇：《中国元代思想史》，北京：人民出版社，1994年，第150—158页。

③ ［英］阿利斯科・E. 麦克格拉思：《科学与宗教引论》，王毅译，上海：上海人民出版社，2008年，第5页。

元世祖忽必烈带头崇佛，他于“万机之暇，自持数珠，课诵、施食”[①]，其他皇帝更是崇奉有加。例如，“延祐四年，宣徽使会每岁内廷佛事所供，其费以斤数者，用面四十三万九千五百、油七万九千、酥二万一千八百七十、蜜二万七千三百。自至元三十年间，醮祠佛事之目，仅百有二。大德七年，再立功德司，遂增至五百有余。……岁费千万，较之大德，不知几倍”[②]。对于藏传佛教，元朝统治者更是崇奉有加，虔诚至极。据《元史》载：“元起朔方，固已崇尚释教。及得西域，世祖以地广而险远，民犷而好斗，思有以因其俗而柔其人，乃郡县土番之地，设官分职，而领之于帝师。”[③]而皇帝、后妃、太子、皇亲国戚均须受帝师“灌顶礼”，故“虽帝后妃主，皆因受戒而为之膜拜”[④]。至于元朝统治者对外来宗教为何道门洞开、来者不拒？元世祖忽必烈一语破的：“我对四大先知都表示敬仰，恳求他们中间真正在天上的一个尊者给我帮助。”[⑤]可是，元代皇帝为之付出的代价是巨大的，且不说元朝的“国家财富，半入西番”[⑥]，也不说元朝佛事“土木之费，虽离宫别馆不过也”，又，元朝寺院“财产之富，虽藩王国戚不及也”[⑦]，“其威势之横，虽强藩悍相不过也”[⑧]。所以，赵翼在总结元亡的历史教训时说：元代“朝廷之政，为其所扰，天下之财，为其所耗，说者谓元之天下，半亡于僧，可为炯鉴”[⑨]。

对元代僧道之“威势之横”，有切肤之痛的最好的例证就是谢应芳自己。例如，《辨惑编》完稿后，谢应芳多年“未敢以示诸人”[⑩]。一直等到至正八年（1348），他才请俞希鲁为之作序。此时，红巾军起义已经遍布南北各地，元朝政权呈摇摇欲坠之势。唯其如此，谢应芳通过指斥佛道“异端”而使反对神学斗争成为颠覆元朝腐朽统治之一隅。

（二）谢应芳反对佛道神学的斗争

元代佛教发展有两条途径：一条是为封建统治者崇奉的正统佛教；另一条是被排挤到社会边缘的民间佛教。在宋元，民间佛教被正统佛教斥作“邪教”。例如，《释门正统·斥伪志》称：白莲宗、白云宗和摩尼教“此三者皆假名佛教以诳愚俗，犹五行之有涉气也。今摩尼尚扇于三山，而白莲、白云处处有习之者。大抵不事荤酒，故易于裕足，而不杀物命，故近于为善。愚民无知，皆乐趋之，故其党不劝而自盛。甚至第宅姬妾，为魔女所诱，入其众中，以修忏念佛为名，而实通奸秽，有识士夫，宜加禁止”[⑪]。入元之后，白莲宗（后来与弥勒信仰相结合，即演变为白莲教，其反抗元朝统治的色彩更加浓厚）由于教徒多参

---

① （元）释念常：《佛祖历代通载》卷4，［日］高楠顺次郎等：《大正新修大藏经》第49册，东京：大正一切经刊行会，1934年，第435页。

② 《元史》卷202《释老传》，第4523页。

③ 《元史》卷202《释老传》，第4520页。

④ 《元史》卷202《释老传》，第4521页。

⑤ ［意］马可波罗：《马可波罗游记》，陈开俊等译，福州：福建科学技术出版社，1981年，第87页。

⑥ （明）杨士奇等：《历代名臣奏议》卷67《郑介夫上一纲二十目》，《景印文渊阁四库全书》第434册，第881页。

⑦ （清）赵翼：《陔余丛考》卷18《元时崇奉释教之滥》，上海：商务印书馆，1957年，第354页。

⑧ （清）赵翼：《陔余丛考》卷18《元时崇奉释教之滥》，第354页。

⑨ （清）赵翼：《陔余丛考》卷18《元时崇奉释教之滥》，第354页。

⑩ （元）谢应芳：《辨惑编·序》，《景印文渊阁四库全书》第709册，第537页。

⑪ 杨讷：《元代白莲教资料汇编》，北京：中华书局，1989年，第281页。

与公开或秘密的反元活动，遂遭到元朝统治者的打击。例如，元武宗至大元年（1308）五月，元朝统治者以寺宇内“多聚着男子妇人，夜聚明散，佯修善事，扇惑人众”[①]为由，而“毁其祠宇，以其人还隶民籍”[②]；又如，元英宗至治二年（1322）闰五月，元朝统治者再次“禁白莲佛事”[③]。于是，白莲教被迫转为一个秘密宗教组织。然而，白莲教反抗元朝统治的斗志非但没有因元朝统治者的打击而匿迹，反而公开高举反抗旗帜，“视其所向，骎骎可畏”[④]，这是反抗元朝统治的一条主要战线。

在意识形态方面，佛教是元朝的国教，而谢应芳站在儒教的立场，斥佛道为异端。他自己说：“予生平业儒，故不事佛。”[⑤]不仅“不事佛”，还视佛教为“异端”。这从本质上也是反抗元朝统治的一种斗争方式，与白莲教反抗元朝统治的斗争，有殊途同归之效。谢应芳说：“古之为异端邪说者，众矣。若老庄、仙佛之流。”对此，他的态度非常鲜明，而且坚定：“邪说害正，人人得而攻之，不必圣贤。如春秋之法，乱臣贼子，人人得而讨之，不必士师。”[⑥]在此，“正”是指儒教，“邪说”是指佛道，在特定的历史阶段，佛道的畸形发展阻碍了社会的进步。谢应芳虽在方法上稍有偏颇，但总的来说他的反佛道神学思想符合元朝历史发展的实际状况，顺应了中国古代儒、释、道此消彼长、或显或隐之思想演变的客观规律。当然，从大的方面看，谢应芳反佛道神学的思想可以看作是宋明理学与佛道两教相斗争的一个重要环节。就内容而言，《辨惑编·异端》约占全书内容的1/3，显见其反对佛道神学是其无神论思想的重心所在。下面我们分三个方面试述之。

1. 谢应芳的反佛教思想

关于佛教的传入，谢应芳引司马光的话说：

> 汉明帝初闻西域有神，其名曰“佛”。因遣使之天竺，求其道，得其书及沙门以来。其书大抵以虚无为宗，贵慈悲不杀，以为人死精神不灭，随复受形。生时所行善恶，皆有报应，故所贵修炼精神，以至为佛。善为宏阔胜大之言，以劝诱愚俗。精于其道，号曰“沙门”。于是中国始传其术，图其形像，独楚王英最先好之。[⑦]

这段话出自司马光的《资治通鉴》卷45《汉纪三十七》，汉明帝刘庄“因遣使之天竺”的具体时间是永平八年（65）。佛教的传入给中国传统文化注入了新的血液，而且佛教本身在中国化的历史过程中通过不断与中国传统文化的相互交融和相互渗透，呈现出不同于天竺（即印度）佛教的精神和新面貌。佛教对于历代封建统治者有可利用的一面，所以随着其势力在不同历史时期的消长，封建统治者采取或扶持或打击的方针，使之成为麻醉广大

① 黄时鉴点校：《通制条格》卷29《俗人做道场》，第336页。
② 《元史》卷22《武宗本纪》，第498页。
③ 《元史》卷28《英宗本纪》，第622页。
④ 《元史》卷186《张桢传》，第4267页。
⑤ 李修生主编：《全元文》第43册，第45页。
⑥ （元）谢应芳：《辨惑编》卷4《异端》，金沛霖主编：《四库全书子部精要》上，第278页。
⑦ （元）谢应芳：《辨惑编》卷4《异端》，金沛霖主编：《四库全书子部精要》上，第280页。

民众的工具，且又不能对封建统治政权构成威胁。从司马光的论述中，谢应芳承认佛教的思想内容不能一概否定，其中“贵慈悲不杀”即“所贵修练精神”，有裨于世。对此，谢应芳并无异议。然而，他认为佛教除了“以虚无为宗”和主张生死轮回之外，又枝生出一些惑众的斋忏等效法祠祀的宗教仪式，这些仪式劳民伤财，为谢应芳所深恶痛绝。

在元代，用设佛教斋会的方式为亡者追福的习俗十分盛行。谢应芳在《与王氏诸子书》中分析了佛斋的产生时代及其虚妄性，并对其进行了无情批判。他说：“佛氏以释迦为师，其书由汉以来流入中国，初无设斋之说也。至梁武帝妄祈因果，俾僧流为之，厥后亡灭宗国，饿死台城。使设斋而有因果，岂至是哉？”[①]在谢应芳看来，“近代礼废，俗尚浮屠，难于改易”[②]。此“近代”即是指金末以来，儒学从南宋中后期国家意识形态的中心位置被元朝统治者逐步边缘化。元朝有十等人之说，即一官、二吏、三僧、四道、五医、六工、七匠、八娼、九儒、十丐。究其原因，元朝儒学地位的滑坡主要与佛道两教的排挤，以及元朝统治者歧视汉族儒士的政策有关。于是，谢应芳才发出“嗟今陋俗，舍正路而弗由；集古遗言，回狂澜于既倒。可奈一齐而众楚，犹如皆醉而独醒”[③]的慨叹，进而便有了“著《辨惑编》辟近世之异端邪说，作《思贤录》发前修之潜德幽光”[④]的努力和奋争。

谢应芳认为佛教势力的急剧膨胀，给元代社会造成的危害是多方面的，例如，败坏风俗、耗费钱财、不事生产、贪欲自私、蛊惑民心等。对这些现象，谢应芳在《和孙伯昭佛设》长诗中进行了无情的揭露和批判。他说：

> 祭法垂明训，邦家祀有功。愚氓何悖礼，佞佛乃成风。妇女僧流杂，香花佛社隆。三身夸息怛，千眼慕圆通。金像瞻如在，珍羞共极丰。九衢迎象驾，百彩制天宫。窈窕闺房秀，联翩市井童。庄严森侍卫，游衍适西东。行道骈缁素，飞尘溢软红。宝幢云母扇，银烛竹晶笼。铙钹伶伦后，袈裟粉黛中。乱伦言可丑，妄意福来崇。废业兼旬久，挥金与土同。盘游律有禁，长吏听如聋。阖郡喧邪说，同袍见直躬。新诗来满纸，高论发群蒙。白雪无人和，皇天鉴厥衷。不为因果惑，真是丈夫雄。感激徒三叹，栖迟奈两穷。抗言摧佛骨，所愿学韩公。[⑤]

佛教讲“虚无”，因而也就没有了君臣父子之道，这是程朱理学之所以排佛的缘由之一。谢应芳引二程的话说：“借使佛之说尽行，人皆无父，则斯民之种，必致殄绝，而佛法亦不得传矣。人皆无君，则争夺屠脍，相残相食，而佛之党，亦无以自立矣。”[⑥]儒与佛的对立，仅仅从是否维护君主专制的角度立论，而二程对佛教的批判，恰恰是元末农民起义利用佛教反抗封建统治的理论工具。所以在某种意义上说，佛教之“无君”思想是对君主专制政

① 李修生主编：《全元文》第 43 册，第 21 页。
② 李修生主编：《全元文》第 43 册，第 72 页。
③ 李修生主编：《全元文》第 43 册，第 83 页。
④ 李修生主编：《全元文》第 43 册，第 86 页。
⑤ （元）谢应芳：《龟巢稿》卷 2《和孙伯昭佛社》，《景印文渊阁四库全书》第 1218 册，第 18 页。
⑥ （元）谢应芳：《辨惑编》卷 4《异端》，金沛霖主编：《四库全书子部精要》上，第 281 页。

权的否定，它对古代社会具有一定的进步作用是不言而喻的。但是，关键问题是佛教常常会被封建统治政权所利用，但为什么还有那么多的“贤者”和“智者”去信奉它呢？朱熹洞察到了佛教本身所蕴涵的一种内在的精神意义，而世人在实际生活中的心理所失，恰好能够在佛教的“修练”中得到补偿，这种特殊的心理补偿作用正是佛教“惑众”的实质。因此，朱熹解释说：佛教“以其有空寂之说，而不累于物欲也，则世之所谓贤者，好之矣。以其有奥妙之说，而不滞于形器也，则世之所谓智者，悦之矣。以其有生死轮回之说，而自谓可以不沦于罪罟也，则天下之庸奴爨婢，黥髡盗贼，亦匍匐而归之矣”[①]。谢应芳特意把朱熹的这段话录入《辨惑编》中，表明他自己亦有同感。倘若如此，那么，谢应芳批判佛教神学的理论水平显然又提升了一个高度。马克思说：“相当长的时期以来，人们一直用迷信来说明历史，而我们现在是用历史来说明迷信。”[②]谢应芳以他自己的方式，试图从历史的角度来说明佛教在中国的产生和发展，虽然论述尚嫌粗浅，但他的思维方法却值得肯定。

对于僧徒“无别无义”的“禽兽之道”，以及当朝官吏对僧徒不法行为的包庇纵容行径，谢应芳直斥其非。他说：“彼佛之为教，虽有异同，然以淫为戒，亦甚至切。但今之浮图，玉石混淆，所谓不肖者，乃僧中之罗刹，佛氏之罪人，无别无义之禽兽也。……某以堂堂住持之称，搂墙而妻，桑中之妾，骈集方丈，行窝旁观，因往往唾斥怒骂，但未有言于官者耳。同衣不敢言之，教门不敢言之，乡里不敢言之，恐其怨詈也。上司悬隔而不闻，州县置之而不问，是以恣其荒淫，了无忌惮，远近效尤，淫风大行。”[③]可见，僧徒不法，其根源在于当政者的纵容。在当时，谢应芳的这个认识是深刻的，而他敢于直陈元朝统治者的行政之失和行政之弊，如果没有一种勇敢的战斗精神，则万万不敢冒此风险。

批判佛教，最终是为了阐扬科学。用弗雷泽的话说，就是科学否定宗教是历史发展的必然结果。我们知道，英国著名的人类学家弗雷泽认为人类思维的发展经过了三个阶段：巫术、宗教、科学。就科学的产生和发展而言，科学必然要扬弃宗教，否定宗教。尽管弗雷泽没有从阶级的立场去分析宗教产生的社会根源，他的“巫术”理论本身也存在这样或那样的缺陷，但是仅从宗教与科学的关系看，弗雷泽主张宗教是人类精神生活发展历史的一个重要环节，而这个核心认识的言外之意是说科学是在批判宗教的斗争中不断发展壮大的。反过来，批判宗教则是为了清除阻挡科学发展过程中的一道思想路障。所以，对待谢应芳反对佛教神学的思想观点，应作如是观。因为只有这样，我们才能够看出谢应芳反佛教思想本身在中国古代科学思想史上的真价值，同时也才能更加辩证地和更加客观地确认中国古代佛教思想的历史价值。比如，郑天挺先生在《元史讲义》中特别讲到了元代的三次佛道之争，均以佛教取胜而告终，而《佛祖历代通载》则比较详尽地记载了这三次佛道之争的具体内容，在此不论。不过，下面的问题却不能回避：佛道之争所胜者何？诚然，

---

① （元）谢应芳：《辨惑编》卷4《异端》，金沛霖主编：《四库全书子部精要》上，第281页。

② 中共中央马克思恩格斯列宁斯大林著作编译局：《马克思恩格斯全集》第1卷，北京：人民出版社，1995年，第425页。

③ 李修生主编：《全元文》第43册，第32页。

政治因素最为关键，然而在论辩过程中，佛教论者那严谨的逻辑性，无疑是他们胜出道教论者的法宝之一。

佛教有五大知识系统，因明学（即古印度的逻辑学）是其不可或缺的组成部分，而道教的整个知识体系不可谓不庞大，可惜缺失了逻辑学（主要是指认识客观世界本质的形式逻辑）。可见，黑格尔在《哲学史讲演录》第 1 卷中，把印度佛教看作是东方哲学的最高思维成果，不是没有道理。因此，我们在分析谢应芳反对佛教神学的斗争中，既要看到他对佛教破坏性一面的揭露和批判，又要看到他对佛教合理性一面的肯定。故谢应芳在《送琇上人序》中说："予闻浮屠氏之学，其宗有三，曰教、曰禅、曰律。教以明法理，禅以悟本心，律则操且式而已。三家说行，互相优劣，果孰得而孰失哉。吾意其宗于教者，犹儒而穷经，要得其本矣。"[①]可见，谢应芳所攻击的仅仅是佛教之末，而非佛教之本。故谢应芳引朱熹之言云：

> 此其为说（指佛教），所以张皇辉赫，震耀千古。而为吾徒者，方且蠢蠢焉，鞠躬屏气，为之奔走服役之不暇。幸而一有间世之杰，而有声罪致讨之心焉，然又不能究其实见之差，而诋以为幻见空说，而不能正之以天理全体之大，偏引交通生育之一说以为主，则既不得其要领矣。[②]

谢应芳已经认识到对于佛教仅仅"诋以为幻见空说"是远远不够的，也是无法最终战胜佛教的，而战胜佛教的关键就是要"正之以天理全体之大"。这个思想虽然是引述朱熹之言，但在宗教斗争异常错综复杂的历史背景下，谢应芳能够非常理性地去考量佛教存在的现实合理性问题，仅此一点，他的反对佛教神学思想就已经很了不起了。

2. 谢应芳反道教神学的思想

道教对于中国古代科学技术的贡献，李约瑟博士在《中国古代科学思想史》一书中已经做了十分详尽的论述。与李约瑟的认识不同，马克斯·韦伯所理解的道教，其在思想上的特点是"巫术的理性系统化"[③]。在他看来，"中国古老的经验知识与技能本身的任何理性化，都是沿着巫术世界的方向进行的"[④]，其具体表现是"占星术"、"泛灵论的理性化"、"地相占卜"及"造神"。毫无疑问，从中国古代科学史的源流上看，巫术曾经与天文学、地学、医学、农学等学科关系密切。可是，当上述学科与巫术分离之后，巫术则日益转变为科学技术发展的一种破坏性力量，尤其是在事实关系和价值关系的层面，巫术自身所固有的模糊性、虚幻性和反逻辑性思维特征，已经严重阻碍了中国古代科学向逻辑性和精确性方向的转进和跃迁。也就是说，在一定程度上，巫术思维成为困扰宋元科学无法由传统科学向近代科学转变的桎梏因子。我们知道，宋元科学虽然走到了中国古代传统科学发展的最高峰，但是从此以后，中国古代传统科学便停滞不前，甚至出现了倒退。追究产生这

① 李修生主编：《全元文》第 43 册，第 153—154 页。
② （元）谢应芳：《辨惑编》卷 4《异端》，金沛霖主编：《四库全书子部精要》上，第 281 页。
③ ［德］马克斯·韦伯：《儒教与道教》，张登泰、张恩富译，北京：人民日报出版社，2007 年，第 159 页。
④ ［德］马克斯·韦伯：《儒教与道教》，第 159 页。

些问题的缘由，我们当然不能把欠账都算在道教身上，但是，道教巫术思维及其表现形式所造成的危害，确实是一个不能忽视的因素。而对于道教巫术思维及其表现形式所造成的危害，谢应芳都一一做了辨析和驳正。

1）老庄学说的实质是消极无为

人们在自然界面前，究竟应持一种什么样的态度，直接决定着其人生观和价值观的取向。道教尊老子为师，可见，老子的学说构成了道教产生和发展的思想基础。《史记》说："老子乃著书上下篇，言道德之意五千余言而去。"[①]此"五千言"即《道德经》，而《道德经》"五千言"的主旨若用6个字概括，则为"致虚极，守静笃"[②]。谢应芳解释说：

> 按道家之术，杂而多端。先儒之论备矣，盖清净一说也，服食又一说也，符箓又一说也，经典科教又一说也。黄帝、老子、列御寇、庄周之书所言者，清净无为而已。[③]

虽然老子的思想，注释家常常各有说法，互不相同，但就主流观点来说，宋人晁公武的评价可谓执中："惟有意于求全，故中怀忧惧，先事以谋，而有所不敢为。所不敢为，则其蔽大矣。此老子之学，所以虽深约博大，不免率列于百家，而不为天下达道欤。"[④]朱熹亦说："老子之学，只要退步柔伏。"[⑤]谢应芳非常欣赏晁公武和朱熹对老子之学的评价，他在《辨惑编》卷4中大段引录了两人的原话，其用意当然是欲阐明封建迷信产生的思想根源。朱熹解释说："老子说话，只是退步占奸，不要与事物接，如治人事天，莫若啬迫而后动，不得已而后起，皆这意思。故为其学者，多流于术数。如申、韩之徒是也。"[⑥]由于"老子说话，只是退步占奸"，这种"畏惧"心理适应了经常生活在恐慌之中的元代下层社会民众的实际需要，而元朝在对金和南宋的战争中，往往实行非常残酷的恐怖政策，此种局面在一定程度上加重了元代卜筮之风俗的盛行。

2）严禁巫觋"煽惑愚俗"

首先，占卜具有历史性。谢应芳以是否有益于家国大事为标准，把占卜之类的道术放在历史的发展过程中加以考察，分析其利害。例如，谢应芳说："夫枚卜功臣，虽唐虞之圣犹用之。若三代则涂山之卜，飞熊之占，百谷之筮，皆验以兴国。特不知当时掌蓍龟者何如其人也。春秋时或者谓筮长龟短，而龟独重于世，家国大事未尝不谋之。善卜者诚能绍天之明，以七十二策洞明吉凶，其人岂易得哉。但世之假龟策以售妖诞之说者，垂帘居肆，所在有之，君子不能无憾焉。"[⑦]占卜实质上是建立在天人感应基础上的一种"预测术"，具有一定的欺骗性。不过，这种"预测术"却有着很深的传统文化背景，所以古今都有不少信从者。对此，王玉德先生在《方士的历史》一书中曾经引述了《辍耕录》的一段话，并

---

① 《史记》卷63《老子韩非列传》，第2141页。
② （元）谢应芳：《辨惑编》卷4《异端》，金沛霖主编：《四库全书子部精要》上，第278页。
③ （元）谢应芳：《辨惑编》卷4《时日》，《景印文渊阁四库全书》第709册，第577页。
④ （元）谢应芳：《辨惑编》卷4《异端》，金沛霖主编：《四库全书子部精要》上，第278页。
⑤ （元）谢应芳：《辨惑编》卷4《异端》，金沛霖主编：《四库全书子部精要》上，第278页。
⑥ （元）谢应芳：《辨惑编》卷4《异端》，金沛霖主编：《四库全书子部精要》上，第278页。
⑦ 李修生主编：《全元文》第43册，第151页。

做了评论。陶宗仪《辍耕录》原文云：

> 至元（元惠宗年号）己卯间，娄敬之为本路治中，尝以休咎叩之（指俞竹心）。答曰：“公他日直至一品便休。”娄深信其说，弃职别进，适值壬午更化俯就省掾，升除益都府判，改换押字，宛然真书“一品”二字，未几卒于官所。此偶然耶？抑数使然耶？

下面是王玉德先生的评论：

> 陶宗仪是元末明初的一位务实学者，不好谈鬼神，而对此事感到惊奇，说明俞竹心算命很神奇。娄敬之的仕途被俞竹心偶然言中，这应归于俞竹心的全面考察。如果娄敬之是个庸常之辈，俞竹心能够说他官至一品？大凡一个人的前程，根据他目前的表现是可以推测出未来的，至少可以推测个大概。①

当然，对于占卜一类的迷信思想，我们要用历史的眼光去分析它和批判它，不能一棍子打死。占卜作为一种“不合理”的现象，尽管它已经失去必然性的东西，而且终究是要灭亡的，但这个灭亡不是说马上灭亡，而是需要一个比较漫长的历史过程。

其次，元朝巫觋的危害十分严重。对于巫觋的社会危害，谢应芳始终保持着清醒的认识。他说：“予蚤岁，见巫者为亲戚祀神，吐鄙俚之词，徼漫漶之福，辄羞赧去之。既长，即拒绝其人，虽见之亦不为礼。”②根据陈高华先生的研究，在元代，汉族地区盛行的算命、相面、占卜都与巫术有关，这是元代封建迷信出现的一个新特点。另外，“巫觋被认为能治病、预测未来，可以沟通人与鬼神；又能施行厌镇、蛊毒、采生等巫术，置人于死地”③，这种令人恐怖的气焰是元代各地大兴“淫祠”“妖祠”的主要社会根源。谢应芳在揭露巫觋“占疾”的妖妄时说：“如占疾，苟能断其安危决其吉凶，可也。今也必曰：‘某神祸之，某鬼祟之。祷则生，不则死。’吁！何其卦兆之间，灼见鬼神如是耶？其他妖妄，大率类此。”④在这里，巫觋利用了人们害怕死亡的心理和对生理及病理基本知识的“愚昧”，并用恐吓的手段，逼迫病人就范，“幸而愈则欣欣然归德于巫，如其不幸则曰祷之或迟也，祠之之礼或未至也，鬼神怒而夺之也”⑤。这种进而能攻、退而能守的杀人伎俩更加可怕，所以在此卜筮实际上已变成巫觋“假龟策以售妖诞之说”的工具，“与古相戾，无足取信”⑥，且“第以世降俗薄，视史巫觋，惑世诬民，增益土偶，妖形怪状，违越典礼，非一而足”⑦，“邪说害正，假祸福、托妖幻以诬蓍蔡之灵”⑧，难怪谢应芳忍无可忍地喊出了“生憎巫觋煽妖妄，疾视聃竺瞏纲常”⑨的讨伐之声。当然，谢应芳讨伐佛道及巫觋的武器主要是儒学的纲

---

① 王玉德：《方士的历史》，北京：中国文史出版社，2005年，第29—30页。
② （元）谢应芳：《辨惑编》卷2《巫觋》，金沛霖主编：《四库全书子部精要》上，第272页。
③ 常建华等：《新时期中国社会史研究概述》，天津：天津古籍出版社，2009年，第309页。
④ （元）谢应芳：《辨惑编》卷2《卜筮》，金沛霖主编：《四库全书子部精要》上，第273页。
⑤ （元）谢应芳：《辨惑编》附录《答陈先生祷疾书》，《景印文渊阁四库全书》第709册，第588页。
⑥ （元）谢应芳：《辨惑编》卷2《卜筮》，金沛霖主编：《四库全书子部精要》上，第273页。
⑦ 至顺《镇江志》卷8《神庙》，南京：江苏古籍出版社，1988年，第319页。
⑧ 李修生主编：《全元文》第43册，第230页。
⑨ （元）谢应芳：《龟巢稿》卷17《乐哉三首》之第二首，《景印文渊阁四库全书》第1218册，第416页。

常学说，在此前提下，里面亦多少包含着一定的传统科学知识。

3）反对巫觋的方法

在元朝，自发组织起来抵制巫觋造谣惑众者也不乏其人，例如，谢应芳曾记载了这样一件事情："无锡舁佛像由暨阳而来，鸣锣鼓，竖旗盖，仪从僭侈，家至以祸福惑人，取粟帛无算。东洲任耆老沮之，巫不逊被殴且以杖搪木偶，几踬而后去，邻庄有王氏者挞而逐之。"①与到处猖獗的元朝巫觋势力相比，这些零散的反巫觋力量显得非常弱小，还不足以构建真正抵御巫觋张狂势力的群众基础。在谢应芳看来，既然产生巫觋的主要原因是"愚昧"，那么，士大夫率先示范，应当就是弱化巫觋势力的一种积极办法。谢应芳说：

> 吁！闾阎无知之氓，信而用之，固无足责。若大夫、士亦信且惑，焉能无愧乎？苟欲正风俗，息妖妄，摈巫者不用，其在士大夫家始耳。②

从一般意义上说，"士大夫家"的知识素质相对于那些非"士大夫家"来说肯定都要高一些，他们受过传统儒学教育，头脑中应当有"敬鬼神而远之"③的自觉意识。而实际情况远比谢应芳所想象的要复杂，且不说"士大夫家"的具体情况千差万别，即使是士大夫本人的素质也高低不齐。我们权且抛开这些不说，仅就谢应芳的主体意识而言，他毕竟看到了知识是战胜巫觋的有力武器之一，这一点颇有进步意义。马林诺夫斯基曾说："凡是有偶然性的地方，凡是希望与恐惧之间的情感作用范围很广的地方，我们就见得到巫术。凡是事业一定，可靠，且为理智的方法与技术的过程所支配的地方，我们就见不到巫术。更可说，危险性大的地方就有巫术，绝对安全没有任何征兆底余地的就没有巫术。"④对于谢应芳来说，"为理智的方法与技术的过程所支配的地方"只能从一个个局部开始，从我做起。以治病为例，元朝很多地方医与巫之间的斗争程度都表现得非常激烈。谢应芳在《赠医士吴中行序》中说：

> 仆老吴下，常怪其俗之陋，尚鬼而多惑，嗜利而轻义。欲得卓越之士，不为习俗所移者，相与语道，盖廖廖耳。一日友人赵君执中书来，曰去年春，彝举家病疫，垂髫之儿，蒲伏薪水。适钱塘世医吴中行来，闵余故交，过门视疾，谓二亲已不可疗，彝则药而愈矣。时族姻比闾，方煽乎妖巫之妄，惧乎疫鬼之害，迹不及门，独中行暨里人陈希玄日一二至，扶持而药之，饘粥以饲之，彝得不死。未几吾亲果相继而殁。⑤

元人揭傒斯论述荆楚地区的巫觋猖獗情形时说：

> 楚俗信巫不信医，自三代以来为然，今为甚。凡疾，不计久近浅深，药一入口不效，即屏去；至于巫，反复十数不效，不悔，且引咎痛自责，殚其财，竭其力，卒不效且死，乃交责之曰：是医于误，而用巫之晚也。终不一语加咎巫。故功恒归于巫，

① （元）谢应芳：《龟巢稿》卷17《赠袁居士》，《景印文渊阁四库全书》第1218册，第418—419页。
② （元）谢应芳：《辨惑编》卷2《巫觋》，金沛霖主编：《四库全书子部精要》上，第272页。
③ （春秋）孔子著，杨伯峻、杨蓬彬注译：《论语·雍也》，长沙：岳麓书社，2018年，第79页。
④ ［英］马林诺夫斯基：《巫术科学宗教与神话》，李安宅译，北京：中国民间文艺出版社，1986年，第122页。
⑤ 李修生主编：《全元文》第43册，第162—163页。

而败恒归于医，效不效，巫恒受上赏，而医辄后焉。故医之稍欲急于利，信于人，又必假邪魅之候以为容，虽上智鲜不惑。①

谢应芳以血的事实告诫人们，巫觋除了害人，别无用处。他说：

天历中大疫，由母氏以及同产皆遘疟，务求医药，不事祈祷，既而病者俱瘥，予则无恙。时邻里崇淫祀者，适多毙于疫，或以是颇叹异之，观此，亦可见淫祀之不足信。②

可见，医与巫的斗争是多么残酷。此外，陈高华先生在《元代的巫觋与巫术》一文中亦列举了不少这方面的实例③，读者可以参考。

谢应芳在反对巫觋的斗争过程中，自觉地举起了理学这面旗帜。不过，对理学与无神论的关系，我们将留在后文详论。在这里，仅限于谈论谢应芳对于疾病的认识。如前所述，巫觋把人之疾患能否治愈归因于鬼神的喜和怒，显系妖妄之说，而在谢应芳看来，正确的解释则是："初其有疾疢，由于气之乖戾，犹阴阳戾而两间之灾咎见焉。苟以人之有疾祸，由鬼神则两间之灾咎又孰祸？夫天耶，理固灼然，人莫之信。如应芳者，赖以经训之力，颇明是理，不为巫祝所惑。""两间"即天地之间，谢应芳的意思是说人与天地之间皆由阴阳二气所构成，"阴平阳秘，精神乃治，阴阳离决，精气乃绝"④。虽然用阴阳二气解释疾病的发生机理比较抽象，但是在西方医学没有传入中国之前，谢应芳用阴阳范畴解释疾病形成的机理符合中国医学的基本理论，在当时是一种科学见解。

在宋代，巫师以邪术治病被法律所禁止。例如，宋太宗首次明确诏令："两浙诸州先有衣绯裙、中单，执刀吹角，称治病巫者，并严加禁断，吏谨捕之。犯者以造妖惑众论，置于法。"⑤自此之后，宋代陆续颁布了不少诸如此类的法令。至于效果如何，那是另外一个问题，仅就宋朝统治者的尚医意识而言，它的先进性和积极意义不言而喻。与之相较，元代统治者并没有从法律的层面来禁止巫觋的活动，这是造成元代巫觋活动日益泛滥的主要原因之一。谢应芳以个人之力，抵制、抨击巫觋对社会的危害，可以说做到了最大，他不愧为一名"卫正辟邪"的战斗的无神论者。

3. 反对淫祀迷信

根据《礼记·祭法》的解释，国家对祭祀的对象有非常严格的规定："夫圣王之制祭祀也，法施于民则祀之，以死勤事则祀之，以劳定国则祀之，能御大灾则祀之，能捍大患则祀之。"⑥然而，随着社会的发展，朝代的变换，祭法逐渐与鬼神观念相结合，巫化倾向亦越来越严重。到元朝时，已经出现了"妄意徼福，谄非其鬼，泛然以大号加封，紊杂祀典，

---

① （元）揭傒斯：《文安集》卷 8《赠医氏汤伯高序》，《景印文渊阁四库全书》第 1208 册，第 218 页。

② （元）谢应芳：《辨惑编》卷 1《淫祀》，金沛霖主编：《四库全书子部精要》上，第 271 页。

③ 陈高华：《元代的巫觋与巫术》，《浙江社会科学》2000 年第 2 期，第 119—123 页。

④ 《黄帝内经素问》卷 1《生气通天论篇》，陈振相、宋贵美：《中国十大经典全录》，第 11 页。

⑤ （清）徐松辑，刘琳等校点：《宋会要辑稿》刑法 2 之 5，第 8283 页。

⑥ 陈成国：《四书五经校注本·礼记》，第 660 页。

祠庙滋多”[1]的现象。其主要表现如下。

1）盛行“采生”之风

《元典章》载：荆湖地区土人“每遇闰岁，纠合凶愚，潜伏草莽，采取生人，非理屠戮，彩画邪鬼，买觅师巫祭赛，名曰‘采生’。所祭之神……能使猖鬼。但有求索，不劳而得。日逐祈祷，相扇成风”[2]。“采生”的后果虽然在法律上规定“凌迟处死，仍没其家产”，但是在实践中往往难有成效。例如，“采生”之风一直到明清时期仍是一个非常严重的社会问题，即是明证。[3]“采生”所伤害的对象一般都是未成年男女，手段极其残忍，故元明清各朝均以重典进行惩处和打击。例如，《大清律例》规定：“凡采生折割人者，凌迟处死，财产断付死者之家。妻子及同居家口，虽不知情，并流二千里安置。为从者，斩。”[4]

2）庙貌之滥有伤风俗

《释名》云：“宗，尊也；庙，貌也。”在此，“庙貌”就是指庙宇及神像。在中国古代，宗庙建筑已经形成了一个庞大的礼制建筑体系。从历史演变的趋势看，宋元时期的庙貌呈越来越滥之倾向。例如，朱熹说：“古人祭山川，只是设坛位以祭之，祭时便有，祭了便无，故不至亵渎。后世却先立个庙貌，所以反致惑乱人心，侥求非望，无所不至。”[5]元朝有国家举行的正祀，如大德五年（1301）八月诏：“岳镇海渎、名山大川、风师雨师雷师，当祀之日，须以本处正官斋洁行事，有废不举祀、不敬者，本道廉访司纠弹，钦此。”[6]在此风的导引之下，民间祭祀更盛。关于元朝祭祀之滥，仅从《元人文集篇目分类索引》史事典制部分所录“三礼教”和“祭礼”两部分的篇目即可窥之一斑。[7]本来在中国古代，民间信仰即已十分庞杂，千奇百怪，形形色色。可是，随着佛教和道教造神活动的肆虐，触点所及，便使那些原本存在于信仰之中的各种鬼神转而被物化为一尊尊“庙貌”，劳民伤财，伤风败俗。例如，苏州葑门有晋朝顾荣墓，有“丛祠一区”，元末时“有无知之民，舁置土地神塑像数辈，列坐其中，其荒谬淫亵，有不可胜诛者”[8]；又，“地灵祠设夫妇之像”，而“土地之于山岳类也，庙貌之设，已为不经，况复加之配偶乎”[9]，“今肖像之设，夫妇偶坐，楚楚乎裙钗之饰，盈盈乎珠珍之妆。侍从旁立，男女杂处，俨然坐圣人清庙之下，能无耻乎”[10]等。谢应芳说，他“生长吴楚间，每见邑里之人，岁时烝尝皆菲然食饮而已。至于山川、鬼神妄意徼福，动辄致大牲以祀享之”[11]。而“古人宗法，子孙于祖先，亦是的（嫡）

① （元）谢应芳：《辨惑编》附录《辨讹》，文渊阁《四库全书》本。

② 祖生利、李崇兴点校：《大元圣政国朝典章》卷41《刑部三·不道·禁采生祭鬼》，太原：山西古籍出版社，2004年，第68页。

③ 陈平原、王德威、商伟：《晚明与晚清：历史传承与文化创新》，武汉：湖北教育出版社，2002年，第150—159页。

④ 张荣铮、刘勇强、金懋初点校：《大清律例》卷26《采生折割人》，天津：天津古籍出版社，1993年，第452页。

⑤ （元）谢应芳：《辨惑编》卷1《祭祀》，《景印文渊阁四库全书》第709册，第546页。

⑥ （明）汪子卿撰，周郢校证：《泰山志校证》卷1，合肥：黄山书社，2006年，第123页。

⑦ 陆峻岭：《元人文集篇目分类索引》，北京：中华书局，1979年，第329—333页。

⑧ 李修生主编：《全元文》第43册，第28页。

⑨ 李修生主编：《全元文》第43册，第26—27页。

⑩ 李修生主编：《全元文》第43册，第25页。

⑪ （元）谢应芳：《辨惑编》卷1《祭祀》，金沛霖主编：《四库全书子部精要》上，第270页。

派方承祭祀，在旁支不敢专。今人况于祖先之外，又招许多淫昏鬼神入来，家家事佛、事神，是多少淫祀"[1]。

对于元代淫祀之滥，谢应芳除了口诛笔伐之外，最好、最管用的办法是借助政府的力量来禁毁它们。他自己坦言：在反对淫祀方面，"偶有感触，奋然欲为，力虽不足，亦必假手于人，卒于成而后已"[2]。比如，在《上盛教谕论土地夫人书》中，谢应芳说：常州路"土地旧多淫祀，尝询之应芳，悉皆除去，但夫人之像为或者所沮而存，余尽力请毁之。至书再上，教授乃白诸郡守贾侯，侯然之，像遂毁"[3]；在《请除淫祠文》中又说：元末明初常州府"西城门外有不得姓土男子，突然于大驿路旁创立神庙，称为金家，煽惑群氓，烧香不绝，若不早为禁止，将来为患，可胜言哉！"[4]等。谢应芳为正风俗、息妖妄，可谓不遗余力。他的信念是：如果毁淫祀之类事情，"或获戾于鬼神者，凡有殃咎，宜加于某之身无悔"[5]。在谢应芳看来，天地之浩然正气，"在天则为风、为霆、为秋霜烈日，在地则为草而指佞，犬而咋奸，豸而触邪"[6]。总而言之，"除一物而免众人之害，德莫大者也"[7]。

当然，民众在日常生活中如果没有一种安全感，禁止神学迷信就只能变成一句空话。有鉴于此，谢应芳在《上沈太守启》和《上梅知州陆同知启》两文中，反复陈述苏州、吴江、常州等地社会治安严重恶化的状况。他说：

> 闻近日有鼠窃狗偷之辈，在各乡如蜂屯蚁聚之多。或穿墉以逾垣，或发匮以胠箧。或牵去春耕之犊，或移人夜泊之舟。或劫行商，囊橐为之席卷；或因逃难，妻孥与之偕亡。或如斫严颜之头，或若断孤儿之臂。惨惨星月见遭毒手，渺渺烟波逸去凶身。溅血菰蒲，伏尸洲渚。漂流于五都十都之境，臭腐于六月七月之时。里正不敢言，恐烦捡覆；乡邻寂无语，惧有干连。致使跳梁，转加延蔓。天阴地湿，但闻冤鬼之声；水远山遥，浑是愁人之景。[8]

按照马斯洛的需求层次理论，人的需求可划分为五个层次：第一个层次是生理需求，第二个层次是安全需求，第三个层次是归属和爱的需求，第四个层次是尊重需求，第五个层次是自我实现需求。其中安全需求包括人身安全、健康保障、资源所有性、财产所有性、道德保障、家庭安全等内容。以此衡量，则元代的安全需求距离人们的实际要求相差甚远。尽管安全需求可以通过外在条件来满足，但是当外在条件无法满足其安全需求时，人们就必然会求助于宗教神灵的佑助，这是宗教赖以产生的客观物质基础。例如，吴州一带地区"常怪其俗之陋，尚鬼而多惑，嗜利而轻义"[9]，如果我们把吴州等地的"尚鬼而多惑"陋

---

① （元）谢应芳：《辨惑编》卷 1《淫祀》，金沛霖主编：《四库全书子部精要》上，第 271 页。
② 李修生主编：《全元文》第 43 册，第 27 页。
③ 李修生主编：《全元文》第 43 册，第 25 页。
④ 李修生主编：《全元文》第 43 册，第 228 页。
⑤ 李修生主编：《全元文》第 43 册，第 26 页。
⑥ 李修生主编：《全元文》第 43 册，第 29 页。
⑦ 李修生主编：《全元文》第 43 册，第 29 页。
⑧ 李修生主编：《全元文》第 43 册，第 93 页。
⑨ 李修生主编：《全元文》第 43 册，第 162 页。

俗与前面“浑是愁人之景”的情形相比照，就能非常清楚地看出两者之间具有某种必然的联系。谢应芳似乎也看到了这一点。因此，他把“因事究凶强之党”[①]视为地方官吏丕变民风[②]的重要职责之一。

以上是谢应芳反对神学迷信的主要思想内容和坚持无神论的主要科学实践活动，其他如在方位、择葬、相术、死生等问题上的观点和看法，可参见秦志勇著的《中国元代思想史》相关章节及马俊南的《试论元明之际的重要无神论者谢应芳》一文，此不赘述。

二、谢应芳反对宗教神学的斗争经验和学术影响

（一）谢应芳反对宗教神学的斗争经验

1. 贴近社会下层是谢应芳反对宗教神学的物质基础

首先，谢应芳长期过着一种漂泊不定和自食其力的清贫生活。谢应芳在《龟巢后记》中说：“是岁八月之初，天兵自西州来者，火四郊而食其人，吾之龟巢与先世旧宅俱烬矣。予乃船妻子，间行而东，过横山，窜无锡，期月之间，屡濒于危。当是时，跧伏蓬应，屏息若支床者，然又数数引颈回顾，以恋其故土。明年仲秋至娄江，东近于海，潮风汐雨，飘摇栖苴。久之，遂舍之，从人间借屋而寓。阅四年，凡五徙，闻邻邑无噍类，于是同室之人幸若再生，虽贫窶不以为苦，且复以为乐也。”[③]在这里，所谓“天兵”是指朱元璋领导的反元起义军。虽然他的“龟巢与先旧宅俱烬”，流离失所，最后不得不寄人篱下，“从人借屋而寓”，但是谢应芳的内心是激动的，因为当时的历史发展已经走入了革故鼎新的转折时期。在这个过程中，他以笔代耕始终过着自食其力的贫穷生活。谢应芳曾这样描述一家人的生活状况：“三农闾伍共烟霞，数口清贫第一家。瓦釜煮糜烧槲叶，布裘添絮着芦花。”[④]他在《与孝章殷君书》中又说：“家累百六十指，借屋而居。仲春以来，颓椽败壁，湿薪破灶，视累辈若有不豫色者。”[⑤]文中所说“家累百六十指”言一家老小共计16口，这种生活体验，使谢应芳更易于同情和关心下层民众的疾苦。对此，他在《上何太守书》中讲得非常具体。他说：

> 仆虽穷居一室，从事笔耕，然日与田夫野老为伍，而知其休戚焉。……如某者，以笔代耕，田无寸土，于官赋轻重本无干预，然斯民疾苦之状，日惨于目，嗟怨之声，日刺于耳，诚有所不忍者。[⑥]

其次，主张“为政以恤民为先”。谢应芳关注下层民众的疾苦，这是他不断上书地方官员讲求“爱民之术”的出发点。经检索，《全元文》总共收录了谢应芳的各种“上书”或“上

① 李修生主编：《全元文》第43册，第93页。
② 李修生主编：《全元文》第43册，第92页。
③ 李修生主编：《全元文》第43册，第236页。
④ （元）谢应芳：《龟巢稿》卷5《徙居横山口号》，《景印文渊阁四库全书》第1218册，第126页。
⑤ 李修生主编：《全元文》第43册，第34页。
⑥ 李修生主编：《全元文》第43册，第35页。

启”16篇，其中以《上张太尉启》和《上周郎中陈言五事启》最有代表性。

在《上张太尉启》一文中，谢应芳提出了以“布以新条，革除旧弊”为核心的“六事”思想。其具体内容是：

> 开荒田则为富国之原，设屯田则为守边之计。除民瘼则免诛求之苦，积军储则无匮乏之忧。广盐榷之法则远近流通，恤军士之家则存亡感激。①

这“六事”均没有展开，但对谢应芳来说，像“开荒田”“除民瘼”“积军储”三事，是执政者的首要，所以，他后来在《上周郎中陈言五事启》一文中，对上述三事做了进一步的阐释，非常具体。谢应芳所生活的江浙地区，是宋代农业经济水平发展较高的地区之一，故南宋有“苏湖熟，天下足”的民谚。然而，到了元代中后期，由于地方政府横征暴敛，又因天灾人祸交加，使得江浙地区的农业经济不断衰落。谢应芳总结其原因说：

> 今长洲县、昆山州等处，水深围田，积荒岁久。无锡、常熟等残破地面，荆棘连天，其各处流移之民，糊口四方而无卓锥之地，是皆欲业耕以养生者也。但所虑者，犁锄才举，即有征科，庐舍未完，便当差役，是以宁受艰辛，且逃租赋，宁甘穷饿，不还乡土。每岁虽蒙官司招谕复业，及委官劝农不为不至，而民之所虑如此，遂成虚名。②

可见，农业经济的恢复和发展，不仅在于宽民和恤民的政策，而且在于执行政策的各级官吏是否能够将其宽民和恤民的政策落到实处。通常的情形是，基层官吏往往敲诈勒索，中饱私囊，而置百姓的死活于不顾，是为“民瘼”。因此，“除民瘼”便成为谢应芳上书元朝统治者“革除旧弊”的中心议题。谢应芳清楚地意识到，“为政以恤民为先，若夫民瘼未除，而谓能恤之者谬矣”③，以此为前提，他控诉了基层地方官吏野蛮执法的粗暴情形：

> 如昆山州等处，去年旱涝相兼，高田则禾苗枯槁，低田则积水弥漫。各都里正及佃户细民，经官告状，俱有堪信显迹，不期验灾官吏不行诣田踏视，从实免征，止坐各州县衙门及诸寺观，逼令乡胥里正一概伏熟。继后部粮官吏验数纳征，其细民弃业逃亡十去八九，但将各处里正絣扒吊打，责限陪比，破家荡产，终不能足。④

这种情形在当时具有普遍性。从元朝统治者的角度看，蒙古忽必烈汗中统元年（1260），忽必烈颁布“宣抚司条款”，其中就有“灾伤减免田租”一项内容。可是，在实际执行的过程中，受灾佃户是否能够真正享受此“灾免之制”给他们带来的诸多恩泽，那就很难说了。例如，《元典章・户部》卷9《栓踏灾伤体例》载至元十九年（1282）御史台咨文：“各处每年申到蚕、麦、秋田水旱等灾伤，凭准各道按察司正官检视明白，至日验分数依例除免。近年以来，按察司官不为随即检踏，宜待因轮巡按，勘已是过时，又是番耕改种，以致积累合免差税数多，上司为无检伤明文，止作大数一体追征，逼迫人民，甚至生受。按察司

---

① 李修生主编：《全元文》第43册，第106页。
② 李修生主编：《全元文》第43册，第111页。
③ 李修生主编：《全元文》第43册，第111页。
④ 李修生主编：《全元文》第43册，第111—112页。

官所至之处，职当问民疾苦，岂可因循如此？今后，各道按察司如承各路官司中牒，灾伤去处，正官随即检踏实损分数，明白回牒各处官司，缴连申部，随即除免，庶使百姓少安。”[①]然而，元朝统治者的救荒政策经过多个执行环节之后，真正到了基层则早已变了味。例如，至元二十五年（1288），“江淮饥，命行省赈之，吏与富民因缘为奸，多不及贫者”[②]，即是在京师（自至元二十二年始行赈籴之制），也“多为豪强嗜利之徒，用计巧取，弗能周及贫民”[③]，这是一种在赈灾过程中所出现的赈富漏贫现象；又，“宦豪富强之家，乘人之急，取利过倍。少有逋欠，凌虐百端。或于借贷之时勒令并利作本，虚立文约，明取三分，实收过倍之数。或有还欠利息，倒换文凭，利上生利。或宽收窄放，更易斗斛。或左右邀求，减克分例”[④]，这是高利贷商人与验灾官吏连襟勾结，趁灾荒之际，荼毒饥民的现象[⑤]等，灾荒及由此而派生出来的种种危象，已经成为元朝统治者走向灭亡的信号。

军储是提高军队战斗力的重要物质保障之一，然而，由于种种原因，如频年水涝，岁无全收，加之“凡有赏劳，俱用米粟”[⑥]等，元朝“国家军储之用，常恐不敷”[⑦]，这是一个极其严重的问题。于是，谢应芳向周郎中提议：“今后宜从省府移文，禀知太尉，遇有功赏，从公斟酌。或加以多爵之荣，或犒之金银等物。”其目的是：“樽节米粮，以备饥荒。如此则仓廪之积，日增月羡，漕运可供，军储可给，而民无和籴预借之患矣。”[⑧]

谢应芳希望通过“抑强扶弱”及“樽节米粮”等措施，以尽量消除造成社会不稳定的严重隐患。毫无疑问，他的出发点是好的。可惜，他仅仅是一介书生，只能秉笔直书，而无法付诸实际，但这丝毫无损于他的卓越思想。在此，由谢应芳这个史例，我们越加感到“国家兴亡匹夫有责”这句话的内在分量，知识分子的良知和他们对社会政治的热忱是中华民族永远立于不败之地的精神动力！

既然救灾之良法“申明举行，则在乎人耳”[⑨]，那么，如何遏止官吏的腐败，就是一个不能回避的要害问题了。在“增俸禄”之启中，谢应芳提出了“高薪养廉”的主张。他说：

> 以官吏俸给之数，酌古准今，量加增益，如此则居官者可以绝贪墨之心，而百姓无侵渔之患矣。[⑩]

在当时的历史条件下，谢应芳的想法未免单纯和幼稚，封建社会的官吏历来贪心不足，仅仅依靠增益俸给是远不能绝居官者的贪墨之心的。当然，适当地增加一般官吏的俸给，使之不为穷困所扰，安心操持百姓生计，亦不失为一种有限度地调控封建官吏执政水平的

---

① 彭勃：《中华监察大典·法律卷》，北京：中国政法大学出版社，1994年，第492页。
② 《元史》卷29《世祖本纪十二》，第311页。
③ 《元史》卷96《食货志四》，第2476页。
④ 李修生主编：《全元文》第43册，第112页。
⑤ 王晓清：《元代前期灾荒经济简论》，《中国农史》1987年第4期，第25页。
⑥ 李修生主编：《全元文》第43册，第113页。
⑦ 李修生主编：《全元文》第43册，第113页。
⑧ 李修生主编：《全元文》第43册，第113页。
⑨ （元）苏天爵：《元文类》卷40《常平义仓》，上海：商务印书馆，1936年，第542页。
⑩ 李修生主编：《全元文》第43册，第113页。

实际措施，但我们必须同时看到它的局限性。

2. 坚持科学的思维方法是谢应芳反对宗教神学的思想前提

谢应芳给自己提出了下面的人生准则："行日用常行之道，读生平未读之书。"①

对于"日用常行"，很多人往往不能用正确的观点来引导之。如前所述，社会上盛行的各种封建迷信，说到底都是一种错误思维所产生的行为结果。例如，对于生与死的认识，谢应芳指出："死生亦大矣。非原始要终，以知其说者，往往贪生畏死，而为异端邪说之所惑。苟知之，则生顺死安，可以无疑矣。"②此处所言"知之"，即是认识到人的生死完全是一个自然过程，是元气的一种存在状态，生死皆"自然之理"。谢应芳解释说："生，人之始也；死，人之终也。终始俱善，人道毕矣。"③他赞同二程的生死观："人之所生，精气聚也。人只有许多气，须是有个尽时，尽则魂气归于天，形魄归于地而死矣。"④因而在《题敬亲楼诗卷后》，谢应芳直言"魂气归于天，形魄归于地"⑤。尽管在今天看来，用形气观来解释人的生与死，还存在着一定的缺陷，但在当时的历史背景下，这种认识具有朴素唯物论的思想因素，其积极意义应当肯定。

谢应芳推崇"其心出乎声利之外"的医士，此与"世俗以疾，咎鬼神者多矣"⑥的社会现实有关。在元代的广大城乡，传统中医学知识尚不普及，人们对疾病防治还缺乏基本的常识。何以至此？究其原因，除了社会因素之外，还与医学本身的传承有联系，其中"秘传"即是阻碍医学走向大众化的一个重要因素。所以为了表彰元代医士不吝仁术于众多患者，谢应芳非常关注医术的世代传承。例如，他在《赠昆山医士王彦德诗序》一文中说："人恒言，医之难莫难于小儿，盖稚骇之幼年，利害有不明，言语不通，疾则易为颠踬，犹草木之萌，易摧折也。吾知彦德方寸之天，不蔽于欲，一以理之明推治众疾，而疾无不治者，扩而充之，非所难也，特专科以世其家耳。"⑦在谢应芳的观念里，"一以理之明推治众疾"并不难，难就难在"特专科以世其家耳"，即医术的传承最难。正是从这个意义上，谢应芳对高彦述之医学成就给予了高度评价："彦述之学，源远流清"，其"先辈葛氏方山翁以善治伤寒，独步江表。高公明德为外甥而受其业，青出于蓝，故当时人谓有秘传焉"，彦述则"业复如之。比年以来，人之抱危疾以赖全活者纷纷也"。因谢应芳与方山翁有交情，所以他知道世人所说的"秘传"，其实就是方山翁对张仲景的《伤寒论》的独到认识。即"张长沙论伤寒传变，总若干万言，其要在经之《热病》一篇六百四十九字而已。人能明是经之理，则终身用之有不能尽者"。因此，"夫彦述之可敬者，能象贤以承家学"⑧。对于中医学的传承，从大处着眼，则"农皇古神圣以人道急于养生，是故作耒耜，教之粒食，又为

① 李修生主编：《全元文》第43册，第87页。

② （元）谢应芳：《辨惑编》卷1《死生》，金沛霖主编：《四库全书子部精要》上，第268页。

③ （元）谢应芳：《辨惑编》卷1《死生》，金沛霖主编：《四库全书子部精要》上，第268页。

④ （元）谢应芳：《辨惑编》卷1《死生》，金沛霖主编：《四库全书子部精要》上，第268页。

⑤ 李修生主编：《全元文》第43册，第201页。

⑥ （元）谢应芳：《辨惑编》卷1《疫疠》，金沛霖主编：《四库全书子部精要》上，第269页。

⑦ 李修生主编：《全元文》第43册，第193页。

⑧ 李修生主编：《全元文》第43册，第192页。

之医药，以济其夭阏，而《本草》之书出焉。既而轩岐问答，《灵枢》、《素问》，与《本草》并行，为医家之大经大法也”[①]。就此而言，中医学所言之“家传”或“秘传”基本上不出上述“医家之大经大法”的范围。即使清代赵学敏所讲的“走方术”，虽“徒侣多动色相戒，秘不轻授”，但实际上也是“不悖于古”[②]，与“医家之大经大法”不相乖违。

在宇宙观方面，谢应芳认为，“阴阳消长之理，无往不返，盖一阖而一辟者也。夫斡流推旋，无端无始，此天道之所以立也”[③]。他承认事物的运动是一个阴阳消长过程，且这个过程是无限的。然而，在“无往不返”的条件下，事物“一阖而一辟”的运动不是螺旋式的上升，而是一种循环运动。不过，与一般的循环论不同，谢应芳看到新事物的成长是一个由弱到强和由小到大的发展过程。他说：“万物既老于坤而萌芽于复，盖惧春生之不蕃，故以养以藏之甚密也。”[④]从“藏之甚密”到“春生”，尽管谢应芳没有概括出由量变发展到质变的规律，但细细推敲，里面确实包含着“质变”的思想因素。矛盾论认为，对立的双方既统一又斗争，推动着客观事物的发展变化，特别是矛盾双方向着自己的对立面发生转化。从这个意义上讲，转化就意味着事物发展过程中的质变，谢应芳将这个过程称为“复”。他说：“然则复，其见天地之心微至诚者，亦孰得而识也。且天理之复，固有其常，而人心之复，亦不可逆。故夫恶极必善，乱极必宁，柔极必刚，晦极必明。”[⑤]尽管谢应芳对“复”的思想没有作进一步的阐释和发挥，但是他的“维新”[⑥]、“更化”[⑦]观却与“复”有关，或可把“更化”和“维新”看作“复”在历史运动过程中的一种外在表现。例如，谢应芳说：“尝闻国家更化，务从宽大以安民。”[⑧]把“更化”与“安民”联系起来，确是谢应芳对历史运动规律的一种深刻反思，民不安则国乱，国乱则必然“更化”。

3. 崇奉理学是谢应芳反对宗教神学的理论武器

在《辨惑编》中，谢应芳引录最多的圣贤之言，便是程朱理学。例如，“死生”“鬼神”“祭祀”“淫祀”“妖怪”“卜筮”“治丧”“择葬”“禄命”“时日”“异端”等目，都有程朱的言论。可见，理学是谢应芳用以坚决反对宗教神学的最重要的理论武器之一。以“妖怪”一目为例，谢应芳引述了二程对待鬼神的态度，非常典型。原文云：

> 程明道先生为上元令，茅山有龙如蜥蜴而五色，祥符中，中使取二龙。奏云：一龙于半途飞去。土人严奉以为神物。明道捕而脯之，使人不惑。先生在鄠，有僧舍，岁传石佛放光，男女聚观，昼夜杂处。为政者畏其神，莫敢禁。先生始至，诘其僧曰：“吾闻石佛岁现光，有诸？”曰：“然。”戒曰：“俟复观，必先白，吾职事不能往，当取其首就观之。”自是不复有光。伊川先生在官廨，有报曰：“鬼使扇。”先生曰：“他

---

① 李修生主编：《全元文》第43册，第258—259页。
② （清）赵学敏：《串雅序》，李济康主编：《历代医古文名篇译注》，上海：上海中医药大学出版社，1995年，第233页。
③ 李修生主编：《全元文》第43册，第3页。
④ 李修生主编：《全元文》第43册，第3页。
⑤ 李修生主编：《全元文》第43册，第3页。
⑥ 李修生主编：《全元文》第43册，第10页。
⑦ 李修生主编：《全元文》第43册，第36页。
⑧ 李修生主编：《全元文》第43册，第36页。

热故耳。”又报曰：“鬼打鼓。”曰：“以槌与之。”其怪自灭。[①]

所以，对于程朱理学与无神论的关系，美国学者明恩溥在《中国人的素质》一书里讲了下面一段话。他说：

> 中国下层阶级的多神论和泛神论，与上层阶级的无神论正好形成对比。从深谙于此的人们的论述，从众多的表面迹象以及从“天理”之中，我们不难作出总结：中国的儒学家是这个地球上最为彻底的一群受过教育和教化的不可知论者和无神论者。“天理”这个说法，指的是宋代唯物主义的注释者对中国知识界的著名影响。一位博学的中国经籍的注释家朱熹，他有着绝对的权威，对他的论点的任何疑问都被视为异端邪说。结果是，他对经籍的注释，不仅完全从唯物主义立场进行阐释，而且就我们理解，他的解释完全是无神论的，它的影响遮掩了经典原有的教导。[②]

《中国人的素质》这部书曾深刻地影响过鲁迅，而鲁迅也曾多次向国人推荐此书，说明明恩溥对中国传统文化的认识比较近于客观。但他主张“中国的儒学家是这个地球上最为彻底的一群受过教育和教化的不可知论者和无神论者”则肯定言过其实，如朱熹就对“卜筮”之说留有余地，他说：“如卜筮，自伏羲尧舜以来，皆用之，有何不可？”[③]不过，在主要方面，程朱理学确实倾向于无神论亦是事实。因此，我们便不能不谈到“天理”这个概念。蒙培元先生解释“天理”有两义：一是规律的意思；二是本质、本性的意思。在他看来，“这两个方面并不是截然分开的，性理就是所当然，而所当然就是所以然，二者是合而为一的”，因此，“‘理’作为本体范畴，同时又是价值范畴，是二者的合一”，又，“从宇宙论讲，‘理’主要不是讲人伦关系，而是讲自然界的一般规律”[④]。从谢应芳的有关言论分析，他的无神论思想就带有鲜明的“理”学特色。

首先，从宇宙论或本体论的角度讲，谢应芳认为：

> 物本乎天，而天宰之者，理也。夫所谓自然者，如阴阳之消长，日月星辰之运行，江河之所以流，山岳之所以峙，草木鸟兽昆虫之所以动植变化。至如人，大者如三纲五常，富贵贫贱，死生寿夭之类，小者如四肢百骸，饮食衣服，宫室车马之属，皆本乎自然之天。昧者乃欲以人胜天而不听之，若季孙氏以鲁大夫僭天子礼乐，富于周公，秦皇汉武欲长生不死者，未尝不自祸其身也。[⑤]

这一段的中心思想就是讲自然界和人类社会都受规律的支配，天地之间没有超越规律之上的东西。从这个角度，谢应芳认为“人定胜天”是违背规律之举，因而最终必将受到规律的惩罚。例如，生死是一个自然规律，宇宙间的任何事物都“有生必有死，有始必有

---

① （元）谢应芳：《辨惑编》卷1《妖怪》，金沛霖主编：《四库全书子部精要》上，第272页。

② ［美］明恩溥：《中国人的素质》，秦悦译，上海：学林出版社，2001年，第257页。

③ （元）谢应芳：《辨惑编》卷2《卜筮》，金沛霖主编：《四库全书子部精要》上，第273页。

④ 蒙培元：《理学范畴系统》，第13—15页。

⑤ 李修生主编：《全元文》第43册，第219页。

终”[①]，所以“秦皇汉武欲长生不死者，未尝不自祸其身”。有了这个前提，我们就能够理解，谢应芳为什么理直气壮地反对神学迷信。因为除自然规律不可抗拒之外，没有任何事物比自然规律更神圣。于是，谢应芳述贤者的话说：

（欧阳修）“生而必死，亦自然之理也。”[②]

（朱熹）“若论正理，则树上忽然生花，空中忽然有雷电、风雨，此乃造化之迹，人所常见，故不之怪。忽闻鬼叫，则以为怪。不知此亦造化之迹，但不是正理，故以为怪。”[③]这里所言“正理”是指自然界的正常现象，而人们所说的“鬼怪”则是指自然界的反常现象，但无论正常现象还是反常现象，都是自然规律的外在表现，因而是一种客观的自然现象。

（张栻）“信夫事之妄，而不察夫理之真，于是鬼神之说，沦于空虚，而所谓交于幽明者，皆失其理。”[④]

（谢上蔡）“若是淫邪，窃食而已，必无降福之理。”[⑤]这就否定了“淫邪”与“降福”之间的联系，实际上他揭露了“淫邪”仅仅是巫觋们用以骗人的把戏而已。

如果以上事例尚嫌不清晰，那么，谢应芳在下面的阐释中，强调“理”的自然规律的性质就再直截了当不过了。谢应芳在介绍医士张恒斋的医学特色时说：

> 盖公自蚤岁究心于儒者之学，以明物理。轩、歧以下，数千载医药之书，莫不探赜索隐，触处洞然，未尝出诡秘一言，以自神其术也。[⑥]

前面讲过，从理的范畴来说，“儒者之学”包括自然之理和性理两个方面的内容，其中“自然之理”即是物理。据此，则张恒斋身上所体现出来的便是一种真正以探求“物理”为价值目标的科学精神。

其次，从性理的角度讲，谢应芳认为儒家的性理比自然之理的层次更高。下面一件事情十分典型地折射出了谢应芳的这种思想动态：

> （伯礼）尝谓人曰：“吾为医家方技，可以寓吾心之仁，以济夫人，故先之，非以儒为迂而后之也。”吁，伯礼言此，其知道乎！然九流百家，莫大于儒，儒之道莫大于仁，伯礼知医药之方，或未知仁之方。《传》曰：“己立立人，己达达人，仁之方也。”尼山大圣，盖得夫唐虞三代之传，传之万世，以康济斯民，非金匮石室之方可同年而语者。[⑦]

可见，对自然之理的认知，谢应芳是有限度的。当人们用自然之理的学问来轻视或诋毁儒家思想学说时，他会毫不客气地站在维护儒家学说的权威性立场，来贬低自然科学的地位。这个局限性是理学家的通病，程朱如此，谢应芳亦如此。当然，我们在此揭示谢应芳思想中

---

① （元）谢应芳：《辨惑编》卷1《死生》，金沛霖主编：《四库全书子部精要》上，第268页。
② （元）谢应芳：《辨惑编》卷1《死生》，金沛霖主编：《四库全书子部精要》上，第268页。
③ （元）谢应芳：《辨惑编》卷1《鬼神》，金沛霖主编：《四库全书子部精要》上，第270页。
④ （元）谢应芳：《辨惑编》卷1《鬼神》，金沛霖主编：《四库全书子部精要》上，第270页。
⑤ （元）谢应芳：《辨惑编》卷1《淫祀》，金沛霖主编：《四库全书子部精要》上，第271页。
⑥ 李修生主编：《全元文》第43册，第173页。
⑦ 李修生主编：《全元文》第43册，第255页。

的局限性，并不意味着矮化了他的无神论思想，恰恰相反，从各个角度观察和分析谢应芳的无神论思想，更能够使我们看到一个活生生的历史人物，他的思想中既有光辉的一面，又有不发光的一面，这就是真实的谢应芳，是一个活在历史发展过程中的谢应芳。

（二）谢应芳反对宗教神学的学术影响

（1）在谢应芳周围形成了一个反对宗教神学的战斗群体。与历史上的无神论者如王充、范缜、刘知几、皮日休、储泳不同，谢应芳不是孤军奋战，而是联合了诸多志同道合者，组成了一个无神论群体，这是谢应芳无神论思想的一个重要特点。他在《答陈先生祷疾书》一文中有一段小注，内容是："先生名师可，字伯大，应芳父执也。雅相爱，为忘年交。以予痛斥巫祝，吠雪之犬所在成群，故遗书见诘。予答是书，辱同郡赵师吕、张德远、钱洪之、何中行、霍用德、僧玉林等是之，转相传录，不事祈祷。金坛苏景瞻先辈素谓同志，甚加叹赏，且能训其子若孙力行于家。"[①]这个群体以谢应芳为思想领袖，他们自觉地践行"不事祈祷"的反神学主张，而且在与宗教神学的斗争过程中，相互支持，相互理解。譬如，常州路学教授盛克明支持谢应芳拆毁土地夫人像[②]；又如，谢应芳在《与苏性可书》中云："以今观之，前辈如瞻翁先生得正大之学，不为异端紊惑者，盖鲜矣。幸而象贤有子，又笃生磊落振拔之孙，及有姻眷如伯远兄者，相与矗立，交相勉励，视百家妖妄邪诞之说如鸺鹠夜鸣，唾骂斥逐，不一动其心，此仆所以爱之敬之，与三俊为忘年交也。"[③]在谢应芳周围，像苏性可这样对"百家妖妄邪诞之说"进行无情"唾骂斥逐"的不在少数，此为谢应芳无神论思想之所以能够在江浙一带地区民众中产生比较广泛影响的主要原因。

（2）以学校为宣传无神论思想的重要阵地，充分发挥学校教育在反对宗教神学过程中的示范作用。从长远的观点看，学校是无神论和有神论长期争夺的一个重要阵地，而无神论能否战胜有神论将对下一代人产生十分深远的影响。因此，谢应芳非常重视通过学校来传播无神论思想这一条途径。比如，当他发现常州路学修造了土地夫妇像之后，设法说服常州路学教授拆毁了祠庙。谢应芳认为，"学校者，风化所出之地，凡有作为，人所矜式。愚恐四方来观，将谓理或宜然，转相仿效，而卒莫知其非"[④]。一方面拆毁淫祠，另一方面则修建先贤之祠，即从正面来引导和影响学子的人生。比如，为了彰显欧阳修"力排异端"的精神力量，谢应芳建议林掌教宜在学宫里修建欧阳修祠，"是亦古者祀乡先生于社之遗意也"[⑤]。当得知常州府学有新任教授到来时，谢应芳马上向他寄去贺信，同时送去《辨惑编》和《思贤录》两书，虽曰"或可为学校涓埃之助"，但实际上却是想借助教授之力，以实现其"风动一邦，化行四邑"[⑥]的正风俗目的。

（3）《辨惑编》是中国古代无神论史上一部系统、全面反对和清算宗教的神学，尤其是

① 李修生主编：《全元文》第 43 册，第 79 页。
② 李修生主编：《全元文》第 43 册，第 25 页。
③ 李修生主编：《全元文》第 43 册，第 45 页。
④ 李修生主编：《全元文》第 43 册，第 25 页。
⑤ 李修生主编：《全元文》第 43 册，第 60 页。
⑥ 李修生主编：《全元文》第 43 册，第 77—78 页。

宣传无神论思想的力作，对明清无神论思想的发展产生了积极影响。《辨惑编》对明人的影响，谢应芳在与时人的书信往来中有所反映，《辨惑编》原序有两篇：一篇为京口（今江苏镇江市）人俞希鲁至正八年（1348）序，另一篇为中山（一说金陵，见《吴文正集》卷33《送李桓晋仲序》，文云："金陵李桓晋仲为上饶县教谕。"）人李晋仲至正十四年（1354）序，而同书虞士常跋亦说李晋仲为建业人。据此，可推知此书应于1354年之后刻板。至于后来到什么时候，虞士常之跋讲得比较清楚："后二十五年，武进邑大夫董友善、陈汉广、尹明善翕然为捐俸锓板，以广其传。盖以邪说滔滔，将借此为中流砥柱耳。"[①]此"后二十五年"是指明洪武二十五年（1392）还是指在至正十四年（1354）之后隔了25年，即1379年，也就是明洪武十二年（1379）？笔者认为，后者比较接近实际。由上述可见，当时《辨惑编》主要在当地的一部分士人中传播。另，在《与陈德广书》中，谢应芳也间接地证实了前面的推测。他说："某早岁失怙……卒无所成，无补于世。于是掇拾古圣贤遗训，缀《辨惑》一编，曩幸公为邑丞，孱工刻板。今增前贤赵学士昞所著《葬图》。"[②]这段话说明了两层意思：第一层意思是说，谢应芳感激陈德广为其刻板《辨惑编》一书；第二层意思是说，在《辨惑编》刻板之后，谢应芳又新增了一篇《葬图》。今传本《辨惑编》卷2《择葬》中引录了赵昞的《族葬图说》，即《葬图》。《辨惑编》刊刻之后，迅速在当地士人中传播。例如，在《与孙彦铭书》中，谢应芳云："蒙索《辨惑编》并拙稿，兹用纳上。"注：谢应芳声称他写此书信时年"九十有一矣"[③]，按牙含章等学者的观点，谢应芳生于1295年，则《与孙彦铭书》应写于明洪武二十年（1387）。显然，《辨惑编》在1387年之前早已刻板，此为《辨惑编》刻板于1379年的又一证据。另外，谢应芳在《答熊元修书》中亦说道："《辨惑编》未到书府，不知陆沉何地矣。"[④]考，熊元修有《安丘县志》（明万历十七年刻本）传世，虽然《辨惑编》不知何故没有寄到熊元修本人手中，但它或许遗落在了某个读者的书案上。谢应芳在《辨惑编镌板疏》中称："切见龟巢老人，行年弥高，信道愈笃。文字五千卷，笔前言为辨惑之编；辛勤三十年，弦古调待知音之听。"[⑤]恰如其言，《辨惑编》不乏知音。明代理学家曹端自言："余二十岁得是书，如获重璧，昼夜诵习，力行不怠，虽寝疾出外，未尝释手。"[⑥]明代浙江上虞人顾亮在谢应芳的影响下，编著了《辨惑续编》。《四库全书总目》评价说：

> 是书以世俗养生送死，大抵为吉凶拘忌师巫之说所惑，因辑古今书传，分为七门。首曰原理，言人之所以为邪说所惑者，由于此理之不明。次曰事生，言事亲之要。曰应变，曰奠祭，曰择墓，曰送葬，曰拘忌，则皆论丧葬之事也。又为附录二卷，论生死、轮回、寿夭、贫富、贵贱、吉凶、祸福诸事，及师巫邪术之害。专为乡俗之弊而

① （元）谢应芳：《辨惑编》附录《跋》，《景印文渊阁四库全书》第709册，第594页。
② 李修生主编：《全元文》第43册，第74页。
③ 李修生主编：《全元文》第43册，第73页。
④ 李修生主编：《全元文》第43册，第43页。
⑤ 李修生主编：《全元文》第43册，第407页。
⑥ 王友三编，顾曼君，马俊南注：《中国无神论史资料选编（宋元明编）》，北京：中华书局，1998年，第190页。

作，故注释字义，词皆浅近，取其易晓。其称《辨惑续编》者，元谢应芳先有《辨惑编》，此申明其说也。[①]

之后，清代无神论者熊钟陵作《无何集》，其体例亦大体上仿《辨惑编》而成。

可见，明人毛宪在《毗陵正学编序》中赞谢应芳“力障狂澜，扶植名教，卫正辟邪，功莫大焉”[②]，实乃公允之论。

本章小结

多民族和多元化的融合是金元科学研究的重要特点之一，学界公认金元时期的天元术和四元术与全真教关系比较密切。在元代，阴阳学被纳入地方官学体系，其中一部分“有术数精通者，每岁录呈省府，赴都试验，果有异能，则于司天台内许令近侍”[③]。从长远的效应来看，阴阳学之于科学天文学是不能兼容的，阴阳学在一定程度上阻碍了科学天文学的发展。

元代佛教的发展情形比较复杂，但相比于道教和儒教，佛教则成为名副其实的国教。故此，寺院经济非常发达。与之相适应，佛教科技在元代的建筑、地理、天文历法、医学、生物学等领域都有渗透。耶律楚材法号湛然居士，提出“以佛治心、以儒治国”的政治主张，开创了元代尊儒重文的局面。

道教发展到元代，基本上可分成两大宗派：正一道（玄教）与全真道。其中正一道以符箓斋醮、忏诵超拔为主要活动内容，在科学技术思想方面鲜有建树，但全真道就不同了，王重阳与其弟子丘处机痛感北宋末期道士的荒诞堕落，力倡苦行与忍耐。在内丹修炼理论方面，以“性中之天”[④]为境界，构建了一个人体与宇宙同构的有机世界。这种宇宙思想强调：“宇宙整体乃是由一层一层具有相似结构的小宇宙组成的。这种思想是内丹学人体小天地思想的根本宗旨。……因此，按照内丹道思想推论下去，我们完全可以说甚至微细如物质的原子也都是一个具有自己独特时空存在形式的宇宙，不过是这一宇宙并不是人的宇宙。由于人的精神，肉体独特存在的限制，原子的宇宙对人是不显现的。从某种意义上说，道教的内丹修炼就是要摆脱人的世俗存在这一束缚，使人之生存进入一种无遮蔽的自由存在状态。内丹学为人类设置的这种伟大的超越目标是当今西方科学不敢设想的。”[⑤]

---

① （清）永瑢等：《四库全书总目》卷96《子部·儒家类存目二》，第811—812页。

② 永乐《常州府志》卷33，清嘉庆年间抄本。

③ 《元史》卷81《选举志》，第2034页。

④ 段志坚：《清和真人北游语录》卷3，张继禹主编：《中华道藏》第26册，北京：华夏出版社，2014年，第741页。

⑤ 詹石窗总主编：《百年道学精华集成》第4辑《大道修真》卷7，上海：上海科学技术文献出版社，2018年，第88页。

第三章　医学研究者的科技思想

在中国古代医学史上，金元医家各立新说，开拓了一个崭新的学术争鸣局面。[①]河间刘完素从运气切入，以《黄帝内经》病机十九条为立论根据，提出“火热论”观点，改《太平惠民和剂局方》热病用温燥之品而以寒凉之剂抑阳泻火，独成一派，史称“寒凉派”。继此之后，易州张元素专攻脏腑辨证，经过长期的临床实践和真定李杲、赵州王好古等医家的积极发挥，逐渐形成了以中医脏腑病机学说为治病原则的易水学派。张从正则针对当时医学界盛行的嗜补之风习，从而导致邪气积留体内，贻害患者的社会现实，他在深入钻研《黄帝内经》、《伤寒论》及河间学术的基础上，另辟蹊径，提出“病由邪生，攻邪已病”的主张，倡导用发汗、催吐、泻下为攻祛病邪的要法，创立“攻邪学派”。入元后，丹溪学派的创始人朱震亨援理入医，他深刻体会到“湿热相火为病甚多”的病因病机，主张“阳常有余，阴常不足”的医学观点，擅长诊治气、血、痰、郁诸病，其学术传承历明朝300年而不衰，有力地促进了祖国医学的繁荣和进步。

第一节　河间学派与刘完素的“火热论”医学思想

元丰三年（1080），《太医局方》（宋太医局熟药所的成药配方范本）刊行，传统医道为之一变：以局方为特色的临床医学规范成为当时医药学发展的主流。

此后，随着宋金南北鼎立，中国古代医学开始出现两种不同的发展趋势。在南宋，《太医局方》的地位更加稳固，绍兴十八年（1148）太医局熟药所改名为“太平惠民局”。绍兴二十一年（1151），国子监将原来的《太医局方》改为《太平惠民和剂局方》刊行。自此，《太医局方》遂成为南宋医学发展的指南。与之不同，《太医局方》在金初即遇到了挑战，按证索方，不求病因和病机已经不能满足诸科临床发展的实际需要了。于是，探病求理在金代医学发展的历史中逐渐形成一股强劲的汹涌潮流，而《圣济总录》则为这股潮流注入了新的源头活水。《圣济总录》成书于政和年间，然未及刊印，北宋即被灭亡，其镂版遂落入金人之手，金世宗大定中得以再刻。如果说《太医局方》侧重“局方”，那么《圣济总录》则侧重“医理”，强调用医学理论指导临床实践。因此，《圣济总录》间接地成为金元医学发展的理论来源之一，尤其是刘完素“运气之学”渐次“盛倡于北，与南迁之和剂局方，

---

① 详细内容请参见中医学术流派研究课题组：《争鸣与创新：中医学术流派研究》一书（北京：华夏出版社，2011年）的相关章节。

俨然成对峙之势”①。

刘完素，字守真，金朝河间（今河北省河间市）人，自号通玄处士，表明他是一位隐居不出仕的“高士”。荀子说：“古之所谓处士者，德盛者也。”②《金史·刘完素传》载：

> 刘完素字守真，河间人。尝遇异人陈先生，以酒饮守真，大醉，及寤洞达医术，若有授之者。乃撰《运气要旨论》、《精要宣明论》，虑庸医或出妄说，又著《素问玄机原病式》，特举二百八十字，注二万余言。然好用凉剂，以降心火、益肾水为主。自号“通元处士”云。③

下面我们以运气说和火热论为重点，对刘完素的医学思想略作阐释。

一、运气说及“六气皆从火化”的思想内涵和理论来源

（一）刘完素的运气思想

1. 形成刘完素“运气说”的三个基本前提

1）历史时期的气温变化规律

竺可桢在《古今气候变迁考》一文中绘制了一幅中国5000年来温度变迁图，比较直观地再现了中国历史时期气温变化的规律，如图3-1所示。

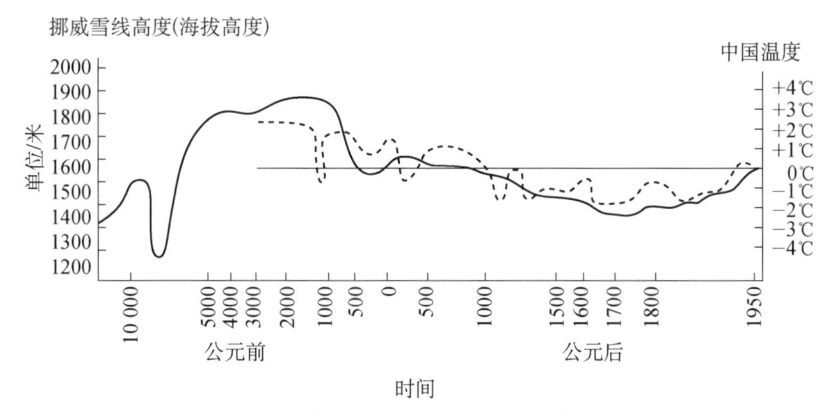

图3-1　10 000年来挪威雪线高度（实线）与5000年来中国温度（虚线）变迁图

资料来源：竺可桢：《天道与人文》，北京：北京出版社，2005年，第71页

在图3-1中，从1000 年起，中国大陆气候开始转寒，然而到13世纪初和中期却出现了一段气温回暖期。④从寒冷期转向温暖期，这种气候变化必然会对人体健康产生一定的负面影响，从而引起人体的一系列生理反应。如果气温变化超过了人自身的调节能力，它就会以疾病的方式表现出来，即为“气象病”。

① 任应秋：《任应秋论医集》，北京：人民卫生出版社，1984年，第402页。

② （周）荀况：《荀子·非十二子》，《景印文渊阁四库全书》第695册，台北：台湾商务印书馆，1986年，第147页。

③ 《金史》卷131《刘完素传》，北京：中华书局，1975年，第2811页。

④ 竺可桢：《天道与人文》，第93页。

关于气温变化与人体健康的关系，目前医学界已广为关注。而金代运气说的产生，在一定意义上讲，亦是对气温变化与人体健康关系的一种理性认识。图3-2出自《"金元四大家"医学观点差异的气温变化成因》一文，它显示了"金元四大家"生活时期气温变动的状况，对理解其医学观点的形成具有一定的参考价值。历史时期气温的高低变化对人类疾病消长的影响比较大，它是造成宋金时期运气论兴盛的一个客观因素。换言之，"气象病"与一年四季的气候变化关系密切，这就为气象医学的产生提供了条件。

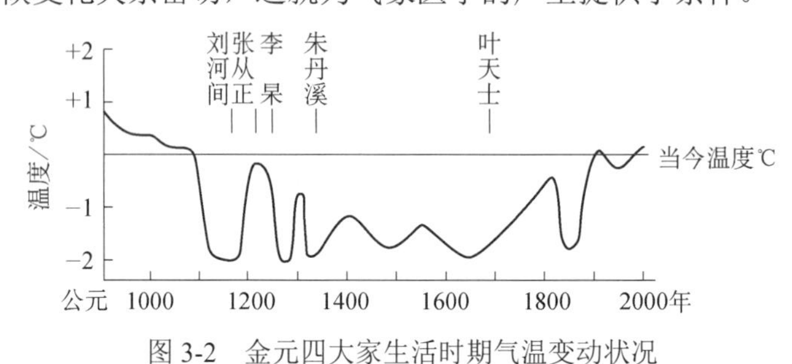

图3-2　金元四大家生活时期气温变动状况

2）王冰补入《黄帝内经》"七篇"运气学说的内容

魏晋时期所流传的《黄帝内经》版本，缺第7卷，唐朝王冰从郭子斋堂获见"旧藏之卷"即第7卷[①]，共有《天元纪大论》、《五运行大论》、《六微（指六气）旨大论》、《气交变大论》、《五常政大论》、《六元正纪大论》及《至真要大论》7篇。这样，通过以上7篇内容，《黄帝内经》便构筑了一个内容十分丰富的五运六气思想体系。而补入运气7篇的王冰，恰巧是一名道士，号启玄子。他在《素问六气玄珠密语・自序》中称："余即遇玄珠子，与我启萌，故自号启玄子也，谓启问于玄珠子也。"[②]故此，有人干脆称其为"道门理法修士"[③]。宋徽宗崇尚道教医学，王冰补《黄帝内经》7篇，正好满足了宋徽宗的这种主观需要，所以《圣济总录》卷1和卷2均为"运气"，成为统贯全书的总纲。

前面业已述及，《圣济总录》未得刊行，北宋即被金人所灭。于是，《圣济总录》镂版亦落入金人之手，故"南渡诸人，未睹其本欤"[④]。金代医家的情况就不同了，因金朝刊刻了《圣济总录》，所以刘完素直接受惠于《圣济总录》。清人王子接说："《圣济总录》列《素问》病机六十二证，每证各载数方，河间选其可因者，尝录于《宣明方论》中。"[⑤]正因为如此，刘完素才声称"不知运气而求医无失者，鲜矣"[⑥]。

3）浑天说与太阳在天球上的周年视运动

浑天说是运气理论形成的重要前提，而在实际考量运气说的科学性能时，我们不得不提及中国古代天文学体系中的两个坐标系：地平坐标系与黄道坐标系。

---

① 吕变庭：《运气学说与金代医学的发展》，姜锡东、李华瑞主编：《宋史研究论丛》第10辑，保定：河北大学出版社，2009年，第237—241页。

② 严世芸主编：《中国医籍通考》第1卷，上海：上海中医学院出版社，1990年，第1452页。

③ 陆锦川：《养生修真证道弘典》1《人物著述门》，成都：四川科学技术出版社，1995年，第212页。

④（清）永瑢等：《四库全书总目》卷103《圣济总录纂要》，北京：中华书局，1965年，第863页。

⑤（清）王子接：《绛雪园古方选注》卷7《内科・茯神汤》，《景印文渊阁四库全书》第783册，第851页。

⑥（金）刘完素著，宋乃光点校：《素问玄机原病式》，北京：中国中医药出版社，2007年，第3页。

浑天说认为大地是一个平面，而不是一个球面。因此，太阳绕地旋转可划分成四维（东、南、西、北）、八干（二分二至加上立春、立夏、立秋和立冬）和二十四节，如图 3-3 所示。

图 3-3　地平方位图[①]

由于太阳在天球上的周年视运动轨道，即指黄道与赤道斜交成 23.5°的夹角，它从冬至点开始到下一个冬至点为一个回归年。人们把太阳在一个回归年内所走的路程等分为 24 个“气”，是谓定气。从这个视角看，地平方位图可以说是太阳在黄道上所行路程的投影。图 3-4 是中国古代的黄道坐标系，与现代的黄道坐标系相比较，中国古代黄道坐标系中的黄经与黄纬不是真正意义的黄经与黄纬，故称“似黄经”和“似黄纬”。在这里，我们不必详细了解黄道坐标系的细节，因为这对于认识和理解运气学说是很烦琐的。但是，有几个概念需要弄清楚。

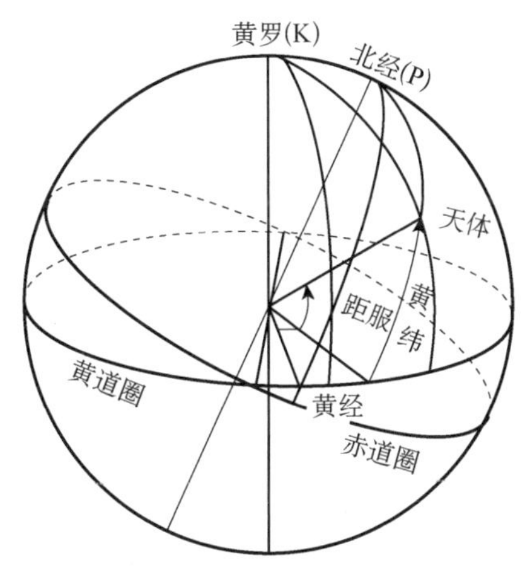

图 3-4　中国古代的黄道坐标系[②]

一是“气位”的概念。我们知道，《黄帝内经》应用黄道坐标系标度日月运行，它以气候变化为基础，将黄道划分为不同的节点系统，亦称“气位”。其中“四时之位”即春分点、

① 中国天文学史整理研究小组编著：《中国天文学史》，北京：科学出版社，1981 年，第 49 页。
② 陈久金、杨怡：《中国古代的天文与历法》，北京：商务印书馆，1998 年，第 16 页。

夏至点、秋分点和冬至点，“八正之位”也即八干，司天地之气的分、至、启、闭。

二是六节与十二节的概念。《黄帝内经素问·六节藏象论篇》把黄道还分成六节与十二节，其中六节是指厥阴、少阴、太阴、少阳、阳明、太阳六节气位，而十二节是把黄道由北向西、向南、向东分为子、丑、寅、卯、辰、巳、午、未、申、酉、戌、亥十二次，日行每次为一个节月。[①]

2. 刘完素运气说的主要思想内容

《素问玄机原病式》和《新刊图解素问要旨论》是刘完素阐释运气思想的两部主要著作，他在《新刊图解素问要旨论》序言中说：

> 天之阴阳者，寒、暑、燥、湿、风、火也；地之阴阳者，木、火、土、金、水、火也。……其在天者，则气结成象，以为日月星辰也；在地则气化为形，以生人、为万物也。然人为万物之灵也，非天垂象而莫能测矣。[②]

通过“天垂象”以测验人身，不免流于神秘，如“天地五行生成之数者，四十五也。脉取四十五为平脉也。凡人气血、长短、息数皆生于四十五也”[③]，即是“人副天数”观念的一个显例，但当揭去其神秘主义的形式之后，我们就会发现，它的思想内容里有其合理之处。

1）求五运六气司天司地法

运气有其自身的变化规律，王冰在《素问六气玄珠密语》一书中提出“正化”和“对化”的概念，刘完素沿用之（图 3-5）。何谓“正化”与“对化”？通俗地讲，正化是指产生六气本气的一方，而对化则是指与之相对受作用和影响的另一方。图 3-5 中的“午位”属正化，与“子位”属对化；“亥位”属正化，与“巳位”属对化等。这是因为亥、午、未、寅、酉、戌分别是厥阴风木、少阴君火、太阴湿土、少阳相火、阳明燥金、太阳寒水六气正化时的时空方位。其中“木生于亥，风木之气自亥位出；火当午位，君火之气自午位出；土王于未宫，湿土之气自未出；相火位卑于君而生于寅，相火之气自寅位出；金之正位为酉，燥金之气自酉位出；戌居西北为水渐王之乡，寒水之气自戌位出，所以该六位得六气之正化。巳、子、丑、申、卯、辰六支分别居于亥、午、未、寅、酉、戌六支的对面冲位，六气巡回至该六支时，也分别表现出风木、君火、湿土、相火、燥金、寒水的气化，而这些气化与该六支本位无直接关系，却恰恰反映的是其冲位六支的气化特点。所以，巳、子、丑、申、卯、辰六支便得六气之对化”[④]。而《类经图翼》又云：“正化从本生数，对化从标成数。”[⑤]所谓“生数”即 1、2、3、4、5，代表水、火、木、金、土及北、东、南、西、中；“成数”即 6、7、8、9、10，起生化作用，生数与成数相

① 曲黎敏：《中医与传统文化》，北京：人民卫生出版社，2009 年，第 201 页。

② （金）刘完素：《新刊图解素问要旨论·序》，宋乃光主编：《刘完素医学全书》，北京：中国中医药出版社，2006 年，第 195 页。

③ （金）刘光素：《新刊图解素问要旨论》卷 1《旧经五行生成数》，宋乃光主编：《刘完素医学全书》，第 199 页。

④ 王琦等：《运气学说的研究与考察》，北京：知识出版社，1989 年，第 97 页。

⑤ （明）张介宾：《类经图翼》，北京：人民卫生出版社，1965 年，第 53—54 页。

合，则产生万事万物的变化。例如，图 3-5 中的寒水为“1”，它与“6”相合，即生成戌辰水运。若用 12 月对应 12 支，则子对应 11 月，丑对应 12 月，寅对应 1 月，卯对应 2 月，辰对应 3 月，巳对应 4 月，午对应 5 月，未对应 6 月，申对应 7 月，酉对应 8 月，戌对应 9 月，亥对应 10 月。刘完素说：

> 天气始于甲。甲者，十干之首也。地气始于子。子者，元气之初也。甲、子相合而为甲子，乃天地阴阳之气之始也。甲应土运，故为五运之君主。甲子与甲午相合，故子为阳气之首，午为阴气之初。子午之上，少阴火为六气之主，而为元气之标矣。标者，上首之始也。少阴为初气，周普天气终于癸。癸者，子午之终也。地气终于亥者，元气终于癸亥也。相合为癸亥岁也，乃天地阴阳立者，并遍一周，终尽之岁也。癸亥与癸巳相合，故阴终于巳，阳终于子。终于己亥，己亥之上，厥阴主之，故为元气之终也。①

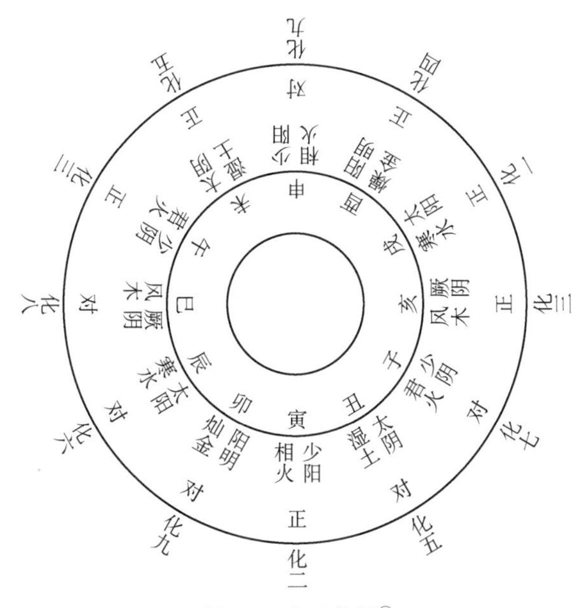

图 3-5　主对化图②

这段话需要结合前面的“地平方位图”来看，因为六气系气候变化的根本，三阴与三阳系六气产生的标象。在这里，“元气”系指客气，或称天气。而司天之气亦称岁气，主上半年的气候变化；在泉之气统管下半年的气候。其具体的运行方式为：司天之气（上，三之气）、在泉之气（下，终之气）、司天的左间气（四之气）、司天的右间气（二之气）、在泉的左间气（初之气）、在泉的右间气（五之气）。如图 3-6 所示，像寅申年的初气为少阴，二气为太阴，三气为少阳，四气为阳明，五气为太阳，终气为厥阴。己亥年的初气为阳明，二气为太阳，三气为厥阴，四气为少阴，五气为太阴，终气为少阳。其他依次类推。

① （金）刘完素：《新刊图解素问要旨论》卷 2《求司天司地法》，宋乃光主编：《刘完素医学全书》，第 204 页。
② （金）刘完素：《新刊图解素问要旨论》卷 2《求司天司地法》，宋乃光主编：《刘完素医学全书》，第 204 页。

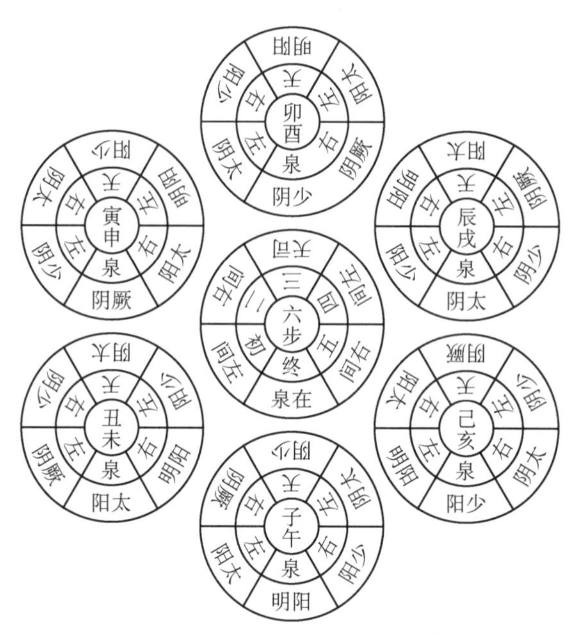

图 3-6　司天在泉左右间气图①

2）60 年运变化与预防医学

天干 10 与地支 12 的最小公倍数是 60，即十天干与十二地支相互配合循环一周之后恰为 60 次。如前所述，十二地支“气化”所呈现出来的规律如表 3-1 所示。

表 3-1　气化规律表②

十二支	子午	丑未	寅申	卯酉	辰戌	己亥
化气规律 标　三阴三阳 本　六气	对化　正化 少阴 （君火）热气	正化　对化 太阴 湿气（土）	正化　对化 少阳 （相火）暑气	对化　正化 阳明 燥气（金）	对化　对化 太阳 寒气（水）	正化　正化 厥阴 风气（木）

注：地支配五方的属性与地支纪气的五行属性为同气相求或相生关系者均属正化，地支配五方的五行属性与地支纪气的五行属性为相克关系者为对化

按照《黄帝内经素问·天元纪大论篇》的岁运理论，十天干化运的规律是：“甲己之岁，土运统之；乙庚之岁，金运统之；丙辛之岁，水运统之；丁壬之岁，木运统之；戊癸之岁，火运统之。”③也就是说，在 60 年运中，凡遇到甲或己的年干，其岁运为土运；凡遇到戊或癸的年干，其岁运为火运等。加上十二地支的化运规律，则在 60 年运中，天干甲与地支子或午相配合的年运计有甲子、甲午、丙子、丙午、戊子、戊午、庚子、庚午、壬子、壬午。在这个系列里，甲主土运，而子和午为火气，在五行的生克关系里，火生土，所以刘完素将它称作“顺化”。依次，则丙主水运，子和午为火气，在五行的生克关系里，水克火，所以刘完素将它称作“大逆”；戊主火运，子和午为火气，刘完素将它称作“天符”；同理，

① 张景明、陈震霖：《天人合一的时空观：中医运气学说解读》，北京：人民军医出版社，2008 年，第 41 页。
② 张景明、陈震霖：《天人合一的时空观：中医运气学说解读》，第 37 页。
③《黄帝内经素问》卷 19《天元纪大论篇》，陈振相、宋贵美：《中医十大经典全录》，北京：学苑出版社，1995 年，第 94 页。

庚主金运，子和午为火气，在五行的生克关系里（图 3-7），火克金，所以刘完素将它称作“天刑”；壬主木运，子和午为火气，在五行的生克关系里，木生火，是谓“小通”。其他关系与此相类，如图 3-8 所示。

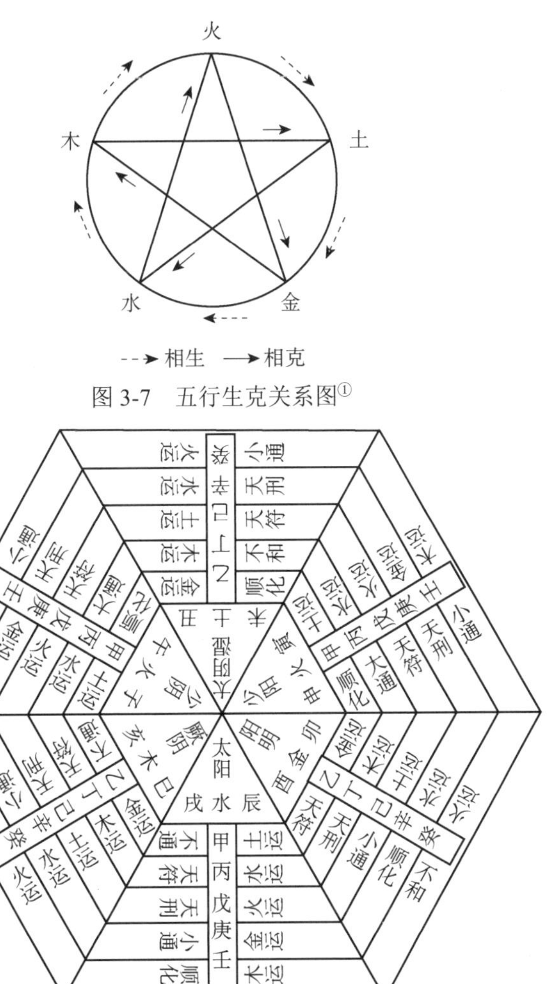

图 3-7　五行生克关系图[①]

图 3-8　60 年运变化之图[②]

图 3-8 的意义在于它把 60 年作为一个时间单元并对其间的气候变化规律进行预测，对此，张景明先生评述道：“运气学说认为运气变化是循环的，是周而复始的。《（黄帝）内经》强调了星辰对地面的影响及星辰的明暗和地气的关系，这种认识有一定道理。气象的变异与行星磁场对地球的影响及太阳对地球直射的强度有关，尤其是与月亮、地球及太阳的运动有关，而月亮、地球及太阳的运动，显然是有节律性的‘周而复始’的规律性运动。”[③]可

① 庞朴：《中国文化十一讲》，北京：中华书局，2008 年，第 58 页。

② （金）刘完素：《新刊图解素问要旨论》卷 2《推天符岁会太一天符法》，宋乃光主编：《刘完素医学全书》，第 207 页。

③ 张景明、陈震霖：《天人合一的时空观：中医运气学说解读》，第 101 页。

见，简单否定运气学说不符合唯物辩证法的基本原理。

3.“五运主病、六气为病”的思想

刘完素在《新刊图解素问要旨论》里对二十四节气的归经、六气所胜用药、六气化为病、十二经本病、五运本病、六气本病、补泻生脉法等问题均进行了比较深刻的理论探讨。“与刘温舒之《素问入式运气论奥》相较，《论奥》词浅，《要旨》旨深；《论奥》重法，《要旨》析理；《论奥》仅据《素问大论》，《要旨》兼采《天元玉册》。”[①]特别是在《素问玄机原病式》中，刘完素把五运作为疾病分类的总纲，从而使运气学说与临床实际紧密结合起来。特别是刘完素从疾病分类的角度，强调“五运主病”，为中医疾病诊治学开辟了一条新的学术路径。

刘完素明确指出，“五运”系指一年中的五季，他说：“所谓四时天气者，皆随运气之兴衰也。然岁中五运之气者，风、暑、燥、湿、寒，各主七十三日五刻，合为期岁也。岁中六部之主位者，自大寒至春分属木，故温和而多风也；春分至小满属君火，故暄暖也；小满至大暑属相火，故炎热也；大暑至秋分属土，故多湿阴云雨也；秋分至小雪属金，故凉而物燥也；小雪至大寒属水，故寒冷也。然则岂由阴阳升降于地之内外乎？”[②]

“六部”即一年中的六气，共有二十四节气，尽管从传统的运气理论讲，五运中并没有君火与相火之分，且六气的时段分布亦不是 73 天，而是不足 61 天，这都是刘完素与传统运气理论不一致的地方。但是刘完素之所以这样做，绝不是故弄玄虚，而主要目的就是想凸显“火”在五运中的作用。同时，也是金代气候较北宋已有明显升高，这个客观事实是在运气说上的一种反映。刘完素说：“夫一身之气，皆随四时五运六气兴衰，而无相反矣。适其脉候，明可知也。”[③]人是自然界的一个有机组成部分，人与自然界构成一个整体，这是中医学的基本理论之一。但是，把人体疾病与五运六气联系起来，进行生理和病理学的总体阐释，却是刘完素的大胆创新。尤其是他运用“取相比类法”，将《黄帝内经素问》病机所列诸多病症分别纳入五运六气的体系之中，更是超迈前贤。其中，五藏病归入“五运主病”，即“诸风掉眩，皆属肝木”，“诸痛痒疮疡，皆属心火”，“诸湿肿满，皆属脾土”，“诸气郁病痿，皆属肺金”，“诸寒收引，皆属肾水”，各以五运的特性为基点，做了系统发挥。另，《黄帝内经素问》病机 19 条中，仅有五气为病，刘完素则补入“燥气”一条，以成风、热、湿、火、寒、燥六气为病，并且将其与五运六气中的“六气”说结合，极大地丰富了中医学病因辨证的内容。当然，刘完素不是机械地和生搬硬套地将五运六气与内脏疾病的性质和六气致病对接起来，而是根据疾病的转变规律和病因特点，因时制宜，辨证施治。他举例说：

---

① 任应秋：《任应秋论医集》，第 401 页。

② （金）刘完素著，宋乃光点校：《素问玄机原病式》，第 20 页。

③ （金）刘完素著，宋乃光点校：《素问玄机原病式》，第 21 页。

春分之后，风火相搏，则多起飘风，俗谓之旋风是也。四时皆有之。由五运六气，千变万化，冲荡击搏，推之无穷，安得失时而便谓之无也？但有微甚而已。[①]

也就是说，在临床实际中，病因与五运六气的时序既有相合的一面，这是其主要的方面，又有其不相合的一面，这是其非主要的方面。我们千万不可因两者的不相合而否定五运六气理论的客观性和正确性，当然，也千万不可因时序不符而对病因茫然不知所措或对六气致病的病机疏于考究，因为“主性命者在乎人”“修短寿夭，皆自人为”，即五运六气是致病的外因，每个人自身的健康状况才是致病的内在根据。因此，如何提高自身的免疫力，增强自身的抗病机能，便是中医养生学的用场和价值。

4. 运气的承制关系

在自然界中，六气与五运之间一般呈现出三种关系：平、过和不及。即使在五行生克关系中，五行也总是处于平衡与不平衡的相互协调和相互制约的统一过程之中。张景岳在《类经图翼·运气上》里说：“造化之几，不可无生，亦不可无制。无生则发育无由，无制则亢而为害。生克循环，运行不息，而天地之道，斯无穷已。”[②]实际上，这里所讲的即是运气本身所固有的亢害承制之理。

《黄帝内经素问·六微旨大论篇》载：“亢乃害，承乃制，制则生化，外列盛衰，害则败乱，生化大病。”[③]在此，“承乃制”表现为人与自然之间关系的平衡，表现为五运与六气之间的相互协调，而“亢乃害”则表现为人与自然之间平衡关系的被打破，表现为五运与六气之间的不协调和相拮抗，相互之间不能制约，于是，导致六气为病。因此，刘完素总结说：“五行之理，甚而无以制之，则造化息矣。”[④]

例如，“风木旺而多风，风大则反凉，是反兼金化，制其木也。大凉之下，天气反温，乃火化承于金也。夏火热极，而体反出液，是反兼水化，制其火也。固而湿蒸云雨，乃土化承于水也。雨湿过极，而兼烈风，乃木化制其土也”[⑤]。就病症来说，“凡色黑齿槁之人，必身瘦而耳焦也。所以然者，水虚则火实，而热亢极则害，承乃制，故反兼水之黑也”[⑥]；“目昏而见黑花者，由热气甚，而发之于目，亢则害承乃制，而反出其泣，气液昧之，以其至近，故虽视而亦见如黑花也”[⑦]等。通俗地讲，心跳是心主血脉的正常生理现象，然而，维持心跳的正常状态，需要整个五脏系统的相互协调，如肝木生心火和肾水制心火等，倘若肝火过旺，心跳过速，则易成病症。临床常见的肝阳上亢、肝火上炎导致心悸、发热等症，此即亢而为害之一例。

由于“亢乃害”，运气作为一个病机系统，现象与本质之间常常出现不一致的情况，甚

---

① （金）刘完素著，宋乃光点校：《素问玄机原病式》，第3页。

② （明）张景岳：《类经图翼·运气上·五行统论》，李志庸主编：《张景岳医学全书》，北京：中国中医药出版社，1999年，第625页。

③ 《黄帝内经素问·六微旨大论篇》，陈振相、宋贵美：《中医十大经典全录》第98页。

④ （金）刘完素著，宋乃光点校：《素问玄机原病式》，第45页。

⑤ （金）刘完素著，宋乃光点校：《素问玄机原病式》，第45页。

⑥ （金）刘完素著，宋乃光点校：《素问玄机原病式》，第29页。

⑦ （金）刘完素著，宋乃光点校：《素问玄机原病式》，第35页。

至会发生“胜己之化”的病症假象。所谓“胜己之化”系指本行亢盛到极点，引起所不胜（与克通）的制约，从而表现出某些本行所不胜行（指传变中的克我之行）的特征。即我克者为所胜，克我者为所不胜，如金克木，又称木为金所胜。所以，刘完素说：

> 木极似金，金极似火，火极似水，水极似土，土极似木。故经曰：亢则害，承乃制，谓己亢极，反似胜己之化。俗流未知，故认似作是，以阳为阴，失其本意。经所谓诛罚无过，命曰大惑。①

在临床上，刘完素根据“胜己之化”的病症假象（即“兼化”），特别是针对有些医生因不识真伪，认似作是，被假象所迷惑，而经常导致误诊和误治的现实，提出了“凡不明病之标本者，由未知此变化之道”②的命题。此处之“标本”，亦可理解为“兼化”与“本化”。所谓“本化”系指疾病病变性质与脏腑本气兴衰的表现相符，如心气旺则热，肾气旺则寒，肺气旺则燥，皆可称之为“本气”。他说：“五行之理，微则当其本化，甚则兼有鬼贼。”③其“鬼贼”即是指“兼化”，是疾病传播过程中所出现的一种比较严重的病理变化。用刘完素的话说，即“病湿过极则为痉，反兼风化制之也；风病过极则反燥，筋脉劲急，反兼金化制之也；病燥过极则烦渴，反兼火化制之也；病热过极而反出五液，或为战栗恶寒，反兼水化制之也。其为治者，但当泻其过甚之气，以为病本，不可反误治其兼化也”④。其中，像“出五液”与“病热”之间就存在着“兼化”（标）和“病根”（本）的关系。依《黄帝内经》“治病求本”的治则，对于疾病的本质与现象不一致的病症，适用于“反治”法，包括热因热用（即用温热药治疗真寒假热的疾病）、寒因寒用（即用寒凉药治疗真寒假热的疾病）、塞因塞用（即用补益药治疗真虚假实的疾病）和通因通用（即用通利药治疗真实假虚的疾病）。而刘完素在《素问病机气宜保命集·本草论》中特别强调“从者反治”的用药原则，他认为“流变在乎病，主治在乎物，制用在乎人”⑤，此谓“制用在乎人”实际上就是说医者只有明确了病因与病症之间的内在联系，即“病虽为邪，而造化之道在其中矣”⑥，然后才能“得治之要者”⑦，才能“明病之本”⑧，才能“愈人疾病”⑨。

（二）刘完素的“六气皆从火化”思想

前述刘完素的《素问玄机原病式》将《黄帝内经素问》病机归纳为277个字，其中仅“六气为病”中论火热病者就有131字（不计括号内的字），文云：

> 诸病喘呕吐酸，暴注下迫，转筋，小便浑浊，腹胀大，鼓之如鼓，痈疽疡疹，瘤

---

① （金）刘完素撰，孙洽熙、孙峰整理：《素问病机气宜保命集》，北京：人民卫生出版社，2005年，第9—10页。
② （金）刘完素著，宋乃光点校：《素问玄机原病式》，第45页。
③ （金）刘完素著，宋乃光点校：《素问玄机原病式》，第16页。
④ （金）刘完素著，宋乃光点校：《素问玄机原病式》，第45页。
⑤ （金）刘完素撰，孙洽熙、孙峰整理：《素问病机气宜保命集》，第27页。
⑥ （金）刘完素著，宋乃光点校：《素问玄机原病式》，第45页。
⑦ （金）刘完素撰，孙洽熙、孙峰整理：《素问病机气宜保命集》，第27页。
⑧ （金）刘完素撰，孙洽熙、孙峰整理：《素问病机气宜保命集》，第15页。
⑨ （金）刘完素撰，孙洽熙、孙峰整理：《素问病机气宜保命集》，第37页。

> 气结核，吐下霍乱，瞀郁肿胀，鼻窒鼽衄，血溢血泄，淋（小便涩痛）闷（大便涩滞）身热。恶寒战栗，惊惑悲笑，谵妄，衄蔑血污（指紫黑血），皆属于热。（手少阴君火之热乃真心小肠之气也。）……诸热瞀瘛，暴喑冒昧，躁扰狂越，骂詈惊骇，胕肿疼痠，气逆冲上，禁栗如丧神守，嚏呕，疮疡，喉痹，耳鸣及聋，呕涌溢食不下，目昧不明，暴注瞤瘛，暴病暴死，皆属于火。（手少阳相火之热乃心包络三焦之气也。）[①]

所以《素问玄机原病式》有80%以上的病属于火热病，遂构成刘完素医学思想的基本内容和学术特色。

1. 从病因病机上强调"火热论"

1）"六气皆从火化"

《黄帝内经素问·至真要大论篇》载有病机（指疾病发生和发展变化的机理）19条，其中归为火热病因者计有9条："诸热瞀瘛，皆属于火"；"诸禁鼓栗，如丧神守，皆属于火"；"诸逆冲上，皆属于火"；"诸胀腹大，皆属于热"；"诸燥狂越，皆属于火"；"诸病有声，鼓之如鼓，皆属于热"；"诸病胕肿，疼酸惊骇，皆属于火"；"诸转反戾，水液浑浊，皆属于热"；"诸呕吐酸，暴注下迫，皆属于热"[②]。在《黄帝内经》病机思想的指导下，刘完素在《黄帝素问宣明论方》中对"风热湿燥寒"化热做了如下阐释：

> 诸风：风木生热，以热为木，风为标，言风者，即风热病也。诸热：热甚而生风……诸湿：湿本土气，火热能生土湿，故夏热则万物湿润，秋凉则湿复燥干也。湿病本不自生，因于火热怫郁，水液不能宣行，即停滞而生水湿也。凡病湿者，多自热生……诸燥：……风能胜湿，热能耗液，皆能成燥……诸寒：寒者，上下所生水液，澄沏清冷，谷不化，小便清白不涩，身凉不渴，本末不经，有见阳热证，其脉迟者是也。此因饮食冷物过多，阴胜阳衰而为中寒也。或冷热相并，而反阳气怫郁，不能宣散，怫热内作，以成热证者。[③]

在五运中，火有"君火"与"相火"之别。相应地，六气之中的火也分为"君火之气"（热）与"相火之气"（火）。刘完素述云："少阴所至，为痒疹，身热，恶寒，战栗，惊惑，悲笑，谵妄，衄蔑血污也。少阴君火，热之化也。足少阴肾、手少阴心也。少阴君火，以热为本，以少阴为标"；"少阳所至，为嚏呕，疮疡，喉痹，呕涌，耳鸣，惊躁，瞀昧，目不明，暴注，瞤瘛，暴病暴死。少阳热化，相火之气也，三焦之经也。少阳、太阴从本也。少阳之本火，其标少阳；太阴之本湿，其标阴，二脏本末同，故从本也"[④]。显然，火之为病多于风湿寒燥。

另外，我们不妨将刘完素的《素问玄机原病式·六气为病》与《黄帝内经素问·至真要大论篇》作一比较，即可窥知刘完素"火热论"思想的特色所在。《黄帝内经素问·至真要

① （金）刘完素著，宋乃光点校：《素问玄机原病式》，第1—2页。
② 《黄帝内经素问》卷22《至真要大论篇》，陈振相、宋贵美：《中医十大经典全录》，第137页。
③ （金）刘完素：《黄帝素问宣明论方》卷5《论风热湿燥寒》，宋乃光主编：《刘完素医学全书》，第34页。
④ （金）刘完素：《新刊图解素问要旨论》卷5《六气化为病》，宋乃光主编：《刘完素医学全书》，第236、237页。

大论篇》病机中属于火类的仅有10 种、热类7种，而《素问玄机原病式·六气为病》则将火热病症的范围扩大到56种，即热类32种，“诸病喘，呕，吐酸，暴注，下迫，转筋，小便浑浊，腹胀大鼓之如鼓，痈疽，疡，疹，瘤气，结核，吐下霍乱，瞀郁，肿胀，鼻窒，鼽，衄，血溢，血泄，淋，闷，身热恶寒，战栗，惊，惑，悲，笑，谵，妄，衄蔑血汗，皆属于热”[1]；火类22种，“诸热瞀瘛，暴喑，冒昧，躁扰，狂越，骂詈，惊骇，胕肿，疼酸，气逆冲上，禁栗如丧神守，嚏，呕，疮，疡，喉痹，耳鸣及聋，呕涌溢食不下，目昧不明，暴注，瞤瘛，暴病暴死，皆属于火”[2]。可见，六气之中，以火热为中心。风、湿、燥、寒在其病变过程中皆能化热生火，而火热病则往往也能产生风、湿、燥、寒诸症，这便成为刘完素临床治病的基本原则。因此，后人将刘完素的医学思想总括为“六气皆从火化”。

2）“五志过及皆为热甚”

火与热虽然同属阳热，但就其发生的机理来说，两者略有不同，其中病热多由外感所致，而病火则多由内生，且火之为病多为郁发。故刘完素说：

> 五脏之志者，怒、喜、悲、思、恐也。悲一作忧。若志过度则劳，劳则伤本脏。凡五志所伤皆热也。[3]

所谓“若志过度则劳，劳则伤本脏”实际上系指情志致病的特点，由内而生，内伤气血。换言之，情志致病直接伤及内脏，因而影响到脏腑气机的正常升降出入运动。所以刘完素说：

> 七情者，喜、怒、哀、惧、爱、恶、欲。情之所伤则皆属火热。[4]

具体言之，躁扰“躁动烦热，扰乱而不宁，火之体也。热甚于外，则支体躁扰；热甚于内，则神志躁动，返复癫倒，懊憹烦心，不得眠也”；狂越“多喜为癫，多怒为狂。然喜为心志，故心热甚则多喜，而为癫也；怒为肝志，火实制金，不能平木，故肝实则多怒，而为狂也”；“喜笑恚怒而狂，本火热之所生也，平人怒骂亦同。或本心喜而无怒，以为戏弄之骂，亦心火之用也。故怒骂者，亦兼心喜骂于人也，怒而恶发可嗔者，内心喜欲怒于人也”[5]；惊“心火热甚也。虽尔，止为热极于里，乃火极似水则喜惊也。反兼肾水之恐者，亢则害，承乃制故也”；惑“象火参差而惑乱，故火实则水衰，失志而惑乱也，志者，肾水之神也”；悲“金肺之志也。金本燥，能令燥者火也。心火主于热，喜痛，故悲痛苦恼者，心神烦热躁乱，而非清净也。所以悲哭而五液俱出者，火热亢极，而反兼水化制之故也”；“病笑者，火之甚也”；“其梦中喜、怒、哀、惧、好、恶、爱之七情，非分而过，其不可胜者，寐则内热郁甚故也”；“心火热甚则肾水衰，而志不精一，虚妄见闻，而自为问答，则

① （金）刘完素著，宋乃光点校：《素问玄机原病式》，第5页。
② （金）刘完素著，宋乃光点校：《素问玄机原病式》，第25页。
③ （金）刘完素著，宋乃光点校：《素问玄机原病式》，第22页。
④ （金）刘完素著，宋乃光点校：《素问玄机原病式》，第22页。
⑤ （金）刘完素著，宋乃光点校：《素问玄机原病式》，第26、28页。

神志失常，如见鬼神也”[①]。因此，刘完素在论述“暴病暴死”的病机时说：“多因喜、怒、思、悲、恐之五志，有所过极，而卒中者，由五志过极，皆为热甚故也。”[②]可见，五志之过度，妄动为火，是造成内伤病的关键因素。

3）“六经传受皆为热证”

《黄帝内经素问·热论篇》载：“今夫热病者，皆伤寒之类也。”又说“人之伤于寒也，则为热病”，且“热病已愈，时有所遗者……诸遗者，热甚而强食之，故有所遗也。若此者，皆病已衰而热有所藏，因其谷气相薄，两热相合，故有所遗也”[③]。因此之故，刘完素非常重视伤寒病的辨证论治，其最突出之点就是他把伤寒病与三阴三阳联系起来，提出了“诸寒而热者取之阴，诸热而寒者取之阳”[④]的理论。他在阐发阴厥与阳厥的关系时说：“夫病之传变者，谓中外、上下、经络、脏腑部分，而传受为病之邪气也，非寒热阴阳之反变也。”[⑤]即伤寒三阴三阳不是寒热之不同，而是其热传表里的程度之有别。其传变规律是：

> 一日巨阳（指太阳——引者注）受之，其脉尺寸俱浮。二日阳明受之，其脉尺寸俱长。三日少阳受之，其脉尺寸俱弦。四日太阴受之，其脉尺寸俱沉。五日少阴受之，其脉尺寸俱微缓。六日厥阴受之，其脉尺寸俱沉涩。[⑥]

由传经而知，各经所受，表里不同，故其治法也必然各异：

> 其太阳病者，标本不同，标热本寒，从标则太阳发热，从本则膀胱恶寒。若头项痛，腰脊强，太阳经病也，故宜发汗。其阳明病者，虽从中气，标阳本实，从标则肌热，从本则谵语。若身热目痛鼻干，不得卧，阳明经病，故宜解肌。……其少阳病者，标阳本火，从标则发热，从本则恶寒，前有阳明，后有太阴。若胸胁痛而耳聋，往来寒热，少阳经病，故宜和解。其太阴病者，标阴本湿，从标则身目黄，从本则腹满而嗌干。太阴经病，故宜泄满下湿，从其本，治其标。少阴病者，标阴本热，从标则爪甲青而身冷，从本则脉沉实而发渴。若口燥舌干而渴，少阴经病，故宜温标下本。其厥阴病者，故厥阴之中气宜温也。若烦满囊缩，厥阴经病，故为热，宜苦辛下之。故经曰：所谓知标知本，万举万当，不知标本，是谓妄行。又曰：各通其脏，乃惧汗泄，非宜之谓也。故明斯六经之标本，乃知治伤寒之规矩。[⑦]

当然，刘完素总的辨病思路是伤寒为热病，六经皆热征。他的治病原则是：“善用药者，须知寒凉之味，况兼应三才造化通塞之理也。”[⑧]据此，人们又把刘完素的医学思想称为“寒

---

① （金）刘完素著，宋乃光点校：《素问玄机原病式》，第22、24页。

② （金）刘完素著，宋乃光点校：《素问玄机原病式》，第37页。

③ 《黄帝内经素问》卷9《热论篇》，陈振相、宋贵美：《中医十大经典全录》，第50页。

④ （金）刘完素著，宋乃光点校：《黄帝素问宣明论方》卷5《论风热湿燥寒》，宋乃光主编：《刘完素医学全书》，第63页。

⑤ （金）刘完素著，宋乃光点校：《素问玄机原病式》，第48页。

⑥ （金）刘完素撰，孙洽熙、孙峰整理：《素问病机气宜保命集》，第13页。

⑦ （金）刘完素撰，孙洽熙、孙峰整理：《素问病机气宜保命集》，第13—14页。

⑧ （金）刘完素撰，孙洽熙、孙峰整理：《素问病机气宜保命集》，第15页。

凉派”。其实，“火热论”讲的是病机，而“寒凉派”讲的则是施治，两者本为一物之两面，只是侧重不同而已。

2. 从辨治方面重用“寒凉药”

1）表证

按照传统治法，凡表证理应发汗解表，但刘完素认为，“一切怫热郁结者，不必止以辛甘热药能开发也，如石膏、滑石、甘草、葱、豉之类寒药，皆能开发郁结。以其本热，故得寒则散也。夫辛甘热药，皆能发散者，以力强开冲也。然发之不开者，病热转加也。如桂枝麻黄类辛甘热药，攻表不中病者，其热转甚也。是故善用之者，须加寒药，不然则恐热甚发黄，惊狂或出矣”[①]。在刘完素看来，人体在正常状态下有许多气液宣通的组织，如脏腑、皮毛、肌肉、骨骼等，称作“玄府”。它为人体营卫、气血和津液正常生理功能所必需，而一旦玄府闭塞，则病变随之发生，诸病由作。至于造成“玄府闭塞”的因素，刘完素主张“怫热郁结”说，如结核、郁、肿胀、鼻窒、衄、淋、秘等病症皆是。例如，他在诊治“身热恶寒”病证时指出，“此热在表也。邪热在表而浅，邪畏其正，故病热而反恶寒也。或言恶寒为寒在表，或言身热恶寒为热在皮肤，寒在骨髓者，皆误也”。理由是：“虽觉其冷，而病为热，实非寒也。其病热郁甚，而反恶寒，得寒转甚，而得暖少愈者，谓暖则腠理疏通，而阳气得散，怫热少退，故少愈也。其寒则腠理闭密，阳气怫郁，而热转甚，故病加尔。上下中外，周身皆然。俗因之妄谓寒病，误以热药投之，为害多矣。”[②]为此，刘完素“自制双解、通圣辛凉之剂，不遵仲景，法桂枝、麻黄发表之药”，因为“以葱白、盐豉，大能开发郁结，不惟中病，令汗而愈，免致辛热之药攻表不中，其病转甚”[③]。

2）里证

关于病里，即病在胸腹之内，往往有如下症状：“引饮，或小便黄赤，热在里”；“引饮谵妄，腹满实痛，发热而脉沉者，皆为热在里也”[④]。在有争议的《伤寒标本心法类萃》里，刘完素有专论“里证”一节内容。他说：

> 凡里证脉实而不浮，不恶寒及恶风，身不疼，自汗谵语，不大便，或咽干腹满者，可下之，不可汗也。以上之证宜小承气汤，大承气汤、调胃承气汤，选而用之。一法不问风寒暑湿，或表、里两证俱不见，但无表证而有可下者，通用三一承气汤下之。此药发峻效，使无表热入里，而无结胸及痞之众疾也。或热结极深而诸药数下，毕竟不能利，不救成死者，大承气汤加甘遂一钱匕下之。病在里，脉沉细者，无问风寒暑湿，或表里证俱不见，或内外诸邪所伤，有汗、无汗、心腹痛满、谵妄烦躁、蓄热内盛、但是脉沉者，宜三一承气汤合解毒汤下之，解毒、调胃承气汤，能泻大热。[⑤]

这段分别论述了两类里证，进而因证施治，颇有章法：当里热郁结可下时，选用三一

---

① （金）刘完素著，宋乃光点校：《素问玄机原病式》，第11—12页。

② （金）刘完素著，宋乃光点校：《素问玄机原病式》，第18页。

③ （金）刘完素撰，孙洽熙、孙峰整理：《素问病机气宜保命集》，第15页。

④ （金）刘完素：《黄帝素问宣明论方》卷5《伤寒表里证》，宋乃光主编：《刘完素医学全书》，第34页。

⑤ （金）刘完素：《伤寒标本心法类萃》卷上《里证》，宋乃光主编：《刘完素医学全书》，第176—177页。

承气汤；当热毒极深，须用清热解毒汤。在此，刘完素创制的三一承气汤，把大、小、调胃 3 个承气汤合成为一个方，一方统治多种疾病，不问原因，以症为主，故其临床适用范围大大增加。例如，谵妄、闷乱惊悸、狂癫、卒中不语、腹中肿块、痈疮、喘急等，其处方组成共有 5 味药：大黄，芒硝，厚朴，枳实和甘草。大黄，性味苦寒，入胃、大肠、肝经；芒硝，性味辛苦咸，寒，入胃、大肠经；厚朴，性味苦辛，温，入脾、胃、大肠经；枳实，性味苦，寒，入脾、胃经；甘草，性味甘，平，入脾、胃、肺经。三一承气汤为"奇方"之大者，刘完素释："奇方云君一臣二、君二臣三，偶方云君二臣四、君二臣六。……假令小承气、调胃承气，为奇之小方也，大承气、抵挡汤，为奇之大方也。"[①]传统大承气汤仅有四味药，刘完素则增加了一味甘草，即成"君二臣三"的三一承气汤，"三一"实为合"大承气汤、小承气汤、调胃承气汤"三方为一方之意。因为"数合于阳也，故宜下，不宜汗也"，反之，"数合于阴也，故宜汗，不宜下也"[②]。三一承气汤共有 5 味药，"数合于阳"（奇数为阳数）。可见，刘完素对传统大承气汤的加味，不是随意而为之，而是有其立论依据的。当然，"数合于阳"与"数合于阴"之说，未必具有普遍性，但它毕竟是刘完素对中药性能的一种独特理解，同时也是其长期临床经验的总结。就三一承气汤的组方而言，方中甘草起着均衡大黄和芒硝的泻下作用，再加上厚朴和枳实的行气消积功能，整个组方既攻积又软坚，且不伤胃气，用于里热证无疑能收到化痞散结和急下存阴的功效。

3）半表半里证

对于热邪在表里之间者，刘完素的治法是：

表里俱见之证：或半在表，或半在里之证者，谓前表里二证，病在相参，有欲汗之，而有里病，欲下之而表病未解；汗之不可，吐之又不可，法当和解。伤风，白虎汤，伤寒、中风或两感，小柴胡汤，一法不问风寒暑湿，用凉膈散，天水散，二药合一服，同煎解之。或表热多，里热少，天水一，凉膈半；或里热多，表热少，凉膈一，天水半；表热极，里有微热，身疼头痛，或眩或呕，不可汗吐下者，天水、凉膈散合和解之。解之又不能退其热者，用黄连解毒汤；表里之热俱微者，五苓散，表里之热俱盛者，大柴胡汤微下之，更甚者大柴胡合大承气汤下之，双除表里之热。服双解散之后若不解，病已传变，后三日在里，法当下之。殊不知下之太早，则表热乘虚而入里，遂成结胸、虚痞、懊侬、发黄之证，轻者必危，危者必死，但宜平和之药，宣散其表，和解其里，病势或有汗而愈，或无汗气和而愈。用小柴胡、凉膈、天水，合和主之。病在半表半里，用小柴胡，凉膈散合和而解之，或小柴胡合解毒汤。如服，热势未退者，大柴胡合三一承气汤。表里俱微，半表半里，若里微者宜大柴胡合黄连解毒汤合服。诸小柴胡汤证后病不解，表里热势更甚，而心下急郁微烦；或发热汗出不解，心下痞硬、呕吐不利；或阳明病多汗；或少阴病下利清水，心下痛而口干；或太阴病腹满而痛；或无表里证但发热七八日，虽脉浮而数，而脉在肌肉实数而滑者，并

① （金）刘完素撰，孙洽熙、孙峰整理：《素问病机气宜保命集》卷上《本草论》，第 28 页。
② （金）刘完素撰，孙洽熙、孙峰整理：《素问病机气宜保命集》卷上《本草论》，第 34 页。

宜大柴胡汤。病至七八日，里热已甚，表渐微，脉虽浮数，用三一承气汤合解毒下之。下证未全，不可下者，用白虎汤或人参石膏汤。脉洪躁，里有微热，不可汗者，用黄连解毒汤。[①]

临床实践证明，刘完素在治疗热邪表里证所总结出来的上述处方，大多有效。其中公认的名方有双解散、凉膈散、神芎丸、益元散、防风通圣散、三一承气汤等。双解散为刘完素所创，由益元散（亦称天水散、六一散）和防风通圣散各 7 两相和而成。防风通圣散为表里双解名方，备受后世医家推崇。该散共由 17 味组成：防风、川芎、当归、芍药、大黄、薄荷叶、麻黄、连翘、芒硝、石膏、黄芩、桔梗、滑石、甘草、荆芥、白术及栀子。可见，它是奇方、大方，既解表又清里，治疗范围较广。益元散仅有桂府腻白滑石（6 两）与甘草（1 两）两味药，故又称“六一散”。从药物组成看，此散为偶方、小方。刘完素组方用药有一个原则，他说：“若奇之不去，则偶之，是谓重方也。”[②]又，“汗者不以奇，下者不以偶，不以者，不用也”[③]。以此观之，双解散仍为奇方，重在“下者”。凉膈散由 7 味药组成：连翘、山栀子、大黄、薄荷叶、黄芩、甘草及朴硝。神芎丸亦由 7 味药组成：大黄、黄芩、牵牛子、滑石、黄连、薄荷、川芎。由上述处方不难看出，刘完素的用药特点是：宣通为本，推陈出新。

不过，临证情况千变万化，刘完素一再强调对于“阳气怫郁”的治疗，不可拘泥成规，而是要“随其浅深，察其微甚，适其所宜而治之，慎不可悉如发表，但以辛甘热药而已”[④]。在立方论治的过程中，刘完素固然重用寒凉宣通，但任何事物都是相对的，重用寒凉不等于不用温热药。事实上，在刘完素所善用的诸方中，像白术、当归、川朴、干姜、吴茱萸、附子等，都是常用的温热药，有人运用传统文献学与方剂计量学研究相结合的方法，对刘完素的方药运用，进行了一系列方剂计量指标的对比分析，结果发现刘完素临证用药的特点是“力主寒凉，亦主温补”[⑤]。总之，他治疗火热病症，突破“发表不远热”的局限，大胆创新，在学术体系和治疗方法上独树一帜，开拓了用辛凉解表治疗温热表证的新路，不仅引导金元医学流派各放异彩，更为明清温病学派的创立奠定了基础。

二、刘完素医学思想的学术特色及历史地位

（一）刘完素医学思想的学术特色

要完整地理解刘完素医学思想的学术特色，我们不仅应着眼于具体科学的理论和方法创新，更应把研究问题的视角从具体科学上升到抽象科学的层面，探讨其一般的研究方法

---

① （金）刘完素：《伤寒标本心法类萃》卷上《表里证》，宋乃光主编：《刘完素医学全书》，第 177 页。

② （金）刘完素撰，孙洽熙、孙峰整理：《素问病机气宜保命集》卷上《本草论第九》，第 29 页。

③ （金）刘完素撰，孙洽熙、孙峰整理：《素问病机气宜保命集》卷上《本草论第九》，第 28—29 页。

④ （金）刘完素著，宋乃光点校：《素问玄机原病式》，第 12 页。

⑤ 王燕、周铭心：《运用方剂计量学探讨刘完素方药运用特色》，《中国实验方剂学杂志》2011 年第 5 期，第 275—278 页。

和哲学思想的特征。前面我们主要阐释了刘完素在临床医学方面的学术特色，为了避免重复，本部分则重点从哲学的层面对刘完素的科学思想作进一步的探讨。

1.“两点论”与“重点论”的统一

明代张景岳对《黄帝内经素问•至真要大论篇》及刘完素的运气思想有这样一段评述，他说：

> 盖气太过则亢极而实，气不及则被侮而虚，此阴阳盛衰自然之理也。本篇随至真要大论之末，以统言病机，故脏五气六，各有所主，或实或虚，则亦无不随气之变而病有不同也。……故本篇首言盛者泻之，虚者补之；末言有者求之，无者求之，盛者责之，虚者责之，盖既以气宜言病机矣，又特以盛虚有无四字，贯一篇之首尾，以尽其义……奈何刘完素未之详审，略其颠末，独取其中一十九条，演为原病式，皆偏言盛气实邪，且于十九条中，凡归重于火者十之七八，至于不及虚邪则全不相顾。又曰：其为治者，但当泻其过甚之气，以为病本，不可反误治其兼化也。立言若此，虚者何堪？故楼氏指其治法之偏，诚非过也。[①]

通观地看，张景岳对《黄帝内经素问•至真要大论篇》的阐释基本上是正确的。然而，他认为刘完素医学“偏言盛气实邪”却并不符合《素问病机气宜保命集》和《素问玄机原病式》的总体思想，且刘完素的临床实践非常讲究“泻实补虚、除邪养正”之“医道”。他的治病原则是：“凡治病必求所在，病在上者治其上，病在下者治其下，中外脏腑经络皆然。病气热则除其热，寒则退其寒，六气同法。泻实补虚，除邪养正；于则守常，医之道也。”[②]这里，刘完素并没有顾此失彼的医学偏向，如果说他在对待实和虚的问题上，出现了讨论“实证”多而讨论虚证少的现象，那只能说明他把实与虚看作了一个矛盾的统一体。而在这个矛盾统一体中，实热证是矛盾的主要方面，它决定着矛盾的性质。在此，刘完素不仅看到了矛盾的两个方面，而且抓住了矛盾的主要方面。因此，在方法上，他凸显了“重点论”而非均衡论，这是由当时历史条件下实虚这对矛盾的不平衡性决定的。

刘完素反复强调：

> 故此一时，彼一时，奈五运六气有所更，世态居民有所变，天以常火，人以常动，动则属阳，静则属阴，内外皆扰，故不可峻用辛温大热之剂，纵获一效，其祸数作。……不知年之所加，气之盛衰，虚实之所起，不可以为工矣。[③]

不知“气之盛衰，虚实之所起，不可以为工”，讲的是矛盾的两个方面，在方法上表现为“两点论”。

刘完素又说：

---

① （明）张介宾：《类经》卷13《疾病类•病机》，北京：中国中医药出版社，1997年，第170页。
② （金）刘完素著，宋乃光点校：《素问玄机原病式》，第31页。
③ （金）刘完素撰，孙洽熙、孙峰整理：《素问病机气宜保命集》卷上《伤寒论第六》，第15页。

夫五行之理，阴中有阳，阳中有阴。孤阴不长，独阳不成。但有一物，全备五行，递相济养，是谓和平。交互克伐，是谓兴衰，变乱失常，灾害由生，是以水少火多，为阳实阴虚，而病热也；水多火少，为阴实阳虚，而病寒也，故俗以热药欲养肾水、胜退心火者，岂不误欤！[①]

这是一种非常辩证的思维方法。经过对客观事物及其疾病性质的深入分析，刘完素发现病热和病寒在病机上具有一致性。一方面，“水少火多，为阳实阴虚，而病热”；另一方面，“水多火少，为阴实阳虚，而病寒”。无论是“阳实”还是“阴实”，实热证的表现是共同的，这就是刘完素所生活的那个时代的疾病特征，不重视对疾病性质的研究，是世俗“认似作是，以阳为阴”[②]的思想根源。

1）金朝疫病盛行，危害甚重

金朝统辖的河北、山西、河南等地，由于战争、自然灾害、人畜共居、环境变化（包括温度、湿度、风向、日照、降水及四时节序变迁）等因素的影响，疫病频发，给人民的生命健康造成了十分严重的后果。为了直观起见，我们根据《中国古代疫情流行年表》所统计的材料，制成表3-2。表3-2中所称“疙瘩”是对腺鼠疫患者的淋巴结肿大的称呼。自魏晋以降，士人潜意识地认为服用寒食散可愈“伤寒”。故《世说新语》引秦承祖《寒食散记》中的话说：“寒食散之方，虽出汉代，而用之者寡，靡有传焉。魏尚书何晏首获神效，由是大行于世，服者相寻也。”[③]隋唐医家亦为之推波助澜，寒食散更加盛行。考，寒食散的主要药物组成是紫石英、白石英、赤石脂、钟乳、石硫黄，服后致人发热，贻害无穷。所以刘完素说：“服饵不备五味四气，而偏食之，久则脏腑偏倾，而生其病矣。然则岂可误服热药，而求其益？”[④]这个实例表明，在刘完素之前，人们确实对伤寒的认识存在着误区。从这个角度看，疫病造成大量民众死亡，原因固然很多，但我们不能排除世间庸医不辨寒热，滥用热药，因而治不得法，使疫疟更加横行这个关键因素。故此，刘完素在他的著述中经常批评世俗医者“妄谓寒病”而“成祸不为少”的现象。

表3-2 金朝疫情流行年表

公元纪年	干支	朝代	年号	疫情	地点	资料来源
1138—1148	戊午—戊辰	金熙宗完颜亶	天眷元年—皇统八年	时疫、疙瘩、肿毒病者，古方书所论不见其说……自天眷、皇统间，生于岭北，次于太原，后于燕蓟。山野颇罹此患，至今不绝，互相传染，多至死亡	岭北、太原、燕蓟	朱橚：《普济方》卷279《诸疮肿门·毒肿附论》
1149—1152	己巳—壬申	金海陵王完颜亮	天德年间	岁大疫，广平尤甚，贫者往往阖门卧病	广平（今辽宁北镇县）	《金史》卷131《李庆嗣传》
1151	辛未	金海陵王完颜亮	天德三年	暑月，工役多疾疫	燕京	《金史》卷83《张浩传》

① （金）刘完素著，宋乃光点校：《素问玄机原病式》，第32页。
② （金）刘完素撰，孙治熙、孙峰整理：《素问病机气宜保命集·自序》，第9页。
③ （南朝·宋）刘义庆著，张万起、刘尚慈译注：《世说新语译注》，北京：中华书局，1998年，第60页。
④ （金）刘完素著，宋乃光点校：《素问玄机原病式》，第33页。

续表

公元纪年	干支	朝代	年号	疫情	地点	资料来源
1202	壬戌	金章宗完颜璟	泰和二年	时四月，民多疫疠	金境内	朱橚：《普济方》卷151《时气门》
1207	丁卯	金章宗完颜璟	泰和七年	匡久围襄阳，士卒疲疫	襄阳	《金史》卷98《完颜匡传》
1207	丁卯	金章宗完颜璟	泰和七年	余亲见泰和六年丙寅，征南师旅大举，至明年军回，是岁瘴疠杀人，莫知其数。昏瞀懊侬，十死八九，皆火之化也	睢州考城	张从正：《儒门事亲》卷1《疟非脾寒及鬼神辨四》
1232	壬辰	金哀宗完颜守绪	天兴元年	汴京大疫，凡五十日，诸门出死者九十余万，贫不能葬者不在是数	汴京	《金史》卷17《哀宗本纪》

资料来源：张志斌：《中国古代疫病流行年表》，福州：福建科学技术出版社，2007年，第35—40页

在临床上，在疫病初期，患者时有“发热恶寒”之症状。对此，世俗之医“或言恶寒为寒在表，或言身热恶寒为热在皮肤，寒在骨髓者”。刘完素明确指出：“皆误也。”因为“虽觉其冷，而病为热，实非寒也。……其寒则腠理闭密，阳气怫郁，而热转甚，故病加尔。上下中外，周身皆然。俗因之妄谓寒病，误以热药投之，为害多矣”[①]。可见，刘完素主张“火热论”实由时势所造就和促成，他的思想来源于社会的客观需要，因而是中国古代医学发展的历史必然。

2）对《黄帝内经》运气理论的提炼和升华

任何一种科学理论的形成，都不会无中生有。刘完素为了寻找诊治病热的医方，“志在《内经》，日夜不辍，殆至六旬”[②]。在他看来，医道“法之与术，悉出《内经》”[③]。于是，刘完素一生从医，始终在孜孜于阐明《黄帝内经》之玄机，故其四部标志性成果皆与《黄帝内经素问》有关，如《黄帝素问宣明论方》、《素问玄机原病式》、《素问病机气宜保命集》及《新刊图解素问要旨论》。那么，综合刘完素的临床医学思想，究竟什么是“素问要旨”？《新刊图解素问要旨论》回答说：

> 标本之道，要而博，小而大，可一言而知百病之害。言标与本，易而无损，察本与标，气可令调，命之胜负，为万民式，天之毕矣。[④]

具体地讲，所谓“标本之道”实际上就是：“寒暑燥湿风火者，气为本也，则三阴三阳上奉之。三阴三阳者，太阴太阳、少阴少阳、厥阴阳明，是为标也，与本相合为表里者，是为中也。”[⑤]

六气为本，这是刘完素多年临床医学实践的经验总结和理论概括，并真正抓住了问题的实质。在这里，仅就“寒暑燥湿风火者，气为本也”这个命题来说，它既唯物又辩证，既看到了矛盾的不平衡性，又突出了矛盾的主要方面。显然，从《黄帝内经素问》到“标

① （金）刘完素著，宋乃光点校：《素问玄机原病式》，第18页。
② （金）刘完素撰，孙洽熙、孙峰整理：《素问病机气宜保命集·自序》，第9页。
③ （金）刘完素撰，孙洽熙、孙峰整理：《素问病机气宜保命集·自序》，第9页。
④ （金）刘完素：《新刊图解素问要旨论》卷3《论标本》，宋乃光主编：《刘完素医学全书》，第221页。
⑤ （金）刘完素：《新刊图解素问要旨论》卷3《论标本》，宋乃光主编：《刘完素医学全书》，第221页。

本之道”，再到“寒暑燥湿风火者，气为本也”，循序渐进，梯级而上，显示了刘完素的医学思想，正在一步一步地升华。

接着，刘完素根据《黄帝内经素问·热论篇》的相关论述，并结合金朝疾病发生和转变的性质与规律，探讨了“寒暑燥湿风火”六气致病的本质特点。《黄帝内经素问·热论篇》载：“今夫热病者，皆伤寒之类也。”[①]此处所说的“热病”系指一切身热之病，而导致身热之诊者包括伤寒、湿温、热病、温病等。在古人看来，发热均为伤于寒邪所致。所以，后世的医家多据此而用热药去治疗伤寒病。看来仅仅依靠这个理论，尚不能对伤寒病形成一种符合金朝这个特殊历史时期疾病发生规律的科学认识。

因此，刘完素仔细剖析了《黄帝内经素问·至真要大论篇》病机十九条，终于悟出了“六气皆从火化”的思想，指出“六经传受，自浅至深，皆是热证，非有阴寒之病”[②]，从而实现了从伤寒病到温病之医学理论的巨大飞跃。用图示表示，则逻辑结构如图 3-9 所示。

《黄帝内经素问》

↓

标本之道

↓（两点论）

六气为本——三阴三阳为标

↓（重点论）

病机十九条

↓（科学发现）

六气皆从火化

图 3-9　刘完素“六气皆从火化”思想的逻辑进路

3）扬弃《局方》，随证出方

如前所述，北宋大观三年（1109），由陈师文等受宋徽宗之诏令，完成《太平惠民和剂局方》，是书集历代方剂学之大成，精选 674 首（后增至 788 首）有效处方。据称，编撰《太平惠民和剂局方》的质量标准是“将见合和者得十全之效，饮饵者无纤芥之疑”[③]，再加上有太医局的信誉作担保，遂成为后世医家纷纷仿效或制作中成药的“底本”，实用价值甚高。因此之故，世间有很多医家只顾简单地选方用药而不知辨证求因，结果出现了这样的局面：

> 官府守之以为法，医门传之以为业，病者恃之以立命，世人习之以成俗。[④]

又，“今见世医，多赖祖名，倚约旧方，耻问不学，特无更新之法，纵闻善说，反怒为非。呜呼！患者遇此之徒，十误八九，岂念人命死而不复生者哉！”[⑤]“今人所习，皆近代

① 《黄帝内经素问·热论篇》，陈振相、宋贵美：《中医十大经典全录》，第 50 页。
② 《伤寒直格》，（金）刘守真撰，孙治等编校：《河间医集》，北京：人民卫生出版社，1998 年，第 519 页。
③ （宋）陈师文等：《太平惠民和剂局方·进表》，伊广谦主编：《中医方剂名著集成》，北京：华夏出版社，1998 年，第 337 页。
④ （元）朱震亨原著，胡春雨、马湃点校：《局方发挥》，天津：天津科学技术出版社，2003 年，第 1 页。
⑤ （金）刘完素撰，孙治熙、孙峰整理：《素问病机气宜保命集·自序》，第 9 页。

方论而已，但究其末，而不求其本。”[①]

墨守经方与胶柱鼓瑟的流弊一至于斯。所以，刘完素一方面从临床上非议滥用《太平惠民和剂局方》燥热之剂，另一方面更从理论上揭示病热的发生机理，以及组方的科学性，多以寒凉之剂抑阳泻火。他说：

> 是以治病之本，须明气味之厚薄，七方十剂之法也。方有七，剂有十，故方不七不足以尽方之变，剂不十不足以尽剂之用。方不对病，非方也，剂不蠲疾，非剂也。[②]

在此，“七方十剂”是对《太平惠民和剂局方》的发展，更符合临床辨证施治的处方规律，它体现了刘完素“制用在乎人”的“尚变”思想，与拘泥成方的世俗观念形成了鲜明对照。以“七方”为例，他论“七方”说：

> 七方者，大、小、缓、急、奇、偶、复。大方之说有二，一则病有兼证，而邪不专，不可以一二味治之，宜君一臣三佐九之类是也，二则治肾肝在下而远者，宜分两多而顿频服之类是也。小方之说有二，一则病无兼证，邪气专一，可以君一臣二小方治之也，二则治心肺在上而迫者，宜分两微而频频少服之，亦为小方之治也。缓方之说有五，有甘以缓之为缓方者，为糖、蜜、甘草之类，取其恋膈也，有丸以缓之为缓方者，盖丸之比汤、散药力宣行迟故也，有品味群众之缓方者，盖药味众多，各不能骋其性也，有无毒治病之缓方者，盖药性无毒，则攻自缓也，有气味薄而缓方者，药气味薄，则常补于上，比至其下，药力既已衰，为补上治上之法也。急方之说有四，有急病急攻之急方者，如心腹暴痛，前后闭塞之类是也，有急风荡涤之急方者，谓中风不省口噤是也，取汤剂荡涤，取其易散，而施攻速者是也，有药有毒之急方者，如上涌下泄，夺其病之大势者是也，有气味厚之急方者，药之气味厚者，直趣于下，而力不衰也，谓补下治下之法也。奇方之说有二，有古之单行之奇方者，为独一物也，有病近而宜用奇方者，为君一臣二、君二臣三，数合于阳也，故宜下，不宜汗也。偶方之说有二，有两味相配而为偶方者，盖两方相合者是也，有病远而宜用偶方者，君二臣四、君四臣六，数合于阴也，故宜汗，不宜下也。复方之说有二，有二三方相合之为复方者，如桂枝二越婢一汤之类是也，有分两匀同之复方者，如胃风汤各等分之类是也。又曰：重复之复，二三方相合而用也。反覆之覆，谓奇之不去则偶之是也。[③]

《黄帝内经素问·至真要大论篇》已将方剂分为七类，但直到金代成无己在《伤寒明理药方论·序》中才正式提出了“七方”这个概念。成无己说：“制方之体，宣、通、补、泻、轻、重、涩、滑、燥、湿，十剂是也；制方之用，大、小、缓、急、奇、耦、复，七方是也。”[④]由是产生了“十剂”和“七方”的概念，对中国方剂学的发展产生了深远的影响。然而，把中医组方的义理发挥到如此透彻的程度，刘完素是第一人。如果以“十剂”为体

① （金）刘完素著，宋乃光点校：《素问玄机原病式·序》，第2页。
② （金）刘完素撰，孙洽熙、孙峰整理：《素问病机气宜保命集》，第33页。
③ （金）刘完素撰，孙洽熙、孙峰整理：《素问病机气宜保命集》，第33—34页。
④ 张国骏主编：《成无己医学全书》，北京：中国中医药出版社，2004年，第154页。

而以“七方”为用，那么，在这个以体用构成的矛盾统一体中，“四气六味”则构成了这个矛盾统一体的轴心。刘完素说：“欲成七方十剂之用者，必本于气味生成。”而“其寒热温凉四气者，生乎天，酸苦辛咸甘淡六味者，成乎地。气味生成，而阴阳造化之机存焉”①。显然，刘完素所站的理论层面较《太平惠民和剂局方》为高，这是他能够自创寒凉学派的重要基础。

2. 探求医道“推夫运气造化自然之理”

何谓“医道”？这是一个看似浅显实则理奥义邃的大问题。孙思邈说：“凡大医治病，必当安神定志，无欲无求，先发大慈恻隐之心，誓愿普救含灵之苦。”②至宋代出现了“儒医”，医乃仁民之术。朱震亨说：“《和剂局方》之为书也，可以据证检方，即方用药，不必求医，不必修制，寻赎见成丸散，病痛便可安痊，仁民之意可谓至矣！”③从《太平惠民和剂局方》的出发点看，它延续了北宋初期《太平圣惠方》以来宋代统治者以医行仁政的传统，确实于民大有裨益。可是，对于一位医家，如何使自己的医术上升到“大道”的境界，绝非一件易事。刘完素说：

> 夫医道者，以济世为良，以愈疾为善。盖济世者，凭乎术，愈疾者，仗乎法，故法之与术，悉出《内经》之玄机，此经固不可力而求，智而得也。④

这个志存救济和至意深心之“道”是医家综合素养的体现，确实不单单是“智”的问题。实际上，刘完素在这里提出了“医术”和“医道”的关系问题。他说：

> 易教体乎五行八卦，儒教存乎三纲五常，医教要乎五运六气，其门三，其道一，故相须以用而无相失，盖本教一而已矣。⑤

所谓“本教一而已”，即“五运阴阳”。在此基础上，刘完素进一步将医理上升为“运气之道”。他说：“观夫医者，唯以别阴阳虚实，最为枢要。识病之法，以其病气归于五运六气之化，明可见矣。”⑥为了说明“本教一而已”之“一”，刘完素对“道”做了这样的阐释：“夫道者，能却老而全形，安身而无疾。”⑦可见，“道”是气血阴阳维持平衡的一种状态，是一种自然的过程。于是，“逮夫从道受生谓之性，所以任物谓之心，心有所忆谓之意，意有所思谓之志，志无不周谓之智，智周万物谓之虑，动以营身谓之魂，静以镇身谓之魄，魄思不得谓之神，莫然变化谓之灵，流行骨肉谓之血，保形养气谓之精，气清而快谓之荣，气浊而迟谓之卫，众象备见谓之形，块然有阂谓之质，形貌可测谓之体，大小有分谓之躯，总括百骸谓之身”⑧。以上述概念为核心，刘完素构筑了一个庞大的人体解剖体系，具体内

① （金）刘完素撰，孙洽熙、孙峰整理：《素问病机气宜保命集》，第27页。
② （唐）孙思邈：《备急千金要方》卷1《论大医精诚第二》，《景印文渊阁四库全书》第735册，第16页。
③ （元）朱震亨原著，胡春雨、马湃点校：《局方发挥》，第1页。
④ （金）刘完素撰，孙洽熙、孙峰整理：《素问病机气宜保命集》，第9页。
⑤ （金）刘完素著，宋乃光点校：《素问玄机原病式·序》，第3页。
⑥ （金）刘完素著，宋乃光点校：《素问玄机原病式·序》，第3页。
⑦ （金）刘完素撰，孙洽熙、孙峰整理：《素问病机气宜保命集》，第3页。
⑧ （金）刘完素：《新刊图解素问要旨论》卷6《通明形气篇》，宋乃光主编：《刘完素医学全书》，第248页。

容参见《新刊图解素问要旨论》卷6《通明形气篇》。

过去许多学者认为，中医没有量化意义上的解剖学，然而，刘完素的《通明形气篇》证明宋金时期的医学解剖学已经相当发达。当然，与西方解剖学相比，刘完素所描述的人体解剖学是一种以整体观为特点的解剖学。至于性、气、形、神之间的相互关系，刘完素述：

> 人受天地之气，以化生性命也。是知形者，生之舍也，气者，生之元也，神者，生之制也。形以气充，气耗形病，神依气位，气纳神存。[①]
>
> 精有主，气有元，呼吸元气，合于自然，此之谓也。[②]

在刘完素看来，元气即是"冲和自然之气"[③]。而元气之于人体，"无器不有，无所不至，血因此而行，气因此而生"，"唯脉运行血气而已"[④]。既然脉之对于人生意义如此重大，那么，相应于人体五脏，"胃者，土也。脉乃天真造化之气也，若土无气，则何以生长收藏，若气无土，何以养化万物，是无生灭也，以平人之气常禀于胃"[⑤]。以阴阳论之，气为阳，血为阴；腑为阳，脏为阴。故刘完素说："禀受阴阳，而为根本，天地合气，命之曰人。"[⑥]在正常情况下，"法于阴阳，和于术数，饮食有节，起居有常，不妄作劳，故能形与神俱，而尽终其天年，度百岁乃去"，反之，"以酒为浆，以妄为常，醉以入房，以欲竭其精，以耗散其真，不知持满，不时御神，务快其心，逆于生乐，起居无节，故半百而衰也"[⑦]。在这里，刘完素特别讲到了"酒醉"与疾病的关系。关于女真人嗜酒，《金史》载：金熙宗完颜亶"荒于酒，与近臣饮，或继以夜"[⑧]；金章宗则"日久酣饮，外间章奏不许通"，且"纵饮达旦，以是为常"[⑨]。《大金国志》载：金人"嗜酒，好杀。酿糜为酒，醉则缚之，俟其醒。不尔，杀人"[⑩]。1975年，青龙县西山嘴村出土了金代烧酒锅，证明此时我国已经能够酿造白酒了。而从养生学的角度看，"酒之味苦而性热，能养心火，久饮之，则肠胃怫热郁结，而气液不能宣通，令人心腹痞满，不能多食，谷气内发，而不能宣通于肠胃之外，故喜噫而或下气也，腹空水谷衰少，则阳气自甚，而又洗漱劳动，兼汤渍之，则阳气转甚，故多呕而或昏眩也，俗云酒隔病耳"[⑪]。可见，金人的饮食习惯系造成多患内热病的主要原因之一。因此，刘完素说："土为人，人为主性命者也，是以主性命者在乎人，去性命者亦在乎人，养性命者亦在乎人。"[⑫]说来说去，五运六气的关键还在于人这个主体。一方面，

---

① （金）刘完素撰，孙洽熙、孙峰整理：《素问病机气宜保命集》，第3页。

② （金）刘完素撰，孙洽熙、孙峰整理：《素问病机气宜保命集》，第3页。

③ （金）刘完素撰，孙洽熙、孙峰整理：《素问病机气宜保命集》，第6页。

④ （金）刘完素撰，孙洽熙、孙峰整理：《素问病机气宜保命集》，第6、7页。

⑤ （金）刘完素撰，孙洽熙、孙峰整理：《素问病机气宜保命集》，第7页。

⑥ （金）刘完素撰，孙洽熙、孙峰整理：《素问病机气宜保命集》，第8页。

⑦ （金）刘完素撰，孙洽熙、孙峰整理：《素问病机气宜保命集》，第10页。

⑧ 《金史》卷4《熙宗本纪》，第78页。

⑨ （宋）宇文懋昭撰，崔文印校证：《大金国志校证》卷19《章宗皇帝上》，北京：中华书局，1986年，第258、262页。

⑩ （宋）宇文懋昭撰，崔文印校证：《大金国志校证》卷39《饮食》，第554页。

⑪ （金）刘完素著，宋乃光点校：《素问玄机原病式·序》，第13页。

⑫ （金）刘完素撰，孙洽熙等整理：《素问病机气宜保命集》卷上《原道论》，第8页。

“天地阴阳，其运以平为期，各无胜衰，则无胜复淫治灾眚之变”；另一方面，“人之手足三阴三阳十二经脉亦然。和平各无胜衰，则无疾病。不和则病由生也”[①]。具体讲来，造成“不和”的因素主要有四个方面：“忧愁思虑，饥饱劳逸，风雨寒暑，大惊卒恐。”[②]以此观之，下面薛时平对刘完素运气学说的批评恰恰是其医学思想的特征：

> 五运有大有小，六气有主有客，大运统治一年，小运各治七十三日，主气有定位之常，客气有加临之变，为民病者小运主气，断然可凭，不中不远，其大受客气，经虽有言，难于取用，守真所以独取小运主气，而不及大运客气者，诚有见乎此也。[③]

前面讲过，刘完素其实并没有忽视对大运机理的探讨，但是他毕竟不喜玄理。因为他的持医之道，在于辨证求因，而求因的目的最终还需落到实处，需要与具体的临床实践相结合。正是从这个角度，刘完素批评刘温舒的运气思想“矜己惑人，而莫能彰验”[④]。所以，刘完素把小运看作环境-人体生理病理系统的一个组成部分，强调一年六气变化对人体各个组织和功能的不同影响，从而使运气学说的实用价值得到了比较充分的体现。其他如忧愁思虑、饥饱劳逸及大惊卒恐，同样是构成环境-人体生理病理系统的组成部分。可见，从抽象到具体，用系统的思维来分析各种火热病的病因病机是刘完素医学思想的重要特点。

（二）刘完素医学思想的历史地位

1. 从与经典思想的一致到不一致：创新思维的特质

刘完素在《素问病机气宜保命集・序》中说：他从事医学理论研究和临床实践，其主要目的就是“革庸医之鄙陋，正俗论之舛讹，宣扬古圣之法则，普救后人之生命”[⑤]。他认为，在现实生活中，造成“庸医之鄙陋”和“俗论之舛讹”的原因，最重要的一条即是“特无更新之法”[⑥]。

“更新”即“创新”。在科学思想的历史发展过程中，继承与创新始终是其矛盾运动的两个基本动力。一方面，继承侧重知识的传承和积累，从前人的研究成果中汲取产生新思想和新知识的活力与营养，这是科学进步不可或缺的知识源泉，是后人继续向科学高峰攀登的台阶和基石；另一方面，前人的知识成果毕竟已经过去，社会、自然及人们的文化环境和思想生态都在不断地发生变化，新的科学疑难往往会超出前人的认识范围。对此，唯有新的思维路径和新的认识手段，才能求得对科学疑难的解决。于是，与前人的知识成果相比，新的思想和新的方法必然会出现下面三种情况：对前人知识成果的进一步补充和完善；对旧的知识成果的修正；旧的知识体系中所没有的新的认识成果。

纵观刘完素的医学思想，它虽源于《黄帝内经》及前人的理论成果，但是，面对金朝

---

① （金）刘完素：《新刊图解素问要旨论》卷7《法明标本篇》，宋乃光主编：《刘完素医学全书》，第257页。

② （金）刘完素撰，孙洽熙、孙峰整理：《素问病机气宜保命集》卷上《原脉论》，第8页。

③ （元）薛时平：《注释素问玄机原病式・五运主病》条下，明万历乙酉年（1585）同德堂刻本。

④ （金）刘完素著，宋乃光点校：《素问玄机原病式・序》，第5页。

⑤ （金）刘完素撰，孙洽熙、孙峰整理：《素问病机气宜保命集・序》，第10页。

⑥ （金）刘完素撰，孙洽熙、孙峰整理：《素问病机气宜保命集・序》，第9页。

社会的疾患实际，刘完素更多关注的是前人的理论能否解决当下民众关心的现实问题。特别是当前人的认识成果与当下民众关心的现实问题出现不一致的时候，他不是因循守旧，而是从实际出发，大胆寻找新的方案，发前人之未发，即使最终的结论与前人的知识成果发生了矛盾，也要坚持自己的看法。既求同又求异，其中“同中求异”则成为刘完素开一代医学新局面的基本思维方法。

刘完素与前人理论成果不一致的实例很多。我们在此仅枚举数例，不妨管中窥豹而时见一斑。

1）在《黄帝内经素问·至真要大论篇》病机十九条中增加燥邪为病一条

考，《黄帝内经素问·至真要大论篇》病机十九条，引文见前，仅有风邪、寒邪、热邪、火邪为病，而没有燥邪为病。刘完素根据宋金时期北方气候和疾病发生的特点，在原病机十九条的基础上增加了燥邪为病一条：

> 诸涩枯涸，干劲皴揭，皆属于燥。[①]

这样，燥就成了六气之一。从中医病机学的立场看，刘完素恢复燥气在病机学说中的应有地位，不仅使中医的病机理论更加完整，也使中医的病机理论更加系统。

2）秉承张仲景的《伤寒论》传统思想贵在“同中求异”

东汉张仲景所著《伤寒论》是我国第一部辨证论治的专书，它首创“六经”辨证论治体系，对后世医家的启发甚大。所谓“六经”系指太阳、阳明、少阳、太阴、少阴、厥阴，它们与外感伤寒的关系非常密切。虽然《内经素问》已经提出了“人之伤于寒也，则为病热”的论断，然而张仲景生活的历史时期，气温由西汉时期的温暖陡然转为寒冷[②]，这种巨大温差的出现给人体带来的不适是显而易见的。在这样的环境条件下，伤寒病的爆发遂成必然之势。因此，张仲景在《伤寒论》里没有明确提出外感急性热病的病因学说，且因外感伤寒均以表证为特点，故张仲景治法常用辛温解表法。例如，临证用药多为桂枝、葛根、芍药、附子、麻黄等辛温类药物。

可是，刘完素生活的历史时期的气温和人们的生活习惯都发生了很大变化，其病因、病机已与张仲景生活的历史时期所表现出来的病因、病机略有不同，如外感急性热病对金朝民众的身体健康的威胁最大。所以，刘完素不失时机地提出六气皆可为外感急性热病这一新论断。

当然，在治疗伤寒（指广义的伤寒，即一切外感热病）方面，刘完素推陈出新，以六气为本，六经为标，先里后表，用药力主寒凉，临证用药多为石膏、滑石、葱、豉等寒凉类药物，疏发郁热，从而结束了用辛温法统治外感病的局面。

3）非议朱肱的《南阳活人书》将阴阳释作寒热

阴阳学说是一种以阴阳相反属性及阴阳之间运动变化去认识、解释自然万物产生和发展变化现象的理论。像上下、气血、脏腑的阴阳属性，自《黄帝内经》之后，向来没有异议。然而，寒热虽属于两种属性相反的现象，但人们对其阴阳属性却存在着截然不同的两

① （金）刘完素著，宋乃光点校：《素问玄机原病式·例》，第2页。
② 竺可桢：《天道与人文》，第71页。

种认识。《黄帝内经素问》说："阳化气，阴成形。寒极生热，热极生寒。……水为阴，火为阳，阳为气，阴为味。……阳胜则热，阴胜则寒。"①其中的"极"是指事物运动变化的度，超过了一定的度，事物就朝着与自己相反的方向发展。张景岳在《类经》一书里把"寒热释为阴阳"，他说："阴寒阳热，乃阴阳之正气。寒极生热，阴变为阳也；热极生寒，阳变为阴也。"②实际上，对于寒热的阴阳属性，《黄帝内经素问》的认定并不像"水火、气味"那样确定。至张仲景著《伤寒论》时，因其侧重伤寒病的六经归属和表里病证的特点，主张阴阳为表里，即重在辨表里，而非寒热。然宋人朱肱在《南阳活人书》中却用阴阳释寒热，给伤寒病的诊治造成了概念上的混乱。例如，朱肱在论述"表热里寒，表寒里热"病证时说：

> 病人身大热，反欲得衣，热在皮肤，寒在骨髓也，仲景无治法，宜先与阴旦汤。寒已，次以小柴胡加桂。以温其表。病人身大寒，反不欲近衣，寒在皮肤，热在骨髓也，仲景亦无治法，宜先与白虎加人参汤。③

又，他论述"阴毒"病症时说：

> 今以阴寒极甚称为阴毒，乃以仲景所叙之证并而言之，却用正阳等热药以治，窃为阴寒极甚，固亦可名为阴毒，然终非仲景立名之本意。学者宜作两般看，不可混同一治。若误服凉药，则渴转甚，躁（燥）转急，有此病证者，便须急服辛热之药，一日或二日便安。④

这就是朱肱的以阴阳释寒热说。对此，刘完素在《素问玄机原病式·六气为病》之"身热恶寒"一证中明确指出，"言身热恶寒为热在皮肤，寒在骨髓者，皆误也"⑤。据此，丁光迪先生说：在刘完素看来，"伤寒为热病，六经皆热证；阴阳训表里，不训寒热。但就其所举内容来看，实际是发挥《伤寒论》合病、并病、表里兼病所论的部分。在这一点上，前人每易忽略，而河间独具慧眼"⑥。

4）从"正气亏虚，风邪入中"到火热内盛为中风病机

中医所说的"中风"，西医称之为"脑卒中"，它既是一种常见病和多发病，又是一种危急病。由于其病变在脑，无论是中风重症还是中风轻症，都有多次再发和渐次加重的倾向。它以起病急骤、发病突然、变化多端、如风邪善行数变为特点，症多见突然昏仆、半身不遂、口舌歪斜、言语謇涩等。宋代以前，医家对中风病的病因病机皆宗《金匮要略方论》，主张"内虚外中"之"外风说"。例如，张仲景在《金匮要略方论·中风历节病脉证

---

① 《黄帝内经素问》卷2《阴阳应象大论篇》，陈振相、宋贵美：《中医十大经典全录》，第13页。

② （明）张介宾：《类经》卷2《阴阳类·阴阳应象》，《景印文渊阁四库全书》第776册，第12页。

③ （明）朱肱：《南阳活人书》卷3《问病人有身大热，反欲得衣，有身大寒，反不欲近衣者》，田思胜主编：《朱肱庞安时医学全书》，北京：中国中医药出版社，2006年，第39页。

④ 田思胜主编：《朱肱庞安时医学全书》，第42页。

⑤ （金）刘完素著，宋乃光点校：《素问玄机原病式》，第18页。

⑥ 丁光迪：《金元医学评析》，北京：人民卫生出版社，1999年，第112页。

并治》中指出：

> 寸口脉浮而紧，紧则为寒，浮则为虚；寒虚相搏，邪在皮肤；浮者血虚，络脉空虚，贼邪不泄，或左或右，邪气反缓，正气即急，正气引邪，㖞僻不遂。邪在于络，肌肤不仁；邪在于经，即重不胜；邪入于腑，即不识人；邪入于脏，舌即难言，口吐涎。①
>
> 心气不足，邪气入中，则胸满而短气。②

到了宋金之交，由于人们的不良生活习俗，以及战争、灾荒等原因，中风病的病因病机已经发生了极大的变化，在这种历史背景下，倘若继续坚持前人的认识，则对患者无疑是雪上加霜，草菅性命。显然，这与刘完素所持“普救后人之生命”的医道相悖，所以刘完素以大量扎实的临床实践经验为基础，从宋金时期的社会生存环境出发，因时制宜，着眼于“火热说”，认为中风病亦是内热郁结所致。他论“暴病暴死”的病因病机说：

> 暴病暴死：火性疾速故也。斯由平日衣服饮食，安处动止，精魂神志，性情好恶，不循其宜，而失其常，久则气变兴衰而为病也。或心火暴甚，而肾水衰弱，不能制之，热气怫郁，心神昏冒，则筋骨不用，卒倒而无所知，是为僵仆也。……所以中风瘫痪者，非谓肝木之风实甚，而卒中之也。亦非外中于风尔。由乎将息失宜，而心火暴甚，肾水虚衰，不能制之，则阴虚阳实，而热气怫郁，心神昏冒，筋骨不用，而卒倒无所知也。多因喜、怒、思、悲、恐之五志，有所过极，而卒中者，由五志过极，皆为热甚故也。若微则但僵仆，气血流通，筋脉不挛，缓者发过如故。或热气太甚，郁结壅滞，气血不能宣通，阴气暴绝，则阳气后竭而死。③

有研究者证实，自刘完素以后，内热确实已经成为导致中风病的主要原因。比如，多坐少动、膳食不合理、嗜好烟酒、心理压力大等不健康的生活方式，已经成为现代中风病高发的主要原因。因此，中风病的病因病机亦在经历着默默的转变，人口老龄化，发病年轻化，阳证、实证、热证居多。④由此可见，刘完素从内热的角度对中风病病因病机的新认识，符合现代中风病发生的临床实际，其学术影响将会随着时间的推移越来越显著，越来越深远。

2. 引领金元中医各家学说大放异彩

刘完素在中国古代医学史上的地位，用一句话来概括，那就是他揭开了金元“新学肇兴”的历史序幕，甚至后人有“外感用仲景，热病用河间”之说。从自身的传承讲，刘完素的弟子众多，主要有马宗素、常德、镏洪、荆山浮屠、罗知悌等，私淑者以张从正为代表。

马宗素，金代平阳（今山西临汾）人，著《伤寒医鉴》1卷，宗师说而驳朱肱的《南阳活人书》。他在《论六经传变》中论云：

---

① 陈振相、宋贵美：《中医十大经典全录》，第390页。

② 陈振相、宋贵美：《中医十大经典全录》，第391页。

③ （金）刘完素著，宋乃光点校：《素问玄机原病式》，第36—37页。

④ 荆志伟主编：《博士看中医》，北京：中国中医药出版社，2007年，第66页。

> 守真曰：人之伤寒则为热病，古今一同，通谓之伤寒病。前三日巨阳、阳明、少阳受之，热在表汗之则愈；后三日太阴、少阴、厥阴受之，热传于里下之则愈。六经传受由浅至深皆是热证，非有阴寒之证，古圣训阴阳为表里，惟仲景深得其意。厥后朱肱《活人书》特失仲景本意，将阴阳二字释为寒热，此差之毫厘，失之千里矣。①

常德，字仲明，金代镇阳（今河北正定）人，从学于张从正，学宗刘完素“火热”之说，著有《伤寒心镜》。

镏洪，系刘完素之门人，亦有说是私淑，金代都梁（今湖南武岗）人，著《伤寒心要》1卷，所论伤寒病症以温热为主，方药推崇双解散、三一承气汤、天水散等，故《四库全书总目》称该书“大旨敷演刘完素之说”②。

荆山浮屠，生平不详，但《明史》有关于其情况的只言片语：

> 震亨师金华许谦，得朱子之传，又学医于宋内侍钱塘罗知悌。知悌得之荆山浮屠，浮屠则河间刘守真门人也。③

罗知悌，字子敬，号太无，南宋理宗时寺人，后被元兵俘至燕京，精于医。明人宋濂对罗知悌的医学地位做了下面的评述：

> （罗）知悌，字子敬，宋宝祐中寺人，精于医，得金士刘完素之学，而旁参于李杲、张从正二家。……言学医之要，必本于《素问》、《难经》而湿热相火，为病最多，人罕有知其秘者。兼之长沙之书，详于外感，东垣之书，详于内伤，必两尽之，治病方无所憾。区区陈裴之学，泥之且杀人。④

明代王祎在《青岩丛录》中亦说：

> 李（杲）氏弟子多在中州，独刘（完素）氏传之荆山浮屠师，师至江南，传之宋中人罗知悌，而南方之医皆宗之矣。及近时天下之言医者，非刘氏之学弗道也。⑤

罗知悌的“湿热相火”论，为其学生朱震亨所继承，并独创“阳有余阴不足论”，史称“滋阴派”，遂成为“金元四大家”之一。

此外，刘完素的私淑张从正，其法宗刘完素，用药多寒凉，但他认为邪气为治病之因，而所有祛邪方法都可归入汗、下、吐三法，于是，成为“攻下派”的杰出代表。

可见，刘完素之学被张从正、朱震亨等阐扬光大于中国，宗者奋勇，新思想和新学说迭出，因而成为一个医学变革时代的先锋。

---

① （金）马宗素：《伤寒医鉴·论六经传受》，盛增秀等重校：《医方类聚》第2分册，北京：人民卫生出版社，2006年，第332页。

② （清）永瑢等：《四库全书总目》卷105《子部·医家类存目》，第883页。

③ 《明史》卷299《戴思恭传》，北京：中华书局，1974年，第7645页。

④ （明）宋濂：《文宪集》卷24《故丹溪先生朱公石表辞》，《景印文渊阁四库全书》第1224册，第327页。

⑤ （明）王祎：《青岩丛录》，《丛书集成新编》第3册，台北：新文丰出版公司，1986年，第48页。

3. 刘完素医学思想的历史局限

前已述及，刘完素以《黄帝内经》病机十九条为纲，独创了“火热论”学术体系，在外感热病及杂病诸如三消病、中风病、泻痢、妇科、儿科等多个领域都作出了创造性的理论贡献，在中国古代医学史上占有十分重要的地位。但是，同历史上任何思想学派一样，由于历史和科学技术发展的阶段性及注重经验思维等原因，许多新思想往往以片面的形式出现，刘完素即是一个比较典型的例子。因此，元代吕复在评论刘完素医学思想的特点和不足时说：“刘河间医如骆驼种树，所在全活；但假冰雪以为春，利于松柏，而不利于蒲柳。”①显而易见，刘完素立言片面，是其学术思想的主要缺陷。例如，俞慎初先生认为，“刘完素对《内经》病机十九条的分析归纳，是片面的。其对运气篇也缺乏全面的认识。因此，形成了以火热立论的片面主张”②。

另外，明代张景岳亦有一段批评刘完素重视“实火”而不重视“虚火”的话。他说：

> 夫实火为病固为可畏，而虚火之病，尤为可畏，实火固宜寒凉去之，本不难也，虚火最忌寒凉，若妄用之，无不致死，矧今人之虚火者多，实火者少，岂皆属有余之病，顾可概言为火乎？③

诚然，张景岳的批评亦有瑕疵，但他指出刘完素医学思想中偏重“实火”证，却是一个客观存在的事实。不过，假如没有刘完素的“片面思想”，就不会有金元中医各家学说的出现。因为金元医学诸家如张从正、李杲、朱震亨等都是通过不断修正刘完素的片面医学思想，然后才最终形成各自的医学特色，从而使尚不完善的知识得到不断的补充或修正，并推动着中国古代医学向更高的理论层面发展的。

第二节　易水学派与李杲的“脾胃论”医学思想

易水学派是独立于河间学派的又一金代医学流派，它的创始者为张元素，主要传人是李杲。与河间学派不同，张元素直接秉承《难经》“四时皆以胃气为本”④及《中藏经》“胃者，人之根本也，胃气壮，则五脏六腑皆壮。足阳明是其经也。胃气绝则五日死”⑤的思想，主张脏腑辨证论治，遂形成了自己的医学特色。

其后，李杲、王好古、罗天益等在张元素脏腑辨证论治的基础上各有侧重，同本枝生而为“脾胃论”、“阴证论”及“三焦论”，百花竞放，争相辉映，为金元医学发展带来了一股清丽、明朗的新气象。

---

① （清）方浚师撰，盛冬铃点校：《蕉轩随录·续录·吕元膺诸医家评骘》，北京：中华书局，1995年，第581页。

② 俞慎初：《中国医学简史》，福州：福建科学技术出版社，1983年，第189页。

③ （明）张介宾：《景岳全书》卷3《辨河间》，《景印文渊阁四库全书》第777册，第61页。

④ （春秋战国）扁鹊：《黄帝八十一难经》，陈振相、宋贵美：《中医十大经典全录》，第313页。

⑤ （汉）华佗：《中藏经》卷上《论胃虚实寒热生死逆顺脉证之法第二十七》，陈振相、宋贵美：《中医十大经典全录》，第467页。

一、易水学派的主要代表人物及其理论核心

（一）张元素的医学思想

1. 张元素的生平和著述

在金代被选入《金史·方技传》的诸医家中，张元素所占的篇幅相对较多，这从一个侧面反映了元代史家对金代医家地位的认识差异。大体说来，张元素略重于刘完素和张从正。《金史》载：

> 张元素字洁古，易州人。八岁试童子举。二十七试经义进士，犯庙讳下第。乃去学医，无所知名，夜梦有人用大斧长凿凿心开窍，纳书数卷于其中，自是洞彻其术。河间刘完素病伤寒八日，头痛脉紧，呕逆不食，不和所为。元素往候，完素面壁不顾，元素曰："何见待之卑如此哉。"既为诊脉，谓之曰："脉病云云，"曰："然。""初服某药，用某味乎？"曰："然。"元素曰："子误矣。某味性寒，下降走太阴，阳亡汗不能出。今脉如此，当服某药则效矣。"完素大服，如其言遂愈，元素自此显名。平素治病不用古方，其说曰："运气不齐，古今异轨，古方新病不相能也。"自为家法云。[①]

与其他医家的传记不同，像刘完素、张从正、李庆嗣、纪天锡等，都着力载其著述的主要思想特色，唯张元素例外，整个传记无一字提及他的著述，倒是他为刘完素诊治伤寒病成了该传记的主体内容。而对于这则病案的真实性，笔者颇为怀疑。尽管它被史学界广为引用，并无不当，但是，这里有一个问题：刘完素在治疗伤寒病方面主张用寒凉药，而张元素与之相反，主张用温补，慎用下法。从传记的立意看，《金史》的作者显然是在有意抑刘扬张。另外，文中仅云"初服某药，用某味乎"，如果真有灵丹妙药，又何必隐去方药的名称？例如，元人在《宋史·方技传》里为庞安时、钱乙等立传时，对于他们治病的过程，都详细记录了其方药，这一点与《金史》的差异甚殊。

当然，《金史》的作者想通过这个案例来凸显张元素医学思想的特色，看来这个目的已经达到了。

张元素的著述比较多，然争议亦较大。据姜春华先生考证，计有5种：《家珍》1卷，未见；《医学启源》3卷，未见；《张氏元素珍珠囊》1卷，佚；《洁古本草》2卷，未见；《脏腑标本寒热虚实用药式》，由后人辑录。[②]李梴等的《医学入门》亦称：张元素"书不传，其学则李东垣深得之"[③]。难怪范锴称："张元素并无著书，所有《内经类编》、《难经注》、《医学启源》诸书，乃其高弟李明之承师说而笔之者。"[④]又，光绪二十年（1894）所重修的《广平府志》则题名李庆嗣撰。《医学启源》张吉甫序中有下面一段话：

---

① 《金史》卷131《张元素传》，第2812页。

② 姜春华：《中医各家学术评介》，中国中医科学院研究生院：《名家中医基础汇讲》，北京：人民卫生出版社，2010年，第343—344页。

③ （明）李梴编著，高澄瀛，张晟星点校：《医学入门（点校本）》，上海：上海科学技术文献出版社，1997年，第97页。

④ （金）张元素原著，任应秋点校：《医学启源·点校序言》，北京：人民卫生出版社，1978年，第1页。

> （张元素）暇日辑集《素问》五运六气，《内经》治要，《本草》药性，名曰《医学启源》，以教门生，及有《医方》三十卷传于世。壬辰遗失，□□□存者惟《医学启源》。真定李明之，门下高弟也，请余为序，故书之。①

此处的“壬辰”为公元1232年，元好问撰《壬辰杂编》，即为同一年。我们知道，金亡于天兴三年（1234）。此时，张元素已经故去，而李杲亦已54岁。可以肯定，张序写于金亡之后。任应秋先生认为，“张吉的序文，曾为《金史·本传》所引据，则范声山（即范锴）之说，未必可以尽信”②。如果诚如任应秋先生所言，那么，为什么《金史》本传对张吉甫序中讲到的张元素著述却只字未提？元代戴启宗的《脉诀刊误》卷下载有“洁古张元素《医学启源》”的话，说明元代已有《医学启源》刊本。就目前已知的版本来看，不见金元刻本，唯明成化刻本流传。因此，张吉甫序中所言张元素为刘完素治愈伤寒一事的真实性，除此之外再没有其他旁证可验。另外，也是最重要的一个因素，使我们渐生疑窦。那就是在刘完素和张元素故去之后，在两人的门生之间出现了关于伤寒是用温热药剂还是用寒凉药剂的争论，争论的一方以刘完素的亲炙弟子马宗素和私淑弟子葛雍为主，持寒凉说；另一方则是张元素的弟子李杲和元好问，持温热论。③而《医学启源》的张吉甫序无疑是这一争论的产物，它那抑刘扬张的倾向性便说明了一切。当然，我们怀疑张吉甫序并不影响《医学启源》为张元素所作这一事实。从李杲一派的立场看，张吉甫序明辨了张元素医学思想的三大特色：伤寒用温补；药物归经理论；治病不用古方。

关于《脏腑虚实标本用药式》一书是否为张元素所作，李裕等否定了该书为张元素撰著的可能性。④因此，著名医史家姜春华先生说：“张洁古的著作有的失佚，有的未见，因为没有专著，要介绍他的学术思想，就比较困难。关于他的理论见解能看到的是他的学生李东垣《用药法象》，再门生王好古的《汤液本草》，他们继承了张元素的学说，可能是师徒关系，徒弟把老师的东西继承下来，师徒之说不分。”⑤姜春华先生生前肯定看到过由任应秋先生点校、人民卫生出版社1978年出版的《医学启源》，可是他并没有因此而改变上述看法。

目前，在学术界，关于张元素的著作经郑洪新等学者考证，存世的著作有三部，即《医学启源》、《珍珠囊》和《脏腑标本寒热虚实用药式》。本部分以此为准。

2. 张元素的特色医学思想

1）以脏腑寒热虚实分证用药

人体以脏腑为中心，通过经络沟通内外。因此，中国先民依据“有诸内者形诸外”原理，建立了一整套外揣辨证的理论体系。⑥其中以病理为核心的脏腑寒热虚实辨证学源远流

① （金）张元素：《医学启源·张序》，郑洪新主编：《张元素医学全书》，北京：中国中医药出版社，2006年，第12页。

② （金）张元素原著，任应秋点校：《医学启源·点校序言》，第1—2页。

③ 孟庆云：《中医百话》，北京：人民卫生出版社，2008年，第317—320页。

④ 李裕等：《李时珍和他的科学贡献》，武汉：湖北科学技术出版社，1985年，第224页。

⑤ 姜春华：《中医各家学术评介》，中国中医科学院研究生院：《名家中医基础汇讲》，第344页。

⑥ 郭振球主编：《世界传统医学诊断学》，北京：科学出版社，1998年，第596页。

长，如张家山出土的《病候》已经出现了脏腑辨证的萌芽。从联系的角度讲，脏腑实际上就是一个人体内外诸器官和组织之间相互作用和相互影响的功能系统。以此为原则，《黄帝内经》比较系统地提出了脏腑寒热虚实的辨证纲领。例如，《黄帝内经素问·脏气法时论篇》阐释了五脏虚实的症状表现；《黄帝内经素问·至真要大论篇》根据病因、病候、疾病的特点进行外揣性脏腑辨证；《黄帝内经素问·咳论篇》以咳为例，用脏腑分证诸多疾病；《黄帝内经素问·气厥论篇》论述了脏腑寒热相移的病症；《黄帝内经灵枢经·邪气脏腑病形》通过辨别缓、急、大、小、滑、涩六种脉象，来具体诊断人体的寒、热、虚、实及气、血盛衰等。张仲景的《伤寒论》以脏腑寒热虚实辨证将疾病分为多种证型，其《金匮要略方论》明确提出了脏腑经络学说系指导临床杂病辨证论治的原则与核心；六朝托名华佗的《中藏经》有专论“五脏六腑虚实寒热生死逆顺脉证之法”11 篇，对脏腑的寒热虚实进行了系统化的理论总结；唐代孙思邈的《千金要方》对内科疾病按照脏腑分列，脏腑则多有寒热虚实之辨；《太平圣惠方》从卷 3 至卷 7 为专论脏腑病症篇，已具今日脏腑辨证雏形；钱乙的《小儿药证直诀》创立了五脏相乘的《五藏证治》治疗体系。所以，从远处说，张元素的以脏腑寒热虚实分证用药思想是对《黄帝内经》脏腑辨证理论的继承和发展；从近处讲，则张元素的以脏腑寒热虚实分证用药的思想直接源自钱乙，遂创立了脏腑标本寒热虚实的用药模式。

在《医学启源》一书中，张元素首述“五脏六腑除心包络十一经脉证法”，建立了比较系统的脏腑辨证理论。张元素说：“夫人有五脏六腑，虚实寒热，生死逆顺，皆见形证脉气，若非诊（切），无由识也。虚则补之，实则泻之，寒则温之，热则凉之，不虚不实，以经调之，此乃良医之大法也。”①下面仅以胃为例，略作阐释。其“胃之经，足阳明，湿，戊土”云：

> 胃者，脾之腑也，又名（水）谷之海，与脾为表里。胃者，人之根本，胃气壮，则五脏六腑皆壮（也），足阳明是其经也。胃气绝，五日死。实则中胀便难，肢节痛，不下食，呕逆不已。虚则肠鸣胀满，滑泄。寒则腹中痛，不能食〔冷〕物。热则面赤如醉人，四肢不〔收〕持，不〔得〕安眠，语狂目乱，便硬者是也。病甚则腹胁胀满，呕逆不食，当心痛，（下上）不〔通〕，恶闻香臭，嫌人语，振寒，善欠伸。胃中热，〔则〕唇黑；热甚，则登高而歌，弃衣而走，颠狂不定，汗出额上，鼽〔衄〕不止。虚极则四肢肿满，胸中短气，谷不化，中满也。胃中风，则溏泄不已；胃不足，则多饥，不消食。病人鼻下平，则胃中病，渴者可治。胃脉搏坚而长，其色〔黄赤者，当病折髀〕。其脉弱而散者，病食〔痹〕。右关上浮而大者，虚也；浮而短涩者，实也；浮而微滑者，亦〔实〕也；浮而迟者，寒也；浮而数者，热也。此胃〔腑〕虚实寒热，生死逆顺脉证之法也。②

由上述引文可知，张元素的脏腑辨证思想主要包括三个方面的内容：一是总述胃的

① （金）张元素原著，任应秋点校：《医学启源》，第 4 页。
② （金）张元素原著，任应秋点校：《医学启源》，第 22—24 页。

正常生理功能，确立了“胃气”为人之根本的思想，它为李杲“脾胃论”创造了出炉的条件；二是寒热虚实是脏腑辨证的重点，而胃及各个脏腑的功能异常皆可通过寒热虚实表现出来；三是指出胃病的各种演变及其预后，如“病人鼻下平，则胃中病，渴者可治”等。王叔和的《脉经》云：“病人鼻下平者，胃病也。微赤者，病发病。微黑者，有热。青者，有寒。白者，不治。唇黑者，胃先病。微燥而渴者，可治。不渴者，不可治。”[①]当然，张元素脏腑辨证的突出特色在于与临床治疗相结合，而《脏腑标本寒热虚实用药式》无疑是脏腑标本寒热虚实辨证论治的经典。在书中，张元素把脏腑辨证分为标病与本病，在此前提下，根据疾病的寒热虚实分证施方处药，因而成为后世医家应用五脏辨证用药的先驱。例如，书中分标、本、热、实、虚、寒逐条阐释胃的辨证论治，为了直观和醒目起见，我们特制成表 3-3 以示之。

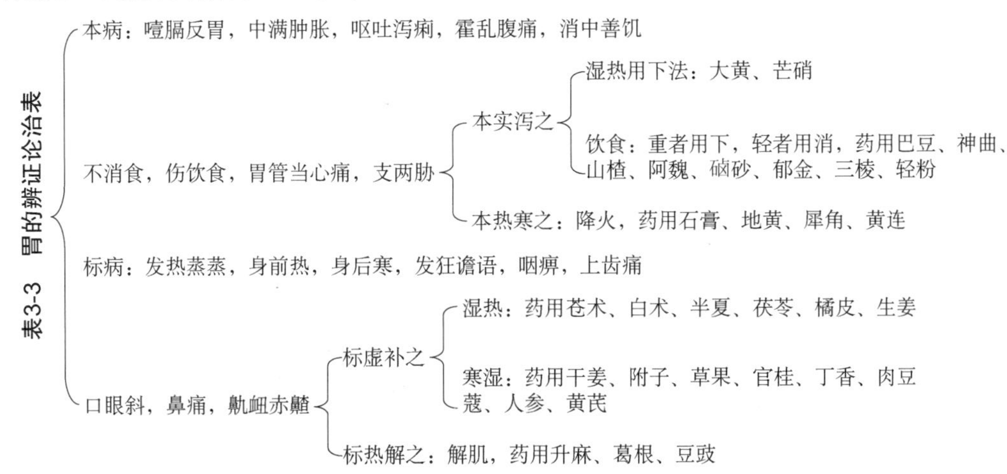

表3-3 胃的辨证论治表

由表 3-3 不难看出，张元素选药精当实用，执简驭繁，深为李时珍所赏识，并将其转引到《本草纲目》一书中。据姜春华先生考证，今传《脏腑标本寒热虚实用药式》应系《珍珠囊》的一部分，而李时珍评《珍珠囊》的医学价值时说：其书“深阐轩、岐秘奥，参悟天人幽微。言古方新病不相能，自成家法。辨药性之气味、阴阳、厚薄、升降、浮沉、补泻，六气、十二经及随证用药之法，立为主治、秘诀、心法、要旨，谓之珍珠囊。大扬医理，灵、素之下，一人而已”[②]。

2）“古方今病，不相能”的思想

对于张元素的这个思想命题，我们可以从四个方面来理解。

第一，注意对药性的认识与运用。张元素在《医学启源》卷下，综合《黄帝内经素问·阴阳应象大论篇》和《黄帝内经素问·至真要大论篇》有关药性方面的理论成果，参以自己的临床实践经验，提出了独具特色的制方法度。

① （晋）王叔和：《脉经》卷 6《脾足太阴经病证第五》，陈振相、宋贵美：《中医十大经典全录》，第 578—579 页。
② （明）李时珍：《本草纲目·历代诸家本草》，北京：人民卫生出版社，1975 年，第 9 页。

按照中药学的原理，药性由寒、热、温、凉四气与酸、苦、辛、咸、甘、淡六味结合而成。在张元素看来，“夫药之气味不必同，同气之物，（其）味皆咸，其气皆寒之类是也。凡同气之物，必有诸味，同味之物，必有诸气，互相气味，各有厚薄，性用不等，制方者，必须明其用矣”①。以此为基础，他把诸品药物分成五大类：风升生，药物有防风、姜活、升麻、柴胡、葛根、威灵仙、细辛、独活、香白芷、鼠黏子、桔梗、藁本、川芎、蔓荆子、秦艽、天麻、麻黄、荆芥、薄荷前胡；热浮长，药物有黑附子、干姜、干生姜、川乌头、良姜、肉桂、桂枝、草豆蔻、丁香、厚朴、益智仁、木香、白豆蔻、川椒、吴茱萸、茴香、玄胡索、缩砂仁、红蓝花、神曲；湿化成（中央土），药物有黄耆、人参、甘草、当归、熟地、半夏、白术、苍术、橘皮、青皮、藿香、槟榔、广茂、京三棱、阿胶、诃子、桃仁、杏仁、大麦蘖、紫草、苏木；燥降收，药物有茯苓、泽泻、猪苓、滑石、瞿麦、车前子、木通、灯草、通草、五味子、白芍药、桑白皮、天门冬、麦门冬、犀角、乌梅、牡丹皮、地骨皮、枳壳、琥珀、连翘、枳实；寒沉藏，药物有大黄、黄芩、黄连、石膏、草龙胆、生地、知母、汉防己、茵陈蒿、朴硝、瓜蒌根、牡蛎、玄参、苦参、川楝子、香豉、地榆、栀子、巴豆、白僵蚕、生姜、杜仲。对于运用药物的原则，张元素总结出了这样的规律，他说：“凡药之五味，随五脏所入而为补泻，亦不过因其性而调之。”②“升降者，天地之气交”③，即药物的阴阳组合能够决定某一药物的升降趋向，这便是张元素所讲“风升生”、“热浮长”、“湿化成”、“燥降收”及“寒沉藏”的理论依据。

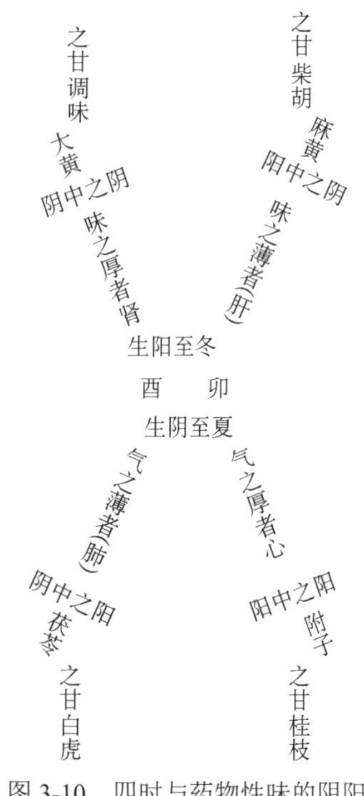

图 3-10 四时与药物性味的阴阳变化规律示意图④

至于四时与药物性味的阴阳变化规律，如图 3-10 所示。在图 3-10 中，“卯酉”指春分和秋分，卯系万物茂之义，而酉系万物老之义。这样，“卯酉”把一年区分为阴年与阳年。由“卯”开始按照顺时针旋转，依次为“阳中之阳”（夏）、“（阴）中之阳”（秋）、“阴中之阴”（冬）、“阳中之阴”（春）。张元素解释说：“茯苓淡，为天之阳，阳也，阳当上行，何谓利水而泄下？经云：气之薄者，阳中之阴，所以茯苓利水而泄下，亦不离乎阳之体，故入手太阳也。麻黄苦，为地之阴，阴也，阴当下行，何谓发汗而升上？经曰：味之薄者，（阴）中之阳，所以麻黄发汗而升上，亦不离乎阴之体，故入手太阴也。附子，气之厚者，乃阳中之阳，故经云发热；大黄，味之厚者，乃阴中之阴，故经云泄下。（竹）淡，为阳中之阴，所以利小便也；茶苦，为阴中之阳，所以清头目也。清阳发腠理，清之清者也；清

① （金）张元素原著，任应秋点校：《医学启源》，第 166 页。
② （明）李时珍：《本草纲目》，喀什：喀什维吾尔文出版社，2002 年，第 35 页。
③ （金）张元素原著，任应秋点校：《医学启源》，第 156 页。
④ （金）张元素原著，任应秋点校：《医学启源》，第 155 页。

阳实四肢，清之浊者也；浊阴归六腑，浊之浊者也；浊阴走五脏，浊之清者也。”①

第二，发明药物归经之说。张元素认为，药物对脏腑疾病产生作用，它们各有自己的经脉传导途径，然后循经到达所治部位，这在药性理论上是一个了不起的创造。这样，就使医家对各种药物的认识更加深刻，更易于临床运用。例如，“酸入肝，苦入心，甘入脾，辛入肺，咸入肾。辛主散，酸主收，甘主缓，苦主坚，咸主软。辛能散结润燥，致津液，通气；酸能收缓敛散；甘能缓急调中；苦能燥湿坚软；咸能软坚；淡能利窍”②。当然，张元素对药物归经的认识，是其长期临床经验的总结，因为药物归经主要是以疗效来确定的。所有《珍珠囊》对113味中药（绝大多数系植物药，不见用动物药，反映了他在用药方面具有某种动物保护的思想倾向）进行归经分析，临床实用价值很高。例如，“白芍药：甘酸，阴中之阳。曰补赤散，泻肝，补脾胃。酒浸行经，止中部腹痛。与石斛、硝石相反”③；“柴胡：苦，阴中之阳。去往来寒热，胆痹非柴胡梢子不能除。与皂荚、藜芦相反。少阳、厥阴行经药也”④；“地骨皮：苦，纯阴。凉骨热，酒浸，解骨蒸非此不能除”⑤等。在此前提之下，张元素首创中药引经报使理论。《医学启源》卷下《各经引用》载：

> 太阳经，羌活；在下者黄蘗，小肠、膀胱也。少阳经，柴胡；在下者青皮，胆、三焦也。阳明经，升麻、白芷；在下者，石膏，胃、大肠也。太阴经，白芍药，脾、肺也。少阴经，知母，心、肾也。厥阴经，青皮；在下者，柴胡，肝、包络也。已上十二经之的药也。⑥

所谓“的药”即是具有“靶向”作用的药，或称“引经药”，这在临床处方时是需要熟记的基本药物。对此，《珍珠囊》讲得更细：

> 足太阳膀胱经：羌活、藁本。足少阳胆经：柴胡、青皮。足阳明胃经：升麻、葛根、白芷、石膏。足太阴脾经：芍药（白者补，赤破经）、升麻、苍术、葛根。足少阴肾经：独活、桂、知母、细辛。足厥阴肝经：柴胡、吴茱萸、川芎、青皮；手太阳小肠经：羌活、藁本。手少阳三焦经：柴胡、连翘、上地骨皮、中青皮、下附子；手阳明大肠经：白芷、升麻、石膏。手太阴肺经：白芷、升麻，加葱白亦能走经、桔梗；手少阴心经：独活、黄连、细辛。手厥阴心包络：柴胡、牡丹皮。⑦

这样，以“的药”为引导全方主治的效用，而“归经药”则更加凸显了各种不同药物的特殊功能，有利于强化临证治疗的效果，所以把引经和归经有机地结合起来，就成为张元素自创家法的一个鲜明特点。

---

① （金）张元素原著，任应秋点校：《医学启源》，第156页。
② （明）李时珍：《本草纲目》，第35页。
③ （金）张元素：《珍珠囊》，郑洪新主编：《张元素医学全书》，第67页。
④ （金）张元素：《珍珠囊》，郑洪新主编：《张元素医学全书》，第67页。
⑤ （金）张元素：《珍珠囊》，郑洪新主编：《张元素医学全书》，第69页。
⑥ （金）张元素原著，任应秋点校：《医学启源》，第163页。
⑦ （金）张元素：《珍珠囊》，郑洪新主编：《张元素医学全书》，第71—72页。

第三，三感之病与三才治法。张元素在《医学启源》卷上《三感之病》中云：

> 天之邪气感，则害人五脏，肝、心、脾、肺、肾，实而不满，可下之而已。水谷之寒热感，则害人六腑，胆、胃、三焦、膀胱、大肠、小肠，满而不实，可吐之而已。地之湿气感，则害人肌肤，从外而入，可汗而已。①

又，《三才治法》说："夫病有宜汤者、宜丸者、宜散者、宜下者、宜吐者、宜汗者。汤可以荡涤脏腑，开通经络，调品阴阳；丸可以逐风令，破坚积，进饮食；散可以去风、寒、暑、湿之气，降五脏之结伏，开肠利胃。可下而不下，使人心腹胀满，烦乱鼓（胀）；可汗而不汗，则使人毛孔闭塞，闷绝而终；可吐而不吐，则使人结胸上喘，水食不入而死。"②

可见，"三感"与"三才"不但是脏腑辨证的根据，更是医家制方遣药的分寸，它本身具有历史性和可变性，拘泥成方是不利于祛邪扶正的。例如，张元素所制"枳术丸"主治胃虚食积痞结，为本虚重于本实证。方中以白术为君药，目的在于强本，枳实为辅药，目的在于治标，寓攻于补，体现了他补脾养胃的用药理念，正如他自己所言："本意不取其食速化，但令人胃气强实，不复伤也。"③然而，《金匮要略方论》所载"枳术汤"恰与张元素的"枳术丸"功用相反，"枳术汤"（枳术 7 枚，白术 2 两）主治水饮实邪结于中焦证，标实重于本虚，故组方以枳术为君药，以泻为主，白术补气，治本为辅，然一缓一急，一补一泻，其用不同。经现代药理实验证实，白术、枳实作为药对，临床用于治疗各种原因引起的胃肠运动减弱确有很好的疗效，上述两方均能提高健康大鼠血及肠组织 P 物质（substance P，SP）的含量，尤其是对血中 SP 含量的提高明显，并呈一定的量效关系。不过，从实验结果看，两个处方之间未见明显差异。而 SP 是胃肠运动调节中起重要作用的脑肠肽，它对胃肠道的兴奋作用表现为对胃肠纵行肌和环行肌有双重的收缩效应，说明升高血及胃肠组织 SP 含量是枳术丸与枳术汤促进胃肠运动作用的机制之一。④尽管如此，通过"枳术丸"的组方，我们很容易发现，张元素治疗胃病的基本指导思想是多泻而少补，因为在他看来，临床上病胃的病因病机一般为多实少虚，这个思想为后来的李杲和叶天士所继承并发展。

第四，倡导新时方，主张临证拟方，辨证论治。当时，局方盛行，习以成弊，以张元素为代表的金元诸家则与经方相对峙，积极提倡不泥古方，主张临证拟方，用药讲究归经，史家将其称为"时方新派"。张元素说：

> 前人方法，即当时对症之药也。后人用之，当体指下脉气，从而加减，否则不效。余非鄙乎前人而自用也，盖五行相制相兼，生化制（承）之体，一时之间，变乱无常，验脉（处）方，亦前人之法也。厥后通乎理者，（当）以余言为（然）。⑤

---

① （金）张元素原著，任应秋点校：《医学启源》，第 46 页。

② （金）张元素原著，任应秋点校：《医学启源》，第 44—45 页。

③ （金）李杲撰，丁光迪校注：《风外伤辨》卷下《易水张先生枳术丸》，南京：江苏科学技术出版社，1982 年，第 59 页。

④ 麻晓慧等：《枳术丸煎剂与枳术汤对大鼠 P 物质的影响》，《时珍国医国药》2007 年第 7 期，第 1605 页。

⑤ （金）张元素原著，任应秋点校：《医学启源》，第 161—162 页。

经方主要指张仲景的成方，而狭义的“时方”仅指宋代的“局方”。戴良称：“时方盛行陈师文、裴宗元所定大观二百九十七方。”[①]可谓“集前人已效之方，应今人无限之病”[②]，只顾各方主治证候，不明病源病机，与理、法、方、药相互脱节，这种形式化的处方思想，其弊病显而易见。张元素尽管其个别见解亦有片面之嫌，如他的“5类分法”，不尽全面，另，《医学正传》甚至将“治病一切不以方”看作是张元素“其书亦不传”[③]的一个重要因素，但他化裁古方，分经用药，创用新方的“比证立方之道”[④]，至今都具有十分重要的临床指导意义。其中“当归拈痛汤”是他临证拟方的成功范例，并为有制之师。

（二）李杲的医学思想

李杲，字明之，自号东垣老人，镇（今河北正定）人，“金元四大家”之一。在金元医学界，与其他三大家相比，他有两个特别之处：一是他的声望超出了他的老师张元素；二是他专门为权贵人家医病。关于第一个特别之处，《四库全书总目》云“名乃出于元素上，卓为医家大宗”[⑤]，自不待言，尤其是第二个特别之处，需要在此啰嗦两句。《元史》本传载：

> 李杲子明之，镇人也，世以赀雄乡里。杲幼岁好医药，时易人张元素以医名燕赵间，杲捐千金从之学，不数年，尽传其业。家既富厚，无事于技，操有余以自重，人不敢以医名之。大夫士或病其资性高謇，少所降屈，非危急之疾，不敢谒也。其学于伤寒、痈疽、眼目病为尤长。[⑥]

他财大气粗，以千金之学费拜师学医，不管其学医的动机如何（有两说：一说“杲母婴疾为众医杂治而死”，于是“闻易水洁古老人张君元素医名天下，捐金帛诣之”[⑦]；一说“杲幼岁好医药……捐千金从之学”[⑧]），他把钱当作处事的一种手段，却是事实。例如，有记载说他曾“进纳得官”[⑨]或曰“纳赀得官”[⑩]。又曾予其学生罗天益“白金二十两”[⑪]，他常以“大者不惜，何吝于细”[⑫]自诩，为人大手大脚。因此，这种“当地第一富户”[⑬]的权贵地位，致使很多士大夫望而却步，“非危急之疾，不敢谒也”，从而在一定程度上影

---

① （元）戴良：《九灵山房集》卷10《丹溪翁传》，《景印文渊阁四库全书》第1219册，第365页。
② （元）朱震亨原著，胡春雨、马湃点校：《局方发挥》，第1页。
③ （明）虞抟：《医学正传》，北京：人民卫生出版社，1965年，第2页。
④ （金）张元素原著，任应秋点校：《医学启源》，第216页。
⑤ （清）永瑢等：《四库全书总目》卷104《子部・医家类二・内外伤辨惑论三卷》，第869页。
⑥ 《元史》卷203《李杲传》，北京：中华书局，1976年，第4540页。
⑦ （元）砚坚：《东垣老人传》，（明）李濂辑，俞鼎芬、倪法冲、刘德荣校注：《李濂医史》卷5，厦门：厦门大学出版社，1992年，第97页。
⑧ 《元史》卷203《李杲传》，第4540页。
⑨ （元）砚坚：《东垣老人传》，（明）李濂辑，俞鼎芬、倪法冲、刘德荣校注：《李濂医史》卷5，第97页。
⑩ （清）永瑢等：《四库全书总目》卷104《子部・医家类二・内外伤辨惑论三卷》，第869页。
⑪ （元）砚坚：《东垣老人传》，（明）李濂辑，俞鼎芬、倪法冲、刘德荣校注：《李濂医史》卷5，第98页。
⑫ （元）砚坚：《东垣老人传》，（明）李濂辑，俞鼎芬、倪法冲、刘德荣校注：《李濂医史》卷5，第98页。
⑬ 姜春华：《中医各家学术评介》，中国中医科学院研究生院：《名家中医基础汇讲》，第357页。

响了他的医道在民间广泛传播。如前举刘完素，金章宗三次请他做官，三次被刘完素拒绝。他一生不谋名利，坚持行医民间。因此，在刘完素死后，当地老百姓为他立碑修庙。与刘完素相比，李杲呈现于世的显然是另一种风格的“医家大宗”，或曰“神医”。

平心而论，李杲也有“仁民”的一面。比如，他曾向学生罗天益提出“觅钱医人乎，学传道医人乎”[①]的问题。实际上，学医是为了敛钱还是为了传道，始终是医学伦理学的基本问题。在中国古代医学史上，“学传道医人”是大医之为大医的一种高尚境界，而艺以德成则是中国古代“医家大宗”的思想精髓，扁鹊如此，张仲景如此，孙思邈如此，刘完素如此，李杲亦如此。丁光迪先生曾总结金元医家成功的一条重要经验，那就是他们“不是为医而医，仅仅看作一个职业问题，自小其道；而是有远大抱负，重视三坟五典，济物利人，良医比做良相，医德、风格都很好”[②]，这话说得非常在理，据《李濂医史》载：

> 彼中民感时行疫厉，俗呼为大头天行。医工遍阅方书，无与对证者。出己见，妄下之，不效，复下之，比比至死。医不以为过，病家不以为非。君独恻然于心，废寝食，循流讨源，察标求本。制一方，与服之，乃效，特寿之于木，刻揭于耳目藂集之地，用之者无不效，时以为仙人所传，而鏨之于石碣。[③]

这是否出于李濂的美言，史无稽考。然李杲对诸多疾病从脾胃论治是其医学特色，《李濂医史》载“东垣所著，有《医学发明》、《脾胃论》、《内外伤辨惑论》、《兰室秘藏》、《此事难知》（实即王好古所撰——引者注）、《药象论》，总若干卷，而《试效方》乃其门人罗天益所辑者也”[④]。但据任应秋先生考证，能够确定为李杲所著的医书有《医学发明》、《脾胃论》、《内外伤辨惑论》、《兰室秘藏》、《活法机要》、《东垣试效方》及《脉诀指掌》。[⑤]关于李杲医学思想的具体内容，本节有专题阐释，此不重复。

（三）王好古的医学思想

1. 王好古的生平和著述

王好古，字进之，号海藏，赵（今河北赵县）人。其生卒年有两说：一说约生于1162年，卒于1249年[⑥]；一说约生于1200 年，卒于1264年[⑦]，本书从后说。论影响力，王好古是易水学派的主要代表人物之一，其医道醇精，著述颇丰。如此有价值的医家大宗，惜《金史》和《元史》都没有为之立传，想来正统史家囿于“德上艺下”的偏见，忽略了很多“以术仁其民”的真正儒医。有幸元人麻革在为《阴证略例》所撰的序言中简单地介绍了王好古的生平事迹，从而使人们对王好古的生平略知一二。麻革述：

---

① （元）砚坚：《东垣老人传》，（明）李濂辑，俞鼎芬、倪法冲、刘德荣校注：《李濂医史》卷5，第98页。
② 朱世增主编：《丁光迪论内科》，上海：上海中医药大学出版社，2009年，第425页。
③ （元）砚坚：《东垣老人传》，（明）李濂辑，俞鼎芬、倪法冲、刘德荣校注：《李濂医史》卷5，第97页。
④ （元）砚坚：《东垣老人传》，（明）李濂辑，俞鼎芬、倪法冲、刘德荣校注：《李濂医史》卷5，第99页。
⑤ 参见张年顺等主编：《李东垣医学全书·校注说明》，北京：中国中医药出版社，2006年，第1页。
⑥ 赵有臣：《王好古生卒年及生平略考》，《医古文知识》1993年第4期，第32—34页。
⑦ 任应秋主编：《中医各家学说》，上海：上海科学技术出版社，1986年，第64页。

海藏先生王君进之家世赵人，早以通经举进士，晚独喜言医，始从东垣李明之，尽传其所学。①

明代李梴在《医学入门》一书中，对王好古的认识又进了一步，他记载道：

王好古字进之，号海藏，元古赵人。任赵州教授，兼提举管内医学。性识明敏，博通经史，笃好医方。师事李东垣，尽得其学，遂成名医。著有《医垒元戎》、《医家大法》、《仲景详辨》、《活人节要歌诀》、《汤液本草》、《此事难知》、《斑疹论》、《光明论》、《标本论》、《小儿吊书》、《伤寒辨惑论》、《守真论》、《十二经络药图》等。②

大约略晚于李梴的朝鲜医官郑敬先撰《医林撮要》，照抄了《医学入门》中“王好古传”之内容。此时，王好古早已名扬东亚如朝鲜、日本等国了。然《医学入门》没有载王好古的代表作《阴证略例》，另，明人所编《东垣十书》，其中亦未见此书。《四库全书总目》则仅收录了王好古的 3 部著作，即《医垒元戎》、《汤液本草》和《此事难知》，缺《阴证略例》。对此，汪曰桢在《阴证略例・后序》中说：“盖当时尚未出也。……知为罕觏之秘笈矣。”③

（1）《医垒元戎》。“其书以十二经为纲，皆首以伤寒，附以杂证，大旨祖长沙绪论，而参以东垣易水之法，亦颇采用和剂局方，与丹溪门径小异。然如半硫丸条下注云：‘此丸古时用，今时气薄不用。’则斟酌变通，亦未始不详且慎矣。其曰《医垒元戎》者，序谓良医之用药，若临阵之用兵也。”④对于伤寒与杂症的关系，王好古在张仲景《伤寒杂病论》的基础上，明确提出“从外之内者，伤寒也；从内之外者，杂（病）也”⑤的伤寒杂病合一主张。在《医垒元戎・论伤寒杂病分二科》里，王好古说：“试以伤寒杂病二科论之，伤寒从外而之内者，法当先治外，而后治内；杂病从内而之外者，法当先治内，而后治外。至于中外不相及则治主病，其方法一也。亦何必分之为二哉？大抵杂病之外不离乎表，伤寒之内不离乎里，表则汗，里则下，中则和，不易之法也。”⑥既然人们过去把伤寒与杂病分而治之，那么，其方药势必各有短长，宜当相互补充和相互借鉴。所以，王好古撰写《医垒元戎》的一个突出特色，就是将《伤寒论》《金匮要略》《千金翼方》《外台秘要》《南阳活人书》《易简方》《素问病机气宜保命集》等书中的相关方药合并论之并化裁，独出机杼。例如，将麻黄桂枝各半汤与平胃散、枳梗半夏汤、川芎当归汤、厚朴散合并裁用，治疗伤寒、疫病、冷积、泻痢、呕吐等多种病症。他解释说：

麻黄、桂、芍药、甘草，即麻黄桂枝各半汤也。苍术、甘草、陈皮、厚朴，即平胃（散）。枳壳、桔梗、陈皮、茯苓、半夏，即枳梗半夏等汤也。又川芎当归汤活血。又加干姜为厚朴散。右此数药相合，为解表温中泄热之剂，去痰消痞调经之方，虽为

---

① （元）麻革：《阴证略例・序》，盛增秀主编：《王好古医学全书》，北京：中国中医药出版社，2004 年，第 72 页。
② （明）李梴编著，高澄瀛，张晟星点校：《医学入门（点校本）》，第 98 页。
③ （清）汪曰桢：《阴证略例・序》，盛增秀主编：《王好古医学全书》，第 111 页。
④ （清）永瑢等：《四库全书总目》卷 104《子部・医家类二・医垒元戎》，第 870 页。
⑤ （清）王好古：《此事难知》卷 1《气血之体》，《景印文渊阁四库全书》第 745 册，第 582 页。
⑥ （清）王好古：《医垒元戎》卷 12《论伤寒杂病分二科》，《景印文渊阁四库全书》第 745 册，第 906—907 页。

> 内寒外感表里之分所制，实非仲景表里麻黄桂枝姜附之的方也。至于冷积、呕吐、泄痢、症瘕、时疾、疫气项背拘急，加葱白、豆豉，厥逆加吴茱萸，寒热咳逆加枣，妇人难产加醋，始知用之非一途也，惟知活法者择之。[①]

经过化裁，张仲景的本方不仅可被用来治疗多种病症，而且其功效更加显著。

《伤寒论》在临床上应用汗、下、吐最多，由于很多医家"不注重脉症合参，全面分析"，"不善于同中求异，于共性中求个性"，"不抓主症，不注意病人喜恶之情"[②]，结果导致失治和误治现象的高发和多发，特别是在经方盛行的宋金时期，《伤寒论》的"宜法"被人广为运用，而与之相反的"逆法"却往往为一般医家所忽略，甚至人们根本无视《伤寒论》反复强调的"三禁"（即"不可汗""不可吐""不可下"）问题。例如，《伤寒论・辨太阳病脉证并治上》第23条云：

> 太阳病，得之八九日，如疟状，发热恶寒，热多寒少，其人不呕，清便欲自可，一日二三度发。脉微缓者，为欲愈也；脉微而恶寒者，此阴阳俱虚，不可更发汗、更下、更吐也；面色反有热色者，未欲解也，以其不能得小汗出，身必痒，宜桂枝麻黄各半汤。[③]

从临证实践来看，"逆法"较"宜法"更难把握和更不易辨证。因此，很多医家重"宜法"而略"逆法"，这种状况对于临床辨证十分有害。为了凸显"逆法"在伤寒诊治过程中的重要地位，王好古将"不可汗""不可吐""不可下"列于《医垒元戎》的篇首，"使人易见尔"[④]。在他看来，"大抵医之失，只在先药，药之错则变生。若汗下不差，则永无亡阳、生黄、畜血、结胸、痞气及下利洞泄、协热利、痉急、虚劳等证生矣，以其如此，故录大禁忌于前，使医者当疾之初不犯也"[⑤]。为此，他从《伤寒论》摘录了39条"三禁"之病症，并加以分析，目的在于使医家在临床辨证过程中时时留意，以免贻害患者。

此外，该书"按三焦寒热、气血寒热区别病位、对症选方，对后世三焦辨证和气血营卫理论的产生，起到启蒙先导的作用"[⑥]。

（2）《此事难知》。"是编专述李杲之绪论，于伤寒证治尤详。其问三焦有几，分别手足。明孙一奎极称其功，惟谓命门、包络与右尺同论。又谓包络亦有三焦之称，未免误会经旨耳。史称杲长于伤寒，而《会要》一书元好问实序之。今其书已失传，则杲之议论犹赖此以存其一二。"[⑦]该书分上下两卷，上卷除阐述中医辨证的基础理论之外，重点探讨了伤寒五经（即太阳证、阳明证、少阳证、太阴证、少阴证，缺阴证）证治的转变规律，以及临床辨证及治法方药等问题，首先提出"邪自鼻息而入"的思想，言前人所未言。他说：

---

① （元）王好古：《医垒元戎》卷2《海藏五积论》，《景印文渊阁四库全书》第745册，第654页。
② 侯俊丽、李美萍：《〈伤寒论〉汗、吐、下法致误原因探析》，《吉林中医药》2007年第5期，第57—58页。
③ （汉）张仲景：《伤寒论》，陈振相、宋贵美：《中医十大经典全录》，第332页。
④ （汉）王好古：《医垒元戎》卷1《不可汗不可吐不可下》，《景印文渊阁四库全书》第745册，第637页。
⑤ （元）王好古：《医垒元戎》卷1《不可汗不可吐不可下》，《景印文渊阁四库全书》第745册，第637页。
⑥ 杨辅仓：《中医趣谈》，南宁：广西师范大学出版社，2004年，第57页。
⑦ （清）永瑢等：《四库全书总目》卷104《子部・医家类二・此事难知》，第870页。

太阳者，府也，自背俞而入，人之所共知；少阴者，藏也，自鼻息而入，人所不知也。鼻气通于天，故寒邪无形之气从鼻而入。[①]

对于“内外两感，脏腑俱病”而“不能一治，故死矣”的传统观念，王好古通过长期的临床验证，大胆立方，取得了“十得二三”的疗效。他论证说：

故两感者不治，然所禀有虚实，所感有浅深，虚而感之深者必死，实而感之浅者，犹或可治。治之而不救者有矣，夫未有不治而获生者也。予尝用此，间有生者，十得二三，故立此方，以待好生君子用之。解利两感神方。大羌活汤：防风、羌活、独活、防己、黄芩、黄连、苍术、白术、甘草（炙）、细辛，去土，各三钱；知母（生）、川芎、地黄，各一两。[②]

从零治愈到20%—30%的治愈率，虽然成功率不高，但在当时这已经是一个奇迹了。王好古实事求是，他并没有通过造假的方式来欺世盗名，而是一就是一，二就是二，这种尊重事实、以客观效果为立言之本的科学作风值得后人学习。

下卷包括《表里所当汗下》《治病必当求责》《治病必求其本》《三法五治论》《阴阳例》等论文58篇。为了解疑释惑，王好古多用附图的形式来示意和阐释《黄帝内经》与《难经》的有关疑难问题，化繁就简，寓论于图，别开生面，颇有新意。在体例上，采用附图形式有助于人们更加形象和直观地理解与把握中医经典理论的基本概念及内涵，特别是在这个图像-文字系统的对置与视角转换过程中，王好古抒以己意，提出了许多精辟的施治经验和医学思想。例如，《三法五治论》主张：

夫治病之道有三法焉，初、中、末也。初治之道：法当猛峻者，谓所用药势疾利猛峻也。缘病得之新暴，感之轻，得之重，皆当以疾利猛峻之药急去之。中治之道：法当宽猛相济，为病得之非新非久，当以缓疾得中之养正去邪，相兼济而治之……末治之道：法当宽缓。宽者谓药平善，广服无毒，惟能养血气安中。盖为病证已久，邪气潜伏至深而正气微少，故以善药广服，养正多而邪气自去。更加以针灸，其效必速矣。

夫疗病之道，有五治法焉，和、取、从、折、（属）法也。一治曰和，假令小热之病，当以凉药和之，和之不已，次用取。二治曰取，为热势稍大，当以寒药取之，取之不已，次用从。三治曰从，为势既甚，当以温药从之，为药气温也，味随所为，或以寒因热用，味通所用，或寒以温用，或以发汗之，不已又再折。四治曰折，为病势极甚，当以逆制之。逆制之不已，当以下夺之，下夺之不已，又用属。五治曰属，为求其属以衰之。缘热深陷在骨髓间，无法可出，针药所不能及，故求其属以衰之。求属之法，是同声相应，同气相求。[③]

---

① （元）王好古：《此事难知》卷1《问两感邪从何道而入》，《景印文渊阁四库全书》第745册，第580页。
② （元）王好古：《此事难知》卷1《问两感邪从何道而入》，《景印文渊阁四库全书》第745册，第580页。
③ （元）王好古：《此事难知》卷2《三法五治论》，《景印文渊阁四库全书》第745册，第614页。

在这里，“衰”的意思是指有针对性地消除病邪，“属”是指病症与用药之间的内在关联。《黄帝内经素问·至真要大论篇》说：“寒热温凉，衰之以属。”①按照《黄帝内经》的理论，“衰之以属”的本质就是反其道而行之，选用与病症相拮抗的方药，如以热治寒，以寒治热等。但王好古讲求原则性和灵活性的统一，既然说“同声相应，同气相求”，就表明他在临床用药时，可以灵活地采用以热攻热和以寒攻寒的治法。在这里，与河间学派相比，王好石在治法上明显异于刘完素的“寒凉”说，具有极强的思想个性和临证特色。

另，王好古提出了“治当顺时”的治疗原则。他说：

> 夏，天气上行；秋，天气下行，治则当顺天道。谓如先寒后热，太阳阳明病，白虎加桂也，此天气上行宜用之。若天气下行，则不宜泻肺，宜泻相火命门则可矣。亦有内伤冷物而作者，当先调中，后定痁形，治随应见，乃得康宁。②

中医学的总体特征之一是以天人合一为其理论基础，王好古在《人肖天地》一篇中说：“且天地之形如卵，横卧于东、南、西、北者，自然之势也。血气运行故始于手太阴，终于足厥阴。”③因为天左行，人的血气按照顺时针方向由手到足依次循环和流注，即从寅（手太阴肺经）入卯（手阳明大肠）、入辰（足阳明胃经）、入巳（足太阴脾经）、入午（手少阴心经）、入未（手太阳小肠经）、入申（足太阳膀胱经）、入酉（足少阴肾经）、入戌（手厥阴心包经）、入亥（手少阳三焦经）、入子（足少阳胆经）、入丑（足厥阴肝经），从阴引阳；反过来，由足到手，从阳引阴，则按照顺时针依次循环和流注顺序是从申（足太阳膀胱经）、入酉（足少阴肾经）、入戌（手厥阴心包经）、入亥（手少阳三焦经）、入子（足少阳胆经）、入丑（足厥阴肝经）、入寅（手太阴肺经）、入卯（手阳明大肠）、入辰（足阳明胃经）、入巳（足太阴脾经）、入午（手少阴心经）、入未（手太阳小肠经）。此12分法，大则一年有12个月，即寅为正月，卯为二月，辰为三月，巳为四月，午为五月，未为六月，申为七月，酉为八月，戌为九月，亥为十月，子为十一月，丑为十二月；小则一日有12个时辰，均分百刻，即寅（初一刻）、卯（正十二刻半）、辰（末二十五刻）、巳（初二十六刻二十分）、午（正四十一刻四十分）、未（末五十刻）、申（初五十一刻）、酉（正六十二刻半）、戌（末五十七刻）、亥（初七十六十分）、子（正八十七刻）、丑（末一百刻）。由于张元素讲究药物归经，且针刺时刻与疗效亦有一定的关联。以此思维模式为指导，王好古在《阴阳例》《子母例》《兄妹例》《拔源例》等篇中反复强调针刺与“十二经脉子午流注”的关系。很显然，这是一种把岁运时辰、脏腑经络与病症治疗相互结合起来，注重系统和整体的时间医学观念。

（3）《汤液本草》。3卷，“上卷载东垣《药类法象》、《用药心法》，附以五宜、五伤、七方、十剂；中、下二卷以本草诸药配合三阳三阴、十二经络，仍以主病者为首，臣、佐、使应次之。每药之下，先气次味，次入某经，所谓象云者，《药类法象》也；心云者，《用

---

① 《黄帝内经素问》卷22《至真要大论篇》，陈振相、宋贵美：《中医十大经典全录》，第138页。

② （元）王好古：《此事难知》卷1《治当顺时》，《景印文渊阁四库全书》第745册，第612页。

③ （元）王好古：《此事难知》卷1《人肖天地》，《景印文渊阁四库全书》第745册，第576页。

药心法》也”[①]。对于该书的特点，王好古一共写了3篇序文来加以阐释。其第一篇序文指出，张仲景“广汤液为大法，此医家之正学”，而对《金匮》祖方则根据病症的实际情况，活法在人，“增一二味，别作他名；减一二味，另为殊法”[②]。其第二篇序文推崇张元素，王好古说：“金城洁古老人派之又倍于仲景，而亦得尽法之要。”且立法之要为“先本草，次汤液，次《伤寒论》，次《保命书》，阙一不可矣”[③]，可见，王好古既宗张仲景，又尚刘完素和张洁古，吸纳百家，参验众说，这是王好古之所以能够自创阴证学说的内在原因。其第三篇序文将《金匮》作为判定各种成方取舍的标准，“仲景所不言者，皆所不取，则正知真见定矣”[④]。

（4）《阴证略例》。裘庆元在《三三医书•〈阴证略例〉提要》中说：“治病不难于用药而难于辨证，苟诊察精确，洞如观火，则选药处方原非难事。然辨证尤以阳极似阴，阴极似阳为难。盖稍不留意，死生立判，能不惧哉！本书为海藏先生遗著，辨阴极似阳症极精，上自轩岐，下迄洁古，掇其精要，附以己说，共三十余条，有证有药，有论有辨。末附海藏老人治验录，尤足以瀹人性灵。学者熟此一篇，不但于阴症确有把握，即阳症亦可一隅三反矣。”[⑤]此论可谓卓见，王好古晚年集一生临证经验于《阴证略例》，专论三阴证，证治俱备，遂为“阴证学说”的扛鼎之作。

2. 王好古的阴证学说

《伤寒论》专论六经辨证计有398条，其中仅“辨太阳病脉证并治”“辨阳明病脉证并治”“辨少阳病脉证并治”三阳证就有272条，占总条数的68.3%。而论少阴、太阴及厥阴三阴证者为109条，占总条数的27.4%，其他17条，占总条数的4.3%。按照阴阳理论，六腑（胆、胃、膀胱、大肠、小肠、三焦）属阳，五脏（心、肝、脾、肺、肾）属阴，具体言之，肝为阴中之阳，肾为阴中之阴，脾阴中之至阴，阴则主藏，以“补”为法。故《黄帝内经灵枢经•本神》云：

> 肝藏血，血舍魂，肝气虚则恐，实则怒。脾藏营，营舍意，脾气虚则四肢不用，五脏不安，实则腹胀，经溲不利。心藏脉，脉舍神，心气虚则悲，实则笑不休。肺藏气，气舍魄，肺气虚则鼻塞不利少气，实则喘喝胸盈仰息。肾藏精，精舍志，肾气虚则厥，实则胀，五脏不安。必审五脏之病形，以运其气之虚实，谨而调之也。[⑥]

虽然《黄帝内经灵枢经•本神》提出了“必审五脏之病形，以运其气之虚实，谨而调之”的思想，但真正重视五脏辨证的医家应系张仲景。他在《金匮要略》中第一次比较系统地提出了五脏辨证理论。他以“水气病”为例说：

> 心水者，其身重面少气，不得卧，烦而躁，其人阴肿。肝水者，其腹大，不能自

① （清）永瑢等：《四库全书总目》卷104《子部•医家类二•汤液本草》，第870页。
② （元）王好古：《汤液本草•序一》，盛增秀主编：《王好古医学全书》，第3页。
③ （元）王好古：《汤液本草•序二》，盛增秀主编：《王好古医学全书》，第4页。
④ （元）王好古：《汤液本草•序三》，盛增秀主编：《王好古医学全书》，第5页。
⑤ 裘庆元：《三三医书•〈阴证略例〉提要》第3集，北京：中国中医药出版社，1998年，第43页。
⑥ 《黄帝内经灵枢经》卷2《本神》，陈振相、宋贵美：《中医十大经典全录》，第178页。

转侧，胁下腹痛，时时津液微生，小便续通。肺水者，其身肿，小便难，时时鸭溏。脾水者，其腹大，四肢苦重，津液不生，但苦少气，小便难。肾水者，其腹大，脐肿腰痛，不得溺，阴下湿如牛鼻上汗，其足逆冷，面反瘦。[①]

以此为前提，《中藏经》、《千金要方》及《小儿药证直诀》等进一步丰富和发展了《金匮要略》的五脏辨证体系。入金之后，张元素撰《脏腑标本寒热用药式》不仅使五脏辨证论治形成一个完整的体系，而且出现了偏向五脏虚证诊治的倾向。例如，将心包络归入心病之内，而另立命门病症与用药；又如，“土虚补之”“水弱补之”“火弱补之”“肾为肝之母，故云肝无补法，补肾即所以补肝也”[②]等。李杲认为，“脾胃不足为百病之始”[③]，于是他在“饮食劳倦伤”中对“阴火炽盛”独辟新径。当然，以上诸家虽然对阴证有所论述，但是都没有将其作为一个系统和整体来研究，而王好古著《阴证略例》不仅掇取前代医家论述阴证之精要，集为大成，而且他能附以己说，证以古今，有论有辨，立一家之言，并创“伤寒内感阴证”学说，从而把我国古代的阴证理论发展到一个新的历史高度。王好古说：

伤寒，人之大疾也，其候最急，而阴证毒为尤惨，阳则易辨而易治，阴则难辨而难治。若夫阳证热深而厥，不为难辨，阴候寒盛，外热反多，非若四逆脉沉细欲绝易辨也。至于脉鼓击有力，加阳脉数倍，内伏太阴，发烦躁，欲坐井中，此世之所未喻也。[④]

考其“阴证”思想，主要表现在以下三个方面。

1）内伤三阴与人本气虚实

王好古在《阴证略例》中对张元素用“消导吐下法”治疗内伤三阴证做了评价，他引述张元素的观点说：

饮食自倍，肠胃乃伤。或失四时之调养，故能为人之病也。[⑤]

从人体的本气讲，它存在“太过”和“不及”两个方面：一方面，“人之生也，由五谷之精气所化，五味之备，故能生形”[⑥]，其“五谷之精气”之“太过”造成热中病变，所以张元素治以吐下之法；另一方面，“有单衣而感于外者，有空腹而感于内者，有单衣、空腹而内外俱感者，所禀轻重不一，在人本气虚实之所得耳”[⑦]，在当时的社会条件下，由于贫富两极分化，有伤于暴食暴饮者，同时还有更多的人伤于饥寒交迫，正是站在这样的立场，王好古指出：“洁古既有三阴可下之法也，必有三阴可补之法。”[⑧]如果说张元素、李杲等医家侧重有食者阶层因饱食而导致的“实火”证，那么，王好古关注的则重在无食者阶层因

① （汉）张仲景：《金匮要略》卷中《水气病脉证并治第十四》，陈振相、宋贵美：《中医十大经典全录》，第414页。
② （金）张元素：《脏腑标本寒热用药式》，郑洪新主编：《张元素医学全书》，第87页。
③ （金）李东垣著，张年顺校注：《脾胃论·元好问序》，北京：中国中医药出版社，2007年，第31页。
④ （元）王好古：《阴证略例·序》，盛增秀主编：《王好古医学全书》，第72页。
⑤ （元）王好古：《阴证略例·洁古老人内伤三阴例消导吐下》，盛增秀主编：《王好古医学全书》，第76页。
⑥ （元）王好古：《阴证略例·洁古老人内伤三阴例消导吐下》，盛增秀主编：《王好古医学全书》，第76页。
⑦ （元）王好古：《阴证略例·扁鹊仲景例》，盛增秀主编：《王好古医学全书》，第80页。
⑧ （元）王好古：《阴证略例·洁古老人内伤三阴例消导吐下》，盛增秀主编：《王好古医学全书》，第77页。

饥寒而导致的“虚火”证，他的立医之道在于同情和关心生活在封建社会底层的那个人数众多的弱势群体。考虑到《金史》和《元史》都不给他立传的事实，恐怕王好古的这种思想倾向是一个非常关键的因素。

因饮冷内伤造成了“内伤三阴”，王好古举例说：

第一，肝阳虚损，“若面青或黑，或青黑，俱见脉浮沉不一，弦而弱，伤在厥阴肝之经也”，药方用当归四逆汤，“若其人病内有久寒者，宜当归四逆汤内加吴茱萸生姜汤主之”[①]。四逆汤适用于症见手足厥寒，口不渴，面白，畏寒倦怠，它具有养血通脉、温经散寒的功效。

第二，肾阳虚损，“若面红或赤，或红赤俱见，脉浮沉不一，细而微者，伤在少阴，肾之经也”，药方用通脉四逆汤[②]，主要治疗下利清谷，里寒外热，虚阳外越，四肢厥逆，脉微欲绝等症，实为肾阳将绝，阴盛格阳之证，它具有破阴回阳、通达内外的功效。

第三，脾阳虚损，“若面黄或洁，或黄洁俱见，脉浮沉不一，缓而迟者，伤在太阴，脾之经也”，药方用理中丸[③]，在临床上，理中丸是一首治疗由脾胃虚寒、运化失司所致脘腹冷痛，喜温欲按，自利不渴，畏寒肢冷等病症，它具有温中散寒、补气健脾的功效。

2）内感伤寒与温热疗法

造成“内感伤寒”的病因主要有以下两个。

第一，“由冷物伤脾胃”。王好古说：“大抵阴证者，由冷物伤脾胃，阴经受之也，主胸膈腹满，面色及唇皆无色泽，手足逆冷，脉沉细，少情绪，亦不因嗜欲，但内伤冷物，或损动胃气，遂成阴证。”[④]元代社会有“九儒十丐”说，人们把那些化剩汤残饭的人叫作乞丐。据有人统计，元朝享祚共163年，受灾竟达513次之多。而每当天灾袭来，元朝各地就会出现成千上万流离失所的人。由于元朝统治者实行民族歧视政策，他们对这个主要由汉民构成的流民群体，非但不加丝毫怜恤，反而赋役如故，这就迫使越来越多的农民变成了“逃离奔窜，皇皇然无定居”的乞丐。[⑤]他们是遭受“由冷物伤脾胃”的最主要病患群体，而元朝社会的不稳定与这个群体的大量存在有着密切的关系，如一直在社会最底层挣扎的朱元璋便是乞丐出身。

第二，“误服凉药”。王好古说：“若误服凉药，则渴转甚，躁转急，有此病证者，更须急服辛热之药，一日或二日便安。若阴毒渐深，其候沉重，四肢逆冷，腹痛转甚，或咽喉不利，心下胀满结硬，躁渴虚汗不止。”[⑥]

世俗医家不辨阴证躁与不躁的病变实质，误寒为热，反热为寒，结果导致病人不救而亡，因此，他辨析说：

阴证阳从内消，服温热药烦躁极甚，发渴欲饮，是将汗也，人不识此，反以为热，

---

① （元）王好古：《阴证略例·海藏老人内伤三阴例》，盛增秀主编：《王好古医学全书》，第77页。
② （元）王好古：《阴证略例·海藏老人内伤三阴例》，盛增秀主编：《王好古医学全书》，第78页。
③ （元）王好古：《阴证略例·海藏老人内伤三阴例》，盛增秀主编：《王好古医学全书》，第78页。
④ （元）王好古：《阴证略例·阴毒三阴混说》，盛增秀主编：《王好古医学全书》，第84页。
⑤ 周德钧：《乞丐的历史》，北京：中国文史出版社，2005年，第21页。
⑥ （元）王好古：《阴证略例·阴毒三阴混说》，盛增秀主编：《王好古医学全书》，第84页。

误矣！热上冲胸，服温热药烦躁少宁，反不欲饮，中得和也。人若识此，续汤不已愈矣！①

3）内有伏阴及其病因病机

内有伏阴是阴证中的疑难，往往会伴随临床危象。所以王好古对它格外重视，分析其病因病机，主要有以下几个方面。

第一，“重而不可治者，以其虚人内已伏阴，外又感寒，内外俱病，所以不可治也”②。

第二，“雾露入腹，虽不饮冷，与饮冷同”③。王好古说：“此膏粱少有，贫素气弱之人多有之，以其内阴已伏，或空腹晨行，或语言太过，口鼻气消，阴气复加，所以成病。”④

第三，“始得阴候毒”。阴证的病机，王好古引许学士的述论云：“阴毒本因肾气虚寒，因欲事或食冷物，而后伤风，内既伏阴，外又伤寒，或先感外寒而后伏阴，内外皆阴，则阳气不守。”⑤当然，此“阴毒”还包括“久雨清湿之气，山岚瘴气”⑥等疫毒。在临床上，疫毒确实与阴寒有关。一般来讲，疫毒侵入人体，一旦素体阳虚阴盛，则往往表现出四肢厥冷、自利腹痛等病症。除此，尚需辨别真寒假热证，即“伤寒阴盛格阳者，病人身冷，脉细沉疾，烦躁而不饮者是也。若欲引饮者，非也。不欲饮水者，宜服霹雳散，须臾躁止得睡，汗出即差”⑦。

综上所述，我们不难发现，王好古的“阴证”论，重点在于阐述“伤寒内感”病症。就病因而言，主要是指饮食冷物、误服凉药及内感雾湿之气，导致阳气虚损，遂出现“伤在厥阴”、“伤在少阴”和“伤在太阴”的各种临床病症。治则温养调中，以自创方神术汤和白术汤为代表。在此基础上，王好古总结了前贤治疗阴证的临床经验，主张用温热药双补脾肾，方选白术散（药物有川乌头、桔梗、附子、白术、细辛、干姜）、附子散（药物组成有附子、桂心、当归、半夏、干姜）、霹雳散（仅附子一枚）、回阳丹（药物有硫黄、木香、荜澄茄、附子、干姜、干蝎、吴茱萸）等。

由以上组方可以看出，王好古习惯用附子或与干姜配伍。在他看来，“古人用附子，不得已也，皆为身凉脉沉细而用之。若里寒身表大热者不宜用，以其附子味辛性热，能行诸经而不止，身尚热，但用干姜之类，以其味苦，能止而不行，只是温中一法。若身热消而变凉，内外俱寒，姜、附合而并进，温中行经，阳气俱生，内外而得，可保康宁，此之谓也。若身热便用附子，窃恐转生他证，昏冒不止。可慎！可慎！”⑧在这里，王好古尤其善用辛热药物温补肾阳，开了后世补肾学派的先河。

---

① （元）王好古：《阴证略例・论阴证躁不躁死生二脉》，盛增秀主编：《王好古医学全书》，第97页。
② （元）王好古：《阴证略例・雾露雨湿山岚同为清邪》，盛增秀主编：《王好古医学全书》，第80页。
③ （元）王好古：《阴证略例・论雾露饮冷同为浊邪》，盛增秀主编：《王好古医学全书》，第96页。
④ （元）王好古：《阴证略例・海藏老人阴证例总论》，盛增秀主编：《王好古医学全书》，第95页。
⑤ （元）王好古：《阴证略例・许学士阴证例》，盛增秀主编：《王好古医学全书》，第89页。
⑥ （元）王好古：《阴证略例・雾露雨湿山岚同为清邪》，盛增秀主编：《王好古医学全书》，第79—80页。
⑦ （元）王好古：《阴证略例・阴盛格阳》，盛增秀主编：《王好古医学全书》，第85页。
⑧ （元）王好古：《阴证略例・用附子法》，盛增秀主编：《王好古医学全书》，第105页。

二、李杲《脾胃论》的学术特色及历史地位

（一）《脾胃论》的学术特色

1.“人以胃土为本”

人体之本究竟何指？历代医家各有不同看法。《黄帝内经素问·六节脏象论篇》云：五脏为人体之本，即“心者，生之本”；“肺者，气之本”；“肾者，主蛰封藏之本，精之处也”；“肝者，罢极之本”；“脾胃大肠小肠三焦膀胱者，仓廪之本”①。精气为人体之本，《黄帝内经素问·金匮真言论篇》载：“夫精者，身之本也。”②阴阳之气乃人体之本，《黄帝内经素问·生气通天论篇》说：“夫自古通天者生之本，本于阴阳。天地之间，六合之内，其气九州九窍、五藏、十二节，皆通乎天气。其生五，其气三，数犯此者，则邪气伤人，此寿命之本也。”③阳气为人体之本，《黄帝内经素问·生气通天论篇》说：“阳气者，若天与日，失其所则折寿而不彰，故天运当以日光明。是故阳因而上，卫外者也。”④这表明阳气是人体的根本，它具有抵御外邪、卫护人体各组织和器官功能正常的作用。命门为人体之本，《难经·三十九难》载：“肾有两脏也。其左为肾，右为命门。命门者，谓精神之所舍也；男子以藏精，女子以系胞，其气与肾通。”⑤《黄帝内经》是中医理论的圭臬，是古代医学文献的总集，它本身经历了一个不断积累和逐步完善的过程，而绝非一时、一地、一人的著述。因此，后人以《黄帝内经》为依据，往往会形成各种相互不同的学术思想。例如，气乃人体之本，元人史伯璿亦说：“人之一身所以能运动，能奔走者，莫非气之所载，及此气一绝，则形即仆矣。”⑥此“气”没有分究竟是先天之气还是后天的水谷之气，与史伯璿不同，李杲明确提出了“人以胃土为本”⑦的思想。

这是因为：第一，“胃、大肠、小肠、三焦、膀胱，此五者，天气之所生也，其气象天，故泻而不藏”⑧。因为胃及大小肠的主要功能是“传化物”，其基本的生理特点是“泻而不藏”。第二，“谷气通于脾，六经为川，肠胃为海，九窍为水注之气。九窍者，五脏主之，五脏皆得胃气，乃能通利”⑨。第三，“人以水谷为本”，而“胃者水谷之海，其输上在气街，下至三里”⑩。第四，“元气之充足，皆由脾胃之气无所伤，而后能滋养元气。若胃气之本弱，饮食自倍，则脾胃之气既伤，而元气亦不能充，而诸病之所由生也”⑪。第五，“中焦

---

① 《黄帝内经素问》卷3《六节脏象论篇》，陈振相、宋贵美：《中医十大经典全录》，第20页。
② 《黄帝内经素问》卷1《金匮真言论篇》，陈振相、宋贵美：《中医十大经典全录》，第11页。
③ 《黄帝内经素问》卷1《生气通天论篇》，陈振相、宋贵美：《中医十大经典全录》，第10页。
④ 《黄帝内经素问》卷1《生气通天论篇》，陈振相、宋贵美：《中医十大经典全录》，第10页。
⑤ （春秋战国）扁鹊：《难经》卷下《三十九难》，陈振相、宋贵美：《中医十大经典全录》，第319页。
⑥ （元）史伯璿：《管窥外篇》卷上，《景印文渊阁四库全书》第709册，第620页。
⑦ （金）李东垣著，张年顺校注：《脾胃论》卷上《脾胃虚实传变论》，张年顺等主编：《李东垣医学全书》，第33页。
⑧ （金）李东垣著，张年顺校注：《脾胃论》卷上《脾胃虚实传变论》，张年顺等主编：《李东垣医学全书》，第32页。
⑨ （金）李东垣著，张年顺校注：《脾胃论》卷上《脾胃虚实传变论》，张年顺等主编：《李东垣医学全书》，第32页。
⑩ （金）李东垣著，张年顺校注：《脾胃论》卷上《脾胃虚实传变论》，张年顺等主编：《李东垣医学全书》，第32页。
⑪ （金）李东垣著，张年顺校注：《脾胃论》卷上《脾胃虚实传变论》，张年顺等主编：《李东垣医学全书》，第32页。

之所出，亦并胃中，出上焦之后。此所受气者，泌糟粕，蒸津液，化为精微，上注于肺脉，乃化而为血，以奉全身，莫贵于此”①。

要之，元气是人类生命的动力，而元气必赖胃气才能生成。因此，元气的升降出入，便成为脾发挥其正常升阳功能的关键。由于阳气的功能是“卫外而为固”②，即阳气不仅具有固护体表、抗御外邪的作用，而且更具有固摄精血津液，使之不致外泄耗广的作用。从这个意义上说，阳气与阴火构成了脾胃机能这个矛盾统一体的两个方面，而李杲尤其强调脾胃生发阳气这一矛盾的主要方面。

2. 脾胃系人体阴阳升降浮沉的枢纽

《黄帝内经》讲胃为“天气之所生”，这个命题的意思是说天气的阴阳变化与胃土的功能具有统一性。例如，“天食人以五气，地食人以五味。五气入鼻，藏于心肺”，而“五味入口，藏于肠胃，味有所藏，以养五气，气和而生，津液相成，神乃自生”③。此“气和而生”包括两个方面的内容：一是四季阴阳升降的变化与人体之内阴阳的升降变化维持一个动态平衡；二是人体之内的阴阳之气自身也始终维持一个正常的动态平衡，一旦这个平衡被打破，疾病就会随之产生。李杲说：

> 至于春气温和，夏气暑热，秋气清凉，冬气冷冽，此则正气之序也。故曰履端于始，序则不愆，升已而降，降已而升，如环无端，运化万物，其实一气也。设或阴阳错综，胜复之变，自此而起，万物之中，人一也。呼吸升降，效象天地，准绳阴阳。盖胃为水谷之海，饮食入胃，而精气先输脾归肺，上行春夏之令，以滋养周身，乃清气为天者也。升已而下输膀胱，行秋冬之令，为传化糟粕转味而出，乃浊阴为地者也。④

在李杲看来，“精气先输脾归肺，上行春夏之令，以滋养周身”这一阶段最为重要和关键，所以他说：“真气又名元气，乃先身生之精气也，非胃气不能滋之。胃气者，谷气也，荣气也，运气也，生气也，清气也，卫气也，阳气也。”⑤又说：“胃者行清气而上，即地之阳气也。积阳成天，曰清阳出上窍；曰清阳实四肢；曰清阳发腠理者也。”⑥既然如此，那么，一旦“脾胃虚弱，阳气不能生长，是春夏之令不行，五脏之气不生。脾病则下流乘肾，土克水则骨之无力，是为骨痿”⑦。此外，李杲还把“脾胃不足”看作“血病”之源。他说：“夫脾胃不足，皆为血病。是阳气不足，阴气有余，故九窍不通。诸阳气根于阴血中，阴血

① （金）李东垣著，张年顺校注：《脾胃论》卷上《脾胃虚实传变论》，张年顺等主编：《李东垣医学全书》，第32—33页。

② 《黄帝内经素问》卷1《生气通天论篇》，陈振相、宋贵美：《中医十大经典全录》，第10页。

③ （金）李东垣著，张年顺校注：《脾胃论》卷上《脾胃虚实传变论》，张年顺等主编：《李东垣医学全书》，第33页。

④ （金）李东垣著，张年顺校注：《脾胃论》卷下《天地阴阳生杀之理在升降浮沉之间论》，张年顺等主编：《李东垣医学全书》，第60页。

⑤ （金）李东垣著，张年顺校注：《脾胃论》卷下《脾胃虚则九窍不通论》，张年顺等主编：《李东垣医学全书》，第57页。

⑥ （金）李东垣著，张年顺校注：《脾胃论》卷下《脾胃虚则九窍不通论》，张年顺等主编：《李东垣医学全书》，第58页。

⑦ （金）李东垣著，张年顺校注：《脾胃论》卷上《脾胃盛衰论》，张年顺等主编：《李东垣医学全书》，第34页。

受火邪则阴盛，阴盛则上乘阳分，而阳道不行，无生发升腾之气也。”[①]

(二)《内外伤辨惑论》的学术特色

1. 李杲的“内伤论”

在李杲之前，医家对内外伤的分界比较严格，其中“六淫外邪致病”是造成外感病的唯一因素，而七情则为内伤性致病因素，是导致内伤杂病的主要因素，它直接影响相应的内脏而发病。所以，在病因上，六淫与内伤之间的关系不甚明确。李杲在深入研究和辨析《黄帝内经》有关病因理论的基础上，依据金元时期疾病发生的特点，提出了六淫亦系造成内伤的重要因素，从而极大地丰富了中医病因学的思想内容。他说：“若风、寒、暑、湿、燥一气偏胜，亦能损脾伤胃。”[②] 对于“暑伤胃气”，李杲较《脾胃论》做了更系统的分析：

> 时当长夏，湿热大胜，蒸蒸而炽，人感之，多四肢困倦，精神短少，懒于动作，胸满气促，肢节沉痛，或气高而喘，身热而烦，心下膨痞，小便黄而少，大便溏而频，或痢出黄糜，或如泔色；或渴或不渴，不思饮食，自汗体重，或汗少者，血先病而气不病也。……宜以清燥之剂治之，名之曰清暑益气汤主之。[③]

可见，李杲讲内伤主要以内伤脾胃为立论的根基。但与七情内伤相比，六淫在内伤生成过程中作为一个致病因素，仅仅居于次要的地位，起辅助作用。关于这一点，李杲指出：

> 苟饮食失节，寒温不适，则脾胃乃伤，喜怒忧恐，劳役过度，而损耗元气。既脾胃虚衰，元气不足，而心火独盛。心火者，阴火也，起于下焦，其系系于心，心不主令，相火代之，相火下焦胞络之火，元气之贼也。火与元气不能两立，一胜则一负，脾胃气虚，则下流于肾肝，阴火得以乘其土位。故脾胃之证，始得之，则气高而喘，身热而烦，其脉洪大而头痛，或渴不止，皮肤不任风寒，而生寒热。盖阴火上冲，则气高而喘，身烦热，为头痛，为渴，而脉洪大，脾胃之气下流，使谷气不得升浮，是生长之令不行，则无阳以护，其荣卫不任风寒，乃生寒热，皆脾胃之气不足所致也。[④]

这一段论述是李杲“内伤论”的思想核心，它重点阐释了内伤脾胃与相火和阴火的关系。“相火”一词详见于刘完素的《素问病机气宜保命集》，刘完素指出，“《仙经》曰：心为君火，肾为相火，是言在肾属火而不属水也。经所谓膻中者，臣使之官，喜乐出焉，故膻中者，在两乳之间，下合于肾水，是火居水位，得升则喜乐出焉。虽君相二火之气，论其五行造化之理，同为热也。故左肾属水，男子以藏精，女子以系胞，右肾属火，游行三焦，盛衰之道由于此”[⑤]。在此，“相火”的概念比较明确，然“阴火”这个概念，虽由李杲提出，但他没有详细解释。所以，在李杲之后，后世医家仁者见仁，各执一词，迄今也

---

① （金）李东垣著，张年顺校注：《脾胃论》卷上《脾胃盛衰论》，张年顺等主编：《李东垣医学全书》，第36页。

② （金）李东垣著，张年顺校注：《脾胃论》卷下《脾胃损在调饮食适寒温》，第69页。

③ （宋）李杲：《内外伤辨惑论》卷中《暑伤胃气论》，北京：人民卫生出版社，1959年，第15页。

④ （宋）李杲：《内外伤辨惑论》卷中《饮食劳倦论》，第9页。

⑤ （金）刘完素撰，孙洽熙、孙峰整理：《素问病机气宜保命集》，第20页。

没有形成一致的结论。万友生先生把目前学界对“阴火”的解释总括为13种观点，计有：阴火即相火；阴火即离位妄动的相火（昔人谓肾为坎水，心为离火）；阴火即心火；阴火系心火与相火的合称；阴火系起于阴经的邪火；阴火即肾中之水火；阴火系实火、壮火；阴火是下焦包络之火；阴火是气虚有火；阴火系指阴盛格阳的假火；阴火系指虚之感冒；阴火系指内外邪正相搏而产生的一种病理现象；阴火系指不同于阳热之火的火。[①]实际上，对于“阴火”这个问题，李杲自己有一段说明。他说：

> 向者壬辰改元，京师戒严，迨三月下旬，受敌者凡半月。解围之后，都人之不受病者，万无一二，既病而死者，继踵而不绝。都门十有二所，每日各门所送，多者二千，少者不下一千，似此者几三月，此百万人，岂俱感风寒外伤者耶。大抵人在围城中，饮食不节，及劳役所伤，不待言而知，由其朝饥暮饱，起居不时，寒温失所，动经三两月，胃气亏乏久矣。一旦饱食大过，感而伤人，而又调治失宜，其死也无疑矣。非惟大梁为然，远在真祐兴定间，如东平，如太原，如凤翔，解围之后，病伤而死，无不然者。余在大梁，凡所亲见，有表发者，有以巴豆推之者，有以承气汤下之者，俄而变结胸发黄，又以陷胸汤丸及茵陈汤下之，无不死者。盖初非伤寒，以调治差误，变而似真伤寒之证，皆药之罪也。[②]

从李杲的话语中，我们不难看出，造成内伤脾胃的因素，排在第一位的病因系“饮食不节及劳役所伤”；第二位的病因系“七情内伤”，此处主要指惊恐或忧恐内伤，因为恐伤肾，惊则伤心、肾，忧伤脾；第三位的病因系六淫伤脾胃。可见，生成脾胃内伤的病因是比较复杂的综合因素。正是从这个角度，李杲认为，“内伤证可由某一种病因而形成，也可由多种病因相互作用而形成”[③]。但脾胃内伤的生成过程往往是“皆先由喜、怒、悲、忧、恐为五贼所伤，而后胃气不行，劳役、饮食不节继之，则元气乃伤”[④]。虽然李杲根据当时医学发展的水平和程度，从辨阴证阳证、辨脉、辨寒热、辨外感八风之邪、辨手心手背、辨口鼻、辨气少气盛、辨头痛、辨筋骨四肢、辨外伤不恶食、辨渴与不渴等诸方面，对脾胃内伤与外感病的异同所作的分辨，在今天已无多少临床价值和意义，但是他对内伤热中证的治疗原则却颇为后世医家所称道。李杲说：

> 夫阴火之炽盛，由心生凝滞，七情不安故也。心脉者神之舍，心君不宁，化而为火，火者七神之贼也。故曰阴火太盛，经营之气不能颐养于神，乃脉病也。……若心生凝滞，七神离形，而脉中唯有火矣。善治斯疾者，惟在调和脾胃，使心无凝滞。[⑤]

---

① 朱世增主编：《万友生论外感病》，上海：上海中医药大学出版社，2009年，第55页。

② （宋）李杲：《内外伤辨惑论》卷上《辨阴证阳证》，第2页。

③ 《李东垣医学学术思想研究》，张年顺等主编：《李东垣医学全书》，第325页。

④ （金）李东垣著，张年顺校注：《脾胃论》卷中《阴病治阳阳病治阴》，张年顺等主编：《李东垣医学全书》，第56页。

⑤ （金）李东垣著，张年顺校注：《脾胃论》卷中《安养心神调治脾胃论》，张年顺等主编：《李东垣医学全书》，第52页。

2. 治疗脾胃内伤与升发脾胃阳气

前面所讲，李杲的《脾胃论》的突出特点是强调升发脾胃阳气的重要性，而《内外伤辨惑论》则明确了“既脾胃虚衰，元气不足，而心火独盛”所导致的“内伤热中”证或称“阴虚则热”证。因此，在临床上，李杲紧紧围绕这个生理与病理的中心思想，提出了甘温除热与升阳散火两个治疗内伤热中证的大法度。

1）甘温除热

寒以除热，是中医逆其证候性质而治的一种临床治疗方法。与之背反，临床上还有一种顺从疾病假象而治的治疗方法，称热因热用。李杲的“甘温除热”法大致可归入“热因热用”的治病范畴。王少华先生特用图 3-11 来直观地表述“甘温除热”法的内在机理。

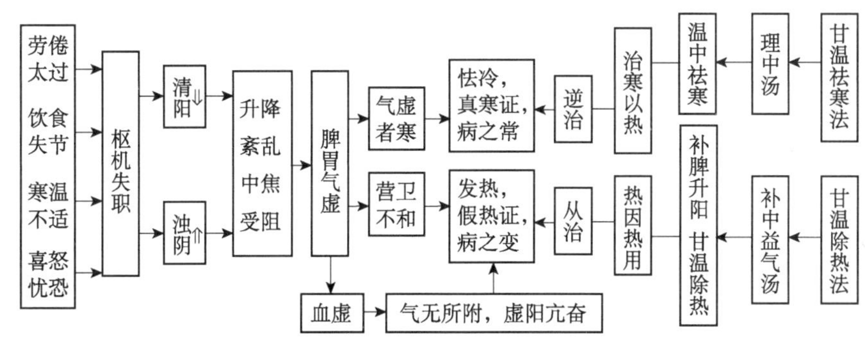

图 3-11　甘温除热与甘温祛寒两法适应证病机、方义示意图[①]

注：⇓表示应升而反降，⇑表示应降而反升

当然，李杲“甘温除热”法是建立在脾胃的升降枢纽和五脏六腑阴阳变化的基础之上的。意思是说脾胃维持阴阳平衡的前提为，胃须正常发挥其通降功能和降浊功能，脾能正常发挥其运化水液和升清的功能，而阴火与心火（即君火）在不断随太阳东升西落的运动变化过程中须保持在一个正常的归位状态。只有在这种阴平阳秘（即阴气平顺，阳气固守）的生理状态下，脾胃才能安和，人体才能健康。然而，当遇到“为五贼所伤”，加之“劳役、饮食不节”时，人体的阴阳平衡就会被破坏，结果导致脾胃功能失常，阴虚阳盛，故相火与君火不得归位，虚阳（包括脾气虚盛和肾阳虚极）亢奋，遂出现营卫不和之证，或阴血虚的阳火病证，如身烦热、气高而喘、口渴、头痛等。处方用“补中益气汤”，其方药组成为：黄芪、甘草各 5 分，人参、升麻、柴胡、橘皮、当归身、白术各 3 分。李杲自作方解云：

> 夫脾胃虚者，因饮食劳倦，心火亢甚，而乘其土位，其次肺气受邪，须用黄芪最多，人参、甘草次之。脾胃一虚，肺气先绝，故用黄芪以益皮毛而闭腠理，不令自汗，损其元气。上喘气短，人参以补之。心火乘脾，须炙甘草之甘温以泻火热，而补脾胃中元气；若脾胃急痛并太虚，腹中急缩者，宜多用之。经云：急者缓之。白术苦甘温，除胃中热，利腰脐间血。胃中清气在下，必加升麻、柴胡以引之，引黄芪、甘草甘温

① 王少华：《中医临证求实》，北京：人民卫生出版社，2006 年，第 285 页。

之气味上升，能补卫气之散解，而实其表也；又缓带脉之缩急。二味苦平，味之薄者，阴中之阳，引清气上升也。气乱于胸中，为清浊相干，用去白陈皮以理之，又能助阳气上升，以散滞气，助诸甘辛为用。口干嗌干加干葛。脾胃气虚，不能升浮，为阴火伤其生发之气，荣血大亏，荣气不营，阴火炽盛，是血中伏火日渐煎熬，血气日减，心包与心主血，血减则心无所养，致使心乱而烦，病名曰悗。悗者，心惑而烦闷不安也，故加辛甘微温之剂生阳气，阳生则阴长。或曰：甘温何能生血？曰：仲景之法，血虚以人参补之，阳旺则能生阴血，更以当归和之。少加黄柏以救肾水，能泻阴中之伏火。如烦犹不止，少加生地黄补肾水，水旺而心火自降。如气浮心乱，以朱砂安神丸镇固之则愈。[①]

既然在李杲看来，脾胃为升降之枢纽，而内伤又以损害脾胃为要，那么，“补中益气汤”在《黄帝内经》“虚则补之”和“劳者温之”的原则下，所选药物与脾胃本身所具有的喜甘喜温性质相符合，仅此而言，它体现了李杲处方思想的科学性。考，“甘温除热”法在张仲景的《金匮要方》中已针对“虚劳阳虚发热”证创立了“小建中汤”（药物有桂枝、甘草、大枣、芍药、生姜、胶饴），而近代著名医家陆渊雷先生曾用“黄芪建中汤”取代“小建中汤”治疗“气虚发热”证，临床效果胜于“小建中汤”[②]。这从一个方面证明，李杲的“补中益气汤”不仅发展了张仲景的“气虚发热”理论，而且选用药物更加科学和合理，从而临床效果也更加显著。

2）升阳散火论

脾胃一旦遭受七情、劳倦及六淫的侵害，则往往会导致阳气被遏于中焦，郁而化火的后果。尤其是情志失调，郁久则从阳化热化火，证见四肢发热、肌热、面肿等。治疗采用升阳法，使脾气升清的功能得以恢复，元气随之旺盛，不治火而烦热自消。此为治本之法，是李杲升阳散火论的基本指导思想。

宋代钱乙在《小儿药证直诀》中认为：“脾胃虚衰，四肢不举，诸邪遂生”[③]，因而他提出了“助运升阳说”。方用白术散（药物有人参、白茯苓、白术、藿香叶、木香、甘草、葛根）。方中葛、藿之用，重在脾阳的升运，有鼓舞升阳之功。而所立“泻黄散”（药物有藿香叶、山栀仁、石膏、甘草、防风）与“泻青丸”（药物有当归、山栀仁、川芎、龙胆草、川大黄、羌活、防风），方中运用防风、羌活、藿香均为升阳散火治则的具体诠释[④]，李杲“升阳散火论”即源于此。

《内外伤辨惑论》载“升阳散火汤”云：

治男子妇人四肢发困热，肌热，筋骨间热，表热如火燎于肌肤，扪之烙手。夫四肢属脾，脾者土也，热伏地中，此病多因血虚而得之也。又有胃虚，过食冷物，郁遏

---

① （宋）李杲：《内外伤辨惑论》卷中《饮食劳倦论》，第14—15页。
② 陆渊雷编著，鲍艳举、花宝金、侯炜点校：《金匮要略今释》，北京：学苑出版社，2008年，第105页。
③ （宋）钱乙原著，杨金萍、于建芳点校：《小儿药证直诀》，天津：天津科学技术出版社，2000年，第23页。
④ 朱锦善主编：《儿科心鉴》，北京：中国中医药出版社，2007年，第592页。

阳气于脾土之中，并宜服之。[①]

处方由10味药组成：升麻、葛根、独活、羌活、白芍药、人参各5钱，炙甘草、柴胡各3钱，防风、生甘草各2钱。《脾胃论》所载“升阳散火汤”变“柴胡”为8钱，“防风”为2.5钱。[②]《本草正义》称：“柴胡主治，止有二层，一为邪实，则外寒之在半表半里者，引而出之，使达于表，而寒邪自散；一为正虚，则为清气之陷于阴分者，举而升之，使返其宅，而中气自振。”[③]又称：“东垣谓能引清气上行于阳分，又能引胃气升腾，则芳香宣举之功也。”[④]因此，李杲强调“升阳散火汤”的适应证多由血虚或胃虚过食冷物，抑遏阳气于脾土，火郁所致“四肢发热、肌热、筋痹热、骨髓中热、发困，热如燎”等症。经过长期的临床观察和实践，很多医家发现“升阳散火汤”的适用范围非常广泛，可用于治疗火郁咳嗽、血管神经性头痛、心脾两虚症的神经衰弱、肠激惹综合征、慢性非特异性溃疡性结肠炎、牙痛、慢性咽炎、单纯性紫癜等。[⑤]从“升阳散火汤”的药物构成看，诚如明人吴昆所解，“少阳者，三焦与胆也。经曰：少火生气。丹溪曰：天非此火不能生万物，人非此火不能以有生。是少火也，生物之本，扬之则光，遏之则灭。今为饮食填塞至阴，抑遏其上行之气，则生道几于息矣，故宜辛温之剂以举之。升麻、柴胡、羌活、独活、防风、干葛，皆辛温上行之物也，故用之以升少阳之气，清阳既出上窍，则浊阴自归下窍，而食物传化自无抑遏之患；芍药味酸，能泻土中之木；人参味甘，能补中州之气；生甘草能泻郁火于脾，从而炙之，则健脾胃而和中矣。东垣氏圣于脾胃者，其治之也，必主于升阳。俗医知降而不知升，是扑其少火也，安望其卫生耶？”[⑥]清人吴仪洛又说：“柴胡以发少阳之火，为君；升葛以发阳明之火，羌活以发太阳之火，独活以发少阴之火，为臣，此皆味薄气轻，上行之药，所以升举其阳，使三焦畅遂，而火邪皆散矣；人参、甘草益脾土而泻热，芍药泻脾火而敛阴，且酸敛甘缓，散中有收，不致有损阴气，为佐使也。”[⑦]总之，该方不是用下法而是用升举之法，祛郁清火，抑邪扶正，使之三焦畅达，阳气荣润，深得《黄帝内经》“火郁发之”之旨，为李杲“内伤论”的经典处方之一。

（三）李杲《脾胃论》的历史地位

1. 对《黄帝内经》“壮火食气”理论的发展

李杲的医学思想宗《黄帝内经》，而他的脾胃论和内伤论即是对《黄帝内经》“壮火食

---

① （宋）李杲：《内外伤辨惑论》卷中《四时用药加减法》，第24页。

② （金）李东垣著，张年顺校注：《脾胃论》卷下《调理脾胃治验治法用药若不明升降浮沉差互反损论》，张年顺等主编：《李东垣医学全书》，第74页。

③ 张寿颐：《张山雷医集》上，北京：人民卫生出版社，1995年，第210页。

④ 张寿颐：《张山雷医集》上，第208页。

⑤ （金）李杲原著，余瀛鳌、林菁、田思胜编选：《脾胃论集要》，沈阳：辽宁科学技术出版社，2007年，第127—130页。

⑥ （明）吴昆著，洪青山校注：《医方考》卷2《升阳散火汤》，北京：中国中医药出版社，2007年，第59页。

⑦ （清）吴仪洛撰，史欣德整理：《成方切用》，北京：人民卫生出版社，2007年，第380—381页。

气”理论的继承和发展。《黄帝内经素问·阴阳应象大论篇》云：

壮火之气衰，少火之气壮。壮火食气，气食少火。壮火散气，少火生气。[①]

这里至少包含中医学的两个基本关系：一是壮火与少火的关系；二是气与火的关系。

从哲学的层面讲，古希腊哲学家赫拉克利特说：这个世界“它过去、现在、未来永远是一团永恒的活火”，此活火“死则气生，气死则水生（水死则土生）”[②]。其四者的相生关系是：

火⇄气⇄水⇄土。[③]

古印度奉行地（土）、水、火、风（气）四元素说，古印度医学认为：“人身中本有四病，一者地，二者水，三者火，四者风。风增气起，火增热起，水增寒起，土增力盛。本从是四病，起四百四病。”[④]

在我国，《尚书·洪范》首次提出“初一曰五行”的思想命题，所谓“五行”即“一曰水，二曰火，三曰木，四曰金，五曰土。水曰润下，火曰炎上，木曰曲直，金曰从革，土爰稼穑。润下作咸，炎上作苦，曲直作酸，从革作辛，稼穑作甘”。郑玄注：“行者，言顺天行气也。”如果说《尚书洪范》的五行是一种“五运”[⑤]观念，那么，《黄帝内经》将五行说引入中医理论体系之中，其五行思想就转变为构成生命活动的五种基本生理元素，从而形成了中医学的一个重要特色。虽然中医学界有一些人主张废除“五行说”，如陈大舜、陈达理、黄景贤、干祖望、李克绍等[⑥]，但是从《黄帝内经》以来，五行的性质与五脏的功能已经牢牢地嵌入了中医辨证论治的体系之中，一旦离开五行学说，以“天人合一”为核心的中医学理论就失去了整体性、系统性，以及全息性的本质特征。所以，只有在具备“五行”思维的前提下，才可真正理解中医辨证论治的思想精髓。“火”是人体生命活动的基本元素之一，如人体的正常体温（腋下温度）为36.0—37.4℃，测试时应将上臂紧贴胸廓使腋窝密闭，从而让机体内部的热量逐渐传导过来，这样，就能使测试温度慢慢升高到接近于体核温度水平。[⑦]中医没有具体的体温概念，但《黄帝内经》根据人体表征的温度变化，将人体温度分为生理性的“少火”和病理性的“壮火”两类。因此，《医学正传》说：“少火生气，谓滋生元气……盖火不可无，亦可少而不可壮也，少则滋助乎真阴，壮则烧灼乎元气。”[⑧]可见，“少火”是指正常的阳气，“壮火”则是指过亢之火。在正常的生理状态下，脏腑为少火所温煦，蒸津化液，气平血和，为生发之本。反之，当饮食不节、劳倦、七情内伤超过少火的生理极限之后，少火就会转化为邪火。在李杲看来，壮火仅仅是邪火的一

① 《黄帝内经素问》卷2《阴阳应象大论篇》，陈振相、宋贵美：《中医十大经典全录》，第13页。

② 北京大学哲学系外国哲学教研室编译：《西方哲学原著选读》上卷，北京：商务印书馆，1981年，第21页。

③ 北京大学哲学系外国哲学教研室编译：《西方哲学原著选读》上卷，第21页。

④ ［日］高楠顺次郎等：《大正新修大藏经》第17册，东京：大正一切经刊行会，1934年，第737页上。

⑤ 何新：《大政宪典——尚书精解》，哈尔滨：哈尔滨出版社，2005年，第220页。

⑥ 参见邓铁涛、郑洪主编：《中医五脏相关学说研究：从五行到五脏相关》，广州：广东科技出版社，2008年，第133—134页。

⑦ 李建等：《生理学》，济南：济南出版社，2009年，第147页。

⑧ （明）虞抟：《医学正传》卷1《医学或问》，明万历六年（1578）重刊本。

个组成部分，因为壮火属于实火，即邪热炽盛所致之实证和热证。与实火相对，还有一种邪火叫虚火，虚火有阴虚、阳虚和气虚之分别，然李杲均将它们统称为“阴火”。据张年顺先生统计，李杲的著述中“阴火”一词共计出现了46处，具体情况如下：

> 明确指阴火为心火者2处，为肾火者5处，为脾火者3处，为胃火者1处，为肝火者1处，为肺火者1处，为经脉之火者6处，为五志化火者2处，为实火者1处，为虚火者6处。对《内外伤辨惑论》和《脾胃论》二书中有关内容进一步分析，在共17条言“阴火”的论述中，明确指为肾火者5处，指为心火者3处，指为脾火者1处，其他尚有9处虽未明确指何脏腑，但均见于内伤证的论述之中，无一涉及外感者。并且，从中又可看出，这些阴火论述以涉及五脏者为多，绝少言六腑阴火；而在五脏阴火中，肺肾肝心四脏之阴火又均与脾胃密切相关。因此，可以认为，阴火为内伤之火，常见于五脏病理，又以脾胃为中心。①

显然，李杲的阴火论已经在《黄帝内经》“壮火”学说的基础上，进一步由“实火”深入到内生“虚火”，且内涵更加丰富。既然“少火”以温煦脏腑为其主要的生理功能，所以当阴火出现后，就必然以损伤脏腑为主要的病理变化，其中又以损伤五脏为主，关于这一点可由上面的引述看出来。在五脏中，脾主升清和运化，如果此功能失调，特别是当脾气虚的时候，其升清就会变为脾湿下流，元气衰微，生机不旺，阴火上冲，因而体温升高，导致一系列虚热病的生成。于是，李杲在临床上以升阳散热和甘温除热为用药法度，其理论依据正在于此，而李杲“补土”思想的显著特点亦体现在这里。

2. 对明清医学发展的影响

1）对薛己医学思想的影响

近人谢观云：“明代医家有网罗各科之概者，无如薛立斋。……观其十三科一理贯之之论，外感遵仲景，内伤宗东垣，热病用河间，杂病主丹溪之说。”②薛己，字新甫，号立斋，为温补派的先驱。他的医学思想以李杲的《脾胃论》为核心，认为“若脾胃一虚则其他四脏俱无生气”，故“人之胃气受伤则虚证蜂起”③；又，“阴虚乃脾虚也。脾为至阴”④。所以，在临证过程中，他提出了“滋化源”的治则。薛己说：“三阴亏损，虚火内动所作，非外因所致，皆宜六味丸、补中益气汤，滋其化源，是治本也。”⑤此外，在治疗杂病时，薛己主张“大凡杂病属内因，乃形气病气俱不足，当补不当泻”⑥。当补之补，一谓补脾土，二谓补肾命。可见，薛己的医学思想尽管源自李杲，但又不同于李杲。

2）对张介宾医学思想的影响

张介宾，字会卿，号景岳，温补学派的中心人物。从源流上看，张介宾的医学思想先

---

① 《李东垣医学学术思想研究》，张年顺等主编：《李东垣医学全书》附录，第339页。
② 谢观著，余永燕点校：《中国医学源流论》，福州：福建科学技术出版社，2003年，第43页。
③ （明）王纶撰，（明）薛己注：《明医杂著·风症注》，明嘉靖三十年（1551）辛亥宋阳山刻本。
④ （明）薛己著，陈松育点校：《内科摘要》，南京：江苏科学技术出版社，1985年，第8页。
⑤ （明）王纶撰，（明）薛己注：《明医杂著·劳瘵》，明嘉靖三十年（1551）辛亥宋阳山刻本。
⑥ （明）薛己著，陈松育点校：《内科摘要》，第44页。

后有一个变化过程，他先是信奉朱震亨的“阳常有余阴常不足说”，后来发现世俗医家多盲从刘完素及朱震亨之学，用药不辨虚实，贻害颇甚，转而崇奉李杲的“补土”说。对于这个转变，张介宾自己介绍说：

> 自刘河间出，以暑火立论，专用寒凉，伐此阳气，其害已甚，赖东垣先生论脾胃之火必须温养，然尚未能尽斥一偏之谬，而丹溪复出，又立阴虚火动之论，制补阴、大补等丸，俱以黄柏、知母为君，寒凉之弊又复盛行。[①]

于是，张介宾改宗李杲的“补土”说。他指出：“善治脾者，能调五脏，即所以治脾胃也；能治脾胃，而使食进胃强，即所以安五脏也。”[②]而对于李杲的《脾胃论》思想，张介宾这样评价：

> 所谓气或乖错，人何以生者，此指阳气受伤之为病也。东垣此言，其垂惠后世，开导末学之功，诚非小矣。[③]
>
> 及再考东垣之方，如补中益气汤、升阳益胃汤、黄芪人参汤、清暑益气汤等方，每用升柴，此即其培养春生之意，而每用芩莲，亦即其制伏火邪之意，第以二三分之芩连，固未必即败阳气，而以五七分之参术，果即能斡旋元气乎？用是思及仲景，见其立方之则，用味不过三四品，用数每至二三两；且人之气血本大同，疾病多相类，而仲景之方大而简，东垣之方小而杂，何其悬绝一至如此？此其中要必有至道存焉。宾以后学，固不敢直判其孰是孰非，而私心向往，则不能不胷壤于其间也。[④]

当然，张介宾对于李杲所言“火与元气不两立”说提出了疑问，认为“元气属阳，火其类也，而热为同气，邪犹可制；阴为阳贼，寒其仇也，而生机被伐，无不速亡。故经云少火生气，未闻少寒生气也”[⑤]。在张介宾看来，李杲混淆了“少火”与“壮火”的界限，给医家治疗阴虚火热证造成了一定程度的混乱。因此，张介宾在李杲益气补脾学说的基础上，进一步提出了“精为阴，人之水也；气为阳，人之火也。……故水中不可无火，无火则阴胜而寒病生；火中不可无水，无水则阳胜而热病起”[⑥]的思想，从而把中医学的阴阳理论推进到了一个新的历史高度，故有“医门之石”[⑦]之誉。

3）对李中梓医学思想的影响

李中梓，字士材，号念莪，华亭（今江苏松江）人。他博采众长，参验古今，既接踵薛己、张介宾之学，重视先天之本，更绍绪李杲之学统，珍视后天之本。他首倡“肾为先

---

① （明）张介宾：《景岳全书》卷1《传忠录・阴阳篇》，北京：中国中医药出版社，1994年，第4页。
② （明）张介宾：《景岳全书》卷17《杂证谟・论治脾胃》，第217页。
③ （明）张介宾：《景岳全书》卷17《论东垣〈脾胃论〉》，第216页。
④ （明）张介宾：《景岳全书》卷17《论东垣〈脾胃论〉》，第216页。
⑤ （明）张介宾：《景岳全书》卷17《论东垣〈脾胃论〉》，第216页。
⑥ （明）张介宾编著，郭洪耀等校注：《类经》，北京：中国中医药出版社，1997年，第207页。
⑦ （清）章楠著，文杲、晋生点校：《医门棒喝・论景岳书》，北京：中医古籍出版社，1999年，第105页。

天之本，脾胃为后天之本”[①]论。他说：人“一有此身，必资谷气。谷入于胃，洒陈于六府而气至，和调于五藏而血生，而人资之以为生者也。故曰后天之本在脾”[②]。又说：“余考之《内经》曰：‘阴阳之要，阳密乃固。’此言阳密则阴亦固，而所重在阳也。又曰：‘阳气者，若天与日，失其所则折寿而不彰，故天运当以日光明。’此言天之运人之命，俱以阳为本也。”[③]就渊源而言，这些议论都脱胎于李杲的《脾胃论》，尤其是李中梓偏重阳气之功，几乎同李杲如出一辙。例如，李杲论阳气的作用说：“胃气……阳气也”[④]，“苍天之气，清净则志意治，顺之则阳气固，虽有贼邪，弗能害也”[⑤]。李中梓说：“在于人者，亦惟此阳气为要。苟无阳气，孰分清浊，孰布三焦，孰为呼吸，孰为运行，血何由生，食何由化，与天之无日等矣。欲保天年，其可得乎？”[⑥]

在气与血的关系问题上，李杲认为，“诸阳气根于阴血中，阴血受火邪则阴盛，阴盛则上乘阳分，而阳道不行，无生发升腾之气也”[⑦]。“阳本根于阴”仅仅是阴阳互根关系中的一个方面，所以，李中梓以此为前提，特别强调“阴从阳”之另一面，因而使李杲的阴阳思想更加全面，更加适合临床实际。李中梓说：“阳气生旺，则阴血赖以长养；阳气衰杀，则阴血无由和调，此阴从阳之至理也。”[⑧]且“气血俱要，而补气在补血之先”[⑨]。可见，李中梓在重视温热药这一点上，与李杲并无二致，但李中梓过分强调“阳气”，他把温补派的思想推向了近乎极端，这一点则背离了李杲的用药法度。李杲指出：

> 但言补之以辛甘温热之剂，及味之薄者，诸风药是也，此助春夏之升浮者也，此便是泻秋收冬藏之药也，在人之身，乃肝心也；但言泻之以酸苦寒凉之剂，并淡味渗泄之药，此助秋冬之沉降者也，在人之身，是肺肾也。用药者，宜用此法度。[⑩]
>
> 病气增加者，是邪气胜也，急当泻之；如潮作之时，精神困弱，语言无力，及懒语者，是真气不足也，急当补之。[⑪]

4）对叶桂胃阴学说的影响

叶桂，字天士，号香岩，江苏吴县人，清代胃阴学说的创立者。叶桂在医理上学宗李杲，但不泥李杲。比如，李杲对脾胃有下面的论述：

> 地气者人之脾胃也，脾主五脏之气，肾主五脏之精，皆上奉于天，二者俱主生化

① （明）李中梓：《医宗必读》卷1《肾为先天本脾为后天本论》，上海：上海科学技术出版社，1959年，第6页。
② （明）李中梓：《医宗必读》卷1《肾为先天本脾为后天本论》，第6页。
③ （明）李中梓：《医宗必读》卷1《肾为先天本脾为后天本论》，第12页。
④ （金）李东垣著，张年顺校注：《脾胃论》卷下《脾胃虚则九窍不通论》，张年顺等主编：《李东垣医学全书》，第60页。
⑤ （金）李东垣著，张年顺校注：《脾胃论》卷上《脾胃虚实传变论》，张年顺等主编：《李东垣医学全书》，第3页。
⑥ （明）李中梓：《内经知要》卷上《阴阳》，清乾隆二十九年（1764）甲申扫叶山房刻本。
⑦ （金）李东垣著，张年顺校注：《脾胃论》卷上《脾胃盛衰论》，张年顺等主编：《李东垣医学全书》，第10页。
⑧ （明）李中梓：《内经知要》卷上《阴阳》，清乾隆二十九年（1764）甲申扫叶山房刻本。
⑨ （明）李中梓：《医宗必读》卷1《水火阴阳论》，第7页。
⑩ （金）李东垣著，张年顺校注：《内外伤辨惑论》卷下，第52页。
⑪ （金）李东垣著，张年顺校注：《内外伤辨惑论》卷下，第51页。

> 以奉升浮，是知春生夏长皆从胃中出也。①
>
> 胃乃脾之刚，脾乃胃之柔。②
>
> 夫脾者阴土也，至阴之气主静而不动；胃者阳土也，主动而不息。阳气在于地下，乃能生化万物。③

叶桂在临床用药中发现，脾胃虽属土，但两者各有特点，如“脾喜刚燥，胃喜柔润”。因此，在临床上应当对脾胃分而治之，不能把两者混同起来。他说：

> 脏宜藏，腑宜通，脏腑之体用各殊也。若脾阳不足，胃有寒湿，一脏一腑，皆宜于温燥升运者，自当恪遵东垣之法。若脾阳不亏，胃有燥火，则当遵叶氏养胃阴之法。观其立论云：纳食主胃，运化主脾，脾宜升则健，胃宜降则和。又云：太阴湿土，得阳始运；阳明阳土，得阴自安。以脾喜刚燥，胃喜柔润也。仲景急下存津，其治在胃；东垣大升阳气，其治在脾。④

叶桂的“养胃阴之法”，一方面吸取了李杲脾阳主升治法宜温的论点，另一方面又综合了张仲景及刘完素“胃中水谷润泽而已，亦不可水湿过与不及”⑤的“润燥”思想，从而提出了养胃阴当用甘凉的主张，遂成一家之言。他说：

> 所谓胃宜降则和者，非用辛开苦降，亦非苦寒下夺，以损胃气，不过甘平，或甘凉濡润，以养胃阴，则津液来复，使之通降而已矣。⑥

此外，朱震亨从李杲的《脾胃论》中认识到了胃气与元气的不可分性，并启发他重新认识阴阳升降的关系。在朱震亨的视野里，不是“阳升阴降”，而是“阴升阳降”，恰与李杲的认识相反，从而使中国古代医学的阴阳升降理论更趋完备。

3. 李杲脾胃论的历史局限

中医基础理论有两个标立础石的观点：人与自然是一个整体；人自身之五脏六腑是一个整体。李杲根据金元之际疫情发生的历史实际，突出脾胃对于调节人体元气升降出入的枢纽作用，顺应了那个时代医学发展的客观需要，创立补土学派，促进了中国古代医学的发展和繁荣，其历史功绩不可磨灭。然而，把脾胃从脏腑这个有机整体中分离出来，作为独立考察的对象，其立论虽有创见，但亦不免有顾此失彼之嫌。前面指出，脾与胃尽管同属一土，可是两者分属脏与腑两个系统，其功能和性质不尽相同，而李杲完全否定两者的差异性，在方法论上，就犯了形而上学的思维错误。例如，他对胃腑虚损的认识，仅看到胃气不足证，却忽视了胃阴损伤证，即是典型之一例。故孙一奎在《医旨绪余》中评李杲的医学思想时说：

---

① （金）李东垣著，张年顺校注：《脾胃论》卷下《阴阳寿夭论》，张年顺等主编：《李东垣医学全书》，第67页。

② （金）李东垣著，张年顺校注：《脾胃论》卷上《脾胃胜衰论》，张年顺等主编：《李东垣医学全书》，第13页。

③ （金）李东垣著，张年顺校注：《脾胃论》卷下《脾胃虚则九窍不通论》，张年顺等主编：《李东垣医学全书》，第60页。

④ （清）叶天士撰，苏礼等整理：《临证指南医案》卷3《脾胃》，北京：人民卫生出版社，2006年，第122页。

⑤ （金）刘完素著，宋乃光点校：《素问玄机原病式》，第41页。

⑥ （清）叶天士撰，苏礼等整理：《临证指南医案》卷3《脾胃》，第123页。

医家雅议李东垣，善于内伤，而虚怯非其所长，故有补肾不若补脾之语。窃谓肾主阖辟，肾间原（元）气，人之司命，岂反种于脾胃哉？盖病有缓急，而时势有不同，东垣或以急者为首务也。彼当金元扰攘之际，人生斯世，疲于奔命，未免劳倦伤脾，忧思伤脾，饥饱伤脾，何莫而非伤脾也者。……故东垣惟孜孜以保脾胃为急。彼虚怯伤肾阴者，乃燕居安闲，淫胜之疾，又不可同日而语也。①

可见，李杲医学思想的形成完全是时势所迫，是民病之所急。当然，朱熹理学思想的影响也是一个重要因素。例如，朱熹说："天地生物，五行独先。地即是土，土便包含许多金木之类。"②所以，我们只有把李杲的医学思想置于他所生活的那个特定的历史时代，才能比较客观和公允地认识和理解其"补脾论"的真正内涵。正如吕复在《诸医论》中所说：

李东垣医如狮弦新絙，一鼓而竽籁并熄，胶柱和之，七弦由是而不谐矣；无他，希声之妙非开指所能知也。③

确实，这种"希声之妙"本身需要我们用一种有活性的历史思维去更加理性地欣赏它和把握它，而不是设法去复制它，更不是自以为是地去裂解它。

第三节 攻邪学派与张从正的"汗、下、吐三法"医学思想

从渊源上说，攻邪学派是河间学派的一个支脉，因为张从正私淑（亦有人说是亲传弟子）刘完素，其学术思想与刘完素有血脉相承的一面。然而，张从正并没有盲从刘完素的"寒凉"理论，而是在继承的基础上有所创新，善用汗、下、吐三法，主张"攻邪已病"，遂形成一种有别于刘完素的思想风格和学术品质，史称"攻邪学派"。据金末太学生刘祁在《归潜志》中载：

张子和，睢州考城人，初名从正。精于医，贯穿《难素》之学，历历在口。其法宗刘守真完素，药多用寒凉，然起疾救死多取效，士大夫称焉。为人放诞，无威仪。颇读书、作诗，嗜酒。久居陈，游余先子门。后召入太医院，旋告去，隐。然名重东州。麻知几九畴与之善，使子和论说其术，因为文之，有六门三法之目，将行于世，会子和、知几相继死，迄今其书存焉。④

《金史》本传又载：

古医书有《汗下吐法》，亦有不当汗者汗之则死，不当下者下之则死，不当吐者吐

① （明）孙一奎撰，张玉才、许霞校注：《新安医学医旨绪余》，北京：中国中医药出版社，2009年，第82—83页。
② （宋）黎靖德编，王星贤点校：《朱子语类》卷94《周子之书》，北京：中华书局，1986年，第2367页。
③ （清）方浚师撰，盛冬铃点校：《蕉轩随录·续录·吕元膺诸医家评骘》，第581页。
④ （元）刘祁：《归潜志》卷6，罗炳良主编：《中华野史》第6卷《辽夏金元卷》，济南：泰山出版社，2000年，第460页。

之则死，各有经络脉理，世传黄帝、岐伯所为书也。从正用之最精，号“张子和汗下吐法”。妄庸浅术习其方剂，不知察脉原病，往往杀人，此庸医所以失其传之过也。其所著有“六门、二法”之目，存于世云。[①]

再者，《全金诗》引《许州志》亦说：

张从正兴定中召补太医，居无何，辞去，乃与麻知几辈，日游滍水之上，讲明奥义，辨析玄理，遂以平日闻见及尝试效者，辑为一书，凡十四卷，名曰《儒门事亲》。[②]

经考，张从正存世的著述计有10种：《儒门事亲》3卷、《治病百法》2卷、《十形三疗》3卷、《杂记九门》1卷、《撮要图》1卷、《治病杂论》1卷、《三法六门》1卷、《治法心要》1卷、《世医神效明方》1卷、《伤寒心镜》1卷。后人将其合为两书，一书即14卷本《儒门事亲》，收入上述除《伤寒心镜》1卷外的所有其他著述，约在明代中后期，有人将刘完素的《三消论》1卷纂入，始成15卷本。《伤寒心镜》1卷原附入《刘河间医学六书》之中，今与15卷本《儒门事亲》一并收入《张子和医学全书》。

一、攻邪学派形成的历史背景及其学术特色

（一）攻邪学派形成的历史背景

1. 战乱与疾病危害

张从正的传人除上面提到的麻知几外，尚有常用晦、常德、赵君玉、张仲杰、栾企、张伯全、阎瑀等。[③]元好问曾经为常用晦作墓志铭，其文云：

元光癸未，予过郾城，见麻征君知几，问所与周旋者，知几以镇人常仲明、中山赵君玉对。及仲明来馆客，因得接杯酒之欢，然未款也。北渡后来镇阳（今河北正定），仲明在焉。予首以知几存殁访之，仲明言：“辛卯秋，边报已急，以内乡深固，可以避兵，且有吾子在，吾三人议南下。知几卜之，不吉，乃止不行。及被兵，知几病困中，尚以前日犹豫不行为恨也。”予初谓知几少许可，而独于仲明有“端人”之取，固已慕向之。及知几将迁内乡，托于予者为甚厚。仲明之先世，又出于代雁门，用是交遂款。如是六七年。岁辛亥九月晦，自太原东来，过仲明之门，而仲明之下世十许日矣。[④]

由这一段记载可知，麻知几、常用晦及赵君玉生活的时代，恰好是金元军事冲突逐渐升级乃至元灭亡金朝的历史时期。再往前溯，张从正则主要处在金宋两国的军事对峙时期。金正隆六年（1161），金朝迫于元军的压力，迁都南京开封。继之，宋金交战。此后，时战时和，金人始终都生活在一个不稳定的战乱年代。作为战乱的伴生产物，随着其人体自身免疫力的不断降低，身体疾病与心理疾病不可避免地严重威胁着人们的生命安全。《儒门事亲》载：

---

① 《金史》卷131《张从正传》，第2811页。

② （清）郭元釪：《全金诗》卷52引《许州志》，清内府刊本。

③ 董尚朴、张暖、李会敏：《张子和学术传人考》，《天津中医药》2004年第4期，第296—298页。

④ 姚奠中主编，李正民增订：《元好问全集》，太原：山西人民出版社，1990年，第590页。

余亲见泰和六年丙寅，征南师旅大举，至明年军回，是岁瘴疠杀人，莫知其数，昏瞀懊憹，十死八九，皆火之化也。次岁疟病大作，侯王官吏，上下皆病，轻者旬月，甚者弥年。①

这是因为“扰攘之时，政令烦乱，徭役纷冗，朝戈暮戟，略无少暇，内火与外火俱动，在侯伯官吏尤甚”②，故张从正得出结论说：“疟常与酷吏之政并行。”③在这“朝戈暮戟”的战乱时期，百病丛生，是其主要的病象特点。下面试以《儒门事亲》为例，对书中所载各种医案略作统计和考察，具体内容如表3-4所示。

表3-4　《儒门事亲》所载医案统计表

类别	序号	疾病名称	病案出处（《张子和医学全书》）
身体疾病	1	风燥病	张从正治愈17例（第18页、第39页、第81页、第82页、第83页、第84页、第87页、第99页、第113页）
	2	痹病	张从正治愈9例（第19页、第39页、第59页、第95页、第96页、第101页）
	3	痿病	张从正治愈4例（第20页、第90页）
	4	厥病	张从正治愈2例（第21页）
	5	温热病	缺少基本的急救常识而亡2例（第22页），庸医误治1例（第22页）；张从正治愈2例（第90页、第93页）
	6	伤酒	缺少基本的急救常识而亡1例（第22页）；张从正治愈2例（第39页、第107页）
	7	小儿疮疱	张从正治愈1例（第25页）；偶然不治而愈者1例（第25页）
	8	疟病	死亡无数，原因比较复杂。张从正云：“余尝用张长沙汗、下、吐三法，愈疟极多。”（第23页）偶得吐法病愈1例（第32页）；张从正治愈1例（第84页）
	9	霍乱	依张从正法治愈1例（第28页）；庸医妄治2例（第27页）
	10	目疾	姜仲安用针刺法将其治愈1例（第29页）；偶得出血法病愈1例（第33页）；张从正治愈5例（第87页、第88页、第91页、第111页）
	11	带下病	张从正治愈2例（第26页、第96页）
	12	病泄痢	依张从正法治愈1例（第30页）；偶得泻法病愈1例（第32页）；张从正治愈16例（第39页、第43页、第59页、第81页、第86页、第97页、第98页、第102页、第111页、第112页、第123页）
	13	病腹胀	偶得吐法病愈2例（第32页）；张从正治愈1例（第107页）
	14	风痫	偶得吐法病愈1例（第32页）
	15	误吞杂物	偶得泻法病愈2例（第32页、第104页）
	16	便秘	偶得泻法病愈5例（第33页、第59页、第98页、第99页）
	17	病头项强	庸医误治1例（第34页）
	18	呕吐	张从正治愈4例（第37页、第53页、第92页、第93页）
	19	病破伤风	张从正治愈1例（第39页）
	20	杖疮	张从正治愈3例（第41页、第105页、第106页）
	21	病腰痛	张从正治愈3例（第43页、第86页、第100页）
	22	病下虾血	张从正治愈1例（第44页）

① 徐江雁、许振国主编：《张子和医学全书》，北京：中国中医药出版社，2006年，第23页。
② 徐江雁、许振国主编：《张子和医学全书》，北京：中国中医药出版社，2006年，第23页。
③ 徐江雁、许振国主编：《张子和医学全书》，北京：中国中医药出版社，2006年，第24页。

续表

类别	序号	疾病名称	病案出处（《张子和医学全书》）
身体疾病	23	口目㖞斜	张从正治愈 2 例（第 45 页）
	24	疝病	张从正治愈 7 例（第 47 页、第 94 页、第 101 页）
	25	五实病	张从正治愈 1 例（第 49 页）
	26	五虚病	张从正治愈 1 例（第 49 页）
	27	口腔病	张从正治愈 9 例（第 51 页、第 85 页、第 86 页、第 91 页、第 93 页、第 94 页、第 104 页）
	28	五积病	张从正治愈 11 例（第 52 页、第 87 页、第 107 页、第 108 页、第 109 页）
	29	病饮	张从正治愈 3 例（第 54 页、第 94 页、第 108 页）
	30	鼻疾	张从正治愈 1 例（第 82 页）
	31	痰疾	张从正治愈 4 例（第 82 页、第 86 页、第 102 页、第 108 页）
	32	癞疾	张从正治愈 2 例（第 82 页）
	33	手足病	张从正治愈 3 例（第 82 页、第 106 页）
	34	胃脘痛	张从正治愈 1 例（第 82 页）
	35	中暑	张从正治愈 3 例（第 59 页、第 84 页）
	36	马刀痈	张从正治愈 2 例（第 85 页）
	37	疮疡	张从正治愈 3 例（第 85 页、第 102 页）
	38	代甲痛	张从正治愈 1 例（第 85 页）
	39	小儿悲苦不止	张从正治愈 1 例（第 87 页）
	40	淋病	张从正治愈 3 例（第 88 页、第 94 页）
	41	二阳病	张从正治愈 2 例（第 89 页、第 92 页）
	42	面肿	张从正治愈 2 例（第 89 页、第 98 页）
	43	头痛	张从正治愈 3 例（第 89 页、第 92 页、第 100 页）
	44	病嗽	张从正治愈 7 例（第 89 页、第 97 页、第 111 页、第 112 页）
	45	吐、呕血	张从正治愈 2 例（第 89 页、第 90 页）
	46	肺痈	张从正治愈 2 例（第 90 页、第 104 页）
	47	虚劳	张从正治愈 1 例（第 91 页）
	48	心痛	张从正治愈 1 例（第 91 页）
	49	伤寒	张从正治愈 3 例（第 91 页、第 101 页、第 111 页）
	50	病喘	张从正治愈 1 例（第 92 页）
	51	血崩	张从正治愈 2 例（第 92 页、第 103 页）
	52	经闭	张从正治愈 2 例（第 93 页、第 111 页）
	53	遇寒手热	张从正治愈 1 例（第 93 页）
	54	皮肤病	张从正治愈 5 例（第 93 页、第 97 页、第 111 页）
	55	黄病	张从正治愈 5 例（第 94 页、第 95 页）
	56	水肿	张从正治愈 5 例（第 95 页、第 105 页、第 112 页）
	57	屈膝有声	张从正治愈 1 例（第 96 页）
	58	儿寐不寤	张从正治愈 1 例（第 103 页）
	59	收产伤胎	张从正治愈 2 例（第 103 页）

续表

类别	序号	疾病名称	病案出处（《张子和医学全书》）
身体疾病	60	背疽	张从正治愈 1 例（第 104 页）
	61	下血	张从正治愈 2 例（第 104 页、第 111 页）
	62	为犬所啮	张从正治愈 2 例（第 106 页、第 112 页）
	63	茶癖	张从正治愈 1 例（第 107 页）
	64	痃气	张从正治愈 1 例（第 107 页）
	65	冷疾	张从正治愈 1 例（第 108 页）
	66	瘕病	张从正治愈 1 例（第 108 页）
	67	瘤	张从正治愈 2 例（第 109 页）
	68	瘿病	张从正治愈 1 例（第 110 页）
	69	痔疮	张从正治愈 1 例（第 110 页）
	70	劳病	张从正治愈 1 例（第 114 页）
心理疾病	1	悲结	张从正治愈 1 例（第 59 页）
	2	忧病	张从正治愈 3 例（第 59 页、第 102 页）
	3	惊病	张从正治愈 3 例（第 59 页、第 102 页、第 104 页）
	4	久思失眠	张从正治愈 2 例（第 59 页、第 102 页）
	5	喜极而病	张从正治愈 1 例（第 59 页）
	6	狂疾	张从正治愈 2 例（第 86 页、第 105 页）
	7	喜笑不止	张从正治愈 2 例（第 87 页、第 91 页）
	8	泻儿	张从正治愈 1 例（第 97 页）
	9	怒病	张从正治愈 1 例（第 102 页）
	10	恐惧病	张从正治愈 1 例（第 103 页）

从表 3-3 中可以看出，身体疾病总计 140 例病案，心理疾病计有 17 例病案，其他非张从正医治的病案 24 例，表中未列出。其中与战乱（包括兵革、盗贼、冤狱等）情状直接相关的病例有马刀痈 2 例、杖疮 3 例、忧病 3 例、惊病 3 例、恐惧病 1 例等。在“金元四大家”的著述中，能够如此重视和关注战乱时期居民的各种心理疾病的，唯有张从正。例如，“息城司侯，闻父死于贼，乃大悲哭之。罢，便觉心痛，日增不已，月余成块，状若覆杯，大痛不住，药皆无功”①；又，“戴人（指张从正——引者注）出游，道经故息城，见一男子被杖，疮痛焮发，毒气入里，惊涎堵塞，牙禁不开，粥药不下。前后月余，百治无功，甘分于死。戴人先以三圣散，吐青苍惊涎，约半大缶；次以利膈丸百余粒，下臭恶燥粪又一大缶；复煎通圣散数钱热服之；更以酸辣葱醋汤发其汗。斯须汗吐交出，其人活矣。此法可以救冤”②；再者，“一讲僧显德明，初闻家遭兵革，心气不足，又为寇贼所惊，得脏腑不调。后入京，不伏水土，又得心气，以至危笃”③。像兵革、盗贼、冤狱等既残害身体又损伤心理的社会现实的大量存在，显示了当时人们的生活环境非常恶劣。恰如张从正自

① 徐江雁、许振国主编：《张子和医学全书》，第 102 页。
② 徐江雁、许振国主编：《张子和医学全书》，第 105 页。
③ 徐江雁、许振国主编：《张子和医学全书》，第 97 页。

己所说："救杖疮欲死者，四十年间二三百，余追思举世杖疮死者，皆枉死也。自后凡见冤人被责者，急以导水丸、禹攻散，大作剂料，泻惊涎一两盆，更无肿发痛焮之难。"[①]究竟当时的"冤人"有多少，恐怕没有人能够说清楚。《金史·酷吏传》载："金法严密，律文虽因前代而增损之，大抵多准重典。熙宗迭兴大狱，海陵翦灭宗室，钩棘傅会，告奸上变者赏以不次。于是，中外风俗一变，咸尚威虐以为事功，而谗贼作焉。流毒远迩，惨矣。"[②]其中最惨的莫过于那些"冤人"。

与之相关联的是各种疾病，尤其是心理疾病丛生，患者困苦万状。因此，为了医治人们的心理创伤，张从正创造了许多虽行之不雅但效果显著的心理疗法，这可看作张从正医学思想的重要特点之一。例如，他用"巫跃妓抵，以治人之悲结者"[③]，用"击拍门窗，使其声不绝，以治因惊而畏响，魂气飞扬者"[④]等疗法。可见，基于不同的生活环境和病患实际，因病而异，大胆创新，是张从正医学思想的精髓。对此，张从正有一段很好的解释，他说：

> 天下少事之时，人多静逸，乐而不劳。诸静属阴，虽用温剂解表发汗，亦可获愈。及天下多故之时，荧惑失常，师旅数兴，饥馑相继，赋役既多，火化大扰，属阳，内火又侵，医者不达时变，犹用辛温，兹不近于人情也。止可用刘河间辛凉之剂，三日以里之证，十愈八九。予用此药四十余年，解利伤寒、温热、中暑、伏热，莫知其数。非为炫也，将以证后人之误用药者也。[⑤]

以社会环境为致病因，对时病进行比较系统的辨证施治，并宜以辛凉之药，这是一种比较典型的社会医学思维模式。

2. 庸医、盗医和巫医危害

从《儒门事亲》所载部分因误诊误治而致患者于死地的病案来看，张从正生活的时代，庸医和巫医盛行，他们学经不明，"不察其脉，不究其原"[⑥]，"如此误死者，不可胜举"[⑦]，因而给患者造成的危害十分严重。例如，

> 元光春，京师翰林应泰李屏山，得瘟疫证，头痛，身热，口干，小便赤涩。渠素嗜饮，医者便与酒症丸，犯巴豆，利十余行。次日，头痛诸病仍存，医者不识，复以辛温之剂解之，加之卧于暖炕，强食葱醋汤，图获一汗。岂知种种客热，叠发并作，目黄斑生，潮热血泄，大喘大满，后虽有承气下之者，已无及矣！[⑧]
>
> 泰和间，余（指张从正——引者注）亲见陈下广济禅院，其主僧病霍乱。一方士

① 徐江雁、许振国主编：《张子和医学全书》，第41页。
② 《金史》卷129《酷吏传》，第2777页。
③ 徐江雁、许振国主编：《张子和医学全书》，第59页。
④ 徐江雁、许振国主编：《张子和医学全书》，第59页。
⑤ 徐江雁、许振国主编：《张子和医学全书》，第21页。
⑥ 徐江雁、许振国主编：《张子和医学全书》，第30页。
⑦ 徐江雁、许振国主编：《张子和医学全书》，第30页。
⑧ 徐江雁、许振国主编：《张子和医学全书》，第22页。

用附子一枚及两者，干姜一两（炮），水一碗，同煎，放冷服之。服讫，呕血而死。[①]

又朱葛黄家妾，左胁病马刀痈，憎寒发痛，已四五日矣。……有一盗医过，见之曰：我有妙药，可溃而为脓，不如此，何时而愈？既纴毒药，痛不可忍，外寒内热，呕吐不止，大便黑色，食饮不止，号呼闷乱，几至于死。[②]

造成庸医、盗医和巫医泛滥的因素固然有多种，然一般民众的医学知识匮乏却是一个非常重要的因素。例如，《儒门事亲》卷1《立诸时气解利禁忌式三》所举两例因众人缺乏必要的医学常识而致患者死亡的病案，就很能说明问题。从这个角度看，《儒门事亲》无疑是一部普及医学知识的书籍。故张从正告诫人们："假如温病、伤寒、热病、中暑、冒风、伤酒，慎勿车载马驮，摇撼顿挫大忌。……故远行得疾者，宜舟泛床抬，无使外扰。"[③]明代李中梓曾喟叹人情中那些恶俗的习气"戛戛乎难之矣"[④]，而张从正在其40余年的临床实践中，深感因无知而贻害患者的恶俗之习气，积重难返，危乎殆哉。比如，"人情见出血皆不悦矣！岂知出血者，乃所以养血也。凡兔、鸡、猪、狗、酒、醋、湿面，动风生冷等物，及忧忿劳力等事，如犯之则不愈矣"[⑤]。他又说：

谬工之治病，实实虚虚，其误人之迹常著，故可得而罪也。惟庸工之治病，纯补其虚，不敢治其实，举世皆曰平稳，误人而不见其迹。渠亦自不省其过，虽终老而不悔，且曰："吾用补药也，何罪焉？"病人亦曰："彼以补药补我，彼何罪焉？"虽死而亦不知觉。夫粗工之与谬工，非不误人，惟庸工误人最深，如鲧湮洪水，不知五行之道。夫补者，人所喜；攻者，人所恶。医者与其逆病人之心而不见用，不若顺病人之心而获利也，岂复计病者之死生乎？[⑥]

可见，"人情"之用补误区在一定程度上为庸医和巫医提供了适宜其生长的土壤。张从正分析道：

尝闻人之所欲者生，所恶者死，今反忘其寒之生，甘于热之死，则何如？由其不明《素问》造化之理，《本草》药性之源，一切委之于庸医之手。医者曰：寒凉之药，虽可去疾，奈何脏腑不可使之久冷，脾胃不可使之久寒，保养则固可温补之是宜。斯言方脱诸口，已深信于心矣。如金石之不可变，山岳之不可移，以至于杀身而心无少悔。呜呼！医者之罪，固不容诛；而用之者，亦当分受其责也。病者之不诲，不足怪也。而家家若是，何难见而难察耶？人惟不学故耳！[⑦]

从"家家若是"而"人惟不学"可知，对医学知识的愚昧无知确实为那些庸医、盗医

---

① 徐江雁、许振国主编：《张子和医学全书》，第27页。
② 徐江雁、许振国主编：《张子和医学全书》，第85页。
③ 徐江雁、许振国主编：《张子和医学全书》，第22页。
④ （明）李中梓著，郭霞珍等整理：《医宗必读》卷1《不失人情论》，北京：人民卫生出版社，2006年，第9页。
⑤ 徐江雁、许振国主编：《张子和医学全书》，第29页。
⑥ 徐江雁、许振国主编：《张子和医学全书》，第35页。
⑦ 徐江雁、许振国主编：《张子和医学全书》，第64页。

和巫医大行其道提供了便利条件。不唯市民无知，即使那些所谓饱读诗书的士大夫，也对身患之疾“瞢然无所知”[①]，更为可怕。他们“拘言语之末节，以文章自富，以谈辨自强，坐而昂昂，立而行行，阔其步，翼其手，自以为高人而出尘表，以天下聪明莫己若也，一旦疾之临身，瞢然无所知。茫若捞风之不可得，迷若捕影之不可获。至于不得已，则听庸医之裁判。疾之愈则以为得人，不愈则以为疾之既极，无可奈何，委之于命而甘于泉下矣”[②]。因此，从社会根源上讲，张从正认为正是士大夫对于医学知识的无知，才不断加速或固化了庸医流弊之形成与蔓延。所以，欲使庸医没有立足之地，不单是医家的责任，也不单是一两个组织或个人的事情，而是整个社会的责任。其中大力普及医学知识，不断提高全民的医学知识素质，是最为切要的中心环节。所以，张从正撰著《儒门事亲》的目的恰在于此，他说得很清楚：“此吾所以言之喋喋也。然而未敢必其听之何如耳！虽然吾之说非止欲我辈共知，欲医流共知，欲天下共知也。”[③]

（二）攻邪学派的学术特色

（1）疾病不但是自然环境与自身体质因素引起的一种病理现象，而且是一种社会现象，因而从社会医学的宏观系统中观察和分析疾病的性质，是攻邪学派区别于其他医学流派的一个重要特点。尽管社会医学这个概念出现得较晚，张从正还不可能提出社会医学这个概念，但是他明确提出了“疟常与酷吏之政并行”的思想。张从正说：

> 疟常与酷吏之政并行。或酷政行于先，而疟气应于后；或疟气行于先，而酷政应于后。昔人有诗云：大暑去酷吏。此言虽不为医设，亦于医巫之旨有以暗相符者也。以前人论疟者，未尝及于此，故予发之。及知圣人立疟之名，必有所谓云。[④]

既然社会生活环境是一种非常重要的致病因素，那么，对于不同的社会群体，感受病邪的途径和患病的性质就必然有所不同。张从正以病疟为例，看到“富贵膏粱之家”和“田野贫寒之家”在患病的形式及用药方面，需要区别对待。因为：

> 凡富贵膏粱之家病疟，或间日，或频日发，或热多寒少，或寒多热少，宜大柴胡汤，下过三五行，次服白虎汤，或玉露散、桂苓甘露散之类。如不愈者，是积热太甚，以神芎三花神祐丸、调胃承气汤等，大作剂料下之；下后以长流水煎五苓散服之。或服小柴胡亦可。或先以常山散吐之，后服凉膈散、白虎之类必愈矣。大忌发热之物，猪、鸡、鱼、兔五辛之物，犯之则再发也。
>
> 凡田野贫寒之家病疟，为饮食粗粝，衣服寒薄，劳力动作，不与膏粱同法。临发日，可用野夫多效方中温脾散治之。如不愈，服辰砂丹治之，必愈矣。如吃罢此药，以长流水煎白虎汤服之，不服食热物，为疟疾是伤暑伏热故也。《内经》曰：夏伤于暑，

① 徐江雁、许振国主编：《张子和医学全书》，第 64 页。
② 徐江雁、许振国主编：《张子和医学全书》，第 64 页。
③ 徐江雁、许振国主编：《张子和医学全书》，第 64 页。
④ 徐江雁、许振国主编：《张子和医学全书》，第 24 页。

秋必病疟。[①]

对于前者用下法和吐法，而对于后者则用补法，这是由两者所处的不同社会环境决定的。张从正同情弱势群体，这不仅表现在他积极为贫寒之家的病患用心诊治，而且表现为他极力赞赏和提倡其“简朴”的生活方式。在他看来，贫寒之家的衣食习惯相对于富贵之家的衣食来说，是一种健康的生活方式。张从正就贫富两个社会群体在育子方面的差异及由此带来的两种不同后果，讲了下面一段至理之言：

> 然善治小儿者，当察其贫富贵贱治之。盖富贵之家，衣食有余，生子常夭。贫贱之家，衣食不足，生子常坚。贫家之子，不得纵其欲，虽不如意而不敢怒，怒少则肝病少。富家之子，得纵其欲，稍不如意则怒多，怒多则肝病多矣。夫肝者，木也，甚则乘脾矣。又况贫家无财少药，故死少；富家有财多药，故死多。故贫家之育子，虽薄于富家，其成全小儿，反出于富家之右。其暗合育子之理者有四焉：薄衣，淡食，少欲，寡怒，一也；无财少药，其病自痊，不为庸医热药所攻，二也；在母腹中，其母作劳，气血动用，形得充实，三也；母既作劳，多易生产，四也。此四者，与富家相反也。[②]

实际上，张从正从健康的角度，提倡人们多劳动，同时少食膏粱而多淡食，心态平和，衣以布帛，不必追求奢丽，因为这是一种非常经济的延年益寿方法。当时，很多富贵人家不是这样，他们迷信通过进补的方式能够增强自身的抗病能力，加之好逸恶劳，就能健康长寿。那么，好逸恶劳是否符合养生之道？盲目进补是一种认识误区还是一种科学的理性认识？对于上述问题，张从正做了实事求是的分析和回答。他说：

> 予考诸经，检诸方，试为天下好补者言之。夫人之好补，则有无病而补者，有有病而补者。无病而补者谁与？上而缙绅之流，次而豪富之子。有金玉以荣其身，刍豢以悦其口；寒则衣裘，暑则台榭；动则车马，止则裀褥；味则五辛，饮则长夜。醉饱之余，无所用心，而因致力于床第，以欲竭其精，以耗散其真，故年半百而衰也。然则奈何？以药为之补矣！或咨诸庸医，或问诸游客。庸医故要用相求，以所论者轻，轻之则草木而已，草木则苁蓉、牛膝、巴戟天、菟丝之类；游客以好名自高，故所论者重，重之则金石而已，金石则丹砂、起石、硫黄之类。吾不知此为补也，而补何脏乎？
>
> 以为补心耶？而心为丁火，其经则手少阴，热则疮疡之类生矣！
>
> 以为补肝耶？肝为乙木，其经则足厥阴，热则掉眩之类生矣！
>
> 脾为己土，而经则足太阴，以热补之，则病肿满。
>
> 肺为辛金，而经则手太阴，以热补之，则病愤郁。
>
> 心不可补，肝不可补，脾不可补，肺不可补，莫非为补肾乎？人皆知肾为癸水，

① 徐江雁、许振国主编：《张子和医学全书》，第129页。
② 徐江雁、许振国主编：《张子和医学全书》，第30页。

而不知经则子午君火焉。补肾之火，火得热而益炽；补肾之水，水得热而益涸。既炽其火，又涸其水，上接于心之丁火，火独用事，肝不得以制脾土，肺金不得以制肝木。五脏之极，传而之六腑；六腑之极，遍而之三焦，则百病交起，万疾俱生。小不足言，大则可惧。不痘则中，不中则暴喑而死矣。以为无病而补之者所得也。[①]

这一段话不要说在金代，即使放在今天，也会在社会上引起轩然大波，甚至可能会招致群起而攻之之祸。难怪此言一出，立刻遭到群医之毁。据《儒门事亲》卷9载：

戴人治病，多用峻激之药，将愈未愈之间，适戴人去。群医毁之曰：病为戴人攻损，急补之，遂用相反之药。如病愈，则我药可久服，攻疾之药可暂用。我方攻疾，岂欲常服哉？疾去则止药。若果欲养气，五谷、五肉、五菜，非上药耶？亦安在枯草死木之根核哉？[②]

在张从正看来，养气之上药即“五谷、五肉、五菜”，而非“枯草死木之根”。实际上，张从正提出了一个非常严肃的社会医学问题：什么是真正的健康进补方式？在一个纷繁复杂的现实社会情景里，补的意义究竟是什么？如何理解五谷、五肉、五菜（即食补）与枯草死木之根核（即药补）之间的关系？在什么样的情况下以食补为主？在什么样的情况下以药补为主？这些问题仅仅局限在传统的生物医学模式里，肯定很难解释清楚，而张从正批评“上而仕宦豪富之家，微而农商市庶之辈”[③]，不问呕、吐、泄、痢、疟、咳、劳、产的寒热虚实，一以补之的错误观念，其真正用意亦在于此。因为他们在认识疾病的性质方面忽视了一个十分重要的向标——不同社会群体的不同社会生活场景。当然，在当时的历史条件下，张从正还不可能建立一个行之有效的社会医学运行模式，他只是触摸到了社会医学的一部分面相，但这并不影响我们把张从正看作我国古代社会医学的思想先驱。

（2）主张把验之有效的“世俗之方”作为“经方”的重要补充。张从正方药的来源主要有两个：一是“经方”，如《伤寒论》《金匮要略》《千金方》《圣惠方》《圣济总录》《黄帝素问宣明论方》等医书所载之名方；二是民间验方，也就是“世俗之方”。在张从正所诊治的病人中，有两个阶层的人最多，即困苦百姓与士大夫，其中士大夫的情况比较复杂。他说：

医之善，惟《素问》一经为祖。有平生不识其面者，有看其文不知其义者，此等虽曰相亲，欲何说？只不过求一二药方而已矣。大凡药方，前人所以立法，病有百变，岂可执方？设于富贵之家病者，数工同治，戴人必不能从众工，众工亦不能从戴人，以此常孤。惟书生高士，推者复来，日不离门。[④]

大概因为富贵之人喜好补法，故众医工便投其所好，善用补法。与之相反，张从正的

---

① 徐江雁、许振国主编：《张子和医学全书》，第63页。
② 徐江雁、许振国主编：《张子和医学全书》，第113页。
③ 徐江雁、许振国主编：《张子和医学全书》，第63页。
④ 徐江雁、许振国主编：《张子和医学全书》，第112—113页。

汗、下、吐法却很难为其所接受，于是造成“高技常孤”这种怪现象。士大夫对张从正的治法，也不是没有顾虑和疑惑，不信任其治法者大有人在。所以，张从正深有感触地说：“今之士大夫，多为俗论，先锢其心，虽有正论，不得而入矣。”[①]于是，如何看待“经方”与“世俗之方”的价值，就成为一个非常重要的医学问题，当然，也是一个两难的问题。故张从正总结当时医家的处方经验时说：“不知世间之药多热补，从谁而受其方也？信其方，则《素问》、《灵枢》、《铜人》皆非也。信《素问》、《灵枢》、《铜人》，则俗方亦皆非也。不知后之君子，以孰为是？呜呼！余立于医四十余岁，使世俗之方，人人可疗，余亦莫知敢废也。”[②]在这种思想的指导下，《儒门事亲》卷15《世传神效名方》载有272首“世俗之方”，以及张从正所创立的专病专方，特色鲜明。

《世传神效名方》的内容包括疮疡痈肿（76首）、口齿咽喉（19首）、目疾（22首）、头面风疾（20首）、解痢伤寒（5首）、诸腰脚疼痛（3首）、妇人病证（19首）、咳嗽痰涎（12首）、心气疼痛（5首）、小肠疝气（10首）、肠风下血（13首）、小儿病症（16首）、破伤风邪（9首）、诸风疾证（13首）、水肿黄疸（5首）、下痢泄泻（4首）、诸杂方药（18首）、辟谷绝食（3方）。由此可见，“世俗之方”主要以疮疡痈肿和五官科疾病为重，这种疾病发生现象从社会医学的角度讲，与当时社会秩序混乱的生活现实有关，对此，张从正曾有分析，引文见前。无论如何，民众多发火热病，是当时疾病发生的主要倾向，此与《世传神效名方》所列前4位的疾病状况相一致。然而，《世传神效名方》大都来自民间，它表明那时社会秩序混乱不是一时一地之特例，而是一个具有普遍性的社会现象，可谓无处不有，这应是民间多治疗疮疡痈肿和五官科疾病验方的社会根源。

从药物组成上看，《世传神效名方》所选“世俗之方”不乏大方。例如，“汾州郭助教家神圣眼药”组方共有17味药，“神圣膏药”共有15味药，“妙功十一丸”共有23味药，“保命丹”共有22味药等[③]。但大多数却是小方，甚至单方，用药十分方便。例如，“以蒲公英捣之，贴一切恶疮诸刺”[④]；“治头面生瘤子：用蛛丝勒瘤子根。三二日自然退落”[⑤]；“治泻：车前子不以多少。上为细末。每服二钱，米饮汤调下服之”[⑥]；治瘿，“以海带、海藻、昆布三味，皆海中之物，但得三味，投之于水瓮中，常食，亦可消矣”[⑦]等。经现代临床研究证实，蒲公英具有良好的抗感染作用，将其制成注射剂、片剂、糖浆等，可广泛应用于临床各科多种感染性炎症[⑧]；蛛丝不会引起免疫系统的反应，有利于伤口愈合。据临床报道，车前子用于治疗小儿单纯性消化不良，效果良好[⑨]；海带、海藻等含碘食物能防治缺

① 徐江雁、许振国主编：《张子和医学全书》，第23页。
② 徐江雁、许振国主编：《张子和医学全书》，第47页。
③ 徐江雁、许振国主编：《张子和医学全书》，第171、166、181、184页。
④ 徐江雁、许振国主编：《张子和医学全书》，第166页。
⑤ 徐江雁、许振国主编：《张子和医学全书》，第169页。
⑥ 徐江雁、许振国主编：《张子和医学全书》，第182页。
⑦ 徐江雁、许振国主编：《张子和医学全书》，第72页。
⑧ 江苏新医学院：《中药大辞典》下，上海：上海科学技术出版社，1977年，第2460页。
⑨ 江苏新医学院：《中药大辞典》上，第404页。

碘性瘿病（西医称为单纯性甲状腺肿、甲状腺炎、甲状腺功能亢进），今已成为一种医学常识，而金朝的广大劳动人民则通过长期的生活实践，逐渐认识到海带与瘿病之间具有特殊的克制关系。可见，张从正所选“世俗之方”确实如他所言“使世俗之方，人人可疗”，取材方便，疗效明显。其实，张从正汗、吐、下三法的创立，在很大程度上得益于对民间医疗方法的借鉴和应用。对此，他自己有一段论述：

> 所谓三法可以兼众法者，如引涎、漉涎、嚏气、追泪，凡上行者，皆吐法也。炙、蒸、熏、渫、洗、熨、烙、针刺、砭射、导引、按摩，凡解表者，皆汗法也。催生下乳、磨积逐水、破经泄气，凡下行者，皆下法也。以余之法，所以该众法也。然予亦未尝以此三法，遂弃众法，各相其病之所宜而用之。以十分率之，此三法居其八九，而众所当才一二也。[①]

干祖望先生认为，张从正由于取法吠陀医学而不能列入中医界[②]，此言不能说毫无道理，但细分析则不无片面。因为张从正自己说得非常清楚：“仲景之言曰：大法春宜吐，盖春时阳气在上，人气与邪气亦在上，故宜吐也。涌吐之药，或丸或散，中药则止，不必尽剂，过则伤人。然则四时有急吐者，不必直待春时也。但仲景言其大法耳。今人不得此法，遂废而不行，试以名方所记者略数之。”[③]这表明张从正的“吐法”源自张仲景的《伤寒论》，而非吠陀医学的“净法”。对于下法，则“《内经》一书，惟以气血通流为贵，世俗庸工，惟以闭塞为贵。又止知下之为泻，又岂知《内经》之所谓下者，乃所谓补也”[④]。至于汗法，张从正云：“仲景曰：大法春夏宜汗。春夏阳气在外，人气亦在外，邪气亦在外，故宜发汗。然仲景举其略耳。设若秋冬得春夏之病，当不发汗乎？但春夏易汗而秋冬难耳。”[⑤]可见，张从正主要继承和发展了《黄帝内经》及《伤寒杂病论》的汗吐下法。当然，也有人认为张从正主要继承了《难经》《中藏经》等扁鹊一派的医学思想。[⑥]总之，更多的证据表明，张从正“六门三法，盖长沙之绪余也”[⑦]。因此，我们认为，从整体上看，张从正医学思想牢牢地扎根于中医经典的传统理论之中，而吠陀医学不是其医学思想的主流，尽管张从正对吠陀医学有所借鉴。

（3）形成“六门三法”的医学思想，进一步充实和发展了中医的辨证论治体系。所谓“六门”系指采用刘完素“六气”为病的分类法，将疾病分为6大门类，即风门、暑门、湿门、火门、燥门及寒门。《儒门事亲》卷4和卷5为“治百病法”，卷11为“治法杂论”，而卷12为“三法六门”，附有方剂171首。通过上述4卷，张从正及其门人对“六门”的

---

① 徐江雁、许振国主编：《张子和医学全书》，第36页。

② 干祖望：《张子和倡导汗吐下法考释——张子和不像中医而像古印度吠陀医生》，钱超尘、温长路主编：《张子和研究集成》，北京：中医古籍出版社，2006年，第251页。

③ 徐江雁、许振国主编：《张子和医学全书》，第36页。

④ 徐江雁、许振国主编：《张子和医学全书》，第40页。

⑤ 徐江雁、许振国主编：《张子和医学全书》，第38页。

⑥ 冯志广等：《张子和学术思想溯源》，钱超尘、温长路主编：《张子和研究集成》，第247页。

⑦ （清）方浚师撰，盛冬铃点校：《蕉轩随录·续录·吕元膺诸医家评骘》，第581页。

内容，做了十分详尽的阐释，集中了“攻邪学派”的思想精华和临床诊治特色，可谓“如取如携”[①]者莫过于此4卷。

另外，三法系指汗、吐、下三法，它是攻邪学派的思想核心。《儒门事亲》卷2载有张从正所撰写的《汗吐下三法该尽治病诠》一文，对三法的必要性与可行性进行了缜密而周到的论证，言简意赅，议论渊微，认为所有祛邪之法皆归汗吐下三法。他说：“辛甘淡三味为阳，酸苦咸三味为阴。辛甘发散，淡渗泄，酸苦咸涌泄。发散者归于汗，涌者归于吐，泄者归于下。渗为解表归于汗，泄为利小溲归于下。殊不言补，乃知圣人止有三法，无第四法也。”[②]“三法”理论的提出，使整个医学风气为之一振，尽管“其汗吐下三法，当时已多异议”[③]，但是诚如明代著名医家孙一奎所说：“张戴人，医亦奇杰也。……盖医难于认病，而不难于攻击调补，戴人特揭其难者言之也。”[④]故“张子和医如老将对敌，或陈兵背水，或济河焚舟，置之死地而后生，不善效之，非溃则北矣”[⑤]。在临床上，“三法”的应用十分广泛，包括方药、针灸、熏洗、按摩、导引等，形成了一套集多种治疗手段和多种剂型于一体的综合疗法，影响极其深远。对此，张子和心法娴熟，运用巧妙，遂成为其学术思想和临证经验的核心。

诚然，“三法”的实质在于攻邪，张从正强调邪气致病，因之以汗、吐、下为攻邪之要法，但“求通”却是“三法”的根本主旨。清代医家何梦瑶解释说：“盖万病非热则寒，寒则气不运而滞，热则气亦壅而不运，气不运则热郁痰生，血停食积，种种阻塞于中矣。人身气血，贵通而不贵塞，非三法何由通乎？”[⑥]所以，以“求通”为目标，张从正把攻邪分为直接攻邪和间接攻邪两种方法。例如，涌吐痰食及药物发汗为直接攻邪法，而按摩和导引则为间接攻邪法。若从作用机理言之，则张从正通过“三法”向外、向上和向下三个方向的作用，以期“宣畅体内脏腑经络之气，同时敷布津液，畅通血流，从而使气血津液的升降出入运动得以恢复正常，郁滞不通的病理变化得以逆转”[⑦]。

二、张从正“三邪”理论的基本内容、方法和影响

（一）张从正“三邪”理论的基本内容

在病因学领域，正与邪始终是纠结医家的一个大难题。《黄帝内经素问·至真要大论》云：“夫百病之生也，皆生于风寒暑湿燥火，以之化之变也。”[⑧]其难不在“六气”，而在于

---

① 徐江雁、许振国主编：《张子和医学全书·序》，第3页。

② 徐江雁、许振国主编：《张子和医学全书》，第35页。

③ （清）永瑢等：《四库全书总目》卷104《子部·医家类二·儒门事亲》，第869页。

④ （明）孙一奎著辑，丁光迪点注：《医旨绪余》卷下《列张刘李朱滑六名师小传》，南京：江苏科学技术出版社，1983年，第96页。

⑤ （清）方浚师撰，盛冬铃点校：《蕉轩随录·续录·吕元膺诸医家评骘》，第581页。

⑥ （清）何梦瑶：《医碥》卷1《补泻论》，北京：中国中医药出版社，2009年，第18页。

⑦ 储全根：《张从正汗吐下三法新识》，《中国医药学报》2002年第3期，第139—141页。

⑧ 《黄帝内经素问》卷22《至真要大论篇》，陈振相、宋贵美：《中医十大经典全录》，第137页。

“六气”之“化与变”。中医学派众多，其源归一，而流变甚多，原因就在于中医的“以之化之变”。因此，张仲景说：

> 千般疢难，不越三条：一者，经络受邪，入脏腑，为内所因也；二者，四肢九窍，血脉相传，壅塞不通，为外皮肤所中也；三者，房室、金刃、虫兽所伤。以此详之，病由都尽。①

宋代陈言在此基础上，又有发展，他把病因和发病途径联系起来，因而对致病因的总结也更加全面。他说：“然六淫，天之常气，冒之则先自经络流入，内合于脏腑，为外所因；七情，人之常性，动之则先自脏腑郁发，外形于肢体，为内所因；其如饮食饥饱，叫呼伤气，尽神度量，疲极筋力，阴阳违逆，乃至虎狼毒虫，金疮踒折，疰忤附着，畏压溺等，有背常理，为不内外因。”②我们知道，中医的特点是辨证求因，或称病因辨证，而在现实生活中，医家多“将阳经为热，阴经为寒，向《本草》中寻药，药架上检方而已矣”③，用如此简单、粗疏的方法，怎能应付疾病“以之化之变”的复杂病情呢？于是，张从正根据金代医学发展的实际和广大民众偏于感性和经验的思想认识，提出了别有深意的“天、地、人三邪”说。张从正指出：

> 天之六气，风、暑、火、湿、燥、寒；地之六气，雾、露、雨、雹、冰、泥；人之六味，酸、苦、甘、辛、咸、淡。故天邪发病，多在乎上；地邪发病，多在乎下；人邪发病，多在乎中。此为发病之三也。④

对于“天地之六气”与外感病邪的关系，金代诸多医家都进行了比较深入的探讨。其主要理论依据是《黄帝内经》的运气学说。从北宋中后期开始，特别是金代的河间学派尤为重视运气理论的研究和临床应用。张从正在《儒门事亲》一书中，除了《刘河间先生三消论》之外，其《撮要图》是专门论述运气与疾病发生的关系的，内有“难素撮要究治识病用药之图”⑤，甚是重要。

这幅图相较于其他医家的运气说之繁复难明，确有以简驭繁和以约驭博之感。就此图的构想而言，张从正汲取了道家的“元气”说。例如，《道法会元·五太图》说：“太易者，未见炁也。太易变而为太初，太初炁之始也。先天元炁始见微芒，太初变而为太始。太始者，形之始也，渐有元炁之形矣。太始变而为太素，太素者，质之始也。元炁之形质而具也。太素变而为太极，太极者，混沌也。……万物之始于天地，天地不能自有，有天地者，太极也。太极不能自生，生太极者，太素也。太素不能自育，育太素者，太始也。太素不

---

① （汉）张仲景：《金匮要略方论》，北京：人民卫生出版社，1956年，第9页。

② （宋）陈言著，路振平整理：《三因极一病证方论》卷2《三因论》，何清湖、周慎主编：《中华医书集成》第22册，北京：中医古籍出版社，1999年，第14—15页。

③ 徐江雁、许振国主编：《张子和医学全书》，第44页。

④ 徐江雁、许振国主编：《张子和医学全书》，第35页。

⑤ 徐江雁、许振国主编：《张子和医学全书》，第115页。

能自孕，孕太始者，太初也，未有太初先有太易。”[①]这段话已被张从正吸收到他的“难素撮要究治识病用药之图”中了，此实例表明，张从正与道教的内在关系比较密切。甚至在某种程度上讲，道教乃张从正医学思想之一源。所以有人批评张从正与道教之间所存在的这种瓜葛，否定其道教医学思想[②]，实不可取。

从理论渊源上讲，张从正的“难素撮要究治识病用药之图”与李杲的“六部所主十二经脉之图”[③]都源于《黄帝内经素问·至真要大论》，但两者的认识却大相径庭。例如，李杲的“六部所主十二经脉之图”所述天地之气与五脏六腑的关系，如表 3-5 所示。

表 3-5 李杲的“六部所主十二经脉之图”所述天地之气与五脏六腑的关系

五方	五季	五阳天干	五气	五（六）腑	五阴天干	五行	五脏	五体
东方	春	甲	风	胆	乙	木	肝	筋
南方	夏	丙	热	小肠	丁	火	心	脉
西南方	长夏	戊	湿	胃	己	土	脾	肉
西方	秋	庚	燥	大肠	辛	金	肺	皮
北方	冬	壬	寒	膀胱	癸	水	肾	骨

在此，有两点需要强调：第一，“三焦相火，父气也。无状有名”，而“命门包络，母气也。乃天元一气也”。第二，就其性质而言，“甲丙戊庚壬，气，温热凉寒升浮降沉”，而“乙丁己辛癸，味，辛甘淡咸苦酸散缓急软坚收”[④]。在治法上，李杲主张温补，反对汗下。他说：“少阳，春也，生化万物之始也。”故“手足少阳二经之病，治有三禁。不得发汗，为风证多自汗。不得下，下之则损阴，绝其生化之源。不得利小便，利之则使阳气下陷，反行阴道。实可戒也”[⑤]。与之相反，张从正认为，“初之气，自大寒至立春、春分，厥阴风木之位，阳用事而气微”，“初之气为病，多发咳嗽、风痰、风厥、涎潮痹塞、口㖞、半身不遂、失音、风癫、风中、妇人胸中留饮、两脐腹微痛、呕逆恶心、旋运惊悸、狂惕、心风、搐搦、颤掉。初之气病，宜以瓜蒂散吐之，在下泄之”[⑥]。在这里，我们不打算论说李杲“补土派”与张从正“攻下派”之短长，因为他们都比较正确地反映了疾病在某个特定历史阶段的不同表现形式，所以各有优长，同时也各有片面。

1.“胆与三焦寻火治，肝与包络都无异”

（1）三焦经手少阳为父气：“是动则病耳聋、浑浑焞焞、嗌肿喉痹。是主气所生病者，汗出，目锐眦痛，耳后、肩臑、肘臂外皆痛，小指次指不用。为此诸病。”[⑦]

（2）胆之经足少阳风甲木：“是动则病口苦、善太息、心胁痛、不能转侧，甚则面微有

① 《道法会元》卷 1《五太图》，《道藏》第 28 册，第 676 页。

② 杨建宇、张国泰：《刍议弘扬张子和攻邪学派的思路与方法》，钱超尘、温长路主编：《张子和研究集成》，第 261 页。

③ 张年顺等主编：《李东垣医学全书》，第 164—169 页。

④ 张年顺等主编：《李东垣医学全书》，第 164 页。

⑤ 张年顺等主编：《李东垣医学全书》，第 165 页。

⑥ 徐江雁、许振国主编：《张子和医学全书》，第 116、118 页。

⑦ 徐江雁、许振国主编：《张子和医学全书》，第 120 页。

尘、体无膏泽、足外反热，是为阳厥。是主骨所生病者，头痛、颌痛、目内眦痛、缺盆中肿痛、腋下肿、马刀挟瘿、汗出振寒、疟、胸、胁、肋、髀、膝，外至胫绝骨外踝前及诸节皆痛、小指次指不用。为此诸病。”①

（3）心包络手厥阴为母血：“是动则病手心热、臂肘挛急、腋肿，甚则胸胁支满、心中憺憺大动、面赤目黄、喜笑不休。是主脉所生病者，烦心、心痛、掌中热。为此诸病。”②

（4）肝之经足厥阴风之木：“是动则病腰痛不可以俯仰、丈夫㿗疝、妇人少腹肿，甚则嗌干、面尘脱色。是肝所生病者，胸满、呕逆、飧泄、狐疝、遗溺、闭癃。为此诸病。”③

上述病证均录自《黄帝内经灵枢经·经脉》。这些病症各家论述基本相同，所不同的是治法。张从正认为，胆与三焦及肝与包络四经，均按照寻常的火热之邪来治疗。张仲景曰：“大法春宜吐，盖春时阳气在上，人气与邪气亦在上，故宜吐也。”④但是，吐法并非适用于所有人。比如，以下人等不宜用吐法：“性行刚暴、好怒喜淫之人，不可吐；左右多嘈杂之言，不可吐；病人颇读医书，实非深解者，不可吐；主病者不能辨邪正之说，不可吐；病人无正性，妄言妄从，反复不定者，不可吐；病势巇危，老弱气衰者，不可吐；自吐不止，亡阳血虚者，不可吐；诸吐血、呕血、咯血、衄血、嗽血、崩血、失血者，皆不可吐。”⑤当然，吐法兼众法，既有单用吐法者，又有吐与下、汗兼用者。

2.“脾肺常将湿处求，胃与大肠同湿治”

（1）脾之经足太阴湿己土：“是动则病舌本强、食则呕、胃脘痛、腹胀、善噫、得后与气则快然，如衰，身体皆重。是主脾所生病者，舌本痛、体不能动摇、食不下、烦心、心下急痛、溏瘕泄、水闭、黄疸、不能卧、强立、股膝内肿、厥、足大指不用。为此诸病。”⑥

（2）肺之经手太阴燥辛金：“是动则病肺胀满、膨膨而喘咳、缺盆中痛，甚则交两手而瞀，此为臂厥。是主肺所生病者，咳、上气喘、渴、烦心、胸满、臑臂内前廉痛厥、掌中热。气盛有余，则肩背痛、风寒汗出中风、小便数而欠；气虚则肩背痛寒、少气不足以息、溺色变。为此诸病。”⑦

（3）胃之经足阳明湿戊土：“是动则病洒洒振寒、善呻数欠、颜黑、至则恶人与火、闻木声则惕然而惊、心欲动、独闭户塞牖而处，甚则欲上高而歌、弃衣而走、贲响腹胀，是为骭厥。是主血所生病者，狂疟、温淫、汗出、鼽衄、口㖞、唇胗、颈肿、喉痹、大腹水肿、膝膑肿痛，循膺乳气冲股、伏兔、骭外廉、足跗上皆痛、中指不用。气盛则身以前皆热，其有余于胃，则消谷善饥，溺色黄；气不足，则身以前皆寒栗；胃中寒，则胀满。为此诸病。”⑧

---

① 徐江雁、许振国主编：《张子和医学全书》，第119页。
② 徐江雁、许振国主编：《张子和医学全书》，第120页。
③ 徐江雁、许振国主编：《张子和医学全书》，第119页。
④ 徐江雁、许振国主编：《张子和医学全书》，第36页。
⑤ 徐江雁、许振国主编：《张子和医学全书》，第37—38页。
⑥ 徐江雁、许振国主编：《张子和医学全书》，第119页。
⑦ 徐江雁、许振国主编：《张子和医学全书》，第120页。
⑧ 徐江雁、许振国主编：《张子和医学全书》，第119—120页。

（4）大肠经手阳明燥庚金："是动则病齿痛颈肿。是主津液所生病者，目黄、口干、鼽衄、喉痹、肩前臑痛、大指次指痛不用。气有余，则当脉所过者热肿；虚则寒栗不复。为此诸病。"[①]

同前面一样，以上诸经病证均录自《黄帝内经灵枢经·经脉》。治法以泻为主，"泻者归于下"[②]。张从正认为，"以为五苦者，五脏为里属阴，宜用苦剂，谓酸苦涌泄为阴；六辛者，六腑为表属阳，宜用辛剂，谓辛甘发散为阳"[③]。由此可见，此四经病主要施用下法。当然，在具体的临床实践中，泻法亦兼用汗法。

3."恶寒表热小膀温，恶热表寒心肾炽"

（1）小肠经手太阳暑丙火："是动则病嗌痛、颔肿、不可以顾、肩似拔、臑似折。是主液所生病者，耳聋、目黄、颊肿、颈、颔、肩、臑、肘、臂外后廉痛。为此诸病。"[④]

（2）膀胱经足太阳寒壬水："是动则病冲头痛、目似脱、项如拔、脊痛、腰似折、髀不可以曲、腘如结、踹如裂、是为踝厥。是主筋所生病者，痔、疟、狂癫疾、头囟项痛、目黄泪出、鼽衄，项背腰尻腘踹脚皆痛，小指不用，为此诸病。"[⑤]

（3）心之经手少阴暑丁火："是动则病嗌干、心痛、渴而欲饮，是为臂厥。是主心所生病者，目黄、胁痛、臑臂内后廉痛厥、掌中热痛，为此诸病。"[⑥]

（4）肾之经足少阴寒癸水："是动则病饥不欲食、面如漆柴、咳唾则有血、喝喝、坐而欲起、目䀮䀮如无所见、心如悬、若饥状。气不足则善恐、心惕惕如人将捕之，是为骨厥。是主肾所生病者，口热舌干、嗌肿上气、嗌干及痛、烦心、心痛、黄疸、肠澼、脊股内后廉痛、痿厥、嗜卧，足下热而痛。为此诸病。"[⑦]

在治法方面，暑火心苦，用发汗，令其疏散；其他如小肠经手太阳暑丙火、膀胱经足太阳寒王水亦然。张从正说："诸风寒之邪，结搏皮肤之间，藏于经络之内，留而不去，或发疼痛走注，麻痹不仁及四肢肿痒拘挛，可汗而出之。"[⑧]至于寒水肾咸，折针，即抑之，制其冲逆；而针刺在归类上属于汗法。[⑨]因此，此四经病主要用汗法。

从病邪伤害人体的部位讲，"天邪（指风、暑、火、湿、燥、寒）发病，多在乎上；地邪（指雾、露、雨、雹、冰、泥）发病，多在乎下；人邪（指酸、苦、甘、辛、咸、淡）发病，多在乎中。"[⑩]对此，《黄帝内经》提出了治疗原则："其高者，因而越之；其下者，引而竭之；中满者，泻之于内；其有邪者，渍形以为汗；其在皮者，汗而发之。"[⑪]张从正

① 徐江雁、许振国主编：《张子和医学全书》，第 120 页。
② 徐江雁、许振国主编：《张子和医学全书》，第 35 页。
③ 徐江雁、许振国主编：《张子和医学全书》，第 164 页。
④ 徐江雁、许振国主编：《张子和医学全书》，第 119 页。
⑤ 徐江雁、许振国主编：《张子和医学全书》，第 120 页。
⑥ 徐江雁、许振国主编：《张子和医学全书》，第 119 页。
⑦ 徐江雁、许振国主编：《张子和医学全书》，第 120 页。
⑧ 徐江雁、许振国主编：《张子和医学全书》，第 35 页。
⑨ 徐江雁、许振国主编：《张子和医学全书》，第 35、36 页。
⑩ 徐江雁、许振国主编：《张子和医学全书》，第 35 页。
⑪ 《黄帝内经素问》卷 2《阴阳应象大论篇》，陈振相、宋贵美：《中医十大经典全录》，第 16 页。

据之发挥，于是形成了他在“难素撮要究治识病用药之图”中所提出的“地之湿气（指地邪）感则害人皮肉筋脉肌肤，从外而入，可汗而已也”，其主要病证为“痈肿、疮疡、疥癣、疽痔、掉瘛、浮肿、目赤、熛痓，胕肿”及“瘴气、贼魅、虫蛇、蛊毒、伏尸、鬼击、冲薄、坠堕、风、寒、暑、湿、斫、射、割刺之类”。又，“水谷之寒热（指人邪）感则害人六腑，胆、胃、三焦、膀胱、大肠、小肠满而不实，可吐之而已也”，其主要病证为“留饮、癖食、饥饱、劳损、宿食、霍乱、悲、恐、喜、怒、想慕、忧结之类”[①]。再者，“天之邪，感则害人五脏，肝心脾肺肾实而不满，可下之而已也”，其主要病证为“积聚、癥瘕、瘤气、瘿起、结核、狂瞀、癫痫”[②]。

在张从正看来，“夫病之一物，非人身素有之也。或自外而入，或由内而生，皆邪气也。邪气加诸身，速攻之可也，速去之可也”[③]，因为“邪之中人，轻则传久而自尽，颇甚则传久而难已，更甚则暴死。若先论固其元气，以补剂补之，真气未胜，而邪已交驰横骛而不可制矣”[④]。所以对于病邪采用“速攻”与“速去”之法，不误时机，以免使病情恶化，愈后效果不佳。

总而言之，张从正立“汗、吐、下”三法，用以攻邪，其用心良苦，功不可没。在治病过程中，攻和补是一个矛盾的统一体，相辅相成，所以，张从正并没有一概否认补法。他反对滥用补法，但在一定范围内，补法也不可舍弃。有基于此，他才专门写了一篇《推原补法利害非轻说》，对补法的特点和适用方法做了详细阐述，并根据他自己的临床经验，对补法形成了以下认识。

第一，提出“制其偏盛即补”的思想。与一般“以温平补之”法不同，张从正强调：“医之道，损有余，乃所以补其不足也。”因此，“取其气之偏胜者，其不胜者自平矣”[⑤]。就“三法”的运用而言，“下中自有补”。张从正举例说：

> 若十二经败甚，亦不宜下，止宜调养，温以和之，如下则必误人病耳！若其余大积大聚，大病大秘，大涸大坚，下药乃补药也。余尝曰：泻法兼补法，良以此夫。[⑥]

第二，因病施补，提出“各量病势，勿拘俗法”[⑦]的思想。张从正说：“凡病人虚劳，多日无力，别无热证者，宜补之，可用无比山药丸则愈矣。”[⑧]该丸药由肉苁蓉、杜仲、熟地、菟丝子等组成，其功能是补肾益脾，补而不燥，体现了其“贵流不贵滞，贵平不贵强”[⑨]的补法思想。由于脾胃为后天之本，是人体血气运行四达的中枢，因而保护胃气尤为关键。在临床实践中，“胃风汤”“理中丸”“养脾丸”“当归丸”等方剂均以平补药为主，像“无

---

① 徐江雁、许振国主编：《张子和医学全书》，第115—116页。
② 徐江雁、许振国主编：《张子和医学全书》，第115页。
③ 徐江雁、许振国主编：《张子和医学全书》，第35页。
④ 徐江雁、许振国主编：《张子和医学全书》，第35页。
⑤ 徐江雁、许振国主编：《张子和医学全书》，第43页。
⑥ 徐江雁、许振国主编：《张子和医学全书》，第42页。
⑦ 徐江雁、许振国主编：《张子和医学全书》，第48页。
⑧ 徐江雁、许振国主编：《张子和医学全书》，第130页。
⑨ 徐江雁、许振国主编：《张子和医学全书》，第206页。

比山药丸”中的山药，“胃风汤”中的粟米，“养脾丸”中的茯苓等，都是平补脾胃的良药。至于“流补”，张从正针对“虚劳之疾”，提出了不可食“肉、食、面、辛酸之物”的主张。在他看来，“虚劳之疾”须“按神农食疗而与之，菠棱葵菜、冰水清凉之物，不可禁”，且“图寒凉滑利肠胃，使气血并无壅碍燥涩”[①]。

第三，倡导食补，主张病蠲之后须进五谷。攻邪扶正是中医治疗学的基本原则，虽然张从正在临床上侧重攻邪，但主要用食补而不是药补来达到扶养正气的目的，也是张从正临床治疗思想的重要组成部分。他说：“盖邪未去而不可言补，补之则适足资寇。故病蠲之后，莫若以五谷养之，五果助之，五畜益之，五菜充之，相五脏所宜，毋使偏倾可也。”[②]因为饮食五味是人体正气的主要来源，以食物补虚调养，能够正常摄取所需营养物质，故“五味调和，则可补精益气”[③]。当然，一方面，“善用药者，使病者而进五谷者，真得补之道”[④]；另一方面，“五味贵和，不可偏胜”[⑤]，因为偏食偏味同样对身体有害。尤其是在运用药补的时候，更需谨慎。张从正认为，即使补药，“久服必有偏胜”[⑥]。所以，正确把握进补的时机与方法，对于病人体力的恢复及助正气驱散余邪，至为关键。

（二）张从正创立“三邪”理论的基本方法

1. 广访多求和亲身实践

中药学在其产生和发展的历史过程中形成了一种以观察试验和取象比类为基质的朴素科学传统，与之相适应，从神农尝百草到李时珍为求得本草之“真”而“一一采视”[⑦]，其间亲身实践也就成为中药学家一以贯之的精神品格，所以离开建立在亲身实践基础上的直接经验就不可能产生药物治疗学，也不可能形成中药的性能理论。张从正深谙此道，他以“吐法”为例，说明“吐法”不是产生于脱离实际的主观抽象或逻辑推理，而是经过他反反复复的亲身实践，且疗效业已为临床所验证的治病方法。张从正说：

> 予之用此吐法，非偶然也。曾见病之在上者，诸医尽其技而不效。余反思之，投以涌剂，少少用之，颇获征应。既久，乃广访多求，渐臻精妙，过则能止，少则能加。一吐之中，变态无穷，屡用屡验，以至不疑。[⑧]

一方面，张从正虚心向同仁学习其独到的治病方法，不断丰富自己的临床经验，以他山之石，来攻己之玉，因而使自己的医术更加精益求精。《儒门事亲》载有不少其他民间医家的治病经验，如山东杨先生“治洞泄不已之人，先问其所好之事。好棋者，与之

---

① 徐江雁、许振国主编：《张子和医学全书》，第127页。
② 徐江雁、许振国主编：《张子和医学全书》，第44页。
③ 徐江雁、许振国主编：《张子和医学全书》，第20页。
④ 徐江雁、许振国主编：《张子和医学全书》，第17页。
⑤ 徐江雁、许振国主编：《张子和医学全书》，第20页。
⑥ 徐江雁、许振国主编：《张子和医学全书》，第217页。
⑦ （明）李时珍著，陈贵廷等点校：《本草纲目》卷19《草部·蘋》，北京：中医古籍出版社，1994年，第587页。
⑧ 徐江雁、许振国主编：《张子和医学全书》，第36—37页。

棋；好乐者，与之笙笛，勿辍”[①]；张从正本人病目赤百余日，羞明隐涩，肿痛不已，姜仲安在上星至百会穴，用铍针刺四五十刺，攒竹穴、丝竹穴上兼眉际一十刺，反鼻两孔内，以草茎弹之出血，三日平复如故，见此情形，张从正感慨万千，他发自肺腑地说：“百日之苦，一朝而解，学医半世，尚缺此法，不学可乎？”[②]不学当然不行，取人之长，补己之短，这就是张从正成功的主要原因之一。任何医家的高超医术都不是自立门墙的结果，只有保持开放的姿态，取众家之长，然后才能不断完善自己、发展自己和提高自己。另一方面，对于他人的成功经验，还需要通过自己的实践来验证、补充，为我所用，从而形成自己的医术特色。张从正不仅善于学习，而且勤于实践。比如，他的“撩痰法”，就是总结传统“撩痰”医术的成功经验，加以自己的反复实践，然后提炼出了一套卓有成效的治疗方法。他说：

> 余之撩痰者，以钗股、鸡羽探引不出，以齑投之，投之不吐，再投之，且投且探，无不出者。[③]

再如，张从正通过无数次的临床实践，逐渐形成了“以攻药居其先，然后补之”的临床攻补理论。对于这种理论的实际效果，他举出多个病案以佐证之[④]，显示了科学实践对于传统中医药发展的价值和意义。张从正说：

> 至如诸落马堕井、打扑闪肭损折、汤沃火烧、车碾犬伤、肿发焮痛、日夜号泣不止者，予寻常谈笑之间，立获大效。可峻泻三四十行，痛止肿消，乃以通经散下导水丸等药。如泻水少，则可再加汤剂泻之，后服和血消肿散毒之药，病去如扫。此法得之睢阳高大明、侯德和，使外伤者，不致瘫残跛躄之患。余非敢掩人之善，意在救人耳！[⑤]

指明方法的始创者，扬人之长，并没有降低张从正的医术水平。相反，通过宣传和推广民间其他医家之所长，更加体现了张从正为人和为学的高贵品格。在医学科学的研究过程中，把广闻博采与笃实践行结合起来，特别是以“救人”为宗旨，不因人废术，无疑对医家的科研境界是一种升华。而张从正用“儒门事亲”四个字来概括他的医疗实践活动，确实寓意深刻，发人深省。

2. 从实际出发，用分析批判的眼光和独立思考的精神，正确面对传统中医学的经典理论和思想成就

人类知识的传承是一个层累的历史过程，后人总是在前人所创造的知识成果之上，再接再厉，勇攀高峰，从而超越前人。《后汉书・郭玉传》载：“医之为言意也。腠理至微，随气用巧，针石之间，毫芒即乖。神存于心手之际，可得解而不可得言也。”[⑥]其中“医之

---

① 徐江雁、许振国主编：《张子和医学全书》，第 59 页。
② 徐江雁、许振国主编：《张子和医学全书》，第 29 页。
③ 徐江雁、许振国主编：《张子和医学全书》，第 37 页。
④ 徐江雁、许振国主编：《张子和医学全书》，第 43—44 页。
⑤ 徐江雁、许振国主编：《张子和医学全书》，第 41 页。
⑥ 《后汉书》卷 82 下《郭玉传》，北京：中华书局，1965 年，第 2735 页。

为言意也”成为人们解释中医之区别于西医的重要理论根据，中医确实有它自身的特殊性。虽然历代医家都强调经典理论的原则性，但在具体的医疗实践过程中，人们更强调医疗活动的灵活性和有效性。所以为了不断提高医疗效果，历代医家创造了各种医疗方法。故陶弘景说：“医者，意也。古之所谓良医，盖以其意量而得其节，是知疗病者皆意出当时，不可以旧方医疗。”[①]把“意出当时”与“旧方医疗”对立起来，肯定不能体现中医学存在和发展的本质特点。相反，历代医家正是通过对“旧方医疗”的不断革新和改造，使之与新的病情相符合，然后才推动着中医学不断走向成熟和完善，自成体系。张从正对待中医传统经典，首先是尊重前贤的研究成果，认真研读经典，然后在此基础上，进一步联系实际，用理论来指导其医疗实践，并时刻注意发现传统理论与具体医疗实践不相符的地方，进而通过新的医疗实践，得出新的科学认识，据此发展或纠正前人理论认识的不足。这是因为“前人之法，未尝不近取诸物，吾与其师于人者，未若师诸物”[②]。可见，无论古今，所有科学认识都是对客观事物的正确认识。既然如此，那么，“客观事物”在变，因而人们对客观事物的认识也在变。张从正反对下面两种错误的思想认识。

第一，张从正反对舍医经求病证，固守儒家信条而不从实际出发的医疗倾向。《黄帝内经》奠定了中医学的理论基础，历代医家均将其奉为圭臬。张从正自觉地以《黄帝内经》的经典理论作为其临床实践的依据，“非《灵枢》、《素问》、《铜人》之论，余皆不取”[③]。然而，在现实的医疗实践过程中，违背或背离《黄帝内经》思想的现象非常严重。例如，张从正在《推原补法利害非轻说》一篇中指出：

> 《原补》一篇，不当作，由近论补者，与《内经》相违，不得不作耳。夫养生当论食补，治病当论药攻。然听者皆逆耳，以予言为怪。盖议者尝知补之为利，而不知补之为害也。[④]

又，“所谓燥剂者，积寒久冷，食已不饥，吐利腥秽，屈伸不便，上下所出水液，澄沏清冷，此为大寒之故，宜用干姜、良姜、附子、胡椒辈以燥之。非积寒之病，不可用也。若久服，则变血溢、血泄、大枯大涸、溲便癃闭、聋瞽痿弱之疾。设有久服而此疾不作者，慎勿执以为是。盖疾不作者或一二，误死者百千也。若病湿者，则白术、陈皮、木香、防己、苍术等，皆能除湿，亦燥之平剂也。若黄连、黄柏、栀子、大黄，其味皆苦。苦属火，皆能燥湿，此《内经》之本旨也。而世相违久矣。呜呼！岂独姜附之俦方为燥剂乎？”[⑤]

在金代，很多医家唯名利是图，不专经典，他们“偶得一方，间曾获效，执以为能”而“不问品味刚柔，君臣轻重，何脏何经，何部何气”[⑥]，这是造成“庸工误病人”[⑦]的主

① （唐）王焘著，王淑民校注：《外台秘要方》卷18，北京：中国医药科技出版社，2011年，第308页。
② 岳仁译注：《宣和画谱》卷11《山水二·宋·范宽传》，长沙：湖南美术出版社，1999年，第236页。
③ 徐江雁、许振国主编：《张子和医学全书》，第45页。
④ 徐江雁、许振国主编：《张子和医学全书》，第42页。
⑤ 徐江雁、许振国主编：《张子和医学全书》，第17页。
⑥ 徐江雁、许振国主编：《张子和医学全书》，第18页。
⑦ 徐江雁、许振国主编：《张子和医学全书》，第48页。

要原因。张从正说：

> 古人以医为师，故医之道行；今之人以医辟奴，故医之道废。有志之士，耻而不学，病者亦不择精粗，一概待之。常见官医迎送长吏，马前唱诺，真可羞也。由是通今博古者少，而师传遂绝。①

在张从正看来，《黄帝内经素问》对于医家辨证求因最为关键，可是，现实生活中真正精研《黄帝内经素问》的医家并不多，于是，就出现了这样的境况：

> 医之善，惟《素问》一经为祖。有平生不识其面者，有看其文不知其义者，此等虽曰相亲，欲何说？止不过求一二药方而已矣。大凡药方，前人所以立法，病有百变，岂可执方？②

当然，儒家孝道有一信条，即“身体发肤，受之父母，不敢毁伤，孝之始也”③。此信条与张从正的“出血法”相抵牾，因而常常遭到人们的怀疑。张从正站在治病救人的立场，对《黄帝内经》“目得血而能视”一语做了比较深层的阐释，并使其隐奥之义彰显于世。他说：“此一句，圣人论人气血之常也。后世之医不达其旨，遂有惜血如金之说。自此说起，目疾头风诸证，不得而愈矣。”④在这种情况下，张从正不得不举证因误出血而病愈的实例，以之来佐证“出血”为治病一法的主张。其例为：

> 昔一士人赵仲温，赴试暴病，两目赤肿，睛翳不能识路，大痛不任，欲自寻死。一日，与同侪释闷，坐于茗肆中，忽钩窗脱钩，其下正中仲温额上发际，裂长三四寸，紫血流数升。血止自快，能通路而归。来日能辨屋脊，次见瓦沟，不数日复故。此不药不针，误出血而愈矣。夫出血者，乃发汗之一端也。亦偶得出血法耳！⑤

在《黄帝内经》及其他医学经典里，没有“出血”法。因此，张从正称之为“偶得出血法耳”。在此，“偶得”实际上理解为实践经验更恰当。金代儒生的孝道观念远比宋朝的孝道观念更为务实，而张从正之所以能立“出血”一法，这个文化背景应系一个非常重要的因素。下面是张从正用“出血”法治疗肾风病的典型医案：

> 桑惠民病风，面黑色，畏风不敢出，爬搔不已，眉毛脱落作癞，医三年。一日，戴人到棠溪，来求治于戴人。戴人曰：非癞也。乃出《素问・风论》曰：肾风之状，多汗恶风，脊痛不能正立，其色炲，面痝然浮肿。今公之病，肾风也。宜先刺其面，大出血，其血当如墨色，三刺血变色矣。于是下针，自额上下铫针，直至颅顶皆出血，果如墨色。偏肿处皆针之，惟不针目锐眦外两旁，盖少阳经，此少血多气也。隔日又针之，血色乃紫。二日外又刺，其血色变赤。初针时痒，再刺则额觉痛，三刺其痛不

---

① 徐江雁、许振国主编：《张子和医学全书》，第100页。

② 徐江雁、许振国主编：《张子和医学全书》，第112—113页。

③ （春秋）孔子著，吴茹芝编译：《孝经・开宗明义章》，西安：三秦出版社，2012年，第50页。

④ 徐江雁、许振国主编：《张子和医学全书》，第28页。

⑤ 徐江雁、许振国主编：《张子和医学全书》，第33页。

可任，盖邪退而然也。待二十余日，又轻刺一遍，方已。每刺必以冰水洗其面血，十日黑色退，一月面稍赤，三月乃红白。但不服除根下热之药，病再作。戴人在东方，无能治者。[①]

尽管“出血”法不合《孝经》之旨意，但是，张从正以《黄帝内经》为则，深入领会，不受传统观念的禁锢，而是从病人的实际出发，按照病情的需要施以最见成效的治法，即使出血也不因儒家的道德说教而废，因为对广大患者来说，“出血”法没有违背《孝经》的主旨，恰恰相反，它是真正的“大孝”。

有些儒家经典对病因病机的论述不全面，容易误导病家，尤其是在重视儒家经典而轻视中医经典的文化环境中，危害更大。所以，张从正以《黄帝内经》为准则，绳之以理。比如，他说：“《左传》谓风淫末疾。岂不知风、暑、燥、湿、火、寒六气，皆能为四末之疾也哉！”[②]像他这样大胆指正儒家经典之片面认识的医家，实在少见。

第二，张从正反对将中医经典教条化而不知顺应疾病的实际，随证应变，因时因地因人而异。张从正信奉《黄帝内经》，凡治病皆以《黄帝内经》为据，但是，在实际的诊治过程中，张从正始终坚持把《黄帝内经》理论与具体病情结合起来，在不变的原则中求变，而在千变万化的病证中求不变，因而使其疗法具有很强的针对性，故有学者认为，“《儒门事亲》堪称运用变法治病的专著”[③]。

在中医历史的发展演变过程中，出现了多部医学经典。那么，如何看待这些中医经典呢？张从正注意到这样一个现实问题，即同是中医经典，然对于某种病证的认识不免相互矛盾，特别是《太平圣惠方》刊行之后，形成了盲目执方用药而不通医理的风习，误人性命。张从正举例说：虽然《黄帝内经》云“上有病，下取之；下有病，上取之。又上者下之，下者上之”，但对于医师临证用药，却不能固守成法，不知变通，更不能偏执，宜详其虚实而用之。“故知精选《圣惠方》带下风寒之言，与巢氏论中赤热白寒之说，正与《难》、《素》相违。予非敢妄论先贤，恐后学又流不明，未免从之而行也。如其寡学之人，不察病人脉息，不究病人经脉，妄断寒热，信用群方暴热之药，一旦有失，虽悔何追！呜呼，人命一失，其复能生乎！”[④]再如，《黄帝内经》谓欲攻其里者，宜以寒为主；欲发其表者，宜以热为主，虽千万世，不可易也。从表面上看，凡病皆可归表里，这仅仅是问题的一面，另一面则是表里病证的变化比较复杂，往往不是孤立的表证或里证所能涵括的，故对于表里俱病的情形，处方用药就复杂得多了。但是“今之用药者，只知用热药解表，不察里之已病，故前所言热证皆作矣。医者不知罪由己作，反谓伤寒变证，以诬病人，非一日也”[⑤]。

造成社会上庸医猖獗的原因十分复杂，既有庸医本身医术不高的因素，还有患者和士大夫无知的因素，另外更有整个传统文化环境对民众心理的影响。比如，张从正记述了这

---

① 徐江雁、许振国主编：《张子和医学全书》，第84页。
② 徐江雁、许振国主编：《张子和医学全书》，第18页。
③ 薛益明：《张子和对中医学的贡献》，《湖北中医杂志》2002年第8期，第12—13页。
④ 徐江雁、许振国主编：《张子和医学全书》，第26—27页。
⑤ 徐江雁、许振国主编：《张子和医学全书》，第34页。

样一个事实：

> 惟逸可以治劳，《经》曰：劳者温之。温，谓温存而养之。今之医者，以温为温之药，差之久矣！岐伯曰："以平为期"。亦谓休息之也，惟习可以治惊。《经》曰：惊者平之。平，谓平常也。夫惊以其忽然而遇之也，使习见习闻则不惊矣。此九者，《内经》自有至理，庸工废而不行。今代刘河间治五志，独得言外之意。谓五志所发，皆从心造。故凡见喜、怒、悲、惊、思之证，皆以平心火为主。至于劳者伤于动，动便属阳；惊者骇于心，心便属火，二者亦以平心为主。今之医者，不达此旨，遂有寒凉之谤。群而聚谍之，士大夫又从而惑之，公议何时而定耶？①

基于这样的现实，我们非常能理解《儒门事亲》卷9《群言难正》中所列举的三谤之现象，即"谤吐""谤三法""谤峻药"。因为张从正的"三法"为多数中医传统经典所未详，而这也就成了那些诽谤"三法"者的借口。对此，《儒门事亲》反驳道：

> 或言：戴人汗、下、吐三法，欲该天下之医者，非也。夫古人医法未备，故立此三法。后世医法皆备，自有成说，岂可废后世之法，而从远古？譬犹上古结绳，今日可废书契而从结绳乎？②

张从正分析说，大多数诽谤他的人，实为别有用心的医家所欺骗。他说道：

> 凡谤我者，皆望风取信于群医之口也。③

因为张从正治病信古但不泥古，他总是从实际病情出发，辨证施治，而不是固守成法和成方，如他教导麻九畴说："公慎殚勿仲景纸上语，惑杀世人。"④他认为运气学说有时与疾病的发生不一致，在此情形下，就不能固守"运气学说"而贻误治病的时机。在他看来，所谓"五积"即肝积、脾积、肺积、肾积和心积，"此皆抑郁不伸而受其邪也，岂待司天克运，然后为之郁哉？"⑤由此可见，张从正的行医方法注重推陈出新，当机立断，其与大多数医家倾向于保守的医疗途径不同，结果"戴人所论按经切理，众误皆露，以是嫉之"⑥。可见，张从正坚持以病证为师，敢于破除成见，超越前人，如对于伤寒病的认识，他"超然独出仲景言外之意"⑦，这应是众医毁坏他的声誉的主要缘由。

（三）张从正"三邪"理论的影响

1. 对元明清医家的影响

张从正以《黄帝内经》理论为纲领，深切体会病情，实事求是，发挥己长，以救人为

---

① 徐江雁、许振国主编：《张子和医学全书》，第58—59页。
② 徐江雁、许振国主编：《张子和医学全书》，第113页。
③ 徐江雁、许振国主编：《张子和医学全书》，第113页。
④ 徐江雁、许振国主编：《张子和医学全书》，第114页。
⑤ 徐江雁、许振国主编：《张子和医学全书》，第51页。
⑥ 徐江雁、许振国主编：《张子和医学全书》，第113页。
⑦ 徐江雁、许振国主编：《张子和医学全书》，第114页。

务，创立"攻邪学说"，进一步发扬和光大了《黄帝内经》中的有关理论，并为临床所反复验证，他的"三法"不止汗、下、吐，而是包括了更广泛的内容，给后世医家以很大的影响。例如，明代吕复是私淑张从正攻邪学说的典型代表。吕复，字元膺，元代医家，他继承张从正的"攻邪三法"，并运用于临床，治愈了不少疑难病症。后来戴良收集整理吕复数十例病案，其中多为应用汗、吐、下而取效者。祁门汪机继承和发展了张从正攻下治疾的特色，于隆庆年间为御医时深受皇家好评。吴有性，字又可，明代医家，创立了"戾气学说"，他主张温病应"急证急攻"，一下再下甚至三下，"数日之法一日行之"，对下法颇有心得。他说：

瘟疫发热一二日，舌上白胎如积粉。早服达原饮一剂，午前舌变黄色，随现胸膈满痛，大渴烦躁，此伏邪即溃，邪毒传胃也。前方加大黄下之，烦渴少减，热去六七。午后复加烦躁发热，通舌变黑生刺，鼻如烟煤。此邪毒最重，复瘀到胃，急投大承气汤。傍晚大下，至夜半热退，次早鼻黑胎刺如失。此一日之间而有三变，数日之法一日行之。因其毒甚，传变亦速，用药不得不紧，设此证不服药或投缓剂，羁迟二三日必死。设不死，服药亦无及矣。尝见瘟疫二三日即毙者，乃其类也。①

所以，吴有性高度评价了张从正的下法说：

诸窍乃人身之户牖也。邪自窍而入，未有不由窍而出。经曰：未入于府者，可汗而已；已入于府者，可下而已。麻征君（即麻九畴）复增汗、吐、下三法，总是导引其邪打从门户而出，可为治法之大纲，舍此皆治标云尔。②

瘟疫论沿着张从正的治法，经过叶天士、吴鞠通、王孟英等医家的反复创造和实践，不断化裁、补充与完善，后来终于独树一帜，发展成为体系完整的温病学说。从这个意义上讲，张从正"攻邪三法"对明清温病学说的形成产生了重要的影响。

另，张从正的针刺放血疗法，为明代医家薛立斋、杨继洲等所继承和发展。

2. 对日本汉方医学发展的影响

《儒门事亲》在明清时期先后传入朝鲜、日本等地，如明正统十年（1445），由朝鲜世宗朝命文官、医官梁诚之、金礼蒙等主持撰辑的《医方类聚》，收明永乐以前的存书共266卷，其中就辑有张从正的《儒门事亲》。惜此书散佚，而"是书世仅传一部，云文禄之役，将帅加藤清正所获。后二百年，先教谕得之一医家，什袭藏弃之（即丹波氏家藏）"③，故日本文久元年辛酉（1861），由江户学训堂刊行了仿朝鲜《医方类聚》本的《儒门事亲》。事实上，在此之前，日本已经刊行了渡边氏洛阳松下睡鹤堂刻本（1711）和浪华书肆刻本。

受张从正学说的影响，日本汉方医学家且有"古医道之开山祖"称号的后藤艮山，倡言"一气滞留"说。其后，后藤艮山之子椿庵、孙慕庵、门人香川修德和山胁尚德等，在

① （明）吴有性：《温疫论》卷上《急证急攻》，北京：人民卫生出版社，1990年，第7—8页。
② （明）吴有性：《温疫论》卷下《标本》，第64—65页。
③ ［日］丹波元坚：《聚珍版医方类聚・序》，北京：人民卫生出版社，1981年，第4页。

秉承后藤艮山“一气滞留”说的基础上，同时借鉴张从正“惟以气血流通为贵”及“贵流不贵滞”的治疗思想，遂形成日本汉方医中著名的“后藤流”医学。而被称为“汉方医古方派鼻祖”的另一位日本江户时代名医吉益东洞，则擅长用汗、吐、下三法，强调攻邪，他说：“医之于术也，攻而已，无有补矣。药者，一手攻焉者也，攻击疾病矣。”[①]其子吉益南涯及中神琴溪进一步将该学说发扬光大，吉益南涯的医疗思想和方法至今对日本汉方医的发展都发挥着十分重要的历史作用。

三、张从正“攻邪”思想的时代局限

金代的医疗方法形形色色，由于受道教符咒术的影响，张从正亦偶尔采用符咒治病，并认为此法“亦有不可侮者”[②]，显然混淆了科学与伪科学的关系。另，张从正开出了三首“辟谷方”[③]，亦与治病关系不大。“辟谷方”在不断忍受饥饿的特殊历史时期，或许有它存在的现实条件，但从科学的角度看，人在长期的“辟谷”状态中，必然会引起体内物质代谢的失衡，因而会造成生理机能紊乱，不仅不会延年益寿，反而会损害健康，难享天年。

张从正在《水解》篇中说：“余昔访灵台间太史，见铜壶之漏水焉。太史召司水者曰：此水已三环周，水滑则漏迅，漏迅则刻差，当易新水。余划然而悟曰：天下之水，用之灭火则同，濡槁则同。至于性从地变，质与物迁，未尝罔焉。故蜀江濯锦则鲜，济源烹楮则遍，南阳之潭渐于菊，其人多寿；辽东之涧通于参，其人多发。晋之山产矾石，泉可愈痘；戎之麓伏硫黄，汤可浴疠。扬子宜荈，淮菜宜醪。沧卤能盐，阿井能胶。澡垢以污，茂田以苦。瘿消于藻带之波，痰破于半夏之洳。冰水咽而霍乱息，流水饮而癃闭通。雪水洗目而赤退，咸水濯肌而疮干。菜之以为齑，铁之以为浆，曲之以为酒，柏之以为醋。千派万种，言不容尽。”[④]生活在不同的自然环境里，人们摄入的矿物质略有不同，因而对特定区域的人群会产生一定的生理影响。可以肯定，地理环境与人的健康确实存在着某种联系，但是如果把这种联系绝对化，就陷入了神秘主义。例如，张从正说：“昔有患小溲闭者，众工不能瘥，予易之长川之急流，取前药而沸之，一饮立溲。”[⑤]至今没有科学证明“患小溲闭”与“易之长川之急流”之间存在某种内在的必然联系，即使间有效果，也带有一定程度的偶然性。把偶然性的现象神秘化，其实不利于中医药学自身的健康发展。

人的病因病机较为复杂，无论张从正的“汗、吐、下”成就有多高，它也仅仅是中医治疗学的一个有机组成部分。对此，我们必须要有一个清醒的认识。当然，这绝不等于说当时那些诽谤“三法”的医家是对的。恰恰相反，“病情万状，各有所宜，当攻不攻与当补不补，厥弊维均；偏执其法固非，竟斥其法亦非也。惟中间负气求胜，不免过激；欲矫庸医恃补之失，或至于过直。又传其学者不知察脉虚实，论病久暂，概以峻利施治，遂致为

---

① 肖国钢：《试论张子和学术思想对其他医学流派的渗透与影响》，《中医文献杂志》2007年第1期，第26—29页。
② 徐江雁、许振国主编：《张子和医学全书》，第104页。
③ 徐江雁、许振国主编：《张子和医学全书》，第184页。
④ 徐江雁、许振国主编：《张子和医学全书》，第64—65页。
⑤ 徐江雁、许振国主编：《张子和医学全书》，第65页。

世所借口。要之未明从正本意耳”[1]。此段评论甚为公允，任应秋先生说：“是河间之学传至张从正，又为之一变矣。”其“变”确实是张从正创立“攻邪学说”的思想动力，而中医药的生命力也在这“变”中不断绵亘和延续。

第四节　丹溪学派与朱震亨的“相火论”医学思想

除了张从正，刘完素的“火热之说”三传至朱震亨，遂形成了以朱震亨气血痰郁之辨和阳有余阴不足论为思想核心的又一医学流派。朱震亨，字彦修，号丹溪，婺州义乌（今浙江省义乌市赤磊区赤岸镇）人。关于他的生平事迹，元人戴良撰有《丹溪翁传》，而明人宋濂亦撰有《故丹溪先生朱公石表辞》，今人马雪芹著《一代医宗——朱震亨传》，可资参考。我们在此仅就朱震亨的主要事迹及其思想要旨略作阐述。

从思想根源上讲，朱震亨生长在理学文化氛围浓厚的江南地区，程朱理学对他的人生影响颇深。故宋濂的《故丹溪先生朱公石表辞》载：

> 公（指许文懿）为开明天命人心之秘，内圣外王之微，先生（指朱震亨）闻之自悔。昔之沉冥颠隮，汗下如雨。由是日有所悟，心扃融廓，体肤如觉增长，每宵挟册，坐至四鼓，潜验默察，必欲见诸实践。抑其疏豪，归于粹夷，理欲之关，诚伪之限，严辨确守，不以一毫苟且自恕。如是者数年而其学坚定矣。[2]

这一段话是明人对技术名家的程式化评说，它与明代崇尚理学的文化大环境有关，此流弊一直延续至清初。对于医学发展的这种景况，清人袁枚在《与薛寿鱼书》中说得很清楚，笔者不再重复。尽管宋濂的《故丹溪先生朱公石表辞》侧重阐释朱震亨学术思想中的“理学”一面，甚至《宋元学案·北山四先生学案》将其列入学案之中，渲染的成分居多，但朱震亨由儒入医却是事实。戴良的《丹溪翁传》载，朱震亨本来欲以“道德性命之学”为专门，然而有一天其师许文懿启发他说：

> 吾卧病久，非精于医者，不能以起之。子聪明，异常人，其肯游艺于医乎？

朱震亨回答道：

> 士苟精一艺，以推及物之仁，虽不仕于时，犹仕也。[3]

于是，朱震亨“悉焚弃向所习举子业，一于医致力焉”[4]，著有《格致余论》《局方发挥》《本草衍义补遗》《金匮钩玄》《丹溪心法》《脉因证治》《丹溪治法心要》等医书。

---

① （清）永瑢等：《四库全书总目》卷104《子部·医家类二·儒门事亲》，第869页。

② （明）宋濂：《宋文宪公全集》卷50《故丹溪先生朱公石表辞》，上海：中华书局，1936年，第569页。

③ （元）朱震亨著，彭建中点校：《丹溪心法》附录《丹溪翁传》，沈阳：辽宁科学技术出版社，1997年，第119页。

④ （元）朱震亨著，彭建中点校：《丹溪心法》附录《丹溪翁传》，第119页。

从地理环境与地方病的关系来看，江浙地区的气候及饮食习惯不同于北方地区。因此，刘完素与朱震亨皆主“火热论”，但刘完素的“火热论”限于北方地区的疾病实际。因此，朱震亨不可能照搬，并用来治疗江浙地区的多发病和高发病。故《四库全书总目》述：

> 北方张元素，再传李杲，三传王好古；南方朱震亨得私淑焉。则于宗派源流，殊为舛迕。张、李主之学皆以理脾为宗，朱氏之学则以补阴为主，去河间一派稍近，而去洁古、东垣、海藏一派稍远。[①]

按照任应秋先生的观点，刘完素的“火热说”至少有两变：一变为张从正，“从证治阐火热，重在攻邪以去疾”；二变为朱震亨，“从病因以阐火热，旨在补不足而泻有余”[②]。此后，宗其学者主要有赵道震、赵以德、戴思恭、王履、刘橘泉、王纶、虞抟等，史称“丹溪学派”。

一、气火问题与朱震亨的生理、病理思想

（一）论气：阳有余阴不足论

在哲学史上，人们把那种用某一类或某几类具体的物质形态来解释世界本原的唯物主义哲学学说，称为自发的唯物主义，或称为自然科学的唯物主义。中医基础理论将“气”作为其思想基石，“天地之间，六合之内，其气九州九窍、五藏、十二节，皆通乎天气”[③]，而此处所讲的“天气”即属于“自然科学的唯物主义”范畴。它具体包括三层含义：一是宇宙万物的本原是“一元之气”，朱震亨说：“天地以一元之气化生万物，根于中者曰神机，根于外者曰气血，万物同此一气。”[④]二是组成具体物质形态的基本元素即“阴阳之气”，朱震亨在《格致余论》中说：“人受天地之气以生，天之阳气为气，地之阴气为血，故气常有余，血常不足。”[⑤]三是指运气，如朱震亨云：“人与天地同一橐籥，子月一阳生，阳初动也；寅月三阳生，阳初出于地也，此气之升也；巳月六阳生，阳尽出于上矣……五月一阴，六月二阴……此阴之初动于地下也。”[⑥]在朱震亨看来，“不知年之所加，气之盛衰，虚实之所起，不可以为工矣”[⑦]。从这个层面看，朱震亨的医学思想可以说是建立在自《黄帝内经》以来特别是刘完素大力倡导的气象医学这个基础之上的。

据有关资料显示，宋元时期浙江的冬雷现象比较频发，表明其阳气之盛远在其他地区之上。兹依《中国古代重大自然灾害和异常年表总集》所统计实例，特制表3-6。

---

① （清）永瑢等：《四库全书总目》卷104《子部·医家类二·玉机微义》，第873页。
② 任应秋：《任应秋论医集》，第405页。
③ 《黄帝内经素问·生气通天论篇》，陈振相、宋贵美：《中医十大经典全录》，第10页。
④ （元）朱震亨：《丹溪医集》，北京：人民卫生出版社，1993年，第12页。
⑤ （元）朱震亨：《丹溪医集》，第7页。
⑥ （元）朱震亨：《丹溪医集》，第12页。
⑦ （元）朱震亨：《丹溪医集》，第145页。

表 3-6　元代浙江地区发生的重大自然灾害和异常年表

自然灾害名称	发生地区	时间	简况	史料来源
冬雷	台州	至正十一年（1351）十二月	大雨震雷	民国《台州府志》卷 133
	湖州	至正十三年（1353）一月	十三日，湖州黑气亘天，雷电大雨	乾隆《浙江通志·祥异》
	临海	至正十九年（1359）十二月	大雷雹	民国《临海县志稿》卷 41
大旱	绍兴	大德十一年（1307）五月	大旱，至八月方雨，六种绝收，饿者十八九，盗贼四起，父子相食	乾隆《绍兴府志》卷 80
久雨	浙西	大德七年（1303）六月	浙西淫雨，民饥者十四万，赈粮一月	《元史·成宗本纪》
冬春雹	萧山	元统元年（1333）三月	戊子，大风雨雹，拔木仆屋，杀麻麦，毙伤人民	民国《萧山县志稿》卷 5
雷暴	温州	至正二十一年（1361）十一月	戊申朔，温州乐清县雷	《元史·顺帝本纪》
黄黑雾	浙江	至元五年（1339）四月	黄雾四塞，顷刻黑暗，对面不见人	《山居新话》卷 3
大风	临海	大德七年（1303）五月	风水大作溺人	民国《临海县志稿》卷 41
	温州	至正十六年（1356）	大风，海舟皆吹上平陆高坡二三十里	乾隆《温州府志》卷 29
陆龙卷	嘉兴	至正十五年（1355）七月	三日，城东马桥白龙挂盲风怪雨，黑暗若夜，坏民居五百余所，大木尽拔，自半空坠折为两。从城北朋桥望太湖而去	宝统《嘉兴县志》卷 16
	温州	至正十七年（1357）六月	癸酉，温州有龙斗于乐清江中，飓风大作，所至有光如毬，死者万余人	《元史·五行志》
雨土	浙江	至治三年（1323）二月	丙戌，雨土	《元史·英宗本纪》
	浙江	天历二年（1329）三月	丁亥，雨土，雹	《元史·文宗本纪》
雨谷雨果核	丽水	元贞二年（1296）	雨黑米可饭	民国《丽水县志》卷 13
	杭州	至正元年（1341）三月	壬辰，雨核于杭州。《辍耕录》三月杭州黑气亘天，雷电而雨，有物若果核与雨杂下，五色间错，破食其仁如松子	万历《杭州府志》卷 4
	丽水	至正十年（1350）	雨黑黍，中白如粉	民国《丽水县志》卷 13
	龙泉	至正十一年（1351）十二月	雨黑黍	光绪《龙泉县志》卷 11
雨墨	杭州	至正十七年（1357）一月	己丑，杭州降黑雨	乾隆《浙江通志·祥异上》
天火	海宁	至正二十年（1360）九月	晦初晓，西南天裂数十丈，光焰如火，宿鸟飞鸣，村犬群吠，少时复合	民国《海宁州志稿·杂志》

表 3-5 所列内容均为天气之灾异，从灾月的分布情况看，以上半年即从一月至六月为

多发期。这种现象大体与朱震亨所言“子月一阳生，阳初动也；寅月三阳生，阳初出于地也，此气之升也；巳月六阳生，阳尽出于上矣”，即阳气之初动、升及浮三态相一致，只是表现得太过而已。当然，这种环境变化必然会对人体的生理和病理活动产生一定的影响。

1. 灾异之气对人体生理活动的影响

在易发灾异天气的月份，朱震亨主张“出居于外”。他认为，“天地以五行更迭衰旺而成四时，人之五脏六腑亦应之而衰旺”①。这个观点很重要，人体的生理变化伴随着“五行更迭衰旺”而衰旺，自然界阳气的常态和非常态变化，必然会对人体脏腑的生理活动产生各种适应性影响。一般来讲，“四月属巳，五月属午，为火大旺，火为肺金之夫，火旺则金衰。六月属未，为土大旺，土为水之夫，土旺则水衰。况肾水常借肺金为母，以补助其不足，故《内经》谆谆于资其化源也”，又，“十月属亥，十一月属子，正火气潜伏闭藏，以养其本然之真，而为来春发生升动之本。若于此时恣嗜欲以戕贼，至春升之际，下无根本，阳气轻浮，必有温热之病。夫夏月火土之旺，冬月火气之伏，此论一年之虚耳”。因此，“善摄生者，于此五个月出居于外，苟值一月之虚，亦宜暂远帷幕”②。此为正常状态下，人体对阳气之初动、升及浮不同变化过程的积极调节与适应。那么，在非正常状态之下，人体对阳气之过升或过浮等不同变化状态又该进行怎样的生理性调节与适应呢？

人体有一个机能比较复杂的应激性生理代偿系统，如在高山反应的条件下，机体为补偿缺氧而自动加快呼吸频率及血液循环速度，便是一种生理性代偿过程。现代应激理论认为，当人体受到各种灾害因素的刺激时，其体内会产生一系列神经内分泌反应，以交感神经兴奋与垂体-肾上腺皮质内分泌增多为主，由此引起各种机能和代谢的改变，此即称为“应激反应”。在这个过程中，血中的肾上腺素、去甲肾上腺素、多巴胺、促肾上腺素皮质激素、糖皮质激素、生长素、催乳素、β 内啡肽、β 促脂素、血管紧张素、胰高血糖素、康利尿素、神经肽 Y 等浓度增高，从而保证心、脑及骨骼肌血液的供应，因此，学界亦将这种应激性生理代偿叫作“斗争—脱险反应”。而朱震亨把这个人体的应激性生理代偿机制称为“亢乃害，承乃制”，其中“承乃制”类似于我们所讲的“应激反应”。朱震亨说：

> 木极而似金，火极而似水，土极而似木，金极而似火，水极而似土，盖气之亢极，所以承之者，反胜于己也。夫惟承其亢而制其害者，造化之功可得而成也。③

这表明人体的各种组织和机能之间，自身有一个生理性的调节和平衡系统，只有当这个生理性的调节和平衡系统不能复故时，才会造成疾病。至于如何理解自然灾害因素与人体自身所固有的生理性调节和平衡机能之间的关系。朱震亨举例说：

> 少阳所至为火生，终为蒸溽，是水化以承相火之意。太阳所至为寒雪、冰雹、白埃，是土化以承寒水之意也。以至太阴所至为雷霆骤注、烈风。④

---

① （元）朱震亨：《丹溪医集》，第 8 页。

② （元）朱震亨：《丹溪医集》，第 8 页。

③ （元）朱震亨：《丹溪医集》，第 143 页。

④ （元）朱震亨：《丹溪医集》，第 143—144 页。

由于中医讲求天人合一，自然界的“寒雪、冰雹、白埃”三者之间，维持一个平衡状态，而不至于使其中任何一方“偏胜”。我们知道，太阳主气则“居之为寒，凛冽霜雪水冰也”[①]，“寒气兼至，热蒸冰雹”[②]。所以，朱震亨解释云：“霜雪、冰雹，水也。白埃，下承土也。”[③]用脏腑理论比照，则太阳为“诸阳之属也，其脉连于风府，故为诸阳主气也”[④]，其肾属水，脾属土，两者之间具有相互资助和相互促进的代偿关系。也就是说，当“寒雪、冰雹”灾害发生时，肾脏首先作出应激反应，接着是脾脏进行代偿性的生理调节与平衡，从而促使整个有机体的生理机能正常运行。同理，“雷霆骤注，土也。烈风，下承之木气也”[⑤]。即当“雷霆骤注”灾害发生时，脾脏首先作出应激反应，接着是肝脏进行代偿性的生理调节与平衡。正是从这个生理性的代偿规律出发，朱震亨认为，“见肝之病，先实其脾脏之虚……此乃治未病之法”[⑥]。

2. 灾异之气对人体病理活动的影响

朱震亨从阴阳的角度，对人体的生理和病理机制有一个基本认识。他说：

> 心肺，阳也，居上；肝肾，阴也，居下；脾居中亦阴也，属土。[⑦]

表 3-5 中所举证的自然灾害类型，以风雨居多，换言之，就是肝肾受伤害的概率相对高于心肺。因此，朱震亨依据地理环境的差异对中风提出了这样的认识：

> 案《内经》已下，皆谓外中风邪，然地有南北之殊，不可一途而论。惟刘守真作将息失宜，水不能制火，极是。由今言之，西北二方，亦有真为风所中者，但极少尔。东南之人，多是湿土生痰，痰生热，热生风也。[⑧]

毫无疑问，东南之地“多湿土”，显然与其“风雨”频发相关。朱震亨说：“盖湿者，土之气，土者，火之子也，故湿病每生于热，热气亦能自湿者，子气感母湿之变也。”[⑨]他的结论是：“六气之中，湿热为病，十居八九。”[⑩]可见，受地理环境如风热和暑热的影响，湿热便成为东南之地的高发病之一。朱震亨说：“东南地下，多阴雨地湿，凡受必从外入，多自下起，以重腿脚气者多，治当汗散，久者宜疏通渗泄。”[⑪]

在预防应激性疾病的原则中，避免过于强烈的或过于持久的应激原作用于人体，从而减少它们对人体各种组织和机能的损伤，是养生之要。《春季气候特点及人体生理反

---

① 宋乃光主编：《刘完素医学全书》，第 216 页。
② 宋乃光主编：《刘完素医学全书》，第 217 页。
③ （元）朱震亨：《丹溪医集》，第 144 页。
④ 宋乃光主编：《刘完素医学全书》，第 220 页。
⑤ （元）朱震亨：《丹溪医集》，第 144 页。
⑥ （元）朱震亨：《丹溪医集》，第 143 页。
⑦ （元）朱震亨：《丹溪医集》，第 22 页。
⑧ （元）朱震亨：《丹溪医集》，第 22 页。
⑨ （元）朱震亨：《丹溪医集》，第 612 页。
⑩ （元）朱震亨：《丹溪医集》，第 27 页。
⑪ （元）朱震亨：《丹溪医集》，第 157 页。

应》一文证实，猛烈的狂风暴雨会造成空气中负氧离子严重减少，结果会使那些对天气变化敏感的人，其体内的化学过程发生异常变化，如在血液中开始分泌大量的血清素，让人感到神经紧张、压抑和疲劳，加之忽冷忽热、风雨无常，杂病高发，从而导致肝、脾、肾诸脏原发疾病趋重或恶化。《格致余论》卷 4 共列举了 29 种病症，是为东南地区常见之疾病，其中多数疾病与灾异之气高发状态有关。除外伤之外，如痿、厥、瘋、痫、癫狂、惊悸怔忡、痛风、疠风、头风、头眩、头痛、心脾痛、胁痛、腰痛、疝痛等，都与灾异之气有关。至于雷雨大风、大雾、涝灾、冰雹、龙卷风等灾害气候与人类疾病之间的关系，目前已引起各国医学专家的重视，医疗气象学这门新兴边缘学科的诞生即是明证。[①]

相对于朱震亨的时代，现代人类的诊疗技术已经取得了很大的进步，尽管有很多古老的病种已经绝迹或基本得到了控制，但新的病种却如影相随，挥之不去，如非典、禽流感、甲型 H1N1 流感等，而这些新的疾病究竟与目前不断加剧的全球性恶劣气候变化之间存在着一种什么样的关系，目前尚不能给出一个全面的解释。不过，人们已经越来越形成这样的共识：灾害气象是诱发很多疾病的重要因素。有专家指出："自然灾害造成生态环境的破坏，使人类生活、生产环境质量明显恶化，形成疾病、传染病易于发生和流行的条件。"[②]

朱震亨在阐释各种杂病时，紧紧抓住东南多风雨这个气象特点，如冠心病痰浊症患者在风雨高发季节的发病例数明显增加[③]，认为痰滞气郁、痰瘀互结是造成诸多疾病的罪魁祸首，因而得出结论说："痰为之物，随气升降，无处不到。"[④]

（二）论火：气有余便是火

"相火"一词见于《黄帝内经素问·六微旨大论篇》。原文云："显明之右，君火之位也；君火之右，退行一步，相火治之。"[⑤]汉代以后，《黄帝内经素问》7 篇包括《六微旨大论篇》，均散佚。因此，东汉至唐初，各种医书均不见"相火"一词。到唐中期，王冰将 7 篇补入，之后宋人开始重视对"相火"的研究。由于《黄帝内经》没有对"相火"的性质作深入的阐释，故宋人刘温舒说："少阳相火，位卑于君火也。虽有午位，君火居之。火生于寅，故正化于寅，对化于申也。"[⑥]陈言认为，"五行各一，唯火有二者，乃君相之不同。相火则丽于五行，人之日用者是也；至于君火，乃二气之本源，万物之所资始"[⑦]。入金以后，先是刘完素分心肾为君相二火，他在《素问病机气宜保命集》卷上《病机论》中说："《仙经》曰：心为君火，肾为相火，是言在肾属火而不属水也。……虽君相二火之气，论其五行造

① 参见夏廉博：《医疗气象学》，上海：知识出版社，1984 年。

② 江西省卫生防疫站：《自然灾害与疾病控制》，《江西气象科技》1999 年 12 月增刊，第 99—101 页。

③ 李茵：《冠心病痰浊证的发病季节气候特点》，《中国中医基础医学杂志》2003 年第 3 期，第 36 页。

④ （元）朱震亨：《丹溪医集》，第 92 页。

⑤ 陈振相、宋贵美：《中医十大经典全录》，第 98 页。

⑥ ［日］冈本为竹：《运气论奥谚解》，承为奋译，南京：江苏人民出版社，1958 年，第 169 页。

⑦ （宋）陈言著，路振平整理：《三因极一病证方论》卷 5《君火论》，何清湖、周慎主编：《中华医书集成》第 22 册，第 47 页。

化之理，同为热也。”①自此，金元各家开始对“相火”的概念议论纷纭，各持己见，遂有李杲与朱震亨的臧否之辨。李杲云：“心火者，阴火也，起于下焦，其系系于心，心不主令，相火代之；相火，下焦包络之火，元气之贼也。火与元气不两立，一胜则一负。”②与李杲的观点不同，朱震亨认为：

> 太极动而生阳，静而生阴，阳动而变，阴静而合，而生水、火、木、金、土，各一其性。惟火有二，曰君火，人火也；曰相火，天火也。火内阴而外阳，主乎动者也，故凡动皆属火。以名而言，形气相生，配于五行，故谓之君；以位而言，生于虚无，守位禀命，因其动而可见，故谓之相。天主生物，故恒于动；人有此生，亦恒于动；其所以恒于动，皆相火之为也。③

对于这一段论述，我们可以从以下两个方面来理解。

1. 相火的生理作用

既然人类的生命运动在于“相火之为”，那么，五脏六腑的正常生理活动就不能离开“相火”的“动”。朱震亨说：“具于人者，寄于肝肾二部，肝属木而肾属水也。胆者，肝之腑；膀胱者，肾之腑；心胞络者，肾之配；三焦以焦言，而下焦司肝肾之分，皆阴而下者也。天非此火不能生物，人非此火不能有生。”④一方面，同万物的本原生于无形的气一样，“相火”从本原上讲亦“生于虚无”，是生命的根本；另一方面，“相火”的运动保持在一个适宜的量度之内，它按照一定的节律不停地运动。朱震亨说：“人心听命乎道心，而又能主之以静。彼五火之动皆中节，相火惟有裨补造化，以为生生不息之运用耳，何贼之有？”⑤综合来看，将理学家的“道心”概念引入“相火”的意义之中，它表明“相火”的“无形”是指存于每个人内心的欲望，是产生人体形气的本源，它寄寓于下焦肝肾精血之中，其主要的外在表现就是饮食与色欲。任何人都有“饮食色欲”，但这种欲望不能没有节制。论饮食，朱震亨说：“人有此身，饥渴洊兴，乃作饮食，以遂其生。”⑥在朱震亨看来，正确的和有益于身心健康的饮食方式是：“山野贫贱，淡薄是谙，动作不衰，此身亦安。”此为现代中医养生学所倡导的饮食观，少吃多动，而不是“眷彼昧者，因纵口味”，因为“五味之过，疾病蜂起”⑦。论色欲，朱震亨有下面的论述。他说：

> 惟人之生，与天地参，坤道成女，乾道成男。配为夫妇，生育攸寄，血气方刚，惟其时矣。成之以礼，接之以时，父子之亲，其要在兹。眷彼昧者，徇情纵欲，惟恐不及，济以燥毒。气阳血阴，人身之神，阴平阳秘，我体长春。血气几何，而不自惜，我之所生，翻为我贼。女之耽兮，其欲实多。闺房之肃，门庭之和。士之耽兮，其家

---

① （金）刘完素撰，孙洽熙、孙峰整理：《素问病机气宜保命集》卷上《病机论》，第20页。
② 张年顺等主编：《李东垣医学全书》，第44—45页。
③ （元）朱震亨：《丹溪医集》，第28页。
④ （元）朱震亨：《丹溪医集》，第28页。
⑤ （元）朱震亨：《丹溪医集》，第29页。
⑥ （元）朱震亨：《丹溪医集》，第7页。
⑦ （元）朱震亨：《丹溪医集》，第7页。

自废，既丧厥德，此身亦瘁。远彼帷薄，放心乃收，饮食甘美，身安病瘳。[①]

其中，“徇情纵欲”，即性行为过度，是相火妄动的重要表现。在朱震亨看来，色欲与心火互为因果。因此，“心火”与“相火”之间相互为用，上下交感。据此，有学者指出，“朱丹溪阐发和建立了‘君相互感’的心理调节模式。这里所谓‘君’是指心火，主神识，在上；‘相’是相火，为下焦肝肾之火，司生殖；‘互感’则是指君火与相火的相互作用，君相二火的相互作用产生了种种心理状态与心理变化”[②]。此后，医家论“相火”多以朱震亨的论说为依据。

2. 相火的病理作用

虽然朱震亨认为“人有此生，皆相火之为”，但他没有彻底否定李杲所提出的“相火为元气之贼”的论断。因为朱震亨承认李杲的观点具有一定的合理性。所以他说：

周子曰，神发知矣，五性感物而万事出，有知之后，五者之性为物所感，不能不动。谓之动者，即《内经》五火也。相火易起，五性厥阳之火相扇，则妄动矣。火起于妄，变化莫测，无时不有，煎熬真阴，阴虚则病，阴绝则死。君火之气，经以暑与湿言之；相火之气，经以火言之，盖表其暴悍酷烈，有甚于君火者也，故曰相火元气之贼。[③]

如前所述，人的生命运动有相火之功，故“五脏各有火，五志激之，其火随起”[④]。而“相火之外，又有脏腑厥阳之火，五志之动，各有火起。相火者，此经所谓一水不胜二火之火，出于天造。厥阳者，此经所谓一水不胜五火之火，出于人欲”[⑤]。可见，君相二火与五脏之火，一旦妄动，诸疾蜂起。对此，朱震亨在《相火论》中指出：

百病皆生于风、寒、暑、湿、燥、火之动而为变者。岐伯历举病机一十九条，而属火者五，此非相火之为病之出于脏腑者乎？考诸《内经》少阳病为瘛疭，太阳病时眩仆，少阴病瞀、暴喑、郁冒、不知人，非诸热瞀瘛之属火乎？少阳病恶寒鼓栗、胆病振寒，少阴病洒淅恶寒振栗，厥阴病洒淅振寒，非诸禁鼓栗，如丧神守之属火乎？少阳病呕逆，厥气上行，膀胱病冲头痛，太阳病厥气上冲胸，小腹控睾引腰脊上冲心，少阴病气上冲胸，呕逆，非诸逆冲上之属火乎？少阳病谵妄，太阳病谵妄，膀胱病狂颠，非诸躁狂越之属火乎？少阳病胕肿善惊，少阴病瞀热以酸，胕肿不能久立，非诸病胕肿，疼酸惊骇之属火乎？又《原病式》曰：诸风掉眩属于肝，火之动也；诸气膹郁病痿属于肺，火之升也；诸湿肿满属于脾，火之胜也；诸痛痒疮疡属于心，火之用也。是皆火之为病，出于脏腑者然也。[⑥]

---

① （元）朱震亨：《丹溪医集》，第 7 页。

② 戴琪、朱明：《从朱丹溪君火与相火的关系论中医心理调节机制》，《北京中医药大学学报》2002 年第 2 期，第 5—9 页。

③ （元）朱震亨：《丹溪医集》，第 7 页。

④ （元）朱震亨：《丹溪医集》，第 41 页。

⑤ （元）朱震亨：《丹溪医集》，第 41 页。

⑥ （元）朱震亨：《丹溪医集》，第 41 页。

将诸病视为相火妄动的病理现象，因而限制相火不要过分上冲，就成为朱震亨医学思想的重要特征之一。火（严格说来指内火）之发病，以伤津耗气为特点，从病因上看，内火多由体内脏腑气血阴阳不平衡或因其他因素所致之阳气有余的病理状态，如上述之，“诸逆冲上之属火”及“火之动”“火之升”“火之胜”“火之用”等，都是阳气有余的表现，就此而言，内火确实是阳气有余或偏盛所引起的一种属于机能亢进的病理性后果。所以，朱震亨指出，“气有余便是火，不足者是气虚”[①]。阳胜则阴病，即阳邪盛必耗伤机体内的阴液，导致阳盛阴虚，而阴虚又以肝肾之阴虚为主，“气常有余，血常不足”[②]。因为“人之一身，不外阴阳，而阴阳二字，即是水火，水火二字，即是气血”[③]，元气藏于肾，肝藏血，所以朱震亨说：“主闭藏者，肾也，司疏泄者，肝也，二脏皆有相火”[④]，又说“肝肾之阴，悉具相火，人而同乎天也”[⑤]。后来，李中梓把这个原理概括为“乙癸同源，肾肝同治”8个字，即控制肝肾中的“相火”，以免上炎，炙灼心肺，这成为朱震亨滋阴学派的显著理论特色。

二、朱震亨的临床辨证思想及其对《太平惠民和剂局方》和其他医家思想的批判

（一）朱震亨的临床辨证思想

1.“诸火病自内作”及其对火证的治疗

火证有内外虚实之分，外火一般称作“热”，故临床上所说的“火”多为内火，而朱震亨也是在“内火”意义上来论述“火证”的。所以他说“火之致病者甚多”[⑥]及“诸火病自内作”[⑦]，又，“曰昏惑，曰瘛疭，曰瞀闷，曰瞀昧，曰暴病，曰郁冒，曰蒙昧，曰暴喑，曰瞀瘛，皆属于火”[⑧]。如前所述，“脏腑厥阳之火，五志之动，各有火起”，而朱震亨将各种火证归纳为三类：实火、郁火及虚火。具体的治法如下。

（1）实火可泻。刘完素和张从正在治疗实火证方面积累了很多成功的经验，如刘完素的苦寒降泻法及张从正的攻邪法，都对朱震亨的火证治疗产生了深刻的影响。朱震亨说：“实火可泻，黄连解毒之类”，而“人壮气实，火盛颠狂者，可用正治，或硝黄冰水之类”[⑨]。至于“喘呕吐酸、暴注下迫，转筋，小便浑浊，腹胀大，鼓之有声，痈疽疡疹，瘤气结核，吐下霍乱，瞀郁肿胀，鼻塞鼽衄，血溢血泄，淋闭，身热恶寒，战栗惊惑，悲笑谵妄，衄蔑血污之病，皆少阴君火之火，乃真心小肠之气所为也”，因君火属实火，故“心火也，可

---

① （元）朱震亨：《丹溪医集》，第159页。
② （元）朱震亨：《丹溪医集》，第346页。
③ （清）唐容川：《血证论》卷1《阴阳水火气血论》，雒启坤、张彦修：《中华百科经典全书》第22册，西宁：青海人民出版社，1999年，第6782页。
④ （元）朱震亨：《丹溪医集》，第8页。
⑤ （元）朱震亨：《丹溪医集》，第28页。
⑥ （元）朱震亨：《丹溪医集》，第126页
⑦ （元）朱震亨：《丹溪医集》，第41页。
⑧ （元）朱震亨：《丹溪医集》，第39页。
⑨ （元）朱震亨：《丹溪医集》，第159页。

以湿伏，可以水灭，可以直折，惟黄连之属可以制之”①。在临床上，火邪致病，不仅劫烁阴血，而且常累凌五脏，因此，朱震亨多用苦寒直折法，先除火患，如“黄连泻心火，黄芩泻肺火，芍药泻脾火，柴胡泻肝火，知母泻肾火，此皆苦寒之味，能泻有余之火耳”②。

（2）郁火当发。朱震亨说：“有可发者二，风寒外来者可发，郁者可发”，而“火郁当发，看何经，轻者可降，重则从其性升之”③。在临床上，“若胃虚过食冷物，抑遏阳气于脾土，为火郁之病，以升散之剂发之，如升麻、干葛、柴胡、防风之属”④。在朱震亨看来，“人身诸病，多生于郁”，其“郁者，结聚而不得发越也”，“若曰病得之稍久，则成郁矣。郁则蒸热，热则久必生火”，证见胸膈烦闷痞满，或胸胁痛，咳声窘迫，脘闷吞酸，小便赤等，且“气之与火，一理而已”，“气作火论治，与病情相得”，“今七情伤气，郁结不舒，痞闷壅塞，发为诸病”，治法“火郁则发之”⑤，多用升阳散火汤、东垣泻阴火升阳汤、草还丹（主要用于手足心发骨蒸）等。对于干咳嗽者，朱震亨认为，“此系火郁之证，乃痰郁其火邪，在中用苦梗开之，下用补阴降火之剂……不已则成劳。此不得志者有之。倒仓法好。”⑥。用倒仓法（取自西域之异人）来治疗劳病或称“火郁嗽”⑦，是朱震亨临床经验的一大创获，其中所蕴含的医学原理有待进一步深入探究。

（3）虚火可补。对于临床诸证，朱震亨认为“阴虚火动难治”⑧，而治法用补。具体地讲，虚火可分阳虚、气虚和阴虚。

对于阳虚，“若饮食劳倦，内伤元气，火不两立，为阳虚之病，以甘温之剂除之，如黄芪、人参、甘草之属”⑨，临床上治疗“阳虚”之上热下寒证，多用引火（指相火）归元（指肾之命门）法。该法主要用于治疗肝肾阴虚、阴不敛阳所致浮阳上越之证，药用附子、肉桂、熟地等。朱震亨说：“若右肾命门火衰，为阳脱之病，以温热之剂济之，如附子、干姜之属。”⑩譬如，见阳虚所致之恶寒、自汗，首选人参、黄芪之类，可少用附子，须小便煮。又如，见因虚火泛上所致口疮，方选理中汤，甚者加少量附子等。显然，在方药中加附子，目的主要在于引虚火归本位，但如何用附子，朱震亨的经验是“以童便煮而浸之，以杀其毒，且可助下行之力”⑪。

对于气虚而阴火盛者，证见咳逆，“不足者，人参白术汤下大补丸”⑫；翻胃，“有内虚阴火上炎而反胃者，作阴火治之”⑬；“有中气虚弱，不能运化精微为痞者”，用“人参、白

① （元）朱震亨：《丹溪医集》，第126页。
② （元）朱震亨：《丹溪医集》，第127页。
③ （元）朱震亨：《丹溪医集》，第88页。
④ （元）朱震亨：《丹溪医集》，第127页。
⑤ （元）朱震亨：《丹溪医集》，第240、103、128、159、160页。
⑥ （元）朱震亨：《丹溪医集》，第185页。
⑦ （元）朱震亨：《丹溪医集》，第592页。
⑧ （元）朱震亨：《丹溪医集》，第159页。
⑨ （元）朱震亨：《丹溪医集》，第127页。
⑩ （元）朱震亨：《丹溪医集》，第127页。
⑪ （元）朱震亨：《丹溪医集》，第60页。
⑫ （元）朱震亨：《丹溪医集》，第208页。
⑬ （元）朱震亨：《丹溪医集》，第209页。

术之甘苦以补之”[①]；水肿，“因脾虚不能制水，水渍妄行，当以参、术补脾，使脾气得实则自健运，自能升降运动其枢机”，治法“用二陈汤加白术、人参、苍术为主，佐以黄芩、麦门冬、炒栀子制肝木”[②]；白人腹胀，“是气虚，宜参、术、厚朴、陈皮”[③]等。可见，朱震亨治疗气虚火证，多以《太平惠民和剂局方》中的四君子汤（方药有人参、白术、茯苓及炙甘草）为主，佐以李杲的补中益气汤（方药有炙黄芪、炙甘草、生晒参、当归、橘皮、升麻、柴胡及炒白术）加减。不过，朱震亨提醒医家，“但见虚病，便用参、芪。属气虚者固宜矣，若是血虚，岂不助气而反耗阴血耶？是谓血病治气，则血愈虚耗，甚而至于气血俱虚。故治病用药，须要分别气血明白，不可混淆”[④]。

对于阴虚（包括阴血虚和阴精亏）火旺证，朱震亨创用滋阴泻火法。他说：“火，阴虚火动难治。”[⑤]因为“阴气一亏伤，所变之证，妄行于上则吐衄，衰涸于外则虚劳，妄返于下则便红，稍血热则膀胱癃闭溺血，渗透肠间则为肠风，阴虚阳搏则为崩中，湿蒸热瘀则为滞下，热极腐化则为脓血”，所以“治血必血属之药，欲求血药，其四物之谓乎”[⑥]。在病因病机方面，朱震亨认为，阴虚与火旺是矛盾的两极，假若阴不敛阳，则阳气必浮越，遂造成阴虚内热、阴虚火旺、阴虚阳亢等病理状态。他说：“今时之人，过欲者多，精血既亏，相火必旺，真阴愈竭，孤阳妄行，而劳瘵、潮热、盗汗、骨蒸、咳嗽、咯血、吐血等证悉作。所以世人火旺致此病者，十居八九，火衰成此疾者，百无二三。”[⑦]于是，“有补阴即火自降者，炒黄柏、地黄之类”[⑧]，或“用四物汤加炒黄柏，降火补阴。龟板补阴，乃阴中之至阴也”[⑨]，故为“降火补阴之妙剂”[⑩]。至于阴精亏而相火旺者，证见筋骨痿软、腰酸精损等，方用虎潜丸，药物组成有黄柏、龟板、知母、熟地、陈皮、白芍药、锁阳、虎骨及干姜，共 9 味。对此方的配伍，清代王又原有一段方解和评价，他说：“方用黄柏清阴中之火，燥骨间之湿，且苦能坚肾，为治痿要药，故以为君。虎骨去风毒，健筋骨为臣。因高源之水不下，母虚而子亦虚，肝藏之血不归，子病而母愈病，故用知母清肺原，归芍养肝血，使归于肾。龟禀天地之阴独厚，茹而不吐，使之坐镇北方。更以熟地，牛膝，锁阳、羊肉群队补水之品，使精血交补。若陈皮者，疏血行气。兹又有气化血行之妙，其为筋骨壮盛，有力如虎也必矣。《道经》云：虎向水中生，以斯为潜之义焉夫！是以名之曰：虎潜丸。”[⑪]

综上所述，我们不难发现，朱震亨在治疗阴虚阳盛之证时，采用的方法与常法不同。

---

① （元）朱震亨：《丹溪医集》，第 211 页。
② （元）朱震亨：《丹溪医集》，第 215 页。
③ （元）朱震亨：《丹溪医集》，第 217 页。
④ （明）王纶撰，（明）薛己注，王振国、董少萍整理：《明医杂著》，北京：人民卫生出版社，2007 年，第 3 页。
⑤ （元）朱震亨：《丹溪医集》，第 159 页。
⑥ （元）朱震亨：《丹溪医集》，第 128—129 页。
⑦ （清）吴谦等：《医宗金鉴》第 2 分册《删补名医方论》，北京：人民卫生出版社，1963 年，第 35—36 页。
⑧ （元）朱震亨：《丹溪医集》，第 89 页。
⑨ （元）朱震亨：《丹溪医集》，第 159 页。
⑩ （元）朱震亨：《丹溪医集》，第 229 页。
⑪ （清）吴谦等：《医宗金鉴》第 2 分册《删补名医方论》，第 37 页。

诚然，从阴阳不平衡到阴阳平衡，是医家的基本治病法则，但实现这个过程通常有三法：或者就高不就低，或者就低不就高，或者高低两就。仅阴虚火旺证而论，传统的治法是取“就低不就高”法，亦称“育阴潜阳”法，而朱震亨一反常法，他针对病情的轻重不同，取法有别。其中，轻则取“高低两就”法，重则取“就高不就低”法，是谓“升补阴血”法，即通过升补阴血以达到阴升而使阳降的目的。他说：“补养阴血，阳自相附，阴阳比和，何升之有？”①又说：“养血益阴，其热自治。经曰：壮水之主，以制阳光。轻者可降，重者从其性而伸（升）之。”②可以肯定，朱震亨在此所论与前述之“有补阴即自火降者”的思路一致。在朱震亨看来，“补精以阴，求其本也。故补之以味，若甘草、白术、地黄、泽泻、五味子、天门冬之类，皆味之厚者也。经曰：虚者补之。正此意也”③。而他的整个滋阴学说便是建立在这个思想基础之上的。

2.“百病多有兼痰者”及其对痰的治疗

张仲景的《金匮要略》一书专列《痰饮咳嗽病脉证并治》一篇，并提出了“病痰饮者，当以温药和之”④的治则。《黄帝内经》虽没有“痰饮”一词，然《黄帝内经素问·五常政大论篇》中却有“湿气变物，水饮内稸”⑤的论断。

在宋代之前，医家对“水饮”和“痰饮”之间除了各自描述的角度不同外，从实质上看，都属于“水饮流行”的范畴，还不曾对两者作进一步的严格区分。宋代杨仁斋的《直指方》对“痰”的定义是：“夫痰者津液之异名，人之所恃以润养肢体者也。血气平和，关络条畅，则痰散而无；气脉闭塞，脘窍凝滞，则痰聚而有。……涎者，脾之液也，脾胃一和，痰涎自散，故治痰多用半夏，盖半夏能利痰故也。”⑥可见，杨仁斋已经将“痰”与“饮”区分开来，同时还对病痰形成了比较系统的认识。特别是北宋医家史堪首倡“痰涎并积，则倾人之患至”及“世人之疾病，其所以残伤性命之急者，无甚于痰涎”的思想，他认为“痰涎一生，千变万化，而病之所起，非特一端”⑦，对朱震亨的痰论产生了较大的影响。

朱震亨系统地总结了前人对病痰的认识，分痰证为10种，即“湿在心经，谓之热痰；湿在肝经，谓之风痰；湿在肺经，谓之气痰；湿在肾经，谓之寒痰”⑧。此外，还有湿痰，有老痰，有食积痰，有结痰，有顽痰，有经络痰。他主张“百病多有兼痰者”⑨，从而形成了一套独具特色的痰学理论，在中国古代痰病学发展史上占有十分重要的地位。他说：

> 痰之为物，在人身随气升降，无处不到，无所不之，百病中多有。⑩

① （元）朱震亨：《丹溪医集》，第42页。

② （元）朱震亨：《丹溪医集》，第497页。

③ （元）朱震亨：《丹溪医集》，第30页。

④ 陈振相、宋贵美：《中医十大经典全录》，第407页。

⑤ 陈振相、宋贵美：《中医十大经典全录》，第110页。

⑥ （宋）杨士瀛著，盛维忠等校注：《新校注杨仁斋医书——仁斋直指方论》，福州：福建科学技术出版社，1989年，第246—247页。

⑦ （宋）史堪撰，王振国、朱荣宽点校：《史载之方》，上海：上海科学技术出版社，2003年，第85页。

⑧ （元）朱震亨：《丹溪医集》，第571页。

⑨ （元）朱震亨：《丹溪医集》，第596页。

⑩ （元）朱震亨：《丹溪医集》，第597页。

百病中多有兼痰者，世所不知也。[①]

在病机方面，朱震亨认为，痰是一种病理产物。具体地说，就是“浊液易于攒聚，或半月，或一月……如此延蔓，自气成积，自积成痰”[②]。在此基础上，朱震亨更提出了“痰夹瘀血，遂成窠囊”的思想，极大地丰富和完善了中医痰病学的病机理论。

在痰病的治疗方面，朱震亨开创了三条治疗痰病的重要途径：“以顺气为先，分导次之。”朱震亨说：“善治痰者，不治痰而治气，气顺则一身之津液亦随气而顺矣”，又说：“古方治痰饮，用汗吐下温之法，愚见不若以顺气为先，分导次之。”[③]所谓“分导”系指依据痰病的性质和所在部位的不同，辨证施治，而不能一概而论。例如，喘证，“有痰者，降痰下气为主”[④]；泄泻证，“痰宜豁痰，用海石、青黛、黄芩、神曲作丸服，或用吐法吐之，以升提其清气”[⑤]；头眩证，“痰挟气虚与火。治痰为主，及补气降火药”[⑥]；“痰在胁下，非白芥子不能达。痰在皮里膜外者，非姜汁、竹沥不可达。痰在膈间，使人癫狂、健忘，宜用竹沥，风痰亦服竹沥，又能养血。痰在四肢，非竹沥不开。痰结核在咽喉，燥不能出，入化痰药，加软坚碱药”[⑦]；至于二陈汤，则“一身之痰都治管，如要下行，加引下药，在上加引上药。凡用吐药，宜升提其气便吐也，如防风、山栀、川芎、桔梗、芽茶、生姜、齑汁之类，或用瓜蒂散”[⑧]。可见，朱震亨治痰重在辨别其性质和部位。在他看来，“痰成块，或吐咯不出，兼气郁者，难治。气湿痰热者难治”[⑨]。现在看来，这个结论或许对人们更深刻地认识恶性肿瘤的病变过程和形成原因有一定的借鉴意义，在临床上，很多恶性肿瘤确实是由“气湿痰热”积聚所成。从这个层面讲，如何解决“气湿痰热”的病变问题，就成为用中医药防治恶性肿瘤（如脑瘤、肺癌、食管癌、神经胶质瘤等），尤其是阻止其进一步恶化的关键所在。

“痰挟瘀血，遂成窠囊。”[⑩]朱震亨在论“积瘕证”时说：

块，在中为痰饮，在右为食积，在左为死血。气不能作块成聚，块乃有形之物。痰与食积、死血。[⑪]

诚然，在临床上辨别病块的部位和性质非常必要。不过，朱震亨更重视探索具有普适性的治块方法。他说：“凡治块，降火消食积，积即痰也。行死血，块去必用大补。”又，

① （元）朱震亨：《丹溪医集》，第 182 页。
② （元）朱震亨：《丹溪医集》，第 43 页。
③ （元）朱震亨：《丹溪医集》，第 181 页。
④ （元）朱震亨：《丹溪医集》，第 601 页。
⑤ （元）朱震亨：《丹溪医集》，第 602 页。
⑥ （元）朱震亨：《丹溪医集》，第 616 页。
⑦ （元）朱震亨：《丹溪医集》，第 92 页。
⑧ （元）朱震亨：《丹溪医集》，第 177 页。
⑨ （元）朱震亨：《丹溪医集》，第 177 页。
⑩ （元）朱震亨：《丹溪医集》，第 92 页。
⑪ （元）朱震亨：《丹溪医集》，第 642 页。

“大法咸以软之，削之，消之，行气开痰为要”[1]。至于“凡积病，下亦不退，当用消积药，融化开则消”[2]。可见，朱震亨治痰瘀的要害即“软、削、消（或摩）、开”四法，实际上是对《黄帝内经》“坚者削之”“摩之浴之”“开之发之”[3]治则的进一步发挥，用他的话说就是“结者散之，坚者削之，消者摩之，咸以软之”[4]。具体地讲，第一，“凡人上中下有块是痰，问其平日好食何物，以相制之药消之，吐后用药……瓦龙子能消血块”[5]等，此为消法。第二，“诸病有郁，治之可开。恶心，有热，有痰，有虚。悲者，火乘金。阳绝则阴亏，阴气若盛，阳无暴绝之理，虚劳不受补者死。诸病能发热，风寒暑湿燥火七情，皆能发热。寒暑同性，火燥同途，非也。寒宜温之，湿宜燥之，火宜降之凉之，燥宜润之。诸病寻痰火，痰火生异证”[6]，此为开法。第三，软坚有内服与外敷两法，其内服“用药，醋煮海石，醋煮三棱，醋煮蓬术，桃仁、红花、五灵脂、香附、石碱为丸，白术汤下”；外敷则“大黄二两，一本一两，朴硝一两，各为末，用大蒜捣和成膏贴之，后干，用醋调再贴”[7]。方中“海石，热痰能降，湿痰能燥，结痰能软，顽痰能消，可入丸子、末子，不可入煎药”，而“痰结核在咽喉中，燥不能出入，用化痰药加咸味软坚之品，瓜蒌仁、杏仁、海浮石、桔梗、连翘”[8]，此为软法。第四，对于坚硬的肿块，用那些具有克伐推荡作用的药物来攻削，此治则见载于《黄帝内经·至真要大论》。在诸多具有攻削作用的药物中，朱震亨首选木鳖一味药，其法：“壳二十一个，用猿猪腰子劈开，煨热捣烂，入黄连末三钱为丸，如绿豆大，每服三十丸。”[9]另，碱、荆三棱（主要用于破血）和蓬莪术（主要用于破气）也是朱震亨常用的攻削药。因为“症者系于气，瘕者系于血”[10]，如“碱治痰积有块，用之洗涤垢腻”[11]，然“量虚实用之，若过服则倾损人”[12]。另，辰砂化痰丸，方药有甘遂、大戟和朱砂，均为攻积之峻药。

至于痈疽则用“托”法（包括透托和补托），使毒邪移深就浅，特别是约束毒邪，不致旁窜深溃或者内陷。朱震亨认为形成痈疽的病因是：“夫阴滞于阳则痈，阳滞于阴则疽，气得淤而郁，津液稠粘，为痰为饮，而久渗入肺，血为之浊，此阴滞于阳也。血得邪而郁，隧道阻隔，积久结痰，渗出脉外，气为之乱，此阳滞于阴也。”方用千金内托散，“使气充实，则脓如推出也”[13]。对中风的治法，朱震亨认为“大率主血虚有痰，以治痰为先，次养

① （元）朱震亨：《丹溪医集》，第642—643页。
② （元）朱震亨：《丹溪医集》，第643页。
③ 陈振相、宋贵美：《中医十大经典全录》，第138页。
④ （元）朱震亨：《丹溪医集》，第526页。
⑤ （元）朱震亨：《丹溪医集》，第642—643页。
⑥ （元）朱震亨：《丹溪医集》，第567页。
⑦ （元）朱震亨：《丹溪医集》，第642—643页。
⑧ （元）朱震亨：《丹溪医集》，第92、177页。
⑨ （元）朱震亨：《丹溪医集》，第643页。
⑩ （元）朱震亨：《丹溪医集》，第526页。
⑪ （元）朱震亨：《丹溪医集》，第642页。
⑫ （元）朱震亨：《丹溪医集》，第71页。
⑬ （元）朱震亨：《丹溪医集》，第541—542页。

血行血”，如“血虚，宜四物汤补之，俱用姜汁炒。恐泥痰，再加竹沥、姜汁。兼治夹痰者。治痰，气实能食者，用荆沥；气虚少食者，用竹沥。此二味去痰、开络、行血气，入四物汤等中用，必加姜汁少许助之”[①]。

“实脾土燥脾湿，是治痰之本法也。”[②]对于湿与痰的关系，朱震亨在论10种病痰里，至少有5种与湿邪存在直接关系。而湿浊内生系由脾的运化功能及输布津液功能失调所致，所以脾气虚是生成痰饮的重要因素。朱震亨说：“大凡治痰，用利药过多，致脾气虚，则痰易生而多。”即峻利药不宜多用，因为利药伤脾。以此为前提，对于脾虚者，治痰“宜清中气，以运痰降下，二陈汤加白术之类”，“兼用提药”[③]。例如，有一妇人“脾疼后，患大小便不通，此是痰隔中焦，气滞于下焦，以二陈汤加木通，初吃后煎柤吐之”，因为“痰多二陈汤先服后吐”，目的在于“以提其气，气升则水自降下，盖气承载其水也”[④]。此外，对于脾胃不和痰逆恶心，用丁沉透膈汤；停痰气逆，胸膈痞满，用五膈宽中散；消痰饮，理脾胃，用枳缩二陈汤等。

3.“人身诸病多生于郁”及其对郁证的治疗

“流水不腐，户枢不蝼”是一个非常浅显的养生定律，阳动阴静，则构成生命体的两个相互依存和相互联系的方面。当然，在正常状态下，“气血冲和，万病不生”，而一旦阳动阴静出现了偏盛，人体内部的气血运动就会导致异常的机能亢奋或迟滞后果，其中气血迟滞必然会转化失常，形成临床上常见的六郁证。朱震亨明确指出六郁证的临床表现是：

> 气郁者，胸胁痛，脉沉涩；湿郁者，周身走痛，或关节痛，遇阴寒则发，脉沉细；痰郁者，动则即喘，寸口脉沉滑；热郁者，瞀，小便赤，脉沉数；血郁者，四肢无力，能食，便红，脉沉；食郁者，嗳酸，腹饱不能食，人迎脉平和，气口脉紧盛者是也。[⑤]

（1）“人身万病皆生于郁。”[⑥]气是生命的动力，人受天地之气以生，“气完则形完”[⑦]。一方面，在气血比较充实的生理状态下，切勿盲目乱补，因为“久而增气，物化之常，气增而久，夭之由也”[⑧]；另一方面，由于个体自身、自然和社会等各种因素的影响，人体出现气虚的负增长现象又是不可避免的。气虚不可怕，可怕的是人们往往忽视它的早期危兆，而任其蔓延扩散。于是，因气不通畅，血行郁滞，引发多种病证，“大而中风、暴病、暴死、癫狂、劳瘵、消渴等疾，小而百病，莫不由是气液不能宣通之所致”[⑨]。为此，朱震亨自创“越鞠丸”（亦称“芎术丸”），即适用于各种郁证，药物组成有苍术、香附、神曲及栀子，方中香附辛香入肝，行气解郁，为君药，苍术健脾燥湿、川芎活血行

---

① （元）朱震亨：《丹溪医集》，第581页。
② （元）朱震亨：《丹溪医集》，第596页。
③ （元）朱震亨：《丹溪医集》，第92、177页。
④ （元）朱震亨：《丹溪医集》，第219页。
⑤ （元）朱震亨：《丹溪医集》，第85—86页。
⑥ （元）朱震亨：《丹溪医集》，第586页。
⑦ （元）朱震亨：《丹溪医集》，第30页。
⑧ （元）朱震亨：《丹溪医集》，第30页。
⑨ （明）王肯堂辑，倪和宪点校：《证治准绳》，北京：人民卫生出版社，1991年，第151—152页。

气、神曲消食开胃、栀子清解郁火，均为辅药，合而能解除各种郁滞[①]，至今仍为临床所沿用。主要用于治疗慢性胃炎、传染性肝炎、胆囊炎、胆石症、盆腔炎、痛经、闭经、肋间神经痛等多种疾病。

（2）“凡郁皆在中焦。”[②]三焦的主要生理功能是主持诸气，同时又是全身水液运行的通道，其中中焦是指横膈以下，脐以上的上腹部，它以脾胃的运化水谷和化生精微为其主要生理特点，而当受到情志内伤、六淫外感，以及饮食失节等因素的影响，脾胃的运化功能失调，则必然使三焦气机不畅，造成气滞血瘀的病理变化。例如，“忧思太过，脾气结而不能升举，陷入下焦而泄泻者，开其郁结，补其脾胃，而使谷气升发也”[③]；水肿，“盖脾土衰弱，内因七情，外伤六气，失运化之职，清浊混淆，郁而为水，渗透经络，流注溪谷，浊腐之气，窒碍津液，久久灌入隧道，血亦化水”[④]。因此，治法“以苍术、抚芎开提其气以升之”[⑤]。

4.“诸痛皆属火”及其治疗

疼痛是临床上最为复杂，同时也是最难下定义的生理和病理现象之一。1979年，国际疼痛研究协会定义疼痛是“与组织损伤和潜在的组织或类似的损伤有关的一种不愉快的感觉和情绪体验”[⑥]。由于西方医学对形成疼痛的原因尚未完全弄清楚，因而对疼痛的分类一般仅按照病程的长短分为急慢性两种类型。与西方医学界对疼痛因的模糊性认识截然不同，朱震亨明确提出了“诸痛皆属火”[⑦]和“诸痛皆生于气”[⑧]的论断。他说：

> 凡诸痛皆属火，寒凉药不可峻用，必用温散之药。诸痛不可用参，补气则疼愈甚。[⑨]

在此，朱震亨对疼痛的病因及治则的认识都十分明确。从表面上看，“凡诸痛皆属火”与“诸痛皆生于气”似有矛盾。其实，在中医学看来，火与气都属阳，以动为特点。因此，朱震亨才有“气有余便是火”的说法，而明代方以智更直截了当：“火与气一也。”[⑩]在此思想原则的指导下，朱震亨把痛证按照人体部位分为头痛、肩背痛、心痛及胃脘痛、心腹痛、腹痛、腰痛、腰胯肿痛、胁痛、身体痛等类型。具体到某一痛证，又可细分为多种病型。例如，心痛“其种有九：一曰虫痛，二曰疰痛，三曰风痛，四曰悸痛，五曰食痛，六曰饮痛，七曰寒痛，八曰热痛，九曰来去痛。其痛甚手足青过节者，是名真心痛，旦发夕死，夕发旦死，非药物所能疗”[⑪]。在朱震亨看来，“病久成郁，郁生热而成火”，遂致“胃脘痛”，

① 马有度：《医方新解》，上海：上海科学技术出版社，2009年，第191页。
② （元）朱震亨：《丹溪医集》，第586页。
③ （元）朱震亨：《丹溪医集》，第603页。
④ （元）朱震亨：《丹溪医集》，第612页。
⑤ （元）朱震亨：《丹溪医集》，第86页。
⑥ 徐建国主编：《疼痛药物治疗学》，北京：人民卫生出版社，2007年，第17页。
⑦ （元）朱震亨：《丹溪医集》，第270页。
⑧ （元）朱震亨：《丹溪医集》，第422页。
⑨ （元）朱震亨：《丹溪医集》，第270页。
⑩ （明）方以智：《物理小识》卷3《火与元气说》，上海：商务印书馆，1937年，第78页。
⑪ （元）朱震亨：《丹溪医集》，第266页。

而“胃口有热而作痛者，非栀子不可”[①]。又如，头痛可细分为：太阳头痛，脉浮紧，恶风寒，宜羌、芎、活主之；阳明头痛，自汗发热，胃热上攻，石膏、葛、芷主之；少阳头痛，额角偏疼，往来寒热，黄芩、柴胡主之；太阴头痛，有湿痰，体重腹痛，半夏、南星、苍术主之；少阴头痛，足寒气逆，为寒厥，细辛、麻黄、附子主之；厥阴头痛，顶痛，吐涎沫，厥冷，吴茱萸汤主之；气虚头痛，耳鸣，九窍不和，参、芪主之；血虚头痛，鱼尾上攻，芎、归主之；火作痛，痛甚，清之、散之；湿热头痛，证则心烦；伤风头痛，半边偏痛，皆因冷气所吹，遇风冷则发；食积头痛，因胃中有阴冷，宿食不化，方则清空膏，治风湿热诸般头痛，惟血虚不治，而芎归汤治血虚头痛，另香芎散治一切头风。[②]由于痛因的复杂性，朱震亨重视从整体与局部、体与用的统一性来治疗痛证。例如，他说：“痰厥头痛，所感不一，是知方者体也，法者用也，徒知体而不知用者弊，体用不失可谓上工矣。”[③]由前述朱震亨对痛证的认识，火和气是致病的总根源，在此前提下，再结合人体疼痛的具体部位，辨证施治，以个性体现共性，从而达到治愈病痛的目标。

（二）朱震亨对《太平惠民和剂局方》和其他医家思想的批判

1. 朱震亨对《太平惠民和剂局方》的批判

在这里，“批判”这个词不是一般地否定，而是既有否定，又有肯定，所以此处所说的批判实为扬弃。金元时期，《太平惠民和剂局方》确实为医家检方索药提供了方便，推动了中医药标准化的历史进程，其功不可没，“仁民之意，可谓至矣”[④]。但在具体的操作过程中，很多医家过分相信和依赖《太平惠民和剂局方》，总想毕其功于一役，按图索骥，结果出现了《太平惠民和剂局方》被滥用和误用，从而造成医家不求方解、贻害患者的严重后果。对此，朱震亨说：“近因《局方》之教久行，《素问》之学不讲，抱疾谈医者……翕然信之。”[⑤]当然，医家不明医理，滥用《太平惠民和剂局方》只是问题的一个方面；另一方面是《太平惠民和剂局方》本身对许多病症存在错误的认识，而在这种错误认识的指导下所制定的方药，必然无助于疾病的治疗，甚至会误导医家。

1）《太平惠民和剂局方》以治风之药通治诸痿，误矣

朱震亨认为病风与病痿在病因病机上均不同，应当分治，而不能混治。然而，由于《太平惠民和剂局方》不辨风与痿，结果误导了不少医家。因此，他说：

> 今世所谓风病，大率与诸痿证浑同论治，良由《局方》多以治风之药，通治诸痿也。古圣论风、论痿，各有篇目；源流不同，治法亦异，不得不辨。[⑥]

在朱震亨的视野里，“风邪系外感之病，有脏腑、内外、虚实、寒热之不同，若是之明

---

① （元）朱震亨：《丹溪医集》，第617页。
② （元）`朱震亨：《丹溪医集》，第262、415页。
③ （元）朱震亨：《丹溪医集》，第263页。
④ （元）朱震亨：《丹溪医集》，第37页。
⑤ （元）朱震亨：《丹溪医集》，第13页。
⑥ （元）朱震亨：《丹溪医集》，第37页。

且尽也”[1]，证见恶风恶寒、拘急不仁，其“中身之后、身之前、身之侧，皆曰中腑也，其治多易”，而“中脏者，唇吻不收，舌不转而失音，鼻不闻香臭，耳聋而眼瞀，大小便秘结……皆曰中脏也，中脏者，多不治也”[2]。这些观点取自刘完素的《素问病机气宜保命集·中风论》。刘完素尽管亦没有区分病风与病痿，但言风多指内伤热证。至于痿证，则“诸痿皆起于肺热”，即“考诸痿论，肺热叶焦，五脏因而受之，发为痿躄”[3]。细言之，“心气热生脉痿，故胫纵不任地。肝气热生筋痿，故宗筋弛纵。脾气热生肉痿，故痹而不仁。肾气热生骨痿，故足不任身”[4]。此说是在《内经素问·痿论》的基础上，结合刘完素的“内伤热证”论，对病痿形成的一种新认识。朱震亨认为，“刘河间之言风，明指内伤热证，实与痿论所言诸痿（指《内经》）生于热相合”[5]。在临床实践中，将病风与病痿区分开来很有必要，而《太平惠民和剂局方》混二为一，确有不妥。比如，朱震亨举例说：

> 润体丸等三十余方，皆曰治诸风，治一切风，治一应风，治男子三十六种风，其为主治甚为浩博，且寒热虚实，判然迥别，一方通治，果合经意乎？果能去病乎？龙虎丹、排风汤俱系治五脏风，而排风又曰风发，又似有内出之意。夫病既在五脏，道远而所感深，一则用麻黄三两，以发其表；一则用脑麝六两，以泻其卫，而谓可以治脏病乎？借曰：在龙虎则有寒水石一斤，以为镇坠；在排风则有白术、当归，以为补养；此殆与古人辅佐因用之意合。吁！脏病属里，而用发表泻卫之药，宁不犯诛伐无过之戒乎？宁不助病邪而伐根本乎？骨碎补丸治肝肾风虚，乳香宣经丸治体虚，换腿丸治足三阴经虚，或因感风而虚，或因虚而感风。既曰体虚、肝肾虚、足三阴经虚，病非轻小，理宜补养，而自然铜、半夏、威灵仙、荆芥、地龙、川楝、乌药、防风、牵牛、灵脂、草乌、羌活、石南、天麻、南星、槟榔等疏通燥疾之药，居补剂之太半，果可伤以补虚乎？[6]

朱震亨把痿证分为五种类型，即湿热、湿痰、气虚、血虚、瘀血，各处以相应方药，如湿热型痿证治以东垣健步丸，加苍术、黄芩、黄柏、牛膝之类；湿痰型痿证治以二陈汤，加苍术、白术、黄芩、黄柏、竹沥、姜汁之类；气虚型痿证治以四君子汤，加黄芩、黄柏、苍术之类；血虚型痿证治以四物汤，加黄柏、苍术，煎送补阴丸。[7]用朱震亨自己的话说，治痿病“断不可作风治而用风药”[8]，即“痿之所不足，乃阴血也，方悉是补阳、补气之剂，宁免实实虚虚之患乎？”[9]所以朱震亨深有感触地说：“予尝会诸家之粹，求其意而用之，

---

① （元）朱震亨：《丹溪医集》，第38页。
② （元）朱震亨：《丹溪医集》，第148页。
③ （元）朱震亨：《丹溪医集》，第39页。
④ （元）朱震亨：《丹溪医集》，第39页。
⑤ （元）朱震亨：《丹溪医集》，第39页。
⑥ （元）朱震亨：《丹溪医集》，第38页。
⑦ （元）朱震亨：《丹溪医集》，第249页。
⑧ （元）朱震亨：《丹溪医集》，第114页。
⑨ （元）朱震亨：《丹溪医集》，第249页。

实未敢据其成方也。”[1]这既是朱震亨对临床经验的总结，同时又是正确对待前人所制定成方的一般原则，至今都具有现实的指导价值和意义。

2）《太平惠民和剂局方》主张“治脾肾以温热药”，仅仅反映了事物的一面

客观事物的面相是多而不是一，限于历史发展的阶段性和曲折性，人们往往不是一次性就看到了客观事物的多面相，而是一面一面地揭起，一面一面地认识，由一到多，直至认识和把握了客观事物的全部特征。《黄帝内经素问·金匮真言论篇》载：“阴中之阴，肾也……阴中之至阴，脾也。”[2]《黄帝内经素问·五运行大论篇》又载：“中央生湿，湿生土，土生甘，甘生脾……其在天为湿，在地为土”，“北方生寒，寒生水，水生咸，咸生肾……其在天为寒，在地为水”[3]。在宋代之前，脾肾性湿寒，是一个为传统医家所信守的“公理”。尽管北宋思想界以欧阳修、刘敞、李觏、王安石等为代表的疑古思潮，在批判汉学和怀疑传统经学的基础上，使经学研究从注疏之学发展到义理之学，诚如陆游所言：“唐及国初，学者不敢议孔安国、郑康成，况圣人乎！自庆历后，诸儒发明经旨，非前人所及。然排《系辞》，毁《周礼》，疑《孟子》，讥《书》之《胤征》、《顾命》，黜《诗》之序，不难于议经，况传注乎？”[4]然而，在医学界，宋代医家却将《黄帝内经素问》尊为临床各科之祖。[5]正是在这样的思想背景下，《太平惠民和剂局方》“率遵守以为之定法”[6]，并制定了许多治疗脾肾病的成方，如养脾丸、嘉禾散、消食丸、大七香丸、连翘丸、烧脾散、壮脾丸等，“悉曰补脾胃，温脾胃，补肾，补五脏，补真气”。如果真是脾肾虚寒，证见寒痹、气喘、水肿、泄泻、胃脘痛、反胃等，则上述方剂对证用药，未必失当。可是，朱震亨发现，《太平惠民和剂局方》在上述诸成方条目之下，列举的治疗范围却是中酒、吐酒、酒积、酒癖、饮酒多、舌干、水道涩痛、小便出血、口苦、咽干、气促、盗汗、津液内燥、外肾痒、枯槁失血、肢体烦痛、衄血等热证。于是，朱震亨质问：

> 经曰：热伤脾。常服燥热，宁不伤脾乎？又曰：肾恶燥。多服燥热，宁不伤肾乎？又曰：热伤元气。久服燥热，宁不伤气乎？又曰：用热远热。又曰：有热者，寒而行之。此教人用热药之法。[7]

金代以后，医家对肾的认识已经超越了《黄帝内经》的认识水平，如刘完素将肾与相火联系起来，脾有伏火也开始为医家所关注。朱震亨认为，“凡气有余便是火”，像“诸热瞀瘛，暴喑冒昧，躁扰狂越，骂詈惊骇，胕肿疼酸，气逆冲上，禁慄如丧神守，嚏呕，疮疡，喉痹，耳鸣及聋，呕涌溢食不下，目昧不明，暴注瞤瘛，暴病，暴死，五志七情过极，

---

① （元）朱震亨：《丹溪医集》，第13页。
② 陈振相、宋贵美：《中医十大经典全录》，第12页。
③ 陈振相、宋贵美：《中医十大经典全录》，第12页。
④ （宋）王应麟：《困学纪闻》卷8《经学》，清乾隆三年（1738）刻本。
⑤ 苗书梅等点校：《宋会要辑稿·崇儒》，开封：河南大学出版社，2001年，第171页。
⑥ （元）朱震亨：《丹溪医集》，第44页。
⑦ （元）朱震亨：《丹溪医集》，第45页。

皆属火也”[①]。可见，金代医家进一步补充和完善了《黄帝内经》的肾学说。也就是说，在金代医家的视野里，肾具有水和火两种属性。所以，朱震亨认为《太平惠民和剂局方》仅仅局限于肾属寒这个特性是不够的。他说：

> 今乃一切认为寒冷，吾不知脾胃与肾，一向只是寒冷为病耶！论方至此，虽至愚昧，不能不致疑也。[②]

朱震亨抓住脾肾内火这个特性，来纠正《太平惠民和剂局方》“治脾肾以温补药”之偏，从而使人们对脾肾机能的认识更加全面。虽然这样一来，《太平惠民和剂局方》所载成方，其治疗脾肾病的范围被缩小了，但它们的针对性却更强，效果亦更好了。

3）“《局方》治法，终不能仿佛仲景之方”，因为两者处方的路径不同

对于这个问题，朱震亨首先指出两者的体例不同：第一，“仲景诸方……设为问难，药作何应，处以何法”，而《太平惠民和剂局方》则“别无病源议论，止于各方条述证候，继以药石之分两，修制药饵之法度，而又勉其多服、常服、久服”[③]。第二，“张仲景言一百八病，五劳六极七伤，与妇人共三十六病……凡遇一病，须分寒热，果寒耶，则热之；果热耶，则寒之；寒热甚耶，则反佐而制之”，而《太平惠民和剂局方》则“不曾言病，而所谓寒与热者，其因何在？其病何名？果无杂合所受邪？果无时令资禀之当择耶？据外证之寒热，而遂用之，果无认假为真耶？果以是为非耶？”[④]第三，“仲景因病以制方，《局方》制药以俟病，若之何其能仿佛也？”[⑤]

另外，在朱震亨看来，虽然《太平惠民和剂局方》“知尊仲景矣，亦未尝不欲效之也，徒以捧心效西施尔”[⑥]。例如，桃花汤，《伤寒论》说：“少阴病，二三日至四五日，腹痛，小便不利，下利不止，便脓血者，桃花汤主之。”[⑦]方剂组成仅有赤石脂、干姜、糯米三味药，其中赤石脂温涩固脱，收敛止血，为君药；干姜辛热，温中散寒，为臣药。对此，朱震亨解释说：“仲景以治便脓血，用赤石脂丸者，干姜、粳米同煮作汤，一饮病安，便止后药。意谓病属下焦，血虚且寒，非干姜之温，石脂之涩且重，不能止血；粳米味甘，引入肠胃，不使重涩之体，少有凝滞，故煮成汤液，药行易散，余毒亦无。”[⑧]然而，《太平惠民和剂局方》去粳米，将赤石脂与干姜等分为丸，用于“治肠胃虚弱，冷气乘之，脐腹搅痛，下利纯白或冷热相抟，赤白相杂，肠滑不禁，日夜无度”[⑨]，药物组成少了，而治疗范围却由“下利便脓血”扩大为一首止泻良方。难怪朱震亨反讥道：“《局方》不知深意，不造妙

① （元）朱震亨：《丹溪医集》，第159页。
② （元）朱震亨：《丹溪医集》，第45页。
③ （元）朱震亨：《丹溪医集》，第37页。
④ （元）朱震亨：《丹溪医集》，第46页。
⑤ （元）朱震亨：《丹溪医集》，第48页。
⑥ （元）朱震亨：《丹溪医集》，第48页。
⑦ 陈振相、宋贵美：《中医十大经典全录》，第368页。
⑧ （元）朱震亨：《丹溪医集》，第48页。
⑨ （宋）陈师文等：《太平惠民和剂局方》卷6《治泻痢·桃花丸》，《景印文渊阁四库全书》第741册，第605页。

理，但取易于应用，喜其性味温补，借为止泻良方，改为丸药，剂以面糊，日与三服，其果能与仲景之意合否也？”[①]又如，续命汤，《金匮要略方论·中风历节病脉证并治》载："治中风痱，身体不能自收。口不能言，冒昧不知痛处，或拘急不得转侧。”[②]组方有麻黄、桂枝、当归、人参、石膏、干姜、甘草、杏仁、芎䓖，共9味药。而《太平惠民和剂局方》所载小续命汤，在组方和主治方面，都发生了较大的变化，其组方较《金匮要略方论》少当归和石膏两味，却增加了附子、防风与防己3味，这一变化使得《太平惠民和剂局方》从理论上推得，用此方可以治疗“卒暴中风不省人事，渐觉半身不遂，口眼㖞斜，手足战掉，语言蹇涩、肢体麻痹，神情昏乱，头目眩重，痰涎并多，筋脉拘挛不能屈伸，骨节烦疼不得转侧，及治诸风，服之皆验。若治脚气缓弱，久服得差。久病风人，每遇天色阴晦，节候变更，宜先服之，以防瘖痖”[③]。

显然，在缺乏临床医案可资佐证的情况下，竟然宣称该方“治脚气缓弱，久服得差”，“治诸风，服之皆验”，夸大其疗效，实有蒙骗民众之嫌。故朱震亨揭露其弊云：《太平惠民和剂局方》小续命汤“果与仲景意合否也？仲景谓汗出则止药，《局方》则曰久服差，又曰久病风、阴晦时更宜与，又曰治诸风，似皆非仲景意”[④]。诸如此类，朱震亨严厉地批评了《太平惠民和剂局方》处方用药与病症相互不对应的弊端。他主张“议方治疗，贵乎适中”[⑤]，或云“随时取中”[⑥]，这个观点在当时的历史条件下，确有匡正时弊之功。譬如，《太平惠民和剂局方》认为乌附丹剂，多与老人为宜，朱震亨坚决反对此种错误的认识，他说：

> 奚止乌附丹剂不可妄用，至于好酒腻肉、湿面油汁、烧炙煨炒、辛辣甜滑，皆在所忌。[⑦]

至于《太平惠民和剂局方》对老年人滥用药物“温热养阳”的问题，朱震亨的态度非常理性。他认为，

> 《局方》用燥剂，为劫湿病也，湿得燥则豁然而收。《局方》用暖剂，为劫虚病也。补肾不如补脾，脾得温则易化而食味进，下虽暂虚，亦可少回。《内经》治法，亦许用劫，正是此意，盖为质厚而病浅者设，此亦儒者用权之意。若以为经常之法，岂不大误。彼老年之人，质虽厚，此时亦近乎薄；病虽浅，其本亦易以拔，而可以劫药取速效乎？若夫形肥者血少，形瘦者气实，间或有可用劫药者，设或失手，何以取救？吾宁稍迟，计出万全，岂不美乎！乌附丹剂，其不可轻饵也明矣。[⑧]

---

① （元）朱震亨：《丹溪医集》，第48页。

② （汉）张仲景述，（晋）王叔和集：《金匮要略方论》，北京：人民卫生出版社，1963，第17页。

③ （元）许国桢编撰，王淑民、关雪点校：《御药院方》卷1《独活续命汤》，北京：人民卫生出版社，1992年，第2页。

④ （元）朱震亨：《丹溪医集》，第40页。

⑤ （元）朱震亨：《丹溪医集》，第37页。

⑥ （元）朱震亨：《丹溪医集》，第32页。

⑦ （元）朱震亨：《丹溪医集》，第10页。

⑧ （元）朱震亨：《丹溪医集》，第10页。

当然，《太平惠民和剂局方》还有很多误导医家和患者的实例，在此不必一一枚举。朱震亨批评《太平惠民和剂局方》，旨在强调医家不能脱离实际病情而盲目依赖成方，而对于广大患者来说，处方用药须与自身的疾病性质相符合，且不可滥用温补药，如“桂、附、丁香辈，当有寒而虚，固是的当，虚而未必寒者，其为害当何如耶”[①]。因此，医家诊疾，贵在随机应变，这无疑是中医辨证论治的精髓，而朱震亨撰著《局方发挥》的真正用意亦在于此。

2. 朱震亨对其他医家思想的批判

（1）对张从正“三法”的批判。“金元四大家”的医学研究有一个共同点，那就是相互借鉴和相互批判的精神。在朱震亨的处方用药过程中，汗、吐、下是经常采用的治疗方法，例如，他说：“凡人身上中下有块者，多是痰，问其平日好食何物，吐下后方用药。”[②]显而易见，此处之“吐下”法即借鉴于张从正。然而，任何学说都是具体的和有条件的，都不可能穷尽真理，这是因为人们的认识水平往往受到诸多条件的限制，而在一定条件下所形成的科学认识，只能说它正确反映了客观事物的部分特征。依此观之，张从正断言“汗下吐三法该尽治病诠”，就有点绝对化了。所以，朱震亨说：“初看其书，将谓医之法尽于是矣。后因思《内经》有谓之虚者，精气虚也；谓之实者，邪气实也。夫邪所客，必因正气之虚，然后邪得而客之。苟正气实，邪无自入之理。由是于子和之法，不能不致疑于其间。”[③]这种怀疑精神是科学发展的内在动力，也是朱震亨创立“滋阴学说”的基本前提。从理论上看，张从正持论与张仲景、刘完素等大不相同，这一点已经很清楚，可是，如何从临床实践方面纠其所偏，却非易事。朱震亨自己承认，为了解开心中的疑惑，他“游江湖，但闻某处有某治医，便往拜而问之，连经数郡，无一人焉。后到定城，始得《原病式》、东垣方稿，乃大悟子和之孟浪，然终未得的然之议论，将谓江浙间无可为师者”，正在这时，他“始得闻罗太无并陈芝岩之言，遂往拜之”[④]。师从罗知悌学医，朱震亨有了两个重大收获：一是他发现“罗每日有求医者来，必令予诊视脉状回禀，罗但卧听，口授用某药治某病，以某药监某药，以某药为引经。往来一年半，并无一定之方。至于一方之中，自有攻补兼用者，亦有先攻后补者，有先补后攻者，又大悟古方治今病，焉能吻合？”[⑤]二是他通过亲身实践“大悟攻击之法，必其人充实，禀质本壮乃可行也。否则邪去而正气伤，小病必重，重病必死”[⑥]。在此前提之下，朱震亨提出了“阴易乏，阳易亢，攻击宜详审，正气须保护”[⑦]的主张。不仅进一步丰富和完善了中医治疗方法，克服了张从正“三法”之不足，而且对于气、血、痰、郁诸病形成了一套兼有攻补的系统治法。于是，后人有“杂病用丹溪”[⑧]之说。

---

① （元）朱震亨：《丹溪医集》，第 13 页。
② （元）朱震亨：《丹溪医集》，第 177 页。
③ （元）朱震亨：《丹溪医集》，第 32 页。
④ （元）朱震亨：《丹溪医集》，第 32 页。
⑤ （元）朱震亨：《丹溪医集》，第 32 页。
⑥ （元）朱震亨：《丹溪医集》，第 32 页。
⑦ （元）朱震亨：《丹溪医集》，第 32 页。
⑧ （明）王纶撰，薛己注：《明医杂著・医论》，明嘉靖十三年（1534）辛亥宋阳山刻本。

（2）对巢元方的《诸病源候论》中的“论月水诸病由风冷乘之”思想的批判。对妇女病的重视，是朱震亨“滋阴学说”自我发展的必然。朱震亨在《慈幼论》中说：“若夫胎孕致病，事起茫昧，人多玩忽，医所不知。”[①]《诸病源候论》是我国古代第一部具有国家性质专门论述病因病机证候学的著作。其“经络病机”计有308条，约占全书所述1739条证候的18%。可见，“经络病机”对于具体指导临床诊疗实践意义重大。

在“经络病机”里，其“论月经不调候”尤为医家所关注。原文云：

> 妇人月水不调，由劳伤气血，致体虚受风冷。风冷之气客于胞内，伤冲脉、任脉，损手太阳、少阴之经也。冲任之脉，皆起于胞内，为经络之海。手太阳，小肠之经；手少阴，心之经。此二经为表里，主上为乳汁，下为月水。然则月水是经络之余。若冷热调和，则冲脉、任脉气盛，太阳、少阴所主之血宣流，以时而下；若寒温乖适，经脉则虚，有风冷乘之，邪搏于血，或寒或温，寒则血结，温则血消，故月水乍多乍少，为不调也。[②]

按照朱震亨的观点，妇人月经不调肯定有外感风邪者，但概率较低，“盖千百而一二者也”[③]。在临床上，最常见的病因是源于内火。朱震亨在《经水或紫或黑论》中指出，从经色的紫或黑来诊断，很多医家因受《诸病源候论》的影响，“但见其紫者、黑者、作痛者、成块者，率指为风冷，而行温热之剂，祸不旋踵矣”，因为“紫者气之热也；黑者热之甚也”[④]。朱震亨认为，经色紫黑主要见于血瘀月经过少、月经先期实热证、经期延长血瘀证、气滞血瘀痛经、寒湿凝滞痛经、瘀热壅阻经行发热证、血瘀经行头痛等。而经临床实践证实，这些病证确实多与内热内火相关。故朱震亨说：“经曰亢则害，承乃制，热甚者必兼水化，所以热则紫，甚则黑也。况妇人性执而见鄙，嗜欲加倍，脏腑厥阴之火，无日不起，非热而何？”[⑤]

另，《诸病源候论》认为，“胎自堕”是因“风冷伤于子脏而堕”，朱震亨否定了这个成见。实际上，“血气虚损，不足荣养，其胎自堕，或劳怒伤情，内火便动，亦能堕胎”[⑥]。“胎自堕”，西医称之为“自然流产”，它本身有两个方面的意义：第一，从某种意义上讲，“胎自堕”是自然淘汰规律的一种体现。因为在多数情况下，胎儿本身发育不正常，这是导致“胎自堕”的重要原因之一。第二，“胎自堕”与某些疾病相关联，如慢性肾炎、甲状腺功能异常、结核病、肝炎、生殖系统畸形、肿瘤等病。当然，某些外在因素如外伤、强烈的精神刺激等也可导致“胎自堕”。总括起来，尤其是结合上面所举易致“胎自堕”的多种“内热”型妇女疾病来分析，朱震亨所说“堕于内热而虚者，于理为多”[⑦]，这个结论是符

---

① （元）朱震亨：《丹溪医集》，第11页。

② （隋）巢元方撰，鲁兆麟等点校：《诸病源候论》卷37《妇人杂病诸候》，沈阳：辽宁科学技术出版社，1997年，第177页。

③ （元）朱震亨：《丹溪医集》，第25页。

④ （元）朱震亨：《丹溪医集》，第25页。

⑤ （元）朱震亨：《丹溪医集》，第25页。

⑥ （元）朱震亨：《丹溪医集》，第18页。

⑦ （元）朱震亨：《丹溪医集》，第18页。

合临床实际的，且加深了中国古代医家对妇女月经病的理性认识，有利于推进中医妇女月经病的临床研究向更高的层次提升和发展。

（3）对成无已“脾约说”的批判。“脾约”一词首见于《伤寒论·辨阳明病脉证并治》，其第179条云：“太阳阳明者，脾约是也。”[①]而《金匮要略方论》卷中《五脏风寒积聚病脉证并治》载：“趺阳脉浮而涩，浮则胃气强，涩则小便数，浮涩相搏，大便则坚，其脾为约，麻子仁圆主之。”[②]麻子仁丸亦称脾约丸，此方共由麻子仁、芍药、枳实、大黄、厚朴、杏仁6味药组成。金代医家成无已于皇统四年（1144）著《注解伤寒论》，是为现存注解《伤寒论》的第一家，对后世的影响颇巨。成无已注释“脾约”证说：

> 约者，俭约之约，又约束之约。……今胃强脾弱，约束津液，不得四布，但输膀胱，致小便数，大便难。与脾约丸，通肠润燥。[③]

对此，朱震亨根据东南地区和西北地区的不同环境，认为脾约丸不能无条件地适用于各地“小便数，大便难”患者，这个结论实为朱震亨“阴虚体质”思想的具体化。其理由是：

> 既曰约，脾弱不能运也；脾弱则土亏矣，必脾气之散，脾血之耗也。原其所由，久病、大下、大汗之后，阴血枯槁，内火燔灼，热伤元气，又伤于脾，而成此证。伤元气者，肺金受火，气无所摄。伤脾者，肺为脾之子，肺耗则液竭，必窃母气以自救，金耗则木寡于畏，土欲不伤，不可得也。脾失转输之令，肺失传送之官，宜大便秘而难下，小便数而无藏蓄也。理宜滋养阴血，使孤阳之火不炽，而金行清化，木邪有制，脾土清健而运行，精液乃能入胃，则肠润而通矣。今以大黄为君，枳实、厚朴为臣，虽有芍药之养血，麻仁、杏仁之温润为之佐使，用之热盛而气实者，无有不安。愚恐西北二方，地气高厚，人禀壮实者可用。若用于东南之人，与热虽盛而血气不实者，虽得暂通，将见脾愈弱而肠愈燥矣。后之欲用此方者，须知在西北以开结为主，在东南以润燥为主，慎勿胶柱而调瑟。[④]

虽云“脾约”，病在肺脏，内火燔灼，肺耗液竭，致使大便秘结而难下，所以治法为滋养阴血。我们知道，张仲景所制“脾约丸”实为小承气汤加麻仁、杏仁、白芍，以泻下来攻伐肠胃之燥热积滞。应当说，此方对治疗“大便秘而难下”确实有效。例如，有人用脾约丸治疗120例老年便秘患者，有效率为85.4%；另一组治疗140例，总有效率为87.9%；还有人用于65例治疗癌性便秘患者，总有效率为89.2%等。上述方法证明成无已的注解有其合理之处。当然，这并不是说脾约丸就无懈可击了。比如，李晓阳等用增液行舟、养血润燥法治疗老年性便秘180例，总有效率为97.8%；而李国栋先生用自制的养血润肠方治

---

① （汉）张仲景著，（晋）王叔和撰次，（宋）成无已注，（明）汪济川校：《注解伤寒论》卷5，北京：人民卫生出版社，1963年，第119页。

② （汉）张仲景述，（晋）王叔和集：《金匮要略方论》，第36页。

③ （汉）张仲景著，（晋）王叔和撰次，（宋）成无已注，（明）汪济川校：《注解伤寒论》卷5，第137页。

④ （元）朱震亨：《丹溪医集》，第22页。

疗血虚型慢性功能性便秘，观察50例患者，其总有效率为94%等。这些实例的总体指导思想是滋养阴血，而用滋养阴血法治疗老年性便秘，其治疗效果明显高于用脾约丸的治疗效果。它表明朱震亨用滋阴学说批判成无己对脾约丸功效的绝对化阐释是正确的，且不说不讲地区差异，把脾约丸一般性地推广给各地的便秘患者，未免适当，即使就“大便难下”证本身而言，滋养阴血法更适合于血虚性的便秘患者。因此，通过朱震亨的批判，我们不仅对脾约丸的临床功能有了更加明确的认识，即“麻仁丸，气而里药也”[①]，而且在脾约丸的功能之外，医家针对各种证型的便秘患者，辨证论治，具有了更灵活的创新空间。因为在朱震亨看来，“议方治疗，贵乎适中”，是中医治疗学的最高境界。

三、朱震亨“滋阴学说”的历史地位

1. “滋阴学说”的历史影响

滋阴学说源自《黄帝内经》，对此，朱震亨在《相火论》《阳有余阴不足论》等篇中皆有论述。在临床治疗方面，张仲景对朱震亨的影响至深，如《局方发挥》的主要方论依据是张仲景的《伤寒论》和《金匮要略方论》。朱震亨在此基础上，结合元代东南地区普通民众的患病实际，提出“有补阴即火自降”的思想主张，从而建立了一套以滋养阴血为特色的中医临床治疗方法，形成了颇有影响的“养阴学派”。其后，明代的张景岳、缪希雍、喻嘉言、李中梓等进一步丰富和发展了朱震亨的滋阴思想，至清代叶桂、吴鞠通等温病学家，使滋阴学说更加完整，自成体系。[②]冷云南先生曾这样高度评价朱震亨的医学思想，他说：

> 金元时代，是中国医学领域开展学术争鸣极为活跃的时期，出现了盛况空前的各派学术争鸣的局面。朱丹溪是金元四大家中最为晚出的一家，是中国医学史上有杰出贡献的医学家。他精研岐黄，继承河间学说，吸取从正、东垣之长，融汇新知，求实创新，以临床实践为基础，著书立说，独树一帜，在理论和实践上获得了空前的突破。其门人众多，在中国医学史上影响深远，他的滋阴降火理论，结束了前此单一模式以热药补肾观点，并为后世温病学形成奠定了基石。他精通医述各科，阐明了气血痰郁等病机（称四伤学说），丰富发展了临床医学的内容，其学术思想远播日本。他倡导的四伤学说在日本演变为气血水学说，成为日本汉医病因学支柱。[③]

这个评价客观、允实，把朱震亨的历史地位讲得非常透彻，笔者无以复加。不过，笔者想强调的是朱震亨的医学思想曾引领日本医学潮流达300年之久，这在中国医学史上确实十分少见。

---

① （元）朱震亨：《丹溪医集》，第47页。

② 内容详见刘时觉、林乾良、杨观虎：《丹溪学研究》，北京：中医古籍出版社，2004年，第366—422页。

③ 吴潮海：《朱丹溪医学及养生理论的研究传承与应用》，义乌市政协文化与文史资料委员会：《义乌文史资料》第15辑《义乌医卫史话》，内部刊物，2008年，第230—231页。

2. 朱震亨医学思想的历史局限

朱震亨在《秦桂丸论》中说："无子之因，多起于妇人。"[①]对于不孕不育的原因，至今临床上都没有定论，我们不能把"无子"的主要责任推在妇女身上。另，《倒仓论》取法于西域之异人，朱震亨声称"人于中年后，行一二次，亦却疾养寿之一助"，但迄今尚无实证，且疗法非常神秘，如"未行此法前一月，不可近妇人，已行此法半年，不可近妇人"[②]，又，"五更于密室不通风处，温服一钟，伺膈间药行，又续服至七八钟。病人不欲服，强再与之，必身体皮毛皆痛"[③]等，这些方法近于神道，且治疗过程本身具有很高的危险性。因此，不能盲目崇信其法。在临床上，如何使"倒仓法"更加符合临床实际，并用于治疗"瘫劳蛊癞等证"[④]，目前医学界正在研究之中。

给符咒术留下地盘，向巫术妥协，是朱震亨医学思想的又一不足之处。扁鹊有"病有六不治"说，其中第6个不治即为"信巫不信医"[⑤]。而朱震亨明明看到了一病人因"数巫者喷水而咒之，旬余而死"的严重后果，却还要为符咒者开罪。[⑥]不仅如此，他认为符水"可治小病"，说："符水惟膈上热痰，一呷凉水，胃热得之，岂不清快，亦可取安。"[⑦]像这样为符水术叫好的医家，在"金元四大家"里，除了朱震亨，还未见第二人。显然，朱震亨为巫术张目的做法是不适当的，理应受到批判。

本章小结

"医之门户分于金元"[⑧]，而导之《太平惠民和剂局方》。《太平惠民和剂局方》是中国历史上第一部由政府颁行的标准成药处方集，它在规范医家临床处方用药方面起到了重要的指导作用，所以有"官府守之以为法，医门传之以为业，病家恃之以为命，世人习之以成俗"[⑨]，可见其普及程度之高，前所未见。也正因为这个缘故，中国传统医学发展同时也遭遇到理论长期滞后临床实践的严重瓶颈。而《太平惠民和剂局方》的最大缺陷是忽视了《内经》的理论指导，且用药多偏于温热，结果造成方药与理论相脱节的严重后果。于是，刘守真作《素问宣机原病式》，主张六气皆从火化，用药率用寒凉，与《太平惠民和剂局方》的用药原则相悖，从而首开当时的医学流派之争。

---

① （元）朱震亨：《丹溪医集》，第24页。
② （元）朱震亨：《丹溪医集》，第319页。
③ （元）朱震亨：《丹溪医集》，第318页。
④ （元）朱震亨：《丹溪医集》，第318页。
⑤ 《史记》卷105《扁鹊仓公列传》，北京：中华书局，1959年，第2794页。
⑥ （元）朱震亨：《丹溪医集》，第17页。
⑦ （元）朱震亨：《丹溪医集》，第17页。
⑧ （清）永瑢等：《四库全书总目》卷103《子部医家类一》，第856页。
⑨ （元）朱震亨：《局方发挥》，田思胜等主编：《朱丹溪医学全书》，北京：中国中医药出版社，2006年，第33页。

张元素的弟子李杲认为："故圣人之法，为在疑疑之间，不能立定法也。"[①]因此，李杲的医学主张与师异轨，并独辟蹊径而别创补土之法。张从正则倡导"六门（风、寒、暑、湿、燥、火）三法（汗、吐、下）"，他在《儒门事亲》一书中强调："凡药有毒也，非止大毒、小毒谓之毒，虽甘草、苦参，不可不谓之毒，久服必有偏胜。气增而久，夭之由也。"[②]这种养生理念至今都有重要的临床指导价值。朱震亨于上述三派医学思想里折中其要，尤其针对江南地域湿热相火为病最多之临床实际，著《格致余论》《局方发挥》等书，独创滋阴降火之法，从而为中医学基础理论的发挥及杂病的治疗作出了突出贡献。诚如学界前辈所言：金元四大家在中国医学史上地位比较特殊，这是因为在中国医学发展史上，金元时期是"转承期，即在继承前代医学的基础上，通过创新向高一层次转型发展"[③]，而金元医学四大家承担并完成了这一历史使命。

---

① 张年顺等主编：《李东垣医学全书》，第 215 页。

② （金）张从正撰，徐江雁、刘文礼校注：《〈儒门事亲〉校注》卷 2《推原补法利害非轻说》，郑州：河南科学技术出版社，2015 年，第 75 页。

③ 周文夫、周振国主编：《影响中国历史进程的河北名人》，保定：河北大学出版社，2006 年，第 328 页。

第四章　其他诸多科技实践家的科技思想

元代“实学”在宋代的基础上又向前推进了一步，李冶和朱世杰的“天元术”思想，标志着金元数学的飞跃发展，其中朱世杰的《四元玉鉴》融合了天元术、方程术和增乘开方法等当时最先进的数学成就，“是中国传统数学在代数学方面的顶峰之作”[①]。宋元农业经济的发展与其农业生产工具的革新密切相连。对此，王桢在《农书》里进行了重点记述，并绘图入书，成为中国农学史上的空前创举。郭守敬不仅在天文学和水利工程方面成就卓著，而且在地理学、城市建筑、数学和机械工程方面作出了突出的贡献，特别是他制造的简仪被人们誉为中国浑天仪发展史上的最后一个里程碑。其他如太湖水利专家任仁发、著名“工师”薛景石等也都是这一历史时期的杰出科技思想家。

第一节　薛景石的“工师”制造与设计思想

薛景石，字叔矩，生卒年不详，系金末元初河中万泉县（今山西省万荣县）人，可能出身于一个较有声望的匠梓世家。从段成己所撰《梓人遗制》的序言看，薛景石首先是一位卓有成就的“工师”，其专业是木机制造；另外，他善于总结经验，注重“工师”制造的规范和标准，同时他把中国传统的审美理念与具体的木机制作结合起来，富有创新意识。从这个意义上讲，薛景石不仅是一位著名的木器制造家，还是一位杰出的木工理论家和器物设计家，这在重“事”轻“物”、重道德文章而轻工艺方技的文化背景下，非常难能可贵。明人陈汝元函三馆刻本《经籍志》中载有中统四年（1263）撰成的“《梓人遗制》八卷”[②]。

清人文廷式说：“中国工艺之书，《营造法式》而外，世不多见，惟元人有《梓人遗制》四卷存《永乐大典》中，余当时匆匆一过，未遑钞录也。今经庚子兵燹之后，恐世间竟无传本矣。”[③]

今存《永乐大典》残本不分卷，仅见“五明坐车子”（车舆）与“华机子”（纺织机械）两部分内容。“华机子”的出现，似与当时棉纺织业逐渐由南而北的发展趋势有关。《梓人遗制》采用《营造法式》的编写体例，分“叙事”、“用材”和“功限”三个单元，对于每件木器，既有其历史发展，又有其制作工艺的具体方法、图样和标准要求。当时，《梓人遗制》

---

① 田淼：《中国数学的西化历程》，济南：山东教育出版社，2005年，第241页。

② （明）焦弘：《国史经籍志》卷3《史类职官三十一》，北京：中华书局，1985年。

③ （清）文廷式：《纯常子枝语》卷37，扬州：江苏广陵古籍刻印社，1990年。

具有一定的手册性质，可惜仅仅供民间木工所用，缺少权威性。虽然有段成己作序，但是段氏兄弟（段克己与段成己）均为文学家，他们入元不仕，这在某种程度上限制了该书的使用范围，因而流传不广，再加上它没有成为官方的指定用书，这恐怕是该书大部分内容失传的主要原因之一。

在学界，中国营造学社于1933年出版了《梓人遗制》校刊本。2006年，郑巨欣先生出版《梓人遗制图说》一书，该书是目前对《梓人遗制》注释较为详尽的研究之作。不过，该书没有把陈明达所发现的《梓人遗制》小木作现存文本吸收进来，幸有张昕等发表了《〈梓人遗制〉小木作制度释读——基于与〈营造法式〉相关内容的比较研究》①一文，使我们得以窥其“木门制造”部分的面相。下面我们就依据郑巨欣和张昕等先生的研究成果，仅对薛景石的“工师”制造与设计思想作一探讨。

一、面向制造的综合创新设计思想

（一）“梓人”的性质及其技术特色

1.“梓人”的性质

《礼记·曲礼下》云：“天子之六工，曰土工、金工、石工、木工、兽工、草工。”②在先秦时期，木工系一技术官，又细分为“轮、舆、弓、庐、匠、车、梓”③。这种分工有利于器物制造水平的提高，同时它从一个侧面体现了管理对于木工技术发展的重要性。比如，造车至少需要轮、舆和车三个工种的分工与合作才能完成。而《考工记·匠人篇》载：“凡试梓饮器，乡衡而实不尽，梓师罪之。”④在此，梓人必须接受“梓师”的严格质量管理。当时，“梓”又称作“梓人”或“梓匠”，从技术传播的角度看，他们的技术通常是不外传的。于是，《孟子·尽心下》云：“梓匠、轮舆能使人规矩，不能使人巧。”⑤此处的“巧”实际上就是关键技术。由于那些“梓匠”（指木匠）对于木器制作过程中的关键技术通常不公开，外人难以一蹴而就。所以，针对想要学艺的人而言，每个人都必须依靠自己的主观努力去领悟木器制作过程中的各个技术环节及其要领。与之相较，《梓人遗制》则把梓匠的关键技术和要领全都公之于世，揭去其神秘性，并通过标准化和规范化的形式固定下来，从而形成了一套符合中国古代文化传统的木器制作技术体系。

梓人的内涵有一个逐渐从狭义向广义发展和演变的历史过程。《周礼·考工记》有“梓人为笋虡”、“梓人为饮器”及“梓人为侯”的规定，即梓人最初的职责主要是负责制作钟磬的支架、饮酒或盛饮料的木器皿及箭靶这三种工艺。然而，唐代的梓人已经包括了木器制作的许多方面。譬如，盖房子、立木架及制作农具、造船、其他杂物器件等，都属于梓

---

① 张昕、陈捷：《〈梓人遗制〉小木作制度释读——基于与〈营造法式〉相关内容的比较研究》，《建筑学报》2009年第2期，第82—88页。

② 陈戍国：《四书五经校注本》第1册，长沙：岳麓书社，2006年，第355页。

③ 林尹注译：《周礼今注今译》，北京：书目文献出版社，1985年，第420页。

④ 林尹注译：《周礼今注今译》，第466页。

⑤ （清）焦循：《孟子正义》卷14《尽心章句下》，石家庄：河北人民出版社，1986年，第568页。

人的职责范围。由于木匠的分工越来越细，所以梓人便担当起总设计师的角色，具有统领众工的独特作用。柳宗元在《梓人传》里，载有梓人对自己能力的解释，他说："吾善度材，视栋宇之制，高深、圆方、短长之宜，吾指使而群工役焉。舍我，众莫能就一宇。"而柳宗元在一次"饰（指重新翻盖）官署"的工程中目睹了梓人的"统帅"作用，只见梓人"画宫于堵，盈尺而曲尽其制，计其毫厘而构大厦，无进退焉"。最后，柳宗元不得不叹服其"术之工大矣"①，而"工大"的含义是指"梓人之善运众工而不伐艺"②之道。可见，唐宋时期梓人的内涵已经发生了比较大的变化，其职能已经开始向综合性的方面发展了。所以梓匠往往能够承揽比较大的宫观建筑，如唐代少府柳佺掌造三阳宫时，把整个建筑工程转包给了梓匠，即"全模授于梓匠"③。柳宗元说："梓人，盖古之审曲面势者，今谓之都料匠云。"④此"都料匠"（掌管设计、施工的木工）即总工匠。另，宋代欧阳修撰有《都料匠预浩》⑤一文，其"都料匠"亦即总工匠，即工匠的总管。预浩亦作喻皓，他所著《木经》一书，已佚。从残篇《梓人遗制》的体例和它那时时体现着统揽全局的气度看，薛景石肯定不是一般的小工匠，而是具有相当熟练木工技艺的总工匠或者称作"大木匠"。否则，他就不会对每个木器（介于大器作与小器作之间）的制造环节那么胸有成竹，那么驾轻就熟。对此，段成己在《梓人遗制·序》中介绍说：

> 古攻木之工七：轮、舆、弓、庐、匠、车、梓，今合而为二，而弓不与焉。匠为大，梓为小，轮舆车庐。王氏云：为之大者以审曲面势为良，小者以雕文刻镂为工。去古益远，古之制所存无几。⑥

可见，薛景石是属于"以审曲面势为良"的大匠。其范围主要包括轮与庐、车。显然，元代梓人的职能较宋代梓人的职能趋于综合性。宋人孙奭说："梓人成其器械以利用，匠人营其宫室以安居。"⑦他是把梓匠分为"成其器械"和"营其宫室"两个方面，而宋代梓人不包括"营其宫室"者。与之相比，元代梓人虽然不能说兼有"成其器械"和"营其宫室"两种职能，但是它应当包含宋代的大木作、小木作、细木作、圆木作及水木作等工种在内，像农业机械、纺织机械、交通运输工具、普通家具等，都应属于"梓人"的制造范围。因此，薛景石是一位木工技术非常全面的"大匠"，而《梓人遗制》的内容亦绝不只局限于"成其器械以利用"这个方面。

2. 山西"梓人"的技术特色

金代的山西是梓人最为集中的地区之一，这可从目前金代木构建筑主要分布在山西省这一现象反映出来。从总体上看，山西金代建筑主要有两种风格或类型：一种类型为厅堂

---

① （唐）柳宗元：《柳宗元集》，北京：中华书局，1979年，第478—479页。
② （唐）柳宗元：《柳宗元集》，第479页。
③ （唐）张鷟：《龙筋凤髓判》卷2，北京：中华书局，1985年，第41页。
④ （唐）柳宗元：《柳宗元集》，第480页。
⑤ （唐）庄绰等著，朱瑞熙、程君健译注：《宋代笔记小说选译》，南京：凤凰出版社，2011年，第39页。
⑥ （元）薛景石著，郑巨欣注释：《梓人遗制图说·序》，第5页。
⑦ 李修生、朱安群主编：《四书五经辞典》，北京：中国文联出版公司，1998年，第61页。

结构，用直梁，与辽朝的建筑一脉相承，如重建于金天会十五年（1137）的五台山文殊阁，梁架结构采用减柱造法与“人”字形的柁架，大殿内的金柱减至4根。与此相应，前后槽施用长跨三间的大内额，构成略似近代“人”字形柁架的屋架。又如，重建于金皇统三年（1143）的朔州崇福寺弥陀殿，梁架结构亦是采用减柱造法与“人”字形的柁架。大殿的前檐格扇，棂花纹样达15种，精工细雕，非常优美。另一种类型用两种柱位不同的构架拼合而成，具有典型的宋式厅堂构架特点，如大同善化寺三圣殿、山门等。[①]具体地讲，山西金代建筑的技术特色主要表现在四个方面：一是采用大额枋纵向承重的构架；二是梁架结构中使用移柱和减柱造；三是斗栱中大量使用斜栱；四是建筑装饰和雕饰日趋繁丽。[②]

在山西南部，山西万荣县后土祠在宋金时即已成为一处完整的大型祠庙建筑群。据《蒲州荣河县创立承天效法厚德光大后土皇地祇庙像图石》所示，整个建筑群南北长732步，东西阔320步，沿中轴线建有棂星门、太宁庙、承天门、延禧门、坤柔之门、两方台、坤柔之殿等。[③]运城关帝庙，始建于隋朝，金代形成庙宇，庙前有牌坊3座，中间为石雕，左右为木构，两边是钟楼和鼓楼。[④]另外，临汾被称为元杂剧的摇篮，而高平市金代二郎庙戏台则是我国现存最早的戏台等。由此可见，薛景石生活的时代，山西南部地区“梓人”逐渐融合了唐、辽、宋诸朝的建筑长技。于是，各种新的建筑形式层出不穷，诸如使用减柱造、大量使用斜栱于斗栱之中等。在此背景之下，各色“梓人”必然会提出对各种建筑技术进行规范化和标准化管理的迫切要求。

我们知道，金代山西的纺织业比较发达。当时金朝在山西太原和平阳两地设置绫锦院，专掌“织造常课匹段之事”[⑤]。其中隰州卷子布，因织造精良而成为当地的名产和贡品。[⑥]特别是蒙古军队在灭亡金朝的过程中，将“南人”工匠大量向元朝的“腹里”地区迁移，作为“腹里”地区的山西，在此期间接纳了很多“梓人”。例如，《梓人遗制》中的“罗机子”即是专门织造罗类织物的木机。但据研究，见于《梓人遗制》中的“罗机子”并非宋代新出现的平罗技术，而是盛行于汉唐的传统四经绞罗技术。仅此而言，《梓人遗制》中的“罗机子”是“现存汉唐罗机的惟一材料”[⑦]。可见，金元之际山西南部地区的“梓人”存在三类技术传统：辽朝、唐朝与宋朝的技术传统。前揭建筑技术领域，辽朝沿袭唐朝建筑规范的地方颇多，如大同华严寺下寺薄伽教藏殿，“与唐代所建的佛光寺东大殿极为相近，可证其直接继承了唐代的规范”，故“辽朝建筑风格尤接近于唐代”[⑧]。而大同善化寺三圣殿则具有宋式厅堂的架构特点，此为唐及辽朝建筑所没有的；该寺的山门除梁用月梁外，“后檐

---

① 傅熹年：《中国古代城市规划、建筑群布局及建筑设计方法研究》，北京：中国建筑工业出版社，2001年，第114页。

② 国家文物局主编：《中国文物地图集·山西分册》上册，北京：中国地图出版社，2006年，第116页。

③ 李文：《山西万荣后土祠戏台及演剧习俗考略》，《中华戏曲》编辑部：《中华戏曲》第31辑，北京：文化艺术出版社，2004年，第44页。

④ 罗伟国：《中国道观》，上海：上海古籍出版社，2009年，第194页。

⑤ 《金史》卷57《百官志三》，北京：中华书局，1975年，第1322页。

⑥ 《金史》卷26《地理志下》，第634页。

⑦ 温泽先主编：《山西科技史》上部，太原：山西科学技术出版社，2002年，第242页。

⑧ 国家文物局主编：《中国文物地图集·山西分册》上册，第116页。

之阑额也仿月梁形，与《营造法式》所规定者相同，亦为唐、辽时所无”[①]。这种多元化“梓人”的存在及其所制器具的广泛使用，便成为薛景石撰著《梓人遗制》的现实根据。所以《梓人遗制》云：

> 有是石者，夙习是业，而有智思，其所制作不失古法而间出新意，砻断余暇，求器图之所自起，参以时制而为之图。[②]

所谓“时制”就是在金元之际山西南部地区所习见的木器，既有唐朝的木质器械，又不乏宋代新出现的木质器械。这就是《梓人遗制》能够出现汉唐时期所流行的纺织器械——“罗机子”的真正原因。

陈明达先生在论述《梓人遗制》中“九真门制”的技术特点时说：

> (《永乐大典》)卷三千五百十八至十九，九真门制两卷，前一卷中有格子门、板门两类制造法式，均收自《梓人遗制》，行文款式同前。附图九页半，计有格子门三十四式，板门二式以及额、限、立桥、华板等构件图。所叙内容如“四斜球文格子”、“四直方格子”，“其名件广厚，皆取门程每尺之高，积而为法。”这与宋《营造法式》所述大同小异，可以从中辨析两代木作差别。图中格子门格眼图案与《营造法式》差别较大，已近于明清形式。板门中的“转道门”一式则不见于《营造法式》，亦未见有后代实例。[③]

“九真门制”史料的发现，使史学家可以从小木作的角度更加全面地认识和理解从《营造法式》到《梓人遗制》这段历史时期，以山西南部地区为代表的北方建筑技术的发展与演变规律。就其技术特色而言，“板门中的‘转道门’一式”具有极强的地域性，这是因为《梓人遗制》的写作特点是“参以时制而为之图”。薛景石绘图的原则即是取自当时流行的各种款式。据此思路，张昕等在对《梓人遗制》小木作部分内容进行“释读”的过程中，实地考察了山西南部地区的古建筑遗迹，重点是金代建筑遗迹，诸如侯马董海墓、稷山马村4号墓、稷山马村5号墓等。此期，“梓人”的成分比较复杂，技术形式不拘一格，呈现出多元化的发展倾向。比如，仅格子门就有34式，其“种类之繁多，样式之繁复均大大超出了法式所载，亦远非现存实物可涵盖”[④]。总之，“多元性”和“繁复性”是金元之际山西“梓人”技术的基本特点。

（二）薛景石的综合创新设计思想

关于《梓人遗制》的具体内容，段成己称“取数凡一百一十条”[⑤]，即原著收录了110

---

① 傅熹年：《中国古代城市规划、建筑群布局及建筑设计方法研究》，第114页。

② （元）薛景石著，郑巨欣注释：《梓人遗制图说》附录，第139页。

③ 杨永生、王莉慧：《建筑百家谈古论今——图书编》，北京：中国建筑工业出版社，2008年，第35页。

④ 张昕、陈捷：《〈梓人遗制〉小木作制度释读——基于与〈营造法式〉相关内容的比较研究》，《建筑学报》2009年第2期，第82页。

⑤ （元）薛景石著，郑巨欣注释：《梓人遗制图说・弁言》，第1页。

种日用器械，然现传本却仅保存了 14 种，约占总数的 13%，另 87%今已不复见。从这个角度看，我们想要全面论述薛景石的综合创新设计思想显然是不可能的，目前所能做到的只能是依据现有史料，通过对《梓人遗制》残篇的剖析，由一叶落而知天下秋，使我们对它的基本内容和技术思想有一个鸟瞰式的直观认识。

1. 官车的形制与设计

《梓人遗制》载："《周礼 • 春官》，巾车掌公车之政令，服车五乘，孤乘夏篆，卿乘夏缦，大夫乘墨车，士乘栈车，庶人乘役车。"①又说："车之制自上古有之，其制多品，今之农所用者即役车耳。其官寮（僚）所乘者即俗云五明车，又云驼车，以其用驼载之，故云驼车，亦奚车之遗也。"②官车是载人之车，而民车则是载物之车。由于民车不需"雕文刻镂"，制作相对粗糙，故薛景石特别强调"坐车"的技术规范。因为在他看来，"铸金磨玉之丽，凝土剡木之奇，体众术而特妙，未若作车而载驰尔"③。

官车有五种形制：五明坐车子、屏风辇、亭子车、圈辇及靠背辇。其中五明坐车子载有用材、尺寸、功限等内容，余者仅附有示意图，没有具体的制作标准。

金代的官车源于辽代，但较辽代的官车在形制和制作技术上都有了较大的变化。例如，人们在巴林左旗富河镇富河沟村哈拉海场沟的一处辽代墓葬中，发现了一幅辽代木制人力车全景壁画（图 4-1），整个画面反映的是贵族准备乘车出行的情景，弥足珍贵。与《梓人

图 4-1　巴林左旗富河镇富河沟村辽墓壁画中的人力车图

---

① （元）薛景石著，郑巨欣注释：《梓人遗制图说 • 五明坐车子》，第 19 页。
② （元）薛景石著，郑巨欣注释：《梓人遗制图说 • 五明坐车子》，第 20 页。
③ （元）薛景石著，郑巨欣注释：《梓人遗制图说 • 五明坐车子》，第 20 页。

遗制》辇图相比，圈辇与之非常相近，说明两者之间存在着某种内在联系。《金史》载："金初得辽之仪物，既而克宋，于是乎有车辂之制。"用以"别上下、明等威"，且"历代相承，互有损益，或因时创始，或袭旧致文，奇巧日滋，浮靡益荡"[①]。而辽制"辇：用人挽，本宫中所乘"[②]。实际上，皇亲国戚平时外出，只要路途不远，一般都习惯坐辇。如图4-1所示，虽名"人力车"，实为"辇"的一种。车比辇有气势，制作工艺亦相对较复杂，所以薛景石在《梓人遗制》的"车制"中主要记述了"五明坐车子"的用材与功限，因为对于"梓人"来说，"所得可十九矣"[③]。如果以之为示范，由难而易，就可以举一反三。用他的话说，就是"其车子有数等，或是平圈，或是靠背辇子平顶楼子上攒荷亭子，大小不同，随此加减"[④]。

薛景石在《梓人遗制图说·五明坐车子》之"叙事"部分中说："车有轮，有舆，有辀，各设其人。"[⑤]此为"坐车"的三大组成部分。从这个意义上讲，"一器而工聚焉者，车为多"[⑥]，即制作一辆坐车需要多名"梓人"协作来完成，可见其专业分工之细。

1）强调"功能合理"为车辆设计的基本原则

薛景石说："轮人为轮，斩三材必以其时。三才既具，巧者和之。毂也者，以为利转也，辐也者，以为直指也。牙也者，以为固抱也。"[⑦]

考虑到坐车的安全性，梓人从选材到用料，每道工序都有非常严格的技术标准。例如，毂、辐和牙三种构件所用木材，必须在不同时节里砍伐。郑玄说："斩之以时，材在阳，则中冬斩之；在阴，则中夏斩之。今世（指汉代）毂用杂榆，辐以檀，牙（指轮圈，亦称辋）以橿也。"[⑧]用阴阳观念来解释制作坐车木材的性能固然不科学，但古人试图使各种材质的优质性能达到最大化，这个设计原则却是无可厚非的。对于不同的构件，其性能要求各有标准，如毂的功能是"利转"，辐的功能是"直指"，牙的功能是"固抱"。另外，"轴有三理……一者以为媺也，二者以为久也，三者以为利也，是故辀欲颀典"[⑨]。"颀典"意为坚韧，故轴的选材与制作的原则和质量要求（即"理"）可概括为三个字：媺、久、利。郑巨欣先生将其解释为"美观、耐久、功能好"[⑩]。此外，"轮人为盖，上欲尊而宇欲卑，则吐水疾而霤远"[⑪]，意思是说车盖上面的盖斗隆起尽量要高，相反车盖的外缘檐尽量要低，这是由于方便雨水畅流，故其斜度一定要大。可见，车盖的斜度是便于雨水畅流而设计的。

---

① 《金史》卷43《舆服志上》，第969页。
② 《辽史》卷55《仪卫志一》，北京：中华书局，1974年，第902页。
③ （元）薛景石著，郑巨欣注释：《梓人遗制图说·序》，第5页。
④ （元）薛景石著，郑巨欣注释：《梓人遗制图说·五明坐车子》，第27页。
⑤ （元）薛景石著，郑巨欣注释：《梓人遗制图说·五明坐车子》，第19页。
⑥ （元）薛景石著，郑巨欣注释：《梓人遗制图说·五明坐车子》，第19页。
⑦ （元）薛景石著，郑巨欣注：《梓人遗制图说·五明坐车子》，第19页。
⑧ （清）江永：《乡党图考》卷8《车轮考》，清乾隆五十八年（1793）刻本。
⑨ （元）薛景石著，郑巨欣注释：《梓人遗制图说·五明坐车子》，第20页。
⑩ （元）薛景石著，郑巨欣注释：《梓人遗制图说·五明坐车子》，第24页。
⑪ （元）薛景石著，郑巨欣注释：《梓人遗制图说·五明坐车子》，第19页。

这里体现了结构与功能的统一，正如《老子》所言“三十辐共一毂，当其无，有车之用”[①]。故薛景石说：“辀深则折。浅则负，辀注则利，准则久，和其安。”[②]即车辕的弯曲度过大，容易折断；反之，车体向上仰。只有车辕的弯曲度深浅适中，行进时坐车的人才会感到平稳、快速，而这个车辆亦才经久耐用。一句话，结构决定性能。

有原则性，同时又有灵活性，这是《营造法式》最突出的设计思想之一，薛景石继承了《营造法式》的这一光辉思想，他虽然强调车制结构的原则性，但是并没有将其绝对化，而使其变成僵死的教条。恰恰相反，他非常重视梓人的制作个性，在不变中求变，因而使梓人的创造性得到了充分发挥。关于这一点，可由34式格子门来证明。薛景石说：“国马之辀，深四尺有七寸。田马之辀，深四尺，驽马之辀，深三尺三寸。”[③]这里体现了车辕的可变性，也就是说车辕随着辕马的体型变化而适当作尺寸的调整，使之发挥马与辕搭配时的最大效力。有学者将此称为设计应该创造并适应新的需求[④]，这是设计艺术的一条基本原理，当然也是最朴素的真理。

2）标准化是设计规范的必然要求

在古代，车制的起源十分久远，所以有“黄帝造舟车，故曰轩辕氏”[⑤]之说。《周礼·考工记》载：

> 车有六等之数，皆兵车也。凡察车之道，必自载于地者始也，是故察车自轮始。凡察车之道，欲其朴属而微至。不朴属，无以完久也。不微至，无以为戚速也。轮已崇，则人不能登也。轮已庳，则于马终古登阤也。故兵车之轮六尺有六寸，田车之轮六尺有三寸，乘车之轮六尺有六寸。六尺有六寸之轮，轵崇三尺有三寸也，加轸与轐焉，四尺也，人长八尺，登下以为节。[⑥]

《考工记》所用齐尺相当于现在米制的19.7厘米。据此，“六尺有六寸”则约为现在米制的130.02厘米，是为车轮的直径。实际上，《考工记》对于车轮的制造提出了3项技术要求：一是要“朴属”，即坚固；二是要“微至”，即尽可能圆；三是切忌“崇庳”，即高度要适当。[⑦]在历史上，坐车是从站车逐渐发展而来的，如西周车制为了站立舒适，将车轼与车轸相分离，使车轼成为一个独立的构件，且较车轸为高；另外，为了减震和平稳，人们于轴的两边增设了镂这个辅助构件，此构件“下部挖成半弧形，与轴衔接，上部平坦，承载车厢”[⑧]。其他各主要构件的制作标准为：“六分其轮崇，以其一为之牙围，参分其牙围，而漆其二。椁其漆内而中诎之。以为之毂长，以其长为之围，以其围之防捎其薮。五分其

① （三国·魏）王弼：《老子道德经》第11章，《诸子集成》第4册，石家庄：河北人民出版社，1986年，第6页。
② （元）薛景石著，郑巨欣注释：《梓人遗制图说·五明坐车子》，第20页。
③ （元）薛景石著，郑巨欣注释：《梓人遗制图说·五明坐车子》，第20页。
④ 张爱红：《谈〈五明坐车子〉中关于古车设计的论述》，《广西艺术学院学报》2006年第4期。
⑤ （元）薛景石著，郑巨欣注释：《梓人遗制图说·五明坐车子》，第19页。
⑥ （元）薛景石著，郑巨欣注释：《梓人遗制图说·五明坐车子》，第19页。
⑦ 西安市交通局史志编纂委员会：《西安古代交通志》，西安：陕西人民出版社，1997年，第710—711页。
⑧ 钟正基：《〈考工记〉车的设计思想研究》，武汉理工大学2007年硕士学位论文，第9页。

毂之长，去一以为贤，去三以为轵。”[①]即按“六尺有六寸之轮”高算，即毂的周长与毂长相等[②]；“凡辐，量其凿深以为辐广”[③]，意即车轴的宽与毂的凿深相等，此时车轮受力最佳，强度大，坚固胜重；“轮崇、车广、衡长参，如一，谓之参称。参分车广，去一以为隧……六分其广，以一为之轸围”[④]，即轮的直径等于舆（指车厢）宽，又等于横（指辕前横木）的长。这些制车的标准是薛景石规范“坐车”制作的重要参照，如《梓人遗制·五明坐车子》载：“造坐车子之制，先以脚（指车轮）圆径之高为祖，然后可视梯槛，长广得所，脚高三尺至六尺，每一尺脚，三尺梯，有余寸，积而为法。”[⑤]则薛景石给出了以下两组数据：①车头（即毂与辐相接的部分）长 0.9—1.5 尺，直径为 0.7—1.2 尺，从这个数据中，我们不难发现，当时为了适应各层人物的需求，出现了多种坐车类型，《梓人遗制》仅仅列举了 5 种；②辐长随车轮之高径，广 1.5—2.6 寸，厚 1—1.6 寸。这里有一个问题，依照《考工记》的标准，车轮高为 6.6 尺，约合现在米制的 130.02 厘米，而按实物宋代 1 尺均大于现在米制的 30 厘米，显然，薛景石所言非宋尺。

因元代 1 尺约为现在米制的 7.4 寸，则 7.4 寸×3.333 3 厘米≈24.7 厘米。综上所述，可以肯定金元两朝在度量衡方面属于一个系统，但由于金元“木尺”的准确数值，各家说法不一，有学者认为 1 元尺约为现在米制的 31.5 厘米；还有学者认为，1 元尺约为现在米制的 35 厘米；此外，尚有 1 元尺约为现在米制的 34 厘米等说。所以我们在短期内想获得薛景石规范“坐车”的精确尺寸，似有一定的难度。不过，从《梓人遗制》把《考工记》车轮高 6.6 尺，缩减到 6 尺（上限）的现象看，应当与金尺或元尺大于齐国尺有关，具体大多少，其准确数据有待进一步考证。齐国尺约为现在米制的 19.7 厘米，而薛景石所用“木尺”约为现在米制范围，取值应在 19.7 厘米和 30 厘米之间。又，《考工记》对毂的制作标准是周长与毂长相等，或云“毂长等于毂围”[⑥]，薛景石虽然在“五明坐车子”中没有明确两者之间的关系，但总的原则并没有太大的改变。在这个方面，“造辋法”表现得尤其突出。薛景石云：

> 造辋法。取圆径之半为祖，便见辋长短。如是十四辐造者，七分去一，每得六分，上却加三分。十六辐造者，四分去一分，每得三分，却加一分八厘。[⑦]

《考工记》没有规定具体的“辋”数，多少则可根据实际情况而定，故“五明坐车子”有 6 辋、7 辋和 8 辋三种情形。但“牙也者，以为固抱也”，这个原则非常重要，它要求每

---

① 《周礼·冬官考工记》，《黄侃手批白文十三经》，上海：上海古籍出版社，1983 年，第 118 页。
② 钟正基：《〈考工记〉车的设计思想研究》，武汉理工大学 2007 年硕士学位论文，第 14 页。
③ 《周礼·冬官考工记》，《黄侃手批白文十三经》，第 119 页。
④ 《周礼·冬官考工记》，《黄侃手批白文十三经》，第 120 页。
⑤ （元）薛景石著，郑巨欣注释：《梓人遗制图说·五明坐车子》，第 26 页。
⑥ 钟正基：《〈考工记〉车的设计思想研究》，武汉理工大学 2007 年硕士学位论文，第 14 页。
⑦ （元）薛景石著，郑巨欣注释：《梓人遗制图说·五明坐车子》，第 19 页。

两辋之间的接合处凿成齿状，以求坚固，所以辋又称作“牙”[①]。

我们知道，构件必须严格按照标准生产，否则，组装程序就无法进行。《梓人遗制·序》对此有下面的评述：“每一器必离析其体而缕数之，分则各有其名，合则共成一器。规矩必度，各疏其下。”[②]

其“规矩必度”表明整个制作过程一定要按照标准操作，一卯一榫，不得随意为之。既有“离析”和“缕数”，又有“巧者和之”的技术整合。至于两者如何衔接与拼对，并最终组装成一辆美观舒适的坐车，里面的学问在没有统一的制作标准之前，绝非短时间内就能熟练掌握的。当然，一旦有了制作标准，不但能缩短学艺的过程，而且会大大提高造车的数量和质量，从而达到“方圆曲直，皆中规矩准钩，故机旋相得，用之牢利，成器坚固”[③]的造机效果。

3）追求“天人合一”的技术境界

中国古代没有独立的自然科学体系，《周礼·大司徒》载有“以乡三物教万民”，所谓“三物”系指六德、六行和六艺。而在这个教育体系里，“德”居主导地位，而“艺”则处于次要和附属的地位。这一点在中国整个封建时代始终没有改变，故李曙华先生说：

> 中华科学模型所含之知识是一种以道德实践为基础的知识形态。价值观念始终渗透其中，不仅认知与价值统一，而且目的犹在“导人入德”。其最高境界与终极真理皆在“天人合一”。它与基于感性与知性的西方知识形态有所不同，与心物截然二分、认知与价值无关的西方近代科学更是迥然异趣。[④]

在中国古代，无论是道德之学还是格致之学，“天人合一”是其共同的价值观。依此，薛景石在《五明坐车子·叙事》中引后汉李尤《小车铭》的话说：“圜盖象天，方与则地，轮法阴阳，动不相离。”而他自己在阐释“五明坐车子”的舆制结构时，非常具体地说：“轸之方也，以象地也，盖之圆也，以象天也，轮辐三十，以象日月也，盖弓二十有八，以象星也。”[⑤]此处的“轸”本义是车厢后面的横木，这里引申为“舆”，呈方形结构，而车盖为中央高、周围下垂的“穹隆”状，这个车制观念与蒙古民族的“穹庐”非常接近，所以薛景石的“车盖”多以蒙古人的“穹庐”为式，如亭子车即是一例，如图4-2所示。宋人程大昌在《演繁露》中说：“唐人昏礼多用百子帐……其制本出戎虏，特穹庐、拂庐之具体而微者耳。……大抵如今尖顶圆亭子，而用青毡通冒四隅上下，便于移置耳。”[⑥]可见，亭子车亦本出蒙古包，这是当时民族融合历史的一种具体表现。

---

① 钟正基：《〈考工记〉车的设计思想研究》，武汉理工大学2007年硕士学位论文，第19页。
② （元）薛景石著，郑巨欣注释：《梓人遗制图说·序》，第5页。
③ （清）戴望：《管子校正·形势解篇》，《诸子集成》第7册，第327页。
④ 李曙华：《中华科学的基本模型与体系》，《哲学研究》2002年第3期，第22页。
⑤ （元）薛景石著，郑巨欣注释：《梓人遗制图说·序》，第20页。
⑥ （宋）程大昌撰，周翠英点校：《演繁露》卷13，济南：山东人民出版社，2018年，第245页。

图 4-2 《梓人遗制》所绘亭子车[1]

对于天地人的关注，当然与人类的认识史相关。先认识天，然后认识地，在对天地的认识达到一定阶段之后，人类才开始逐渐认识自身。因此，刘长林先生说："我们的祖先可能凭直观视觉，确认天比地大，天像穹庐抱大地。而他们对客观世界的科学考察是从'天'开始的。在天、地、人三者之中，古人对天的认识最早。对人的认识最晚。科技史表明，古人最先是根据天时的运行来考察大地的变化的。古人对天、地、人的认识次序显示了从'整'到'局'，以大观小的思维特征。"[2]当然，从具体的科技实践过程看，大和小其实是一个思维过程的两面，它既是以大观小的思维过程，又是以小观大的认识过程，这两个认识过程在本质上是统一的。我们讲"天人合一"，正体现了人与天、地相参的运动机制，而人在其间充当着沟通天地的角色。这个角色最初由巫人担当，后来演变为"君权神授"，君主遂成为天帝的代言人。

当然，"舆人为车"一方面反映了人在天地之中具有能动性和创造性；另一方面，舆人在造车的过程中，不能仅仅依靠主观愿望，随心所欲，而是应尊重客观规律，即"圆者中规，方者中矩，立者中悬，衡者中水"。在此，所谓"方"是指符合"矩"的要求者或因"矩"而成形者。[3]用李迪先生的话说，就是"用规，矩，垂线，水的浮力，尺和秤来严密度量圆、平、直、匀、长和重等几何、物理性质，获得必要的数据，这是保证车轮完美无缺的前提"[4]。从本质上看，尊重客观规律主要是指人们对事物的存在和发展不仅要有质的认识，而且要有量的把握。如果说"轮人为轮，斩三材必以其时"是指质的规定性，那么，"凡居材，大与小无并，大倚小则摧，引之则绝"[5]便是指量的适度性和合理性，而这无疑是"天人合一"思想的内在体现。

---

① （元）薛景石著，郑巨欣注释：《梓人遗制图说》，第 34 页。
② 刘长林：《中国系统思维》，北京：中国社会科学出版社，1990 年，第 440 页。
③ 童庆炳主编：《文学理论教程教学参考书》，北京：高等教育出版社，2005 年，第 324 页。
④ 李迪主编：《中国数学史大系》第 1 卷《上古到西汉》，北京：北京师范大学出版社，1998 年，第 253 页。
⑤ （元）薛景石著，郑巨欣注释：《梓人遗制图说》，第 20 页。

不过，追求“饰车欲侈”[1]的造车理念，虽然里面含有一定的艺术审美需要，但主要的内容还是炫耀身份和地位的标志，它反映了封建统治阶级生活奢侈和腐朽的消费倾向，应予以扬弃。

2. 纺织机械的形制与设计

如前所述，金朝在山西的太原和平阳（今山西临汾市）两地设立了绫锦院，显示了当时山西纺织业在北方地区的重要地位。《元史·百官志》载：元代在晋宁路（今山西临汾）设立织染提举司，下辖7个局，分别在河中府（今山西永济）、襄陵（今山西襄汾）、翼城（今山西翼城）、潞州（今山西长治）、泽州（今山西晋城）、隰州、云州。[2]马可波罗看到，山西沿黄地区产丝不少，而临汾产丝甚饶。当然，随着官营丝织业的发展，民间纺织业特别是棉织业逐渐开始发展起来，而《梓人遗制》主要反映的还是元初山西南部个体棉纺生产的基本状况。为了促进当地棉织业的发展，薛景石设计了一些新的织机，使棉织效率和生产技术都有了很大提高。所以有人说：“薛景石在实践中创制的各种织机和织具，在山西潞安州名噪一时。潞安州地区由于推广了薛景石制造的织机，原来已经非常发达的纺织业就更加发达，已经和长江流域的江浙地区并驾齐驱，有‘南松江，北潞安，衣天下’的说法。”[3]

1）华机子的制造及其特点

华机子是一种提花机，中外学者对该机的历史演变从原始多综提花腰机、多综多蹑踏板提花织机到花楼式束综、构件、规格和工作原理已经作了很多研究。汉代以前中国是否出现了提花机问题，曾是困扰人们探索提花机起源的一个学术难题。然而，随着我国丝织物考古工作的深入发展，人们越来越意识到提花机从不完善到逐渐完善，确实经历了一个比较漫长的历史演变过程。有证据表明，中国最早的提花机在商代就已经出现了，战国时期出现了多综多蹑提花机，汉初又创制了更加先进的束综提花机。[4]薛景石《梓人遗制》中的“华机子”指的就是束综提花机。

由于金元之际山西南部地区官营和私营丝织业比较发达，梓人所造提花机形制不统一，于是出现了“今人工巧，其机不等，自各有法式”[5]的局面，不利于丝织品的标准化生产，因而很难保证其织造质量。正是在这样的社会背景下，薛景石对提花机的形制特点进行了深入研究，并通过总结各种机型的长短，最后创制了性能更加全面的线制小花本提花机，也就是华机子，如图4-3所示。

---

① （元）薛景石著，郑巨欣注释：《梓人遗制图说》，第20页。

② 《元史》卷85《百官志一》，北京：中华书局，1976年，第2149—2150页。

③ 张力军、胡泽学主编：《图说中国传统农具》，北京：学苑出版社，2009年，第185页。

④ 中国历史大辞典·科技史卷编纂委员会：《中国历史大辞典·科技史卷》，上海：上海辞书出版社，2000年，第655页；赵海明、许京生：《中国古代发明图话》，北京：北京图书馆出版社，1999年，第256页。

⑤ （元）薛景石著，郑巨欣注释：《梓人遗制图说》，第59页。

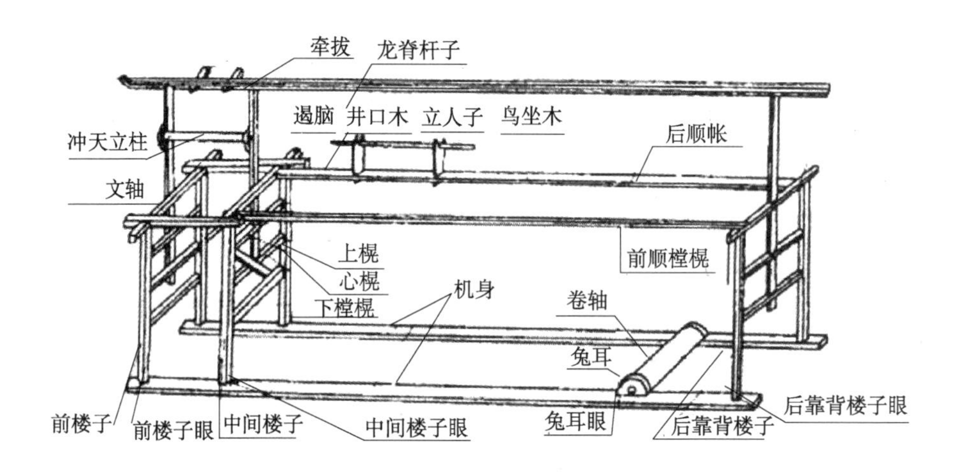

图 4-3　华机子示意图[①]

华机子的操作比较复杂，需要两人协力进行，一人为挽花工，坐在 3 尺高的花楼上，挽花提综；另一人则坐在机头，踏杆引纬织造。它的基本工作原理是：从“花楼”到投梭织制，实际上就是利用“结绳记事”程序把图纸的图案信息翻译和转录到织物上的过程，人们将它称作“挑花结本”。《天工开物》载：“凡工匠结花本者，心计最精巧。画师先画何等花色于纸上，结本者以丝线随画量度，算计分寸杪忽而结成之。张悬花楼之上，即织着不知成何花色，穿综带经，随其尺寸度数提起衢脚，梭过之后，居然花现。”[②]在此基础上，便出现了挽花工和织工的分工与合作。所以为了完成这个图案信息的转录过程，梓人创造了许多新的织机构件，但综合起来，可分为两大系统：机楼花本系统与装造系统。《梓人遗制》所绘机楼子共由 9 个主要部件构成：从上至下，依次是龙脊杆子、牵拔、冲天立柱、遏脑、井口木、文轴、上榥、心榥、下樘榥。装造系统主要由机身及其辅助构件所组成，主要部件有：机身、楼子、立人子、利杆、卧牛子、特木儿、弓棚架、卷轴、兔耳、筬框、滕子等。从薛景石的记述来看，他使各种机型集于一体，即实现了一机多用的目的，大大节省了资源成本。因此，薛景石说：

> 凡机子制度内，或织纱，则用白踏，或素物，只用梭子，如是织华子什物全用，其机子不等，随此加减。[③]

也就是说，薛景石将华机子改造为可以适用于不同织造效果的机型，且装换构件比较容易，这是一种新的创造，同时也是此织机最突出的特点。

另外，对各个零部件的规格讲得亦非常具体和详细，这是薛景石描述华机子构件的又一个重要特点。例如，“冲天立柱长三尺四寸，厚随遏脑之厚，广二寸，下卯栓透遏脑心下两榥。遏脑向上随立柱量四寸，安文轴子，轴子圆径一寸至一寸二分，长随楼子之广。龙

① （元）薛景石著，郑巨欣注释：《梓人遗制图说》，第 66 页。
② （明）宋应星著，钟广言注释：《天工开物》，香港：中华书局，1978 年，第 88—89 页。
③ （元）薛景石著，郑巨欣注释：《梓人遗制图说》，第 59 页。

脊杆子长随机身之长，厚随冲天立柱之方广。楼子合心，向脊杆子上分心各离三寸，安牵拔二个”[①]。不仅有各部件的尺寸规格，而且对各部件的比例搭配和相互位置都作了真实的说明，并配有零件图与总装配图，以便于梓人按图制造。诚如郑巨欣所说：尽管前有南宋《耕织图》中的提花绫罗机，后有《天工开物》中的提花机，但是“目前所有能见到的古代同类织机图像，都不如《梓人遗制》中的华机子描绘得具体，讲述得详细”[②]。

2）立机子的制造及其特点

平卧式织机是中国古代的主要机型，很难见到竖立式织机，而《梓人遗制》中有关“立机子”（即立织机）的记载是目前已知最为详尽的史料。从时代来看，敦煌莫高窟五代壁画已经出现了立织机，结合唐末敦煌文书所见“立机”的棉织品名，如 S.4504《乙未年龙弘子贷生绢契》云：“里（利）头立机细绁（即细棉布）壹匹。”[③]据此，我们知道立织机为一种棉纺机械。后来此织机于宋金时期传入山西，如山西大同出土了属于大定四年（1164）的棉布袜，与山东邹县元代墓出土的本色棉实袍施料相似，本色平纹，表明当时山西民间已经出现了粗纺棉。至于立织机的具体结构，薛景石给出了各种零部件的详细尺寸，以及各个部件之间的位置关系。

整个织机高 5 尺 5 寸至 5 尺 8 寸，宽 3 尺 2 寸，主体由两部分组成：上为经轴，下为布，具体构件有机身、马头、掌手子、大五木、小五木、后引手子、胳膝、高梁木、豁丝木（即分经木）、转轴、兔耳、下脚顺栓、悬鱼儿、梭子等。经纱片从顶部滕子垂直向下展开，通过分经木由吊综杆与综框相连接，然后，再从下综杆跟长短踏板接。立织机中间贯穿两根横木，起分经与分绞、开口、压经之作用。织造时，织工双脚踏两根踏板，牵动吊综杆上下摆动，轮流交换梭口，与此同时，一边用梭子引进纬纱，一边用筘不断打纬。[④]相对于华机子，立织机具有结构简单、易于操作的特点。但是由于其经轴位于机身的上方，更换不方便，加上机型所限，不能加装多片综，且纬密匀度不易控制，所以明朝以后，立织机便逐渐被织工所淘汰。

3）罗机子的制造及其特点

罗机子是专门织造罗织物的机型，或者说是专门用于绞经织物的木织机。也有学者称其为特殊罗织机，即指生产链式罗必须使用的专业织机。[⑤]它身长 7—8 尺，横楣外广 2.4—2.8 尺，主要由遏脑、卷轴、立人子、斫刀、文杆等部件构成。《梓人遗制》详细地标明了装配尺寸，阐明了各结构间的相互关系和作用原理。其中最有特点的部件当属遏脑，据薛景石介绍：“遏脑广三寸，广同两立颊。遏脑心内左壁离六寸，是引手子眼。引手子上是两立人子，上是鸟座木，上穿鸦儿。引手长一尺二寸。立人子高七寸，前脚高三尺八寸，广同厚。”[⑥]如图 4-4 所示。

① （元）薛景石著，郑巨欣注释：《梓人遗制图说》，第 61 页。
② （元）薛景石著，郑巨欣注释：《梓人遗制图说》，第 59 页。
③ 陈炳应主编：《中国少数民族科学技术史丛书·纺织卷》，南宁：广西科学技术出版社，1996 年，第 189 页。
④ 梅自强主编：《纺织辞典》，北京：中国纺织出版社，2007 年，第 147 页。
⑤ （元）薛景石著，郑巨欣注释：《梓人遗制图说》，第 86 页。
⑥ （元）薛景石著，郑巨欣注释：《梓人遗制图说》，第 85 页。

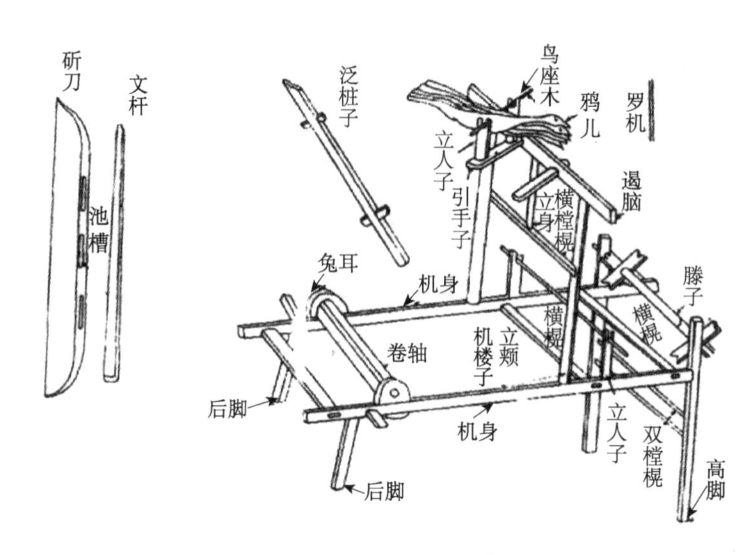

图 4-4 罗机子示意图[①]

鸟座木上的特木儿，一端系吊综绳下连踏脚杆，另一端则下吊大泛扇桩子或小扇桩子，操作时扇桩子可上下左右移动，从而使地经和绞经相互绞缠，形成椒眼孔的网纹，能织造二经、三经及四经绞罗等。当然，织素罗与花罗所适用的器具略有不同，“或素不用泛扇子，如织华子随华子，当少做泛扇子”[②]。这种机型没有竹筘，也没有梭子，而出现了砍刀、文杆和泛扇桩子 3 件特殊工具，非常有特色。它从商周一直到唐代，都是织罗的主要机型，但金元时期在民间则很少有罗机子流传。从这个意义上说，《梓人遗制》保存了唐代之前罗机子的详细材料，因而使我们重新复制它成为可能。

4）小布卧机子的制造及其特点

该机是用于织造普通丝麻原料的一种木机，为单蹑单综类型。它由立身子（指机身上面的纵向直木）与卧身子（指机身上面的横向直木）两大部分构成，其中立身子高 3.6 尺，具体构件有鸦儿木、马头、豁丝木、悬鱼儿、横榥等；构成卧身子的机件则有脚踏板、卷布轴子、横樘、脚踏关子等。

据研究，薛景石所制小布卧机子为提压式踏板卧织机，与直提式踏板卧织机相比，它的作用原理是在直立机上面安装着一对鸦儿木，鸦儿木的始端连着综片，末端则与脚踏杆连接，中间应用张力补偿原理装有一根压经杆与鸦儿木相连，此杆为直提式踏板卧织机所没有的，它是区分直提式卧机与提压式卧机的最直接和最鲜明的特征。其工作原理是[③]：用脚踏板来控制综片的升降，使经纱分成上下两层，所以当织工踏下脚踏子时，脚踏首先拉动压经杆将上层经丝下压，而鸭儿木的另一头再将综片提起，下层经丝即上升，这个过程使经丝的张力得到补偿并使开口更加清晰。当踏板放开之后，织机即恢复到由豁丝木和主滕木进行的开口。但织机的卷轴不是固定在机身上，而是被束于织工腰部。这样，库恩根

---

① 金秋鹏主编：《中国科学技术史·图录卷》，北京：科学出版社，2008 年，第 331 页。
② （元）薛景石著，郑巨欣注释：《梓人遗制图说》，第 85 页。
③ 赵丰：《卧机的类型与传播》，《浙江丝绸工学院学报》1996 年第 5 期，第 20 页。

据《梓人遗制》所复原的小布卧机子，附加了承架卷轴的兔耳这个构件显然与真实的织机结构不符合。这种类型的织机大约在 18 世纪先后传入日本和韩国，它对东亚地区的纺织技术发展作出了积极的贡献。

此外，小布卧机子是从原始腰机发展和演变而来的，它经过了悬挂式腰机、梯架式织机、直提式卧机、提压式卧机及叠助式卧机的机型的变化，到元时已经形成了多种类型并且广泛流行于全国各地，遂构成中国古代纺织机械发展史的重要内容之一。

3. 小木作木门的形制与设计

在宋代的《营造法式》与清代的《工部工程作法》之间，过去人们对其中小木作木门之间的过渡形制研究缺乏直接的理论依据，而《梓人遗制》小木作木门部分内容的发现，基本上解决了这一难题。前面说过，陈明达所发现的《梓人遗制》小木作制度内容见于《永乐大典》卷 3518，计有 2600 多字，40 幅图，以格子门的内容叙述最为详尽。

1）格子门的主要形制及其特点

格子门主要流行于唐末五代之后，在玻璃未被使用于门窗并以此来解决屋内的采光问题之前，格子门是人们用来采光的主要形式。通常格子门由四部分结构组成：上部为格眼或称格心；中部为腰华板或称绦环板；下部为障水板或称裙板；四周由边梃（即桯）和抹头（即腰串）组成框架。格眼是唐宋格子门变化的最显著之处，如唐代的格眼一般为直棂或方格，宋代则创造了四斜球文格与四直球文格，特色突出。

首先，关于格子门的框架，《梓人遗制》说：

> 用双腰串造，桯上下。门高一尺心串下空广五分（如门高，串内用心柱，小则不用）。下是促脚串，并障水版。每扇各随其长。除桯及两头，内分作三分，腰上留二分安格眼，腰下一分安障水版。或分作二分，合心一串。已下双串内腰华版厚六分至一寸，展四角入池槽，下是障水版。[1]

“桯上下”意即位于边桯上下的门框之上下封盖边桯。所谓“桯”就是“门扇框”；“心串”即位于门中部的横木，亦即腰串；“促脚串”为与下桯对应的那道串；“分作二分，合心一串”系指上下桯之间的比例为 1 : 1，见于元代早期的山西境内，它有别于宋代 2 : 1 的传统划分方法。与《营造法式》对腰华版厚度为 6 分的规定相较，此处厚度尺寸明显加大，且有一个浮动区间，这是薛景石通过具体时间对《营造法式》“6 分”定法的一种经验性调整。[2]可见，《梓人遗制》更加注重实际，而不是“制度”本身。因此，“混作”便成为薛景石小木作形制与设计思想的一个重要特征。至于造成这种境况的原因，有学者分析说，“恐与金元之际小木作门类划分之趋简，以及民间匠作体系的一专多能特性有关”，或可说是“社会审美、流行样式演化的一种结果”[3]。《梓人遗制》中所述的格子门的框架结构示意图，

---

① 张昕、陈捷：《〈梓人遗制〉小木作制度释读——基于与〈营造法式〉相关内容的比较研究》，《建筑学报》2009 年第 2 期，第 84 页。

② 张昕、陈捷：《〈梓人遗制〉小木作制度释读——基于与〈营造法式〉相关内容的比较研究》，《建筑学报》2009 年第 2 期，第 84 页。

③ 张昕、陈捷：《〈梓人遗制〉小木作制度释读——基于与〈营造法式〉相关内容的比较研究》，《建筑学报》2009 年第 2 期，第 85 页。

如图 4-5 所示。

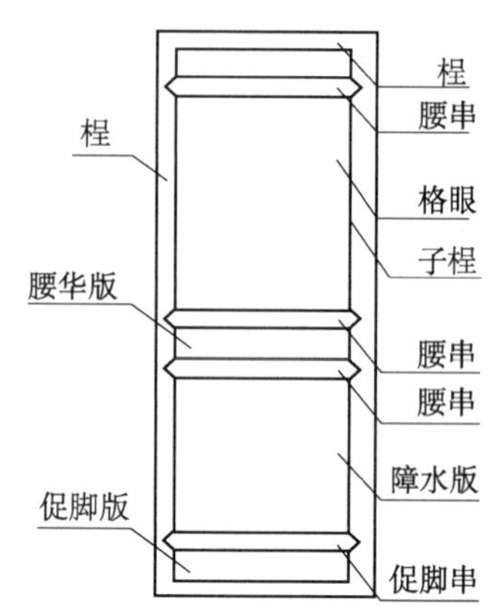

图 4-5 《梓人遗制》中所述格子门的框架结构示意图[①]

其次，混制与菱花格子门的样式非常丰富，装饰性和意象性突出。《营造法式》卷 7《小木作制度二》载有 5 种形制的格子门：四斜球文格眼、四斜球文上出条桱重格眼、四直方格眼、版壁及两明格子门。[②]而《梓人遗制》则增加到 7 种形制，即四斜球文格子上采出条桱重格眼、四直方格子门、两绞（即“交”字，下同）万字格子、两绞艾叶底上材聚四龟嵌合子、三绞格子艾叶间球文并杂花子、龟背条径或通混压边线心出单线或双线内破瓣压边线、两明格子门等。[③]其中除了两明格子门、四斜球文格子上采出条桱重格眼和四直方格子门 3 种形制与《营造法式》相同外，其余则皆为《梓人遗制》所新创，显示了山西境内格子门样式越来越趋于意象化。例如，“两绞万字格子”，类似于清代的三交六碗之称；“三绞格子艾叶间球文并杂花子”中的“杂花”是指团花状的小装饰图案等。“或球文或万字或艾叶单龟背或双龟背嵌艾叶芙蓉合子。”[④]又，“神佛堂殿、富贵之家厅馆”的格子门图案主要有“串胜嵌亚口”（图案呈单行成串亚字形）、“斜水文万字”（图案为斜行万字，状如水波）、“艾叶龟背”（图案为艾叶与龟背）、“双球文聚六星”（图案为双绣球四周嵌六星）等 34 种。[⑤]具体地讲，其花样主要有方胜、串胜、双串胜、球文、滚绣球、亚口、万字、香药、菱花、艾叶、芙蓉、水纹、珊瑚枝、拐子、合子、满天星、龟背、蒺藜、聚四、聚六、斗八、斗二十四、子母三十六等，这些图案不但是一种装饰，更是一种含有某种“神性”意识的精神寄托，因为它们赋予了家居生活以某种趋利避害的传统文化信仰。例如，艾叶象征着辟邪；菱花则是一种四季不败的花朵，它象征着世世昌盛，代代繁荣；芙蓉象征着富

① 张昕、陈捷：《〈梓人遗制〉小木作制度释读——基于与〈营造法式〉相关内容的比较研究》，《建筑学报》2009 年第 2 期，第 84 页。

② （宋）李诫：《营造法式》卷 7，上海：商务印书馆，1933 年，第 141 页。

③ 张昕、陈捷：《〈梓人遗制〉小木作制度释读——基于与〈营造法式〉相关内容的比较研究》，《建筑学报》2009 年第 2 期，第 85 页。

④ 张昕、陈捷：《〈梓人遗制〉小木作制度释读——基于与〈营造法式〉相关内容的比较研究》，《建筑学报》2009 年第 2 期，第 86 页。

⑤ 张忱石：《〈永乐大典〉续印本（六十七卷）史料价值发微》，《中华文史论丛》第 3 辑，上海，上海古籍出版社，1986 年，第 260 页。

贵；龟背象征着长寿；珊瑚枝象征着驱魔和吉祥寿等。

最后，格子门的基本设计方法。如何设计格子门，薛景石的方法是：

> 先量间之广，上下高。依除附柱内向里分作四扇或六扇。大桯及子桯之内约量均摊在平版上。画正样或球文或万字或艾叶单龟背或双龟背嵌艾叶芙蓉合子。先觑空寸均匀，然后取其条径广厚。解割名件材料不等。随意加减，积而为法。①

格子门的大小需要根据建筑物的实际情况而定。因此，对建筑物的空间尺度及其格子门的框架进行量化分析是很有必要的。通过量化分析，梓人就能够掌握制作格子门的所需数据，然后在此基础上结合时人的审美需要和做门的经验标准，并参照《营造法式》的有关内容，对格子门各构件之间的比例关系，以及制作规格进行全面规划、优化选材，匠心独运，“参以时制而为之图”②，使其制作功限更加合理，成本低而效率高。这就是薛景石“先觑空寸均匀，然后取其条径广厚”的内涵，它与段成己在序言中所说“每一器必离析其体而缕数之”相一致。

2）版门的主要形制及其特点

关于版门的做法，薛景石述云：

> 造版门之制，高五尺至二丈四尺，广与高不过方停，谓门高一丈，则每扇之广不过五尺。如减广者不过五分之一。谓门扇合广五尺，如减广者不过四尺。其名件广厚皆取门每尺之高，积而为法。独扇造者，高不过七尺，低不过五尺。③

《营造法式》所记版门的高度与宽度之比为2∶1，《梓人遗制》取法与《营造法式》同。薛景石将版门分成独扇版门和双扇版门两种形制，做法略有不同，如独扇门的主要构件有额、颊、楣、伏兔、手栓及砧，而双扇门的主要构件则有额、颊、鸡栖木、手栓、两砧及门簪，两者的构件差异比较明显。与《营造法式》相比，《梓人遗制》所呈现出的版门式样具有如下三个特点：

一是出现了“桯”这个构件。《梓人遗制》载：“门高一尺，桯广八分，厚四分（桯为之门扇框）。”④此处所谓的“门扇框”，是指“包裹在额颊之外的一道边框，早期恐用于填充柱额与版门之间的间隙”，其做法类似于《营造法式》所载之“槫柱、槫颊，更接近于清代的抱框”⑤。

二是增加了脑楣与立楣构件。《梓人遗制》载：“立楣长厚与立颊同，广则加立颊之广，

---

① 张昕、陈捷：《〈梓人遗制〉小木作制度释读——基于与〈营造法式〉相关内容的比较研究》，《建筑学报》2009年第2期，第86页。

② （元）薛景石著，郑巨欣注释：《梓人遗制图说》，第5页。

③ 张昕、陈捷：《〈梓人遗制〉小木作制度释读——基于与〈营造法式〉相关内容的比较研究》，《建筑学报》2009年第2期，第86页。

④ 张昕、陈捷：《〈梓人遗制〉小木作制度释读——基于与〈营造法式〉相关内容的比较研究》，《建筑学报》2009年第2期，第87页。

⑤ 张昕、陈捷：《〈梓人遗制〉小木作制度释读——基于与〈营造法式〉相关内容的比较研究》，《建筑学报》2009年第2期，第87页。

门高一尺则广加立颊一分之广，割角混向里。脑楣广厚与立楣同，长则与门额齐。脑楣、立楣减立颊之厚，不得加其立颊。”[①]在此，所谓“楣”系指围绕额颊的内侧附加的一条细长木框，其中“立楣”位于立颊内侧，主要功用是为了密合缝隙，使整个门扇显得更加严实和美观。其做法是将脑楣与立楣沿着厚度方向围合，紧贴在额颊之内，角度45°合拢，然后再向内修整为半圆弧状。[②]

三是更加注重“时制”和因材制宜。例如，对“身口版”的规制，《营造法式》有“牙缝造者，每一版广加五分为定法，厚二分”[③]的要求，而《梓人遗制》则没有厚度规定，它由梓人根据木材的实际情况来定。又如，对于“门额”，《营造法式》载：“长随间之广，其广八分，厚三分，双卯入柱。”[④]与之不同，《梓人遗制》规定：“门高一尺广一寸六分厚四分，长随门扇两颊之外。如额长一尺则颊外引出一寸至二寸二分。”[⑤]据张昕等研究，薛景石反映的确实是山西境内门作的流行样式，绝非他本人之主观所为，而从上述的量化标准看，“额长需要在两颊间距外另增1/8 至 1/10，出头部分即为与两侧柱连接的榫卯”[⑥]。

另外，版门中的“转道门”既不见于《营造法式》，又不见于明清实例，为《梓人遗制》的独有结构。

二、《梓人遗制》的科学价值和历史地位

（一）《梓人遗制》的科学价值

段成己在《梓人遗制・序》中提到金元之际的另一部木工专著《梓人攻造法》，内容不详，但“粗略未备”却是其缺陷。与之相较，《梓人遗制》“分布晓析”，且“叙次淡雅，图释详明，可窥一代制作情状”[⑦]，实乃“匠氏之佳书也”[⑧]。

就其诸图的绘制而言，制图与识图成为宋元时期梓人的基本技能之一。否则，段成己就不会有薛景石“为之图”而“使功木者揽焉，所得可十九矣”的说法。薛景石的绘图水平高超，由保存在《永乐大典》残本《梓人遗制》中的诸图可以看出，他所绘各种机械样式非常精细，体现了金元之际机械制图学的发达。具体言之，《梓人遗制》的制图成就主要

---

① 张昕、陈捷：《〈梓人遗制〉小木作制度释读——基于与〈营造法式〉相关内容的比较研究》，《建筑学报》2009年第2期，第87页。

② 张昕、陈捷：《〈梓人遗制〉小木作制度释读——基于与〈营造法式〉相关内容的比较研究》，《建筑学报》2009年第2期，第87页。

③ （宋）李诫：《营造法式》卷6，第119页。

④ （宋）李诫：《营造法式》卷6，第119页。

⑤ 张昕、陈捷：《〈梓人遗制〉小木作制度释读——基于与〈营造法式〉相关内容的比较研究》，《建筑学报》2009年第2期，第87页。

⑥ 张昕、陈捷：《〈梓人遗制〉小木作制度释读——基于与〈营造法式〉相关内容的比较研究》，《建筑学报》2009年第2期，第87页。

⑦ （元）薛景石著，郑巨欣注释：《梓人遗制图说・弁言》，第1页。

⑧ （清）文廷式：《纯常子枝语》卷37，民国三十二年（1943）刊本。

有：多采用等角投影方法，因而使各构件之间的比例关系更加精确；以一器一图为主要表现形式，这种体例标志着我国古代机械制图规范化已经发展到了一个新的历史阶段，特别是为了凸显器物的主要特征，薛景石将安置在器物上面的那些次要结构统统略去，因而使示意图能够集中显示器物的形状、总体尺寸、转动方式、工程原理，以及内部装配关系等，这是《新仪象法要》所开创的立体图画法的进一步发展和延续；为了表达各种零部件在整体机械中的位置和相互关系，《梓人遗制》中的某些图样按照其各自的装配关系，另外详细绘成一图，与总图相互对照，并配有文字说明，这样便使得器物内部结构之间的对应关系更加清晰和明白。因此，《梓人遗制》中各种机械绘图详明、精确，确实是一部难得的古代机械制造图册。[①]正如国风先生所说："机械制图作为一门科学，是近代才形成的。按照机械制图学，绘图应分为装配图和零件图，平面图和立体图。对于每种零件、部件、整机，又应有名称、材料、数量、工时定额以及工艺方法等项技术要求。对装配图则应有总体尺寸，配合尺寸及零部件的安装位置和方法等内容。而这些内容许多在《梓人遗制》中都有不同程度的表示。"[②]

把图案与文字说明结合起来，相互补充，给仿制者提供了可靠的制作与装配数据。这样，薛景石就使金元之际机械制图的科学化水平在宋代的基础上又有了进一步的提高。我们知道，德国的狄特·库恩是专门研究中国古代纺织机械史的学者，他的博士学位论文《元代〈梓人遗制〉中的织机》即依据薛景石所给的数据，对金元之际的纺织机械华机子、立机子、罗机子，以及小布卧机子的构造作了比较全面和深入的研究，他通过对原图中织机各零部件尺寸的换算，装配图绘制，描绘出了上述4种织机的机械结构图[③]，这从一个侧面反映了《梓人遗制》中所给出各部件的规格尺寸及具体型制比较精确，且所述各结构间的相互关系和作用原理亦符合机械制图科学。所以，狄特·库恩依据《梓人遗制》中有关华机子的原始材料，讲了下面一段话。他说："中国的纺织技师早在13世纪就发明了工业用纺织机（近似于英国的发明）的全部关键部件……事实上，就纺织机的结构来看，即使是詹妮纺纱机（一直不易操作），也赶不上用来纺织苎麻纤维的大型精纺机的质量。"[④]

从木工发展史的角度看，《营造法式》与宋代高度发达的中央集权制度相适应，作为官方颁布的一部旨在统一全国建筑规划与施工的专业用书，它的权威性和广布性是不言而喻的。然而，由于种种原因，金朝没有颁行新的官方建筑规范用书，当时唯有《营造法式》与薛景石的《梓人遗制》在民间流传。元朝虽然有《经世大典》之"工典"，用来规范官方建筑，但它卷帙浩繁，无法在民间流传。因此，《营造法式》和《梓人遗制》便成为指导民间木工制作实践的用书。比如，薛景石说："格子门，前门之遗也，与李诫法式内版门软门大同小异。"[⑤]这条史料表明：在金元之际，北方各地梓人实际上都在自觉或不自觉地以《营

① 刘克明：《中国工程图学史》，武汉：华中科技大学出版社，2003年，第203—205页。
② 国风：《农桑夜话》，北京：中国林业出版社，2004年，第190页。
③ 郑巨欣：《概说：〈梓人遗制〉和薛景石》，（元）薛景石著，郑巨欣注释：《梓人遗制图说》，第5—6页。
④ ［英］约翰·霍布森：《西方文明的东方起源》，孙建党译，济南：山东画报出版社，2009年，第190—191页。
⑤ （元）薛景石著，郑巨欣注释：《梓人遗制图说》，第83页。

造法式》为师。不过，木工的范围较宽泛，包括营造、农器、纺织机械、日用木杂器等诸多生产和生活领域。因此，《营造法式》难以适应金元时期北方各地木工制作的生产和生活实际。尤其是金元各民族的审美差异，反过来必然会对宋代木工制作的形制产生或多或少的影响。如前所述，《梓人遗制》小木作之版门里出现了《营造法式》中所没有的诸多结构，如转道门、脑榻、立榻等，这些特殊的版门结构即成为金元两朝版门制度的特点之一。这个特点的形成既有区域文化的个性差异的影响，又有不同民族文化的审美心理相互交融。于是，《梓人遗制》在继承前人成果的基础上，更上一层楼，开创了金元木工技术发展的新局面。

中国是一个纺织大国，具有非常悠久的纺织技术传统。但是，主要由于下列两方面的原因，最后形成了长期以来无论官方还是民间都没有一部专业纺织机械著作刊行的局面。第一，传统“德重艺轻”观念的影响。技艺虽然是《周礼》的主要内容之一，但是自汉代推行“独尊儒术”政策之后，崇尚“五经”(《诗》《书》《礼》《易》《春秋》)，百工技艺被边缘化和奴化的现象越来越严重。例如，《后汉书》不为张仲景立传，《墨子》在汉代以后几乎成为绝学。《新唐书・方技列传》公然宣称：“凡推步、卜、相、医、巧，皆技也。……小人能之……矜以夸众，神以诬人，故前圣不以为教，盖吝之也。”[①]唐代兴科举之后，“君子不器”已经成为众多士人坚守的人生信条。甚至连韩愈都表示“巫医乐师百工之人，君子不齿”[②]，其他士人的观念就更不用说了。加上纺织这个行业的角色比较特别，本来百工的地位就很低，再牵涉下层妇女这个社会群体，整个士人的偏见必然会更深，这是纺织机械不被官方重视的根本原因。第二，技术信息的保密性。欧阳修说：“能以技自显于一世，亦悟之天，非积习致然。”[③]在这里，欧阳修道出了百工技艺传播的秘密，由于技艺本身能“自显于一世”且具有“非积习致然”的特性。因此，为了保守机密而不被他人所获得，拥有某种技艺的人一般都从祖辈开始，只在家族内部相沿，大都不外传。仅此而言，我们不排除薛景石的技术源自祖传的可能性。所以，段成己在《梓人遗制・序》中说：“夫工人之为器，以利言也。技苟有以过人，唯恐人之我若而分其利，常人之情也。”[④]从这个角度看，《梓人遗制》不但结束了中国古代没有纺织机械专著的历史局面，而且突破了百工匠人只利己而不利人的陈旧观念，这就为跨过技术传播路径的第一道关键障碍奠定了基础。

《梓人遗制》通过文字说明和图案示意，使人们可以直观地看到金元时期某些器物的外在装饰特征。例如，转道门为《营造法式》所不载，而《梓人遗制》却载有转道门的图案。

目前，已知最早记载门钉的文献是《洛阳伽蓝记》，其中有一段文字专为记述永宁寺方形九层木塔的构造：“浮图有九级，角角皆悬金铎，合上下有一百三十铎。浮图有四面，面有三户六窗，并皆朱漆。扉上有五行金铃，合有五千四百枚。复有金环铺首。”[⑤]可见，北

① 《新唐书》卷204《方技列传》，北京：中华书局，1975年，第5797页。

② （唐）韩愈：《师说》，谢孟选注：《中国古代文学作品选》中，北京：北京大学出版社，2002年，第124页。

③ 《新唐书》卷204《方技列传》，第5797页。

④ （元）薛景石著，郑巨欣注释：《梓人遗制图说》，第5页。

⑤ （北魏）杨衒之：《洛阳伽蓝记》卷1《城内・永宁寺》，赵敏俐、尹小林主编：《国学备览》第5卷，北京：首都师范大学出版社，2007年，第537页。

魏的佛教建筑中已经开始出现门钉。《营造法式》卷2《总释下》引《义训》的话说："门饰金谓之铺，铺谓之钷"，钷"音欧，今俗谓之浮沤钉也"[①]。"浮沤"亦作"浮枢"，它是"借用天上的天枢星名来与人间的大门钉相比附，使门钉具有一定的象征意义"[②]。有研究者证明，目前所见北魏孝文帝太和元年（477）的宋绍祖墓，是最早在门上使用门钉的考古实例。宋绍祖系敦煌人，他的墓却在山西大同，而山西太原发掘的北齐天统三年（567）库狄业墓，石门上亦镌刻有乳钉纹饰。[③]这些实例似乎表明，山西应系最早使用门钉的区域，而门钉的出现当与北方少数民族的萨满教信仰有关。我们知道，辽代的蓟县独乐寺和金代的山西五台佛光寺的配殿文殊殿，其门钉每路均为6颗。又，金代正隆二年（1157）西堂老师塔（位于河南省登封县少林寺塔林内），每扇门有4路门钉，每路4颗。可见，金人习惯用阴数而非阳数，思想意识中尚保留着女性崇拜的印记，这显然与汉族的阴阳意识相悖，故薛景石在《梓人遗制》中规定每路门钉用7颗，按照汉族的传统观念，取阳数，阳数象征天，充满了阳刚之气。

当然，如果从思想史的角度考察，那么，"门钉如同大雨之时落下的水泡，把它形象化，钉在大门扇的光面上，人们天天见到它，它象征天气阴雨，这样农业大丰收，人们有饭吃，这是强民强用的一种方式，这是统治者的一种想象力"[④]。不过，用另外一种眼光看，我们会发现，《梓人遗制》虽然借鉴了当时北方诸多少数民族的木制器物结构形式和制作方法，但总的来说，其主流的木制技术还是继承了中原汉族梓人的技术传统，并将其逐渐向少数民族聚居地区推广，这种技术渗透是各个历史时期，各少数民族不断接受汉民族先进思想文化的重要途径之一。

（二）《梓人遗制》的历史地位

1.《梓人遗制》的主要历史贡献

仅就纯粹的技术发展历史来说，英国工业革命的发生源于纺织机械的变革。例如，织工哈格里夫斯在1764年发明的珍妮纺纱机，是促动英国纺织业变革的一个关键环节。英国人约翰·霍布森认为，在13世纪，中国的纺织发明首先传入了意大利，促使意大利兴起丝织工业，然后，经意大利人的介绍，中国的纺织发明继续向西传入英国的德比地区，而正是德比地区的丝织厂为新兴的棉纺工业提供了模型。[⑤]因此，德国人狄特·库恩才把《梓人遗制》中的"织机"作为他的博士学位论文课题。在这篇意义重大的博士学位论文里，狄特·库恩通过比较发现了珍妮纺纱机与《梓人遗制》中"华机子"及"小布卧机子"之间的历史联系，它表明正是中国古代的纺织技术为英国棉纺业的产生和发展提供了技术支持。目前，我们知道《梓人遗制》是中国古代第一部详细记述华机子、立机子、罗机子和小布

① （宋）李诫：《营造法式》，第32页。

② 朱庆征：《门钉的起源发展与礼制关系考略》，郑欣淼、朱诚如主编：《中国紫禁城学会论文集》第5辑，北京：紫禁城出版社，2007年，第268页。

③ 朱庆征：《门钉的起源发展与礼制关系考略》，郑欣淼、朱诚如主编：《中国紫禁城学会论文集》第5辑，第279页。

④ 张驭寰：《张驭寰文集》第12卷，北京：中国文史出版社，2008年，第68页。

⑤ ［英］约翰·霍布森：《西方文明的东方起源》，孙建党译，第191页。

卧机子等纺织机械的专著，它已经成为人们更加深入解读英国工业革命产生之历史渊源的第一手史料。

对器物与人的适宜性研究是现代人机学的重要内容之一，从《考工记》到《梓人遗制》，宜人性是贯穿于器物设计和制造的一条基本原则。例如，《梓人遗制》载：五明坐车子“轮已崇，则人不能登也”，故“人长八尺，登下以为节”[①]。把人登车方便和舒适与否，看作制造车轮高低的标准，这是一种很人性化的设计思想。又如，《梓人遗制》载：“凡（立）机子制度内，或就身做脚，或下栓短脚。”[②]在此，“就身做脚”就是说根据使用方便与适宜与否，来制定支架的高度。总之，在薛景石看来，器物与人体尺寸之间存在着一个最佳适应性，器物制作必须照顾每个个体之间的差异性，这便是他主张立机子“或就身做脚”的技术思想本质。

在中国古代，器物制作大多会受到礼制的约束，而《梓人遗制》所残存的部分内容，如车舆制度、纺织机械，以及小木作中的格子门和版门，都与封建礼制有关。例如，《梓人遗制》直言：“其官寮（僚）所乘者即俗云五明车。”[③]薛景石又引《周礼·春官》的话说：“服车五乘，孤乘夏篆，卿乘夏缦，大夫乘墨车，士乘栈车，庶人乘役车。”[④]在中国古代，车作为一种代步工具，被赋予了太多的等级色彩。像“夏篆”之“篆”义为“瑑”，精雕细刻，通过凹凸形成带有立体感的图案[⑤]，其具体过程是：当毂斫治完成之后，由雕工在毂干上进行瑑刻，并回环刻出一圈圈凹凸不平的弦纹，这个工序就叫作篆；接着，由皮工在篆上涂抹一层胶，缠束一层筋，筋上再施胶，经过这样的多道工序之后，才鞔之以革，而鞔革的标准是与瑑刻处紧紧相贴，并能够达到容突分明的装饰效果。鞔革之后，下一道工序是由漆工统一丸漆一遍，待漆干之后，由画工在瑑刻处周画五彩，其他地方则一律用朱红漆漆涂，于是就形成了等级最高的篆约装饰。[⑥]所谓“缦车”是指有彩绘但无雕刻花纹的车；墨车既不彩绘也不雕刻花纹，但可鞔革；栈车则不彩绘、不雕刻花纹、不鞔革，但可丸漆；役车为方箱，可载任器以共役。郑锷说：“贵者乘车，贱者徒行，古之制也。……庶人则指府史胥徒在官者，非在官之庶人，亦徒行耳……尊卑之分，上下之等，皆即乘车见之。”[⑦]车如此，门亦如此。前揭版门上之门钉，亦与等级制度相联系。例如，宋代规定“非品官毋得起门屋”[⑧]，也就是说宅院大门只能筑成墙式门。《营造法式》所关注的是官家的大小木作，而非一般民居。《梓人遗制》虽为民间木工用书，但它的“小木作”所关注的同样是官家之门。从这里，我们不难发现，“工匠”的创造活动被囿于一定的礼制范围之内，而《梓人遗制》中的“叙事”部分，基本上就是阐释“技”与“道”的相互关系。例如，薛景石转

① （元）薛景石著，郑巨欣注释：《梓人遗制图说》，第19页。
② （元）薛景石著，郑巨欣注释：《梓人遗制图说》，第80页。
③ （元）薛景石著，郑巨欣注释：《梓人遗制图说》，第20页。
④ （元）薛景石著，郑巨欣注释：《梓人遗制图说》，第19页。
⑤ 马瑞田：《中国古建彩画》，北京：文物出版社，1996年，第62页。
⑥ 张仲立：《秦陵铜车马与车马文化》，西安：陕西人民教育出版社，1994年，第135页。
⑦ 杨荫深：《细说万物由来》，北京：九州出版社，2005年，第297页。
⑧ （清）徐松辑：《宋会要辑稿》舆服4之6，上海：上海古籍出版社，2014年，第2231页。

述《论语·子罕》的话云："麻冕，礼也；今也纯，俭。吾从众。"[①]不止"麻冕"，诸如乘车、大小木作等，无不受到"礼"的约束，这是中国古代科技不能获得独立发展的社会根源，诚如杭间先生所言，"中国古代技道关系的发展，使'技'始终在一定限制下，稍一逾矩，便被视为'奇技淫巧'而加以约束，这种结果，使'技'不可能独立成为'科技'"，当然，"道器的'中庸'境界，也使中国在人和物的关系上建立了一个有别于西方的优秀传统"[②]。

2.《梓人遗制》的传播和影响

《梓人遗制》在民间的流传，见载于明万历三十年（1602）陈汝元函三馆刻本《经籍志》，其中有"《梓人遗制》八卷"的记录。另，明代嘉靖进士晁瑮的《晁氏宝文堂书目》也收录有《梓人遗制》一书。然而，至清朝以后，《梓人遗制》在民间已非常少见，而收录于《永乐大典》里的《梓人遗制》便备受世人瞩目。由于近代中国战乱不断，特别是遭庚子年八国联军焚劫之灾，《永乐大典》幸存者不足1/30，其残本陆续流失到国外，因而给《梓人遗制》的辑佚工作带来了很大的困难。

1930年，《永乐大典》残卷终于在英国大不列颠博物馆现身，里面的第18245卷即为《梓人遗制》的内容。当时任北平图书馆馆长的袁同礼获知这一情况，设法从英国大不列颠博物馆得到了几卷《梓人遗制》的复本。1933年，朱启钤以此为蓝本，由中国营造学社出版了校刊本。朱启钤在《弁言》中说："本社成立伊始，征求故籍，首举薛氏此书。"[③]可见，《梓人遗制》对于研究中国古代木工发展史的意义非同寻常。

如前所述，近代西方的工业革命与纺织业的发展密切相连。于是，有学者开始转移观察问题的视角，从西方的近代化历史中寻找其真正的技术源流，这绝不是自以为是的固执与偏见所能做到的，因为它需要客观的、理性的认识和分析。在这个过程中，狄特·库恩的研究工作十分出色，他不仅将薛景石的《梓人遗制》译成了德文出版，并附有专文论述中国织物提花技术的演进历史，以及对专门名词作出解释，而且把《梓人遗制》研究作为其博士学位论文的选题，显示了他对13世纪中国纺织业发展的高度重视和关注。当然，通过这个选题，他试图在西方近代工业革命与中国13世纪的技术发展之间建立起某种不能割断的历史联系，因为"如果没有中国的早期发明，就不可能会有英国的改进。还有，如果没有中国的这些贡献，英国很有可能还是一个渺小而落后的国家，游离于一片同样落后的欧洲大陆边缘，而欧洲大陆则从公元500年起就游离于由亚洲引导的全球经济的边缘"[④]。

把机械设计与历史发展结合起来，在历史发展中彰显梓人的创造才能，以及机械创造与社会发展客观需要之间的内在关系，是薛景石工艺思想的突出特征。例如，宋代的《营造法式》虽然有"总释"一卷，但具体到每一个类型，则缺乏纵向的历史考察。与之不同，《梓人遗制》对每种工具类型都通过"叙事"来展现其历史发展过程，从而表明每一种工具的发明和创造都是历史发展的必然结果，是社会需要的客观产物，而非某个工匠的纯粹思

---

① （元）薛景石著，郑巨欣注释：《梓人遗制图说》，第59页。

② 杭间：《中国工艺美学思想史》，太原：北岳文艺出版社，1994年，第17页。

③ （元）薛景石著，郑巨欣注释：《梓人遗制图说·弁言》，第1页。

④ ［英］约翰·霍布森：《西方文明的东方起源》，孙建党译，第194页。

想创造物。在此之后，《王祯农书》在叙述每件农具的形制和功能时，也把它放在一个具体的历史发展过程中考察和分析，因而使得农器本身变成了一个动态的过程和一个发展的过程。明代宋应星的《天工开物》亦是如此，特别是宋应星把许多技术创造纳入一个长时段的历史发展和演变过程中进行考察，于是他才在阐释“杀青”这项技术发明时说出了下面的话：“事已开于上古，而使汉、晋时人擅名记者，何其陋哉！”①

第二节　王祯的农学思想

王祯，字伯善，山东东平人，生卒年不详。后人对他生平的认识和了解，主要是依靠元人撰写的两篇文稿，一篇是戴表元的《王伯善农书序》，另一篇是《元帝刻行〈王祯农书〉诏书抄白》。两篇文稿的内容略有不同，《元帝刻行〈王祯农书〉诏书抄白》载：

> 切见承事郎信州路永丰县尹王祯，东鲁名儒，年高学博，南北游宦，涉历有年。尝著《农桑通诀》、《农器图谱》及《谷谱》等书，考究精详，训释明白，备古今圣经贤传之所载，合南北地利人事之所宜，下可以为田里之法程，上可以赞官府之劝课。②

而《王伯善农书序》则云：

> 丙申岁客宣城县，闻旌德宰王君伯善儒者也，而旌德治。问之，其法、岁教民种桑若干株，凡麻、苎、禾、黍、牟、麦之类，所以时艺芟获，皆授之以方；又图画所为钱、镈、耰、耧、耙、杷诸杂用之器，使民为之。民初曰：“是固吾事，且吾世为之，安用教？”他县为宰者群揶揄之，以为是殊不切于事……如是三年，伯善未去旌德，而旌德之民赖而诵歌之……后六年，余以荐得官信州，伯善再调来宰永丰，丰、信近邑，余既知伯善贤，益慕其治加详。伯善之政孚于永丰又加速，大抵不异居旌德时。山斋修然，终日清坐，不施一鞭，不动一檄文，而民趋功听令惟谨……于是伯善自永丰橐其书曰《农器图谱》、《农桑通诀》示余。阅之，纲提目举，华搴实聚，顾旧农书有南北异宜而古今异制者，此书历历可以通贯。③

可以肯定，《王祯农书》即撰写于他任职旌德和永丰县尹期间。然而，他在旌德任职年限，记载不详，故需要辨析。因《戴表元序》有“如是三年”与“后六年”两句话，因而学界据此把王祯任职旌德和永丰县尹的年限分为3年、6年及9年三说。④其中9年说较为合理。考《元史》称：“大德八年，表元年已六十余，执政者荐于朝，起家拜信州教授。”⑤结合《王伯善农书序》文所载史实，则不难推断，1296—1304年，前后共9年，此即王祯任

① （明）宋应星著，钟广言注释：《天工开物》，广州：广东人民出版社，1976年，第322页。
② 王毓瑚校：《王祯农书》附录，北京：农业出版社，1981年，第446页。
③ 王毓瑚校：《王祯农书》附录，第446页。
④ 参见曾雄生：《中国农学史》，福州：福建人民出版社，2008年，第450页。
⑤ 《元史》卷190《戴表元传》，第4336页。

职旌德和永丰县尹的实际年限。缪启愉先生持此说[①]，笔者认为甚是。

事实上，像“合南北地利人事之所宜”的《王祯农书》，非10年、8年的工夫不成。因为从《王祯农书》的立论宗旨来看，王祯不是一般地为写农书而写农书，而是为了构建一种适合南北广大民众安身立命的社会生产和生活模式。正是出于这样的考量，《王祯农书》才与其他农书区别开来，才具有了较其他农书更深刻的儒家“安民”思想内涵。关于这一点，《戴表元序》已经写得很清楚，如果不是“山斋修然，终日清坐，不施一鞭，不动一檄文，而民趋功听令惟谨”，戴表元就不可能对《王祯农书》产生那么浓厚的兴趣，而元代统治者也不会作出“合行下，仰照验，就便施行”[②]的举措。看来，王祯的管理模式在当时是卓有成效的。

按照上述两文稿推断，《王祯农书》在旌德时，写成了《农器图谱》和《农桑通诀》，而到永丰之后，又续写了《谷谱》和《杂录》。元代刻本将以上4个部分合缀在一起，是为《王祯农书》。

可惜，元刻本今已不传，现传本均为明刻本。据王毓瑚先生考证，明刻本主要有三种，即《永乐大典》本、嘉靖本和万历本。从各版本的质量来看，互有短长。因此，王毓瑚先生历时10余年，吸收各版本之长，考证精当详备，完成了农学巨著《王祯农书》的整理校勘工作，这个过程从科学研究的本质讲，实即一种异常艰苦的对《王祯农书》本身的再创造和再升华。金针度人，嘉惠后学，本节依该校本为准。

一、元代农业生产的发展及其主要成就

中国古代的农书，按照内容构成的广狭不同，可分为狭义农业与广义农业两种类型。何谓狭义农业，简单地说，就是以粮食作物为主要类型的农业生产方式，与之相应，有很多农书仅以此为限，如《汜胜之书》共有18项内容，即耕田、收种、溲种法、区田法、禾、黍、麦、稻、稗、大豆、小豆、枲、麻、瓜、瓠、芋、桑、杂项（主要提到织布），主要讲述粮食生产；《陈旉农书》亦复如此，而马一龙《农说》的范围更窄，主要讲述水稻种植。而所谓广义的农业，系指以“耕、桑、树、畜四者备”[③]为主，辅以其他副业如手工业、渔业、家庭养殖业，甚至包含某种循环农业等内容的农业生产方式。当然，广义的农业概念随着历史的发展不断增加新的内容。例如，《齐民要术》的内容涵盖了“耕、桑、树、畜四者”，而《王祯农书》在此基础上，更增加了手工业、家庭养殖业，以及循环农业等内容，从而使“传统农业”的概念又有了进一步的拓展。

关于元代农业生产的主要成就，赵德馨主编的《中国经济通史》第6卷《元》、吴宏歧著的《元代农业地理》及王培华的《土地利用与社会持续发展——元代农业与农学的启示》一文等，已经从多个方面作了总结，笔者无须重复。下面笔者着重从南北农作物的跨区域

---

① 缪启愉：《王祯的为人、政绩和〈王祯农书〉》，《农业考古》1990年第2期，第326—335页。

② 王毓瑚校：《王祯农书》附录，第446页。

③ （清）杨屾：《豳风广义·弁言》，范楚玉主编：《中国科学技术典籍通汇·农学卷》第4分册，郑州：河南教育出版社，1994年，第209页。

推广种植、大量荒田的开垦与土地利用意识的提高，以及新农具的创造和推广三个角度，拟对元代农业生产的发展与《王祯农书》之间的关系略作探讨。

（一）南北农作物的跨区域推广种植

南宋农业生产的发展已经达到了较高的历史水平，而元代农业则在南宋农业发展的基础上，借助大一统的政治优势，一改蒙古军队抢占良田为牧场的野蛮行径，实行“使百姓安业力农”①的重农或劝农政策，重视跨区域推广新的作物品种，相互之间引种的力度亦不断加大，使南北农作物在空间布局上更加扩张。尤其是被引种作物到了新的自然环境里，有一个适应过程，而在这个适应新环境的过程中，被引种作物自身往往会发生良性变异，这有利于提高作物的品质和产量。例如，棉花种植在南宋时期尚徘徊于岭南地区的海南岛、福建等地，然入元之后，元世祖采取行政手段将棉花从岭南地区和河西走廊迅速推广到长江流域和黄河流域。例如，至元二十六年（1289），元朝政府“置浙东、江东、江西、湖广、福建木棉提举司，责民岁输木棉十万匹，以都提举司总之”②。又，《农桑辑要》载：

> 大哉！造物发生之理，无乎不在。苎麻，本南方之物，木棉亦西域所产。近岁以来，苎麻艺于河南，木棉种于陕右，滋茂繁盛，与本土无异。二方之民，深荷其利。遂即已试之效，令所在种之。悠悠之论，率以风土不宜为解。盖不知中国之物，出于异方非一：以古言之，胡桃、西瓜，是不产于流沙葱岭之外乎？以今言之，甘蔗、茗芽，是不产于牂牁、邛、笮之表乎？然皆为中国（指中原）珍用，奚独至于麻、绵而疑之？③

这段话不仅道明了南北作物互相流动，合乎“造物发生之理”，而且暗示元代推广桑、苎、茶、蔗、棉5种作物跨区域种植，除了政府的强制措施外，还伴随着观念的变革和思想的解放，这在元代农业思想发展史上无疑是一件大事。从这个层面看，元代的农业之所以能够在南宋的基础上更进一步，其关键因素还在于人们的观念变革。所以，王祯在《王祯农书·百谷谱》中介绍当时部分作物的跨区域推广种植情况时说：

> 苎麻有二种，一种紫麻，一种白苎。其根、旧不载所出州土，本南方之物，近河南亦多艺之，不可以风土所宜例论也。④
>
> （木棉）其种本南海诸国所产，后福建诸县皆有，近江东陕右亦多种，滋茂繁盛，与本土无异。⑤

当然，突破风土的局限，使作物的种植区域向更加广阔的空间拓展，不讲科学方法而盲目乱干肯定不行。唯有依靠对作物品种与自然环境之间相互关系的深入认识，并尽可能充分地掌握诸多被跨区域推广引种作物与适应新环境的各种基本条件，如气候、土壤、光

---

① 《元史》卷8《世祖本纪五》，第166页。
② 《元史》卷15《世祖本纪十二》，第322页。
③ 石声汉校注：《农桑辑要校注》，北京：农业出版社，1982年，第52—53页。
④ 王毓瑚校：《王祯农书》，第159页。
⑤ 王毓瑚校：《王祯农书》，第161页。

热量、地势等，然后才能保证推广引种作物的成功。王祯总结其引种失败的原因主要有两条：①“种艺不谨”；②“种艺虽谨，不得其法”[①]。一句话，人们引种木棉和苎麻于异地之所以失败，主要原因不是风土问题而是技术问题。仅仅从这一点来看，王祯已经注意到科学技术是突破风土局限的根本力量，而元初农业生产的恢复和发展，尤其是诸多农作物的南来北往或北来南往，在一定程度上都是科学技术推动与催化的结果。

在这里，王祯批判“风土不宜论”，绝对不是放弃传统的“土宜观”。恰恰相反，他是为了把传统的“土宜观”牢牢地建立在科学的基础之上，减少盲目性，增强积极性和主动性，乃至创造性。王祯在《王祯农书·地利篇》中对《周礼》所说的“凡治野以土宜教甿”作了新的阐释，他说：“土性所宜，因随气化，所以远近彼此之间风土各有别也。”[②]

此“风土各有别”讲的是特殊性和区域性。从这个层面讲，“九州之内，田各有等，土各有差；山川阻隔，风气不同，凡物之所种，各有所宜；故宜于冀兖者，不可以青徐论，宜于荆扬者，不可以雍豫拟”[③]，这就是客观事物存在和发展的绝对性和不变性。依此，《农桑辑要·论九谷风土及种莳时月》与《王祯农书·地利篇》都引证了《周礼·职方氏》中关于区域农业的那段经典论述。[④]我们结合《尚书·禹贡》的相关内容，特列表如下（表 4-1），以资参考。

表 4-1　中国古代土壤分类和土地利用表

州别	相当于今日的地理范围	土壤种类	肥力等级（田等）	利用程度（赋级）	适宜种植的农作物
冀州	河北北部和西部，山西、河南北部等地	白壤	中中（第 5 等）	上上（第 1 等）	黍、稷
兖州	山东西部和北部，河南东南部	黑坟	中下（第 6 等）	下下（第 9 等）	黍、稷、稻、麦
青州	山东东部等地	白坟、海滨广斥	上下（第 3 等）	中上（第 4 等）	稻、麦
徐州	山东南部、江苏北部、安徽北部等地	赤埴坟	上中（第 2 等）	中中（第 5 等）	缺载
扬州	江苏中部和南部，安徽南部，江西北部，浙江东北部	涂泥	下下（第 9 等）	下上（第 7 等）	稻
荆州	湖北中部和南部，湖南大部等地	涂泥	下中（第 8 等）	上下（第 3 等）	稻
豫州	河南中部和南部，山东西部，湖北北部	壤、下土、坟垆	中上（第 4 等）	上中（第 2 等）	黍、稷、菽、麦、稻
梁州	陕西南部，四川成都平原等地	青黎	下上（第 7 等）	下中（第 8 等）	缺载
雍州	陕西北部，甘肃等地	黄壤	上上（第 1 等）	中下（第 6 等）	黍、稷
并州	山西北部				黍、稷、菽、麦、稻
幽州	河北中部、北部，辽宁西部、南部等地				黍、稷、稻

表 4-1 参考了林蒲田先生的《中国古代土壤分类和土地利用》中的相关研究成果。由于此表主要反映了先秦时期人们对中国境内土壤性质及利用状况的认识，而先秦以降，农作

① 王毓瑚校：《王祯农书》，第 161 页。
② 王毓瑚校：《王祯农书》，第 13 页。
③ 王毓瑚校：《王祯农书》，第 13 页。
④ 王毓瑚校：《王祯农书》，第 13 页。

物种植结构在全国各地都发生了程度不同的变化，尤其是随着作物引种技术的不断提高，各区域适宜农作物的种植亦在经常性的变动之中。所以，各州的适宜农作物不是一个常数，而是一个变数。实际上，即使同在一个州境内，各地的土壤情况也是千差万别。所以《农桑辑要》载：

然一州之内，风土又各有所不同；但条目繁多，书不尽言耳。触类而求之；苟涂泥所在，厥田中下，稻即可种，不必拘以荆、扬；土壤黄白，厥田上中，黍、稷、粱、菽即可种，不必限于雍、冀；坟、垆、黏、埴田杂三品，麦即可种，又不必以并、青、兖、豫为定也。[①]

可见，就一州而言，适宜农作物的绝对性和不变性与适宜农作物的相对性和可变性构成了一个矛盾的统一体。矛盾双方既相互区别又相互联系，这就是“风土论”的辩证法。一方面，《王祯农书》说：“天下地土，南北高下相半。且以江淮南北论之，江淮以北，高田平旷，所种宜黍稷等稼；江淮以南，下土涂泥，所种宜稻秫。又南北渐远，寒暖殊别，故所种早晚不同；惟东西寒暖稍平，所种杂错，然亦有南北高下之殊。”[②]即以淮河流域为界，其北气候干、寒，主要种植旱田作物，如黍、稷等；其南，气候温热多雨，主要种植水田作物，如稻、秫等。另一方面，《王祯农书》又说“虽一州之域，亦有五土之分”，贵在“以物土相其宜，以为之种”[③]。即究竟在某地适宜种植什么农作物，必须要根据具体的土壤性质与气候特点，以及农作物的生长习性，灵活处置，不要局限于《尚书·禹贡》之成说。

（二）大量荒田的开垦与土地利用意识的提高

大量荒田的开垦与土地利用意识的提高，使元代的整体生产水平在宋金的基础上更进了一步。诚然，对于元代的垦田数字，因各种统计材料不一，难以获得一个比较准确的数字，但仅就屯田数量来讲，学界有“其屯田之规模远逾此前历代”[④]之说，甚至有学者认为，“元代大规模的屯田，在中国封建社会是前所未有的”[⑤]。元人王磐道：“民间垦辟种艺之业，增前数倍。”[⑥]王祯亦说：“今汉沔淮颍上率多创开荒地，当年多种脂麻等种，有收至盈溢仓箱速富者。”[⑦]元初农田的大量复垦或新垦，确实为其农业生产的恢复和发展奠定了坚实的物质基础，而史家称元世祖时期，“民庶晏然，年谷丰衍，朝野中外，号称治平”[⑧]，并非全是溢美之词。

① 石汉声校注：《农桑辑要校注》，第 52 页。
② 王毓瑚校：《王祯农书》，第 14 页。
③ 王毓瑚校：《王祯农书》，第 15 页。
④ 唐亦功：《京津唐环境变迁》，西安：陕西师范大学出版社，1995 年，第 62 页。
⑤ 王叔磐、旭江：《北方民族文化遗产研究》，呼和浩特：内蒙古大学出版社，1991 年，第 65 页。
⑥ （明）王磐：《农桑辑要·序》，范楚玉主编：《中国科学技术典籍通汇·农学卷》第 1 分册，第 437 页。
⑦ 王毓瑚校：《王祯农书》，第 21 页。
⑧ （元）苏天爵：《滋溪文稿》卷 14《张文季墓碣铭》，《景印文渊阁四库全书》第 1214 册，台北：台湾商务印书馆，1986 年，第 173 页。

简而言之，在盲目追求垦田数量，只讲农业丰产增收，而不讲生态效益的历史背景下，垦田数量越多，表明生态环境被破坏的程度越严重。关于这一点，我们完全可以从《元史·五行志》及《中国自然灾害综合研究的进展》[①]有关元代灾害频发的统计结果中看出来。有学者则从“人祸”的角度来分析元代农业灾害的成因[②]，于研究元代生态史不无裨益，也确有道理。不过，我们千万不能忽视元初社会的现实是尽快弥合战争创伤，恢复生产，使“百姓安业力农”[③]，因为元初统治者面对的社会境况是：“民以饥馑奔窜，地著务农者日减日消，先畴畎亩抛弃荒芜，灌莽荆棘何暇开辟。中原膏腴之地，不耕者十三四；种植者例以无力，又皆灭裂卤莽。”[④]又，“十年兵火万民愁，千万中无一二留”[⑤]。所以，元世祖在阐述土地资源与人口发展之间的关系问题时，讲了下面一段话，可视为元初封建统治者的治国方针。他说：

> 夫争国家者，取其土地人民而已，虽得其地而无民，其谁与居。今欲保守新附城壁，使百姓安业力农，蒙古人未之知也。尔熟知其事，宜加勉旃。[⑥]

笔者之所以反复转引这段话，是因为它包含着一种很人性的东西。一个游牧民族的封建统治者能够自觉地认识到立国安邦的根基在于“使百姓安业力农”，确属难能可贵。于是，他首诏天下：“国以民为本，民以衣食为本，衣食以农桑为本。”[⑦]在此思想指导之下，元初设立了劝农司及大司农司等机构，专力耕垦。而《农桑辑要》和《王祯农书》即是上述政策的产物。耕垦既要有劳动力，还要有比较充足的工具。《王祯农书》的最宝贵之处就在于它对劳动工具的重视。据统计，《王祯农书·农器图谱》介绍了100多种新旧农具，其中像犁刀、镢、碌碡、铁搭等，都是重要的垦荒工具。譬如，对于开荒的方法，王祯介绍说：

> 洎下芦苇地内，必用劚刀引之，犁镵随耕，起坺特易，牛乃省力。沿山或老荒地内树木多者，必须用镢劚去，余有不尽根科（俗谓之“埋头根”也），当使熟铁锻成镵尖（套于退旧生铁镵上），纵遇根株，不至擘缺，妨误工力。或地段广阔，不可遍劚，则就斫枝茎覆于本根上，候干，焚之，其根即死而易朽。又有经暑雨后，用牛曳碌碡或辊子，于所斫根查上和泥碾之，干则挣死，一二岁后，皆可耕种。其林木大者，则劉杀之，叶死不扇，便任种莳，三岁后，根枯茎朽，以火烧之，则通为熟田矣。[⑧]

“农夫之耕，当先利其器也”[⑨]，这种鲜明的工具意识，是与元初农业生产的恢复和发

---

① 高庆华、马宗晋主编：《中国自然灾害综合研究的进展》，北京：气象出版社，2009年，第24—25页。

② 龚光明、杨旺生：《元代农业灾害成因论析》，《安徽农业科学》2009年第6期，第2806—2808页。

③ 《元史》卷8《世祖本纪五》，第166页。

④ （元）胡祇遹：《紫山大全集》卷22《宝钞法一》，杨讷点校：《吏学指南（外三种）》，杭州：浙江古籍出版社，1988年，第195页。

⑤ （元）李志常：《长春真人西游记》卷上，《道藏》第34册，第483页。

⑥ 《元史》卷8《世祖本纪五》，第166页。

⑦ 《元史》卷93《食货志一》，第2354页。

⑧ 王毓瑚校：《王祯农书》，第20—21页。

⑨ 王毓瑚校：《王祯农书》，第21—22页。

展实际相适应的。而王祯对看似简单的生产工具进行认真和细致的推广介绍，绝不是低水平的猎奇，也不是游戏式的重复和罗列，而是由此及彼。实际上，在元初农业生产遭到严重破坏的历史状况下，王祯的主要着眼点放在了元初那些正在开发或尚待开发的落后山区和边远地区。因此，他的目标是："自内而求外，由近而及远。"[①]与垦荒这种相对粗放的农业生产方式相比较，如何提高现有土地的利用效率则代表了一种在有限的耕地条件下，努力着或尝试着解决农业可持续发展的先进理念和具体思路。《王祯农书》在这方面作了积极的探索，积累了许多宝贵的经验，其思想价值甚高。有学者认为："历史的著述者一直很少注意土地利用的重要性。"[②]然而，王祯却十分自觉地注意到了土地利用的重要性问题。在《王祯农书》中，王祯比较系统地总结了前人利用土地的多种形式，并加以推广，取得了一定的成效。其要者有如下六个。

1. 围田

围田起源于何时，目前学界尚有争议。缪启愉先生认为，春秋吴越时期，长江下游地区即已出现了围田。[③]唐启宇先生则主张围田兴起于唐及五代北宋，他说："浙西在唐代设有营田司具堤防堰闸之，五代吴越（895—978）割据时……推广其制……北宋时，南方人口增殖，熟地更形不足，圩田之制遂益以推广。"[④]笔者赞同围田推广于宋元时期的说法，尤其是元初围田工程为其农业生产的发展作出了突出的贡献。例如，元代围田数量较南宋有所增加，仅平江（苏州）路所属二县（吴县、长洲）及四州（常熟、吴江、昆山、嘉定）就有 9929 处围田。[⑤]王祯在介绍围田的形成原因、特点及发展前景时云：

> 围田、筑土作围，以绕田也。盖江淮之间，地多薮泽，或濒水，不时渰没，妨于耕种。其有力之家，度视地形，筑土作堤，环而不断，内容顷亩千百，皆为稼地。后值诸将屯戍，因令兵众分工起土，亦效此制，故官民异属。复有"圩田"，谓叠为圩岸，捍护外水，与此相类。虽有水旱，皆可救御。凡一熟之余，不惟本境足食，又可赡及邻郡。实近古之上法，将来之永利，富国富民，无越于此。[⑥]

王祯对围田的效益评价很高。首先，围田的一般规模都比较大，每一区围田方圆动辄数十里至数百里，即"内容顷亩千百"，四周有民户居住。其次，围田的作物亩产量比较高，有"凡一熟之余，不惟本境足食，又可赡及邻郡"之说。因此，不仅那些"有力之家"围湖或围泊造田，变薮泽为沃土，而且人们将这种制度推广于屯田。最后，具有比较广阔的发展前景，由于围田具有"虽有水旱，皆可救御"的功效，故王祯断言："将来之永利，富国富民，无越于此。"事实上，明清时期的围田则开始从长江下游地区逐渐向长江中游地区推进。比如，在鄱阳湖和洞庭湖流域都出现了大片圩田（当地人称之为"垸田"）的分布，使

① 王毓瑚校：《王祯农书》，第 15 页。
② 汤顺林、王世杰、戚华文：《土地——人类安身立命之锥》，长沙：湖南教育出版社，2000 年，第 14 页。
③ 缪启愉：《太湖地区的塘浦圩田的形成和发展》，《中国农史》1982 年第 1 期，第 31—32 页。
④ 唐启宇：《中国农史稿》，北京：农业出版社，1985 年，第 566 页。
⑤ 孙保沭主编：《中国水利史简明教程》，郑州：黄河水利出版社，1996 年，第 75—76 页。
⑥ 王毓瑚校：《王祯农书》，第 186 页。

得这些地区成为新的粮食供应基地，出现了“湖广熟，天下足”的说法，至今圩田地区仍然是水稻的主产区。

2. 柜田

柜田形制较围田规模要小，为南宋田农所创。如果说围田非“有力之家”不能为，那么，柜田之制对于中等以上的农家来说则都可以修筑。王祯介绍此田制云：

> 筑土护田，似围而小，四面俱置瀽穴，如柜形制；顺置田段，便于耕莳。若遇水荒，田制既小，坚筑高峻，外水难入，内水则车之易涸。浅浸处宜种黄穋稻。如水过，泽草自生，糁稗可收。高涸处亦宜陆种诸物，皆可济饥。此救水荒之上法。[①]

为什么王祯给予柜田如此高的评价？这与元初南方水灾频发的灾害现象有关。当然，还有其他方面的因素。例如，围田一次性投资大，非一般民户所能承受，而柜田则不受大规模投资的限制，可以量力而行，有多大财力办多大的事。再者，柜田除了规模小之外，还有一个优势就是它可以兼顾水旱，其四周均设有排水口，既可以种水田，又可以种高田或旱田。于是这种田制深得李伯重先生的赞赏，他把这种筑田方式称为“分圩”。李伯重先生说：所谓“分圩”实际上就是“将一个大圩分为众多小圩。由于小圩面积有限，符合当时排灌工具工作能力，因此‘分圩’能够有效地排出农田积水，使之干燥化。这一农田改良活动的目的和标志，是将低湿土地改造为可以种植冬季旱地作物的良田”[②]。而且在他看来，这种具有“干田化”的整地过程应当始于元代，并一直延续到清代。[③]

3. 架田

王祯把架田称作“活田”，这是江南劳动人民的一项杰出创造。架田又名葑田，始见于东晋，但无“葑田”之名。晋朝郭璞的《江赋》描写当时的“葑田”农作情形时云：“标之以翠翳，泛之以游菰，播匪艺之芒种，挺自然之嘉蔬，鳞被菱荷，攒布水蓏。”[④]这证明当时此田主要用于种植水稻。郑玄注：“嘉，善也；稻，瓜蔬之属也。”其实，清人高士奇早在《天禄识余》一书中就慧眼识珠，首先提出郭璞《江赋》的上述内容即是描写葑田的一篇名赋。然究竟何谓葑田？农史学界的认识不统一，如游修龄先生认为，“凡沼泽地水涸以后，原先生长的菰，水生类的根茎残留甚为厚密，称为葑。”[⑤]。与之不同，黄世瑞、李根蟠、金秋鹏等认为，由泥沙自然淤积水草如菰等的根部，日久其浮泛水面而成为一种自然土地，晋人学会在其上种植水稻，而唐朝人将这种土地称为“葑田”[⑥]。前揭高士奇、李惠林等亦把“葑田”称为“浮田”，说明“葑田”是在水面上种植的土地，借草承土，而非水

① 王毓瑚校：《王祯农书》，第188页。

② 李伯重：《多视角看江南经济史》，北京：生活•读书•新知三联书店，2003年，第48页。

③ 李伯重：《多视角看江南经济史》，第49页。

④ （南朝•梁）萧统选：《昭明文选》卷12《郭景纯•江赋》，北京：京华出版社，2000年，第343页。

⑤ 游修龄：《中国稻作史》，北京：中国农业出版社，1995年，第126页。

⑥ 黄世瑞：《中国古代科学技术史纲•农学卷》，沈阳：辽宁教育出版社，1996年，第217页；金秋鹏主编：《中国科学技术史•图录卷》，第34页。

涸之后水生类根茎的残留。显然，后者在学界占主流。笔者的观点是，由于江南各地的实际情况不同，上述两种情况可能兼而有之，比如，清代《致富奇书广集》就叙述了两种形制的“葑田”共存的事实。此外，晋代还出现了一种架田，是真正的人造田。据《南方草木状》称：岭南地区有一种蕹菜田，其法“南人编苇为筏，作小孔浮于水上；种子于水中，则如萍，根浮水面。及长，茎叶皆出于苇筏孔中，随水上下。南方之奇蔬也”①。而宋人所创造的架田，综合了晋代葑田与蕹菜田各自的优点，并根据宋代湖泊沼泽地的自然地理特点，因地制宜，将填满带泥菰根的木筏浮在水面上，不留水孔，让水草缠绕其上，起固定作用，浮而不漂移。故王祯载：

> 架，犹筏也。亦名“葑田”。《集韵》云，葑，菰根也。葑亦作“湗”。江东有葑田。又淮东二广皆有之。东坡《请开杭之西湖状》，谓水涸草生，渐成葑田。考之《农书》云，若深水薮泽，则有葑田。以木缚为田丘，浮系水面，以葑泥附木架上，而种艺之。其木架田丘，随水高下浮泛，自不渰浸。②

此处之架田包括两种形式，即一种形式是苏东坡所记之“水涸草生，渐成葑田”③，另一种形式也是最广泛的形式，则是《陈旉农书·地势之宜篇》所言“若深水薮泽，则有葑田”。当然，王祯重点推广的架田是后者，因为南方急切需要发展的是水乡农业，即如何变“深水薮泽”为农田，想方设法增加粮食产量，以不断满足人口日益增长的基本物质生活需要，而架田这种形式基本上能够满足富水而贫地区域生产粮食的社会需要，尤其是对于缓解元初人多地少的社会矛盾，架田的价值和意义确实不可估量。因此，王祯满腔热忱地说：“窃谓架田附葑泥而种，既无旱暵之灾，复有速收之效，得置田之活法，水乡无地者宜效之。”④此谓之“复有速收之效”系指种植黄穋稻，这种水稻具有晚种早熟、生长期短的特点。

4. 涂田

中国大陆海岸线总长3.2万多千米，其中岛屿海岸线长度为1.4万多千米，大陆海岸线长度为1.8万千米。海岸线成为土地和海域的分界线，根据国务院法制办公室关于“对《关于请明确‘海岸线’、‘滩涂’等概念法律含义的函》的复函”中的法律解释，滩涂属于土地范畴。因此，过去学界把“涂田”这种形式的农田习称为“与海争田”，现在看来这种提法值得商榷。实质上，涂田仅仅是人们改造和利用土地的一种形式。在此，无所谓争与不争，因为滩涂本来就属于土地的一部分。王祯介绍说：

> 《书》云，淮海惟扬州，厥土惟涂泥。大抵水种皆须涂泥。然濒海之地，复有此等田法。其潮水所泛，沙泥积于岛屿，或垫溺盘曲，其顷亩多少不等，上有咸草丛生，候有潮来，渐惹涂泥。初种水稗，斥卤既尽，可为稼田，所谓“泻斥卤兮生稻粱”。沿边海岸筑壁，或树立桩橛，以抵潮泛。田边开沟，以注雨潦，旱则灌溉，谓之“甜水

① （晋）嵇含著，杨伟群校点：《南方草木状》卷上，广州：广东人民出版社，1982年，第61页。

② 王毓瑚校：《王祯农书》，第189—190页。

③ （宋）苏轼撰，孔凡礼点校：《苏轼文集》卷30《杭州乞度牒开西湖状》，北京：中华书局，1986年，第864页。

④ 王毓瑚校：《王祯农书》，第190页。

沟”。其稼收比常田，利可十倍，民多以为永业。[①]

由上述可知，一块涂田大体分三部分：第一，主体部分为“潮水所泛，沙泥积于岛屿，或垫溺盘曲”的滩涂；第二，把滩涂地围起来的堤坝或桩橛；第三，“甜水沟”，即在田边开沟蓄积雨水，以资灌溉和排盐。滩涂排盐可以先引灌海水或河水冲洗，也可以先种植耐盐性较强的稗草，待“斥卤既尽”，即可种植稻粱，而宋代引种既耐旱又耐碱的占城稻，对于滩涂地的水稻生产产生了积极的影响。至于经过土壤改良之后，滩涂地的亩产量能够出现“稼收比常田，利可十倍”的高产效果，亦很有可能。比如，浙江省嘉善县就曾经有在滩涂地上亩产稻谷 500 多公斤[②]的高产纪录。[③]对于元初江浙、江西及湖广三省的水稻亩产量，陈贤春先生考证的结论是：“亩产米为 1 石、1.5 石、2 石、2.5 石、3 石、4 石、5 石—6 石不等。据此估计，平均每亩产米约在 2 —3 石之间，今以 2.5 石计算是有把握的。”[④]又，按《梦溪笔谈》卷 3 所载宋元一石约合今 92.5 市斤[⑤]，则 2.5 石约合今 231.3 市斤。

5. 沙田

与滩涂地略有不同，沙田是因江河携带泥沙长期冲、淤积的结果，这种结果或因河流改道，或因某种自然原因，形成江中沙洲，于是就为人们在其上耕种奠定了基础。然而，正因为沙田与河流游移不定的特点相联系，所以，这种农田的变化较大，时兴时废，没有常性，因而在宋代也成为一种天然（主要由客观原因造成）的免税田。当然，就沙田是否征税一事，在南宋朝中曾发生过一场影响深远的争论，一方以近臣梁俊彦为代表，力主征税；另一方则以宰相叶颙为代表，主张应从社会稳定的角度出发，顾全大局，不可对沙田开征税之举。对此，陈康伯把这件事上升到君子与小人的政治高度来认识。他说：“小人乐于生事，不惜为国敛怨；君子务存大体，唯恐有伤仁政。”[⑥]最终，宋代统治者还是放弃了对沙田征税的打算。[⑦]元初继续执行宋代的免税政策，“听民耕垦自便”[⑧]，这是元初统治者重农思想的具体体现。故王祯云：

沙田，南方江淮间沙淤之田也，或滨大江，或峙中洲，四围芦苇骈密，以护堤岸；其地常润泽，可保丰熟。普为塍埂，可种稻秫；间为聚落，可艺桑麻。或中贯潮沟，旱则频溉；或旁绕大港，涝则泄水；所以无水旱之忧，故胜他田也。旧所谓“坍江之田”，废复不常，故亩无常数，税无定额，正谓此也。[⑨]

对于广大滨江近河的民户来说，在封建统治者“听民耕垦自便”的政策下，开发沙田

---

① 王毓瑚校：《王祯农书》，第 192 页。
② 1 公斤=1 千克。
③ 俞震豫：《土壤发育及其鉴定和分类》，北京：农业出版社，1991 年，第 82 页。
④ 陈贤春：《元代粮食亩产探析》，《历史研究》1995 年第 4 期，第 176 页。
⑤ （宋）沈括著，侯真平校点：《梦溪笔谈》，长沙：岳麓书社，1998 年，第 15 页。1 市斤=0.5 千克。
⑥ 《宋史》卷 173《食货志上一》，北京：中华书局，1977 年，第 4190 页。
⑦ 《宋史》卷 384《叶颙传》，第 11820 页。
⑧ 王毓瑚校：《王祯农书》，第 194 页。
⑨ 王毓瑚校：《王祯农书》，第 193 页。标点略有调整。

确实有利可图，但是，自然力常常不随人愿。这就使得开发沙田的难度增大。所以沙田最早是在面临非常严重的人口增压下，人们不得已而为之的举措。后来，当沙田开发到一定水平，人们已经积累了比较丰富的耕垦经验后，其开发广度才由南而北地不断推进和扩展。例如，明代袁黄在天津宝坻县开发和治理沙田即为一证。他在《劝农书》中说："沙田，谓沙淤之田也，今通州等处皆有之。而民间率视为弃地，若江淮间有此田，即为腴地矣。盖此田大率近水，其地常润泽，可保丰熟。四围宜种芦苇，内则普为塍岸，可种稻秫，稍高者可种棉口桑麻。或中贯湖沟，旱则便溉，或傍绕大港，涝则泄水，所以（无）水旱之虞。"①显然，袁黄治理环渤海沙田，基本上采用了江淮地区田农开发和治理当地沙田的成功经验。

6. 梯田

按照从平原到山区的开发进路，随着唐末五代特别是受宋金战争的影响，北方大量人口南移，遍布于南方的安徽、浙江、福建、两广等地，尤其是在两浙地区，人口密度位居全国第二，这就使原本已经十分紧张的人地矛盾更为剧烈与突出。虽然，北宋末年因镇压方腊起义，两浙地区的人口一度出现了减少的趋势，但是这种减少现象不久即为大量的北方移民所弥补，而且出现了逐渐增长的发展趋势。例如，绍兴三十二年（1162），两浙有224万余户，居南宋各路第一位；人口密度为平均每平方千米17户，仅次于成都府路。②至于元初的人口状况，史学界的认识尚有分歧。不过，笔者赞同元初南方人口快速增长说。例如，邱树森先生在《元朝史话》一书中综合各方面的资料，得出了元初户口接近或达到金和南宋人口总和的结论。③王育民先生在此基础上，更认为元初人口较宋、金时期年均增长率为0.82%。④具体言之，长江以南的沿海路、州人口几乎都增长了1倍以上。⑤有学者统计，元初仅苏南、皖南、浙江、江西和湖南5地人口总数就占到了全国人口总数的60%，至元二十七年（1290），在全国的11个行省中，以江浙（每平方千米91.23人）和江西（每平方千米42.95人）两省人口密度最大。⑥可见，人口的重压使山区开发成为当务之急。故《王祯农书》说：

> 梯田，谓梯山为田也。夫山多地少之处，除磊石及峭壁例同不毛，其余所在土山，下自横麓，上至危巅，一体之间，裁作重磴，即可种艺。如土石相半，则必叠石相次，包土成田。又有山势峻极，不可展足，播殖之际，人则伛偻蚁沿而上，耨土而种，蹑坎而耘。此山田不等，自下登陟，俱若梯磴，故总曰"梯田"。上有水源，则可种粳秫；如止陆种，亦宜粟麦。盖田尽而地，地尽而山，山乡细民，必求垦佃，犹胜不稼。其人力所致，雨露所养，无不少获。然力田至此，未免艰食，又复租税随之，良可悯也。⑦

---

① （清）陆曾禹：《钦定康济录》卷4下之1《摘要备观·历朝田制》，李文海、夏明方主编：《中国荒政全书》第2辑第1卷，北京：北京古籍出版社，2004年，第406页。

② 吴松弟：《南宋人口史》，上海：上海古籍出版社，2008年，第205页。

③ 邱树森：《元朝史话》，北京：中国青年出版社，1980年，第115页。

④ 王育民：《元代人口考实》，《历史研究》1992年第5期，第103—117页。

⑤ 李英远等主编：《新编人口学教程》，长沙：湖南出版社，1991年，第195—196页。

⑥ 王会昌、王云海、余意峰：《长江流域人才地理》，武汉：湖北教育出版社，2005年，第64页。

⑦ 王毓瑚校：《王祯农书》，第190—191页。

这里有两个问题：第一，与沙田免征税和涂田低征税的情形不同，梯田不仅“力田至此，未免艰食”，而且“租税随之”，但佃农却仍“必求垦佃”。这是为什么呢？理由很简单，因为那些梯田通常早已为豪强和有势力之家所有，广大乡村的贫苦农民为了活命只好垦佃地主，而耕种其地者多为其佃农，其租税往往重于公税。例如，瞿廷发一家，延祐间（1314—1320）“有当役民田二千七百顷，并佃官田共及万顷。浙西有田之家，无出其右者”[①]；浙江兰溪姜氏，“以资雄于乡，环其居五里，所凡山若田皆克有之”[②]等。总之，当时地主兼并土地的情况是“江南豪家广占农地，驱役佃户，无爵邑而有封君之贵，无印节而有官府之权，恣纵妄为，靡所不至”[③]。故江南地主“一年有收三二十万石租子的，占着三二千户佃户”[④]者，已不是稀奇现象。然而，这些豪强地主从佃农身上要的租子多，交给官府的少[⑤]，以此来赚取其间的差额，这就是“复租税随之，良可悯”的社会根源。第二，从技术史的角度看，梯田的雏形始于先秦时期，如《诗经·正月》有“瞻彼阪田，有菀其特”[⑥]之诗句，有学者认为“阪田”即是原始形态的梯田。[⑦]然而，“梯田”的概念直到南宋才由范成大首次提出，他在《骖鸾录》中说：袁州（今江西省宜春市）“仰山……岭阪之上，皆禾田层层，而上至顶，名梯田”[⑧]。至元初，梯田出现了三种类型：第一种类型是“裁作重磴”“层磴横削”型之梯田，这种类型的梯田是依山塬坡斜度，横削成一层层不等高的田面；第二种类型是“叠石相次，包土成田”型之梯田，这种类型的梯田是把每层田面的阶埂，垒石筑成；第三种类型的梯田最险峻，其“山势峻极，不可展足，播殖之际，人则伛偻，蚁沿而上”，“危巅峻麓无田蹊”，即田面倾斜度极大的斜面，与一般成层次的梯度相异。[⑨]因此，梯田的大量出现一方面展示了元代山区农业开发的进程和深度；另一方面也从一个角度折射出了元初封建地主阶级的剥削程度是越来越重和越来越无人性了，“危巅峻麓无田蹊”即是明证。当然，梯田的大量开发固然在一定条件下扩大了土地的规模和效益，同时也为元朝贡献了很多税粮。可是，梯田的产生必然以山林的砍伐为前提。从历史上看（依《中国古代重大自然灾害和异常年表总集》统计资料为准），长江流域的水灾发生汉朝 6 次，晋朝 13 次，南朝宋 1 次，南朝梁 5 次，唐朝 19 次，宋朝 50 次，元朝 18 次（其中 1290—1328 年，仅 38 年就发生了 17 次），明朝 92 次，清朝 124 次。[⑩]可见，自宋以降，长江流域的水灾发生频率越来越高，程度也越来越严重，其原因既有自然的又有人为的，而人造梯田应

---

① （元）杨瑀：《山居新话》，《景印文渊阁四库全书》第 1040 册，第 373 页。

② （明）宋濂：《宋学士全集》卷 23《故姜府君墓碣铭》，台北：台湾商务印书馆，1986 年，第 853 页。

③ 陈得芝辑点：《元代奏议集录》上册《赵天麟·树八事以丰天下之食货》，杭州：浙江古籍出版社，1998 年，第 292 页。

④ 陈高华等点校：《元典章》卷 24，北京、天津：中华书局、天津古籍出版社，2011 年，第 950 页。

⑤ 陈高华等点校：《元典章》卷 24，第 950 页。

⑥ 冯国超：《诗经》，长春：吉林人民出版社，2005 年，第 215 页。

⑦ 唐德富：《我国生态农业的悠久历史》，《生态经济》1988 年第 2 期，第 50—55 页。

⑧ （宋）范成大撰，孔凡礼点校：《范成大笔记六种》，北京：中华书局，2002 年，第 52 页。

⑨ 陕西省地方志编纂委员会：《陕西省志》第 14 卷《水土保持志》，西安：陕西人民出版社，2000 年，第 201—202 页。

⑩ 宋正海总主编：《中国古代重大自然灾害和异常年表总集》，广州：广东教育出版社，1992 年，第 305—318 页。

是造成南方许多地区水土流失的主要原因。

实际上，江浙地区这种开垦土地的方式，一直延续到清朝。例如，清代两湖的土地开垦就经历了从平原丘冈转移至河湖洼地，又由河湖洼地转移至深山老林的迁移过程。[①]这种开垦方式在粗放式农业发展模式之下，固然可以通过无限制的和恶性的变山林为农田、变湖泊为沃野来增加粮食收入，以弥补平原地区因水旱灾害造成粮食减产的状况。可是，这样一来，人们自然就走入了自寻祸患的恶性循环里，破坏山林，造成水土流失，从而加剧自然灾害的发生。有学者指出："两湖的主要粮食产区——江汉、洞庭湖圩田区，自乾隆末年以来，水患灾害日益频繁，特别是道光以来，水患几乎是年年发生。"[②]所以，经过宋元传统农业开发的急剧膨胀之后，以牺牲或缩减人们的生存空间来换取粮食生产的片面增长，其弊端已经越来越暴露出来了，中国传统农业开始陷入空前的危机之中。

（三）新农具的创造和推广

新农具的创造和推广，使生产效率大为提高。马克思指出，"每一代一方面在完全改变了的环境下继续从事所继承的活动，另一方面又通过完全改变了的活动来变更旧的环境"[③]。"劳动资料不仅是人类劳动力发展的测量器，而且是劳动借以进行的社会关系的指示器。"[④]在此，劳动资料包括三层含义：第一，生产工具，它是劳动资料的"骨骼系统"；第二，促动这些生产工具进行生产的动力与能源；第三，辅助性的劳动资料，如产品的运输、储藏，以及工具的保管和维修等，它们是劳动资料的"脉管系统"。在这里，我们需要特别强调的是，《王祯农书》中的《农器图谱》部分，在主要方面与马克思所定义的劳动资料的内涵较为接近。该图谱共分田制、耒耜、䦆臿、钱镈、铚艾、杷朳、蓑笠、篨篑、杵臼、仓廪、鼎釜、舟车、灌溉、利用、䴬麦、蚕缫、蚕桑、织纴、纩絮及麻苎20门。其中有耕垦工具、纺织工具、谷物加工工具等，有以水力和畜力为动力和能源的灌溉工具，有田间装载原材料或农产品的运输工具与储藏场所等，内容非常全面、周详，可谓中国古代农书的一大创造。下面我们仅以生产工具的革新为例简要述之：

在《王祯农书》的200余件工具（包括农业机械和生活用具）中，大部分是延续了前辈的成果，如铚、锋、䦆、镰、铲、锹、耘、挞、劐、碌碡、耒、耜、种箪等。关于传统农具的延续和结构特点，请参见周昕著《中国农具发展史》一书第7章"中国传统农具的承前启后"第4节"《王祯农书》和农具"的相关内容，兹不赘言。

《王祯农书·农器图谱》除了比较详细地描述了传统农具的性能和结构特点外，还重点

---

① 郑林：《现代化与农业创新路径的选择——中国近代农业技术创新三元结构分析》，北京：北京师范大学出版社，2010年，第42页。

② 郑林：《现代化与农业创新路径的选择——中国近代农业技术创新三元结构分析》，第41页。

③ 中共中央马克思恩格斯列宁斯大林著作编译局：《马克思恩格斯选集》第1卷，北京：人民出版社，1995年，第88页。

④ 中共中央马克思恩格斯列宁斯大林著作编译局：《马克思恩格斯全集》第23卷，北京：人民出版社，2016年，第204页。

推荐了几件宋元时期新创制的农具，以突出其“既述旧以增新，复随宜以制物”[①]的创作思想和科研精神。

第一，新创制的耕耘农具。张广军在《王祯》一书中共介绍了10种宋元时期新创制的农具，即劚（犁）刀、铁搭、秧马、耘荡、耘爪、耧锄、镫锄、粪耧、瓠种及砘车。[②]但学界对于上述农具是否为宋元创制，分歧较大。这些农具里的耘爪，有学者认为唐《鸟耘辨》中所提到的“鸟耘”即系指耘爪。[③]而瓠种又名窍瓠，是一种比较原始的播种农具，有学者考证，陕西绥德出土的汉画像石“犁耕图”中绘有窍瓠。因此，瓠种可能发明于汉代。[④]另一种观点认为，瓠种始创于南北朝。[⑤]有鉴于此，瓠种究竟是什么，为何时发明，目前尚无法明确判定。秧马是始创于北宋的一种水稻移栽专业农具；劚（犁）刀，宋人亦称作“裂刀”，始创于北宋，漆侠先生说：“两宋三百年间，曾对两浙江淮大片低洼地进行了大力的改造。……安置在耕犁前部的劚刀，是改造这种低洼地的一种极其得力的工具。”[⑥]粪耧的创始年代，有两说：元代说[⑦]；宋代说[⑧]。铁搭，从形制上看，最早出现于战国时期，但汉以前似多为二齿或三齿，宋代见四齿铁搭，而铁搭之名却始见于元代。[⑨]耧锄，系牵引式中耕农具，最早见载于《种莳直说》一书。惜此书已佚，据王毓瑚先生考证，此锄最迟在女真族统治黄河流域时期已在使用。[⑩]这样一来，剩下的三件农具即耘荡、镫锄和砘车，依王祯之见，均为元初创制。

耘荡，也称作耥，是元初江浙一带稻农创制的一种中耕除草农具[⑪]，或云是一种“在水田内除草松泥的机械”[⑫]。王祯介绍说：

> 耘荡，江浙之间新制也，形如木屐，而实长尺余，阔约三寸，底列短钉二十余枚，簨其上，以贯竹柄。柄长五尺余。耘田之际，农人执之，推荡禾垅间草泥，使之溷溺，则田可精熟；既胜耙锄，又代手足。况所耘田数，日复兼倍。……兹特图录，庶爱民者播为普法。[⑬]

农具创新的实质就是最大限度地解放劳动者的手和足，耘荡较之“以两手耘田，匍匐禾间，膝行而前”的原始劳动方式，能直起身来耘作，变匍匐姿为站立姿，可免去手耘和

---

① 王毓瑚校：《王祯农书》，第321页。

② 张广军：《王祯》，北京：中国国际广播出版社，1998年，第32—33页.

③ 周昕：《中国农具发展史》，济南：山东科学技术出版社，2005年，第686页。

④ 周昕：《中国农具发展史》，第699页。

⑤ 张春辉：《中国古代农业机械发明史（补编）》，北京：清华大学出版社，1998年，第48页。

⑥ 漆侠：《漆侠全集》第3卷《宋代经济史》上，保定：河北大学出版社，2009年，第107页。

⑦ 杨树森、穆鸿利：《辽宋夏金元史》，沈阳：辽宁教育出版社，1986年，第311页。

⑧ 曾雄生：《下粪耧种发明于宋代》，《中国科技史杂志》2005年第3期，第246—247页。

⑨ 金秋鹏主编：《中国科学技术史・图录卷》，第6页。

⑩ 王毓瑚：《略论中国古来农具的演变》，李军、王秀清主编：《历史视角中的“三农”：王毓瑚先生诞辰一百周年纪念文集》，北京：中国农业出版社，2008年，第377页。

⑪ 黄世瑞：《中国古代科学技术史纲・农学卷》，第33页。

⑫ 刘仙洲：《中国古代农业机械发明史》，北京：科学出版社，1963年，第44页。

⑬ 王毓瑚校：《王祯农书》，第233页。

足耘之苦，从而使劳动者的体力消耗与劳动强度大大减轻，且效率更高。

镫锄，为元初所创制，其形状似马镫，故名。从性能上看，它与铲有相似之处，但又与铲不同。例如，《齐民要术》云：铲“以划地除草”，且与传统的铁铲为实心不同，镫锄为中空状，如清杨秀元在《农言著实》中载有一种锄头中空的“漏锄”，与“镫锄”名异实同，它“较一般锄头小，又有一窗形空隙，能锄草松土而不翻动土层”①，所以镫锄的功能较铲为少，仅仅用于划草，以保护秧苗，而不能划地。所以，《齐民要术》有“养苗之道，锄不如耨，耨不如划”②之说。对此，王祯云：

> 镫锄，划草具也，形如马镫，其踏铁两旁作刃甚利，上有圆銎，以受直柄。用之划草，故名“镫锄”。柄长四尺，比常锄无两刃角，不致动伤苗稼根茎。或遇少旱，或熇苗之后，垅土稍干，荒薉复生，非耘耙、耘爪所能去者，故用此划除，特为捷利。此创物者随地所宜，偶假其形而取便于用也。③

砘车，为元初所创制，王祯有诗云“以砘为车古未闻，字因义取‘石’从‘屯’”④。既然称车，那么，“碢”便是它的车轮。王祯解释说：

> 砘，石碢也，以木轴架碢为轮，故名“砘车”。两碢用一牛，四碢两牛力也。凿石为圆，径可尺许，窍其中以受机括，畜力挽之，随耧种所过沟垅碾之，使种土相著，易为生发。然亦看土脉干湿何如，用有迟速也。⑤

在本段记载之后，王祯附有两幅砘车图，一幅为两碢车，另一幅为四碢车。至于两碢之间的距离，由耧车的脚间距来决定。王祯说：“今人制造砘车，随耧种之后循陇碾过，使根土相著，功力甚速而当。”⑥

第二，新创制的灌溉机械。开发山田，需要解决灌溉用水的问题。水性润下，“水往低处流”是水流的运动规律，倘若改变水流的习性，使其由低处流向高处，则不能没有提水用具。从灌溉的角度讲，三国时期魏人马钧造作的“翻车”，利用人力踏动通过带动机车身上的轮轴、链条、槽板等装置，使水连续不停地从低处引向高处，从而结束了抱瓮灌地和用桔槔汲水的原始提水历史。到唐宋时期，随着南方水田规模的不断扩大，山田和高田处处有之，于是翻车的应用非常普遍。当然，此时翻车的功能不单引水灌溉，同时当雨水过多时，还可以使下田出水。⑦到元初，翻车由利用人力逐渐向利用水力和利用畜力方面转变，其标志便是水转翻车与牛转翻车的产生。

水转翻车有两种形制：一种为卧式水涡轮驱动的水转翻车，另一种是立式水涡轮驱动

---

① 袁明仁等主编：《三秦历史文化辞典》，西安：陕西人民教育出版社，1992年，第286页。

② （北魏）贾思勰：《齐民要术》卷1《耕田第一》，济南：齐鲁书社，2009年，第28页。

③ 王毓瑚校：《王祯农书》，第231—232页。标点略有调整。

④ 王毓瑚校：《王祯农书》，第213页。

⑤ 王毓瑚校：《王祯农书》，第212页。标点略有调整。

⑥ 王毓瑚校：《王祯农书》，第31页。

⑦ 程溯洛：《中国水车历史底发展》，李光壁、钱君晔：《中国科学技术发明和科学技术人物论集》，北京：生活·读书·新知三联书店，1955年，第177页。

的水转翻车。这两种形制的翻车究竟何时首创？学界有两派观点：一是元创说，如程溯洛认为，“水转翻车到元代才产生，这是因为翻车上轮辐利用方法的趋于复杂”[①]。二是唐创说，如周昕说：“人力翻车和水转筒车在唐代都已盛行，已经具备了产生水转翻车的物质和技术条件，据此推断水转翻车的发明时间，当在此前后。”[②]但截至目前，我们在唐宋文献里尚找不到有关水转翻车的资料，故本书从元创说。

关于两种水转翻车的结构特点，王祯描述说：

> 水转翻车，其制与人踏翻车俱同。但于流水岸边掘一狭堑，置车于内；车之踏轴外端作一竖轮，竖轮之傍架木立轴，置二卧轮，其上轮适与车头竖轮辐支相间。乃擗水傍激，下轮既转，则上轮随拨车头竖轮，而翻车随转，倒水上岸。此是卧轮之制。若作立轮，当别置水激立轮。其轮辐之末，复作小轮，辐头稍阔，以拨车头竖轮。此立轮之法也。然亦当视其水势，随宜用之。其日夜不止，绝胜踏车。[③]

在“无流水处”使用牛转翻车，牛转翻车之制与水转翻车之制相比，“但去下轮”[④]。

历代注家对《王祯农书》为什么只绘出水转翻车的翻车部分，而隐去了其水转机械部分，不得其解，而各式筒车则均附有比较详细的图画，使读者一目了然。所以，注家很怀疑水转翻车的使用效果和普及程度。比如，《王祯农书》所绘牛转翻车为顺时针方向旋转，有注家指出，“竖轮如果顺时针方向旋转，则为‘逆转’，不但根本车不上水，最危险是使翻车‘出轨’，龙骨板（刮水板）立即给崩裂”[⑤]。甚至有学者认为，王祯对立式水转翻车的结构和运转机制，“解释得不够清楚，让人不易理解”[⑥]。这些看法都不无道理，但造成这种状况的原因，不能全怪王祯，很可能当时水转翻车在技术设计方面还存在一定的缺陷，其普及程度也十分有限。因此，王祯才特别强调水转翻车“当视其水势随宜用之”，说明水转翻车的适用是有条件的，否则就会造成欲速则不达、劳而无功的后果。当然，任何新技术的推广应用都有一个从不成熟到成熟的发展过程，王祯的可贵之处就在于他高度关注新技术的推广和应用，关注如何改进和提高传统农业生产中的科技含量。尤其是翻车的动力由人力向非人力方面发展，此变化乃为总的量变过程中的一个质变，其思想成就是巨大的。

高转筒车为《王祯农书》之首见，盖由元初创制，或者是对唐宋水转筒车的一种改进。王祯云：

> 高转筒车，其高以十丈为准，上下架木，各竖一轮，下轮半在水内。各轮径可四尺。轮之一周，两傍高起；其中若槽，以受筒索。其索用竹，均排三股，通穿为一；随车长短，如环无端。索上相离五寸，俱置竹筒。筒长一尺。筒索之底，托以木牌，长亦

① 程溯洛：《中国水车历史底发展》，李光壁、钱君晔：《中国科学技术发明和科学技术人物论集》，第 180 页。
② 周昕：《中国农具发展史》，第 712 页。
③ 王毓瑚校：《王祯农书》，第 328—329 页。标点略有调整。
④ 王毓瑚校：《王祯农书》，第 329 页。
⑤ （元）王祯撰，缪启愉、缪桂龙译注：《农书译注》下，济南：齐鲁书社，2009 年，第 637 页。
⑥ 周昕：《中国农具发展史》，第 712 页。

如之。通用铁线缚定，随索列次，络于上下二轮。复于二轮筒索之间，架刳木平底行槽一连，上与一轮相平，以承筒索之重。或人踏，或牛拽，转上轮则筒索自下，兜水循槽至上轮；轮首覆水，空筒复下。如此循环不已，日所得水，不减平地车戽。若积为池沼，再起一车，计及二百余尺。如田高岸深，或田在山上，皆可及之。……此近创捷法，已经较试，庶用者述之。①

高转筒车与水转翻车的最重要区别，王祯在解释高转筒车的功效及推广价值时，说过“此近创捷法，已经较试，庶用者述之”的话，而他在解释水转翻车时，不仅没有就其推广价值表态，而且对水转翻车的结构描述，要么简化，要么出错。可见，王祯对高转筒车的重视程度，远远超过水转翻车。为了提高筒车车水的“扬程”，王祯设计了二级“池沼”，即通过“再起一车”的方式，两车接运，而使车水的“扬程”高达66米多，这在当时是一种十分了不起的科技创新思想。

第三，“水轮三事”和“水转连磨”的创制。“水轮三事”是王祯发明的一种谷物联合加工机械，它集砻、磨、碓三种功能于一体，一个轮轴可以连续完成去壳（或砻稻）、碾米和磨面三种工作，其加工效率大为提高，且“具有雏形的万能机械和联合机械的性质”②。王祯述其“水轮三事”云：

水轮三事谓水转轮轴可兼三事，磨、砻、碾也。初则置立水磨，变麦作面，一如常法。复于磨之外周造碾圆槽。如欲毇米，惟就水轮轴首易磨置砻，既得粝米，则去砻置碾，碢干循槽碾之，乃成熟米。夫一机三事，始终俱备，变而能通，兼而不乏，省而有要，诚便民之活法，造物之潜机。今创此制，幸识者述焉！③

与之相联系，“水转连磨”即一个水轮同时驱动9个石磨运转，是王祯利用水能的又一杰出创造，它在中国古代能源利用和开发史上占有重要的历史地位。尽管晋代已经出现利用畜力拉动8个磨的“连磨”，但王祯的“水转连磨”不仅数量更多，而且是利用水力，功能也更加全面，既可以磨面、舂米（轮下兼装水碓），又可以灌溉农田。王祯述其制度说：

水转连磨，其制与陆转连磨不同。此磨须用急流大水，以凑水轮。其轮高阔，轮轴围至合抱，长则随宜。中列三轮。各打大磨一盘。磨之周匝俱列木齿。磨在轴上，阁以板木。磨傍留一狭空，透出轮辐，以打上磨木齿。此磨既转，其齿复傍打带齿二磨，则三轮之力互拨九磨。其轴首一轮既上打磨齿，复下打碓轴，可兼数碓。或遇天旱，旋于大轮一周列置水筒，昼夜溉田数顷。此一水轮可供数事，其利甚博。尝到江西等处，见此制度，俱系茶磨。所兼碓具，用捣茶叶，然后上磨。若他处地分，间有溪港大水，仿此轮磨，或作碓辗，日得谷食，可给千家，诚济世之奇术也。陆转连磨下

① 王毓瑚校：《王祯农书》，第330—331页。标点略有调整。
② 胡道静：《中国古代典籍十讲》，上海：复旦大学出版社，2004年，第214页。
③ 王毓瑚校：《王祯农书》，第354页。

用水轮亦可。[①]

效率意识是王祯机械设计思想的根本特征，不管是耕耘器具、收获农具，还是灌溉机具和农产品加工机械，都系如此。通过不断的革新，农具的多功能和多用途性能得到进一步加强，同时为了提高新农具的工作效率，王祯认真总结前人的机械制造经验，逐渐改变利用人力作为农具动力的局限，充分利用畜力尤其是水力作为新农具的工作动力，出现了像“水转连磨”这样大功率的谷物加工器具，因而使元初的农具制造达到了中国古代历史的最高水平。

二、从系统论看《王祯农书》的思想特色和历史地位

（一）从系统论看《王祯农书》的思想特色

1. 天、地、人三位一体的“三才”思想

从系统和整体的视角看问题是中国传统思维的基本特色。《易经》说：“易有太极，是生两仪，两仪生四象，四象生八卦，八卦定吉凶，吉凶生大业。”[②]在此，“易”或“太极”是一个系统的整体，而两仪、四象、八卦、吉凶、大业等均属于“易”这个有机系统的各个要素和部分。《黄帝内经》把《周易》的这个系统原理具体应用到人类的生理和病理现象研究之中，并进行综合分析，因而得出了“气”为宇宙天地万物这个系统整体的结论。《黄帝内经·生气通天论》云：“夫自古通天者生之本，本于阴阳。天地之间，六合之内，其气九州九窍、五藏、十二节，皆通乎天气。”[③]《管子》则把《周易》的系统原理应用于分析现实社会的运动变化，认为“天下者，国之本也；国者，乡之本也；乡者，家之本也；家者，人之本也；人者，身之本也；身者，治之本也”[④]。由此可知，《管子》体现了系统思想的两个基本概念：联系与要素。比如，现实社会是一个系统，它由国、乡、家、人、身等具体的要素所组成，而由国、乡、家、人、身等具体要素的相互联系则构成了一个丰富多彩的现实社会。《管子》注意到：“今为国有地牧民者，务在四时，守在仓廪。国多财则远者来，地辟举则民留处；仓廪实则知礼节，衣食足则知荣辱。”[⑤]这样，我们很容易从“国家”这个有机系统中看出农业生产的基础作用。所以王祯在《王祯农书·自序》中总结说：“农，天下之大本也。‘一夫不耕，或授之饥，一女不织，或授之寒。’古先圣哲敬民事也，首重农，其教民耕、织、种植、畜养，至纤至悉。”[⑥]也就是说，农业生产本身构成了一个庞大的有机系统，而“耕、织、种植、畜养”则系此系统中的重要环节与要素。当然，“耕、织、

---

① 王毓瑚校：《王祯农书》，第355页。

② 《周易·系辞上》，《黄侃手批白文十三经》，第43页。

③ 《黄帝内经素问》卷1《生气通天论篇》，陈振相、宋贵美：《中医十大经典全录》，北京：学苑出版社，1995年，第10页。

④ （清）戴望：《管子校正》卷1《权修》，《诸子集成》第7册，第7页。

⑤ （清）戴望：《管子校正》卷1《权修》，《诸子集成》第7册，第7页。

⑥ 王毓瑚校：《王祯农书·自序》，第1页。

种植、蓄养”还不是农业生产系统的全部要素，为了便于理解，王祯从“三才”（即天、地、人）的视角来阐释农业生产的系统运动，他说：

顺天之时，因地之宜，存乎其人。①

毫无疑问，王祯的这个思想是《周易》“三才”理论的具体化。《周易·说卦》载：“立天之道，曰阴与阳；立地之道，曰柔与刚；立人之道，曰仁与义。兼三才而两之，故《易》六画而成卦。”②

在这里，《周易》所讲的“三才”是方法论意义上的“三才”，是一般的和具有普适意义的“三才”，而王祯所言之“三才”却是特殊的和具有实用意义的“三才”，它被具体化为“授时”、“地利”和“孝弟力田”三个部分。

1）授时

授时，《周易》称作“立天之道”，因农业生产与“立天之道”之间的关系是一般和个别的关系，故王祯在《王祯农书·授时篇》中名之为“用天之道”。在王祯之前，“用天之道”的主要内容由历法和浑天仪两部分组成。王祯说：“授时之说，始于《尧典》。……尧命羲和历象日月星辰，考四方之中星，定四时之仲月。”③至于浑天仪，则“洛下闳、鲜于妄人辈述其遗制，营之度之，而作浑天仪。历家推步，无越此器，然而未有图也”④。对于农事活动而言，只有历法和浑天仪，仍显不足。因为对于广大劳动者来讲，他们更关心一年中各月的农事活动，而一般历法和浑天仪都恰恰缺少这方面的内容。于是，王祯在《王祯农书·授时篇》里补绘了一幅“周岁农事图”，此图亦是中国古代农书史上的一个创举，它类似于后世的万年历。王祯说：“夫授时历每岁一新，授时图常行不易；非历无以起图，非图无以行历，表里相参，转运无停。”⑤可见，“周岁农事图”常与浑天仪配合使用。从形状上看，“周岁农事图”为一圆形，其中心系北斗，这是因为中国古代历家常常用斗柄之指向来判定四季，如《鹖冠子·环流》云：“斗炳东指，天下皆春。斗柄南指，天下皆夏。斗柄西指，天下皆秋。斗柄北指，天下皆冬。”⑥然后，从内而外，共有 8 个圆圈，第 1 个圆圈是十天干（意即五星运动对地球所产生的干扰效应），第 2 个圆圈是十二地支（代表一年的 12 个月），第 3 个圆圈是四季（即木、火、金、水），第 4 个圆圈是十二个月，第 5 个圆圈是二十四节气，第 6 个圆圈是七十二候，第 7 个圆圈是每年十二个月中的农事活动。⑦当然，此图既有相对的不变性，如“北斗旋于中以为准，则每岁立春，斗柄建于寅方，日月会于营室……由此以往，积十日而为旬，积三旬而为月，积三月而为时，积四时而成岁；

① 王毓瑚校：《王祯农书》，第 22 页。

② 《周易·说卦》，《黄侃手批白文十三经》，第 50 页。

③ 王毓瑚校：《王祯农书》，第 10 页。

④ 王毓瑚校：《王祯农书》，第 10 页。

⑤ 王毓瑚校：《王祯农书》，第 11 页。

⑥ （战国）鹖冠子撰，（宋）陆佃解：《鹖冠子》卷上《环流》，《百子全书》第 3 册，长沙：岳麓书社，1993 年，第 2589 页。

⑦ 王毓瑚校：《王祯农书》，第 6—7 页。

一岁之中，月建相次，周而复始，气候推迁，与日历相为体用，所以授民时而节农事”[①]，又有异常条件下的可变性。因此，王祯说：“按月授时，特取天地南北之中气作标准，以示中道，非‘胶柱鼓瑟’之谓。若夫远近寒暖之渐殊，正闰常变之或异，又当推测晷度，斟酌先后，庶几人与天合，物乘气至，则生养之节，不至差谬。此又图之体用余致也，不可不知。”[②]可见，人们不能孤立地看“周岁农事图”，因为农事活动与天气变化相互对应，是谓“人与天合”，也就是说，“周岁农事图”本身也是一个联系的环节和发展的环节。比如，每个时代作物栽培品种的扩大，以及生产方式的变革等，都需要人们灵活地掌握“周岁农事图”，使之成为“活法”[③]，而不是“死法”。

2）地利

农业生产的基础是土地资源，其利用方式有粗放与集约两种形态。粗放式的土地利用主要是在空间上的扩张，比如，从平原到丘陵、薮泽、濒临江河湖海之滩地或沙地等；集约式的土地利用主要是提高单位面积的粮食产量，此乃《王祯农书》所追求的最高目标。然而，元代的统一，不仅使疆域更加辽阔，而且使农业生产的表现形式更加复杂化了。为了总揽全局，勾画南北农业发展之蓝图，王祯在《王祯农书·地利篇》中绘制了一幅“全国农业地图”[④]，用王祯的话说，就是“得天下农种之总要”[⑤]。图中含有王祯非常丰富的农业规划思想，概括起来，其主要内容是：阐明了九州风土之不同，主张“土宜之法”。王祯分析其原因说，“夫封畛之别，地势辽绝，其间物产所宜者，亦往往而异焉”，何则？“风行地上，各有方位，土性作宜，因随气化，所以远近彼此之间风土各有别也”[⑥]。关于这个问题已见前述，在此不再重复。

地宜理论形成于春秋战国时期，如《左传·成公二年》有“先王疆理天下，物土之宜而布其利”[⑦]的记载，《管子·地圆篇》则形成了比较完备的地宜理论，即“凡草土之道，各有谷造，或高或下，各有草土”[⑧]，而这个理论成为以后历代农书立旨的基本指导思想。考，自黄帝画野分州之后，以元代的区宇最大，确实“非九州所能限”[⑨]。王祯的言外之意是讲，在元代，仅仅固守《尚书·禹贡》的自然地理观，是不够的。于是，他依据《周礼·大司徒》的经典论述，重点阐释了两个概念：一是“土会之法”，二是“土化之法”。

“土会之法”，即根据地形与土地性质，将全国的土地分为五大类型，然后分类种艺，各得其所。《周礼·大司徒》云：“以土会之法，辨五地之物生。”王祯说：五地是指山林、川泽、丘陵、坟衍、原隰，那么，如何利用这五种类型的土地？《王祯农书》引《周礼·大

---

① 王毓瑚校：《王祯农书》，第10—11页。
② 王毓瑚校：《王祯农书》，第11页。
③ 王毓瑚校：《王祯农书》，第11页。
④ 王毓瑚校：《王祯农书·〈地利篇〉插图校记》，第11页。
⑤ 王毓瑚校：《王祯农书》，第15页。
⑥ 王毓瑚校：《王祯农书》，第12—13页。
⑦ 《春秋左传·成公二年》，《黄侃手批白文十三经》，第165页。
⑧ （清）戴望：《管子校正》卷19《地圆篇》，《诸子集成》第7册，第312页。
⑨ 王毓瑚校：《王祯农书》，第14页。

司徒》的话说："辨十有二土之名物……以育草木，以任土事。"同时，还要"辨十有二壤之物，而知其种，以教稼穑树艺"[①]。

"土化之法"，实际上就是利用粪肥改良土壤的方法。《周礼·地官·草人》将其概括为"以物土相其宜，以为之种"的思想原则。接着，《周礼》分别将不同土壤，施以九种动物粪肥，即"凡粪种，骍刚（指赤刚土）用牛，赤缇（指赤黄色的土）用羊，坟壤（指黏性土壤）用麋，渴泽（指湿土）用鹿，咸潟（指盐碱土）用貆，勃壤（指沙土）用狐，埴垆（指黏质土）用豕，强檃（指硬土）用蕡，轻爂（指沙土）用犬。"此段文献证明，粪肥之间的功效差异已经成为先秦农家关注和研究的对象。当然，学界对此尚有不同的认识。[②]所以，"凡粪种"究竟是指特殊的粪种法（《王祯农书》持此义），还是指在不同土壤中施用不同的动物粪，拟或还有别的意义，有待学界今后更加深入的研究。时代发生了变化，《周礼》所言未必适应各地的实际情况，因此，王祯提醒人们："若今之善农者，审方域田壤之异以分其类，参土化土会之法以辨其种，如此可不失种土之宜，而能尽稼穑之利。"[③]

3）孝弟力田

儒家的农本商末观，主导着汉唐封建统治者的治国政策和理念。到宋代，这种传统观念逐渐被一些士大夫所颠覆。例如，南宋士人陈耆卿说："古有四民，曰士，曰农，曰工，曰商。士勤于学业，则可以取爵禄；农勤于田亩，则可以聚稼穑；工勤于技巧，则可以易衣食；商勤于贸易，则可以积财货。此四者，皆百姓之本业，自生民以来，未有能易之者也。"[④]宋代商品经济发达，与商人社会地位的变化直接相关。当然，事物发展都有两方面的效应，我们看到，在宋代财富不断聚积的背后，"以豪华相尚，以俭陋相訾"[⑤]之风弥漫了整个世俗阶层，"比比纷纷，日益滋甚"[⑥]。从这个角度看，宋代又是一个极尽奢靡的时代。

元初的社会状况与经济鼎盛时期的宋代社会环境发生了很大的变化，元朝把都城建在经济并不发达的北方地区。所以，为了保障元大都的粮食供应，一方面统治者加快大运河的修建，另一方面推行重农政策。王祯正是在这样的历史背景下，重新强调农本商末的观念，这不是一种倒退，而是当时社会历史发展的客观需要。王祯说：

> 孝弟力田，古人曷为而并言也？孝弟为立身之本，力田为养身之本，二者可以相资而不可以相离也。[⑦]

"立身"与"养身"是一个问题的两个方面，王祯把它们统一起来，应当说是具有很强的现实意义的。南宋的灭亡，绝不意味着根植于商人社会的一些不良习气转瞬即逝。事实上，如果不从意识形态领域多加防范，它就很可能延伸到一个新的生态环境里。王祯注意

① 王毓瑚校：《王祯农书》，第 15 页。
② 参见曹隆恭：《肥料史话》修订本，北京：农业出版社，1984 年，第 4 页。
③ 王毓瑚校：《王祯农书》，第 15 页。
④ （宋）陈耆卿：《赤诚志》卷 37《风俗门·土俗·重本业》，《景印文渊阁四库全书》第 486 册，第 932 页。
⑤ （宋）司马光著，李之亮笺注：《司马温公集编年笺注》卷 23《论财利疏》，成都：巴蜀书社，2009 年，第 186 页。
⑥ 《宋史》卷 153《舆服志五》，第 3577 页。
⑦ 王毓瑚校：《王祯农书》，第 17 页。

到了这一点，他说："至于工逞技巧，商操赢余，转徙无常，其于终养之义，友于之情，必有所不逮。"[①]尽管王祯所言未免失当，但是他毕竟看到了人们在追名逐利的过程中，往往伴随着人情的淡薄和道德的沦丧。因此，他之所以用"孝弟"为道德标准来评价农与商的社会地位，主要考虑的就是欲使整个社会风气返璞归真，重农是一个最可靠同时也是最有效的途径。

当然，王祯绝不是在挑拨农与商之间的社会矛盾，而是在儒家文化的基础上重建元代的道德秩序。所以，重农不仅仅在于生产粮食，更重要的是通过提倡农者的淳朴之风而去净化由南宋末期所滋生的种种奢靡污浊之气。在此，王祯深刻地批评了"农不如商"的社会弊病。他揭露说："又有出于末作之外者，舍其人伦，惰其身体，衣食之费，反侈于齐民。"[②]此"齐民"特指农者，与《齐民要术》中的"齐民"义同。尤其是"今夫在上者不知衣食之所自，惟以骄奢为事，不思己之日用，寸丝口饭，皆出于野夫田妇之手；甚者苛敛不已，朘削脂膏以肥己"[③]，已经成为制约元初农业发展的严重桎梏。如果统治者不采取坚决的措施抑制此种现象的滋长和蔓延，那么，下面的后果就不可避免了。王祯指出：

> 农夫受饥寒之苦，见游惰之乐，反从而羡之，至去陇亩、弃耒耜而趋之，是民之害也。[④]

一旦整个农耕之夫都"去陇亩、弃耒耜而趋之"游惰，变成商贾，那后果就危害到社会存在的根基了，正如王祯所说："岂特逐末而已。"[⑤]在王祯看来，"农之本在耕"[⑥]，进一步则"天下亦少不耕之士"[⑦]。为此，他再次明确了农者在整个社会经济发展中的基础地位和作用。王祯说：

> 农者，被蒲茅，饭粗粝，居蓬藋，逐牛豕，戴星而出，带月而归，父耕而子馌，兄作而弟随，公则奉租税，给征役，私则养父母，育妻子，其余则结亲姻，交邻里，有淳朴之风者，莫农若也。[⑧]

王祯站在小农的立场上，主张重农抑商，在特定的历史条件下，固然有其合理的一面，特别是在举孝友、训游惰[⑨]方面，会起到一定的积极作用。但从长远的观点看，此论有其历史的局限性，因为社会历史的发展必将会逐渐消灭四民之间的差别，尤其是农商之间的界线必将会随着社会经济的不断发展而变得越来越模糊，人们的道德水准也会随着社会经济的发展而发生新的变化，农之"淳朴"仅仅是社会道德准则的一个组成部分，而不是道德

---

① 王毓瑚校：《王祯农书》，第18页。
② 王毓瑚校：《王祯农书》，第18页。
③ 王毓瑚校：《王祯农书》，第46页。
④ 王毓瑚校：《王祯农书》，第18—19页。
⑤ 王毓瑚校：《王祯农书》，第19页。
⑥ 王毓瑚校：《王祯农书》，第17页。
⑦ 王毓瑚校：《王祯农书》，第17页。
⑧ 王毓瑚校：《王祯农书》，第17—18页。
⑨ 王毓瑚校：《王祯农书》，第19页。

内容的全部。

综上所述，王祯从社会经济和思想道德等多个方面来阐释授时、地利与孝弟力田三者之间的关系，在阐释中，他不仅将农业生产置于天人合一的文化环境中，而且把农业生产看作整个社会有机系统的一个中心环节，主张“力田，民生之本”[①]的重农思想。

2. 形成了系统的农业生产技术理论

《王祯农书》中的技术思想比较丰富，由于近十几年来学界不断推出研究王祯农学技术及其思想成就的学术成果，如万国鼎的《王祯和〈农书〉》、袁运开和周瀚光的《中国科学思想史》第七章第八节、董恺忱和范楚玉的《中国中国科学技术史·农学卷》第十七章、郭文韬的《贾思勰王祯评传》及《中国传统农业思想研究》第二十二章“王祯农学思想略论”、王薇的《王祯》、曾雄生的《中国农学史》第十一章第二节“王祯农书”等，这些成果已经包括了王祯农业生产技术的方方面面，非常周详，故笔者不必再作重复，兹仅在前人研究成果的基础上，拟就王祯的土、肥、水、种、管、工思想略作阐释，以期从几个侧面来展现其农业技术思想的系统性。

（1）土的内容包括深耕、改良土壤及土地利用等。《王祯农书》比较系统地总结了元初之前历代农家耕田的方法，他说：

> 耕地之法，未耕曰“生”，已耕曰“熟”，初耕曰“塌”，再耕曰“转”。“生”者欲深而猛，“熟”者欲浅而廉，此其略也。

又说：“大抵秋耕易早，春耕易迟。秋耕易早者，乘天气未寒时，将阳和之气掩在地中，其苗易荣；过秋，天气寒冷有霜时，必待日高，方可耕地，恐掩寒气在内，令地薄，不收子粒。春耕宜迟者，亦待春气和暖，日高时耕。”[②]

一句话，不管采取什么方式耕地，主要目的就是使土壤中尽量保持充足的氧气，这种性质升发的阳气是种子从萌芽到成熟所必需的。当然，具体到南北农田的耕法，因地势之异而不同。董恺忱先生认为，“中国的传统犁虽有轻便快速等优点，但不适于深耕，一般耕深在二至四寸之间，而深耕的标准是以九寸为宜。为了弥补这个不足，唐代以后虽也有些改进，可是不多。这个矛盾主要是靠改进耕法来解决”[③]。例如，北方旱田有“三墢法”，即内外套翻法：“所耕地内，先并耕，两犁坺皆内向，合为一陇，谓之‘浮疄’。自浮疄为始，向外墢耕；终此一段，谓之一‘墢’。一墢之外，又间作一墢。耕毕，于三墢之间歇下一墢，却自外墢耕至中心，劃作一‘畼’。盖三墢中成一畼也。其余欲耕平原，率皆仿此。”[④]至于南方水田则有“开疄作沟”法：“高田早熟，八月燥耕而熯之，以种二麦。其法，起拨为疄，两疄之间自成一甽；一段耕毕，以锄横截其疄，泄利其水，谓之‘腰沟’。二麦既收，

---

① 王毓瑚校：《王祯农书》，第18页。

② 王毓瑚校：《王祯农书》，第22页。

③ 董恺忱、杨直民：《试论我国传统农法的形成和发展》，华南农学院农业历史遗产研究室主编：《农业研究》第4辑，北京：农业出版社，1984年，第11页。

④ 王毓瑚校：《王祯农书》，第23页。

然后平沟畎，蓄水深耕，俗谓之再熟田也。”[①]这种水田耕法为稻麦两熟制的产生和发展创造了条件。

另，有关改良土壤及土地利用的内容和思想已见前述。

（2）造肥及施肥技术。《王祯农书》专列《粪壤》一篇，显见王祯对造肥和施肥这两个环节的重视。王祯认为，“粪壤者，所以变薄田为良田，化硗土为肥土也”，因为“所有之田，岁岁种之，土敝气衰，生物不遂，为农者必储粪朽以粪之，则地力常新壮而收获不减”[②]。从这个角度，王祯提出了“用粪犹用药”的思想。

根据南北各地造肥的实际，王祯将粪肥的类型分为五种，对元初全国各地的造肥和施肥技术进行了系统的总结：第一种“踏粪”，即厩肥之一种，其法“凡人家秋收后，场上所有穰穊等，并须收贮一处，每日布牛之脚下三寸厚，经宿，牛以蹂践便溺成粪；平旦收聚，除置院内堆积之”，“至五月之间，即载粪粪地”，“匀摊耕盖，即地肥沃”。第二种“苗粪”，即绿肥之一种。其他还有禾本科绿肥，像绿豆、小豆及胡麻等收获之后，用犁将其“掩杀之（翻入地下），为春谷田（即下一茬作物）”[③]。有资料证明，豆科绿肥碳氮比低，容易分解，可为下茬作物提供较多的养分，对水稳性土壤结构的有机碳含量增加有一定的作用。[④]第三种“草粪”，其法“于草木茂盛时芟倒，就地内掩罨腐烂也”[⑤]。这种方法当时尚不普及，因此，王祯特别指出：“今农夫不知此，乃以其耘除之草弃置他处，殊不知和泥渥漉，深埋禾苗根下，沤罨既久，则草腐而土肥美也。”[⑥]第四种“火粪”，主要见于“水多地冷”的南方，其法将“积腐藁败叶，刬剃枯朽根荄，遍铺而烧之，即土暖而爽，及初春，再三耕耙，而以窖罨之，肥壤壅之”[⑦]。第五种“大粪”，即人粪，王祯称：“大粪力壮，南方治田之家，常于田头置砖栏，窖熟而后用之，其田甚美。北方农家亦宜效此，利可十倍。”[⑧]实验表明，人粪中含有机质约为20.0%，N为1.00%，P_2O_5为0.50%，K_2O为0.37%[⑨]，较一般牲畜粪肥的养分含量为高。第六种“泥粪”，即河泥，其法“于沟港内乘船，以竹夹取青泥，锨泼岸上，凝定，裁成块子，担去同大粪和用，比常粪得力甚多”[⑩]。除此6种粪肥之外，尚有“石灰肥”和“动物皮毛肥”等[⑪]，其肥料来源比《陈旉农书》有所扩大，显示了元初的农业生产技术水平在南宋的基础上又向前推进了一步。

当然，对于农作物而言，不是粪肥施用的越多越好，合理施肥是确保作物正常生长的先决条件。为此，王祯强调：“粪田之法，得其中则可，若骤用生粪，及布粪过多，粪力峻

---

① 王毓瑚校：《王祯农书》，第23页。
② 王毓瑚校：《王祯农书》，第36页。
③ 王毓瑚校：《王祯农书》，第37页。
④ 林而达等：《中国农业土壤固碳潜力与气候变化》，北京：科学出版社，2005年，第134页。
⑤ 王毓瑚校：《王祯农书》，第37页。
⑥ 王毓瑚校：《王祯农书》，第37页。
⑦ 王毓瑚校：《王祯农书》，第37页。
⑧ 王毓瑚校：《王祯农书》，第37页。
⑨ 骆世明主编：《农业生态学实验与实习指导》，北京：中国农业出版社，2009年，第143页。
⑩ 王毓瑚校：《王祯农书》，第37页。
⑪ 王毓瑚校：《王祯农书》，第37页。

热，即烧杀物，反为害矣。”①

为了广积肥料，王祯献策于一种沤制肥料技术：

> 凡农居之侧，必置粪屋，低为檐楹，以避风雨飘浸。屋中必凿深池，甃以砖甓，凡扫除之土，烧燃之灰，簸扬之糠秕，断藁落叶，积而焚之，沃以肥液，积久乃多。凡欲播种，筛去瓦石，取其细者，和匀种子，疏耙撮之，待其苗长，又撒以壅之，何物不收？为圃之家，以厨栈之下深阔凿一池，细甃使不渗泄，每舂米，即聚砻簸谷壳及腐草败叶，沤渍其中，以收涤器肥水与渗漉泔淀，沤久自然腐烂。一岁三四次，出以粪苎，因以肥桑，愈久愈茂，而无荒废枯摧之患矣。②

这项沤制技术的实质就是“利用厌气微生物分解有机物成为肥料”③，大有深入开发的潜力和发展前景。尤其是对于我们现在的生态农业和循环经济，具有非常重要的启示意义。因为无论在城市还是在乡村，就积肥的方式来说，现在的许多农户做得都还不够，而在人们对化肥、农药等现代工业肥料越来越谨小慎微的条件下，倡导绿色肥料是十分必要的。实际上，上述积肥过程还远不止上述意义，例如，绿色农业的含义究竟是什么？我们认为，绿色农业不仅仅是规避现代工业肥料对于农业生产的影响，也不仅仅是从一种生态到另一种生态的空间移位。从本质上讲，它应当是一种生活观念的变革，即由人们片面关注居家之外的田间作物，逐渐向居家之内的各种生活垃圾转移，从而在更高的科技发展水平上实现两者的循环、融合与统一。

简言之，王祯的思想意识里虽然没有现代农业的概念，但是他的多渠道积肥意识，尤其是主张居家之外的积肥与居家之内的积肥并重的思想，对于建立符合现代可持续发展理念的农业生产模式具有一定的启发作用。

（3）水利灌溉。水利是农业发展的基础和命脉，《王祯农书》云：“天下农田灌溉之利，大抵多古人之遗迹。”因此，如果能修复故迹，“皆能灌溉民田，为百世利，兴废修坏，存乎其人”④。可见，作为能动性的主体，在水利灌溉中扮演着非常重要的角色，起着决定性作用。所以，王祯说：“天时不如地利，地利不如人事。”⑤由此出发，王祯基于元初的社会实际提出了如下设想：

> 方今农政未尽兴，土地有遗利。夫海内江淮河汉之外，复有名水万数，枝分派别，大难悉数；内而京师，外而列郡，至于边境，脉络贯通，俱可利泽。或通为沟渠，或蓄为陂塘，以资灌溉，安有旱暵之忧哉？⑥

王祯的规划与设想，并非脱离实际。考，元初水利灌溉事业的发展，亦确如王祯所言，

---

① 王毓瑚校：《王祯农书》，第 37 页。
② 王毓瑚校：《王祯农书》，第 38 页。
③ 黄世瑞：《中国古代科学技术史纲·农学卷》，第 35 页。
④ 王毓瑚校：《王祯农书》，第 40 页。
⑤ 王毓瑚校：《王祯农书》，第 41 页。
⑥ 王毓瑚校：《王祯农书》，第 41 页。

“或通为沟渠，或蓄为陂塘”，其灌溉之利有史为证。

先从水利机构的设置看，至元二十八年（1291），设立都水监（为全国水利主管机构）；大德二年（1298），设立浙西都水庸田司；泰定三年（1326），在松江设立都水庸田司等。

再从元初的水利灌溉成就看，世祖至元元年（1264），郭守敬等在原西夏地区主持修复汉延、唐来渠；成宗大德初年（1297），沁阳县尹程仲贤修复马仁陂堰；中统二年（1261），王允中等开修广济渠；至元三年（1266），郑鼎率民筑堰拦截汾河；至元五年（1268），李汉卿主持修凿天平山渠；至大元年（1308），王琚主持开修泾渠等。在南方，至元二十一年（1284），元朝统治者复修勺陂，灌屯田百万亩；大德三年（1299），浙西修河渠闸堰计有78处；至治元年（1321），创建资国堰，溉田10余万亩等。对此，王祯亦有表述，“如近年怀孟路开浚广济渠，广陵复引雷陂，庐江重修芍陂”等，略见举行。在王祯看来，这些水利灌溉工程远远不能满足元初农业生产发展的客观需要，于是他不无忧虑地指出：“其余各处，陂渠川泽，废而不治，不为不多。”[①]

当然，王祯除了期望元朝统治者加大水利建设的力度外，更注意从小处做起，着眼于细节，他试图通过灌溉器具的改进与推广，使南方水利灌溉之功惠及普通农户。王祯说：

惟南方熟于水利，官陂官塘，处处有之；民间所自为溪堨水荡，难以数计，大可灌田数百顷，小可溉田数十亩。若沟渠陂堨，上置水闸，以备启闭；若塘堰之水，必置洄窦，以便通泄。此水在上者。若田高而水下，则设机械用之，如翻车、筒轮、戽斗、桔槔之类，挈而上之。如地势曲折而水远，则为槽架、连筒、阴沟、浚渠、陂栅之类，引而达之。此用水之巧者。若下灌及平浇之田为最，或用车起水者次之，或再车、三车之田，又为次也。其高田旱稻，自种至收，不过五六月；其间或旱，不过浇灌四五次，此可力致其常稔也。[②]

王祯作为一名科学家，首先想到的是如何便民和利民，因地制器，因时制宜，这是他创制和推广许多灌溉器具的根本动力。一方面，实现“国有余粮，民有余利”[③]的目标，是王祯所期望的；另一方面，考虑到一家一户居地相对分散和受“民社”财力的局限，即使不能组织大型水利灌溉工程，也不妨碍他们通过制造灌溉器具的办法来实现通浇灌以致“常稔”之功效。我们发现，王祯所推广的灌溉器具多不复杂，完全可以由一家或几家农户来承担，这在当时的历史条件下，对于南方水乡泽国而言不失为一条兴水利、除水害的有效途径。

（4）培育良种。穗选法是中国古代选种的基本方法，如西汉《氾胜之书》载：“取麦种，候熟可获，择穗大强者斩，束立场中之高燥处。”[④]这句话虽然不长，但内容非常重要，它明确了先民在生长正常而较混杂的大田选种时，应特别注意优中选优，标准是株壮、粒饱、

① 王毓瑚校：《王祯农书》，第41—42页。

② 王毓瑚校：《王祯农书》，第41页。

③ 王毓瑚校：《王祯农书》，第42页。

④ （后魏）贾思勰原著，缪启愉校释：《齐民要术校释》，北京：农业出版社，1982年，第38页。

穗大，保存方法是高悬于干燥处，以防止鼠害或霉烂。之后，《齐民要术》进一步提出了纯而不杂的良种单种和单收繁殖技术。贾思勰说："粟、黍、穄、粱、秫，常岁岁别收，选好穗纯色者，劁刈高悬之。至春治取别种，以拟明年种子。其别种种子，常须加锄。先治而别埋，还以所治蘘草蔽窖。不尔，必有芜杂之患。"[①]对于这个问题，王毓瑚先生有一段解释和评价，他说："蘘草指的是穗选之后剩下来的藁秸，用它来收裹，是为了'保纯'……如果用其他的藁来收裹，就难免有其他的颗粒混杂了进去。从选种的质量上来说，这一过节是很重要的。"[②]此外，《王祯农书》还介绍了一种首见于《氾胜之书》的选种法，即"凡欲知岁所宜谷，以布囊盛粟等诸物种，平量之，以冬至日埋于阴地。冬至后五十日，发取量之，息（指容积增长）最多者，岁所宜也"[③]。这是一种适宜农作物种植年的预测，也有学者称"占卜岁宜"。对这种选种法的性质，有两种认识：一种是"迷信说"，如有学者认为，"这种'占不岁宜'的方法没有科学根据，是一种迷信"[④]。另一种是"科学探索说"或"农业预测"[⑤]，如刘长林先生指出，氾胜之的说法"是否真实可靠，可以通过实验观察进行验证。即使它们不能成立，亦不可如某些现代著作那样称其为'迷信'。'迷信'是指不加思考和研究，无条件地盲目信从。迷信的东西是错误的，但错误的东西不都是迷信。既然不同年度的天文气象条件有差别，不同农作物所要求的生活环境有不同，那么在普遍联系的世界里，有差异就有选择，所以寻找哪个年份最适宜种哪种作物的思考是合理的，可贵的，是古代顺应自然以获取最大成果的传统精神的表现。而且，这种探索超出了年周期的范围，表现出向更高层次的时间农学迈进的意向"[⑥]。2007 年 2 月 12 日，宁夏气象局对部分农作物发出气象预测信息，该局根据土壤等自然地理条件和气候变化特点，充分运用先进的地理信息和气候资料空间推算技术，研究制作并发布了冬小麦、马铃薯、酿酒葡萄、枸杞、苹果、林木等适宜种植区气象信息。虽然氾胜之和宁夏气象局对部分农作物发出气象预测信息，两者所采用的方法不同，但是两者在本质上具有一致性。另，吾淳先生把氾胜之的这种"农业预测"观看作"宜时思维与实验方法结合"[⑦]。笔者倾向于后一种认识，主张将氾胜之的"占卜岁宜"放在一个特定的历史背景中去分析，只有这样，我们才能比较客观和比较公允地评价氾胜之的"占卜岁宜"究竟合理还是不合理。

在播种方面，王祯总结了 4 种方法。他说："凡下种法，有漫种、耧种、瓠种、区种之别。"[⑧]其中，"漫种"即撒播，较为原始；耧种系条播方法之一种，创始于汉代，而元初的耧种增加了播后镇压这个环节，较单纯的耧种法有所进步；瓠种，亦即点播，《齐民要术》有载，河北省滦平县岭沟村曾出土过金代瓠种器，可证《王祯农书》说"今燕赵间多用"瓠种法，是符合实际的；区种，兼点播和条播两种方法，形成于汉代，它与"其他的栽培

① （北魏）贾思勰：《齐民要术》卷 1《收种》，北京：团结出版社，第 10 页。
② 王广阳等：《王毓瑚论文集》，北京：中国农业出版社，2005 年，第 78—79 页。
③ 王毓瑚校：《王祯农书》，第 29 页。
④ 董英哲：《中国科学思想史》，西安：陕西人民出版社，1990 年，第 169 页。
⑤ 曾雄生：《中国农学史》，第 234 页。
⑥ 刘长林：《中国系统思维》，第 422 页。
⑦ 吾淳：《中国思维形态》，上海：上海人民出版社，1998 年，第 165 页。
⑧ 王毓瑚校：《王祯农书》，第 30 页。

措施相结合，构成了我国古代一种高额的丰产技术”[①]。

南方水稻种植则多为移栽，《王祯农书》述：

有作为畦埂，耕耙既熟，放水匀停，掷种于内；候苗生五六寸，拔而秧之。今江南皆用此法。[②]

另，南方小麦用“撮种”，有别于北方的“耧种”或“漫种”。王祯介绍说：

（种麦之法）南方惟用“撮种”，故所种不多；然粪而锄之，人功既到，所收亦厚。[③]

可见，究竟采取何种方法下种为宜，最终还得从实际出发，因地势而宜，因作物而宜。

（5）田间管理，包括中耕除草、施肥、灌水、培土、防治病虫害等环节。《王祯农书·锄治篇》载：

候黍粟苗未与垅齐，即锄一遍，经五七日，更报锄第二遍，候未蚕老，更报锄第三遍，无力则止；如有余力，秀后更锄第四遍。脂麻、大豆，并锄两遍止，亦不厌早。锄谷第一遍便科定，每科只留两茎，更不得留多。每科相去一尺。两垅头空，务欲深细。第一遍锄未可全深，第二遍唯深是求，第三遍较浅于第二遍，第四遍又浅于第三遍。盖谷科大则根浮故也。第一次撮苗曰“镞”，第二次平垅曰“布”，第三次培根曰“壅”，第四次添功曰“复”；一次不至，则稂莠之害、秕稗之杂入之矣。[④]

此段的前半部分引自《齐民要术》，说明了每次锄芸的时间和深浅标准，其中还有对禾苗密度的要求。后半部分是王祯对传统锄芸经验的理论总结，话虽不多，但字字精练，句句精妙，尽中紧要之处。所谓“镞”，系指锄治的第一个环节，当“苗未与垅齐”时，即及时进行松土保墒和补苗、间苗、定苗管理，如粟苗“生如马耳，则镞锄。稀豁之处，锄而补之”[⑤]；所谓“布”，系指锄治的第二个环节，即在第一锄之后，经5—7天，进行第二锄，此锄要求入土要深，以利于根系向四周伸张；所谓“壅”，系指锄治的第三个环节，即第三锄，时机为“候未蚕老”（6月上旬），此锄重在向苗根培土，以防倒伏；所谓“复”，系指锄治的第四个环节，这个环节可根据实际情况而定，当苗根需要继续培土时，可进行第四锄，称作“添功”。

关于施肥，《王祯农书》专有《粪壤》一篇，具体内容已见前述。

灌溉相对于锄治和粪壤，要求较大的投入。《王祯农书》认为，在民间，宜“各自作陂塘，计田多少，于上流出水，以备旱涸”[⑥]。这是一个大的原则，由于南北方的土地利用方式不同，农田的形制也各异，高田、旱地、圩田、滩沙、山田等对灌溉的要求各有特点，需

① 卢嘉锡、路甬祥主编：《中国古代科学史纲》，石家庄：河北科学技术出版社，1998年，第1027页。
② 王毓瑚校：《王祯农书》，第81页。
③ 王毓瑚校：《王祯农书》，第84页。
④ 王毓瑚校：《王祯农书》，第33—34页。
⑤ 王毓瑚校：《王祯农书》，第79页。
⑥ 王毓瑚校：《王祯农书》，第40页。

要具体问题具体分析，故《王祯农书》以“高田旱稻”为例，说浇灌不过“四五次”[1]，方式则因地而异。

《王祯农书》称“粪壤”为“粪药”，其内涵有两层：一是促进作物茁壮成长；二是防治病虫害，如用石灰为粪，就有“去虫螟之害”[2]的作用。又如，《王祯农书》为保证桑果不受虫害，介绍了多种“去蠹之法”：“用铁线作钩取之。一法，用硫黄及雄黄作烟薰之，即死。或用桐油纸燃塞之，亦验。”[3]在此，虽然限于时代的发展，王祯对防治病虫还没有能够形成完整的理论体系，但是他采用“土法”或称“土农药”来去除虫害，这种技术思想在当今人们滥用化学农药的特定历史条件下仍具有借鉴意义。

（6）工具革新。《王祯农书》将《农器图谱》列为独立部分，与《农桑通诀》和《百谷谱》一起构成该书的三大支柱，而这种编撰体例前无古人，是一个创新。对此，曾雄生先生总结了以下四个特点：一是按照用途对农器进行分类，同时亦考虑到农器的动力来源与作用对象；二是对农器的介绍侧重每种农具的结构和功能，而对多数农具的部件规格、尺寸大小都有比较详细的说明，并配有插图，以便人们仿制；三是对于同一种农具，尽力比较南北方的异同，以便根据地域的差异，对农具进行改进；四是记载了一些在历史上已经失传的农业机械。总之，元初的农具已经形成了高效、省力、专用、完善和配套的特点。[4]

（二）《王祯农书》的历史地位

1.《王祯农书》的价值和意义

从大的方面看，《王祯农书》之《农桑通诀》论述了广义农业的各个领域，系统而全面，例如，它将农业生产理解为一个复杂的社会系统，别开生面；以南北农业的个性差异为立论之基，首创比较农业学；将《农器图谱》作为《王祯农书》的重要组成部分，有谱有图，相得益彰，是最能体现王祯的科技思想精华之所在；在《百谷谱》中多有对植物形状的描述，进一步完善和丰富了《王祯农书》的科学内容，是为王祯的一大创举。以上三部分既相互独立，又相互联系，构成了一个完整的农学体系。诚如明人阎闳所说：“今简王氏书，首以‘通诀’，继以‘器谱’，而终以‘诸种’，民事通诸上下者盖备矣。是故得嘉种而缺利器则难播，与失种同。制利器而昧要诀则违时，与无器同。故得其诀、器可假而使也，利诸器、种可籴而下也。度要诀以达冲和之化，储利器以运制用之机，富嘉种以取‘十千’之报，比屋上农矣。”[5]

从细节上讲，《王祯农书》出现了“三轮之力，互拨九磨”的“水转连磨”，而在英国，直到17世纪才开始出现水轮驱动两盘磨，在时间与工效方面远远落后于我国。[6]《王祯农书·造活字印书法》是目前所知最早的系统记述活字印刷术的历史文献。《王祯农书·农器

① 王毓瑚校：《王祯农书》，第41页。
② （宋）陈旉：《农书》卷上《耕耨之宜篇》，上海：商务印书馆，1939年，第3页。
③ 王毓瑚校：《王祯农书》，第55页。
④ 曾雄生：《中国农学史》，第457—460页。
⑤ 王毓瑚校：《王祯农书》附“新刻东鲁王氏农书序”，第448页。
⑥ 常秉义：《中国古代发明》，北京：中国友谊出版公司，2002年，第217页。

图谱·田制》第一次定义了“梯田”、“沙田”及其修造方法，对于推进传统农业的发展和提高土地资源的利用效率都产生了重要的影响。《王祯农书·农桑通诀·养猪类》载：“江北陆地，可种马齿，约量多寡，计其亩数种之，易活耐旱；割之，比终一亩，其初已茂。用之铡切，以泔糟等水浸于大槛中，令酸黄，或拌麸糠杂饲之，特为省力，易得肥腯。”①这说明元初人们已经学会利用发酵饲料来养猪，它是我国饲料科技史上的一项伟大创造。《王祯农书·百谷谱·备荒论》在“蓄积多而备先具”②原则的指导下，介绍了“蓄积之法”“备虫荒之法”“辟谷之法”等备荒方法，成为明代徐光启“荒政”思想的先导。《王祯农书·利用门·水排》载有一幅“水排”图示（图4-6），通常水排的推广需要建造各种引水渠和拦河坝，使之成为一个能带动工作机的流量，其技术要求比较高，而在欧洲，类似的机械直到14世纪才出现。在图学方面，“王祯《农书》中图样的应用及其编辑方法，开中国古代农书科学编撰思想的先河，是书典瞻有法，皆赖图谱之学的应用与传播。同时王祯的图学思想和大量绘图实践，使得中国古代农学研究迈向系统性与科学性的新纪元”③。《王祯农书》不是简单地论述农业生产技术，而是把农业生产技术与道德教育、官德教育等结合起来，强调生产关系对生产力的反作用，显示了王祯农学思想的历史高度。所以万国鼎先生评价说：《王祯农书》“把我国古代农学体系的整体性和系统性发展到高峰，在它以后的古农书也没有一部超过它的”④。

图4-6　“水排”图示

2.《王祯农书》的几点不足

《王祯农书》是一部集大成的农学著作，在中国古代农学史上具有里程碑式的意义，但这绝不意味着它就完美无缺了。事实上，限于当时的技术条件，王祯对某些器具结构的描述尚存在不够精细的缺点。例如，对于立式“水转翻车”的结构，“王祯解释得不够清楚，让人不

① 王毓瑚校：《王祯农书》，第62页。
② 王毓瑚校：《王祯农书》，第169页。
③ 刘克明：《中国建筑图学文化源流》，武汉：湖北教育出版社，2006年，第268页。
④ 王思明、陈少华主编：《万国鼎文集》，北京：中国农业科学技术出版社，2008年，第87页。

易理解”[1]。又如，王祯所绘水排“稍有遗漏，如扇板和扇框的起闭离合处应装有皮革类柔性连缀物，扇板上应留有进气活瓣，否则是不得收风的”[2]。此外，《王祯农书》中的农具图谱，因为“刚刚具有工程制图之迹象，所以所配之图真实程度较差”，特别是很多农具部件所“交代的尺寸多不是十分准确的数字，写出的数字常常是一个尺寸范围”[3]。

在农与士的关系问题上，王祯说：“夫天下之务本莫如士，其次莫如农。”[4]在这里，王祯颠倒了物质劳动与精神生产的关系，是先有物质劳动后有精神生产，而不是相反。从这一点来看，王祯的思想无论如何都无法脱离他生活的那个时代，以及他所代表的那个阶级的立场、观点和看法。这不是苛求于古人，而是历史发展本身所具有的客观规律。

第三节　李冶的数学思想

宋元时期的杰出数学家，像刘益、贾宪、秦九韶、杨辉、朱世杰等，正史里都没有本传，这或许与儒家的传统“九九贱数”观念有关。“六艺”中“礼”为首，“数”为末，故李冶感慨道：对于他的数学研究，“其悯我者当百数，其笑我者当千数”[5]。可见，不理解数学研究意义的士大夫居多。尽管如此，《元史》还是为他立了传，并肯定了他的数学研究工作，称：

> 冶晚家元氏，买田封龙山下，学徒益众。及世祖即位，复聘之，欲处以清要，冶以老病，恳求还山。至元二年，再以学士召，就职期月，复以老病辞去，卒于家，年八十八。所著有《敬斋文集》四十卷，《壁书藂削》十二卷，《泛说》四十卷，《古今（难）黈》四十卷，《测圆海镜》十二卷，《益古衍（疑）段》三十卷。[6]

李冶由家徒聚学发展到成为封龙山书院，除了历史的文化积淀和乡民的支持之外，还与李冶本身的特殊人际背景有关。李冶，字仁卿，号敬斋，金元之际真定府栾城（今河北栾城）人。《元史》本传载：“世祖在潜邸，闻其贤，遣使召之。”[7]在此期间，李冶回答了世祖“天下当何以治之”的大问题。李冶说：

> 且为治之道，不过立法度、正纪纲而已。纪纲者，上下相维持；法度者，赏罚示惩劝。今则大官小吏，下至编氓，皆自纵恣，以私害公，是无法度也。有功者未必得赏，有罪者未必被罚，甚则有功者或反受辱，有罪者或反获宠，是无法度也。法度废，

---

① 周昕：《中国农具发展史》，第712页。
② 金秋鹏主编：《中国科学技术史・图录卷》，第363页。
③ 周昕：《中国农具发展史》，第867页。
④ 王毓瑚校：《王祯农书》，第17页。
⑤ （元）李冶：《测圆海镜・序》，孔国平：《〈测圆海镜〉导读》，武汉：湖北教育出版社，1997年，第51页。
⑥ 《元史》卷160《李冶传》，第3760—3761页。
⑦ 《元史》卷160《李冶传》，第3759页。

纪纲坏，天下不变乱，已为幸矣。[①]

这是针砭时弊之论，当然也含有对未来执政者的希冀。世祖此时虽然还没有继承皇位，但是他正在思考和勾画元朝社会未来发展的蓝图。仅由这个侧面看，史称元世祖青年时期即“思大有为于天下，延藩府旧臣及四方文学之士，问以治道”[②]，并非吹嘘之语。而元世祖即位后，曾多次诏李冶出仕，任职都不长，李冶多“以老病”为由，辞之。于是，他便发出了“古今难”即“在古今人不为官难做到”[③]的感叹。从金朝的均州知事到元初的翰林学士，其间的人生坎坷和艰辛，使他逐渐形成并强化了这样一种意识：“金璧虽重宝，费用难贮蓄。学问藏之身，身在即有余。”[④]所以，他“流落忻、崞间，聚书环堵，人所不堪，冶处之裕如也”[⑤]，以致“世间书凡所经见，靡不洞究，至于薄物细故，亦不遗焉”[⑥]。可见，李冶的数学成就至少有两个至关重要的促成因素：一是环境变故；二是崇尚自我和“自专”[⑦]的志向与元初民间教育的发展。

我们知道，宋代的官办数学教育可谓盛极一时，算学学生人数曾多达 210 人。可惜，这种局面没能维持多久，南宋以后不再设置算学科，官办数学教育中断，而数学教育只能在民间进行，师徒相传。金末元初，北方形成了多个民间数学教育中心，如河北武安的紫金山、元氏的封龙山、蠡县、获鹿（今河北省石家庄市鹿泉区），以及山西的临汾、绛州（今新绛县）、崞山（今山西崞县）之桐川等。这种民间研究数学的火热局面，在中国古代历史上确实绝无仅有，而李冶的“天元术”思想就诞生于这样的文化沃土之中。

一、易象数学的发展及其天元术

（一）易象数学的发展与李冶的数学思想

《元史新编》在评述李冶的治学精神和读书方法时说：李冶“凡天文象数，名物之学，无不研精”[⑧]。可见，在《元史新编》的作者魏源看来，李冶的数学思想与象数学之间存在着一种内在的必然联系。在史学界，关于中国古代数学与《周易》象数学之间的关系问题，目前多数学者已初步达成下面的共识：中国古代数学内容的主线肇源于《周易》。当然，亦有与之相反的持论，例如，李申先生认为《周易》不是中国古代数学之源，而“把易数作为数学的主宰”则是后世数学家攀附《周易》的结果。我们承认，中国古代数学家多将自己的思想上溯到《周易》，以彰显“由技进乎道”的儒家境界，从《周髀算经》到元代朱世

---

① 《元史》卷 160《李冶传》，第 3760 页。

② 《元史》卷 4《世祖本纪一》，第 57 页。

③ 徐品方、徐伟：《古算诗题探源》页下注，北京：科学出版社，2008 年，第 184 页。

④ （元）李冶：《敬斋古今黈》，上海：商务印书馆，1935 年，第 63—64 页。

⑤ 《元史》卷 160《李冶传》，第 3759 页。

⑥ （元）砚坚：《益古演段序》，（清）鲍廷博辑：《知不足斋丛书》九，京都：中文出版社，1980 年，第 5974 页。

⑦ （元）苏天爵辑撰，姚景安点校：《元朝名臣事略》卷 13《内翰李文正公冶》，北京：中华书局，1996 年，第 263 页。

⑧ （清）魏源：《元史新编》，清光绪三十一年（1905）刻本。

杰的《四元玉鉴》无不如此，那么，这是否意味着象数学是造成明代数学衰落的原因呢？当然不是，而徐光启将明代数学的衰落嫁祸于《周易》象数学，并把宋元以来的象数学都称为“妖妄之术”，是有失公允的。因为宋元数学的发展与《周易》象数学的关系非常密切。例如，秦九韶在《数书九章·序》中说：“昆仑旁礴，道本虚一。圣有大衍，微寓于易，奇余取策，群数皆捐，衍而究之。”[①]朱世杰在《四元玉鉴·序》中亦说：“数，一而已。一者，万物之所从始。故《易》一太极也。一而二，二而四，四而八，生生不穷者，岂非自然而然之数邪。河图洛书泄其秘，黄帝《九章》著之书，其章有九，而其术则二百四十有六。始方田，终勾股，包括三才，旁通万有，凡言数者，皆莫得而逃焉。”[②]与秦九韶和朱世杰的鲜明象数学思想略有不同，李冶的象数学思想却是隐性的和婉转的。

1. 方圆术与《周易》象数学

《周髀算经》载：周公“请问数从安出”，商高回答说：“数之法出于圆方，圆出于方，方出于矩，矩出于九九八十一。故折矩，以为勾广三，股修四，径隅五，既方之外，半其一矩。环而共盘，得成三四五。两矩共长二十有五，是谓积矩。故禹之所以治天下者，此数之所生也。”[③]此“二十有五”正是《周易·系辞上》所说的“天数”，又说：“蓍之德，圆而神；卦之德，方以知。”[④]此“方”“圆”的本义显然是指方形体和圆形体，通过圆与方的变化即能穷尽天下事，故傅玄称其有“信钩深而致远，实开物而成务”[⑤]之功。例如，圆周率即“出于圆方”，赵爽注云：“圆径一而周三，方径一而匝四，伸圆之周而为勾，展方之匝而为股，共结一角邪，适弦五。政圆方邪，径相通之率，故曰数之法出于圆方。”[⑥]

《周易·系辞上》云：“天一，地二；天三，地四；天五，地六；天七，地八；天九，地十。”在此，天数1、3、5、7、9，若第1位数与第5位相加，第2位数与第4位数相加，第3位数自加，均等于10，是为天干十；地数2、4、6、8、10，若第1位数与第5位相加，第2位数与第4位数相加，第3位数自加，均等于12，是为地支十二。两者的不同排列组合，便构成了“河图”和“洛书”，而对“河图”和“洛书”的研究则成为宋代象数学发展的重要基础。此外，《周易》一书中还含有随机原理、等概率原理及最小数原理等。[⑦]在这里，天数与地数的不同组合，确实会产生不同的审美效果。例如，天数一，道家称作“太极”，并将其视为宇宙万物的本源，见前引《四元玉鉴·序》。故李冶亦说：“数一出于自然，吾欲以力强穷之。”[⑧]此“一”即为本源意义上的“一”，它是产生宇宙万物运动变化的根源。还有，勾三股四弦五，即为中国古代对勾股定理的经典表达式。这些变化莫测的“数”理形式无疑会给人以“幽而神情鬼状”[⑨]之

① （宋）秦九韶：《数书九章·序》，上海：商务印书馆，1936年，第2页。
② （元）朱世杰原著，李兆华校证：《四元玉鉴校证》，北京：科学出版社，2007年，第55页。
③ （三国·吴）赵爽注：《周髀算经》，上海：上海古籍出版社，1990年，第4—5页。
④ 《周易·系辞上》，《黄侃手批白文十三经》，第43页。
⑤ 高新民、朱允校编著：《傅玄〈傅子〉校读》，银川：宁夏人民出版社，2008年，第186页。
⑥ （三国·吴）赵爽注：《周髀算经》，第4页。
⑦ 陈碧：《〈周易〉象数之美》，第96页。
⑧ （元）李冶：《测圆海镜·序》，孔国平：《〈测圆海镜〉导读》，第51页。
⑨ （元）李冶：《测圆海镜·序》，孔国平：《〈测圆海镜〉导读》，第51页。

感。所以，李冶总结道：

> 吾自幼喜算术，恒病夫考圆之术，例出于牵强，殊乖于自然，如古率、徽率、密率之不同，截弧、截矢、截背之互见，内外诸角，析剖支条，莫不各自名家，与世作法。[①]

应该肯定，尽管后人在阐释《周易》的方圆思想时，不免有各自名家和“例出于牵强”的缺点，但是从总体上看，数学发展的主流是探讨“自然之理”，杜漏补缺，后人在克服前人缺陷的基础上，推进了数学的发展，不仅计算结果愈益精确，而且计算程序愈益严密。所以有人认为，中国古代的数学是一种以《周易》为内质的“模式体系”，而此“‘模式体系’是一种‘象’、‘数’结合的体系”[②]。不过，《周易》象数学在其历史发展的过程中既有主流又有末流，尤其是在宋代之后，以卜筮为特点的《周易》象数学在民间盛行。在唐代，象龟卜、易占和五兆，被称为“卜筮正术”，一般由朝廷掌控，与杂占卜相区别。然宋代以后，“卜筮正术”与杂占卜已不再作区分。于是，“今之揲蓍者，率多流入于影象。所谓龟策，惟市井细人始习此艺。其得不过数钱，士大夫未尝过而问也。伎术标榜，所在如织，五星、六壬、衍禽、三命、轨析、太一、洞微、紫微、太素、遁甲，人人自以为君平，家家自以为季主，每况愈下。由是借手于达官要人，舟车交错于道路，毁誉纷纭，而术益隐矣”[③]。对于象数学在其历史发展过程中所出现的这种背离主题现象，李冶自然是深恶痛绝。他说：

> 今之为算者未必有刘（徽）、李（淳风）之工，而偏心局见，不肯晓然示人。惟务隐互错糅，故为溟涬黯黮，惟恐学者得窥其仿佛也。不然，则又以浅近粗俗无足观者，致使轩辕隶首之术，三五错综之妙，尽堕于市井沾沾之儿，及夫荒村下里蚩蚩之民，殊可悯悼。[④]

从这个层面讲，李冶的数学研究具有正本清源的作用和意义。另，从数学社会史的角度看，李冶的思想变化与金末元初整个社会的发展状况密切相连，他反对元朝统治者滥杀无辜和横征暴敛，认为这种做法只能引起社会的动乱，从而加速元朝的灭亡。就数学与社会的关系而言，数学的功能虽说多元而驳杂，但是在李冶看来，“施之人事则最为切务，故古之博雅君子马、郑之流未有不研精于此者也”[⑤]。具体地说，则“由技兼于事者言之，夷之礼、夔之乐，亦不免为一技；由技进乎道者言之，石之斤，扁之轮，非圣人之所与乎？”[⑥]这段话的意思是讲，作为人事的重要组成部分，人们的各种技艺本身都需要数学，这个思想与《庄子》的主张不谋而合，如《庄子·天道》云：“斫轮，徐则甘而不固，疾则苦而不入，不徐不疾，得之于手而应于心，口不能言，有数存焉于其间。”[⑦]细品原文，庄子借这个故事是想告诉人们一个道理：象斫、轮这样需要数学的技艺只能意会，不可言传。因此，数学是一种古人难以传授的学问，皆因人死而不存在。尽管李冶生活的时代与庄子生活的

---

① （元）李冶：《测圆海镜·序》，孔国平：《〈测圆海镜〉导读》，第51页。
② 陈碧：《〈周易〉象数之美》，第96页。
③ （宋）洪迈：《容斋随笔》，长春：吉林文史出版社，1994年，第240页。
④ （元）砚坚：《益古演段·序》，（清）鲍廷博辑：《知不足斋丛书》第21集，上海古书流通外。
⑤ （元）砚坚：《益古演段·序》，（清）鲍廷博辑：《知不足斋丛书》第21集，上海古书流通外。
⑥ （元）李冶：《测圆海镜·序》，孔国平：《〈测圆海镜〉导读》，第51页。
⑦ （清）郭庆藩辑：《庄子集解》外篇《天道》，《诸子集成》第5册，第218页。

时代相比，数学已经有了很大的进步，通过《九章算术》和《周髀算经》两部数学著作的延续，数学本身已经发展成为可以传授的一门学问了，但是现实生活中还是不能避免因人们“惟务隐互错糅，故为溟涬黯黮”而使数学变得越来越难以传授。所以李冶研究数学的目的除了前面所说的欲以正本清源之外，第二个目的则是“时发于翰墨，昭不可掩者”①，而他的《测圆海镜》和《益古演段》就是为了便于传授而编撰的两部优秀教科书。例如，李冶说：他编撰《测圆海镜》的主要原因是“客有从余求其说者，于是乎又为衍之，遂累一百七十问”②。朝鲜数学家南秉哲在完成《海镜细草解》之后，其弟南秉吉为之写了一篇序言。在序言中，南秉吉认为，《海镜细草解》的创作动机之一就是“通过研究数学，启迪心智，培养后学，以更好地发挥数学在科学中的作用”③。此种思想意识可谓真正地在把脉李冶数学思想的奥义，并由此而将李冶思想在新的文化背景下发扬光大。

2. 两个直接的数学来源

1）《洞渊九容》与《测圆海镜》

李冶在《测圆海镜·序》中说：他在反复研究传统象数学的思想内涵时，“得《洞渊九容》之说，日夕玩绎”④，终于撰成《测圆海镜》一书。那么，何谓“洞渊九容”？这个问题比较复杂，因为“洞渊九容”，究竟指的是人还是书，学界尚有不同意见。例如，李锐、李俨、李迪等均认为“洞渊”是一位数学家⑤；与之相反，许康等认为李冶没有见过洞渊这个人物，仅仅间接地读到了“洞渊九容之说”⑥，孔国平在《测圆海镜导读》卷11“提要”中指出：本卷“第17、18二题取自《洞渊算书》”⑦；还有一种意见认为，“洞渊”为人名还是书名已不可考⑧。我们认为，根据现有的文献资料，把《洞渊九容》理解为一部数学著作可能更近于实际，但《洞渊九容》确为洞渊所著，可惜，李冶并没有见过洞渊这个人。考，元人苏天爵所撰《内翰李文正公冶》传，凡与李冶直接相关的人物如聂侯珪、元好问等均有记载，独没有“洞渊”这个人物。然文中却记载说：李冶“隐于崞山之桐川，聚书环堵中，闭关却扫，以涵泳先王之道为乐，虽饥寒不能自存，亦不恤也。是后由崞山而之太原，之平定，之元氏，流离顿挫，亦未尝一日废其业，手不停披，口不绝诵，如是者几五十年”⑨。此处只提到“聚书环堵中，闭关却扫”，其“环堵”为道士修炼之所，而《洞渊九容》恐怕就在这“聚书”之中。至于《洞渊九容》和《周易》象数学的关系，焦循明确指

① （元）砚坚：《益古演段·序》，（清）鲍廷博辑：《知不足斋丛书》第21集，上海古书流通处。

② （元）李冶：《测圆海镜·序》，孔国平：《〈测圆海镜〉导读》，第51页。

③ 郭世荣：《中国数学典籍在朝鲜半岛的流传与影响》，济南：山东教育出版社，2009年，第151页。

④ （元）李冶：《测圆海镜·序》，孔国平：《〈测圆海镜〉导读》，第51页。

⑤ （元）李冶：《测圆海镜》卷11《李锐按语》，孔国平：《〈测圆海镜〉导读》，第234页；李俨：《中国数学大纲》上册，北京：科学出版社，1958年，第207页；梅荣照：《李冶及其数学著作》，《宋元数学史论文集》，北京：科学出版社，1966年，第117—121页；李迪：《十三世纪我国数学家李冶》，《数学通报》1979年第3期，第26—28页等。

⑥ 许康、莫再树：《辽宋金元科技创新与理学关系的几点定量定性分析》，钱永红：《一代学人钱宝琮》，杭州：浙江大学出版社，2008年，第394页。

⑦ 孔国平：《〈测圆海镜〉导读》，第226页。

⑧ 石泉长总：《中华百科要览》，沈阳：辽宁人民出版社，1993年，第890页。

⑨ （元）苏天爵辑撰，姚景安点校：《元朝名臣事略》卷13《内翰李文正公冶》，第260页。

出，“洞渊九容之术实通于《易》”[①]。由此可知，《洞渊九容》亦系从《周易》方圆术体系中演变而来，属于主流象数学的一个组成部分。或者用林力娜的话说，李冶属于“在《九章算术》的基础上发展起来的中国传统数学体系的数学家”[②]。

李冶在《测圆海镜》卷2《正率一十四问》中给出了10种容圆直径的求法，其中包括“洞渊九容”的计算公式。勾股容圆起源于《九章算术·勾股章》之第16题：“今有勾八步，股十五步。问勾中容圆，径几何？答曰：六步。”其求法是“三位并之为法，以勾乘股，倍之为实”[③]。

“洞渊九容”经过李冶的演绎，影响越来越大，如前所述，朝鲜数学家南秉哲著有《海镜细草解》一书，对李冶《测圆海镜》中的170问全部给出了证明。另，美国数学家哈森发表《论直角三角形内切圆和旁切圆半径》一文，结合勾股定理、三角形面积及代数变换，对元代的“勾股容圆问题”作了新的发挥，因而在教学中带来了意想不到的效果。[④]

2）《益古集》与《益古演段》

《益古集》的作者是北宋的蒋周。蒋周的《益古集》是讨论天元术的著作，已佚。李冶对《益古集》的评价甚高，他在《益古演段·序》中说：

> 近世有某者，以方圆移补成编，号《益古集》，真可与刘、李相颉颃。余犹恨其闳匿而不尽发，遂再为移补条段细翻图式，使粗知十百者，便得入室啖其文，顾不快哉！[⑤]

《益古集》的主要内容是用二次方程来解决圆的各种关系问题，所用方法为“条段法”，实际上是一种比较接近于天元术的图解法。因为蒋周“懂得寻找含有所求量的等值多项式，然后把两个多项式连为方程”[⑥]。其具体内容李冶以“旧术”的形式保留在《益古演段》里。例如，《益古演段》第48题云：

> 今有方田一段，内有直池，水占之；外有地三百四十步，只云其池广不及长四步。又云从田楞通池长一十五步，问三事（指池长、田方、池阔）各多少？答曰田方二十步，内池长一十步，广六步。
>
> 依条段求之，四段通步幂内，减田积为实，四之通步，内减池较为法，如法，得池长。义曰：四之通步为法，内欠一个池长幂，却用所漏之池补之，犹差一池较，为法合除之数也。既于实积内虚了此数，故作法时，于四之通步内，减去一数也。[⑦]

假如用“条段法”来求解，步骤比较烦琐，而李冶用天元术求解，相对就容易多了。

由于有了天元术这个新的数学方法，李冶的《益古演段》便可以用于建立高于2次的

① 徐珂：《清稗类钞·焦里堂专治易》，北京：中华书局，1984年。

② 林力娜：《李冶在数学史上的地位》，李迪主编：《数学史研究文集》第5集，呼和浩特、台北：内蒙古大学出版社、九章出版社，1993年，第166页。

③ （三国·魏）刘徽注，（唐）李淳风注释：《九章算术》，上海：上海古籍出版社，1990年，第90页。

④ 徐品方、徐伟：《古算诗题探源》，第168页。

⑤ （元）砚坚：《益古演段·序》，（清）鲍廷博辑：《知不足斋丛书》第21集，上海古书流通外。

⑥ 杜石然、孔国平：《世界数学史》，长春：吉林教育出版社，1996年，第244页。

⑦ （元）李冶：《益古演段》，北京：中华书局，1985年，第79—80页。

方程。这样，由条段法（即用出入相补原理对方程的建立过程进行稽核解释）向天元术（即今设未知数列方程的方法）过渡，体现了道家“元”思维（是一种简单思维）开始向数学领域渗透，反映了《周易》“取象运数思维”的本质特征。而“这种运数思维之‘数’，实质上也是‘象’”，它是宇宙法则的外观，所以“‘象’成为古人捕捉思想意蕴的工具，取象可以超越经验而获得直觉体悟，可以启发人们触类旁通，举一反三”[①]。我们知道，科学创新需要“经济原则”，其实从李冶的《益古演段》中人们不难看出，删繁就简不仅是“取象运数思维”的逻辑本质，更是科学创造的理论归宿和通向创新的捷径。

（二）李冶的天元术思想

《测圆海镜》是不是一部天元术著作，过去这个不成问题的问题，现在却成了学界一个新的难题。1995 年，莫绍揆先生在《自然科学史研究》上发表了一篇论文，题目是《对李冶〈测圆海镜〉的新认识》。该文所说的“新”是指它提出了下面的观点：《测圆海镜》不是讨论天元术的书，而是建立了一个完善的公理系统，为我国开创了一条公理推演的新路。[②]称《测圆海镜》在数学史上为公理系统的建立作出了杰出的贡献，恐怕没有人怀疑，但是说它“建立了一个完善的公理系统”，可能言过其实，因为书中给出的每一条数学原理，大都缺乏逻辑证明。而没有逻辑证明的“公理系统”，它本身是有缺陷的。因此，从数学方法的角度讲，由前述所知，李冶“既已完善了天元术程序，便力图提高它的一般化程度，用以解决各种多元问题。他的主要方法是利用出入相补原理（即‘一个平面图形从一处移置他处，面积不变。又若把图形分割成若干块，那么各部分面积的和等于原来图形的面积，因而图形移置前后诸面积间的和、差有简单的相等关系’，吴文俊语）及等量关系来减少未知数，化多元为一元，找到关键的天元一。一旦这个天元一求出来，其他要求的量就可根据与天元一的关系，很容易求出了”[③]。事实上，无论是《测圆海镜》还是《益古演段》，李冶都在不断完善和推广“化多元为一元”的方法，其公理系统的建立，最终还是服务于“化多元为一元”的这个数学方法和《周易》数理哲学中的“经济原则”。仅此而言，将《测圆海镜》看作“标志天元术成熟”[④]的著作是符合历史实际的，也是恰当和公允的。

1. 从几何思维向元思维的转变

《周易》象数学注重“物象”的性质和特点，因此，当《周髀算经》与《九章算术》逐渐独立于象数学而发展成为一门实用数学时，它本身还带有象数学的一些思维特点，如“象”在日常生产和生活中可具体表现为圆、方、三角、线段等几何形状，在此前提下，中国古代的方程理论基本上就是以几何形状的变换来表达其运算程序及数学内涵，如“河图”和“洛书”就将天地之数用几何形状的方式来表示，它说明在中国古人的世界观里，“数”与“几何”是统一的。据有学者研究，古文献中皆云龙负图、龟背书，而龙与龟分别象征着圆

---

① 天河水：《与霍金的对话：中国自然哲学之新宇宙学》，北京：中国社会科学出版社，2006 年，第 170 页。

② 莫绍揆：《对李冶〈测圆海镜〉的新认识》，《自然科学史研究》1995 年第 1 期，第 22—37 页。

③ 吴文俊：《世界著名数学家传记》，北京：科学出版社，1995 年，第 316 页。

④ 杜石然、孔国平：《世界数学史》，第 251 页。

与方，因此，“河图”为圆形，“洛书”则为方形。[①]古希腊的几何呈现出演绎几何的特征，而中国古代的几何学则主要呈现出以算法为核心的方程几何特征。在宋代，蒋周的《益古集》可以说是方程几何的集大成者，而采用几何的方式来解方程，计算程序相当烦琐，不易掌握；且由于几何解释的局限，在方程几何的范畴之内，其幂数不能超过3。所以将方程与几何两者区分开来，是方程学走向高次幂的重要一步。元思维当然是一种简单思维，而在中国传统的筹算条件下，使数值的运算过程尽量简单化和程序化，其实并不是一件容易的事情。与李冶天元术之前的运算过程相比，以李冶天元术演之，“明源活法，省功数倍”[②]，基本上满足了人们对高次幂计算的客观需要。以条段法为主要特征的几何思维，在宋金时期已经发展到了高峰，恰恰就在此时，商品经济的愈益发展，使人们迫切要求数值的运算应当删繁就简，以提高计算速率。因此，中国传统数学开始朝着两个方向发展：一是以杨辉为代表的实用数学，出现了向珠算演进的趋势；二是以李冶为代表的天元术，使方程从几何思维中解脱出来，逐渐形成一种新的数学思维，即元思维。对此，孔国平先生有一段解释，他说：

> 条段法发展到蒋周时代，已达到比较完善的程度。从《益古演段》的旧术来看，凡可用平面图形表示的二次方程问题，似乎都可用条段法来解决了。但随着数学的发展，条段法越来越暴露出自己的局限性。首先，对比较复杂的问题，寻找几何解释相当困难，建立方程需要很多技巧，需要复杂的思维，这必然会限制数学的普及和应用。其次，当时高次方程的开方问题（即求方程正根）已基本解决，而条段法只能列出二次方程。数学的发展，迫切需要一种简便的、可以建立高次方程的方法。[③]

所以，天元术的优点是：数值运算比较简便；方程变形更为自由，常数项可正可负；可列出3次、4次等高次幂方程；辅助有一套简明的小数记法；发明了负号；出现了半符号代数等。因而“李冶死后，天元术经二元术、三元术，迅速发展为四元术，成功地解决了四元高次方程组的建立和求解问题，达到宋元数学的顶峰”[④]。

2. 天元术的运算步骤

天元术的运算步骤，大体可分为三步：①“立天元一”，即相当于今设未知数x；②寻找两个等值且至少有一个含天元的多项式；③将两个多项式连为方程，然后通过相消，化成一元二次方程、一元三次方程及一元四次方程标准式。

3. 方程的列法与位置化代数的确立

李冶之前的天元术，将方程系数使用不同文字标明，在计算程序上虽系一个重大突破，但仍失之烦琐。对此，李冶在《敬斋古今黈》一书中记述说：

---

① 陶磊：《思孟之间儒学与早期易学史新探》，天津：天津古籍出版社，2009年，第179页。

② （元）朱世杰：《算学启蒙》卷下《开方释锁门》，（清）劳乃宣：《古筹算考释》卷6，四库未收书辑刊编纂委员会：《四库未收书辑刊》第4辑第26册，北京：北京出版社，1997年，第720页。

③ 孔国平：《对李冶〈益古演段〉的研究》，吴文俊主编：《中国数学史论文集》第三集，济南：山东教育出版社，1987年，第66页。

④ 杜石然、孔国平：《世界数学史》，第252页。

> 予至东平。得一算经，大概多明如积之术。以十九字志其上下层数。曰：仙、明、霄、汉、垒、层、高、上、天、人、地、下、低、减、落、逝、泉、暗、鬼。此盖以人为太极，而以天地各自为元而陟降之，其说虽若肤浅，而其理颇为易晓。予遍观诸家如积图式，皆以天元在上，乘则升之，除则降之，独太原彭泽彦材法，立天元在下。凡今之印本复轨等书。俱下置天元者，悉踵习彦材法耳。彦材在数学中，亦入域之贤也。而立法与古相反者，其意以为天本在上，动则不可复上，而必置于下，动则徐上，亦犹易卦。乾在在下，坤在在上。二气相交而为太也。故以乘则降之，除则升之，求地元则反是。[①]

仙、	明、	霄、	汉、	垒、	层、	高、	上、	天、	人、
a_9x^9	a_8x^8	a_7x^7	a_6x^6	a_5x^5	a_4x^4	a_3x^3	a_2x^2	a_1x	c
地、	下、	低、	减、	落、	逝、	泉、	暗、	鬼	
b_1x^{-1}	b_2x^{-2}	b_3x^{-3}	b_4x^{-4}	b_5x^{-5}	b_6x^{-6}	b_7x^{-7}	b_8x^{-8}	b_9x^{-9}	

此后，金元数学家主要的工作就是如何简化上述文字，使之朝着位置代数或符号及半符号化的方向发展。例如，元裕去掉了除人、天、地三个字之外的所有文字，然上下位置没有变化。与元裕不同，彭泽则对天、地上下的位置作了调整，天元在下（即正幂在下），地元在上（即负幂在上）。其方程表达式如下所示。[②]

元裕天元式		彭泽天元式	
a_2x^2		b_2x^{-2}	
a_1x	（天）	b_1x^{-1}	（地）
c	（人）	c	（人）
b_1x^{-1}	（地）	a_1x	（天）
b_2x^{-2}		a_2x^2	

如果说上面两式是天元术的第一次简化成果，那么，李冶等则在此基础上又作了进一步的简化，取消了地元，仅用一个天元，从而使天元术的列式更加简便，同时也把《周易》象数学推向了一个新的历史高峰。正如傅海伦先生所说："'天元术'发展到只用一个元表示未知数，在12世纪末，13世纪初，已经使用'元'，进而简化了天元术的表示和演算。李冶充分利用位置关系，沿用'元'字作为一次幂位置的标志，或用'太'字作为常数项的位置标志，其他次幂皆按位置制给出。他在《益古演段》中以低次项在上，高次项在下的筹式表示，这样的排列与传统的开方图式是一致的，方程布列出来后就可进行增乘开方运算，成为中算家惯用简捷的固定形式。"[③]当然，李冶的天元式先后有变化，其中《测圆海镜》设定"元"（未知数的一次项）的位置在"太"上，即史书所说的"古法"（由未知数的高次幂到低次幂，自上而下排列），后来《益古演段》则将"元"的位置设定于"太"下，是谓"今法"。并在常数旁写一个"太"字，当某项系数为"0"时，就直接写作"0"；若出

① （元）李冶：《敬斋古今黈拾遗》卷1，台北：新文丰出版公司，1985年，第122—123页。
② 李迪主编：《中国数学史大系》第6卷《西夏金元明》，北京：北京师范大学出版社，1999年，第40页。
③ 傅海伦：《中外数学史概论》，北京：科学出版社，2007年，第100页。

现了负系数，则在最后一位有效数字上加一斜线。如方程 $1230x^2-5678x+89\ 754=0$，用李冶的《益古演段》式列表示则如图 4-7 所示。

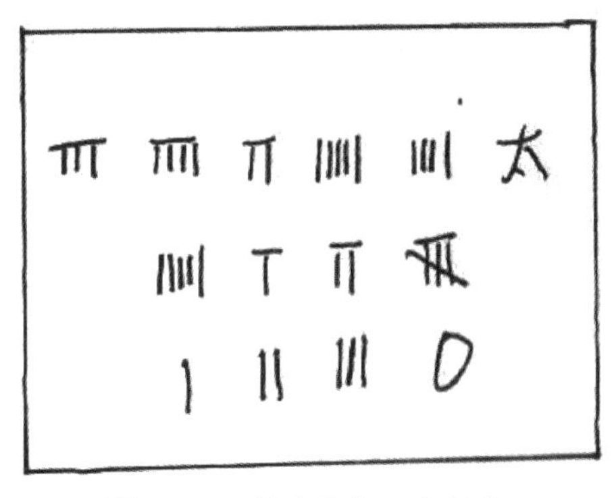

图 4-7　《益古演段》方程式

关于李冶天元术的性质，有两种认识：第一种认识是“它成为世界上最早的半符号代数学”①；第二种认识是“李冶这种利用‘元’尤其是利用‘太’的上下位置来表达未知数的不同次幂的方法，是在中国传统位置思维模式基础上的位置化代数方法”②。这种位置化代数本身存在两个缺陷：一是这样的符号仅仅起到了位置符号的运算作用，真正参与运算的是具体数字，依赖位置制，某些运算无法进行，如加减天元式的运算没有困难，而除天元式的运算就非常困难；二是这种位置化代数学符号，只限于 4 个未知数，而超过 4 个未知数的方程组就无法表示，这在一定程度上限制了天元术的发展。事实上，天元术的思想背景与中国传统儒家文化中的“位序”观念相联系，或者在某种意义上讲，李冶的天元术是儒家传统“位序”观念在代数学方面的反映。因此，“西方数学的秘密往往藏于符号之中，中国数学的内涵则需靠位置关系而揭示”③。此言有理，确实，李冶的天元术与西方的半符号代数或符号代数在本质上是有区别的，两者不能等同。

二、《敬斋古今黈》的经学科学思想

中国古代的科学技术附属于“六经”（因《乐经》亡佚，只剩“五经”），所以中国古代的科学技术尽管在历史上曾经取得了很辉煌的成就，甚至在许多领域都走在了当时世界的前列，可是，它始终没有从“六经”的思想体系中解放出来，而发展成为独立的文化体系。钱穆先生说：“中国学术具最大权威者凡二：一曰孔子，一曰六经……而六经则中国学术史上著述最高之标准也。”④从这个层面看，李冶的科学思想固然以天元术为特色，但我们必须看到，天元术绝不是李冶科学思想的全部。下面我们以《敬斋古今黈》为据，试对李冶

① 周瀚光：《数学史话》，上海：上海古籍出版社，1997 年，第 80 页；上海科学技术组织委员会办公室、上海市科学技术史学会组：《中国历史上的科技创新一百例》，上海：上海科学普及出版社，1999 年，第 29 页等。

② 傅海伦：《中外数学史概论》，第 100 页。

③ 傅海伦：《中外数学史概论》，第 101 页。

④ 钱穆：《国学概论》，北京：商务印书馆，2004 年，第 2 页。

的“六经”（实为“五经”）科学思想稍作阐释。

（一）李冶与《周易》的象数学

李冶说：“卦有六爻，初、二、三、四、五、上也。卦有六德，刚、柔、仁、义、阳、阴也。自下而上，以之相配，则初爻刚，二爻柔，三爻仁，四爻义，五爻阳，六爻阴也。只乾一卦推之，便尽此理。”[①]

以乾卦为例，图式如图 4-8 所示。

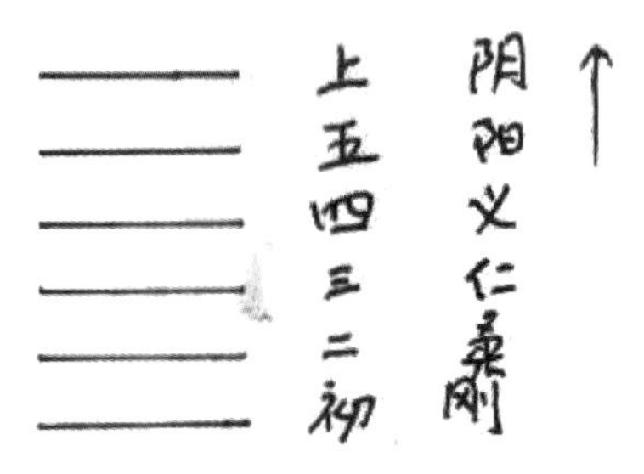

图 4-8 乾卦各爻名称

李冶在阐述天元术的式法时，曾谈到与《周易》的关系，引文见前。我们认为，李冶的位置代数学，很可能起源于卦爻的位置排列图。例如，《测圆海镜》的天元式，采取由高次幂到低次幂上下排列的顺序，与《周易》六爻从高到低的位置排列相同。换言之，自下而上，其位置由低到高，层级升发，符合中国人的传统心理。在天元式中，“人”（后来改作“太”）代表常数项，它的定位应当是标志其系数由低到高的变化过程。可见，《周易》对于天元术的产生和发展的影响巨大。

对于卦爻各个位序的理解，李冶认为“中间自有条贯”[②]。又说：“夫六十四卦，固有伏见翻置者，亦有彼此对待者，必以为圣人一一而次第之。”[③]像这样的论说，似乎都在关注一个事实：各卦位置之间的关系一定可以用数学的方式来表达。当然，数学的变化不能超出易卦所允许的范围。例如，傅海伦先生在论述李冶的位置化代数的特点时，讲到了它的一个主要缺陷，那就是不能作“除天元式”，而且“多于四元的方程组亦不能表示”[④]。至于说其中的原因是什么，傅先生没有解释。实际上，李冶曾明确指出：

> 乾之策二百一十有六，如卦别六爻而一，则得三十六。又以四揲而一，则得九，是谓老阳。坤之策百四十有四，如卦别六爻而一，则得二十四。又以四揲而一，则得六，是谓老阴。如此则为相应耳。盖算术凡言几之者，皆为相乘，非相除也。[⑤]

显而易见，李冶位置化代数的局限源于易卦。杨振宁先生认为，易经思维是造成近代

---

① （元）李冶：《敬斋古今黈》，第 1 页。
② （元）李冶：《敬斋古今黈》，第 1 页。
③ （元）李冶：《敬斋古今黈》，第 1 页。
④ 傅海伦：《中外数学史概论》，第 100 页。
⑤ （元）李冶：《敬斋古今黈》，第 2 页。

科学不能诞生于中国的重要原因之一①，这个说法令国人听起来刺耳，但不是没有道理。例如，李冶的位置化代数为什么不能发展成为西方的符号代数，易卦思维的局限确实是一个很关键的因素。

在一定程度上，易学即象数学，故李冶说：

> "复卦反复其道，七日来复"……以六十四卦当六日外，余有五日四分之一。每日分为八十分，合四百二十分，六十卦分之，六七四十二卦，别各得七分，是谓每卦得六日七分。易固象数之学，然亦不必如此拘也。《系辞》云：乾之策，二百一十有六。坤之策，百四十有四，凡三百有六十，当期之日，其五日四分之一，亦自略而不言。则六十四卦分期之日，是每卦只得六日也。②

此外，在数值的精确性方面，易经所取数值往往比较粗疏，这是造成中国古代不能产生精密科学的一个主要原因。因此。顾准先生说："中国思想只有道德训条。中国没有逻辑学，没有哲学。有《周髀算经》，然而登不上台盘。犹如中国有许多好工艺却发展不到精密科学一样。"③虽然此言有失公允，但它所揭示出来的现象却是客观存在的事实。比如，武际可先生认为，"中国古代没有精确的自然科学"④；马晓丹从方法论的角度，认为中国古代的思维属于整体性思维，而"整体论体系考察对象的整体可把握特征，并用整体综合方法加以处置，其结果是宏观准确、微观不精确"⑤等。这个问题在李冶的天元术里亦不同程度地存在着，例如，《益古演段》第8题云："今有方田一段，内有圆池水占之，外有地一十三亩七分半，只云内外方圆周共和得三百步。问方圆周各多少？答曰：外方周二百四十步，内圆周六十步。法曰：立天元一为圆径，以三之为圆周……"⑥所谓"三之"，即取 $\pi=3$，实际上，元代之前，祖冲之已经算得圆周率为3.141 592 6，其数值较 $\pi=3$ 要精确得多，但李冶并没有取用精确的圆周率值，而是取用了一个比较粗疏的圆周率值。这种粗枝大叶的思想方法，对自然科学的危害是显而易见的。究其根源，它与易经的象数学思维特点直接相关。

（二）李冶对"月令"的阐释

"三礼"是指《仪礼》、《周礼》和《礼记》，它们不但是中国古代社会的道德规范和生活向导，更是中国古代传统科技的指南。例如，《周礼》中的《月令》和《考工记》，《礼记》中的《中庸》等，都对中国古代科技的发展产生着至关重要的影响。本部分仅以《周礼·月令》为例，简单概述一下李冶与其的关系。

---

① 《杨振宁称易经阻碍中国科学诞生，众专家反驳》，《中国新闻周刊》2004年11月15日。

② （元）李冶：《敬斋古今黈》，第165页。

③ 顾准：《顾准文集》，福州：福建教育出版社，2010年，第308页。

④ 武际可：《中国古代为什么没有力学？》，武际可、隋允康主编：《力学史与方法论论文集》，北京：中国林业出版社，2003年，第5页。

⑤ 马晓丹：《中国古代有科学吗？——兼论广义与狭义两种科学观》，《科学学研究》2006年第6期，第818页。

⑥ （元）李冶：《益古演段》，（清）鲍廷博辑：《知不足斋丛书》九，第5482页。

1.《周礼·月令》与数学

关于《周礼·月令》的成篇时代，学界存在较大的分歧。东汉郑玄云："名曰'月令'者，以其纪十二月政之所行也。本《吕氏春秋》十二月纪之首章也。以礼家好事抄合之，后人因题之，名曰《礼记》。言周公所作，其中官名时事多不合周法。此于《别录》属《明堂阴阳记》。"①对此，杨宽先生经过一番认真的考辨，得出结论：《礼记·月令》上承《七月》《夏小正》，是战国末期阴阳五行家之作，作者是晋国人之后裔。②此外，还有东汉蔡邕的周公说③等说法。由于《周礼·月令》确非一时一地所成，从刍篇到汉代后人不断缀入新的内容，所以傅道彬先生说得对：

> 以《礼记·月令》为代表的一组上古岁时文献，典型地反映了古代中国的时间性思维模式。月令是一种时间结构，也是一种思维模式。这一模式体现出以春夏秋冬四时演化为发展脉络，以空间的日月星辰变化和自然的物候变迁为基本媒介，构筑的天人感应，时空一体，自然与社会相互作用，人类的生产与生活、政治与文化整体互动的思想结构。④

从历法和岁时的角度看，《周礼·月令》与《夏小正》的关系密切，因为《周礼·月令》是依据太阳在天空中运行的经度，由天上的12度来显示地上的12月。故李治在论《周礼·月令》"日在营室"的数学意义时说：

> 周天三百六十五度四分度之一，辰有三十度，总三百六十度，余有五度四分度之一，度别为九十六分，总五度有四百八十分又四分度之一，为二十四分，并之为五百四分，十二辰分之，各得四十二分，则是每辰有三十度九十六分度之四十二，计之日月实行一会，唯二十九分过半。若通均一岁会数，则每会有三十度九十六分度之四十二，是以分之为大数也。李子曰：度不别为一百分，而别为九十六者，取分下之全数耳。若以一度为一百分，则五度四分度之一。通分内得五百二十五，却以十二辰分之，则辰各得四十三分七厘五毫，亦为四十三分分之三也。历法虽有小分小移，然此四分度之一，本以零数难计，故分割之时，欲得全分，今于分下又带零数，则无再分，必欲再分，则其数转烦，所以度别为九十六分，而于除之时，每辰之下，各得其全数也。⑤

天分十二辰，辰者，躔次之舍。一辰等于30度，则

一周天=$365\frac{1}{4}$，12辰=360度，1度=96分，$5\frac{1}{4}\times 96$分=504分，

---

① 《诸子集成》第6卷，北京：团结出版社，1996年，第579页。

② 杨宽：《月令考》，杨宽：《杨宽古史论文选集》，上海：上海人民出版社，2003年，第463—510页；王锷：《〈礼记〉成书考》，北京：中华书局，2007年，第273页。

③ 陈遵妫：《中国天文学史》中册，上海：上海人民出版社，2006年，第492页注释，源自《夏小正》（冯友兰：《三松堂全集》第7卷，郑州：河南人民出版社，2000年，第430页）。

④ 傅道彬：《〈月令〉模式的时间意义与思想意义》，《北方论丛》2009年第3期，第125—134页。

⑤ （元）李治：《敬斋古今黈》，第13页。

504 分÷12=42 分，一辰=360÷12+$\frac{42}{96}$度=30$\frac{42}{96}$度。

又，一会等于一辰，若以 1 度=100 分，则 5$\frac{1}{4}$×100 分=525 分，525 分÷12=43.75 分=43$\frac{3}{4}$分。

为了便于计算，李冶认为“以一度为一百分”会给历法编撰带来很多麻烦，即“今于分下又带零数，则无再分，必欲再分，则其数转烦”。当然，限于当时的科技条件和中国古代筹算本身的局限，对于“分下又带零数”的计算确实比较困难。对此，李冶说：“今古历法所以参差不济，且不能以行远者，无他。盖由布算之时，不论分秒之多寡，悉翦弃之。定位之时，不察八宫之浅深，遽强命之，积微成著，所以浸久而浸舛耳。”①

由此可见，古今历算家“由布算之时，不论分秒之多寡，悉翦弃之”在一定程度上严重影响了中国古代历法的精确性。这样就形成了历法与筹算之间的一种矛盾，如何解决此矛盾，便成为中国古代历算家努力破解的重大课题。我们看到，从刘歆作《三统历》到郭守敬等撰《授时历》，历法的精确性不断提高，其中数学方法的改进起着非常关键的作用。例如，郭守敬称《授时历》创法有五事，而其中每一事都离不开新的数学方法的应用，如用招差法求每日太阳盈缩初末极差，用勾股弧矢之法求黄赤道差等。从这个角度讲，李冶的天元术亦可看作试图解决此矛盾的一种主观努力。

在李冶看来，数学具有一定的抽象性，它反映的往往是各个天体之间的某种内在联系，这种联系虽非实物，却是客观的存在。李冶说：

> 夫古先圣哲，以天体本无可验，于是但视诸星连转，即谓之“天”。凡十二舍，二十八宿，三百六十五度，及九道之类，率皆强名之。故谓其术为缀术。所为缀者，非实有物，但以数强缀缉之，使相联络，可以求得其处所而已。②

在此，“以数强缀缉之，使相联络，可以求得其处所而已”与他在《测圆海镜·序》中所言“苟能推自然之理，以明自然之数”的主体思想，在本质上是一致的。至于“以数强缀缉之”则说明了人类思维的能动性，它的言外之意是说，天体运动的规律是客观的，人们可以通过数学方法去认识它和把握它，从而建立起各种天体之间的必然联系，并“求得其处所”，而绝非无中生有，亦非人们把自己的思想意识强加给自然对象。

2.《周礼·月令》之“解”与自然规律

李冶云：“《月令》：仲夏鹿角解，仲冬麋角解，皆作蟹音。孟春东风解冻……盖角解之解，自解也；解冻之解，有物为之自解也。”③

通过长期的观察，人们发现鹿对季节的节律变化较为典型。这是因为每年仲夏时节，鹿就会出现生理性的“角解”（即鹿角脱落）现象。据《梦溪笔谈》载，麋鹿角“自生即坚，

① （元）李冶：《敬斋古今黈》，第 30 页。
② （元）李冶：《敬斋古今黈》，第 30 页。
③ （元）李冶：《敬斋古今黈》，第 122 页。

无两月之久，大者乃重二十余斤，其坚如石，计一夜须生数两；凡骨之顿成，生长神速，无甚于此”[①]。生物学家发现，在哺乳动物中，鹿是唯一能再生完整的身体零部件的动物。然而，为什么只有鹿具有这种能再生完整的身体零部件的能力，目前学界还没有科学的解释。《本草述》释：“鹿孕子于仲秋而生于春，麋孕子于仲春而生于秋，即此则知鹿受气于阴而长于阳，麋受气于阳而长于阴者也，可以通鹿角解于夏至，麋角解于冬至之义。”[②]可以肯定，这种解释是不科学的。但把鹿解角看作一个受客观规律支配的自然过程，其基本思路却是正确的。李冶承认鹿角解是一个自然的生理过程，仅此而言，他不仅是一个朴素的唯物论者，又是一个朴素的辩证论者。

与之不同，“东风解冻”尽管也称作“解”，但这个“解”是受外力作用的结果。李冶在肯定内因（指事物发展的内在矛盾，如鹿角解）是客观事物发展变化的决定因素时，以此为前提，同时承认外因（指事物发展的外部条件）在一定条件下对事物的发展变化亦起着重大的作用。当时，李冶能够看到事物发展的内因和外因这两个方面，并认识到两者具有对事物发展变化起着特殊之功用这个事实，充分体现了李冶科学思想中的“惟实”精神。为了加深人们对李冶“惟实”精神的理解，我们特补充下面一个实例，以资佐证。李冶说：

> 农家者流，往往呼粟麦可食之类，以为物事。此甚有理，盖物乃实物，谓非此无以生也。事乃实事，谓非此无以成也。此其言，可与“粒我烝民，莫非尔极；烝民乃粒，万邦作乂”之语，相为表里。[③]

仅仅两个字“物事”，李冶竟然将它提升到与圣人之言等齐的高度，显见他对“物事”的崇奉已经到了痴迷的程度，而这个实例，话虽不多，却非常典型地反映了李冶“惟实”和“贵实”的思想特征。

（三）李冶与《诗经》中的科学思想

1.《臣工》篇与农器“铫”

元代的士大夫比较关注农器在农业生产中的作用，如《王祯农书》有“农器谱”，李冶亦有农器专论。《诗经·周颂·臣工之什》有一篇《臣工》，是告诫群臣百官重视农业之作。诗中云：“命我众人，庤乃钱镈，奄观铚艾。”[④]注释家疏：“钱乃铫，为刈物之器；镈，锄类或云锄也；铚，获禾短镰也。”李冶说：“以诗意求之，铫必开垦之器，或种莳所用，决非刈物之器也。何者？农事耕获，悉有次第，必先耕种，然后锄耨，既坚既好，然后收获。故钱也，镈也，铚也。诗人以次言之。若以铫为刈物之器，铚又获禾之器，刈即获也。获即刈也。两句之内，前后重复而复杂言镈耨，此诗不亦太猥乱乎？乃知铫为耕垦所须，但古今器用不同，名号随时屡改，不可考耳。”[⑤]李冶把“铫”解释为“开垦之器”，可谓发前人

---

① （宋）沈括著，侯真平校点：《梦溪笔谈》卷26，第223页。
② （清）刘若金原著，郑怀林等校注：《本草述校注》，北京：中医古籍出版社，2005年，第698页。
③ （元）李冶：《敬斋古今黈》，第73页。
④ 高亨注：《诗经今注》，上海：上海古籍出版社，1984年，第486页。
⑤ （元）李冶：《敬斋古今黈》，第137页。

之所未发。《管子·轻重乙》说："一农之事，必有一耜、一铫、一镰、一耨、一椎、一铚，然后成为农。"[①]据曾雄生考证，这里的"耜"不是铁锹一类的手工农具，而是一种易畜力作动力的大犁，是犁的前身。[②]按照农事的规律，确实在耜的过程中还应当有一种类似于铁铲或铁锹的农具，用于翻地。有学者认为"布币是由农耕工具镈和钱演变而来的。'布'是'镈'的同声假借字，且寓有流布久远的意思；'钱'是从古农具'铫'近音相转而来。镈和钱都呈铲形，功用也相近。"[③]实际上，镈和铫功用有别，李冶认为，"镈，锄类或云锄也"，而"铫必开垦之器，或种莳所用"。《王祯农书》说："锹、铫……古为'臿'，今谓'锹'，一器二名。"[④]可见，李冶与王祯的认识是一致的。对于铫的功能，有学者认为是一种"掘土农具"[⑤]。从这个实例中，我们看到了李冶在其科学研究的过程中，有一种非常可贵的不拘泥于古人成说的"求疑"精神。

2.《关关雎鸠》与"雎鸠"非"挚"说

《诗经》开篇即为《关关雎鸠》，历来颇为文人墨客称作是描写男女爱恋的绝唱。但李冶提出了不同的看法，他说：

> 《关关雎鸠》传云：雎鸠，王雎也。鸟挚而有别，笺云：挚之言至也，谓王雎之鸟，雄雌情意，至而有别。按释鸟注郭璞曰：雕类，今江东呼之为鹗。陆机云：幽州人谓之鹫。而扬雄、许慎皆曰：似鹰，尾上白。数家说虽不同，而俱以搏击之鸟也。挚、鸷，古字通用，鸷鸟以搏击为隽，正雕鹰之属也。今郑转以挚为至，言雌雄情意，至而有别，然则亦穿凿甚矣。决不可从。[⑥]

从"雎鸠"的生物特点看，《关关雎鸠》并非如郑玄所言，是一种"雌雄情意"的写照。故毛泽东在《在普通教育工作座谈会上的讲话》里亦说过这样的话："'关关雎鸠'这几句诗一点诗味也没有。"[⑦]看来，李冶的认识不是看问题的现象，而是看问题的本质。李平心先生云，"关关雎鸠"谐謔情投意合的夫妇。[⑧]实际上，那个时期的夫妇关系，并不像后代注释家想象得那么美好，因为既嫁从夫，夫为妻纲，男尊女卑，是《仪礼》最重要的道德规范之一。而《诗经》也无时不张扬上述观念，如《召南·鹊巢》云："维鹊有巢，维鸠居之。"此诗即是一种"既嫁从夫"思想的客观反映。所以，《关关雎鸠》流露出了一种强权意识，而这种强权意识则成为中国古代夫权主义长期存在的思想基础。

3.《诗经》与李冶"以意求之"的思想

究竟如何科学地解读古代经典之文辞和文义？古代有汉学与宋学的对立。汉学偏重考

---

① （清）戴望：《管子校正》卷24《轻重乙》，《诸子集成》第7册，第404页。
② 曾雄生：《中国农学史》，第148页。
③ 门岿、张燕瑾：《中华国粹大辞典》，北京：国际文化出版公司，1997年，第103页。
④ 王毓瑚校：《王祯农书》，第218页。
⑤ 王秀珠、李英森：《管子经略思想研究》，香港：香港新世纪出版社，1992年，第119页。
⑥ （元）李冶：《敬斋古今黈》，第150页。
⑦ 毛泽东：《毛泽东文集》第7卷，北京：人民出版社，1999年，第248页。
⑧ 李平心：《李平心史论集》，北京：人民出版社，1983年，第81页。

据，而宋学偏重心性哲理。两者各有所长，亦各有所短。宋人欧阳修说："古今事异，一时人语，亦多不同，传模之际，又多转失，时有难识处，惟当以意求之尔。"[①]又，唐人李淳风注《晋书·律历志中》"损不足反减五为益，盈有五谓益而损缩初二十，故不足"一句话云："文有舛误，以意求之，尝云'损不足反减五为益，谓盈有五而损二十，故不足。"[②]清代医家汪昂在论述"升阳益气汤"的功用时亦说："思圣人之法，虽布在方策，其未尽者，以意求之，今寒湿客邪自外入里甚暴，若用淡渗以利之，病虽即已，是降之又降，复益其阴，而重竭其阳也。治以升阳风药，是为宜耳。"[③]可见，"以意求之"是中国古代比较常用的一种科学研究方法。所以李冶在阐释《诗经·召南·草虫》开头的两句诗义时说：

> 喓喓草虫，趯趯阜螽。注云：兴也。喓喓，声也。草虫，常羊也。趯趯，跃也。阜螽，蠜也。笺云：草虫鸣，阜螽跃而从之。异种同类，犹男女嘉时，以礼相求呼。疏曰：以兴以礼求女者大夫，随从君子者其妻也。正义曰：释虫云"草虫，负蠜。"郭璞曰：常羊也。陆机云：小大长短如蝗也。奇音，青色，好在茅草中……卒无定名，师说相承，五经大抵如此。学者止可以意求之，胶者不卓，不胶则卓矣。[④]

依此，李冶对前人的许多成说提出了疑问。例如，《诗经》之"氓之蚩蚩"句，鲁人毛亨释为"敦厚之貌"，而李冶通过考证，并用大量的事实证明此诗句系之"奔诱弃背之事"，认为"蚩蚩者，乃薄贱偷淫之态"，因此，"毛氏乃以蚩蚩为敦厚，则真臆说耳，不足据也"[⑤]。又如，《诗经·大雅·生民》之"或簸或蹂"句，李冶说："毛云，或簸糠者，或蹂粟者。笺云，蹂之言润也。舂而杵出之，簸之。又润湿之，将复舂之，趋于凿也。疏：孙毓云，诗之叙事，率以其次，既簸糠矣。而传以蹂为蹂，黍当先蹂，乃得舂，不得先舂而后蹂也。既蹂且释之，烝之，是其次也。笺义为长，李子曰：孙毓之言非也。蹂者，挼挲之也。今之舂者，既已簸去其糠矣。必须重为蹂挼，然后复投臼中而舂之。先蹂后簸，自为次第。然今蹂字次簸而言，则是未簸以前，将舂之际，蹂虽不举，其蹂自明。又既簸且蹂，必将复舂，再蹂舂，足以见趋凿之意矣。"对于上述诸说，李冶按："郑笺以蹂为润湿取柔字为义；孔疏以蹂为蹂践，以本字为义；此以蹂为挼挲则蹂当改揉矣，于义未当。朱子集传谓蹂禾取谷以继之。训释既明，于诗之叙事，亦不失其次。"[⑥]从"蹂禾取谷"到"舂而杵出之，簸之"，是谷物加工的基本程序。因为在古代，人们往往是取穗储藏，当食用时，再将谷穗取出，然后按照先蹂后舂，接着再簸的程序进行加工。可见，李冶所讲的"以意求之"，绝不是任凭主观妄说，而是从基本的事实出发，证以史事。所以，"以意求之"从本质上看，是一种"实证"的方法。

---

① （宋）欧阳修：《欧阳修集编年笺注》7，成都：巴蜀书社，2007年，第567页。
② 《晋书》卷17《律历志中》注释18，北京：中华书局，1987年，第533页。
③ （清）汪昂著，鲍玉琴等校注：《医方集解》卷1《升阳益气汤》，北京：中国中医药出版社，1997年，第21页。
④ （元）李冶：《敬斋古今黈》，第5页。
⑤ （元）李冶：《敬斋古今黈》，第5—6页。
⑥ （元）李冶：《敬斋古今黈》，第7页。

《诗经·小雅·鸿雁之什·无羊》云："三十维物，尔牲则具。"[①]对于这句诗，诸家的解释不一："《毛传》云，异毛色者三十也。而疏家乃谓每色之物，皆有三十。误矣，诗意本主所牧之多，谓毛色有三十等，亦大率言之。今云每色各有三十，则计其所牧，能有几何？而当时之人咏之诗邪，若又以为每色色别三十种，则为色太紧，反更难通。毛言异异毛色者三十，政谓总括诸色，至有三十等耳。其义甚为明白，不劳异说。"[②]实际上，这是一个动物遗传和变异的问题，据有关专家研究，"三十维物，尔牲则具"系指具有30种不同毛色种类的牲畜。其中的"总括诸色"，有学者解释说："牛、羊、豕、鸡、犬五类，每类毛色都具有青、赤、黄、白、黑、杂六种，即三十种毛色。"[③]由前述所知，李冶的认识与此相一致。

（四）《春秋左传》与李冶的科学史观

首先，李冶反对刘歆将数学比附《左传》。他说："刘歆说《三统历》术，配合《易》与《春秋》。此所谓言及于数，吾无取焉。夫易载天地万物之变，以明著吉凶悔吝之象。《春秋》褒善贬恶，代天子赏罚，以垂法于后世。至于章蔀发敛之术，则羲和氏实掌之。而歆乃一一相偶，是亦好异者矣。且《易》有卦有爻，其二篇之策，当期之日，犹得以强论之。夫所谓《春秋》者，属辞比事之书，与数学了不相干。而亦胡为妄取历算，一一而偶之哉。班固不明此理，不敢削去，千古而下，又无为辨之者，深可恨也。"[④]从现象上看，《春秋左传》确实不乏礼数和术数之论，如隐公元年（前722），武强请郑庄公让共叔段居京城，蔡仲反对说："都城过百雉，国之害也。先王之制，大都不过参国之一，中五之一，小九之一。今京不度非制也。"[⑤]其中所言之数，是谓"礼数"。至于术数，《春秋左传》载有诸多占卜、占筮、占星、占阴阳五行、占梦、占飞禽、占气、占音等实例，虽然从《周易》的角度看，术数亦是象数学的一种，但那毕竟是象数学的末流，是一种数学神秘主义，颇为李冶所厌恶。例如，《晋书·天文志·荆州占》载妖星凡21，"其十九日长庚，如一匹帛著天，见则兵起"；又有瑞星"含誉，光耀似慧"等。对此，李冶明确表明了自己的立场："古今史书中所载星变，为凶灾者，莫过于慧，今而含誉似之。诸若此类，其果为瑞耶，其果为妖耶？"[⑥]又，"《晋书·天文志》天棓五星，在女床北，天子先驱也。又，七曜中引《河图》云，岁星之精，流为天棓。又《杂星气》中说，妖星，其三曰'天棓'。谓为天子先驱者，恒星也。谓为岁星之精者，岁星主福德。流而为天棓，则吉凶特未定也。谓为妖星，则专主灾异矣。夫为星者一，而为说者三，岂星家各自为名，而各自为占耶。不应天星一座，而善恶如是之顿乖也"[⑦]。显而易见，李冶对占卜一类的术数末流，是持怀疑和批判态度的。

---

① 高亨注：《诗经今注》，第267页。
② （元）李冶：《敬斋古今黈》，第118页。
③ 顾云、滕振才主编：《中国文化杂说》卷8《艺术文化卷》，北京：北京燕山出版社，1997年，第317页。
④ （元）李冶：《敬斋古今黈》，第29页。
⑤ 《春秋左传·隐公元年》，《黄侃手批白文十三经》，第1—2页。
⑥ （元）李冶：《敬斋古今黈》，第45页。
⑦ （元）李冶：《敬斋古今黈》，第174—175页。

其次，《春秋》皆史。至于《春秋左传》与科技史的关系，汉代刘向在《别录》中说："左丘明授曾申，申授吴起，起授其子期，期授楚人铎椒，铎椒作《抄撮》八卷授虞卿，虞卿作《抄撮》九卷授荀卿，荀卿授张苍。"①不仅张苍研习《春秋左传》，而且汉代的贾谊、张敞、刘公子等也都研修《春秋左传》，且东汉言"《左氏》者本之贾護、刘歆"②。在研修《左传》的诸多人物中，张苍删补过《九章算术》，刘歆编撰过《三统历》，贾谊《新书》中包含着丰富的农学思想等。可见，《春秋左传》对于汉代科学技术的发展起到了一定的推动作用。所以，李冶认为，"《春秋》虽经，其实史耳"③。实开明清之际尤其是章学诚"六经皆史"思想的先河。在此，仅就科技史而言，《左传》提供了许多有关动植物学、天文学、医学等方面的史料。例如，《左传》记载鲁僖公十六年（前 644）"陨石于宋（今河南商丘境内）五（降落 5 块陨石）"，此条史料被确认为世界上有关陨石的最早记录。隐公九年（前 714）载"春三月癸酉大雨，震电"，这是《春秋》中第一次明确记载的雷震大雨。桓公五年（前 707）载鲁国"秋大雩，螽"，此螽即幼小的蝗虫；隐公五年（前 718）载鲁国"九月，螟"及庄公二十九年（前 665）载"秋有蜚"，文中的"螟"和"蜚"都是一种吃农作物的害虫；定公元年（前 509）载鲁国"冬十月陨霜杀菽"，对于这条史料的科技史价值，有学者指出，"（十月相当于夏历八月）节气只在秋分前后已有灾害性的重霜出现，是初霜期比现在提前的证据"④。又，成公十年（前 581）和昭公元年（前 632）分别记载了春秋时期的两位名医医缓与医和的医事活动，成为人们研究先秦医学发展的重要历史文献。

最后，李冶的"和实生物"思想。《国语》常被学者称作《春秋外传》，它与《左传》的关系密切。司马迁说："（左丘明）成《左氏春秋》"⑤，后"左丘明失明，厥有《国语》"⑥。当然，关于《国语》的作者，目前学界尚无统一的说法，《汉书》之说亦不是定论。尽管如此，我们将《国语》与《春秋左传》称作《春秋经》的姊妹篇，并无不当。《国语·郑语》郑史伯为桓公说："和实生物，同则不继。"⑦然而，究竟该如何理解"和"与"同"的关系？《春秋左传·昭公二十年》载有晏子的一段论说，其言云：

> 异和如羹焉，水、火、醯、醢、盐、梅以烹鱼肉，燀之以薪，宰夫和之，齐之以味，济其不及，以泄其过。君子食之，以平其心。君臣亦然，君所谓可而有否焉，臣献其否以成其可；君所谓否而有可焉，臣献其可以去其否。是以政平而不干，民无争心。故《诗》曰："亦有和羹，既戒既平。鬷嘏无言，时靡有争。"先王之济五味。和五声也，以平其心，成其政也。声亦如味，一气、二体、三类、四物、五声、六律、七音、八风、九歌，以相成也；清浊、小大、短长、疾徐、哀乐、刚柔、迟速、高下、出入、

① （明）朱睦桔：《授经图义例》卷 15《诸儒传略》，《景印文渊阁四库全书》第 675 册，第 292 页。
② 《汉书》卷 88《儒林传》，北京：中华书局，1983 年，第 3620 页。
③ （元）李冶：《敬斋古今黈》，第 10 页。
④ 中国天文学史整理研究小组：《科技史文集》第 16 辑，上海：上海科学技术出版社，1992 年，第 180 页。
⑤ 《史记》卷 14《十二诸侯年表序》，北京：中华书局，1982 年，第 510 页。
⑥ 《汉书》卷 62《司马迁传》，第 2735 页。
⑦ （元）李冶：《敬斋古今黈》，第 10 页。

周疏，以相济也。君子听之，以平其心。心平，德和。故《诗》曰："德音不瑕。"今据不然。君所谓可，据亦曰可；君所谓否，据亦曰否。若以水济水。谁能食之？若琴瑟之一专，谁能听之？同之不可也如是。[①]

这段话的中心概念是"异和"两字，所谓"异和"是讲"和"的前提是"异"，即事物之间的差异和不同，这是社会稳定的基础，同时也是科技创新的一个重要动力。因为"不同质的事物之间的相互作用会产生新的、更有价值的事物"[②]，或云"相异的事物相互协调并进，就能发展"；反之，"若以相同的事物叠加，其结果只能是窒息生机"[③]。在此，李冶重申"和实生物"这个古老的"和同"思想，反映了元初社会发展的现实需要。毋庸置疑，多民族国家的统一和文化交流需要"和实生物"，而在某种程度上讲，元初诸科技领域所取得的一系列辉煌成就，正是"和实生物"的思想结晶。

（五）《尚书》与李冶的古史思想

无论是研究中国古代社会史还是研究中国古代科技史，三皇五帝都是一个十分重要的历史时期。随着新石器时代考古的不断深入，学界逐渐认识到《史记》所描述的三皇五帝谱系是以史实为根基的，而绝非都是杜撰的。[④]李伯谦先生甚至提出了"'三皇五帝时代'是在我国延续两千多年的传统古史的开篇"这个重要命题。[⑤]恩格斯说："历史从哪里开始，思想进程也应当从哪里开始。"[⑥]可见，厘清中国古代史前"三皇五帝"的演变脉络，对于正确认识和理解中国古代科技思想的产生和发展具有十分重要的历史意义。所以，李冶注意到，孔安国的《尚书·序》云："伏羲、神农、黄帝之书，谓之三坟；少昊、颛顼、高辛、唐、虞之书，谓之五典。是以三坟当三皇，五典当五帝也。"[⑦]然而，黄帝一脉的历史文化如何传承？李冶对《史记》所记载的"三皇五帝谱系"提出了疑问，《史记》载：

嫘祖为黄帝正妃，生二子，其后皆有天下。其一曰玄嚣，是为青阳，青阳居江水；其二曰昌意，降居若水。昌意生高阳，是为帝颛顼也。颛顼崩而玄嚣之孙高辛立，是为帝喾……[⑧]

---

① 《春秋左传·昭公二十年》，《黄侃手批白文十三经》，第387页。

② 李建军：《创造发明学导引》，北京：中国人民大学出版社，2002年，第196页。

③ 刘海平：《世纪之交的中国与美国：中国哈佛——燕京学者第二届学术研讨会论文选编》杜维明序，上海：上海外语教育出版社，2000年，第5页。

④ 陈振裕：《奋发荆楚　探索文明——湖北省文物考古研究论文集》，武汉：湖北科学技术出版社，2000年，第111—114页；赵敦华：《西方哲学的中国式解读》，哈尔滨：黑龙江人民出版社，2002年，第393页；郑国茂：《舜帝之谜》，北京：人民出版社，2007年，第190页；《何氏名人录》编委会：《何氏名人录》上，2001年，第214—261页；王大有：《三皇五帝时代》，北京：中国时代经济出版社，2005年等。

⑤ 李伯谦：《考古学视野中的三皇五帝时代》，邱建屏主编：《新田文化与和谐思想论文集》，太原：山西人民出版社，2008年，第10页。

⑥ 中共中央马克思恩格斯列宁斯大林著作编译局：《马克思恩格斯选集》第2卷，第43页。

⑦ （元）李冶：《敬斋古今黈》，第3页。

⑧ （元）李冶：《敬斋古今黈》，第3—4页。

在这个谱系里，没有“青阳”的地位。因此，李冶说：“所谓少昊者，（司马迁）绝不称道，甚可疑也。按《帝系》、《本纪》、《家语》、《五帝德》皆云：少昊即黄帝子青阳是也。又《春秋左传》文公十八年‘少昊有不才子，天下之民，谓之穷奇’。杜预注云：‘少昊，金天氏之号，次黄帝。然则黄帝崩后，少昊即位。’为得其实。故孔安国以黄帝为三皇之末，以少昊为五帝之首，而次及高阳，高辛氏也。今司马迁乃云：黄帝崩，葬桥山，其孙昌意之子高阳立，是为帝颛顼……是黄帝殁后，殊无名少昊者也……而司马迁谬误不载录耳。”[①]对于《史记》所载之“三皇五帝谱系”究竟正确与否，目前还不能定论。不过，李冶所言，至少给我们这样一个提示：黄帝文明的演变是多元的，而非一元的。

另，如何对待传统（古）与现代（今）的关系，是科技思想史研究的一个基本问题。首先，何谓“古”？李冶指出，“前人论三古各别者，从所见者言之，故不同。然以吾身从今日观之，则洪荒太极也，不得以古今命名。大抵自羲、农至尧、舜，为上古。三代之世，为中古；自战国至于今日以前，皆下古也……不待千载之上，始得谓之古也”[②]。用我们今天的观点看，李冶对“古史”的分期合乎中国古代历史自身的发展规律，因此它经得起历史的检验。然而，古史毕竟是过去的和传统的东西，与“现代性”相比，人们往往有两种截然相反的心态：慕古与非古。李冶说：“今人以不达权变者为慕古，盖谓古而不今也。《左氏传》曰：‘君子以为古。’《书·无逸》曰：‘昔之人无闻知。’皆是意也。”[③]在这里，李冶实质上批判了那种把“古”与“今”对立起来的观点，有学者将它称作“代沟”[④]。《尚书》的原文是：

> 君子所，其无逸。先知稼穑之艰难，乃逸，则知小人之依。相小人，厥父母勤劳稼穑，厥子乃不知稼穑之艰难乃逸，乃谚既诞，否则侮厥父母曰：“昔之人无闻知。”[⑤]

轻贱农业劳动及手工技艺，在李冶生活的时代是一种普遍现象，这与当时科举考试的取向有关。所以，李冶不无感慨地说：

> 世之劝人以学者，动必诱之以道德之精微。此可为上性言之，非所以语中下者也。上性者常少，中下者常多，其诱之也非其所，则彼之昧者日愈惑，顽者日愈偷，是其所以益之者，乃所以损之也。大抵今之学，非古之学也。今之学不过为利而勤，为名而修尔；因其所为而引之，则吾之劝之者易以入，而听之者易以进也。求之前贤，盖得二说焉：齐颜之推家训云：“有学艺者，触地而安。自荒乱以来，虽百世小人，知读《论语》、《孝经》者，尚为人师；虽千载冠冕，不晓书记者，莫不耕田养马。以此观之，安可不自勉耶？若能常保数百卷书，千载终不为小人也。谚曰：积财千万，不如薄技在身。”则今人所谓“良田千顷，不如薄艺随身”者也。韩退之为其侄符作读书城南诗：

---

① （元）李冶：《敬斋古今黈》，第4页。
② （元）李冶：《敬斋古今黈》，第65页。
③ （元）李冶：《敬斋古今黈》，第65页。
④ 梁实秋：《雅舍小品》，北京：解放军文艺出版社，2000年，第244页。
⑤ 《尚书·周书·无逸》，《黄侃手批白文十三经》，第51页。

“金壁虽重宝，费用难贮储；学问藏之身，身在即有余。”则今世俗所谓“一字值千金”者也。古今劝学者多矣，是二说者，最得其要，为人父兄者，盖不可以不知也。[①]

从社会需要的层面讲，既需要“为人师”（精神生产）者，又需要“耕田养马”（物质生产）者，两者并行不悖，缺一不可。因此，李治主张对社会成员进行分类教育，即把道德教育与技艺教育结合起来，不能彼此偏废。这个教育思想实际上是对宋代胡瑗“分斋教学法”的继承和发展。

（六）《黄帝内经·素问》与李冶的医学思想

1.“冬不按跷，春不鼽衄”辨

《黄帝内经素问·金匮真言论篇》有“冬不按跷，春不鼽衄”之论。对此，后世医家分成两派观点：一派以唐代王冰为代表，认为“按，谓按摩。跷，谓如跷捷者之举动手足，是所谓导引也。然扰动筋骨，则伤阳气不藏。春阳气上升，重热熏肺，肺通于鼻，病者形之，故冬不按跷，春不鼽衄”[②]。另一派以李治为代表，认为一年四季皆宜导引。李治说：“夫户枢之不朽，以旦夕之开阖也。流水之不腐，以混混而常新也。诎信俯仰以利形。进退步趋以实下。不云动作按摩有以伤生也。故道家者流。多说熊经鸟伸龙攫虎搏之效。而华佗常以五禽之戏。为将摄之方。初无冬夏之别也。又隋世巢氏作病源数十卷。每论一证。必处以导引一术。亦未尝以冬不按跷为主也。按本经血气形志篇曰。形苦志乐。病生于筋。治之以熨引。形数惊恐。病生于不仁。治之以按摩。又奇病论曰。息积不可灸刺。积须导引服药。药物不能独治。此皆详明按跷之益。亦不说冬三月不得为之也。”[③]经中医临床的无数实践证明，“按跷之益”不分季节，只不过应适度。用李治的话说，就是“春、夏、秋、冬，无论启闭，政宜随时导引，以开通利导之，但勿发泄，使至于汗出耳”，或者说“大抵导引。四时皆可为之。惟不得劳顿。至于汗出而已。苟劳顿至于汗出。则非徒无益。或反以致他疾。不特于闭藏之时为不可”[④]。更进一步，李治分析了造成王冰误解的原因，是《黄帝内经·素问》原文有阙漏和字误所致。于是，李治特将原文改正如下：

冬不按跷，春不鼽衄。或病颈项，春不按跷。仲夏必病胸胁，长夏必痛洞泄寒中。夏不按跷，秋必风疟。秋不按跷，冬必痹厥。[⑤]

经李保国先生考证，李治的修改是正确的。[⑥]

2.“秋为容平，早卧早起”辨

《黄帝内经素问·四气调神大论篇》云：“春为发陈，夜卧早起，广步于庭：夏为蕃秀，

---

① （元）李冶：《敬斋古今黈》，第63页。

② （元）李冶：《敬斋古今黈》，第73页。

③ （元）李冶：《敬斋古今黈》，第73页。

④ （元）李冶：《敬斋古今黈》，第74页。

⑤ （元）李冶：《敬斋古今黈》，第74页。

⑥ 李保国：《〈内经〉“冬不按跻”解疑》，杜雨茂主编：《中华临床医学经验文集》，北京：中国科学技术出版社，2007年，第61页。

夜卧早起，无厌于日；秋为容平，早卧早起，与鸡俱兴：冬为闭藏，早卧晚起，必待日光。”对于这段经典理论，李治从四季气候变化与人体生理活动之间的相互联系，特别强调人的作息节律应与气候变化相和谐。于是，他因地因时制宜提出了不同见解，《经史百家医录》特将其称为“解经新见”[①]。李治解释说：

> 人秉阴阳之气以生，而阳则为德，阴则为刑；刑则主杀，德则主生，故其情性常喜阳而恶阴。冬为闭藏之时，夜卧早起者，所以顺阳气于未明之昼也，是固宜其然矣。然其春三月发陈之时，自当早卧早起，以顺阳气于开煦之旦。而今称夜卧早起，与夏三月无别，则真误矣。夫阴阳寒暑，均布四时，若今春夏同科耶？秋冬亦当一体，则何以为四时也哉？故春之早起，不必置论。但其夜卧二字，必早卧之舛也。又其秋三月容平之时，自当晚卧晚起，以谢阴气于肃杀之晓。而今称早卧早起，是又误之甚者，不可不辨也。夫秋气之严，莫严于霜降之辰，万物凋落，摄养之家，最为深惧。而使人早起，与鸡俱兴，则是作意犯冒，与霜亢也，无乃乖全生之理乎！王冰求其说而不得，乃云，惧中寒露，故早卧，欲使安宁，故早起。以常情度之，人亦岂有畏寒露之沾裳衣，而不畏肃霜之戛肌骨乎？此妄说也。惟早晚之文一政，则其下错缪。“与鸡俱兴”之类，皆可得而正之矣。盖《素问》一书，脱误赘复，如是者居十七，遇不可通者，不可强为之辞，政当以意会之耳。[②]

春天应“早卧早起”，而秋天则“晚卧晚起”，这似乎与一般人的睡眠习惯相悖。然而，作息的目的在于恢复体力，养蓄精神，而“春生，夏长，秋收，冬藏，是气之常也，人亦应之”[③]。我们知道，春天阴阳变化的总体趋势是阴气渐收，阳气渐长，所以人在春天以养肝为主，按照人体的生理时钟，凌晨1—3点为肝经当令时刻，此时需要足够的睡眠以养肝，不宜起床，一般应再过2个时辰之后，至早晨5点起床锻炼，此时正当早晨阳气增长最快之时，所以李治主张春天应“早卧早起”。然而，秋天阴阳变化的总体趋势却是阳气渐收，阴气渐长，与春天的阴阳变化恰好相反，因此，宜以滋阴润肺为主，而按照人体的生理时钟凌晨3—5点为肺经当令时刻，此时则需要保证足够的睡眠以滋养肺脏，不宜起床，一般应再待2个时辰之后，至早晨7点起床锻炼，这样就错过了“霜亢”时刻，可避免寒凉肃杀之气侵害人体，故此，秋天宜“晚卧晚起”。

综上所述，李治不独是一位杰出的数学家，同时也是一位出色的经学家和医学家。他以科技思想为解经的有力工具，敢于疑经、惑经，并参验诸说，提出自己的新观点和新见解，极富宋学的批判精神和问题意识，所以像李治这样精通经学的数学家在中国古代非常少见。因此，元至元二年（1386），刘天禄在平定州建“四贤堂”（“四贤”即杨云翼、赵秉文、元好问和李治）时，不是把李治看作一位纯粹的科学家，而是把他视为金元时期卓绝一世的四大文坛领袖之一。

---

① 钱远铭：《经史百家医录》，广州：广东科技出版社，1986年，第256页。

② （元）李治：《敬斋古今黈》，第116页。

③ 《黄帝内经灵枢经》卷7《顺气一日分为四时》，陈振相、宋贵美：《中医十大经典全录》，北京：学苑出版社，1995年，第223页。

第四节　郭守敬的实验科学思想

郭守敬，字若思，顺德邢台（今河北邢台郭村）人，终年 85 岁。他的祖父郭荣“精于算数、水利”①，是郭守敬成长过程中最重要的启蒙老师。有两件事值得关注：第一件事是发掘“顺德石桥”，《知太史院事郭公行状》载其事迹云：“先是，顺德城北有石桥，以通达活泉水，兵后桥为泥潦淤没，失其所在，公甫冠，为之审视地形，按指其处而得之。”②“甫冠”指刚好 20 岁，此年为金天兴二年（1233），蒙与金的军事战争已进入最后阶段。第二件事是在紫金山书院接受刘秉忠的高水平专业知识训练，与张文谦、王恂、张易等修学于紫金山书院，形成了著名的“紫金山学派”，对金元科技史的发展产生了深远影响。对于这段决定郭守敬一生命运的重要经历，白寿彝先生概括为 8 个字——“名师引路，成就一生”③。之后，据行状的记载，“中统三年，张忠宣公（即张文谦）荐公习知水利，且巧思过人，蒙赐见上都便殿，公面陈水利六事”，遂“授提举诸路河渠，四年加授银符、副河渠使”④；至元元年（1264），“从忠宣公行省西夏，兴复濒河诸渠”⑤；至元二年（1265），授都水少监；至元八年（1271），迁都水监；至元十二年（1275），“丞相伯颜公南征，议立水驿，命公行视所便”，“为图奏之”⑥；至元十三年（1276），“都水监并入工部，遂除工部郎中”⑦；同年，元朝“立局改治新历”，郭守敬“俾参预之”⑧，贡献颇多，如创制一系列新的天文仪器，制定《授时历》等；至元二十三年（1286），继为太史令，此时撰著有《时候笺注》《修改源流》《仪象法式》《二至晷景考》《五星细行考》《古今交食考》《新测二十八舍杂座诸星入宿去极》《新测无名诸星》《月离考》等，可惜这些著述今已不存；至元二十八年（1291），郭守敬“别陈水利十有一事”，于是“复置都水监，俾公领之”⑨；至元三十一年（1294），拜昭文馆大学士，知太史院事；大德二年（1298），“召公至上都，议开铁幡竿渠”⑩；同年，“起灵台水浑，运浑天漏，大小机轮凡二十有五”⑪；大德七年（1303），“诏内外官年及七十，并听致仕，独守敬不许其请。自是翰林太史司天官不致仕，定著为令”⑫。总结郭守敬的一生，确实如齐履谦所说，“可谓度越千古矣”⑬。

---

① 《元史》卷 164《郭守敬传》，第 3845 页。
② 李修生主编：《全元文》第 21 册，南京：凤凰出版社，2004 年，第 753 页。
③ 白至德：《白寿彝讲历史·五代宋元卷》，北京：中国工人出版社，2009 年，第 267 页。
④ 李修生主编：《全元文》第 21 册，第 753 页。
⑤ 李修生主编：《全元文》第 21 册，第 753 页。
⑥ 李修生主编：《全元文》第 21 册，第 754 页。
⑦ 李修生主编：《全元文》第 21 册，第 754 页。
⑧ 李修生主编：《全元文》第 21 册，第 754 页。
⑨ 李修生主编：《全元文》第 21 册，第 758—759 页。
⑩ 李修生主编：《全元文》第 21 册，第 759 页。
⑪ 李修生主编：《全元文》第 21 册，第 760 页。
⑫ 《元史》卷 164《郭守敬传》，第 3852 页。
⑬ 李修生主编：《全元文》第 21 册，第 761 页。

一、追求“简易”和“至理”的科学精神

（一）追求“简易”的思维路径

复杂与简单是科学研究的两条截然不同的思维路径，在西方，人们把从等级层次结构、耗散结构、协同、超循环等自组织特征，以及介于秩序与混沌两极之间的现象等角度去认识和分析客观事物的方法称为“复杂思维方法”[①]；相反，人们把客观事物分解成若干单元或要素，从中去掉一些影响问题重心和实质的旁枝末节，进而使问题变得更加清晰、便利，这种思维方法被称为“简单思维”，或称“奥卡姆剃刀”。这两种思维方式本身并无高低和优劣之分，而在科学研究过程中，究竟采用哪一种思维方法更适宜，还要根据问题的性质来决定。因此，有学者将创新思维分为两类：一类是要素性创新，这是一种最简单的思维，其特点是创新表现为要素增减，而“不论是同类增减还是异类增减，都可能实现创新思维的一个特定目标”；另一类是结构性创新，这是一种最复杂的思维，其特点是创新表现为一种形态结构和整体关系。当然，“任何结构都可能简单地还原为一些要素，但是结构性创新又离不开要素的结构”，因为“结构中的要素不仅是结构性创新的‘砖块’，更是结构性创新的‘种子’”[②]。

在宋代的天文仪器制造中，复杂化的趋势非常明显，如苏颂的水运仪象台就是一个典型实例，学者们称它“是中国古代最宏伟、最复杂的一座天文仪器”[③]，或者“堪称17世纪以前世界科技史上科学仪器的最高峰”[④]。水运仪象台在中国古代天文史上的地位，有目共睹，自不待言。但我们稍微换一个角度来看，则仪器的复杂化必然需要大量的资金投入，以北宋浑仪制造为例，据丁师仁所说：“东京浑仪四座，至道仪一座，测验浑仪刻漏所安设；皇佑仪一座，翰林天文局安设；熙宁仪一座，太史局天文院安设；元祐仪一座，合台安设，每座约重二万余斤。”[⑤]而为了制造水运仪象，北宋专门成立了临时管理机构详定制造浑仪所，由苏颂、王沇之、周日严、于太古、张仲宣、韩公廉、袁惟几、苗景、张端、刘仲景、侯永和、于汤臣、尹清13人组成，其整个制造过程用了近3年。这样的仪器制造工程对于处于恢复时期的元朝经济来说是不堪重负的。所以元初的科学研究出现了由繁返约的简易化发展趋势，前揭李冶的“天元术”、王祯创制“水轮三事”的基本指导思想是“变而能通，兼而不乏，省而有要”[⑥]等。郭守敬有“巧思绝人”之称，其“巧思”的表现尤以天文仪器的设计和制造为突出。《元史·天文志》载：“出其所创简仪、仰仪及诸仪表，皆臻于精妙，卓见绝识，盖有古人所未及者。”[⑦]而齐履谦亦称：郭守敬所设计的仪器具有“规划之简便，测望之精切”[⑧]的特点。从相关史料的记载中，我们不难发现，郭守敬所创制的12件天文仪器，确实均以简易为特点，并非常突出地强化了其专业功能。早在先秦时期，韩非子就说过：“舟车机械之利，

---

① 张彩江：《复杂系统的决策理论及其在价值管理中的应用》，北京：科学出版社，2006年，第107页。

② 孙洪敏：《创新思维哲学论纲》，太原：山西教育出版社，2005年，第218—33页。

③ 姚博编著：《智慧灵光：发明与发现（下）》，北京：西苑出版社，2009年，第106页。

④ 李志超：《水运仪象台释义》，《寻根》1996年第3期，第29—32页。

⑤ （清）徐松辑，刘琳等校点：《宋会要辑稿》运历2之17，第2715页。

⑥ 王毓瑚校：《王祯农书》，第354页。

⑦ 《元史》卷48《天文志一》，第989页。

⑧ 李修生主编：《全元文》第21册，第761页。

用力少致功大。"[①]而刘冠美先生将其概括为"工役俱省，简易捷利"[②]8 个字。毋庸置疑，被《韩非子》所崇尚的这个以"力少功大"为目标的简易设计思想在郭守敬的仪器制造过程中得到了很好的体现。下面我们仅以简仪、仰仪、高表与景符，以及正方案等主要仪器为例，拟对郭守敬以简易为特点的仪器设计制造思想略作阐释。

1. 简仪

如前所述，北宋之前制造的浑仪结构日趋复杂，其复杂化的重要表现，就是加在浑仪之上的圆环越来越多，到北宋时期已经出现了 8 个同心圆环（即地平环、子午环、赤道环、赤经环、四游环、百刻环、黄道环和白道环），结果严重地影响了天文观测的精确度。于是，沈括开始对浑仪的结构进行简化，他首先取消了白道环，开简化浑仪的先河，为天文仪器的发展开辟了新途径。现在的问题是，郭守敬如何在沈括的基础上，对浑仪的结构作进一步的简化呢？既然在逻辑上是由部分组成整体，同样，人们还能够把整体分解成部分。按照这样的简化思路，郭守敬除了继续取消作用不大的黄道环外，还把地平与赤道两个坐标环组分解成由赤道环和赤经环组成的赤道经纬仪和由地平环及地平经环组成的地平经纬仪（即立运仪）两个独立的仪器。地平经纬仪由地平环和立运环组成；赤道经纬仪则由赤道环、百刻环和四游环组成。由此可见，郭守敬创制的简仪结构十分简单，大大扩大了观测的视野，使北天极附近的天空尽收眼底，从而克服了浑仪的两个最大缺陷，大大提高了观测精度。明仿制简仪示意图，如图 4-9 所示。

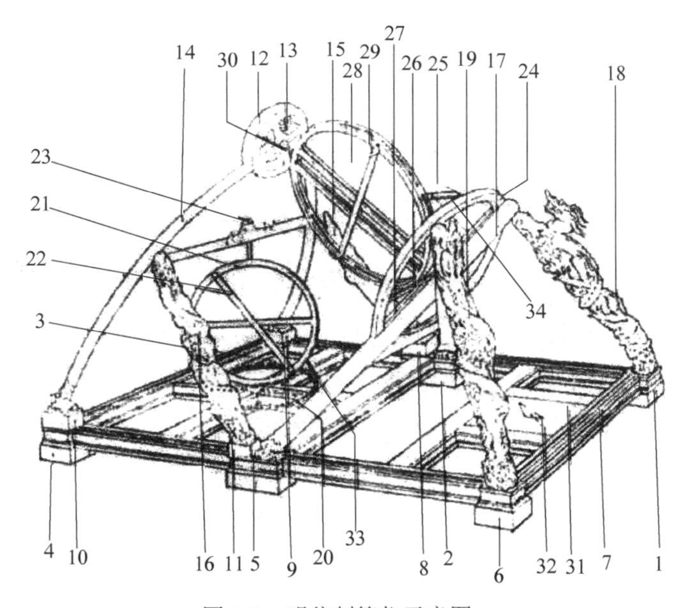

图 4-9　明仿制简仪示意图

注：1—6. 方墩；7. 水趺；8—11. 小方墩；12. 极圈；13. 定极圈；14. 立运、赤道环支架；15、16. 立运仪支柱；17. 赤道仪支架；18、19. 赤道仪龙柱；20. 地平环；21. 立运环；22、29. 窥衡；23. 立运环轴栓；24. 百刻环；25. 赤道环；26. 下界衡；27. 上界衡；28. 四游环；　30. 极轴栓；31. 日晷；32. 日晷表；33、34. 界衡

① （战国）韩非著，盛广智译评：《韩非子·难二》，长春：吉林文史出版社，2004 年，第 185 页。

② 刘冠美：《水工美学概论》，北京：中国水利水电出版社，2006 年，第 488 页。

2. 仰仪

仰仪是一件用于测定地方真太阳时，以及测验太阳的球面位置和测算日食全过程的天文观测仪器，它的主体结构由 3 个部分组成：铜制半球釜面（仪唇相当于地平圈，上面刻有时辰和方位）；赤道地平坐标系网线；玑板小孔、缩竿、衡竿（两者呈十字交叉）及水槽（用以校正锅口的水平）。其中玑板及它的小孔是仰仪的核心部件，小孔的位置恰好在铜制半球釜的球心，玑板可以旋转，使之正对太阳。这样，郭守敬利用小孔成像原理将太阳的成像投射在铜制半球釜面的内壁上，据此，人们能即刻读出太阳在天球上的位置。特别是当发生日食时，小孔成像亦随着日食的变化而发生亏缺现象，由此人们就能清楚地观看日食发生的整个过程。此仪器后传入朝鲜，改名为“仰釜日晷”。仰仪玑板二机轴结构，如图 4-10 所示。

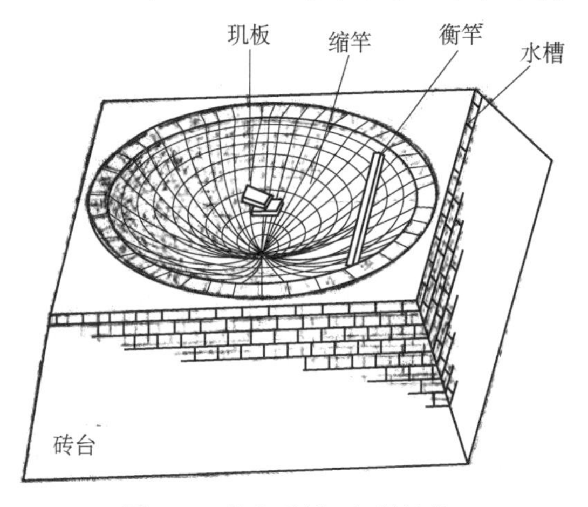

图 4-10　仰仪玑板二机轴结构

3. 高表与景符

高表是测量日影的仪器，它由表杆、圭尺及景符 3 部分组成（图 4-11 和图 4-12）。表杆高 40 尺，表杆的顶部装一横梁。在测日影的实践中，高表投在圭面上的日影往往既虚又淡，它直接影响了测量日影的精度。于是，郭守敬利用小孔成像原理设计了一个景符，作为高表的附属仪器。它的工作原理是：先在制好的小框架上安装一个中间开有小孔的铜片，当太阳过子午线时，调整景符及转动铜片，使投影到高标横梁上的太阳光，转而通过景符上的小孔，二次成像并投射到圭面上，这样，圭面上便出现了一个米粒大小的太阳光点，实为一个中间含有铜横梁的太阳倒像。当横梁的影子恰好平分日像时，太阳光点所在的位置即为日影的长度，或云实影中的中影。所以伊世同先生评论说：“传统测影术一直利用太阳投射表端之影值，实为日体上边之影，利用高表横梁透过景符的微孔成像，才测得日面的中线投影值，这才是郭守敬在测影技术史上的首要突破和贡献，无怪拉普拉斯（拿破仑的数学老师）通过来华传教士得到郭守敬日影实测数据时的喜悦心情，并把郭守敬的实测结果，誉为世界上的最佳成绩，视为中国测影史所取得的峰值成就，是当之无愧的。”[①]

---

① 伊世同：《周公测影台——兼及元代郭守敬四丈测影高表》，陈美东、胡考尚主编：《郭守敬诞辰七百七十周年国际纪念活动文集》，北京：人民日报出版社，2003 年，第 120 页。

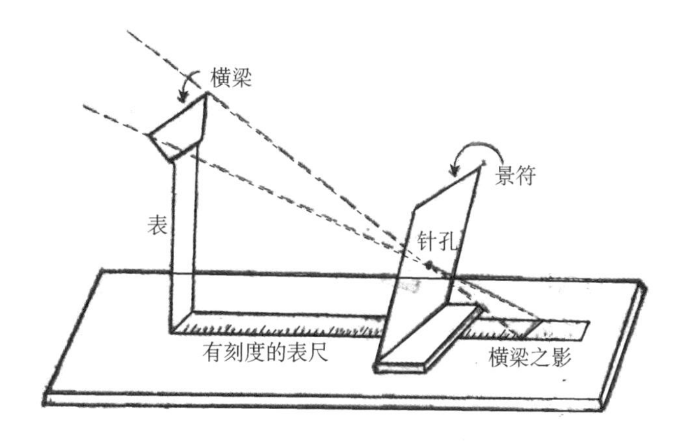

图 4-11　高表与景符示意图

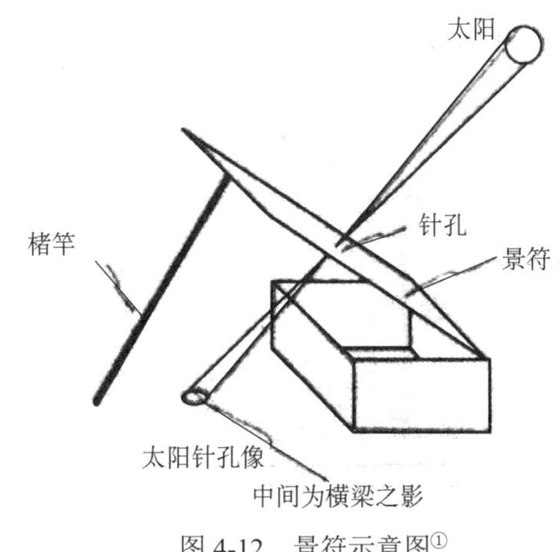

图 4-12　景符示意图①

4. 正方案

正方案是一种定方向及二至日和测纬度的仪器（图 4-13），形状呈正方形，厚 1 寸，每边长 4 尺，四边设有水槽以定水准，正方案的中心装有一个中空的圆柱体，里面竖一竿表，高度可调节，有 1.5 尺（二分日用）、0.5 尺（冬至日用）及 3 尺（夏至日用）三个高度。案中心有一组十字线，以此线的中心为圆心，依次画出 19 个同心圆，每个圆之间相距 1 寸，最外一圈上刻有周天度。定南北方向：当太阳在早晨升起时，其表影投在西边的最外圆上，并与之相交，然后随着太阳的运动，表影自西向东不断位移，正午时，表影与最内圆相交，日落时，表影则投在东边的最外圆上，并与之相交，因此，19 个圆上均有两个交点，取其连线的中点与表底相连接，此为南北方向；定东西方向：把上述 19 个圆上的两个交点连接起来，即为东西方向。测定二至：正午时分，测量表影的长度，最长者所在的那一天为冬至日，影长略大于 1 尺 6 寸；最短者所在的那一天则为夏至日，影长为 5 寸 6 分。测北极的地平高度：当正方案侧立时，从中心悬一重锤，画墨线表示地平，此时案中心的十字线，

① 王树连：《中国古代军事测绘史》，北京：解放军出版社，2007 年，第 413 页。

其中一根线指向北极，另一根线则指向天赤道。重锤线与指向天赤道的那根线之间就形成了一个夹角，这个夹角的度数，就称为北极出地度，亦即当地的地理纬度（看最外一圈的刻度）。正方案示意图，如图 4-13 所示。

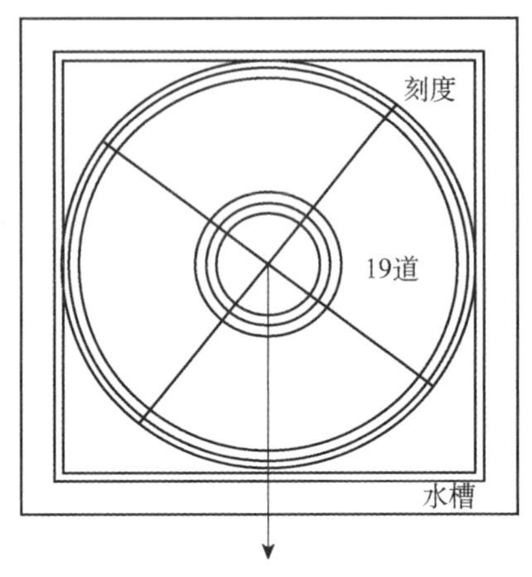

图 4-13　正方案示意图[1]

从上述 5 件仪器的设计特点来看，可用 4 个字概括，那就是“简便有效”[2]。因此，有学者称：“元代科学家郭守敬一生创制了多种仪器仪表，其中天文观测仪器，近二十种。这些仪表具有简化、实用、精确度高、科学性强的特点，当时遥遥领先世界水平。”[3]综上所述，郭守敬之所以把简易作为制造仪器仪表的目标，主要是因为：第一，元初的经济处于恢复期，国家财力不允许大量投入用于制造大型或巨型天文观测仪器；第二，应制定《授时历》之急需，郭守敬“曾用木料做了一批观测仪器。考虑到木结构的特点，设计时尽可能使之造型简单，用途专一”[4]；第三，受西域仪器形制的影响，《元史·天文志一》载有 7 件西域仪象，即咱秃哈剌吉（浑天仪）、咱秃朔八台（测验周天星曜之器）、鲁哈麻亦渺凹只（斜纬仪）、鲁哈麻亦木思塔余（冬夏至晷影堂）、苦来亦撒麻（天球仪）、苦来亦阿儿子（地球仪）、兀速都儿剌不（定昼夜时刻之器），都小巧玲珑，非常专业，且结构简单，便于操作和携带。故陈美东先生在总结郭守敬的仪器制造成就时说：这些仪器“有对前代天文仪器传统的继承，有对西域仪象设计思想的吸收，更有独到的创意。这一批天文仪器又共同组成了一个完善的天文仪器系统，既较好地满足了授时历编制对有关天文量测定的需要，也较好地满足了天文教育与天文普及的需要，从而把中国古代天文仪器的制造推向高峰”[5]。

---

① 卢嘉锡、路甬祥主编：《中国古代科学史纲》，第 494 页。

② 陈美东：《郭守敬评传》，南京：南京大学出版社，2003 年，第 162 页。

③ 雷焕芹：《从高表正方案仰仪看郭守敬测量的精度》，郭守敬纪念馆：《天文历法观测论丛》，内部资料，1990 年，第 104 页。

④ 伊世同：《正方案考》，邢台市郭守敬纪念馆：《郭守敬及其师友研究论文集》，内部资料，1996 年，第 219 页。

⑤ 陈美东：《郭守敬评传》，第 168—169 页。

（二）追求“至理”的科学精神

宋代理学，把“理”作为一个重要的哲学范畴提出来，加以探讨。尤其是陆九渊主张“心即理”，并以此为根基构建了一个庞大的“惟理主义”思想体系。[①]侯外庐先生认为，陆九渊所说的“理”有宇宙本原和存在秩序两重含义。[②]陆九渊以“易简工夫”作为治学的基本方法，他说：“要之，天下之理，唯一是而已。”[③]又说：“天下事事物物只有一理，无有二理，须要到其至一处。”[④]此“至一”亦可称作“至理”，佛教有所谓“至理冥壑，归乎无名”[⑤]之说者，其思想主旨与道教的“道”相通。当然，这个“道”或“至理”可以通过人们的思维形式去认识和理解。所以李冶说：“苟能推自然之理，以明自然之数，则虽远而乾端坤倪，幽而神情鬼状，未有不合者矣。”[⑥]与李冶的认识略有不同，郭守敬除了用数学方法解释“自然之理”外，还将仪器这种工具作为认识“至理”的一种重要手段和途径。

1. 天文仪器制造与“至理”

郭守敬在15岁的时候，就把“求理”的工夫与仪器制作联系起来。齐履谦在《知太史院事部郭公行状》中载：“初公年十五，得石本莲花漏图，已能尽究其理，及随张忠宣公奉使大名，因大为鼓铸，即今灵台所用铜壶。”[⑦]“莲花漏图”为北宋燕肃所创制，其结构原理比较复杂。可惜，原仪器到元初已经失传，只留下了一张图纸。而按照图纸来复制“莲花漏”（水钟计时仪）并不是一件简单的事，欲想制器必先“原其理”。郭守敬经过认真的思索和反复实践，终于弄清了“莲花漏”的工作原理，为其正确复制此器奠定了基础。原来，“莲花漏”由上匮、下匮、渴乌、箭、受水壶、竹水筒、减水盎、退水盆等构件所组成，整个仪器的关键技术就是如何使注水在各个环节里保持一种漫流状态，从而使水流速度均匀，这样人们就能通过漏下的水量来读出相对的时间了。可见，从“原理”到“制器”是郭守敬创新思维的重要特征。

我们知道，就一个客观事物来说，“至理”具有唯一性，用陆九渊的话说就是“只有一理，无有二理”。因此，郭守敬非常注重仪器与“至理”的一一对应性，即真理的内容必须与客观对象相符合。比如，正方案的主要功能是用于定方向，在正常情况下，如果日影与19个内圆之两个交点间的连线中点，恰好都在一条直线上，东西或南北方向就很容易确定。然而，如果出现了非正常情况，那么，19条连线的中点往往不在一条线上。在这种情况下，确定东西或南北方向就不容易了。故《元史·天文志一》载：“当二分前后，日轨东西行，南北差多，朝夕有不同者，外规出入之景或未可凭，必取近内规景为定，仍校以累日则愈真。”[⑧]此处所言“校以累日”（即连续观察多天），其最终目的是提高“定向”的准确性。

---

① 陈钟凡：《两宋思想述评》，北京：东方出版社，1996年，第269页。
② 侯外庐、邱汉生、张岂之：《宋明理学史》，北京：人民出版社，1997年，第559—562页。
③ （宋）陆九渊著，钟哲点校：《陆九渊集》卷24《策问》，北京：中华书局，1980年，第289页。
④ （宋）陆九渊著，钟哲点校：《陆九渊集》卷35《语录下》，第453页。
⑤ 石峻等：《中国佛教思想资料选编》第1卷，北京：中华书局，1981年，第59页。
⑥ 孔国平：《〈测圆海镜〉导读》，第51页。
⑦ 李修生主编：《全元文》第21册，第761页。
⑧ 《元史》卷48《天文志一》，第995页。

因此，有学者评："这完全符合近代误差理论。误差学说强调以多次观测结果的平均值作为最后结果，这与郭守敬的思想是一致的。"①

在天文测量过程中，北极星是一个十分重要的参照系。然而，北极星≠正北极点，而是围绕极轴作圆周运动，这就是北极星的一个运动规律，即"定理"。现在的问题是，如何把这个"定理"与特定的仪器联系起来？郭守敬在制造简仪的过程中，发明了候极仪。故《元史》云："天枢附极而动，昔人尝展管望之，未得其的，作候极仪。极辰既位，天体斯正，作浑天象。"②由此可见，候极仪为郭守敬"得其的"之作。它被安装在简仪南北极轴的大小两个圆环中，为斜置的正交十字铜条，其中心为极轴中心。其中北极一端的十字铜条上再放一个装有正十字铜条的小圆环，使里面的十字中心与北极轴中心的距离和南极轴处放在斜置正交十字铜条上的铜板（板中心开一小孔）中心与南极轴中心的距离相等，这样，通过南极轴处的铜板小孔北望，能看到北极星正好在北极轴上的小圆环内。因此，当北极星旋转的圆周中心与小十字的中心相重合时，表明简仪的极轴安装正确，否则，需要重新调整，直至北极星旋转的圆周中心与小十字的中心重合时为止。在这个过程中，郭守敬十分巧妙地利用候极仪去校正简仪与轴的正确方向，大大提高了观测的准确度。

《元史》又载："日有中道，月有九行，守敬一之，作《证理仪》。"③对于证理仪，李约瑟推测：一是玲珑仪的一部分，即供日月接近黄道时之位置的实际测定；二是一种呈窥管状的黄道工具。也有学者认为："所谓'证理'是指古人称月行九道，实即一道的道理。至于如何用仪器来证明法，因无线索，无可推测"。④关于日月运行的轨道特点，《汉书·天文志》载：

> 日有中道，月有九行。中道者，黄道，一曰光道，光道北至东井，去北极近，南至牵牛，去北极远，东至角，西至娄，去极中。夏至至于东井，北近极，故晷短。
>
> 月有九行者：黑道二，出黄道北；赤道二，出黄道南；白道二，出黄道西；青道二，出黄道东。⑤

"月有九行"除上述八行之外，再加上"日有中道"的"中道"，共计"九行"或云"九道"，这个事实表明，"日行"与"月行"具有内在的统一性，所以宋朝史达祖有"黄道宝光相直"的词句。此处所言"相直"即指黄道与白道的重合，这时人们就能看到日食和月食。然而，在真实的日月运行过程中，两个轨之间有一个交角，两条轨道并不总是重合。人们发现白道和黄道交角在4°57′—5°19′变化，平均值为5°9′，变化周期约为173天。这就是日月轨道运行的原理。据此，郭守敬制作了用于演示日月运行轨道和发生日月食之间的因果关系的仪器。

日光可以通过圭表来测量，同理，月亮及其他星辰（主要是几颗大行星和明亮的恒星）

① 关增建、马芳：《中国古代科学技术史纲·理化卷》，沈阳：辽宁教育出版社，1996年，第431页。
② 《元史》卷164《郭守敬传》，第3847页。
③ 《元史》卷164《郭守敬传》，第3847页。
④ 陈得芝主编：《中国通史》第8卷《中古时代·元时期》下，上海：上海人民出版社，1997年，第528页。
⑤ 《汉书》卷26《天文志》，第1294—1295页。

的光影亦应该可以通过圭表来进行测量，用以推算它们距离地球的高度或者地平高度。可是，这项工作在过去从来没有人去做，而郭守敬为了求得月亮及其他星辰的光影，对传统的圭表进行了改良，使之能够测量月光及其他星辰的光影，这种被改良的仪器就是“窥几”（图 4-14）。《元史》载：“月虽有明，察景则难，作窥几。”①从结构上看，窥几是一张长 6 尺、宽 2 尺、高 4 尺的木方桌；几板厚 2 寸，中央需开一条长 4 尺、宽 2 寸的“明窍”（即狭缝）；狭缝两旁刻有尺、寸及分的刻度；几面上横放两根长 2.4 尺、宽 2 寸、厚 5 分的木条，即“窥限”；窥几放在圭面之上；观测时，人在几案下移动窥限，待月亮及所测星辰运行到子午线时，使将北面的窥限的南边缘与月亮及所测星辰位于同一直线上；同时，移动南面的窥，限使它的北边缘与月亮及所测星辰位于同一直线上；然后，折取两个窥限的中线位置，即为月亮及所测星辰的“影长”。另，“于远方同日窥测取景数，以推星月高下也”②。至于郭守敬如何依据所测数值去推算月亮及所测星辰离地面的距离，因史料阙载不得而知。但郭守敬借助仪器寻求天体运动之理的科研精神和思维方法，却处处闪烁着耀眼的光辉。荀子说：“精于物者以物物，精于道者兼物物。故君子壹于道而以赞稽物。”③此处所谓“精于道者”就是指掌握了客观事物运动变化规律的人，这种人能够“兼物物”，所谓“兼物物”意思是说能够把各种具体事物联系起来，从中找出支配客观事物运动变化的内在规律。从这个意义上讲，郭守敬即是“兼物物”者，他所创制的诸多天文仪器都是在认识和掌握了天体自身运动变化的客观规律基础上，充分应用人的主观能动性，对元代以前的传统天文仪器进行必要的改制和创新。

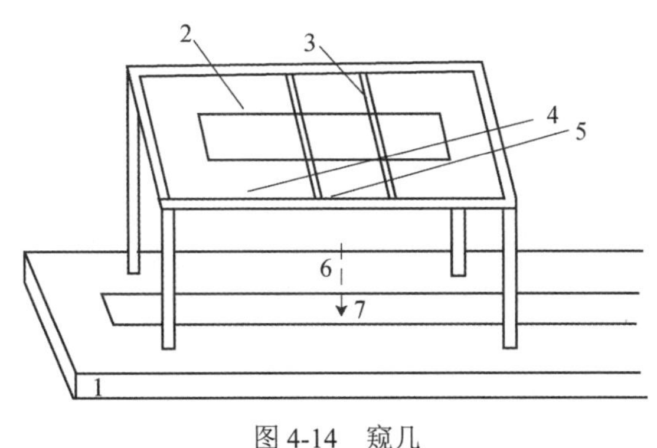

图 4-14　窥几

注：1. 圭面；2. 缺门两旁制有尺寸线；3. 可移动的窥限；4. 视线通过横梁上边缘；5. 视线通过横梁下边缘；6. 观测者位于几下；7. 自此处至表足即星月影长

2.《授时历》中的“招差构造原理”

《元史·郭守敬传》载有《授时历》所创法凡五事，其中提到“招差法”与求“太阳盈缩”和求“月行迟疾”的关系，但对于“招差法”本身的原理没有记载。明清时期至少有三部律历文献载有《授时历》的内容：一是《明史历志》，它主要取材于经梅文鼎整理的《大

① 《元史》卷 164《郭守敬传》，第 3847 页。
② 《元史》卷 48《天文志一》，第 998 页。
③ （战国）荀况：《荀子》，北京：华龄出版社，2002 年，第 211 页。

统历法原》，而《大统历法原》的内容则源自《授时历》；二是邢云路的《古今律历考》，其卷 68 载有《授时历》的部分内容；三是《天文大成》卷 8《论日躔盈缩差》，对《授时历》的三差算法记述尤详。

二、郭守敬的主要科技成就及其科学思维

（一）郭守敬的主要科技成就

因郭守敬在天文、历法、算学、地学和水利等方面都取得了辉煌的成就和达到了较高的水平，目前学界对郭守敬的科技思想及其科技成就已经研究得颇为深入，甚至有学者称：在元代科技史的研究中，“以对郭守敬的研究最为充分”①。其主要代表成果有潘鼎、向英所著《郭守敬》（上海人民出版社，1980 年），陈美东的《郭守敬评传》（南京大学出版社，2003 年）、邢台郭守敬纪念馆编的《郭守敬研究》杂志（不定期）、陈美东和胡考尚主编的《郭守敬诞辰七百七十周年国际纪念活动文集》（人民日报出版社，2003 年）等，国外学者如英国的李约瑟、日本的山田庆儿、美国的席文等对郭守敬的天文历法成就，也都有高水平的研究成果，详细内容参见李迪的《近 50 年来国外对郭守敬的研究进展》一文。在此，我们无须过多重复前人的研究成果，仅据《元史》本传所述，对郭守敬的主要科技成就，略作阐释。

1. 天文仪器制造

据《元史》本传记载，郭守敬为了修撰《授时历》，共创制了简仪、高表、候极仪、浑天像、玲珑仪、仰仪、立运仪、证理仪、景符、窥几、日月食仪、星晷定时仪、正方案、九表、悬正仪、座正仪 16 件（若加上大明殿灯漏，则为 17 件）先进的铜质观测仪器。对于上述仪器的具体结构，《元史·天文志》重点介绍了简仪、仰仪、正方案、圭表、景符、窥几 6 件仪器，其余 10 件阙载。至于实物，原本安装在大都天文台内，后几经周折，最终还是在康熙五十四年（1715）被时任天文官的外国人纪利安全部当作废铜熔毁，造成了无法弥补的损失。

从整体来看，郭守敬所创制的天文仪器，具有以下四个方面的特点：第一，按实际需要，分为固定式与携带式两大类型。固定式被安装在天文台内，而携带式主要用于野外测量。故《元史·郭守敬传》载：“又作正方案、九表、悬正仪、座正仪、为四方行测者所用。”②第二，所有仪器制作都趋于小型化和精密化。有学者说：“郭守敬制造的这套天文仪器，不但在中国古代的天文仪器中要算最精密、最灵巧；就是在当时世界上，也还不曾有过这么精巧的天文仪器呢！在西方国家的历史上，创造天文仪器最有名的，要推丹麦的天文学家第谷，他曾经制造过许多和郭守敬同样精巧的天文仪器。可是，他已是十六世纪时候人，比郭守敬晚了三百年光景。”③第三，仪器与图册相互参照。例如，郭守敬利用弧矢割圆术，

① 肖黎主编：《中国历史学四十年》，北京：书目文献出版社，1989 年，第 213 页。
② 《元史》卷 164《郭守敬传》，第 3847 页。
③ 远流百科全书编审委员会：《中国古代的科学家》，台北：远流出版事业股份有限公司，1978 年，第 122 页。

由赤道坐标比较准确地推算相应的黄道和白道坐标，这样便使省去传统浑仪中的黄道环与白道环成为可能。因此，《元史》载郭守敬在创制了上述仪器之外，说他“又作《仰规覆矩图》、《异方浑盖图》、《日出入永短图》，与上诸仪互相参考”[①]。第四，主体仪器与辅助设备结合使用。例如，简仪上附设有专业功能比较强的立运仪和候极仪；高表辅助设备有景符等。这样，就大大提高了观测的精确度。另外，郭守敬在简仪中应用了滚动轴承，较西方早 200 年左右。

当然，由于史料阙载，上述诸多仪器中，有几件至今尚在争议与探讨之中，如玲珑仪有四说：一说是假天仪，王振铎、李迪及李志超，都曾为它的复原做过设计；二说是浑仪；三说是浑仪与浑象的结合体；四说是“既不是假天仪，也不是浑仪，它就是玲珑仪”[②]。至于九表、悬正仪及座正仪，李约瑟认为用途不明，薄树人则推测九表应为丸表，可能是一种新型的天球式日晷，而悬正仪或许是校正铅直位置的仪器，座正仪应是中国古代水准仪的变形。

尽管如此，国内外学者还是对郭守敬的仪器创新给予了极高的评价，那就是郭守敬把中国古代天文仪器的制造推向了一个新的历史高度。

2. 天文观测与《授时历》所采用的主要数值

上述仪器的创制为提高天文观测的精确度创造了条件，而《授时历》之所以能够达到中国古代传统数理天文学的最高成就，就是因为诸先进观测仪器为之取得了比较准确的天文常数值。《元史》本传载“凭其测实数，所考正者凡七事”：

（1）“一曰冬至。自丙子年立冬后，依每日测到晷景，逐日取对，冬至前后日差同者为准。得丁丑年冬至在戊戌日夜半后八刻半，又定丁丑夏至在庚子日夜半后七十刻；又定戊寅冬至在癸卯日夜半后三十三刻；己卯冬至在戊申日夜半后五十七刻半；庚辰冬至在癸丑日夜半后八十一刻半。各减《大明历》十八刻，远近相符，前后应准。”[③]

与现代的理论计算值相比较，郭守敬所测算出的 1280 年冬至时刻为 12 月 14.06 日，误差为 0 刻。可见，其计算结果是多么精确。

（2）“二曰岁余。自《大明历》以来，凡测景、验气，得冬至时刻真数者有六，用以相距，各得其时合用岁余。今考验四年，相符不差，仍自宋大明壬寅年（462）距至今日八百一十年，每岁合得三百六十五日二十四刻二十五分，其二十五分为今历岁余合用之数。”[④]

“岁余”即回归年等于 365.242 5 日，与南宋杨忠辅的《统天历》所取得的数值一样，该值和我们现今通用的格里高利历所采用的回归年长度值相同，较真值误差仅为 26 秒。

（3）“三曰日躔。用至元丁丑四月癸酉望月食既，推求日躔，得冬至日躔赤道箕宿十度，黄道箕九度有奇。仍凭每日测到太阳躔度，或凭星测月，或凭月测日，或径凭星度测日，立术推算。起自丁丑正月至己卯十二月，凡三年，共得一百三十四事，皆躔于箕，与月食

① 《元史》卷 164《郭守敬传》，第 3847 页。

② 李慕南：《古代天文历法》，开封：河南大学出版社，2005 年，第 60 页。

③ 《元史》卷 164《郭守敬传》，第 3849 页。

④ 陈美东：《论我国古代冬至时刻的测定及郭守敬等人的贡献》，《自然科学史研究》1983 年第 1 期，第 51—60 页。

相符。”[①]

经陈美东先生研究，郭守敬测算的结果为：“1280 年冬至时太阳在赤道箕宿 10°，它与理论值之差为 0.2°，为中国历代较佳值，为授时历取得了一个相当好的基准点。”[②]

（4）“四曰月离。自丁丑以来至今，凭每日测到逐时太阴行度推算，变从黄道求入转极迟、疾并平行处，前后凡十三转，计五十一事。内除去不真的外，有三十事，得《大明历》入转后天。又因考验交食，加《大明历》三十刻，与天道合。”[③]

所谓“五十一事”即 51 个数据。月亮沿白道运行一周，须经过最快速与最慢速两个拐点。郭守敬算得冬至点距月近地点为，近点月长度为 27.554 6 日，误差为 3.7 秒。月离表（即月亮不均匀运动改正表），传统历法取 1 日为单位，而郭守敬则改为以 1 个时辰为单位，其计算精度大为提高。据陈美东先生研究，在《授时历》月离表中，“月亮实际运行速度的测量误差为$\frac{10'}{日}$，是为历代最佳值之一”[④]。

（5）“五曰入交。自丁丑五月以来，凭每日测到太阴去极度数，比拟黄道去极度，得月道交于黄道，共得八事。仍依日食法度推求，皆有食分，得入交时刻，与《大明历》所差不多。”[⑤]

“入交”亦称“交应”，系指至元十七年（1280）冬至时刻与之前月亮通过黄白降交点之间的时距，郭守敬测得的数值为 26.018 786 日，误差为 0.34 日，结果不甚理想。

（6）“六曰二十八宿距度。自汉《太初历》以来，距度不同，互有损益。《大明历》则于度下余分，附以太半少，皆私意牵就，未尝实测其数。今新仪皆细刻周天度分，每度分三十六分，以距线代管窥，宿度余分并依实测，不以私意牵就。”[⑥]

为了测量天象，古人在二十八宿中各择一星作为计算各宿间距离的标准，是谓“距星”。从该距星到下一宿距星之间的相距度数，则为“距度”。从总的发展趋势看，中国古代测量距度的精确度不断提高，而郭守敬则将其平均误差从宋代的 9 秒降低到 4.5 秒，其精确度又较前提高了 1 倍。

（7）“七曰日出入、昼夜刻。《大明历》日出入夜昼刻，皆据汴京为准，其刻数与大都不同。今更以本方北极出地高下，黄道出入内外度，立术推求每日日出入昼夜刻，得夏至极长，日出寅正二刻，日入戌初二刻，昼六十二刻，夜三十八刻。冬至极短，日出辰初二刻，日入申正二刻，昼三十八刻，夜六十二刻。永为定式。”[⑦]

实际上，郭守敬所测算的结果是：夏至昼为 61.840 8 刻，冬至昼为 38.159 2 刻，其精

---

① 陈美东：《论我国古代冬至时刻的测定及郭守敬等人的贡献》，《自然科学史研究》1983 年第 1 期，第 51—60 页。
② 陈美东：《郭守敬评传》第 191 页。
③ 《元史》卷 164《郭守敬传》，第 51—61 页。
④ 陈美东：《郭守敬评传》，第 198 页。
⑤ 陈美东：《郭守敬评传》，第 198 页。
⑥ 陈美东：《郭守敬评传》，第 198 页。
⑦ 陈美东：《郭守敬评传》，第 198 页。

确度高于前代历法。[①]

除“所考正者凡七事”之外，尚有“所创法凡五事”，是为《授时历》的思想精髓。

（1）“一曰太阳盈缩。用四正定气立为升降限，依立招差求得每日行分初末极差积度，比古为密。”[②]

所谓“太阳盈缩”，即太阳运行度数的进退变化，在张子信之前，人们一直认为太阳在黄道上运行 1°，其速度是均匀的。然而，经过长期的观测，张子信发现太阳的运动并非匀速。此后，从隋朝天文学家刘焯开始，人们试用内插法来求解太阳的运动。刘焯认为太阳的视运动对时间而言是一个二次函数，但唐代僧一行发现，太阳的视运动对时间而言不是一个二次函数，而是一个三次函数，可惜他没有能够给出三次内插公式。直到王恂和郭守敬在编撰《授时历》的过程中才广泛使用了三次内插法，并给出了三次内插公式。而用此新内插公式推算日、月、五行的运行度数，较刘焯的等间距二次差内插公式更加准确。据此，郭守敬便求出了逐日的积差和各次差[③]，其精度较《大衍历》有所提高。

（2）“二曰月行迟疾。古历皆用二十八限，今以万分日之八百二十分为一限，凡析为三百三十六限，依垛叠招差求得转分进退，其迟疾度数逐时不同，盖前所未有。”[④]据此，郭守敬即能求出太阴迟疾积差。[⑤]

（3）“三曰黄赤道差。旧法以一百一度相减相乘，今依算术句股弧矢方圆斜直所容，求到度率积差，差率与天道实吻合。”[⑥]所谓“黄赤道差”，即由太阳的黄道经度推算赤道经度，郭守敬用弧矢割圆术来进行黄道度数与赤道度数的相互换算。我们知道，同一天体，自冬、夏至点，沿黄道和沿赤道测量所得到的黄道度与赤道度之差，即为黄赤道差。[⑦]王星光先生说：“《授时历》用‘度率’表示黄赤道度数转换得计算结果，度率是黄道度与赤道度得转换比率。《授时历》给出了春秋二分点后每隔 10 度得赤经（叫赤道积度）所对应得极黄经（叫黄道积度）得数值表，数据得准确度还是相当好的。”

（4）“四曰黄赤道内外度。据累年实测，内外极度二十三度九十分，以圜容方直矢接句股为法，求每日去极（即所测天体距天北极得度数），与所测相符。”所谓“内外度”系指星距赤道或黄道的距离，星位于赤道或黄道以南为外度，而位于赤道或黄道以北为内度。根据实测数据，弧（即黄赤大距）=23.90°，化为 60 进制，得黄赤道交角为 23°33′23″。

黄赤交角是天文学上最基本的数据之一，汉代历家采用 24°，起止宋金时代，人们一直保守着这个数值。到元初，郭守敬通过观测和计算，发现黄赤交角（即“黄赤道内外极度”）随着时间的推移而逐渐变小。于是，他通过观测得到太阳在一年中的去极度，其中冬至去极度为 115°21′73″，夏至去极度为 67°41′13″。两个数值相减，除以 2，得 23°90′3″。换算成

---

① 陈美东：《郭守敬评传》，第 248 页。

② 《元史》卷 164《郭守敬传》，第 3851 页。

③ 参见中外数学简史编写组：《中国数学简史》，济南：山东教育出版社，1986 年，第 322 页。

④ 参见中外数学简史编写组：《中国数学简史》，第 322 页。

⑤ 参见张培瑜等：《中国古代历法》，北京：中国科学技术出版社，2008 年，第 624—627 页。

⑥ 参见张培瑜等：《中国古代历法》，第 624—627 页。

⑦ 张培瑜等：《中国古代历法》，第 628 页。

现代所使用的单位则为23°33′33″，若按近代天体力学公式计算应为23°31′58″，误差仅为1′75″。这个数值虽然在中国古代不是最精密的数值（如金代《重修大明历》误差仅为39″0），但当时在世界上已经是非常先进的了。[①]

（5）“五曰白道交周。旧法黄道变推白道以斜求斜，今用立浑比量，得月与赤道正交，距春秋二正黄赤道正交一十四度六十六分，拟以为法。推逐月每交二十八宿度分，于理为尽。”[②]所谓“白道交周”系指当月球轨道的升交点（或降交点）恰好处在冬至点（或夏至点）时，白道与赤道的交点距春分点（或秋分点）为14.66°（此亦是《授时历》所求得的白赤道正交，距黄赤道正交极数），这是距交的最大值。

此外，郭守敬等在编撰《授时历》时，废除了上元积年，他们以至元十八年（1281）开始之前的那个冬至时刻为起算点。为了与这个新的历法体系相适应，郭守敬等建立了一系列新的历法概念和实测数值，如气应及其实测值、转应及其实测值、闰应及其实测值、交应及其实测值、周应及其实测值、合应及其实测值、历应及其实测值等。有学者评价说：“这些数据是历法计算的起算点群组，是制定新历法必备的前提条件和科学依据。这些实测结果的精确度在当时堪称世界之最，即使与今天得观测结果相比，其误差也十分微小。”[③]

3. 二十八宿观测与《郭守敬星表》

前述诸多精密天文仪器的创制，为郭守敬组织大规模的二十八宿与全天恒星位置的测验奠定了坚实的基础。我国古代观象授时，其星空背景均以二十八宿为坐标。诚然，二十八宿体系究竟起源于何时，目前仍是一个悬而未决的问题，但是，战国中期所出现的《甘石星经》已经建立了比较完整的二十八宿体系，却是学界所公认的史实，例如，湖北随州曾侯乙墓（属于战国时期）出土了一件绘有二十八宿全部星名的漆箱盖，即是明证。其中石氏对二十八宿距星的距度、去极度及115颗恒星的入宿度和去极度都有观察记录。此后，汉、唐、宋、元历代对二十八宿宿度和去极度的观测值，均呈现出越来越精确的发展趋势，如表4-2所示。

表4-2 历代二十八宿观测误差比较表[④]

时代	资料来源	宿度 平均误差（度）	去极度 平均误差（度）
战国	二十八宿圆盘 《开元占经》	1	
西汉、 唐	《汉书・律历志》 《旧唐书・天文志》	1	
宋景祐（1031）	《乾象通鉴》 《宋史・天文志》	0.72	1.63
宋皇祐（1052）	《灵台秘苑》 《文献通考》 《宋史・律历志》	0.45	0.37

① 白至德：《白寿彝讲历史・五代宋元卷》，第283页。
② 《元史》卷164《郭守敬传》，第3581页。
③ 炎冰：《追思科学——历史与哲学视域中的科学话语》，北京：华龄出版社，2006年，第198页。
④ 卢嘉锡、路甬祥主编：《中国古代科学史纲》，第540页。

续表

时代	资料来源	宿度 平均误差（度）	去极度 平均误差（度）
宋元丰（1087）	《元史·历志》	0.40	
宋崇宁（1106）	《宋史·纪元历经》	0.16	
元（1279）	《天文汇抄》 《元史·历志》	0.075	0.075

从表 4-2 中不难看出，元代《授时历》对二十八宿宿度（亦称“距度”）与北宋崇宁间所观测的结果相比较，其精确度至少提高了 1 倍。根据《元史·历志》“周天列宿度”的记载，潘鼐先生分析说：“至元所测二十八宿宿度误差是很小的。房、虚、室、娄、张五宿的误差未超过 1′，其中四宿不超过半角分，室宿的误差最小，仅 0′.03，超过 10′的只有胃宿，超过 5′的亦只有九宿。二十八宿宿度的平均偏差为 x=4′.22，平均偏差的标准差亦甚小，得 σ=3′.0。宋代最末一次崇宁测验，二十八宿宿度平均偏差为 0°.156，相当于 9′.4，标准为 0°.147，相当于 8′.8。至元测量与之相比，平均偏差的精度又提高了 2.2 倍，其离散性亦大为缩小，表明观测技术迈进了一大步。”[①]

与此同时，郭守敬还测量了 1000 多颗新的恒星，从而使我国记录的传统星数由 1464 颗增加到 2500 颗，较欧洲文艺复兴之前西方所测星数多 1.5 倍。这些成果集中反映在郭守敬编写的《新测二十八宿杂坐诸星入宿去极》和《新测无名诸星》两部文献中。可惜，两著已失传。后来，有人在北京图书馆善本书库发现了明抄本《天文汇抄》中有一部名为《三垣列舍入宿去极集》的书，经考证该书即《郭守敬星表》。当然，也有人认为，《三垣列舍入宿去极集》应是明代而非元代的观测结果。不管怎样，《天文汇抄》（不完全抄本）星表是以《郭守敬星表》为基础编制而成，是可以肯定的。例如，《郭守敬星图》卷首录有二十八宿距度，其数值与《元史·历志》载“授时历议”上所采用的数值完全相同；另，其“黄道十二次宿度”从标题到各次入宿度、分、秒也与“授时历经”上所载一致等，其内容详见潘鼐的《郭守敬〈新测二十八宿杂坐诸星入宿去极〉集考证》一文。[②]而对于《郭守敬星表》的突出特色，王义山评论说：“郭守敬的星表上，在星座图形的星图旁标注入宿去极度分，熔星图星表于一炉，是恒星图表表达方式的一种创新。它极其完备，是中世纪世界上最为先进和最为详细的星表。”[③]

4. 四海测验与郭守敬对历法普适性的追求

为了将《授时历》推向全国，郭守敬向元世祖建议应仿唐僧一行开展“四海测验”的工作，得到了元世祖的批准。《元史》本传载：这次测验“设监候官一十四员，分道而出，东至高丽，西极滇池，南逾朱崖，北尽铁勒，四海测验，凡二十七所”[④]。关于 27 个测点的具体位置，《元史·天文志一》有载，陈美东先生据以重新整理，并列为表 4-3。

① 潘鼐：《中国恒星观测史》，上海：学林出版社，2009 年，第 375 页。

② 郭守敬纪念馆：《纪念元代杰出科学家郭守敬诞生七百五十五周年学术讨论会论文集》，内部资料，1987 年，第 26—59 页。

③ 王义山：《元初我国天文学发展初探》，郭守敬纪念馆编：《天文历法观测论丛》，内部资料，1990 年，第 8 页。

④ 《元史》卷 164《郭守敬传》，第 3848 页。

表 4-3　四海测验结果及其精度[①]

序号	测点名	现代对应地点	元测 ϕ（度）	误差（O）	G（尺）	Y（刻）
1	南海	越南中部沿海	15	?	1.16	54
2	琼州	广东海口南琼山	19 太	− 0.5	（表南）	
3	雷州	广东海康	20 太	− 0.1		
4	衡岳	湖南衡阳衡山	25	?	0	56
5	吉州	江西吉安	26 半	−1.0	（无景）	
6	鄂州	湖北武汉市武昌	31 半	+0.6		
7	成都	四川成都	31 半强	+0.1		
8	扬州	江苏扬州	33	+0.1		
9	兴元	陕西汉中	33 半强	0		
10	安西府	陕西西安	34 半强	− 0.2		
11	阳城	河南登封告成镇	34 太弱	− 0.2		
12	南京	河南开封	34 太强	− 0.5		
13	岳台	河南开封市区西部	35	− 0.3	1.48	60
14	东平	山东东平	35 太	− 0.7		
15	大名	河北大名东	36	− 0.8		
16	益都	山东益都	37 少	0		
17	高丽	朝鲜开城	38 少			
18	太原	山西太原	38 少	− 0.1		
19	登州	山东蓬莱	38 少	− 0.1		
20	西凉州	甘肃武威	40 强			

从《元史·天文志一》的记载看，整个观测分为两部分：

第一部分，以南海、衡岳、岳台、和林（今蒙古国乌兰巴托西南）、铁勒、北海及大都为一组，观测内容包括北极出地（即地理纬度）、夏至日影长和昼夜长短，这 7 个观测点的特点是：①从南海到北海，北极出地以 10°为差递增，即呈 15°、25°、35°、45°、55°、65°的分布规律。②在夏至日，南北昼夜的变化规律是：从南海到北海，昼逐渐延长，夜逐渐缩短。若用数值表示则为：南海昼长 54 刻，夜长 46 刻；衡岳昼长 56 刻，夜长 44 刻；岳台昼长 60 刻，夜长 40 刻；和林昼长 64 刻，夜长 36 刻；铁勒昼长 70 刻，夜长 30 刻；北海昼长 82 刻，夜长 18 刻。

第二部分，以上都（今内蒙古正蓝旗）、北京（今辽宁建平西北）、益都、登州、高丽（今韩国首尔，一说朝鲜开城）、西京（今山西大同）、太原、安西府（今陕西西安）、兴元（今陕西汉中）、成都、西凉州、东平、大名、南京、河南府阳城、扬州、鄂州、吉州、雷州及琼州为另一组，观测内容仅北极出地一项。在这 20 个观测点中，因河南府阳城被称为“地中”而格外引人注目，郭守敬甚至在此地建造了一座观星台，是为“四海测验”所留下的

① 陈美东：《郭守敬评传》，第 202 页。

唯一实物。[①]

据李迪先生考证，用于“四海测验”的仪器主要有丸表、悬正仪、正方案和座正仪。其中“丸表”是把“丸”（即一个小铜球）和“表”组合在一起，于表的一侧悬一小铜球，以保证表与地面垂直；悬正仪是测量地平面是否水平的仪器，它是在平面木板中央垂直立一矮柱，并在其上悬一个小铜球，放在地平面上观看小铜球是否在矮柱上正对；正方案的结构见前述；座正仪可能是上盖较大的刻漏，浮箭即起表的作用，既能观看早晚日出日落的时刻，又能窥测表影方向，此仪器简单而奇妙。[②]

由于采用比较先进的观测仪器，此次“四海测验”所得到的地理纬度数值，与现代的观测数值相比较，误差在0.2—0.35°，甚至有两处（即兴元和益都）所测数值与现代值完全相同。所以，郭守敬所主持的“四海测验”，就其测量的内容之多、地域之广、规模之大和精度之高而言，可谓成就空前，以至明代徐光启在上疏经纬度测量计划时，仍以“四海测验”相称。对于郭守敬“四海测验”的历史意义，金立兆先生列举了三点，非常重要：第一，“北极海既是各国科技测验和探险之宝地，又是国际学术合作的发源地”；第二，“北海及其周围地区是古代中华各族人民生活和进行科学观测的地方”；第三，“南海——我国不可分割的领土”。毫无疑问，郭守敬当时派人在今日西沙群岛或中沙群岛的某个岛上设立了观测点（其地理纬度为15°），这个史实再次证明，南海诸岛是我国神圣领土的一部分，我国政府对南海诸岛及其邻近海域拥有无可争辩的主权。[③]

5. 水利工程方面的主要成就

1）修复西夏水利

《元史·郭守敬传》载：“至元元年，从张文谦行省西夏。先是，古渠古渠在中兴者，一名唐来，其长四百里，一名汉延，长二百五十里，它州正渠十，皆长二百里，支渠大小六十八，灌田九万余顷。兵乱以来，废坏淤浅。守敬更立闸堰，皆复其旧。”[④]西夏在景宗元昊时期，亦拥有夏、银、甘、凉等十几州，以兴州（今宁夏银川市，后升为兴庆府）为都城，农业经济逐渐开始发展起来。宋人吕大忠说：“夏国赖以为生者，河南膏腴之地。”[⑤]黄河由西南而东北流过，再折而东，又折向南，环抱着河套地区，其中兴州和灵州自汉代引黄灌溉以来，可谓河渠密布，有“塞上江南”之称。西夏建国后，特设置农田司负责全国的农业生产和农田水利建设，如西夏文字典《文海》释“农”为“农耕灌溉”之义。又，《西夏书事》云：“黄河环绕灵州，其古渠五，一秦家渠，一汉伯渠，一艾山渠，一七级渠，一特进渠，与夏州（应为兴州）汉源、唐梁两渠毗接，余支渠数十，相与蓄泄洪水。”[⑥]据考，秦家渠“相传创始于秦，因河

---

① 张家泰：《登封观象台和元初天文观测的成就》，《考古》1976年第2期，第95—102页。

② 李迪：《蒙古族科学技术简史》，沈阳：辽宁民族出版社，2006年，第187—189页。陈美东认为：“座正仪是校正仪器的底座处于水平方向的仪器”。陈美东：《郭守敬评传》，第167页。

③ 金立兆：《郭守敬的四海测验之意义》，郭守敬纪念馆：《纪念元代杰出科学家郭守敬诞生七百五十五周年学术讨论会论文集》，第120—129页。

④ 《元史》卷164《郭守敬传》，第3846页。

⑤ （宋）李焘：《续资治通鉴长编》卷466，元祐六年九月壬辰，第4363页。

⑥ （清）吴广成撰，龚世俊等校证：《西夏书事校证》，兰州：甘肃文化出版社，1995年，第235页。

水南入渠口”[1]，它“自黄河开闸口七十五里，溉田九百余顷”[2]；汉伯渠，亦名汉源渠，“相传创始于汉，其渠口在秦渠上流”[3]，又，汉渠在灵武县南50里，“从汉渠北流四十里始为千金大陂。其左右又有胡渠、御史、百家等八渠，溉田五百余顷”[4]；艾山渠，《后魏书》云“刁雍为薄骨律镇将，请自富平西三十里，凿艾山通河，作渠溉田，今在灵州南”[5]，此渠修成后可“溉官私田四万余顷。一旬之间，则水一遍，水凡四溉，谷得成实。官课长充，民亦丰赡”[6]；七级渠，在灵州南“旧有黄河分水大渠三重，及沟渠纵横，惯注水所，溉田约二十里”[7]；特进渠，在灵州西，唐长庆四年（824）开，“溉田六百顷”[8]。可见，河套地区灌溉系统的建立，对西夏农业生产的发展具有决定性的作用。中统二年（1261），元世祖忽必烈继皇帝位，他积极推行复兴农业政策，尤为关注西夏灌区的水利恢复状况。于是，他派遣大司农卿张文谦和郭守敬一道前往西夏地区，“因旧谋新”，疏通和整治“废坏淤浅”的诸多灌渠。经过郭守敬的实地勘察，并绘之以图，形成了快速和高效恢复西夏水利的疏治方案。此方案大体可分成两个方面[9]：一方面是“谋新”，即根据沿河变化了的地形和水情条件，重新设置控制水位的滚水坝和控制进、出水的闸门；另一方面是“因旧”，即疏通自汉至唐宋所开凿的诸多渠道。于是，他“更立闸堰，役不逾时而渠皆通利，夏人共为立生祠于渠上”[10]。西夏黄河灌区的恢复，使这里很快就成为元朝产粮、储粮和赈灾中心之一。不久，元朝将西夏改为宁夏，故人有“天下黄河，惟富宁夏”[11]之说。

2）开挖通惠河

虽然开凿通惠河始于金朝的韩玉，但郭守敬却使之成为京师的漕运干道，此功为金朝所不及。清人赵翼说：

> 《金史・韩玉传》，泰和中，玉建言开通州潞水漕运，船运至都。工既成，玉升两阶。是此河实自玉始。《守敬传》所云不用一亩泉者，盖玉所开河本用一亩泉为源，而守敬乃用白浮泉耳。守敬建闸，往往得旧时砖石故址，当即玉遗迹也。盖燕都自金宣宗迁汴后，迨元世祖至元十一年始来都之，其间荒废者已四五十年，旧时河道久已湮没。守敬得其遗址而开浚之，遂独擅其名耳。[12]

文中说“守敬得其遗址而开浚之”，未必尽然，因为齐履谦的《行状》记载说：

> （至元）二十八年，有言漕事便利者，一谓滦河自永平挽舟逾岭而上，可至上都，一

---

① （清）吴广成撰，龚世俊等校证：《西夏书事校证》，第235页。

② 嘉靖《宁夏新志》卷3《灵州千户防御所》，上海：上海古籍书店，1961年。

③ （宋）吴广成撰，龚世俊等校证：《西夏书事校证》，第235页。

④ 马跃东主编：《龙之魂：影响中国的一百本书》第14卷，北京：中国戏剧出版社，2000年，第462页。

⑤ （清）吴广成撰，龚世俊等校证：《西夏书事校证》，第235页。

⑥ 《魏书》卷38《刁雍传》，北京：中华书局，1974年，第868页。

⑦ （宋）李焘：《续资治通鉴长编》卷321，元丰四年十二月戊午，第2992页。

⑧ 《新唐书》卷37《地理志・灵州灵武》，北京：中华书局，1975年，第972页。

⑨ 河北省邢台市地名委员会：《邢台市地名志》，1984年，第384页。

⑩ 李修生主编：《全元文》第21册，第754页。

⑪ 陈赓雅著，甄暾点校：《西北视察记》，兰州：甘肃人民出版社，2002年，第75页。

⑫ （清）赵翼：《廿二史札记》，南京：凤凰出版社，2008年，第427页。

谓卢沟自麻谷可至寻麻林，朝廷令各试所说。其谓滦河者，至中道自知不可行而罢。其谓卢沟者，命公（指郭守敬）与往，亦为哨石所阻，舟不得通而止。公因至上都，别陈水利十有一事。其一大都运粮河不用，一永泉旧源，别引北山自浮泉水西折而南，经瓮山泊，自西水门入城，环汇于积水潭，复东折而南，出南水门，合入旧运粮河。每十里置一闸，比至通州，凡为闸七，距闸里许，上重置斗门，互为提阏，以过舟止水。帝览奏，喜曰："当速行之。"于是复置都水监，俾公领之。首事于二十九年之春，告成于三十年之秋。赐名曰"通惠"。役兴之日，上命丞相以下，皆亲操畚锸倡，咸待公指授而后行事。置闸之处，往往于地中偶值旧时砖木，时人为之感服。船既通行，公私省便，先时通州至大都，陆运官粮岁若干万石，方秋霖雨，驴畜死者不可胜计，至是皆罢。[①]

齐履谦所言"于地中偶值旧时砖木"应当是一种巧合，并非郭守敬有意而为之。整个工程从昌平白浮村神山（今凤凰山）泉（即白浮泉）到通州高丽庄（今张家湾），总长164.104里，可分为三段：一是从神山泉到瓮山泊（今昆明湖），此段引水河道线路舍弃直通大都（因存在沙河与清河谷地）而取迂回西山下，绕过沙河与清河谷地，然后循西山山麓折向东南，群泉汇流，直至瓮山泊，从表面上看似乎是费尽了周折，但实际上却是十分科学的选择，而这种取舍意识体现了郭守敬设计思想的独到和超人之处；二是从瓮山泊到积水潭（什刹海），今称南长河，此段沿金代开凿的人工旧渠道，下注高梁河，从西水门进入积水潭；三是从积水潭到通州高丽庄，此段开凿新渠东下，绕行肖墙东垣外，南出大都城南墙，折而东南，与金朝所开之旧闸河道相接，并另建船闸（今天桥湾西北），引水沿城南洼地东南流，至通州南高丽庄入白河（即北运河）。至于通惠河工程究竟设置了多少闸坝，史载不一，经过专家实地调查考证，元代的实际修建共11处24闸[②]。

开凿通惠河的意义是：首先，为大都城开辟了前所未有的新水源；其次，通惠河的设计特点系"远引昌平、西山各泉水为源，设瓮山泊为调蓄水库，下游建了一系列闸门控制"[③]，通过水闸和水门的开闭以调节运河各段水位的高低，其设计原理与现在国外某些运河所采用的技术原理基本相同；最后，打通了京杭大运河，它不仅满足了朝廷对财富的需求，而且更为重要的是，它对沟通南北经济，繁荣大都商业，起到了不可低估的巨大作用。所以，无论从新水源的开辟，还是水利工程的技术创新，抑或是促进南北经济的交流与发展，都可以说是空前伟大的历史壮举。

（二）郭守敬的科学思维

郭守敬的科学思维是建立在实验科学的基础之上的，这是我们理解其科学成就的基础和前提。正像张钰哲先生所说："观测，主要依靠观测，是天文学实验方法的基本特点。不断地创造和改革观测手段，也就成为天文学家的一个致力不懈的课题。"[④]我国古代天文学

① 李修生主编：《全元文》第21册，第759页。

② 阚继民：《世界遗产视野中的京杭运河北端通惠河》，《地理研究》2009年第2期，第549—560页。

③ 姚汉源：《中国水利发展史》，上海：上海人民出版社，2005年，第408页。

④ 张钰哲等：《天文学》，北京：中国大百科全书出版社，1980年，第1页。

的发展历程确实如此，而郭守敬无疑站在了我国古代实验科学发展的高峰之上，引而申之，郭守敬的实地考察与勘验，实际上也可视为我国古代科学实验方法之一种。因为“实验方法是一种感性的活动，能够直接改变客观事物，属于社会实践的一种形式”①。对此，陈美东先生在《郭守敬科学技术思想略论》一文中已作了比较详尽的探讨。我们下面以此为基础，拟从两个方面作进一步的阐述。

1.“历之本在于测验”的思想

关于“测验”在天文观测中的作用，郭守敬提出了一个非常经典的命题：“历之本在于测验，而测验之器莫先于仪表。”②实际上，在具体的科研实践活动过程中，郭守敬已不仅仅将“测验”局限于天文历法之一隅，而是把它广泛应用到地学、水利工程等方面。

1）精于天文观测与数据处理

由于郭守敬创制了许多非常先进和非常专业的观测仪器，有许多天文常数值可以直接测得。例如，由于简仪的创制，郭守敬不仅直接测得1000多颗新的恒星位置，而且通过连续4年对历元积年的实测确定了当年的“七应”值（内容见前），成为制定《授时历》的科学依据。中国是一个农业国家，“观天授时”系历代统治者最看重的国家大事之一。当然，为了确保农耕“适时”，人们必然对天象观测提出越来越高的要求，那种认为“中国古代历法中对节气精益求精的推求，则与农业生产完全无关”③的观点是站不住脚的。例如，《授时历》之名取意于“敬授民时”，即证明了历法与农业生产的关系非常密切。所以陈美东先生正确地指出：“冬至的准确测定对于其他节气的准确确定具有关键作用，而24节气对于指导社会生产活动、特别是农业生产的重要性则是无与伦比的，所以，冬至的准确测定是历法所追求的最重要的目标之一。”④郭守敬用高表（一种测量二十四节气时刻的仪器）观测二至时刻，观测精度大为提高。对于高表的结构，标准要求是其平铺于地面上的圭与当地子午线的方向一致，而这本身就需要精细的测验工作，有专家用现在的仪器对河南登封观星台的石圭进行检测，发现石圭的方位为179°53′3，与当地子午线仅偏离6′7，“700多年前的建筑，今天用现代化的仪器检测，仍有如此精度”⑤，难怪人们不由得惊叹郭守敬的高超建筑才能。而郭守敬利用大都观象台的高表，经过3年（1277—1279）134次的晷影测量，得到了多组数值。陈久金先生认为，“《授时历》每年取5组以上观测数据，以推算结果进行比较，求得最为精密的数值。它比仅以一组观测值确定的时刻，更为精密”⑥。而宋朝多数历法没有实测数据作为基础，是其疏阔不能久行的重要原因。

诚然，对于测定冬至时刻，多组数据优于一组数据，是显而易见的事实。但现在的问题是究竟应当如何处理这些实测数据？在此，需要方法的创新。郭守敬指出：

> 刘宋祖冲之尝取至前后二十三四日间晷景，折取其中，定为冬至，且以日差比课，

---

① 宋子成：《通用科学方法三百种》，内部印行，1984年，第15页。
② 《元史》卷164《郭守敬传》，第3847页。
③ 江晓原、钮卫星：《中国天学史》，上海：上海人民出版社，2005年，第123页。
④ 陈美东：《郭守敬评传》，第178页。
⑤ 雷焕芹：《从高表正方案仰仪看郭守敬测量的精度》，郭守敬纪念馆：《天文历法观测论丛》，第106页。
⑥ 雷焕芹：《从高表正方案仰仪看郭守敬测量的精度》，郭守敬纪念馆：《天文历法观测论丛》，第106页。

推定时刻。宋皇祐间，周琮则取立冬、立春二日之景，以为去至既远，日差颇多，易为推考。《纪元》以后诸历，为法加详，大抵不出冲之之法。新历积日累月，实测中晷，自远日以及近日，取前后日率相埒者，参考同异，初非偏取一二日之景，以取数多者为定。[①]

对于"以取数多者为定"的方法，陈美东先生解释说：由于用直接测量法不能得到真正的冬至时刻，所以祖冲之发明了测算冬至时刻的方法，即"测量冬至前、后 23 日与 24 日中午时的晷影长度，设冬至日前、后 23 日的晷影长度差为 A，冬至日前 23 日与 24 日或冬至后 23 日与 24 日的晷影长度差（'日差'）为 B，又设 $C=50\times A/B$，则冬至时刻 $=50\pm C$"[②]。而郭守敬利用了高表所测数值中的 98 个不同日期晷影长度值，来测算二至时刻。在测算过程中，郭守敬熟练运用祖冲之所创立的方法，将那些晷影长度值以 3 个为一组，共分成 45 个组，最后得到 1277 年冬至时刻、1278 年和 1279 年的二至时刻值，计有 5 个数据。然后，按照统计学原理，取其平均数，最终求得至元十八年（1281）的冬至时刻。[③]

对于冬至点位置的测定，行状载：

日躔（系指在二分或二至这一天太阳冒出地平线时与特定的恒星相互对应的关系），用至元丁丑四月癸酉望月食既，推求日躔，得冬至日躔赤道箕宿十度（与理论值仅差 0.2 度），黄道箕九度有畸，仍凭每日测到太阳躔度，或凭星测月，或凭月测日，或径凭星度测日，立术推算，起自丁丑正月至己卯十二月，凡三年，共得一百三十事，皆躔于箕，与月食相符。[④]

不难想象，为了求得一个准确的观测数值，郭守敬付出了多少艰辛与努力，《元史》称他与王恂等"昼夜观测"[⑤]，并非言过其实，而这种不畏艰辛的科研态度应是每一位杰出科学家所具备的基本素质。

2）实地考察与勘测

中国的地形和地貌条件复杂多样，为了对元初的山川地形有一个整体性认识，用以指导全国的水利建设和发展，郭守敬形成了实地考察和边考察边绘图的科研习惯。例如，郭守敬在邢台城北治水过程中，有"审视地形"[⑥]和"行视地脉"[⑦]的经历。又如，"其在西夏，尝挽舟溯流而上，究所谓河源者。又尝自孟门以东循黄河故道，纵广数百里间，皆为测量地平，或可以分杀河势，或可以灌溉田土，具有图志。又尝以海面较京师至汴梁地形高下之差，谓汴梁之水，去海甚远，其流峻急，而京师之水，去海至近，其流且缓，其言信而有征"[⑧]。在这次黄河水利的实地勘察过程中，郭守敬提出了"海拔"的概念，即以海平面作

① 《元史》卷 52《历志一》，第 1121—1122 页。
② 陈美东：《郭守敬评传》，第 179 页。
③ 陈美东：《郭守敬评传》，第 179 页；曲安京：《中国数理天文学》，北京：科学出版社，2008 年，第 179 页。
④ 李修生主编：《全元文》第 21 册，第 759 页。
⑤ 《元史》卷 164《王恂传》，第 3845 页。
⑥ 李修生主编：《全元文》第 21 册，第 753 页。
⑦ 姚奠中主编，李正民增订：《元好问集》，太原：山西古籍出版社，2004 年，第 696 页。
⑧ 李修生主编：《全元文》第 21 册，第 759 页。

为衡量各地水平高度的统一标准，它无疑是郭守敬进行大面积实地水准测量的一种研究成果，比德国高斯早553年。[①]

郭守敬把实地勘测的成果应用于水利事业的开发与建设之中，创造了许多光辉业绩，无怪乎齐履谦把“水利之学”视为后人“不可企及”的“三学”（水利之学、历数之学和仪象制造之学）之一。而“水利六事”则是其实地勘测成果的一个集中体现。《元史》载其“水利六事”的内容为：

> 其一，中都旧漕河，东至通州，引玉泉水以通舟，岁可省雇车钱六万缗。通州以南，于兰榆河口径直开引，由蒙村跳梁务至杨村还河，以避浮鸡洵盘浅风浪远转之患。其二，顺德达泉引入城中，分为三渠，灌城东地。其三，顺德沣河东至古任城，失其故道，没民田千三百余顷。此水开修成河，其田即可耕种，自小王村经滹沱，合入御河，通行舟筏。其四，磁州东北滏、漳二水合流处，引水由滏阳、邯郸、洺州、永年下经鸡泽，合入沣河，可灌田三千余顷。其五，怀、孟沁河，虽浇灌，犹有漏堰余水，东与丹河余水相合。引东流，至武陟县北，合入御河，可灌田二千余顷。其六，黄河自孟州西开引，少分一渠，经由新、旧孟州中间，顺河古岸下，至温县南复入大河，其间亦可灌田二千余顷。[②]

可以肯定，“水利六事”是郭守敬进行了大范围长期考察的结果。[③]然而，这种考察结果是否能够保证工程建设万无一失？当然不能。从第一次考察到工程建设之间，还有许多环节，这些环节由于受到各种主客观因素的影响，随时都可能发生变化，最后导致工程失败。比如，“水利六事”中的第一事，这个工程方案被元世祖批准实施之后，效果很不理想，“因为引来增加水源的究竟只有一泉之水，流量有限，对于数额巨大的航运量仍难胜任”，接着，他又“提出了开辟水源的第二个方案。他认为可以利用金人过去开的河道，只要在运河上段开一道分水河，引回浑河中去；当浑河河水暴涨而危及运河时，就开放分水河闸口，以减少进入运河下游的水量，解除对京城的威胁”，然而，在这个过程中，中间却出了岔子，“原来从大都到通州这段运河的河道，虽不如大都以上一段那样陡峻，但那坡度却仍然是相当大的。河道坡度大，水流就很急，没有水闸的控制，巨大的粮船自然无法逆流而上”[④]，修建漕运工程又一次以失败而告终。不过，正是经历了这两次修建大都漕运工程的失败，才铺就了郭守敬修建通惠河工程的成功之路。可见，既有成功又有失败，符合科学创造的规律，而不能承受科学研究的失败之重，同样无法收获成功的喜悦。

2.“纯德实学”的科学精神

齐履谦在行状中对郭守敬一生的科研事业作了一个总体评价，主要就是8个字——“纯德实学，为世师法”[⑤]，我们认为这个评价是十分公允的。

---

① 马林：《北京志·科学卷》第88册《科学技术志》，北京：北京出版社，2005年，第422页。

② 《元史》卷164《郭守敬传》，第3846页。

③ 陈美东：《郭守敬科学技术思想略论》，第45页。

④ 张涛、项永琴、檀晶：《中国传统救灾思想研究》，北京：社会科学文献出版社，2009年，第248页。

⑤ 李修生主编：《全元文》第21册，第759页。

首先，郭守敬崇尚实测。他在分析简仪的结构特点时说："今新仪皆细刻周天度分，每度为三十六分，以距线代管窥，宿度余分，并依实测，不以私意牵就。"[①]"不以私意牵就"就是遵从客观对象的存在状态和运动特点，使人们的主观认识与客观规律相符合。在郭守敬等看来，"盖天道自然，岂人为附会所能苟合"[②]。这是《授时历》之所以在许多天文数据方面能够取得较为精密数值的主要原因。因此，《元史》称：

> 《授时历》与古历相较，疏密自见。盖上能合于数百载之前，则下可行之永久，此前人定说。古称善治历者，若宋何承天，隋刘焯，唐傅仁均、僧一行之流，最为杰出。今以其历与至元庚辰冬至气应相校，未有不舛戾者，而以新历上推往古，无不吻合，则其疏密从可知已。[③]

其次，古今之变与继承和创新的关系。科学发展是一个历史过程，后人总是在前人知识积累的基础上，继续推进人类科学向更高的层面发展。《授时历》是中国古代最先进的历法，这是国内外学界普遍确认的事实。然而，郭守敬等对待前人的历法成就，既没有一味地否定，也没有不加辨析，盲目信从，而是根据他们观测的实际数值，取其精华，去其糟粕。正是这个不断扬弃的过程，使《授时历》达到了一个更加先进的历史水平。郭守敬说：

> 古今历法，合于今必不能通于古，密于古必不能验于今。今《授时历》，以之考古，则增岁余而损岁差；以之推来，则增岁差而损岁余；上推春秋以来冬至，往往皆合；下求方来，可以永久而无弊；非止密于今日而已。[④]

所谓"岁余"系指回归年长度中超过 365 日的小数部分或曰不足一日的部分；而"岁差"则是指回归年较恒星年为短的天文现象。从《大明历》到《授时历》，人们对岁差常数的测定变化很大，大体上是在 45.92 年差 1°至 185.99 年差 1°之间变动，其中《授时历》测算的岁差常数值为 66.67 年差 1°。[⑤]

那么，中国古代在测定岁差的问题上为什么会出现如此大的反差？

这与中国古代测定岁差的方法有关。我们知道，"损岁余，益天周，使岁余浸弱，天周浸强，强弱相减，因得日躔岁退之差"[⑥]，是中国古代立岁差的基本方法。《授时历》亦沿袭此法，此即"以之考古，则增岁余而损岁差；以之推来，则增岁差而损岁余"的意思。用现在的观点看，上述方法确实还存在不足。不过，郭守敬在此所强调的是岁差值的变化，仅此而言，郭守敬等在当时的历史条件下提出"古今历法，合于今必不能通于古，密于古必不能验于今"的观点，是与客观事物的发展进程相一致的。

在郭守敬等看来，由于古今之变而导致历法疏密不一，造成这种差异的原因是多方面

---

① 李修生主编：《全元文》第 21 册，第 757 页。
② 柯劭忞：《新元史》卷 39《授时历下》，长春：吉林人民出版社，1995 年，第 1055 页。
③ 《元史》卷 52《历志一》，第 1140 页。
④ 《元史》卷 53《历志一》，第 1131 页。
⑤ 曲安京：《中国历法与数学》，北京：科学出版社，2005 年，第 164—165 页。
⑥ 《元史》卷 52《历志一》，第 1130 页。

的，既有主观方面的因素，又有客观方面的因素。对此，郭守敬等在《授时历议》中的《验气》《岁余岁差》《古今历参校疏密》《周天列宿度》《日行盈缩》《月行迟疾》《白道交周》《交食》《定朔》《不用积年日法》诸篇中都有程度不同的论述。其中既有否定，又有肯定。而对传统历法的否定则体现了郭守敬在科学研究过程中所具有的批判性一面。例如，“不用积年日法”是郭守敬批判地对待古代传统历法的最典型表现；又如，他废弃进朔法而采用定朔法等，更表现出他超人的理论批判精神。郭守敬根据自己的科学研究实践，深刻地体会到“前人述作之外，未必无所增益”①，这是他之所以能够超越前贤的重要思想基础。因为客观事物处于永恒的运动变化之中，变是客观事物发展的本质特征，“盖天有不齐之运，而历为一定之法，所以既久而不能不差”②，即历法的变革基于天体运动的可变性，而那种认为历法不变的观点则是错误的。

然而，问题还有另外一面，因为创新的前提是继承，没有继承就没有创新，郭守敬深谙此理。比如，郭守敬认为自汉至金，“历经七十改，其创法者十有三家”③。因而他对刘洪“始悟月行有迟速”、何承天“始悟以朔望及弦皆定大小余”、张子信“始悟日月交道有表里，五星有迟疾留逆”等思想都给予了高度的评价和肯定。以此为前提，郭守敬等在编制《授时历》时，积极吸取前代历法的优秀思想成就，从而把《授时历》的研究水平推向了一个新的历史高度。譬如，曹士蔿的《符天历》有两项杰出成就：一是废除了上元积年的传统方法，二是首创了将历表与其计算全部公式化的方法，以一万为日法（即用小数表示整数下的奇零部分），这两项成就完全为郭守敬所继承。又如，杨忠辅测算回归年为365.242 5日，并提出回归年日数“古大今小”的思想，这个成果亦为《授时历》所采用等。不仅如此，郭守敬等还从实测出发，在前人思想成就的基础上又有不少创新。例如，三次内插法的使用、弧矢割圆术，以及将月球在一个近点月里的运动分成336段加以描述等，都是《授时历》所取得的研究新成果。至于郭守敬与继承和创新之间的内在关系，日本学者杉本敏夫在讨论已知“黄道积度”求对应的“赤道积度”（这本是一个求解球面三角形的几何问题）时，说过下面一段话：

> 《授时历》编撰之际，郭守敬等人创立了别具一格的中国式解法，他们将上述四个半弧换算为与此相应的半弦的长度（弧度），运用这四个半弦间成立的立体几何学的关系，解决了这个问题……郭守敬等人没有使用西洋式的三角法，而是使用了沈括（宋初）的《会圆术》叙述过的相当于逆正弦函数的近似公式。④

因而陈久金先生用《〈授时历〉的完成和一个时代天文成就的整理》为题来概括郭守敬的科学功绩⑤，是十分恰当的。

---

① 《元史》卷52《历志一》，第1121页。

② 《元史》卷52《历志一》，第1119页。

③ 《元史》卷164《郭守敬传》，第3849页。

④ 李迪：《近50年来国外对郭守敬的研究进展》，陈美东、胡考尚主编：《郭守敬诞辰770周年国际纪念活动文集》，第394页。

⑤ 陈久金：《中国古代天文学家》，北京：中国科学技术出版社，2008年，第436页。

最后，提出检验认识真理的标准是测验。如何评判古代历法所作结论的对与错？郭守敬提出了“历之本在测验”的思想。实际上，这个思想否定了以圣人圣言为天文学家建立历法标准这种重人不重实测的偏向。以《春秋左传》为例，《春秋左传》共有37项日食记录，其中载鲁襄公二十一年“九月庚戌（前552年8月20日）朔，日有食之”，又，“十月庚辰（前552年9月19日）朔，日有食之”。对此，后秦姜岌认为“比月而食，宜在误条”，唐一行亦有同感。那么，究竟何者正确？郭守敬经过测算，提出“盖自有历以来，无比月而食之理”①，即测验证明《春秋左传》的记载为误。那么，究竟是“顺天以求合”还是“合以验天”？对于这种问题，郭守敬明确表示“当顺天以求合”②，而不是相反。考，在中国古代历法史上，这种思想最先由晋代杜预提出，而为郭守敬所继承。钱临照先生在评价这种光辉思想时说：“为合以验天就是用自己预先凭空想象出来的方案或先定的原则勉强地来凑合自然界的现象，这是先验论的方法。因为‘自然科学的结论必须是正确的，必然的，不以人们的意志为转移的’，所以唯物主义的方法是要顺天以求合。”③在这里，“求合”的过程实际上就是测验的过程。因此，郭守敬得出结论说：

> 前代演积之法，不过为合验天耳。今以旧历颇疏，乃命厘正，法之不密，在所必更，奚暇踵故习哉。④

显然，郭守敬主张任何历法都应经过测验，因为测验是判断其正误的根本标准。由于郭守敬紧紧把握住“所用之数，一本诸天”⑤这个思想核心，“天”即客观规律，所谓“一本诸天”实质上就是指人们的思想认识与客观事物的发展变化规律相符合。因而他才敢于理直气壮地断言：“至理所在，奚恤乎人言。”⑥坚持真理，不畏人言，这是一种大无畏的科学精神，而这种精神无疑是科学进步的永恒动力之一。

第五节　朱世杰的数学思想

清人罗士琳说：“汉卿（指朱世杰）在宋元间，与秦道古（即秦九韶）、李仁卿（即李冶）可称鼎足而三。道古正负开方，仁卿天元如积，皆足上下千古，汉卿又兼包众有，充类尽量，神而明之，尤超越乎秦、李之上。”⑦宋代的高次方程解法已经达到了很高的水平，如贾宪三角形、高次方程的秦九韶解法及杨辉的级数求和等，都是这个时期的重要数学成果。特别是天元术出现之后，李冶确立了建立方程的一般方法。其间经过王恂、郭守敬等

---

① 《元史》卷53《历志二》，第1161页。

② 《元史》卷53《历志二》，第1178页。

③ 朱清时：《钱临照文集》，合肥：安徽教育出版社，2001年，第534页。

④ 《元史》卷53《历志二》，第1178页。

⑤ 《元史》卷53《历志二》，第1177页。

⑥ 《元史》卷53《历志二》，第1177页。

⑦ （清）罗士琳：《畴人传续编》卷47《朱世杰》，《中国古代科技行实会纂》第3册，北京：北京图书馆出版社，2006年，第393页。

的发展，到朱世杰生活的时代，宋元数学又发展到了需要进行理论总结的历史新阶段。所以，朱世杰“兼包众有”无疑是历史发展的必然。

朱世杰，字汉卿，号松庭，寓居燕山（今北京），生卒年不详。莫若在《四元玉鉴·序》中说：“燕山松庭朱先生，以数学名家周游湖海二十余年矣。四方之来学者日众，先生遂发明《九章》之妙以淑后学。”①此序写于元大德七年（1303）。又，赵城《算学启蒙·序》亦说：“燕山松庭朱君笃学《九章》，旁通诸术，于寥寥绝响之余，出意编撰算书三卷。”此序写于元大德三年（1299）。可见，朱世杰的主要数学研究活动在13世纪中后期，而他的主要数学思想表现在四元术、高阶等差级数求和及高次内插法等诸多方面，下面我们试分别述之。

一、从《算学启蒙》和《四元玉鉴》看朱世杰的数学思想

（一）《算学启蒙》与“允为算法之标准”

从《杨辉算法》到《算学启蒙》，前后仅隔了25年，说明当时民间数学教育的发展速度比较快，或可说社会发展对算学的客观需求已经达到了一个前所未有的高度。从内容上看，《杨辉算法》（包括《乘除通变本末》、《田亩比类乘除捷法》和《续古摘奇算法》）主要讲述乘除算法如加减、求一诸法，而《算学启蒙》在此基础上增加了垛积、差分、天元术等内容，从而使后者的内容更加丰富，思想也更为先进，并满足了不同层次的社会群体对实用算学的客观需要。因此，元代惟扬（今扬州）学算赵元缜说：“是书一出，允为算法之标准，四方之学者归焉。”具体内容如表4-4所示。

表4-4 《算学启蒙》主要内容简表

卷次	条数	名称	特点	问题数量
总括（18条）	1	释九数法	九九乘法歌，即“乘法口诀”	
	2	九归除法	归除歌诀，亦称“除法口诀”	
	3	斤下留法	斤两化零歌	
	4	明纵横诀	筹算识位法	
	5	大数之类	数从1至无穷大	
	6	小数之类	数从1至无穷小	
	7	求诸率类	给出常用斤两铢单位换算表	
	8	斛斗起率	计算容积	
	9	斤秤起率	物体的重量计算	
	10	端皮起率	长度进位计算	
	11	田亩起率	面积进位法	
	12	古法圆率	古法：$\pi=3$	
	13	刘徽新术	$\pi=157/50=3.14$	
	14	祖冲之密率	$\pi=22/7$	

① （元）朱世杰原著，李兆华校证：《四元玉鉴校证》，北京：科学出版社，2007年，第55页。

续表

卷次	条数	名称	特点	问题数量
总括（18条）	15	明异名诀	异名	
	16	明正负术	正负数加减法法则	
	17	明乘除数	首次提出正负数乘法法则	
	18	明开方法	求高次方程正根的方法	
上卷（8门113问）	第1门	纵横因法	关于一位数乘法的计算	共8问
	第2门	身外加法	关于乘数首位数字是1的乘法计算	共11问
	第3门	留头乘法	关于多位数乘法的计算	共20问
	第4门	身外减法	关于除数首位数字是1的除法计算	共11问
	第5门	九归除法	关于多位数除法的计算	共29门
	第6门	异除同除	关于比例问题的计算	共8问
	第7门	库务解税	关于税收问题与利息问题的计算	共11问
	第8门	折变互差	关于较为复杂的比例问题的计算	共15问
卷中（共7门71问）	第1门	田亩形段	关于各种形状的田亩面积计算	共16问
	第2门	仓囤积粟	关于粮仓容积的计算	共9问
	第3门	双据互换	关于复比例问题的计算	共6问
	第4门	求差分和	关于和差、鸡兔等问题的计算	共9问
	第5门	差分均配	关于比例配分问题的计算	共10问
	第6门	商功修筑	关于土建工程中各种土方的计算	共13问
	第7门	贵贱反率	关于不定方程的计算	共8问
卷下（共5门75问）	第1门	之分齐同	关于各种分数的计算	共9问
	第2门	堆积还原	关于各种垛积问题的计算	共14问
	第3门	盈不足术	关于线性插值法的计算，史学界称其为“万能算法”	共9问
	第4门	方程正负	先用方程术，后用天元术求解	共9问
	第5门	开方释锁	一元方程求解	共34问

由表4-4可见，我们不难发现，《算学启蒙》确实是一部非常重要的日常生活用书，但它的意义绝不仅仅限于生活，这是朱世杰数学研究的一个重要特点，也是理论数学发展的必然趋势。例如，《算学启蒙》卷下《堆积还原门》第14问云：

> 今有三角、四角果子（垛）各一所，共积六百八十五个。只云三角底子一面不及四角底一面七个。问：二色底子一面各几何？答曰：三角底面五个，四角底面一十二个。[1]

首先，这是一个垛积求和问题，有的史学家将此法称为“沈括-杨辉法”[2]。杨辉的《算法通变本末》卷上载有关于求三角垛的总数法，原文为：“三角垛底面七个，问：积几何？（日用有图）答曰：八十四个。术曰：置底面数张三位，本位不加，中加一，下加二，于内

① （元）朱世杰撰，（清）罗士琳附释：《新编算学启蒙》，《续修四库全书》1043《子部·天文算法类》，上海：上海古籍出版社，2002年，第208页。

② 田淼：《中国数学的西化历程》，济南：山东教育出版社，2005年，第332页。

取一位，可以六除者，六除讫，以三位相乘为积。”[①]

当时筹算已经发展到了一个比较高的水平。因之，民间研究数学的氛围一定很浓厚。例如，清人罗士琳说：“祖序《玉鉴》谓朱氏复游广陵，踵门而学者云集。夫既曰‘云集’当不止一二人，曾几何时而学者姓氏莫知谁何？一无可考。兹吾乡从事朱氏学者又复‘云集’。”在朱世杰身边到处出现“云集”的学生，这种现象与当时人们热忱于筹算的社会需求相适应，它是实用数学发展的一种历史必然。事实上，只有站在如此高的社会基础之上，朱世杰才有可能“兼包众有”，才有可能成为我国数学鼎盛时期的最后一位大数学家。

三角垛本是一个几何问题，但是朱世杰应用代数方程来求解，所以有人说他“解决的是几何问题，思维方式却是代数的，完全摆脱了几何思维的束缚”[②]。仅《算学启蒙》卷下《开方释锁门》的34道问题中就有27道几何问题是用代数方法求解的，其中应用二次方程计有18道题，三次方程有5道题，四次方程有4道题，五次方程有1道题，即第31道题。

关于五次方程的“题问”与求解过程，其文述：“今有圆锥积三千七十二尺，只云高为实，立方开之，得数不及下周六十一尺。问：下周及高各几何？答曰：下周六十四尺，高二十七尺。”

术云：“立天元一为开立方数，再自乘为高也。再列开立方数，加不及为下周也。自之，又高乘之为三十六段积。寄左。列积三十六乘之，与寄左相消，得开方式。四乘方开之，得三尺，为开立方之数。加不及，得下周六十四尺。又列三尺，再自乘，得高二十七尺。”

通过“立天元一为开立方数”，朱世杰避免了在代数方程式中出现无理数项，这种变疑难为简捷和明了的数学思想，是应用数学发展的重要特征。在此，天元术变成了一种新的数学工具，同时，随着人们认识对象的范围越来越宽泛，生活实践的区间亦越来越广大。与之相应，人们便不断赋予天元术以更新的内容。刘徽曾说：“数而求穷之者，谓以情推，不用筹算。”[③]像刘徽的“割圆术”“比率算法”，以及牟合方盖的创造等，肯定是单单依靠“筹算”所无法解决的。朱世杰的四元术、高阶等差级数求和等数学问题，亦存在同样的困难，因为筹算毕竟有它自身的局限性。所以李迪先生认为，“朱世杰的时代应是筹算和笔算并行时代，他一定很熟悉筹算，并能熟练运用，可是他也一定会笔算。而且主要使用笔算。他的‘图’，无疑是笔写的”[④]。当然，有些计算需要多人合作进行。前已述及，朱世杰无论在扬州还是在北京，追随他的算学生“云集”，可以肯定这些算学生平时不能离开数学计算，而朱世杰当时之所以能够进行各种形式的高次方程解法，比如，《四元宝鉴》中的射影定理和弦幂定理的发现等，主要和他的研究团队分不开。从这个角度讲，“四方之来学者日众，先生遂发明《九章》之妙”[⑤]，是朱世杰能实现“兼包众有”并有许多新的思想突破的

① 任继愈：《中国科学技术典籍通汇·数学卷》，郑州：河南教育出版社，1993年，第1051页。
② 佟健华：《中国古代数学教育史》，北京：科学出版社，2007年，第296页。
③ （三国·魏）刘徽注，（唐）李淳风注释：《九章算术》卷5《商功》，上海：上海古籍出版社，1990年，第43页。
④ 李迪：《中国数学史大系》第6卷《西夏金元明》，北京：北京师范大学出版社，1999年，第219页。
⑤ （元）朱世杰原著，李兆华校证：《四元玉鉴校证》莫若序，第55页。

重要条件之一。也正因为如此，才产生了下面的轰动效应："是书一出，允为算法之标准，四方之学者归焉。"

（二）《四元玉鉴》与"考图明之"

顾名思义，《四元玉鉴》的突出特点是讲解四元术的应用和计算过程。对此，祖颐序《四元玉鉴》说：

> 吾友燕山朱汉卿先生演数有年，探三才之赜，索《九章》之隐，按天、地、人、物立成四元，以元气居中。立天勾、地股、人弦、物黄方，考图明之。上升下降，左进右退，互通变化，乘除往来，用假象真，以虚问实，错综正负，分成四式。必以寄之剔之，余筹易位，横冲直撞，精而不杂，自然而然，消而和会，以成开方之式也。①

其中"考图明之"之"图"，即指《四元玉鉴》卷首所载五幅图：《今古开方会要之图》（包括《梯法七乘方图》与《古法七乘方图》）、《四元自乘演段之图》、《五和自乘演段之图》、《五较自乘演段之图》及《四象细草假令之图》。这些图无疑是朱世杰数学思想的高度浓缩和结晶。其中，《四元自乘演段之图》和《梯法七乘方图》不仅是代表元代数学发展最高水平的标志性成就，也是集中展现朱世杰在四元消法、高阶等差级数求和方面的卓绝数学思想和方法，尤其是朱世杰将几何研究的对象由图形整体深入图形内部，把中国古代勾股形内及圆内各几何元素的数量关系研究推进到了一个新的历史高度。

1.《四元自乘演段之图》与四元消法

自清代以降，罗士琳、沈钦裴、李俨、钱宝琮、杜石然、郭书春、胡明杰等数学史界的前辈，已经对朱世杰的"四元消法"作了广泛而深入的研究，成果斐然。我们知道，《四元自乘演段之图》给出了"一气混元"（天元术）、"两仪化元"（二元术）、"三才运元"（三元术）及"四象会元"（四元术）四题，尤以后三题为主，比较详细地记述了方程组的解法（即消法），建立了多元方程组的解题模式。朱世杰说："夫算中玄妙，无过演段。如积幽微，莫越认图。"②

尽管学界对朱世杰的"四元消法"各有不同的阐释，朱世杰本人对"剔而消之"，以及"互隐通分相消"也没有给出具体的解法，这是造成此术长期无人问津的主要原因，但是无论如何，朱世杰运用"四元消法"，能够圆满地解决任意四元高次方程组的问题，却是确定无疑的事实。清代数学家陈棠说得好："四元不难于求如积，而难于相消。"③从这个角度讲，朱世杰通过"代入相消"由四元四式变为三元三式，再由三元三式变为二元二式，然后由二元二式变为一元一式，最后用增乘开方法求正根，从难而易，由高到低，步骤简捷，思路明晰，方法巧妙，效率高超。在欧洲，直到1779年才由法国数学家别卓提出了高次方程

---

① （元）朱世杰原著，李兆华校证：《四元玉鉴校证》祖颐序，第56页。
② （元）朱世杰原著，李兆华校证：《四元玉鉴校证》卷首，第61页。
③ 杜石然：《数学・历史・社会》，沈阳：辽宁教育出版社，2003年，第560页。

组的消去法问题。因而朱世杰所创造的一整套消未知数方法，遥遥领先了世界 400 多年，成为当时世界数学发展的高峰，代表了那个时代世界数学方程理论领域内的最高水平。

2.《梯法七乘方图》与垛积法

《四元玉鉴》开篇第一图即为《梯法七乘方图》，可见该图在朱世杰整个方程理论中占据着十分重要的地位。与《古法七乘方图》相比，朱世杰多用“梯法”解题。据研究，《梯法七乘方图》上方非常醒目地横写着“正者为从，负者为益”8 个字，表明求解的系数可正可负，是为“增乘开方法”的主要特征。增乘开方法自贾宪之后，经过秦九韶的正负开方术，由开 4 次方发展到开 8 次方或者更高次，如《四元玉鉴》出现了一道 15 次方程，即 $(-4x^{15}+8x^{14}+\cdots-3596x+3560=0)$。

直观地看，整个《梯法七乘方图》呈纵排 4 行、横排 9 行（图 4-15），纵排的右行相当于《古法七乘方图》最下面一排的文字，而纵排的左行则相当于《古法七乘方图》的右斜行。《古法七乘方图》的纵排第 3 行应系指从零次乘方（第 1 等）至八次乘方（第 9 等）。至于《古法七乘方图》纵排第 2 行的具体内涵，从字面上看，是指处理在开方过程中所出现的进位与退位问题。毫无疑问，朱世杰主要是以《梯法七乘方图》为法来建立他的高阶等差级数求和公式和招差法。在《四元玉鉴》里，涉及垛积问题的主要有“茭草形段门”、“箭积交参门”及“果垛叠藏门”，计 34 道题。而招差法则主要集中在“如像招数门”，共有 5 道题。由于前辈学者如钱宝琮、杜石然、李迪等对朱世杰的上述两项数学成就都有非常深入的研究，如有兴趣，读者可参阅他们的相关论著。

益为者负		从为者正	
定实位	第一等	直置数	不动数
除实法	第二等	进退一	方位法
平方隅	第三等	进退二	第一廉
立方隅	第四等	进退三	第二廉
三乘隅	第五等	进退四	第三廉
四乘隅	第六等	进退五	第四廉
五乘隅	第七等	进退六	第五廉
六乘隅	第八等	进退七	第六廉
七乘隅	第九等	进退八	第七廉

图 4-15 《梯法七乘方图》

《古法七乘方图》，如图 4-16 所示。

朱世杰依次研究了 n 阶等差级数的求和问题，从而找到了垛积术与招差法之间的内在联系，并利用垛积公式给出了规范的四次内插公式，体现了他以“明理为务”的科研精神和治学境界。其法：先求各差，再以各三角垛公式求各积，各差与各积相乘相并，得出招差公式。[①]例如，《四元玉鉴》卷中《如像招数门》第 10 题云：

① 杜石然：《数学·历史·社会》，第 521 页。

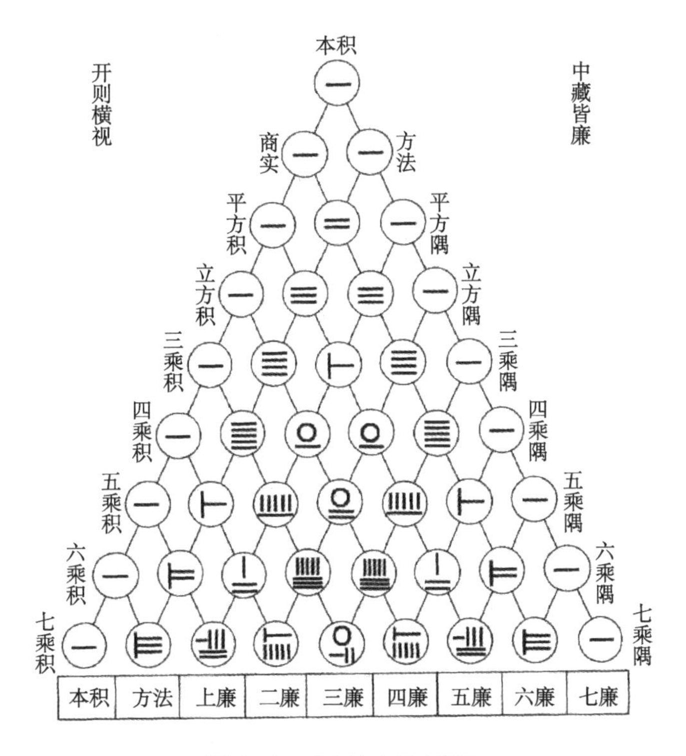

图 4-16　《古法七乘方图》

今有官司依立方招兵，初招方面三尺，次招方面转多一尺，每人日支钱二百五十文。已招二万三千四百人，支钱二万三千四百六十二贯。问：招来几日？答曰：一十五日。[①]

在该题之后，朱世杰用还原的形式给出了此题的解法。原文载：

或问还原：依立方招兵，初招方面三尺，次招方面转多一尺，得数为兵。今招一十五方，每人日支钱二百五十文。问：招兵及支钱各几何？答曰：兵二万三千四百人。钱二万三千四百六十二贯。术曰：求得上差二十七，二差三十七，三差二十四，下差六。求兵者，今招为上积，又今招减一为茭草底子、积为二积，又今招减二为三角底子、积为三积，又今招减三为三角落一底子、积为下积。以各差乘各积，四位并之，即招兵数也。求支钱者，以今招为茭草底子、积为上积，又今招减一为三角底子、积为二积，又今招减二为三角落一底子、积为三积，又今招减三为三角撒星底子、积为下积。以各差乘各积，四位并之，所得又以每日支钱乘之，即得支钱之数也。合问。[②]

朱世杰的招差术已经突破了应用问题的思维局限，不仅使招差术发展到前所未有的完备境界，而且引导代数学向纯理论的方向发展，显示了他具有很强的逻辑抽象能力。因此，清代学者阮元评论朱世杰的招差术说："茭草形段、如象招数、果垛叠藏各问，为自来算书

① （元）朱世杰原著，李兆华校证：《四元玉鉴校证》，第 113 页。
② （元）朱世杰原著，李兆华校证：《四元玉鉴校证》，第 113—114 页。

所未及。”[①]换言之，朱世杰把招差法推向了更加完备的境界和水平，而在西方一直到1676年，牛顿才创立了招差术的一般化公式。当然，牛顿内插法采用了近代数学的形式，这是它后来被广泛应用的重要原因。

3. 射影定理与弦幂定理

1）“三斜田”与射影定理

从《周髀算经》之后，勾股定理在计算几何图形的边长、面积、体积及周长等方面发挥着非常重要的方法论作用。也许是人们对它太熟悉的缘故，以至算学家在一个较长时期内对勾股定理内部各元素之间的几何关系少有研究。《四元玉鉴》卷上《混积问元》载有这样一道算题：

> 今有三斜田积减中股，余七十六步。只云中斜多于中股九步，中股不及小斜二步。问中股几何？答曰：八步。术曰：立天元一为中股。如积求之，得一亿三千三百四十四万八千七百四为益实（即常数项系数），七百二万三千六百一十六为益方（即一次项系数），八十四万三千二百九十六为从上廉（即二次项系数），二十七万八千七百六十八为从二廉（即三次项系数），五千三百七十一步七分五厘为从三廉（即四次项系数），四百九十五为益下廉（即五次项系数），四十九为益隅（即最高次项系数）。五乘方开之，得中股。合问。[②]

用文字表述即在直角三角形中，斜边上高的平方是两条直角边在斜边上的射影的积，或者说在直角三角形中，斜边上的高等于斜边被垂足分成两线段的比例中项，这就是著名的射影定理。

2）“弧田截矢”与弦幂定理

《四元玉鉴》卷中《拔换截田》载有一题：

> 今有弧田一段，弦长七十步，矢阔二十五。今从弧背复截弧矢积二十六步。问截弦矢各几何。答曰：截弦二十四步，截矢三步。术曰：先求得圆径七十四步。立天元一为截矢。如积求之，得二千七百四为益实，一百四为从上廉，二百九十六为从下廉，五为益隅。三乘方开之，得截矢二步。自之，以减倍积，余以矢除之，即弦。合问。[③]

从思想史的角度看，朱世杰将几何问题代数化，深化了几何内部各个元素之间的数量关系，这确实是数学逻辑思维方法的一次巨大飞跃。当然，这项成就的取得最终还须归功于天元术的发明，以及朱世杰对天元术的深度考量。如果我们把朱世杰与笛卡儿的解析几何联系起来，那么，朱世杰解几何题的方法在本质上与笛卡儿并无区别，因为两者的思想在本质上都是把几何问题最终都转换成代数问题，或可说他们试图建立这样一种数学结构，

---

① （清）罗士琳：《畴人传续编》卷47《朱世杰传》，《中国古代科技行实会纂》第3册，北京：北京图书馆出版社，2006年，第393页。

② （元）朱世杰原著，李兆华校证：《四元玉鉴校证》，第70页。

③ （元）朱世杰原著，李兆华校证：《四元玉鉴校证》，第108—109页。

这些结构必须深刻体现各元素之间的数量关系，而这些数量关系则往往通过一系列的运算规则或巧妙的逻辑变换而相互联系和相互关节。因此，笛卡儿说："当我们想要解决任何一个问题时，作图要用到线段，并用最自然的方法表示这些线段之间的关系，直到能找出两种方式来表示同一个量，这将构成一个方程。"①可惜，由于种种原因，朱世杰的工作没有继续向前发展，但他为人们进一步拓展几何与代数之间的数量关系研究开辟了一条真正的科学路径。

二、中国古代数学发展的高峰及其成因

像李冶、王恂、郭守敬、朱世杰等都是彪炳史册的数学巨星，他们通过不断传承和接力，把中国古代的筹算数学推向了历史发展的最高峰。可是，自朱世杰之后，中国古代的四元术及高次方程研究却出现了戛然中断的现象，因而没能够实现从古代筹算学向近代数学的转变，尽管朱世杰已经站立在近代数学的门前，并且他的许多数学思想至今都闪烁着耀眼的光辉。当我们如数家珍般地谈论金元数学的辉煌成就时，难免会不由自主地思考这样一个问题：是什么原因和力量促成了中国古代数学发展的历史高峰？中国古代数学高峰为什么形成于金元时期？这两个问题既互相联系，又各有侧重，前者重在"文化手段"，而后者则偏于"历史状态"。事实上，对于金元数学发展的社会原因，孔国平先生在《李冶朱世杰与金元数学》一书中从五个方面作了比较全面的阐述：金元知识的积累酝酿着新的数学思想；生产力的发展对数学的促进；数学教育的发展；思想自由的社会环境；各哲学流派对金元数学的影响。笔者在此重点讨论以下三个问题。

（一）区域文化的交流与互动

由于自然地理与人文地理的差异性，在长期的历史发展和演变过程中，特别是宋代以来，我国各地的经济和文化发展并不平衡，因而形成了具有显著区域特色的诸多文化景观。从大的方面说，北方金朝形成了以河东、河北为中心的"崇儒重本"文化，与之相对，南宋则形成了以江浙为中心的工商文明。就内涵而言，"文化"偏重内在的精神形态，"文明"则偏重外在的物质形态。关于这个问题，姚国华先生已在《湖湘文化与江浙文明——两种思维的对立》一文中作了较深入的阐释，我们不必重述。在这里，我们仅仅想回答这样一个问题：为什么经济发展水平远远高于金朝的南宋，却没有培育出天元术？天元术诞生于北方，发展于北方，更成熟于北方。元人祖颐在《四元玉鉴》后序中回顾了天元术的产生与发展历史，他说：

> 黄帝《九章》以降，算经多矣，不可枚举。唐宋设明算科，立法取士，不出《九章》、《周髀》、《海岛》、《孙子》、《张丘建》、《夏侯阳》、《五曹》、《五经算》、《缉古》、《缀术》数家而已。然天、地、人、物四元罔有云及一者。厥后，平阳蒋周撰《益古》、博陆李文一撰《照胆》、鹿泉石信道撰《钤经》、平水刘汝谐撰《如积释锁》、绛人元裕

① 易南轩、王芝平：《数学星空中的璀璨群星》，北京：科学出版社，2009年，第226页。

细草之，后人始知有天元也。平阳李德载因撰《两仪群英集臻》，兼有地元。霍山邢先生颂不高弟刘大鉴润夫撰《乾坤括囊》，末仅有人元二问。①

考，这一长串人物的籍贯均在今山西、河北两地。由于史学家的偏见，他们中的很多人都没有生平事迹流传下来。因此，我们无从对天元术的产生过程进行客观的历史描述。但无论是李冶还是朱世杰，他们都有一个共同的特点，那就是作为文化传承的一个环节，他们成为金元之际天元术的集大成者。正如清人张岳崧所言："盖自《九章》以降，天元为数学之宗。"②

从历史上看，早在先秦时期，山西与河北两地就已经形成了研究数理文化的科学传统。例如，石申，战国时期魏人（在今山西境内），系天文学家和占星家，著《天文》8卷，有《甘石星经》传世。《史记・天官书》载："昔之传天数者：高辛之前，重、黎；于唐、虞，羲、和……赵，尹皋；魏，石申。"③而《晋书・天文志》则补充说："其诸侯之史，鲁有梓慎，晋有卜偃，郑有裨竈，宋有了韦，齐（一说是楚或鲁）有甘德，楚有唐眛，赵有尹皋，魏有石申夫，皆掌著天文，各论图经。"④在晋、魏、赵所环绕的太行山东西两大区域，自先秦至金元，人们穷究数理之传统，具有被当地民众所接受的认同性和稳定性，历代相沿不衰，人才辈出，蔚然壮观。尤以河北为突出，像祖冲之父子、宋景业（北齐广宗县人）、刘焯、李冶、刘益（今河北定州市人）、刘秉忠、张文谦、王恂（今河北唐县人）、郭守敬、朱世杰等，甚至元初形成了以天文历法为研究特色的"顺德学派"，他们都集中在一个地区，巨星璀璨，这在中国古代数学发展史上绝对无其右者。山西也荟萃着不少数学英才，像泽州晋城人刘羲叟，从李之才（时任泽州签署判官）受历法，世称"羲叟历法"，其成就"远出古今上，有杨雄、张衡所未喻者，实之才授之"⑤。具体言之，刘羲叟"精算术，兼通《大衍》诸历，及修唐史，令专修《律历》、《天文》、《五行志》"，"尤长于星历、术数"⑥。此后，平阳人蒋周、李德及绛人元裕等都是名噪一时的算学家。那么，为什么河北、山西多算学奇才？究其根源，除了自然地理、社会经济、教育因素及社会需求等原因外，文化底蕴深厚与不同区域文化的交流和互动，是其最重要的动因。譬如，宋人徐晟称河北真定府藁城县"市多君子，崇儒重本，人皆富心"⑦，而山西平阳洪洞县则"家置书楼，人畜文库"⑧。如此看来，山西与河北两个区域成为金元时期中国古代天元术的研究中心，丝毫不奇怪。

另外，在文化交流方面，严复根据《左传・襄公二十六年》所载，总结出"晋用楚材，古今有之"⑨的三晋思想文化特点。燕赵文化亦如此，像燕国的黄金台（即招贤台）和赵国

① （元）朱世杰原著，李兆华校证：《四元玉鉴校证》，第56页。
② （元）朱世杰原著，李兆华校证：《四元玉鉴校证》，第280页。
③ 《史记》卷27《天官书》，第1343页。
④ 《晋书》卷11《天文志上》，第277—278页。
⑤ 《宋史》卷431《李之才传》，第12825页。
⑥ 《宋史》卷432《刘羲叟传》，第12838页。
⑦ （清）沈涛：《常山贞石志》卷11《大宋真定府藁城县重修文宣王庙堂记》，清道光二十二年（1842）刻本。
⑧ （清）张金吾：《金文最》卷14《孔天监・藏书记》，台北：成文出版社，1967年，第138页。
⑨ ［英］亚丹斯密：《原富按语》，严复译，北京：商务印书馆，1981年，第642页。

的丛台（即赵武灵王“胡服骑射”的发生地），都是四方人才交流和互动的历史见证。因此，女真人自从在今北京建立中都之后，经过汉文化和汉化鲜卑文化与女真文化的冲突与融合，终于开创了“金源一代文物，上掩辽而下轶元”[①]的历史新局面。

当然，我们绝不能因上述原因就片面地认为天元术的产生和发展仅仅局限于山西和河北两个区域。事实上，随着经济重心的南移，江浙地区（以吴越文化为根基）在宋代形成了又一个数学研究中心，像沈括、杨辉、秦九韶（曾在临安生活了五六年）等，他们都可被视为宋代数学发展的坐标。如果说河北地区从刘焯开始，内插法已经成为中国古代数学发展的横轴，那么，江浙地区从沈括开始，垛积术则成为中国古代数学发展的纵轴，两者的结合与交会便是金元天元术产生和发展的重要支点。现在的问题是：在当时，生活在金元之际的北方数学家，他们如何实现南北两大文化传统的结合与交会？其主要的实现途径是什么？元人莫若在《四元玉鉴·序》中一语道破了里面的玄机：“燕山松庭朱先生，以数学名家周游湖海二十余年矣。”[②]“湖海”具体何指？《尚书·禹贡》有“淮海惟扬州”之说，故赵城在《算学启蒙》序中结尾署其居地为“惟扬”，清人又谓“广陵”[③]，即今之扬州。另外，虽然在朱世杰的众多学生中，无一可考，但是他们的籍贯肯定有南亦有北。李冶以韩愈的名言“学问藏之身，身在即有余”[④]以自励，他自幼在元氏求学，后成为金朝的词赋科进士（1230），并在钧州（今河南禹县）任知事，蒙古军队攻破钧州（1232）之后，他又流亡到山西崞山（今山西崞县）之桐川，最后在元氏县封龙山定居（1251）。从表面上看，这种不断迁徙的生活，给李冶本人的生活带来了诸多辛苦和艰难，实则不然，因为在上述表象之后，隐藏着一种文化潜流，这种潜流就是中原文化、三晋文化和燕赵文化对他的思想的一次次熏蒸和潜移默化。

（二）科举制与算学之用

祖颐在《四元玉鉴》后序中说：“唐宋设明算科，立法取士。”清李棠跋《四元玉鉴细草》亦说：“（算学）要莫备于宋元之世……其时去唐未远，犹兴明算之科，故是学大昌，人皆争趣而书亦聚。逮明之季，是科不设，人皆辍学而书亦佚。”[⑤]这显示了科举对于宋元数学发展的重要作用。因为算术从唐朝以后，具有了较唐朝之前完全不同的价值和人生意义。与之相适应，算学也由官方的垄断逐渐走向民间，特别是由官方对传统数学典籍的整理，为士人深入研习算术提供了极大的方便。譬如，《周礼》以礼、乐、射、御、书、数为“六艺”[⑥]。这里面的“数”不拘泥于纯粹的算术，而是包含着比一般算术还要广泛和丰富的内容，其用途包括动植物、城市规划、天文观测、田制、赋税等社会生活的诸多方面。

---

① （清）赵翼：《廿二史札记》卷28《金代文物远胜辽元》，《续修四库全书》第453册，第514页。
② （元）朱世杰原著，李兆华校证：《四元玉鉴校证》，第55页。
③ （元）朱世杰原著，李兆华校证：《四元玉鉴校证》，第273页。
④ （元）李冶：《敬斋古今黈》，上海：商务印书馆，1935年，第64页。
⑤ （元）朱世杰原著，李兆华校证：《四元玉鉴校证》，第276页。
⑥ 《周礼·地官司徒·大司徒》，《黄侃手批白文十三经》，第29页。

《周礼》述大司徒之职云：

第一，辨五地之物生：“一曰山林，其动物宜毛物，其植物宜早物，其民毛而方；二曰川泽，其动物宜鳞物，其植物宜膏物，其民黑而津；三曰丘陵，其动物羽物，其植物宜覈物，其民专而长；四曰坟衍，其动物宜介物，其植物宜荚物，其民皙而瘠；五曰原隰，其动物宜裸物，其植物宜丛物，其民丰肉而庳。”

第二，“以土宜之法，辨十有二土之名物，以相民宅而知其利害，以阜人民，以蕃鸟兽，以毓草木；以任土事，辨十有二壤之物而知其种，以教稼穑树蓺；以土均之法，辨五物九等，制天下之地征，以作民职，以令地贡，以敛财赋，以均齐天下之政”。

第三，“以土圭之法测土深、正日景，以求地中。日南则景短多暑，日北则景长多寒，日东则景夕多风，日西则景朝多阴。日至之景，尺有五寸，谓之地中：天地之所合也，四时之所交也，风雨之所会也，阴阳之所和也。然则百物阜安，乃建王国焉，制其畿，方千里而封树之”[①]。

可见，“数”是用于管理国家经济事务的一种实践技能，同时也是“王官”教学或曰西周官学教育的一门科目，从小学到大学，由简单到复杂，贯穿始终，逐步加深。例如，《礼记·内则》载：儿童到6岁时即开始进入初级阶段的算术学习，先“教之数与方名”，接着，到9岁时“教之数日”，10岁“学书记”[②]。当升入大学之后，教之“九数”。故《周礼》云：“保氏掌谏王恶而养国子以道，乃教之六艺……六曰九数。”[③]何谓“九数”？湖北江陵张家山西汉前期的墓葬中出土了一部《算数书》，内容包括“乘”、“相乘”、“分乘”、“增乘”、“合分”、“经分”、“增减分”及“税田”、“方田”、“息钱”、“少广”等，多与国计民生有关，这表明“九数”教学基本上是为国家政治服务的，它的目的是为周朝的贵族统治培养管理型和技术型人才。因此，莫若在《四元玉鉴》序中说：“如《易》之大衍，《书》之历象，《诗》之万亿及秭，《礼记》之三千三百，《周官》之三百六十，数之见于经者，盖不特黄帝《九章》为然也。”[④]这是中国古代数学发展的一个重要特点，数学寓于经学之中，习经不能不用到数学。从这个层面上讲，科举考试对数学发展绝非一无是处。所以，我们不能片面地认为“封建制度下的考试制度，并不是科学发展的推动力量，就数学而论，恰恰相反，它正是数学进一步向前发展的锁链”[⑤]。

自汉代以后，数学的内容和研究方法日趋复杂，著作不断增多，如《隋书·经籍志》所载数学著述计有27种（即《九章术义序》1卷；《九章算术》10卷，刘徽撰；《九章算术》2卷，徐岳、甄鸾重述；《九章算术》1卷，李遵义疏；《九九算术》，杨淑撰；《九章别术》2卷；《九章算经》29卷，徐岳、甄鸾等撰；《九章算经》2卷，徐岳注；《九章六曹算经》1卷；《九章重差图》1卷，刘徽撰；《九章推图经法》1卷，张峻撰；《缀术》6卷；《孙子算

① 《周礼·地官司徒·大司徒》，《黄侃手批白文十三经》，第26—27页。

② 《礼记·内则》，《黄侃手批白文十三经》，第107—108页。

③ 《周礼·地官司徒·保氏》，《黄侃手批白文十三经》，第37页。

④ （元）朱世杰原著，李兆华校证：《四元玉鉴校证》，第55页。

⑤ 杜石然：《朱世杰研究》，钱宝琮等：《宋元数学史论文集》，北京：科学出版社，1966年，第207页。

经》2卷；《赵敃算经》1卷；《夏侯阳算经》2卷；《张丘建算经》2卷；《五经算术录遗》1卷；《五经算术》1卷；《算经异义》1卷，张缵撰；《张去斤算疏》1卷；《算法》1卷；《黄钟算法》38卷；《算律吕法》1卷；《众家算阴阳法》1卷；《婆罗门算法》3卷；《婆罗门阴阳算历》1卷；《婆罗门算经》3卷）。显然，在这样的历史背景下，如果仍按照传统的“六艺”教学模式就无法适应新的社会需要。于是，“九数”从“六艺”中分离出来，成为一门专业学科。据《唐会典》《旧唐书》等典籍记载：唐贞观二年（628）置算学馆，隶国子监[①]，有“算学博士二人，从九品下。学生三十人。博士掌教文武八品已下及庶人子为生者。二分其经，以为之业。习《九章》、《海岛》、《孙子》、《五曹》、《张邱建》、《夏侯阳》、《周髀》十五人，习《缀术》、《缉古》十五人。其《纪遗》、《三等数》以兼习之”[②]。

入学年龄：“限年十四以上，十九以下。”[③]

修学期限：“《孙子》、《五曹》共限一岁，《九章》、《海岛》共三岁，《张丘建》、《夏侯阳》各一岁，《周髀》、《五经算》共一岁，《缀术》四岁，《缉古》三岁，《记遗》、《三等数》皆兼习之。”[④]

“明算”考试：“录大义本条为问答，明数造术，详明数理，然后为通。试《九章》三条，《海岛》、《孙子》、《五曹》、《张丘建》、《夏侯阳》、《周髀》、《五经算》各一条，十通六；《记遗》、《三等数》帖读（类似于今天的‘填空’题），十得九，为第。试《缀术》、《缉古》，录大义为问答者，明数造术，详明数理，无注者合数造术，不失义理，然后为通；《缀术》七条，《缉古》三条，十通六；《记遗》、《三等数》帖读，十得九，为第。落经者虽通六不第。”[⑤]中第后，由吏部授予九品以下官级。然好景不长，至显庆三年（658）九月四日，唐高宗便诏令：“以书、算、明经，事唯小道，各擅专门，有乖故实，并令省废。”[⑥]并将算学博士以下人员合到太史局。可以肯定，算学的专业设置完全是由于社会发展的实际需要，并不能以个人的主观好恶来判断它的存与亡。历史发展的实践很快证明，唐高宗李治的决定违背了数学发展的客观规律。因此，“至龙朔二年五月十七日，复置律学、书、算学各一员。三年二月十日书学隶阑台，算学隶秘书局，律学隶详刑寺”[⑦]。

毫无疑问，算学馆的设置提升了数学研究的社会地位，它对于推动中国古代数学走向鼎盛，起到了非常关键的作用。另外，各州县仿国子监，亦置算学。特别是李淳风等注释《十部算经》，并被确定为国学教科书。所有这一切，都为宋元数学发展奠定了坚实的基础。或可说，如果没有唐代数学教育的科举化进程，宋元数学就无法成就其引领世界数学发展潮流的辉煌，亦不能使它在中国古代成为一座超迈前古的科学高峰。

算学的发展与民众的需求关系密切。在此，民众需求有两方面的含义：一是社会生产

---

① （宋）王溥：《唐会要》卷66《广文馆》，北京：中华书局，1955年，第1163页。
② 《旧唐书》卷44《职官志三》，北京：中华书局，1975年，第1892页。
③ 《新唐书》卷44《选举志上》，北京：中华书局，1975年，第1160页。
④ 《新唐书》卷44《选举志上》，第1160—1161页。
⑤ 《新唐书》卷44《选举志上》，第1162页。
⑥ （宋）王溥：《唐会要》卷66《广文馆》，第1163页。
⑦ （宋）王溥：《唐会要》卷66《广文馆》，第1163页。

与生活的实际需要；二是阴阳学发展的需要，而后者在金元时期最有代表性，阴阳学在宋代称“象数学”。李申先生在论述宋元数学与象数学之间的内在关系时说：“抽象的宋元数学成就，源于人们对数本身的兴趣；对数的兴趣，又与象数学的流行有关。”[①]例如，金代的杨云翼著有《象数杂说》；赵秉文著《扬子发微》、《太玄笺赞》及《易丛说》等；麻九畴“因学算数，又喜卜筮、射覆之术”[②]；李冶一味推崇邵雍，相反却对朱熹时有批评，其思想倾向非常鲜明；刘秉忠则“尤邃于《易》及邵氏《经世》书，至于天文、地理、律历、三式、六壬、遁甲之属，无不精通”[③]；张文谦“早从刘秉忠，洞究术数”[④]等。所以在这样的学术环境中，阴阳学被元朝统治者立为科举考试的一个组成部分。《元史》载：至元二十一年（1284）十一月，“凡蒙古人之士及儒吏、阴阳、医术，皆令试举”[⑤]。

世祖至元二十八年夏六月，始置诸路阴阳学。其在腹里、江南，若有通晓阴阳之人，各路官详加取勘，依儒学、医学之例，每路设教授以训诲之。其有术数精通者，每岁录呈省府，赴都试验，果有异能，则于司天台内许令近待。延 初，令阴阳人依儒、医例，于路府州设教授员，凡阴阳人皆管辖之，而上属于太史焉。[⑥]

按照《元典章》的解释，试阴阳人于“三元（即婚元、宅元、茔元）经书”内出题，有占算、三命、五星、周易、六壬、数学等书。而元代《秘书监志》载有民间术士考试和所习教材的情况，其文云：“旧例草泽人三年一试，差官考试，于所习经书内出题六道，试中者收作司天生，官给养直，入台（即天文台）习学五科经书……若令草泽人许直试长行人员，缘五科经书已行拘禁了当，其草泽人不得习学。”[⑦]至于草泽人“所习经书”，主要限于以下6种：《宣明历》、《符天历》、王朴《地理新书》、吕才《婚书》、《周易筮法》、《五星》。[⑧]由于算学是天文历法的理论基础，故通历法者多精算学，像前面所说的张文谦、杨云翼、王恂、郭守敬等，都是典型的实例。金朝虽然没有“明算科”，但不少士人对数学却颇有研究，如象数学家杨云翼和赵秉文皆“金士巨擘”[⑨]；另，麻九畴与李冶也都是金朝的名士。刘因在《泽州长官段公墓碑铭》中称：“尽宋与金，泽恒号称多士。”[⑩]可见，山西在金朝涌现出一批研究天元术的名家，“多士”是一个非常重要的社会条件。

除此之外，元代还有一项措施，那就是“举遗逸以求隐迹之士，擢茂异以待非常之人”。例如，“至元十八年，诏求前代圣贤之后，儒医卜筮，通晓天文历数，并山林隐逸之士”[⑪]。自宋代开始，“布衣”历家层出不穷，仅见于《宋史·律历志》者就有4位，即陈得一、阮

① 李申：《中国古代哲学和自然科学》，上海：上海人民出版社，2002年，第730页。
② 《金史》卷126《麻九畴传》，第2740页。
③ 《元史》卷157《刘秉忠传》，第3688页。
④ 《元史》卷157《张文谦传》，第3697页。
⑤ 《元史》卷81《选举志一》，第2018页。
⑥ 《元史》卷81《选举志一》，第2034页。
⑦ 徐雁、王燕均主编：《中国历史藏书论著读本》，成都：四川大学出版社，1990年，第452页。
⑧ 徐雁、王燕均主编：《中国历史藏书论著读本》，第452页。
⑨ 《金史》卷110《赵秉文传》，第2429页。
⑩ （元）刘因：《静修文集》卷4《泽州长官段公墓碑铭》，台北：艺文印书馆，1989年，第13页。
⑪ 《元史》卷81《选举志一》，第2034页。

兴祖、皇甫继明、王孝礼等，表明民间确实隐逸着许多“通晓天文历数”之人。金元时期依然延续宋朝的情形，民间隐逸着不少历算家。例如，金朝的杜时昇“博学知天文，不肯仕进……乃隐居嵩、洛山中，从学者甚众。大抵以‘伊洛之学’教人自时昇始”[①]；高仲振隐居嵩山“尤深《易》、《皇极经世》学”[②]；元朝的杜瑛，为杜时昇之子，“其于律，则究其始，研其义，长短清浊，周径积实，各以类分，取经史之说以实之，而折衷其是非。其于历，则谓造历者皆从十一月甲子朔夜半冬至为历元，独邵子以为天开于子，取日甲月子、星甲辰子，为元会运世之数，无朔虚，无闰余，率以三百六十为岁，而天地之盈虚，百物之消长，不能出乎其中矣。论闭物开物，则曰开于己，闭于戊；五，天之中也；六，地之中也；戊己，月之中星也。又分卦配之纪年，金之大定庚寅，交小过之初六；国朝之甲寅三月二十有三日寅时，交小过之九四。多先儒所未发，掇其要著于篇”[③]；张康，“隐衡山，学通天文地理”[④]等。因此，莫若认为，“方今尊崇算学，科目渐兴”[⑤]是元代四元术产生的重要原因，不无道理。“尊崇算学”的影响力不仅波及整个士人群体，而且间接对民间隐者产生了较为积极的影响，因为他们可以聚学授徒，以传其说。故清人有“书院之设，莫盛于元”[⑥]的记载。事实上，在当时，像隐逸于民间的中山刘先生、史仲荣、平阳蒋周等，“虽其书不传，其人莫考，而其一时人才之盛，聪明精锐，已可概见，宜乎算之超越今古也”[⑦]。

（三）以独立和自我为内在精神力量的三教融合

关于金元数学与儒、道、释三教的关系，钱宝琮先生早在1966年就发表了《宋元时期数学与道学的关系》一文；李申在《中国古代哲学和自然科学》一书第四编第四章中专门探讨了“宋元理学与数学”，以及“数学与理”的关系问题；洪万生在金庸小说国际学术研讨会上发表《全真教与数学——以李冶（1192—1279）为例》一文，表示赞同日本学者薮内清的认识：“金元鼎革之际，全真教所提供的学术环境，可能间接地促成了中国北方数学的发展。”至于佛教与金元数学的关系，鉴于史料所限，目前尚未见有专文发表。然而，朱世杰在《算学启蒙》一书中对“大数之类”与“小数之类”的数量单位却有如下记载：

> 一、十、百、千、万、十万、百万、千万，万万曰亿，万万亿曰兆，万万兆曰京，万万京曰陔，万万陔曰秭，万万秭曰壤，万万壤曰沟，万万沟曰涧，万万涧曰正，万万正曰载，万万载曰极，万万极曰恒河沙，万万恒河沙曰阿僧祇，万万阿僧祇曰那由他，万万那由他曰不可思议，万万不可思议曰无量数。[⑧]

其中“阿僧祇”“那由他”“不可思议”等都是《华严经》中的数量单位。其数量单位非

---

① 《金史》卷127《杜时昇传》，第2749页。
② 《金史》卷127《高仲振传》，第2751页。
③ 《元史》卷199《杜瑛传》，第4475页。
④ 《元史》卷203《张康传》，第4540页。
⑤ （元）朱世杰原著，李兆华校证：《四元玉鉴校证》，第55页。
⑥ （清）孙承泽：《春明梦余录》卷56《首善书院》，北京：北京古籍出版社，1992年，第1144页。
⑦ （元）朱世杰撰，罗士琳附释：《新编算学启蒙》后记，《续修四库全书》第1043册，第161页。
⑧ （元）朱世杰撰，（清）罗士琳附释：《新编算学启蒙》，《续修四库全书》第1043册，第155页。

常大，大到我们已经不可能用一般的记数形式将它们写出来。例如，1 不可思议的数量就是在 1 的后面需要写出 207 691 874 341 393 105 141 219 853 168 803 840 个 “0”。故 “其数之多，穷于计算”[①]。此为 “大数之类”，即从 1 至无穷大。至于 “小数之类”，则：

> 一、分、厘、毫、丝、忽、微、纤、沙，万万尘曰沙，万万埃曰尘，万万渺曰埃，万万漠曰渺，万万模糊曰漠，万万逡巡曰模糊，万万须臾曰逡巡，万万瞬息曰须臾，万万弹指曰瞬息，万万刹那曰弹指，万万六德曰刹那，万万虚曰六德，万万空曰虚，万万清曰空，万万净曰清。千万净，百万净，十万净，万净，千净，百净，十净，一净。[②]

从 “沙、尘” 一直到 “清、净” 共 16 个名词，系借用印度佛典中的名词，“但它的易名法，自分至沙八个名词，每位易名，自沙以后，每八位易名，觉得先后不一致。故《数理精蕴》（1723）、《增删算法统宗》（1760）等书，都一律改变为每位易名。又 ‘虚、空、清、净’ 四个名词，亦改作 ‘虚空’ 和 ‘清净’ 两个名词”[③]。其中由 “一” 到 “沙” 为 10 进，由 “尘” 到 “清” 则为万万进。此为 “小数之类”，即从 1 到无穷小。

如前所述，《隋书・经籍志》中载有 3 部婆罗门算学著作，说明当时中印数学之间已经开始交流，并且相互影响。对此，印度学者 B.S.Yadav 却持否认态度。在他看来，中印数学著作中一些类似的算题，如折竹问题、球体积公式等，并不能说明双方的互相影响情况，因为当这些题目在两地出现时，中印之间还不可能存在互相影响的情况。与之相对，燕学敏在《中印古代几何学的比较研究》一文中通过引证大量史料，非常有力地证明中印 “两国几何学的交流是互动的，对文化传播带来了积极影响”[④]。例如，江晓原在《周髀算经与古代域外天学》一文中认为，古代印度宇宙模型与《周髀算经》盖天宇宙模型之间就存在着相互影响的问题。[⑤]李约瑟亦曾推测：“二张（指张子信、张孟宾）的著作例似乎受到过印度的影响。”[⑥]反过来，有学者认为成书于 9 世纪的印度算书《计算方法纲要》，则曾受到《九章算术》或中国其他算书的影响。[⑦]当然，关于中印两国之间的数学交流和影响，目前还是一个颇有争议的问题，本书不拟展开讨论。仅就朱世杰的著作而言，《算学启蒙》受到印度计数方法的影响则是肯定的。例如，印度人在 7 世纪即用圆圈符 “○” 表示零（先有符号 “•”，后来演变为 “0”），大乘空宗而中国古代则在筹算时用空位来代替 “0”，这种状况一直持续到南宋末年。据李约瑟研究，秦九韶在他的《数书九章》（1247）里开始用 “0” 这个符号表示零，朱世杰则已经能够非常熟练地应用 “0” 来进行各种乘除加减运算了。“0” 的梵

---

① 太虚大师著，周学农点校：《真现实论》，北京：中国人民大学出版社，2004 年，第 22 页。

② （元）朱世杰撰，（清）罗士琳附释：《新编算学启蒙》，《续修四库全书》第 1043 册，第 155—156 页。

③ 曾昭安：《中外数学史》第 1 编上，内部资料，1956 年，第 235 页。

④ 燕学敏：《中印古代几何学的比较研究》，西北大学 2006 年博士学位论文，第 1 页。

⑤ 江晓原、钮卫星：《天文西学东渐集》，上海：上海书店出版社，2001 年，第 36 页。

⑥ ［英］李约瑟：《中国科学技术史》第 4 卷，《中国科学技术史》翻译小组译，北京：科学出版社，1975 年，第 531 页。

⑦ 李文铭：《数学史简明教程》，西安：陕西师范大学出版社，2008 年，第 118 页。

文名称为Sunya，意译为“空”，系大乘空宗的思想主旨。可见，印度佛教的“一切皆空”（即0乘任何一个数，都使这个数变成0；0除一切数则为无限大）的思想对元代数学的发展产生了一定的影响。

宇宙的发展和演变具有特定的层次与结构，故《道法会元》卷1《五太图》载：

道生一，一气之混沌也；一生二，二仪之清浊也；二生三，三才之人伦也。①

朱世杰把道教的这种宇宙层次思想应用到天元术的构造之中。于是，他在《四象细草假令之图》中对一元高次方程组、二元高次方程组、三元高次方程组，以及四元高次方程组分别命名为“一气混元”“两仪化元”“三才运元”“四象会元”。而这些名称都是从《周易》及其他道教著作中抽象出来的，具有鲜明的道教思想色彩。例如，《四元玉鉴》卷下有“四象朝元”6道问题，“三才变通”11道问题，“两仪合辙”12道问题，“混积问元”18道问题等。这些问题的难易程度各不相同，但其中心思想都是“太极生两仪，两仪生三才”②，三才生四象，既然建立方程是按照上面的程序一步一步地由简单到复杂，那么，破解方程就必须反其道而行之，像剥蒜皮似地由四象逆变为“三才”，而“两仪”，而“一气”。祖颐把这个过程称为“寄之，剔之，余筹易位，横冲直撞”，对此，杜石然在《朱世杰研究》③一文中有比较详尽的阐释，兹不赘述。

当然，朱世杰也把求解方程的过程称为“明理”。他说：“凡习四元者，以明理为务，必达乘除升降进退之理，乃尽性穷神之学也。”④这是朱世杰对“四元术”思想本质的一种认定，即“尽性穷神之学”。这种认识与程朱理学的认识基本一致，如朱熹说：“圣人说数，说得简略高远疏阔。《易》中只有个奇耦之数：天一、地二，是自然底数也；‘大衍之数’，是揲蓍之数也；惟此二者而已。”⑤又说：“《易》本卜筮之书，后人以为止于卜筮。至王弼用老庄解，后人便只以为理，而不以为卜筮，亦非。”⑥这两段话，我们可分作三层意思看：首先，数是“自然底数”，不是主观的创造。他说：“气便是数。有是理，便有是气；有是气，便有是数，物物皆然。如水数六，雪片也六出，这又不是去做将出来，他是自恁地。”⑦莫若在《四元玉鉴》序中亦说：“数，一而已。一者，万物之所从始。故《易》一太极也。一而二，二而四，四而八，生生不穷者，岂非自然而然之数邪。”⑧其次，传统的数是一种象数，宋元时期的数学家都不离象数。例如，秦儿韶《数书九章》第1卷《大衍类》的第一个问题就是“蓍卦发微”；朱世杰《四元玉鉴》中的“两仪”“四象”等概念，也都带有象数学的鲜明痕迹。因此，祖颐在《四元玉鉴·序》中说：该书“厘为三卷以象三才，四元以象

---

① 佚名：《道法会元》卷1《五太图》，《道藏》第28册，第676页。
② 佚名：《道法会元》卷1《五太图》，《道藏》第28册，第676页。
③ 钱宝琮等：《宋元数学史论文集》，北京：科学出版社，1966年，第177—185页。
④ （元）朱世杰原著，李兆华校证：《四元玉鉴校证》，第59页。
⑤ （宋）黎靖德编，王星贤点校：《朱子语类》卷67，北京：中华书局，1986年，第1649页。
⑥ （宋）黎靖德编，王星贤点校：《朱子语类》卷66，第1622页。
⑦ （宋）黎靖德编，王星贤点校：《朱子语类》卷66，第1622页；（宋）黎靖德编，王星贤点校：《朱子语类》卷65，第1609页。
⑧ （元）朱世杰原著，李兆华校证：《四元玉鉴校证》，第55页。

其时，分门二十有四以象其气，立问二百八十有八假象周天之数”[①]。最后，象数与理具有统一性。朱熹说：“看《易》者，须识理象数辞，四者未尝相离。”[②]故有学者认为《四元玉鉴》实际上是“理学元气论被应用于数学而成为一种求理明理的数论”[③]。这样，就使数学研究离人们的现实生活越来越远。因此，杜石然先生认为，脱离社会生产实践的需要，其内容又大都是艰深不易了解，这就构成了天元术、四元术不可能得到迅速的不间断的发展的根本原因，事实上，朱世杰著作的主要缺点也正在于此。[④]当然，从另外一个角度讲，“数学的发展，也必须不断从实践中汲取营养。然而，数学又不能停留在经验的、只求照应实际的水平上。在每一个发展阶段，它都必须认真分析自己的各个元素，研究各个元素（数、形等）之间的关系，提高理论的抽象水平。在某种意义上可以说，越是抽象的东西，越是反映着事物的实际，因为它反映着事物的本质。问题不在于理论的抽象程度，而在于这种抽象是否正确”[⑤]。

最后，笔者还想强调一点，那就是朱世杰的数学抽象能力与儒、释、道三教的融合关系密切，特别是在他这个个体身上非常突出地体现了“三教异门，源同一也”[⑥]的思想特征。

第六节　赵友钦的“革象”科学思想

赵宋王朝被元朝所代替，此亡国之痛给南宋遗民带来了很大的精神创伤。元朝推行民族歧视和草原本位政策，蒙古人成为“自家骨肉”的“国族”，地位高高在上，依次则降为色目人、汉人、南人。南人特指最后被征服的原南宋统治区内的居民，地位最低。在汉人群体中，元朝采用“离间”手法将其一分为二，其目的就是延续金与南宋时期所形成的那种“隔阂”局面。于是，“及其久也，则南北之士，亦自町畦以相訾甚，若晋之与秦，不可与同中国，故夫南方之士微矣”[⑦]。一般士人尚且如此，那么，作为南宋宗室之子的赵友钦，其命运就更难捉摸了。即使在今天，我们也无法把他的生平说清楚。赵友钦自号缘督子，遁入道门，为全真教马丹阳门派的第四代传人。他“往来衢婺山水间”，过着隐居生活。对此，赵友钦之弟子陈致虚在为其所写的传记中说：

> 缘督真人，姓赵讳友钦，字缘督，饶郡人也。为赵宗子，幼遭劫火（指蒙元灭亡南宋），蚤有山林之趣。极聪敏，凡天文经纬、地理术数，莫不精通。及得紫琼师（张模——引者注）授以金丹大道，乃搜群书经传，作《三教一家》之文，名之曰《仙佛同

① （元）朱世杰原著，李兆华校证：《四元玉鉴校证》，第 56 页。
② （宋）黎靖德编，王星贤点校《朱子语类》卷 67，第 1662 页。
③ 袁运开、周翰光：《中国科学思想史》中，合肥：安徽科学技术出版社，2000 年，第 723 页。
④ 杜石然：《朱世杰研究》，钱宝琮等：《宋元数学史论文集》，第 206 页。
⑤ 李申：《中国古代哲学和自然科学》，第 730 页。
⑥ 佚名：《道法会元》卷 1《五太图》，《道藏》第 28 册，第 677 页。
⑦ （元）余阙撰，付明易校注：《青阳先生文集》卷 4《杨君显民诗集序》，上海：上海古籍出版社，2021 年。

源》。又作《金丹问难》等书行于世。己巳之秋，寓衡阳，以金丹妙道悉付上阳子。[1]

原本《革象新书》宋濂又序云：

> 《革象新书》者，赵缘督先生之所著也。先生鄱阳人。隐遁自晦，不知其名若字。或曰：名敬，子子恭。或曰：友钦。其名弗能详也，故世因其自号，称之为缘督先生。先生宋宗室之子。习天官、遁甲、钤式诸书。欲以事功自奋……先生自世事漠然。不经意间，往海上，独居十年。注《周易》数万言。时人无有知者；唯傅文懿公立极，独畏敬之，以为发前人所未言。先生复即离去。乘青骡，从以小苍头，往来衢婺山水间。人不见其有所费。旅中之费，未尝有乏绝，竟不知为何术？倦游而休，泊然坐忘。遂葬于衢之龙游鸡鸣山原。[2]

看来，后人想要勾勒出赵友钦生平事迹的完整图像，显然很难。因此，余嘉锡先生说“盖方外之流，踪迹诡秘”[3]，传闻异辞，遂成谜案。赵友钦生前著述颇丰，然可稽考者才有六七种，除《革象新书》外，还有《金丹问难》《仙佛同源》《周易注》《推步立成》《盟天录》《石函记》等。惜以上著作除《革象新书》之外，均已失传。

《革象新书》元刻本今已不存，世所传者仅见《永乐大典》本和王祎删订本。1999年，中州古籍出版社以故宫博物院所藏文渊阁本为蓝本，将《革象新书》（5卷）收入《中国科技典籍通汇·天文卷》中。

赵友钦是宋元时期著名的道教科学家，《革象新书》被学界公认为是中国古代最优秀的科技著作之一，里面共有32个问题，几乎囊括了中国古代全部天文学的内容，既有理论又有观测和实验，内容丰富，思想深邃，不乏创见。目前，国内外学界对《革象新书》的科学研究已经取得了大量的学术成果，本节拟在前人研究成果的基础上，对赵友钦的科学思想及其成就略作阐释。

一、以“革卦大象”为基点的天文历法思想

《革象新书》之名取自《易经》。“革象”之“象”指“大象”，即《易经》各卦辞中冠以“象曰”之总纲。例如，“坤卦”之象曰：“地势坤，君子以厚德载物。”就是“坤卦大象”。“革卦”象曰：“泽中有火，革。君子以制历明时。”[4]意思是说：火与水性质相反，水润下而火炎上，两者共处一体，必然要发生变革，君子观各卦之象，能悟知四季变化的规律，顺乎自然，革故鼎新。《周易·杂卦》：“革，去故也；鼎，取新也。”

---

① （元）陈致虚：《上阳子金丹大要列仙志》，《道藏》第24册，第77页。

② （明）宋濂：《宋学士文粹辑补·〈革象新书〉序》，罗月霞主编：《宋廉全集》，杭州：浙江古籍古籍出版社，1999年，第1912页。

③ 余嘉锡：《四库提要辨证》，北京：中华书局，1980年，第696页。

④ 《周易》，《黄侃手批白文十三经》，第29页。

（一）“去故”与赵友钦对传统天文观念的批判

1. 对盖天说的批判

中国古代的天体学说，主要有三派：盖天说、浑天说和宣夜说。盖天说源自远古时期的“绝地天通”，《山海经·大荒西经》载：“大荒之中，有山名日月山，天枢也。吴姬天门，日月所人。有神人面无臂，两足反属于头。山名日嘘，颛顼生老童，老童生重及黎。帝令重献上天，令黎卬下地。下地是生噎，处于西极，以行日月星辰之行次。”①这是我国远古时期观天测地的活动，其中像“日月山”“天枢”这些概念与《周髀算经》所说的“极下璇玑”存在着某种内在联系。②可见，《周髀算经》中出现的勾股测量与七横六间必有久远的学术源流。为了叙述的方便，本部分再次引录原文于此。《晋书·天文志》云：

> 蔡邕所谓《周髀》者，即盖天之说也。其本庖牺氏立周天历度，其所传则周公受于殷商，周人志之，故曰《周髀》。髀，股也；股者，表也。其言天似盖笠，地法覆盘，天地各中高外下。北极之下为天地之中，其地最高，而滂沲四隤，三光隐映，以为昼夜。天中高于外衡冬至日之所在六万里，北极下地高于外衡下地亦六万里，外衡高于北极下地二万里。天地隆高相从，日去地恒八万里。日丽天而平转，分冬夏之间日所行道为七衡六间。每衡周径里数，各依算术，用句股重差推晷影极游，以为远近之数，皆得于表股者也。故曰《周髀》。③

这段记载包括盖天说的三个基本观念：

第一，是“天似盖笠，地法覆盘，天地各中高外下”的观念，即天体是半圆形的“盖笠”状，而地球是一个平面，这种理想化的宇宙模型主要基于勾股测量的实测方法，图示如图 4-17 所示。

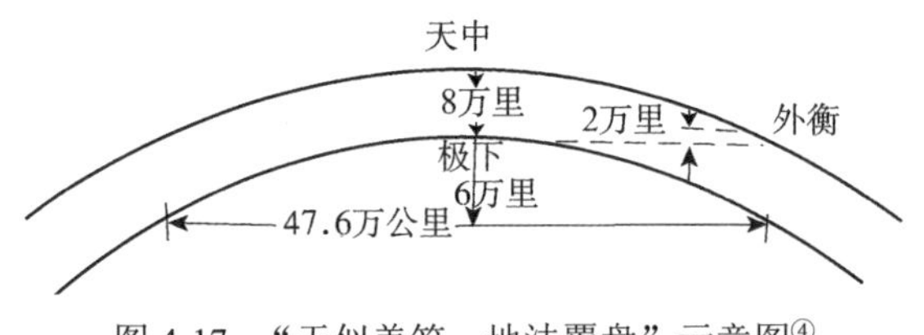

图 4-17 “天似盖笠，地法覆盘”示意图④

第二，是“日丽天而平转，分冬夏之间日所行道为七衡六间”的观念，这是图解日绕地转动（平转）的直观形式，把地球理解为一个平面，太阳在周而复始的日转动过程中，在不同季节形成了不同的运动轨迹。于是，太阳每天的运动轨道与十二节气之间，就表现出如下的几何关系（图 4-18）。

---

① （晋）郭璞：《山海经》卷 16《大荒西经》，上海：上海古籍出版社，1991 年，第 112 页。

② 江晓原：《天学真原》，沈阳：辽宁教育出版社，1991 年，第 272 页。

③ 《晋书》卷 11《天文志上·天体》，北京：中华书局，1974 年，第 278—279 页。

④ 中国科学院自然科学史研究所：《钱宝琮科学史论文选集》，北京：科学出版社，1983 年，第 381 页。

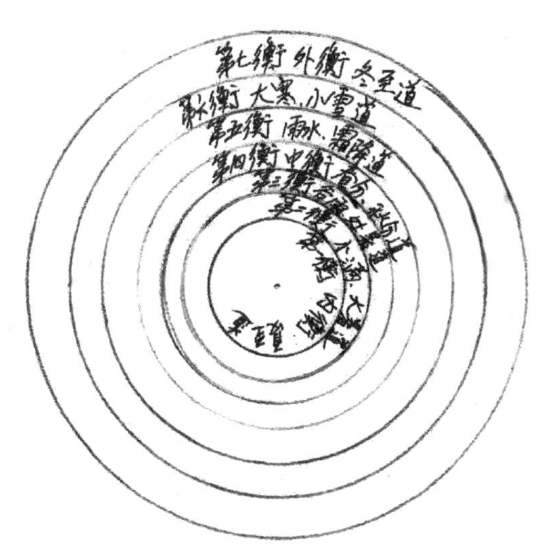

图 4-18　太阳绕地日转轨道与七衡及十二气的关系

第三，是“滂沲四隤，三光隐映，以为昼夜”的观念。根据《周髀算经》“日照四旁各十六万七千里，人所望见远近宜如日光所照”①，我们知道日光的照射面系 16.7 万里，此亦是人的视力所及之范围，在这个范围以内，太阳的运动为日出，超出这个范围，则不能看到日入。

盖天说在一定意义上能够解释昼夜变化的现象，然而，它本身也存在着不少实质性的缺陷。所以，扬雄有“八难”盖天说，从而挑起了浑天说与盖天说的论战。之后张衡、葛洪、虞喜、朱熹等都对盖天说提出了疑问，朱熹甚至说：“浑仪可取，盖天不可用。试令主盖天者做一样子，如何做？只似个雨伞，不知如何与地相附着。”②赵友钦继承了扬雄以来反对盖天说的传统天体思想，他说：

> 盖天论谓天形如盖，北极如盖之顶，正当天最高处，四海外则比盖之圆簷，其盖平旋一昼夜，而周盖顶不离元所。上天下地，地下无天，亦无南极，日常在天，未始出没，但去此度远则此夜而彼昼，去彼处远则此昼而彼夜，为其天远则似乎较低也。南地日午则为北地夜半，西地天初晓，东地天初昏，四方之更互皆然。《释典》所谓日远须弥山而昼夜互者，助盖天之说也。盖天之说以天愈低而愈远，今北斗近南则高而小，近北则低而大，由是观之，北极之北，天虽愈低却与中国相近，如此，则盖天之谬明矣。③

须弥山即佛经所说的苏迷卢山，印度的《往世书》载有同《周髀算经》相似的宇宙模型，两者的大地与天都是圆形的，且都为平行平面，“璇玑”和须弥山的正上方均系各种天体旋转的枢轴——北极。赵友钦主张三教合一，从直观推理的角度，他不满意《周髀算经》

---

① （三国・吴）赵爽：《周髀算经》卷上《日高图注》，第 24 页。
② （宋）黎靖德编，王星贤点校：《朱子语类》卷 2《理气下・天地下》，北京：中华书局，2004 年，第 27 页。
② 薄树人主编：《中国科学技术典籍通汇・天文卷》第 1 分册，郑州：河南教育出版社，1993 年，第 177 页。

和印度佛经对天地构造的认识，以及对日地关系的解释。盖天说以为“天形如笠，中央（指北）高而四边（指南）下”，也就是说“天愈低而愈远”。赵友钦发现实际情况不是这样，他以北斗为例，按照盖天说北斗应当在近北高而大，近南则低而小，然而人们看到的真实状况是“北斗近南则高而小，近北则低而大”，所以“盖天之谬明矣”。

再者，“盖天而论近日之星常隐，远日之星当常见，隐见平分周天之半，既然如是，北斗之柄与夏至太阳相近，缘何彻夜耿耿？夏至太阳躔东井，其娄、胃、张、翼诸宿，既在半周天内，缘何晨昏犹见于东西？夫日出二刻半而天先晓，日没后二刻半而天方昏，夏至太阳近北极子时，望北天自当如天之将晓，否则，岂非盖天谬耶？然太阳出没各与地城相近远，晨昏之迟早，想必不同，假若日常在天，恐众星亦距日远近而隐，既只系乎地域之昼夜则未可以尽信也”①。

盖天说建立在宇宙有限的理论之上，在此前提下，它确实不能解释日月星辰之间的“隐见”原因。在赵友钦看来，依盖天说，太阳是一个自身能发光的天体，当其他星辰运转到太阳附近时，太阳光便阻挡了其他星辰的光线，故“近日之星常隐”，反之，“远日之星当常见”，并且它们隐见的时间应当相等。可是，真实的现象却是“北斗之柄与夏至太阳相近”，不是常隐，而是彻夜常明。可见，盖天说不能自圆其说，于理不通。

与盖天说不能解释常理的缺陷不同，赵友钦认为，浑天说能较好地解释人们经验中的多种自然现象。他说：

> 夏昼长而夜短，太阳在地下时少，故井水冷；冬昼短而夜长，太阳在地下多，故井水温，是亦可一见浑天之有理。②

张衡对浑天说有下面的表述：

> 浑天如鸡子，天体圆如弹丸，地如鸡中黄，孤居于内。天大而地小，天表里有水，天之包地，犹壳之裹黄。天地各乘气而立，载水而浮。③

太阳运行到地上为白天，运行到地下为黑夜。浑天说以元气说为根基，较好地解释了日月星辰运动的根本原因，在天体理论上比盖天说更进了一步，赵友钦赞成浑天说，实在是历史的必然。但是他用井水之冬温夏冷来证明浑天说的正确性，未免失之于肤浅。因为井水冬温夏凉，是由于外界的季节气温变化，而井水始终保持在12—14℃，这个温度基本上是不变的。

在直观经验的范围内，浑天说和盖天说各有道理和优长，也各有缺陷与不足。例如，盖天说立八尺表测量日影确定节气日期的方法是正确的，但它否认天能回转于地的下面，即盖天说承认天以横向平面平转，但不承认天以纵向平面绕地旋转。要而言之，盖天说长于计算，而浑天说长于观测，两者互相补充，共同构成了一个矛盾的统一体，而浑天说与

① 薄树人主编：《中国科学技术典籍通汇·天文卷》第1分册，第177—178页。
② 薄树人主编：《中国科学技术典籍通汇·天文卷》第1分册，第177页。
③ 《晋书》卷11《天文志上》，第281页。

盖天说则成为构成此矛盾统一体的两个既互相对立又相互作用的方面，这就是浑天说为什么不能战胜盖天说的原因。事实上，盖天说的观念早已渗透到中国传统文化的血脉之中了，如天地生成之数出于圆方；中国古代的许多大型宫殿建筑都以天圆地方为模式；盖天说的天体划分与现代地理学的地球五带划分一一对应等。当然，仅就天文学来看，浑天说则更趋近于西方近代的“引力”概念，其关系是：

元气说→日月地的相互作用→引力

当然，赵友钦并没有停留在传统的浑天说水平上，照搬陈说，而是根据科学技术的不断进步，对其作了进一步的补充与修正。

2. 对浑天说的补充与修正

1）“天地正中”之异论

张衡的浑天图，比较直观地揭示了浑天说的基本思想内容（图 4-19）。

图 4-19 中“阳城”系指观测者的位置所在，在今河南省洛阳市东南登封县告成镇，夏禹都于此，史称“阳城”，此处为天地的中心。宇宙空间是否弯曲，目前天体物理学界尚在争论之中，但是把天假想成一个弯曲的球面，有利于人们用坐标的方式来表现天体的方位及观测者的视运动，它具有相对的科学真理。赵友钦认为，浑天说尽管在理论上对天体运动的解释更符合经验，但是它本身在许多方面尚有不完善之处。于是，赵友钦提出了下面两个观点。

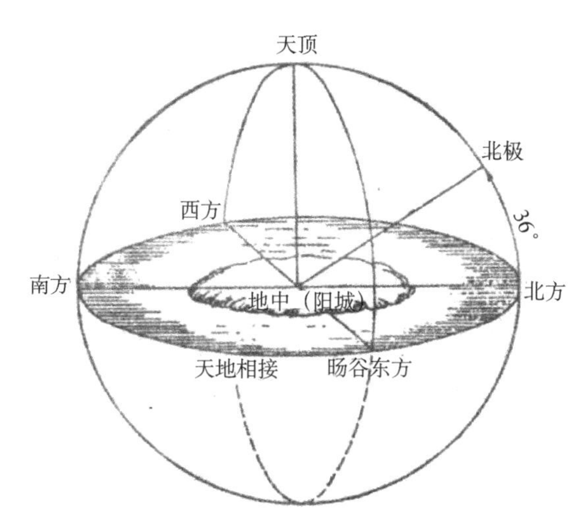

图 4-19　张衡的浑天说示意图[①]

第一，阳城不是天的中心。无论是盖天说还是浑天说，都承认天地有一个中心，而这个中心即是阳城。唐朝僧一行及元朝的郭守敬，皆主此论。而赵友钦大胆否定成说，他在《地域远近》中指出：

① 鲁子健：《巴蜀天数》，成都：巴蜀书社，2005 年，第 66 页。

古者测得阳城为地中，然非四海之中，乃天顶之下，故曰地中。[①]

依此，则天地各有一个中心。赵友钦说：

夫天体圆如弹丸，圆体中心六合之的也，周圆上下，相距正等，名曰天中，直上至于天顶，名曰嵩。高地乎不当天半，地上天多，地下天少，从地平之中直上，自有天中之所。[②]

据石云里先生研究，将天地中心裂一成二，为视差理论奠定了基础。

第二，天不是单层的球壳。天究竟是什么？中国古代有多种天的概念，如哲学和伦理层面上的天，以及盖天说与浑天说意义上的天等。浑天说意义上的天原本是指呈球面状的一个圆壳，然而，这个球面天壳如何运动？浑天说无法圆满地解释天空中各种星体的旋转运动。因此，赵友钦说：

日月星宿不著于天，乃假大化之气悬空而行，亦犹鱼之不著于地，乃假水之道而行于江河也。[③]

把宇宙之天解释为“大化之气”是比较科学的，它为人们正确解释天体的起源创造了条件。

2）日月体积不同，日体大而月体小

在传统的浑天说观念里，日月之视角同大，因而人们认为日月体积相等。对于这种由视角经验所致之错误观念，严济慈解释说：

由物体之两端，引于一目之二直线间所夹之角，称为视角。视角之大小，虽与物体之大小有关，但亦因物体之远近而异。同一物体，近则视角大，远则视角小。太阳与月球，实际之大小迥异。惟其与吾人相距之远近亦大不同，竟成相等之视角，同为32′，望之宛如日月同大也。[④]

难能可贵的是，赵友钦从经验思维上升到了一定的理论思维，得出了日体大于月体的科学结论。他说：

日虽与人相远，天去人为尤远。近视则小犹大；远视则虽广犹窄。故在天之黄道周圆虽广，以太阳度之亦只是三百六十五度四分度之一。日之圆体大，月之圆体小，日道之周圆亦大，月道之周圆亦小。[⑤]

3）“暗虚”非地影与“圆瓜”之喻

张衡在用浑天说解释月食现象时说：

---

① 薄树人主编：《中国科学技术典籍通汇·天文卷》第1分册，第169页。

② 薄树人主编：《中国科学技术典籍通汇·天文卷》第1分册，第168页。

③ （元）陈致虚：《元始无量度人上品妙经解注》引文，胡道静、陈莲笙、陈耀庭：《道藏要籍选刊（四）》，第550页。

④ 严济慈：《中国科学教科书·高中物理学》下，上海：中国科学图书仪器公司，1948年，第386—387页。

⑤ 薄树人主编：《中国科学技术典籍通汇·天文卷》第1分册，第170—171页。

夫日譬犹火，月譬犹水，火则外光，水则含景。故月光生于日之所照，魄生于日之所蔽，当日则光盈，就日则光尽也。众星被耀，因水转光。当日之冲，光常不合者，蔽于地也，是谓暗虚，在星星微，月过则食。[①]

此处的“暗虚”，解说纷纭，但大致可分为地体暗虚与日体暗虚两派。[②]其中日体暗虚派观点始自梁代的萧子显，经隋代刘焯的发展，到宋代的朱熹基本定型，遂成为“暗虚”说的主流观点。例如，朱熹认为，“望时月蚀，固是阴敢与阳敌，然历家又谓之暗虚，盖火日外影，其中实暗，到望时，恰当著其中暗处，故月蚀”[③]。赵友钦继承了朱熹的思想，并加以发挥：“古者以日对冲之处，名为暗虚，谓日之象景也。月体因之而失明，故云暗；日非有象景而强名之，故云虚。暗虚缘日而有，故其圆径与日等。”[④]严格来说，赵友钦否定月食之地体暗虚说，而主张月食之日体暗虚，在理论上有倒退之嫌。不过，对于这个问题我们绝不能简单地去判断和理解，因为我们应当着眼于古代地形观的发展，即在古代地形观的历史发展中去理解日体暗虚派的月食观。赵友钦说：

或曰：天体之内，大地在太虚之中，亦为大，月望而纬度不对者，可以偏受日光之全，大地不可旁障。若望而经纬俱对，则大地正当其间，所以相障而月食。食不尽者，稍有参差也。愚却以为不然，推暗虚者，以比圆体而求，今大地却非圆体；大地边旁四围与夫地平之下不可见其圆与不圆，夜半前后月食难以辩论矣。倘食于晨昏出入之际，则须大地之上如半覆瓜，今阳城在地中非高于四远，又且地平之北高南下，但见其平斜，地形非似半瓜，则暗虚不可言地影矣。[⑤]

因为浑天说认为天体犹如鸡蛋壳，而地球犹如鸡蛋黄，天体里面盛有水，地球就浮在水上。这里有两个问题：一是太阳不论在地球的上方还是在地球的下方，照射地球，光线如何穿透包括地球的水层？二是太阳沿水平面照射地球，地球的形状仅仅是一个半圆，而月食却有月全食和月偏食之分，当月全食时，半个地球影如何掩蔽整个月球？

关于第一个问题，李志超先生给出了一个比较合理的解释。为了使整个问题连贯和完整，笔者特引录于兹：

在张衡的宇宙模型中，地浮在水上，日月五星在水中穿行，这样，当日运行到地下时，日光就会从地四周的水中透出，水面波涛起伏，居高下望，就像毛玻璃表面一样，光线穿过时必然会发生向四面八方的漫射，使得本来应该被大地暗影所遮蔽的地方，也会有一些光亮。当然，距离漫射点越远，漫射角越大，漫射过去的光线就越少，漫射光线达不到的地方，就是张衡所说的“暗虚”。就遮光之意而言，这是地的阴影，但不是投影，更不是地球之影。显然，“暗虚”离地越近就越大，在月亮轨道的高度，其直径已经远小于陆地，月亮经过“暗虚”时，就会发生月食。由于“暗虚”不大，故

---

① （汉）张衡：《灵宪》，（明）梅鼎祚：《东汉文纪》卷13，《景印文渊阁四库全书》第1397册，第278页。

② 陈美东：《中国古代天文学思想》，北京：中国科学技术出版社，2007年，第451页。

③ （宋）黎靖德编，王星贤点校：《朱子语类》卷2《理气下·天地下》，第13页。

④ 薄树人主编：《中国科学技术典籍通汇·天文卷》第1分册，第171—172页。

⑤ 薄树人主编：《中国科学技术典籍通汇·天文卷》第1分册，第174页。

月食机会很少。恒星依附在天球上运动，比月亮离地远，“暗虚”已经不明显，这样，当恒星经过时，就只是“星微”而已，不会完全看不见。[①]

可见，从李志超对第一个问题的阐释中，我们得出了“暗虚”非地影的结论，这个结论与赵友钦的结论一致，如图 4-20 所示。

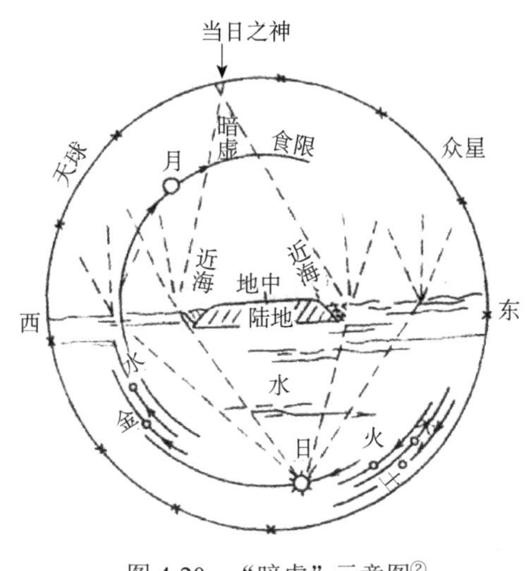

图 4-20 “暗虚”示意图[②]

至于第二个问题，不证自明。正是从这个角度，赵友钦认为“地形非似半瓜，则暗虚不可言地影矣”。那么，“地形非似半瓜”，究竟是什么？赵友钦回答说：

日月如大小二球，非若二饼之平圆也。[③]

这就是赵友钦的地圆说思想，从地方说到地之平圆说，再从地之平圆说到地圆说，中国古代先民对地形的认识，一步一步地接近真理。尽管赵友钦的地圆说还不完备，仅仅是一种假想，或者说是由于解释月食的需要，所以缺乏比较系统的理论支撑，但是他毕竟看到了“推暗虚者，以比圆体而求”，也就是说想要把月食问题解释清楚，唯有将大地形看作一个圆球，然而，在他看来，现在流行的观点认为“大地却非圆体”。可见，赵友钦试图通过否定“暗虚为地影”说来推出其地圆说，可谓用心良苦。石云里认为，赵友钦的地圆思想有两个特点：一是“地是悬浮于‘太虚之中’的一个大圆球，而非平漂浮在天球内海水之上的任何形状的浮体，也就是说，海水也在这个大球之内”；二是“地球的大小与日月大小处于同一个量级之上，而非远远大于日、月等天体”[④]。在以地心说为基本信条的古代思想范畴内，赵友钦一方面敢于冲决罗网，坚持自己的科学主张，表现出一种求真务实的科

---

① 李志超：《天人古义——中国科学史论纲》，郑州：大象出版社，1998 年，第 283—284 页。

② 李志超：《天人古义——中国科学史论纲》，第 284 页。

③（元）赵友钦：《革象新书·日月薄食》，薄树人主编：《中国科学技术典籍通汇·天文卷》第 1 分册，第 173 页。

④ 石云里：《从赵友钦的若干天文学思想看“地圆说”在元代的流传》，王渝生主编：《第七届国际中国科学史会议文集》，郑州：大象出版社，1999 年，第 275 页。

学探索精神；另一方面，赵友钦仍局限于宋代理学的紧箍，他用“阳极反亢”[①]的范畴来解释“暗虚”，致使那刚刚被点燃的科学思想火花，又慢慢地熄灭了。

3. 对邵雍“元会运世”思想的批判

邵雍是北宋著名的象数学家，他的《皇极经世书》“穷日、月、星、辰、飞、走、动、植之数以尽天地万物之理”[②]。此外，邵雍“以元会运世之数”来阐释宇宙万物的发展变化，内含时间绝对性与相对性的关系问题。他说：

> 以日经日为元之元，其数一，日之数一故也。以日经月为元之会，其数十二，月之数十二故也。以日经星为元之运，其数三百六十，星之数三百六十故也。以日经辰为元之世，其数四千三百二十，辰之数四千三百二十故也。则是日为元，月为会，星为运，辰为世，此《皇极经世》一元之数也。一元象一年，十二会象十二月，三百六十运象三百六十日，四千三百二十世象四千三百二十时也。盖一年有十二月，三百六十日，四千三百二十时故也。《经世》一元，十二会，三百六十运，四千三百二十世。一世三十年，是为一十二万九千六百年。是为《皇极经世》一元之数。一元在大化之间，犹一年也。自元之元更相变而至于辰之元，自元之辰更相变而至于辰之辰，而后数穷矣。穷则变，变则生，生而不穷也。[③]

对于邵雍创造的这份“宇宙年表”究竟合用不合用，学界各有见解，仁者见仁。赵友钦从实证的角度出发，认为邵雍之“宇宙年表”尽管气魄宏大，妙司神契，但“实不可准”，属凿空之论。他说：

> 近世康节先生作《皇极经世书》，以十二万九千六百年为宇宙之终始，世人以十二万九千六百年为宇宙之终始。世人多信其说。以愚观之，实不可准。今当言其所以然，康节之说盖谓小可观大，遂以岁月日时皆作元会运世。一元有十二会比一年之十二月也，一会有三十运，比一月之三十日也。一运有十二世，比一日之十二时也。其下则一时为三十分。一分有十二秒。三十年为一世，三百六十年为一运。一万八百年为一会，十二万九千六百为一元。天始于子会，地始于丑会，人生于寅会，谓之开物，至戌会则闭物矣。夏禹八年甲子用为午会之初，当今泰定甲子乃午会，第十运之戌世初年也。蔡氏曰：康节何以知之。以当时日月五星推而上之，所以得之也。其书却不曾载逆推之法，今以诸历详酌而求其皇极之元，非特七政无总会之事，抑皆散乱无伦，且古历元纪蔀章年月日时各有其事……康节立元会运世，各无其事，但以十二与三十相参甲子而为之……乃例以三十为用，是将整齐之数推不齐之运，犹月皆大尽而无小尽，亦不置闰矣。造历者不取其说，良有矣夫。[④]

---

① （元）陈致虚：《元始无量度人上品妙经解注》引文，胡道静、陈莲笙、陈耀庭：《道藏要籍选刊（四）》，第 550 页。

② （宋）陈振孙：《直斋书录解题》卷 9《皇极经世书》，北京：中华书局，1985 年，第 269 页。

③ （清）黄宗羲原著，（清）全祖望补修、陈金生、梁连华点校：《宋元学案》卷 9《百源学案》上，北京：中华书局，1986 年，第 373 页。

④ （元）赵友钦：《原本革象新书》卷 2《元运会世》，台北：新文丰出版公司，1997 年，第 463 页。

在这一段话里，赵友钦强调了几点：第一，邵雍所采用的“小可观大”法不可靠。赵友钦认为，邵雍的“元会运世”是从“年月日时”这样的时间单位推演出来的一套“宇宙年表”，并不是从实证得来的。第二，应用反向思维法来验证邵雍的“元会运世”是否真实可靠。邵雍的方法是由始推演终，而赵友钦则反终为始，他从终逆向地推演始，结果发现邵雍的“元会运世”与历史时期实际发生的现象或事件不对接，出现了“散乱无伦”的局面。第三，用“整齐之数推不齐之运”，不精确，难以在具体的历法实践中应用。前面我们讲过，元代学者不尚空谈而重实用，赵友钦是一位自然科学家，他的思维方式不同于邵雍的哲学思维方式。马赫说：“哲学家认为可能是开端的东西，在自然科学家看来正是他工作的遥远的终点。”①另外，“哲学家的思维寻求对事实的总体作出一种尽可能完整的纵览世界的论断，而他在建立这种论断时，不依据专业科学提供的知识是不行的。专科研究者的思维首要任务是在一个比较小的事实领域作出论断和概观”②。若此，则赵友钦对邵雍诸方法的批判，站在“专科研究者的思维”立场上，不能说不对，也不能说没有价值和意义。问题是，对邵雍的研究方法应当辩证地去分析。比如，“小可观大”是一种普遍适用的科学研究方法，即使在现代的高科技时代，也不过时。我们知道，按照物体的空间尺度由小到大排列，可以排出下面的序列：

夸克→电子→原子核→原子→分子→生物体→地球→星云→太阳系→银河系

在这个序列中，能不能用“小可观大”法来研究不同空间尺度的物体性质呢？答案是肯定的。例如，卢瑟福把原子核与太阳系类比，作出了原子核模型的假说，就是一个著名的实例。用“整齐之数推不齐之运”亦如此，微积分的性质即是用直线去求解曲线，而刘徽的割圆术采用的方法便是以“齐”求“不齐”，或可说是化“不齐”为“齐”。至于邵雍提出“以十二万九千六百年为宇宙之终始，世人以十二万九千六百年为宇宙之终始”的宇宙循环思想，就细节来说，邵雍的观点肯定是错误的，但是这个思想的本质却没有错，现代科学研究愈益揭示出四维时空宇宙的“始终”性，如银河系的循环周期是2.5亿年，太阳系的能量起伏周期为2.5亿年，地球生命的毁灭周期为2600万年。③当然，赵友钦对邵雍“元会运世”批判的科学思想意义，主要在于其怀疑精神和敢于否定成说的探索意识。诚如清人钱大昕所言：“邵康节元会运世之数，后儒遵信，莫敢有异议者。独缘督讥其不可准，谓以诸家术求皇极之元，不特七政无总会之事，抑且散乱无伦。此真通人之论，非精于推步者不能知，非胸有定见者不能言也。”④

（二）“鼎新”与赵友钦的天文新思想

《革象新书》提出了许多新思想和新见解，既有理论的突破又有方法的创新，他深究遁甲（古代传统的时空应用预测学），然《革象新书》却与《灵台秘苑》、《乙巳占》、《开元占经》等偏向奇门占候的天文著作相区别，寡言虚妄，法自然和实证，内容平实易读，因而

---

① ［奥］恩斯特・马赫：《认识与谬误》，洪佩郁译，北京：东方出版社，2005年，第3页。

② ［奥］恩斯特・马赫：《认识与谬误》，洪佩郁译，第3页。

③ 吴兴杰：《哲思新论》，北京：学林出版社，2009年，第127页。

④ （清）钱大昕著，陈文和、孙显军校点：《十驾斋养新录》，南京：江苏古籍出版社，2000年，第303页。

在中国古代科学思想史上独树一帜，地位特殊。

下面我们着重从观测和实验科学的角度，对赵友钦的创新思想进行探讨。

1. 月体半明与月球反射太阳光模拟实验

月球本身不发光，但是月相的盈亏变化是怎么回事？在赵友钦之前，人们并不能科学地解释这个现象。为此，赵友钦在《革象新书·月体半明》里用模型直观而形象地演示了月相的发生原理。其实验步骤和方法是：

> 以黑漆球于檐下映日，则其球必有光可以转射暗壁。太阴圆体，即黑漆球也。得日映处则有光，常是一边光而一边暗，若遇望夜则日月躔度相对一边光处，全向于地，普照人间，一边暗处全向于天，人所不见，以后渐相近，而侧相映则向地之边渐少矣。至于晦朔则日月同经为其日与天相近，月与天相远，故一边光处全向于天，一边暗处却向于地，以后渐相远，而侧相映则向地之边光渐多矣。由是观之，月体本无圆缺，乃是月体之光暗半轮转旋，人目不能尽察，故言其圆缺耳。至于日月对望，为地所隔，犹能受日之光者，盖阴阳精气隔碍潜通，知吸铁之石、感霜之钟，理不难晓。①

用现代科学实验的基本要求来衡量，上述实验包括四个组成部分：实验目的；实验用品；实验步骤；实验结论。

（1）实验目的：模拟月相的盈亏变化。

（2）实验用品：日光；屋檐；绳索；墙壁；黑漆球。

（3）实验步骤：将一象征月体的黑漆球悬挂在屋檐下，对准日光旋转，观察其体相在墙壁上的变化状况，如图 4-21 所示。

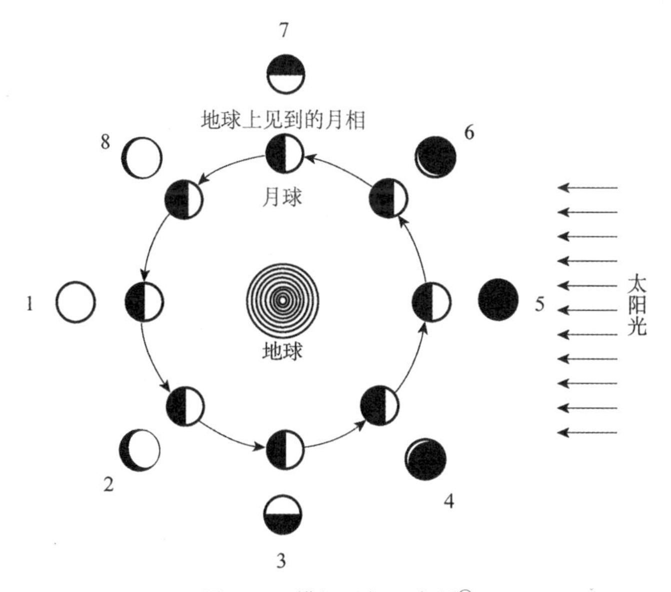

图 4-21　模拟月相示意图②

① （元）赵友钦：《革象新书·月体半明》，薄树人主编：《中国科学技术典籍通汇·天文卷》第 1 分册，第 170 页。

② 祝亚平：《道家文化与科学》，北京：中国科学技术大学出版社，1995 年，第 172 页。

图 4-21 中的“1”系指望月，此时月亮与太阳处于正相反的方向，人所见为整个月面，即“若遇望夜则日月躔度相对一边光处，全向于地，普照人间”；“2”系指残月，此时月亮开始亏，其可见部分逐渐减少，即“以后渐相近，而侧相映则向地之边渐少矣”；“3”系指下弦，这时月亮处在太阳之西 90°，人所见月相为半圆，即“月离日九十余度，则人见光一半，故谓之弦”[①]；“4”系指娥眉月，即下弦之后，“月光渐亏，逐渐远，光渐少”[②]；“5”系指晦朔，或称“新月”，此时月球恰巧位于太阳和地球之间，人所见月亮全是黑暗部分，即“晦朔则日月同经为其日与天相近，月与天相远，故一边光处全向于天，一边暗处却向于地”；“6”系指娥眉月，此时人所见仅为月亮上被光照半球的一小部分，即“以后渐相远，而侧相映则向地之边光渐多矣”；“7”系指上弦，此时月亮位于太阳东 90°；“8”系指凸月，此时人所见月亮表面的大部分，然后又回到望月的位置，如此周而复始。

（4）实验结论：一是“月体本无圆缺，乃是月体之光暗半轮转旋，人目不能尽察，故言其圆缺耳”；二是猜测到日月之间存在着“引力”，即“日月对望，为地所隔，犹能受日之光者，盖阴阳精气隔碍潜通，知吸铁之石、感霜之钟”。对此，陈美东先生高度评价了赵友钦的这一科学贡献和思想成就。他说：“（赵氏）认为在太阳和月亮之间有‘阴阳精气之潜通，如吸铁之石，感霜之钟，莫或间之也’。即以为由于阴阳精气的作用，像磁石吸引铁或铜钟凝结霜一样，使两个距离遥远，似乎难以沟通的天体之间建立起联系。对于这种超距作用的存在，赵友钦是以磁石引铁的磁引力，及水气无可阻挡地凝于铜钟而成霜的事实加以论证的。这里，他是以传统的阴阳说加上磁引力的思想，用以说明天体之间相互作用的有价值的推测。”[③]三是太阳体积大于地球和月球，《革象新书·月体半明》有三段小字，夹注于上下两个版面之间，其中一段夹注云：“案月体较小于地体，而皆少于日。三者于太虚之间，如三九热月入暗虚，而亏食暗虚，当日之冲为地景也。”[④]我们知道，“地心说”的主要物质基础是地球的体积大于太阳和月亮，如三国时期的天文学家徐整认为，“日、月径千里，大星径百里，中星径五十里，小星径三十里”[⑤]。其中，“日、月径千里”是浑天说的主要理论依据，比如，张衡认为“日月之径居一度之半”[⑥]，而 0.5°可由“千里而差一寸”推得，其值为 1000 里。[⑦]与“日、月径千里”相比，张衡认为地广（即八极之维）“径二亿三万二千三百里，南北则短减千里，东西则增广千里”[⑧]，即地球的直径为 232 300 里，是日、月直径的 232.3 倍。张衡的地顶面八角形，如图 4-22 所示。

---

① （元）陈致虚：《元始无量度人上品妙经解注》引文，胡道静、陈莲笙、陈耀庭：《道藏要籍选刊（四）》，第 552 页。
② （元）陈致虚：《元始无量度人上品妙经解注》引文，胡道静、陈莲笙、陈耀庭：《道藏要籍选刊（四）》，第 552 页。
③ 陈美东：《中国科学技术史·天文学卷》，北京：科学出版社，2003 年，第 546 页。
④ （元）赵友钦：《革象新书·月体半明》，薄树人主编：《中国科学技术典籍通汇·天文卷》第 1 分册，第 170 页。
⑤ 中国天文学史整理研究小组：《中国天文学史》，北京：科学出版社，1981 年，第 68 页。
⑥ （唐）瞿昙悉达：《开元占经》上引祖暅《浑天论》，长沙：岳麓书社，1994 年，第 17 页。
⑦ 李志超：《天人古义·中国科学史论纲》，郑州：大象出版社，1998 年，第 314—315 页。
⑧ 《后汉书·天文上》注 4，北京：中华书局，1965 年，第 3216 页。

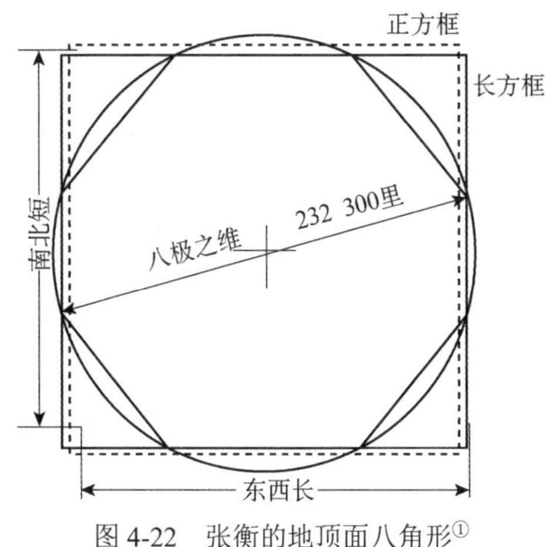

图 4-22　张衡的地顶面八角形①

这样，从理论上，日月星辰均围绕着地球这个庞然大物运转就是合情合理的，至少符合人们的生活经验。然而，赵友钦却提出了日大于地体的观点，这是对地心说的潜在颠覆，如果沿着这个思路发展下来，中国古代极有可能形成日心说的天体理论。可惜，这个机会却迟迟没有来临。

2. 经星定躔与观测恒星赤经差的新方法

利用浑天仪测量天体的入宿度，以此来确定恒星的具体位置，是中国古代绘制全天星表的基础，如《石氏星表》《开元占经》等，便是极好的例证。入宿度是指以赤道为坐标，以二十八宿中的某个宿的距星为标准，用来测量某个天体与这个距星之间的赤经差，因此，用一般浑天仪进行测量，其难度还是比较大的，这就是中国古代的天文学家为什么不遗余力地通过革新浑天仪的结构来不断提高其测量天体入宿度和去极度水平的重要原因。当然，像赵友钦这样完全抛开浑天仪的结构特点去独创一套观测恒星赤经差的新方法，在中国古代天文学发展史上实在不多见。《革象新书 • 经星定躔》载其新法曰：

> 于地中置立壶箭、刻漏，虽依旧制，但用水迟速不同，木箭之刻画亦异。箭分一百四十六画半（实为一百四十六画又十分之一画），一昼夜之间其箭浮沉各五十次，如是，则一日不云百刻，乃云百箭。盖以一日分为百箭之久，每日天体绕地一周，则是运行三百六十度余四之一，天运一度，则箭之浮沉移四十画，百箭总计一万四千六百五十画（实为一万四千六百一十画），乃天体绕地一周之数也。此壶漏不常用，但以推测经星度数。然一昼夜之间换水五十次，恐有参差则时刻与天先后，常就一所置立壶漏四所，制度相同，庶几可以互见。是正壶漏，在于屋内别于檐外，置一木架，四柱而中空，不拘大小高低，内容一人，坐立架上，平放长木两条，其长与架相称，高五寸许，阔二寸许，各凿水沟，试令平正，两木之间留一长罅，其阔不及半寸，约三四分，首尾广狭均亭，直指子午中向。所谓中向者，正午表景最短，则凭其指南，候昏见时。人于架内窥测，其眼须当低罅一尺有余，否则所望不定。若于长木之上，以板

① 王立兴：《浑天说的地形观》，《中国天文史文集》编辑组：《中国天文学史文集》第 4 集，北京：科学出版社，1986 年，第 132 页。

> 加之令高，则不必低罅一尺矣。然亦当用两人以两架测之。庶几可以彼此参较，观象者候视各宿，若距星来当罅中随即声说，看箭者言其箭画数数目，秉笔者记之。然箭画以五色间杂，庶几便于夜观，其余中外天官亦当如此。推测当再验三四夜以审订焉，且测半周天，其余候过半年而推测。①

在这个观测恒星赤经差新法中，需要准备下面几件观测仪器。

（1）浮箭漏。它由漏壶和箭壶组成。其中漏壶装水，并由此壶漏出水；箭壶收集漏下来的水，箭舟置于此壶，随着集水逐渐增多，箭舟即托着刻有“一百四十六画半”的箭不断上升，看箭杆上的刻画来计算时间。至于文中所说的漏刻“依旧制”，当系指莲华漏（图 4-23）。莲华漏由上匮和下匮两个壶组成，其中下匮开两个漏水孔，上下各一，下孔漏水入箭壶，用来指示浮箭刻画，上孔则维持水位的稳定，一旦水位高出上孔的位置，水即刻从孔中漏出，流入减水盘中。赵友钦为了保证漏刻的精确，而“常就一所置立壶漏四所，制度相同”。

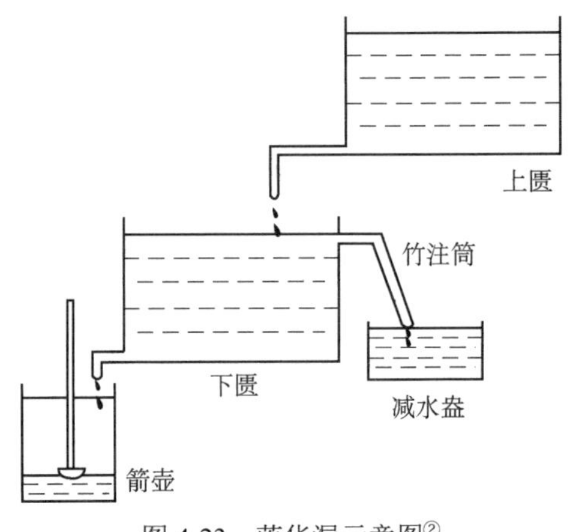

图 4-23 莲华漏示意图②

（2）自制观测架。由三个部分构成：木架一个、带水沟的长木两条、窥测者，图示如图 4-24 所示。

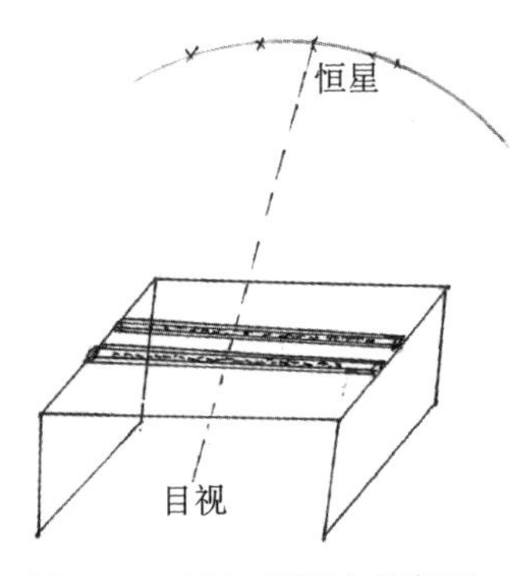

图 4-24 子午观测法示意图

① 薄树人主编：《中国科学技术典籍通汇・天文卷》第 1 分册，第 170 页。

② 李慕南：《古代天文历法》，开封：河南大学出版社，2005 年，第 44 页。

这种观测方法的关键在于，如何使两条长木之间的缝隙正对准当地子午线，然后用两次刻画数之差，求出二星（即二十八宿的距星与某恒星）的赤经差。其优点是：第一，观测方便、迅捷，仅需一夜就能观测出半个天球中各主要恒星的经度；第二，因陋就简，省却了制作大型浑仪的成本，便于在民间开展天文观测活动；第三，一架观测仪器所观测的结果未必准确，为了提高观测数值的精确度，赵友钦主张同时立两架观测仪器，相互参验，多次观测，尽量减少误差，这种天文观测思想即使在今天也具有非常重要的实践意义；第四，此观测原理和方法与近代子午观测原理相一致，他“利用两个恒星上中天的恒星时刻差来求赤经差，这是一个新的创造”[①]。因此，《四库全书提要》评论此法“于测验极疏”，有失公允。

3. 横度去极与测定恒星去极度的新方法

所谓“去极度”，系指所测天体距天北极的度数，或者说是指距星赤纬的余角。图 4-25 中 *B* 星的入宿度为弧 *ab*，*A* 星为二十八宿距星，*PB* 为去极度。

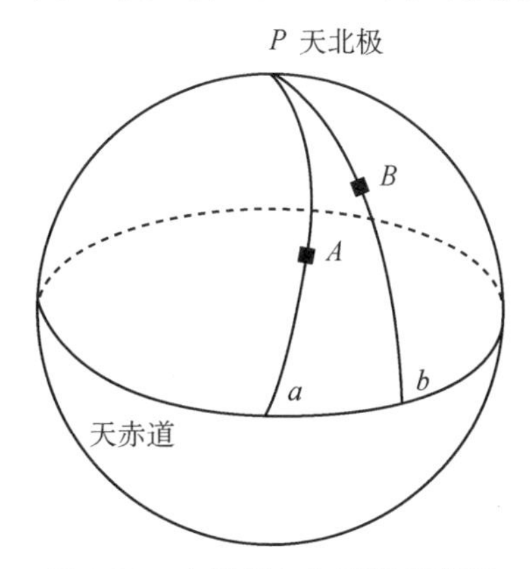

图 4-25　去极度与入宿度示意图

追溯历史，去极度至少在《周髀算经》一书中就出现了，《石氏星表》载有 120 多颗恒星的去极度，这是我国第一份古星表。《开元占经》则根据浑仪重新实测了《石氏星表》所载 120 多颗星宿的去极度，宋代杨惟德等进一步对周天星官进行测量，得到了 341 颗恒星的入宿度和去极度。到元代，郭守敬利用先进的简仪，实测了 741 颗星的去极度，有 631 颗星误差小于 1°，并编有《新测二十八宿杂坐诸星入宿去极》1 卷。然而，即使如此，在赵友钦看来，“浑仪不可测经度，亦不可测横度（指赤纬）”[②]。于是，为了克服浑天仪的观测缺陷，他创制了测定恒星去极度的新方法，这在中国古代恒星观测史上尤其是对于推动民间天文观测历史的发展具有非常重要的意义。《革象新书 • 横度去极》载其方法云：

> 其法不拘四时，不用壶漏，亦不用经度之架，别置一架以测之。但须地中测验方得其正，先于露地凿为方穴正向子午，傍挟卯酉，以四柱木架置于穴中，高出地平数寸许，方广称穴，架内可容人坐立，尺寸不拘，其穴口之南，树一长木，与架相远丈余，高七尺许，其架之作十字之交，但十字之木不向子午卯酉，乃斜指四维而构于柱，

① 中国天文学史整理研究小组：《中国天文学史》，第 53 页。

② （元）赵友钦：《革象新书 • 横度去极》，薄树人主编：《中国科学技术典籍通汇 • 天文卷》第 1 分册，第 180 页。

正交之心，树立一表，约高六尺，作窍于表首，可通琴线，不须宽广，但令线无涩滞，其窍向南之下二尺许，别凿一方窍，将平木一条于穴内，毋令突露，窍北其平木约厚二寸许，阔四寸许，长出窍南一丈，稳附于架南，所树之木平，木正指子午之中，上凿水沟，以试平正，于平木左边均画九十一度有奇，乃周天四分之一，以一寸准为一度。又于平木之上一寸许，再构平木一条，与在下之平木不异。但在上之画处作通窍，可容铁箸。在下者之画处，只作浅窍，以承铁箸，铁箸长二尺许，首大窍似乎大针之状，插在平木最南之画窍，箸窍系以琴线，穿从表窍，过北有窥筒，约长五尺以上，首尾各有一环，下环在筒尾之上侧数寸许，系于表根上环，系于瑟线，窥筒直倚表北，瑟线长短称之……一人在架外地上，而渐移铁箸，箸移画窍，而北窥筒之首，渐移然恐东西摇曳不定，当订两木于表测以夹之，铁箸逐画北移则可以测众星所在之度。①

从上述文字中我们不难看出，组织一次纬度观测，需要准备的仪器有木架、表杆、望筒、带有刻度的木板、带眼儿的小铁棍、琴线等。其结构看似简单和浅陋，其实非常巧妙和科学，与今天的天顶仪相仿，可见其设计水平之高，令人叹服。

就其观测方法而言，它的突出特点是：将人在天中下的观测转变为人在天中的观测，即先在东西方向上观测赤道恒星在不同视天顶距时到中天所需的恒星时刻，从而算出真天顶距，然后再将这个读数刻在原来标志天顶距读数的位置上。依此，人们在子午方向上观测时就能直接读出真天顶距的读数。

4. 编制星表与星图

上述观测方法的效果究竟怎样？赵友钦用来观测恒星，将其观测结果编制成星表和星图，并勒石为碑。可惜，楮墨泯灭，他的星表和星图都没有保存下来。据称，其星图直到清代中后期才失传，因为清代前期的梅文鼎曾一睹赵友钦的星图。梅文鼎在《中西经星同异考·序》中说："余尝见元赵缘督友钦石刻图，阁道六星在河中，作磬折层阶之象。"②可见，梅文鼎所看到的赵友钦的星图，一定是他根据自己所编制的测星表而绘制的，但它与元代郭守敬所编制的星表有何异同，今已无从知晓了。不过，《新元史》称赵友钦"发明《授时历》之蕴"③，定当有所依据。

5. 赵友钦的光学实验

《革象新书·小罅光景》是一篇中国古代最优秀的光学实验文献，这在实验科学不甚发达的中国古代，尤为难能可贵。这篇光学实验报告包括光线直射、针孔成像及照度等内容，其实验结论是：照度随光源强度的增加而增加，随距离的增加而减少，已接近照度与距离平方成反比的定律。④其具体方法和实验步骤，请参见拙著《南宋科技思想史研究》第 5 章"以针孔成像和月亮盈亏为内容的光学实验"⑤，兹不赘述。

---

① （元）赵友钦：《革象新书·横度去极》，薄树人主编：《中国科学技术典籍通汇·天文卷》第 1 分册，第 180 页。

② （清）梅文鼎：《中西经星同异考·序》，薄树人主编：《中国科学技术典籍通汇·天文卷》第 6 分册，第 965 页。

③ 柯劭忞：《新元史》卷 241《赵友钦传》，第 3468 页。

④ 李迪主编：《中国数学史大系》第 6 卷《西夏金元明》，北京：北京师范大学出版社，1999 年，第 285 页。

⑤ 吕变庭：《南宋科技思想史研究》，北京：人民出版社，2010 年，第 605—609 页。

6. 勾股测天与重差测量方法的改进

“重差”的本义就是测量太阳高远的方法，它源于《九章算术·重差》篇，后刘徽在此基础上创立测量远方物体之法。他说：“立两表于洛阳之城，令高八尺，南北各尽平地，同日度其正中之景。以景差为法，表高乘表间为实，实如法而一。所得加表高，即日去地也。”①列成算式等于

太阳距离地面高度=｛（表高×两表间距）÷景差+表高｝。

唐朝把此章从《九章算术》中移出，独立成书，是谓《海岛算经》，方法亦不单指测日高，而是“凡望极高，测绝深而兼知者远者，必用重差、勾股”②，足见中算家对此术的重视。传统的重差术仅立两表，其测法简单方便，是其优点，但在实际操作过程中不免会暴露出表高难直，以及受半影干扰不易保证表影长度的准确性等缺点。所以，赵友钦对传统重差术作了改进：

> 于表首之下数寸许，作一方窍。所以低四寸者，恶其表首景淡也，所以方其窍者，盖小窍有景不随空罅之象，必随日月之形。
>
> 若谓表高难直者，当并树两表，构横木以为高，架横木之中，订一方环如前表窍之制，须当稳定不摇曳，却悬一直绳以代木表，系于悬虚之中，坠石去地寸许，令其急而不缓，则直可准矣。③

这些技术的改进都不复杂，但在提高勾股测量的精确性方面不仅实用，而且效果明显，尤其是他重视实测，主张不能完全依靠纸上推理，体现了中国传统数学发展的主导理念，有其合理性的一面。当然，忽视理论思维在数学发展历史中的作用，应是其局限性的主要表现之一。

二、温故求新和在疑难中立言的科学创造精神

明代王祎在《重修革象新书·序》中说：“其书（指《革象新书》）有推步立成等篇，皆载古验之例而革象者，测天地、日月、五星、四时之故，历象之制俱在焉。”④其中“载古验之例”确实体现了《革象新书》的思想特点。比如，《革象新书》习惯于用“古人”作为“首语”，比如，“古人仰观天象，遂知夜久而星移斗转渐渐不同”⑤；“古者因见天暑而日高近北，天寒而日低”⑥；“古人以冬至为第一日，逐日记之”⑦；“古人测验得月圆一次不及

① 《九章算术注·原序》，上海：上海古籍出版社，1990年，第1页。
② 《九章算术注·原序》，第1页。
③ （元）赵友钦：《革象新书·勾股测天》，薄树人主编：《中国科学技术典籍通汇·天文卷》第1分册，第186页。
④ （元）赵友钦撰，（明）王祎删订：《重修革象新书·序》，台北：新文丰出版公司，1997年，第457页。
⑤ （元）赵友钦：《革象新书·天道左旋》，薄树人主编：《中国科学技术典籍通汇·天文卷》第1分册，第155页。
⑥ （元）赵友钦：《革象新书·日至之景》，薄树人主编：《中国科学技术典籍通汇·天文卷》第1分册，第155页。
⑦ （元）赵友钦：《革象新书·岁序终始》，薄树人主编：《中国科学技术典籍通汇·天文卷》第1分册，第155页。

三十日，是二十九日有余”[①]；“古者以建寅之月为正”[②]；“前代造历者，逆求往古，冬至岁月曰上元”[③]；“古者推步七政，多求其总会于甲子”[④]；“古者测得阳城为地中”[⑤]等。尊古而不泥古，从古人的知识积累中发现问题，是孔子治学的主导思想。《论语·述而》说：“我非生而知之者，好古，敏以求之者也。”此处的“好古敏求”与“温故知新”是一个意思，它的思想本质是指人类的知识是一个不断延续的过程，任何思想成果都是在前人学术经验基础上的继承和发展，割裂历史就不会有科学的进步，所以李泽厚把孔子的这个思想称为“历史理性”[⑥]。如果把这个理性纳入中国古代整个科学技术发展的历史长河里，那么，这个历史理性就变成了科学理性。宋元科学技术之所以能达到中国古代科学发展的最高峰，就是因为这个科学理性在里面起着十分关键的作用。从这个层面说，赵友钦无疑是宋元时期具有这种科学理性的杰出代表之一。

（一）温故求新的科学研究方法

在旧学术中研求探讨，以获得新见解，这就是温故求新。赵友钦的科学研究固然离不开实验、观测、数理等具体的实证思维方法，但是归根到底，把每一个学术问题都放在人类知识发展的历史过程中去加以求证、考察、理解、分析和批判，则是赵友钦科学研究的根本方法。

1. 对“浑仪制度”的考察

赵友钦信奉浑天说，故对张衡浑天仪及张衡以后历代天文学家对浑天仪的改进都非常关注。他说：

> 古者有浑天仪，又有所谓盖天、宣夜，盖天不可凭信，宣夜失其所传。浑天之仪有三：一曰六合仪，二曰三辰仪，三曰四游仪，共为一器。[⑦]

浑天仪究竟以何者为祖型？或者说浑天仪的制造应当上溯到何时？学界议论纷纷，各持异见。概括起来，主要有西汉的落下闳和耿寿昌说、东汉的张衡说、舜说、唐尧说及未详说。例如，徐爰认为：“浑仪之制，未详厥始。”[⑧]然而综合来看，主张“璇玑玉衡”为浑天仪之祖型者，占多数。例如，郑玄释《虞书》所载“舜在璇玑玉衡，以齐七政”时说：“其转运者为玑，其持正者为衡，皆以玉为之。七政者，日月五星也。”[⑨]赵友钦在《革象新书·浑仪制度》结尾说：“于三辰仪上布列珠玉，比为星象，即古者璇玑玉衡之遗制也。”[⑩]在此，赵友钦承认“璇玑玉衡”为浑天仪的祖型。《隋书·浑天仪》所叙浑天仪的历史，亦

---

① （元）赵友钦：《革象新书·闰定四时》，薄树人主编：《中国科学技术典籍通汇·天文卷》第1分册，第156页。
② （元）赵友钦：《革象新书·历法改革》，薄树人主编：《中国科学技术典籍通汇·天文卷》第1分册，第159页。
③ （元）赵友钦：《革象新书·历法改革》，薄树人主编：《中国科学技术典籍通汇·天文卷》第1分册，第162页
④ （元）赵友钦：《革象新书·元会运古》，薄树人主编：《中国科学技术典籍通汇·天文卷》第1分册，第163页。
⑤ （元）赵友钦：《革象新书·地城远近》，薄树人主编：《中国科学技术典籍通汇·天文卷》第1分册，第169页。
⑥ 李泽厚：《论语今读》，合肥：安徽文艺出版社，1998年，第184页。
⑦ （元）赵友钦：《革象新书·浑仪制度》，薄树人主编：《中国科学技术典籍通汇·天文卷》第1分册，第178页。
⑧ 《宋书》卷23《天文一》，北京：中华书局，1974年，第677页。
⑨ 《隋书》卷19《天文上》，北京：中华书局，1973年，第516页。
⑩ 薄树人主编：《中国科学技术典籍通汇·天文卷》第1分册，第178页。

以璇玑玉衡为始点，所以赵友钦的看法是有所依凭的。

据李政道先生考证，璇玑玉衡由圆盘、直圆柱望筒及方形套筒组成，其柱筒中心留有一个孔，圆盘边沿刻有凹槽，当人们通过盘边的凹槽观测天空时，每个槽中有一颗亮星。由于唐代以前的浑天仪已不可详考，赵友钦直接以唐代李淳风所造浑天仪为阐释之范例，图示如图 4-26 所示。

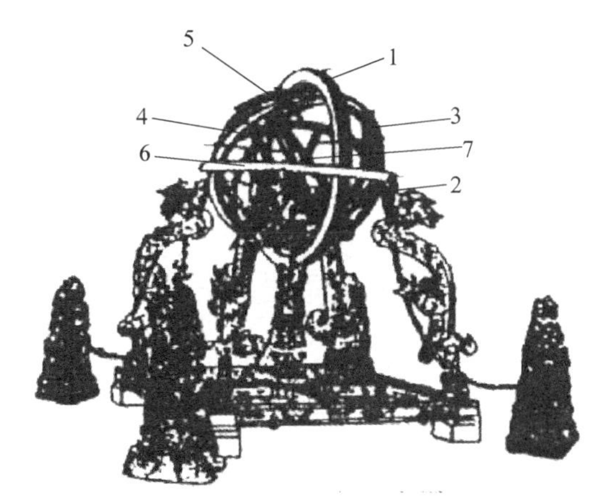

图 4-26　李淳风浑天仪示意图

注：1. 子午圈；2. 地平圈；3. 赤道圈；4. 三辰仪；5. 四游仪；6. 天轴；7. 窥管

李淳风的浑天仪由三个部分组成：一是六合仪，二是三辰仪，三是四游仪，三者“共为一器”，下面分述之。

1）六合仪

六合（指东、西、南、北、上、下六个方向）仪系浑天仪最外的一圈，由子午圈、地平圈和赤道圈固定在一起所构成。考，苏颂的《新仪象法要》列有“六合仪”，并强调该名称始于李淳风，可惜内容叙述不甚详细。苏颂认为，“六合仪”由双规、地浑、天常三部分环构成，与之相较，《隋书·浑天仪》记述梁华林重云殿前所置铜浑天仪的结构却十分详细：

> 其制则有双环规相并，间相去三寸正竖当子午。其子午之间，应南北极之衡，各合而为孔，以象南北枢。植楗于前后以属焉。又有单横规，高下正当浑之半。皆周市分为度数；署以维辰之位，以象地。又有单规，斜带南北之中，与春秋二分之日道相应。亦周匝分为度数，而署以维辰，并相连者。属楗植而不动。其里又有双规相并，如外双规。内径八尺，周二丈四尺，而属双轴。轴两头出规外各二寸许，合两为一。内有孔，圆径二寸许，南头入地下，注于外双规南枢孔中，以象南极。北头出地上，入于外双规北枢孔中，以象北极。其运动得东西转，以象天行。其双轴之间，则置衡，长八尺，通中有孔，圆径一寸。当衡之半，两边有关，各注著双轴。衡即随天象东西转运，又自于双轴间得南北低仰。①

陆敬严等依《新仪象法要》为准，参考其他文献记载，绘制了“六合仪”图，具体结构

① 《隋书》卷 19《天文上》，第 517—518 页。

包括经阳、纬阴、天常环、南杠轮及北杠轮（图 4-27）。

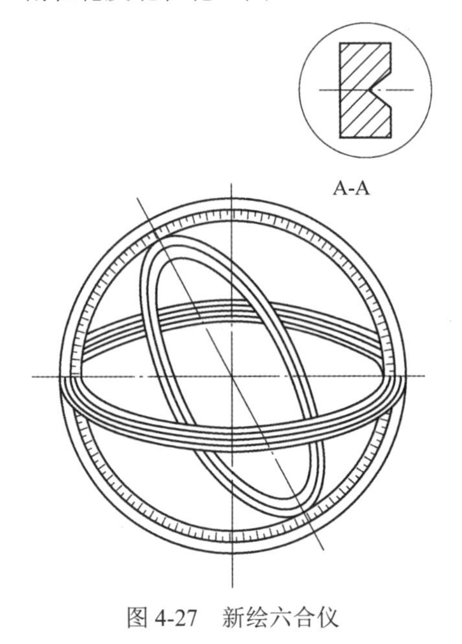

图 4-27　新绘六合仪

这个新绘六合仪用赵友钦的解释则更加直观：

> 所谓六合仪者，平置一黑环，准为地平，列十二辰及八干、四隅于其上，又置黑双环并结于地平之子午，半在地上，半在地下，比为天脊于其侧，刻为周天去极之纬度，从地平子位而上三十六度，夹一小板于黑双环之间，板中通一圆窍，比为北极。又从地平午位而下三十六度，亦夹一小板，作为圆窍，比为南极。则置赤单环比为赤道，于上刻周天之经度结于地平卯酉（指东西——引者注），其赤环最高处结于北极之南九十一度，初天顶之南三十六度也。四环总六合仪比如天地之定位，赤环虽刻周天之经度寔非周天之经度，乃周地之经三百六十余度也。黑环虽刻周天去极之度六，只是周地之纬度三百六十有余也。盖为六合仪不以运转天体却左旋，故云周地而不云周天也。①

文中用黑、赤两环来区分子午圈与地平圈，其中“黑双环”实即子午圈，李淳风名“阳经”，苏颂则称作“天经”（宋代尚有“阳经双环”“经二”“天经双环”等名称），上刻周天度数；“黑环”，亦即“地平”，实即地平圈，苏颂称作“地浑”（宋代尚有“阴纬单环”“纬一”“阴纬单环”等名称），此圈上刻有“四隅”（即艮、巽、坤、乾），“八干”（即甲、乙、丙、丁、庚、辛、壬、癸）、十二辰（即子、丑、寅、卯、辰、巳、午、未、申、酉、戌、亥），而地平圈的南北和天经（或子午）圈相互固接；“中通一圆窍”的小板，苏颂称作“南北杠轮”；“赤道单环”，苏颂称作“天常环”，上有“百刻制”，即把一昼夜分为 100 刻。一般学者都将“六合仪”解释为三环结构，而《隋书·浑天仪》和赵友钦的《革象新书·浑仪

① 薄树人主编：《中国科学技术典籍通汇·天文卷》第 1 分册，第 178 页。

制度》却将其述为“四环”结构，这是怎么回事儿？一是依据不同，人们通常依据李淳风浑仪，而赵友钦和《隋书·浑天仪》不仅依据李淳风浑仪，还参考了“梁华林重云殿前所置铜浑天仪的结构”；二是“梁华林重云殿前所置铜浑天仪的结构”，将“天常环”一分为内、外两环。这样，《隋书·浑天仪》述浑天仪的结构为双环规（即子午圈）、单衡规（即地平圈）、单规和内双规（即天常环），而赵友钦的《革象新书·浑仪制度》则述为黑环（地平圈）、黑双环（子午圈）、赤单环及赤环（即天常环）。因此，将天常环分成内外两环，无疑更接近“六合仪”的历史真实。

2）三辰仪

中国古代把日、月、星叫作三辰，唐代以前的浑仪多由两重构成，至李淳风时，他将两重增加到三重，其增加的一重即为三辰仪，可在六合仪内旋转，而六合仪固定不动。它实际上是三个圆环（黄道环、白道环和赤道环）相交而成。黄道环标志太阳之位置，白道环标志月亮之位置，赤道环则标志恒星之位置，上面都有各坐标系统的读数装置。对于此仪，《新唐书·天文志》载：

（黄道单环）古无其器，规制不知准的，斟酌为率，疏阔尤甚。今设此环，置于赤道环内，仍开合使运转，出入四十八度，而极画两方，东西列周天度数，南北列百刻，可使见日知时。上列三百六十策，与用卦相准。度穿一穴，与赤道相交。白道月环，表一丈五尺一寸五分，横八分，厚三分，直径四尺七寸六分。用行有迂曲迟速，与日行缓急相及。古亦无其器，今设于黄道环内，使就黄道为交合，出入六度，以测每夜月离，上画周天度数，度穿一穴，拟移交会。皆用钢铁。①

在此，“三辰仪”由三个环构成，而苏颂的《新仪象法要》则绘“三辰仪”仅由黄道和赤道组成，外置“四象环”。与前两者所载“三辰仪”的结构略有不同，赵友钦在《革象新书·浑仪制度》中述“三辰仪”由“五环”所构成。其文云：

> 所谓三辰仪者，亦置黑双环，与六合仪之双环同，但圆径较小，所刻才是周天去极之度，不可言周地度矣。所以然者，此双环之北板窍与六合仪之北板窍相通，共贯一圆轴，南板亦然。轴既圆，则此双环可以运转，转于六合仪内。转非定体，故云此是周天去极度，亦置赤单环如六合仪者，附结于双动环之上，去极九十一度，乃是卯酉两月太阳所过之躔，赤环所刻周天赤道之度，可以随双环而运转之。别置黄单环，附结于赤环之卯酉宿度，仍刻周天黄道度数。恐黄赤两环动摇不稳，又作白环佐辅之，使无倾欹之患。其白环于天却无所比，此五环总为三辰仪。②

依此，绘示意图，如图4-28所示。

---

① 《新唐书》卷31《天文志二十一》，第808—809页。

② 薄树人主编：《中国科学技术典籍通汇·天文卷》第1分册，第178页。

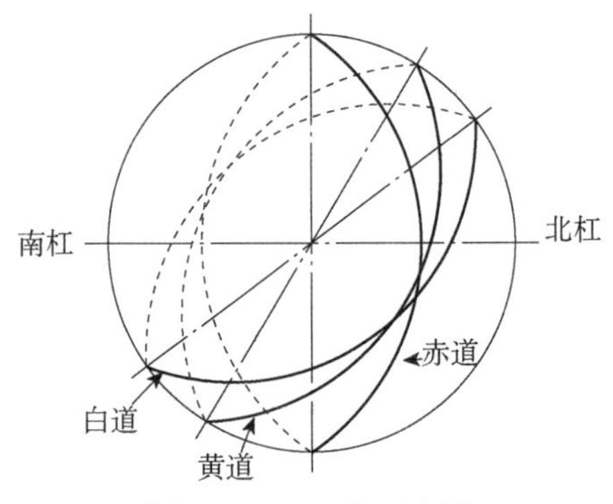

图 4-28　三辰仪示意图

黄道是指太阳在恒星间的视运动，而白道是指月亮在恒星间的视运动，对于实际的天体观测，其实白道的意义不大。所以赵友钦说："恐黄赤两环动摇不稳，又作白环佐辅之，使无倾欹之患。"从这个角度看，沈括取消白道环，以扩大人们的观测视阈，确实具有里程碑的意义，从而开辟了浑仪由综合和复杂化逐渐向分工和简化发展的新路径。因此，至元十三年（1276），元代郭守敬大胆地取消了黄道环和白道环，同时又将地平坐标（由地平圈和地平经圈组成）和赤道坐标（由赤道圈和赤经圈组成）分别安装，整个观测视野十分开阔。这样，因环圈相互交错，遮掩天区越大而观测范围越小的矛盾就被彻底解决了。

在此，赵友钦对郭守敬的简仪没有进行介绍，是其缺陷，但我们不能不加分析地说他思想保守。事实上，在元朝的科学技术发展过程中，赵友钦所遇到的这种学术窘况主要是由当时的特定历史环境造成的，我们不能苛求于他。

3）四游仪

"四游"是指其双环规在三辰仪内能够上下左右移动，《尚书·舜典》所记载之"璇玑"，即是指此仪。这种观测仪的主体部分由双环规、直距及望筒构成，主要用于观察星象和测度日晷时刻。其结构示意图，如图 4-29 所示。

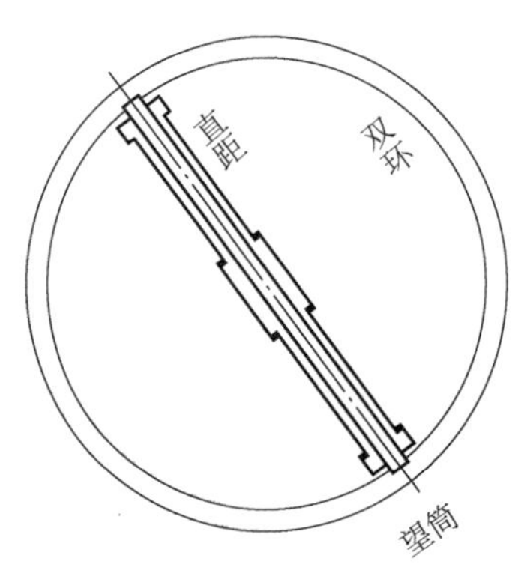

图 4-29　四游仪示意图

赵友钦解释说：

所谓四游仪者，亦置黑双环，与三辰仪之双环同，但圆径较小，于上亦刻周天去极度，其北极窍与在外二板窍通，一轴南板亦然，此双环之内，各置一直干，名曰直距，似乎圆扇之脊，与两极相比，数均，上下俱一，外轴量距之长去其当半处，作一圆窍，别置一圆板，之心穿定八尺衡管圆板，两傍联为圆轴，横距于直距之两窍，轴圆可转，则衡管可以南北低昂而窥天，又随此双环而运转东西，则无往而不可窥望，故曰四游仪。[①]

此处的解释与苏颂的《新仪象法要》“四游仪”的技术大体一致，不但如此，赵友钦还继承唐代梁令瓒、宋代苏颂制作水运浑仪的技术传统，认为：

窥管长八尺，故四游之环，经八尺，在外者以此而异宽，若测望各宿星躔，则于三辰环上知有几度，中外天官亦知分隶在各宿几度，分隶在去极几度，又于南轴之外接连一长木，以此长木贯定水轮引水运之，则南轴因此而转，使其一昼夜而周。又可比天体之绕地一周也。[②]

可见，把浑仪与浑象结合起来，推动水运仪象朝更高的技术阶段发展，是赵友钦探索“浑仪制度”的基本态度。在元代，浑仪制造已经向简仪的方向发展了，而赵友钦仍坚持相对复杂化的水运仪象研究思路，从科学思想史的角度看，两者并不矛盾。因为苏颂水运仪象自元代以后，问津者寥寥，此制作技术几近失传。虽然赵友钦没有能力复兴水运仪象的科学研究，但他对水运仪象孜孜以求，不遗余力，反映了中国古代科学技术发展本身所具有的曲折性和延续性特点。

2. 对元代以前历法改革的考察

历法改革是中国古代天文学发展的核心问题，每当改朝换代，物换星移，封建帝王的首要任务就是“改正朔，更历数”[③]。至于为什么改历，它是人们违背客观规律的主观妄为，还是中国古代历法本身发展的内在要求？赵友钦作了科学的回答。他说：

历法则因气朔有差，后世累改。[④]

气朔这个概念包括两层意思：第一层意思是指以太阳回归年为时间长度的太阳历法，我国古代将自冬至到下一个冬至的时间，等分为24段，每一段对应一个“气”，是谓二十四气；第二层意思是指以朔、晦、弦、望为时间长度的太阴历法。而全部历法的中心在于正确地反映回归年的周期的时间长度，因此，制定历法的程序应当是按照回归年的时间长度来划分适当的月份（不是朔望月），即先定年后定月。可是，中国的传统历法却是先定月，后定年，其间由于月、日运动的不均匀性，结果导致气与朔分离。所以，赵友钦说：

一阳生于子中，才交冬至，已属次年。盖冬至日极于南，却转而北，午景极长，

---

① 薄树人主编：《中国科学技术典籍通汇・天文卷》第1分册，第178页。

② 薄树人主编：《中国科学技术典籍通汇・天文卷》第1分册，第179页。

③ 《晋书》卷18《律历志下》，第536页。

④ （元）赵友钦：《革象新书・历法改革》，薄树人主编：《中国科学技术典籍通汇・天文卷》第1分册，第160页。

渐改而短，亦犹夜以后属次日，界于子时正中，世间人事一日始于天晓，一年始于建寅之月，故古者以建寅之月为正。①

古人历法以冬至与朔日相合的那一天作为新历的岁首（即开始），据钱宝琮先生考证，战国时期大约黄河中游地区实行农历夏时，以建寅之月为正月；黄河下游地区实行周时，以建子之月为正月，具体情况如表4-5所示。

表4-5　夏商周三历岁首差异表

十二个朔望月月建	寅	卯	辰	巳	午	未	申	酉	戌	亥	子	丑
夏历	正	2	3	4	5	6	7	8	9	10	11	12
殷历	2	3	4	5	6	7	8	9	10	11	12	正
周历	3	4	5	6	7	8	9	10	11	12	正	2

从表4-9中不难看出，周历把建子之月作为正月，已经考虑到了以冬至为岁首的历法要素，应当较夏历和殷历都要符合太阳回归年的时间长度。赵友钦说："冬至得十一月中气，一阳来复，为天道之初也。"②然而，中国古代为什么长期实行夏历时？原来实行夏历时是儒家经典的信条，例如，孔子在《论语·卫灵公》中就曾明确主张"行夏之时"。由于这个缘故，中国古代历法一直围绕着夏历或称《置闰太阴历》进行历法改革，虽然取得了诸多成就，但归根到底没有抓住历法的实质和核心。因而"不管其采用怎样的置闰法和怎样的划分闰周，都没有也不可能正确地反映年（岁）周期的时间长度"③。用赵友钦的话说就是：

周衰之时，司天失职，汉太初历粗为可取，然犹疏略未密。唐一行作《大衍历》，当时以为密矣，以今观之，犹自甚疏。盖岁浅则差少，未觉久而积差渐多，不容不改，要当随时测验，以求天数之真。④

此段话不仅明确了中国古代历法改革的内在原因，而且指出"随时测验"的根本目的就在于"求天数之真"。它概括和总结了中国古代历法发展的基本规律，是元代历法认识由感性阶段上升到理性阶段的一次巨大飞跃。另，从深层的剖面解读，则一方面，它反映了中国古代历法普遍存在的一个基本事实："在新历颁行之初，气与朔尚相配。但由于中气之间的长度与朔望月的长度不一，随着时间的推移，气、朔渐渐相离。"⑤另一方面，也是一种潜意识，那就是他认为社会的发展应当因时而变。比如，赵友钦对"上元积年"的批评即是一个典型事例。《革象新书·积年日法》云：

① 薄树人主编：《中国科学技术典籍通汇·天文卷》第1分册，第159页。
② （元）赵友钦：《革象新书·时分百刻》，薄树人主编：《中国科学技术典籍通汇·天文卷》第1分册，第167页。
③ 陈元方：《历法与历法改革丛谈》，西安：陕西人民教育出版社，1992年，第38页。
④ 薄树人主编：《中国科学技术典籍通汇·天文卷》第1分册，第160页。
⑤ 胡道静、金良年：《梦溪笔谈导读》，成都：巴蜀书社，1988年，第390页。

前代造历者逆求往古冬至岁月，曰上元，乃履端于始也。从上元而下，至当时顺推以后求其余分，普尽总会如初，乃归余于终也……当今至元辛已改《授时历》，采旧历截元之术，凡积年日法皆不取。盖历年未久，已有先天后天之失，况远求数千万岁，岂可必其总会耶？！且黄帝之时，大桡始作甲子，今欲求甲子于黄帝以前，徒使筹策繁杂，终不得天道之真也。①

就历法的发展而言，求上元积年实在是一件“徒使筹策繁杂，终不得天道之真”的事情。因此，中国古代有不少历家如杨伟、何承天、马重绩等都不用上元积年，然而，一直到《授时历》颁行，上元积年才真正被历家废弃不用。《授时历》“以至元辛巳（1341）为元”，对此，《元史·历志二》称“比之他历积年日法，推演附会，出于人为者，为得自然”②。“为得自然”与“求天道之真”在本质上是一致的，而崇尚实测、贬抑虚妄则是郭守敬和赵友钦两位科学巨匠所共有的科学思想特征，也是其取得一系列重大科学实验新成就的强大思想动力和价值取向。

（二）在疑难中立言的科学创造精神

1. 注重新观念、新理论、新方法及新思想的阐释

《革象新书》确实突出以“新”立言的特色，在其所阐释的32个问题中，提出了许多新概念、新理论、新方法及新思想，“颇亦发前人所未发”③。

1）“恒星时”观念的提出

在《革象新书·经星定躔》里，赵友钦明确提出了用两颗恒星间在上中天的“恒星时”时刻差来求得其赤经差之方法，引文见前。

2）“夜子时”观念的提出

李淳风称“古历分日，起于子半”④，即将零时12点作为一日之始。但比较明确地提出“夜子时”者当推赵友钦，他在《革象新书·时分百刻》中说：

子时之上，一半在夜半前，属昨日；下一半在夜半后，属今日。⑤

3）对地理经纬度观念的传播

至元四年（1267），天文学家扎马鲁丁来到元大都，带来了一批西域仪象，其中有一件“苦来亦阿儿子”，实系地球仪，“其制以木为圆球，七分为水，其色绿，三分为土地，其色白。画江河湖海，脉络贯串于其中。画作小方井，以计幅圆之广袤、道里之远近”⑥。在此，地理经纬度概念非常直观地展现在元代天文学家面前。赵友钦是否目睹过扎马鲁丁带来的

① 薄树人主编：《中国科学技术典籍通汇·天文卷》第1分册，第163页。
② 《元史》卷53《历志二》，第1178页。
③ （清）永瑢等：《四库全书总目》卷106《子部·天文算法类一·原本革象新书》提要，第893页。
④ （宋）司马光：《资治通鉴》卷195《唐纪十一·太宗贞观十四年》，北京：中华书局，1956年，第6157页。
⑤ （元）赵友钦：《革象新书·时分百刻》，薄树人主编：《中国科学技术典籍通汇·天文卷》第1分册，第167页。
⑥ 《元史》卷48《天文志一·西域仪象》，第999页。

地球仪，不得而知，但他对地理经纬度概念应用得很娴熟，表明他已从其他渠道认识并比较熟悉地掌握了此概念。故《革象新书·偏远准则》说：

> 愚今思索，因得偏定卯酉之方权……置一木架如地中所测经度（实为纬度）者，其两木所开长罅指直指偏卯酉之假准绳，测望天眷之纬度。所谓天眷者，自地平际上至北极，自北极上至嵩高，自嵩高南至地平午际，比如一环之半周，名曰天脊………①
>
> 求地中之术亦可用以相参。先定所偏子午卯酉绳墨，却就春分前二日，或秋分后二日，太阳正当赤道时分，于辰申中刻视表景而画于地，但不用偏地刻漏之辰申，须当以偏地刻漏较取地中之辰申正时，然后将其辰申表景与所偏地表景相较，若偏子午之绳墨近辰景而远申景者，其地偏东；若近申景而远辰景者，其地偏西。若偏卯酉之绳墨近申景而远辰景者，其地偏东；近辰景而远申景者，其地偏西。量其所偏远近，则是地偏东西之数。②

从原理上讲，用上述方法测出来的数值，实际上就是地理经纬度。

4）对割圆术的创新

中国古代对圆周率的计算，从圆周率=3 到祖冲之得到 3.141 592 6<正数（即圆周率的准确值）>3.141 592 7 的结果，已经达到了很高的水平。可是，祖冲之是如何算出圆周率准确值的，由于《缀术》失传，其法难以知晓，更无人对其进行验算。赵友钦认为：

> 方为数之始，圆为数之终。圆始于方，方终于圆。《周髀》之术无出于此矣。③

赵友钦实质上已经认识到割圆术是一个由方到圆亦即将直线形不断转化为曲线形的极限过程。在这个思想原则的指导下，赵友钦算出了圆内接正八、正十六和正三十二边形的一边边长。他说：

> 围自四角之方增为八角曲圆，为第一次，若第二次则求为曲十六，若第三次则求为曲三十二，若第四次则求为曲六十四。加一次，则曲必倍。至十二次则为一万六千三百八十四。其初之小方，渐加渐展，渐满渐实，角数愈多而其为方者不复为方而为圆矣。故自一、二次求之以至一十二次，可谓极其致密，若节节求之，虽至千万次，其数终不穷。④

其中赵友钦求“十二次则为一万六千三百八十四”即 4×212 边形的边长为 3141.592 寸，然后与“祖率”的分母 113 相乘，得 355 尺，恰为“祖率”的分子。这样，赵友钦通过割圆的方法证明了 $\pi=\frac{355}{113}$ 最为精密。

---

① （元）赵友钦：《原本革象新书》卷 4《偏远准则》，《景印文渊阁四库全书》第 786 册，第 260—261 页。

② 薄树人主编：《中国科学技术典籍通汇·天文卷》第 1 分册，第 182—183 页。

③ （元）赵友钦：《革象新书·乾象周髀》，薄树人主编：《中国科学技术典籍通汇·天文卷》第 1 分册，第 187 页。

④ 薄树人主编：《中国科学技术典籍通汇·天文卷》第 1 分册，第 187 页。

2. 从明确的定义来规范科学研究

如何在论述科学问题时立言准确和严谨，对所用到的诸多概念进行必要的定义是学术研究的基本功。《革象新书》就其立论体系的构建来说，它的定义应用非常成功，因而使该书的逻辑色彩比较浓厚，说理性很强。概念本身亦是历史的和发展变化的，所以通过对概念的定义可以透过现象看到事物的本质，有利于对所研究问题的深化。

由于赵友钦对许多概念都作出了比较明确的定义，一一介绍，篇幅过长。因此，我们下面仅择要述之。

1）对“四余”的定义

“四余”原本是一个星命学概念，它是指紫气、月孛、罗睺和计都四个虚构的天体，光怪斑驳，充满了神秘色彩。赵友钦批判性地对“四余”进行了改造和还原，使之恢复了科学本真。他解释说：

> 月行不由黄道，亦不由赤道，乃出入黄道之内外也。北有紫微垣，帝座居之，故北曰内，南曰外。所谓九行者，只是一道，其道与黄道相交，如赤道然……月道与黄道相交处，在二交之始，强名曰罗睺；交之中，强名曰计都。自交初至于交中，月在黄道外，名曰阳历，乃背罗向计之处也；自交中至于交初，月在黄道内，名曰阴历，乃背计向罗之处也。月道比水路，日道比旱路，罗计比桥，罗计渐移，是犹桥道年年改异，亦太阳岁差捲欸之理也。[①]

又，“夫月孛者，是从月之盈缩而求，盈缩一转该二十七日五十五分四十六秒，月行三百六十八度三十七分四秒半，孛行三度一十一分四十秒半，以黄道周天之度并孛行数，即月行处也……夫紫气者，起于闰法，约二十八而周天，《授时历》以一十日八十七分五十三秒八十四毫为岁之周，紫气则一岁行一十三度五分四秒六十毫八十芒”[②]。

“罗睺”之名最初见于唐代的《九执历》中，后《九曜占书》赋予其吉凶之意义，尤其是印度的《七曜攘灾诀》和《都赖聿斯经》（介绍四余观）在9世纪被翻译介绍到中国之后，“九曜吉凶”之类的观念在唐宋民间非常盛行。所以尽管宋代有臣言在官历中“削（其）不经之论”[③]，但是欲从观念上消除古代民众对于某些天体的“不经之论”，不能仅仅依靠行政手段，最终还须依靠科学，科学是战胜有神论的最重要武器。赵友钦正是站在这样的立场来正确认识“四余”的科学内涵的，既不简单抛弃，又不一味信从，而是基于科学发展的水平，存真取精，坚决剔除其星占内容，从而揭去“四余”的神秘面纱，还其客观的和本来的面目。此举对明清天文学家将“四余”吸收到官历中产生了积极的影响。我们知道，在赵友钦之前，“四余”仅在民间以占算吉凶的形式流传，而自赵友钦之后，明代《大统历》正式出现推步四余的术法。[④]

---

① （元）赵友钦：《革象新书》卷2《月有九行》，薄树人主编：《中国科学技术典籍通汇·天文卷》第1分册，第166页。

② （元）赵友钦：《革象新书·五纬距合》，薄树人主编：《中国科学技术典籍通汇·天文卷》第1分册，第176页。

③ 《宋史》卷82《律历志十五》，第1947页。

④ 黄一农：《清前期对“四余”定义及其存废的争执——社会天文学史个案研究（上）》，《自然科学史研究》1993年第3期，第244页。

2）对“气积”与寒暑关系的认识

《革象新书·日至之景》有下面一段叙述：

昼长则人间阳气积多而暑，日低则天不久而昼短，昼短则人间阳气渐少而寒，此寒暑因日而变也。[①]

用阴阳二气的变化来解释寒暑的成因，是盖天说的一个思想内容。《晋书·天文志》载：

《周髀》家云：“天员如张该天圆如张盖，地方如棋局。天旁转如推磨而左行，日月右行，随天左转，故日月实东行，而天牵之以西没。譬之于蚁行磨石之上，磨左旋而蚁右去，磨疾而蚁迟，故不得不随磨以左回焉。天形南高而北下，日出高，故见；日入下，故不见。天之居如倚盖，故极在人北，是其证也。极在天之中，而今在人北，所以知天之形如倚盖也。日朝出阳中，暮入阴中，阴气暗冥，故没不见也。夏时阳气多，阴气少，阳气光明，与日同辉，故日出即见，无蔽之者，故夏日长也。冬天阴气多，阳气少，阴气暗冥，掩日之光，虽出犹隐不见，故冬日短也。”[②]

宋代张载则用“阳气升降”来解释寒暑的形成，他说：

阳日上，地日降而下者，虚也；阳日降，地日进而上者，盈也。此一岁寒暑之候也。[③]

赵友钦继承了张载的“阳气论”思想，并结合他自己长期的天文观测经验，对一年内寒暑季节的形成提出了一种新的看法和认识。当然，这种看法和认识是建立在他对“气积”概念的恰当定义之上的。此“气”主要指阳气，阳气盛而热，反之则寒。赵友钦说：

夏至昼最长，日最近北，乃午中也。冬至昼则最短，日最近南，乃子中也。然大暑在六月，却是未中；大寒在十二月，却是丑中。若以昼夜论之，未时热甚于午，丑时寒过于子。此盖甑灶之理也。夫灶火甚炎，可比午中矣。然甑蒸之气犹未其盛，及其甑热气盛，则灶火已稍衰矣。在后灶火尽灭，可比子中矣。然甑蒸之气又良久，而后始衰。寒暑之理岂非积久而气盛乎！[④]

这里，赵友钦把“寒暑”看作“阳气”之量的积累过程，由量变到质变，这是符合自然原理的。

3）区分天文与地理两个学科所说的“地中”概念

《周礼·地官·大司徒》载：“正日景以求地中……日至（指夏至）之景，尺有五寸，谓之地中。”当时，有人在登封市的告成镇（旧称“阳城”）以土圭测日影。因此，后人习惯称“阳城”为地中。实际上，古人所说的“地中”仅仅是标志国土的中心线，而并非大地之

① 薄树人主编：《中国科学技术典籍通汇·天文卷》第1分册，第155页。

② 《晋书》卷11《天文志上·天体》，第279页。

③ （宋）张载著，章锡琛点校：《张载集》，北京：中华书局，1978年，第11页。

④ （元）赵友钦：《革象新书·气积寒暑》，薄树人主编：《中国科学技术典籍通汇·天文卷》第1分册，第168页。

中央。但是，中国古代的天体学说都以地球为中心。因此，确定地球的中心在理论上对于封建统治者改历建朔是十分有必要的。就此而论，赵友钦一方面批判“盖天舛理”，另一方面又保留了其中的一些概念，如“地中”即是一个实例。《周髀算经》认为，天地的中心在“北极”之下，而《周礼》则主张在阳城，赵友钦沿袭了《周礼》的说法，但他在概念上作了区分：

四海之内不中于阳城，中于四海者，天竺以北，昆仑以西也。若论天之所覆通地与海而言中，却是中于阳城。①

三、赵友钦的思想局限

赵友钦在科学思想方面成就卓著，在中国古代科学思想史上占有非常重要的地位，这是问题的一个方面；另一方面，我们还应看到，由于时代的局限，他的思想中还必然夹杂着许多不正确的观念和错误的认识，对此，我们也应实事求是地指出来。因5卷本《四库全书提要》曾对赵友钦的未是之论逐条指斥，为避免重复，我们于兹仅择要概述之。

1.“地上天多，地下天少”的错误观念

浑天说是中国古代正统的天体学说，而赵友钦是浑天说的积极支持者。诚然，赵友钦确实用浑天说正确解释了许多天体运动现象，不过，浑天说认为地球浮在水中，这就容易导致“地上天多，地下天少”观念的形成。实际上，赵友钦的天体观是以宇宙的有限性为前提的，而宇宙本是一个无限的时空连续体，在这个时空连续体里，地球仅仅是一个很渺小的星体。赵友钦看不到这一点，这是他出现上述错误观念的认识论根源。

2.“地心说”的思维定势

浑天说认为诸天体附着在绕极轴旋转的天体球上，而我们居住的大地位于整个宇宙的中心。这是一种既实用又符合人们日常生活经验的宇宙学说。因此，与现代天文学的许多观测结论相符合。相反，思想更加卓越的宣夜说，之所以不能被中国古人所接受，其超越于人们的经验之外，应是一个重要因素。中国古人习惯于用经验和实用思维来考量天地万物的存在价值，赵友钦亦不例外。在《革象新书》里，赵友钦认为昼夜长短是由于“冬夏之日躔，东西移差多、南北移差少；春秋则黄道斜移南北，虽东西行而南北差速于冬夏”②。从日地关系的角度看，这个解释是错误的，因为昼夜形成是地球自转而不是太阳在黄道上运行快慢的结果。赵友钦又说：“日体绕地一周，虽然悬虚无迹，而有必由之道，谓之黄道。世人仰观日轮，似乎附着天体，所印天体之一遭，乃是在天之黄道，在天之黄道比一大环，日行之道比一小环，小环在大环内。”③如果我们把“在天之黄道”理解为银河系，那么，“在天之黄道比一大环，日行之道比一小环，小环在大环内”就是正确的。然而，在地心说的经验思维世界里，日地关系完全被颠倒了。

---

① （元）赵友钦：《革象新书·地域远近》，薄树人主编：《中国科学技术典籍通汇·天文卷》第1分册，第169页。
② （元）赵友钦：《革象新书·昼夜短长》，薄树人主编：《中国科学技术典籍通汇·天文卷》第1分册，第167页。
③ （元）赵友钦：《革象新书·日月薄食》，薄树人主编：《中国科学技术典籍通汇·天文卷》第1分册，第170页。

3.“地平说”的思维定势

赵友钦对地球形状的认识非常矛盾，比如，他承认浑天说之“天如鸡子，地如中黄”的观念，然而，对“天如鸡子，地如中黄”却作了下面的解释：

> 然鸡子形不正圆，古人非以天形相肖而比之，但喻天包地外而已，以此观之，天如蹴球，内盛半球之水，水上浮一木板，比似人间地平，板上杂置微细之物，比如万类。蹴球虽圆转不已，板上之物俱不觉知。①

正如石云里先生所说，赵友钦因受浑天地平说的禁锢太深，因而他“仅根据一些直觉经验就轻易否定了地圆的观点”。另外，赵友钦在《革象新书·日轮分视》中提出了一个具有中国古代科学特色的天体视差理论。可是，由于此理论的基础是“地平说”，结果他把以“天中”为基点的坐标系和以“地中”为基点的坐标系，尤其是把基于这两种坐标系测得的天体位置之间的差数，也就是视差，所造成的视觉效果全部头足倒置。

4. 割圆术中的一点瑕疵

割圆术的杰出成就，已见前述。这里，我们着重指出两点瑕疵：第一，“赵友钦所讨论的只是内接多边形，因而他所求出的应只是不足近似值，但是 $\pi=\frac{355}{113}$ 却是一个过剩近似值，赵友钦没有能够指出”②；第二，诚然，“赵友钦的推理是严密的，计算也准确无误。但他在假设圆径 10 寸而求得圆内接正八边形周长之后，说：‘此以小数求之，不若改为大数。所以然者，盖求至十二次，数之降者渐小，愈小则不便于数名。’于是，他‘将大弦（即直径）改为一千寸，大弦幂改为一百万寸，第一次大勾幂改为五十万寸……’实际上，这是不必要的。在小数表示中，李冶已取消数名，只用数码。赵友钦虽在李冶之后，但未采用这一先进数学成果”③。

由此观之，《四库全书提要》批评赵友钦“地球浑圆随处皆有天顶，而此书（指《革象新书》）拘泥旧说，谓阳城为天顶之下”及“日道岁差一条：岁差由于经星右旋。凡考冬至日躔跋某星几度几分为一事。至《授时法》所立加减，谓之岁差消长，与恒气冬至、定气冬至，又为一事，迥乎不同，而此书合而一之”等，都反映了赵友钦确实在某些问题上存在着囿于旧说的缺点和不足。但这些缺点和不足，相对于赵友钦的科学贡献来说，终究是次要的。李约瑟曾说：“天文和历法一直是‘正统’的儒家之学。”④然而，在元代，天文学却在一定程度上是在道家思想的推动下向前发展的。

所以，无论从儒家还是从道家的立场看，赵友钦都是中国 13—14 世纪最杰出的科学思想家之一。

---

① （元）赵友钦：《革象新书·天道左旋》，薄树人主编：《中国科学技术典籍通汇·天文卷》第 1 分册，第 155 页。

② 杜石然：《数学·历史·社会》，第 535 页。

③ 孔国平：《李冶朱世杰与金元数学》，石家庄：河北科学技术出版社，2000 年，第 269 页。

④ ［英］李约瑟：《中国科学技术史》第 4 卷《天学》，《中国科学技术史》翻译小组译，北京：科学出版社，1975 年，第 2 页。

本章小结

除了医学和道、儒、释及人文学者的科技思想之外，在科学技术的其他领域也涌现出了不少杰出的科学家，如郭守敬等人。他们所编《授时历》采用新的天文观测数据，并应用新的数学方法（包括三次差内插法、球面三角学和高次方程数值解法等）来推算太阳、月球和星体的运行度数以及计算太阳视赤纬的转化等，所以陈遵妫评论说："元代以前制定的历法，差不多有八九十种，其中属于创作的有十几种；而最著名的只有三种，即太初历、大衍历和授时历。太初历假托于黄钟，大衍历则附会于易象，唯有授时历，根据晷影，全凭实测，打破古来治历的习惯，开后世新法之源。"①

李冶和朱世杰是闪耀在金元数学天空上的两颗巨星，英国学者伟烈亚力曾评价说："元初，李冶、朱世杰两君以立天元一术，大畅厥旨，荟萃各家，穷极奥渺。自元迄明，此学几绝，而盘珠小术盛行于世。"②王祯《农书》继往开来，并以"天时不如地利，地利不如人和"为思想主旨，首创《农业地域图》和《授时指掌活法之图》，是我国第一部不分南北对我国整个农业生产作系统研究的农书，尤其对各种农业器械的性能和构造介绍甚详，图文并茂，成为后世农书考述农业器具的典范。薛景石的《梓人遗制》专论各种木制机械，段成已"序"云：此书"取数凡一百一十条。疑者阙焉。每一器必离析其体而缕数之。分则各有其名，合则共成一器。规矩尺度，各疏其下，使攻木者览焉，所得可十九矣。"③惜原书图谱多有佚失，《永乐大典》存本仅约 6400 字，其中大多为记述纺织机械的图文，为研究我国元代纺织机械的发展状况提供了宝贵资料。赵友钦为宋室汉王之后，浪迹东南海上十数年，毕其一生之力"以观测实践参核前人之说，深思推究而成"④《革象新书》，在天文、光学、数学等领域多有创见，将中国古代传统思想推向了一个新的发展水平。

---

① 陈遵妫：《中国天文学史》下册，上海：上海人民出版社，2016 年，第 1061 页。

② ［英］伟烈亚力：《数学启蒙·序》，《中华大典》工作委员会、《中华大典》编纂委员会编纂：《中华大典·数学典·数学概论分典》，济南：山东教育出版社，2018 年，第 480 页。

③ （元）薛景石著，郑巨欣注：《梓人遗制图说》附录，济南：山东画报出版社，2006 年，第 139 页。

④ 龙游县地方志编纂委员会：《龙游县志》下册，北京：方志出版社，2017 年，第 1429 页。

第五章　金元科技思想的历史地位及发展

如果我们对金元主要科学思想家的生卒年作一排序（表 5-1），那么，我们不难看出，这个历史阶段的科技创新成果多集中在 1170—1320 年，而 13 世纪是中国古代科学技术继续走向高峰的历史时期。在数学方面，以李冶和朱世杰的天元术为标志，元代数学的发达程度在宋代的基础上，继续向上攀登了一个新台阶。在医学方面，以金代三大家为旗帜，形成了百家争鸣的局面，开创了一个变革求新、成效卓著的时代。元末明初著名文学家宋濂在《格致余论·序》中说："金之以善医名者凡三人，曰刘守真氏、曰张子和氏、李明之氏，虽其人年之有先后，术之有攻补，至于惟阴阳五行升降生成之理，皆以《黄帝内经》为宗，而莫之有异也。"[①]在天文学方面，《授时历》成为我国古代数理天文学的集大成者，它代表了我国古代数理天文学的最高水平。而 13 世纪中国古代科学技术的高峰转而从 14 世纪开始出现了逐渐衰落的发展趋势，例如，明代数学家颜应祥就坦率地说："应祥幼性好数学。"可是他在注释《测圆海镜》时不得不承认："其每条下细草，虽立天元一，反复合之，而无下手之术，使后学之士茫然无门路可入。"[②]这便是迄今仍然困扰着中外许多科学史家的历史疑难，有学者将它称为"李约瑟难题"。毫无疑问，这个难题已经不单单是个科学问题了，想要系统地回答这个问题，没有多学科的合作，肯定是不行的。所以，我们在总结金元科学发展的历史经验和教训时，绝对无法回避"李约瑟难题"，但要全面探讨此问题，显然为本书所力不能及。

表 5-1　金元主要科学思想家生卒年表

朝代	序号	人名	生年	卒年	主要代表著作
金	1	王重阳	1112	1170	《重阳教化集》《重阳立教十五论》等
	2	刘完素	1110	1200	《素问玄机原病式》《宣明论方》等
	3	张从正	1156	1228	《儒门事亲》《心镜别集》等
	4	李杲	1180	1251	《内外伤辨惑论》《脾胃论》《兰室秘藏》等
	5	元好问	1190	1257	《中州集》《续夷坚志》等
元	6	李冶	1192	1279	《测圆海镜》《益古演段》
	7	许衡	1209	1281	《鲁斋集》《鲁斋心法》《授时历经》等

① （明）宋濂：《格致余论·序》，余瀛鳌主编：《中国科学技术典籍通汇·医学卷》，郑州：河南教育出版社，1999 年，第 834 页。

② （清）阮元：《畴人传》卷 30《明·顾应祥传》，《中国古代科技行实会纂》第 3 册，北京：北京图书馆出版社，2006 年，第 368 页。

续表

朝代	序号	人名	生年	卒年	主要代表著作
	8	刘因	1249	1293	《静修集》《丁亥集》等
	9	郭守敬	1231	1316	《授时历》
	10	马端临	1254	1323 或 1334	《文献通考》《多识录》等
	11	吴澄	1249	1333	《易纂言》《易纂言外翼》等
	12	朱思本	1273	1333?	《舆地图》《贞一斋诗文稿》
	13	朱震亨	1281	1358	《格致余论》《局方发挥》《丹溪心法》等
	14	王祯	1271	1368	《王祯农书》
	15	谢应芳	1295	1392	《辨惑编》《龟巢稿》等
	16	朱世杰	1249	1314	《算学启蒙》《四元玉鉴》
	17	薛景石	不详	不详	《梓人遗制》

有鉴于此，本章拟分三个专题，试就上面的问题谈几点粗浅的认识和看法。

第一节　金元科学思想的研究价值和历史地位

一、新的历史契机：金元时期多民族科技人才的交流

首先，金朝的主要科学技术人才来自北宋。金在与辽和北宋的对峙过程中，不断从辽宋统治地区掠夺汉族科技人才，以实内地。例如，《金史》载："天辅六年，即定山西诸州，以上京为内地，则移其民实之。"①上京即今黑龙江阿城市南白城，辖境相当于今黑龙江中下游，以及乌苏里江、松花江、嫩江流域和大兴安岭一带。天辅七年（1123 年），金人"取燕京路，二月尽徙六州氏族富强工技之民于内地"②。又，同年四月，再"命习古乃、婆卢火监护长胜军，及燕京豪族工匠，由松亭关徙之内地"③。在此，"工技之民"包括农业和手工业技术人才，他们移居今黑龙江和吉林等地，对于开发这一地区的农业经济作出了重要的历史贡献。例如，北宋使臣许亢宗奉命由雄州到上京，他一路上看到了"川平地址，居民所在成聚落，新稼始遍，地宜稷黍"④的繁荣景象。近年来，人们在上京地区的考古发掘中，出土了一大批诸如犁铧、犁子、耥头、锄、镰、手镰、锹、铡草刀等铁制农具，显示了金代手工业技术的历史进步和农业耕作技术的较高发展水平。而为了促进汉族与女真族及契丹族民众的融合，金世宗大定二十年（1180）诏"猛安谋克人户，兄弟亲属若各随所分土，与汉人错居，每四五十户结为保聚，农作时令相

① 《金史》卷 46《食货志一》，北京：中华书局，1975 年，第 1032 页。
② 《金史》卷 46《食货志一》，第 1033 页。
③ 《金史》卷 2《太祖本纪》，第 41 页。
④ （宋）徐梦莘：《三朝北盟会编》卷 20《宣和乙巳奉使行程录》，上海：上海古籍出版社，1987 年，第 144 页。

助济，此亦劝相之道也”[①]，这是金朝在促进民族融合和团结方面所采取的重大举措，其积极意义显而易见。

除辽宋之外，金与高丽的科技交往亦比较频繁。《金史》载有这样一个史例：

> 初，有医者善治疾，本高丽人，不知其始自何而来，亦不著其姓名，居女直之完颜部。穆宗时戚属有疾，此医者诊视之，穆宗谓医者曰："汝能使此人病愈，则吾遣人送汝归汝乡国。"医者曰："诺。"其人疾果愈，穆宗乃以初约归之。乙离骨岭仆散部胡石来勃堇居高丽、女直之两间，穆宗使族人叟阿招之，因使叟阿送医者，归之高丽境上。医者归至高丽，因谓高丽人，女直居黑水部者部族日强，兵益精悍，年谷屡稔。高丽王闻之。乃通使于女直。既而，胡石来来归，遂率乙离骨岭东诸部皆内附。[②]

这是中国古代"科技外交"之著名一例。可惜，它的历史意义常被史学界所忽视。为了清楚起见，我们仅以《高丽史》为据，试就女真族与高丽之间的科技交流史实略举数例如下。

（1）"显宗三年春二月甲辰，女真酋长麻尸底率三十姓部落子弟来献土马。"[③]

（2）"显宗二十一年夏四月戊子，东女真曼斗等六十余人来献戈船四艘，楛矢十一万七千六百。"[④]

（3）"靖宗十年冬十一月癸未，东女真将军乌乙达等男女一百四十四人来献骏马。奏曰：'我等在贵国之境慕化臣服有年矣，每虑丑虏来侵，未获奠居，今筑三城（按：指高丽朱长、定二州及元兴镇城）以防贼路，故来朝谢恩。'王优赏遣还。"[⑤]

（4）"顺宗三十五年八月己未，西女真漫豆等十七人挈家来投。礼宾省奏曰：'旧制，本国边民曾被蕃贼所掠，怀王自来者与宋人有才艺者外，若黑水女真并不许入。今漫豆亦依旧制遣还。'礼部尚书卢旦奏曰：'漫豆等虽无知之俗，慕义而来不可拒也。宜处之山南州县以为编户。'从之。"[⑥]

实际上，在金立国之前，像上述事例年年都有，数量很大，故金主阿骨打也不得不承认："自我祖考，介在一方，谓契丹为大国，高丽为父母之邦，小心事之。"[⑦]就当时的科技发展水平而言，与高丽的交往，尽管没有更深层次的科技输出与输入，但是女真族向高丽国奉献的骏马、铁甲、戈船等，应当都是女真族长期生产实践经验的科学结晶，随着这些器物的不断积累，它们必然会慢慢地转化为高丽国科学技术发展的物质基础之一。自阿骨

① 《金史》卷46《食货志一》，第1034页。

② 《金史》卷135《外国下》，第2882页。

③ ［朝鲜］郑麟趾等：《高丽史》，李澍田主编：《朝鲜文献中的中国东北史料》，长春：吉林文史出版社，1991年，第72页。

④ ［朝鲜］郑麟趾等：《高丽史》，李澍田主编：《朝鲜文献中的中国东北史料》，第76页。

⑤ ［朝鲜］郑麟趾等：《高丽史》，李澍田主编：《朝鲜文献中的中国东北史料》，第83页。

⑥ ［朝鲜］郑麟趾等：《高丽史》，李澍田主编：《朝鲜文献中的中国东北史料》，第94页。

⑦ ［朝鲜］郑麟趾等：《高丽史》，李澍田主编：《朝鲜文献中的中国东北史料》，第107页。

打之后，在金国的强大威力面前，高丽国被迫奉表称臣。由于政治地位的变化，转而由高丽国反向金国进献方物。例如，“明宗九年己亥春正月甲子，遣郎中李俊材如金进方物”[①]；“明宗十二年壬寅六月甲子，制凡入金书状，令国学馆翰儒官有才名者遣之”[②]，此制显示了高丽国外交文化的深入，而从科技思想史的视角看，这无疑是一个比较重大的历史转折。当然，高丽国遣使向金贡方物，同时还伴有“夹带贸易”。对此，《高丽史》有明确的记载：“明宗十三年八月，两府宰枢奏：‘每岁奉使如金者利于懋迁多赍土物，转输之弊驿吏苦之。夹带私柜宜有定额，违者夺职。’诏可。居无何，将军李文中、韩正修等使金，恐失厚利，请复旧例，王又许之。王柔而寡断，政令无常，朝出暮改，类多如此。”[③]在这里，“夹带贸易”虽然存在许多弊端，但从长远的观点讲，它对于促进金与高丽商品经济和科学技术的发展还是具有一定刺激作用的。

其次，元朝统治者从阿拉伯国家和地区引进了大量科技人才，他们为元代科学技术的发展作出了巨大贡献。

郭沫若先生曾把中古时代的阿拉伯科学文化和中国科学文化看作当时世界文明的两座高峰，因而围绕发生在两座高峰之间的历史文化现象，学界从静态和动态两个方面及多个视角对其条分缕析，作了比较深入的研究。不可否认，由于综合因素的影响，人们普遍承认唐、宋、元的科技文明影响和推动了阿拉伯科学技术的发展，反过来，阿拉伯世界的科技文明是否同样影响和推动了唐、宋、元（主焦点在元朝）科学技术的发展，则众说纷纭，各执一词。

比如，在天文历算方面，马坚先生认为阿拉伯天文学对中国古代天文学的发展产生了重要影响，与之相反，钱宝琮先生则主张“无影响说”。在数学方面，杜石然先生承认：“在元朝时候，中世纪伊斯兰国家的数学知识确曾有一些传入。”但他否认其对中国数学发展的影响。此外，尚有“确定说”，即阿拉伯国家的数学影响了中国古代数学的发展，以及“不确定说”等。

我们知道，当欧洲处于教会统治的黑暗中世纪时，以伊斯兰教为特点的阿拉伯文明却大放异彩，与欧洲教会严格控制科学思想的传播和扼杀新思想的成长不同，在阿拉伯地区，科学研究受到尊重，如在阿拔斯王朝的支持下，830 年巴格达建立了一座智慧馆，数百名学者汇集在这里专门从事希腊文、古叙利亚文、波斯文和梵文典籍的翻译工作。于是，东西方文明于此交汇、碰撞与融合，主要是源于印度的数学、医学、天文学与希腊的哲学、自然科学、政治学、法律学等，从而创造了灿烂的中世纪阿拉伯文化，并在世界文明史上成为传承古代和近代文化的桥梁，特别是起到了影响欧洲文艺复兴的历史作用。

在此期间，中世纪阿拉伯科技文明与中国中古时代科技文明之间的相互关系，尤其是对于前者是否在科学技术体系的形成与历史发展过程中对后者产生了实质性影响，是无论

---

① ［朝鲜］郑麟趾等：《高丽史》，李澍田主编：《朝鲜文献中的中国东北史料》，第 126 页。
② ［朝鲜］郑麟趾等：《高丽史》，李澍田主编：《朝鲜文献中的中国东北史料》，第 126 页。
③ ［朝鲜］郑麟趾等：《高丽史》，李澍田主编：《朝鲜文献中的中国东北史料》，第 127 页。

如何都绕不过去的学术课题。因为这个问题关乎元朝科学技术发展的全局，故有进一步讨论和进行深度梳理的必要。

鉴于元代科学技术内部各个学科之间的发展状况并不平衡，所以对阿拉伯科学技术与元代科学技术之间的关系进行详细论述，则需要比较长的篇幅，显然为本书所不允许。故为了论题的相对集中，笔者仅选择两个角度，即重点从技术科学层面与自然科学层面进行考察。诚然，就学理而言，从技术科学层面来考察，包括出土文物及流传下来的文化典籍，与从自然科学层面进行考察，两者的研究方法略有不同，因而其研究结论必然会各有偏向，甚或在个别方面还会互有抵牾和歧异，但这不影响我们对阿拉伯科学技术与元朝科学技术发展之间的相互关系，特别是将对前者有还是没有影响后者这个历史问题进行较为客观的历史考量和实证分析。

二、阿拉伯中世纪科学对元朝科技发展的历史贡献及其影响

（一）从技术科学层面考察：阿拉伯工匠的历史贡献

多数学者认为，成吉思汗西征的直接原因是本国商人两次被花剌子模国王摩诃末，以及为他效忠的边将所杀，激怒了成吉思汗。于是，在1219年，成吉思汗率十多万大军西征讨伐花剌子模，《西游录》卷上称这次西征“车帐如云，将士如雨，马牛披野，兵甲赫天，烟火相望，连营万里”[①]。所以从这次西征的后果来看，它在军事和政治诸方面都对欧洲社会历史的发展产生了非常深远的影响，可惜因论题所限，本书暂且不谈成吉思汗西征的军事和政治意义。在此，仅以技术科学为例，分三个方面来考察这次西征的科学技术史意义。

（1）元代火炮技术的发展。据《多桑蒙古史》及《9—10世纪蒙古史》等文献记载，蒙古军队在攻打撒马尔罕的战斗中，使用了“火攻之器”，这些“火攻之器”主要有“火箭”、“毒火罐”、“铁瓶”等。冯家昇先生曾引录霍渥尔斯的话说，旭烈兀率领蒙古军队进行第三次西征时，军中多有抛射手、火箭手、弩手、抛石机手等，证明蒙古军队所使用的火器种类比较多。王兆春先生说：在蒙古军队的三次西征过程中，“中国的火器制造技师和工匠、操持火器的士兵，把火器的制造与使用技术带到了阿拉伯和欧洲的许多国家。由于阿拉伯人当时的科学技术比较发达，受中国传统科技的影响颇深，又因阿拉伯人在同蒙古军的作战中，又直接获得了蒙古军使用的火器，经过其本国火器研制者的努力，仿制成木质官形射击火器‘马达法’，开了仿制中国火器之先河。更为重要的是，阿拉伯人在13世纪后期出现了研制与使用火器的新局面”[②]。在此，如果不抱先入之见，则我们必须承认这样一个基本事实，即中国火器在西传的过程中，严格地讲，阿拉伯匠人对中国火器的“仿制”，应是一种真正意义上的技术再创造，因为从中国元朝的火器转变为欧洲近代的火器，不仅仅是量的渐变，更是出现了质的飞跃和技术性突变。所以，欧洲近代火器的起点不是元朝的

① （金）丘处机著，赵卫东辑校：《丘处机集》，济南：齐鲁书社，2005年，第476页。

② 王兆春：《世界火器史》，北京：军事科学出版社，2007年，第49页。

火器，而是被阿拉伯匠人掌握并改进了的可以称作“阿拉伯化”的中国火器技术。

（2）蒙古军队在西征过程中，俘获了大量阿拉伯工匠。这是因为元朝初创时期，科学技术的基础比较薄弱，因此成吉思汗要求其军队在俘获了当地的工匠之后，不得屠杀。例如，成吉思汗在攻占撒马尔罕城之后，将“工匠三万人，分赏其诸子诸妻诸将，搜简供军役者，数与之同”①；1220 年，蒙古军队攻克花剌子模时，“令技师工匠别聚一所，其从之者，遣送蒙古，皆得免死”②；1221 年 2 月，蒙古军队在攻打马鲁城时，“饬举马鲁最富之人，簿录得商贾地主二百人，并录工匠四百人，悉召赴蒙古营”③；同年四月，蒙古军队攻打你沙不儿城，“惟工匠四百免死，徙之北方”④；1222 年，蒙古军队攻克玉龙杰赤后，“选为数超过十万的工匠艺人送至东方”⑤等。所以《黑鞑事略》称：“鞑人始初草昧，百工之事，无一而有。其国除草畜外，更何所产；其人椎朴，安有所能……后来灭回回，始有物产，始有工匠，始有器械，盖回回百工技艺极精，攻城之具尤精。后灭金虏，百工之事，于是大备。”⑥可见，阿拉伯工匠在被蒙古军队俘获之后，基本上有以下三种去向。

第一，“随军”，即专为蒙古军队生产战时所需武器及提供各种军事工程技术服务，亦称“签军”。《新元史·西域上》载：蒙古军队攻下白讷克特城后，“分康里兵与民于两处，尽杀康里兵，取工匠随军，驱民间壮丁以往忽毡”⑦。蒙古军队在夺城掠地的过程中，武器的消耗非常大，而建立“战地兵器制造厂”就显得既迫切又必要。而当时的“战地兵器制造厂”多依靠当地俘获的阿拉伯熟练工匠组成，就地取材，以战养战。例如，蒙古军队在攻打花剌子模时，双方相持，“蒙古军乃退治攻具。境内无石，不足供炮击，则多伐桑木以代炮石之用，于未投射之先，渍水增其重量，攻具未备之前，仍以威胁利诱，劝城民出降”⑧。又如，蒙古军队在攻打你沙不儿城时，久攻不克，于是，他们退治工具，并在短期内制造了一大批攻城器具，计有“发弩机三千，发石机三百，投射火油机七百，云梯四千，炮石两千五百担”⑨。因当时的攻城器具需要比较专业的技术人员来操纵和控制，所以蒙古军队经常役使那些有一定技术能力的俘虏或称“军匠”（主要制造和使用火炮等武器），与攻城器具配合在一起作攻城之用，如在攻打奈撒城时，蒙古军队“役俘虏、签军架炮二十具以攻城，并强其负梃以破城，退者斩之”⑩。《多桑蒙古史》称：蒙古军队“每至一地，即聚

---

① ［瑞典］多桑：《多桑蒙古史》上册，冯承钧译，第 114 页。

② ［瑞典］多桑：《多桑蒙古史》上册，冯承钧译，第 124 页。

③ ［瑞典］多桑：《多桑蒙古史》上册，冯承钧译，第 130 页。

④ ［瑞典］多桑：《多桑蒙古史》上册，冯承钧译，第 132 页。

⑤ ［波斯］志费尼著，翁独健校订：《世界征服者史》，何高济译，呼和浩特：内蒙古人民出版社，1980 年，第 141 页。

⑥ （宋）彭大雅著，徐霆疏证，王国维笺证：《黑鞑事略》，内蒙古地方志编纂委员会总编室编印：《内蒙古史志资料选编》第 3 辑，内部资料，1985 年，第 42 页。

⑦ 柯劭忞：《新元史》卷 254《西域上》，长春：吉林人民出版社，1995 年，第 3609 页。

⑧ ［瑞典］多桑：《多桑蒙古史》上册，冯承钧译，北京：中华书局，2004 年，第 124 页。

⑨ ［瑞典］多桑：《多桑蒙古史》上册，冯承钧译，第 131 页。

⑩ ［瑞典］多桑：《多桑蒙古史》上册，冯承钧译，第 127 页。

乡民，驱之赴其欲取之城，役之使司攻城器械。全境忧惧，人皆自危，致使被俘之人反较居家之人为安”[①]。此“俘虏”或“乡民”中即有部分工匠。因此，有学者评论说：“蒙古军队这种依据特殊条件而形成的特殊的后勤保障制度，是世界古代各国军队所无法与之相比的。”[②]

第二，将其送往中国境内，集中到京师或弘州、荨麻林、开封等地，由官府集中编管起来做工，称为“系官匠户”，亦有的史书称他们为“回回工匠”，此为阿拉伯工匠在被蒙古军队俘获后的主要去向。例如，元初由于西征和对南宋、大理、高丽等国家战争的客观需要，炮手显得格外抢眼。至元八年（1271），元世祖遣使至波斯征调回回炮手军匠，旭烈（今阿富汗赫拉特）人亦思马因和木发里（今伊拉克摩苏尔）人阿老瓦丁等应诏，两人举家东来。关于他们的事迹，《元史·方技传》载：

> 首造大炮竖于五门前，帝命试之，各赐衣缎。十一年国兵渡江，平章阿里海牙遣使求炮手匠，命阿老瓦丁往，破潭州、静江等郡，悉赖其力。
>
> （亦思马因）善造炮，至元八年与阿老瓦丁至京师。十年，从国兵攻襄阳未下，亦思马因相地势，置炮于城东南隅，重一百五十斤，机发，声震天地，所击无不摧陷，入地七尺。[③]

由于阿老瓦丁等制造的回回炮，所击无不摧，在最后灭亡南宋的历史过程中起到了关键作用。因此，在灭亡南宋之后，元朝统治者下令征召全国各地的回回炮工匠于大都，并于至元十一年（1274）始置“回回炮手总管府”，以亦思马因为总管，教习回回军士执掌，专门用以攻击重要目标。至元十六年（1279）三月壬子，“括两淮造回回炮的新附军匠六百，及蒙古、回回、汉人、新附人能造炮者，俱至京师”[④]。至元十八年（1281），改“回回炮手总管府”为“回回炮手都元帅府”，任亦思马因之子布伯为回回炮手都元帅。至元二十二年（1285），又改“回回炮手都元帅府”为“回回炮手军匠上万户府”，秩正三品，任命布伯之弟亦不剌金为万户、阿老瓦丁之子富谋为副万户。至和元年（1328），亦不剌金奉令率所部回回炮手军匠至京师，与马哈马沙的回回炮手军匠上万户府合并，共同监造回回炮。

在其他州府，亦多有回回人匠聚居之地。例如，哈散纳“至太宗时，仍命领阿儿浑军，并回回人匠三千户驻于荨麻林。寻授平阳、太原两路达鲁花赤，兼管诸色人匠”[⑤]。又，太宗“收天下童男女及工匠，置局弘州。既而得西域织金绮纹工三百于户，及汴京织毛工三百户，皆分隶弘州，命镇海世掌焉”[⑥]。而为了传承中亚的“纳失失”（一种织金锦缎）技术，同时为了满足蒙古贵族对“金绮”的消费需要（因“纳失失”是元朝宫廷缝制宴飨服

① ［瑞典］多桑：《多桑蒙古史》上册，冯承钧译，第127页。
② 陈西进：《蒙元王朝征战录》，北京：昆仑出版社，2007年，第292页。
③ 《元史》卷203《方技传》，第4544页。
④ 《元史》卷10《世祖本纪七》，第210页。
⑤ 《元史》卷122《哈散纳传》，第3016页。
⑥ 《元史》卷120《镇海传》，第2964页。

的原料），回回织金绮纹工在弘州“教习人匠织造纳失失”①。至元十八年秋七月庚子，元世祖“括回回炮手散居他郡者，悉令赴南京（今河南开封市）屯田”②。此处所言“回回炮手”，其成员主要是被签发而东来的回回工匠。如前所述，成吉思汗在西征的过程中，将那些留下来的工匠都编入“签军”，随蒙古军队征战南北。后来，蒙古军队回国作战，他们也因之而散居西北、华北及西南、东南等地。例如，至元九年（1272），安西王忙哥剌驻守六盘山时，他所统帅的 10 余万蒙古士兵遍布河州各地，至今临洮、临夏等地尚有以工匠命名的村庄，如银川沟的工匠庄等，这些都是因蒙古“签军”曾经住过而留下来的地名。马志勇先生认为，元代陕西五路中的河州路，包括今临夏东乡一带，其“东乡工匠专业村落的形成有两种原因，一种是将各地工匠集中起来迁徙而成，这是少数；一种是将元代从西域东迁的各类工匠搁置于此地，这是多数”。而“从西域随军迁来的大量工匠、军匠等撒尔塔人，留居河州东乡一带，并在包括今东乡地区的宁河设置了工甲匠组织，由宁河‘工甲匠达鲁花赤’管理”③。明人叶子奇说：“元路、州、县各立长官曰达鲁花赤，掌印信以总一府一县之治。”④元世祖至正十年（1350），元朝统治者任命哈穆则为“宁河工甲匠达鲁花赤”，统领着周围 10 余处工匠机构。至元二十五年（1288）十一月壬午，元世祖任命忽撒马丁为管领甘肃、陕西等处屯田等户达鲁花赤，“督斡端、可失合儿工匠千五十户屯田”⑤。可见，在元代西域工匠受命于“屯、垦、牧、养”，是一种比较普遍的现象。

在蒙古军队灭亡西夏、金及南宋的历史过程中，“探马赤军”是一支十分重要的武装力量，而这支军队则主要由被蒙古军队作为工匠、军士带入中国的阿拉伯人、波斯人和伊斯兰化的突厥人组成，他们亦被称作“色目人”。伴随着蒙古军队的统一步伐，蒙古军队每攻占一地，往往就留下色目人驻屯于此。因此，史书上便有了“元时回回遍天下”的说法，从严格的意义上讲，这种现象是蒙古军队西征之战本身所形成的一种历史产物。当然，由于观察角度的不同，在“元时回回遍天下”这个总纲下，宋末元初周密有“回回以中原为家，江南尤多，宜乎不复回首故国也”⑥之论，当时江南的大部分地区尚在南宋的掌控之下，故回回军人驻防及军匠务农的现象比较突出。例如，至元十年（1273），元朝统治者“令探马赤军随处入社，与编民等”⑦，即随着南宋的灭亡，回回军人及军匠“下马则屯聚牧养”，逐渐变成了耕作者，并在江南各地变侨寓为永居。因此，明人田汝成说：“元时内服者，又往往编管江、浙、闽、广之间，而杭州尤多，号色目种。”⑧在元朝的四等人制度中，“色目人”的地位仅次于蒙古人，这与“色目人”在元朝灭亡南宋过程中所作出的特殊贡献有关。至正八年（1348），由真定路安喜县尹兼管诸军奥鲁杨受益撰《定州重建礼拜寺记》碑文出

---

① 《元史》卷 89《百官志五》，第 2263 页。
② 《元史》卷 11《元世祖本纪八》，第 232 页。
③ 马志勇：《东乡族源》，兰州：兰州大学出版社，2004 年，第 72 页。
④ （明）叶子奇：《草木子》卷 3《杂制篇》，《景印文渊阁四库全书》第 866 册，台北：台湾商务印书馆，1986 年。
⑤ 《元史》卷 15《世祖本纪十二》，第 316 页。
⑥ （宋）周密：《癸辛杂积续集》上《回回沙碛》，北京：中华书局，1988 年，第 138 页。
⑦ 《元史》卷 93《食货志一》，第 2356 页。
⑧ （明）田汝成：《西湖游览志》卷 18《南山分脉城内胜迹》，《景印文渊阁四库全书》第 585 册，第 240 页。

现了“回回遍天下，而此地尤多”[①]的说法。实际上，这个范围还要更广，不独河北，当时山东、河洛等北方地区亦多有回回军人及军匠屯田者，这是蒙古军队推行“用兵征讨，遇坚城大敌，则必屯田以守之”[②]政策的必然结果。例如，《元史·兵志》载：“河洛、山东据天下腹心，则以蒙古、探马赤军列大府以屯之。”[③]因此，金吉堂先生说：“营，回回营，北方各省，有许多回民聚族而居之村庄，皆以营名。如平南一带有所谓七十二连营，正定有南三营，山东阳信有六营，无棣有五营，联庄相望，皆回族所居，汉人村里无是称也；想系元明以来，驻屯回军之遗址。”[④]至明洪武二十九年（1396），则出现了“元时回回遍天下，及是居甘肃者尚多，诏守臣悉遣之，于是归撒马儿罕者千二百余人”[⑤]的现象，它表明从元末至明初，中国境内陆续有西域回回返其故国者。

在西南地区，蒙古蒙哥汗三年（1253），忽必烈进攻云南，随之有回回军人及军匠徙居四川、贵州、云南者。例如，中统二年（1261）四月辛亥，有一部分中亚回回军匠（即“弓工”）被遣往云南，“教鄯阐（今昆明）人为弓”[⑥]。后来，马可波罗在其游记中称：“押赤”即大理之鄯阐府，今之昆明，有回教徒，“殆为随兀良合台或赛典赤而来之回回教徒也”[⑦]。又，剑川沙溪回族马姓，“系色目人，元初随忽必烈征大理而留居剑川，后又为弥沙土巡检。其祖马哈只开弥沙卤水二井而煮盐”[⑧]。《元史·兵志二》载：至元二十一年（1284）十月，“增兵镇守金齿国，以其地民户刚狠，旧尝以汉军、新附军三千人戍守，今再调探马赤、蒙古军二千人，令药刺海率赴之”[⑨]。大理地区有色金属和黑色金属矿产比较丰富，元朝在此设立了打金洞达鲁花赤，其中有不少回回人被签发为矿丁。云南之外，“有元一代四川境内先后设军屯、民屯 29 处，可推测屯田定居之回回人亦有不少”[⑩]。

第三，将其作为私属人口，分配给皇室、诸王、后妃，勋戚为奴，他们专为领主服役，被称作“怯怜口”，为游离于元朝国家体制之外的户籍名色，主要从事手工造作及农耕、放牧。例如，唐兀氏人曾被任命为和林“怯怜口行营弓匠百户”，有学者估计元朝皇室、诸王等所拥有的怯怜口数量在 50 000 户上下。例如，文宗至顺元年（1330）八月壬申，累朝旧邸宫“媵臣、怯怜口共万人，当留者六千人”；又，同年十一月癸未，“赈上都滦河驻冬宫分怯怜口万五千七百户，粮二万石”[⑪]等。为了具体管理皇室及诸王贵族的技艺匠人营缮等事，元朝于中统二年（1261）设立了“管领本位下怯怜口随路诸色民匠打捕鹰房

① 余振贵、雷晓静主编：《中国回族金石录》，银川：宁夏人民出版社，2001 年，第 14 页。
② 《元史》卷 100《兵志三·屯田》，第 2558 页。
③ 《元史》卷 99《兵志二·镇戍》，第 2538 页。
④ 金吉堂：《回回民族说》，《禹贡》1936 年第 12 期。
⑤ 《明史》卷 232《西域四》，北京：中华书局，1974 年，第 8598 页。
⑥ 《元史》卷 4《世祖本纪一》，第 69 页。
⑦ 冯承钧译：《马可波罗行记》，上海：上海书店出版社，2000 年，第 286 页。
⑧ 杨廷福：《新发现新建昭应寺碑记简释》，《民族调查研究》1984 年第 4 期，第 71—73 页。
⑨ 《元史》卷 99《兵志二》，第 2542 页。
⑩ 周传斌：《广元伊斯兰教考略》，《回族研究》1996 年第 4 期，第 73 页。
⑪ 《元史》卷 34《文宗本纪三》，北京：中华书局，1976 年，第 769 页。

都总管府”，属中政院，“掌怯怜口二万九千户，田万五千余顷，出赋以备供奉营缮之事”[①]。延祐五年（1318），为方便太祖铁木真与四皇后陵庙的修造管理，元朝又专门设立了“管领随路打捕鹰房诸色民匠怯怜口总管府”，专门负责“太祖、四皇后位下四季行营并岁赐造作之事”[②]。

除此而外，元朝管理怯怜口的官署尚有：海西辽东哈思罕等处鹰房诸色人匠怯怜口万户府，“掌钱粮造作之事，管领哈思罕等处、肇州、朵因温都儿诸色人匠四千户”[③]；管领本投下大都等路怯怜口民匠总管府，中统元年（1260）设立，“国初招集怯怜口哈赤民匠一千一百余户”，因置，“掌户口钱帛差发等事”，下属一司两所，即织染提举司和管民提领所及管地提领所；至元七年（1270），“招集析居良还俗僧道，编籍人户为怯怜口，立总管府以领之”，称“管领诸路怯怜口民匠都总管府”，下属20个管民提领所及织染局、杂造局、弘州衣锦院、丰州毛子局、缙山毛子旋匠局、徐邳提举司、广备库等；怯怜口诸色民匠达鲁花赤并管领上都纳绵提举司，“掌迭只斡耳朵位下怯怜口诸色民匠及岁赐钱粮等事”[④]；利用监，至元十年（1273）设立，“掌出纳皮货衣物之事”，下属有怯怜口皮局人匠提举司；怯怜口诸色人匠提举司，至元二十五年（1288）设立，“领大都、上都二铁局并怯怜口人匠，以材木铁炭皮货诸色，备斡耳朵各枝房帐之需”[⑤]；管领怯怜口诸色民匠都总管府，至大三年（1310）设立，“领怯怜口人匠造作等事”，下属有两个司，即管领大都怯怜口诸色人匠提举司和管领上都怯怜口诸色人匠提举司；长秋寺，皇庆二年（1313）设立，“掌武宗五斡耳朵户口钱粮营缮诸事”，下属有两个司，即怯怜口诸色人匠提举司和怯怜口诸色人匠提举司；承徽寺，至治元年（1321）设立，“掌答儿麻失里皇后位下钱粮营缮等事”，下属有两个司，即怯怜口诸色人匠提举司二等。由上述可知，元朝的怯怜口数量比较庞大，例如，仅成吉思汗西征归来，即命田镇海于漠北兀儿羊欢在镇海建城屯田时，就曾将“局所俘万口居作，后以其半不能寒者移弘州”[⑥]，其中从中亚各地签发东来的各族工匠居其三。而窝阔台时所建和林城，以中亚工匠为主修建，由其建造宫室府邸和寺院，织作绫罗锦缎，制造金银玉器，生产各种兵器和其他用具，终使和林成为蒙古地区的手工业、商业和科学文化的中心。

（3）元上都和大都的建筑与阿拉伯工匠。元朝实行两都制，上都始建于蒙古蒙哥汗六年（1256）至蒙哥汗九年（1259），其建筑工匠多为中亚人，初为驻冬之所，后忽必烈继汗位，徙都于大都，遂为驻夏之所。对于上都城的建筑特色，《马可波罗行记》述云：

> 内有一大理石宫殿，甚美，其房舍内皆涂金，绘种种鸟兽花木，工巧之极，技术之佳，见之足以娱人心目。此宫有墙垣环之，广袤十六哩，内有泉渠川流草原甚多……

---

① 《元史》卷88《百官志四》，第2238页。
② 《元史》卷89《百官志五》，第2270页。
③ 《元史》卷88《百官志四》，第2237页。
④ 《元史》卷89《百官志五》，第2271—2272页。
⑤ 《元史》卷90《百官志六》，第2289页。
⑥ 李修生主编：《全元文》第38册，南京：凤凰出版社，2004年，第482页。

> 此草原中尚有别一宫殿，纯以竹茎结之，内涂以金，装饰颇为工巧。宫顶之茎，上涂以漆，涂之甚密，雨水不能腐之。茎粗三掌，长十或十五掌，逐节断之。此宫盖用此种竹茎结成。①

经过考古发掘，人们发现上都的建筑以宫城、皇城和外城三重相套的布局大体分为三组，各自成群，互不对称：一组是以大安阁、穆清阁和水晶殿等汉式殿阁为主体的建筑群，主要分布在宫城大内，主要有水晶殿、洪禧殿、香殿、睿思殿、崇寿殿、仁寿殿、清宁殿、鹿顶殿等，其中穆清阁平面形状呈“山”字形，殿阁中还设置了宽约2米的近似“之”字形的踏道，是皇帝宴乐、议事与居住的大内宫殿；一组是以棕毛殿为主并包括一些附设帐幕在内的以宫帐建筑为特色的失刺斡耳朵，位置在西内，殿内壁画花草百鸟，外用彩绳牵拉固定，高达百尺，广可容数千人同时进餐，故也称作“竹宫”，富有典型的蒙古民族建筑风格；一组是拥有诸多行殿的伯亦斡耳朵草地行宫，位于上都城南的南屏山中，内有龙光、慈仁、慈德、清宁、钦明5座宫殿，元代周伯琦在《上京杂诗》中写道：“西内西城内，周围十里中。草阴迷辇路，山色护离宫。”②此外，在上都西南150里处，有察干淖尔行宫，即“白海行宫”；在上都以东50千米处，则有东凉亭行宫，即“渔者之城”；加上分布在皇城之内的各类宗教、儒学等不同建筑风格的殿阁庙宇及御花园，它们通过回汉工匠的双手而在上都城融为一体，并构成了上都建筑的突出特色，足见这是一座由游牧民族构想并创造出来的荟萃东方文明和西域文明的草原都城，成为漠北草原与汉地及中亚和欧洲的交通要冲，其地理位置“控引西北，东际辽海，南面而临制天下，形势尤重于大都”③，所以上都的出现为元朝“文化的高度发展产生了积极和深远的影响”④。

元大都始建于至元四年（1267），《元史·刘秉忠传》述云：

> 初，帝（指忽必烈——引者注）命秉忠相地于桓州东，滦水北，建城郭于龙岗，三年而毕，名曰开平。继升为上都，而以燕为中都。四年，又命秉忠筑中都城，始建宗庙宫室。八年，奏建国号为大元，而以中都为大都。⑤

实际上，除刘秉忠之外，阿拉伯人也黑迭儿与其儿子马合马沙都曾主持过修建大都的部分建筑工程，如也黑迭儿负责设计新宫殿及修建琼华岛等工程。这样，大都的整个城市建筑就自然与汴梁、杭州、西安等都城不同，它融合了中国古代传统建筑和中亚伊斯兰建筑两种风格。因此，对于大都的设计和规划原则，学界形成了两派：一派认为，大都是按照“左祖右社，面朝后市”的原则而设计的；另一派则认为，大都的设计仍然遵循着蒙古族“尚右”的习俗，宗庙基本上都建在城内西半部（右面）的街坊内，显然与汉族的“左祖右社”概念不同。牛明先生在论述元上都建筑的特色时，特别讲到了蒙古族“以西为尊”

---

① ［意］马可波罗：《马可波罗行记》，冯承钧译，上海：上海书店出版社，2000年，第172—173页。

② （元）周伯琦：《近光集》卷1《上京杂诗》，《景印文渊阁四库全书》第1214册，第509页。

③ （元）虞集：《道国学古录》卷18《贺丞相墓志铭》，上海：商务印书馆，1937年，第295页。

④ 李联盟：《在“元大都建城740周年学术研讨会”上的致辞》，徐进昌主编：《上都文化研究》，赤峰：内蒙古科学技术出版社，2009年，第379页。

⑤ 《元史》卷157《刘秉忠传》，第3693—3694页。

文化心理在元上都建筑格局中的体现，而元上都和大都的主要设计者均为刘秉忠，因而刘秉忠绝不会不顾蒙古族的文化心理，仅仅用“左祖右社”的原则来建造元大都。事实上，在儒学无法独尊的历史条件下，大都的建筑风格具有多元性。因而我们不能将大都的规划设计归结为某种纯粹和单一的文化模式。如前所述，既然规划、设计和建筑大都的巨匠来自不同的国家和民族，他们在具体的建筑实践过程中就必然会将各自民族的建筑艺术和居住理念深深地嵌入大都的建筑形式之中，从而打上不同民族文化的历史烙印。例如，元大都以什刹海为城市中心的建筑设计理念，即与道教水崇拜的信仰观念有联系。又如，宫城内建有不少帐幕式宫殿、盝顶殿等，这些建筑都有别于以《周礼》为模式的中原传统宫殿布局，风格独特。不过整个都城规划又确实考虑和照顾到了中国古代都城建筑的特点，所以笔者赞同下面的观点：特殊中有一般，一般中有特殊。王璞子先生强调说，“元大都平面配置，原则上是采用了我国传统礼法所谓‘面朝背市，左祖右社’的布局方法”，然“其庙社不在宫城前而在其左右两侧，与宫城鼎足而立，是稍有不同的”[①]。实际上，大都设计并不完全是按照“左祖右社”的原则来设计的，而之所以出现了“左祖右社”的建筑布局，那是为了使大都建筑尽量与《周礼》的礼法相符合，后来才补建了宗庙和社稷，杂糅蒙古族和汉族文化。因此，它在一定程度上反映了忽必烈“以国朝之成法（指蒙古旧制），援唐宋之典故，参辽金之遗制”[②]的统治理念。可惜，元大都早已变成废墟，而承载着上述多元历史文化信息的一座座建筑，今已不复见。如果说还有些许聊以自慰之处，就是作为历史记忆的一个有机组成部分，我们尚可从马可波罗和陶宗仪看到的情形里一睹元大都当年的整体建筑风貌：

> 大汗居其名曰汗八里之契丹都城……在此城中有其大宫殿，其式如下：周围有一大方墙，宽广各有一哩。质言之，周围共有四哩。此墙广大，高有十步，周围白色，有女墙。此墙四角各有大宫一所，甚富丽，贮藏君主之战具于其中，如弓、箙、弦、鞍、辔及一切军中必需之物是已。四角四宫之间，复各有一宫，其形相类。由是围墙共有八宫，甚大，其中满贮大汗战具……君主大宫所在，其布置之法如下：君等应知其宫之大，向所未见。宫上无楼，建于平地。惟台基高出地面十掌。宫顶甚高，宫墙及房壁满涂金银，并绘龙、兽、鸟、骑士、形象及其他数物于其上。屋顶之天花板，亦除金银及绘画外，别无他物。大殿宽广，足容六千人聚食而有余，房屋之多，可谓奇观。此宫壮丽富赡，世人布置之良，诚无逾于此者。顶上之瓦，皆红黄绿蓝及其他诸色，上涂以釉，光泽灿烂，犹如水晶，致使远处亦见此宫光辉，应知其顶坚固，可以久存不坏。[③]

此处所言“汗八里”为突厥语，意思是“大汗之居处”，即元大都。

又，元人陶宗仪在《南村辍耕录》中载：

---

① 王璞子：《元大都平面规划述略》，《梓业集·王璞子建筑论文集》，北京：紫禁城出版社，2007年，第62页。

② （元）郝经：《陵川集》卷32《立政议》，《景印文渊阁四库全书》第1192册，第361页。

③ ［意］马可波罗：《马可波罗行记》，冯承钧译，第200—201页。

> 至元四年正月城，京师以为天下本。右拥太行，左注沧海，抚中原，正南面枕居庸，奠朔方，峙万岁山，浚太液池，派玉泉，通金水，萦畿带甸，负山引河。壮哉帝居，择此天府。城方六十里，里二百四十步，分十一门：正南曰丽正，南之右曰顺承，南之左曰文明，北之东曰安贞，北之西曰健德，正东曰崇仁，东之右曰齐化，东之左曰光熙；正西曰和义，西之右曰肃清，西之左曰平则。大内南临丽正门，正衙曰大明殿，曰延春阁。宫城周回九里三十步，东西四百八十步，南北六百十五步，高三十五尺……万寿山在大内西北，太液池之阳……其山皆叠玲珑石为之，峰峦隐映，松桧隆郁，秀若天成。引金水河至其后，转机运大，汲水至山顶，出石龙口，注方池，伏流至仁智殿后，有石刻蟠龙，昂首喷水仰出，然后由东西流入太液池。山前有白玉石桥，长二百余尺。直仪天殿后，桥之北有玲珑石，拥木门五，门皆为石色。内有隙地，对立日月石。西有石棋枰，又有石坐床。左右皆有登山之径，萦纡万石中，洞府出入，宛转相迷。至一殿一亭，各擅一景之妙。山之东有石桥，长七十六尺，阔四十一尺半。为石渠以载金水，而流于山后以汲于山顶也。①

这里，大都城不仅利用虹吸管及其他提水装置将水升高，造成人工喷泉的景况，颇有“逐水草而居”的意蕴，而且经考古发掘，其城垣的墙体内加设了永定柱（立柱）和纴柱（横柱），与现代建筑构件中的钢筋相仿。此外，大都在中国城市建筑史上首创中心台，它居于呈南北走向之中轴线的中点，成为向四面拓勘城址的基准；各城门的命名又与《周易》卦象相关联；还有胡同的创造等。另，“除了皇宫、官署之外，佛寺、道观、教堂等林立相望，成为元大都建筑的突出特色”②，表明大都城建筑既重视对人文价值的体现，又将科技理念贯穿其中，使大都城的建筑风格为之一新。因此，陈高华先生说：“元大都呈现的是多民族的文化，它的艺术、宗教、水利、建筑等在当时都处于世界领先地位。”③可见，多元文化组合应是元大都建筑的最重要特征。

（二）从自然科学层面考察：阿拉伯中世纪科学的主要成就及其历史影响

前面述及大量阿拉伯工匠东迁到中国境内之后，为元代科学技术的发展作出了巨大的历史贡献，这是有目共睹的事实，也是元代科学技术发展的显著特点之一。由于阿拉伯工匠在天文、数学、地理、建筑、冶炼、兵器制造、医学、纺织、陶瓷、酿造、制糖等方面都有所建树，一一列举，显得过于冗长和烦琐，下面仅择其影响较大的6门自然科学即天文学、数学、医药学、地理学、化学及生物学，略作阐释。

1. 阿拉伯人所创造的主要自然科学成就

1）回回天文历法的传入

一旦谈到元朝回回历，马上就会想到两个人物，即札马鲁丁和耶律楚材。《元史·历志一》载有札马鲁丁所献《万年历》，寥寥数语，详细内容阙载。而耶律楚材则一共编撰了两

① （元）陶宗仪：《辍耕录》卷21《宫阙制度》，《文渊阁四库全书》第1040册，第636页。
② 张羽新、刘丽楣、王红：《藏族文化在北京》，北京：中国藏学出版社，2008年，第7页。
③ 陈高华：《谈谈元大都建城史》，《北京日报》2003年10月13日，第16版。

部历法，一部是《西征庚午元历》，另一部是《麻答把历》。《元史·历志一》仅载有《西征庚午元历》，有关《麻答把历》的简单记述则见于《南村辍耕录》卷9。那么，《元史》的作者为什么冷落回回历？这是一个令人十分疑惑的问题，对此，笔者有具体解说，详见后论。而耶律楚材精通天文、星算，他曾“以西域历、五星密于中国，乃作麻答把历，盖回回历也”①。《明史·历志七》亦说：回回历法“推测天象最精，其五星纬度又中国所无”②。

用今天的观点看，回回历是否密于元朝的《大明历》及《大统历》，目前学界尚在探究之中。吕凌峰等先生经过验算，发现回回历在明末的交食预报精度并不高于《大统历》；钱宝琮先生对耶律楚材所制《西征庚午元历》与《大明历》作了比较之后，认为《西征庚午元历》“所有天文数据和推步方法都和大明历相同，只是改换了上元积年”③。虽然如此，但元世祖出于对阿拉伯文化尤其是西域星历的迷信情结，以及为了适应穆斯林的生活之需，当西域札马鲁丁于至元四年（1267）撰进万年历后，忽必烈还是“稍颁行之”④，惜《元史·历志》不传，而《麻答把历》亦无传。于是就出现了“万年历不复传，而庚午元历虽未尝颁用，其为书犹在”⑤的反常文化现象。

时间之矢不可逆转，因而人们无法对曾经发生在元朝的历史场景进行还原。但可以肯定，每一个历史现象都有其之所以如此发生的必然原因和现实依据。尽管人们用现代科学实验方法证明回回历并非“密于中国”，但耶律楚材和明初史家却认为回回历“密于中国”，也是根据他们反复考验而得出的结论，不能说没有道理和根据，因为历史不是在简单的否定中发展和变化，社会的、政治的、文化的和思想的诸多矛盾因素常常会钩出一个又一个历史谜团，而破解这些历史谜团便成为每个时代历史学研究的真正魅力。比如，《元史》为何将回回历淡出元朝史学家的视野，即是一个历史谜团。耶律楚材为何认为回回历“密于中国”，则是又一个历史谜团。不过，笔者将留待后面再破解上述谜团，这里则重点讨论回回天文学在元朝的发展简况。

1255年，蒙哥汗在上都建造了天文台。⑥据《元史》载：“至元八年，以上都承应阙官，增置行司天监。”⑦此“行司天监”即回回司天监，表明在此之前，上都司天台早已存在，即使在元朝迁都燕京之后，它也一直没有中断天文观测工作。这里有两个问题需要作交代：一是上都天文台所用仪器；二是上都天文台所存之书籍。

---

① （元）陶宗仪著，文灏点校：《南村辍耕录》卷9《麻答把历》，北京：文化艺术出版社，1998年，第121页；（清）魏源：《魏源全集》第8册《元史新编》卷25《耶律楚材列传》，长沙：岳麓书社，2004年，第601页。

② 《明史》卷37《历志七》，第745页。

③ 中国科学院自然科学史研究所：《钱宝琮科学史论文选集》，北京：科学出版社，1983年，第475页。

④ 《元史》卷52《历志一》，第1120页。

⑤ 《元史》卷52《历志一》，第1120页。

⑥ 陆思贤、李迪：《元上都天文台与阿拉伯天文学之传入中国》，《内蒙古师范学院学报（自然科学版）》1981年第1期，第80—89页。

⑦ 《元史》卷90《百官志》，第2297页。

《元史・天文志一》云："世祖至元四年，扎马鲁丁造西域仪象。"[①]其所造西域仪象共计 7 件：咱秃哈剌吉、咱秃朔八台、鲁哈麻亦凹只、鲁哈麻亦木思塔余、苦来亦撒麻、苦来亦阿儿子及兀速都儿剌不。[②]限于篇幅，关于上述 7 件西域仪器的详细阐释，请参见陈久金先生在《中国少数天文学史》一书第 582—588 页的相关论述。除仪器之外，尚有不少阿拉伯文图书，《元秘书监志》载："至元十年十月北司天台申，本台合用之书，经计经书二百四十二部。"[③]其中属于天文历算方面的书籍和仪器共计 16 种，对于这 16 种书籍和仪器，马坚先生曾有专文进行阐释[④]，后来刘应祥先生做了更加详尽的解说[⑤]，可资参考。

至元八年（1271），元朝正式在大都设立回回司天台，与汉儿司天台并驾齐驱，成为中国古代天文学史上的一件大事。对此，《元史・百官志》云：

> 世祖在潜邸时，有旨徵回回为星学者，札马剌丁（即札马鲁丁）等以其艺进，未有官署。至元八年，始置司天台，秩从五品……延祐元年，升正三品，置司天监[⑥]

而汉儿司天台为正四品，显然，回回司天台的地位略高于汉儿司天台。当时，提点札马鲁丁不仅逐年颁行回回历书，而且制造了上述 7 件西域仪象，遂成为元代天文学发展的一个重要组成部分，在中国与阿拉伯科学交流史上占有十分重要的地位。

2）阿拉伯数学的传入

在《元秘书监志・回回书籍》所保留的目录中，有多部数学著作，其中《兀忽列的四擘算法段数》十五部，即欧几里得《几何原本》15 卷的译名；《撒唯那罕答昔牙诸般算法段目并仪式》十七部，意即几何学集，是一部有关回回几何学的著作；《呵些必牙诸般算法》八部，意为算学，是一部有关数学的科学专著。[⑦]当然，对于上述译意，学界尚有不同的认识和看法，如严敦杰先生认为，"兀忽列的四擘"应为"阿尔・花剌子模的数学著作"[⑧]；日本学者田坂兴道则主张"兀忽列的"即数理之学的音译[⑨]。相比较而言，学界多倾向于"兀忽列的四擘"即欧几里得几何学。因为《多桑蒙古史》载有蒙哥"彼知解说 Euclide（即欧几里得）氏之若干图式"的史实，这与《元秘书监志》所言基本吻合。据此可推断，《兀忽列的四擘算法段数》十五部是阿拉伯文译本，蒙哥研读的应是此种译本，而大都天文台所存亦是此种译本。因此，从这个角度说，"蒙哥是我国第一个对欧几里得

---

① 《元史》卷 48《天文志一・西域仪象》，第 998 页。
② 《元史》卷 48《天文志一・西域仪象》，第 998—999 页。
③ （元）王士点、商企翁：《元秘书监志》卷 7《回回书籍》，上海：上海古籍出版社，2022 年。
④ 马坚：《〈元秘书监志・回回书籍〉释义》，《光明日报》1955 年 7 月 7 日。
⑤ 李松茂：《回族 东乡族 土族 撒拉族 保安族百科全书》，北京：宗教文化出版社，2008 年，第 75—78 页。
⑥ 《元史》卷 90《百官志》，第 2297 页。
⑦ 李松茂：《回族 东乡族 土族 撒拉族 保安族百科全书》，第 75—76 页。
⑧ 严敦杰：《欧几里得几何原本元代输入中国说》，《东方杂志》1943 年第 13 号。
⑨ ［日］田坂兴道：《东漸せぅィスヴム文化の一側面に就ぃで》，《史学杂志》1942 年第 4 号。

《几何原本》进行研究的学者是可以肯定的”①。当然，对上述数学典籍的进一步解读，尚赖更多史料的发掘。

3）回回医药学成就

唐代回回医药即传入中国，如《千金翼方》载有“荜拨方”，唐代陈藏器在《本草拾遗》中说：“荜拔生波斯国，胡人将来。”②唐代《纪闻》里出现了阿拉伯人开设的药铺，而唐末五代回回医药学家李珣撰《海药本草》一书，其所载药物，大多数来自海外。然而，阿拉伯医药学的大发展却是在元代。据《元史·爱薛传》载：

> 爱薛（四库全书译作“阿锡页”），西域弗林人。通西域诸部语，工星历、医药。初事定宗，直言敢谏。时世祖在藩邸，器之。中统四年，命掌西域星历、医药二司事，后改广惠司，仍命领之。③

此为回回爱薛所立京师医药院的最早建立，它在中国阿拉伯医学发展史上具有里程碑的意义。关于“广惠司”，《元史·百官志》云：

> 广惠司，秩正三品。掌修制御用回回药物及和剂，以疗诸宿卫士及在京孤寒者。至元七年，始置提举二员。④

又，“大都、上都回回药物院二，秩从五品。掌回回药事。至元二十九年始置。至治二年，拨隶广惠司”⑤。

至此，阿拉伯医药学便形成了一个比较完整的管理体制。以此为前提，回回名医辈出，如答里麻、忽思惠、丁鹤年、萨德弥实、沙图穆苏·萨谦斋、鄂施曼乃及其子孙等，至于身怀“西域奇术”的民间回回医家，那就更不计其数了。例如，陶宗仪的《南村辍耕录》记：任子昭寓居大都时，“时邻家儿患头疼不可忍，有回回医官用刀割开额上，取一小蟹，坚硬如石，尚能活动，顷焉方死，疼亦遄止”⑥。有人认为这是一种“回回医官借行医之机施行巫术”⑦，不确。马建春先生释：“在阿拉伯语中，蟹，又作癌肿、毒瘤解。‘取一小蟹’，实是‘回回’医官为小孩做切除癌肿的手术。”⑧而从《回回药方》所记载的颅脑损伤手术疗法看，回回脑外科的诊断和治疗水平均已达到了一个较高的历史阶段，这是回回医官能够成功地用刀割开头疼患者额上，并“取一小蟹”出来的重要技术前提。其他如“师心已

---

① 云峰：《国全史》14 卷《国元代科技史》，北京：人民出版社，1994 年，第 55 页。

② （宋）唐慎微：《重修政和经史证类备用本草》卷 9《草部中品之下·荜拔》，北京：人民卫生出版社，1957 年，第 229 页。

③ 《元史》卷 134《爱薛传》，第 3249 页。

④ 《元史》卷 88《百官志四》，第 2221 页。

⑤ 《元史》卷 88《百官志四》，第 2221 页。

⑥ （元）陶宗仪：《辍耕录》卷 22《西域奇术》，《景印文渊阁四库全书》第 1040 册，第 658 页。

⑦ 宋兆麟：《巫与巫术》，成都：四川民族出版社，1989 年，第 259 页。

⑧ 马建春：《中世纪阿拉伯伊斯兰医药学的东传》，《大食·西域与古代中国》，上海：上海古籍出版社，2008 年，第 260 页。

解工名术，疗病何烦说《难经》”[①]的西域贾胡，以及“川船南通有新药，海上奇方效如昨”[②]的贾胡金丝膏药，还有扬州的夏氏成药、大都的马思远药锭等，都是颇见功效的元代回回医药，在汉族民间广为流传。尤其是元末由阿拉伯文译成的《回回药方》，标志着回回医药学发展到了体系化的新阶段，是一份宝贵的中华医学遗产。据统计，《回回药方》残卷常用药 259 种，明显属于海药并注明中文名称者有 61 种；沿用阿拉伯药名，目前尚不知何药者 52 种，合计海药为 113 种，约占残卷全部用药的 43.6%。其他 146 种则为传统中药，其中也包括已经华化的海药在内。从这个角度讲，此书无疑是目前国内最为珍贵的大型综合性阿拉伯医药宝典。

4）地理学成就

《元秘书监志・回回书籍》载有《海牙剔穷历法段数》七部一书，是讲述亚非欧天文地理概貌的地理书籍。马坚先生释：

> “海牙剔”是 Hayat 的对音，译云生活。《天方性理》参考书目中有《海亚士额噶林》（Hayatu Aqaim，译云各地区的生活），原译名是《七洲形胜》。七洲是指东半球上的亚非欧三洲而说的，这是古代地理学家通用的区别。“穷历法段数”可能是这部书的译名。讲七洲形势就要讲到各洲的经纬度、经纬度的测定依靠星象的观测，这部书即有七册，可能同时讲到天文和地理。[③]

清初刘智在《天方性理》卷 2 中讲到了阿拉伯人的“七洲”思想，其具体所指为：阿而壁（阿拉伯）、法而西（波斯）、偶日巴（欧罗巴）、赤尼（中国）、细而洋（不详）、欣都斯唐（印度）及锁当（苏丹）。但《海牙剔穷历法段数》七部所言“七洲”是否与此“七洲”一致，尚待考证。

另有《密阿辨认风水》一书，是有关堪舆方面的专书。刘迎胜先生释：“密阿”乃其原书阿拉伯文书名 *Mir' at al-Ghaib*，此言“幽玄宝鉴”，“辨认风水”是此书名的元代汉语意译。这是一部讲占卜凶吉的书，元秘书监存此书 2 卷（部）。[④]

元初由于各地州县名称的变动比较频繁，旧的志书已经与元朝统治的历史实际不相适应，在此情形之下，元世祖下令编纂全国地理图志。对此，札马鲁丁提出了两项具体的编纂原则和要求，他说：

> 太史院历法做有，大元本草做里体例里有底，每一朝里自家地面里图子都收拾来把那的作文字来。圣旨里可怜儿，教秘书监家也做者，但是路分里收拾那图子，但是画得路分、野地、山林、里道、立堠，每一件里希罕底，但是地生出来的把那的做文字呵。[⑤]

---

① （元）王沂：《伊滨集》卷 5《老胡卖药歌》，《景印文渊阁四库全书》第 1208 册，第 428 页。
② （元）王沂：《伊滨集》卷 5《老胡卖药歌》，《景印文渊阁四库全书》第 1208 册，第 429 页。
③ 马坚：《〈元秘书监志・回回书籍〉释义》，《光明日报》1955 年 7 月 7 日。
④ 李松茂：《回族 东乡族 土族 撒拉族 保安族百科全书》，第 77 页。
⑤ （元）王士点、商企翁编次，高荣盛点校：《秘书监志》卷 4《纂修》，杭州：浙江古籍出版社，1992 年，第 72—73 页。

通俗地讲，就是编纂《元一统志》首先可参照元太史院所编历法与《大元本草》，其次将过去历朝所画各路之野地、山林、道里等地图转换成文字材料，上呈朝廷，以备纂修所用。元世祖批准了札马鲁丁的建议。于是，从至元二十三年（1286）到至元三十一年（1294），回回科学家札马鲁丁主持（领衔监修）编纂了《元一统志》，书成后藏于宫廷秘府。全书按路州县建置沿革编写，其体例为：

（一）某路，所辖几州开，本路亲管几县开。（一）建置沿革，《禹贡》州域、天象分野、历代废置，周、秦、汉、后汉、晋、南北朝、隋、唐、五代、宋、金、大元。（一）各州县建置沿革，依上开。（一）本路亲管坊郭乡镇，依上开。（一）本路至上都、大都并里至。（一）各县至上都、大都并里至。（一）名山大川。（一）土山。（一）风俗形势。（一）古迹。（一）寺观祠庙。（一）宦迹。（一）人物。①

或云："备载天下路府州县古今建置、沿革及山川、土产、风俗、里至、宦迹、人物，赐名《大一统志》。"②

此初修之志总计450册，755卷，后来再修，则扩编为600册，计1300卷。故方国瑜先生称："自来地志之作，当推此书最为繁重也。"③该志不仅对大都的记述尤详，而且第一次把阿拉伯的经纬线法与球形世界的观念介绍到我国，此前他已经制作了"苦来亦阿儿子"，即彩色地球仪。这样便有了分图与总图之分，细言之，即"每路卷首，必用地理小图"④，用现在的观点看，此为分省地图，然后"回回图子我根底有，都总做一个图子"（元朝时期的全国地图，实际上应为一幅亚洲地图），洞开国人之眼界。例如，"回回图子"（即伊利汗国地图），就是在纂修《元一统志》的过程中，由伊利汗国进呈，可惜此图已佚。而在分省地图的基础上，札马鲁丁所绘制的《采（彩）色地理总图》（已佚），其包括的地域非常辽阔，以实现元世祖"命大集万方图志而一之，表皇元疆理无外之大"⑤的帝国宏愿。有研究者认为，高丽权近所绘《统一疆理图》为仿元代地图而成，果真如此，那么，元朝由于引进了阿拉伯绘制地图的先进方法，其绘制地图的技术水平已经达到了一个新的历史高度。

5）化学与生物学科技成就

炼丹术有两个重要的发展方向：一是将贱金属"点化"为贵金属，是谓"点金术"；二是寻找"长生不老"的仙丹。中世纪的阿拉伯和中国都非常热衷于炼丹术，但中国的炼丹术偏重寻找"长生不老"的仙丹，而阿拉伯则偏重将贱金属"点化"为贵金属，在这个过程中，阿拉伯人学会了使用天平，并能够对化学反应过程进行定量测定，这是实验化学的真正开端。据《元秘书监志·回回书籍》载，阿拉伯炼丹术在元朝开始传入中国，其中《亦乞昔儿烧丹炉火》八部即是一部专门讲述点金术的著作。

元代御医忽思慧主持编撰的《饮膳正要》是我国现存最早的一部营养学专著，该书摈

① （元）王士点、商企翁编次，高荣盛点校：《秘书监志》卷4《纂修》，第81—82页。
② （元）王士点、商企翁编次，高荣盛点校：《秘书监志》卷4《纂修》，第86页。
③ 方国瑜：《方国瑜纳西学论集》，北京：民族出版社，2008年，第212页。
④ （元）王士点、商企翁编次，高荣盛点校：《秘书监志》卷4《纂修》，第78页。
⑤ （元）王士点、商企翁编次，高荣盛点校：《秘书监志》卷4《纂修》，第72页。

弃了唐宋之前以金石矿物药和有毒药物为主所组成的所谓“长生不老”方，无疑是中国古代养生思想的一个巨变。书中第一次明确记载了蒸馏酒即阿剌吉和酿酒蒸馏器，原文云：“阿剌吉酒。味干辣，大热，有大毒。主消冷坚积，去寒气。用好酒蒸熬，取露成阿剌吉。”① 此处的“蒸熬，取露”，李时珍解释为“烧酒”，他说：“烧酒非古法也。自元时始创其法，用浓酒和糟入甑，蒸令气上，用器承取滴露。凡酸坏之酒，皆可蒸烧。近时惟以糯米或粳米或黍或秫或大麦蒸熟，和麴酿瓮中七日，以甑蒸取，其清如水，味极浓烈，盖酒露也。”② 据此，许多学者认为中国烧酒始于元朝，其主要代表有刘广定、黄时鉴等。但目前学界对中国烧酒的起始尚有争议，除元代说之外，尚有宋代说（主要代表有曹元宇、李华瑞等），唐代说（主要代表为袁翰青、魏岩寿等）和东汉说（主要代表是孟乃昌）。烧酒的制造需要三个基本的化学反应过程：糖化、低醇化和高醇化。若想获得较高浓度的酒精，必须通过蒸馏工艺，在78.3℃的状态下将酒精汽化，然后冷却为液体酒精。据实验研究，采用蒸馏方法来提高酒精度，酒精含量一次可提高3倍。所以，欲取得高质量的酒液，往往需要经过两次甚至两次以上蒸馏。从这个角度看，朱德润的《轧剌机酒赋·序》云：“至正甲申冬，推官冯时可惠以轧剌机酒，命仆赋之，盖译语谓重酿酒也。”③此“轧剌机酒”即烧酒，而“重酿”究竟是指一次蒸馏还是二次蒸馏，有待进一步研究。不过，从《轧剌机酒赋》的记述来看，其“轧剌机酒”的酒精度较高。此“轧剌机酒”指的是阿拉伯人的烧酒技术，它表明阿拉伯人已经能够制造较高酒精度的烧酒，而在元代之前，中国古人尚未掌握制造较高酒精度的蒸馏技术，恐怕没有争议。

在制糖技术方面，《马可波罗游记》记载了阿拉伯人将制造白砂糖技术传到福建武干（今福建尤溪）的情况：此地“在它纳入大汗版图之前，本地人不懂得制造高质量糖的工艺，制糖方法很粗糙，冷却后的糖呈暗褐色的糊状。等到这个城市归入大汗的管辖时，刚好有些巴比伦人，来到帝廷，他们精通糖的加工方法。因此被派到这个城市来，向当地人传授用某种木炭精制食糖的方法”④。回回人把蔗糖凝固方法（即在糖液中加入碱性树灰，以中和糖液中的酸性，并使之迅速凝固）传入尤溪，随之在福建各地传播开来，从而使福建的制糖技术发展到了一个新的历史高度。例如，元《莆阳志》载有这项新引进的制糖技术：

> 黑糖，煮蔗之。冬月蔗成后，取而断之，入碓捣烂，用大桶装贮，桶底旁侧为窍，每纳蔗一层，以灰薄洒之，皆筑实，及满，用热汤自上淋下，别用桶自下承之。旋入釜烹炼，火候既足，蔗浆渐稠，乃取油滓点化之，别用大方盘，挹置盘内，拌匀逐凝结成糖，其面光洁如漆，其脚粒粒如沙，故又名沙糖。⑤

---

① （元）忽思慧：《饮膳正要》卷3《米谷品》，《四部丛刊续编》第50册，上海：商务印书馆，1934年，第6页。

② （明）李时珍编著，夏魁周等校注：《李时珍医学全书》，北京：中国中医药出版社，1996年，第693页。

③ （元）朱德润：《存复斋文集》卷3《轧剌机酒赋》序，《四部丛刊续编》第46册，上海：商务印书馆，1935年，第6页。

④ ［意］马可波罗：《马可波罗游记》第81章《武干市》，陈开俊等译，福州：福建科学技术出版社，1981年，第191页。

⑤ 嘉靖《仙游县志》卷1《土产》，北京：书目文献出版社，1992年。

在此，回回人传来了蔗糖加灰凝固方法，这是中国古代制糖技术的一个突破。正是在此基础上，中国先民才发明了制造白糖的技术。乾隆《福州府志》卷26说："元时，南安有黄长者，位宅煮糖，宅垣忽坏，压于漏端，色白异常，因获厚赀，后人遂效之。"[①]又，明《重刊兴化府志》记载得更详细：

> 白糖，每岁正月内炼，沙糖为之。取干好沙糖，置大釜中烹炼，用鸭蛋连清、黄搅之，使渣滓上浮，用铁笊篱撇取干净。看火候足，别用两器上下相乘，上曰圂，下曰窝，圂下尖而有窍，窝内虚而底实，乃以草塞窍，取炼成糖浆置圂中，以物乘热搅之。及冷，糖凝定，糖油坠入窝中。二月梅雨作，乃用赤泥封之。约半月后，又易封之，则糖油尽抽入窝。至大小暑月，乃破泥取糖。其近上者全白，近下者稍黑，曝干之，用木桶装贮。九月，各处客商皆来贩卖，其糖油乡人自买之。彭志云：旧出泉州，正统间莆人有郑立者，学得其法，始为之。今上下习奢，贩卖甚广。[②]

制造白糖这项技术是中国人的独立发明，还是传自西域，此问题在学界尚有争议。笔者同意季羡林先生的论断："这种技术是中国发明的。在近代工业制糖化学脱色以前，手工制糖脱色的技术，恐怕这是登峰造极的了。这是中国人的又一个伟大的科技贡献。"[③]但是这并不等于否定了回回人在这个历史过程中所作出的重要贡献，试想如果没有蔗糖加灰凝固方法，又何来制造白糖的技术呢？

2. 阿拉伯中世纪科学对元朝科技思想发展的影响

第一，回回天文学对元代中国传统天文学的影响。目前，学界的主流观点认为，回回天文学对元代中国传统天文学的影响是肯定的。陈久金先生在《中国少数民族天文学史》第9章"回回天文学史"中，专门谈到了"元回回天文学对中国天文学的影响"。在他看来，"阿拉伯天文学传入中国以后，对中国传统文化的影响是客观存在的，这些基本事实都是无法否认的"，另外，"如果对札马鲁丁制造的天文仪器和所收藏的天文书籍，与郭守敬等人制造的天文仪器和制定的授时历进行对比研究，就不难发现中国传统天文学所受回回天文学的影响是很深刻的"[④]。具体地讲，郭守敬的《五星细行考》卷50即吸收了回回历"计算周密"的成果编撰而成；《授时历》的编制直接参照了回回人传入中国的《积尺诸家历》48部、《速瓦里可乞必星纂》4部等；札马鲁丁制造的"咱秃哈剌吉"是一架相当简化的浑仪，它的出现促使郭守敬等对中国传统浑仪进行彻底的改革思考；回回人入滇之后，设"测景所，以测验气候，则回族掌天算入滇者有矣"[⑤]；阿拉伯天文学在元代取得官方地位，而"空前的官方地位的取得，正好说明其在中国的巨大影响"[⑥]。当然，客观事物的发展总是

---

① 乾隆《福州府志》卷26《物产·货之属》，清乾隆十九年（1754）刊本。

② （明）周瑛、黄仲昭著，蔡金耀点校：《重刊兴化府志》卷12《户纪六》，福州：福建人民出版社，2007年，第336页。

③ 季羡林：《季羡林文集》第9卷《糖史》1，南昌：江西教育出版社，1998年，第360页。

④ 陈久金：《中国少数民族天文学史》，北京：中国科学技术出版社，2008年，第592页。

⑤ 夏光南：《元代云南史地丛考》，杨兆钧主编：《云南回族史》，昆明：云南民族出版社，1994年，第50页。

⑥ 陈占山：《撞击与交融：中外文化交流史论》，汕头：汕头大学出版社，2006年，第74页。

以相互依赖和相互作用为特点，因而“呈现在我们眼前的，是一幅由种种联系和相互作用无穷无尽地交织起来的画面”①。元代回回天文学传入中国之后，即与中国的传统天文学发生联系，并在相互作用和相互依赖中向前发展，因而明清时期中国天文学家研究回回天文学的著作越来越多，如刘信的《西域历法通径》，贝琳的《七政推步》，袁黄的《历法新书》，黄宗羲的《回回历法假如》，梅文鼎的《西域天文书补注》《回回历法补注》《三十杂星考》，薛凤祚的《回回历并表》，李锐的《回回术元考》，马复初的《天方历源》《寰宇述要》，顾观光的《回回历解》，洪钧的《天方教历考》等，这些著作的出现客观上使阿拉伯天文学与中国传统天文学的结合日益紧密，相互影响亦更加深刻。

第二，元回回数学对中国传统数学的影响。阿拉伯数学是否对中国传统数学的发展产生过影响，主要有两派主张：一派的观点是否定说；另一派的意见则针锋相对，持肯定说。例如，郭熙汉先生指出：

> 阿拉伯国家处于东、西方交界之处，东、西文化在此交汇，从而产生了包括数学、天文学在内的阿拉伯文化。从9世纪到15世纪出现了大批数学家，他们主要用阿拉伯文著书立说。这些著作所代表的数学，在数学史上被称为阿拉伯数学。阿拉伯数学与中国数学的相互影响是多方面的。阿拉伯的历算、阿拉伯的幻方、阿拉伯的格子算等，都先后传入中国。欧几里得的《几何原本》也是通过阿拉伯传入中国的。中国的十进位数记数法、分数记法、“百鸡问题”解法、盈不足术、贾宪三角、增乘开方法等也曾出现在阿拉伯数学著作中。这两种数学文化互相影响和渗透，不可避免地又有新的创造。②

平心而论，郭熙汉先生的论说客观而公允，笔者亦有同感。

就客观事物的发展规律来讲，在特定的时空里，尤其是当存在大范围和多方面学人频繁交流互动的时候，任何影响都必然是双向的，不可能只存在甲方对乙方的影响，而乙方对甲方却不产生影响的历史现象。例如，回回人赡思在《河防通议》一书中，有“算法”一门，内立“开河”一题，解法最难，但他采用了当时先进的数学方法即天元术，尽管在计算过程中出现了失误，然而他将天元术及复杂的体积计算公式用于水利工程，这本身就是一个创举。回回人对待中国古代的数学成就尚能如此谦虚和善于学习，反过来，元朝的汉族数学家面对阿拉伯的先进数学方法怎么可能熟视无睹呢？这在逻辑上说不过去。事实上，郭守敬的算弧三角法，就是受到回回历算的启发而被激发出来的一种科学创新。前举赡思的“算法”草式中采用“o”表示空位的形式，而金代《大明历》始用“o”表示空位，之后元代的数学著作如李冶的《益古演段》、朱世杰的《四元玉鉴》等都普遍使用了阿拉伯零码。另外，回回商人这个群体的数学知识如何在他们的商业活动中应用，尤其是他们在民间如何与中原商人进行算法方面的交流，这是一个值得深入研究的学术课题。有人发现，

① 中共中央马克思恩格斯列宁斯大林著作编译局：《马克思恩格斯选集》第3卷，北京：人民出版社，1972年，第60页。

② 郭熙汉：《杨辉算法导读》，武汉：湖北教育出版社，1996年，第33页。

秦九韶的数学知识来源之一便是侨居杭州的阿拉伯学者和商业人士。事实上，阿拉伯数字系统的幻方已在西安、上海等地发现。其中元代安西王府遗址出土的阿拉伯6阶幻方与阿尔·卡西所著《算术之钥》所使用的数码符号一致，据考，这些阿拉伯幻方是一种运算工具。然而，过去学界偏重官方层面阿拉伯与元朝数学交流的研究，似有忽略发生在民间层面数学交流的研究倾向，而这种研究状况的出现可能与民间数学交流文献的相对匮乏有关。不过，即使如此，我们也有理由相信，在元代，阿拉伯商人是一个无处不有的社会群体，他们在与汉族民众交往的过程中，会自觉或不自觉地以各种方式将阿拉伯民族的一些运算方法介绍给汉族民众。前揭杨辉的实例及西安、上海阿拉伯幻方的发现，皆可为证。因此，阿拉伯商人对中国古代民间数学发展的影响莫要等闲视之。

第三，元回回医药学对中国传统医药学的影响。元代危亦林著《世医得效方》，其在正骨科方面的治疗技术受《回回药方》的影响颇深。不妨试作比较，如《世医得效方·正骨兼金镞科·秘论》云：

> 脚大腿根出臼。此处身上骨是臼，腿根是杵，或出前，或出后，须用一人手把住患人身，一人拽脚，用手尽力搦归窠。或是挫开，又可用软绵绳从脚缚倒吊起，用手整骨节，从上坠下，自然归窠。①

而《回回药方》卷34《折伤门·骨脱出类》载：

> 说大腿骨的头儿脱出者，凡此骨从盛骨处脱出者，有五等：有时间向里，有时间向外，又或向前，或向后，或直脱出如肩骨脱者……向里脱出，令病人屈其腰，一人向前用力把住病人两股中，医人以手扯近膝处，且摇动转向内，令脱出的骨转向外，后抬起入本处……与向里的治法相反，如向前、向后的法有数等，最可且易者是用卷纽长布，先栓病人大小腿上，一人以向下的一头搭肩上，拽定其向上一头，布从无病的那一边肩上绕过腋下，横缠病人脑前，栓系之。又于横栓处两腋下，各用卷纽布一段牢系。又各以一人把定后，三人者齐用力扯起，令病人之身如悬于空中，其足垂下，医人方以脱出的骨头儿或前或后，转入本处。②

又，《世医得效方》卷18《正骨兼金镞科·秘论》云：

> 肩胛上出臼，只是手骨出臼，归下；身骨出臼，归上。或出左，或出右，须用舂杵一枚、小凳一个，令患者立凳上，用杵撑在下，出臼之处或低，用物簟起，杵长则簟凳起，令一人把住手尾拽去，一人把住舂杵，令一人助患人放身从上坐落，骨节已归窠矣，神效。若不用小凳，则两小梯相对，木棒穿从两梯股中过，用手把住木棒，正棱在出臼腋下骨节蹉跌之处，放身从上坠下，骨节自然归臼矣。③

---

① （元）危亦林：《世医得效方》卷18《正骨兼金镞科·秘论》，蔡铁如主编：《中华医书集成》第9册《方书类（二）》，北京：中医古籍出版社，1999年，第363页。

② 宋岘：《回回药方考释》下册，北京：中华书局，2000年，第467—468页。

③ （元）危亦林：《世医得效方》卷18《正骨兼金镞科·秘论》，蔡铁如主编：《中华医书集成》第9册《方书类（二）》，第362页。

而《回回药方》卷34《折伤门·骨脱出类》载：

> 说肩骨脱离本处者……又一等治法，用梯一张于最下的一根横木上，或做一毯儿在上，或栓一毯儿，扶病人的腋使到毯儿上，却抬其手用力扯向前，令一人举起梯，要使病人掛在梯上，其身垂下，则骨自入本处。又一法，立坚木长者一根，上做一毯儿，令人扶病人的腋到毯儿上，医人用力扯其手，向前使病人的身垂下，足稍去地，骨亦入本处。①

仔细比较，《世医得效方》卷18《正骨兼金镞科·秘论》的许多内容与《回回药方》卷34《折伤门·骨脱出类》所载内容有相似之处，有不少治法也相近。其间可以看出《回回药方》对《世医得效方》的影响。宋代回回骨科医生梁柱在开封任护驾金疮供奉，其子梁爰和梁婴在元代广惠司和回回药物院行医。而王沂《贾胡歌》中的“贾胡”就是一位专治伤折的骨科医生，明清以后回回骨科逐渐融于中医之中，遂成为中医骨科的一个有机组成部分。

元代回回人沙图穆苏·萨谦斋把回回医学和中医学结合起来，撰写了《瑞竹堂验方》15卷。一方面，诚如陈垣先生所言：“《瑞竹堂验方》今不传。所传者清《四库》辑《永乐大典》本，固中国药方，而非西域药方也。（元有回回药方院）可见元时西域人居处服食，无所往而不华化矣。”②另一方面，今传《瑞竹堂验方》5卷有一半以上的药物为香药，方亦多“海上方”，显然，《瑞竹堂验方》更多的是在将阿拉伯药物纳入中药学的体系里，从而使其成为中药学的一个组成部分。例如，书中所创制的“木瓜虎骨丸”已经成为中医传统药酒，即是一例。所以“自唐宋起，特别是元、明以来，回回医方、医书及药物被中医广泛吸纳，并应用于医疗实践中。如临床上大量使用香药已成为中国传统医学中的一大特点，而《本草纲目》详细记载近百种回回药物和医方，极大地丰富了中医药学的知识和内容，这是古代伊斯兰医药学和中医学密切交流的结果”③。

三、影响：发生在有形与无形之间

那么，究竟如何理解阿拉伯科技文化对元朝科技发展的影响？否定论者坚持“有形说”，即有明确的文献记载或实物凭据。与此不同，肯定论者多从“无形”处着眼，多有推测的成分。双方各执一词，似都有道理，又各有所偏。那么，有没有一种以“求同存异”为原则的折中方法，既满足“无形说”又能得到“有形说”的初步认同？笔者认为，这种可能性是客观存在的，那就是基于模型和原型相对应之几何关系的相似原理，下面略作阐释。

系统论认为，由于物质世界的统一性和开放性，系统在结构功能、存在方式和演化过程中都存在着差异共性，其中差异共性的形成不能离开系统开放这个重要条件和关键环节，

---

① 宋岘：《回回药方考释》下册，第462—463页。

② 陈垣：《元西域人华化考》，刘乃和编校：《陈垣卷》，石家庄：河北教育出版社，1996年，第165页。

③ 马建雁：《中世纪阿拉伯伊斯兰医药学的东传》，《西北民族研究》2000年第2期，第136页。

也就是说只有在系统各要素之间相互作用和相互影响的情况下，系统才能形成差异的共性，即系统相似。当然，“相似性可以纯粹是外表的，也可以这样，对象与模型在外表上毫无相似之处，但它们的内部结构却相似，或者对象与模型在形状和结构上毫无共同之处，但它们行为的某些一般性质却相似”，依此，“如果在两个对象之间可以建立某种相似性，那么在这两个对象之间就存在着原型——模型关系”①。考，《元史·天文志一》载有两种适用于不同天文体系的测验仪器，一种是郭守敬所创造的“简仪、仰仪及诸仪表”②，另一种是札马鲁丁造的“西域仪象”③。文中述郭守敬所造仪器计有“简仪”、“仰仪”、“正方案”、“圭表”、“景符”、“窥几”和“大明殿灯漏”这7件，与同书《郭守敬传》所载少“高表”“候极仪”“浑天象”“玲珑仪”“立运仪”“证理仪”“星晷定时仪”“（九）〔丸〕表”“悬正仪”　“座正仪”④。或许处于某种对等关系，《元史·天文志一》仅择郭守敬所造仪器中的7件，以与札马鲁丁造7件“西域仪象”相媲美。《元史·天文志一》所载7件“西域仪象”分别是：“咱秃哈剌吉，汉言混天仪也”；“咱秃朔八台，汉言测验周天星曜之器也”；“鲁哈麻亦渺凹只，汉言春秋分晷影堂”；“鲁哈麻亦木思塔余，汉言冬夏至晷影堂也”；“苦来亦撒麻，汉言浑天图也”；“苦来亦阿儿子，汉言地理志也”；“兀速都儿剌不，定汉言，昼夜时刻之器”⑤。从上述天文仪器的名称来看，郭守敬所造天文观测仪器与札马鲁丁造“西域仪象”，颇多相似之器件，如“简仪”与“咱秃哈剌吉”，“浑天象”与“苦来亦撒麻”等。由《元史·天文志一》对“咱秃哈剌吉”的结构记述知，它设置有5个环，即“单环”、“双环”、“内第二双环”、“内第三双环”与“内第四双环”⑥，因此，也有人将其译为“多环仪”。而简仪则设置有“规环”、“百刻环”、“四游双环”与“定极环”⑦。其中简仪结构中的“四游双环”与咱秃哈剌吉结构中的“内外双环”具有相似性，如《元史·天文志一》述“咱秃哈剌吉”结构中的“内外双环”云：

侧立双环而结于平环之子午，半入地下，以分天度。内第二双环，亦刻周天度，而参差相交，以结于侧双环，去地平三十六度以为南北极，可以旋转，以象天运为日行之道。内第三、第四环，皆结于第二环，又去南北极二十四度，亦可以运转。凡可运三环，各对缀铜方钉，皆有窍以代衡箫之仰窥焉。⑧

与“四游双环”的结构比较，则“四游双环”：

相连于子午卯酉。当子午为圆窍，以受南北极枢轴。两面皆列周天度分，起南极，抵北极，余分附于北极。去南北枢窍两旁四寸，各为直距，广厚如环。距中心各为横

---

① ［苏联］A. Я. 列尔涅尔：《控制论基础》，刘定一译，北京：科学出版社，1980年，第27页。
② 《元史》卷48《天文志一》，第989页。
③ 《元史》卷48《天文志一》，第998页。
④ 《元史》卷164《郭守敬传》，第3847页。
⑤ 《元史》卷48《天文志一》，第998—999页。
⑥ 《元史》卷48《天文志一》，第998页。
⑦ 《元史》卷48《天文志一》，第991—993页。
⑧ 《元史》卷48《天文志一》，第998页。

> 关，东西与两距相连，广厚亦如之。关中心相连，厚三寸，为窍方八分，以受窥衡枢轴。[①]

以往在较长一段时期内，学界很少将“咱秃哈剌吉”结构中的“内外双环”与简仪中的“四游双环”作比较研究，因为钱宝琮先生断言“‘王恂、郭守敬监造’款识的简仪、仰仪等仪器”，“与札马鲁丁等在上都所造的‘西域仪象’绝不相同”[②]。钱老的话没错，把简仪视作全等于“咱秃哈剌吉”，确实与历史事实不符。然而，“全等于”（即相同）与“相似于”不是一个概念，系统论的“相似原理”不仅适用于气候学、流体力学、思维科学、教育学等领域，而且更适用于分析历史时期各种仪器之间的内在关联性和相似性。所以，自20世纪80年代以来，学界已经发表了大量研究“西域仪象”的学术成果，其中以中国天文学史整理研究小组所编写的《中国天文学史》一书最具权威性。毋庸置疑，上述“四游双环”与“咱秃哈剌吉”结构中的“内外双环”具有相似性，像两者都有“侧环”与“子午”连接，有窍可仰窥，有可以运转的双环，线照准法或称孔照准法（即“窥衡”），周天分为360°等，皆是两者具有相似性的客观凭据。在学界关于“咱秃哈剌吉”的性质，有“赤道式浑仪”和“黄道浑仪”两说。但不论咱秃哈剌吉的性质如何，“四游双环”与“咱秃哈剌吉”之间客观上存在一种“原型-模型关系”，则是可以肯定的。例如，有学者明言，“咱秃哈剌吉”结构中的“内第二双环”和“内第三双环”，相当于中国系统的黄道四游环。[③]现在的问题是：何者为“原型”，何者为“模型”？为了搞清楚这个问题，有两个要素需要厘清。一个要素是时间的先后，另一个要素是空间上的共存与否。

先考察第一个要素。据《元史·天文志一》记载，札马鲁丁造“西域仪象”的时间在“世祖至元四年”[④]。当时，忽必烈已经即位7年。考，忽必烈在潜邸时期，“有旨征回回为星学者札马鲁丁等，以其艺进，未有官署”，这种局面一直延续到至元八年（1271）。事实上，中统元年（1260），忽必烈即在上都（今内蒙古自治区锡林郭勒盟正蓝旗）“因金人旧制，立司天台，设官属”[⑤]。在此期间，身为星学家的札马鲁丁，还曾任籴粮官，然而他却在司天台没有官署，这就有些不对劲了。司天台设有西域星历司，忽必烈在中统四年（1263）命西域天学家爱薛“掌西域星历、医药二司事”[⑥]。可见，札马鲁丁之所以当时没有合适的官署，主要是因为他拿不出令忽必烈信服的“绝活”。也许正是在这种压力之下，札马鲁丁才经过几年的工夫，制造了7件“西域仪象”，并进献了《万年历》。经日本学者山田庆儿考证，在札马鲁丁所“造”的7件西域仪器中，除“苦来亦阿儿子”有可能随身带来外，则其余6件基本上都是在上都制造或组装。于是，忽必烈在至元八年（1271）秋七月壬戌“始置司天台”于上都，“秩从五品”，以札马鲁丁为“提点”。《元史·百官志六》述其事云：

---

① 《元史》卷48《天文志一》，第991页。
② 中国科学院自然科学史研究所：《钱宝琮科学史论文选集》，第374页。
③ 杨怀中、余振贵主编：《伊斯兰与中国文化》，银川：宁夏人民出版社，1995年，第168页。
④ 《元史》卷48《天文志一》，北京：中华书局，1976年，第998页。
⑤ 《元史》卷90《百官志六》，第2297页。
⑥ 《元史》卷134《爱薛传》，第3249页。

“以上都承应阙官，增置行司天监。”[①]此“增置”虽不能说因札马鲁丁而设官，但在上都承应阙增置行司天监确与札马鲁丁的上述成就有关。学界一致公认，上都回回司天台“为元代不可或缺的天文历法工作基地之一”[②]。对此，笔者需要略作补充，就上都回回司天台的测验仪器而言，在郭守敬等未完成新的天文仪器之前，绝对处于领先地位，它的先进性必然会为郭守敬等所继承和发展，这是科学技术发明和创造的客观规律。《元史·郭守敬传》有一条史料，往往为学界所忽略。其传文云：“十三年，江左既平，帝（即忽必烈）思用其（指刘秉忠）言。遂以守敬与王恂，率南北日官，分掌测验推步于下。”[③]由《秘书监志》卷7记载知，所谓“北日官”是指上都司天台（包括回回司天台和汉儿司天台），如原文曰：“至元十年（1273）十月，北司天台申：本台合用文书，经计经书二百四十二部，本台合用经书一百五十九部。”[④]与之相对应，所谓“南日官”主要是指江南的司天官员。例如，《元史·世祖本纪六》载：至元十三年（1276）六月甲戌，“以《大明历》浸差，命太子赞善王恂与江南日官置局更造新历，以枢密副使张易董其事”[⑤]。学界也有人认为，“南日官”是指当时金朝遗留下来的大都司天台，故元朝有“南北司天台”之称。可见，《元史·郭守敬传》所记载的那条史料，证明郭守敬在制造诸多天文仪器的过程中，曾有过与回回司天台的合作。有学者明言，王恂在更造新历的过程中，曾组织在上都北司天台和原来在江南宋室从事天文历法工作的官员，一起到太史局修订新历。事实上，在此之后，回回科学家与汉族科学家还有成功合作的实例，如札马鲁丁与虞应龙奉旨编纂《元大一统志》，从至元二十三年（1286）到至元三十一年（1294），两人合作共事长达8年。因此，《元史·天文志一》所言郭守敬所创简仪、仰仪等仪器，“盖有古人所未及者”[⑥]。这一定与一种开放的而不是封闭的工作环境有关，其中借鉴和吸收札马鲁丁“西域仪象”的积极成果，为其所用，应是成就郭守敬等完成“古人所未及者”事业的必要条件。我们说，一个人的创造发明固然不能离开本民族传统文化，然而此论需要结合具体的历史条件来辨析。钱宝琮先生就非常肯定地说郭守敬等所创仪器“与札马鲁丁等在上都所造的‘西域仪象’绝不相同”。李约瑟博士也认为札马鲁丁所造“西域仪象”对郭守敬等创制的天文仪器没有多大的影响。然而，从《元史·天文志一》对郭守敬等所创仪器与札马鲁丁等所造的“西域仪象”的阐述看，两者类同之处甚多，这里肯定存在着一种影响与被影响的关系。可惜，笔者在翻检有关该问题的各种论著时，发现几乎所有论者都疑惑钱宝琮和李约瑟博士的断言有失公允，可就是拿不出直接的证据，因此多系含糊其辞。不妨略举数例如下：

（1）“郭守敬在所制简仪和立运仪中改传统的观测装置‘窥管’为窥衡（铜条两端立起

---

① 《元史》卷90《百官志六》，第2297页。
② 陈美东：《中国科学技术史·天文学卷》，北京：科学出版社，2003年，第524页。
③ 《元史》卷164《郭守敬传》，第3847页。
④ （元）王士点、商企翁：《元秘书监志》卷7《回回书籍》，第72—73页。
⑤ 《元史》卷9《世祖本纪六》，第183页。
⑥ 《元史》卷48《天文志一》，第989页。

带孔的铜片），估计是受了札马鲁丁的启发和影响。”①

（2）“郭守敬所设计的天文仪器，也可能吸收了伊利汗国马拉格天文台的一些设计成果。”②

（3）“郭守敬所创制的简仪中的照准器大约就受到了星盘照准器的启示。”③

（4）“照我们看来，当时的大天文学家郭守敬在发展传统的中国天文仪器时可能有两点是从札马鲁丁的仪器上借鉴来的。其一是西域仪象的360度分划制度……其二是阿拉伯星盘上的窥衡。”④

“估计”“大约”“可能”等不确定用词的出现，诚然反映了论者谦虚和谨慎的研究态度，值得肯定。但人们在谈论札马鲁丁与郭守敬等所创仪器之间的影响和被影响的关系时，之所以底气不足，关键问题是没有直接的可靠史料来支撑其论点。然前面所引《元史·郭守敬传》，则明确记载“以守敬与王恂，率南北日官，分掌测验推步于下”，仅由这条史料即可证明，郭守敬等所创的观测仪器肯定受到了札马鲁丁所造“西域仪象”的影响。于是，两个对象之间就构成了前面所说的原型-模型关系。从这个角度看，札马鲁丁所造“西域仪象”为原型，而郭守敬等所创仪器则为模型，所以明人叶子奇谓郭守敬所制观察星座之用的玲珑仪，“此出色目人之制也”⑤，并非没有根据。当然，此处所说的“模型”不是简单的模仿，而是一种再创造。

接着考察第二个要素。如前所述，札马鲁丁所造“西域仪象”的地点是在上都，而郭守敬等所创仪器及《授时历》的编撰，亦主要是在上都完成。有人根据《元史·世祖本纪三》载，至元九年（1272）二月，忽必烈改金中都为大都，即推断元朝在同年迁都大都，这其实是一种误解，与史载不符。因为至元十二年（1275），元廷朝臣还在因“龙岗遗火”而争论迁都的事情，如《元史·廉希宪传》云：至元十二年五月，“有数辈以徙置都邑事奏，枢密副使张易、中书左丞张文谦与之廷辨，力言不可，帝不悦”，然当忽必烈得知廉希宪在病甚期间，仍以“上都，圣上龙飞之地，天下视为根本”之言反对迁都时，备受感动，故其迁都的议论方才作罢。但修筑中都的工程始终没有中断，因为按照中统五年（1264）颁发的《建国都诏》，元朝开始在燕京修复宫室，表明忽必烈已有迁都的想法。同年，责成刘秉忠等具体负责规划设计修筑大都城工作，到“至元十一年春正月己卯朔，宫阙告成，帝始御正殿，受皇太子诸王百官朝贺”⑥。此为忽必烈例行两都制或曰“冬都”和“夏都”制的一种行政常规，并不意味着当时元朝已将首都迁至大都。从现存史料来看，郭守敬所创制的大多数仪器与上都司天台的关系比较密切。

例如，《元史·世祖本纪二》记载：至元三年（1266）二月丙申，“郭守敬造宝山漏成，

---

① 李治安：《忽必烈传》，北京：人民出版社，2004年，第537页。

② 李喜所：《五千年中外文化交流史》，北京：世界知识出版社，2002年，第448页。

③ 陈美东：《中国科学技术史·天文学卷》，第522页。

④ 陈久金：《中国古代天文学家》，北京：中国科学技术出版社，2008年，第407—408页。

⑤ （明）叶子奇：《草木子》卷3《杂制篇》，《景印文渊阁四库全书》第866册，第774页。

⑥ 《元史》卷8《世祖本纪五》，第153页。

徙至燕京”[①]。此宝山漏制成于上都，后来移至燕京。又，至元十六年（1279）二月癸未，太史令王恂等奏言：“建司天台于大都，仪象圭表皆铜为之，宜增铜表高至四十尺，则景长而真。又请上都、洛阳等五处分置仪表，各选监候官。”[②]王恂的建议被忽必烈采纳，以此为准，则大都司天台筹建于至元十六年（1279），而郭守敬等组织的大规模“四海测验”则始于同年三月庚戌，“敕郭守敬由上都、大都，历河南府抵南海，测验晷影”[③]。这里有两个问题需要说明：第一个问题是，为什么郭守敬的“四海测验”首选上都？有学者正确地指出，因为上都是元朝的夏都，建有回回司天台，同时这里的观测仪器比较先进，包括回回司天台的观测仪器和郭守敬创制的观测仪器。第二个问题是，郭守敬在上都进行测验时，是否使用了回回司天台的观测仪器？按照前面的引文，郭守敬“四海测验”的起点在上都，具体言之，是在元上都承应阙。据考古勘察，元上都承应阙为一处高台建筑，共包含三台五组建筑，上面建有回回观星台，故元人有“紫极三台”之称。在郭守敬所选择的三处重要坐标点上都、大都和河南府阳城，都建有观星台，主要用于测量北极出地度数。其中阳城观星台遗址保存至今，因阳城被我国古人视为“地中”，故它在中国古代天文观测史上占有非常显著的位置。据景日昣介绍，郭守敬在阳城所建观星台“甚危敞，上覆以屋，前有亭。其阴凹缺直下，高三仞（2.4 丈）。背有量天尺，其制：砌石筑台，高二尺许，刻划石之两傍，象成溜槽，至尽头，环通。凡三十六方，接连平铺，每阔三尺六寸，刻周天一百二十尺。旧有挈壶走水漏刻，以符日景”[④]。至于郭守敬所建大都观星台，已见前引。而《元史》对上都观星台的修建仅有短短的一句话，郭守敬“又请上都、洛阳等五处分置仪表”。迄今考古学界也没有发现元代上都郭守敬所建观星台的遗址，史籍又阙载，似乎考索无绪。但问题的答案恰恰就隐藏在这“无绪”之中，因为既在上都“分置仪表”，又不像大都和阳城那样有迹可寻。它表明唯有上都观星台就建在回回司天台内或者是郭守敬利用了回回司天台的观测仪器，才是正解，其他的可能性非常小。陈久金先生认为，郭守敬在至元十六年（1279）三月出发，先到上都立表置仪，然后折回大都，接着又奔赴阳城，建造起名闻世界的观星台，最后于次年三月到达南海（指广州），进行测影。按照元朝的建筑条件，不要说建造大都那样较大规模的观星台，既费时又费工，即使建造像阳城那样规模的观星台，没有三四个月的时间也是完成不了的，而郭守敬在不到一年的时间内，先是往返于上都和大都之间，继之，又从大都到阳城，最后再从阳城赶到南海。抛去路途所需时间，郭守敬要建造三个较大规模的观星台，难度较大。如果上都观星台利用了回回司天台的观测条件，就可以大大节省建造大都观星台与阳城观星台的建造时间。从郭守敬的办事效率来看，郭守敬在上都立表置仪一定得到了回回司天台的支持。所以，元末人张昱写的《辇下曲》颇

---

① 《元史》卷 5《世祖本纪二》，第 82 页。

② 《元史》卷 10《世祖本纪七》，第 209 页。

③ 《元史》卷 10《世祖本纪七》，第 198 页。

④ （清）景日昣：《说嵩》卷 5《太室原二》，郑州市图书馆文献编辑委员会：《嵩岳文献丛刊》第 3 册，郑州：中州古籍出版社，2003 年，第 97 页。

值得玩味，诗云："仪台铁表冠龙尺，上刻横文晷度真。中国失传求远裔，犹于回纥见斯文。"[①]诗中“中国失传求远裔”句，系指至元年间札马鲁丁从阿拉伯地区携入中原的天文仪器，而《辇下曲》描述的是元大都的城市风貌，特别是对大都司天台的评述，应当是诗人在对大都的汉儿司天台与回回司天台作了实地考察和比较之后所得出的结论，其可信度比较高。那么，郭守敬等是通过何种途径获得了放置于上都回回司天台里的“西域仪象”？根据上文所述及《元史・世祖本纪七》所载，郭守敬在具体组织实施“四海测验”的历史壮举之际先到上都，绝不单单是立表置仪，更重要的目的恐怕还在于参照上都司天台的“西域仪象”，创制供“四海测验”之用的各种天文仪器。于是，《元史・天文志一》便有了下面的记载：

> 宋自靖康之乱，仪象之器尽归于金。元兴，定鼎于燕，其初袭用金旧，而规环不协，难复施用。于是太史郭守敬者，出其所创简仪、仰仪及诸仪表，皆臻于精妙，卓见绝识，盖有古人所未及者。其说以谓：昔人以管窥天，宿度余分约为太半少，未得其的。乃用二线推测，于余分纤微皆有可考。[②]

又，《元文类・历》亦云：

> 首徵名儒作《授时历》，为仰仪、简仪及诸仪表，创物之智，有古人未及为者。[③]

关于上述引文的历史内涵，陈久金等所著的《北京古观象台》已经作了比较深入的解读，笔者之所以在此多费口舌，主要是因为引文中有几个细节尚需进一步辨析。在元大都司天台未修建之前，金朝的司天台尽管仪器陈旧，但燕京被确立为“夏都”之后，依然有一段时期“袭用金旧”。考，元朝太史院创设于至元十五年（1278）二月，《元史・世祖本纪七》载其事云：“置太史院，命太子赞善王恂掌院事，工部郎中郭守敬副之，集贤大学士兼国子祭酒许衡领焉。”[④]可见，“太史郭守敬”之称谓，表明郭守敬“其所创简仪、仰仪及诸仪表”是在至元十五年二月之后。文中将郭守敬所创制的仪器与金朝司天台旧有的“仪象之器”相比较，得出了“昔人以管窥天，宿度余分约为太半少，未得其的。乃用二线推测，于余分纤微皆有可考”的结论。由前所述，我们知道，“以管窥天”是金朝以前中国传统天文观测仪器的突出特点，而“用二线推测”恰好是“西域仪象”的结构特征。考虑到郭守敬“所创简仪、仰仪及诸仪表”完成于至元十五年二月到至元十六年（1279）三月，在不足一年的时间内，便完成了10余件天文观测仪器的研制过程，总让人觉得难以置信。所以，林力娜先生“似乎在中国和阿拉伯世界存在着一个工作团体”的推测（详论见后），

---

① （元）柯九思等著，陈高华点校：《辽金元宫词》第1部分《张昱・辇下典》，北京：北京古籍出版社，1988年，第13页。

② 《元史》卷48《天文志一》，第989—990页。

③ （元）苏天爵：《元文类》卷41《杂著・历》，甘肃省古籍文献整理编译中心：《西北文学文献》第3卷，北京：线装书局，2006年，第28页。

④ 《元史》卷10《世祖本纪七》，第198页。

颇有些道理。至此，也许有人会问，既然如此，《元史》又何故避而不谈呢？至少有以下两个原因。

一是元朝统治者的政治需要。回回历在元朝受到严格限制，如至元九年（1283）秋七月，忽必烈诏令“禁私鬻《回回历》”[①]。又，“至元四年，西域札马鲁丁撰进《万年历》，世祖稍颁行之”[②]。对此，陈久金先生认为，《回回历》与《万年历》完全可能是一回事，或云它们是同一系统中的两种。钱宝琮先生解释“世祖稍颁行之”的内涵时说，仅供穆斯林行用，甚确。作为一个例证，《元秘书监志》卷7载：“至元十五年十月十一日，司天少监可马剌丁照得在先敬奉皇子安西王令旨：‘交可马剌丁每岁推算写造回回历日两本，送将来者，敬此。’今已推算至元十六年历日毕工，依年历，合用写造上等回回纸札。合行申复秘书监应付。”这段记载表明，一直到至元十六年（1279），《回回历》或《万年历》尚与《大明历》一起分别在穆斯林居住区和汉民居住区行用。然而，从至元十八年（1290）《授时历》颁行后，却出现了“今衡、恂、守敬等所撰《历经》及谦《历议》故存”，而“惟《万年历》不复传”[③]的局面。王慎荣先生窥视到深藏于其中的一个奥秘，他经过考证，发现了元代《经世大典·礼典·历》与《元史·天文志》之间的相因和相承关系，认为“《元史·天文志》上半部即至《四海测验》项目而止处，乃出自《经世大典·礼典·历》篇者，而《经世大典·历》篇不外由郭守敬书及西域人札马鲁丁之书而成”[④]。可见，所谓“惟《万年历》不复传”其实仅仅是没有在汉文史籍中流传，因它究竟仍还在穆斯林居住区行用，“不但自至元四年行用到皇庆二年，而且一直沿用到明朝初年，至马沙亦黑译编《回回历法》为止”[⑤]。

二是在夷夏观念的作用下，元朝士儒牢牢控制着写史的话语权。从现象上看，忽必烈即位之后，迅速颁布了《建元中统诏书》，表达了这样一种相对平等和开放的治国理念，历来为史家所称颂。忽必烈在《建元中统诏书》中说：“建元表岁，示人君万世之传；纪时书王，见天下一家之义。”[⑥]在最初的一段时间内，元朝出现了确如《建元中统诏书》中所说“期与物以更新”[⑦]的气象，推行汉法，重用儒士，科技事业蓬勃发展，甚至把宋元科学技术推向了中国古代历史的最高峰，诚如《元史·世祖本纪十四》传论所说忽必烈“信用儒术，用能以夏变夷，立经陈纪，所以为一代之制者，规模宏远矣”[⑧]。然而，这种局面并没有持续太久，即因中统三年（1262）“李璮之乱”而导致忽必烈对待汉族知识分子的态度发生了重大变化。从一定意义上讲，“李璮之乱”是引发元朝中央统治阶层推行汉法与推行回回法长期斗争的一根导火线。至元年间，以许衡为代表的“行汉法”派与以阿合马为代表的“行回回法”派之间已经发展到了水火不容的地步。然至元七年（1281），忽必烈排挤汉

---

① 《元史》卷7《世祖本纪四》，第142页。
② 《元史》卷52《历志一》，第1120页。
③ 《元史》卷52《历志一》，第1120页。
④ 王慎荣：《元史探源》附录《元史志表部分史源之探讨》，长春：吉林文史出版社，1991年，第475页。
⑤ 杨怀中、余振贵主编：《伊斯兰与中国文化》，第163页。
⑥ 《元史》卷4《世祖本纪一》，第65页。
⑦ 《元史》卷4《世祖本纪一》，第65页。
⑧ 《元史》卷17《世祖本纪十四》，第377页。

臣，任用阿合马为平章尚书省事，继而阿合马又任中书平章政事，至元十五年（1278）再升任宰相。[①]此时，汉族儒士几乎失去了占据权力中枢的地位。当然，在政治上的失势并不等于失去了在文史院的话语权。如前所述，至元十五年二月太史院始建，“许衡领焉”。至元十七年（1280）十一月甲子，“诏颁《授时历》”[②]。本来《授时历》与《回回历》在科学上是可以相互借鉴的，这是很正常的事情，但在元朝汉法与回回法的政治论证中，科学往往被打上了当时政治斗争的烙印，这是中国古代学术发展的客观规律之一。比如，明《宋濂集》云：“元时西域有札玛里鼎者，献《万年历》。其测候之法，但用十二宫，而分三百六十度，若不闻二十八宿次舍之说；及推步日月之食，颇与中国合，亦以理之同故也。”[③]连撰写《元史》的宋濂都承认，《回回历》“推步日月之食，颇与中国合”，说明它本身在“推步日月之食”方面具有一套可以为《授时历》所借鉴的先进科学方法，又按照《明史·历志一》所载侯先春奏言：“《回回历》科推算日月交食，五星凌犯，最为精密，何妨纂入《大统历》中。”[④]明太祖朱元璋批准了他的建议，《大统历》如此，《授时历》又何尝不是如此。可惜，《万年历》却为《元史·历志》阙载。从上面宋濂的简单记述看，他能准确抓住《回回历》的历法特征，表明他一定亲眼看到过《回回历》。事实上，经俞正燮考证，札马鲁丁所献《万年历》一直到明嘉靖年间尚在。[⑤]于是，俞正燮感慨道：“耶律文正《麻答把法》增益《庚午元法》、《万年法》，而为《授时历》所本。作《元史》者谓《万年》不传，岂有《庚午元法》尚在，《万年》器存，法反不传，盖史遗漏多矣。”[⑥]可以肯定，《元史》的作者绝不会无缘无故地将《万年历》遗漏，其中必有缘故。中国史家讲求春秋笔法，而在特定的历史背景下，修史不仅是记载和描述历史活动的主要轨迹，而且是一种政治态度的表达。《元史·历志》所要表达的政治态度就是设法消除《万年历》对《授时历》影响的痕迹，这是元朝特殊历史条件下政治斗争的客观需要，因为维护汉法的权威是许衡、郭守敬、宋濂等一代又一代汉儒矢志不渝的立场，也是他们以儒立身的历史责任。所以，《元史·历志》阙载《万年历》只有与当时的汉法和回回法的政治斗争相结合，才能较好地认识和理解那些有悖事物发展规律的反常历史现象。

最后，笔者再回过头来回答前面提出的那两个历法疑难，即《元史·历志一》为什么消除了《回回历》对元代天文学发展的影响和耶律楚材为什么说《回回历》“密于中国”。实际上，前一个疑难文中已经作了回答，重点是第二个疑难还需要啰唆两句。耶律楚材在编制《西征庚午元历》与《麻答把历》时有一个重要前提，就是他发现了元初承用金《大明历》，存在比较严重的粗疏失密现象，所以耶律楚材参考《回回历》编制了上述两部历书。

---

① 《元史》卷10《世祖本纪七》，第202页。

② 《元史》卷11《世祖本纪八》，第227页。

③ （清）姚之骃：《元明事类抄》卷1《天文门·西域仪象》，《景印文渊阁四库全书》第884册，第2页。

④ 《明史》卷31《历志一》，第520页。

⑤ （清）俞正燮：《癸巳存稿》卷8《书元史历志后》，（清）俞正燮撰，于石、马君骅、诸伟奇校点：《俞正燮全集》第2册，合肥：黄山书社，2005年，第325页。

⑥ （清）俞正燮：《癸巳存稿》卷8《书元史历志后》，（清）俞正燮撰，于石、马君骅、诸伟奇校点：《俞正燮全集》第2册，第325页。

尽管《麻答把历》失传，《西征庚午元历》亦“不果颁用”[①]，但是耶律楚材在编制历书的过程中，通过比较《大明历》和《回回历》的测算数值与五星实际运行的符合度，得出了“西域历，五星密于中国”的结论。这个结论未必正确，但却是耶律楚材增益《西征庚午元历》的理论依据。在当时，肯定《回回历》的先进性（包括观测仪器和推算各种观测数值的数学方法），有利于元朝历法趋于更加精密。所以，说耶律楚材认为《回回历》“密于中国”，是他编制历法工作的经验总结，符合当时元朝历法的客观实际。况且他作为局外人，没有被卷入那场旷日持久的行汉法与行回回法的政治斗争之中，从这个角度看，耶律楚材的研究心得少了许多复杂的干扰因素和主观偏见，因而其认识更趋于客观和真实。然而，随着元朝行汉法与行回回法的政治斗争越演越烈，以许衡为代表的“太史院”派坚定地站在行汉法的立场上，对于《回回历》采取了“虚无主义”的态度，对其思想内容进行“封杀”。于是，耶律楚材的《麻答把历》和札马鲁丁的《万年历》便成了元朝那场政治斗争的牺牲品，甚为可惜。

综上所述，郭守敬等所编制的《授时历》与札马鲁丁所献《万年历》之间的关系，可以说是考察阿拉伯科学与元朝科学之间互动关系的核心问题，历来为学界同仁所纠结，且彼此认识的差异较大。例如，钱宝琮先生于 1956 年在《天文学报》第 2 期上发表《授时历法略论》一文，在文中，钱宝琮先生强调《授时历》不是一人之功劳，而是集体智慧（或称“天文工作集团”）的结晶。同时，该文还对《授时历》的天文数据”、“招差法”、“弧矢割圆法”及“国外人士评论《授时历》与《回回历》的关系”等问题进行了阐释，尤其是在《授时历》与回回历法的关系问题上，他否定了回回历法对《授时历》的影响。与之相左，2003 年，陈美东先生出版了《郭守敬评传》，此书系“中国思想家评传丛书”之一。书中列三章专论郭守敬的科技思想，即第二章“测验之器莫先仪表、天文仪器制作的技术思想及太史院的设计”、第三章“历法莫先测验与继之以密算：实践与理论的统一”、第四章“水利思想”。与钱宝琮先生的观点不同，陈美东先生通过大量的史料分析，得出了以下结论：“授时历是在继承中国传统历法的基础上，有诸多创新。在这些创新中，有的是建于中国固有历法或算法基础上的，有的则是受到阿拉伯天文学的影响。同样，郭守敬一系列天文仪器的制作是在继承中国天文仪器制作传统的基础上，有诸多创新。在这些创新中，有的是建于中国传统天文仪器制作的基础上，有的则是受到阿拉伯天文仪器的启示。郭守敬等的授时历以及郭守敬天文仪器制作之所以能够度超前儒，吸收中外已有的先进科学技术成果当是重要的原因之一。”[②]确实，在当时中阿密切交往（包括科技人员与科技文献的交流）的历史条件下，任何一方想要维持相互不了解或者相互隔绝的静止状态真的很难想象，因此之故，笔者采纳了陈美东先生的观点。

国外学者看待阿拉伯科学技术与元朝科学技术之间的历史关系，亦如中国学者的情形一样，论说纷呈，各持己见。例如，日本学者薮内清被学界称“是一位可以与英国李

---

① 《元史》卷 52《历志一》，第 1120 页。

② 陈美东：《郭守敬评传》，南京：南京大学出版社，2003 年，第 382 页。

约瑟博士并提的国外研究中国科学技术史的巨匠”[①]。他先后出版了研究元代科技史的专著《回回历解》(1964)、《宋元时代科学技术史》(1967)、《〈授时历〉译注与研究》(1960—2000，与中山茂合作)等。在薮内清看来，“元代虽然比其他时代更多地系统地引进了以伊斯兰教为中心的西方科学，但除对授时历有影响之外，其他几乎看不到有什么影响，而且元代的科学，是中国传统科学开出的灿烂之花，它是被北方民族征服了的汉族知识分子所郁积的能量的产物”[②]。对这段话不可全盘否定，但也不可全盘肯定。薮内清认为，《授时历》受到了阿拉伯科学的影响，是有见地之论。可是，除此之外，他否认了阿拉伯科学对元朝传统科学的影响，显然不够客观，例如，阿拉伯医学对中医眼科的影响、阿拉伯火器对元代兵器发展的影响等，说明阿拉伯科学对元代科学的影响较为广泛与深远。

如果追溯历史，阿拉伯科学技术事实上早在唐朝就已经开始对中国古代科学技术的发展产生影响，如从物质文化的层面看，唐朝出现了“时行胡饼，俗家皆然”[③]的现象，《旧唐书》亦说：开元以后，“贵人御馔，尽供胡食，士女皆竞衣胡服”[④]。实际上，除了胡饼，尚有馅饦烧饼、搭纳等。如果再将饮食范围扩大到蔬菜、肉类、水果及调料品，那么，我们今天的餐桌，真可谓是“胡化”的餐桌，其中有相当一部分属于伊斯兰饮食结构中的食物。到了宋代，则北宋的沈括说：“中国衣冠，自北齐以来，乃全用故服。窄袖绯绿，短衣，长靿靴，有鞢躞带，皆胡服也。”[⑤]南宋的朱熹又说：“今世之服，大抵皆胡服，如上领衫、靴鞋之类，先王冠服扫地尽矣。”当然，此处所言“胡服”主要指契丹、女真及西域各民族的服装，里面也包括伊斯兰服装对唐宋服装的影响。例如，朱熹曾在福建任上，令妇女出门须用花巾兜面，即是一例。尽管伊斯兰服装对唐宋服装文化的影响仅仅是整个“胡服”系统中的一个元素，但是它对唐宋乃至汉族服装文化的历史影响是不可否认的。

阿拉伯商人对唐朝瓷器工艺的影响尤为显著，比如，人们在阿拉伯古沉船“黑石号”上发现了67 000多件唐代瓷器，其中多半为长沙窑瓷器，而瓷器上出现了大量带有阿拉伯艺术风格的花叶、莲蓬、飞鸟、摩羯鱼纹等新纹饰，表明长沙窑瓷器的烧制受到了阿拉伯商人的影响。另据研究，处于滥觞期的唐代青花瓷器，主要由扬州外销阿拉伯国家和地区，而“从扬州出土的青花瓷片来看，其青料发色浓艳，带结晶斑，为低锰低铁含铜钴料，应是从中西亚地区进口的钴料”[⑥]。又如，阿拉伯舟师的缝合木船技术传入广州等地，并经过

---

① 姜振寰：《哲学与社会视野中的技术》，北京：中国社会科学出版社，2005年，第169页。

② 国际历史学会议日本国内委员会：《战后日本研究中国历史动态》，东北师范大学历史系中国古代研究室译，西安：三秦出版社，1988年，第248页。

③ [日]圆仁撰，顾承甫、何泉达点校：《入唐求法巡礼行记》卷3，上海：上海古籍出版社，1986年，第146页。

④ 《旧唐书》卷45《舆服志》，北京：中华书局，1975年，第1958页。

⑤ (宋)沈括著，侯真平校点：《梦溪笔谈》卷1，长沙：岳麓书社，1998年，第3页。

⑥ 王燕：《青花瓷》，长春：吉林文史出版社，2010年，第12—13页。

中国船工的改良，用藤条取代桄榔鬚，用茜草代替橄榄糖，不仅“舟为之不漏”，而且“其舟甚大，越大海商贩皆用之”[①]等。可见，阿拉伯科学文化与唐、宋、元的科学文化之间，既是相互不断交流的历史，又是相互影响的历史，而唯物辩证法的相互作用原理告诉我们，既然相互作用原理具有普遍性和客观性，那么，它同世界上任何事物的联系和发展一样，阿拉伯科学技术与唐、宋、元科学技术之间，存在相互影响和相互作用的现象是社会历史发展的必然规律，它不以人们的主观意志为转移。诚如郭沫若先生所言：“在中世纪，大部分欧洲人在科学上文化处于‘黑暗时代’，中国唐朝的文化和阿拉伯文化是当时人类文化的高峰。”[②]事实上，不仅“中国唐朝的文化”，甚至“中国的宋朝文化”依然和“阿拉伯文化是当时人类文化的高峰”，而元朝的科学技术在总体上是从上面两座高峰之间产生和发展起来的，或者说，正是由于上面两座科技高峰的奠基，元朝科学技术才成为“中国传统科学技术发展的高潮”之中的“顶峰”[③]。

第二节　金元科学技术发展的新特点

一、促进了宁夏、青海、云南等各少数民族地区科学技术的发展

促进了宁夏、青海、云南等各少数民族地区科学技术的发展，是宋代科学技术发展不曾表现出的显著历史特点。

金对北宋和元对南宋的战争无疑具有残酷性和破坏性的一面，但从另外一个角度看，我们也应当看到，金朝通过对北宋科学技术人才的掠夺及使这些人才在金朝辖地内的重新布局，以及元朝对南宋和阿拉伯科技人才的掠夺及使这些人才在元朝辖地内的重新布局，在一定程度上有利于落后地区的科学技术进步，在进一步缩小少数民族地区与中原地区科学技术发展水平的差距上，不无历史贡献。例如，女真人继承了契丹的火药制造技术，并在陶质“大罐炮”的基础上发明铁火炮，“其形如匏状而口小，用生铁铸成，厚有二寸”[④]，这是世界上最早的金属炮。不论何种形式的“铁火炮”均装有引信，点燃火线后既可用发石机抛出，又可自上而下投掷，因其杀伤力巨大，且爆炸时能“震动城壁”，故被称为“震天雷”。例如，《金史》载：蒙古兵攻破金兵把守的河中府（今山西永济县），守将完颜板讹可“提败卒三千夺船走，北兵（指蒙古兵）追及鼓噪北岸上，矢石如雨。数里之外，有战船横截之，败军不得过。船中有赍火炮名‘震天雷’者，连发之，炮火明，见北船军无几任，

① （宋）周去非：《岭外代答》卷6《藤舟》，唐锡仁主编：《中国科学技术典籍通汇·地学卷》第2分册，郑州：河南教育出版社，1995年，第688页。

② 郭沫若：《为了和平民主与进步的事业——纪念雨果、达·芬奇、果戈理和阿维森纳》，《人民日报》1952年5月5日。

③ 杜石然：《论元代科学技术和元代社会》，《自然科学史研究》2007年第3期，第293页。

④ （宋）赵与褰：《辛已泣蕲录》，上海：商务印书馆，1939年，第23页。

力斫横船开得至潼关，遂入阌乡（今河南灵宝）”[①]；又，蒙古兵在围攻汴京时，金兵守将赤盏合喜“其守城之具有火炮名‘震天雷’者，铁罐盛药，以火点之，炮起火发，其声如雷，闻百里外，所热围半亩之上，火点著甲皆透。大兵（指蒙古兵）又为牛皮洞，直至城下，掘城为龛，间可容人，则城上不可奈何矣。人有献策者，以铁绳悬‘震天雷’者，顺城而下，至掘处火发，人与牛皮皆碎迸无迹。又飞火枪，注药以火发之，辄前烧十余步，人亦不敢近。大兵惟畏此二物云”[②]。金人刘祁目睹了蒙古兵与金兵攻守双方的战事：“北兵攻城益急，炮飞如雨，用人浑脱，或半磨，或半碓，莫能当。城中大炮号‘震天雷’应之。北兵遇之，火起，亦数人灰死。”[③]从蒙古兵与金兵的武器装备看，显然，守城的金兵略胜一筹，这就使得蒙古兵一时攻城不下而不得不撤围。这次在整个败局中的局部胜利，得益于金兵的强势火力。除“震天雷”之外，飞火枪也值得一提。据《金史》记载，其枪“以敕黄纸十六重为筒，长二尺许，实柳炭、铁滓、硫磺、砒霜之属，以系绳端。军士各悬小铁罐藏火，临阵烧之，焰出枪前丈余，药尽而筒不损”[④]。此“飞火枪”可用于单兵作战，流动性和隐秘性更强，所以蒲察官奴曾经利用此秘密武器，在归德取得了夜袭蒙古追兵致使其“溺水死者凡三千五百余人”[⑤]的胜利。可见，震天雷和飞火枪这两项重大发明在中国军事史中占有重要地位。

蒙古帝国先后三次西征，臣服中亚和东欧。总结其原因，蒙古兵的综合实力强于中亚及东欧诸国，当然是首要的因素。不过，蒙古兵重视对火器的应用和研制，不断提高火器的技术含量，使其保持当时世界的领先水平，尤其是一个关键环节。如前所述，《多桑蒙古史》载有蒙古兵在围攻撒马尔罕时，使用了“火箭”及“毒火罐”等火器，甚至“动用了炮手军与火药箭部队”[⑥]。在此，蒙古兵所使用的火器，不单是中国造，其中也有回回工匠所制造的“仿用火油武器”“仿造西域攻城武器”“希腊火”等。至元九年（1272）十一月，“回回亦思马因创作巨石炮来献，用力省而所击甚远，命送襄阳军前用之”[⑦]。回回炮在元朝与南宋的襄阳之战中发挥了至关重要的作用，这是有史可证的，如“阿里海牙既破‘樊’，移其攻具以向襄阳，一炮中其谯楼，声如雷震。城中汹汹，诸将多踰城降者”[⑧]，这是何等的威力，一炮即造成了“城中汹汹”的混乱和恐慌，难怪久攻不克的襄阳，一旦遭遇回回炮，即刻就被攻破，显示了回回炮较之南宋的火器更具威胁力。又，蒙古兵攻打沙洋城，“火炮焚城中民舍几尽，遂破之”[⑨]；围攻常州，“其回回炮甚猛于常炮，用之打入城，寺观

---

① 《金史》卷111《完颜讹可》，第2446页。
② 《金史》卷113《赤盏合喜传》，第2496—2497页。
③ 李修生主编：《全元文》第2册，南京：江苏古籍出版社，1998年，第327页。
④ 《金史》卷116《蒲察官奴传》，第2548—2549页。
⑤ 《金史》卷116《蒲察官奴传》，第2548—2549页。
⑥ 王兆春：《世界火器史》，北京：军事科学出版社，2007年，第49页。
⑦ 《元史》卷7《世祖本纪四》，第144页。
⑧ 《元史》卷128《阿里海牙传》，第3125页。
⑨ 《元史》卷151《张荣子君佐传》，第3582页。

楼阁尽为之碎”[1]。诸如此类的记载，都说明蒙古兵的回回火炮确实为其灭亡南宋出了大力。它从一个侧面证明元朝的军事技术力量已经超过了南宋，这个现象既是历史发展的客观规律，又是中国与阿拉伯国家之间在更加广阔的时空里进行先进的军事科技成果交流的一种必然结果。另外，元朝的铜炮铸造进步更大，如现藏中国历史博物馆的铜炮，为至顺三年（1332）铸造，长35.3厘米，口径10.5厘米，重6.94千克，与金代火炮以纸16重为筒相比，其技术的先进性不言而喻。

除了火器制造之外，宁夏、青海、云南等民族区域的综合科技实力较宋代又有了新的发展和提高。

（1）宁夏区域科技实力的增长。至元元年（1264），西夏中兴路行省建立，郭守敬等主持兴修宁夏水利工程，他以“固旧图新”为原则，不到两年时间就修浚了早已淤废的唐徕渠、汉延渠等各条大干渠。接着又对灵州、应理、鸣沙等地的10条干渠及大小支渠68条，全部进行彻底修缮、改造，从而使9万余公顷土地得到灌溉，他创造的水坝水闸调节水流的方法，是“人工灌溉史上得一个进步”[2]。水利条件的改善，为大量移民进入宁夏创造了物质条件。因此，元世祖采纳西夏宁州人朵儿赤的“屯田”建议，于至元八年（1271）正月，“签发已未年随州、鄂州投降人民一千一百七户，往中兴居住”；至元十一年（1274），“编为屯田户，凡二千四百丁”；至元二十三年（1286），“续签渐丁，得三百人，为田一千八百顷”。以上是为宁夏营田司屯田。此外，尚有宁夏等处新附军万户府屯田：“世祖至元十九年三月，发迤南新附军一千三百八十二户，往宁夏等处屯田。”至元二十一年（1284），“遣塔塔里千户所管军人九百五十八户屯田，为田一千四百八十顷三十三亩”；宁夏路放良官屯田：“世祖至元十一年，从安抚司请，以招收放良人民九百四户，编聚屯田，为田四百四十六顷五十亩。”[3]有学者统计，到至元二十三年（1286），宁夏地区的屯田人口接近7万人[4]，此数不包括六盘山、中兴等地的军屯人数。这样，随着屯田农业的发展，宁夏的粮食生产实现了自给有余。在此背景下，元朝政府从至元三年（1266）开始，对宁夏实行按亩征收租税政策。

在交通运输方面，宁夏到大都的线路成为中西“丝路”的重要路段；凿通了从六盘山到兰州的路段；开通了从宁夏到亦集乃路（今内蒙古自治区额济纳旗黑城）的线路，该线路的走向是由宁夏府出发，经阿拉善旗，终点为额济纳旗，全长1000多千米。《元史》载：“甘肃岁糴粮于兰州，多至二万石，距宁夏各千余里至甘州，自甘州又千余里始达亦集乃路，而宁夏距亦集乃仅千里。乃蛮台下谕令輓者自宁夏径趋亦集乃，岁省费六十万缗。”[5]为了从宁夏向内蒙古漕运粮食，郭守敬在中兴治水期间，经过实地考察，发现乘船自中兴府顺

① （宋）郑思肖著，陈福康校点：《心史·中兴集》卷上《哀刘将军诗序》，《郑思肖集》，上海，上海古籍出版社，1991年，第93页。

② 钟侃：《宁夏古代历史纪年》，银川：宁夏人民出版社，1988年，第179页。

③ 《元史》卷100《兵志三》，第2569页。

④ 徐安伦、杨旭东：《宁夏经济史》，银川：宁夏人民出版社，1998年，第97页。

⑤ 《元史》卷139《乃蛮台传》，第3351—3352页。

黄河沿河套而下，可以到达东胜。于是，他在至元二年（1265）上奏忽必烈：从中兴府到东胜，可通漕运。忽必烈善之。[①]至元四年（1267），“秋七月丙戌朔，敕自中兴路至西京之东胜立水驿十”[②]。

在纺织领域，宁夏的传统纺织业得到进一步的恢复和发展，这里所织白毡和驼毛毡，深为马可波罗惊叹。《马可波罗行记》称：额里哈牙国（今宁夏银川市）“城中制造驼毛毡不少，是为世界最丽之毡，亦有白毡，为世界最良之毡，盖以白骆驼毛制之也。所制甚多，商人以之运售契丹及世界各地”[③]。在中药材方面，《马可波罗行记》载：西夏地区的唐古忒“诸州之山中并产大黄甚富，商人来此购买，贩售世界，居民恃土产果实为活”[④]。可见，无论农业还是手工业，宁夏在元初的区域经济和科技实力较前代都有了较大的增长，这个成绩的取得，当然是各族劳动人民共同努力的结果。

（2）内蒙古区域科技实力的迅速增长。成吉思汗的军事科技思想，主要体现在他综合应用骑兵、炮军及各族科技人才方面，杜石然先生认为“元代堪称宋元时期中国传统科技发展高潮之顶峰”[⑤]，而这个科学技术辉煌时期的出现，与元代皇帝自身的科技素质关系密切。例如，蒙哥汗对欧几里得的《几何原本》（阿拉伯文译本）的研习，元顺帝妥懽贴睦尔所设计的“宫漏”及“龙船”，都堪称一绝。故《元史》载：

> 帝于内苑造龙船，委内官供奉少监塔思不花监工。帝自制其样，船首尾长一百二十尺，广二十尺，前瓦帘棚、穿廊、两暖阁，后吾殿楼子，龙身并殿宇用五彩金妆，前有两爪。上有水手二十四人，身衣紫衫，金荔枝带，四带头巾，于船两旁下各执篙一。自后宫至前宫山下海子内，往来游戏，行时，其龙首眼口爪尾皆动。又自制宫漏，约高六七尺，广半之，造木为匮，阴藏诸壶其中，运水上下。匮上设西方三圣殿，匮腰立玉女捧时刻筹，时至，辄浮水而上。左右列二金甲神，一悬钟，一悬钲，夜则神人自能按更而击，无分毫差。当钟钲之鸣，狮凤在侧者皆翔舞。匮之西东有日月宫，飞仙六人立宫前，遇子午时，飞仙自能耦进，度仙桥，达三圣殿，已而复退立如前。其精巧绝出，人谓前代所鲜有。[⑥]

元上都曾是元朝的阙廷所在，这里建有当时中国最先进的天文台，有草原毡帐式与汉式宫殿相结合的城市建筑，有以铁竿渠为代表的北方草原水利工程等。难怪有人称元上都遗址是一座“拥抱着人类巨大文明的废墟”[⑦]。

从理论上讲，《蒙古秘史》是解读草原游牧民族的“百科全书”，它的科技思想史价值巨大。李迪先生认为：“《蒙古秘史》对天象的认识与记年法、饮食及畜牧业技术、住宅建

---

① 《元史》卷164《郭守敬传》，第3846页。
② 《元史》卷6《世祖本纪三》，第115页。
③ ［意］马可波罗：《马可波罗行记》，冯承钧译，第183页。
④ ［意］马可波罗：《马可波罗行记》，冯承钧译，第125页。
⑤ 杜石然：《论元代科学技术和元代社会》，《自然科学史研究》2007年第3期，第293—302页。
⑥ 《元史》卷43《顺帝本纪六》，第918页。
⑦ 徐进昌：《上都文化研究》，赤峰：内蒙古科学技术出版社，2009年，第438页。

筑、机具制造与使用、纺织、冶金、医药学和动植物的记载，是重要的原始资料，是研究蒙古科技史的主要资料来源之一。”[①]

关于元代蒙古族科学技术的整体发展状况，李迪先生的《蒙古族科学技术简史》[②]分“元代早期的科技政策与一般情况”、“忽必烈时期的重大科技项目”及“忽必烈后的元代蒙古族科学技术”3章进行了比较详尽的阐述，因此，笔者在此不必重复。

（3）青海区域科技实力的增长。当元朝政权获得稳固之后，其统治者将“屯田”由“随营地立屯”而制度化，因而出现了“天下无不可屯之兵，无不可耕之地矣”[③]的状况。据《元史·太祖本纪》载，蒙古成吉思汗二十二年（1227），“三月，破洮河、西宁二州”[④]。后在河州设“吐蕃等处宣慰使司都元帅府”，管辖今甘南、青海、川西北藏区。至元十八年（1281），设甘肃行中书省，辖西宁诸州。此时，大量西域回回和蒙古回回移民青海的河湟流域地区，他们与唐宋时期留居这里的“胡商”和“番兵”后裔，以及当地土著居民一起，为开发河湟流域地区的农牧业经济作出了巨大贡献。尽管由于史料原因，元代在青海的屯田，缺乏系统的记载，如“元贞元年，于六卫汉军内拨一千人赴青海屯田”[⑤]；又，《安多政教史》说，忽必烈和八思巴将湟水流域的土地赐给了喜饶意希贝桑波。此外，元代青海始有小畦灌溉、锄草等田间管理技术。由于农业的恢复和发展，粮食生产获得了一定程度的发展，所以至元八年（1271），元朝统治者规定：西宁州地区的税粮比例为“白地每亩输税三升，水地每亩五升”[⑥]。

在交通方面，元代驿传制度号称发达，西宁与拉萨及西宁与大都之间的交通比较便利，故泰定二年（1325），西台御史李昌说：“尝经平凉府、静、会、定西等州，见西番僧佩金字圆符，络绎道路，驰骑累百，至传舍不能容，则假馆民舍。”[⑦]可见，青海驿站往来使者、僧人、商旅非常频繁。据研究，元代开辟了从大都到西藏的新路线：自元大都经亦集乃路延伸至柴达木北路，然后抵柴达木西路，入藏，此线路少高山阻隔，是入藏的最便捷之路。

与之相应，元代对河源的考察活动也由此展开。《元史·地理志六》载：

> 元有天下，薄海内外，人迹所及，皆置驿传，使驿往来，如行国中。至元十七年，命都实为招讨使，佩金虎符，往求河源。都实既受命，是岁至河州，州之东六十里，至宁河驿。驿西南六十里，有山曰杀马关。林麓穹隘，举足浸高，行一日至巅，西去愈高。四阅月，始抵河源。是冬还报，并图其城传位置以闻。其后翰林学士潘昂霄从都实之弟库库楚得其说，撰为《河源志》。[⑧]

---

① 内蒙古大学图书馆蒙古学部：《蒙古学资料工作》第2辑，呼和浩特：内蒙古大学出版社，1989年，第93页。
② 李迪：《蒙古族科学技术简史》，沈阳：辽宁民族出版社，2006年，第91—259页。
③ 《元史》卷100《兵志三》，第2558页。
④ 《元史》卷1《太祖本纪》，第24页。
⑤ 《元史》卷58《地理志一》，第1383页。
⑥ 《元史》卷93《食货志一》，第2358页。
⑦ 《元史》卷202《八思巴传》，第4522页。
⑧ 《元史》卷63《地理志六》，第1563—1564页。

都实为金朝女真族蒲察氏后裔，他找到的河源是“火敦脑儿”（“火敦”即星宿之意），即现在的星宿海。他对河源的大规模考察不仅是中国历史上由国家组织所进行的第一次科考活动，而且他所取得的科学考察成果，标志着元代对河源的认识水平已经达到了一个新的历史高度，在黄河研究史上具有十分重要的意义。

（4）云南区域科技实力的增长。元代回回人进入云南之后，在那里兴办学校，推广农业生产技术及先进的工艺制造方法，因而使云南的科技发展水平逐步提高，其经济发展程度迅速赶上内地。例如，据相关资料统计，元代云南的屯田总数达 520 889 亩，而鹤庆路、威楚路、中庆路、曲靖路与仁德路全部屯田为 178 040 亩，其中屯垦官给荒田数为 116 430 亩，约占 65.4%，所以新垦耕地的大规模增长，是元代云南农业开发的首要标志。在赛典赤·赡思丁（1211—1279）主政云南期间，兴修滇池水利工程成就巨大：“整个工程南北纵越数十公里，筑坝百余里，修闸数十座，开涵洞、渠道、岔河近 400 条，成为云南水利史上首批最大的水利工程，也是最有效果、受益最大的水利工程。”①其时所修之上坝龙川桥，全长 45 米，为 3 孔史拱桥，券孔方法系加框纵联砌制法，既是行路桥梁，又能分盘龙江水注入金汁河，以扩大北郊农田灌溉，为昆明盘龙江水利灌溉系统中的重要组成部分之一。元代在云南广建站赤，促进了养马业的兴盛。例如，《马可波罗行记》称：云南省及广西高地“产良马，躯小而健，贩售印度”②。元代云南的矿产开采比较发达，尤以有色金属的开采居全国领先地位，如根据《元史·食货志》所载，有学者将天历元年（1328）元代各地官府矿产课收情况列表 5-2 如下③。

表 5-2　元代各地官府矿产课收情况统计表

课收	金（锭）	银（锭）	铜（斤）	铁（斤）
腹里	40	1		
浙江	180	125		245 867
江西	2	462		217 450
湖广	80	236		282 595
河南	38			3390
四川	7（两）			
云南	184	735	2380	12 470

其他如制盐、制陶、制瓷等，都在前代的基础上有所发展。诚如屈文军先生在讲到元代云南地区的经济发展状况时所言，元代云南与内地的交通条件获得了很大改善，往四川、湖广等省的驿道先后接通；粳稻种植在云南得到推广，以往的桑麻技术也得到大幅改进；屯田几乎遍布全境等。总之，元代“云南地区的开发程度、人口规模、耕地面积和经济产量都达到前所未有的水平”④。

---

① 夏光辅等：《云南科学技术史稿》，昆明：云南科学技术出版社，1992 年，第 92 页。

② ［意］马可波罗：《马可波罗行纪》，冯承钧译，第 288 页。原文作“躯大而美”，译者在注〔4〕中疑为传写之误，遂改正为“躯小而健”，第 292 页。

③ 夏光辅等：《云南科学技术史稿》，第 117 页。

④ 屈文军：《辽西夏金元史十五讲》，上海：上海古籍出版社，2008 年，第 140 页。

综上所述，我们不难看出，元代尽管存在着不少阻碍生产力发展的因素，比如，实行封建农奴制度及民族歧视政策等，确实不利于进一步解放生产力，但是从总的发展趋势看，那些落后的和不适应新的生产力发展状况的因素，毕竟是在一定时间内局部地区所发生的现象。元朝毕竟顺应了不断向上和向前奔腾的历史巨流，波涌翻滚，势不可挡，因而“就整个中国或蒙古民族本身来考察，元代的社会生产力不是停滞不前，而是向前发展的。这从广大地区的进入封建化过程，或进一步封建化，从民族关系的加强，就看得更清楚些。元继五代、宋、辽、金之后，在这方面是有较多成就的。在辽、金兴起的东北地区，在西夏地区，在今蒙古、新疆、西藏、云南等地区，都显示了这种重要的社会发展状况”①。

二、宗教和科学技术之间以融合为主的历史关系

在元代，宗教与科学技术的关系既有冲突又有融合，但以融合为主。

雷焕芹等在分析元初天文学高度发展的原因时，提出了六条理由：第一，国家的统一为天文学的发展创造了良好的契机；第二，执政者的支持是天文学发展的重要因素；第三，新学风为天文学发展造就了一批人才；第四，宋金科学技术为天文学的发展奠定了基础；第五，中外文化交流促进了天文学的发展；第六，王恂、郭守敬等开创性的工作把天文学推向了高峰。而杜石然先生则从更专业的角度，分析了元代科技高峰形成的历史条件，他提出了下面五点主张：一是北方文化中心的逐渐形成；二是忽必烈身边的汉人智囊团——紫金山集团；三是百科全书式人物和他们的入世态度；四是较宽松的文化氛围，以及科举制度的“失常”；五是兴也忽必烈，衰也忽必烈。对以郭守敬为核心之紫金山集团的科技创新活动，徐光启有一段评述。他说：

> 元郭守敬兼综前术，时创新意，以为终古绝伦。后来学者，谓守此为足，无复措意。三百五十年来并守敬之书亦皆湮没，即有志之士，殚力研求，无能出守敬之藩。更一旧法，立一新仪，确有原本，确有左验者，则是历象一学，至元而盛，亦至元而衰也。②

孤立地看，汉族科学家如刘秉忠、郭守敬、王恂、李治等可谓群星灿烂，成为刻度元代科技高峰的重要标志。可以肯定，上述科学家的成长过程与忽必烈倚重儒士的大政方针关系密切。然而，当紫金山集团的主要成员进入权力高层之后，宋代以来所形成的党争惯性扰乱了他们团结向上的生活轨迹，如王文统与姚枢、许衡等之间的矛盾冲突即是一个典型事例。后来尽管王文统因李璮叛乱而被处死，但是整个儒士的政治地位却大受挫折，继之而起的是色目人在政治、经济、科技、思想等各个方面的强劲推力。这是元代科技社会学需要认真探讨的问题之一。

---

① 屈文军：《辽西夏金元史十五讲》，第140页。

② （明）徐光启撰，李问渔、徐宗泽编：《增定徐文定公集》卷4《奏呈历书总目表》，上海徐家汇天主堂藏书楼刻本。

综合学界的研究成果，人们在考察元代科技发展的社会因素时，多忽视了宗教与元代科技发展的关系。事实上，探讨这个关系对于正确把握元代科技发展的社会动力，不无裨益。下面笔者仅就这个议题略谈几点看法，以期抛砖引玉。

（1）全真教与金元科技发展的关系。金代接受了宋、辽的宗教文化，如女真对佛教、道教、太阳神、孔子都倍加尊崇，其中尤以全真教对金代科技的发展影响最大。它以王重阳为核心，形成了全真教团，主要成员有马钰、孙不二、谭处端、刘处玄、丘处机、郝大通、王处一，即“全真七子”，其主要活动在今关中、河北、河南及山东一带的北方地区。与传统道教相比，全真教继承了道教医学的思想传统，注重对医药的认识及其对北方民众的医术救助。对道教医学的研究，首推吉林大学李洪权先生的博士学位论文《全真教与金元北方社会》。该文专列一节进行专门讨论，因而是近年来研究全真教医学与金元北方社会变迁比较有分量的学术成果。除此之外，全真教又有不同于传统道教科技的显著特点，那就是它对算学研究的重视。赵友钦著《革象新书》《金丹正理》等书，在宋元科技史上大放异彩，然他本人却是一位全真道士。据其弟子陈致虚追记：“我黄房公（宋德方）得于丹阳（马钰），乃授太虚（李钰）。以传紫琼（张模），我缘督子（赵友钦）得于紫琼。”[①]李冶与全真教的关系，亦已引起史学界的关注，如日本京都学派领导人薮内清及中国学者洪万生等，都有专文讨论。李冶是全真教道士，在养生方面他讲求“内丹”，而非“性外求命，命外求性”，所以他针对万松和尚的达摩无胎息法而提出了如下主张：

> 予谓万松之说非也。佛乘虽深密，要不出性命二字。故知胎息法，只是以性命为一致。若谓胎息等皆妄，则凡灯史所载机缘语句，独非系驴橛耶？胎息虽不足以尽至理，亦至理之所依也。今一切去之，则所谓性外求命，命外求性耳。性外求命，命外求性，便是不识性命。[②]

这里是佛教与全真教的一种观念冲突，它基于两者对生命的不同理解。佛教讲生死轮回，而道教追求长生不老。在此，胎息法实际上就是修炼“长生不老”的一种方式，因为人类的呼吸有两种方式：内呼吸与外呼吸。腹中胎儿的呼吸借助母体的脐带来完成，是谓内呼吸；而胎儿一旦落地，即由脐带呼吸变为口鼻呼吸，是谓外呼吸。内呼吸是一种无耗损的呼吸，外呼吸却是一种有耗损的呼吸，故人经过不断的亏损之后，便走向死亡。从汉代以来，道家胎息法非常盛行，到唐宋时期渐渐成熟，所以全真教将胎息法纳入内丹修炼体系之中，试图通过“三关修炼”阻止人体的熵效应，逐步实现“胎儿”的生命境界，并促使人体生命活动渐次进入一个较高的层次。生命运动具有不可逆性，从这个意义上说，“胎息法”有其虚妄的一面。然而，我们必须承认，追求健康长寿永远是人类不懈努力的目标，所以从这个角度看，胎息法有其合理的和科学的一面。比如，郭重威等认为：“从现代生理学的原理看，服气法（即胎息法的起始阶段——引者注）是在意念引导下对呼吸运动

---

① （元）陈致虚：《金丹大要序》，徐兆仁主编：《金丹集成》，北京：中国人民大学出版社，1990年，第53页。

② （元）李冶：《敬斋古今黈》卷6，北京：中华书局，1985年，第79页。

的一种有选择性的调节，对增强呼吸系统的功能和加强人体内气体循环是有明显效果的。”[①]由于服气必须与存思相结合，因此，服气与脑思维的关系就是需要深入研究的一个重要课题。钱学森先生强调：“许多科学家发现靠形象思维，靠直觉，不是靠推理。”[②]而服气法要求人在吸什么气的时候，就把那种气的景象存思于心中，实际上这就是一种形象思维运动。从这个角度讲，服气对于开发人体的思维潜力具有一定的积极意义，因为服气“无非就是帮助大脑机构内松弛一下，接受新的任务，改变固定的模式”[③]，而这恰恰是创新思维所需要的。在元代的科学家中，不乏长寿者，如李冶活了 88 岁，郭守敬活了 86 岁。另外，还有刘完素，号通玄处士，关于他的生卒年有两说：一说是 1110—1200 年，享年 90 岁；一说是 1120—1200 年，享年 80 岁。以上诸位杰出的科学家，都是信奉全真教者，且创新思维十分发达。那么，郭守敬、李冶、刘完素等的创新思维与全真教究竟是一种什么关系，尚待作进一步的研究，目前，还难以下结论。

（2）伊斯兰教与金元科技发展的关系。若讲宗教与科学的冲突，莫过于欧洲中世纪基督教对古希腊科学的摧残和破坏了。基督教产生于公元前 2 世纪，4 世纪罗马帝国皇帝君士坦丁受洗入教，390 年提奥多西皇帝奉基督教为国教，宣布取缔其他宗教（包括古希腊的多神宗教）。于是，狄奥菲多斯主教公然在 390 年焚毁了亚历山大里亚图书馆收藏在塞拉匹斯神庙里的 30 万册希腊手稿，而亚历山大里亚最后一位数学家希帕亚于 415 年竟被基督教当作异教徒而遇害。接着，东罗马帝国查士丁大帝在 529 年下令关闭了所有希腊学校，仅保留一种基督教学校。因此。神学代替了科学（仅拜占庭还保留着些许古希腊手稿），科学几乎丧失了学术的生机。不过，在理性精神的生长方面，托马斯·阿奎那的理性与信仰等价说，尤其是培根的经验科学思潮和阿威罗伊的“双重真理说”等，都在一定程度上为近代科学精神的产生提供了理论前提。与基督教仇视古希腊科学思想的极端行为不同，伊斯兰教则把追求理性知识作为重要的信条之一。[④]这样对各种知识形态的包容，是伊斯兰教的突出特点。所以，马骏龙先生说：

> 在历史上，宗教和科学之间曾经发生过尖锐的对立，科学家为传播新的思想一度遭受到教会势力的疯狂迫害，甚至付出了生命的代价。但，这种尖锐的对立，主要发生在中世纪时期的西方基督教世界。在东方的伊斯兰教世界及儒家文化的中国，宗教和科学和睦相伴，还涌现出无数闪烁人类智慧光芒的古代科技成果，共同为社会进步作出了巨大贡献。

从阿拔斯王朝开始，古希腊精神真正在阿拉伯民族中复活了。830 年，巴格达创建了国家学术研究机构智慧馆，各族不同信仰的学者荟萃于此。他们不仅将散落在亚历山大里亚、大马士革、拜占庭等地的古希腊典籍或手稿汇集在一起，而且把欧几里得的《几何原本》、

① 郭重威、孔新芳：《道教文化丛谈》，哈尔滨：黑龙江人民出版社，2005 年，第 218 页。
② 钱学森：《人体科学与现代科技发展纵横观》，北京：人民出版社，1997 年，第 259 页。
③ 钱学森：《人体科学与现代科技发展纵横观》，第 260 页。
④ 马骏龙：《21 世纪宗教、伊斯兰教与科学的关系》，中国社会科学院宗教研究所等：《伊斯兰文化论集》，北京：中国社会科学出版社，2001 年，第 155 页。

托勒密的《天文大全》等著作翻译成阿拉伯文。前面所述，蒙哥汗所研读的欧几里得的《几何原本》即是阿拉伯文。1258年，阿拔斯王朝为蒙古军队所灭。此时，阿拉伯科学开始逐渐向中国传播。蒙古蒙哥汗九年（1259），忽必烈在开平即大汗位，同年设立了司天台。中统四年（1263），开平升为上都。至元八年（1271），上都承应阙增建回回司天台，以札马鲁丁为提点。至元十年（1273），元朝统治者决定将回回司天台与在大都的金代旧天文台合并，统一由秘书监管理，札马鲁丁转而升为秘书监事。此年十月，经过反复查点整理后，发现回回司天台共收藏着回回书籍共计242部，里面大多数都是科技书籍，包括欧几里得的《几何原本》15卷、托勒密的文集等。学界在讨论元代天文学的发展历史时，常常为元代的天文汉人、回回“双轨制”而困惑，甚至有人认为两者呈现出一种各行其是的局面。其实，无论古今，在国家层面的两处天文台，在信息资源的利用方面，肯定都是共享性的。目前，我们还没有发现两者各自保守甚至封闭自己一方科研成果的史料。相反，札马鲁丁的知识非常全面，不仅学问做得好，而且善于理财。故《元史·食货志》载：中统二年（1261）三月，忽必烈令“扎马剌丁（即札马鲁丁，译法不同）籴粮，仍敕军民毋沮”[①]。关于札马鲁丁的背景，李约瑟先生认为，他是被当时统治波斯等地的蒙古伊利汗旭烈兀的派遣来到中国的。如果李约瑟的推测不错，那么，札马鲁丁至少精通汉语。又，回回人爱薛“于西域诸国语、星历、医药无不研习”[②]。与札马鲁丁相类，爱薛也精通汉语。然而，郭守敬、王恂等是否精通阿拉伯语，史书无载。但是，学界多数专家倾向于这样一个观点：郭守敬对阿拉伯天文学有一定的了解。至于郭守敬通过何种途径获得对阿拉伯天文学的了解，目前尚难以定论。按照元朝统治者的规定：“司天台执事者，恐泄天文，不可流之远方。随朝应承技艺者，太医、阴阳、匠官，免丁忧致仕。”[③]由此可见，那些阿拉伯天文学家、工匠、医官等世代相传，确实为元代科学技术的发展作出了重要贡献。

在医学、水利、地理、建筑、农学等方面，元代回族医药学家沙图穆苏（亦作萨德弥实或萨里弥实），用汉文撰成《瑞竹堂经验方》15卷，集方344首，像八珍散、四味香附丸等方剂，实用而有效，至今仍为医家所乐用。水利学家沙克什（即赡思，大食人）撰有《河防通议》《西国图经》《续东阳志》等书。他淡于名利，留心著述，对天文、地理、钟律、算数、水利及外国史地、佛学等，无不通晓。其《河防通议》将宋人沈立的《河防通议》与金都水监所编的《河防通议》合编，凡物料、功程、丁夫输运及安桩下络，叠埽修堤之法，条例品式，粲然咸备，足补历代史志之阙。也黑迭儿参加规划修建元大都与皇宫；兵器家阿老瓦丁和亦思马国，善于制造回回炮等。正像《古兰经》所训，元代的穆斯林真正做到了“信士死亡后的永垂不朽的善功，便是传授的知识，阐扬的文化，留下优秀的子孙和益人德著作”。所以，美国学者杰克·威泽弗德总结说：

---

① 《元史》卷96《食货志四》，第2469页。

② （元）程钜夫：《拂林忠献王神道碑》，李修生主编：《全元文》第16册，第324页。

③ 沈仲伟：《刑统赋疏通例编年》，黄时鉴：《元代法律资料辑存》，杭州：浙江古籍出版社，1988年，第212页。

> 蒙古人一直就过分讲究数字信息，上亿人在这个庞大帝国中流动，所以他们想找到更简便的方法、捷径和手段，以便计算越来越大的数额和处理越来越复杂的数列。无数次的计算过程，需要通过编辑综合图表、协调不同国家的数量体系等新方法来保存这些结果。蒙古官员发现欧洲和中国的数学太简单、不实用，于是他们采用阿拉伯、印度数学中的许多实用的新方法。过去花剌子模帝国的城市中，都有一个特别重要的数学知识中心；“algorithm”（运算法则）这个单词就源自于“al Khwarizm”（阿拉伯语原意为“来自花剌子模”）。蒙古人在整个帝国境内运用这些创新的知识，他们很快就认识到用阿拉伯数字来表示纵横位置的优点，并把零、负数和代数学介绍到了中国。[①]

（3）佛教与金元科技发展的关系。元代佛教的地位较高，特别是元朝统治者奉藏传佛教为国教。故至元十七年（1280）十二月，元世祖“敕镂板印造帝师八合思八新译《戒本》五百部，颁降诸路僧人”[②]。至元二十六年（1289），元世祖又“诏天下梵寺所贮《藏经》，集僧看诵，仍给所费，俾为岁例”[③]。佛教讲求“五明”，即内明（佛学）、因明（逻辑学）、医方明、工巧明（工艺、技术、历算之学）、声明（声韵及语文学）。其中，像因明、医方明、工巧明等都与科学技术有关。因此，在特定的历史条件下，佛教徒为了弘扬佛法，掌握一定的科学技术知识是十分必要的。事实上，元代民间亦不乏佛教天文历算家、医药学家、生物学家和建筑学家。例如，西藏的雄敦·多吉坚赞撰著了《诸曜行度明灯》《时轮经及经释》等历算典籍；八思巴著有《五要素·罗睺·五曜之算法》，并颁行了《萨迦历书》，以寅月为正月。另外，以贡嘎白桑为首的萨迦派天文学家还在萨迦地方专门开办了天文历法学校。元代藏医学家章迪·巴丹措谢著有《医书八支的历史》《后续医典注解·三理明辉》《后续医典药物蓝图》等医学专书18部，其中《后续医典药物蓝图》“对以后藏医药成套挂图（曼唐）的形成及藏药学的辨认鉴别起到了积极的启迪和辅助作用”[④]。

尼泊尔工匠阿尼哥不仅为八思巴在西藏监造了黄金塔，而且在大都修建了象征王者之都的大佛塔（亦称喇嘛塔或白塔）。“据记载，凡元代京都寺观的塑像，大多出于其手。尤其是阿尼哥收刘元为徒，将印度、尼泊尔等佛教造像艺术传入中国，从而使中国佛教造像艺术发生重大变化，影响延及明清两代。”[⑤]当然，佛教寺院建筑在元代耗资巨大，疯狂榨取民脂民膏，使元朝劳动人民背上了非常沉重的财政负担，从而加速了元朝的灭亡。对此，王启龙先生在《藏传佛教对元代经济的影响》一文做了比较透彻的分析[⑥]，言语之中，使我

---

① ［美］杰克·威泽弗德：《成吉思汗与今日代世界的形成》，温海清、姚建根译，重庆：重庆出版社，2005年，第243页。

② 《元史》卷11《世祖本纪八》，第228页。

③ 《元史》卷15《世祖本纪十五》，第329页。

④ 《元代藏医学家章迪·巴丹措谢传略》，《中华医史杂志》1999年第1期，第20页。

⑤ 张连城：《阿尼哥与白塔寺》，《文史知识》2008年第3期，第127页。

⑥ 王启龙：《藏传佛教对元代经济的影响》，《中国藏学》2002年第1期，第63—85页。

们痛感元朝科技发展由盛到衰的转变，是一个不可避免的历史趋势。因为藏传佛教对元代经济发展的负面影响实在是太大了，恰如洪钧所说，元朝统治者“虽亦以儒术饰治。然帝师佛子，殊宠绝礼，百年之间，所以隆奉敬信之者，无所不用其至！英宗时，且诏各郡，建八思巴殿，其制视孔子庙有加，驯至天魔按舞，秘密受戒，故有元一代，释氏称极盛”[①]。释盛国衰，这就是元朝历史发展的客观辩证法。

第三节　反思：金元科学思想的理论缺陷及其启示

一、金元科学思想的理论缺陷

（一）对接受外来科学文化的观念迟滞，导致中国古代科学思想无法实现由传统向近代的跃迁与转变

元朝是一个包容性相对较强的时代，同时是中国古代一个思想文化相对开放的历史阶段，这已经成为铁的事实，毋庸置疑。如前所述，各种宗教先后传入中国，而在这个历史过程中往往伴随着科学知识的东渐，这也成为铁的事实。但现在的问题是：对于那些外来的科学思想和文化理念，拥有话语权的中国儒士阶层究竟能够接纳多少？

欧几里得的《几何学》出现在大都回回天文台里，也就是说像札马鲁丁、马合麻等回回天文学家经常会阅读该书，而中国天文学家则很少有人读它，更不用说将它翻译成汉文了。至于为什么会出现这种现象，我们认为语言不是问题。杜石然先生曾分析说：欧几里得的《几何学》之所以没有被翻译成中文，但对元朝数学发展产生了重要影响，是因为“《几何原本》的体系与中国传统的思想方法全然格格不入”[②]。实际上，体系之别也不是造成欧几里得的《几何学》在中国发育迟滞的根本原因。我们认为，造成欧几里得的《几何学》在中国发育迟滞的根本原因，归根到底还是一个观念问题。我们知道，“夏夷之辨”一直是儒家文化思想的传统，不过，其核心内容却随着历史的发展而发生改变。在元代，从前把“夏夷之辨”看作民族和政权之辨显然已经不合时宜了。于是，郝经提出了“夏夷之辨”的实质为“文化之辨”的思想观点，主张“用夏变夷”[③]。许衡亦复如此。可见，从“夏夷之辨”到“用夏变夷”，其主流思想仍然是强调汉文化，且旨犹意在维护汉文化的地位。比如，在由元代儒士主导的科场里，他们把《胡氏春秋传》定为科举考试的范本，其用意非常鲜明。《元史·科举志一》载科举考试的程式和内容说：

> 蒙古、色目人，第一场经问五条，《大学》、《论语》、《孟子》、《中庸》内设问，

① 洪钧：《元史译文证补》卷29，《元世各教名考》，清光绪二十六年（1900）广雅书局刻本。
② 杜石然：《试论宋元时期中国和伊斯兰国家间的数学交流》，《数学·历史·社会》，第631页。
③ 季芳桐：《论元代儒家郝经夷夏观》，《南京社会科学》2004年第10期，第39—44页。

> 用朱氏章句集注。其义理精明，文辞典雅者为中选。第二场策一道，以时务出题，限五百字以上。汉人、南人，第一场明经经疑二问，《大学》、《论语》、《孟子》、《中庸》内出题，并用朱氏章句集注，复以己意结之，限三百字以上；经义一道，各治一经，《诗》以朱氏为主，《尚书》以蔡氏为主，《周易》以程氏、朱氏为主，已上三经，兼用古注疏，《春秋》许用《三传》及胡氏《传》，《礼记》用古注疏，限五百字以上，不拘格律。[①]

《胡氏春秋传》被列入科举考试，绝对不是偶发的历史现象，这是元代诸多在朝儒士共同努力的结果，同时也是“夏夷之辨”在元代这个特殊历史时期的一种曲折反映。对于这个问题，张兆裕先生在《刘基的夷夏观》一文中已经进行了比较客观的阐释，笔者无须重述。胡安国在《胡氏春秋传》序言中说：“虽微词奥义或未贯通，然尊君父，讨乱贼；辟邪说，正人心。用夏变夷，大法略具，庶几圣王经世之志小有补云。”[②]很明显，从胡安国到许衡，“用夏变夷”是他们在大一统政治背景下之思想学说的一个轴心。元代统治者对非极端的夏夷观能够以一种相对宽容的心态来看待，并给予了儒士一定的话语空间。

因此，“元代‘春秋学’也很发达，仅收入《四库全书》的元人《春秋》类作品就有十六部。其他涉及夷夏之辨和元朝正统地位的如‘通鉴学’也是发达的，‘金元之际通鉴学最盛，异族高位者，尤喜诵之’，通鉴学于是成为一门显学。这表明就客观环境而言，探讨华夷及与其相关的正统问题并非禁区”[③]。在元代儒士的思想意识里，“今日能用士而能行中国之道，则为中国之主”[④]，是他们夏夷观的一根底线。所以，阿拉伯的科学典籍虽然传入了中国，然而元代的儒士却没有人公开研读它们，至少在他们的言语间没有流露出那种“以夷变夏”的思想倾向。

在阿拉伯科学技术东渐的过程中，回回外科手术堪称一绝。前揭陶宗仪所撰《南村辍耕录》中载有在大都有回回医官为某小孩做切除癌肿或称“开脑取虫”的手术实例。在中国古代，医生用刀剖割身体是被禁止的。这是因为《礼记》云：“父母全而生之，子全而归之，可谓孝矣。不亏其体，不辱其身，可谓全矣。”[⑤]孔子亦云：“身体发肤，受之父母，不敢毁伤，孝之始也。”据此，“医乃仁术，不宜刳剥”[⑥]。正是受此观念的影响，中医学才讲求保守疗法，而拒斥手术疗法。因为在汉代独尊儒术之前，中医学非常重视病理解剖，如《史记·扁鹊仓公列传》载：

> 臣闻上古之时，医有俞跗，治病不以汤液醴灑，镵石挢引，案抏毒熨，一拨见病之应，因五藏之输，乃割皮解肌，诀脉结筋，搦髓脑，揲荒爪幕，湔浣肠胃，漱涤五

---

① 《元史》卷81《选举志一》，第2019页。
② 胡安国：《胡氏春秋传》序，《景印文渊阁四库全书》第151册，第31页。
③ 张兆裕：《刘基的夷夏观》，何向荣编著：《刘基与刘基文化研究》，北京：人民出版社，2008年，第162页。
④ （元）郝经：《陵川集》卷73《与宋两淮制置使书》，《景印文渊阁四库全书》第1192册，第432页。
⑤ 孔令河：《五经注译》下，济南：山东友谊出版社，2001年，第1738页。
⑥ 聂精保：《中国古代解剖长期不发达的历史事实及其原因》，《湖南中医学院学报》1986年第2期，第5页。

藏，练精易形。[①]

故丁福保先生云："吾国医学之坏，坏于儒。"[②]此言未免太绝对了，况且阻扰中国古代外科手术发展的因素尚有其他者，如中医学的方法论特点、尊经崇古思想的羁绊、自然科学的滞后等，但儒家的"大孝"观念确实是一个非常重要的因素。对此，薛益明先生讲得比较透彻，他以王清任为例说："清代医家王清任深感不明脏腑的局限性，立志亲见脏腑，但王清任虽花费了几十年的苦心，但未敢亲施解剖。"[③]鉴于以上原因，阿拉伯的"开脑取虫"手术尽管疗效明显，但很难为元代的"儒医"所借鉴和接受，也就毫不奇怪了。

（二）科学仅仅是经学的附属

隋唐以降，科举制有一个显著的特点，即以士人阶层为主通过考试的方式来为封建统治者选拔政府官员，而一个政府官员的基本素质则是需要掌握比较牢固的经学知识，所以从这个意义上讲，它又是为封建朝廷选拔符合儒家意识形态官僚的一种考试制度。金观涛和刘青峰两位先生认为，科学的本意即科举。在他们看来，"科举之意来自于'分科目而举'，是指为选拔后备官员所设科目或等第，即分科取士"[④]。如果我们承认这个结论，那么，从价值层面而言，科学内在地含有两种境界：一种是追逐功名，诚如汉代邹鲁谚语所云："遗子黄金满籯，不如一经。"[⑤]可见，汉代教育旨在做官。故上面的汉代邹鲁谚语反复出现在后代的史书中，如《梁书・徐勉传》、《廉吏传・裴昭明》、《密斋笔记・原跋》、《艺文类聚》卷 83、《古今事文类聚・后集》卷 6《教子一经》等，另，宋真宗《劝学诗》更说："富家不用买良田，书中自有千钟粟。安居不用架高堂，书中自有黄金屋。出门无车毋须恨，书中有马多如簇。娶妻无媒毋须恨，书中有女颜如玉。男儿欲遂平生志，勤向窗前读六经。"[⑥]其求功名之价值观是多么鲜明！另一种是求知问学，退隐而寻找自然之理。"隐而不仕"作为一种特殊的社会现象，在元代有着非同一般的意义。这是因为元朝在灭亡西夏、金、南宋的过程中，有大量的儒士随着其国家的消亡而匿迹于山林，以道艺教人，同时自己亦以探究山水自然之理为乐，期于适意，他们所从事的主要职业有农作、养殖、聚徒授学、医药、占卜等。例如，杜瑛"教授汾、晋间"，"杜门著书，一不以穷通得丧动其志，优游道艺，以终其身"，所著有《春秋地理原委》10 卷、《律吕律历礼乐杂志》30 卷等[⑦]；朱清（1237—1321），为朱熹后裔，宋亡不仕，息影田园，教授生徒；汪汝懋弃官归田后著《山居四要》（1360），专心于摄生、养生、卫生、治生之要；元代无名氏所编撰的《居家必用事类全集》

---

① 《史记》卷 105《扁鹊仓公列传》，北京：中华书局，1982 年，第 2788 页。

② 侯宝璋：《中国解剖史》，《医学史与保健组织》1957 年第 1 号，第 64 页。

③ 薛益明、张颖：《论中国古代解剖学发展缓慢的原因》，《辽宁中医药大学学报》2007 年第 5 期，第 198 页。

④ 金观涛、刘青峰：《"科举"和"科学"——重大社会事件和观念转化的案例研究》，金观涛编著：《观念史研究——中国现代重要政治术语的形成》，北京：法律出版社，2009 年，第 424 页。

⑤ 《汉书》卷 73《韦贤传》，北京：中华书局，1962 年，第 3107 页。

⑥ 卢继传主编：《中国当代思想宝库》第 7 册，北京：中国工人出版社，2004 年，第 851 页。

⑦ 《元史》卷 199《隐逸传》，第 4474—4475 页。

10 集，即是隐士家居家的作品①，其科技内容非常丰富，关于这一点，仅从目录中即能看出来：

甲集：为学、读书、作文、写字、切韵、书简、活套、馈送请召式、家书通式；

乙集：家法、家礼；

丙集：仕宦；

丁集：宅舍、牧养良法（养马类、养牛类、养羊类、养鸡类、养鹅鸭类、养鱼类）、牡养择日法；

戊集：农桑类、种艺类（种药类、种菜类、果木类、花草类、竹木类）、文房适用、灯火备用、磨补铜铁石类、刻漏捷法、宝货辨疑；

己集：诸品茶、诸品汤、渴水番名摄里白、熟水类、浆水类、法制香药、果食类、酒麴类、造诸醋法、诸酱法、诸豉类、酿造腌藏日、饮食类（蔬食、肉食）；

庚集：饮食类（烧肉品、煮肉品、肉下酒、肉灌肠红丝品、肉下饭品、肉羹食品、回回食品、女直食品、湿面食品、干面食品、从食品、素食、煎酥乳酪品、造诸粉品、庖厨杂用）、染作类、洗练、香谱、薰香、闺阁事宜；

辛集：吏学指南、为政九要；

癸集：谨身（三元参赞延寿之书、修养秘论）、警心。

中国古代儒士有一个基本的人生信条，即“遭时，则以功达其道；不遇，则以言达其才”②。可见，隐士著书显然是“不遇，则以言达其才”的产物。无论在唐宋还是金元，任何“不遇”必然被当朝的儒家主流意识所边缘化。例如，《居家必用事类全集》竟然不被《四库全书》收录，即可证明这一点。又如，马端临的《文献通考》列“经籍考”76 卷，其中“经类”17 卷，“史类”17 卷（其中“地理”3 卷），“子类”22 卷（其中技术 2 卷、“医家”2 卷），“集类”20 卷。由此不难看出，科技书籍在《文献通考》中所占的位置并不突出。即使在不少元代科学家的脑海里，他们对自己所从事的研究工作多也有所认识。例如，李冶在《测圆海镜·序》中说：

昔半山老人集《唐百家诗选》，自谓废日力于此，良可惜。明道先生以上蔡谢君记诵为玩物丧志，夫文史尚矣，犹为之不足贵，况九九贱技能乎！嗜好酸碱，竟莫能已，类有物凭之者，吾亦不知其然而然也。故尝私为之解曰：“由技进乎道者言之，石之斤，扁之轮，庸非圣人之所予乎！览吾之编，察吾苦心，其悯我者当百数，其笑我者当千数。乃若吾之所得，则自得焉耳，宁复为人悯笑计哉。”③

这里，以 90%的人群对李冶数学研究事业产生讥笑之举，这恐怕不是“愚昧”两字就能说清楚的问题，它反映了当时士人在道与艺之间的一种价值取向，道高于艺。用李冶的

① 曾雄生：《隐士与中国传统农业》，《自然科学史研究》1996 年第 1 期，第 24 页。

② 《晋书》卷 82《王隐传》，北京：中华书局，1974 年，第 2142 页。

③ 李冶：《测圆海镜·序》，任继愈主编：《中华传世文选·测圆海镜》，长春：吉林人民出版社，1998 年，第 6167 页。

话说就是艺附属于道，故他才有“由技进乎道者”之自慰。清人袁枚曾就薛雪的子孙非要将医学家薛雪寄托于理学一流不可这件事情表示非常气愤和不理解，因为在袁枚看来，他们这种做法是舍神奇以就腐朽，非常荒谬。实际上，这种现象在元代即已出现。比如，莫若在为《四元玉鉴》所写的序言里说过下面一段话：

> 数，一而已。一者，万物之所从始。故《易》一太极也。一而二，二二四，四而八，生生不穷者，岂非自然而然之数邪。河图洛书泄其秘，黄帝《九章》著之书，其章有九，而其术则二百四十有六。始方田，终勾股，包括三才，旁通万有，凡言数者，皆莫得而逃焉。如《易》之大衍，《书》之历象，《诗》之万亿及秭，《礼记》之三千三百，《周官》之三百六十，数之见于经者，盖不特黄帝《九章》为然也。①

把数学的发展生硬地和“六经”牵扯在一起，目的无非是抬升数学的身价和地位。再上溯到金代的医学家刘完素，此类观念更为严重。例如，刘完素在《素问玄机原病式·序》中说：

> 自古如祖圣伏羲画卦，非圣人孰能明其意二万余言？至周文王方始立象演卦，而周公述爻，后五百余年，孔子以作《十翼》，而《易》书方完然。后易为推究，所习者众，而注说者多。其间或所见不同，而互有得失者，未及于圣，窃窥道教故也。易教体乎五行八卦，儒教存乎三纲五常，医教要乎五运六气。其门三，其道一，故相须以用而无想失，盖本教一而已矣。②

把“易教”、“儒教”和“医教”相提并论未尝不可，但是将“儒教存乎三纲五常”与“医教要乎五运六气”相比附，显然是为了拔高“医教”的地位。然而，同前面所说薛雪后人的做法一样，结果反而事与愿违，弄巧成拙。当然，这也是科学技术没有其独立性的必然后果。因为在金元时期，科学技术如果不依附于经学，那么，它的生存空间就更加狭小。所以，从科学技术本身的发展过程来考量，人们把技艺之学寄托于儒家经典，说到底还是为了技艺自身发展的客观需要，从而借助儒家经典而使它们的话语空间更宽敞。

（三）元朝统治者对技术人才的垄断，阻碍了科学技术的深度发展

如前所述，元代科学技术的发展水平在宋金的基础上又向前推进了一大步，其生产技术、垦田面积、粮食产量、水利兴修，以及棉花泛种植等都超过了前代。例如，竺可桢先生经过比较研究之后，得出结论说，元朝是“中国古代天文学极盛时代”③。毫无疑问，这个结论是经得起历史检验的。由于促成元朝科学技术迅猛发展的因素比较多，而其中有一个非常重要的因素就是元朝在三次西征之后，把大量的阿拉伯科技人才迁移至中国，遂使元朝有了一个新的发展基础，如果再加上南宋所保留下来的科技实力，那元朝的社会发展

---

① （元）莫若：《〈四元玉鉴〉前序》，朱世杰原著，李兆华校证：《四元玉鉴校证》，北京：科学出版社，2007年，第55页。

② （金）刘完素：《素问玄机原病式·序》，北京：中国中医药出版社，2007年，第2—3页。

③ 竺可桢：《竺可桢科普创作选集》，北京：科学普及出版社，1981年，第30页。

基础就相当雄厚了。在中世纪，阿拉伯文明崇尚科学，以巴格达智慧馆为标志，阿拉伯文明走向了鼎盛。不过，正当阿拉伯文明如日中天之时，强大的蒙古军队的到来，彻底改写了阿拉伯文明的历史，曾经为阿拉伯文明作出巨大贡献的大批西域工匠、技师，先后被蒙古军队俘获、拘刷、征招和搜罗东来，置于蒙古王公贵族投下。一方面，元朝的科技发展因大量阿拉伯科技人才的迁入而有了一个更高的起点；另一方面，阿拔斯王朝的灿烂文化却因人才的丢失而不复再现。按理说，元朝的科技发展恰好处在从传统转向近代的关口，只要适宜，近代科技的萌芽在元朝出现当不成问题，然而，这个奇迹却没有出现。究其原因，除了中国科学技术体系本身的原因外，也包括元朝统治者对各种技术人才实行严格的垄断政策，阻断了各个技术部门之间的交流和合作，因此致使元朝科技发展缺乏后劲儿，这是元朝中后期整个国家的科技创新能力逐渐走向衰落的主要原因之一。

首先，元朝把工匠编入专门的匠籍，不许工匠随便脱离匠籍改业。显然，这种匠户制度是十分落后的。例如，元代《至元新格》对工匠的监督管理尤以“强制性”为归宿：“各处管匠官吏、头目、堂长人等，每日绝早入局监临人匠造作，抵暮方散。提调官常切点视，如无故辄离者，随即究治。”[①]在这种造作制度之下，毫无科技创新可言。且“诸匠户子女，使男习工，女习刺绣，其辄敢拘刷者，禁之”[②]，可见，匠户的专业是世袭的，他们没有改变的自由。尽管这项政策保障了工匠技艺的传承，但是从长远的眼光看，它必然会使先辈的工艺技术更加保守，既不利于交流，也不利于创新。

其次，强化了产品层面的经验型生产技术，而舍弃了理论层面的规律性科学研究。元朝的匠作分工很细，《经世大典》列官营手工业共22个门类，主要包括土木工程、兵器、金工、玉工、丝枲、皮毛等，几乎囊括了军工和统治集团消费的一切领域，种类繁多，机构庞杂，工匠数量大。在此技术垄断的历史条件下，国家完全有能力对各个行业的先进技艺经验进行理论性的概括和总结。可惜，技术垄断的本质就在于对先进技术的独占，而不是为广大民众所享有。因此，元朝统治者肯定不可能把当时为其所享的各种制造精湛产品之技艺“秘诀”外露于世，这应是元朝为什么没有出现官修的关于手工业生产方面的综合性著作的主要原因之一。

最后，对实验科学的漠视，限制了科学理论的发展和提高。经验科学在传统的手工业条件下，不需要大量的成本投入，且见效较快，所以在元朝统治者的支持下，元朝的经验科学非常发达。例如，金观涛先生统计了中国古代技术经验总结性的著述在理论成果积分中所占的比重，结果发现元朝的技术经验总结性著述在春秋至清代的各个历史时期里，比例仅次于隋朝（100%），为41%，而其他理论成果为59%，这个比例为中国古代各个历史时期之最低水平。[③]至于实验科学，元朝基本上是处于这样一种状态：不仅没有比宋代进步，反而较宋代略有下降。[④]一方面，元朝从回回炮匠手中获得了“重型”火炮，威力巨大，在

---

① 黄时鉴点校：《通制条格》卷30《营缮·造作》，杭州：浙江古籍出版社，1986年，第343页。

② 《元史》卷103《刑法志》，第2639页。

③ 金观涛等：《文化背景与科学技术结构的演变》，《问题与方法集》，上海：上海人民出版社，1986年，第186页。

④ 金观涛等：《文化背景与科学技术结构的演变》，《问题与方法集》，第159页。

灭亡南宋的战争中发挥了十分重要的作用；另一方面，回回炮匠一旦到中国后就再也无法对回回炮作进一步的改进和技术突破。相反，当火药和火器由阿拉伯人传到欧洲之后，前者就变成了“炸药”，而后者则变成了金属管形枪，即使阿拉伯人也很快用竹管代替了中国的纸筒，然而，元朝仍使用着纸制的发射筒。只要反思这种历史局面的形成，我们就能发现，它与元朝统治者不重视实验科学的培育和发展关系密切。当然，从技术本身的发展过程看，中国古代缺乏力学是造成元代火枪不能实现由纸筒向金属管形枪转变的内在原因。于是，便出现了“外国用火药制造子弹御敌，中国却用它做爆竹敬神”[①]的结果。更推而广之，则“中国有许多好工艺却发展不到精密科学”[②]，根由亦在于此。一句话，元朝出现了当时世界上最先进的两支科技（南宋与阿拉伯）文明在中国相交的历史机遇，真是千载难逢，可惜，由于比较复杂的社会原因，元朝统治者最终还是错失了这次机会。

二、金元科技思想的主要启示

金元科技思想的内容比较丰富，元代尤为突出。但是，元代的科技发展也并不一帆风顺，而是有迂回、有曲折。因此，从正反两个方面来总结金元科技思想发展的经验和教训，对于我们更好地坚持科学发展观，不无启示。

（一）科技思想难以在迷信的政治土壤中生长

在元朝统治者的治国理念中始终存在着两种势力的冲突与调和，一种是科学，另一种则是迷信。例如，元朝统治者不杀工匠，而是将他们“聚之京师，分类置局”[③]，或在当地随处设置管领官，同时，为了使之“专其艺”，而把匠户与民户分开，则匠户成为隶属于朝廷的差户，为皇家服役当差。尽管这种管理手段比较落后，但从元朝统治者的层面考量，这在一定意义上还是有利于科技发展的，是一种符合当时元朝统治实际的科技管理措施和思想。又如，忽必烈接受了刘秉忠“凿开三室，混为一家”[④]、“开选择才”[⑤]、“大开言路”[⑥]，以及保护“天下名士宿儒”[⑦]等思想，以一种比较开放的态度面对各种思想学说，为元初科技的高度发展提供了较为宽松的政治氛围等。所有这一切都为元代科技思想的发展和传播创造了条件。然而，欲使元朝的科技文化保持一种可持续发展的历史状态，那么，统治者就需要对社会上流行的各种思想学说有所甄别和择取。可惜，元朝统治者在思想层面上尚未完全从其萨满教的原始信仰中分离出来，他们对占候、藏传佛教的“灌顶”一类文化过分崇拜和迷信，耗资巨大，从而极大地削弱了元朝科技发展的物质基础。仅以“灌顶”一

---

① 鲁迅：《鲁迅全集》第5卷《伪自由书·电的利弊》，北京：人民文学出版社，1981年，第15页。
② 顾准：《顾准文稿》，北京：中国青年出版社，2002年，第373页。
③ （元）苏文爵：《元文类》卷42《工典总叙·诸匠》，上海：商务印书馆，1936年，第618页。
④ 李修生主编：《全元文》第2册，第399页。
⑤ 《元史》卷157《刘秉忠传》，第3690页。
⑥ 《元史》卷157《刘秉忠传》，第3691页。
⑦ 《元史》卷157《刘秉忠传》，第3691页。

向的耗资来说，“累朝皇帝先受佛戒九次，方正大宝”[①]。据王启龙先生保守地估计，元朝每年用于“灌顶”之类的佛事耗资约占国家财政收入的1/10[②]，还不包括建寺写经、频繁赏赐等项。忽必烈支持郭守敬等开展科技研究，算是非常阔绰的事情了，然而，与元朝统治者用于作佛事、赏赐上的费用相比，还是显得比较小气。例如，元朝修通惠河“用楮币百五十二万锭，粮三万八千七百石”，修会通河“出楮币一百五十万缗，米四万石、盐五万斤，以为佣直”[③]。这在元朝的治河工程中算是用费较多的，而元英宗仅修建寿安山寺，则耗费可用“无算”来形容。例如，《元史》载：延祐七年（1320）九月甲申，“建寿山寺，给钞千万贯”[④]；至治元年（1321）十一月庚辰，“益寿安山寺役卒三千人”[⑤]；至治二年（1322）八月庚辰，“增寿安山寺役卒七千人”[⑥]；同年九月，“戊申，给寿安山造寺役军匠死者钞，人百五十贯……辛亥，幸寿安山寺，赐监役官钞，人五千贯”[⑦]。此外，元贞元年（1295）皇太后建寺五台则专门划定大都、保定、真定、平阳、太原、大同、河间、大名、顺德、广平十路（人民）应其所需，这个数目肯定是今天我们永远也算不清的一个天数[⑧]。无怪乎时人将作佛事看作造成元朝“帑廪虚空”[⑨]的五端之一。究其原因，则藏传佛教之侈设仪式、讲究修法等，在形式和内容两个方面都与蒙古游牧民族固有的萨满教俗非常接近，易于融合。成吉思汗对于占卜的迷信，甚至成为他军事决策的唯一凭据，因此，占卜术士耶律楚材紧紧跟随其左右，望星占象，以定军国大事。故《元史》载：“帝每征讨，必命楚材卜，帝亦自灼羊胛，以相符应。”[⑩]忽必烈亦十分迷信占星之类的所谓“秘术”，如靳德进善占筮，“故相张忠公荐之于世祖皇帝，数召对占筮有征。自是，从车驾上下两都，岁以为常。至元间，擢司天少监，升司天监，转承直郎秘书少监，奉议大夫。秘书监时，权臣用事灾异，数见公，乘间进言，推抑阴崇阳之理，辞甚剀切。世祖伐叛东北，以公从行，揆度日时，占候风云，刻期制胜。因言：‘叛王惑妖言，致谋不轨，请置诸路阴阳教授，以训后学。’诏从之”[⑪]。在某种程度上，忽必烈倚重占星术甚至过于历法本身，所以像刘秉忠、岳铉等都是因有善占筮之异能而为忽必烈所重。比如，忽必烈对刘秉忠的评价是：“其阴阳术数之精，占事之来，若合符契，惟朕知之，他人莫得闻也。”[⑫]如前所述，天文历法在元代获得了空前的发展，《续文献通考》载有下面一段话：

> 元世祖至元十三年，诏前中书左丞许衡等改治新历。是年平宋，诏许衡及太子赞

---

① （元）陶宗仪：《南村辍耕录》卷2《受佛戒》，《景印文渊阁四库全书》第1040册，第428页。
② 王启龙：《藏传佛教对元代经济的影响》，《中国藏学》2002年第1期，第63—85页。
⑧ 《元史》卷64《河渠志一》，第1589、1608页。
⑨ 《元史》卷27《英宗本纪一》，第605页。
⑦ 《元史》卷27《英宗本纪一》，第614页。
⑥ 《元史》卷28《英宗本纪二》，第624页。
⑦ 《元史》卷28《英宗本纪二》，第624页。
⑧ 王启龙：《藏传佛教对元代经济的影响》，《中国藏学》2002年第1期，第63—85页。
⑨ 《元史》卷34《文宗本纪三》，第760页。
⑩ 《元史》卷146《耶律楚材传》，第3456页。
⑪ （元）赵孟頫著，任道斌校点：《赵孟頫集》卷9，杭州：浙江古籍出版社，1986年，第191页。
⑫ 《元史》卷157《刘秉忠传》，第3694页。

> 善、王恂、都水少监郭守敬与南北日官陈鼎臣、邓元麟、毛鹏翼、刘巨渊、王素、岳铉、高敬等，参考累代历法，复测候日月星辰、消息运行之变，区别同异，酌取中数，以为历本，其法用二线窥测宿度余分，纤微皆见。又立海内测验，所见凡二十有七。①

实际参研的人员更多，如先后入盟者尚有张文谦、张易、杨恭懿、曹震圭、郝昇、王椿等。其中，张文谦和张易为"总领裁"②。说实话，在这个修历群体里，所有人的科学素养都不用怀疑。然而，对他们知识结构中的另一面，也不可忽视，那就是上述群体里的绝大多数都有"占卜"的经历。例如，许衡曾对其弟许衎说："我扰攘之际，以医卜免。"③这说明"占卜"是许衡悬壶避乱之谋生手段之一。赵文坦先生认为："张易、王恂与刘秉忠、张文谦同学，其所学好也偏重于阴阳术数，其留在忽必烈潜邸，自然好是靠阴阳学术数，张易在忽必烈潜邸的身份也是僧人。同刘秉忠一样，在忽必烈眼中，张易也是能算卜算卦的和尚，而非儒士。"④《侨吴集·岳铉行状》又称：司天台提点岳铉"精于推步占候之学，盈虚消息之道"⑤。而《授时历》颁行之后，其主要功能之一就是用于占候，故《续资治通鉴》载："《授时历》颁之天下。自是八十年间，司天之官遵而用之，靡有差忒。凡日月薄食，五纬陵犯，彗孛飞流，晕珥虹霓，精祲云气，诸系占候者，俱在简册。"⑥在这样的思想环境里，元代的科学技术欲摆脱占卜迷信的束缚，从而获得独立自主的发展，看来是很难的。在元代，阴阳学成为天文学的一个组成部分，如至元二十八年（1291），元代阴阳学正式纳入地方官学体系；至大三年（1308），"命天下郡邑设阴阳教授司，立教授、学正、录以主之，凡阴阳、历数、巫术、铜壶之事咸肄焉"⑦。像把阴阳、巫术、铜壶之类有悖于科学，甚至是反科学的术数合法化，并使之与"历法"相提并论，这不仅给了天文学的发展重重一击，而且对整个元代科技的发展构成了致命的危害。

科技的发展须依赖基础教育的普及和专业教育的发达。不管怎样，元朝在唐宋根基上的经济文明和科技发展又推向了一个繁盛的新的阶段，这是不可抹杀的客观事实。现在我们需要考察的问题是：元代科技发展与基础教育的普及和专业教育的发达之间的关系。根据史书记载，元代书院"几遍天下"⑧，绝非夸大之辞。明人陈邦瞻这样评价元代的教育状况，他说："元世学校之盛，远被遐荒，亦自昔所未有。"⑨据《续文献通考·学校考》统计，元代州县学校的数量最高时达 24 400 所，书院 400 多所。与宋代学校之盛由科举制激发而来的历史状况不同，元代学校之盛却与忽必烈叫停科举制这个特定的历史现象相联系。这是因为经过南宋的科举发展，科举制的副作用使忽必烈深刻认识到，单纯依靠科举制，并

---

① （明）王圻等：《续文献通考》卷 210《象纬考》，《景印文渊阁四库全书》第 631 册，第 3 页。
② 陈美东：《中国科学技术史·天文学卷》，北京：科学出版社，2003 年，第 526 页。
③ 许师敬：《许衎墓志录文》，郭建设、索全星：《山阳石刻艺术》，郑州：河南美术出版社，2004 年，第 82 页。
④ 赵文坦：《忽必烈早期与汉族士人关系考察》，《山东大学学报》1997 年第 4 期，第 31 页。
⑤ （元）郑元佑：《侨吴集》卷 12，《文渊阁四库全书》第 1216 册，第 594 页。
⑥ （清）毕沅：《续资治通鉴》卷 185《元纪三》，上海：上海古籍出版社，1988 年，第 1037 页。
⑦ 延祐《四明志》卷 14《学校考下》，俞福海：《宁波市志外编》，北京：中华书局，1988 年，第 197 页。
⑧ 陈·巴特尔：《文化变迁中的蒙古民族高等教育的演变》，呼和浩特：内蒙古教育出版社，2004 年，第 88 页。
⑨ （明）陈邦瞻：《元史纪事本末》卷 8《科举学校之制》，北京：中华书局，1997 年，第 2066 页。

不能造就“实用”之才，而科举本身不能满足社会对各种形式人才的需求。所以忽必烈主张“应天者，惟以至诚。拯民者，惟以实惠”[①]，强调“祖述变通，正在今日。务施实德，不尚虚文”[②]。在此，“变通”与“不尚虚文”恰好体现了忽必烈崇尚实用之学的执政理念，这也成为他“科举虚诞，朕所不取”[③]及在人才选拔上强调才干的思想基础。于是，以郭守敬为代表的格致实用之学勃然兴起，成就斐然，甚至可以说“元代在实学（科技和文化）方面的成就不亚于历史上任何一个朝代”[④]。例如，许衡“以敦本抑末实学为己任”[⑤]，倡导生产教育，主张“为学者治生最为先务”，且“治生者，农工商贾士君子当以务农为生”[⑥]；郭守敬“以纯德实学为世师法”[⑦]；沙克什编著的《河防通议》，其目的是“以便观览而资实用”[⑧]。与之相适应，为了满足广大士人对有用之学的社会需求，各种以实学为教授内容的私学在元代大量出现。可见，元代的科技发展确实得益于各种技术专业的私学传授。当然，这种局面的出现，与元代儒学自身的分化和转变有关，即理学内部出现了局部性向实学转变的分化倾向，换言之，也可以说是在元初政治环境的影响下，儒学逐渐从传统的政治、道德、经史之学转变为农、工、医、商等民生日用之学，这是元代儒学与科学相互关系变化的一个显著特点。与《宋史·儒林传》相比，入传76人，真正“游于艺”者才4人，即刘羲叟、河涉、陆九龄和郑樵，约占总人数的5%。而《元史·儒林传》入传32人，真正“游于艺”者至少为6人，即金履祥、萧𣂏、许谦、熊朋来、陆文杰及赡思，约占总人数的19%，这说明元代儒士已从先前“耻于艺”的观念中解放了出来，对元代科技思想的传播而言，此为一非常有意义的大事变。《清朝续文献通考》载：

> 宋胡瑗分经义、治事两斋，士稍稍向实学矣。[⑨]

可见，宋代儒士对于“治事”这种“求实之学”还较为保守。然而，元代忽必烈的“惟以实惠”政纲却为元代儒士推动其实学的发展敞开了门户，于是各种专业性较强的属私人性质的实学教育如数学、天文、水利、建筑、纺织、机械制造等获得了极大的发展，从而为元代科技向更高阶段跃进奠定了相当雄厚的物质基础。

（二）振兴科技的大计是尊重知识和人才

宋代大兴科举，促进了宋代科技的发展，这是不争的事实，而元代废科举，亦把元代科技推向了一个新的历史高度，同样是不争的事实。这两种看似截然相反的历史现象，其实有一个共同点，即两者都是为了适应当时人才的客观需要，而采取的顺乎时势之举，都

---

① （清）魏源：《魏源全集》第8册《元史新编》，长沙：岳麓书社，2004年，第64页。
② 《元史》卷4《世祖本纪一》，第64页。
③ （元）苏天爵辑撰，姚景安点校：《元名臣事略》卷8《左丞许文正公》，北京：中华书局，1996年，第168页。
④ 衷尔钜：《元代实学与欧亚文化交流》，《开封大学学报（综合版）》1998年第4期，第32—39页。
⑤ 李修生主编：《全元文》第2册，第464页。
⑥ （元）苏天爵：《元名臣事略》卷8《左丞许文正公》，《景印文渊阁四库全书》第451册，第613页。
⑦ 李修生主编：《全元文》第21册，第759页。
⑧ （元）沙克什：《河防通议》序，李勇先主编：《宋元地理史料汇编》，成都：四川大学出版社，2007年，第336页。
⑨ （清）刘锦藻：《清朝续文献通考》卷94《学校一》，台北：新兴书局，1966年，第8539页。

达到了兴人才的效果。元代与宋代所处的社会环境不同，由于蒙古军队三次西征，各种持不同宗教信仰的人才（包括工匠、商人）先后大量东迁至中国，分散于全国各地。当时，这些人才颇为元朝社会所急需，然而汉族的科举考试又不适合他们，在此特定的文化背景下，人才选用只能通过科举之外的途径来实现。因此，忽必烈于中统二年（1261）“诏军中所俘儒士听赎为民”，且“命宣抚司官劝农桑，抑游惰，礼高年，问民疾苦，举文学才识可以从政及茂才异等，列名上闻，以听擢用”①。又于至元十二年（1275）秋七月，“诏遣使江南，搜访儒、医、僧、道、阴阳人等”②，以及至元十三年（1276）诏令“前代圣贤之后，高尚僧、道、儒、医、卜、筮，通晓天文历数，并山林隐逸名士，仰所在官司具实以闻”③等，这些措施以荐举为特点，不拘一格，惟实际才能是举。而紫金山学派就是在这种历史背景下形成的，并为元代科学技术的发展作出了重要贡献。为了在教育层面平衡汉族与各少数民族的人才培养关系，元朝统治者积极发展民族教育，如蒙古国子学、回回国子学等。与之相适应，元朝时期涌现出了一批成就非凡的科技家，像蒙古族医学家忽泰必列与《金兰循经》，维吾尔族的农学家鲁明善与《农桑衣食撮要》，回族医学家萨谦斋与《瑞竹堂验方》，回族医生忽思慧与《饮膳正要》等。到元成宗时期，元朝统治者将“举廉实材”作为一项考察各级官府的行政指标。例如，大德九年（1305）元成宗在诏书中说：

天下之大，不可亡治，择人乃先务也。仰御史台、翰林院、国史院、集贤院、六部于五品以上诸色人类，各举廉能识治体者三人已上；行省台、宣慰司、肃政廉访司各举五人，务要皆得实材，毋得具数而已。④

关于元朝统治者对科技人才的保护，除前面所述内容之外，下面的一则实例颇能说明问题。据《元史·孙威传》载：

孙威，浑源人，善为甲，幼沉鸷，有巧思。金贞祐间，应募为兵，以骁勇称。及云中来附，守帅表授义军千户，从军攻潞州，破凤翔，皆有功。善为甲，尝以意制蹄筋翎根铠以献，太祖亲射之，不能彻，大悦。赐名也可兀兰，佩以金符，授顺天安平怀州河南平阳诸路工匠都总管。从攻邠、乾，突战不避矢石，帝劳之曰：“汝纵不自爱，独不为吾甲胄计乎！”因命诸将衣其甲者问曰：“汝等知所爱重否？”诸将对，皆失旨意。太宗曰：“能捍蔽尔辈以与我国家立功者，非威之甲耶！而尔辈言不及此，何也？”复以锦衣赐威。每从战伐，恐民有横被屠戮者，辄以搜简工匠为言，而全活之。⑤

确实，元朝之西征与灭亡南宋，与其依靠和保护工匠的政策关系非常密切。在某种意义上，元朝统治者之所以能够灭亡南宋，最重要的原因之一就是其制定了一整套保护、利

① 《元史》卷4《世祖本纪一》，第69—70页。
② 《元史》卷8《世祖本纪五》，第169页。
③ 《元史》卷9《世祖本纪六》，第179页。
④ 陈高华等点校：《元典章》卷2《圣政一·举贤才》，天津：天津古籍出版社，2011年，第46页。
⑤ 《元史》卷203《孙威传》，第4542—4543页。

用和管理各种科技人才的政策措施。从元朝科技发展的历史过程中，我们深切地感受到了人才之兴则国兴，而人才强国确实是元朝立政的宏础巨石。

本 章 小 结

金元科技思想以其独特的内容体系而引人瞩目，《王祯农书》《梓人遗制》的“器物制造”前所未见，可谓开一代之学术新风貌。如果站在世界文明史的角度看，那么，元朝的贡献就更加突出，以中外科技文化的交流为例，刘铭恕在《元代的几项中外科技交流》一文中，从“语言文字”、“世界地理知识”、“饮食品”、“精密细致的工艺”、“西域的医药”及“数学”①等方面进行考述，反映了元代科技发展的世界视野和中国特色。

当然，元代科技为什么不能在明朝接力前行，这是一个众说纷纭的议题，本书仅从元代科技发展的几个侧面分析了元代对接受外来科学文化的观念迟滞、科学仅仅是经学的附庸、元朝统治者对技术人才的垄断等“负积”问题，旨在说明元代科技发展的缺陷和不足。

① 刘铭恕：《元代的几项中外科技交流》，《海交史研究》1983年第5期，第47—55页。

主要参考资料

一、引用史料

（汉）刘安：《淮南子》，《百子全书》，长沙：岳麓书社，1993 年。

（汉）许慎：《说文解字》，北京：中华书局，1963 年。

（汉）张仲景：《金匮要略方论》，北京：人民卫生出版社，1956 年。

（汉）郑康成：《周易乾凿度》，《景印文渊阁四库全书》第 53 册，台北：台湾商务印书馆，1986 年。

（三国・魏）刘徽：《九章算术》，上海：上海古籍出版社，1990 年。

（三国・魏）王弼：《老子道德经》，《诸子集成》，石家庄：河北人民出版社，1986 年。

（三国・吴）赵爽：《周髀算经》，上海：上海古籍出版社，1990 年。

（晋）郭璞注：《山海经》，上海：上海古籍出版社，1991 年。

（后魏）贾思勰原著，缪启愉校释：《齐民要术校释》，北京：农业出版社，1982 年。

（南朝・梁）陶弘景集，尚志钧辑校：《名医别录》，北京：人民卫生出版社，1986 年。

（隋）巢元方撰，鲁兆麟等点校：《诸病源候论》，沈阳：辽宁科学技术出版社，1997 年。

（唐）孔颖达：《春秋左传正义》，（清）阮元校刻：《十三经注疏》，北京：中华书局，1980年。

（唐）李翱：《李文公集》，《景印文渊阁四库全书》第 1078 册，台北：台湾商务印书馆，1986年。

（唐）李华：《李遐叔文集》，《景印文渊阁四库全书》第 1072 册，台北：台湾商务印书馆，1986 年。

（唐）瞿昙悉达编，李克和校点：《开元占经》，长沙：岳麓书社，1994 年。

（宋）程颢、程颐著，王孝魚点校：《二程集》，北京：中华书局，2004 年。

（宋）储泳：《祛疑说》，《景印文渊阁四库全书》第 865 册，台北：台湾商务印书馆，1986年。

（宋）胡瑗：《周易口义》，杨军主编：《十八名家解周易》第 5 辑，长春：长春出版社，2009年。

（宋）黎靖德编，王星贤点校：《朱子语类》，北京：中华书局，1986 年。

（宋）李昉等：《太平御览》，北京：中华书局，1960 年。

（宋）李焘：《续资治通鉴长编》，北京：中华书局，1992 年。

（宋）李心传：《建炎以来系年要录》，北京：中华书局，1956 年。

（宋）廖刚：《高峰文集》，《景印文渊阁四库全书》第 1142 册，台北：台湾商务印书馆，1986年。

（宋）林光世：《水村易镜》，杨世文、李勇先、吴雨时：《易学集成》，成都：四川大学出版社，1998年。

（宋）刘辰翁：《须溪集》，《景印文渊阁四库全书》第 1186 册，台北：台湾商务印书馆，1986年。

（宋）陆九渊著，钟哲点校：《陆九渊集》，北京：中华书局，1980 年。

（宋）吕陶：《净德集》卷 28《书术》，《景印文渊阁四库全书》第 1098 册，台北：台湾商务印书馆，1986 年。

（宋）欧阳修：《欧阳修全集》，北京：中华书局，2001 年。

（宋）钱乙原著，杨金萍、于建芳点校：《小儿药证直诀》，天津：天津科学技术出版社，2000 年。

（宋）邵雍著，郭彧、于天宝点校：《皇极经世书》，上海：上海古籍出版社，2017 年。

（宋）邵雍撰，李一忻点校：《梅花易数》，北京：九州出版社，2003 年。

（宋）沈括著，侯真平校点：《梦溪笔谈》，长沙：岳麓书社，1998 年。

（宋）苏颂：《新仪象法要》，《景印文渊阁四库全书》第 786 册，台北：台湾商务印书馆，1986 年。

（宋）孙复：《孙明复小集》，《景印文渊阁四库全书》第 1090 册，台北：台湾商务印书馆，1986 年。

（宋）王辟之撰，吕友仁点校：《渑水燕谈录》，北京：中华书局，1981 年。

（宋）王应麟：《困学纪闻》，南京：凤凰出版社，2018 年。

（宋）卫湜：《礼记集说》，《景印文渊阁四库全书》第 117 册，台北：台湾商务印书馆，1986年。

（宋）吴自牧：《梦粱录》，杭州：浙江人民出版社，1980 年。

（宋）徐梦莘：《三朝北盟会编》，《景印文渊阁四库全书》第 350 册，台北：台湾商务印书馆，1986 年。

（宋）杨辉：《续古摘奇算法》，郭书春主编：《中国科学技术典籍通汇·数学卷》，郑州：河南教育出版社，1993 年。

（宋）叶绍翁撰，沈锡麟、冯惠民点校：《四朝闻见录》，北京：中华书局，1989 年。

（宋）宇文懋昭撰，崔文印校证：《大金国志校证》，北京：中华书局，1986 年。

（宋）张伯端：《紫阳真人悟真篇注疏》，《道藏》，北京、上海、天津：文物出版社、上海书店、天津古籍出版社，1988 年。

（宋）张君房：《云笈七签》，《景印文渊阁四库全书》第 1060 册，台北：台湾商务印书馆，1986 年。

（宋）张载著，章锡琛点校：《张载集》，北京：中华书局，1978 年。

（宋）赵佶敕编，王振国、杨金萍主校：《圣济总录》，北京：中国中医药出版社，2018 年。

（宋）周敦颐著，陈克明点校：《周敦颐集》，北京：中华书局，2009 年。

（宋）朱熹：《四书集注》，北京：北京古籍出版社，2000 年。

（宋）朱熹：《周易本义》，《易学集成》，成都：四川大学出版社，1998 年。

（金）郝大通：《太古集》，《道藏》，北京、上海、天津：文物出版社、上海书店、天津古籍出版社，1988 年。

（金）李东垣著，张年顺校注：《内外伤辨惑论》，北京：中国中医药出版社，2007 年。

（金）李杲撰，丁光迪校注：《风外伤辨》，南京：江苏科学技术出版社，1982 年。

（金）刘处玄：《黄帝阴符经注》，《道藏》，北京、上海、天津：文物出版社、上海书店、天津古籍出版社，1988 年。

（金）刘祁：《归潜志》，《景印文渊阁四库全书》第 1040 册，台北：台湾商务印书馆，1986年。

（金）刘祁撰，崔文印点校：《归潜志》，北京：中华书局，1983 年。

（金）刘完素：《伤寒直格》，北京：人民卫生出版社，1986 年。

（金）刘完素：《素问玄机原病式》，北京：中国中医药出版社，2007 年。

（金）刘完素撰，孙洽熙、孙峰整理：《素问病机气宜保命集》，北京：人民卫生出版社，2005年。

（金）王嚞：《重阳全真集》，《道藏》，北京、上海、天津：文物出版社、上海书店、天津古籍出版社，1988 年。

（金）元好问：《元遗山先生全集九种》，郑州：河南人民出版社，2018 年。

（金）张元素：《医学启源·张序》，郑洪新主编：《张元素医学全书》，北京：中国中医药出版社，2006 年。

（元）陈栎：《定宇集》，《景印文渊阁四库全书》1205 册，台北：台湾商务印书馆，1986 年。

（元）陈致虚：《上阳子金丹大要》，徐兆仁主编：《金丹集成》，北京：中国人民大学出版社，1990 年。

（元）大司农司编，马宗申译注：《农桑辑要》，上海：上海古籍出版社，2008 年。

（元）大司农司撰，石汉声校注：《农桑辑要校注》，北京：农业出版社，1982 年。

（元）郝经：《陵川集》，清乾隆三年（1738）刊本。

（元）黄元吉编集，徐慧校正：《净明忠孝全书》，《道藏》，北京、上海、天津：文物出版社、上海书店、天津古籍出版社，1988 年。

（元）李道纯、（明）蒋信：《李道纯集》，长沙：岳麓书社，2010 年。

（元）李冶：《敬斋古今黈拾遗》，台北：新文丰出版公司，1985 年。

（元）李冶：《益古演段》，北京：中华书局，1985 年。

（元）李冶著，白尚恕译：《测圆海镜今译》，济南：山东教育出版社，1985 年。

（元）刘因：《静修先生文集》，上海：商务印书馆，1929 年。

（元）柳贯：《待制集》，《景印文渊阁四库全书》第 1210 册，台北：台湾商务印书馆，1986年。

（元）陆道和编集：《全真清规》，《道藏》，北京、上海、天津：文物出版社、上海书店、天津古籍出版社，1988 年。

（元）马端临：《文献通考》，北京：中华书局，1986 年。

（元）欧阳玄著，魏崇武、刘建立点校：《欧阳玄集·圭斋文集》，长春：吉林文史出版社，2009 年。

（元）丘处机：《大丹直指》，《道藏》，北京、上海、天津：文物出版社、上海书店、天津古籍出版社， 1988 年。

（元）丘处机：《磻溪集》，《道藏》，北京、上海、天津：文物出版社、上海书店、天津古籍出版社，1988 年。

（元）丘处机：《摄生消息论》，北京：中华书局，1985 年。

（元）任仁发：《水利集》，李勇先主编：《宋元地理史料汇编》，成都：四川大学出版社，2007 年。

（元）沙克什：《河防通议》，李勇先主编：《宋元地理史料汇编》，成都：四川大学出版社，2007 年。

（元）宋子贞：《全真观记》，王宗昱：《金元全真教石刻新编》，北京：北京大学出版社，2005 年。

（元）苏天爵：《元名臣事略》，《景印文渊阁四库全书》第 451 册，台北：台湾商务印书馆，1986 年。

（元）苏天爵：《元文类》，上海：商务印书馆，1936 年。

（元）苏天爵著，陈高华、孟繁清点校：《滋溪文稿》，北京：中华书局，1997 年。

（元）太玄子：《上清太玄九阳图》，《道藏》，北京、上海、天津：文物出版社、上海书店、天津古籍出版社，1988 年。

（元）吴澄：《吴文正集》，《景印文渊阁四库全书》第 1197 册，台北：台湾商务印书馆，1986年。

（元）吴澄：《易纂言》，上海：上海古籍出版社，1990 年。

（元）许衡：《鲁斋遗书》，陈得芝辑点：《元代奏议集录》上册，杭州：浙江古籍出版，1998年。

（元）许衡著，王成儒点校：《许衡集》，北京：东方出版社，2007 年。

（元）许有壬：《至正集》，《景印文渊阁四库全书》第 1211 册，台北：台湾商务印书馆，1986年。

（元）薛景石著，郑巨欣注释：《梓人遗制图说》，济南：山东画报出版社，2006 年。

（元）杨宏道：《重修太清观记》，王宗昱：《金元全真教石刻新编》，北京：北京大学出版社，2005 年。

（元）佚名撰，李之亮校点：《宋史全文》，哈尔滨：黑龙江人民出版社，2004 年。

（元）余阙撰：《青阳先生文集》，北京：书目文献出版社，2010 年。

（元）虞集：《道园学古录》，上海：商务印书馆，1929 年。

（元）元好问撰，常振国点校：《续夷坚志》，北京：中华书局，1986 年。

（元）袁桷：《延祐四明志》卷 14《学校考下》，台北：大化书局，1980 年。

（元）张昱：《可闲老人集》，《景印文渊阁四库全书》第 1222 册，台北：台湾商务印书馆，1986 年。

（元）赵道一：《历世真仙体道通鉴续编》，胡道静等选辑：《道藏要籍选刊》，上海：上海古籍出版社，1989 年。

（元）朱德润：《存复斋文集》，上海：商务印书馆，1934 年。

（元）朱世杰原著，李兆华校证：《四元玉鉴校证》，北京：科学出版社，2007 年。

（元）朱思本：《答族孙好谦书》，李修生主编：《全元文》，南京：凤凰出版社，2004 年。

（元）朱思本：《贞一斋诗文稿》，南京：江都古籍出版社，1988 年。

（元）朱震亨：《丹溪医集》，北京：人民卫生出版社，2006 年。

（元）朱震亨原著，胡春雨、马湃点校：《局方发挥》，天津：天津科学技术出版社，2003年。

（明）戴良：《九灵山房集》，《景印文渊阁四库全书》第 1219 册，台北：台湾商务印书馆，1986 年。

（明）李梴编著，高澄瀛、张晟星点校：《医学入门（点校本）》，上海：上海科学技术文献出版社，1997 年。

（明）李濂辑，俞鼎芬、倪发冲、刘德荣校注：《李濂医史》，厦门：厦门大学出版社，1992 年。

（明）李时珍：《本草纲目》，北京：人民卫生出版社，1975 年。

（明）李中梓：《内经知要》，清乾隆二十九年甲申（1764）扫叶山房刻本。

（明）罗洪先：《广舆图》，国家图书馆藏明万历本。

（明）宋濂：《宋学士全集》，清康熙四十八年（1709）彭氏刻本。

（明）宋应星著，钟广言注释：《天工开物》，香港：中华书局，1978 年。

（明）孙一奎撰，张玉才、许霞校注：《新安医学医旨绪余》，北京：中国中医药出版社，2009 年。

（明）吴有性：《温疫论》，北京：人民卫生出版社，1990 年。

（明）武之望著，鲁兆麟等点校：《济阴纲目》，沈阳：辽宁科学技术出版社，1997年。

（明）席次编次，（明）朱家相增修，荀德麟、张英聘点校：《漕船志》，北京：方志出版社，2006 年。

（明）谢应芳：《辨惑编》，上海：商务印书馆，1937 年。

（明）谢应芳：《龟巢稿》，《景印文渊阁四库全书》第 1218 册，台北：台湾商务印书馆，1986年。

（明）薛瑄：《读书录·续录》，《景印文渊阁四库全书》第 711 册，台北：台湾商务印书馆，1986 年。

（明）杨继洲：《针灸大成》，北京：中医古籍出版社，1999 年。

（明）叶子奇：《草木子》，《景印文渊阁四库全书》第866册，台北：台湾商务印书馆，1986年。

（明）虞抟：《医学正传》，北京：人民卫生出版社，1965年。

（明）张介宾：《景岳全书》，《景印文渊阁四库全书》第777册，台北：台湾商务印书馆，1986年。

（明）张介宾：《类经图翼》，北京：人民卫生出版社，1965年。

（明）章潢：《图书编》，《景印文渊阁四库全书》第968册，台北：台湾商务印书馆，1986年。

（明）赵献可：《医贯》，北京：人民卫生出版社，1959年。

（明）周琦：《东溪日谈录》，《景印文渊阁四库全书》第714册，台北：台湾商务印书馆，1986年。

（明）朱权：《天皇至道太清玉册》，《道藏》，北京、上海、天津：文物出版社、上海书店、天津古籍出版社，1988年。

（清）丁日昌：《持静斋书目》，上海：上海古籍出版社，2008年。

（清）方浚师撰，盛冬铃点校：《蕉轩随录·续录》，北京：中华书局，1995年。

（清）顾炎武著，周苏平、陈国庆点注：《日知录》，兰州：甘肃民族出版社，1997年。

（清）黄宗羲原著，（清）全祖望补修，陈金生、梁运华点校：《宋元学案》，北京：中华书局，1986年。

（清）柯绍忞：《新元史》，长春：吉林人民出版社，1995年。

（清）李光地：《周易折中》，成都：巴蜀书社，1998年。

（清）李善兰：《则古昔斋算学》，清光绪二十二年（1896）上海积山书局本。

（清）刘鹗：《刘鹗集》，长春：吉林文史出版社，2007年。

（清）刘一明：《道书十二种》，北京：中国中医药出版社，1990年。

（清）钱大昕著，陈文和、孙显军校点：《十驾斋养新录》，南京：江苏古籍出版社，2000年。

（清）阮元：《畴人传》，《中国古代科技行实会纂》第2册，北京：北京图书馆出版社，2006年。

（清）王懋竑撰，何忠礼点校：《朱熹年谱》，北京：中华书局，2006年。

（清）王先慎集解，姜俊俊校点：《韩非子》，上海：上海古籍出版社，2015年。

（清）吴广成撰，龚世俊等校证：《西夏书事校证》，兰州：甘肃文化出版社，1995年。

（清）徐松辑，刘琳等校点：《宋会要辑稿》，上海：上海古籍出版社，2014年。

（清）叶天士撰，苏礼等整理：《临证指南医案》，北京：人民卫生出版社，2006年。

（清）永瑢等：《四库全书总目提要》，北京：中华书局，1965年。

（清）张廷玉等：《明史》，北京：中华书局，1974年。

（清）章学诚著，叶瑛校注：《文史通义校注》，北京：中华书局，1985年。

（清）赵翼：《廿二史札记》，南京：凤凰出版社，2008年。

（清）周拱辰：《离骚草木史》，清嘉庆八年（1803）刻本。
常秉义辑注：《易纬》，乌鲁木齐：新疆人民出版社，2000 年。
陈戍国点校：《四书五经》，长沙：岳麓书社，1991 年。
黄侃：《黄侃手批白文十三经》，上海：上海古籍出版社，1983 年。
黄时鉴点校：《通制条格》，杭州：浙江古籍出版社，1986 年。
盛增秀主编：《王好古医学全书》，北京：中国中医药出版社，2004 年。
宋乃光主编：《刘完素医学全书》，北京：中国中医药出版社，2006 年。
田思胜主编：《朱肱庞安时医学全书》，北京：中国中医药出版社，2006 年。
王颋点校：《庙学典礼》，杭州：浙江古籍出版社，1992 年。
徐江雁、许振国主编：《张子和医学全书》，北京：中国中医药出版社，2006 年。
姚奠中主编，李正民增订：《元好问全集》，太原：山西古籍出版社，2004 年。
张国骏主编：《成无己医学全书》，北京：中国中医药出版社，2004 年。

二、研究论著

阿旺贡噶索南：《萨迦世系史》，北京：中国藏学出版社，2005 年。
安邦编：《气功纠偏全书》，呼和浩特：内蒙古科学技术出版社，1997 年。
薄树人：《薄树人文集》，合肥：中国科学技术大学出版社，2003 年。
薄树人主编：《中国科学技术典籍通汇·天文卷》，郑州：大象出版社，1993 年。
蔡定芳主编：《中医与科学：姜春华医学全集》，上海：上海科学技术出版社，2009 年。
岑仲勉：《黄河变迁史》，北京：中华书局，2004 年。
陈邦贤：《中国医学史》，北京：团结出版社，2006 年。
陈高华：《元大都》，北京：北京出版社，1982 年。
陈久金、杨怡：《中国古代的天文与历法》，北京：商务印书馆，1998 年。
陈久金主编：《中国古代天文学家》，北京：中国科学技术出版社，2008 年。
陈久金主编：《中国少数民族科学技术史丛书·天文历法卷》，南宁：广西科学技术出版社，1996 年。
陈美东、胡考尚主编：《郭守敬诞辰七百七十周年国际纪念活动文集》，北京：人民日报出版社，2003 年。
陈美东：《郭守敬评传》，南京：南京大学出版社，2003 年。
陈美东：《中国古代天文学思想》，北京：中国科学技术出版社，2007 年。
陈美东主编：《简明中国科学技术史话》，北京：中国青年出版社，2009 年。
陈学恂主编：《中国教育史研究·宋元分卷》，上海：华东师范大学出版社，2009 年。
陈寅恪：《陈寅恪集》，北京：生活·读书·新知三联书店，2001 年。
陈元方：《历法与历法改革丛谈》，西安：陕西人民教育出版社，1992 年。
陈垣：《南宋初河北新道教考》，北京：中华书局，1962 年。
陈垣：《道家金石略》，北京：文物出版社，1988 年。

陈钟凡：《两宋思想述评》，北京：东方出版社，1996 年。

陈遵妫：《中国天文学史》，上海：上海人民出版社，2006 年。

成都中医学院主编：《中医各家学说》，贵阳：贵州人民出版社，1988 年。

程发良、常慧编著：《环境保护基础》，北京：清华大学出版社，2002 年。

戴念祖：《中国力学史》，石家庄：河北教育出版社，1988 年。

邓可卉：《希腊数理天文学溯源：托勒玫《至大论》比较研究》，济南：山东教育出版社，2009 年。

邓少琴：《邓少琴西南民族史地论集》，成都：巴蜀书社，2001 年。

邓铁涛、郑洪主编：《中医五脏相关学说研究：从五行到五脏相关》，广州：广东科技出版社，2008 年。

邓云特：《中国救荒史》，上海：上海书店，1984 年。

丁光迪：《金元医学评析》，北京：人民卫生出版社，1999 年。

董英哲：《中国科学思想史》，西安：陕西人民出版社，1990 年。

杜石然等：《中国科学技术史稿》，北京：科学出版社，1982 年。

杜石然、孔国平主编：《世界数学史》，长春：吉林教育出版社，1996 年。

杜石然：《数学·历史·社会》，沈阳：辽宁教育出版社，2003 年。

段伟：《禳灾与减灾：秦汉社会自然灾害应对制度的形成》，上海：复旦大学出版社，2008 年。

方旭东：《吴澄评传》，南京：南京大学出版社，2005 年。

冯友兰：《哲学的精神》，西安：陕西师范大学出版社，2008 年。

复旦大学历史地理研究中心：《跨越空间的文化：16—19 世纪中西文化的相遇与调适》，上海：东方出版中心，2010 年。

傅崇兰等：《中国城市发展史》，北京：社会科学文献出版社，2008 年。

傅海伦：《中外数学史概论》，北京：科学出版社，2007 年。

傅熹年：《中国古代城市规划、建筑群布局及建筑设计方法研究》，北京：中国建筑工业出版社，2001 年。

高庆华、马宗晋主编：《中国自然灾害综合研究的进展》，北京：气象出版社，2009 年。

高文学主编：《中国自然灾害史》，北京：地震出版社，1997 年。

葛兆光：《古代中国的历史、思想与宗教》，北京：北京师范大学出版社，2006 年。

郭金彬、孔国平：《中国传统数学思想史》，北京：科学出版社，2007 年。

郭世荣：《中国数学典籍在朝鲜半岛的流传与影响》，济南：山东教育出版社，2009 年。

郭振球主编：《世界传统医学诊断学》，北京：科学出版社，1998 年。

杭间：《中国工艺美学思想史》，太原：北岳文艺出版社，1994 年。

弘学编著：《〈华严经·入法界品〉注释》，成都：巴蜀书社，2008 年。

侯仁之主编：《北京历史地图集》，北京：北京出版社，1985 年。

侯仁之主编：《黄河文化》，北京：华艺出版社，1994 年。

侯外庐、邱汉生、张岂之主编：《宋明理学史》，北京：人民出版社，1997年。

胡道静：《中国古代典籍十讲》，上海：复旦大学出版社，2004年。

胡海牙、武国忠主编：《陈撄宁仙学精要》，北京：宗教文化出版社，2008年。

胡朴安：《周易古史观》，上海：上海古籍出版社，2005年。

华觉明主编：《中国科学技术典籍通汇·技术卷》，郑州：河南教育出版社，1994年。

[苏]霍津：《当代全球问题》，刘仲亨等译，北京：社会科学文献出版社，1989年。

江晓原：《天学真原》，沈阳：辽宁教育出版社，1991年。

姜振寰：《哲学与社会视野中的技术》，北京：中国社会科学出版社，2005年。

蒋广学：《神会庐四书》，南京：东南大学出版社，2004年。

景冰：《〈授时历〉的研究》，《自然科学史研究》1995年第4期。

孔国平：《〈测圆海镜〉导读》，武汉：湖北教育出版社，1997年。

孔国平：《李冶朱世杰与金元数学》，石家庄：河北科学技术出版社，2000年。

兰甲云：《周易卦爻辞研究》，长沙：湖南大学出版社，2006年。

乐爱国：《宋代的儒学与科学》，北京：中国科学技术出版社，2007年。

李百进编著：《唐风建筑营造》，北京：中国建筑工业出版社，2007年。

李伯重：《多视角看江南经济史》，北京：生活·读书·新知三联书店，2003年。

李迪：《中国历史上杰出的科学家和能工巧匠》，呼和浩特：内蒙古人民出版社，1978年。

李迪主编：《数学史研究文集》第5辑，呼和浩特、台北：内蒙古大学出版社、九章出版社，1993年。

李建等：《生理学》，济南：济南出版社，2009年。

李剑农：《中国古代经济史稿》，武汉：武汉大学出版社，2006年。

李慕南主编：《古代天文历法》，开封：河南大学出版社，2005年。

李树菁：《周易象数通论——从科学角度的开拓》，北京：光明日报出版社，2004年。

李裕等：《李时珍和他的科学贡献》，武汉：湖北科学技术出版社，1985年。

李泽厚：《论语今读》，合肥：安徽文艺出版社，1998年。

李浈：《中国传统建筑木作工具》，上海：同济大学出版社，2004年。

李志超：《水运仪象志——中国古代天文钟的历史》，合肥：中国科学技术大学出版社，1997年。

李志超：《天人古义——中国科学史论纲》，郑州：大象出版社，1998年。

梁方仲：《中国历代户口、田地、田赋统计》，北京：中华书局，2008年。

梁美灵、王则柯：《混沌与均衡纵横谈》，北京：生活·读书·新知三联书店，1991年。

梁启超：《梁启超全集》，北京：北京出版社，1999年。

梁思成：《梁思成全集》，北京：中国建筑工业出版社，2001年。

林丽平：《古代水利》，北京：蓝天出版社，1998年。

刘钢：《古地图密码：中国发现世界的谜团玄机》，桂林：广西师范大学出版社，2009年。

刘克明：《中国工程图学史》，武汉：华中科技大学出版社，2003年。

刘克明：《中国建筑图学文化源流》，武汉：湖北教育出版社，2006年。
刘乃和编校：《中国现代学术经典・陈垣卷》，石家庄：河北教育出版社，1996年。
刘荣伦、顾玉潜：《中国卫生行政史略》，广州：广东科技出版社，2007年。
刘仙洲：《中国古代农业机械发明史》，北京：科学出版社，1963年。
刘佑昌：《现代物理思想渊源——物理思想纵横谈》，北京：北京航空航天大学出版社，1995年。
刘长林：《中国系统思维》，北京：中国社会科学出版社，1990年。
柳诒徵：《中国文化史》，上海：东方出版中心，1988年。
卢红等：《宗教：精神还乡的信仰系统》，天津：南开大学出版社，1990年。
卢嘉锡、路甬祥主编：《中国古代科学史纲》，石家庄：河北科学技术出版社，1998年。
卢嘉锡总主编：《中国科学技术史》，北京：科学出版社，2003年。
卢良志：《中国地图学史》，北京：测绘出版社，1984年。
鲁亦冬：《中国宋辽金夏经济史》，北京：人民出版社，1994年。
鲁子健：《巴蜀天数》，成都：巴蜀书社，2005年。
吕明主编：《中医气功学》，北京：中国中医药出版社，2007年。
毛德西：《毛德西临证经验集粹》，上海：上海中医药大学出版社，2009年。
梅红主编：《学贯广宇郭守敬》，石家庄：河北科学技术出版社，2020年。
蒙培元：《理学范畴系统》，北京：人民出版社，1989年。
孟庆云：《中医百话》，北京：人民卫生出版社，2008年。
牟宗三：《心体与性体》，台北：正中书局，1989年。
南怀瑾：《南怀瑾选集》，上海：复旦大学出版社，1995年。
钮仲勋：《黄河变迁与水利开发》，北京：中国水利水电出版社，2009年。
欧阳康：《哲学研究方法论》，武汉：武汉大学出版社，1998年。
潘菽：《心理学简札》，北京：人民教育出版社，1984年。
庞朴：《中国文化十一讲》，北京：中华书局，2008年。
朴真奭：《中朝经济文化交流史研究》，沈阳：辽宁人民出版社，1984年。
钱宝琮等：《宋元数学史论文集》，北京：科学出版社，1966年。
钱超生、温长路主编：《张子和研究集成》，北京：中医古籍出版社，2006年。
钱穆：《国学概论》，北京：商务印书馆，2004年。
钱时惕：《科学与宗教关系及其历史演变》，北京：人民出版社，2002年。
钱学森：《人体科学与现代科技发展纵横观》，北京：人民出版社，1997年。
秦志勇：《中国元代思想史》，北京：人民出版社，1994年。
邱树森：《元朝史话》，北京：中国青年出版社，1980年。
曲安京：《中国历法与数学》，北京：科学出版社，2005年。
曲安京、纪志刚、王荣彬：《中国古代数理天文学探析》，西安：西北大学出版社，1994年。
曲黎敏：《中医与传统文化》，北京：人民卫生出版社，2009年。

任继愈主编：《儒教问题争论集》，北京：宗教文化出版社，2000年。
任应秋：《任应秋论医集》，北京：人民卫生出版社，1984年。
沈宜甲：《科学无玄的周易》，北京：中国友谊出版公司，1984年。
盛博编：《宋元古地图集成》，北京：星球地图出版社，2008年。
史念海：《由历史时期黄河的变迁探讨今后治理黄河的方略》，《中国历史地理论丛》第1辑，西安：陕西人民出版社，1981年。
水利部黄河水利委员会《黄河水利史述要》编写组：《黄河水利史述要》，北京：水利出版社，1982年。
孙保沭主编：《中国水利史简明教程》，郑州：黄河水利出版社，1996年。
孙宏安：《中国古代数学思想》，大连：大连理工大学出版社，2008年。
汤用彬、彭一卣、陈声聪编著：《旧都文物略》，北京：书目文献出版社，1986年。
唐宇元：《吴澄评传》，济南：齐鲁书社，1982年。
田淼：《中国数学的西化历程》，济南：山东教育出版社，2005年。
佟健华：《中国古代数学教育史》，北京：科学出版社，2007年。
屠寄：《蒙兀儿史记》，北京：中国书店，1984年。
王大珩、于光远主编：《论科学精神》，北京：中央编译出版社，2001年。
王锋主编：《中国回族科学技术史》，银川：宁夏人民出版社，2008年。
王光谦：《黄河流域生态环境变化与河道演变分析》，郑州：黄河水利出版社，2006年。
王会昌、王云海、余意峰：《长江流域人才地理》，武汉：湖北教育出版社，2005年。
王家广：《考古杂记》，北京：紫禁城出版社，1988年。
王青：《日本近世儒学家荻生徂徕研究》，上海：上海古籍出版社，2005年。
王少华：《中医临证求实》，北京：人民卫生出版社，2006年。
王树连：《中国古代军事测绘史》，北京：解放军出版社，2007年。
王庸：《中国地理学史》，上海：商务印书馆，1938年。
王渝生主编：《第七届国际中国科学史会议文集》，郑州：大象出版社，1999年。
王禹浪：《东北史论稿》，哈尔滨：哈尔滨出版社，2004年。
王梓坤：《科学发现纵横谈》，上海：上海人民出版社，1982年。
温泽先主编：《山西科技史》，太原：山西科学技术出版社，2002年。
文湘北、李国建主编：《测绘天地纵横谈——测绘与地球空间信息知识300问答》，北京：测绘出版社，2006年。
吾淳：《中国思维形态》，上海：上海人民出版社，1998年。
吴承洛：《中国度量衡史》，上海：上海书店，1984年。
吴慧：《中国经济史若干问题的计量研究》，福州：福建人民出版社，2009年。
吴庆洲：《中国军事建筑艺术》，武汉：湖北教育出版社，2006年。
吴松弟：《南宋人口史》，上海：上海古籍出版社，2008年。
吴文俊主编：《中国数学史论文集》第3集，济南：山东教育出版社，1987年。

吴兴杰:《哲思新论》,上海:学林出版社,2009 年。

武际可、隋允康主编:《力学史与方法论论文集》,北京:中国林业出版社,2003 年。

西安市交通局史志编纂委员会:《西安古代交通志》,西安:陕西人民出版社,1997 年。

席龙飞:《船文化》,北京:人民交通出版社,2008 年。

席泽宗:《古新星新表与科学史探索——席泽宗院士自选集》,西安:陕西师范大学出版社,2002 年。

席泽宗:《科学史十论》,上海:复旦大学出版社,2003 年。

熊达成、郭涛编著:《中国水利科学技术史概论》,成都:成都科技大学出版社, 1989年。

徐品方、徐伟:《古算诗题探源》,北京:科学出版社,2008 年。

徐志锐:《宋明易学概论》,沈阳:辽宁古籍出版社,1997 年。

薛瑞兆:《金代科举》,北京:中国社会科学出版社,2004 年。

严世芸主编:《中国医籍通考》第 1 卷,上海:上海中医学院出版社,1990 年。

炎冰:《追思科学——历史与哲学视域中的科学话语》,北京:华龄出版社,2006 年。

杨荫深:《细说万物由来》,北京:九州出版社,2005 年。

杨永生:《哲匠录》,北京:中国建筑工业出版社,2005 年。

姚汉源:《中国水利发展史》,上海:上海人民出版社,2005 年。

姚远:《西安科技文明》,西安:西安出版社,2002 年。

于民主编:《中国美学史资料选编》,上海:复旦大学出版社,2008 年。

曾雄生:《中国农学史》,福州:福建人民出版社,2008 年。

詹志华:《中国科学史学史概论》,北京:科学出版社,2010 年。

湛垦华等:《普利高津与耗散结构理论》,西安:陕西科学技术出版社,1982 年。

张道一:《张道一文集》,合肥:安徽教育出版社,1999 年。

张帆:《辉煌与成熟——隋唐至明中叶的物质文明》,北京:北京大学出版社,2009 年。

张复合主编:《建筑史论文集》第 16 辑,北京:清华大学出版社,2002 年。

张含英:《历代治河方略述要》,上海:商务印书馆,1945 年。

张含英:《历代治河方略探讨》,北京:水利电力出版社,1982 年。

张景明、陈震霖:《天人合一的时空观:中医运气学说解读》,北京:人民军医出版社,2008 年。

张奎元:《世界古代后期科技史》,北京:中国国际广播出版社,1996 年。

张力军、胡泽学主编:《图说中国传统农具》,北京:学苑出版社,2009 年。

张孟闻:《中国科学史举隅》,重庆:中国文化服务社,1947 年。

张鸣、吴静妍主编:《外国人眼中的中国》,长春:吉林摄影出版社,2000 年。

张培瑜、项永琴、檀晶:《中国古代历法》,北京:中国科学技术出版社,2008 年。

张钦楠:《中国古代建筑师》,北京:生活·读书·新知三联书店,2008 年。

张寿颐:《张山雷医集》,北京:人民卫生出版社,1995 年。

张涛等:《中国传统救灾思想研究》,北京:社会科学文献出版社,2009 年。

张祥龙：《西方哲学笔记》，北京：北京大学出版社，2005 年。

张驭寰：《张驭寰文集》，北京：中国文史出版社，2008 年。

张志斌：《中国古代疫情流行年表》，福州：福建科学技术出版社，2007 年。

赵海明、许京生主编：《中国古代发明图话》，北京：北京图书馆出版社，1999 年。

郑肇经：《中国水利史》，上海：商务印书馆，1939 年。

郑振铎：《西谛书话》，北京：生活·读书·新知三联书店，1998 年。

中国科学院自然科学史研究所：《钱宝琮科学史论文选集》，北京：科学出版社，1983年。

中国社会科学院考古研究所：《中国古代天文文物论集》，北京：文物出版社，1989年。

中国天文学史整理研究小组：《中国天文学史》，北京：科学出版社，1981 年。

中外数学简史编写组：《中国数学简史》，济南：山东教育出版社，1986 年。

钟安环：《生物学引论》修订本，北京：中国人民大学出版社，1990 年。

周春健：《元代四书学研究》，上海：华东师范大学出版社，2008 年。

周桂钿：《秦汉哲学》，武汉：武汉出版社，2006 年。

周魁一、谭徐明：《中华文化通志·科学技术典》，上海：上海人民出版社，1998 年。

朱诗鳌：《坝工技术史》，北京：水利电力出版社，1995 年。

朱文鑫：《历法通志》，上海：商务印书馆，1934 年。

竺可桢：《天道与人文》，北京：北京出版社，2005 年。

竺可桢：《竺可桢全集》，上海：上海科技教育出版社，2004 年。

祝亚平：《道家文化与科学》，合肥：中国科学技术大学出版社，1995 年。

［奥］恩斯特·马赫：《认识与谬误》，洪佩郁译，北京：东方出版社，2005 年。

［比利时］伊利亚·普利高津：《确定性的终结——时间、混沌与新宇宙法则》，湛敏译，上海：上海科技教育出版社，1998 年。

［波斯］志费尼：《世界征服者史》，何高济译，呼和浩特：内蒙古人民出版社，1980 年。

［德］傅海波、［英］崔瑞德：《剑桥中国辽西夏金元史》，史卫民等译，北京：中国社会科学出版社，1998 年。

［德］路德维希·费尔巴哈：《费尔巴哈哲学著作选集》，荣震华、王太庆、刘磊译，北京：商务印书馆，1984 年。

［法］拉普拉斯：《宇宙体系论》，李珩译，上海：上海译文出版社，1978 年。

［韩］崔根德：《韩国儒学思想研究》，北京：学苑出版社，1998 年。

［美］杜·舒尔茨：《现代心理学史》，沈德灿等译，北京：人民教育出版社，1981 年。

［日］丹波元胤著，郭秀梅、［日］冈田研吉整理：《医籍考》，北京：学苑出版社，2007年。

［日］海野一隆：《地图的文化史》，王妙发译，香港：中华书局，2002 年。

［瑞典］多桑：《多桑蒙古史》，冯承钧译，北京：中华书局，1962 年。

［美］欧文·拉兹洛：《微漪之塘——宇宙进化的新图景》，钱兆华译，北京：社会科学文献出版社，2001 年。

[意] 奥雷利奥·佩西：《未来的一百页——罗马俱乐部总裁的报告》，北京：中国展望出版社，1984 年。

[英] 李约瑟：《中国科学技术史》，《中国科学技术史》翻译小组译，北京：科学出版社，1975 年。

[英] 罗素：《罗素文集》，靳建国等译，呼和浩特：内蒙古人民出版社，1997 年。

[英] 洛克：《人类理解论》，关文运译，北京：商务印书馆，1959 年。

[英] 伊恩·斯图尔特：《自然之数——数学想象的虚幻实境》，潘涛译，上海：上海科学技术出版社，1996 年。